Website Boosting 2.0

»Dieses Buch ist ein Standardwerk für Einsteiger und Fortgeschrittene im Online-Marketing. Es bietet Insider-Know-how, wertvolle Praxisbeispiele und konkrete Handlungsempfehlungen, so dass man motiviert wird, selbst aktiv zu werden.«

Olga Dick, verantwortlich für das Suchmaschinen-Marketing der Siemens-Divisionen Drive Technologies und Industry Automation

»Prof. Dr. Fischer bringt zusammen, was im E-Commerce Hand in Hand gehen muss: Wer den maximalen Erfolg des Online-Business möchte, darf nach dem Gefundenwerden nicht aufhören. Vielmehr sollte man dem Besucher gleichzeitig den Weg zum Ziel durch Seiten mit hoher Gebrauchstauglichkeit so einfach wie möglich machen.
10 + 10 = 30 lautet die einfache Rechnung! Ein unverstellter Blick auf die Dinge, die online unmittelbar zusammenhängen.«

Daniel Schimmer, OTTO GmbH & Co KG

Mario Fischer

Website Boosting 2.0

Suchmaschinen-Optimierung, Usability, Online-Marketing

2., aktualisierte und erweiterte Auflage

mitp

Bibliografische Information Der Deutschen Nationalbibliothek
Die Deutsche Nationalbibliothek verzeichnet diese Publikation in der Deutschen Nationalbibliografie; detaillierte bibliografische Daten sind im Internet über <http://dnb.d-nb.de> abrufbar.

Bei der Herstellung des Werkes haben wir uns zukunftsbewusst für umweltverträgliche und wiederverwertbare Materialien entschieden.
Der Inhalt ist auf elementar chlorfreiem Papier gedruckt.

ISBN 978-3-8266-1703-4
2., aktualisierte und erweiterte Auflage 2009

E-Mail: kundenbetreuung@hjr-verlag.de

Telefon: +49 89/2183-7928
Telefax: +49 89/2183-7620

IT-fachportal.de

Lektorat: Sabine Schulz
Sprachkorrektorat: Petra Heubach-Erdmann
Satz: III-satz, Husby, www.drei-satz.de

Inhaltsverzeichnis

Über den Autor

Prof. Dr. Mario Fischer ist Direktor des tms Instituts und lehrt an der Fachhochschule in Würzburg Wirtschaftsinformatik im Schwerpunkt E-Commerce. Dort leitet er das Usability-Lab. Im Rahmen seiner Praxisforschung berät und unterstützt er namhafte Unternehmen aller Größen in den Bereichen Web-Usability und Online-Marketing bis hin zur Optimierung für Suchmaschinen. Mario Fischer ist Mitglied zahlreicher E-Commerce-orientierter Organisationen und bekannt durch einschlägige Vorträge, Seminare und Publikationen.

Termine zu Seminaren und Workshops rund um das Thema Website Boosting sowie Informationen über Inhouse-Seminare für Unternehmen finden Sie auf der Website zum Buch: `www.website-boosting.de`.

Weitere Informationen und Kontaktmöglichkeiten zum Autor finden Sie auf seiner persönlichen Website unter `www.mario-fischer.de`.

Vorwort zur 2. Auflage

Für wen schreibt man so ein Vorwort? Für all die treuen Leser der ersten Auflage, die sich das antun, auch die neue Version von *Website Boosting* zu kaufen? Oder eher für die Erstkäufer, die noch nicht wissen, was sie erwartet? Ich habe mich entschieden, den Verlag zu überreden, das Vorwort zur ersten Auflage hier am Ende einfach stehen zu lassen. Wer also das echte, das ehrliche und wahre Vorwort lesen möchte, sollte einfach am Ende weiterlesen.

Hier möchte ich ein paar emotionale Worte an meine bisherigen Leser richten. Wow – ich war und bin immer noch überwältigt. Zwei Jahre bei Amazon unter den Top 1.000 aller verkauften Bücher und ständig auf der Bestsellerliste für »Web« ganz oben. Daneben ist *Website Boosting* mittlerweile auch in Spanien und Indien erschienen. Damit haben weder ich noch der Verlag gerechnet. Und das ist auch die einzige Motivation, mit der mich der Verlag wieder an die Tastatur bekommen hat: Sie. Jeder weiß, dass Aufwand und Ertrag beim Schreiben von Fachbüchern in keinem sinnvollen Verhältnis zueinander stehen. Daher schreiben die meisten Autoren auch immer nur einmal ein Buch. Ich habe in den letzten beiden Jahren beinahe täglich Mails von begeisterten Lesern bekommen. Und in vielen Mails steht sinngemäß, dass man viele Dinge des Buches umgesetzt hätte und dass jetzt spürbar mehr läuft. Auf den Webseiten und beim Umsatz. DAS treibt mich an, die 2. Auflage zu schreiben, DAS hat mich an die Tastatur getrieben.

Mittlerweile ist viel passiert im Web. Neue Techniken, neue Tools und viele neue Möglichkeiten. Es ist unmöglich, das alles aufzugreifen und zu beschreiben. Ich habe trotzdem versucht, die wichtigen Dinge für Sie zu sammeln und herauszugreifen. Sie finden daher in den Kapiteln, die auch schon in der ersten Auflage vorhanden waren, viele neue Hinweise und Tipps. Sie finden aber auch neue Kapitel, in denen ich versucht habe, Licht in Hypes, Trends und Techniken zu bringen, die Ihnen nützen können – oder Ihnen vielleicht entgegen der allgemeinen Meinung doch nichts bringen. Ich hab mich nach langem Überlegen auch entschieden, ein Kapitel über Google einzufügen. Über Google wird sehr viel Unsinn publiziert. Ich halte es für wichtig, dass Sie sich Ihre eigene Meinung über die größte und erfolgreichste Suchmaschine bilden – jenseits von den Unkenrufen der oft halbinformierten Zeigefinger-Heber. Für eine strategische Einschätzung sollte man auch solche Überlegungen mit einbeziehen – schließlich hilft einem das für zukünftige Entscheidungen beim Online-Marketing. Foren und Blogs von Hobby-Optimierern schießen wie Pilze aus dem Boden und ich kann gut nachvollziehen, dass es einem Nicht-Fachmann sehr schwer fällt, die Spreu vom Weizen zu trennen. Auch dazu habe ich dieses Kapitel eingefügt – damit Sie die Dampfplauderer vielleicht ein klein wenig besser erkennen können.

Ich kann auch nur noch mal allen Lesern ans Herz legen, das Thema Suchmaschinenoptimierung UND Usability nicht auf die leichte Schulter zu nehmen: Bei deutschsprachigen Suchen gehen mittlerweile circa 40 Prozent ALLER Suchtraffics auf Ergebnisplatz 1 bei Google. Eine entsprechend gute Optimierung vorausgesetzt, liegen hier wirklich enorme Potenziale. Weiter hinten im Buch lesen Sie, warum. Und wenn Sie bisher dachten, Ihr Ergebnis auf Platz 6 bringt schon hübsch Besucher, werden Sie sehen (ich rechne Ihnen das vor), dass der Sprung auf Position 1 eine Steigerung der Besucherzahlen von 1.000 Prozent bringt. Ja, Sie haben richtig gelesen. Eintausend Prozent. Wenn die Usability Ihrer Webseite dann noch stimmt und Sie aus Besuchern Kunden machen, können Sie ähnliche Steigerungsraten beim Umsatz erzielen.

Sie werden merken, dass ich mich auch in der zweiten Auflage in einigen Kapiteln teilweise wiederhole. Nicht alle Leser arbeiten ein solches Buch linear durch. Einige interessieren auch nur einzelne Kapitel. Daher habe ich versucht, einen Mittelweg zwischen den »Komplett-Lesern« und den »Kapitelspringern« zu finden. Die Gruppe der Ersteren mögen mir also freundlicherweise die ein oder andere kurze Wiederholung verzeihen.

Ich weiß aus dem vielen Feedback auch, dass ich sehr viele Leserinnen (Outch – fast hätte ich aus Versehen »weibliche Leser« geschrieben!) habe. Mein kleiner eben in Klammern gesetzter Spaß zeigt auch schon, worum es mir speziell bei Ihnen geht, liebe Damen: Sehen Sie mir bitte die häufige Verwendung der männlichen Form in Begriffen nach. Das hat rein gar nichts mit Diskriminierung oder böser Absicht zu tun. Aber ein Buch/Buchin, das ständig beide Geschlechter/innen extra aufführt, ist sicherlich schwer/in zu lesen. Ich hoffe, das sieht auch Alice Schwarzer/in so.

Sicherlich werden die Aufmerksamen unter Ihnen auch in dieser Auflage wieder ein paar Tippfehler und kleine Ungereimtheiten entdecken können. Ich habe natürlich aus Aktualitätsgründen nach der Korrektur vom Verlag und direkt vor dem Druck in den Kapiteln rumgeschrieben und ich bin sicher, dass ich spät abends oder nachts den einen oder anderen Bock hineingetippt habe. Mir ging es in erster Linie darum, Ihnen die letzten Tipps und Hinweise noch einzufügen. Wenn dabei als Kollateralschaden verdrehte Buchstaben entstanden sind, bitte ich schon jetzt um Nachsicht. Der Verlag hatte keine Chance mehr, das noch auszubessern. Inhalt und Aktualität gingen mir vor und ich hoffe, damit in Ihrem Sinn gehandelt zu haben.

So – jetzt aber Schluss hier. Ich verwende die Zeit besser auf inhaltliche Dinge, die Sie nach vorne bringen. Trotzdem: Nochmals vielen Dank für die vielen wirklich netten und lobenden Mails. Ich habe jede einzelne beantwortet (hoffe ich!) und ich habe mich über jede einzelne wirklich und ehrlich sehr gefreut.

Ein letztes Wort noch zur Aktualität: Nirgends dreht sich das Rad schneller als im Web. Ein nützliches Tool kann schon morgen wieder offline sein. Und ein im Buch verwendetes Beispiel findet man auch oft nach einiger Zeit nicht mehr online. Vor allem die Beispiele dafür, wie man es nicht machen sollte. Nach dem Erscheinen werden solche Peinlichkeiten meist schnell von der Webagentur beseitigt ... In solchen Fällen kommen Sie einfach auf die Website zum Buch. Dort finden Sie alle Links oder Ersatzlinks und vor allem auch einen Weblog, in dem ich immer wieder zu aktuellen Themen schreibe, die zum Buch passen. Die Webadresse ist leicht zu merken: `www.website-boosting.de`.

Abb. 1: Der Weblog zum Buch

Ich freue mich auf Ihren virtuellen Besuch!

Mario Fischer
im August 2008

Vorwort zur 1. Auflage

Website Boosting? »Ich weiß, was Sie jetzt denken ...«, pflegte Privatdetektiv Magnum seine Erklärungen jeweils einzuleiten. Und ich habe auch lange überlegt, ob das wohl der richtige Titel für dieses Buch ist. Dass Sie das hier nun lesen, zeigt mir, dass es doch richtig war. Im Bereich der Bücher für das Web ist die Herausforderung für den interessierten Leser, dass diese entweder technischer Art sind oder das Thema eher aus der Marketingperspektive gesehen und beschrieben wird. Die betriebliche Realität sieht jedoch völlig anders aus. In den meisten Unternehmen sind die Menschen, die für das Web und für die Entscheidungen, die das Web betreffen, zuständig sind, mittlerweile Generalisten. Natürlich gibt es spezialisierte Programmierer, Webdesigner und Marketingfachleute. Erfolg im Web hat aber meist nur, wer übergreifendes Know-how hat und weiß, wovon sein Gegenüber spricht.

Für diese Menschen ist dieses Buch. Die Generalisten, die Entscheider, die Web-Macher und vor allem die »Verstehen-Woller«. Und wenn Sie den Inhalten folgen, werden Sie nicht nur verstehen, wie alles im Web zusammenhängt, sondern Sie werden in der Lage sein, sehr viel erfolgreicher im Web zu agieren. Neukunden zu gewinnen, bestehende Kunden zu halten und den Kontakt zu intensivieren, Umsätze und letztendlich auch die Gewinne nach oben zu fahren – um all das geht es hier.

Es geht nicht um Webdesign im Sinne der elektronischen Sprühdose mit den unweigerlichen »Zehn goldenen Tipps« und es geht nicht um das Ausreizen der letzten Programmierertools. Das überlassen wir den Bastelschlümpfen. Es geht *nur* um den wirtschaftlichen Erfolg im Web. Was dafür getan werden kann, getan werden muss und wovon man besser die Finger lässt.

Und es geht auch nicht darum, Sie mit wissenschaftlichen Details oder noch schlimmer mit theoretisch abgedrehten Formulierungen zu beeindrucken. Dies alles soll im Hintergrund bleiben und stattdessen die praktische Anwendbarkeit an die Oberfläche geholt werden. Webseiten können Spaß machen. Bücher aber auch. Ich habe mir daher zum Ziel gesetzt, dass es Ihnen Spaß machen soll, dieses Buch zu lesen. Allzu Ausschweifendes mögen mir daher die sehr ernsthaften Leser unter Ihnen an einigen Stellen verzeihen. Zu Gunsten eines Schmunzelns an hoffentlich dem größten Teil der anderen.

»Wir haben 20.000 Visits pro Tag!« So oder so ähnlich höre ich immer wieder Webverantwortliche als Eingangsstatement sagen, wenn wir in Kick-off-Workshops zusammenarbeiten. Meine Antwort ist dann regelmäßig *»Das beeindruckt mich überhaupt nicht!«* – und das sage ich jeweils mit Inbrunst und völlig unabhängig von der absoluten Zahl dieser »Visits«. Meiner auf den ersten Blick vielleicht etwas arroganten Bemerkung lasse ich dann ein *»... solange ich nicht sicher bin, dass es nicht sehr viel mehr sein kann«* folgen. Bevor die Wirkung dieses ungewöhnlichen Einstiegs verpufft, schiebe ich dann schnell die folgende Frage nach: *»Wie viele echte Visits haben Sie denn?« – »Wie, ›echte‹ Visits?«*, fragen dann meist meine Gegenüber verwundert. *»Na, Menschen! Wie viele Menschen besuchen denn Ihre Webseiten?« »20.000, das haben wir doch schon eingangs gesagt«*, höre ich dann halb beleidigt. Ich frage dann langsam, leise, aber bedeutungsvoll (und ich gebe zu, diesen Augenblick zu genießen): *»Wie viele Maschinen, Suchmaschinenrobots, Webseiten-Überwachungstools, Spammail-Suchroboter, eigene Klicks und Webseiten-Kopierautomaten stecken denn in den 20.000 Visits? Welchen Prozentsatz an Menschen zu Maschinen zeigen denn Ihre Statistiken an?«* Nach einer kleinen Pause ergänze ich dann: *»Bei manchen Websites liegen die maschinellen Abfragen bereits weit über 50 Prozent. Maschinen kaufen aber keine Produkte, so dass es essenziell für die Erfolgsbeurteilung ist, die Webstatistiken dahingehend zu bereinigen.«* Hochgezogene Augenbrauen zeigen dann hohe Aufmerksamkeit.

Na – neugierig geworden?

Einleitung

Webseiten haben mittlerweile fast alle Unternehmen. Keinen Erfolg damit zu haben, ist leider noch immer vielen Unternehmen gemeinsam.

Kurioserweise sind häufig gerade die Dienstleister, die ein Unternehmen für die Begleitung im Web engagiert, sogar direkt oder indirekt für den Misserfolg verantwortlich. Würden Sie jemanden, der einen Hammer gerade halten kann, gleich als professionellen Handwerker bezeichnen? Oder jemanden, der eine Mauer halbwegs gerade hochziehen kann als Architekten? Nein? Beim Webdesign mag ein Teil des Problems vielleicht hier verborgen sein. Webdesigner ist, wer Webseiten programmieren und mit einem Webeditor oder einem Grafikprogramm umgehen kann. Und wenn sich mehr als einer zusammenfindet, ist es bereits eine Agentur. Unternehmen haben in der Regel (natürlich) nicht das Fachwissen, die Spreu vom Weizen unterscheiden zu können. Wie sollen sie auch – anerkannte Ausbildungsberufe sind noch rar und eine entsprechende akademische Ausbildung oft eher abgehoben als wirklich praxisorientiert.

Geld im und über das Web zu verdienen geht. Sogar recht gut. Dazu müssen aber zwei Säulen fest und stabil stehen:

- Die *Visibility* (Sichtbarkeit) – Sie müssen gefunden werden
- Die *Usability* (Benutzerfreundlichkeit) – Man muss verstehen, was Sie da im Web zu sagen haben und/oder anbieten

Dieses Buch beschäftigt sich damit, diese beiden Säulen zu errichten.

Teil I

Im ersten Teil werden zunächst die Möglichkeiten des Online-Marketings beschrieben. Die wesentliche Frage ist: Wie holt man Kunden über das Web? Newsletter, »traditionelle« Bannerwerbung, aber auch die Potentiale modernerer Instrumentarien wie Virales und Guerilla Marketing, Affiliate Marketing, Weblogs oder Social Marketing für Unternehmen werden behandelt.

Teil II

Diesem aktiven Abholen von Kunden und Traffic steht eine weitere, aber deutlich andere Perspektive im zweiten Teil gegenüber: Vom Kunden *finden* lassen. Sie müssen Ihre Marketingbotschaft nicht zum (potentiellen) Kunden bringen und sich mit Zielgruppendefinitionen herumschlagen. *Sie* sind die Zielgruppe. Der Kunde sucht *Sie* im Web in seiner Begriffswelt und mit seinen eigenen Suchworten. Wo? Genau da, wo Sie das auch tun. In Suchmaschinen – allen voran in Google. Jeden Tag. 14.000 mal pro Sekunde. Sie müssen sich nur noch *findbar* machen. Visible. Alles, was Sie dazu brauchen und wissen müssen, um Ihre Webseiten für Suchmaschinen zu optimieren, lesen Sie daher im zweiten Teil dieses Buches. »Finden lassen« können Sie sich sowohl in dem organischen bzw. errechneten und gerankten Bereich der Ergebnisse einer Suchmaschine, als auch in dem Bereich, der für bezahlte Klickwerbung reserviert ist (meist rechts oder über den normalen Ergebnissen). Dass man aber auch hier mit ein wenig Knowhow (oft sehr) viel Geld bei gleichem oder sogar mehr Erfolg sparen kann, werden Sie vielleicht mittlerweile vermuten. Stimmt – Sie haben recht.

Teil III

Gefunden werden alleine hilft Ihnen aber oft nur einen kleinen Schritt weiter. Kommt ein potentieller Kunde über die Trefferliste einer Suchmaschine zu Ihnen, ist er sehr viel hibbeliger und ungeduldiger, als wenn er Ihren Domainnamen direkt eingibt – Sie also gezielt besucht. In der Regel gibt er Ihnen eine volle Sekunde Zeit. In dieser Sekunde entscheidet er sich, ob er richtig ist und ob es sich hier lohnt, weitere Zeit zu investieren. Er kommt schließlich von einer Seite mit neun weiteren Alternativen (der Suchmaschinen-Ergebnisseite). Ist Ihre Navigation nicht da, wo er sie vermutet, versteht er die verwendeten Begriffe nicht, findet er auf Anhieb die Telefonnummer nicht oder nervt es ihn, lange Kontaktformulare auszufüllen ... Dann, ja dann ist er genauso schnell weg, wie er gekommen ist. Die zarte Wurzel des Erstkontaktes ist wieder abgerissen. Webseiten müssen sein wie Romika-Schuhe: Reintreten und wohl fühlen. Es gibt einfach zu viele Webseiten, die scheinbar das gleiche anbieten. So viele Alternativen. Warum soll ich meine Zeit auf einer Webseite verschwenden, die mit meinem Browser nicht richtig funktioniert oder auf der ich erst die allerneueste Version eines Programms installieren muss, damit ich animierte Werbefilme in Technicolor ansehen kann. Bäh. Wenn Sie wirklich wüssten, wie viele Besucher Ihre Seiten frustriert oder verärgert wieder verlassen haben ... Wenn Sie zur Analyse Ihrer Webbesucher die gängigen Logfile-Analyseprogramme verwenden, können Sie es aber gar nicht wissen. Noch fühlen Sie ich also sicher. Von all diesen Problemen und den Lösungen dazu handelt der dritte Teil. Sie erfahren, auf was Sie bei der Gestaltung Ihrer Webseiten besonders achten müssen, wie Ihre Besucher »ticken«, was sie von Ihnen erwarten. Sie erfahren weiterhin, wie Sie die Qualität Ihres Webauftrittes abschätzen und mit eigenen Mitteln prüfen und wie Sie verschiedene Alternativen ausprobieren können. Nicht immer muss eine teure Analyse gemacht werden. Die gröbsten Schnitzer finden Sie bei entsprechend kritischer Haltung meist schnell selber. Wenn es Ihnen gelingt, Ihre Betriebsbrille abzusetzen. Aber auch davon lesen Sie in diesem Teil des Buches.

Teil IV

Im vierten und letzten Teil stelle ich Ihnen nützliche Tools vor, die Sie bei Ihrer Arbeit im Web unterstützen. Wer online recherchiert, findet nahezu eine scheinbar unendliche Auswahl an Programmen, die Heil versprechend für viele Probleme und Fragestellungen angeboten werden. Ich befürchte, die meisten sind es leider nicht. Daher habe ich versucht, eine kleine Auswahl zusammenzustellen und diese zu beschreiben, so gut es eben bei knappem Platz geht. Dabei habe ich besonderen Wert darauf gelegt, wichtige Kernfunktionen exemplarisch herauszugreifen und Ihnen auch ein klein wenig Appetit auf mehr zu machen. Eine erschöpfende Sammlung alleine solcher Tools bräuchte wohl mehr als ein Buch. Daher bitte ich Sie, mir die sicherlich vorhandene Unvollständigkeit nachzusehen. Weil mich viele Leser der ersten Auflage nach Tipps zu weiterführenden Büchern oder guten Quellen im Web gefragt haben, finden Sie nun auch hierzu eine kleine Aufstellung. Eine Zusammenstellung von Checklisten für die Teile B (Suchmaschinen) und C (Usability) runden dieses Buch ab.

Erfolg im Web zu haben, ist *kein* Ein-Tagesjob. Das ist Ihnen sicherlich klar, sonst würden Sie nicht auch noch Bücher zu dem Thema lesen. Es kann aber recht schnell zu einem recht einträglichen Job werden – wenn Sie es *richtig* anpacken. Dann stellt sich gar nicht mehr die Frage, wie viel Zeit Sie »nebenbei« für die Optimierung Ihrer Webseiten »opfern« können. Die Verhältnisse drehen sich: Wie viel Zeit Ihrer »restlichen« Zeit können Sie zusätzlich noch in diese attraktive Hebelwirkung stecken? Wenn Sie dann *diese* Art Problem bekommen, dann rufe ich Ihnen zu:

Willkommen im richtigen E-Commerce und viel Spaß beim Geld verdienen!

Sie finden übrigens alle Links in diesem Buch nach Kapiteln sortiert sowie natürlich weiterführende Infos, einen Newsletter, ein paar Hinweise zu Workshops und Seminaren sowie einen Weblog auf der Website zu diesem Buch: `www.website-boosting.de`. Über einen Besuch von Ihnen würde ich mich freuen!

Teil I

Online-Marketing: Kunden holen

In diesem Teil:

Kapitel 1

Traditionelles Online-Marketing

1.1 Bannerwerbung – die klassische Möglichkeit für Traffic

Die sicherlich älteste Möglichkeit, im Web an Traffic (abgeleitet von der Wortbedeutung »Verkehr« meint Traffic hier den Besucherverkehr auf Webseiten) zu kommen, ist der Einsatz von Bannern. Banner sind kleinere oder größere Werbeflächen, die meist auf hoch frequentierten Webportalen gemietet werden und beim Anklicken auf die Webseiten des Werbetreibenden weiterleiten. Obwohl es mittlerweile eine Vielzahl an besseren, weil treffenderen Möglichkeiten gibt, werden noch immer sehr viele Banner geschaltet. Sie entsprechen in etwa den Anzeigen in Printmedien und daher können sich viele Werbetreibende und auch die großen Portalanbieter nicht so richtig von ihnen trennen.

Abb. 1.1: Die New York Times online

Wie erwähnt, vom Prinzip her entspricht die normale Bannerwerbung den Beilagen in den Tageszeitungen und Zeitschriften. In jeder Stadt suchen jede Woche einige Konsumenten beispielsweise eine neue Küche. In der Hoffnung, dass man genau diese mit der eigenen Werbebotschaft erreicht, legt man mehrmals einen Prospekt über Küchen bei. In großem Stil wird dieselbe Philosophie auch im Web so fortgeführt:

Während links oben ein kleines Banner und rechts am Rand ein großes Banner für ein Abo der New York Times wirbt, findet man rechts oben eines der Continental Airlines. Ein weiteres Banner von E-Trade wurde links neben dem Suchfeld platziert. Auch Samsung ist zwischen den rechten Übersichtsspalten mit einer Werbung für Laserdrucker vertreten. Auf den tiefer liegenden Seiten finden sich dann jeweils weitere Banner. Meist wird diese Art von Online-Werbung durch Agenturen gesteuert, abgerechnet und überwacht.

Man muss sich, wie erwähnt, immer ins Gedächtnis rufen, dass man in der Regel sehr viele Sichteinblendungen benötigt, bis jemand genau in diesem Moment genau dieses Produkt benötigt – oder zumindest Interesse daran hat. Man arbeitet zwar seit Jahren daran, über Besuchersegmentierungen die anvisierten Zielgruppen etwas genauer zu treffen, aber noch immer sehen wir im Web viel zu ungerichtete Werbung mit der Schrotflinte. Breit gestreut in den Wald schießen und irgendein Tier wird schon umfallen. Was soll ich als männlicher Besucher zum Beispiel mit der Werbung rechts unten auf der in Abbildung 1.2 gezeigten Webseite anfangen? Wahrscheinlich macht es auch hier einfach die Masse.

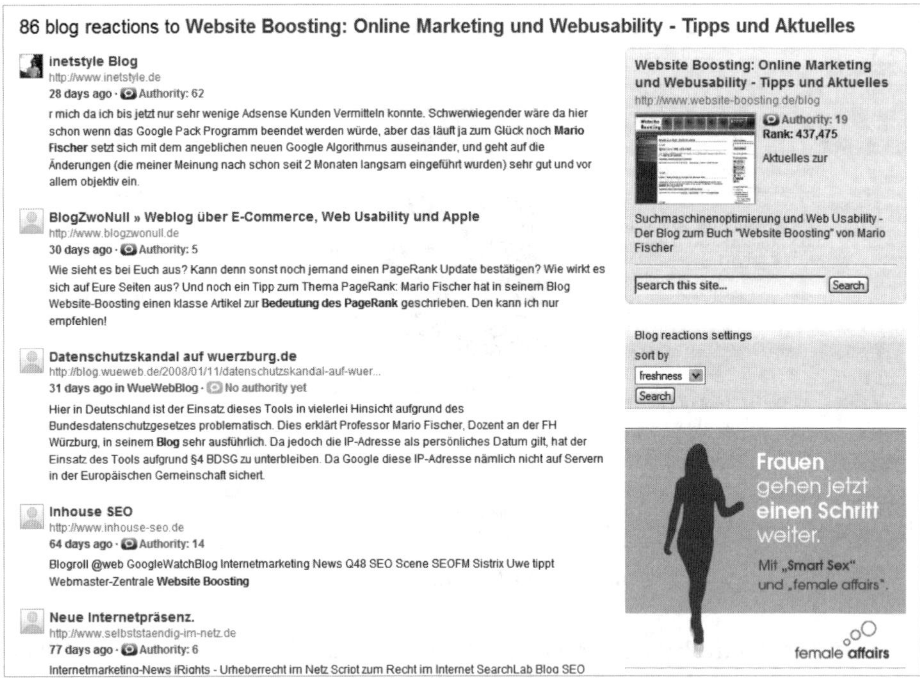

Abb. 1.2: Ungerichtete Bannerwerbung

Bei Bannern gibt es verschiedene Größen und Formen. Die wohl gebräuchlichste Größe ist 468 x 60 Pixel und wird »Full Banner« genannt. In Deutschland hat der Verband Deutscher Zeitungsverleger (VDZ) einige Normgrößen vorgeschlagen. Eine kleine Übersicht finden Sie auf der Webseite `www.drweb.de/ressourcen/bannerformate.shtml`.

In letzter Zeit werden immer mehr Banner in Flash-Technik eingesetzt, die für den Werbetreibenden mehr Freiheiten bei der Gestaltung bietet. Der Nutzer erkennt sie meist daran, dass komplexe Animationen ablaufen, die seine Aufmerksamkeit erregen sollen und ihn von seinem eigentlichen Ziel, Text zu lesen, abhalten. Die meisten Menschen mögen solche Banner daher nicht, bei einigen ist sogar eine gewisse Reaktanz (Ablehnung) gegenüber dieser Werbeform feststellbar. Ich weiß nicht, wie es Ihnen geht, aber gegen bestimmte Radiowerbungen habe ich mittlerweile schon einen gewissen Hass entwickelt. Wenn ich auf längeren Fahrten zum 20. Mal einen deutschen TV-Kommissar Werbung für gewisse XXXL-Möbelhäuser machen höre, dann wechsle ich den Sender. Ich kann es nicht mehr hören – immer und immer wieder das Gleiche. Unlustig und meist gibt's nach dem nächsten Werbespot noch mal eine verkürzte Wiederholung. Warum höre ich nichts über neue Notebooks oder GPS-Geräte? Dafür interessiere ich mich aktuell. Mit aufgezwungener Windelwerbung kann ich weder im Radio, in der Zeitung noch im Fernsehen etwas anfangen. Auch nicht im Web.

Bei Tests kann man daher immer wieder feststellen, dass erfahrene Webnutzer solche Banner gar nicht mehr bewusst wahrnehmen. Dieses Phänomen wird *Banner Blindness*« genannt und ist quasi ein schon gewohnheitsmäßiges Ignorieren gegenüber allem, was sich bewegt, blinkt oder auch nur den optischen Anschein eines Banners macht. Der farbige Kasten am rechten Rand einer Webseite, der auf den unternehmenseigenen Newsletter aufmerksam machen möchte, muss nur zart nach Banner riechen – und schon wird er damit »verwechselt« und ignoriert.

Früher wurden Banner zumeist nach Sichtkontakten (AdViews oder AdImpressions) abgerechnet. Wurde eine Seite des Werbeträgers aufgerufen, im Beispiel oben die Webseiten der New York Times, bekam der Besucher das Banner einmal zu Gesicht (ein Visit) und der Werbetreibende zahlte einen bestimmten Betrag pro Tausend Sichtkontakte bzw. Seitenaufrufe (CPM, Cost per Mille). Das war und ist immer noch der Grund, warum viele Online-Nachrichtenportale ihre Artikel über mehrere Seiten verteilen, statt sie übersichtlich auf einer Seite anzubieten: Es bringt mehr Visits ... Nachdem sich langsam die Erkenntnis durchgesetzt hat, dass viel zu wenige Besucher tatsächlich auch auf die Banner klickten, wurde ein etwas faireres Modell entwickelt. Danach muss der Werbetreibende nur dann zahlen, wenn sein Banner auch tatsächlich angeklickt wird (AdClicks). Die Abrechnungsform hier wird *Cost per Click* (CPC) genannt.

Ob eine Bannerkampagne erfolgreich ist, wird an der *Click-Through-Rate* (CTR) gemessen. Klicken zehn von 1.000 Besuchern auf das Banner, liegt die CTR also bei einem Prozent.

Neuere Abrechnungsarten sind zum Beispiel *Cost per Lead* (CPL). Hierbei geht es nicht nur darum, dass ein Besucher auf ein Banner klickt und zur Seite des Werbetreibenden gelangt. Er muss dort eine vorab definierte Aktion ausführen, damit der Werbeträger eine Vergütung bekommt. Eine solche Aktion kann das Abonnieren eines Newsletters sein oder das Ausfüllen und Absenden eines Kontaktformulars. Man spricht hier von *AdLeads*.

Die höchste Form effizienter Bannerwerbung aus Sicht des Werbetreibenden sind sicher *AdSales*. Dort wird tatsächlich nur dann vergütet, wenn ein Besucher auch etwas gekauft hat. Da die Wahrscheinlichkeit hier und bei den AdLeads wesentlich geringer ist, werden bei den letzten beiden Werbeformen in der Regel höhere Beträge bezahlt. Beim AdSale wird häufig ein bestimmter Prozentsatz von dem gewonnenen Einzelumsatz gewährt. Problematisch ist und bleibt dabei, dass ein Verkauf natürlich von den Preisen und auch von der Benutzerfreundlichkeit eines Shops abhängig ist. Wer solche Werbeflächen zur Verfügung stellt, ist also darauf angewiesen, dass der hinter dem Bannerlink liegende Shop wirklich sauber funktioniert und auch viele Verkäufe generiert.

Die wichtigsten Bannerarten können inhaltlich unterschieden werden als

- statische (unbewegte) Banner
- animierte (bewegte) Banner
- interaktive Banner (der Benutzer kann innerhalb des Banners Selektionen vornehmen)
- Rich Media Banner (sie enthalten kleine Videofilme und manchmal auch Ton)

Daneben gibt es noch eine Vielzahl anderer Bannerarten wie Streaming Banner, Pixel Banner oder Nano Site Banner.

Mittlerweile macht den Werbetreibenden die fortgeschrittene Technik in den Browsern der Besucher zu schaffen. Dort gibt es verschiedene Möglichkeiten, Pop-up-Werbung und Banner automatisch zu unterdrücken. Recht beliebt bei den Surfern ist »Flashblock«. Er wird derzeit etwa 60.000 Mal pro Woche heruntergeladen und integriert sich in den Firefox-Browser. Alle Flash-Formate werden nach dem Aufruf einer Webseite »gestoppt« und können bei Bedarf per Mausklick gestartet werden. Eine mit Flash gestaltete Webseite sieht normalerweise so aus, wie Sie es in Abbildung 1.3 sehen können.

Ob ein Browser Flash anzeigen kann und gegebenenfalls welche Version, ermitteln die Seitenbetreiber mit einem kleinen Skript, das auf der Seite integriert ist. Meldet der Browser, dass er mit Flash nichts anfangen kann, zeigen schlechte Webseiten einen Hinweistext, dass man gefälligst das Plug-in dazu laden soll. Gute Webseiten halten eine vollständige oder auch abgespeckte HTML-Version für diese Browser bereit und zeigen dann automatisch diese an. So weit, so gut. Meint man. Dummerweise meldet unser mit dem oben genannten Blocker versehene Browser aber an den Webserver zurück, dass er Flash verarbeiten kann. Folgerichtig bekommt er die Seite für Flash. Das sieht dann so aus, wie es Abbildung 1.4 zeigt.

Abb. 1.3: Automagazin.tv in der normalen Browseransicht

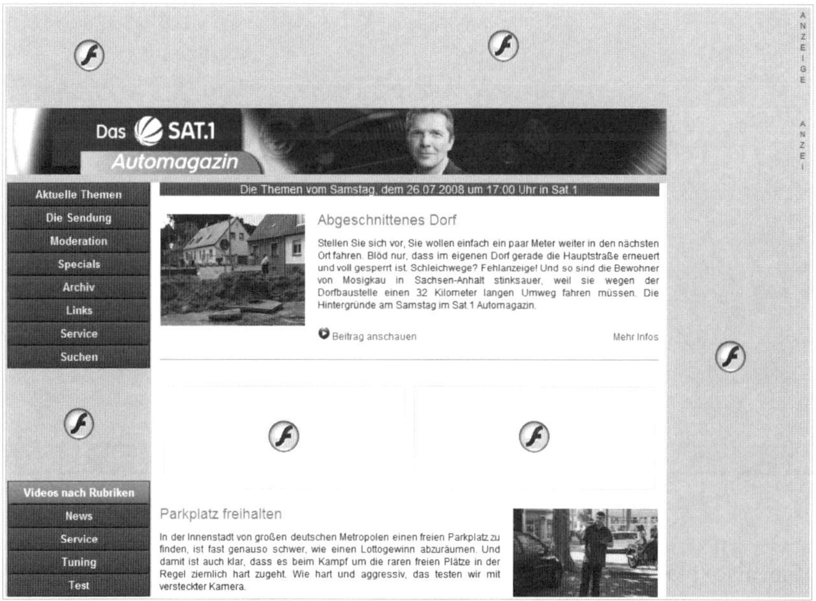

Abb. 1.4: Automagazin.tv mit Flashblocker

Sieht lustig aus, nicht? Klickt man mit der Maus auf das »f«-Symbol, läuft die Animation dann ab. Nur: Wer wird hier schon aktiv per Klick eine Werbung starten? Genau deswegen installiert man sich so ein Tool ja. Um vor der ungewünschten Farbfernsehwerbung auf Webseiten verschont zu bleiben. Bei `Automagazin.tv` werden dummerweise nun neben der Flash-Werbung auch normale Seiteninhalte in diesem Format angezeigt – pardon: nicht angezeigt. Sie können sich sicher unschwer vorstellen, dass ein Großteil der Besucher diese Seiteninhalte gar nicht mitbekommt bzw. startet. Weil er sie für Werbung hält. Fatal oder?

Ganz extrem war das zum Beispiel bei `bmw.de`. Dort bekam man außer den beiden »f« auf der ganzen Webseite nichts zu sehen. Selbst das Impressum wurde in Flash-Formate eingepackt. Mittlerweile hat man sich dort zum Glück wieder den Kundenwünschen zugewandt und einen teilweisen Rückbau vorgenommen. Man kann wieder einzelne Grafiken sehen. Lässt man die Webseite jedoch etwa eine Minute ungeklickt so stehen, startet die Flash-Orgie doch noch ungefragt und der Browser sieht dann so aus, wie Sie es in Abbildung 1.5 sehen können.

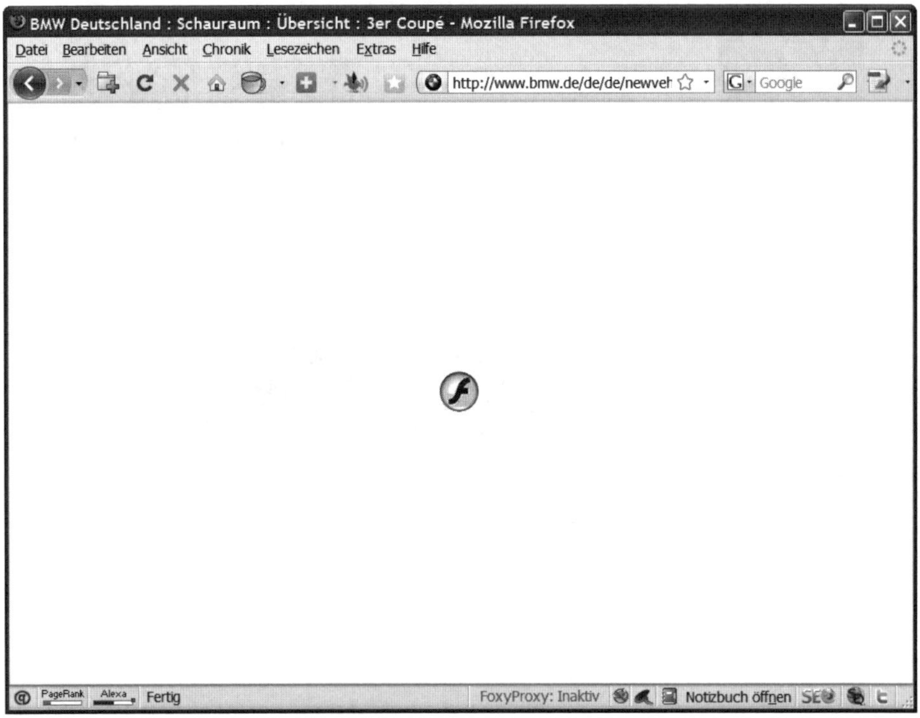

Abb. 1.5: `bmw.de` mit Flashblocker

Falls Sie also planen, Banner mit Flash einzusetzen: Denken Sie daran, dass immer weniger Besucher diese Werbung sehen oder hören wollen. Noch fataler ist es, wenn eigene Seiteninhalte dann zusammen in der gleichen Technik erstellt werden und man sie nicht mehr von der Werbung unterscheiden kann. Gleichwohl jubeln viele Vermarkter über die neuen, interaktiven Formate. Sie haben höhere Klickraten als die alten statischen Banner. Sie ziehen auch mehr Aufmerksamkeit. Fraglich bleibt, ob ein darüber generierter Klick wirklich gut konvertiert, also letztlich zu echten Verkäufen führt. Man darf ja auch nicht vergessen, dass viele weniger versierte Webnutzer auf solche bewegten Bereiche aus Neugierde klicken und nicht, weil sie das Produkt oder die Dienstleistung wirklich interessiert. Ein hartes Geschäft.

Eine echte Unsitte (aber den Programmierern wohl nicht abzugewöhnen) ist es auch, immer sofort auf die neueste Version eines gerade erschienenen Flash-Updates aufsetzen zu wollen. Klar: Neue Version, neue Möglichkeiten. Das animiert wohl dazu, Dinge zu erfinden, die nun plötzlich absolut notwendig sind und NUR mit der neuen Version realisierbar sind. Das führt dann ebenso zu so unschönen Ergebnissen, wie man sie in Abbildung 1.6 sehen kann.

Abb. 1.6: Volvo mit dem neuesten Flash-Plug-in

Natürlich haben die meisten Browser bereits Flash integriert. Aber eben nicht die allerneueste Version! Ich weiß nicht, mit welchen Gründen die Programmierer die Seitenbeitreiber überreden, warum es *unbedingt, gaaaaanz unbedingt* die neueste Version sein muss. *Bitte bitte, ich will das aber. So schön.* Sie sollten sich hier nicht erweichen lassen, wenn Sie Ergebnisse wie das in Abbildung 1.6 vermeiden wollen. »*Nicht so schlimm*«, werden die Programmierer sagen. Da steht doch, dass man das Plug-in aktualisieren muss und man muss doch nur klicken. Dahinter verbergen sie drei Fehlannahmen:

1. Viele Menschen surfen am Arbeitsplatz. Oft haben sie an diesen Firmenrechnern gar nicht die Berechtigung, selber etwas installieren zu können. Die zentrale IT-Abteilung lässt grüßen.
2. Andere Besucher haben Bedenken, einfach so etwas von einer Webseite zu installieren. Das kann durchaus gefährlich sein. In Zeiten, in denen immer mehr über Phishing, Viren und Trojaner diskutiert wird, die einem den Kontozugang mitprotokollieren ... Ich habe vollstes Verständnis, wenn hier jemand aus Angst lieber doch auf das Ansehen des Multimedial-Feuerwerks, das eine Installation erfordert, verzichtet.
3. Und es mag weniger versierte Besucher geben, die sagen: »*Flash-Plug-in – Häh? Was ist das denn?*« Und gleichzeitig nicht so neugierig sind, das unbedingt ausprobieren zu müssen.

Also denken Sie wirklich genau darüber nach, welche neuen Technologien Sie einsetzen oder einsetzen lassen. Der Schaden der Nichtsehen-Könner ist meist größer als die Begeisterung der Webfreaks, die mit der Anzeige kein Problem haben. Natürlich muss man einschränken, dass das stark von der Zielgruppe abhängt.

Neben der normalen Banner-Vermarktung gibt es auch noch diverse Banner-Tauschringe, die sich vor allem für kleinere Unternehmen eignen sollen. Die Idee dahinter ist, dass man auf der eigenen Webseite fremde Banner einbindet und im Gegenzug das eigene Banner automatisiert auf anderen Webseiten gezeigt wird. Die Betreiber solcher Tauschringe verdienen daran, dass die Tauschverhältnisse nicht ausgeglichen sind. Dies bedeutet, dass man zum Beispiel für ein dreimaliges Anzeigen eines fremden Banners das eigene nur zweimal angezeigt bekommt. Von dem Potenzial der Differenz finanziert sich in der Regel der Betreiber der Tauschplattform.

Ob Sie eine solche Werbepartnerschaft eingehen möchten, sollten Sie genau prüfen. Nicht immer ist klar, wo die eigene Werbung geschaltet wird, wer darauf klickt und ob diese Personen wirklich zu Ihrer Zielgruppe gehören. Ich halte es allerdings für noch problematischer, wenn Sie auf der eigenen Webseite fremde Werbebanner einblenden. Es geht ja darum, Besucher auf die eigenen Seiten zu ziehen – und sie nicht gleich wieder durch ein Banner zu verlieren. Außerdem machen fremde Banner sicherlich bei ernsthaft betriebenem Business keinen besonders professionellen Eindruck. Für redaktionell betriebene Webseiten kann dies aber durchaus eine überlegenswerte und vor allem kostenlose Form der Werbung sein.

1.2 E-Mail-Marketing

Eigentlich, so scheint es, gibt es keine billigere Form, seine Werbebotschaften unter das Volk zu bringen, als per E-Mail. Die schlimmste Plage im Internet sind sicherlich die unverlangt zugeschickten Spam-Mails. Je nach Wochentag bekomme ich selber inzwischen drei- und fünftausend solcher Mails zugeschickt. (In der ersten Auflage stand noch ein- bis zweitausend. Es ist eine wirkliche Plage!) Mein Spamfilter kann diese Flut schon lange nicht mehr bewältigen und sie lässt sich nur noch mit professionellen Mitteln und schon bereits auf dem Webserver bewältigen. Und wenn man Experten Glauben schenkt, wird das in naher Zukunft noch schlimmer, weil man für etwa 30 US-Dollar über osteuropäische Länder eine Million solcher Spam-Mails verschicken kann. Selbstverständlich so, dass der Absender nicht rückverfolgbar ist ...

Menschen haben verständlicherweise eine gewisse Aversion gegen Mails entwickelt, die ihnen unverlangt irgendwelche hirnlosen Geldgeschäfte empfehlen oder Tabletten anbieten, die das männliche Körpervolumen temporär erhöhen und verfestigen sollen. Dazu kommt noch die neueste Form der Online-Kriminalität, die *Phishing-Mails*. Darin werden die Leser aufgefordert, auf einen Link beispielsweise zu ihrer Bank oder einem Auktionshaus zu klicken und auf der Zielseite dann ihre Zugangsdaten einzugeben. Natürlich ist die Zielseite nicht die, die sie vorgibt zu sein, und die Daten landen bei Gaunern, die sie sogleich weiterverwenden. Noch immer stellen sich viele Phisher zu tumb (mir fällt leider kein anderes Wort ein) an und unterschreiben ihre Mails mit »Ihre XY-Bank-Onlinepolizei«. Zudem sind die Mails von Rechtschreibfehlern verhagelt. Aber auch das wurde inzwischen professionalisiert. Vor einigen Tagen bekam ich ein paar Antworten auf eine angebliche Bewerbung von mir als Bauarbeiter. Ich dachte, das ist einfach ein Irrläufer, und habe das zunächst ignoriert. Erst heute habe ich dann eine angebliche Mail eines Kleinanzeigenportals bekommen – mit einem richtigen Bewerbungstext, regionaler Zuordnung und einigen Links, mit der ich die Anzeige ändern könnte. Im ersten Moment dachte ich, da hat jemand eine falsche Mail (meine) verwendet, und wollte die Anzeige löschen. Meinem gesunden Misstrauen folgend, habe ich mir die Mail dann genauer angesehen und entdeckt, dass die Links nicht auf das Kleinanzeigenportal führen, sondern auf einen russischen Webserver. In der ersten Auflage hatte ich ja befürchtet, dass sich die Phishingmails bald professionalisieren werden, wenn die Betrüger vom ersten erbeuteten Geld Kurse für richtiges Lesen und Schreiben belegen. Anscheinend haben sie das getan. Und nicht nur das. Sie werden immer perfider, wie das obige Beispiel zeigt.

Das generelle Potenzial, mit unverlangten Mails ein paar von Tausenden belästigter Leser einzufangen, wird daher wahrscheinlich immer größer. Diese Form der Werbung ist zwar in Deutschland verboten, aber an dieses Verbot halten sich leider nicht alle Unternehmen. Verstöße werden meiner Kenntnis nach recht selten spürbar bestraft, schlimmer noch, sie werden so gut wie gar nicht geahndet. Es gibt sicher bessere Arten, an interessierte Kunden zu kommen. Zu den vielversprechenderen kommen Sie ja weiter hinten in diesem Buch noch. Und daher will ich auf Werbung per E-Mail, zumal in der Regel eben illegal, hier gar nicht näher eingeben.

Ein weiteres, nicht zu unterschätzendes Risiko bei E-Mail ist und bleibt natürlich, dass es als potenzieller Übertragungsweg für immer ausgefeiltere Viren und Trojaner gilt. Ein falscher Klick kann verdammt teuer werden. Das spricht sich rum und die Fachzeitschriften werden nicht müde, vernünftigerweise immer und immer wieder davor zu warnen. Genau aus diesem Grund werden Empfänger auch immer restriktiver bei der Annahme von Mails unbekannten Ursprungs.

1.3 Die Verbindung von offline und online

Vor einigen Jahren sind sie das erste Mail in der traditionellen Werbung im Fernsehen und im Radio aufgetaucht: Die »WWW«-Adressen. Seither gehört es zum guten Ton eines Unternehmens, auf Plakate, in Werbeanzeigen und auf die Produkte selber eine Internetadresse zu drucken. Ob es allerdings reicht, rund um die Uhr »interessante Infos« anzubieten, bin ich mir nicht sicher.

Abb. 1.7: Besuchen Sie uns im Internet rund um die Uhr.

Einen sehr viel besseren Weg ging Ferrero, indem man in jedes Überraschungsei einen kleinen Zettel mit einem »geheimen« Zugangscode gelegt hat. Auf der Website konnten große und kleine Kinder dann kurze Online-Spiele machen. Meine Tochter war ganz verrückt danach – bei Kellogg's war sie meines Wissens nach noch nie auf der Website. Trotz der interessanten Infos – und das rund um die Uhr ...

Bei der Nennung von Webadressen im Radio muss ganz besonders darauf geachtet werden, dass die Hörer

- sich den Domainnamen gut merken können (denken Sie an Autofahrer)
- die Schreibweise nicht missverstehen

Nachdem kurze, merkfähige Namen im Internet Mangelware sind, behelfen sich viele Unternehmen mit einer Bindestrich-Domain. Selbstverständlich müssen beide bzw. alle denkbaren Varianten gesichert und reserviert werden. Ansonsten setzen sich allzu schnell Trittbrettfahrer auf ähnlich klingende Namen oder Varianten ohne Bindestrich. Das hat das Bekleidungsunternehmen C&A im September 2000 schmerzlich erfahren müssen. Man hatte auf 60.000 Sweat-Shirts Fantasie-Internetadressen gedruckt. Nachdem der Konzern selber mit diesen Zeichenketten offenbar nichts anzufangen wusste und sie vorab selbst nicht reserviert hatte, hatte sich ein Dritter die Adressen geschnappt und pornografische Inhalte darauf platziert. Was der damalige Deutschland-Chef laut den Nürnberger Nachrichten als »unfassbare Sauerei« bezeichnet hat (und damit hat er in Bezug auf die Inhalte dieser Webseiten sicherlich recht), könnte man natürlich auch als unfassbare Unbedarftheit des Konzerns dem Web gegenüber titulieren. Und selbst jetzt, 2008, tut sich C&A offenbar noch immer schwer, die richtigen Schritte im Web zu tun.

Ob im Radio, am Telefon oder in persönlichen Gesprächen: Sagen Sie bitte nie »minus« statt »Bindestrich«, auch wenn es so viel kürzer scheint. »WeWeWe Meier minus Reisen De Eh«. Das klingt wirklich nicht so gut und das Wort *Minus* ist irgendwie ganz und gar nicht so positiv vorbelegt. Stellen Sie sich nur die vielen Kombinationen mit »-profi« vor. Minusprofi.

Immer öfter sieht man auch Webadressen auf Fahrzeugen. Ich frage mich allerdings allen Ernstes, was jemand dazu veranlassen soll, auf `www.schulze-und-meier.de` zu reagieren und diese Adresse sofort im Büro einzutippen? Natürlich ist jeder auf seinen eigenen Namen im eigenen Unternehmen stolz. Als Internetadresse ist er jedoch meist nur bedingt geeignet. Ich glaube, selbst das Domainmonster `www.innenausstattung-hamburg.de` merkt man sich besser als Eigennamen. Zumal wenn man gerade dabei ist, umzuziehen und einen Innenausstatter brauchen kann. Einen Schulze braucht man dagegen eher selten.

Aus den USA kommt vielleicht bald ein weiterer Trend nach Deutschland, der die Offline-Welt mit unseren Online-Adressen verknüpft. Dort verleiht man sich ein besonderes Image dadurch, dass man die postalische Adresse, die Telefonnummer und die E-Mail von den Visitenkarten entfernt. Da steht dann nur noch der Name des Unternehmens, der Name der Person und die Funktion im Unternehmen. Darunter steht ganz einfach »google me«. Man weiß um den Wert, in der größten Suchmaschine an prominenter Stelle gefunden zu werden. Wenn Sie dieses Buch durchgearbeitet haben, können Sie sich sicher solche Visitenkarten auch drucken lassen. Trotzdem empfehle ich immer, noch einen alten Satz mit Adressen dabei zu haben. Man weiß nie, welche Launen Google mit neuen Filtern umtreibt ...

Kapitel 2

Virales Marketing

2.1 Was ist und was bringt »Virales Marketing«?

Viren haben ja gerade in letzter Zeit einen recht negativen Beigeschmack bekommen. Trotzdem gibt es sicher keinen besseren Vergleich als den durch die Anlehnung an die Biologie. Es lassen sich dieselben Phänomene beobachten:

- Man benötigt einen Übertragungsweg,
- ideale Wirte und
- infektiöse Inhalte.

Seit dem Bekanntwerden des Internets und dem Tatbestand, dass man mittlerweile sehr viele Leute darüber kontaktieren kann, ist ein idealer Übertragungsweg gefunden. Ideen, Marketingbotschaften, Warnungen, Witze – all das lässt sich in Windeseile elektronisch verschicken. Der hohe Standardisierungsgrad von Technologien und letztlich auch Dateiformaten tun zudem ein Übriges. Und wenn ich schreibe »Windeseile«, dann ist das eigentlich noch stark untertrieben. Einige Botschaften verteilen sich nämlich sehr viel schneller, als der Wind sie selbst bei Sturmgeschwindigkeit vor sich hertreiben könnte.

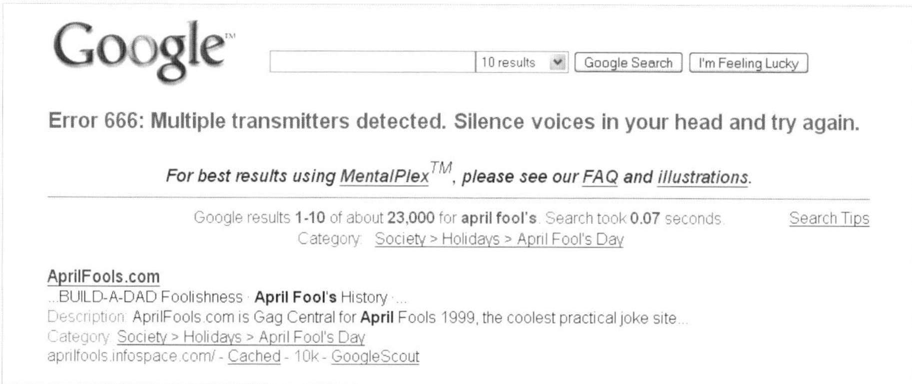

Abb. 2.1: Google.com: Bringen Sie die Stimmen in Ihrem Kopf zur Ruhe ...

Nicht gerade mit Sturmgeschwindigkeit, aber mit einem erstaunlichen Zuspruch hat sich ein von mir zu diesem Zweck verschickter Aprilscherz über Deutschland verbreitet. Ich hatte in einer E-Mail an einen Verteiler von etwa 600 Empfängern geschrieben, dass Google an einer neuen, völlig neuen Suchtechnologie arbeitet, und weitere Informationen dazu auf meiner Website angekündigt. Selbstverständlich hatte ich gleich einen Ziellink auf die Seite APRIL in der E-Mail mitgeschickt. Auf dieser Zielseite sah man einen sich drehenden Farbkreisel mit der Aufforderung, ohne Brille direkt in den Kreisel zu sehen, intensiv an einen Gegenstand zu denken und dann auf die Abbildung zu klicken. Dieser Klick führte direkt auf eine spezielle Website von Google, hinter der schon seit Jahren eine Antwort zu diesem Aprilscherz hinterlegt ist (vgl. Abbildung 2.1).

Der kleine Scherz hat sich noch am selben Tag anscheinend recht schnell per E-Mail weiter herumgesprochen. Am Abend verzeichnete die neu und eigens für diesen Zweck eingestellte Seite APRIL bereits über 2.600 Zugriffe. Damit hatte ich eigentlich gar nicht gerechnet, weil der 1. April 2006 auf einen Samstag fiel. Zwei Aufrufe kamen aus der Schweiz, einer aus Belgien und ein weiterer aus Linz in Österreich. Für den wohl am weitesten entfernten Zugriff zeigte mir meine Analysesoftware »Bolivia, Cochabamba« an. Ich habe keine Ahnung, wo diese Stadt genau liegt und was jemand von dort mit meinem Aprilscherz zu tun hat. Anscheinend kennt jemand jemanden, der jemanden dort kennt ...

Selbst eine Woche danach kamen übrigens noch täglich einige hundert Aufrufe dazu.

Abb. 2.2: Die Zugriffszahlen auf den Aprilscherz

Seit dem Erscheinen der ersten Auflage dieses Buches sind übrigens noch etwas über 12.000 Aufrufe dazugekommen. Seltsam, welche Blüten das Web oftmals treibt. Die Seite bei Google mit dem Aprilscherz finden Sie übrigens unter: `www.google.com/mentalplex/MP_results.html`. Wenn Sie eine Neigung zu so etwas haben, empfehle ich Ihnen unbedingt, dort die Links ILLUSTRATIONS und FAQ aufzurufen. Das Leben ist schon ernst genug ...

Wenn dieses kleine Beispiel (zum Glück) auch keine Mail-Invasion ausgelöst hat, so ist es doch ein nettes Beispiel für virale Botschaften. Innerhalb von Stunden kann jederzeit eine Mail-Lawine durch das Land laufen – oder auch über den ganzen Globus.

Man kann die Grundprinzipien viraler Botschaften durchaus auch für Marketingzwecke verwenden. Und da Ihnen Besucher auf der Webseite ganz generell sicher nützen, sollten Sie sich diese Prinzipien in Ruhe ansehen und überlegen, welchen Virus Sie kreieren könnten. Damit meine ich natürlich keine der bösen Computerviren, was ja zu Recht strafbar ist. Inspirieren Sie sich und infizieren Sie andere.

Damit dies klappt, brauchen Sie die richtigen Wirte für Ihren Virus. Ideal sind Personen mit hohem Vernetzungsgrad. Wer gut vernetzt ist, erkennen Sie mittlerweile ganz gut in den so genannten Sozialen Netzwerken wie XING oder FACEBOOK. Dort können Sie die Anzahl der Kontakte ablesen, mit der sich eine Person vernetzt hat.

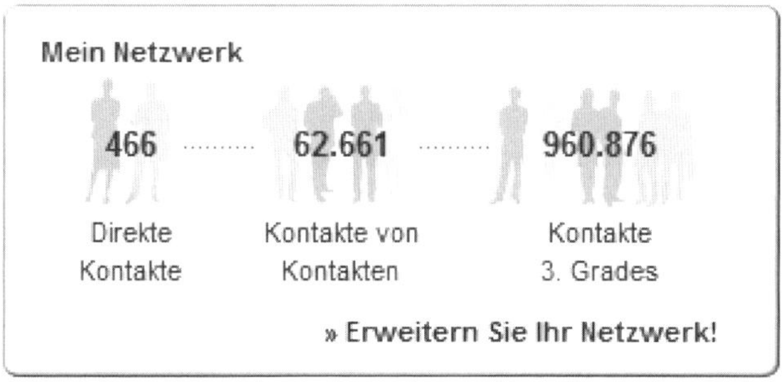

Abb. 2.3: Anzeige der »Netzwerk-Power« in Xing

Wie man in Abbildung 2.3 sehen kann, bekommt man sogar eine Hochrechnung, wie viele Menschen man über zwei Kontaktebenen erreichen könnte. In meinem Fall zeigt XING knapp eine Million an. Nun würde ich keinesfalls auf die Idee kommen, meine Kontakte mit Werbung oder Ähnlichem belasten zu wollen. Aber man kann sich ausmalen, wie schnell sich zum Beispiel eine lustige Mail an einige zentrale Empfänger verbreiten würde.

Je mehr Personen Sie kennen, die eigene Netzwerke an Kontakten unterhalten (über den Bekanntenkreis, die Firma, den Verein oder Ähnliches), desto schneller und desto wahrscheinlicher verbreitet sich also Ihre Botschaft. Es gibt ja diverse Theorien, dass jeder Mensch mit jedem anderen auf dieser Welt statistisch gesehen über nicht mehr als sieben Ecken bekannt ist. Es wurde in der Literatur unter dem »Kleine-Welt-Phänomen« bereits 1967 von Stanley Milgram eingeführt und wird seitdem diskutiert. Interessierte finden einen recht guten Einstieg bei `http://de.wikipedia.org/wiki/Kleine-Welt-Phänomen`. Falls Ihr Browser das »ä« in der Adresszeile nicht schluckt, suchen Sie in Wikipedia einfach nach »Kleine Welt Phänomen«.

Wann immer ich übrigens über ein anstehendes Projekt einen neuen persönlichen Kontakt in Xing suche – er ist meistens maximal nur zwei Menschen von mir entfernt. Das bedeutet, ich kenne jemanden, der jemanden kennt, den ich auch kenne. Dazu muss er selbstverständlich auch in einer solchen Plattform registriert sein. Und ich bin immer wieder erstaunt, dass ich mit einem eben erst kennen gelernten Menschen meist sogar einen gemeinsamen Bekannten habe. Erstaunlich, wie schnell man erkennen kann, wie klein die Welt doch wirklich ist – wenn Elektronik vernünftig beim Networking (also der Beziehungspflege) hilft. Kennen Sie also viele Leute, die viele andere kennen –, dann haben Sie schon einmal einen guten Nährboden. Nun brauchen Sie nur noch den Virus zu entwerfen und ihre Multiplikatoren damit zu infizieren. Guckst du dort!

Wie Sie noch weiter hinten in diesem Buch sehen werden, bringen Ihnen viele Links, die man aufgrund einer geglückten viralen Botschaft auf Ihre Webseite setzt, mehr als kurze Strohfeuer von Besuchen auf der Website (Visits). Wenn es Ihnen gelingt, über einen viralen Effekt zu erreichen, dass man ein Bild, ein Video, einen Text oder was auch immer *dauerhaft* anlinkt – dann sind Sie in die Königsklasse aufgestiegen. Über die Rankingmechanismen der Suchmaschinen verschaffen Sie sich dadurch nämlich in der Regel einen strategischen Vorteil und damit einen dauerhaften, zielgerichteten Besucherstrom. Zielgerichtet nicht unbedingt wegen Ihrer verbreiteten Botschaft, sondern weil Ihr Ranking zum Beispiel in Google durch diese Links stetig ansteigt. Damit werden die Begriffe auf Ihren Webseiten besser gefunden. Nun müssen nur noch Ihre Begriffe auf Ihrer Website zielgerichtet sein. Ich bin mir sicher, wenn Sie den Teil über Suchmaschinen gelesen haben, wird Ihnen rückblickend auf die Möglichkeiten des viralen Marketings die wahre Power erst richtig bewusst werden. Aber gemach. Eines nach dem anderen ...

2.2 Elemente viraler Methoden

2.2.1 Give-aways und unwiderstehliche Angebote

Klar, das musste ja kommen. Kostenlos! In der Tat sind kostenlose Angebote (Give-aways) *der* Renner in der vernetzten Webwelt. Doch wer soll all die kleinen Taschenmesser, Taschenlampen oder Plastik-Kugelschreiber mit Firmenaufdruck bezahlen und verschicken? Keine Sorge. Um etwas im Web zu verschenken, muss Ihr Name nicht mit Rocke anfangen und mit Feller enden. Denken Sie einfach digital. Alles, was Sie an digitalen Gütern produzieren, lässt sich auch (fast) kostenlos digital vervielfältigen und verteilen.

Denken Sie doch nur mal an die vielen kostenlosen E-Books. Was mag ein Autor davon haben, wertvolle Inhalte ohne Bezahlung einfach so herzuschenken? Natürlich gibt es auch viele nutzlose E-Books, bei denen aber auch die Entsorgung in den digitalen Mülleimer kein ökologisch schlechtes Gewissen macht. Die Leser entscheiden recht schnell, welche dieser kleinen »Bücher« es wert sind, einem Bekannten als persönlicher Tipp weiterempfohlen zu werden. Und so bringen es einige Exemplare schon auf über eine Million Downloads. Eine Auflage, von der mein Verlag für dieses Buch hier sicher nur träumen kann.

Das wohl meistabgerufene E-Book dürfte von Seth Godin stammen. Der Titel lautet – welch Wunder – *Unleashing the Ideavirus*, was in etwa bedeutet, dass Sie Ihren Ideenvirus von der Leine lassen sollen. Das Werk ist erhältlich unter `www.sethgodin.com/ideavirus`. Unter dem Menüpunkt GET IT kann es kostenlos auf den eigenen Rechner geladen werden. Man kann es aber auch über einen Link zu Amazon für knapp zehn Dollar käuflich erwerben. Nicht, dass ich hier für Mr. Godin Werbung machen möchte. Aber ich finde den Umstand beachtlich, etwas gleichzeitig zu verschenken und in einer Paperback-Variante zu verkaufen. *Wer ist denn so blöd, es zu kaufen, wenn man es auch kostenlos per Download bekommen kann?* Seien Sie ehrlich – ist Ihnen wie mir auch nicht zuerst ein ähnlicher Gedanke durch den Kopf geschossen?

Abb. 2.4: Kaufen oder lieber kostenlos?

Wenn Sie in Abbildung 2.4 genau hinsehen, finden Sie den aktuellen Verkaufsrang bei Amazon. Platz 5. Respekt.

Sie sehen also, althergebrachtes und eingefahrenes Marketingwissen ist im Web nicht immer brauchbar. Mitunter sogar schädlich.

Aber selbst wenn eine kostenlose Ausgabe einer digitalen Nützlichkeit nicht in der realen Welt gegen hartes Geld erworben werden kann, wird der edle Spender in der Regel mit Links »bezahlt«. Knapp 100.000 Treffer zeigt Google für den Buchtitel von Seth Godin an und beschert der Startseite damit einen PageRank von 6 (wenn Sie noch nicht wissen, was ein »PageRank« ist: Das ist hier auch noch nicht nötig – freuen Sie sich einfach inzwischen auf weiter hinten). Damit spielt seine Webseite (sehr vereinfacht gesprochen) in der gleichen Liga wie Webauftritte wie `www.bundesregierung.de` oder `www.bayern.de`. Damit kann man bereits ordentlich etwas anfangen ...

Wenn Sie der Webwelt kostenlose Inhalte zur Verfügung stellen, denken Sie daran, dass nicht alles auch immer bei Ihnen auf dem Webauftritt liegen muss. Legen Sie genau fest, unter welchen Umständen zum Beispiel andere Ihr PDF weitergeben dürfen. Ein anschauliches Beispiel gibt `www.viralcopy.com`. Dessen kleines E-Book darf zwar inhaltlich nicht verändert werden, aber ansonsten überall zum Download angeboten oder sogar als kostenlose Dreingabe eigenen Produkten beigelegt werden. Einzige Bedingung ist ein Link auf die Autorenseite. Sicherlich wird nicht jeder Leser auch Kunde bei viralcopy, aber das war auch nicht deren Absicht. Ich bin mir aber sicher, dass dort auch so genügend reale Anfragen ankommen. »Trading Words for Traffic« steht auf dem E-Book als Untertitel. »Inhalte gegen Aufmerksamkeit« gefällt mir als Übersetzung eigentlich am besten. Darum geht es ja schließlich: Aufmerksamkeit.

Hinweis

Nur am Rande möchte ich Sie darauf hinweisen, wie »viral« die hier genannten Beispiele *wirklich* sind. Ich habe sie hier für Sie in meinem Buch aufgegriffen, Sie lesen darüber, schauen vielleicht auch dort auf die Webseiten ... So ein Virus verbreitet sich tatsächlich oft breitflächig, nachhaltig und über viele Kanäle. Spüren Sie das auch?

Vor einigen Jahren hatte British Airways zum Valentinstag eine Sonderaktion gestartet. Man konnte an diesem Tag, aber tatsächlich nur an diesem Tag, für das restliche Jahr einen Flug von Frankfurt/Main nach London für fünf Euro buchen. Als ich davon (natürlich per Mail von einem Bekannten und *nicht* von British Airways selber) erfahren habe, konnte ich tatsächlich nicht widerstehen. Natürlich weiß ich, dass es immer wieder mal Flug-Billigangebote gibt und man bei einigen sogar im Inneren des Flugzeugs mitfliegen darf. Aber irgendwie hatte die Idee etwas. Valentinstag – London – fünf Euro – renommierte Fluglinie. Charme trifft es, glaube ich, am besten: Die Idee hatte einen gewissen Charme. Also war ich mit meiner Familie zweimal in London ... und Sie ahnen gar nicht, wie viele meiner Bekannten ich mit diesem Virus durch Weitergabe dieses Tipps infiziert habe.

Einen wichtigen Rat möchte ich Ihnen aber noch mit dickem Filzstift auf Ihren Notizblock schreiben. Achten in jedem Fall darauf, dass Sie, nein, besser Ihre

Webseiten einem viralen Ansturm auch standhalten! Liegen Ihre Webseiten bei einem kleinen Provider um die Ecke, kann es schnell passieren, dass ihm die Hardware verdampft, wenn Ihre Botschaft zündet. Damit will ich nichts gegen kleine Provider sagen – dort bekommt man in der Regel beste Betreuung statt langer Warteschleifen bei Problemen. Aber sprechen Sie das ausführlich mit ihm ab, denn in der Regel werden seine Kapazitäten nicht auf ein explosionsartiges Anwachsen der Zugriffe ausgelegt sein. Er weiß aber sicher Rat bzw. sollte wissen, wie er mit diesem Problem umgeht. Im einfachsten Fall reicht es, bei einem der großen Rechenzentren skalierbar Kapazitäten zu buchen bzw. Teile auszulagern.

Selbst Google mit seinen gewaltigen Rechenkapazitäten war beim Start von Google Analytics (eine Auswertungssoftware zur Analyse des Besucherverhaltens auf der eigenen Website) überrascht und musste die kostenlosen Zugänge erst mal komplett für einige Tage schließen. Als Google damals die Ankündigung über die Verfügbarkeit von Analytics an die Presse gab, wurden innerhalb weniger Stunden über eine Million Accounts registriert und das System brach komplett zusammen. Es gab daher eine ganze Zeit lang einen der kostenlosen Accounts erst nach Aufforderung. Das hatte nichts mit dem alten Marketingtrick zu tun, Dinge durch absichtliche Verknappung begehrt zu machen. Von Apple wird ja immer wieder gemunkelt, dass man das iPHONE bewusst nur in kleinen Stückzahlen ausliefern würde, um den Hype danach anzuheizen. »Was? Du hast schon das neue iPhone? Woher? Zeig mal!« Und solche Begeisterung freut natürlich auch den Zeigenden.

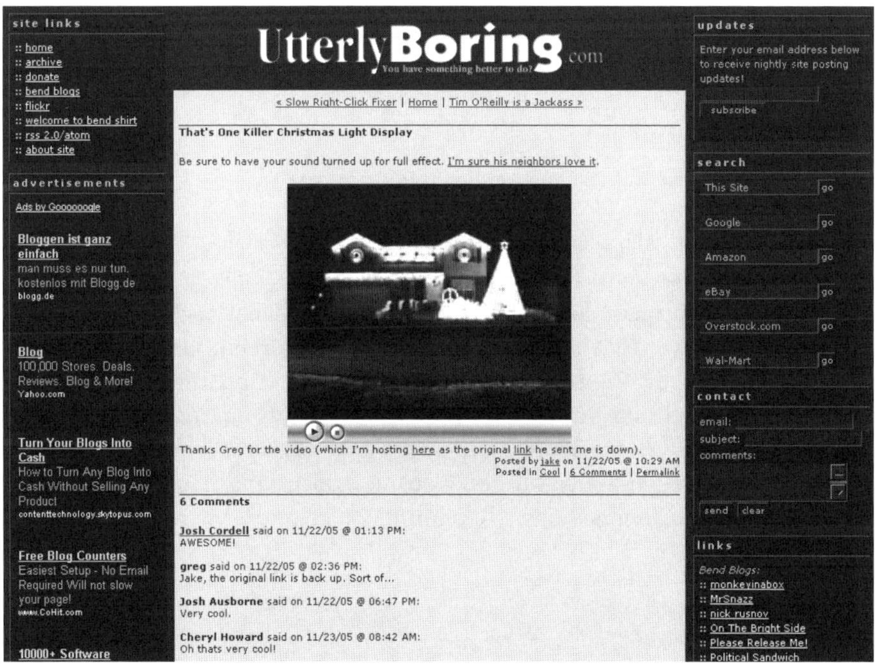

Abb. 2.5: Killer Christmas Light Display bei UtterlyBoring.com

Als der Betreiber von UtterlyBoring.com ein Video über eine »Killer-Weihnachtsbeleuchtung« auf seine Webseite stellte und hier in Deutschland Spiegel-Online darüber berichtete, war die Übertragungsbandbreite recht schnell erschöpft.

Er entschuldigte sich daher bei den deutschen Besuchern, dass er den Film auf einen anderen Server legen musste: »... *You've totally shot my bandwidth through the roof here, hitting 500 connections per second, so I've had to move the video to another server* ...« Zu sehen war eine recht exzessive Weihnachtsbeleuchtung eines Hauses in den USA – komponiert und choreographiert (doch, das ist genau das richtige Wort!) zu »Wizards in Winter«, einer stimmungsvollen Musik. Wenn Sie Muße und Zeit haben, lohnt sich mittlerweile ein Besuch bei `http://utterlyboring.com/archives/2005/11/22/thats_one_kille.php` (Achtung, ohne `www`) in jedem Fall wieder, denn der Film ist wieder online. Zu Beginn des Ansturms fand der Betreiber den Aufschlag der Lemminge offenbar allerdings zunächst überhaupt nicht lustig und zeigte zeitweilig das Bild aus Abbildung 2.6.

Abb. 2.6: Der Universitätsserver soll's richten.

Natürlich passieren nicht nur bei Spaßvideos solche Überraschungen. Auch im direkten Business wird viel Geld durch mangelnde Vorbereitung verschenkt. So zeigte zum Beispiel die Zeitschrift *Chip* als besonderen Tipp unter anderem einen besonderen Fotorucksack. Er hat zum Schutz von Akkus ein isoliertes Wärmepad mit integriert. Als Bezugsquelle für den *Dörr Icebreaker* wurde der Shop `www.doerrfoto.de` genannt. Auf der Website jedoch fand man dann nur unbefriedigende Informationen vor, wie Abbildung 2.7 zeigt.

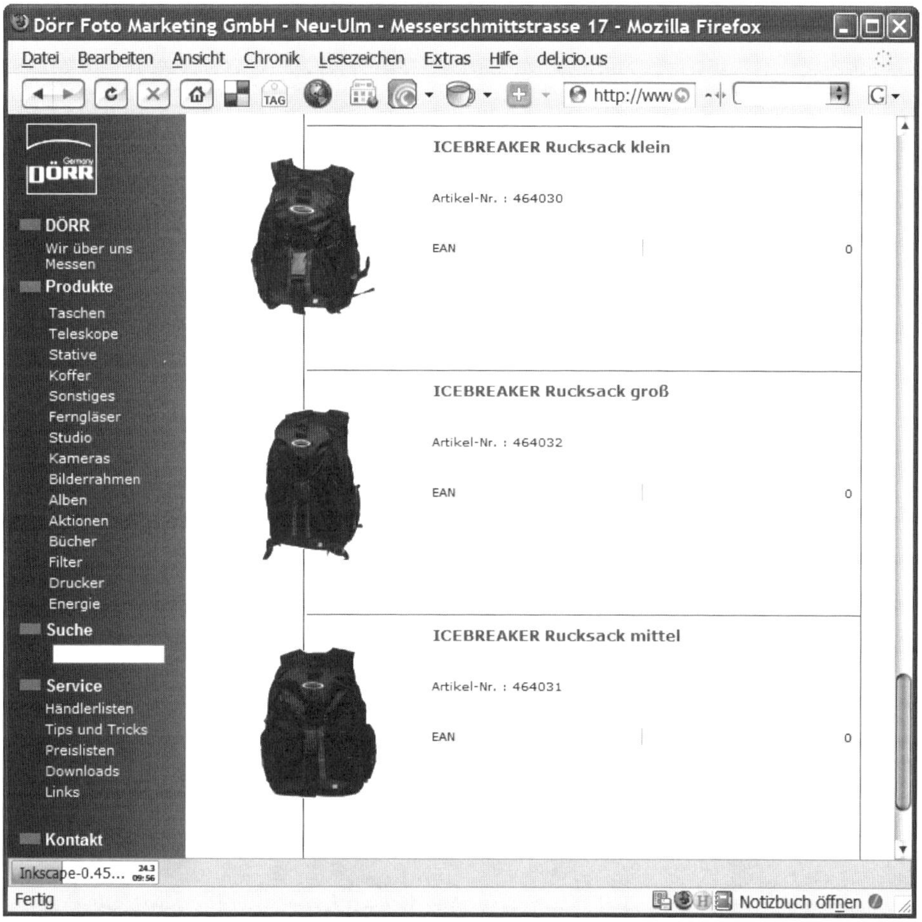

Abb. 2.7: Rucksäcke ja, Preise und kaufen nein

»Hmmm...«, meinen Sie vielleicht. Kann ja mal passieren. Klar – sollte aber nicht. Ich hake bei solchen Pannen ja auch immer gerne mal nach und eine Anfrage per Mail erbrachte mir dann die Auskunft »... der Größte liegt bei UVP 249,- € ...«. Damit war klar, dass der Große 249.- € kostet. Aber eben auch nur das. Ob mir als normaler Kunde *UVP* wohl etwas sagt? Egal, einen Rucksack für so viel Geld ohne jede Beschreibung oder Detailbild zu kaufen, fällt vielen Kunden wahrscheinlich eh viel zu schwer. Da bekommt man über eine Fachzeitschrift direkt beim Zielpublikum Kernaufmerksamkeit – und der Shop ist nicht gerüstet, das auch in Geld umzuwandeln. Und selbst hartnäckig nachfragende Kunden lässt man durch zu wenig Information wieder des Weges ziehen. Oft hat man nur einen solchen Schuss. Hier ging er wohl daneben.

Viral! Man kann es nach dem Freilassen nicht mehr kontrollieren – also denken und planen Sie vorher!

2.2.2 Witzig, skurril, brandneu und unterhaltsam

Als eine der ersten witzigen Linktipps ging meines Wissens vor etwa neun Jahren der Hampsterdance durch diverse E-Mail-Verteiler. Ziel war eine einzige Webseite, auf der ein paar Komik-Hamster sich nach heutigen Maßstäben recht ungelenk bewegten. Entscheidend war die beigefügte Musik. Ein hübsches, mit einem Stimmenkompressor erzeugtes »Düdeldü«. Wenn wir uns mal begegnen, singe ich es Ihnen gerne vor. Bis dahin werden wir wohl auf Bücher mit Ton warten müssen.

Abb. 2.8: Tanzende Hamster für gute Laune

Heute finden Sie unter `www.hampsterdance.com` eine nicht mehr animierte Seite und einen modernisierten Ton. Der Charme ist allerdings aus meiner Sicht verloren gegangen. Nach damaligen Angaben der Betreiber kam durch den Einsatz von Werbung ein nennenswerter fünfstelliger Betrag für die Hamster-Idee heraus. Nicht schlecht für zwei Studenten, die aus Langeweile ein paar animierte, hüpfende Backentüter mit Ton versehen haben.

Wie Sie in Abbildung 2.8 sehen können, haben wir es hier im Grunde sogar mit zwei unterschiedlichen Viren zu tun. Einer Art Folgevirus. Der zweite verbirgt sich nämlich hinter der Refinanzierung der Site durch Bannerwerbung. Amazon hatte damals einen Fünf-Dollar-Gutschein auf dem Banner angeboten. Für viele sind solche Angebote auch heute noch unwiderstehlich.

Machen Sie das Weitersagen so einfach wie möglich. Dazu gehört zum Beispiel eine herauskopierbare Adresszeile im Browser (also kein Webauftritt mit Frames, weil da die Adresszeile immer gleich bleibt – dazu später mehr) oder besser gleich eine fertige Funktion: CLICK HERE TO TELL A FRIEND ABOUT THE SITE. Mit dieser Funktion, einem Freund die Adresse dieser Webseite einfach per Mausklick zukommen zu lassen, kommen auch ungeübte Besucher zurecht. Und 1997 gab es davon noch eine ganze Menge.

Das erste richtige Geld mit einer viralen Kampagne hat wahrscheinlich Jennifer Ringley verdient. 1996 hatte sie eine Webcam in ihrem Zimmer installiert und ließ die Webgemeinde an ihrem Leben teilhaben.

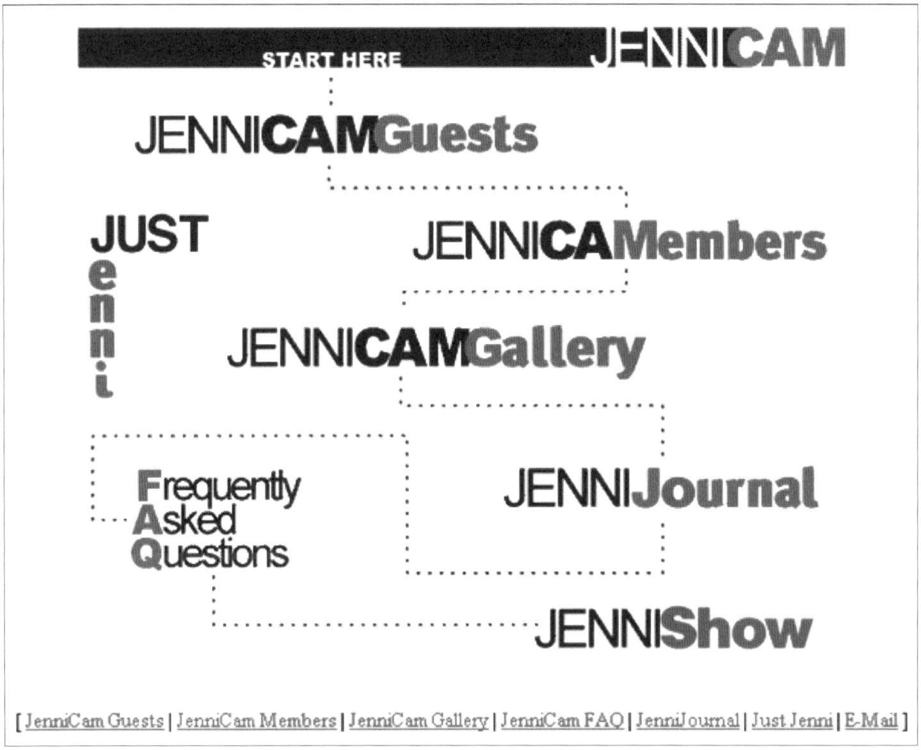

Abb. 2.9: Jennicam.org – mittlerweile offline

Schnell ging das außergewöhnliche Projekt durch das Web – gestützt durch Medienberichte im Fernsehen und Zeitschriften. Es gab sogar eigene Foren im Usenet, in der angeblich über 20.000 Beiträge über Jenni verfasst wurden. Zur Finanzierung ihres Studiums bot sie an, gegen ein paar Dollar pro Monat die normale Bildaktualisierungsrate von 30 Minuten für Mitglieder auf zwei Minuten zu reduzieren.

Abb. 2.10: Jennicam.org – zumindest skurril ...

Damals sprach die Presse von Einnahmen über 80.000 US-Dollar. Wie exakt diese Angabe war, kann heute wohl nicht mehr nachgeprüft werden. Aber anhand der damaligen Fangemeinde ist es wohl nicht ganz aus der Luft gegriffen. Vor circa zwei Jahren ging Jennicam vom Netz.

Eine recht witzige und zündende Kampagne hatte vor kurzem die Firma Wilkinson gestartet: *Fighting for Kisses*. Dort geht es in einem Animationsfilm darum, dass Frauen ihre Männer vernachlässigen, weil die Haut ihres Babys so viel weicher ist als die des Mannes. Er muss allerlei Bosheiten des kleinen Babys hinter Mamas Rücken ertragen. Plötzlich entdeckt er daraufhin in einer Zeitschrift den neuen Wilkinson-Rasierer. Nach der Rasur sind seine Wangen wieder so soft wie die des Babys. Jetzt können sie wieder auf gleicher Augenhöhe um die Gunst der Mutter kämpfen. Wie – das möchte ich hier nicht verraten. Aber ansehen lohnt sich in jedem Fall!

Sie finden den Film aus Abbildung 2.11 unter `www.ffk-wilkinson.com/de`. Leider ist die Übertragungsgeschwindigkeit alles andere als tauglich und unprofessionellerweise kann man den Film auch nicht vorläufig anhalten, um ihn zu puffern und am Stück genießen zu können. Etwas kleiner in den Abmessungen, aber dafür flüssig abgespielt finden Sie ihn zum Glück auch unter YouTube: `www.youtube.com/watch?v=ozQ6FqzwOvA`.

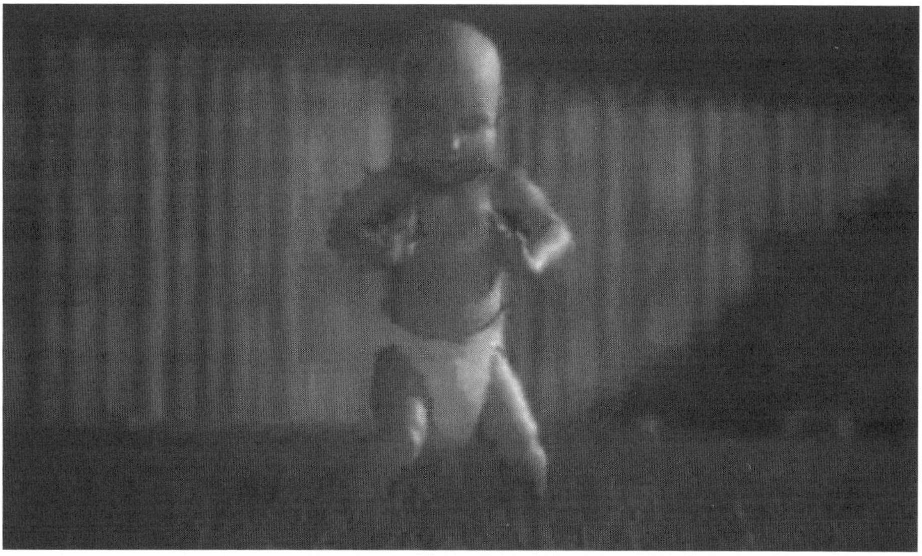

Abb. 2.11: »Fighting for Kisses« von Wilkinson

Apropos YouTube. Virales Marketing über diese Plattform erfreut sich immer größerer Beliebtheit. Und nicht zuletzt, weil man sich über Bandbreiten bei der Übertragung keinerlei Gedanken machen muss. Vielleicht kennen Sie ja das kleine Video *Todesstern* auf YouTube, in dem den Schauspielern in einem Ausschnitt von *Krieg der Sterne* schwäbische Synchronstimmen untergeschoben werden. Wenn dann Darth Vader zu seinem Kontrahenten sagt, *»An Ihrer Schdell däd isch mein fedde Asch ned auf meine Lorbääre breidhogge. Virales Margeding isch a absolud machdvolles Wärbäinschdrumend von dem sie koi Ahnung ham«*, dann muss man sich einfach wegwerfen. Sie finden das kleine Filmchen unter `http://www.youtube.com/watch?v=uF2djJcP02A` oder unter der Suchkombination *Virales Marketing Todesstern*. Die gleiche Agentur, die für diese Nachvertonung verantwortlich zeichnet, hat auch einige Folgen von *24*, einer neuartigen Serie in Echtzeit mit Kiefer Sutherland als »Jack Bauer« auf Schwäbisch nachvertont. Ihr besonderes Kennzeichen war das Schimpfwort *Grasdackel*, das in jedem ihrer Videos auftaucht. Auch hier wurden mit viel Humor kurze Szenen aus der Serie mit schwäbischem Dialekt und völlig anderen Inhalten (*Gib zu, dasch Du die Milchschniddn-Verbaggung hasch im Trebbehaus liege lasse – obwohl mir Kehrdienschd ghabd hen*). Leider fand die Rechteinhaberin der Serie, die Twentieth Century Fox, das wiederum gar nicht so lustig und hat auf eine Entfernung gepocht, wie in Abbildung 2.12 ersichtlich ist.

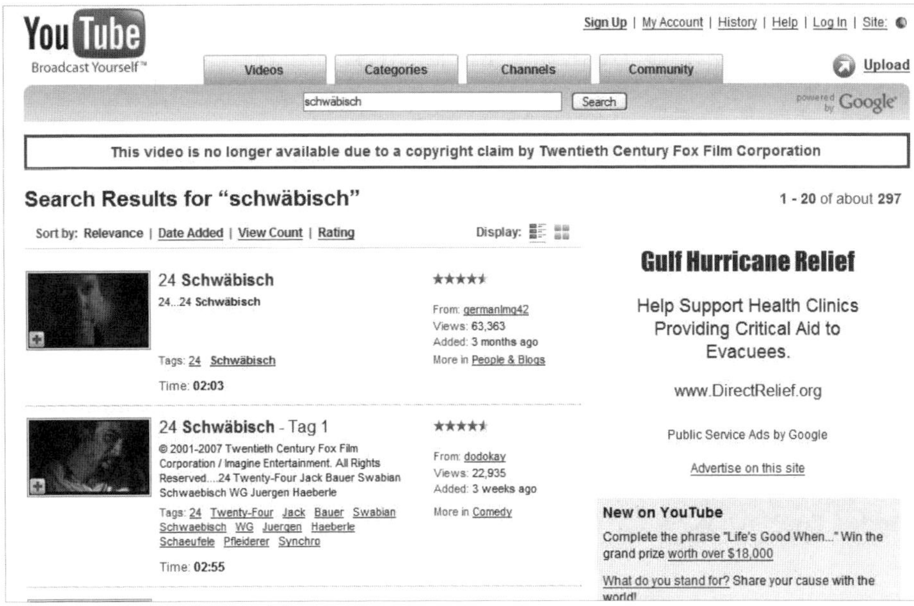

Abb. 2.12: Copyright statt viralem Marketing

Wahrscheinlich fehlt mir ein spezielles Gen, das Juristen wohl dafür doppelt haben. Aber ich kann nicht erkennen, wie ein zwei- bis dreiminütiger unautorisierter und witzig nachvertonter Ausschnitt aus einer Serie den Untergang der abendländischen Filmrechte bedeuten kann. Und ich kann nicht verstehen, wie man auf eine solche kostenlose Publicity verzichten möchte. Wer bis dahin die Serie noch nicht gesehen hat, wird vielleicht nun aufgrund dieses kleinen Spots später in der Fernsehzeitschrift auf die Originalserie aufmerksam. Da dann wenigstens mal reinzusehen – das halte ich nicht für so unwahrscheinlich. Fast wäre ich versucht, hier mal wieder den *Old Economy*-Stempel herauszurücken. Aber vielleicht treibt die Hausjuristen bei Twentieth Century Fox Dinge um, von denen wir hier im moderneren Online-Leben keine Ahnung haben. Grinsen muss ich aber trotzdem, während ich das schreibe.

Fast schon kongenial ist die virale Kampagne *Get the Glass* von »got milk?« Auch hier lädt die Seite scheinbar ewig. Aber warten Sie ruhig ab, bis alles geladen ist. Es lohnt sich und das Würfelspiel mit Adventure-Charakter mit der Addaci-Family hat gerade wegen der kleinen eingestreuten Aufgaben hohes Suchtpotenzial.

Dahinter steckt übrigens ein Verband in den USA, der das Milchtrinken forcieren möchte. Sieht man sich den PageRank 7 dieser Seite `www.gettheglass.com` an, kann man abschätzen, wie stark die Site eingeschlagen hat bzw. wie oft sie bisher innerhalb kürzester Zeit im Web von überall aus der Welt verlinkt wurde. Wenn Sie an dieser Stelle mit dem Begriff PageRank noch nicht anfangen können, ist das, wie erwähnt, nicht so schlimm. Das kommt später noch ausführlich.

Abb. 2.13: `www.gettheglass.com`

Die *Süddeutsche Zeitung* berichtete am 17. Dezember 2007 mit dem Titel »*Klick. Mich. An.*« über einen ungewöhnlichen Spot, den Amnesty International in YouTube eingestellt hatte. Sehen Sie sich zunächst das Vorschaubild in Abbildung 2.14 an, dass YouTube in der Übersicht angezeigt hatte.

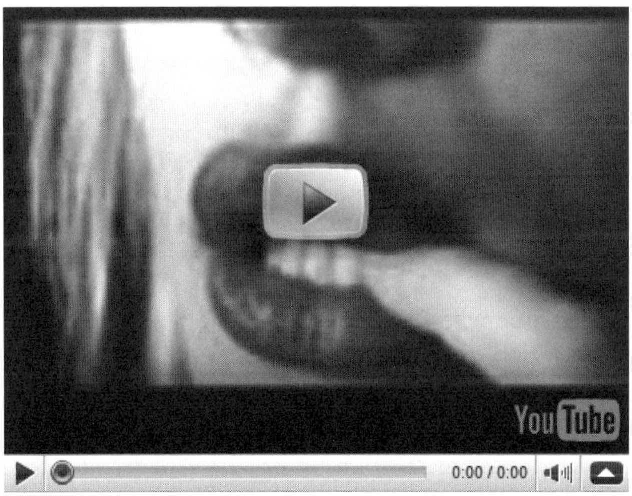

Abb. 2.14: Ein Amnesty-International-Spot?

Kommen Sie ins Grübeln? Die wunderbar roten Lippen können Sie hier im Schwarz-Weiß-Druck leider nicht sehen. Am besten malen Sie das mit einem Filzstift aus. Das Prinzip ist auch hier klar. Das muss irgendwas mit Sex zu tun haben. Der im Mund lasziv angelegte Finger ... Zumindest schlüpfrig wird er sein – der Spot. Weit gefehlt. Ein Manager der Menschenrechtsorganisation erklärt die Ziele von Amnesty International und läuft dabei durch die Büroetagen. Ziemlich exakt auf den Punkt genau in der Mitte tauchen in die Handlung integriert kurz die Lippen in dieser Pose auf.

Tipp

YouTube erzeugt das Vorschaubild immer aus dem Einzelbild genau in der Mitte eines hochgeladenen Videos. Dies hat sich die Agentur Saatchi & Saatchi hier zunutze gemacht und die in der Abbildung gezeigte Szene eben bewusst exakt in die Mitte des Spots gesetzt. Mit einem einfachen Videoschnittprogramm und ein wenig Experimentierfreude können Sie das auch. Aber hüten Sie sich davor, einfach so ein unpassendes Bild völlig ohne Grund in die Mitte zu setzen. Der Film wird dann zwar vielleicht oft angesehen, enttäuscht die Besucher aber vielleicht recht schnell. Noch schlimmer kommt es dann, wenn er über die Abstimmungsfunktion bei YouTube nach unten befördert würde.

Durch die enorme Publizität, die man zum Teil mit einfachsten Mitteln über das Web erreichen kann, kommen immer skurrilere Dinge ans Licht. So die Versteigerung eines Toastes, der angeblich ein Madonnenbild eingebrannt hatte, oder der Verkauf von mehreren Paketen Wireless-Lan-Kabel. Zur Erklärung für die Nicht-Techniker unter Ihnen: Wireless bedeutet ja kabellos und ist Teil der Bezeichnung für die Art Funk, mit der man sich in einigen Hotels oder unter so genannten Hotspots mit dem Notebook eben ohne Kabel ins Internet einwählen kann.

Manchmal reicht es schon, eine unterhaltsame oder nette Story zu erzählen. Angeblich hat Pierre Omidyar 1995 eine Website gegründet, damit seine Verlobte PEZ-Automaten tauschen konnte, die ihr als Sammlerin so sehr an ihr Herz gewachsen waren. Daraus wurde dann eBay. Rührend, oder? Erst viel später kam dann durch Zufall heraus, dass diese Story von der PR-Abteilung von eBay lanciert wurde, um bekannter zu werden. Die Legende wurde konsequent aufrechterhalten und wer heute durch den Sitz der Firmenzentrale schlendert, kann dort tatsächlich viele ausgestellte PEZ-Automaten bewundern.

Sascha Langner hat in seinem Buch *Viral Marketing* viele schöne Beispiele für virales Marketing zusammengetragen und fachlich kommentiert. Besonders gelungen fand ich die Kampagne der Shock Spots von K-fee, die er dort beschreibt. Auf das erste Video bin ich damals auch reingefallen und hatte tatsächlich, wie in der Mail gefordert, dummerweise meine Brüllwürfel (vulgo: Lautsprecher) am PC ein gutes Stück lauter gestellt. Unbeschreiblich. Seither hab ich alle K-fee-Spots auf dem Rechner und verschicke sie immer dann als Antwort, wenn ich müde Mails von müden Menschen bekomme. Das macht mir einen diebischen Spaß! Sollten Sie einen Herzschrittmacher oder schwache Nerven haben, besuchen Sie `www.k-fee.com` lieber nicht. Und sagen Sie nicht, ich hätte Ihnen nicht dringend abgeraten. Gerade überlege ich, ob das Abraten nicht irgendwie auch einen viralen Effekt haben kann?

Gerade völlig neue Ideen und zunächst abwegig Erscheinendes hat manchmal im Web durch den viralen Effekt großen Erfolg. Seien Sie ehrlich: Wenn ich Sie vor einem Jahr hätte überzeugen wollen, dass wir einzelne Pixel unserer gemeinsamen Homepage für einen Dollar pro Stück verkaufen – Sie hätten mich sicher nicht nur ausgelacht, sondern mein Buch in die nächste Mülltonne geworfen. Richtig?

Nun, der 20-jährige Ales Tew hat genau dies getan, um sich sein Studium zu finanzieren. Er gründete die mittlerweile überall bekannte 1-Mio-$-Homepage. Darauf hat er tatsächlich nach Pixeln berechnet Werbeflächen an jeden verkauft, der welche haben wollte. Das ging so gut, dass er die letzten 100.000 Pixel über eBay versteigert hat. Am Ende kam also in Summe mehr als eine Million Dollar für ihn dabei heraus. Eine Menge Hamburger, von denen sich der Student da bis zum Ende seines Studiums und sicher weit darüber hinaus gut und reichlich ernähren kann.

Vor einiger Zeit erreichte mich eine Mail eines Bekannten mit einer vorkonfigurieren Abfrage bei Google. Nach »abnehmen ohne hungern« auf der Website von `www.du-darfst.de` sollte man da suchen. Was Google dann als Ergebnis ausgespuckt hat, sehen Sie in Abbildung 2.15.

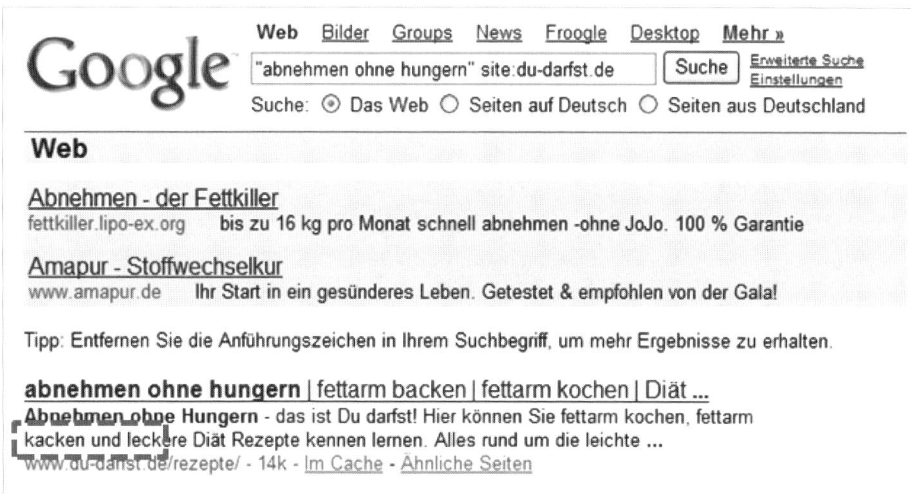

Abb. 2.15: Fettarm b/kacken bei `Du-darfst.de` im Suchergebnis

Entweder aus Versehen oder auch mit voller Absicht wurde bei der Pflege der Webseite in das Meta-Tag »Description« (dazu später mehr) ein »*b*« mit einem »*k*« verwechselt. Und schon ändert sich Herstellung (backen) in Entsorgung. Hauptsache fettarm. Da beide Buchstaben auf der Tastatur für meinen Geschmack zu weit auseinander liegen, halte ich einen reinen Tippfehler für eher unwahrscheinlicher. Leider liegen mir keine Zahlen über die Steigerungsraten von Du-darfst vor, aber nachdem ich die Mail mit dem Hinweis mehrmals von verschiedenen Seiten bekommen habe, dürfte das schon spürbar gewesen sein. Vielleicht finden Sie dieses Beispiel auch ein klein wenig anrüchig, was ich durchaus verstehen könnte. Wenn wir der Realität aber ins Gesicht sehen, sind es meist *genau diese Dinge*, die funktionieren. Vor allem aber finde ich dieses Beispiel zu putzig, weil man hier keinen dicken Marketinggeldbeutel braucht. Zwei Buchstaben auf der Tastatur zu vertauschen – das kann jeder. Bei Du-darfst hat man diesen »Fehler« übrigens wieder behoben.

Wo zur Hölle ist Matt?

Das haben sich bisher weit über 20 Millionen Menschen gefragt. Sie kennen Matt noch nicht? Hmmm ... Sehen wir mal in Google nach.

Abb. 2.16: 10,3 Millionen »exakte« Treffer für Matt

Wenn Sie sich die Ergebnisse in Abbildung 2.16 ansehen, werden Sie sicher sofort erahnen, woher der Hype um Matt kommt. Der erste Treffer ist von YouTube –

also hat das Ganze wahrscheinlich einen Anfang dort genommen. Wie Sie weiter in der Abbildung sehen können, gibt es 10,3 Millionen Treffer. Da ich in Anführungszeichen gesucht habe, werden nur solche Seiten ausgegeben, auf denen dieser Satz »where the hell is matt 2008« genau *so* vorkommt. Wie schafft man es, auf über zehn Millionen Webseiten zu kommen? Sehen Sie sich doch am besten einfach selber mal das aktuelle (es gibt mehrere) Video für 2008 bei YouTube unter `http://de.youtube.com/watch?v=zlfKdbWwruY` an. Alternativ geben Sie bei YouTube einfach die Stichworte »Matt Hell« ein. Der genaue Name des Videos ist »Where the Hell is Matt? (2008)«.

Matt tanzt auf der ganzen Welt, gesponsert von dem Kaugummihersteller Stride Gum, der den 14-monatigen Trip bezahlt hat. Scheinbar fasziniert Matts Reise die Menschen derart, dass ein regelrechter Kult ausgebrochen ist. Es gibt sogar eine Ansicht in Google Maps, die Matts Reise grafisch visualisiert (siehe Abbildung 2.17).

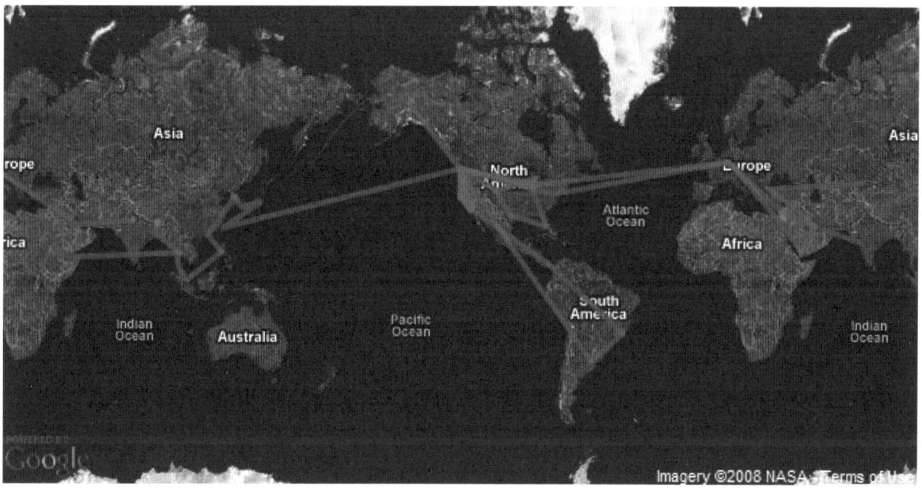

Abb. 2.17: Wo war Matt?

Das wirklich Besondere an dieser viralen Kampagne ist, dass der Sponsor im Video gar nicht in Erscheinung tritt! Durch den ganzen Rummel um Matts Person kam natürlich ;-) nach und nach raus, wer dahintersteckt. Und es hat Stride Gum nicht geschadet, auf das dicke und fette »Sponsored by« zu verzichten – im Gegenteil. Was das dann gebracht hat? Jede Menge Traffic auf die Website des Herstellers und bei jedem Besuch natürlich auch immer ein kleines Stück Markenwerbung. Unbewusst bleibt Logo und Produkt im Kopf und der Griff danach im Supermarktregal geht später automatisch(er). Dass hier auch »Matt-orientierter« Traffic beim Hersteller aufschlägt, sieht man an den »Sitelinks« in den Google-Treffern. Sie haben diese besondere Darstellung für einige Websites sicher schon gesehen. Die Unterpunkte einer Website, die die Besucher besonders häufig ansteuern, werden – quasi als Abkürzung – schon in den Google-Treffern angezeigt (siehe

Abbildung 2.18). Der Link zum Teil der Website, die sich mit Matt beschäftigt, ist in den Sitelinks vorhanden. Das bedeutet, dass ein nennenswerter Teil der Besucher, die zu Stride Gum kommen, direkt auf Matt's Place klicken.

Woher Google weiß, wohin die Menschen auf einer Domain hauptsächlich klicken? Neugierig? Dann warten Sie mal ab, was weiter hinten im Buch noch an Überraschungen auf Sie wartet ...

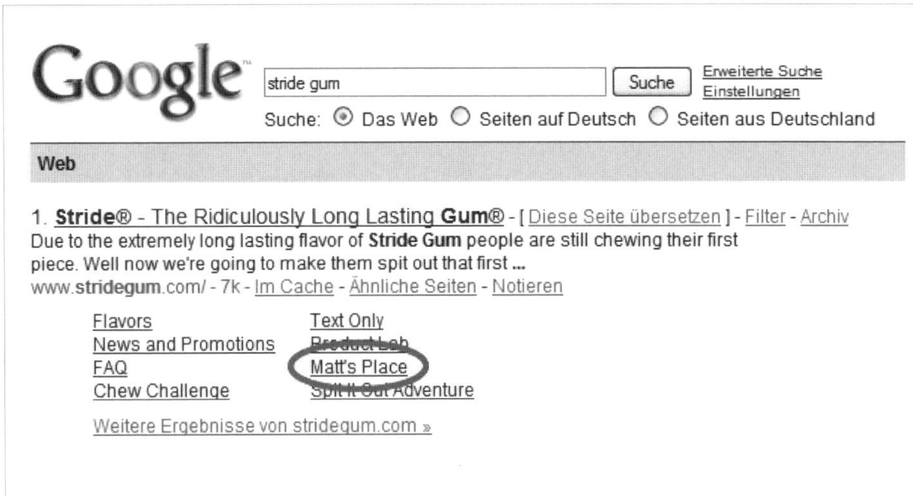

Abb. 2.18: Sitelink zu Matt bei Stride Gum

Man sieht, subtil gemachte, virale Werbung funktioniert tatsächlich auch ohne Nennung einer Marke oder eines Unternehmens. Levi's (Backflip into Jeans) und Gatorade (Girl's amazing catch) haben das ebenfalls schon gezeigt.

Vielleicht zündet Ihre virale Idee nicht gleich beim ersten Versuch. Dann heißt es einfach, dranbleiben. Nehmen Sie sich die Schauspielerin Sharon Stone zum Vorbild. Brian Clark beschreibt in seinem Weblog dazu eine hübsche Episode: Als Sharon Stone 1994 (damals noch unbekannter als heute) aus der Premiere des Films »Forrest Gump« kam, nahmen die Fotografen keinerlei Notiz von ihr. Sie ging zurück und kam nach einigen Minuten wieder aus der Tür. Noch immer nichts. Abermals ging sie zurück und versuchte es ein drittes Mal – bis sie endlich in dem gewünschten Ausmaß »belästigt« wurde. Am nächsten Tag war ihr Bild in den meisten einschlägigen Zeitungen abgebildet. Lassen Sie sich also nicht gleich entmutigen und zündeln Sie wie Sharon einfach weiter.

2.2.3 Skandalinszenierung und Empörung

Was war das für ein Medienereignis und welche Wirkung hatte es auf den Absatz der CD, als sich Britney Spears und Madonna auf der Bühne geküsst hatten! Ein paar Monate später gab es Spekulationen, ob die kurze »Unpässlichkeit« ihrer Kleidung bei Janet Jackson mitten in einem Auftritt wirklich ein Unfall war oder ein genialer Marketing-Schachzug. Ich kann mich auch noch gut daran erinnern, dass damals das Lied »Jeanny« von Hans Hölzel (besser bekannt als Falco) vom Bayerischen Rundfunk wegen der Inhalte nicht mehr im Radio gespielt wurde. Das Interesse an diesem Lied wuchs plötzlich so stark an, dass es wochenlang freitags in den Schlagern der Woche auf Platz eins stand – aber eben nicht gespielt wurde. Man war praktisch gezwungen, die Single – für alle, die nicht mehr wissen, was das ist: nicht so wichtig ...;-) – zu kaufen. Wie praktisch.

Einem großen Portal für Versteigerungen aller Art wurde ebenfalls große Aufmerksamkeit zuteil, als bekannt wurde, dass dort jemand in Deutschland verbotene Bücher aus dem NS-Regime versteigern wollte.

Manchmal kann man regelrecht den Eindruck bekommen, das Beste, was einem Buch, Film oder Lied passieren kann, ist, dass es zensiert, sonst irgendwie als »gefährlich« bezeichnet oder gar verboten wird. Womit ich nicht sagen möchte, dass solche Verbote in der Regel nicht völlig gerechtfertigt wären. Aber irgendwie werden die Leute dann erst recht neugierig und man lenkt die Aufmerksamkeit der Massen genau dahin, wo man sie eigentlich nicht haben wollte. Denken Sie nur an die Folgen der Verbote der gewaltverherrlichenden Ego-Shooter (das sind Videospiele, in denen man durch Labyrinthe läuft und alles umballert, was sich bewegt). Nun kennt sie wirklich jedes Kind. Verstehen Sie mich nicht falsch, ich wüsste aus dieser Misere auch keinen Ausweg. Einerseits muss man die Verbreitung eindämmen, andererseits erreicht man damit in der Regel genau das Gegenteil – eben erst recht eine hohe Aufmerksamkeit.

Diesen Umstand hat sich wohl der damalige Gründer des *Penthouse-Magazins* zunutze gemacht. Er lieferte zum Start seiner ersten Auflage kostenlose Exemplare mit den bekanntermaßen leicht bekleideten Frauen darin an Pfarrer und Priester, Mönche, Nonnen, aber auch an Abgeordnete. Nun, den Rest kennen Sie. Durch den Aufschrei, der durch diese besonderen »Frei-Abos« kalkulierbar ausgelöst wurde, schossen die Verkaufszahlen seines Magazins durch die Decke.

Ich denke, bei dieser Form haben wir es mit einer der durchschlagskräftigsten Varianten zu tun. Gleichzeitig aber auch mit einer der gefährlichsten. Denn die Stimmung, die sich bei den Konsumenten breitmacht, ist nicht immer so klar vorhersehbar. Meist kennen wir nur die Beispiele recht gut, wo sich im Nachhinein herausgestellt hat, dass die Idee »genial« war. Von den vielen gescheiterten Versuchen oder den Vorkommnissen, die ihre Ideengeber ruiniert haben, liest und hört man eher wenig. Flops haben keine Fürsprecher. Mit diesem Feuer spielen sollten Sie nur, wenn Sie sehr risikobereit sind und ein sehr gutes Gespür für Menschen und ihre Reaktionen haben. Aber auf keinen Fall sind Sie dafür fit, nur weil Sie dieses Kapitel gelesen haben.

2.3 Gutscheinkonzepte

Wenn ich ehrlich bin, ärgere ich mich häufig über Gutscheine. Insbesondere Amazon schaffte es immer wieder, Gutscheine für »Neukunden« in meinen Dunstkreis zu schießen. Dann lese ich kurz vor meinem nächsten Einkauf aus so einem Gutschein heraus, dass ich wieder mal der Depp bin, der treu und brav online immer beim selben Buchhändler einkauft. Wer viel Geld dort hinträgt, hat Pech – wer noch nie was gekauft hat, bekommt was geschenkt. Ärgerlich für treue Kunden, oder? Ebenso ärgerlich finde ich Gutscheine, die an bestimmte Warengruppen gebunden sind. Einen tollen Fünf-Euro-Gutschein, den man nur einlösen kann, wenn man einen DVD-Player für 190 € kauft – na, ich weiß nicht, ob mich das überzeugt, unbedingt gerade jetzt ein solches Gerät haben zu müssen. Es animiert mich eher zu einem Preisvergleich, bei dem ich dann die Feststellung machen muss, dass ich das Gerät woanders auch ohne Gutschein für 160 € erwerben könnte. Schwupp, schon hat der Gutscheinversender sein »zu teuer«-Image weg.

Natürlich ist meine Meinung hier nur subjektiv und die meisten Shops werden wohl hoffentlich wissen, wie die Kunden auf Gutscheinaktionen reagieren. Ganz sicher bin ich mir da aber trotzdem nicht immer ...

In der Regel sind sie auch ein hervorragendes Kundenbindungsinstrument – wenn sie nicht nur zur Neukunden-Akquise eingesetzt werden. Wie ich weiter oben ja schon erläutert habe, bekommen Menschen immer gerne etwas geschenkt.

Tipp

Keinesfalls sollten Sie Gutscheine einfach so per Mail verschicken, ohne dass Sie diesen elektronisch erzeugte Registriernummern mit auf den Weg geben. Ansonsten kann es durchaus passieren, dass Sie am Ende mehr Gutscheine zur Einlösung bekommen, als Sie vorher verschickt haben. Und wenn bei Ihnen die Einlösung nicht automatisiert läuft und mit Kosten verbunden ist, kann man das angepeilte Ziel schnell verfehlen. Sie sollten auch immer eine Frist mit angeben, wie lange der Gutschein gültig ist. Je kürzer, desto höher ist in der Regel der Anreiz, ihn möglichst gleich einzulösen. Je länger die Frist ist, desto höher die Wahrscheinlichkeit, dass man den Gutschein verlegt oder vergisst. Ich habe in Projekten aber auch schon von absichtlich kopierbaren Gutscheinen gehört. Wird mit dem Gutschein nicht ein fester Betrag verbunden, sondern zum Beispiel ein prozentualer Nachlass, dann kann das einkalkulierte Weitergeben durchaus gewünscht sein. Solange trotz des Nachlasses noch ein Gewinn realisierbar ist, kann der Gutschein ja gar nicht oft genug an potenzielle Neukunden weitergereicht werden. Hier kann man sich die Jäger- und Sammlerleidenschaft vieler Menschen zunutze machen.

Im Jahr 2003 hat der Ice Cream Shop Brigham's im Webauftritt von `Boston.com` eine Woche lang online einen Gutschein für eine kostenlose Eistüte zum Selber-Ausdrucken angeboten. Das Besondere daran war nicht der Gutschein selber, denn diese sind anders als bei uns in den USA sehr verbreitet. Das Besondere war, dass es nur mit diesem Gutschein eine neue Geschmacksrichtung gab: »Boston-Flavor«, also Boston-Geschmack. Nun fragen Sie sich vielleicht, wie eine Stadt in Neuengland wohl schmecken mag? Das fragten sich wohl auch an die 5.000 Bostoner, die kamen, um ihren Gutschein einzulösen. Die Webseite von Brigham's verzeichnete während der Aktion 140.000 Seitenaufrufe (Page-Views) und etwa 3.000 Leser nutzten die TELL IT TO A FRIEND-Funktion und schickten darüber einen Hinweis an ihre Bekannten. Diese Kampagne war sehr effektiv und hat schon damals eines ganz deutlich gezeigt: Neue und pfiffige Ideen verbreiten sich online sehr schnell und können hervorragend dazu geeignet sein, Kunden auch in die realen Geschäfte zu locken.

Rechtliches Risiko

Bitte vergessen Sie beim Texten einer Tell-it-to-a-Friend-Nachricht nicht, dass diese unbedingt werbefrei gehalten werden sollte. Wenn Paul Müller seinem Freund Himbeertoni über diese Funktion eine vorbereitete Mail-Nachricht schickt und Sie werbliche Aussagen über Produkte oder Ihr Unternehmen mit einsetzen, kann das schnell zu einer Abmahnung führen. Wie Sie sicher wissen, darf man in Deutschland nicht einfach ohne Erlaubnis des Empfängers Werbung per Mail verschicken. Fragen Sie im Zweifelsfall einen versierten Online-Anwalt, um unerwartete Kosten zu vermeiden.

Kapitel 3

Guerilla-Marketing

3.1 Das Wesen des Guerilla-Marketings

Unkonventionell soll es sein. Unsere Umwelt ist durchsättigt von Werbung, und wo wir gehen, stehen oder auch nur hören, drängen Werbebotschaften auf uns ein. Mitte der achtziger Jahre begründete Jay Levinson den Begriff des Guerilla-Marketings. Sein Handbuch zu diesem Thema wurde in viele Sprachen übersetzt und gilt als erstes Standardwerk. Der Kerngedanke dahinter ist, mit möglichst wenig Aufwand und niedrigem Budget durch ungewöhnliche Aktionen ein Maximum an Aufmerksamkeit zu erreichen.

Prinzipiell gibt es zwei Stoßrichtungen. Die erste zielt darauf ab, den Mitbewerber zu behindern. In der Regel geschieht dies zum Beispiel durch einstweilige Verfügungen, mit denen man seine Marketingaktionen zu stoppen oder zu verzögern versucht. Hier kann mit relativ geringem Einsatz großer Schaden angerichtet werden.

Der zweite Begriffsinhalt meint mehr das aktive eigene Marketing, statt die Mitbewerber mit destruktiven Maßnahmen zu blockieren. Die Taktiken dahinter sind solche der Guerilla-Krieger. Schnelle Aktionen nach dem Überraschungsprinzip an zentralen Stellen mit hohem Aufmerksamkeitspotenzial und danach sofort wieder zurückziehen. Daher eignet sich diese Art des Marketings wohl ganz besonders für kleine und mittelständische Unternehmen. Seit 2004 gibt es in Deutschland in Köln sogar einen eigenen Kongress für Guerilla-Marketing.

Es gibt viele schöne Beispiele über gelungene Guerilla-Aktionen. Vielleicht haben Sie ja schon von der Guerilla-Aktion von Cash-Machine gehört: Etwa 180 (verkleidete) Panzerknacker haben hier in Deutschland ohne jede Vorwarnung die Hörsäle von Universitäten erstürmt und wild mit Geldscheinen um sich geworfen. Anschließend wurden die bösen Buben von falschen Polizisten festgenommen und der Spuk war vorbei. Die Botschaft kam in der Kernzielgruppe aber bestens an: die Software von Cash-Machine laden und beim Ansehen von Werbung während des Surfens Geld verdienen. Die Aktion wurden an über 20 Hochschulen durchgeführt und hat insgesamt unter 100.000 € gekostet. Der Hebel lag in der Medienberichterstattung: »Vorsicht, jetzt regnet es Internet-Dollars«, war da beispielsweise zu lesen. Die Anmeldungen bei Cash-Machine haben sich daraufhin fast verfünffacht.

Ein faszinierendes Gebiet. Werbung nicht einfach nur mit viel Geld, sondern mit Brain zu machen. Gerade für kleinere Geldbeutel ist Guerilla-Marketing eine recht interessante Alternative. Ungewöhnliche und freche Ideen braucht man freilich schon dazu ...

Da es aber hier um Website Boosting geht, also darum, wie Sie Ihre Webseiten nach vorne bringen können, konzentriere ich mich im Folgenden auf die Möglichkeiten der Online-Welt.

3.2 Virtuelle Identitäten und Fallstricke

Der Rat oder ein Tipp eines Verbrauchers an einen anderen Verbraucher hat einen signifikant höheren Glaubwürdigkeitsfaktor als die Empfehlung eines Verkäufers oder gar eines Angestellten der Herstellerfirma. Die gerade aufkeimenden Diskussionen um das Web 2.0 und den Begriff des »Social Commerce« zeigen dies überdeutlich. Da sich gerade im Web die Bewertungsportale immer größerer Beliebtheit erfreuen, sind einige Unternehmen schon frühzeitig auf die Idee gekommen, solche Plattformen für eigene Marketingzwecke zu nutzen. Dazu verschaffen sich die Mitarbeiter unterschiedliche virtuelle Identitäten und stellen in einschlägigen Foren Fragen an die Allgemeinheit. Selbstverständlich haben diese Fragen potenziell immer etwas mit den Produkten und Leistungen des eigenen Unternehmens zu tun.

Eine Frage könnte im Hotel- und Gaststättengewerbe beispielsweise sein, wo man in Köln gut und preiswert, aber zentrumsnah übernachten könne. Ein bis zwei Tage später loggt sich derselbe Mitarbeiter desselben Unternehmens unter einem anderen Namen im Forum ein und gibt den ultimativen Tipp und beschreibt die Vorzüge des eigenen Hotels. Dabei darf man natürlich nicht so plump vorgehen, dass die anderen Leser oder gar der Webmaster Verdacht schöpft. Völlig unverdächtig könnte das zum Beispiel so aussehen:

Frage: *Kennt jemand von euch ein günstiges Hotel in Köln, bei dem man sich abends nicht die Füße platt läuft, wenn man ins Stadtzentrum will?*

Antwort: *Gute Frage ... Meist ist es im Zentrum teuer :-((Wir waren aber vor 3 Jahren mal in Köln recht zentral. Das Hotel hieß glaube ich zum wilden oder roten (?) Ochsen und war recht schnuckelig. Preise ok und Frühstück satt. Googel halt mal danach – wenn du es nicht findest, melde dich hier einfach noch mal.*

Nur präventiv: Den Hotelnamen habe ich hier frei erfunden. Der Trick bei den Antworten liegt darin, keine zu genaue Antwort, also weder eine komplette Anleitung noch eine Adresse oder gar Telefonnummern zu posten. Der Tipp mit dem Hotelnamen muss reichen und wirkt nicht zu aufdringlich. Natürlich darf es dann keine zwei Hotels geben, eines zum wilden und eines zum roten Ochsen. Und natürlich muss das Hotel mit seinem Namen auch möglichst einfach in Suchmaschinen oder den bekannten Hotelverzeichnissen gefunden werden können. Ein angenehmer Nebeneffekt ist oft, dass die Beiträge in Foren selber je nach Stärke des Forums gerade auch in Suchmaschinen gut gelistet werden. Es besteht also immer auch das Potenzial, dass nicht nur Forenleser diese Botschaft wahrnehmen, sondern sie von Suchenden über die Ergebnisliste einer Suchmaschine gefunden und gelesen wird. Und nicht nur morgen, sondern in der Regel über einen längeren Zeitraum. Es kann sich im Gegensatz zur normalen Werbung, die ja auch schon mal gerne recht schnell verpufft, um eine echte Investition handeln. Ähnlich wie der Aufbau eines Markennamens, der aber natürlich ungleich aufwändiger und damit teurer ist.

Man mag sich aus ethischer Sicht seine eigene Meinung bilden, ob diese Art Marketing die Grenzen des guten Geschmacks überschreitet. Fakt ist, dass es im Web schon lange so betrieben wird und Unternehmen, wenn es richtig gemacht wird, durchaus Vorteile verschaffen kann. Wie Sie sich sicher denken können, ist nicht jeder Mitarbeiter geeignet, solche unverdächtig wirkenden Frage- und Antwortspielchen zu generieren. Dazu gehört ein wenig Erfahrung mit dem Medium Internet als solches, der dort verwendeten Sprache und natürlich eine intensive Kenntnis der Eigenarten einzelner Foren im Besonderen.

Vorsicht

Gute Forenmaster sehen ab und zu bei verdächtigen Anhäufungen von Beiträgen auf die IP-Adresse des Absenders. Anhand dieser IP-Adresse kann ein Computer im Internet eindeutig identifiziert werden. Meistens haben Unternehmen immer dieselbe IP-Adresse und damit »verraten« sich die Guerilla-Schreiber, auch wenn sie verschiedene Benutzernamen verwenden. Spezialisierte Unternehmen verwenden daher für Guerilla-Postings gezielt einen DSL-Anschluss, bei dem immer wieder eine unterschiedliche IP-Adresse zugeteilt wird. Will man ganz sauber arbeiten, verwendet man am besten eines der am Markt erhältlichen Spezialprogramme, um auch noch seinen Standort zu verschleiern. Hierbei wird der Weg der Datenpakete gezielt über verschiedene Rechner (so genannte *Proxy-Server*) geschleust, so dass eine Rückverfolgung nahezu ausgeschlossen ist.

Damit sich solche verdeckten Werbebeiträge im Web glaubwürdig dauerhaft absetzen lassen, müssen Sie es schaffen, sich in verschiedene Konsumententypen hineinzuversetzen. Die verwendete Sprache muss dabei variieren. Mit Sprache meine ich natürlich nicht die Verwendung einer Fremdsprache, sondern die Ausdrucksweise. Stöbern Sie bei Bedarf einfach ein wenig in den verschiedenen Foren herum und sehen Sie sich um, wie man dort miteinander umgeht.

Machen Sie auch nicht den Fehler, immer nur zu einem Thema und mit einem einzigen Tipp zu posten. (Habe ich eigentlich schon erklärt, dass »posten« nichts anderes ist, als eine Nachricht in einer Webanwendung, zum Beispiel einem Forum, zu hinterlassen?) Bei einer Suche eines Ihrer potenziellen Kunden per Suchmaschine könnten durchaus die von Ihnen über viele Foren verteilten Postings (eben diese Beiträge) nämlich plötzlich sauber untereinander auf einer Seite stehen. Was Sie sich durch Kopieren und schludriges Arbeiten vorher an Zeit gespart haben, macht Ihre Arbeit dann oft an dieser Stelle reif für die Mülltonne. Man merkt, dass hier manipuliert wurde. Und *das* nimmt man Ihnen mit Sicherheit übel.

Wenn Konsumenten eines nicht mögen, dann, wenn sie sich hinters Licht geführt fühlen. Klar, Sie werden dagegenhalten, dass Werbung Konsumenten jeden Tag mehrere hundert Mal hinters Licht führt – oder sagen wir fairer, die Produktvorzüge in einem besonders günstigen Licht schimmern lässt. Das hat vielleicht einen nicht ganz unwahren Kern – aber »normale« Werbung wird selten erwischt. Außer sie fährt beispielsweise mit einem Fahrzeug der gehobenen Preisklasse mit deaktiviertem Abstandsassistenten in eine mit Nebel besprühte Halle über ein Holzbrett (als Signal) und vergisst zu bremsen ... Aber das ist nun wirklich eine andere, wenn auch skurrile Geschichte. Wenn Sie sie nicht kennen, lassen Sie sie sich unbedingt erzählen.

Warum ich sie überhaupt erwähne, ist, um deutlich zu machen, dass in der Werbung einfach recht viel Schmu gemacht wird. Das Eindringen in die Reservate der Kunde-hilft-Kunde-Foren ist sicher kein Glanzstück ethischen Marketings. Aber es wird gemacht und rein betriebswirtschaftlich betrachtet gibt es sicher mehr als eine Ansicht zu diesem Thema. Und ich vermute, jede Seite hat gute Argumente. Welcher Seite Sie den Vorzug geben, sei Ihnen überlassen. Wenn Sie sich für diese Art des Guerilla-Marketings entscheiden, dann seien Sie aber bitte sehr vorsichtig, denn die Forenmaster und die Leser sind unterschiedlich wachsam und unterschiedlich tolerant. Und ein »enttarntes« Posting kann durchaus mehr Schaden anrichten, als der Beitrag im Forum vorher genützt hätte. Sagen Sie bitte hinterher nicht, ich hätte Sie nicht gewarnt.

Natürlich soll nicht verschwiegen werden, dass Guerilla-Marketing auch dazu eingesetzt werden kann, den Mitbewerber gezielt zu behindern, zu blockieren oder ihm auf sonst eine Art zu schaden. Auch dies ist mehr als grenzwertig und nahe dran, dass der Staatsanwalt anfängt, sich dafür zu interessieren. Prinzipiell ist denkbar, dass nicht nur das verdeckte Loben der eigenen Produkte auf fruchtbaren Boden fällt – ebenso könnten die Produkte und Dienstleistungen der Mitbewerber schlechtgeschrieben werden:

»Ich hab mir das XY-Handy letzte Woche gekauft. Oh Mann, wenn ich gewusst hätte, dass das Menü SO schwer zu bedienen ist ... Das Design ist zwar richtig gut und ich hab mich davon wahrscheinlich zu arg blenden lassen. Der Akku hält die versprochenen 200 Stunden leider nicht durch, sondern gerade mal 2–3 Tage und Schluss ist – mitten im Gespräch.«

»Im YZ-Hotel hab ich schon mal übernachtet. Ein Bretterverschlag hinterm Hof ist eine Luxusherberge dagegen. Die Relaisschalter im Aufzug sind so laut, dass man die ganze Nacht kein Auge zumachen kann. Dann hat mich die Rezeption nicht wie vereinbart morgens per Telefon geweckt und ich hab meinen Termin verschlafen. Die Leute dort sind zwar freundlich, aber gegen den Lärm nachts können sie natürlich auch nix machen.«

Würden Sie sich nach dem Lesen eines solchen Forenbeitrags dieses Handy noch kaufen? Zumindest würden Sie weiter recherchieren. Und vielleicht auf weitere gezielt negative Beiträge stoßen. In dem Hotel würden Sie aber wahrscheinlich mit Sicherheit nicht übernachten wollen. Solange es Alternativen gibt, ist das Risiko einer durchwachten Nacht das sicher nicht wert. Die Kunst für glaubwürdige Beiträge liegt darin, nicht generell alles zu verteufeln. Im Gegenteil, ein klein wenig Lob an einigen Stellen macht die Kernaussage insgesamt glaubwürdiger. Das Lob wird dabei immer an Stellen eingesetzt, die nicht unbedingt für den Kauf entscheidend sind. Es darf nicht gleichwertig mit den bekrittelten Schwachstellen sein und eventuell von einem noch positiv gestimmten Leser zum »Aufrechnen« verwendet werden. Im Hotelbeispiel ist dies das als freundlich beschriebene Personal. Wenn Sie genau lesen, erkennen Sie auch, dass es durch den versäumten Weckruf gleichzeitig aber auch wieder als inkompetent hingestellt wird. Freundlich, aber unfähig, lautet die Botschaft. Und viel zu laut zum Schlafen. Wo ist das nächste Hotel?

Bedenken Sie aber auch, dass sich davor nicht nur Ihre Wettbewerber fürchten müssen. Potenziell können Sie selber mit Ihrem Unternehmen natürlich auch zum Opfer von Guerilla-Marketing-Attacken werden. Auch das sollten Sie besser nicht aus dem Auge verlieren. Das Problem ist für Sie, dass auch Sie nicht erkennen können, ob es ein Beitrag eines echten, verärgerten Kunden ist oder ein Mitarbeiter Ihrer Konkurrenz. Es mag sich vielleicht aus dieser Perspektive noch mehr lohnen, ab und zu auch einen Blick in das Web zu werfen, um zu sehen, was andere über das eigene Unternehmen sagen. Moderne Unternehmen tun dies ja zur Komplettierung ihrer Marktforschung sowieso schon.

Tipp

Ein einigermaßen verlässlicher Weg zur Unterscheidung »echte, negative Kritik« und »neidischer Mitbewerber« ist es, nach weiteren Kritiken dieser virtuellen Person zu suchen. Das geht nicht in allen Plattformen. Bei Amazon kann man zum Beispiel den echten Namen oder den »Nickname« (Spitzname) eines Kritikers anklicken und dann alle bereits veröffentlichten Kritiken lesen. Mitbewerber, die einem gezielt mit schlechten und manipulierten Texten schaden wollen, haben meist Angst vor rechtlichen Konsequenzen. Lässt sich nämlich ein Nachweis führen, wird der Kritiker möglicherweise schadensersatzpflichtig. Daher machen die meisten solche illegalen Spielchen nicht unter ihrem normalen Account, sondern legen oft einen weiteren Zugang mit einem nichtssagenden Spitznamen an. Mit diesem wird dann eben auch nur eine Kritik hinterlegt:

Tipp

die gegen Sie. Finden Sie hingegen viele andere Bewertungen (positiv wie negativ), handelt es sich mit hoher Wahrscheinlichkeit um echte Kritik. Beschäftigen Sie sich mit ihr und werden Sie dadurch besser. Wenn es technisch möglich ist, selber in einem Kommentar darauf zu antworten, kommt es übrigens oft gut an, wenn man einen solchen Fehler zugibt und die Beseitigung ankündigt oder anbietet. Das macht sympathisch. Totschweigen lässt sich im Web sowieso nichts mehr.

Was tun, wenn Sie in Foren auf solche Beiträge wie die obigen treffen? Die richtige Reaktion hängt von der konkreten Formulierung ab. Bei Beleidigungen oder Unflätigem reicht es meist, den Forenbetreiber zu informieren und ihn zu bitten, dies zu entfernen. Meist klappt das einfach und schnell. Weigert er sich oder antwortet nicht, sollten Sie einen versierten Online-Anwalt um Rat fragen. Das Wort »versiert« und »Online« habe ich ganz bewusst benutzt. Einen Anwalt, der sich hauptsächlich mit Verkehrs- oder Familienrecht beschäftigt, brauchen Sie gar nicht erst zu konsultieren. Auch wenn Sie ihn vielleicht schon seit 20 Jahren kennen. Die Anforderungen an das spezielle Fachwissen sind hier einfach mittlerweile zu hoch.

Hat der Schreiber geschickt Beleidigungen vermieden und Sie haben keine rechtliche Handhabe, schicken Sie einfach Ihre besten Guerilla-Abwehrkämpfer auf den Weg:

»Im YZ-Hotel war ich auch schon öfter, aber DAS kann ich ja überhaupt nicht nachvollziehen! Das letzte Mal hatte ich ein Zimmer direkt am Lift und ich hab einen sehr leichten Schlaf. Da klackt rein gar nix. Vielleicht hast du nur vergessen, deinen Walkman auszuschalten ... ;-)) Das mit dem verschwitzen Wecken ist mir allerdings auch schon mal passiert. Das bekommen die wohl nicht immer auf die Reihe. Was soll's, ich hab eh immer meinen eigenen Wecker oder das Handy dabei. Dafür entschädigt mich persönlich die gepflegte Sauna und das kleine Hanuta auf dem Kopfkissen.«

Ein bisschen heilen kann man damit schon. Aber auch hier gilt, nicht zu übertreiben. Man darf nicht als der größte Fan des Hotels dastehen, der sich etwa persönlich beleidigt fühlt, weil jemand sein Lieblingshotel runtergemacht hat. Dann nimmt man Ihnen den Widerspruch wahrscheinlich eher nicht richtig ab. Daher habe ich zum gleichen Stilmittel wie oben gegriffen und die Sache mit dem verpatzten Wecken bestätigt. Das wirkt ehrlich und authentisch. Und so richtig schlimm ist es ja auch nicht. Und wenn ich es schon vorher weiß – dann nehme ich halt wirklich selber einen Reisewecker mit. Als großes Hindernis würde ich das als potenzieller Gast nicht unbedingt sehen.

3.3 Die Erfolgskontrolle ist nicht einfach

Wie Sie sich sicher vorstellen können, ist es nicht ganz einfach, den Erfolg solcher Online-Guerilla-Aktionen zu messen oder gar zweifelsfrei nachzuweisen. Da Guerilla-Schreiber im Web ja keinesfalls Spuren hinterlassen dürfen, die direkt zu ihnen führen, gibt es keinen klickbaren Link zu ihrer Website, den Sie hinterher in Ihren Logfiles sehen bzw. auswerten könnten.

Da es sich in den wenigsten Fällen empfiehlt, einen direkten URL bzw. Domainnamen zu hinterlassen, bleibt den Suchenden eigentlich nur der Weg über eine Suchmaschine. Diese Suche taucht bei Ihnen zusammen mit allen anderen Suchen in den Auswertungen auf und Sie haben in der Regel keine Möglichkeit zu unterscheiden, ob jemand eigenmotiviert gesucht und gefunden hat oder ob er durch einen Guerilla-Beitrag in einem Forum zum Suchen veranlasst wurde.

Einzig in dem Fall, dass in einigen Beiträgen aufgrund der Umstände unverdächtig auch Domainnamen hinterlassen werden könnten, haben Sie eine minimale nachprüfbare Kontrolle. Da Sie in Ihren Logfiles sehen können, woher jeder einzelne Besucher kommt, können Sie natürlich auch die Herkunft aus Foren identifizieren.

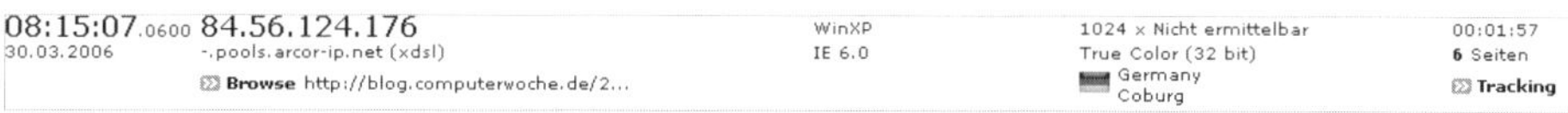

Abb. 3.1: Ausschnitt aus der Besucherverfolgung von `etracker.de`

In Abbildung 3.1 sehen Sie einen Ausschnitt aus einer speziellen Software, die statt der normalen Logfile-Analyse vernünftige Messungen der Besucherbewegungen auf der eigenen Website durchführt und daher verlässlichere Rückschlüsse erlaubt. Dieses Tool stelle ich Ihnen zusammen mit anderen im letzten Teil dieses Buches noch einmal ausführlicher vor. Was ich in dem gezeigten Ausschnitt sehen kann, ist, dass jemand aus Coburg auf meine Webseiten kam. Wenn ich mit TRACKING nachsehe, wo sich der Besucher aufgehalten hat, kann ich relativ genau nachvollziehen, ob es ein interessierter Besucher war oder ob er eher aus Zufall und unmotiviert auf meinen Webseiten rumklickt. Abbildung 3.2 zeigt ein solches Bewegungsprotokoll.

gestartet am: **30.03.2006 - 08:**[redacted]
Dauer: **00:13:55**
Seitenabrufe: **8**

Referrer URL: **http://blog.computerwoche.de/2005/10/25/google-ist-kein-wunderunterneh**
Browse

IP: **217.6.2**[redacted]
Host: **i**[redacted]**e.de**
Besuche: **Nicht ermittelbar**

Betriebssystem: **Windows XP**
Browser: **IE 6.0**
Bildschirm: **1024 x Nicht ermittelbar / True Color (32 bit)**

<< zurück

Uhrzeit	Dauer	Datum	Seitenname
08:15:07.0600	00:05:17	30.03.2006	Index Seite
08:20:24.6700	00:06:20	30.03.2006	projekte.html
08:26:45.4300	00:00:07	30.03.2006	★ Mario Fischer - Prof. Dr. Mario Fischer ★
08:26:53.1800	00:00:06	30.03.2006	prof-fischer.html
08:26:59.5000	00:00:10	30.03.2006	referenzen.html
08:27:10.1700	00:00:33	30.03.2006	projekte.html
08:27:43.4100	00:01:19	30.03.2006	Index Seite
08:29:02.5300		30.03.2006	kontakt.html

Abb. 3.2: Eine Besucherverfolgung per `etracker.de`

Ich kann darin zum Beispiel erkennen, dass sich der Besucher aus Coburg einige und welche meiner Webseiten angesehen hat. An der Kontaktseite ist sie oder er dann ausgestiegen. Hoffentlich nicht, ohne sich die Telefonnummer zu notieren ;-)

Kapitel 4

Newsletter

Wahrscheinlich kann man einen gut gemachten Newsletter ohne Übertreibung zur Königsklasse der Kundenbindung zählen. Direkt auf den Bildschirm des (potenziellen) Kunden zu dürfen, in sein E-Mail-Programm – wer das erreicht, hat hohes Potenzial im Web. Diese Erlaubnis stellt gewissermaßen Kapital dar, auch wenn es nicht in den Bilanzen auftaucht. Sie sollten damit sehr sorgsam umgehen.

Vor allem sollten Sie prüfen, ob technisch alles perfekt läuft. Dazu weiter hinten noch mehr. Wer bei der Deutschen Bahn vergisst, in der Anmeldemaske sein Geschlecht zu hinterlegen, wird sogleich in der Anrede zur Null abgestempelt.

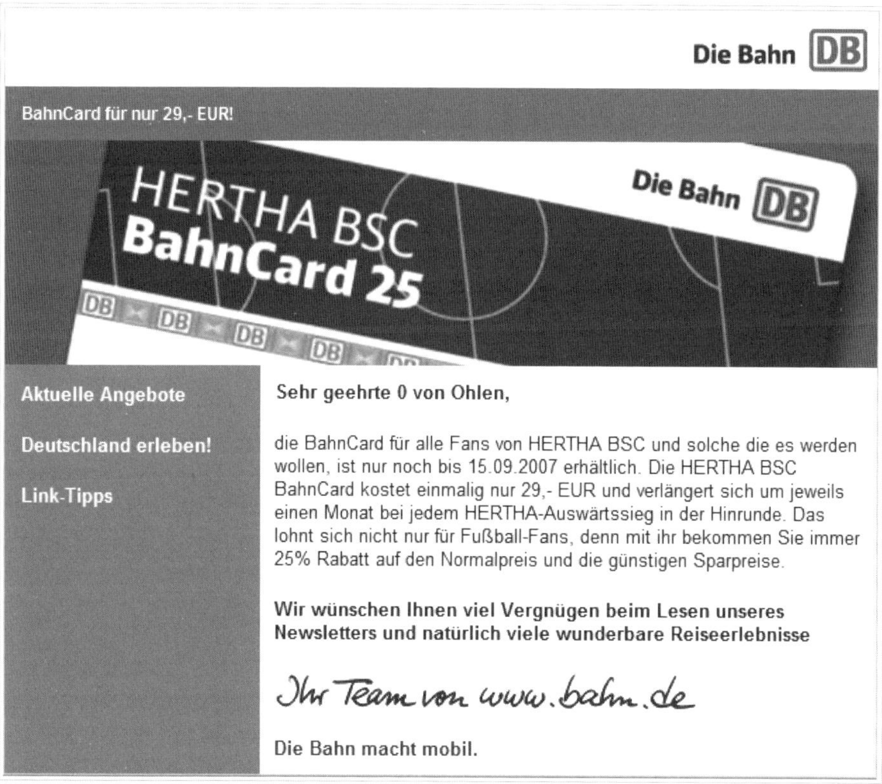

Abb. 4.1: Sehr geehrte 0 von Ohlen

Leider haben auch noch immer viele Unternehmen anscheinend den Wortsinn des Wortteiles »News« nicht richtig verstanden und verschicken stattdessen eindeutige »Werbeletter«. Ist das bei der Anmeldung angekündigt, zum Beispiel bei expliziten Schnäppchen-Newslettern oder deutlich verkaufsorientierten Plattformen, geht das in Ordnung und ist beim Empfänger gewollt. Über den Deckmantel der Information aber plump verkaufen zu wollen, kommt meist nicht gut an.

Achten Sie auch darauf, dass Gelegenheitskäufer, die vielleicht Ihren Newsletter innerhalb des Bestellprozesses mit abonniert haben, keine Powerkunden sind. Gestalten Sie die Texte daher so, dass immer auch ein Erstleser sie verstehen kann.

zeta producer Sommeraktion - Upgraden auf die Vollversion für nur 49 EUR

info@zeta-producer.de

An: [redacted]

```
Sehr geehrter zeta producer-Anwender,

mit der Sonne kommt nun auch ein spezielles Sommer-Angebot für Sie:

Bis 31. Juli haben Sie die Möglichkeit, für nur 49 EUR (anstatt 149 EUR) auf die
Vollversion von zeta producer Desktop upzugraden.

Die Vollversion bietet Ihnen folgende Vorteile:
 - kein Werbehinweis mehr auf den Seiten
 - Sie können eine Website mit bis zu 40 Seiten erstellen
 - Sie können bei Bedarf Zusatzmodule für Formulare, Aktive Objekte (Sitemaps,
Suchfunktion, Ticker, ...) nachrüsten.

Um von diesem Angebot zu profitieren, rufen Sie die Seite

  http://www.zeta-producer.de/gutschein

auf und geben Sie als Gutschein-Code "fw07" ein.

Lassen Sie sich dieses einmalige Angebot nicht entgehen und sparen Sie so 100 EUR!
Dieses Angebot ist gültig bis 31. Juli 2007.


Ihr zeta producer-Team
```

Abb. 4.2: Upgraden für 49 € – aber was?

Die Mail in Abbildung 4.2 kam so im Original bei mir an. Die Sonne scheint und ich kann 100 € sparen, wenn ich 49 € für »Zeta Producer« ausgebe. Nur verdammt, was ist das überhaupt? Oder werden Sie aus dem Text schlauer? Leider verfüge ich nicht über das Megagedächtnis, das man Elefanten zuschreibt, und habe daher keine Ahnung, was die von mir wollen. Hab' ich da mal was gekauft? Wenn ja, was? Die Mail ging eindeutig an eine meiner im Web unbekannten Mail-Adressen, ist also kein Spam. Natürlich könnte ich googeln oder mich auf der Website umsehen, um meinem Gedächtnis auf die Sprünge zu helfen. Irgendwie kann ich mich aber aus Zeitgründen nicht dazu motivieren. Und bisher lebe ich auch noch ohne spürbare Einschränkungen – auch ohne 100 € gespart zu haben ...

Eines der besten Beispiele dafür, dass Werbung per Newsletter hervorragend funktioniert, wenn

- sie dezent und nicht aufdringlich formuliert ist und
- die nützlichen Informationen gegenüber den werblichen deutlich dominieren,

ist der Newsletter von Sascha Langner. Er betreibt das Marketing-Portal `MarkeX.de` und bietet dort auch einen recht lesenswerten Newsletter an. Am 20. Oktober verschickte er seinen Newsletter und wies darin unter anderem in eigener Sache auf sein soeben erschienenes Buch *Viral Marketing* hin. Einige Stunden später am Nachmittag kam dann eine Sonder-Mail von ihm (siehe Abbildung 4.3).

```
Hallo,

bitte entschuldigen Sie, dass ich Sie heute schon ein zweites Mal störe.
Ich wollte mich nur kurz bei Ihnen bedanken. Durch Ihre Hilfe ist mein Buch
am heutigen Tag von Platz 1,5 Millionen auf den Verkaufsrang von
118 bei Amazon gestiegen. „Viral Marketing" zählt nun zu den 118 am meisten
verkauften Büchern Deutschlands.
http://www.amazon.de/exec/obidos/ASIN/3409142703

So eine Resonanz hätte ich nie erwartet! Vielen, vielen Dank.

Beste Grüße

Sascha Langner
```

Abb. 4.3: Verkaufserfolg aufgrund eines guten Newsletters

Sascha Langner teilt mir im Nachhinein mit, dass nach diesem zweiten Newsletter die Verkaufszahlen bei Amazon nochmals angestiegen sind. Das Buch zählte zeitweise sogar zu den Top 50 bei Amazon – und da mischen alle Bücher mit, also auch ganz große Romane und natürlich Taschenbücher. Die Erfolgsformel lag sicher zu einem wesentlichen Teil darin, dass er mit seinem Newsletter eher fachlich informiert und kein Hard-Selling betreibt. Dadurch wird Vertrauen und vor allem Kompetenz aufgebaut. Gibt es dann mal einen kommerziellen Hinweis, empfinden das die Leser eben nicht als aufdringliches »Nur-verkaufen-Wollen«. Es wäre sicher gut, wenn sich das mal bei einigen Marketingstrategen in einigen Unternehmen herumsprechen würde. Einfach den Werbeprospekt aus der Zeitungsbeilage in einen Newsletter einklopfen – *das* funktioniert in der Regel eben nicht ...

4.1 Die »Ja-ich-will«-Schwelle sicher überwinden

Drum prüfe, wer sich ewig bindet. Während es bei einer auf Dauer unglücklichen Beziehung die Möglichkeit einer Trennung gibt, sehen einige Newsletter-Versender diese Möglichkeit noch immer nicht vor. Auch hier sind Sie möglicherweise wieder in Sippenhaft mit bewusst oder unbewusst unseriös arbeitenden Unternehmen. Die Verbraucher haben oft schlechte Erfahrungen gemacht, einen Newsletter wieder loszuwerden, und gehen dann umso vorsichtiger bei Neubestellungen vor.

Dem können Sie aber recht wirkungsvoll entgegentreten. Sagen Sie Ihren potenziellen Abonnenten direkt auf der Seite, auf der man sich für das Abo eintragen kann, wie sie sich wieder abmelden können. Am besten ist natürlich ein automatischer Link am Ende oder Anfang eines jeden Newsletters, mit dem man per Klick diesen wieder abbestellen kann. Das lassen Sie aber Ihre Leser nicht selbst zufällig entdecken, das sagen Sie ihnen schon *vor* der Abonnierung! Schreiben Sie daher direkt in der Nähe des Eintragsfeldes für die E-Mail-Adresse, dass jeder Newsletter einen Link zum einfachen Abbestellen hat. Das nimmt die Angst, ihn später nicht wieder loszubekommen.

Hinweis

Paradoxerweise kann Ihnen das kundenfreundliche Hinterlassen eines Abmeldelinks wiederum in einigen Spamfiltern Probleme machen. Das Hinterlegen eines Links mit einer eindeutigen Ident-Nummer werten einige dieser Filter als unseriös, weil sie diese nicht von Tracking-Links unterscheiden können. Vereinfacht ausgedrückt, gehen die Programmierer der Filter davon aus, dass ein solcher Link in der Regel dazu verwendet wird, um Klickverhalten zu messen und den E-Mail-Leser damit aus der Anonymität zu holen. Das belegen sie mit einigen Strafpunkten. Sammeln Sie zu viele Strafpunkte, bleibt Ihr Newsletter unschuldig in diesem Spamfilter hängen. Und weder Sie noch der wartende Empfänger erfährt davon je etwas ... Dazu aber weiter unten mehr.

Am besten setzen Sie die Möglichkeit zur Abmeldung wie in Abbildung 4.4 gezeigt gleich zur Anmeldung dazu. Damit erkennen potenzielle Leser sofort, wo und vor allem, dass sie den Newsletter bei Nichtgefallen wieder abbestellen können.

Bitte erliegen Sie nicht der Versuchung, bei der Anmeldung gleich noch Name, Adresse und Antworten auf Fragen, wie »woher haben Sie von uns gehört?« loswerden zu wollen. Das Beste, was Ihnen aus Marketingsicht passieren kann, ist, dass Sie einen Newsletter an einen Leser verschicken dürfen. Je mehr Daten Sie verlangen, je länger das Eingabeformular wird, desto höher setzen Sie die Barriere des Abonnements. Und da Sie Daten, die Sie nicht unmittelbar für den Versand des Newsletters brauchen, sowieso nicht speichern dürfen (Datenminimierungsgebot im Bundesdatenschutzgesetz), warum also den Besucher damit belästigen?

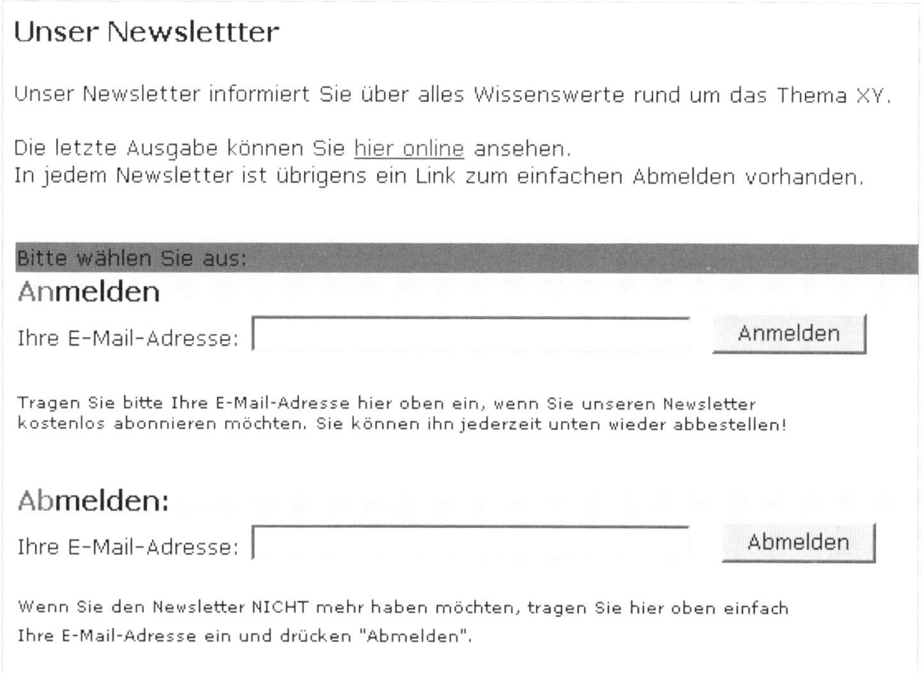
Unser Newslettter

Unser Newsletter informiert Sie über alles Wissenswerte rund um das Thema XY.

Die letzte Ausgabe können Sie hier online ansehen.
In jedem Newsletter ist übrigens ein Link zum einfachen Abmelden vorhanden.

Bitte wählen Sie aus:

Anmelden

Ihre E-Mail-Adresse: Anmelden

Tragen Sie bitte Ihre E-Mail-Adresse hier oben ein, wenn Sie unseren Newsletter kostenlos abonnieren möchten. Sie können ihn jederzeit unten wieder abbestellen!

Abmelden:

Ihre E-Mail-Adresse: Abmelden

Wenn Sie den Newsletter NICHT mehr haben möchten, tragen Sie hier oben einfach Ihre E-Mail-Adresse ein und drücken "Abmelden".

Abb. 4.4: Eine freundliche An- und Abmeldemaske für Newsletter

Sicherlich wissen Sie, dass man hierzulande als Unternehmen niemandem eine werbliche Mail ohne dessen Einverständnis senden darf. Beim Newsletter kann das – sofern er werbliche Inhalte trägt – ein kleines Problem sein. Jemand trägt sich oder einen Bekannten bei Ihrem Newsletter ein und Sie senden dem Empfänger daraufhin Werbung zu. Behauptet dieser nun, niemals seine Einwilligung gegeben zu haben, könnte für Sie eine Unterlassungserklärung inklusive einer Kostennote fällig werden. Dabei muss der Klagende noch nicht einmal böswillig sein. Es reicht schon, dass er sich nicht mehr erinnern kann, wo überall er vielleicht vor Monaten seine E-Mail-Adresse eingegeben hat. Oder ein Freund hat wie oben beschrieben in gutem Glauben an sein Interesse seine E-Mail-Adresse angegeben. Aber auch für dieses Problem gibt es eine praktikable Lösung.

Damit Sie jederzeit nachweisen können, dass derjenige, der eine E-Mail-Adresse eingegeben hat, auch derjenige ist, dem die Mailbox gehört, können Sie das *Double-opt-in*-Verfahren einsetzen. Dabei wird nach dem Eintrag einer E-Mail-Adresse an diese eine automatisch generierte Mail mit einem Link gesendet. Der Empfänger wird darin neben einer Begrüßung kurz aufgeklärt, dass er den Link durch Anklicken bestätigen muss, damit das Abonnement tatsächlich gestartet wird. Schreiben Sie in jedem Fall auch in die Mail, dass er keine weiteren Mails mehr erhalten wird, wenn er nichts tut (also den Link nicht anklickt). Manche Newsletter-Programme lassen auch zu, dass ein einfaches, kommentarloses Rücksenden der Bestätigungsanforderung ausreicht. Klickt der zukünftige Abonnent den Link an, wird dies bei Ihnen in der Datenbank registriert und Sie haben einen zweifelsfreien Nachweis mit IP-Adresse (eine eindeutige Rechneradresse), Datum und Uhrzeit, dass der Empfänger reagiert hat und damit die Erlaubnis für die Zusendung erteilt hat.

Vorsicht

Wenn Sie bereits einen Newsletter versenden und bisher noch nicht das Double-opt-in-Verfahren verwenden, müssen Sie organisatorisch sehr gut aufgestellt sein! Glaubt man den Berichten in einschlägigen Foren, gibt es derzeit eine recht fiese Masche, Mitbewerber finanziell hart zu treffen. Man abonniert dort einen Newsletter und behauptet hinterher, niemals eine E-Mail-Adresse dort eingegeben zu haben. Ohne Double-opt-in können Sie in der Regel leider auch nicht das Gegenteil beweisen. Per Anwalt bekommen Sie dann nach der ersten Mail-Zusendung eine Unterlassungserklärung zugestellt. Selbstverständlich ist in der Unterlassung eine saftige Summe genannt, die Sie bezahlen müssen, falls Sie nochmals unaufgefordert an den Mandanten des Anwalts eine Mail senden. Es wird Ihnen nach Rücksprache mit Ihrem Anwalt nichts anderes übrig bleiben, als diese Erklärung zu unterschreiben. Eine Woche danach abonniert Meister Listig auf Ihren Webseiten nochmals unter derselben E-Mail-Adresse Ihren Newsletter. Sie ahnen, was nun passiert? Logisch. Ihr Newsletter-Programm kennt wahrscheinlich noch keine gesperrten Adressen und sendet beim nächsten Mal in bestem Glauben auch an die verbotene E-Mail-Adresse Ihren Newsletter aus. Viel Spaß beim Zahlen der von Ihnen per Unterschrift in der Unterlassungserklärung akzeptierten Konventionalstrafe.

Bitte beachten Sie auch noch die folgende, leider oft übersehene Tatsache: Nicht wenige Menschen haben mehrere E-Mail-Adressen, die sie oft der Einfachheit halber auf eine einzige E-Mail-Adresse weiterleiten lassen. Das Abbestellen oder Bestätigen durch einfachen Klick auf den »Antworten«-Button im Mail-Programm des Empfängers funktioniert daher nicht immer problemfrei. Die rücksendende E-Mail-Adresse stimmt in dem Fall nämlich nicht mit der E-Mail-Adresse überein, an die Sie Ihre Bestätigungsmail oder Ihren Newsletter gesendet haben.

Während sich das rechtlich sichere Double-opt-in-Verfahren mittlerweile doch recht breit durchgesetzt hat, verzichten immer noch einige Unternehmen darauf. Das gleichnamige Newsletterportal des *Focus* trägt eine dort hinterlassene E-Mail-Adresse sofort in den Abonnentenstamm ein. In einer Begrüßungsmail (siehe Abbildung 4.5) wird dann darauf hingewiesen, dass man sich per Mail an den Administrator wenden solle, falls man nicht selbst das Abo veranlasst habe.

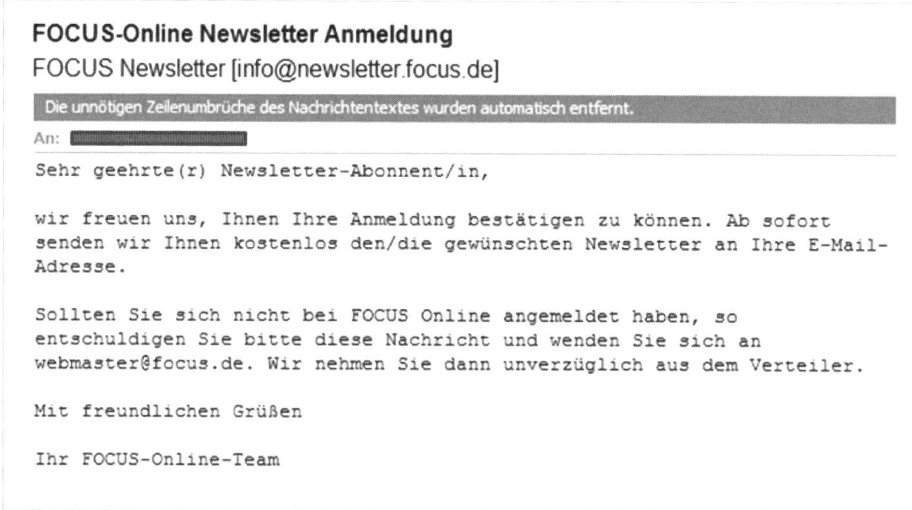

FOCUS-Online Newsletter Anmeldung

FOCUS Newsletter [info@newsletter.focus.de]

Die unnötigen Zeilenumbrüche des Nachrichtentextes wurden automatisch entfernt.

An: [redacted]

```
Sehr geehrte(r) Newsletter-Abonnent/in,

wir freuen uns, Ihnen Ihre Anmeldung bestätigen zu können. Ab sofort
senden wir Ihnen kostenlos den/die gewünschten Newsletter an Ihre E-Mail-
Adresse.

Sollten Sie sich nicht bei FOCUS Online angemeldet haben, so
entschuldigen Sie bitte diese Nachricht und wenden Sie sich an
webmaster@focus.de. Wir nehmen Sie dann unverzüglich aus dem Verteiler.

Mit freundlichen Grüßen

Ihr FOCUS-Online-Team
```

Abb. 4.5: Focus verzichtet auf das Double-opt-in.

Da der Newsletter auch Werbung enthält, könnte diese Nachlässigkeit sich als durchaus rechtlich kritisch herausstellen. Gibt es berechtigte Beschwerden, halte ich die Frage für spannend, was mit dem bisherigen Mail-Adresspool passiert. Wenn dort alle bisher gespeicherten Mail-Adressen ohne Einwilligungsbestätigung gesammelt wurden, kann das lustig werden. Man stelle sich vor, eine genügend signifikante Zahl würde sich gegen die Zusendung per Abmahnung sperren ... Ein Damoklesschwert, das vielleicht mit jeder einzelnen bisher gespeicherten Mail-Adresse verknüpft ist.

Eine weitere Unsitte aus Besuchersicht ist die Frage, ob der Leser den Newsletter lieber im HMTL- oder Text-Format haben möchte. Diese Entscheidung dem potenziellen Empfänger aufhalsen zu wollen, entspringt oft dem Glauben von Webprofis, dass jeder etwas mit diesen Bezeichnungen anfangen könnte. Ich glaube dies nicht. Der »normale« und viel zitierte Otto Normalverbraucher interessiert sich meiner Erfahrung nach nicht für solche technischen Feinheiten. Im Gegenteil. Wenn Sie ihn fragen, ob er seinen Newsletter eher im HTML-Format oder im Textformat bekommen möchte – was wird er sagen?

Natürlich als Text, wie soll er ihn denn sonst lesen können. Webmaster, mit denen ich bisher zu tun hatte, werden nicht müde, an dieser Stelle die hohe Zahl an Abonnenten mit HTML-Format zu nennen. Selbst Studien und Statistiken nennen häufig Zahlen von über 60 Prozent. Diese Zahl wäre wohl nicht so hoch, so versucht man mich immer wieder zu bekehren, wenn die Leser nicht sehr wohl um den Unterschied wüssten. Meist rufe ich dann die jeweilige Webseite auf und zeige den zutiefst Überzeugten, dass die Option »HTML« die vorbelegte Standardoption ist. Kein Wunder also.

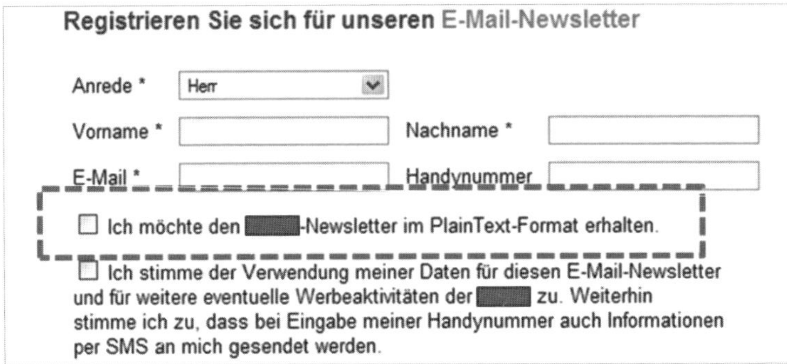

Abb. 4.6: Wollen Sie den Newsletter im PlainText-Format?

Noch kruder erscheint die in Abbildung 4.6 gestellte Frage, wie sie eigentlich nur ein vom Codieren trunkener Programmierer stellen kann, nämlich ob man »Plain-Text-Format« wolle. Davon abgesehen, dass *Plain* im Deutschen auch »gutbürgerlich« oder »unbedruckt« bedeuten kann, fordert die Frage schon sehr tiefes IT-Wissen ab. Dass ich mir beim besten Willen nicht vorstellen kann, wer um alles in der Welt auch noch – hier – Versicherungswerbung per SMS aufs Handy (durch Eingabe der Handynummer) haben möchte – **und** wie man die dann wohl wieder loswird ... Das mag ich hier gar nicht hinschreiben. Irgendwie macht das auf mich persönlich ein wenig den Eindruck nach Opfersuche.

Die lästige Formatfrage sollte schon aus dem Grund abgeschafft werden, weil HTML-Mails tatsächlich sehr viel leserfreundlicher gestaltbar sind. Die Textwüsten aneinandergereihter ASCII-Buchstaben sind wirklich nur noch etwas für DV-Puristen. Bei der Frage nach dem Text-Format kann es aber durchaus passieren, dass sich ein unbedarfter Besucher dafür entscheidet, weil er »Text« zum Lesen und »Text*format*« verwechselt. Hinterher meckert er, wenn es darauf ankommt, sogar noch über das langweilige Aussehen des Newsletters ...

Versenden Sie Ihren Newsletter daher im so genannten Multipart-Format. Moderne Newsletter-Programme beherrschen das mittlerweile. Dieses Format enthält sowohl eine Text- als auch eine HTML-Variante. Das E-Mail-Programm des Empfängers entscheidet dann entweder nach der Standardkonfiguration (meist HTML) oder den vom Benutzer geänderten Einstellungen, welche von beiden Varianten es anzeigt.

4.2 Ohne Konzept keine Leser

Am besten planen Sie schon im Voraus Ihre Kapazitäten für einen Newsletter vorsichtig und möglichst realistisch ein. Haben Sie tatsächlich Raum und Zeit, volle Artikel zu schreiben? Wenn ja, ist das natürlich die Idealform. Allen anderen empfehle ich, auf Textkondensate auszuweichen. Sammeln und kommentieren Sie beispielsweise News aus Ihrer Branche und stellen Sie diese Ihren Lesern unter Nennung der Originalquellen zur Verfügung. Viele Menschen schätzen dieses Überblickswissen und sehen sich bei Bedarf bei der ein oder anderen Quelle selber um. Um einen nützlichen Newsletter zu produzieren, müssen Sie also kein Literatur-Nobelpreisträger sein. Oft reicht gute Branchenkenntnis, gemischt mit einem gesunden Gefühl, was Ihre Leser, sprich Kunden (auch potenzielle Kunden), besonders interessiert.

Ganz generell lässt sich übrigens sagen, dass die Akzeptanz von Werbung per Mail bei Frauen besser funktioniert als bei Männern. Dafür lesen Männer insgesamt im Schnitt mehr Newsletter als Frauen. Dies nur als Hintergrundinformation, falls Sie eine diesbezüglich eindeutige Zielgruppe haben.

»Was sollen wir schon in einen Newsletter schreiben?« Dieses generelle Misstrauen in die eigenen Fähigkeiten höre ich leider immer wieder. Und in den meisten Fällen ist es völlig unbegründet. Ich bin der Überzeugung, dass die meisten Unternehmen hohes Potenzial hätten, nützliche Informationen über einen Newsletter zu produzieren und damit die Kundenbindung zu steigern. Man muss nur einmal aktiv auf die Suche gehen und Personen und Know-how identifizieren. Ich verstehe bis zum heutigen Tag nicht, warum Sony & Co. ihren Kunden keinen diesbezüglichen After-Sales-Service zukommen lassen, der diesen Namen zumindest in elektronischer Hinsicht auch verdienen würde. Zu elektronischen Produkten gibt es *so viele* Tipps und Tricks, dass man alleine damit seitenweise Newsletter für Käufer produzieren könnte. Warum lerne ich den tiefergehenden Umgang mit einer Nikon-Digitalkamera nicht über einen Newsletter von Nikon, der zum Beispiel

- Tipps
- Hinweise zum Umgang mit Digitalbildern generell
- Hinweise zu dem von mir gekauften Kameratyp und gerne auch
- Informationen zu passenden Ergänzungsprodukten wie Taschen, neuen Wechselobjektiven oder System-Blitzen

enthält? Diese Informationen muss ich mir – nicht nur bei Nikon! – einzeln aus dem Web zusammenklauben. Die wertvollsten Informationen kommen dabei meist aus privat betriebenen Foren, wo Kunden Kunden helfen. Sind all diese Informationen bei den Herstellern unbekannt oder will man sie uns nur nicht sagen? Wer hier mit dem Kostenfaktor argumentiert, hat wahrscheinlich weder das gewaltige Potenzial der (zum Teil direkten) Kommunikation mit Kunden über das Internet erkannt noch den Wert der alten Kaufmannsweisheit: Nach dem Kauf ist vor dem Kauf.

Da wir wissen, dass immer mehr Menschen sich vor Anschaffungen im Web informieren, kann ich mir aber auch gut vorstellen, dass das Angebot eines Newsletters – am besten noch produkt- oder produktgruppenbezogen – durchaus auch vor dem

Kauf zur Kaufentscheidung positiv beitragen kann. Der potenzielle Kunde hat hier das Gefühl, gut aufgehoben und professionell mit Informationen versorgt zu werden.

Stellen Sie doch einfach einmal ein ideales Konzept für die ideale Kundenbetreuung per Newsletter auf.

- Was interessiert die Kunden Ihrer Produkte und/oder Dienstleistungen generell?
- Haben Ihre Produkte einen hohen Ergänzungsgrad (zum Beispiel Zubehör etc.)?
- Können Sie Ihren Kunden wertvolle Bedienungshinweise geben (denken Sie daran, dass immer weniger Menschen Bedienungsanleitungen lesen)?
- Haben Sie nützliche Informationen das Umfeld oder den Einsatz Ihrer Produkte betreffend?

Dies sind nur ein paar beispielhafte Fragen, denen Sie nachgehen können. Versuchen Sie einfach mal, ein Konzept für einen Newsletter zusammenstellen *zu wollen*. Sie werden erstaunt sein, was Ihnen dabei alles nach ein bisschen Brainstorming einfällt. Und je intensiver Sie sich mit dem Gedanken beschäftigen, umso mehr Sinn werden Sie darin sehen. Und – wann kann ich Ihren Newsletter abonnieren?

Noch ein Wort zur Sendefrequenz. Eine tägliche Versendung kommt wohl nur für Nachrichtenmedien in Frage. Die wenigsten Unternehmen haben so viele Neuheiten und sind so interessant, dass man sich jeden Tag mit ihnen beschäftigen möchte. Daher bleibt in der Regel je nach Branche und Unternehmensgröße eine zweiwöchige oder monatliche Versendung. Wenn Sie eine unregelmäßige Versendung machen möchten, achten Sie darauf, dass die Abstände nicht zu groß werden. Hierfür gibt es bei dieser Art der Sendeintervalle nämlich eine eigenartige Tendenz. Das Problem dabei ist, dass Ihre Leser bzw. Abonnenten sich nach längerer Zeit vielleicht gar nicht mehr daran erinnern, Ihren Newsletter bestellt zu haben. Er wird dann möglicherweise mit einer Spam-Mail verwechselt und fitzzzz – liegt er im digitalen Mülleimer. Noch schlimmer, wenn er in der Anti-Spam-Software per Knopfdruck als Spam gekennzeichnet wird. Einige Programme klinken sich direkt in das E-Mail-Programm des Nutzers ein und machen ihm diese Entscheidung denkbar einfach, wie in Abbildung 4.7 zu sehen ist.

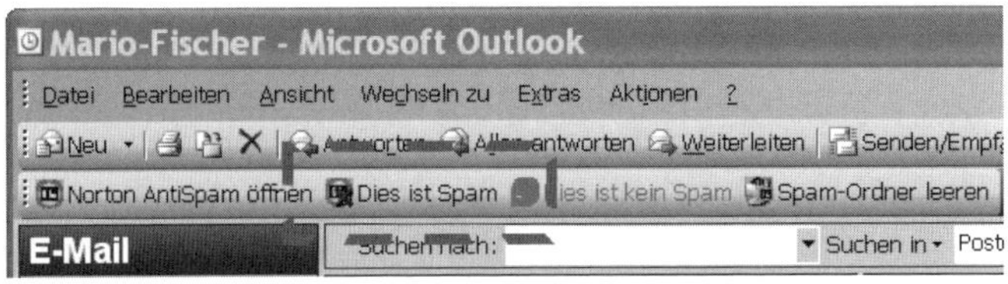

Abb. 4.7: »Dies ist Spam« – einmal so klassifiziert taucht Ihre Mail nie mehr auf.

Hat der Empfänger Ihren Newsletter bewusst oder fälschlich einmal so klassifiziert, kommt er von nun an nie mehr an. Je länger Sie also die Aussendungsintervalle machen, desto wahrscheinlicher wird es, dass Sie immer wieder einen Teil Ihrer wertvollen Leser verlieren. Davon erfahren Sie aber in der Regel gar nichts, weil die Mail ja ordnungsgemäß zugestellt wurde – aber eben nicht gesehen.

Als die besten Wochentage für die Aussendung eines Business-Newsletters wird dienstags bis donnerstags empfohlen. Montags sammeln sich meist zu viele E-Mails vom Wochenende an (gerade auch Spam) und man hat meist wenig Zeit, auch gute Newsletter zu lesen. Am Freitag sind viele schon mit den Gedanken im Wochenende und nicht selten erreichen Sie bei Telefonanrufen gerade in größeren Unternehmen ab halb drei Uhr nachmittags nur noch wenige Angestellte. In diesen »Fertig-werden-wollen«-Stress sollten Sie Ihren Newsletter nicht mitten hineinsenden. An Privatpersonen – sofern Sie diese identifizieren können – sollten Sie Newsletter erst abends schicken, weil diese ihre E-Mails eben oft erst abends abrufen. Meist kommen ja mehrere E-Mails während des Tages herein und es ist gut, in der Liste in der Reihenfolge ihres zeitlichen Eingangs relativ weit oben zu stehen. Was Sie eben dadurch erreichen, dass Sie erst nach 18 oder 19 Uhr versenden.

Denken Sie bitte auch daran, dass viele Newsletter, die während der bundesweiten Urlaubszeiten verschickt werden, häufig dem Lesestress nach dem Urlaub zum Opfer fallen, weil sie als nicht *so* wichtig hinten anstehen. Für die meisten Newsletter empfiehlt sich daher während dieser Zeiten besser eine Pause.

Selbstverständlich spielt es auch eine Rolle, ob Mitbewerber von Ihnen nicht bereits einen Newsletter anbieten. Wenn ja, achten Sie auf deren Versendezeiten und verschicken Sie Ihren nicht gerade 15 Minuten danach ....

4.3 Erfolgskontrolle: Verschicken kann jeder – aber wer wird auch gelesen?

Ein leidiges Thema ist die exakte Erfolgskontrolle. Zu wissen, wie viele Mails Sie verschickt haben, bringt Ihnen noch herzlich wenig Erkenntnis, ob und bei wem Ihre Inhalte ankommen und tatsächlich auch gelesen werden. Man muss also insgesamt unterscheiden zwischen

- Anzahl versendeter Mails
- Anzahl Bounce-Mails (nicht zustellbare Mails, die mit Fehlern zurückkommen)
- Zustellrate
- Öffnungsrate

- tatsächlichen Lesern
- Klickrate und Konversionen

Wie viele Newsletter Sie verschickt haben, wissen Sie. Kein Problem. Direkt nach der Aussendung kommt aber je nach Datenqualität und Umfang des Abonnentenpools eine Anzahl an Mails zurück. Diese werden *Bounce-Mails* (engl. *bounce* für abprallen, springen) genannt und in *Soft-Bounce* und *Hard-Bounce* unterschieden.

Hard-Bounce-Mails sind echte Fehlermeldungen des empfangenen oder sendenden E-Mails-Servers. Entweder existiert die E-Mail-Adresse oder die gesamte Domain nicht. Dies kann auf Erfassungsfehlern beruhen (wenn Sie nicht mit dem Double-opt-in-Verfahren gearbeitet haben) oder zum Beispiel daran liegen, dass der Abonnent nicht mehr in dem Unternehmen arbeitet, dessen E-Mail-Adresse er angegeben hat. Solche zurückgesendeten Fehlermeldungen aufgrund nicht mehr existenter Mail-Adressen sollte Ihr Newsletter-Programm erkennen und diese Adressen automatisch aus Ihrem Versendepool löschen.

Soft-Bounce-Mails kommen dagegen oft vor, weil die Mailboxkapazität vor allem bei Freemailern (die kostenlose E-Mail-Adressen ausgeben) erschöpft ist. »Unavailable Delivery: Mailbox quota exceeded« oder ähnliche Formulierungen werden dabei zurückgemeldet. Solche unschönen Mails haben Sie sicherlich auch schon beim normalen Versenden bekommen, weil dem Empfänger in der Urlaubszeit die Mailbox vollgelaufen ist oder er alte Mails nicht regelmäßig löscht. Ebenso erzeugen die so genannten *Auto-Responder* mit »Ich bin gerade nicht in meinem Büro ...«-Meldungen eine sofortige Rück-Mail. Und das kommt noch gar nicht mal so selten vor, denn einige recht wichtige Zeitgenossen schalten den Auto-Responder mittlerweile ja sogar schon für die Zeit ein, wo sie auf der Toilette sind ;-)

Soft-Bounce-Mails sollte Ihr Newsletter-Programm selbstverständlich nicht sofort aus der Versandliste löschen. Gute Programme bieten einstellbare Parameter, wie oft ein Soft-Bounce pro Zeitintervall zurückkommen muss bzw. darf, bis der Empfänger dann tatsächlich wegen Unerreichbarkeit gelöscht wird.

Allein, dass eine E-Mail-Adresse nicht »bounced«, bedeutet natürlich noch nicht, dass sie auch in den Wirkungskreis des Empfängers gelangt ist. Das Verhältnis von Mails, die es tatsächlich auf den Bildschirm des Empfängers schaffen, und denen, die wegen diverser Spamfilter auf der Strecke bleiben, wird *Zustellrate* genannt. In Fachkreisen wird vermutet, dass etwa 20 Prozent ordnungsgemäßer Mails von den Providern fälschlich als Spam deklariert und einfach gelöscht werden. Das hängt natürlich auch von den Worten ab, die Sie im Newsletter verwenden. Selbst von der Schreibweise, wie man in Abbildung 4.8 sehen kann.

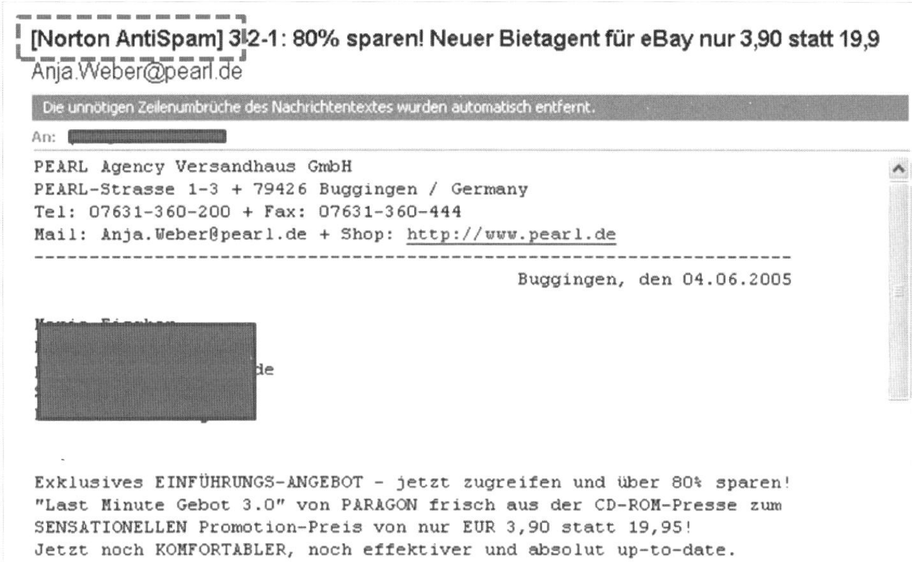

[Norton AntiSpam] 3-2-1: 80% sparen! Neuer Bietagent für eBay nur 3,90 statt 19,9
Anja.Weber@pearl.de

Die unnötigen Zeilenumbrüche des Nachrichtentextes wurden automatisch entfernt.

An: [redacted]

PEARL Agency Versandhaus GmbH
PEARL-Strasse 1-3 + 79426 Buggingen / Germany
Tel: 07631-360-200 + Fax: 07631-360-444
Mail: Anja.Weber@pearl.de + Shop: http://www.pearl.de

Buggingen, den 04.06.2005

[redacted]

Exklusives EINFÜHRUNGS-ANGEBOT - jetzt zugreifen und über 80% sparen!
"Last Minute Gebot 3.0" von PARAGON frisch aus der CD-ROM-Presse zum
SENSATIONELLEN Promotion-Preis von nur EUR 3,90 statt 19,95!
Jetzt noch KOMFORTABLER, noch effektiver und absolut up-to-date.

Abb. 4.8: »SENSATIONELL« lässt Spamfilter wach werden.

Worte wie »Exklusiv«, »% sparen«, »ganz besonderes Angebot«, Signalfarben im Text oder häufige Verwendung schreiender Großbuchstaben wie hier das Wort »SENSATIONELL« passen in die Fingerprint-Technologien der Hersteller und lassen Spamfilter verständlicherweise misstrauisch werden. Und so erkennt man in der Abbildung 4.8 links oben auch durch die automatische Ergänzung in der Betreffzeile, was der Norton AntiSpam mit solchen Mails macht: Er schiebt sie in den Spamordner ab. Experten sprechen hier von so genannten »False Positives«. Also Mails, die trotz der Zustimmung des Empfängers fälschlich als Spam behandelt werden. In den USA sollen mittlerweile bereits bis zu 30 Prozent aller erwünschten bzw. bestellten Newsletter fälschlich als Spam geblockt werden. Man stelle sich das vor: Ein Drittel der »Ich-will-das-haben«-Leser bekommt den Newsletter erst gar nicht! Wie viele verpasste Umsatzchancen da wohl den Bach hinunterfließen? (Na ja, es dürften genau die 30 Prozent sein, die weggefiltert werden und von denen ansonsten ein bestimmter Prozentsatz reagiert und gekauft hätte.) In Deutschland geht man von bis zu 20 Prozent dieser False Positives aus. Meiner Meinung nach ist auch das noch deutlich zu viel. Und wenn Sie jetzt meinen, auf die Filterhersteller schimpfen zu müssen: Die Schuld liegt in der Regel bei den Versendern. Auch bei so profan und einfach anmutenden Dingen wie »Mail versenden« muss man heute gut informiert sein und professionell agieren. Mit bloßem Drücken auf einen Button hat das schon lange nichts mehr zu tun.

Stellen Sie sich vor, Ihr Briefträger entscheidet einfach, welche Briefe er Ihnen in den Briefkasten wirft. Natürlich meint er es gut, und wenn bestimmte Merkmale auf dem Umschlag sein Misstrauen erwecken, schmeißt er den Brief einfach weg.

Undenkbar? Nicht wenige Provider verfahren genau nach diesem Schema! Der ständige Kampf mit echten Spammern, Virenversendern und Phishing-Mails (gefälschte Mails, die nach Kennwörtern fragen) macht immer komplexere Filter notwendig und darin verheddern sich zunehmend auch immer mehr unschuldige Mails.

Hinweis

Gerade beim Versand an Empfänger bei Freemailern wie Yahoo, Web.de, GMX oder Googlemail sollten nicht zu viele Mails gleichen Inhalts innerhalb kurzer Zeit verschickt werden. Sie müssen sich vorstellen, dass bei einer genügend großen Anzahl an Empfängern innerhalb einer oder zwei Sekunden bei einem solchen Freemailer möglicherweise mehrere tausend Mails mit bis auf die Anrede identischem Inhalt ankommen. Was soll die scharf eingestellte Maschine davon wohl halten? Sie hält es für eine Spam-Welle und sortiert das aus. Professionelle Versandprogramme mischen daher die Adresslisten und senden einen Newsletter über einen längeren Zeitraum in kleineren Wellen aus.

Wie schon erwähnt, gehen viele Spamfilter nach so genannten heuristischen Methoden vor. Strafpunkte gibt es aber nicht nur für zum Beispiel Großbuchstaben in Betreffzeilen oder bei der Verwendung vorher definierter, typischer Wörter. Enthält die Mail individualisierte Links (und darunter fällt leider auch ein bequemer Abmeldelink am Ende des Newsletters), kann das Benutzerverhalten prinzipiell überwacht werden. Daher wird von vielen Spamfiltern auch auf solche Tatbestände mit der Vergabe von Negativpunkten reagiert. Ebenso werden typische Texte, wie sie in Spammails verwendet werden (Sparen Sie jetzt, 200% Rendite, Super etc.), erkannt und bringen Sie der Klassifizierung als Spam einen Schritt näher. Sammeln Sie zu viele solcher Strafpunkte, bekommen Sie arge Probleme bei der Zustellrate.

Es kommt aber natürlich nicht nur auf die Inhalte einer Mail an. Auch der versendende E-Mail-Server wird argwöhnisch beobachtet. Man arbeitet hier mit so genannten *Black-Lists* (enthalten alle Adressen, unter denen gespammt wurde), *White-Lists* (enthalten alle garantiert sauberen und seriös betriebenen Mailserver) und *Grey-Lists*. Unter *Grey-Listing* versteht man ein Verfahren, bei dem E-Mails von Adressen, die bisher unbekannt waren, zunächst zurückgeschickt werden. Ein normaler Mailserver versucht daraufhin, die Mail nach einigen Minuten nochmals zuzustellen. Nun lässt der empfangende Mailserver die Mail von der Grey-List passieren. Dies hat seinen Hintergrund darin, dass eine Spammail in der Regel in einer großen Versendewelle nur einmal zugestellt wird.

Vorsicht

Sollten Sie nur über einen Internetzugang per DSL über einen der großen Anbieter verfügen, können Sie an dieser Stelle beim Versenden von Newslettern Probleme bekommen. Bei DSL-Zugängen wird in der Regel immer wieder nach jeder Einwahl eine andere IP-Adresse (eine eindeutige Adresse im Internet, unter der ein Computer erreicht werden kann) vergeben. Dies bedeutet, dass die IP-Adresse schon sehr oft auch von anderen »benutzt« wurde – und eben leider nicht immer zu sauberen Zwecken. Hat jemand anderes zum Beispiel massenweise Spammails oder auch bewusst oder unbewusst Viren- und Trojaner-Mails verschickt, ist die dazu benutzte IP-Adresse möglicherweise schon in einer Black-List gelandet. Wählen Sie sich nun per DSL ein und bekommen zufällig diese IP-Adresse zugeteilt, werden Ihre verschickten Mails je nach verwendeter Technik von einigen Empfängern automatisch als Spam abgelehnt. Die DSL-Anbieter arbeiten an diesem Problem aber ausschließen kann man es leider nicht ganz.

Sie können dies aber vermeiden, indem Sie Ihren Mailserver unter einer eigenen IP-Adresse betreiben, die nur Sie bzw. Ihr Unternehmen verwendet.

Die nächste Hürde ist das Öffnen der Mail bzw. des Newsletters. Da gerade bei Zeitmangel viele Anwender weniger wichtig erscheinende Mails einfach ungeöffnet löschen, ist das Verhältnis der so ins Abseits beförderten und der tatsächlich geöffneten Mails (eben die Öffnungsrate) ein wichtiger Gradmesser, ob Sie tatsächlich zum richtigen Zeitpunkt versendet haben und ob Ihre Betreffzeile stimmt. Denken Sie daran, dass je nach Mailprogramm beim Empfänger und seiner Bildschirmgröße oft nur ein Teil der Betreffzeile gesehen wird. Nutzen Sie diesen knappen Platz und stellen Sie Wichtiges im Betreff vorne an.

Tipp

Verschicken Sie Ihren Newsletter mit einer »menschlichen Mail-Adresse«. Einige Unternehmen verwenden hier sympathisch klingende Frauennamen, die gar nicht real existieren – angeblich mit gutem Erfolg bzw. guten Öffnungsraten. Es funktioniert halt auch hier ... Keinesfalls sollen Sie Ihren Newsletter mit der Adresse `noreply@...` absenden. Die, die die Bedeutung nicht verstehen, werden bei Fragen trotzdem auf den ANTWORTEN-Button klicken und verärgert vergeblich auf Antwort warten. Wer das *noreply* richtig deutet, empfindet es möglicherweise als »bleib-mir-bloß-vom-Leib-mit-Deinen-Fragen«. Auch das scheint mir kein erstrebenswerter Eindruck zu sein, den es zu hinterlassen lohnt.

Man misst die Öffnungsrate in der Regel durch eingebettete Bilder (auch mittels eines unsichtbaren 1 x 1 Pixel großen Bildes), die beim Öffnen der E-Mail vom Webserver des Versenders geladen werden. Dieses Verfahren ist jedoch nicht sehr exakt, weil je nach E-Mail-Programm und Einstellungen im E-Mail-Programm ankommende Mails auch oft automatisch im Fokus stehen und damit zwangsläufig geöffnet werden. Wer Ihren Newsletter auch wirklich wahrgenommen und gelesen hat, werden Sie normalerweise nie exakt ermitteln können.

Anders sieht es aus, wenn der Leser einen weiterführenden Link in der E-Mail anklickt und damit auf Ihre Webseiten gelangt. Idealerweise erstellt man für jeden Newsletter eine eigene Landing Page. Die Adresse dieser einzelnen Seite ist nicht über die Navigation Ihres Webauftritts erreichbar und wird nur über den Newsletter bekannt gegeben. Alle Besuche auf dieser speziellen Seite müssen also von Newsletter-Lesern kommen. Einige leistungsfähige Newsletter-Programme erlauben es, automatisch in jeden solchen Link eines Newsletters eine andere, eindeutige Ident-Nummer einzubauen. Diese Ident-Nummer wird auf dem Webserver registriert und somit weiß man sogar genau, welcher Abonnent wann auf welchen Link geklickt hat. Und damit lernt man, wen was interessiert. Dies ist die Basis für gezielte Verbesserungen und Optimierungen Ihres Inhaltes.

Zusätzlich sollten Sie in jedem Fall auch immer mit auswerten, wie viele Abmeldungen von Ihrer Verteilerliste unmittelbar nach einer Versendung vorgenommen werden (Unsubscribe-Rate). Oft lohnt der Blick in die Datenbank: Haben sich vornehmlich Neubesteller nach dem ersten Erhalt wieder abgemeldet oder Personen, die den Newsletter schon länger beziehen? Hier erhalten Sie wichtige Hinweise, ob Ihre inhaltliche Ausrichtung vielleicht nicht mit den Erwartungen der Leser konform genug geht.

In der letzten Stufe, der Konversionsmessung, wird ein individueller, angeklickter Link bis an die virtuelle Kasse im Webshop mitgezogen. Dies ist für Sie dann die wertvollste Kennzahl: Wie viel Prozent (und wer) der verschickten Newsletter haben zu echten Verkäufen geführt? Durch eine ständige Optimierung der Inhalte auf die Bedürfnisse Ihrer Zielgruppe können Sie die Konversionsrate (hier als das Verhältnis von verschickten Newslettern und tatsächlichen Verkäufen) dann bei gleicher Anzahl Empfänger steigern. Das Verhältnis von Klicks aus dem Newsletter und dem tatsächlichen Gang zur Kasse gibt Ihnen weitere wichtige Hinweise, ob vielleicht mit Ihrer Usability des gesamten Kaufprozesses noch etwas nicht in Ordnung ist. Aber dazu lesen Sie später in dem eigenen Usability-Teil noch ausführlich mehr.

Testen Sie bitte auch vorab unbedingt, wie Ihr Newsletter in den verschiedenen E-Mail-Programmen (den E-Mail-Clients) aussieht. Nicht jeder verwendet MS Outlook und sieht daher genau das, was Sie auch sehen. Abbildung 4.9 zeigt ein solches Beispiel.

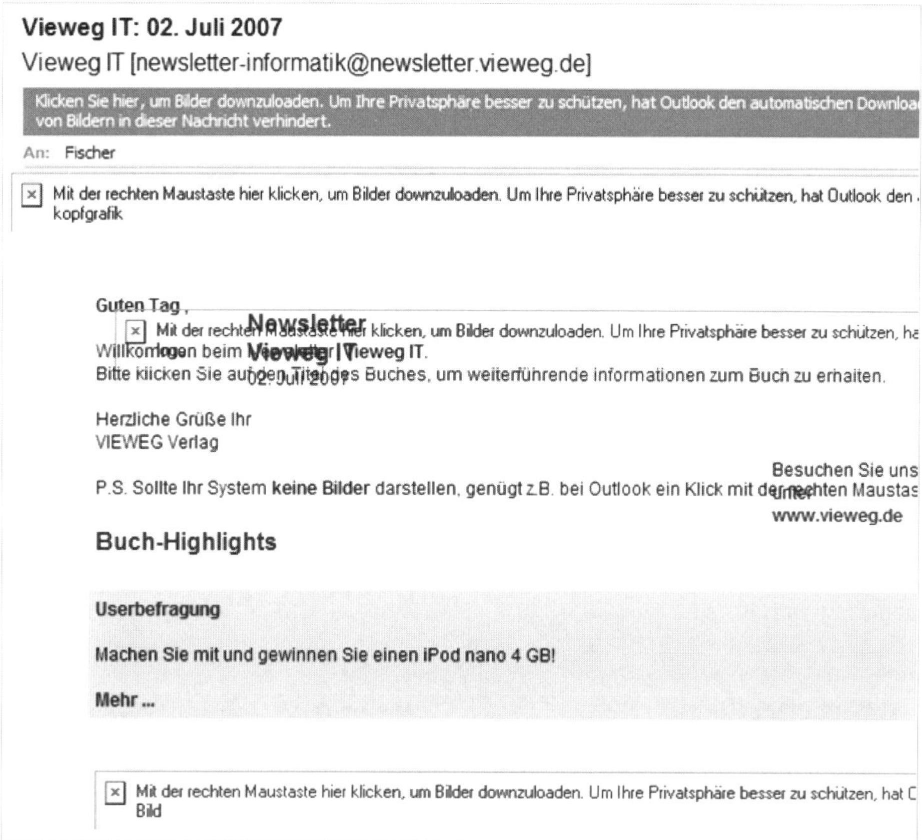

Abb. 4.9: Möchten Sie, dass Ihr Newsletter SO aussieht?

Haben Sie zum Beispiel viele Empfänger bei großen Industrieunternehmen, dann ist die Wahrscheinlichkeit hoch, dass Sie eine nennenswerte Anzahl an Lesern mit Lotus Notes dabeihaben. Aber auch der E-Mail-Client von AOL oder T-Online lässt Mails zum Teil anders aussehen. Es kommt durchaus vor, dass sogar Farben anders dargestellt werden. Ich habe tatsächlich schon ansonsten hübsch und professionell aussehende HTML-Mails gesehen, die in dem ein oder anderen E-Mail-Client wie zerplatzte Maikäfer ausgesehen haben. Sie machen sich da wirklich keine Vorstellung, was hier alles schieflaufen kann. Also lautet meine wirklich ernsthafte Empfehlung: Machen Sie vorab Tests, bevor Sie Ihr Pulver verschießen und dabei auch noch in die falsche Richtung zielen.

Und noch ein letzter Tipp: Langweilen und vergraulen Sie Ihre Leser nicht, indem Sie ihnen ihre wertvolle Zeit stehlen. Meist haben Sie mehr Daten in elektronischer Form über sie, als Ihnen bewusst ist. Nutzen Sie diese Daten. Selbst Amazon, als Platzhirsch im E-Commerce belästigt mich immer und immer wieder mit Artikeln, die ich teilweise nur Tage vorher dort gekauft habe.

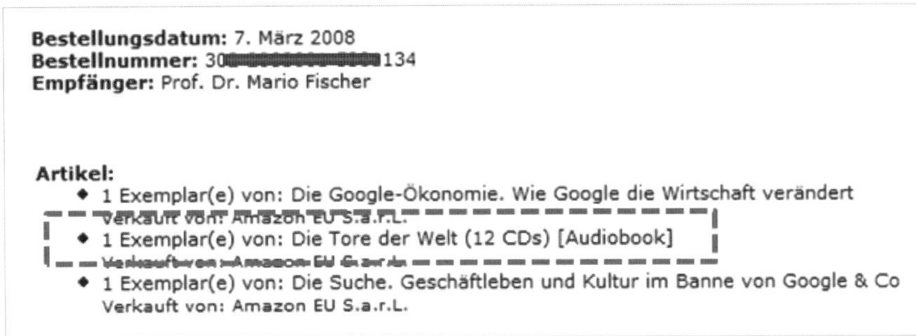

Abb. 4.10: Amazon: Ein gekauftes Audiobook ...

Das Hörbuch (bei Amazon heißt das »Audiobook«), das ich dort online gekauft habe (siehe Abbildung 4.10), ist mir wenige Tage später im Newsletter wärmstens empfohlen worden (Abbildung 4.11). Nicht so schlimm, könnte man denken. Er wird's schon merken und nicht zweimal bestellen. Darum geht es nicht. Es geht darum, wertvollen Platz – hier ein Viertel – zu verschenken. Hätte hier eine echte und interessante Alternative gestanden, wäre womöglich ein weiterer Kaufanreiz generiert worden.

Abb. 4.11: Amazon: ... führt anscheinend zu einer rekursiven Kaufempfehlung.

Tipp

Profis machen es schon lange: Nicht alle Newsletter auf einmal verschicken. Das Prinzip ist recht einfach und bei kurzem Nachdenken auch sinnvoll. Man verschickt eine Variante an etwa 5-10 % der Abonennten und wartet erst ab, wie die Leser reagieren. Welche Links klicken Sie an? Was tun sie auf den Webseiten, auf denen Sie dann gelandet sind? Kaufen Sie? Bestellen Sie einen Katalog oder was sie sonst aus Ihrer Sicht tun sollten. Sind Sie mit dem Ergebnis zufrieden, können Sie den Rest verschicken. Ist die Reaktion nicht die gewünschte, denken Sie über die Ursachen nach und verändern Sie gegebenfalls die Inhalte leicht oder verändern Sie die Linktexte, die den Leser zum Klicken auffordern. Machen Sie dann einen weiteren Test mit einer kleineren Gruppe. Hat sich das Verhalten nun positiv verändert? Sie lernen so mit der Zeit, auf welche Dinge Ihre Leser besonders abfahren und was sie begeistert. Nutzen Sie dieses Wissen, um immer besser zu werden. Denken Sie bitte auch daran, dass eine Veränderung von Newsletter zu Newsletter statistisch nicht so aussagekräftig ist. Sie haben andere Inhalte und durch Leserschwund und -zugang bei jeder Versendung automatisch eine Varianz im Verhalten. Eine vernünftige Aussage ist in der Regel wirklich nur bei der Aufteilung in Versandgruppen möglich. Ansonsten messen Sie an der falschen Stellen und bauen Ihre Entscheidungen auf falschen Zahlen auf.

4.4 Wie kommt man legal an Abonnenten?

Eigentlich nur durch einen guten Newsletter und das Double-opt-in-Verfahren. Es ist bereits grenzwertig, wenn Sie die E-Mail-Adressen aus Ihrer Unternehmenskorrespondenz oder von Visitenkarten abtippen (lassen) und einfach für Ihren Newsletter verwenden. Es ist in der Regel auch kein besonders guter Weg, allen bekannten E-Mail-Adressen eine so genannte *Challenge-Mail* zu schicken. Diese einmalig verschickte »Info«-Mail weist inhaltlich darauf hin, dass man unter einer bestimmten Webadresse nun den Newsletter des Unternehmens abonnieren könne. Etwas frecher ist die *»opt-out«*-Variante. Man nimmt einfach ungefragt alle bekannten E-Mail-Adressen auf die Verteilerliste und weist auf die Möglichkeit hin, dass man sich bei Nichtgefallen jederzeit austragen kann (opt-out). Bis dahin hagelt es dann fleißig Newsletter.

Tipp

Denken Sie immer daran: Ob eine Mail als Spam empfunden wird, ist nicht immer nur eine rechtlich zu entscheidende Frage. Viel wichtiger ist, ob der Empfänger die Mail als Spam empfindet! Ist dies so, bekommt Ihr schöner Unternehmensname im Gedächtnis dieses Empfängers möglicherweise einige hässliche Kratzer ab.

Sollten Sie zu den Personen jedoch eine erweiterte Beziehung haben oder einen hohen Inhaltsbezug, kann Ihre Challenge-Mail aber durchaus freundlich aufgenommen und sogar ausdrücklich begrüßt werden. Dies ist in der Regel der Fall, wenn die Empfänger Sie persönlich kennen. Aber das hängt tatsächlich von Ihrer Branche ab und den Umständen des Einzelfalles. Einfach auf alle E-Mail-Adressen zu feuern, denen man im Unternehmen habhaft werden kann, ist allerdings mit Sicherheit kritisch zu beurteilen.

Meist hilft es, tief in sich selbst zu schauen. Sie sind hier genauso Experte wie jeder andere. Mögen Sie es, wenn Sie nach einem Messebesuch, auf dem Sie Visitenkarten getauscht haben, mit Werbemails zugeschüttet werden? Mögen Sie es, wenn Sie von jedem Unternehmen, mit dem Sie je zu tun hatten, plötzlich einen Newsletter bekommen? Krethi und Plethi schickt Ihnen Mails mit supergünstigen Gelegenheiten, Neuheiten und Dingen, die garantiert jeder gebrauchen kann? Eben. Wenn auch Sie Ihren Newsletter einfach unaufgefordert verschicken, sind *Sie* in den Augen der anderen Krethi. Und die meisten empfinden ganz und gar nicht so wie Sie, dass das hier halt einfach eine wichtige Ausnahme wäre, weil es sich diesmal *wirklich* um ein gutes Angebot handelt, das jeder nutzen sollte. Man empfindet das als unnötige Belästigung und immer wieder wird zu Recht auch mit rechtlichen Mitteln dagegen vorgegangen.

Als nervig werden von den meisten Besuchern auch Pop-ups empfunden, die ihnen die neuesten Neuheiten unbedingt und sofort bekannt machen müssen. Routinierte Surfer klicken diese Unartigkeiten weg, bevor noch der Text eine Chance hatte, sich überhaupt aufzubauen. Wenn Sie Ihren (neuen) Newsletter aktiv auf der eigenen Website bewerben möchten, dann lassen Sie dies den Webdesigner machen. Es gibt mehrere gute Möglichkeiten, dezent, aber deutlich auf diese Angebote aufmerksam zu machen, ohne dass es so aufdringlich wie ein Pop-up wirkt. Keinesfalls sollten Sie aber ein blinkendes Banner hierfür verwenden. Ihre Besucher nehmen es meist gar nicht mehr wahr (Banner-Blindness ist bereits ein wissenschaftlich untersuchtes Phänomen) und auch sonst spricht viel gegen Animationen auf Webseiten. Dazu aber mehr weiter hinten in diesem Buch.

Haben Sie keine verwendbaren oder nicht genügend eigene Adressen, können Sie sich an einen Adressbroker oder Listenbroker wenden. Nachfolgend finden Sie einige solcher Adresshändler:

- Cebus (`www.cebus.de`)
- Schober (`www.schober.de`)
- Mailingfactory (`www.mailingfactory.de`)
- Bertelsmann (`www.az-direct.com`)

Dort können Sie E-Mail-Adressen erwerben, deren Empfänger schon mal präventiv vorab aus welchen Gründen auch immer zugestimmt haben, dass man ihnen

Werbung und Newsletter senden darf. Halten Sie davon, was Sie wollen – ich kann mir nicht vorstellen, dass Sie hier mit wirtschaftlich vertretbarem Aufwand zu echten Stammlesern kommen. Die Ausbeute ist in der Regel relativ gering. Sicher mag es auch Ausnahmen geben. In jedem Fall sollten Sie sich der Seriosität dieser Adressenhändler versichern. Oft hilft es schon, sich selbst einmal in deren Adresspool einzutragen und einige Zeit abzuwarten, welche Art Mails man daraufhin bekommt. Hier trennt sich schnell Spreu von Weizen. Und selbstverständlich haben Sie daran gedacht, sich dort nicht mit Ihrer normalen E-Mail-Adresse anzumelden? Nehmen Sie lieber eine Adresse von einem der vielen Freemailer. Sie wissen ja: Die Geister, die ich rief ...

Zwangsanmeldungen, zum Beispiel in der Bestellstrecke zur Kasse, bringen Ihnen vielleicht Abonnenten. Aber ob diese den Newsletter tatsächlich lesen, bleibt zweifelhaft.

Abb. 4.12: Zwangsregistrierung zum Newsletter

`Nobox.de` hat sich offenbar entschieden (siehe Abbildung 4.12), beim Anfordern einer Seriennummer gleich einen Newsletter mit verschicken zu wollen. Das Kästchen ist ausgegraut und nicht abklickbar. Die weiter unten dargestellten »Newsletter Partner« können zwar abgeklickt werden, aber das lässt das Ganze nicht unbedingt seriöser wirken. Vielleicht freut sich Expedia.de über viele neue Abonnenten und höchstwahrscheinlich fließt da auch Geld für jede Adresse. Ob man damit echte Interessenten generieren kann, bleibt trotzdem fraglich.

Die »Koste-es-was-es-wolle«-Haltung beim Einsammeln von Mail-Adressen macht den Versendern schon jetzt zunehmend Probleme. Und die werden sich zukünftig noch verstärken! Bekomme ich nämlich einen solchen Newsletter geschickt, der mich eigentlich nicht interessiert, habe ich zwei Möglichkeiten:

1. Ich bestelle ihn sauber auf der Website oder per Klick auf den Abmeldelink wieder ab. Leider funktioniert das nicht immer, wie ich gleich noch zeigen werde.
2. Ich melde ihn »kalt« ab. Das geht ganz einfach über den Spam-Button in meinem Mail-Client (siehe Abbildung 4.7 auf Seite 78) oder noch schlimmer in der Wirkung bei meinem Freemailer wie Yahoo!, Web.de, GMX oder Googlemail.

Die Wirkungen der Methode 2 sind fatal. Je mehr Menschen Ihren Newsletter als Spam klassifizieren, desto höher ist die Wahrscheinlichkeit, in den bereits erwähnten Blacklist-Servern zu landen. Und auch, wenn man selbst einen Newsletter abonniert hat, ihn aber aus bestimmten Gründen nicht mehr haben möchte: Nicht alle lassen sich problemlos abmelden, wie uns die Links darin glauben machen wollen. Nehmen wir als Beispiel einen der »großen« Newsletter, den von Spiegel Online. Dort findet man rechts oben wenig kontrastreich in Grau einen Link zum Kündigen des Abos. Klickt man darauf, erscheint eine Anmeldemaske, wie Abbildung 4.13 zeigt.

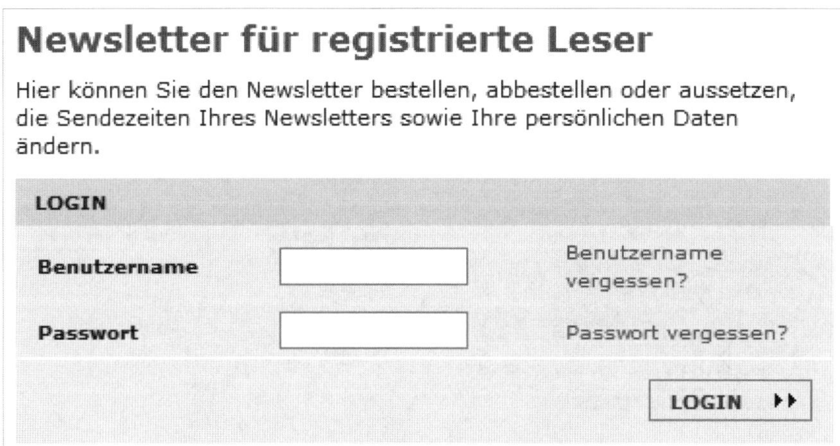

Abb. 4.13: Spiegel Online: Zum Abmelden anmelden

Oho. Benutzername. Hmmm. Meine Mail-Adresse weiß ich ja, aber welchen Benutzernamen ich vor Jahren da vergeben habe? Und ob überhaupt? Keine Ahnung. Aber zum Glück gibt es ja rechts einen Link mit Benutzername vergessen. Da also rasch geklickt und es erscheint – siehe Abbildung 4.14.

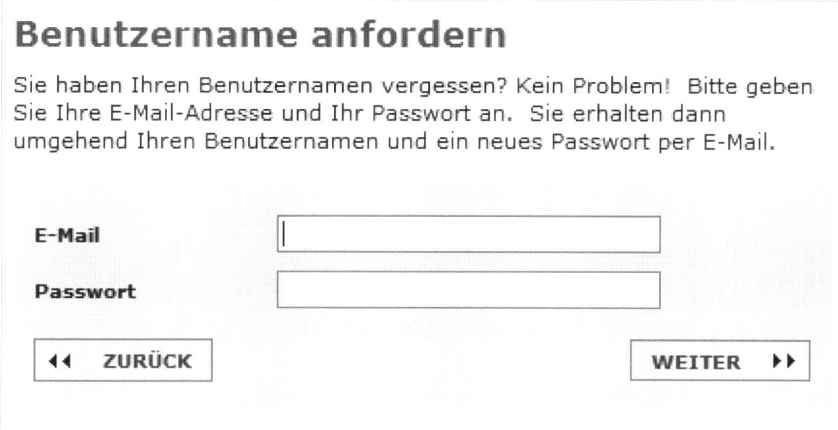

Abb. 4.14: Spiegel Online: Für »Benutzername« Passwort eingeben

Um meinen Benutzernamen anzufordern, brauche ich also meine Mail-Adresse (weiß ich, Pfhhh...) und das Passwort. Sie ahnen es: Keine Ahnung. Also wieder zurück zu Abbildung 4.13. Dort gab es ja auch einen Link zu PASSWORT VERGESSEN. Klick. Und jetzt erscheint – auch das ahnen Sie sicher bereits (siehe Abbildung 4.15):

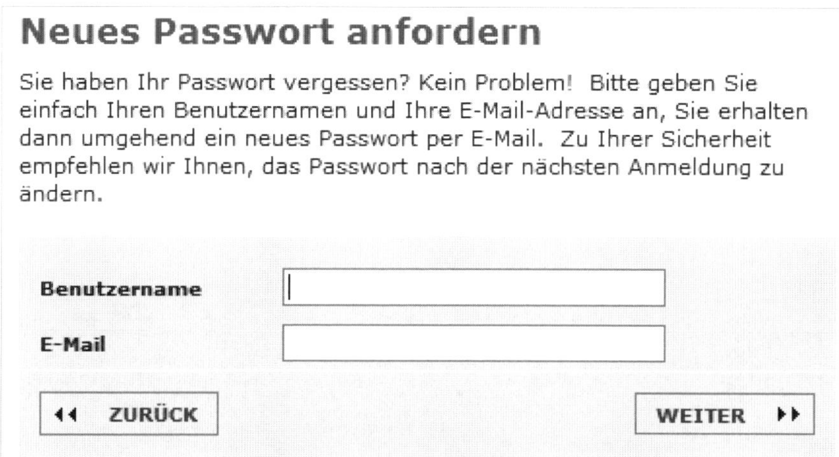

Abb. 4.15: Spiegel Online: Für »Passwort« Benutzernamen eingeben

Mein Kopf schlägt auf die Tischkante. Zum Abmelden des Newsletters muss ich mich erst mal anmelden. Dazu brauche ich sowohl den Benutzernamen als auch ein Passwort. Beide benötige ich wiederum wechselseitig, um das jeweils andere anzufordern. Da fällt mir ein altes Spielchen aus der Schule wieder ein. Man schrieb auf einen Zettel *Wie kann man einen Idioten lebenslang beschäftigen? Zur Lösung bitte wen-*

den! Auf die Rückseite schrieb man exakt das Gleiche. Einige der Schulkameraden haben es tatsächlich mehrmals umgedreht. So komme ich mir hier jetzt auch vor. Auf diese Art lassen sich sicher wirksam Abmeldungen vermeiden und jeden Monat neue Abo-Rekorde aufstellen. Allerdings dürfte auch klar sein, dass man den Spiegel-Newsletter offensichtlich nur »kalt« abbestellen kann: mit dem Spam-Button. Was das langfristig für die Zustellung über Freemailer bedeuten kann, mag man sich gar nicht ausmalen. Irgendwann wird ein frisch abonnierter Newsletter dann wohl präventiv erst mal in den Spamordner verschoben.

Der Garant für eine stetig wachsende Zahl an Lesern ist selbstverständlich noch immer ein inhaltlich hervorragend gemachter Newsletter, bei dem die als nützlich empfundenen Informationen den Anteil mit »Eigenwerbung« überwiegen.

Falls diese Mail nicht richtig dargestellt wird, klicken Sie bitte hier.

WEICHSELBAUM
marketing impulse & lösungen

IMPULSLETTER NOVEMBER 2007

INHALT:

Do's and Dont's bei Weihnachtsfeiern

Insidertipp: frechte Früchtchen und scharfe Suppen

Nät-Wörk-in-G: die Kunst echter Kontakte

Definition: Unique Selling Proposition (USP)

WEITEREMPFEHLEN

MARKETING-LINE:
(0911) 9 93 68 26

HOMEPAGE

FEEDBACK / FRAGEN

IMPULS-ABO ÄNDERN

IMPULS-ABO KÜNDIGEN

Guten Tag Herr Fischer,

sollten Sie heute Rechtschreibfehler im Impulsletter finden liegt es sicher daran, dass dieser Letter auf einer fremdländischen Tastatur geschrieben wurde. Ich bitte Sie daher im Vorfeld bereits um Nachsicht und für etwaige Fehler um Entschuldigung.

Sonnige Grüsse :-)

Ihre
Anja Weichselbaum

Do's and Dont's bei Weihnachtsfeiern - wenn der Xman 3 x klingelt

Die "stade" Zeit steht vor der Tür und mit ihr auch diverse weihnachtliche Feiern. Gerne verführt das lockere Zusammentreffen den ein oder anderen dazu, verschiedene Verhaltensregeln einfach über Bord zu werfen und neuen Ufern entgegen zu steuern. So manch heimelige Stimmung täuscht da schon mal über hierarchische Grenzen hinweg.

Vergessen Sie aber bei diesen feierlichen Gegebenheiten nicht den Respekt zu Vorgesetzten, Kollegen und natürlich auch zu Geschäftspartnern zu wahren. So manch ein kumpelhaftes Verhalten, alkoholisiertes Gehabe oder auch intime Geschichten aus dem Nähkästchen interessieren trotz fröhlicher Stimmung nur wenige (wenn Sie das auch zum Gesprächsthema Nr. 1 am nächsten Arbeitstag macht).

Gerne werden diese Feiern auch zum Rundumschlag in Sachen "Du" missbraucht. Bitte erinnern Sie sich aber daran, dass am nächsten Tag die Regeln im Büro unverändert weiter gelten und sich manch ein Konflikt oder die nächste Gehaltsverhandlung mit etwas mehr Distanz besser klären lässt.

Abb. 4.16: Newsletter – die Inhaltsmischung macht's.

Die DO'S AND DONT'S BEI WEIHNACHTSFEIERN – WENN DER XMAN 3 X KLINGELT – oder als Insidertipp FRECHE FRÜCHTCHEN UND SCHARFE SUPPEN. Tipps über NÄT-

WÖRK-IN-G, dies und mehr bringt der Newsletter der Agentur Weichselbaum (Abbildung 4.16). Dort hat man die richtige Mischung aus interessanten Informationen für das Business und den weichen Hinweisen auf die Agentur gut getroffen. Eigenlob und »Wir sind toll« hat in Newslettern nichts zu suchen. Die Leser mögen das in der Regel nicht und es bewirkt genau das Gegenteil. Gute Newsletter haben übrigens zum Beispiel noch Jochen Schweizer (`www.jochen-schweizer.de`) und Globetrotter (`www.globetrotter.de`). Es lohnt sich, diese mal anzusehen.

Immer wieder wird auch versucht, über eigene Gewinnspiele Mail-Adressen zu generieren. Es gibt sogar Unternehmen, die unter den Newsletterabonnenten in bestimmten Abständen Gewinne verlosen. Das dient sicherlich dazu, die Zahlen in die Höhe zu treiben. Wer gegenüber seinem Chef hier als erfolgreich dastehen möchte, für den persönlich mag das eine gute Lösung sein. Der wirtschaftliche ehrliche Erfolg wird sich wohl eher grenzwertig darstellen. Die meisten werden wohl wegen des winkenden Gewinnes ihre Mail-Adresse hergeben. Ob sie wirklich die richtigen Empfänger sind und die Botschaften aus dem Newsletter später auch »ankommen«, wage ich zu bezweifeln.

Gutscheincodes im Newsletter eignen sich übrigens recht gut, um den Anteil an Empfehlungen der bestehenden Leser an deren Bekannte zu steigern. Jeder gibt doch einem guten Freund oder Freundin gerne einen Tipp, wo man mal ein Schnäppchen machen kann. Eine weitere Möglichkeit ist, in branchenspezifischen Portalen und Foren bezahlte Werbung mit entsprechenden Hinweisen zu schalten. Und natürlich können Sie Ihren neuen Newsletter auch auf allen Ihnen zur Verfügung stehenden Offline-Kanälen bekannt machen. Dies kann als Hinweis in der normalen Geschäftskorrespondenz geschehen oder als Aufdruck auf Verpackungen und in Beilagezetteln.

Eine weitere Möglichkeit besteht darin, auf reichweitenstarken Portalen bei der dortigen Newsletteranmeldung den eigenen mit einem einfachen Klick gleich mit abonnieren zu lassen, wie Sie es in Abbildung 4.12 haben sehen können. Einige Portale verkaufen solche Plätze zur Co-Registrierung.

Tipp

Mailtexte wie der nachfolgende geistern zu Hunderten durch das Web. Immer mehr Menschen, die sich durch unaufgeforderte E-Mails belästigt fühlen, machen davon Gebrauch und verschicken sie an Versender solcher E-Mails mit gewerblichem Inhalt. Lesen Sie sich den Text ruhig einmal durch und stellen Sie sich vor, Sie bekommen nach Ihrer ersten Versendung auch nur 20 bis 30 solcher Mails geschickt. Welchen Aufwand werden Sie wohl haben, um den legalen Forderungen der Absender auf legale Weise Genüge zu tun und Ihrer Auskunftspflicht nachzukommen?

Sehr geehrte Damen und Herren,

folgende Aufforderungen gemäß Bundesdatenschutzgesetz betreffen sämtliche über meine Person gespeicherten Daten, die Sie anhand dieser Adressen identifizieren können:

`ich@meine-domain.de`

Gemäß Bundesdatenschutzgesetz (BDSG) fordere ich Sie hiermit auf:

1. Sie haben mir gegenüber unverzüglich offenzulegen, welche Daten außer den oben aufgeführten Adressen Sie über meine durch diesen Namen/diese Adressen identifizierte Person gespeichert haben, und aus welchen Quellen sämtliche mich betreffenden Daten stammen. § 6 Abs. 2, § 28 Abs. 4, § 34 Abs. 1–3 BDSG
2. Sie haben den Verwendungszweck sämtlicher mich betreffenden Daten ebenfalls unverzüglich mir gegenüber offenzulegen. § 34 Abs. 1, § 43 Abs. 3 BDSG
3. Sie haben sämtliche meine Person/meine Adressen betreffenden Daten unverzüglich zu sperren und mir diese Sperrung zu bestätigen. § 28 Abs. 4, § 30 Abs. 3, § 43 Abs. 3, ferner § 4 Abs. 1 BDSG
4. Ich untersage Ihnen jedwede zukünftige Speicherung meine Person bzw. meine Adressen betreffenden Daten ohne meine vorherige ausdrückliche schriftliche Genehmigung. § 28 Abs. 4, § 4 Abs. 1,2 BDSG
5. Ich untersage Ihnen die Übermittlung dieser Daten an Dritte. Für bereits an Dritte übermittelte Daten fordere ich eine unverzügliche Sperrung. § 6 Abs. 2, § 28 Abs. 4 BDSG
6. Ich setze Ihnen zur Erfüllung dieser Forderung eine Frist von zwei Wochen beginnend mit dem Datum dieses Schreibens, dem »*Tagesdatum*«.
7. Für die aus diesem Schreiben resultierende, selbstverständlich ausdrücklich erwünschte Kommunikation benutzen Sie bitte ausschließlich meine Adresse `ich@meine-domain.de`.

Bitte haben Sie Verständnis dafür, dass ich, sollten Sie dieses Schreiben ignorieren, mich gezwungen sehe, den zuständigen Landesdatenschutzbeauftragten zu informieren. Weitere rechtliche Schritte behalte ich mir vor (§38 Abs. 4, § 43 Abs. 3).

Ich bedanke mich im Voraus für Ihre Kooperation.

Mit freundlichen Grüßen

Kapitel 5

Affiliate Marketing

Eine bei guter Handhabung recht erfolgreiche Werbeform ist das *Affiliate Marketing*. Dabei handelt es sich im Prinzip um eine Dreiecksbeziehung:

1. Der **Merchant**: Er ist der eigentliche Online-Händler (auch Advertiser genannt), der Waren und/oder Dienstleistungen verkauft und Werbung machen möchte. Über ein so genanntes Affiliate-Netzwerk kauft er sich breit oder gezielt passende Werbeplätze auf Websites. Er zahlt für diese Leistung an den Netzwerkbetreiber.
2. Der **Affiliate** (auch Publisher genannt): Er betreibt eine oder mehrere trafficstarke oder auch stark themenorientierte Webseiten. Dort stellt er über den Netzwerkbetreiber Werbeflächen zur Verfügung. Er erhält seine Vergütung dafür meist vom Netzwerkbetreiber.
3. Der **Netzwerkbetreiber**: Auf dieser Plattform wird das Angebot an Affiliates und Merchants gebündelt, vermittelt, technisch betreut, kontrolliert und in der Regel auch abgerechnet. Dort wird ein spezieller Code zur Verfügung gestellt, der beim Klicken jede Affiliate-Linkvermittlung eindeutig identifiziert und dem Affiliate diesen Klick anrechnet bzw. den Geldwert zuordnet. Er fungiert also praktisch als Schnittstelle und lebt durch den prozentualen Abzug zwischen den Zahlungen des Merchants und den Auszahlungen an die Affiliates.

Das System kann man sich vereinfacht wie in Abbildung 5.1 vorstellen. Beide, Merchants und Affiliates, melden sich beim Netzwerk in der Regel unter einer Branchenkategorie an. Beide Seiten können nun aussuchen, für wen sie zu welchen Konditionen tätig werden möchten bzw. mit wem sie zusammenarbeiten möchten. Das Netzwerk erstellt nun spezielle Links, die direkt über das Netzwerk zum Merchant weitergeleitet werden oder die mit einem ID-Zusatz versehen werden. In beiden Fällen kann man also die Anzahl der Klicks eindeutig einem Affiliate zuordnen. Der Netzwerkbetreiber kümmert sich um die Abrechnung und behält einen Teil der Klickvergütung als Provision ein. Große Merchants betreiben daher auch manchmal ein eigenes Netzwerk, um bessere Steuerungsmöglichkeiten zu haben und die Provisionszahlung zu vermeiden.

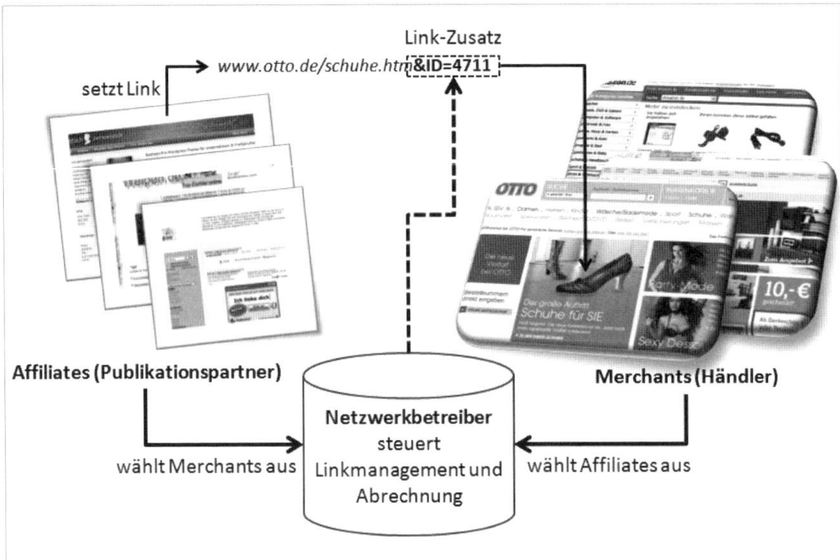

Abb. 5.1: Prinzipieller Aufbau eines Affiliate-Netzwerkes

5.1 Die Vergütungsmodelle

Beim Affiliate Marketing gibt es die verschiedensten Vergütungsmodelle, von denen ich die wichtigsten nachfolgend kurz erklären möchte. In der Praxis kommen aber auch Mischformen davon vor:

Pay per View

Hier wird für einen reinen Sichtkontakt bezahlt. Eigentlich genau genommen noch nicht einmal das. Ob ein Besucher, der eine Seite öffnet, ein Werbemittel auch sieht, ist ja gar nicht erkennbar bzw. nachweisbar. Vereinfacht ausgedrückt wird die Anzahl der Abrufe des Werbemittels (zum Beispiel ein grafisches Banner) über eine Seite gezählt. Der Werbetreibende zahlt dann nach dieser Anzahl – meinst in der Einheit »pro Tausend«. Oft ist es möglich, eine gewisse Anzahl an solchen Tausender-Einheiten zu buchen. Sind diese verbraucht, erscheint automatisch ein anderes Werbemittel. Oder es werden nach einer definierten Zeitspanne die tatsächlich angezeigten »Sichtkontakte« abgerechnet. Es gibt aber auch andere, einfachere Abrechnungsmodelle, zum Beispiel »flat fee«, in der einfach ein fixer Betrag für eine bestimmte Periode bezahlt wird.

Pay per Click

Anders als bei Pay per View geht hier die Reaktion des Besuchers in die Vergütung mit ein. Wird auf ein Werbemittel geklickt und der Besucher gelangt dadurch auf die Website des Werbetreibenden, fällt eine vorher vereinbarte Vergütung an. Um mehrere Klicks eines Benutzers hintereinander erkennen zu können, werden mittlerweile recht ausgereifte Techniken eingesetzt. Das Vergleichen der IP-Adresse ist da nur eine der einfacheren. Der Vorteil gegenüber Pay per View liegt eindeutig daran, dass hier nur für die Anzahl an tatsächlich durchgeleiteten Besuchern auf die Zielseiten bezahlt wird. Allerdings werden die so genannten Brandingeffekte (also eine gewisse Markenwirkung, weil Besucher das Logo oder den Namen eines Unternehmens auf einem Werbemittel sehen) hier nicht mit vergütet. Wird zum Beispiel ein Markenartikel über ein grafisches Werbemittel 10.000-mal eingeblendet, aber er erfolgt kein Klick – dann bekommt der Affiliate keinen Cent, obwohl der Werbetreibende sicherlich eine nicht zu unterschätzende Erinnerungswirkung damit erzielt. Diese müsste er bei Pay per View mitbezahlen.

Pay per Lead/Pay per Action

Eine Stufe weiter geht Pay per Lead. Hier bezahlt der Merchant den Affiliate immer dann, wenn ein durchgeleiteter Besucher eine bestimmte Aktion durchgeführt hat. Das kann das Abonnieren eines Newsletters sein oder auch die Benutzung eines Konfigurators. Hier kommt es darauf an, welche Aktionen der Merchant als wichtig und vergütenswert ansieht (Pay per Action). Der Spezialfall, dass ein Besucher tatsächlich Kontakt mit dem Merchant aufnimmt, wird als Pay per Lead bezeichnet. Der Kontakt wird in der Regel durch Abrufen eines Papierkatalogs und dem Hinterlassen der Adresse definiert oder auch durch ein abgeschicktes Kontaktformular. Einsatz finden diese beiden Formen meist dort, wo kein schneller Verkauf zu erwarten ist. Das ist zum Beispiel bei sehr beratungsintensiven oder sehr teuren Produkten oder Dienstleistungen der Fall. Ein Verkauf über einen Shop ist hier sehr unwahrscheinlich und daher wird nach erfolgreichen Kontakten abgerechnet.

Hier bietet sich auch eine gewisse Missbrauchsmöglichkeit. Das Ausfüllen eines Formulars muss nicht unbedingt einen qualifizierten Kontakt bedeuten. Es wurden schon Fälle bekannt, in denen Bekannte des Affiliates ab und zu Kataloge mit Fantasie- oder echten (wechselnden) Adressen bestellten. Hier bezahlt der Merchant dann für Fakes. Aber keine Sorge, solche Dinge laufen – wenn überhaupt – nur kleinvolumig. Sobald das merkbare Grenzen überschreitet, wird das meist schnell transparent.

Pay per Sale

Wie auch hier der Name schon vermuten lässt, wird eine Vergütung dann fällig, wenn der vermittelte Besucher beim Merchant auch tatsächlich etwas gekauft (englisch: Sale) hat. Dabei werden Verkäufe teilweise pro Verkauf mit einem Fixbetrag vergütet oder mit einem Prozentsatz vom Warenkorbwert. Für den Merchant ist das eine besonders gute Abrechnungsmethode, weil er nur dann bezahlen muss, wenn auch er selbst Umsatz gemacht hat. Sein Risiko geht dabei gegen null. Das ist gleichzeitig aber der Nachteil für den Affiliate. Denn der wird nun abhängig von diesen tatsächlichen Verkäufen, die er in keinster Weise beeinflussen kann. Hat der Shopbetreiber eine schlechte Usability, nur wenige Zahlungsmittel, ein Produkt nicht auf Lager oder überhaupt nicht im Programm, ist er zu teuer – das alles hält den vermittelten und vielleicht auch kaufwilligen Besucher vom Kauf ab. Der Affiliate geht leer aus.

Dazu kommt noch, dass er auf seine Vergütung länger warten muss. Die meisten Merchants warten nämlich die Zeitspanne ab, in der der Kunde laut Fernabsatzgesetz die Ware teilweise oder ganz zurückgeben kann. In diesem Fall wird der Sale wieder storniert und der Affiliate bekommt nichts für diese Vermittlung. Der Merchant wälzt also das komplette Werberisiko auf den Affiliate ab. Dafür ist die Provision für den Erfolgsfall natürlich höher als beim Pay per Click.

Pay per Link

In diesem Fall setzt der Affiliate auf einer oder mehreren seiner Seiten einen Link zum Merchant. Dafür bekommt er einmalig oder pro Periode einen vereinbarten Betrag. Dabei ist es egal, ob und wie viele Besucher dann tatsächlich auf den Link klicken. Diese Form wird manchmal auch zur Manipulation der Linkberechnung von Google und damit zur Bevorteilung der Website des Merchants verwendet. In diesem Fall spricht man dann von »Link-Buying«. Google hat allerdings etwas gegen diese Manipulationsversuche und hat Anfang 2008 mehrere Filter eingesetzt, die solche Linkverkäufe erkennen sollen und die Linkverkäufer bei massiven Verstößen über ein deutliches Abwerten des so genannten PageRanks bestraft. Dies hatte für einige Aufregung gesorgt und viele vormals »starke« Sites fanden sich von der Bewertung plötzlich wieder im Mittelfeld. Seither wird auch wieder verstärkt vor Linkkäufen gewarnt – wenn man zu wenig Erfahrung in der Einschätzung hat, wie diese Filter arbeiten.

Pay per Period

Diese Methode stellt in gewisser Weise eine Erweiterung des Pay per Sale dar. Hier vergütet der Merchant dem Affiliate alle Verkäufe (fix oder prozentual), die ein vom Affiliate vermittelter Kunde innerhalb der definierten Periode gemacht hat. Diese Form erscheint etwas fairer dem Affiliate gegenüber. Schließlich hat dieser den Kunden überhaupt erst gebracht. Und da ist es nur recht und billig, ihn auch an Folgekäufen zu beteiligen.

Pay per Lifetime

Hier wird die Vergütung nicht nur eine gewisse Periode lang gewährt, sondern während der gesamten »Lebensdauer« der Kundenbeziehung. Man findet Pay per Lifetime in der Regel häufig im Erotikbereich oder bei Online-Kasinos. Dort ist die Vermittlungsrate für den Affiliate recht niedrig, weil möglicherweise viele Besucher zu dem Merchant durchklicken, sich aber wegen der Eigenart dieser Zielseiten nicht zum Abschluss eines Nutzungsvertrages für einen Zugang durchringen können. Online-Poker ist nun mal nichts für jedermann. Aber wenn eine solche Vermittlung gelingt, bekommt der Affiliate für jeden beim Merchant getätigten Euro Umsatz eine prozentuale Provision. Und das, solange der vermittelte Besucher Kunde bleibt. Gelingt es, zum Beispiel einen spielaffinen (ich vermeide das Wort »süchtig« ganz bewusst) Menschen an ein Online-Kasino zu vermitteln, kann für den Affiliate hier über einen langen Zeitraum spürbar und nennenswert Geld auflaufen. Darin liegt der Reiz für Affiliates, sich vermehrt diesem Feld zuzuwenden. Hier tummeln sich folgerichtig auch viele Profi-Suchmaschinenoptimierer (SEO), die wirklich in der Lage sind bzw. sein müssen, auf ihren Seiten richtig Dampf in Form von Traffic zu erzeugen. Hier macht die Masse der Besucher den Erfolg und es genügt, wenn nur jeder zehn- oder hunderttausendste in einer »Erwachsenen«-Website oder einem Online-Kasino hängen bleibt. Glaubt man den Aussagen aus der Szene, kann sich das richtig lohnen. Und wenn ich schreibe, *richtig lohnen*, dann meine ich es auch so.

Daneben gibt es mittlerweile noch eine ganze Menge an Sonderformen wie Pay per Print Out, Pay per Sign Up, Pay per Click Out und andere mehr. Diese kommen aber in der Praxis nur recht selten vor, so dass eine detaillierte Darstellung an dieser Stelle zu weit führen würde.

Wichtig

Bitte beachten Sie, dass Sie bereits mit dem ersten Einblenden jedweder Werbung in Ihre vielleicht bisher privat betriebenen Webseiten oder Ihres Blogs zum Gewerbetreibenden werden! Es reicht die Gewinnerzielungsabsicht. Sie müssen also noch nicht einmal Einnahmen haben. Und wenn Sie denken, dass die paar Euro im Monat zusätzlich doch nicht ins Gewicht fallen oder Sie damit das Hosting bei Ihrem Provider bezahlen: Dem Finanzamt ist das egal. Wenn Sie das nicht anmelden, bekommen Sie irgendwann Probleme. Die Finanzämter holen sich in der Regel bei dem Anbieter die Adressen der Teilnehmer und schicken möglicherweise Kontrollmitteilungen an Ihr zuständiges Finanzamt. Wenn Sie dann in der Steuererklärung keinerlei Einnahmen (und Ausgaben) unter der Rubrik »Selbständige Einkünfte« haben, bekommen Sie über kurz oder lang einen unfreundlichen Brief. Und auch daran sollten Sie denken: Werden Sie erwischt, müssen Sie neben der Strafe alles nachversteuern! Selbst wenn man drei Jahre lang einfach so ein- oder zweihundert Euro pro Monat eingenommen hat, kommt auch da eine saftige Nachzahlung in einer Summe und sofort zahlbar zusammen. Auch wenn Sie jetzt den Kopf schütteln – rechtlich gesehen haben Sie Steuern hinterzogen und der Staat darf und wird das nicht tolerieren. Auch das Buch hier schnell wegwerfen und sagen »Wusst isch nich« hilft wenig. Unwissenheit schützt vor Strafe nicht! Ehrlich ist hier wohl auf Dauer die bessere Lösung.

5.2 Die Netzwerke und Plattformen für Affiliate Marketing

Es gibt mittlerweile eine fast unüberschaubare Anzahl an solchen Netzwerken. Die größten bzw. wichtigsten habe ich – ohne Anspruch auf Vollständigkeit – nachfolgend kurz beschrieben. Falls Sie sich als Shopbetreiber oder Affiliate in einem solchen Netzwerk engagieren möchten, sollten Sie sich vorher gut umsehen. Nicht alle Netzwerke passen zu allen Branchen und Themen gleich gut. Die Zeit in die Vorauswahl ist in jedem Fall gut investiert. Stellen Sie später fest, dass das Netzwerk für Ihre persönlichen Zwecke nicht richtig performt oder zu wenig Klicks generiert werden, ist ein Wechsel in der Regel mit deutlich höherem Aufwand verbunden. Also prüfen Sie, bevor Sie sich »binden«.

Google AdSense

Das Affiliate-Programm von Google (zu finden unter: `www.google.com/adsense`) hat wohl die unkomplizierteste Benutzeroberfläche und es ist recht einfach, dort Partner zu werden. Es ist sozusagen das Gegenstück zu Google AdWords. Die von Google zur Verfügung gestellten Werbemöglichkeiten sind in der Regel (fast) identisch mit der Werbung, die man auch bei einer Suche auf Google selbst findet. Nach der Anmeldung für das Programm muss die Website von den Mitarbeitern zunächst freigegeben werden. Erst dann kann man Werbung auf den eigenen Seiten anbieten. Dazu sucht man sich zunächst die passenden Werbeformate aus. Wie Sie in Abbildung 5.2 ersehen können, kann man einfache Textwerbung schalten (dahinter finden Sie auch gängige Bannerformate, Videos und Anzeigen für mobile Werbung). Die so genannten Empfehlungen (das sind Buttons, die Google-Produkte, zum Beispiel »Picasa« empfehlen und für die man pro Installation einen Dollar gutgeschrieben bekommt) laufen im August 2008 aus. Interessant ist vielleicht auch für Sie, eine Google-Suche auf Ihrer Site einzubauen (»AdSense für Suchergebnisseiten«). Nutzt jemand diese Suche, erscheinen wie bei Google AdWords Anzeigen. Wird auf diese dann geklickt, erhalten Sie ebenfalls eine Vergütung.

Wenn Sie sich zum Beispiel die gängigen Testanzeigen ausgesucht haben, können Sie exakt die Farben für die Anzeigen wählen, die gut zu dem Farb-Layout Ihrer Website passen (siehe Abbildung 5.3).

Nach dieser Auswahl bekommen Sie einen fertigen Codeschnipsel, den Sie ganz einfach auf den eigenen Seiten einsetzen. Wird die Seite dann von einem Besucher aufgerufen, wird passend zum Text der Seite kontextsensitiv Werbung eingeblendet. Stellt Google beim Scannen dieser Seite fest, dass es dort inhaltlich um einen Billardtisch geht, werden AdWords von Werbetreibenden eingeblendet, die Billardtische zum Kauf anbieten. Das klappt nicht immer zu hundert Prozent, aber doch in Summe recht gut.

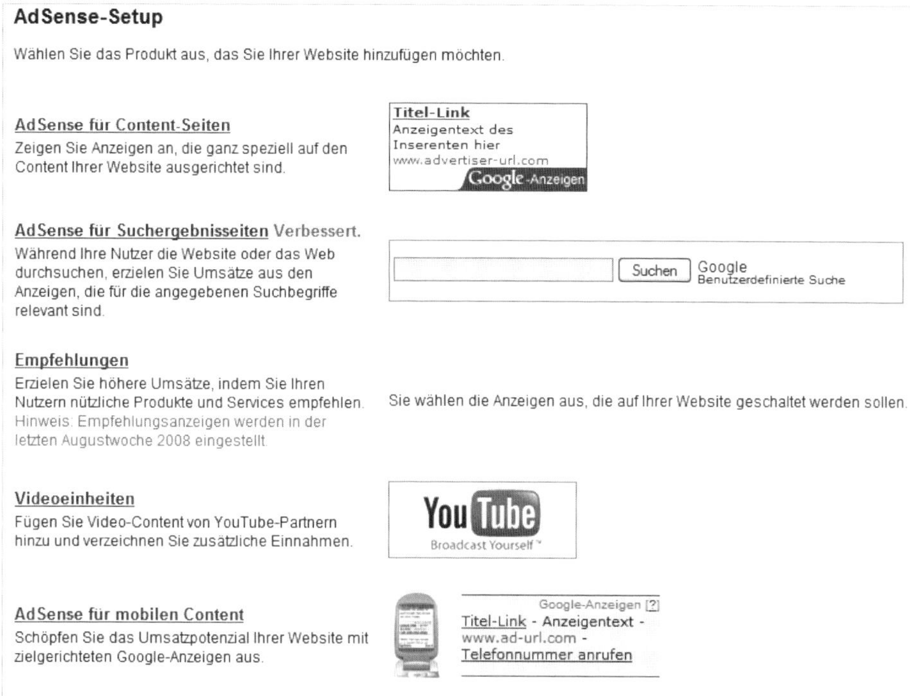

Abb. 5.2: Die unterschiedlichen Werbeformate bei Google AdSense

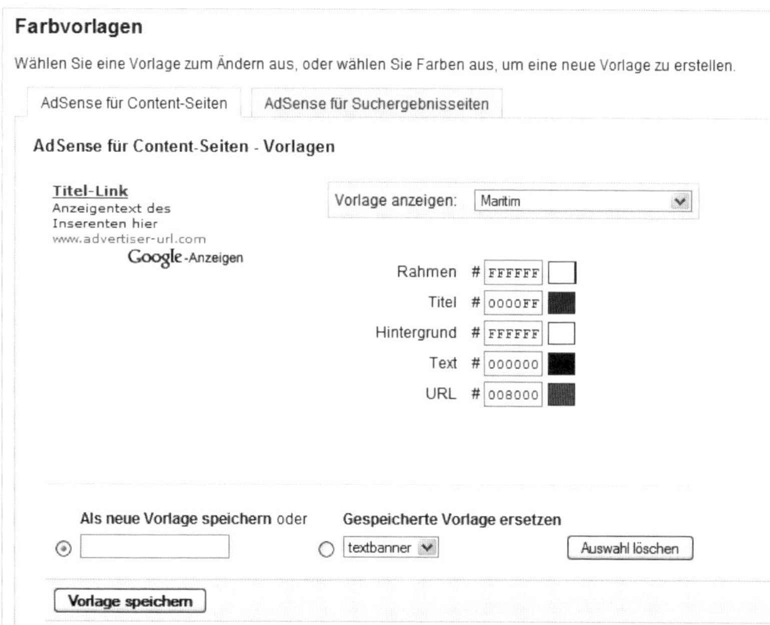

Abb. 5.3: Jede Farbanpassung für Textanzeigen ist möglich.

Tipp

Nach dem Einbau des Codeteils sollten Sie die Seite selber einmal aufrufen. Dann bekommt durch das Auslösen des Codes Google die neue Adresse mit und scannt die Seite in der Regel in den nächsten Sekunden. Erschrecken Sie also nicht, wenn beim ersten Aufruf eine umpassende Werbung erscheint. Oft ist dies auch eine von gemeinnützigen Organisationen. Warten Sie ein paar Minuten und rufen Sie die Seite dann erneut auf. Jetzt müsste passende Werbung erscheinen. Aber **Achtung**: Klicken Sie keinesfalls und zu keiner Zeit selber auf die AdWords. Dies kann den sofortigen Ausschluss aus dem Programm bedeuten. Durch verschiedene technische Schutzmaßnahmen erkennt Google solche Klicks und identifiziert sie als Betrugsversuch (schließlich bekommen Sie für jeden Klick Geld!). Ihr Konto bei Google wird sofort gesperrt, noch aufgelaufene Restzahlungen werden gesperrt. Und das Schlimmste: Es ist sehr schwierig, sich noch mal dort anzumelden. Man scheint ein recht ausgekochtes System gefunden zu haben, einen einmal gesperrten Anbieter recht zuverlässig virtuell wiedererkennen zu können. So viel vorweg: Einfach mal die Cookies löschen hilft nicht!

Lesen Sie sich am besten die Teilnahmebedingungen durch und halten Sie Ausschau nach Dingen, die Sie nicht dürfen. Google achtet sehr auf die Einhaltung der Richtlinien. Sie dürfen zum Beispiel auf Ihren Seiten nicht auf die AdWords-Werbung aufmerksam machen und selbstverständlich auch nicht zum Klicken auffordern. Ein Umstand, den viele Hobby-Blogger oder -Forenbetreiber immer vernachlässigen. »Wenn Euch die Seite gefallen hat, freue ich mich über ein kleines Taschengeld, indem Ihr einfach mal auf die Werbung klickt«, habe ich erst vor Kurzem auf einer Webseite gefunden. Ebenso ist es streng untersagt, den von Google erhaltenen Code zu modifizieren. Auf Webseiten, die nicht jugendfreie Inhalte, Alkohol, Waffen oder Tabak anbieten, darf AdSense ebenso nicht geschaltet werden.

Denken Sie immer daran: Was die Scanner nicht automatisch finden, besorgen Denunzianten. Es gibt IMMER jemanden in Ihrem Umfeld, der Ihnen Erfolg neidet. Wir leben in Deutschland, vergessen Sie das nicht. Verstöße kann man übrigens leicht melden. Klickt man auf das Google-Logo in einer AdWords-Anzeige, bekommt man die Maske in Abbildung 5.4 zu sehen, in der man einen Kommentar abgeben und sogar Markenverstöße melden kann.

Damit möchte man den Nutzern Gelegenheit geben, unpassende Affiliate-Sites zu melden. Wenn sich die Google-Redakteure dann die beanstandeten Seiten ansehen und der Vorwurf zutrifft, fliegt der AdSense-Partner in der Regel sofort aus dem Programm. Natürlich wissen viele Surfer von dieser Möglichkeit der Bewertung gar nichts. Trotzdem ist es eine gute Möglichkeit, einfach Feedback zu geben und unlautere Affiliates zu melden.

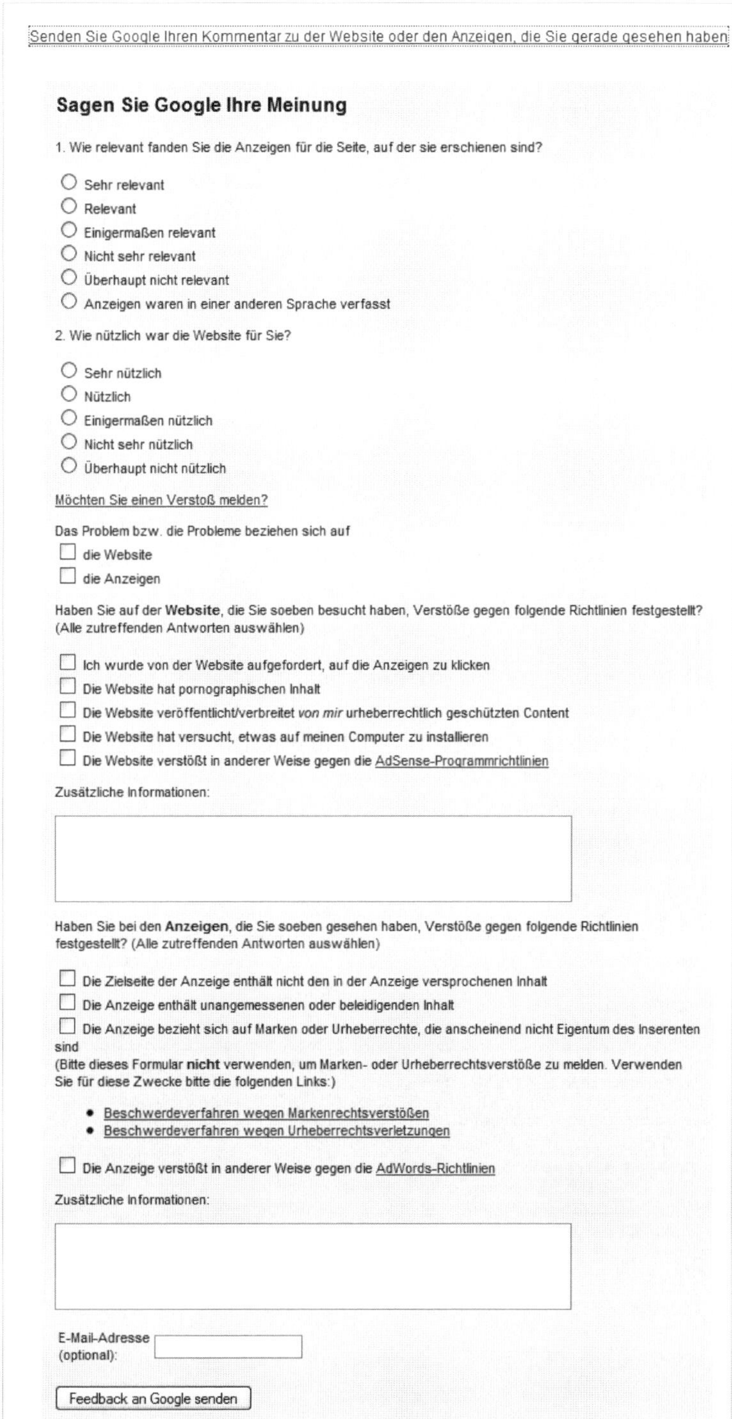

Senden Sie Google Ihren Kommentar zu der Website oder den Anzeigen, die Sie gerade gesehen haben

Sagen Sie Google Ihre Meinung

1. Wie relevant fanden Sie die Anzeigen für die Seite, auf der sie erschienen sind?

- Sehr relevant
- Relevant
- Einigermaßen relevant
- Nicht sehr relevant
- Überhaupt nicht relevant
- Anzeigen waren in einer anderen Sprache verfasst

2. Wie nützlich war die Website für Sie?

- Sehr nützlich
- Nützlich
- Einigermaßen nützlich
- Nicht sehr nützlich
- Überhaupt nicht nützlich

Möchten Sie einen Verstoß melden?

Das Problem bzw. die Probleme beziehen sich auf

- die Website
- die Anzeigen

Haben Sie auf der **Website**, die Sie soeben besucht haben, Verstöße gegen folgende Richtlinien festgestellt? (Alle zutreffenden Antworten auswählen)

- Ich wurde von der Website aufgefordert, auf die Anzeigen zu klicken
- Die Website hat pornographischen Inhalt
- Die Website veröffentlicht/verbreitet *von mir* urheberrechtlich geschützten Content
- Die Website hat versucht, etwas auf meinen Computer zu installieren
- Die Website verstößt in anderer Weise gegen die AdSense-Programmrichtlinien

Zusätzliche Informationen:

Haben Sie bei den **Anzeigen**, die Sie soeben gesehen haben, Verstöße gegen folgende Richtlinien festgestellt? (Alle zutreffenden Antworten auswählen)

- Die Zielseite der Anzeige enthält nicht den in der Anzeige versprochenen Inhalt
- Die Anzeige enthält unangemessenen oder beleidigenden Inhalt
- Die Anzeige bezieht sich auf Marken oder Urheberrechte, die anscheinend nicht Eigentum des Inserenten sind
(Bitte dieses Formular **nicht** verwenden, um Marken- oder Urheberrechtsverstöße zu melden. Verwenden Sie für diese Zwecke bitte die folgenden Links:)
    - Beschwerdeverfahren wegen Markenrechtsverstößen
    - Beschwerdeverfahren wegen Urheberrechtsverletzungen
- Die Anzeige verstößt in anderer Weise gegen die AdWords-Richtlinien

Zusätzliche Informationen:

E-Mail-Adresse (optional):

Feedback an Google senden

Abb. 5.4: Das Bewertungsformular für AdWords-Anzeigen

Wenn Sie mit dem Gedanken spielen, AdSense auf Ihren Seiten einzubauen, werden Sie sich zunächst sicher die Frage stellen: »*Wie viel bekomme ich denn nun für jeden Klick?*« Das kann man leider unmöglich vorhersagen. Für unterschiedliche Begriffe werden von den Werbetreibenden ja unterschiedliche Beträge geboten. Wenn Sie später das Kapitel über AdWords gelesen haben, werden Sie verstehen, wie die Preise zustande kommen. Bekannt ist jedoch, dass Google den größten Teil der über diesen Weg (Ihre Webseite) eingenommenen Beträge wieder ausschüttet. Man kann durch die in der Bilanz zwangsweise veröffentlichten Zahlen in etwa hochrechnen, wie hoch der Prozentsatz ist. Man kann zwar davon ausgehen, dass die Premiumpartner wie eBay oder andere mit unterschiedlichen Provisionen abgerechnet werden. Aber unter dem Strich dürften für Sie zwischen 70 Prozent bis 80 Prozent des Klickumsatzes hängen bleiben. Wenn Sie jetzt die Augenbrauen hochziehen und durch die Zähne pfeifen – dann kann das völlig zu Recht sein. Wer eine »starke« Seite mit richtig gutem Traffic hat und sehr gut auch in den Suchmaschinen gefunden wird, kann sich durchaus ein nettes, durchaus auch vierstelliges Zubrot verdienen. Während einige also von den erzielten Klicks und den dahinter stehenden Einnahmen enttäuscht sind, zaubert es anderen ein dickes Lächeln auf die Lippen. Aber »Einstellen, Klick-Klick, Millionär« funktioniert natürlich auch hier nicht.

Betreiben Sie mehrere Webseiten oder haben unterschiedliche Bereiche innerhalb Ihrer Site, interessiert Sie vielleicht, welche Umsätze diese Bereiche haben. Dann richten Sie sich am besten »Channels« ein. Dazu aktivieren Sie diese Option bei der Codeerzeugung, geben Ihrem Channel einen sprechenden Namen (siehe Abbildung 5.5) und dann wird im Code eine entsprechende Zeile hierfür eingefügt.

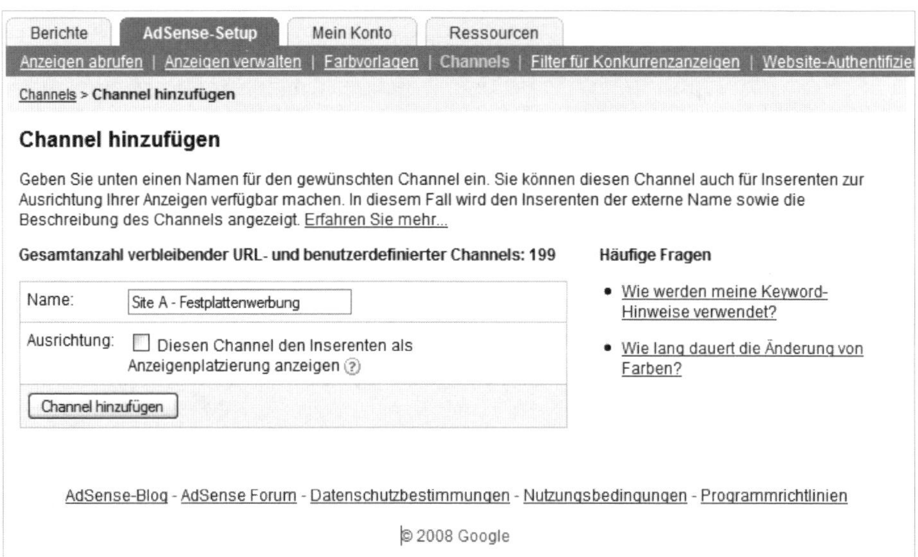

Abb. 5.5: Einfügen eines Channels in Google AdSense

In Ihren Auswertungen bekommen Sie dann pro Channel die Einzelumsätze angezeigt. Selbstverständlich müssen Sie die unterschiedlichen Codeschnipsel auch exakt in die jeweiligen Bereiche Ihrer Website einsetzen. Verzichten Sie auf diese Separation, können Sie den einmal erzeugten Code natürlich einfach überall verwenden.

Abgerechnet wird jeweils zum Ende des Folgemonats. Das Geld können Sie sich bequem überweisen lassen. Wer eher auf Schecks steht, findet auch dazu eine Möglichkeit. Ihre anstehenden Vergütungen können Sie jederzeit bequem online einsehen, wie Abbildung 5.6 zeigt.

Zusammenfassung der Einnahmen und Zahlungen

Ansicht: Die letzten 3 Monate - CSV

Monat	Datum	Beschreibung	Einnahmen/Gutschriften	Zahlungen/Ausgaben	Monatlicher Kontostand
		Einnahmenübertrag aus vorherigen Monaten	11.347,33 $		
Mai 2008	27 Mai	Ausgeführte Zahlung - Details		-11.347,33 $	
	31 Mai	Einnahmen (1 Mai - 31 Mai) - Details	11.503,82 $		
	Kontostand zum Ende des Monats Mai				**11.503,82 $**
Juni 2008	26 Jun	Ausgeführte Zahlung - Details		-11.503,82 $	
	30 Jun	Einnahmen (1 Jun - 30 Jun) - Details	11.400,34 $		
	Kontostand zum Ende des Monats Juni				**11.400,34 $**
Juli 2008	28 Jul	Ausgeführte Zahlung - Details		-11.400,34 $	
	31 Jul	Einnahmen (1 Jul - 31 Jul) - Details	11.566,57 $		
	Kontostand zum Ende des Monats Juli				**11.566,57 $**

Abb. 5.6: Die Zahlungsübersicht in Google AdSense

Falls Sie nun mit dem Gedanken spielen, Webseiten nur für Google AdSense zu erstellen und diese neben ein paar textlichen Belanglosigkeiten ins Netz zu stellen, möchte ich Sie davor warnen. Diese so genannten »Thin-Affiliate-Sites«, die fast ausschließlich mit AdWords-Werbung zugepflastert sind, mag man bei Google verständlicherweise gar nicht. Eine Zeitlang mag das gutgehen und auch ein paar Euro abwerfen. Aber über kurz oder lang wird Sie Google als Publisher zu Recht aus dem Programm werfen und dann war die ganze Arbeit umsonst.

Zanox

Ein großes Affiliate-Netzwerk betreibt Zanox (`www.zanox.com/de/`). Sie können sich dort zunächst auch unverbindlich und kostenlos anmelden. Klicken Sie dazu ganz einfach rechts unten auf die Schaltfläche WERDEN SIE PUBLISHER MIT ZANOX, die Sie in Abbildung 5.7 sehen können.

Nach der Eingabe Ihrer persönlichen Daten gelangen Sie zu einer Maske, in der Sie drei Typen von Werbeflächen auswählen können, die Sie anbieten möchten. Mit einer Website, mit einer Mail-Adresse oder, falls Sie eine Suchmaschine betreiben, finden Sie hier auch eine Möglichkeit, Werbung bei den Suchergebnissen einzublenden (siehe Abbildung 5.8).

Abb. 5.7: Das Zanox-Affiliate-Netzwerk

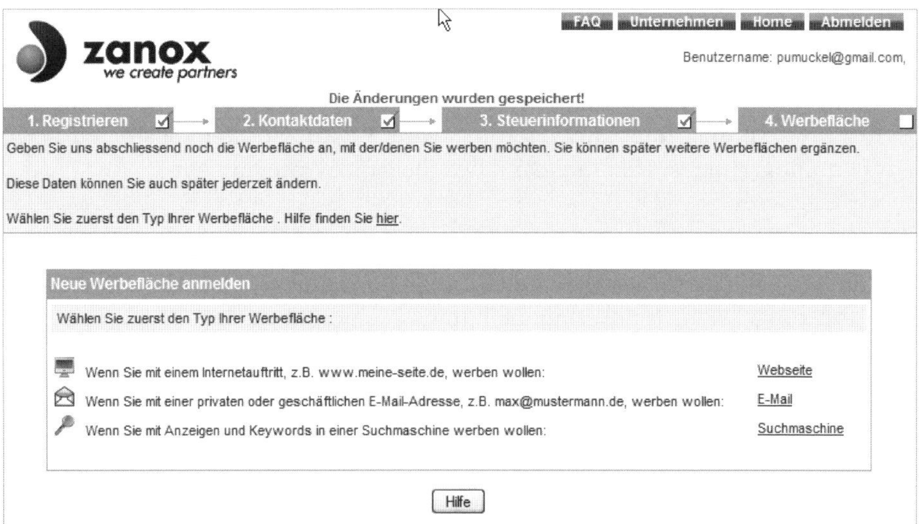

Abb. 5.8: Die unterschiedlichen Werbeflächen bei Zanox

Danach können Sie die Inhalte, die Ausrichtung und spezielle Kategorien für Ihre Website auswählen.

Abb. 5.9: Die Spezifikation der Werbeflächen bei Zanox

Abbildung 5.9 zeigt Ihnen eine kleine Übersicht der wählbaren Optionen. Betreiben Sie unterschiedliche Domains mit unterschiedlicher Ausrichtung, legen Sie einfach für jede Domain ein eigenes Profil an. Damit gelingt die spätere Zuordnung zu den Wünschen und Ausrichtungen der Merchants besser.

Auch bei Zanox erhalten Sie jederzeit eine aussagekräftige Statistik über die Leistungen Ihrer Websites (siehe Abbildung 5.10).

Der so genannte »zanox AdRank« gibt Ihnen eine Vergleichsmöglichkeit, wie Sie die Performance Ihrer Seiten dort einschätzen können. Zanox bietet derzeit die folgenden Abrechnungsmodelle an, natürlich je nach Abhängigkeit von den Angeboten der Merchants in den von Ihnen gewählten Kategorien:

- Pay per View
- Pay per Click

- Pay per Lead
- Pay per Sale
- Pay per Lifetime
- Pay per Period

Abb. 5.10: Das Werbekonto bei Zanox im Überblick

Die Abrechnung erfolgt dann nach dem gewählten Vergütungsmodell. Wählt man zum Beispiel Pay per Click, bekommt man je nach Merchant als Beispiel 0,15 Euro pro Klick. Bei Pay per Lead können es durchaus 10 Euro pro vermitteltem Kontakt sein. Auch bei einer Umsatzprovision werden durchaus bis zu 25 Prozent vom getätigten Umsatz fällig. Die von Ihnen vermittelten Besucher müssen allerdings (in der Regel) innerhalb von 30 Tagen nach dem Klick auf den Link auch tatsächlich etwas kaufen. Nur innerhalb dieser Zeitspanne haben Sie Anspruch auf eine entsprechende Vergütung. Die Vergütungsmodelle lassen sich dabei beliebig kombinieren und je Merchant individuell einstellen.

Beachten Sie bitte, dass Privatpersonen nur bis maximal 200 Euro pro Monat erhalten können. Dies hat steuerrechtliche Hintergründe. Sollten Sie mit mehr Einnahmen rechnen oder diese tatsächlich erzielen *können*, müssen Sie also doch über die Anmeldung eines Gewerbes nachdenken.

Weitere Affiliate-Netzwerke

Über alle nennenswerten Affilliate-Netzwerke zu schreiben, würde wahrscheinlich ein eigenes Buch füllen. Daher habe ich die beiden oben stehenden Netzwerke beispielhaft für alle anderen ein klein wenig ausführlicher dargestellt: Das soll Ihnen ein bisschen Appetit auf diese wirklich nette Form der Monetarisierung Ihrer Webseite machen. Aber machen Sie bitte keinesfalls den Fehler, auf Ihren Business-Seiten oder gar Ihrem Shop fremde Werbung einzubinden. Damit locken Sie für ein paar Cent die wertvollen eigenen Besucher nur wieder weg von Ihnen! Diese Gedanken sind einigen Shopbetreibern wohl fremd, wie man beispielhaft in Abbildung 5.11 sehen kann.

Abb. 5.11: Desca24 lockt potenzielle Käufer gleich wieder in andere Shops.

Anscheinend lässt sich bei einigen Shops mehr Geld damit verdienen, die Besucher (hier über Google AdWords) an andere Shops zu vermitteln, als selber Ware zu verkaufen. Das ging offenbar zumindest im Fall des Shops in Abbildung 5.11 nicht gut, denn er wurde mittlerweile eingestellt.

Weitere, sehr interessante Affiliate-Netzwerke sind noch

- Affilinet (`www.affili.net`)
- Tradedoubler (`www.tradedoubler.de`)
- Commission Junction (`www.cj.com`)
- Amazon (`http://partnernet.amazon.de/gp/associates/join/main.html`)

- Telekom (`www.telekom-affiliates.de`)
- Adbutler (`www.adbutler.de`)
- belboon (`www.belboon.de`)
- Zieltraffic (`www.zieltraffic.de`)

Suchen Sie sich in Ruhe das am besten zu Ihnen passende Netzwerk aus. Es spricht natürlich nichts dagegen, mit mehreren Netzwerken zu arbeiten. Achten Sie jedoch auf die Bedingungen der Netzwerke. Manche beanspruchen auf einer Webseite Exklusivrechte. Das heißt, dass Sie auf einer Seite nicht mehrere Programme gleichzeitig verwenden dürfen.

Wer sich schon etwas mit Suchmaschinenoptimierung auskennt, kommt vielleicht jetzt auf den Gedanken: »Prima, durch die vielen Affiliates bekomme ich doch jede Menge Links auf meine Seiten!« Leider ist das aus technischen Gründen nicht der Fall. Die meisten Affiliate-Links zeigen mit einer ID auf die Server des Netzwerkes. Damit werden die Links (wenn überhaupt) nur dem Netzwerk positiv zugeschlagen, nicht aber den eigentlichen Empfängern, den Merchants.

Affiliates sind: Hobby-Betreiber, Shopping-Portale, Preisportale, Suchmaschinenoptimierer, »Thin-Affiliates«, Pay-per-Click-Affiliates – oft Tausende von motivierten »Klein«-Vertriebspartnern, die genau an die Zielgruppe kommt. Gerade auch Nischenprodukte.

Tipp

Als Merchant sollten Sie sich die Leistungsfähigkeit Ihrer Affiliates genau ansehen. Meist werden Sie feststellen, dass einige wenige Affiliates Ihnen 90 Prozent und mehr Traffic bringen. Diese Top-Performer sollten Sie am besten etwas besser entlohnen als den Rest. Das sichert Ihnen noch mehr Anstrengungen auf Seiten dieser Publisher und verhindert ein eventuelles Abwandern zu anderen Merchants, die genau dies tun: etwas besser bezahlen. Die Top-Werbeflächen sind nun mal begrenzt, und wenn Sie hier dabei sein möchten, sollten Sie auch dafür sorgen, dass man Sie gerne mag. Also auch hier gilt: Immer wieder kontrollieren und aktiv steuern!

5.3 Licht und Schatten

Wo Licht ist, wo also Geld verdient werden kann, taucht zwangsläufig auch immer wieder Schatten auf. Wo liegen die Risiken für die Teilnehmer solcher Affiliate-Netzwerke?

Zunächst möchte ich auf die **Merchants**, in der Regel sind das die Shopbetreiber, eingehen. Hat man eine direkte Beziehung zu einem Affiliate, wird man in der

Regel keine Probleme haben. In großen Vermittlungsnetzwerken ist es natürlich unmöglich, alle seine Werbepartner zu kennen. Und in solchen Netzwerken tummeln sich leider auch immer wieder unseriöse Partner. Sei es, weil sie dem schnellen Geld nicht abgeneigt sind oder einfach auch recht blauäugig arbeiten. Nicht selten hat man es dabei auch mit Schülern oder Studenten zu tun, die eher hobbymäßig eine Website betreiben und »heiße« Tricks zum Abzocken in dunklen Foren oder Chats weiterreichen. Oft wissen Mami und Papi gar nicht, für was sie da unterschrieben haben (weil Klein-Affiliate eigentlich noch minderjährig ist) und sind massig stolz auf den kleinen Spross, der schon ganz alleine sein eigenes Geld im Internet verdient. Den ganzen Abend sitzt er oben in seinem Zimmer vor dem Compjuder ... (nein, das war kein Tippfehler). Aber Spaß beiseite. Die Abrechnungsform Pay per Click und teilweise auch Pay per View ist besonders anfällig für Betrugsversuche. Oder sagen wir mal, sieht besonders einfach und einladend aus. Jeder Klick oder jeder View bringt Geld. Da ist man schnell versucht, Freunde, Bekannte und auch Nicht-Freunde zum Klicken zu überreden. Wenn die begriffen haben, was sie da machen und dass Klein-Affiliate dafür ja »richtig Kohle« (wir reden hier trotz meiner bekannten Übertreibungen nicht über Summen, für die Sie aus dem Fenster springen würden) bekommt – dann wollen sie in der Regel auch mitspielen und schon haben wir ein schönes, kleines Klicknetzwerk, das sich gegenseitig unterstützt. Da wird aber in der Regel nicht wirklich viel Geld für den Merchant verbrannt, denn sobald das Klicknetzwerk gierig wird – und das werden sie alle nach einiger Zeit –, fällt der Betrug recht schnell auf. Die Netzwerkbetreiber der Plattformen haben Mechanismen entwickelt, die solche nach einiger Zeit auffälligen Klickpfade erkennen, und werfen Klein-Affiliate und seine Kumpelz (Insider wissen, dass auch das kein Tippfehler ist) raus.

»Wo liegt dann das Problem?«, werden Sie sich fragen. In der Masse. Klein Affiliate zieht von Netzwerk zu Netzwerk und wenn er alle durchhat, ist die Idee nicht weit, sich mit Ommas Kontonummer noch mal überall anzumelden. Und da es nicht nur einen Klein-Affiliate gibt, muss man diese Entwicklung schon sehr im Auge behalten. Was die Netzwerke übrigens auch machen. Ich möchte keinesfalls, dass Sie den Eindruck bekommen, dort wären lauter Betrüger am Werk. Das Gegenteil ist der Fall. Aber Sie sollen sensibilisiert werden, auf ungewöhnliche Bewegungsmuster oder nicht erklärbare Zahlen einfach besonderes Augenmerk zu legen.

Ein weiteres Problem für den Merchant ist, dass er nicht immer weiß, wo seine Werbung bzw. seine Werbemittel geschaltet werden. Da könnte es auch mal einer Bank passieren, dass ihre Werbung zum Beispiel auf Rotlicht-Webseiten auftaucht. Das kann keinem seriösen Unternehmen recht sein. Bloß: In der Regel werden Sie das gar nicht erfahren ... Im Umgang mit geschäftlichen Gepflogenheiten unerfahrene Affiliates blenden auch schon mal gerne Werbemittel so ein, dass sie versehentlich angeklickt werden. Die Werbung erscheint als Pop-up, und wenn der Besucher das lästige Ding rechts oben mit einem Klick auf das gewohnte

Schließen-Kreuz verbannen möchte –, dann passiert genau das Gegenteil: Er wird auf die Seite des Merchants durchgeleitet, obwohl er das gar nicht wollte. Folge: bezahlte Klicks plus eins für den Affiliate. Dass der Besucher grantig auf den in der Werbung genannten Merchant wird, ist verständlich. Und dass er denkt, der Merchant selber wendet solche schmutzigen Tricks an – auch verständlich. Alles in allem kann das richtig imageschädigend sein. Diese Gedanken machen sich Affiliates, die mit solchen Mitteln arbeiten, aber meist nicht. Geschäftliche Unerfahrenheit oder eine mentale Suboptimierung verhindert hier leider oft jedwedes Unrechtsbewusstsein.

Dummerweise sind auch viele Gerichte der Meinung, dass der Merchant eine so genannte Mitstörerhaftung hat, wenn der Affiliate rechtlich relevanten Unsinn macht. Das kann zum Beispiel dann der Fall sein, wenn der Affiliate Spam-Mails verschickt und die Links dort drin zum Merchant zeigen. Wie sich die Rechtsprechung hier letztendlich einpendelt, muss die Zukunft zeigen. Wie so häufig ergibt sich hier das Problem, dass die komplexen Zusammenhänge von den vom Gericht bestellten Gutachtern nicht immer vollständig verstanden werden. In der Regel klären dann höhere Instanzen diese Dinge etwas intensiver.

Ein letzter nachteiliger Punkt für den Merchant muss leider auch noch angesprochen werden: Trojaner und Websitemanipulationen. Sie haben sicher schon von diesen lästigen Biestern gehört, die sich auf Computern einnisten und teilweise die Kontrolle über die Aktivitäten übernehmen. Daher wurde der Begriff auch vom Trojanischen Pferd abgeleitet. Findige Programmierer entwickeln Trojaner, die den Aufruf von Webseiten manipulieren. Man kann sich das vereinfacht so vorstellen: Alle Links zu Amazon, Otto, Baur oder Quelle (nur beispielhaft genannt!), die sich zufällig auf aufgerufenen Webseiten befinden, die man ansurft, werden vom Trojaner modifiziert. Er hängt einfach seine eigene Affiliate-ID hinten an oder tauscht eine bereits bestehende gegen die eigene aus. Schon wird ein Klick ihm und nicht dem Seitenbetreiber gutgeschrieben, auf dessen Seite man eben noch war. Das ist sehr subtil und verdammt schwer zu entdecken! Tumb programmierte Trojaner rufen einfach von sich aus immer wieder bestimmte Zielseiten auf, um bezahlte Visits zu generieren. Aber das wird natürlich relativ schnell entdeckt. Ganz ähnlich funktioniert die zweite Methode, bei der ein Webserver gehackt wird und die Seiten auf dem Server manipuliert und mit Werbelinks versehen werden. Manchmal gehen die Hacker dabei so perfide vor, dass sie sogar in Echtzeit die eingehenden IP-Adressen prüfen. Ist der Besucher aus dem Land des Seitenbetreibers, bekommt er keine Werbung zu sehen. Kommt er aus dem Ausland, werden Werbelinks eingeschoben. Der Grund? Die Wahrscheinlichkeit sinkt, dass der Homepage-Betreiber die Manipulation bemerkt. Wenn er selbst seine Seiten aufruft, scheint alles in Ordnung. Erst wenn Beschwerden aus dem Ausland kommen (selten) oder er selber aus dem Ausland die eigenen Seiten aufruft, wird er sich wundern ... Böse, oder?

Wenn Sie nun meinen, die armen Merchants seien die Looser in diesem Spiel, dann lassen Sie sich eines Besseren belehren. In letzter Zeit häufen sich nämlich die Beschwerden von **Affiliates**, die sich von geizigen oder unehrlichen Merchants über den Tisch gezogen fühlen. Da werden vermittelte Käufe einfach mit dem Hinweis verweigert, dass der Kunde nicht bezahlt hätte oder die Ware zurückgeschickt hätte. Provision futsch. Hmmm ... woher wollen die das denn wissen? Ganz einfach. Wenn Familienangehörige oder Bekannte des Affiliates über diesen beim Merchant einkaufen, weiß man ganz genau, was bezahlt oder eben nicht zurückgeschickt wurde. Was im ersten Moment anrüchig aussehen mag, ist es auf den zweiten Blick eigentlich gar nicht mehr. Wenn ein Affiliate jemanden »offline« dazu bringt, beim Shop X statt bei einem anderen Shop zu kaufen, und dieser dann über einen Link zum Shop geht, damit der Affiliate seine Provision erhält, ist das aus meiner Sicht völlig korrekt. Schließlich bringt das echten Umsatz, der so nicht gemacht worden wäre, und schließlich ist es auch egal, ob ein Fremder einkauft oder ein Bekannter eines Affiliates. Geld ist Geld. Doch zurück zum Thema: Wenn ich also genau weiß, dass Onkel Harry über meinen Link beim Golfshop X vier Schläger für 600 Euro gekauft hat, der Merchant aber keine Provision rausrückt ... Dann ist sonnenklar und transparent, dass der Betrüger in diesem Fall auf der anderen Seite sitzt.

Wie erwähnt, vermehren sich die Stimmen von Affiliates, dass dies wohl in letzter Zeit häufiger auftritt. Und vor allem bei kleineren, eigentümergeführten Shops. Die Großen in der Branche verhalten sich in der Regel absolut korrekt. Allein schon deswegen, weil überall durchgängig EDV eingesetzt wird und solche Betrügereien gar nicht »programmiert« sind bzw. schnell auffallen. Und natürlich, weil dort auch immer mehr Menschen arbeiten, die alle mitziehen müssten. Es gibt im Web schon schwarze Listen von Merchants, die nach Meinung von Affiliates betrügen und die man nicht in das eigene Werbeportfolio aufnehmen sollte. Das ist schon grenzwertig. Mein Rat wäre in solchen Fällen, nicht einfach klein beizugeben. Mindestens sollte man einen solchen Merchant vertrauensvoll beim Netzwerkbetreiber melden – wenn man Beweise vorlegen kann. Ist Letzteres der Fall und handelt es sich um einen nennenswerten Betrag, wäre sogar der Gang zum Staatsanwalt angebracht. Betrug ist Betrug. Die eigentliche Herausforderung liegt wahrscheinlich darin, dem Staatsdiener verständlich zu machen, worum es hier überhaupt geht.

Kapitel 6

Kundenbindung durch Weblogs und RSS-Feeds

6.1 Was ist ein Weblog?

Weblogs (kurz auch manchmal einfach nur *Blog* genannt) haben sich mittlerweile stark verbreitet. Experten schätzen die Anzahl auf etwa 54.000.000 weltweit. Aufgeschreckt durch diese neue Form der Meinungsdemokratie im Web, mussten einige Unternehmen schmerzlich lernen, dass Verbraucher zum Teil lauthals gegen Ungerechtigkeiten (die sie als solche empfinden) protestieren *und* diese Proteste zum Teil auch tatsächlich »gehört« werden. Dies hat natürlich auch damit zu tun, dass Beiträge in Weblogs oft in Suchmaschinen besonders prominent gelistet werden. Dazu weiter hinten im nächsten Teil über Suchmaschinenoptimierung mehr. Zunächst soll kurz die Frage geklärt werden, was Weblogs überhaupt sind. Eines vorweg: Weblogs bedeuten das Ende des Monologs in der Webkommunikation. Bisher hatten Unternehmen praktisch im Web die Hoheit über das, was über sie und ihre Marke(n) geschrieben wurde, wie sie das ja aus den klassischen Massenmedien gewohnt waren. Nun gibt es über Weblogs einen Rückkanal. Das Verbreiten von Meinungen und Kommentaren wurde durch die meist sehr einfach zu erstellenden und unkompliziert zu bedienenden Weblogs für den normalen Webnutzer, den Konsumenten möglich.

Die Idee hinter Weblogs war und ist noch immer einfach: Es sind vom Wesen her elektronische Tagebücher. Weil sie tatsächlich sehr einfach und ohne Programmierkenntnisse zu handhaben sind, finden immer mehr Menschen mit oder ohne eigene Homepage daran Gefallen, der Welt ihre Meinung, ihre Erfahrungen, Details über ihr Leben oder aus ihrem Wohnort oder durchaus auch Fachliches kundzutun. Bloggen (also einen Beitrag in ein Weblog zu schreiben) kann also jeder.

Eine etwas versteckte und nicht jedem bekannte Sonderfunktion bei Weblogs macht sie gleichzeitig so mächtig: Die so genannte Track-Back-Funktion. Dahinter verbirgt sich in einfachen Worten die Möglichkeit, Weblogs miteinander zu vernetzen. Stellt ein Blogger (der Schreiber) einen Beitrag in sein Weblog, wird dies über diese spezielle Vernetzung anderen, meist thematisch gleich gesinnten Weblogs mitgeteilt und die Beiträge werden zum Teil übernommen und/oder kommentiert. Damit erzeugt ein einziger Beitrag in einem gut vernetzten Weblog recht ansehnliche »Wellen« im Web. Und auf dieses Aufschaukeln und gegenseitige Verlinken reagieren die Rankingalgorithmen der Suchmaschinen meist sehr positiv.

Einer der ersten und bekanntesten Weblogs dürfte wahrscheinlich der Schockwellenreiter (vgl. Abbildung 6.1) sein.

Abb. 6.1: Der Weblog Schockwellenreiter.de

Wie Sie in dem unteren Beitrag in Abbildung 6.1 Aus der Abteilung »Wir nennen Ross und Reiter« lesen können, wurde dort über eine offensichtliche Spam-Aktion eines deutschen Unternehmens negativ berichtet. Der guten Ordnung halber habe ich die genannten Namen und die Firmenadresse unkenntlich gemacht. Eine kurze Suche in Google nach dem (hier unkenntlich gemachten) Unternehmensnamen offenbarte dann auch schnell eine der Gefahren von Weblogs: Man findet sehr schnell positive, aber vor allem auch negative Kommentare über Produkte und Unternehmen. Das kann vorab recherchierende Menschen durchaus vom Kauf dort abhalten. Mittlerweile hat der PageRank (die Bedeutung, die Google einem Dokument aufgrund von Links beimisst) bei Schockwellenreiter übrigens von vormals sieben auf jetzt vier abgenommen. Suchmaschinenprofis werden den wahrscheinlichen Grund für die Abstrafung durch Google sofort auf der Seite erkennen. Ich verkneife mir hier bewusst einen Kommentar. Aufgrund der vielen Werbung und multimedialen Elemente lädt der Blog auch deutlich langsamer als früher. Trotzdem bleiben die Postings des »Kantel-Chaos Teams« (der offizielle Betreiber) nach wie vor lesenswert!

Es wird für Unternehmen, die oft alleine schon wegen ihrer Größe Probleme mit dem Kundenumgang haben, natürlich auch nicht besser dadurch, dass nun verschiedene Meinungsportale Blogbeiträge zur Abstimmung stellen und damit besonders eklatante Fälle von allzu saloppem Umgang mit dem »Bittsteller Kunde« erst recht an die Öffentlichkeit gezerrt werden. Als Beispiel für so einen Publikations-»Turbo« kann Yigg.de dienen, wo die Leser den in Abbildung 6.2 gezeigten Beitrag auf Platz 1 gewählt haben. Gut sichtbar auch für alle Pressereddakteure, die ebenfalls immer mehr im Web gerade auch auf solchen Plattformen recherchieren.

Abb. 6.2: Beitrag auf Platz 1 bei Yigg.de am 6. August 2008

Vielleicht fragen Sie sich jetzt, warum ich weiter oben das Unternehmen unkenntlich gemacht habe und in Abbildung 6.2 nicht. Ganz einfach. Weil ich vor zwei Tagen wieder mal mit dem ICE nach dem Stillstand mitten auf dem Gleis 40 Minuten lang gehört habe, dass es in ein paar Minuten weitergeht. Erst kleines Problem, dann großes. Dann mussten alle aus dem zweiten Zugteil (der wegen der Urlaubszeit ratzevoll war) in den ersten (noch volleren) Teil umsteigen. Stehend eingepfercht ging es dann weiter. Nach insgesamt 1,5 Std. Verspätung hat man dann auch keine Lust, sich am Reisezentrum für sechsfuffzich Entschädigung noch mal 20 Minuten anzustellen. Und nachdem einem Mitarbeiter das Gleiche mit drei Stunden Stillstand passiert ist, hab ich schusseligerweise vergessen, den Namen unkenntlich zu machen. »Selbst schuld«, werden einige Leser murmeln, »fahr halt mit dem Auto. Ist eh billiger.« Mach' ich das nächste Mal auch. Und statt das alles zu bloggen, wie oben im Beispiel, schreib' ich das halt jetzt hier hin. Da die Website der Bahn Usability-technisch so fürchterlich schlecht ist, habe ich gute Hoffnung, dass die mit den Dingen nichts am Hut haben, die hier im Buch stehen. Da ist es sicherer als im Web ;-) Und falls doch: Liebe Bahnjuristen: Das war alles nur mein gaaaanz persönlicher und subjektiver Eindruck!

Einer der deutschen »Alphablogger« ist sicherlich Robert Basic, der unter `www.basicthinking.de/blog` mehrmals täglich Interessantes, Nützliches, Skurriles und vor allem auch Wissenswertes bloggt. Dieser Blog sollte meiner Ansicht nach auf keiner Blogroll fehlen. Wenn Sie die Kommentare bei Robert Basic lesen, werden Sie feststellen, dass dort auch viele intelligente Menschen (nicht immer, aber meist) an der Diskussion rund um seine Themen teilnehmen. Das ist durchaus nicht selbstverständlich im Web, wo zum Teil ja Pöbeleien an der Tagesordnung sind. Er hat es geschafft, eine richtige Fangemeinde um sich zu scharen. Und ich bin sicher, nicht wenige Journalisten lesen dort heimlich mit, um zu sehen, was gerade *in* ist oder über welche Hypes die Community diskutiert. Robert Basic ist zwar der Meinung, das wäre nicht so, aber ich glaube, da stellt er sein Licht gewaltig unter den Scheffel.

Rein technisch gesehen steckt hinter einem Weblog eine einfache Datei im XML-Format, die die Software automatisch produziert. XML steht für eXtensible Markup Language und ist ein (beliebig) erweiterbares Dateiformat. Es würde den Umfang hier bei Weitem sprengen, auf die Details und Vorteile von XML näher einzugehen. Mit diesen drei Buchstaben bekommen Sie eine umfassende Erklärung in Wikipedia, falls Sie tiefergehendes Interesse haben. Dort finden Sie alles Wichtige und sicher besser beschrieben, als ich das hier für Sie leisten könnte. Eine Besonderheit ist aber zum Verständnis der Power in Weblogs wichtig: Generell können Dateien im XML-Format flexibel und automatisch von Maschinen gelesen bzw. erkannt werden. Das in Weblogs verwendete XML-Format folgt einem speziellen Standard, der es erlaubt, dass andere Benutzer Teile der Webseite »abonnieren« können. Es können aber durch eben diese Standardisierung auch Teile vollkommen automatisiert als Content in (viele) andere Webseiten integriert werden.

Vielleicht ist Ihnen in diesem Zusammenhang schon einmal der Begriff *RSS-Feed* untergekommen. RSS steht dabei für Really Simple Syndication, also für die einfache Zusammenführung von Inhalten. Ein solcher RSS-Feed enthält dann einen oder mehrere Beiträge, die durch vorgegebene Tags (eine Art Bezeichner, die ein XML-Dokument inhaltlich strukturieren) voneinander getrennt werden.

Damit kann man Weblogs eben nicht nur auf der publizierenden Webseite lesen, sondern durch Abonnieren mittels geeigneter Programme auf den eigenen PC holen. Dies können gesonderte Feedreader-Programme wie FeedReader oder FeedDemon sein, aber auch Erweiterungen in gängigen E-Mail-Programmen wie Newsgator für MS Outlook 2003 (vgl. Abbildung 6.3). Newsgator klinkt sich in die Ordnerstruktur in Outlook ein und zeigt statt der E-Mail-Vorschau die in Abbildung 6.3 gezeigte Übersicht. Die einzelnen Blogbeiträge werden darin prinzipiell wie E-Mails behandelt. Für den Anwender hat dies den Vorteil, dass er nicht ein weiteres Programm zum Lesen der RSS-Feeds benötigt, sondern diese in der gewohnten Arbeitsumgebung vorfindet. Das Hinzufügen selbst gefundener Weblogs geht dabei denkbar einfach. Auf Webseiten wird das Vorhandensein von Newsfeeds übrigens häufig durch einen kleinen, orange Button mit der Aufschrift »RSS« angezeigt.

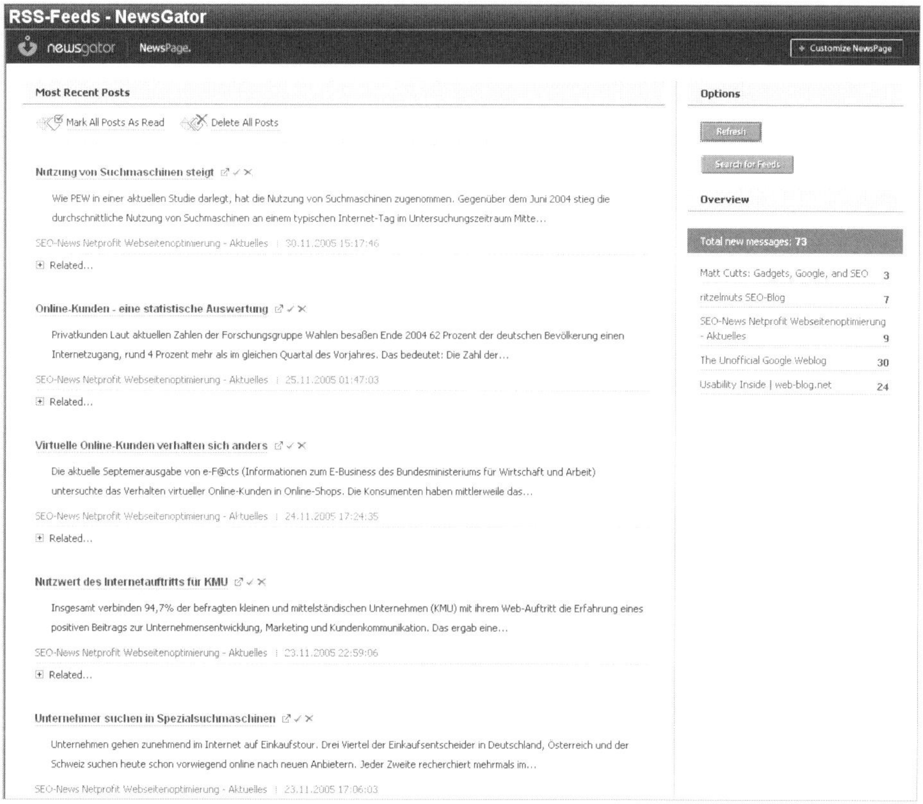

Abb. 6.3: Das MS-Outlook-Plug-in Newsgator

Damit muss man eben nicht mehr auf viele verschiedene Webseiten surfen, was die meisten Besucher nach einiger Zeit sowieso vergessen oder aus Zeitmangel nicht mehr machen. Man fragt neue Inhalte von abonnierten Weblogs einfach per Knopfdruck ab und bekommt alles Neue seit dem letzten Lesen automatisch übertragen und sauber sortiert dargestellt. Einfacher geht die Nachrichtenbeschaffung nun wirklich nicht mehr.

Im neuen Outlook 2007 ist ein RSS-Feedreader übrigens bereits integriert und über die Ordnerstruktur der übrigen Mail-Ordner zu erreichen. Ein Rechtsklick auf diesen Ordner bringt eine Maske zum Vorschein, in der man die Adresse eines Feeds eintragen kann, in Abbildung 6.4 ist das zum Beispiel der von *Website Boosting*.

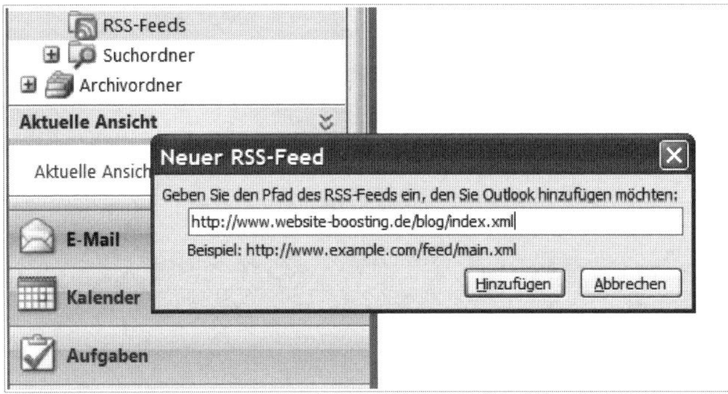

Abb. 6.4: RSS-Feeds in Outlook 2007 eintragen

Danach holt Outlook die letzten Beiträge dieses Blogs, verwaltet sie und zeigt sie wie Mails an. Das hat den unschätzbaren Vorteil, dass man auch ältere Postings recht leicht wiederfindet. Die meisten Online-Reader zeigen immer nur eine definierbare Anzahl aktueller Beiträge an, archivieren aber in der Regel nicht.

Nach dem Eintrag einer Feed-Adresse sieht die Ansicht in Outlook 2007 dann wie in Abbildung 6.5 gezeigt aus.

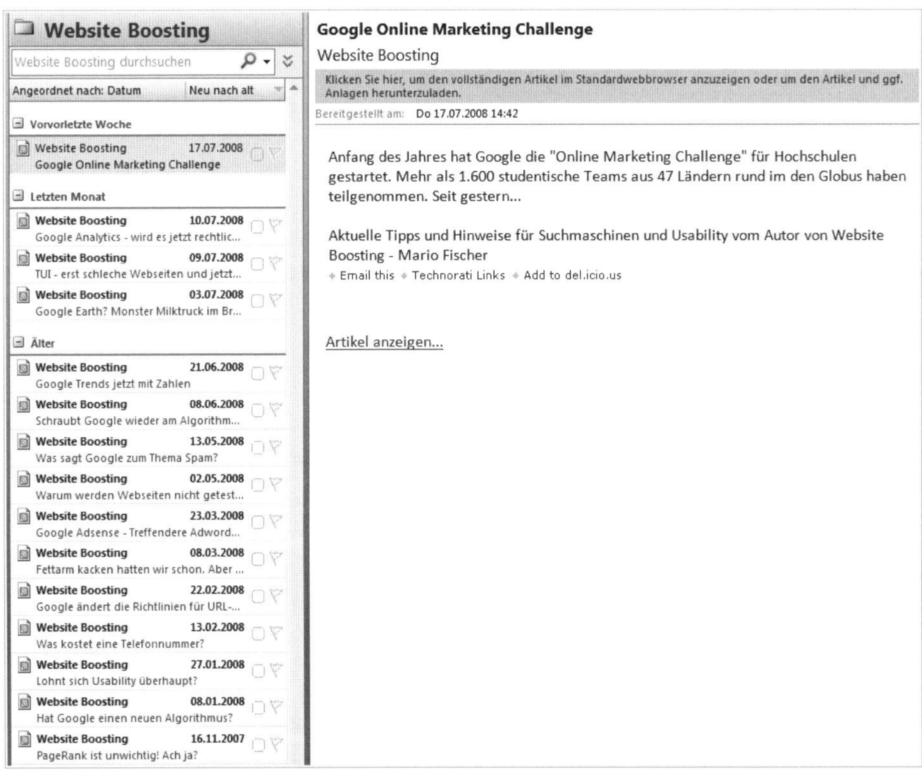

Abb. 6.5: Die Feed-Ansicht in Outlook 2007

Tipp

Selbstverständlich gibt es mittlerweile auch eine große Zahl an Plug-ins für gängige Webbrowser. Der Internet Explorer hat ab der Version 7 bereits eine Unterstützung für RSS-Feeds an Bord. Für den Firefox-Browser müssen Sie nur zu den Add-ons (`https://addons.mozilla.org/de/firefox`) gehen und dort das Suchwort RSS eingeben. Sie finden dort viele Feedreader, die sich ganz einfach in diesen Browser integrieren lassen. Da ist für jeden Geschmack etwas dabei. Auch über die Plattform `netvibes.com` oder in die personalisierte Weboberfläche von Google (iGoogle) kann man wunderbar einfach andere Beiträge in Weblogs verwalten. Dazu gleich weiter unten mehr.

Wer sich keine eigene Software installieren möchte oder unterwegs mit unterschiedlichen Rechnern immer auf alle eigenen, abonnierten Newsfeeds zugreifen möchte, kann sich dazu geeignete Webseiten personalisieren. Google bietet zum Beispiel seit Kurzem dafür eine einfache Möglichkeit. Voraussetzung ist das Vorhandensein eines Google-Kontos (die Anmeldung finden Sie unter dem Punkt LEGEN SIE JETZT EIN KONTO AN unter `https://www.google.com/accounts/ManageAccount`). Der Name täuscht: Dies ist kein Konto im herkömmlichen Bank-Verständnis, sondern wirklich völlig kostenlos. Über dieses Konto können Sie dann verschiedene Google-Dienste nutzen. Aber eben auch die Startmaske von Google in Ihrem Browser auf Ihre Wünsche hin mit RSS-Feeds gestalten.

Abb. 6.6: Die Google-Startseite mit Newsfeeds personalisieren

Dazu rufen Sie rechts oben auf der Google-Startseite den Link iGOOGLE oder ANMELDEN auf.

Danach können Sie aus der linken Spalte vorgefertigte (RSS-)Newsfeeds einfach per Button hinzufügen und auf der rechten Seite mit der Maus so ausrichten, wie Sie das gerne haben möchten (vgl. Abbildung 6.7).

Abb. 6.7: Den Startbildschirm von Google personalisieren

Viel spannender finde ich aber ganz unten das Eingabefeld in der Spalte von Abbildung 6.7, mit dem man gezielt nach RSS-Feeds (hier FEED-URL genannt) suchen kann. Man kann auch eine komplette Webadresse eines bereits bekannten RSS-Feeds oder RSS-fähige Foren eingeben. Dieser wird dann automatisch in die Startseite integriert. Eine beispielhafte Zusammenstellung sieht dann so aus, wie Abbildung 6.8 zeigt.

Sobald in den überwachten Weblogs ein neuer Newsfeed publiziert wurde, erscheint die Überschrift dann auf der Seite. So hat der Nutzer jederzeit einen aktuellen Überblick und kann entscheiden, was davon er im Detail lesen möchte.

Einen guten Einstieg in die Welt der Weblogs finden Sie über eines der größten Weblog-Portale, Technorati.com. Dort sind einfach alle nennenswerten Blogs registriert. Machen Sie sich keine allzu großen Hoffnungen. Viel davon ist Blabla von Menschen, denen auch sonst keiner zuhört oder die eben noch nicht einmal Spam-Mails bekommen. Aber es befinden sich auch wahre Informationsperlen darunter, nach denen sich zu tauchen lohnt. Dazu mehr im letzten Abschnitt dieses Kapitels.

Abb. 6.8: Eine persönlich konfigurierte Startseite bei Google.de

Bei Technorati finden Sie zu jedem denkbaren Thema weltweit Weblogs in fast allen Sprachen. Falls Sie aber einen eigenen Weblog betreiben, können und sollten Sie ihn natürlich auch hier anmelden.

Ein wichtiges Wesensmerkmal ist übrigens die Möglichkeit bei Weblogs, dass Besucher Kommentare abgegeben können. So ist eine öffentliche Kommunikation in beide Richtungen möglich. Bei guten Weblogs wird davon häufig Gebrauch gemacht. Nicht selten findet man gerade in den Kommentaren wichtige Hinweise oder interessante Ansichten. Ein Problem dabei ist allerdings das Kommentarspamming. Da sich mittlerweile herumgesprochen hat, dass Weblogs gut vernetzt sind und daher Vorteile in Suchmaschinen genießen, hat sich eine ganze Industrie darauf spezialisiert, ihre Pornoangebote oder auch Links zu dubiosen Online-Spielkasinos in völlig sinnentleerten Kommentaren in möglichst vielen Weblogs zu hinterlassen. Ihr Ziel ist dabei, einen wertvollen Link auf ihre eigene Homepage zu bekommen, den die Suchmaschinen finden und den sie diesen Anbietern gewissermaßen gutschreiben. Man möchte so von den positiven Aspekten der Weblogs profitieren. Manche Weblogbetreiber haben daher die Kommentarfunktion abgestellt. Besser erscheint es, die oft in die Blogsoftware integrierten Spam-Abwehrmaßnahmen zu aktivieren. Aber auch damit ist man nicht völlig sicher. Ein Ausweg, maschinelle Einträge von menschlichen zu unterscheiden, ist der Einsatz von so genannten Captchas. Der Inhalt eines Bildes, in der Regel Buchstaben und Ziffern, muss in eine Eingabezeile übertragen werden. Das fällt vielen Menschen sehr schwer, denn die Buchstaben sehen oft wie zerplatze Essensreste aus. Besser und menschenfreundlicher sind einfache Rechenaufgaben. »Die

Summe aus 4 und 8?«, steht dann da zum Beispiel und man muss das Ergebnis 12 in das Antwortfeld eintippen. Maschinen können das nicht und bleiben an dieser Hürde mit ihren Sex/Viagra/Cialis-Eintragswünschen hängen.

6.2 Welche Vorteile bringt ein Weblog aus ökonomischer Sicht?

Anders als im vorhergehenden Abschnitt 6.1 in Abbildung 6.1 beispielhaft gezeigt, sehen sich Unternehmen natürlich nicht nur negativer Kritik ausgesetzt. Umgekehrt kann man nämlich durchaus positive Abverkäufe haben, wenn in Weblogs auf Produkte, vor allem auf Neuheiten, aufmerksam gemacht wird. Der Berliner Verlag Spreeblick betreibt ebenfalls einen recht bekannten Weblog, in dem mehrere Autoren bloggen.

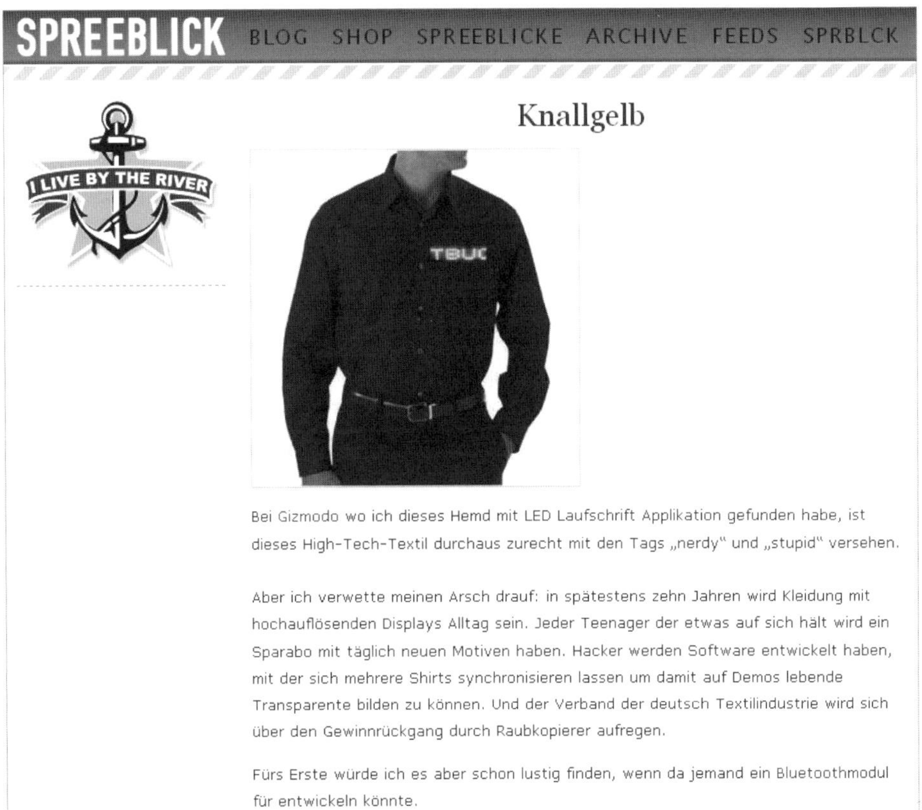

Abb. 6.9: Der Weblog von `Spreeblick.de`

Wie in dem Beitrag in Abbildung 6.9 zu sehen ist, wird dort über ein Hemd berichtet, das eine LED-Laufschrift enthält. Die Bezugsquelle »Gizmodo« gleich im ersten Satz ist dabei als Hyperlink gestaltet und durch einen Klick darauf kommt man direkt in den Shop von Gizmodo. Meist sind solche Artikel, wenn sie in prominenten Weblogs beschrieben oder (positiv) bewertet wurden, für längere Zeit ausverkauft. Gewollt oder ungewollt können Weblogs also auch gute Marketingarbeit leisten. Aber natürlich gibt es auch für Fans des Spreeblick-Weblogs einen eigenen Shop, den man am oberen Rand über die Navigation erreicht. Dort bekommt man allerlei hübsche Dinge zu kaufen, einschließlich eines eigenen Zippo-Feuerzeugs mit einem geätzten Spreeblick-Logo. Bei dem Feuerzeug steht unter anderem: *Macht beim Öffnen »Klick« und beim Schließen »Klack«*. Wer Zippo-Feuerzeuge kennt, weiß, dass gerade diese beiden Geräusche die Liebhaber dieser Feuerzeuge zu Liebhabern machen. Statt dröger Produktbeschreibungen spürt man hier Herz beim Verkaufen – und das macht vielen Käufern einfach Spaß.

Selbst einen Weblog zu betreiben, sieht wahrscheinlich schwerer aus, als es tatsächlich ist. Man kann zum einen unterscheiden zwischen Blogsoftware, die auf dem eigenen Webserver läuft. Die bekanntesten Anbieter sind Movabletype von Sixapart (`www.sixapart.com/movabletype`) und WordPress (`http://wordpress.de`). Während Movabletype für kommerzielle Benutzer ab knapp 200 Dollar und für Privatpersonen für etwa 70 Dollar zu haben ist, kann Wordpress kostenlos geladen und benutzt werden.

Wer den Aufwand einer Installation auf dem eigenen Webserver scheut, für den gibt es eine Reihe Alternativen. Movabletype kann beispielsweise komplett fertig installiert bei Yahoo! für derzeit ab knapp 12 Dollar monatlich gemietet werden (Links und Informationen finden Sie direkt auf den Webseiten von Sixapart). Selbstverständlich gibt es auch hier kostenlose Varianten. Einer der wohl bekanntesten Webspaces für Weblogs ist `www.blogger.com`, das bereits 1999 in den USA gegründet wurde. Drei Jahre später hat man bei Google das enorme Potenzial erkannt und Blogger übernommen. Ein eigener Weblog ist bei `Blogger.com` menügeführt schnell erstellt. Eigene Beiträge lassen sich einfach und mit wenig Schnickschnack verfassen und auf Knopfdruck publizieren (vgl. Abbildung 6.10).

Aufgrund der begrenzten Einflussmöglichkeiten hinsichtlich der Gestaltung würde ich Ihnen aber eher zu einer Weblogsoftware raten, die auf Ihrem eigenen Webserver läuft. Sie hat insbesondere den Vorteil, dass die Beiträge unter Ihrem Domainnamen erscheinen und damit Links auf Ihre Beiträge von außen Ihrer Domain »gutgeschrieben« werden. Wie Sie weiter hinten beim Thema Suchmaschinenoptimierung noch sehen werden, bringt Sie jeder Link auf Ihre Webpräsenz ein kleines Stückchen weiter. Mit einem guten Weblog können Sie sehr viele solcher wertvollen Links in relativ kurzer Zeit, und, wenn alles klappt, auch auf mehrere Beiträge erhalten. Letztlich wissen Sie auch nie, ob der Hoster einer kostenlosen Lösung auch wirtschaftlich die nächsten Jahre überlebt. Die oft hohen Zeitinvestitionen, die man im Lauf der Zeit in diesen Blog getätigt hat, sind dann verloren. Schwupps, weg. Das »Sorry« des Betreibers, bevor er wirtschaftlich das Zeitliche segnet, hilft Ihnen dann auch nicht mehr wirklich viel.

Abb. 6.10: Eigene Weblog-Beiträge bei `blogger.com` verfassen

Gut gemachte Weblogs binden aber auch Leser und damit Kunden an die Unternehmenswebsite. Bei Intel, Sun und General Motors wird von der Chefetage aus gebloggt. Frosta und Microsoft lässt Mitarbeiter ungefiltert und unzensiert in Weblogs berichten. Die F.A.Z. berichtete im März 2006 in ihrer Online-Ausgabe, dass den Frosta-Weblog täglich etwa 5.000 Menschen lesen würden. Aber nicht, weil er mit marketingtechnisch geschliffenen Formulierungen über Tiefkühlkost daherkommt, sondern weil er viele Alltagstipps enthält. Den Weblog von Frosta erreichen Sie unter: `www.frostablog.de` (siehe Abbildung 6.11).

Ein Weblog über Tiefkühlessen? Wer will denn das lesen? Weit gefehlt. Der Frosta-Blog hat auch heute noch täglich etwa 4.000 Besucher. Der verantwortliche Geschäftsführer, Felix Ahlers freut sich über diese enorme Kundenbeteiligung. Er diskutiert dort offen über die Gedanken zu neuen Produkten, Beilagen oder Verpackungsdesign. Und es funktioniert. Die Besucher nehmen regen Anteil, machen Vorschläge und bewerten die Ideen. Diese Art Marktforschung kostet nicht nur nichts, sie erreicht direkt das Zielpublikum, das fleißig seine Meinung kundtut.

Abb. 6.11: Der Frosta-Blog

Selbstverständlich wird auch bei Frosta nicht nur Positives als Kommentar hinterlassen. Trotzdem lässt man bei Frosta auch solche Dinge unzensiert stehen (bis auf rechtlich kritische Beleidigungen etc.). Das wirkt authentisch. Und jedem negativen Beitrag folgen viele »richtigstellende« von zufriedenen Kunden! Was kann sich ein Unternehmen mehr wünschen, als dass die Kunden öffentlich Partei für das Unternehmen oder ein Produkt ergreifen? Da schreibt einer, er finde, dass Produkt X fade schmecke. Daraufhin wird er von anderen Lesern belehrt, dass Frosta keinerlei Zusatzstoffe, also auch nicht die gewohnten Geschmacksverstärker verwendet. Nur reine, kontrollierte und völlig natürliche Grundstoffe. Wer seine Zunge wie bei anderen Herstellern betäuben möchte, solle halt viel Glutamat und einige E-Zusatzstoffnummern beimischen. So oder so ähnlich lauten dann oft die Antworten. Kunden machen sich zu Botschaftern für das Unternehmen. Was kann man mehr verlangen?

Vorsicht

Einen Weblog einfach an eine Marketing-Agentur abzugeben, sollte wohl überlegt sein. So hat sich das französische Unternehmen L'Oreal eine blutige Webnase geholt, als man ausgerechnet eine durchgestylte und mit Photoshop gepimpte Schönheit in einem Weblog über die Vorzüge einer Vichy-Faltencreme hat berichten lassen. Da die Formulierungen in den Einträgen wirkten, als wolle man den Pulitzerpreis für wohlgeschliffene Pressemeldungen gewinnen, wurde der Weblog nicht von den Lesern angenommen. Im Gegenteil hagelte es negative Kritiken. Die Firma musste kleinlaut zugeben, dass es sich hier um einen Fake gehandelt hat.

Texte in Weblogs von Unternehmen sollten authentisch wirken. Künstliches Hintrimmen auf unterschwellige Verkaufsbotschaften funktioniert in den seltensten Fällen. Das müssen viele PR-Agenturen, die auf diesen Zug aufspringen möchten, und vor allem deren Auftraggeber erst noch lernen.

6.3 Killen RSS-Feeds den traditionellen Newsletter?

So weit sind wir nun schon. Dass ich hier einen Newsletter bereits als etwas »Traditionelles« bezeichne, verwundert mich selber schon ein wenig. Aber im Hinblick auf die vielen Neuerungen und Möglichkeiten im Web ist der Newsletter im Vergleich sicher eines der älteren Online-Marketing-Instrumente.

Wo liegt der Unterschied zwischen Beiträgen in Newslettern und Weblogs, die über RSS-Feeds verbreitet werden, werden Sie zunächst zu Recht fragen. Wenn Sie aufmerksam mitgelesen haben, wissen Sie, dass Sie beim Newsletter ja Daten der Abonnenten, mindestens aber deren E-Mail-Adresse haben. Beim RSS-Reader genügt die Eingabe Ihrer entsprechenden Webadresse und die Beiträge werden einfach so vom Webserver heruntergeladen. Völlig anonym!

Für viele Marketingverantwortliche ist das wahrscheinlich eine schaurige Vorstellung und das kann ich gut verstehen. Andererseits kann genau dies ein wesentlicher Vorteil sein. Und es gibt noch weitere Vorteile:

- Wenn ich mir als Leser einen Newsfeed abonniere, bleibe ich anonym und ich kann den Abruf jederzeit von meiner Seite aus beenden, indem ich die Webadresse in meinen Newsreader einfach deaktiviere oder lösche. Hier bin ich Luke Skywalker und ich nutze die Macht. Damit sinkt aber auch beträchtlich die Schwelle, eine Newsquelle einmal ausprobieren zu wollen. Ich muss mich nicht mit der oft nicht richtig funktionierenden Abmeldung eines Newsletters herumschlagen und niemand kann meine E-Mail-Adresse für Spamzwecke nutzen.
- Der Abonnent bekommt sofort nach dem Eintragen der Webadresse des Newsfeeds die letzten Beiträge. Beim Newsletter muss man regelmäßig auf die nächste Ausgabe warten.
- Newsfeeds enthalten kleinere Informationshappen, die öfter kommen. Hier steigt die Leseneigung gegenüber oft langen Newslettern – vor allem, wenn gerade die Zeit knapp ist.

- Newsfeeds holt der Leser selber ab. Auf Knopfdruck und eben *genau dann*, wenn er Lust und Zeit dazu hat. Dies mag einer der größten Vorteile sein. Kommt ein Newsletter zur Unzeit, bleibt er meist ungelesen liegen und geht oft schon nach wenigen Stunden durch immer neue eintreffende E-Mails unter.
- Thematisches Archivieren und späteres Nachlesen fällt bei Newsfeeds leichter, Newsletter gehen oft zwischen E-Mails unter und man findet sie später schlechter wieder. Prinzipiell sind sie zwar auch organisierbar, aber dazu muss sich der Benutzer schon wieder etwas besser mit solchen Dingen auskennen. Newsfeeds sind automatisch in einer eigenen Kategorie oder einem eigenen Reader organisiert.

Wo Licht ist, findet man immer auch Schatten. Daher sollen die Nachteile hier natürlich nicht unter den Teppich gekehrt werden:

- Das Wissen, was Weblogs oder RSS-Feeds sind, ist derzeit noch immer nicht so stark verbreitet, wie es diesem Medium angemessen wäre. In der aktuellen Version von Outlook 2007 ist zwar bereits ein Feedreader integriert. Aber noch immer wissen viele Verwender nichts damit anzufangen. Dies wird noch dauern, aber da Feeds wirklich nützlich sind, wird sich diese Form, Informationen zu beschaffen, sicher durchsetzen.
- Treffen RSS-Feeds nicht genau den Geschmack des Lesers oder findet dieser einen anderen Feed, der aus seiner Sicht besser ist, wird schneller abbestellt, als das bei Newslettern der Fall ist. Allerdings kann das Versenden eines Newsletters an jemanden, der ihn nicht mehr liest und einfach löscht oder auf »Spam« setzt, auch eine gefährliche Scheinsicherheit vorgaukeln.
- Prinzipiell können Inhalte eines Weblogs auch von fremden Webseiten ohne Rückfrage oder Kennzeichnung als eigener Content integriert werden. Rechtlich liegt hier zwar in der Regel ein eindeutiger Rechtsverstoß vor, aber um diesen zu ahnden, muss man erst einmal rechtlichen Zugriff auf den fremden Betreiber bekommen. Meist sind das zwar Deutsche, verstecken sich aber hinter ausländischen Unternehmensadressen.

6.4 Der RSS-Feed wird wohl in Zukunft zur Newsletter-Alternative

Alles in allem sollten Sie das Thema Newsfeed contra Newsletter nicht so zweigeteilt betrachten. Aus meiner Sicht ist es derzeit die beste Lösung, zweigleisig zu fahren. Publizieren Sie Ihre News, sobald sie anfallen, per Weblog als RSS-Feed und verwenden Sie die gleichen Bestandteile einfach gesammelt in regelmäßigen Abständen als Inhalt eines Newsletters. Damit haben Sie keinen zusätzlichen Erstellungsaufwand und Sie halten für jedes Informationsbedürfnis (sofort in kleinen Einheiten, anonym und regelmäßig in einem Stück gesammelt per E-Mail) das richtige Instrumentarium vor. Nur damit wir uns nicht missverstehen. Sie sollen nicht unbedingt das klassische Tagebuch führen – das interessiert womöglich eher die wenigsten. Nutzen Sie einfach die RSS-Technik, um statt Tagebucheinträgen Ihre News zu publizieren. Diese Software bietet Ihnen ein automatisches Archiv und die Ablage in bzw. Zuordnung zu beliebigen eigenen Kategorien. Jeder neue Beitrag schiebt die älteren eine Position nach hinten, bis sie nach Zeit sortiert in ein wachsendes Archiv wandern. Um all dies müssen Sie sich weder kümmern, noch müssen Sie es für teures Geld programmieren lassen.

Denken Sie einfach einmal kreativ über Ihre Produkte und Dienstleistungen und vor allem über Ihre Kunden nach. Welche Informationen wären für diese vor oder nach dem Kauf nützlich? Ich verstehe einfach nicht, warum ich bei den großen Herstellern bis zum heutigen Tage für aufwändigere Güter wie teure digitale Spiegelreflexkameras, Notebooks oder umfangreiche Grafikprogramme keinen produktbezogenen oder wenigstens produktgruppenbezogenen Newsfeed bekomme. Neuheiten, Tipps und Tricks, Anwendungsbeispiele, passendes Zubehör, best practice usw. würden sicher viele Käufer interessieren und gerade die Markenbindung erheblich erhöhen. Denkbar sind neben produktorientierten Weblogs zum Beispiel auch Service-Blogs, Weblogs für Sonderaktionen oder Veranstaltungen. Ebenso kann der Einsatz im Intranet interessant für die Mitarbeiter sein, wenn der Chef einen Weblog füttert. Die Kommunikation über das »große« Geschehen im Unternehmen wäre damit sehr viel unmittelbarer und würde sicher von den Mitarbeitern geschätzt.

Berlecon Research betreibt beispielsweise unter `http://weblog.berlecon.de` (Achtung, kein www) einen nachrichtenorientierten Weblog, in dem das Potenzial neuer Technologien bewertet und diskutiert wird. Auch Google betreibt mehrere Weblogs, um Hilfestellung zu ihren Produkten AdWords (die Textwerbung bei Google) und AdSense (wenn Seitenbetreiber bei sich selber die Google-AdWord-Anzeigen einblenden und am Erfolg beteiligt werden) zu geben (vgl. Abbildung 6.12).

Ein Vorteil liegt natürlich auch darin, dass Nutzer unmittelbar Kommentare abgeben können und die Verfasser ein sofortiges Feedback bekommen. Außerdem kann man tages- und sogar minutenaktuell auf erkannte Probleme jeder Art eingehen und Hinweise zur Behebung schaffen.

Statt solche Potenziale proaktiv zu nutzen, stecken viele Unternehmen ihre Budgets lieber in immer neue Werbung auf Plakatwänden und in ganzseitige Anzeigen. Dagegen ist zwar nichts zu sagen, aber vernünftige RSS-Feeds zu erzeugen, bindet im Vergleich nur einen Bruchteil an Kosten. Statt ständig neue Kunden zu überzeugen, gelingt das bei den »alten« Kunden meist sehr viel billiger und einfacher. Aber dazu braucht es wohl noch ein etwas tiefer gehendes Serviceverständnis.

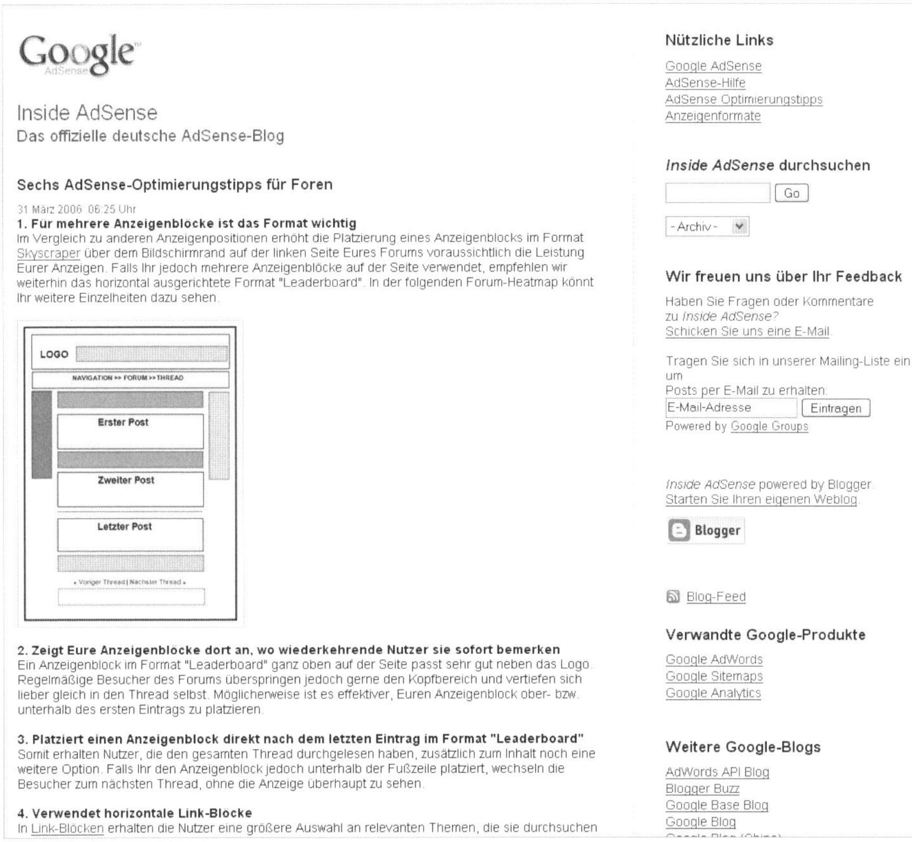

Abb. 6.12: Der Weblog von Google für AdSense

Und einen weiteren, letzten Vorteil will ich noch nennen, auch wenn ich damit dem nächsten Kapitel schon vorgreife. Suchmaschinen mögen Webpräsenzen, die langsam, aber stetig wachsen. Eine alte Optimierer-Regel lautet: Baue jeden Tag eine neue einzelne Webseite mit vernünftigem Content und nach einem Jahr lieben dich die Suchmaschinen. Mit einem Weblog machen Sie genau dies automatisch und mit minimalem Aufwand. Und wenn Sie nun noch interessante und nützliche Inhalte einstellen statt des allseits im Web findbaren Marketing-Blablas, dann wird Ihre Domain auch noch mit Links von außen bedacht. Und wie ich oben schon erwähnt habe: Das lieben Suchmaschinen *noch* mehr.

6.5 Tipps für den Aufbau eines eigenen Weblogs

Überlegen Sie sich genau, worüber Sie bloggen möchten. Über Ihr Hobby? Über Ihre Branche? Über Erfahrungen aus dem Berufsleben? Wichtig ist, dass an dem

Thema Herzblut hängt. Wenn Sie sich nicht wirklich damit identifizieren, lassen Sie es lieber. Ein künstlich aufgesetztes Thema, über das Sie nur schreiben, um in Suchmaschinen besser gerankt zu werden oder damit Sie was für Ihr Unternehmen tun – das kommt auf Dauer nicht an. Die Leser spüren das und werden Ihre Bemühungen mit Missachtung strafen. Und Ihnen wird es auch keinen großen Spaß machen.

Wenn Sie über Branchenthemen bloggen, schreiben Sie nur über Themen, bei denen Sie zeitlich vorne dabei sind. Nichts ist langweiliger, als wenn man als Leser eine Information schon das fünfte Mal aufgewärmt präsentiert bekommt. Solche Blogs kommen nicht besonders gut an. Lesen Sie woanderes etwas Interessantes, können Sie das natürlich auch aufgreifen. Schreiben Sie aber dazu, dass X oder Y in seinem Blog darüber berichtet hat, und kommentieren Sie das mit einem vernünftigen Eigenwert. Fremde Beiträge einfach nur ein wenig umgeschrieben als eigene Idee oder Entdeckung zu verkaufen, nimmt man Ihnen auf Dauer übel. Denken Sie daran, dass Brancheninteressierte Ihre Blogbeiträge meist als RSS-Feeds zusammen mit anderen Blogs *auf einem* Bildschirm sehen. Schreiben Sie nur ab, fällt das unweigerlich auf!

Es hat noch einen weiteren Vorteil, »unique«, also einzigartig oder auch schnell bzw. aktuell zu sein. Die anderen Blogger, die sich mit gleichen oder ähnlichen Themen beschäftigen, werden Sie zitieren und über Ihren Beitrag berichten. Das bringt Ihnen Links. Dadurch kommen wiederum Leser von dort zu Ihnen – und die Suchmaschinen werden auch mit Wohlwollen registrieren, dass Ihr Blog mehr und mehr von anderen verlinkt wird.

Wenn Sie die Kommentarfunktion abschalten, wird Ihr Blog wahrscheinlich nicht sonderlich gut laufen. Die Bloggerszene mag es ganz und gar nicht, wenn sie nicht mitdiskutieren und ihren Senf dazugeben kann. Wenn Sie keinen wirklich guten Grund für die Deaktivierung haben: Lassen Sie Kommentare und damit eine sich entwickelnde Diskussion zu.

Eine aus meiner Sicht eminent wichtige Funktion in Blogs wird häufig übersehen. Die Möglichkeit, bei weiteren Kommentaren per Mail verständigt zu werden. Erst diese Möglichkeit bringt Ihren Blog wirklich zum Laufen. Der Grund ist ganz einfach. Jemand schreibt einen Kommentar in Ihren Blog. Vielleicht antworten Sie ihm mit einem eigenen Kommentar – oder auch ein anderer Leser Ihres Blogs. Davon wird der vorherige Kommentator gar nichts mehr mitbekommen. Beitrag geschrieben, aus den Augen, aus dem Sinn. Meinen Sie, wer einen Kommentar hinterlässt, wird ab jetzt jeden Tag bei Ihnen vorbeisurfen, um zu sehen, wer und ob sein Beitrag von anderen beantwortet wurde? Nö. Richtig. Gibt es ein kleines Klickfeld mit INFORMIEREN SIE MICH BEI NEUEN KOMMENTAREN PER E-MAIL, werden die meisten diesen Haken setzen (siehe Abbildung 6.13).

Abb. 6.13: Benachrichtigung per Mail bei neuen Kommentaren

Kommt nun ein Nachfolgekommentar, bekommt man eine Mail mit dem entsprechenden Text. Je nach dem Inhalt kommen nun viele Empfänger erneut auf die Blogseite und geben eine erneute Erwiderung oder eine Gegenfrage ein. Daraufhin bekommen wiederum alle eine Mail mit einem Hinweis. Dieser Mechanismus schraubt die Anzahl der Kommentare zum Teil auf respektable Höhen. Oft kommt nach Wochen oder Monaten auf alten Beiträgen wieder eine Diskussion hoch. Nämlich dann, wenn jemand in einer Suchmaschine zufällig beim Recherchieren auf diesen Ihren Beitrag gestoßen ist. Er kommentiert oder fragt etwas – und schon bekommen wiederum alle, die auf diesen Beitrag eine Benachrichtigung gesetzt haben, eine Hinweismail. Ich habe auf `www.website-boosting.de/blog` vor etwa einem Jahr eine solche Benachrichtigungsfunktion eingerichtet. Seither hat sich die Anzahl der Kommentare stark erhöht.

Was die Leser auch sehr zum aktiven Kommentieren reizt, sind Sätze mit Aufforderungscharakter am Ende des Beitrags: »Was meinen Sie dazu?« oder »Was halten Sie von diesem Thema?« lädt geradezu dazu ein, sich selber Gedanken zu machen und diese gleich unten kundzutun.

Nehmen Sie selber auch aktiv in Ihrem Themengebiet an Diskussionen teil. Suchen Sie Blogs mit gleichen oder ähnlichen Themen. Kommentieren Sie dort die Beiträge – möglichst intelligente Postings wie »Toller Beitrag, weiter so!« lassen Sie als eher dämlicher Linkabzocker erscheinen. Mit jedem Fremdposting hinterlassen Sie nämlich in anderen Blogs einen Link zu Ihrem Blog. Das nutzen Linksammler oft weidlich aus. Viele Blogbetreiber vergeben daher schon im Quellcode eine spezielle Kennzeichnung für alle Links (das sog. `rel="nofollow"`-Tag), so dass die Links von Suchmaschinen ignoriert werden. Dazu später im Kapitel über Suchmaschinen noch mehr. Warum ich betone, dass Sie intelligente Kommentare hinterlassen sollen? Weil das andere Leser erst auf Ihren Blog lockt.

Geistlose Hinterlassenschaften animieren niemanden, auf Ihren Namen und damit den Link zu Ihnen zu klicken.

Ganz wichtig ist auch, in der Konfiguration des Weblogs so genannte Ping-Adressen zu den wichtigsten Blog-Aggregatoren zu hinterlegen.

Abb. 6.14: Hinterlegen von Aggregatoren-Adressen, die ein »Ping« erhalten sollen

Wichtige Adressen sind zum Beispiel:

- http://blo.gs
- http://weblogs.com
- http://blogsearch.google.com/ping
- http://blogsearch.google.com/ping/RPC2
- http://blogg.de/ping.php
- http://rpc.technorati.com/rpc/ping
- http://blogoole.com/ping/
- http://api.feedster.com/ping
- http://api.my.yahoo.com/RPC2
- http://api.my.yahoo.com/rss/ping
- http://bblog.com/ping.php
- http://blogmatcher.com/u.php
- http://bulkfeeds.net/rpc
- http://coreblog.org/ping/
- http://ping.feedburner.com
- http://ping.syndic8.com/xmlrpc.php

- http://ping.wordblog.de/
- http://rpc.blogbuzzmachine.com/RPC2
- http://rpc.blogrolling.com/pinger/
- http://rpc.newsgator.com/
- http://rpc.pingomatic.com/
- http://rpc.weblogs.com/RPC2
- http://www.bloglines.com/ping
- http://www.pingomatic.com/
- http://xmlrpc.blogg.de

Damit setzt Ihr Blogsystem nach jeder Veröffentlichung eines Beitrags ein Ping zu den oben genannten Zielen ab. Wird zum Beispiel Google »angepingt«, kommt sofort der Robot vorbei und holt die XML-Datei ab. Die Folge ist, dass Ihr Beitrag oft schon teilweise nach kürzester Zeit bei Google im Index zu finden ist. Am 6.8.2008 habe ich einen Blogbeitrag gepostet. Dieser war bereits nach circa 40 Sekunden im Google-Blog-Index zu finden und einige Minuten später im normalen Google-Index (siehe Abbildung 6.15).

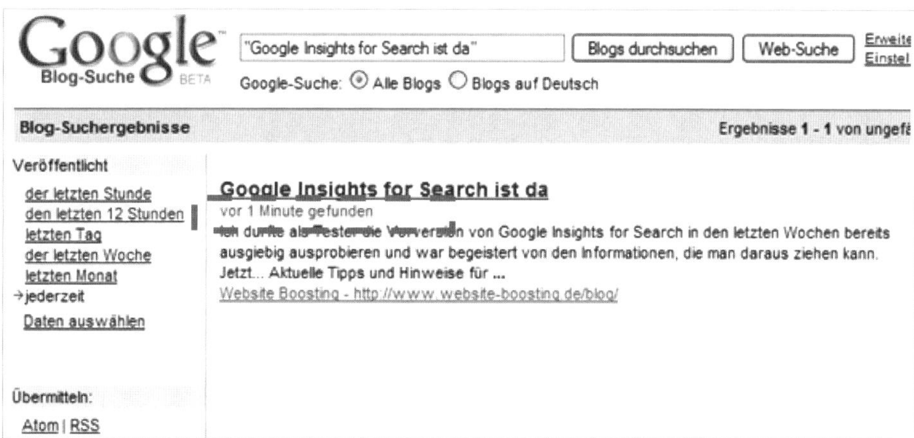

Abb. 6.15: Blogs werden sehr schnell in den Index aufgenommen.

Google hat vor einiger Zeit seinen Algorithmus im Hinblick auf Aktualität umgestellt. Wird ein Thema plötzlich übermäßig und außergewöhnlich oft von Suchenden abgefragt, verändern sich die Ergebnisse! Ein Beispiel: Über das ganze Jahr gesehen, wird vielleicht die Suchabfrage nach »Uri Geller« pro Tag im Schnitt 20-mal in Deutschland durchgeführt. Plötzlich registriert Google, dass pro Minute 20, 100 oder noch mehr Suchabfragen nach dem Löffelverbieger gemacht werden.

Da muss also irgendetwas vorgefallen sein, was die Menschen an die Tastatur treibt und plötzlich so intensiv suchen lässt. Möglicherweise ist es seine Fernsehshow, die Mitte 2008 lief und in der er einen Nachwuchsmagier gesucht hat. Registriert Google zu einer Suchabfrage eine deutliche Steigerung, werden für eine gewisse Zeitspanne vermehrt sehr aktuelle Beiträge als Ergebnis ausgegeben. Wenn die Menschen auf einmal intensiv nach etwas suchen, ist es sehr wahrscheinlich, dass sie auch etwas Aktuelles lesen möchten und nicht etwa einen Lexikoneintrag, der zehn oder mehr Jahre alt ist. Davon profitieren Blogs ganz enorm. Während die Geller-Show noch parallel im Fernsehen lief, konnte man über Google Blogbeiträge finden, die jeweils die Tricks der vermeintlichen Zauberer kommentierten und teilweise glaubhaft aufdeckten. Hochinteressant zu lesen. Und interessant zu sehen, mit welchem Highspeed die vielen Blogger reagieren. Die professionelle Presse, die in den nächsten Tagen berichtete, konnte das nur noch aufwärmen – freilich meist ohne zu wissen, dass das für die informierten Webnutzer schon längst wieder kalter Kaffee war.

Das lästige Thema Spam habe ich ja weiter oben schon angerissen. Am besten nutzen Sie zur Abwehr die oft von den Herstellern kostenlos angebotenen Plugins, die auf Mustererkennung, »böse« Worte und bekannte IP-Adressen basieren.

Damit (siehe Abbildung 6.16) lässt sich der Löwenanteil an Spam-Eintragsversuchen schon recht gut bekämpfen. Wenn Sie keine weiteren Vorkehrungen getroffen haben (siehe oben die Rechenaufgabe oder eine Captcha), müssen Sie den Spam, der noch durchkommt, von Hand entfernen. Das kann ganz schön lästig werden. Überlegen Sie daher gut, ob Sie nicht doch eine zusätzliche Option zur Erkennung von Menschen gegenüber Maschinen einsetzen. Es lohnt sich, glauben Sie mir.

Was der Verbreitung Ihres Blogs auch nennenswert helfen kann, sind vorgefertigte Buttons zu den bekannten Social-Bookmarkdiensten wie Mr. Wong oder Del.icio.us.

Finden Leser Ihren Blog gut, abonnieren sie entweder Ihren RSS-Feed. Oder, wenn sie keine Ahnung haben, wie das geht oder zu nutzen ist, setzen sie ein Bookmark. Viele nutzen dazu eben schon die bekannten und oben genannten Dienste. Die Dienste wiederum bieten vorkonfigurierte Buttons an (siehe Abbildung 6.17), damit man nur noch eine Seite (zum Beispiel Ihren Blog) einbinden muss, um den Dienst und die Webadresse in dem Dienst der eigenen Wahl zu »merken«. Das hat aber nicht nur zur Folge, dass jemand Ihren Blog in seinen eigenen Bookmarklisten zum Beispiel bei Mr. Wong wiederfindet. Diese Dienste stellen die Bookmarks auch der Allgemeinheit zur Verfügung. Setzen viele (zufriedene) Leser ein solches Social-Bookmark auf Ihren Blog, registrieren das diese Dienste und schieben die Adresse wegen der häufigen Empfehlungen weiter nach vorne. Die Folge ist, dass immer mehr Menschen auf Ihre Blogadresse zu dem Thema, zu dem Sie schreiben, aufmerksam werden.

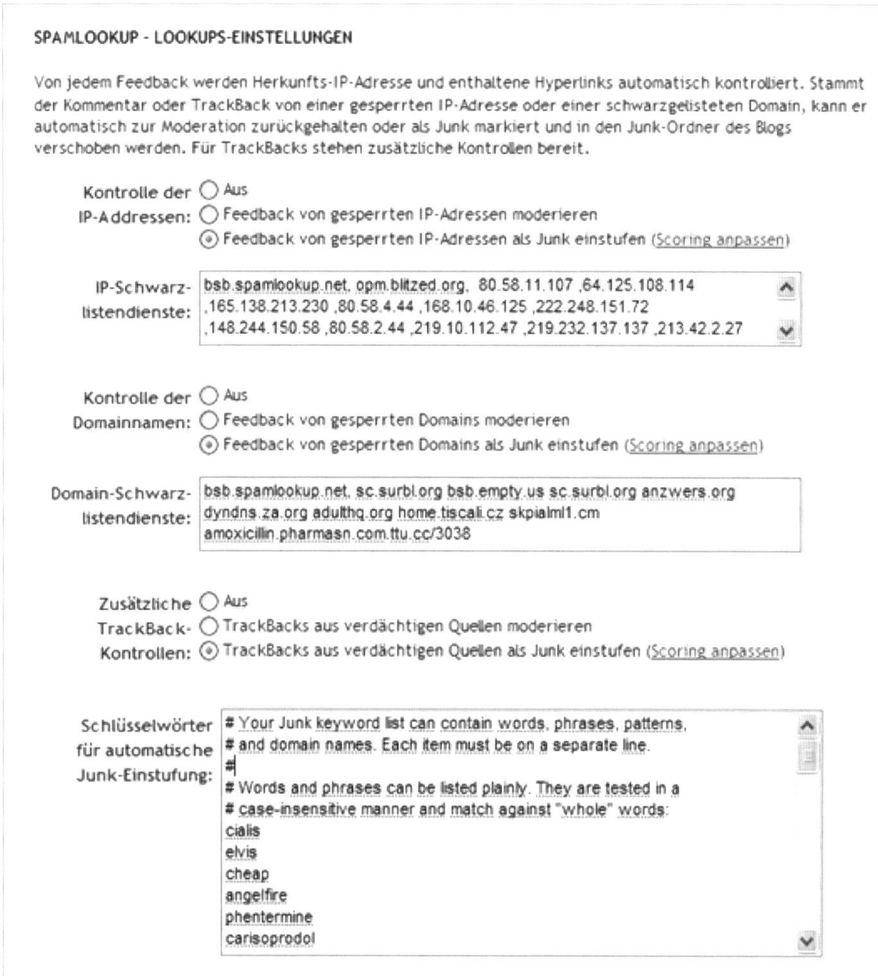

Abb. 6.16: Beispielhafte Anti-Spameinstellungen bei» movabletype«

Abb. 6.17: Fertige Buttons erleichtern Lesern das Bookmarken.

Denken Sie schon bei der Planung daran. Sich zu fokussieren, ist in den meisten Fällen daher besser, als über Gott und die Welt zu schreiben. Außer vielleicht, Sie sind Pfarrer von Beruf.

Tipp

Bei den meisten der installierbaren Blogsoftware können Sie weitere Autoren anlegen und mit einzelnen Rechten versehen. Lassen Sie doch einfach auch andere Autoren in Ihrem Blog mitschreiben. Natürlich müssen diese kompetent und »schreibfest« sein. Keinesfalls sollten Sie Hinz und Kunz in Ihren Blog lassen. Aber wenn Sie aktiv in Ihrem Umfeld suchen – gerne auch Menschen, die mit der Technik hinter dem Web noch gar nicht so viel zu tun haben –, werden Sie meist schnell fündig. Die Editiermasken von Blogs sind in der Regel idiotensicher und wenn jemand Begeisterung für das Schreiben bei sich entdeckt und Sie ihm einen Kanal, ein Ventil bieten – umso besser. Sie profitieren von erweiterter Meinungsvielfalt und vom stetig wachsenden, themenrelevanten Content. Glauben Sie mir, die Suchmaschinen lieben das!

6.6 Lesenswerte Weblogs und RSS-Feeds

Nachfolgend finden Sie noch ein paar Tipps zu guten Weblogs. Ich habe versucht, querbeet eine geeignete Auswahl zu treffen. Wahrscheinlich wird Ihnen nicht jeder Blog zusagen, aber damit muss ich jetzt halt einfach leben.

www.basicthinking.de

Der Blog von Robert Basic. Die Themen gehen in der Regel rund um das Web. Robert ist eigentlich immer vorne dran, wenn es etwas Neues, Witziges oder Skurriles gibt. Und er bloggt mehrmals am Tag. Er ist praktisch eine Art Mensch gewordener Web-Radar. Unbedingt lesens- und überwachenswert.

www.einfach-persönlich.de

Auch Jörg Petermann ist sehr umtriebig, vor allem, was das Thema Weblogs angeht, und ein in der Szene geschätzter Blogger. Er ist absoluter Spezialist für die Blogsoftware Wordpress und Movabletype und sein Motto »Der Mensch macht's« spürt man beim Lesen seiner Beiträge wirklich.

www.at-web.de

Wer sich schon etwas intensiver mit Suchmaschinen auseinandergesetzt hat, kennt diese Adresse sicher schon. Klaus Patzwaldt ist einer der Informationspioniere bei diesem Thema. Sowohl sein Newsletter als auch sein Weblog gehört in jeden Feedreader, dessen Besitzer sich für Suchmaschinen und fundierte News darüber interessiert.

www.drweb.de

Auch diese Website werden viele bereits kennen. Links oben auf der Startseite findet man einen Link, um den Weblog in den eigenen Reader zu übernehmen. Die Themen drehen sich breit rund um das Web und enthalten viele Tipps und Tricks, die einem die tägliche Arbeit erleichtern können.

www.saftblog.de

Der Walther-Saftblog ist neben dem oben bereits erwähnten Frosta-Blog ein weiteres Beispiel, dass »Corporate Blogging«, also der Betrieb eines Blogs für bzw. aus einem Unternehmen heraus funktioniert. Wenn er gut gemacht ist. Hier können Sie sich Inspirationen holen, wie man schreibt, ohne platt Werbung zu machen und auch als Unternehmen mit guten Informationen Leser zu binden.

www.shopblogger.de

Ein weiteres Beispiel für die Zweifler, die glauben, dass Blogs für Unternehmen nicht funktionieren. Björn Harste schreibt beinahe täglich über Verrücktes und Bemerkenswertes aus dem Supermarkt. Für Leser aus der Branche auch auf Dauer sehr empfehlenswert.

www.internet-world.de

Der Blog der *Internet World Business* berichtet täglich über News rund um E-Commerce. Da die IW meiner Ansicht nach *die* Zeitschrift für Online-Marketing darstellt, kann ich den Blog auch nur wärmstens empfehlen.

Die Blogs von Google

- **`http://googleblog.blogspot.com`**

  Die »Mutter« aller Google-Blogs. Hier geht es um alle Themen, die mit der Suchmaschine und dem Unternehmen Google zu tun haben.

- **`http://adwords.blogspot.com`**

  Ein englischer Blog von Google, der über News, Tipps und alles rund um das Thema AdWords berichtet.

- **`http://www.inside-sem.com`**

  Dieser Blog, in dem es um SEM (**S**earch **E**nginge **M**arketing, im Wesentlichen um AdWords) geht, ist von Lennart Paulsen. Er arbeitet seit Kurzem nicht mehr bei Google, aber als AdWords-Insider sollte man seinen Blog in jedem Fall auf der eigenen Watch-List haben.

- **http://adsense-de.blogspot.com**

  Wer mit dem Einbinden von AdWords auf den eigenen Webseiten Geld verdient oder verdienen möchte (das entsprechende Programm heißt »AdSense«), ist bei diesem deutschsprachigen Blog bestens aufgehoben. Hier fließen die Informationen aus erster Hand.

- **http://www.mattcutts.com/blog**

  Matt Cutts ist der oberste Spambekämpfer bei Google und gibt hier in seinem ebenfalls englischsprachigen Blog wertvolle Tipps für Suchmaschinenoptimierung. Man liest, was man nicht machen sollte, bekommt Tipps für Optimierungsmaßnahmen, die den Richtlinien von Google entsprechen, und ab und zu wird auch mal ein Update angekündigt. Matt Cutts war früher bekannt als der ominöse »Google Guy«, der in diversen Foren Hinweise gab. Nun macht er es im eigenen Blog.

- **http://googlewebmastercentral-de.blogspot.com**

  Hier geht es in deutscher Sprache um das Thema »Webmaster-Zentrale«. Man erfährt sehr viel darüber, wie Google Webseiten crawled (also ausliest), und zum Suchindex. Auch diesen Blog kann man jedem nur ans Herz legen, der sich mit dem Thema Suchmaschinenoptimierung auseinandersetzt. Sehr empfehlenswert.

- **http://googlewebmastercentral.blogspot.com**

  Hier finden Sie den englischsprachigen Blog zur »Webmaster-Zentrale«. Die Artikel unterscheiden sich allerdings von der deutschen Version und dort erscheinen Dinge oft auch etwas früher. Wer mit Englisch keine Probleme hat, sollte diesen Blog ebenfalls gelegentlich lesen.

- **http://www.timoaden.de**

  Web Analytics Inside: Auch dieser Blog ist streng genommen nicht von Google. Der Autor, Timo Aden war wie Lennart Paulsen bis vor Kurzem noch bei Google beschäftigt und hat die Google-Analytics-Einführung von Beginn an verantwortlich für Nordeuropa mit betreut. Ein absoluter Spezialist also.

- **www.googlewatchblog.de**

  Über Google gibt es viele Blogs. »GoogleWatchBlog«, liebevoll mit dem Zusatz »3.0 Beta« versehen, ist von Jens Minor und wohl einer der ältesten und bekanntesten deutschsprachigen Blogs zu diesem Thema. Alles, was auch nur im Entferntesten mit Google zu tun hat, finden Sie hier kommentiert. Eine gute Quelle für alle, die aktuell auf dem Laufenden bleiben möchten.

www.website-boosting.de/blog

Na ja. Am Ende möchte ich Ihnen natürlich meinen eigenen Blog nicht vorenthalten. Dort finden Sie immer wieder mal Beiträge, die zum Inhalt dieses Buches passen. Updates, Erweiterungen, neue Tools und was mir sonst noch so vor die Flinte kommt. Ich freue mich auf Ihren virtuellen Besuch.

Selbstverständlich gibt es noch eine ganze Menge mehr interessante Weblogs. Und ich möchte mich an dieser Stelle bei allen entschuldigen, deren Namen bzw. Blog ich nicht genannt habe. Es sind einfach zu viele und ich glaube, mit meiner subjektiven Auswahl oben sind Sie zunächst mehr als genug beschäftigt, alles zu sichten und das für Sie Wichtige rauszufiltern.

Wenn Sie sich eine Weile mit RSS-Feeds beschäftigt haben (sofern Sie das nicht sowieso schon gemacht haben), werden Sie bald Appetit auf mehr bekommen. Und je mehr Sie von der Vielfalt, Nützlichkeit und Aktualität dieser Info-Möglichkeit fasziniert sind, desto mehr wird bei Ihnen der Wunsch reifen, auch selber mal so einen Blog auf den Weg zu bringen ...

Vielleicht überzeugt Sie aber auch ein Ausschnitt aus einer Mail, die ich Ihnen mit einigen »xxxxx« anonymisiert nicht vorenthalten möchte. Das ist wirklich kein Fake! Versprochen!

> *Hallo xxxxxx,*
>
> *vor wenigen Wochen bin ich mit Hilfe von xxxxxx an den Relaunch meiner Domain gegangen. Und xxxxxx hat (neben andernen 'Kleinigkeiten') erstmal ein Weblog parallel zur Website eingerichtet.*
>
> *Der Effekt von so einem Weblog ist wirklich enorm. Am 1.8.08 habe ich es online gestellt und angefangen, ein paar Artikel zu schreiben. Nach drei langen Tagen habe ich Artikel bei blogsearch.google.com gefunden. Und seit gestern (nach einer Woche) schlagen die Artikel voll auf die normale Google-Suche durch.*
>
> *Z.B. 'xxxxx xxxxx' auf Platz zwei, und zwar 6 Stunden nach dem Einstellen des Artikels. Und heute waren es nur noch drei Stunden, dann war ein Keyword eines neuen Artikels im Google-Index auf den ersten beiden Seiten zu finden.*
>
> *Ich meine, das ist ja erst der Anfang bei gerade einem Dutzend Artikel und den bisher unveränderten anderen Seiten.*
>
> *Für mich ist sowohl das Weblog als auch dieser Weblog-Effekt völlig neu.*
>
> *Auch eine völlig neue Welt des Marketings.*
>
> *Für euch ist das wahrscheinlich eine alte Kamelle.*
>
> *Dennoch wollte ich das hier mal kundtun.*
>
> ...
>
> *Viele Grüße*
>
> *Xxxxxxx*

Kapitel 7

Social Marketing

Social Marketing ist derzeit in aller Munde. Viele Webnutzer haben mittlerweile bemerkt, dass über die so genannten »Social Networks« guter Traffic kommen kann. Nicht so viel wie über Suchmaschinen, aber in der Regel hoch qualifiziert. So ist es auch nicht weiter verwunderlich, dass die besonders aktiven und innovativen Unternehmen bereits angefangen haben, Social Marketing zu betreiben.

7.1 Plattformen für Social Marketing

Eine der in Deutschland wohl bekanntesten Plattformen ist Xing, einigen von Ihnen vielleicht auch noch bekannt unter dem Namen »Open BC«. Nach dem Erfolg wollte man international expandieren und bemerkte dann, dass das Kürzel »BC« im angelsächsischen Sprachraum für »Before Christ«, also für den Zeitraum vor Christi Geburt steht. Da hier semantische Missverständnisse vorprogrammiert waren, entschied man sich, den Namen in Xing zu ändern (»X-ing« ist in den USA eine gebräuchliche Abkürzung für »Crossing«).

Die nachfolgende Abbildung 7.1 zeigt den Startbildschirm von XING für angemeldete Mitglieder. Dort kann man auch ablesen, wie viele Mitglieder man bereits als echten Kontakt hat und wie viele man mit diesen Kontakten potenziell erreicht. Den meisten Mitgliedern ist allerdings nicht bewusst, wie transparent sie in ihren Aktivitäten sind. Im Abschnitt NEUES AUS MEINEM NETZWERK plappert die Plattform freimütig jede Änderung an den Profilen oder Kontakten aus, die ich zu meinem Netzwerk hinzugefügt habe. Selbstverständlich kann man diese Transparenz mit einem Klick unterdrücken – was aber anscheinend den meisten Mitgliedern einfach nicht klar ist.

Der internationale Klon von Xing ist Facebook (sorry, das war ein Spaß). Facebook hatte 2007 bereits mehr als 42 Millionen Nutzer weltweit und wartet mit Wachstumsraten von fast 300 Prozent auf. In den USA steht diese Plattform auf der Beliebtheitsskala auf Platz 6. Übertroffen wird sie nur noch von MySpace mit etwa 120 Millionen Besuchern im Monat. Facebook versucht nach einer langen Trödelphase, nun im deutschen Markt Fuß zu fassen, was aber wegen der mittlerweile starken Dominanz von Xing nicht so richtig gelingen will. Meiner persönlichen Meinung nach wirkt Xing auch vom Aufbau und den Mitgliedern her deutlich seriöser. Zwar fehlen dort offene Schnittstellen, die Facebook im Gegensatz zur Verfügung stellt, aber damit wird dort auch ordentlich Schindluder getrieben. Nicht jede

Applikation, die von außen dort andockt, hat per se nur ernsthaftes Business im Sinn. Vielleicht liegt das auch daran, dass Xing im Schnitt deutliche ältere Mitglieder hat. Den meisten geht der Spieltrieb ab und sie verwenden die Plattform ausschließlich für das Networking.

Abb. 7.1: Xing als Social-Network-Plattform

Interessant für Werbeschaltungen sind diese Plattformen allemal. Insbesondere, weil man sich dort einloggen muss und der Betreiber ab dieser Stelle genau weiß, welches Alter und Geschlecht der Besucher hat und aus welcher Region er kommt. Durch die Angabe von Beschäftigungsklassen (Angestellter, Selbstständiger etc.) lässt sich das Targeting noch weiter verfeinern. Somit lässt sich die Streubreite von Werbung deutlich einschränken. Die Kosten sind dabei gar nicht so exorbitant hoch. Ein Fullsize-Banner (468 x 60 Pixel) kostet derzeit für tausend Einblendungen 30 Euro.

Ideal für etwas bekanntere Unternehmen ist die Möglichkeit bei vielen Plattformen, eigene Gruppen zu eröffnen. Dort können sich Mitarbeiter, Kunden, aber auch thematisch interessierte Mitglieder treffen. Der Zugang (öffentlich, nach Anfrage, nur auf Einladung) lässt sich dabei in der Regel flexibel festlegen. So lassen sich geschickt vor allem B2B-Kommunikationskanäle anlegen, aus denen sich Konsumenten oder private Hobbynutzer relativ gut ausschließen lassen. Dies verbessert die Qualität der Kommunikation oft enorm.

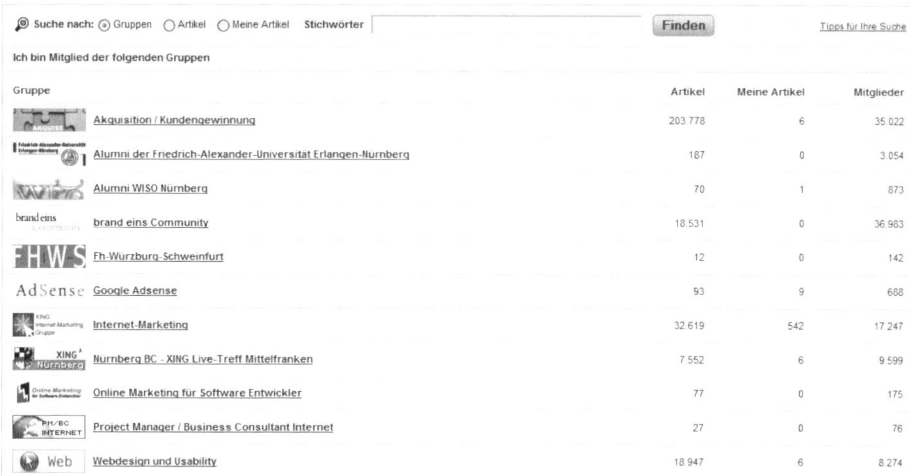
Suche nach: Gruppen Artikel Meine Artikel Stichwörter Finden Tipps für Ihre Suche

Ich bin Mitglied der folgenden Gruppen

Gruppe	Artikel	Meine Artikel	Mitglieder
Akquisition / Kundengewinnung	203 778	6	35 022
Alumni der Friedrich-Alexander-Universität Erlangen-Nürnberg	187	0	3 054
Alumni WISO Nürnberg	70	1	873
brand eins Community	18 531	0	36 983
Fh-Würzburg-Schweinfurt	12	0	142
Google Adsense	93	9	688
Internet-Marketing	32 619	542	17 247
Nürnberg BC - XING Live-Treff Mittelfranken	7 552	6	9 599
Online Marketing für Software Entwickler	77	0	175
Project Manager / Business Consultant Internet	27	0	76
Webdesign und Usability	18 947	6	8 274

Abb. 7.2: Einige Gruppen in Xing

Die Auswahl in Abbildung 7.2 ist nur eine verschwindend geringe gegenüber den knapp 12.000 Gruppen, die sich mittlerweile bei Xing gebildet haben. Jede Gruppe hat noch eine mehr oder weniger große Anzahl an einzelnen Foren. Innerhalb der Foren werden dann die einzelnen Beiträge gepostet. Deren Zahl ist sehr schwer abzuschätzen, aber die Zahl ist ohne Übertreibung gewaltig. Alle Beiträge solcher Plattformen finden in der Regel auch ihren Weg in die Suchmaschinen – das bedeutet, alles, was dort geschrieben wurde, wird auch an anderer Stelle gefunden. Wenn wir einmal einen Blick in die Gruppe »Internet-Marketing« werfen und dort in das Forum »Suchmaschinen-Marketing« klicken (siehe Abbildung 7.3), bekommen Sie einen Eindruck, wie intensiv hier zum großen Teil fachlich diskutiert wird.

Als ich den Screenshot gemacht habe, habe ich durch Zufall entdeckt, dass über dieses Buch ein Thread angestoßen wurde und die bis dahin 30 gemachten Beiträge von 1.348 Gruppenmitgliedern gelesen wurden. Wow. Aber ich hatte damit nix zu tun. Ich schwöre! Warum ich den Screenshot gemacht hatte, war der Beitrag weiter oben GOOGLERANKING VERBESSERN – KEYWORDDICHTE MESSEN. Dort wird ein Tool angekündigt, das man anscheinend in ein Content-Management-System (CMS) einbauen kann und mit dem sich die Textqualität messen lässt. Auch die so genannte »Keyworddichte« wird dabei offensichtlich gemessen. Eigentlich eine recht nützliche Sache (ohne, dass ich das Tool näher kennen würde). Aber wie Sie an den Zahlen in der rechten Spalte sehen können, interessiert sich offenbar im Vergleich kaum jemand dafür. Es gab bisher auch keinerlei Antworten auf das Posting. Ich befürchte, dass hier genau das zugeschlagen hat, was ich im nächsten Absatz näher beschreibe. Der Beitrag »riecht« vom Titel her nach direkter Werbung.

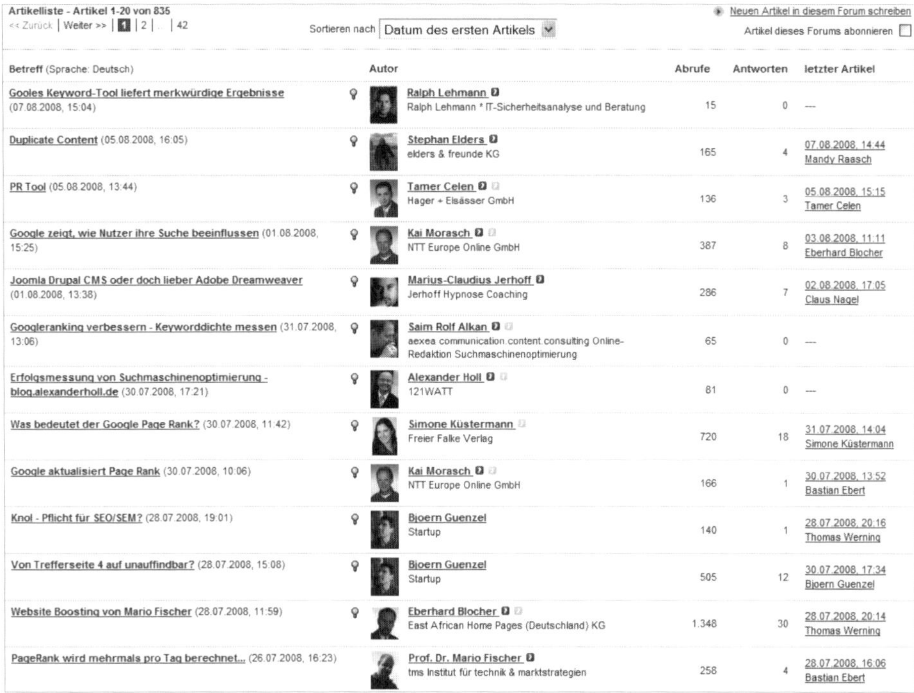

Artikelliste - Artikel 1-20 von 835
<< Zurück | Weiter >> | 1 | 2 | ... | 42
Sortieren nach Datum des ersten Artikels
Neuen Artikel in diesem Forum schreiben
Artikel dieses Forums abonnieren

Betreff (Sprache: Deutsch)	Autor	Abrufe	Antworten	letzter Artikel
Gooles Keyword-Tool liefert merkwürdige Ergebnisse (07.08.2008, 15:04)	Ralph Lehmann Ralph Lehmann * IT-Sicherheitsanalyse und Beratung	15	0	---
Duplicate Content (05.08.2008, 16:05)	Stephan Elders elders & freunde KG	165	4	07.08.2008, 14:44 Mandy Raasch
PR Tool (05.08.2008, 13:44)	Tamer Celen Hager + Elsässer GmbH	136	3	05.08.2008, 15:15 Tamer Celen
Google zeigt, wie Nutzer ihre Suche beeinflussen (01.08.2008, 15:25)	Kai Morasch NTT Europe Online GmbH	387	8	03.08.2008, 11:11 Eberhard Blocher
Joomla Drupal CMS oder doch lieber Adobe Dreamweaver (01.08.2008, 13:38)	Marius-Claudius Jerhoff Jerhoff Hypnose Coaching	286	7	02.08.2008, 17:05 Claus Nagel
Googleranking verbessern - Keyworddichte messen (31.07.2008, 13:06)	Saim Rolf Alkan aexea communication.content.consulting Online-Redaktion Suchmaschinenoptimierung	65	0	---
Erfolgsmessung von Suchmaschinenoptimierung - blog.alexanderholl.de (30.07.2008, 17:21)	Alexander Holl 121WATT	81	0	---
Was bedeutet der Google Page Rank? (30.07.2008, 11:42)	Simone Küstermann Freier Falke Verlag	720	18	31.07.2008, 14:04 Simone Küstermann
Google aktualisiert Page Rank (30.07.2008, 10:06)	Kai Morasch NTT Europe Online GmbH	166	1	30.07.2008, 13:52 Bastian Ebert
Knol - Pflicht für SEO/SEM? (28.07.2008, 19:01)	Bjoern Guenzel Startup	140	1	28.07.2008, 20:16 Thomas Werning
Von Trefferseite 4 auf unauffindbar? (28.07.2008, 15:08)	Bjoern Guenzel Startup	505	12	30.07.2008, 17:34 Bjoern Guenzel
Website Boosting von Mario Fischer (28.07.2008, 11:59)	Eberhard Blocher East African Home Pages (Deutschland) KG	1.348	30	28.07.2008, 20:14 Thomas Werning
PageRank wird mehrmals pro Tag berechnet... (26.07.2008, 16:23)	Prof. Dr. Mario Fischer tms Institut für technik & marktstrategien	258	4	28.07.2008, 16:06 Bastian Ebert

Abb. 7.3: Das Forum »Suchmaschinen-Marketing« bei Xing

Sie müssen sich bei allen Arten des Social Marketing *immer* darüber im Klaren sein, dass Sie hier mit harter Werbung in Gruppen oder in Ihren Beiträgen keinen Blumentopf gewinnen werden. Hier werden in erster Linie Kontakte (und damit auch Kunden!) generiert, Meinungen und Informationen ausgetauscht. Zeigen Sie fachliche Kompetenz. Das ist die beste Werbung, die Sie für sich und Ihr Unternehmen hier machen können. Wer Hard-Selling betreiben möchte, wird schnell ausgegrenzt. Dies ist aber auch gleichzeitig die Stärke dieser Plattformen. Man »trifft« sich dort in der Regel unter Ausschluss von Dampfplauderern und Verkaufsdrückern. Das gelingt nicht immer, aber allzu aufdringliche Menschen verbannt man mit einem Knopfdruck ins digitale Nirwana.

Weitere, recht bekannte Plattformen sind Linkedin, MySpace, Studi-VZ oder Orkut. Letztere wird von Google betrieben, ist aber in Deutschland mangels deutscher User bisher noch nicht richtig in die Socken gekommen. Im südamerikanischen Raum hat Orkut allerdings eine recht starke Stellung. Wer also unter anderem den spanisch sprechenden Markt im Auge hat, sollte sich Orkut einmal näher ansehen.

7.2 Social Bookmarking

Früher haben wir uns alle unsere Bookmarks (oder »Favoriten«, der Name, den uns der Internet Explorer seit Jahren erfolglos beizubringen versucht) direkt im Browser gespeichert. Die Verwaltung dieser oft vielen Merker, mit denen wir uns Stellen im Web merken möchten, wurde von den Browsern bisher eher stiefmütterlich behandelt. Und so nutzen seit einiger Zeit immer mehr Menschen Webdienste, in denen wir unsere Bookmarks zentral ablegen können. Der Vorteil ist, dass man nun unabhängig vom eigenen Rechner und dem eigenen Browser von überall aus bequem darauf zugreifen kann. Und ein weiterer, nicht zu unterschätzender Vorteil kommt noch dazu: Man kann die Bookmarks »taggen«, also mit beliebig vielen Schlagworten versehen, über die man sie später bequem wiederfinden kann.

Einer dieser Dienste ist Mister Wong (`www.mister-wong.de`). Achten Sie bitte auf die Eingabe des Bindestriches, sonst gelangen Sie auf eine andere, seltsame Seite.

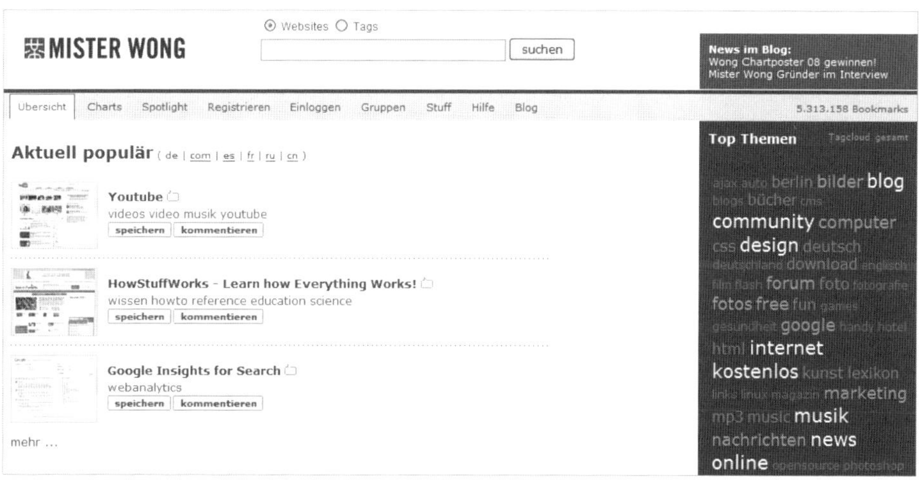

Abb. 7.4: `Mister-Wong`.de als Social-Bookmark-Dienst

Nach dem Anlegen eines Accounts kann man sich einen kleinen Button in den Browser integrieren. Möchte man nun eine gerade aufgerufene Seite als Bookmark speichern, muss man nur noch diesen Button anklicken (siehe Abbildung 7.5 »wong it!«) und kommt direkt zu Mr Wong (oder eben einer anderen Plattform, die man sich ausgesucht hat).

Abb. 7.5: Der in die Menüleiste des Browsers eingefügte MISTER WONG-Button

Das Ansteuern des Dienstes ist also denkbar einfach. Und durch den Button vergisst man den eben frisch angelegten Bookmark-Dienst auch nicht so leicht, wie das bei anderen Plattformen leicht passiert. Einmal einen Account angelegt, tagelang nicht benutzt – schwups, aus den Augen, aus dem Sinn. Nachdem man nun den Button WONG IT! betätigt hat, erscheint eine vorausgefüllte Maske, in die ich nur noch einzelne »Tags«, also Schlagworte, eingeben muss und bei Bedarf auch einen Kommentar. Wie in Abbildung 7.6 zu sehen ist, kann man zusätzlich entscheiden, ob dieses Bookmark nur ich selber oder auch alle anderen Nutzer sehen können.

Abb. 7.6: Das Hinzufügen von Bookmarks bei Mr Wong

Da es hier ja um Social Marketing geht, sollten Sie die Bookmarks zu Ihren eigenen Webseiten ruhig öffentlich machen. Das hat einen angenehmen Nebeneffekt. Denn andere können unter den von Ihnen gesetzten Tags nun diese Seiten finden.

Das folgende Beispiel in Abbildung 7.7 zeigt, welche Seiten Mr Wong für BREITLING UHREN ausgibt.

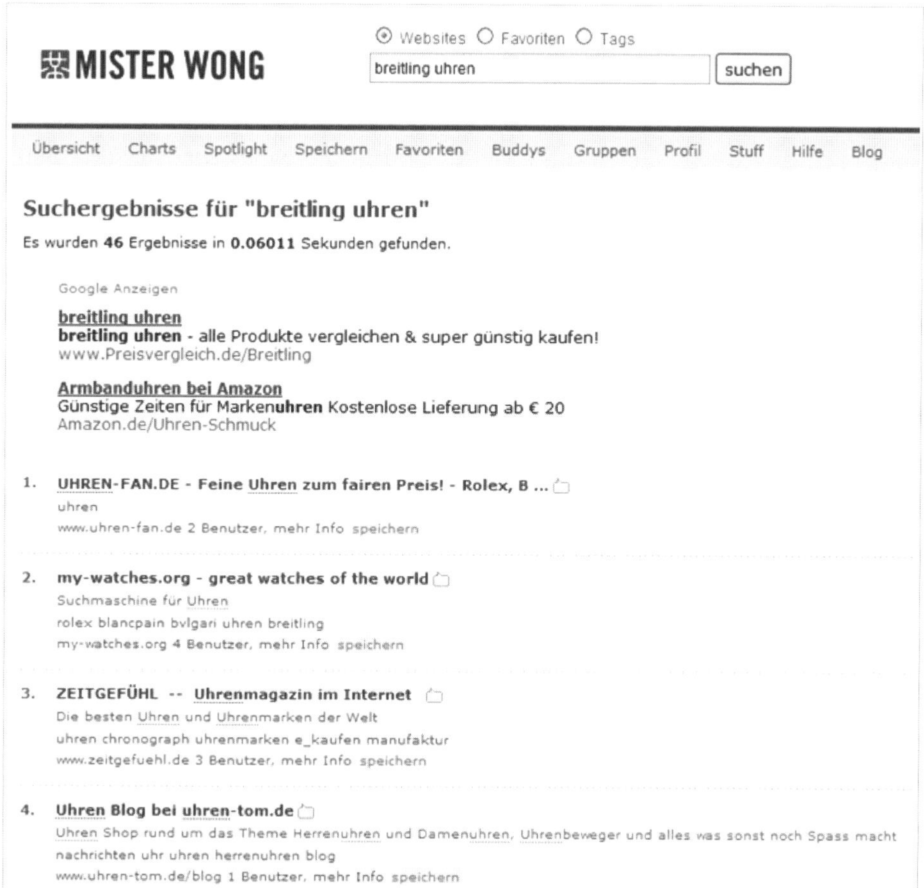

Abb. 7.7: Die Suche nach BREITLING UHREN bei Mr Wong

Jetzt Mr Wong stürmen zu wollen, um die eigene Homepage bekannter zu machen, wäre aber auch der falsche Weg. Man hat dort gute Techniken zur Spamerkennung entwickelt. Wenn Sie es übertreiben, fliegen Sie dort und auch bei den meisten anderen Bookmarkdiensten gnadenlos wieder raus. Also sachte.

Betreiben Sie einen Blog, ein Forum oder eine sonstwie für die Allgemeinheit interessante Website (damit meine ich keine laaaangweiligen Unternehmenswebseiten!), dann sollten Sie es Ihren Besuchern leicht machen, den Bookmarkdienst der eigenen Wahl zu nutzen. Dazu binden Sie am besten am Ende oder Anfang jeder Seite die Buttons dieser Dienste ein.

Abb. 7.8: Die verschiedenen Bookmarkdienste

Ich würde dazu raten, die beiden bekanntesten Dienste, del.icio.us und Mr Wong ganz vorne einzubinden, wie in Abbildung 7.8 zu sehen ist. Damit kann sich jeder Besucher, der Bookmarkdienste benutzt, ganz einfach per Knopfdruck einen Merker setzen. Der Nebeneffekt für Sie ist: Je mehr Nutzer eines Dienstes Ihre Seite zu ihren Bookmarks bzw. Favoriten hinzufügen, desto höher steigt Ihre Webadresse unter den von den Benutzern eingegebenen Stichworten.

Machen Sie sich aber keine Hoffnungen auf eventuelle Links, die Ihnen solche Plattformen für die Suchmaschinenoptimierung »vererben« könnten. Die meisten Dienste haben jeden eingetragenen Link mit einer speziellen Markierung versehen (`rel="nofollow"`) versehen, um nicht in Spameinträgen zu ersaufen.

Falls Sie international tätig sind, sollten Sie sich in jedem Fall aber auch noch Del.icio.us (`www.del.icio.us`) genauer ansehen. Prinzipiell funktioniert dieser Dienst genauso wie Mr Wong, ist aber ungleich größer. Er ist bereits 2003 gestartet und dürfte wohl mit hohem Abstand der größte Bookmarkdienst der Welt sein.

Nachfolgend habe ich Ihnen neben den bereits genannten noch weitere Adressen der wichtigsten Bookmark-/Linkdienste aufgelistet, für die sich ein Button auf der eigenen Seite lohnt:

- `http://www.icio.de`
- `http://digg.com`
- `http://beta.oneview.de`
- `http://yigg.de`
- `http://www.linkarena.com`
- `http://reddit.com`
- `http://www.simpy.com`
- `http://www.stumbleupon.com`
- `http://slashdot.org`
- `http://www.furl.net`
- `http://blogmarks.net`
- `http://www.diigo.com`
- `http://www.newsvine.com`
- `http://ma.gnolia.com`

- `http://www.netvouz.com`
- `http://www.blinklist.com`
- `http://www.spurl.net`
- `http://www.folkd.com`

Auch Google, Yahoo und Netscape bieten übrigens die Möglichkeit, Bookmarks zu speichern.

7.3 Social News: Nachrichtenportale

Was wäre der schönste Blogbeitrag, die skurrilste News, wenn sie niemand liest? Auch hier gibt es Abhilfe. Am Beispiel des *Nachrichtenportals zum Mitmachen* von Yigg.de möchte ich Ihnen kurz zeigen, wie das funktioniert. Sie können sich selber kostenlos einen Account unter `www.yigg.de` anlegen (unter REGISTRIEREN). Dort können Sie dann eigene oder auch fremde Beiträge anmelden. Dazu geben Sie einfach die Webadresse an und schreiben einen kurzen Erläuterungstext dazu. Jetzt noch eine passende Rubrik aussuchen und schon wandert Ihr Beitrag zur Prüfung in eine Warteliste. Finden andere Leser Ihren Beitrag auch gut, wird er »geyiggd«. So nennt man das Abstimmen durch Klick auf den grünen Button (siehe Abbildung 7.9).

Abb. 7.9: Ein Beitragsausschnitt in Yigg

Es ist natürlich nützlicher, wenn Sie nicht darauf warten, ob und wie viele User direkt in Yigg für Ihren Beitrag voten. Am besten bauen Sie einen solchen Button direkt auf Ihrer Webseite oder Ihrem Blog ein. Dann kann man direkt nach dem Lesen seine (positive) Meinung kundtun. Nachfolgend sehen Sie in der Abbildung 7.10 einen Ausschnitt, der direkt hinter meinen einzelnen Blogbeiträgen unter `www.website-boosting.de/blog` steht.

Abb. 7.10: Der YIGG-Button direkt im Weblog

Wichtig ist nur, dass die Votings Ihrer Besucher möglichst schnell kommen. Yigg bringt einen Beitrag nach dem ersten Einreichen nur 24 Stunden später gut sichtbar unter der Hitliste. Bis dahin sollten Sie möglichst viele Stimmen gesammelt haben. Also überlegen Sie, wie Sie gleich nach dem Veröffentlichen eines Beitrags Menschen auf Ihren Blog bringen können. Selbstverständlich wird die IP-Adresse eines Besuchers bei Yigg registriert und jeder Beitrag kann nur einmal bewertet werden. Selber klicken bringt also nichts bzw. nur einmal etwas.

Gelingt Ihnen der Weg an die Spitze, ist Ihnen weiterer Traffic durch das Portal sicher.

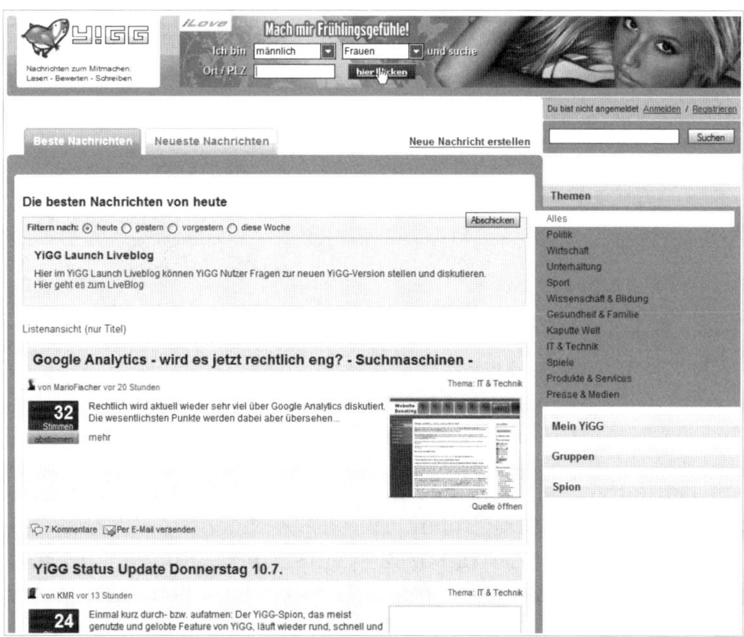

Abb. 7.11: Platz 1 für Website Boosting am 11.6.2008

Mein erster bei Yigg eingestellter Beitrag erreichte innerhalb kürzester Zeit den ersten Platz (siehe Abbildung 7.11). Das brachte nochmals hübsch Besucher und weitere Stimmen, wie Sie bereits in Abbildung 7.9 sehen konnten (den Screenshot in Abbildung 7.9 habe ich zu einem späteren Zeitpunkt gemacht). Ich hatte den Blogbeitrag einfach in Twitter (`www.twitter.com`) eingestellt und somit kamen relativ schnell die notwendigen Stimmen zusammen. Twitter ist eine Art offener Chat, in dem Sie mit Bekannten und Unbekannten über alle möglichen Themen sprechen können.

Wesentlich mehr Traffic und damit natürlich auch Backlinks von Menschen, die Ihren Beitrag verlinken, weil sie ihn gut finden, bekommt man natürlich über die internationale Plattform Digg (`www.digg.com`). Da dieser Effekt dort aber nur eintritt, wenn Sie in Englisch schreiben, bringt das für deutsche Webseiten herzlich wenig. Außerdem braucht man dort selbstverständlich im Verhältnis sehr viel mehr Stimmen, weil Digg international ausstrahlt. Schaffen Sie es aber dort auf die erste Seite oder gar Platz eins, können Sie an diesem Tag durchaus mit drei- bis achttausend Besuchern rechnen. Wenn das Ihr Webserver verkraftet – umso besser.

Weitere Nachrichtenportale für individuelle Blogs und News sind zum Beispiel:

- Shortnews (`www.shortnews.de`)
- Webnews (`www.webnews.de`)
- Scoop.at (`http://scoop.at`)
- Newsider (`www.newsider.de`)
- Seoigg (`www.seoigg.de`)

Selbstverständlich können Sie auch audiovisuelle Beiträge in Form von Videos unter das Volk streuen. YouTube bringt hier mit Abstand die meiste Aufmerksamkeit. Zu den größeren deutschen Portalen zählen wohl Sevenload (`http://de.sevenload.com`) und Myvideo (`www.myvideo.de`). Obwohl natürlich auch sehr viele seriöse Filme bei diesen abgelegt sind, dominieren die Spaßvideos. Aber lassen Sie sich davon nicht täuschen. Gehen Sie zum Beispiel einfach mal auf YouTube und suchen Sie mit fachlich orientierten Suchbegriffen wie USABILITY. Sie werden schnell merken, dass man auch hier mit einfachsten Filmen (die trotz ihrer Einfachheit auch gut gemacht sein können) Image und Kompetenz transportieren kann. Denken Sie einfach mal nach. Ich bin sicher, Ihnen fällt für Ihr eigenes Business früher oder später etwas ein. Und: Nichts hindert Sie, Ihre eigenen Filme oder Präsentationen über Ihre Homepage oder andere Portale (siehe oben) bekannt zu machen.

Tipp

In diversen Foren und Blogs gibt es immer wieder mal dunkle Tipps, wie man die Portale überlisten kann. Ein alter Trick ist zum Beispiel, auf einen etwas älteren, aber guten Beitrag den Button für einen anderen, neuen Beitrag zu setzen. Dann spendet der alte Beitrag (für den das Voten ja eigentlich nichts mehr bringt) zusätzliche Punkte für einen neueren. Fanatische Blogger sollen Gerüchten zufolge automatisch auf alle alten Beiträge per Skript immer nur einen Button setzen: den, der eigentlich nur auf den neuesten Beitrag gehört. Damit geben alle Klicks auf sämtliche alten Blogbeiträge jeweils ausschließlich Punkte für den neuen Beitrag. Noch fieser treiben es anscheinend einige findige Java Script-Programmierer. Die ergänzen einen kleinen JavaScript-Code, der automatisch beim Verlassen der Seite ein Voting auslöst. Damit stimmt jeder unwissentlich alleine durch das Aufrufen des Beitrags positiv ab. Ich möchte Ihnen vor solchen Maßnahmen dringend abraten. Andere Benutzer solcher Nachrichtenportale werden Ihnen schnell auf die Schliche kommen und Verstöße dieser Art an den Betreiber melden. Der sperrt Ihre Domain dann für immer und ewig.

Wenn Sie die im Kasten *Tipp* genannten Tricks gelesen haben (es gibt natürlich noch viel mehr davon, die meisten noch viel fieser), bekommen Sie vielleicht auch einen Eindruck davon, warum viele gerade jüngere Suchmaschinenoptimierer das Thema »SMO« (**S**ocial **M**edia **O**ptimization) so chic finden. Einigen geht einfach noch das Unrechtsbewusstsein ab, das man zum Betreiben seriöser Geschäfte braucht. Und viele Kunden verstehen oder interessieren sich gar nicht dafür, wie der Traffic generiert wird oder wo er herkommt. Hauptsache, die Besucherzahlen steigen. Den Vorstand freuen solche Charts. Leider noch immer. Die Strafe, wenn man erwischt wird, ist ein Verbannen der Domain aus dem jeweiligen Dienst. Nach und nach verbrennen damit alle Möglichkeiten, noch mit sauberen Methoden etwas voranzubringen. Und erwischt wird man früher oder später in jedem Fall. Sie dürfen ja nicht vergessen, dass der Platz, den Sie sich erobern, jemand anderen wegschiebt. Das wird dem in der Regel so ganz und gar nicht gefallen, und wenn er ein klein wenig Ahnung hat, wird er schnell erkennen, wie Sie das bewerkstelligt haben. Und Sie ahnen ja gar nicht, welche wirklich schmutzigen Sachen wir schon wegräumen mussten, wenn Unternehmen hilfesuchend bei uns aufgeschlagen sind, weil sie sich durch Hobby- bzw. Billigoptimierungen aus dem Web katapultiert haben genauer: Mit unseriösen oder zwielichtigen Versprechungen katapultieren haben lassen. Brrrrr ....

Teil II

Suchmaschinen: Vom Kunden finden lassen

In diesem Teil:

Kapitel 8

Basics zu Suchmaschinen und wie dort gesucht wird

8.1 Was wissen Suchmaschinen überhaupt schon von Ihnen?

Kennen die Suchmaschinen Ihre Domain und alle Ihre Webseiten denn schon oder stehen Sie noch am Anfang?

Es ist wie beim Arzt. Bevor er Medikamente oder gar eine Operation verordnet, muss er den Patienten erst einmal gründlich untersuchen. Die Ursachen, die zu beobachtbaren Krankheitsbildern führen, können schließlich vielfältig sein und nicht immer führt bei einfachen Bauchschmerzen gleich eine Blinddarmoperation zum Erfolg. Unserem »Patienten«, der Website, fehlt es an Besuchern oder die Zahl der Besucher sollte wunschgemäß deutlich höher sein. Also machen wir uns wie der Arzt auf die Suche nach den Symptomen und Sie werden erkennen, dass man hier analytisch – Schritt für Schritt – wie der Onkel Doktor vorgehen kann.

Befragen wir zunächst das große Google-Orakel, ob unsere Website dort überhaupt schon bekannt ist. Das geht recht einfach, indem man in den Suchschlitz die folgende Abfrage einwirft:

```
site:www.meine-site.de
```

Google antwortet nun entweder mit

```
Es wurden keine mit Ihrer Suchanfrage - site:www.meine-site.de - überein-
stimmenden Dokumente gefunden.
Es wurden keine Seiten mit "site:www.meine-site.de" gefunden.
```

oder es werden alle gefundenen und im Index erfassten Seiten ausgegeben. Rechts oben im hellblauen Balken der Ergebnisseite wird die Anzahl der Fundstücke angegeben. Wenn sie unter der Seitenzahl liegt, die Sie innerhalb Ihrer Website führen, dann konnten nicht alle Seiten erfasst werden.

Tipp

Solche Abfragen sind bei den meisten Suchmaschinen möglich, wenn auch mit oft leicht abweichenden Formulierungen. So entlockt man anderen Suchmaschinen die Anzahl gespeicherter Seiten:

Altavista: `host:www.meine-domain.de`

MSN: `site:www.meine-domain.de`

Alltheweb:`+url.all:http://www.meine-domain.de`

web.de: `www.meine-domain.de`

Marketleap bietet ein komfortables Online-Tool an, mit dem man diese Abfragen automatisch bei mehreren Suchmaschinen machen kann. Und wenn Sie möchten, können Sie dort bis zu fünf weitere Domainadressen angeben, mit denen Ihre eigene dann verglichen wird:

`http://www.marketleap.com/siteindex/default.htm`

Denken Sie bitte auch an den folgenden Umstand: Shop- und Contentmanagmentsysteme erzeugen nicht selten sogenannten Double Content. Das bedeutet, dass Seiten mit gleichem Inhalt unter verschiedenen URL (eindeutigen Adressen) ins Netz gestellt werden. Die Suchmaschinen arbeiten hart daran, diese Mehrfachergebnisse wegzufiltern. Daher kann es durchaus sein, dass Sie bei einer Site Abfrage im Laufe der Zeit fallende Zahlen beobachten können. Je mehr Duplikate die Suchmaschine erkennt, desto geringer werden die echten Treffer. In diesem Fall ist das ausnahmsweise mal kein Grund zur Sorge.

Yahoo hat mittlerweile eine eigene Abfrageseite dazu ins Web gestellt. Sie erreichen sie unter `https://siteexplorer.search.yahoo.com`.

Nach der Eingabe Ihrer Domain zeigt Ihnen Yahoo! alle Seiten an, die die Suchmaschine kennt. Wie Sie in der Abbildung 8.1 am linken oberen Rand sehen können, kennt Yahoo! 265 unterschiedliche Seiten (Pages) der Domain zu diesem Buch und gibt an, dass 1.052 Links von außen (Inlinks) auf diese Domain zeigen. Die Anzahl der Seiten kann in etwa hinkommen. Aber die Anzahl der eingehenden Links liegt definitiv höher, bei etwas über 6.000. Ein gutes Beispiel, dass man Zahlen aus dem Web immer mit einer gehörigen Portion Skepsis gegenüberstehen sollte.

So viel zu Yahoo! Kennt Google Ihre Website noch nicht, nützt Ihnen nach meiner Erfahrung auch das Eintragen in die dafür bereitgestellte Maske nichts. Bei den Messungen, die wir dafür speziell für neue Domains gemacht haben, ließ sich nach der Bekanntgabe der Webadressen vier Wochen lang kein einziger Robot von Google auf den Seiten sehen. Nach dem Setzen eines Links auf einer Seite, die von Google täglich mehrmals gecrawlt (durchsucht) wird, kam der Robot nach wenigen Stunden auf den neuen Seiten vorbei und sie waren nach knapp zwei Tagen im Index zu finden. Die Anmeldung bringt also aus meiner Sicht überhaupt nichts. Solange kein bzw. keine Links von anderen Domains auf eine neue Domain weisen, interessiert Google diese anscheinend in keinster Weise.

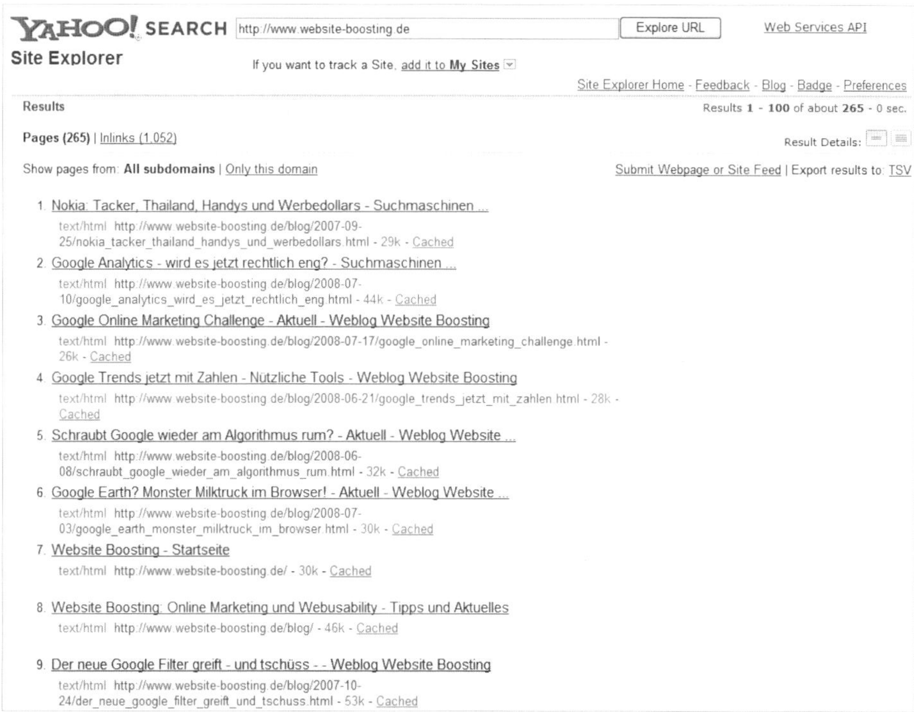

Abb. 8.1: Der YAHOO! Site Explorer

Da ich weiß, dass es immer wieder Zweifler ;-) gibt und ich nicht ausschließen kann, dass man die Eingaben bei Anmeldungen doch irgendwann mal wieder verarbeitet, möchte ich den Anmeldevorgang nachfolgend trotzdem kurz beschreiben. Auch, weil er ein klein wenig versteckt ist.

Klicken Sie unter `www.google.de` unten auf ÜBER GOOGLE. In der dann aufgerufenen Übersicht finden Sie auf der rechten Seite einen Block mit der Überschrift FÜR INHABER VON WEBSITES. In diesem Block gibt es einen Link mit der Bezeichnung SENDEN SIE IHREN CONTENT AN GOOGLE. Es erscheint eine weitere Seite mit Auswahlmöglichkeiten. Der erste Link HINZUFÜGEN IHRER WEBSITE ZUM INDEX VON GOOGLE ist der richtige. Sie finden aber an dieser Stelle auch noch Links zum Hinzufügen von Produktdaten zu Google Base, zu Google Books, dem Google-Video-Programm und einen Zugangslink zum Google-Webmaster-Tool (zu dem wir später noch gesondert kommen).

Wenn Sie auf HINZUFÜGEN IHRER WEBSITE ZUM INDEX VON GOOGLE geklickt haben, sehen Sie eine Eingabemaske, wie sie in Abbildung 8.2 dargestellt ist.

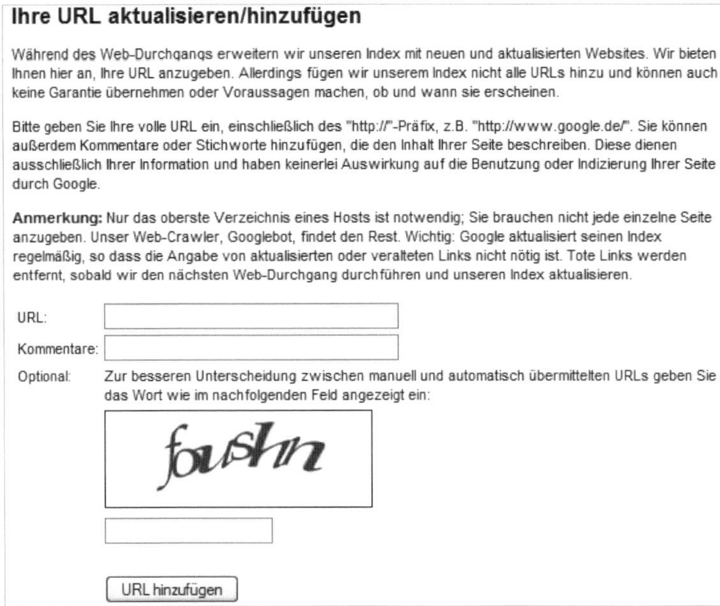

Ihre URL aktualisieren/hinzufügen

Während des Web-Durchgangs erweitern wir unseren Index mit neuen und aktualisierten Websites. Wir bieten Ihnen hier an, Ihre URL anzugeben. Allerdings fügen wir unserem Index nicht alle URLs hinzu und können auch keine Garantie übernehmen oder Voraussagen machen, ob und wann sie erscheinen.

Bitte geben Sie Ihre volle URL ein, einschließlich des "http://"-Präfix, z.B. "http://www.google.de/". Sie können außerdem Kommentare oder Stichworte hinzufügen, die den Inhalt Ihrer Seite beschreiben. Diese dienen ausschließlich Ihrer Information und haben keinerlei Auswirkung auf die Benutzung oder Indizierung Ihrer Seite durch Google.

Anmerkung: Nur das oberste Verzeichnis eines Hosts ist notwendig; Sie brauchen nicht jede einzelne Seite anzugeben. Unser Web-Crawler, Googlebot, findet den Rest. Wichtig: Google aktualisiert seinen Index regelmäßig, so dass die Angabe von aktualisierten oder veralteten Links nicht nötig ist. Tote Links werden entfernt, sobald wir den nächsten Web-Durchgang durchführen und unseren Index aktualisieren.

URL:

Kommentare:

Optional: Zur besseren Unterscheidung zwischen manuell und automatisch übermittelten URLs geben Sie das Wort wie im nachfolgenden Feld angezeigt ein:

foushn

URL hinzufügen

Abb. 8.2: Die Anmeldemaske von `Google.de`

Mit URL meint Google den so genannten *Uniform Ressource Locator*, also schlicht die exakte Internetadresse. Dort können Sie also Ihren Domainnamen in das Eingabefeld URL eingeben. Das Kommentarfeld ignorieren Sie getrost – es hat keinerlei erkennbare Funktion oder Auswirkung. Es reicht übrigens, nur den Domainnamen anzugeben, Unterseiten oder Unterverzeichnisse Ihres Webauftritts müssen Sie nicht extra eintippen, die holt sich Google fleißig selbst.

Bei jeder Anmeldung wird in zerplatzt anmutender Schrift ein Kunstwort mit angegeben (im Beispiel »foushn«), das Sie einfach in das Feld darunter abtippen. Dies hilft Google, die Eingaben von Menschen und von Anmelderobotern zu unterscheiden. Letztere werden für Suchmaschinen zu einer richtigen Plage, weil sie Tausende von oft sinnleeren Webseiten anmelden. Da diese Roboter die verzerrte Schrift noch nicht lesen bzw. interpretieren können, bleibt bei maschinellen Anmeldungen das untere Feld leer. Wie Profis diese »Captcha« genannten Eingabesicherungen problemlos knacken und damit wertlos machen, beschreibe ich Ihnen weiter hinten im Usability-Teil, wenn es um Formulargestaltung geht. Fies, gell? Soll ich jetzt neugierig vorblättern und suchen – oder hier weiterlesen? Lesen Sie einfach weiter. Alles der Reihe nach.

Tippen Sie also einfach Ihren Domainnamen und die verzerrten Buchstaben ein und klicken Sie auf URL HINZUFÜGEN.

Tipp

Falls Sie mal eine oder mehrere Seiten wieder »loswerden« müssen, weil es zum Beispiel juristische Probleme mit der unbedachten Verwendung eines geschützten Markenbegriffes gegeben hat, finden Sie hier eine Lösung. Das Löschen der Webseiten auf Ihrem Webserver reicht nämlich nicht aus! Google zeigt die Seiten meist über einen längeren Zeitraum in dem eigenen Cache-Speicher an. Diesen zapfen die gegnerischen Rechtsanwälte dann ein paar Tage nach der Abmahnung ab, machen einen Ausdruck als Beweissicherung und »Schwups!« ist Ihr Budget um die nicht selten in fünfstellige Beträge gehende Vertragsstrafe niedriger! Ob der Richter dann Ihrem Argument *»Ich hab das sofort gelöscht«* folgt, hängt meist von der wirklichen Sachkenntnis der Sachverständigen ab. Um eine einzelne Seite, Teile Ihrer Website oder auch die ganze Website aus dem Google-Index zu löschen, sollten Sie sicherheitshalber die Konsole in den Google-Webmaster-Tools verwenden. Dazu komme ich im nächsten Kapitel.

Wird bei der oben erklärten Abfrage mit `site:www.meine-domain.de` über einen längeren Zeitraum nur ein einziger Eintrag von Ihrer Webpräsenz (meiste die Startseite) als Ergebnis zurückgeliefert, haben Sie möglicherweise ein Problem. Ebenso, wenn Sie Ihre Website schon einmal vor längerer Zeit bei Google eingetragen haben. Oder wenn Sie sich sicher sind, dass seit Längerem mehrere Links anderer Domains auf Ihre Seiten zeigen. Letzteres bedeutet, dass Google Ihre Webseiten mit an Sicherheit grenzender Wahrscheinlichkeit schon kennt – aber aus irgendwelchen Gründen verschmäht. Welche Gründe das sein können, will ich nun zu klären versuchen.

8.2 Wie Suchmaschinen lernen

Nein, natürlich »lernen« Suchmaschinen nicht im üblichen Sinne. Aber sie geben sich wie jede moderne Waschmaschine alle Mühe. Ihr Ziel ist ja, möglichst viele Webseiten zu kennen und die Inhalte für den Suchenden auffindbar zu machen. Eine Möglichkeit, Kenntnis von Seiten zu bekommen, ist, ganz einfach darauf zu warten, dass die Webmaster sie selbst bei der Suchmaschine anmelden. Google hätte zum Beispiel sicher nicht über geschätzte 60 Milliarden Seiten im Index, wenn man *darauf* gewartet hätte ... Also gehen Sie selbst auf die Suche und verwenden Sie den gleichen Mechanismus wie die Surfer in ihren Browsern: Hyperlinks. Wie die Surfer auch, hangeln sich die Robots der Suchmaschinen von Seite zu Seite, merken sich alle gefundenen Links und laufen dann wiederum diesen nach. Und so fort. Logisch – werden Sie denken. Wie soll das sonst auch anders gehen? Im Kern haben Sie damit natürlich völlig recht.

Leider gibt es mittlerweile eine Menge anderer programmiertechnischer Möglichkeiten, den Besucher mit seinem Browser von Seite zu Seite zu führen. »Leider«

aus Sicht der Suchmaschinen und der Suchenden, denn wie Sie gleich sehen werden, werfen die modernen Webdesigner (von denen ich bei einigen Exemplaren mittlerweile sicher bin, dass sie ihre Ausbildung in Amsterdam in einem der »Coffee«-Shops gemacht haben) damit quasi mit Steinen nach den Suchrobotern. Und letztlich auch oft unwissend nach ihren eigenen Kunden, denen Besuche von potenziellen Kunden über Suchmaschinen damit verwehrt bleiben.

Der klassische Hyperlink ist eine einfache Programmierzeile im HTML-Format (HTML steht für »hypertext markup language« und das ist die eigentliche Programmiersprache für Webseiten). Ob ein Link als HTML-Link programmiert wurde, sieht man sofort, wenn man mit der Maus über den Link fährt. Unten links im Browserfenster taucht dann die Zieladresse auf, zu der man springen würde, wenn man auf den Link klickt:

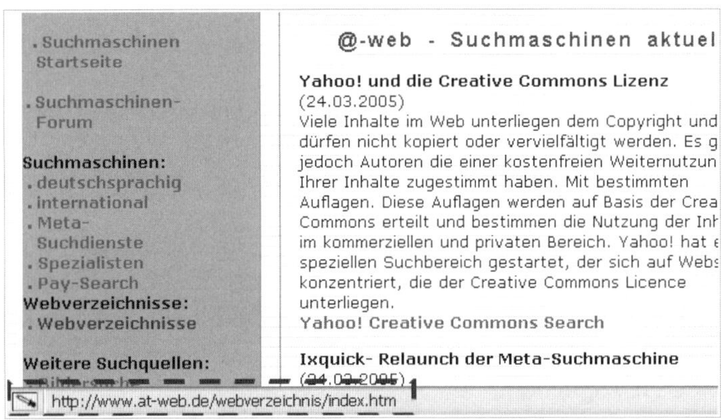

Abb. 8.3: Erkennen, ob ein echter HTML-Hyperlink benutzt wird

Taucht links unten beim Überstreifen eines klickbaren Objektes – egal ob Bild oder Text – keine Zielseite auf, dann wurde die Linkfunktion über eine andere Technik programmiert. Recht beliebt bei Webdesignern ist zum Beispiel JavaScript, Java oder auch Flash. Diese Möglichkeiten bieten mehr Flexibilität bei der optischen Gestaltung und der Realisierung von interaktiven, manchmal auch ein wenig nervös wirkenden Menüs. Problematisch ist nur, dass Suchmaschinen diese Links eben leider oft nicht erkennen können. Auf diesem Auge sind sie einfach blind und sehen daher nicht, dass in manchen Seiten zum Beispiel in JavaScript eingebettete Links sitzen. Wenn dann noch wichtiger Text nicht als echter Text, sondern in einem Bild versteckt wird, wird es oft so richtig geschäftskritisch. Google & Co. wurden vom Webdesigner geblendet – leider nicht vor Schönheit, die eine Maschine ja nicht erkennen kann. Geblendet werden vielmehr die Augen der Suchrobots, die sich mit größter Mühe die ansonsten scharfen Zähne an den Webseiten ausbeißen.

Hier die gute Nachricht: Man kann den Blick einer Suchmaschine simulieren. Es gibt eine Menge Online-Tools im Web, die nach der Eingabe eines Domainnamens als Ergebnis das zurückgeben, was auch der Suchrobot sieht.

Unter `http://www.webconfs.com/search-engine-spider-simulator.php` findet man zum Beispiel eine Eingabemaske wie in Abbildung 8.4.

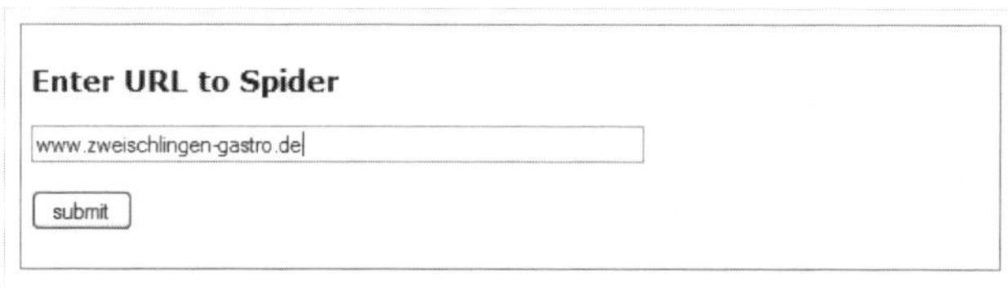

Abb. 8.4: Eingabefeld beim Spidersimulator

Leser der ersten Auflage werden diese Domainadresse schon kennen. Da sie für die Robots der Suchmaschinen noch immer Probleme bereitet, habe ich das Beispiel beibehalten. Die Domain gehört zu einer modernen Gaststätte, deren Webauftritt nicht nur mit Musik, sondern auch optisch sehr aufwändig mit Flash-Technologie gestaltet wurde. Wenn man nun mit den Augen der Suchmaschine auf diese Webseiten schaut, bringt die Analyse ein Bild wie in Abbildung 8.5.

Abb. 8.5: `Zweischlingen-gastro.de` mit den Augen des Suchrobots

Man sieht unter SPIDERED TEXT »<<>>>>>>>>>«. Wow. Das ist der Text, den der Robot auf der Seite bzw. im Seitentitel sehen kann. Welche in den Auftritt hineinführenden Links hat der Robot denn nun gefunden? Die Antwort finden Sie unter SPIDERED LINKS – keine. Ganz unten sehen wir noch ein wichtiges Meta-Tag: META DESCRIPTION. Dort steht »zweischlingen«. Ach ja? Sehr aufschlussreich ...

Reichlich wenig also, um der Suchmaschine zu sagen, worum es bei der Website hier geht. »Moment«, werden Sie sagen, »unter META KEYWORDS steht doch noch viel mehr und doch genau die kneipenspezifischen Begriffe – oder?« Dass sich in dem für den Surfenden zunächst unsichtbaren Meta-Tag `Meta Keywords` die relevanten Begriffe für die Suchmaschine befinden sollten, ist eine Mär, die den Webdesignern einfach nicht auszureden ist.

Aber es klingt doch wirklich so schön nach Suchmaschinen: `Keywords` ... Aber dieses Seitenelement stammt aus den Ursprüngen des (damals wissenschaftlich orientiert) Webs und war für Schlagworte zu Artikeln gedacht. Man kann es nicht oft genug wiederholen: Die nennenswerten Suchmaschinen, allen voran Google, ignorieren diese Zeile völlig! Selbst im August 2008 zweifeln noch immer Webdesigner öffentlich daran, weil sie doch in einem Buch über HTML gelesen haben, datt datt Dingens für Suchmaschinen da seien tut. Dazu später mehr, wenn wir zur Optimierung für einzelne Seiten kommen.

Das eigentlich Dramatische wird in Abbildung 8.5 gar nicht auf den ersten Blick sichtbar. Unter der Überschrift SPIDER TEXT steht so rein gar nichts Verwertbares. Das bedeutet, hier auf dieser Webseite gibt es keinen einzigen vom Robot lesbaren Text. Er sieht rein gar nichts. Eine Zeile weiter unten bei SPIDERED LINKS: ebenfalls nichts. Sie ahnen es sicher schon. Der arme kleine Suchmaschinenrobot findet also auch keine Links nach »innen« auf weitere Webseiten von `zweischlingen-gastro`, auf denen der Arme weitere Nachforschungen anstellen könnte. Die Links wurden so programmiert, dass sie für die maschinelle Analyse unsichtbar sind.

Fassen wir zusammen: Keine erkennbaren Links, keinen Seitentext auf der Seite, in den so genannten Meta-Tags stehen mathematische Größer- und Kleinerzeichen, kombiniert mit dem Wort `Zweischlingen`. Es gibt also nur ein einziges, lesbares Wort hier, sonst nichts. Und da soll die Suchmaschine keinen Ulcus Duodeni (Geschwür im Zwölffingerdarm) bekommen? Kein Wunder, dass man die Kneipe in Suchmaschinen einfach irgendwie nicht findet. Aber der Webauftritt sieht zugegebenermaßen wirklich toll aus. Play Sound »a«!

Hinweis

Wenn Sie nach Eingabe Ihres Domainnamens wie in Abbildung 8.4 gezeigt, ebenfalls keine sichtbaren Links oder unter SPIDER TEXT eben keinen vernünftigen Text angezeigt bekommen, sollten Sie sich schnellstens mit Ihrem Webdesigner oder Ihrer Agentur in Verbindung setzen und dieses Problem ernsthaft besprechen. Wenn Sie auf die Auffindbarkeit Ihrer Webseiten über Suchmaschinen verzichten können oder wollen, betrifft Sie dies natürlich nicht – aber würden Sie dann überhaupt dieses Buch hier lesen? Und gleich noch ein Tipp: Wenn man Ihnen dort verkaufen will, dass man extra in Ihren Seiten in dem Meta-Tag `Meta keywords` Ihre Keywords, also die wichtigen Suchbegriffe eingefügt habe ... dann wird es möglicherweise Zeit, über einen Agenturwechsel nachzudenken. Unsere Zähne lassen wir uns schließlich auch schon lange nicht mehr von den Badern bzw. beim Frisör richten.

Da sich nützliche Tools im Web leider allzu schnell wieder verflüchtigen, gebe ich Ihnen noch ein paar weitere Adressen zu solchen Simulatoren an, die zeigen, wie Webseiten mit den »Augen« von Suchmaschinen tatsächlich aussehen. Zu dem Zeitpunkt, an dem ich diese Zeilen schreibe, haben Google und Yahoo! angekündigt, nun auch Flash-Seiten besser interpretieren zu können. Auch dazu kommen weiter hinten noch ein paar interessante Facts. Hier erwähne ich es, weil die Betreiber dieser Simulatoren derzeit oder eben gerade, wenn Sie das ausprobieren möchten, umstellen. Man versucht, die Inhaltserkennung für Flash insoweit nachzusimulieren, wie die Suchmaschinen jetzt in erweitertem Umfang diese Inhalte erkennen.

- http://www.1-hit.com/all-in-one/tool.search-engine-viewer.htm
- http://oyoy.eu/page/spider
- http://www.seochat.com/seo-tools/spider-simulator

Bevor die Analyse weitergeht, müsste also erst mal die generelle Suchmaschinenfeindlichkeit abgestellt werden. Ist diese Hürde genommen oder war es überhaupt gar keine, überschlägt man am besten die Anzahl der eigenen Webseiten. Wer beim besten Willen keine Ahnung hat, wie viel Seiten er tatsächlich mittlerweile am Netz hat, für den sei ein pfiffiges, kostenloses Tool empfohlen. Xenu ist sein Name und man bekommt es unter: `http://home.snafu.de/tilman/xenulink.html` (Achtung, ohne www).

Mit Xenu lässt sich eine beliebige Webadresse nach Links und Dokumenten untersuchen. Man gibt nur die Adresse unter `...` ein und schon rennt die kleine Wühlmaus los und kramt alles aus der Domain, was dort verlinkt ist. Am Ende erhält man einen Bericht mit der Summe aller `html`-, `doc`-, `ppt`-, `pdf`- und anderen Dokumentformaten. Ganz nebenbei stöbert Xenu auch so genannte Broken Links (also Links auf Seiten, die nicht mehr existieren, oder Links, die ganz einfach fehlerhaft programmiert sind) auf, den erklärten Urfeind aller Suchmaschinen.

Wenn man nun die Anzahl der Dokumente ermittelt hat, fragt man bei Google wie erwähnt mit `Site:www.site.de` ab und erhält die Anzahl der Treffer. Ist die Domain oder sind die gezählten Seiten nicht allzu neu und liegen diese nennenswert unter der Zahl, die es eigentlich sein müsste, kennt Google noch nicht alle

Seiten. Dies kann schlicht an fehlerhaften Links liegen, an Suchmaschinen-inkompatibler Link-Programmierung (darauf komme ich noch) oder auch am Content-Management-System (CMS) oder Shopsystem, das mit seinen dynamischen Adresszeilen oder so genannten Session-IDs Probleme bereitet. Auch darauf komme ich später noch. In allen drei Fällen ist natürlich Handlungsbedarf angezeigt.

Werden alle oder fast alle (Google gibt leider zum Teil keine exakten Trefferzahlen aus und schätzt vor allem bei größeren Webauftritten) Seiten angezeigt, ist schon mal die wichtigste Voraussetzung für eine spätere gute Platzierung vorhanden.

8.3 Welche Suchmaschinen sind wichtig für den Erfolg?

Welches ist wohl die größte Suchmaschine? Wie oft werden die verschiedenen Anbieter beim Suchen konsultiert? Hierzu gibt es immer wieder mehr oder weniger regelmäßig Statistiken zu lesen. In den meisten Analysen kommt natürlich Google am besten weg. Immer wieder frage ich mich aber im stillen Kämmerlein, wer im Web denn eigentlich wissen kann, wer wie viel Suchtraffic bekommt? Es gibt im Internet keine übergeordnete Instanz, die seriös Zugriffe zählen könnte. Es war ja gerade eines der damaligen Entwicklungsziele des Webs, es dezentral und damit ausfallsicher zu gestalten. Ergo gibt es keinen Zählerkasten, durch den alles landesweit – geschweige denn weltweit – durchmüsste. Woher kommen also die statistischen Daten? Von den Suchmaschinenbetreibern? Von den Instituten, die Reichweiten über Zählpixel messen? Und wenn Letzteres, wie wird die tatsächliche Nutzung des Suchfensters gezählt, denn viele der großen Suchmaschinen bieten ja viele Zusatzoptionen wie Chat, Mail, News und mehr. Lange Rede, kurzer Sinn. Die veröffentlichten Verhältnisse, in denen Google ein Marktanteil von 55 bis 65 Prozent attestiert wird, kann ich aus meiner deutlich kleineren Perspektive nicht nachvollziehen. In allen Logfiles, die mir bekannt sind (und das sind schon eine ganze Menge ...) schneidet die größte aller Suchmaschinen noch sehr viel besser ab, als die in dieser Richtung optimistischste Statistik. Diese Einschätzung teile ich mit vielen Experten aus der Branche, die ebenfalls nennenswert Zugriff auf unterschiedliche Serverdaten haben. Man munkelt, Platz zwei gebühre Yahoo, gefolgt von MSN. Allerdings liegt das eingeschätzte Suchvolumen dabei im niedrigen, einstelligen Bereich. Ja ja, ich weiß, dass einige das hier gar nicht gerne lesen werden und andere nun einen vor Zorn roten Kopf bekommen. So viel Sympathie ich gerade mit den kleineren und neuen Suchmaschinen habe, ehrlicherweise kann man im Verhältnis gesehen nur über sehr wenig Traffic berichten, den sie bringen. Später komme ich darauf noch einmal zurück.

Nachfolgend sehen Sie in Abbildung 8.6 eine Statistik von Webhits.

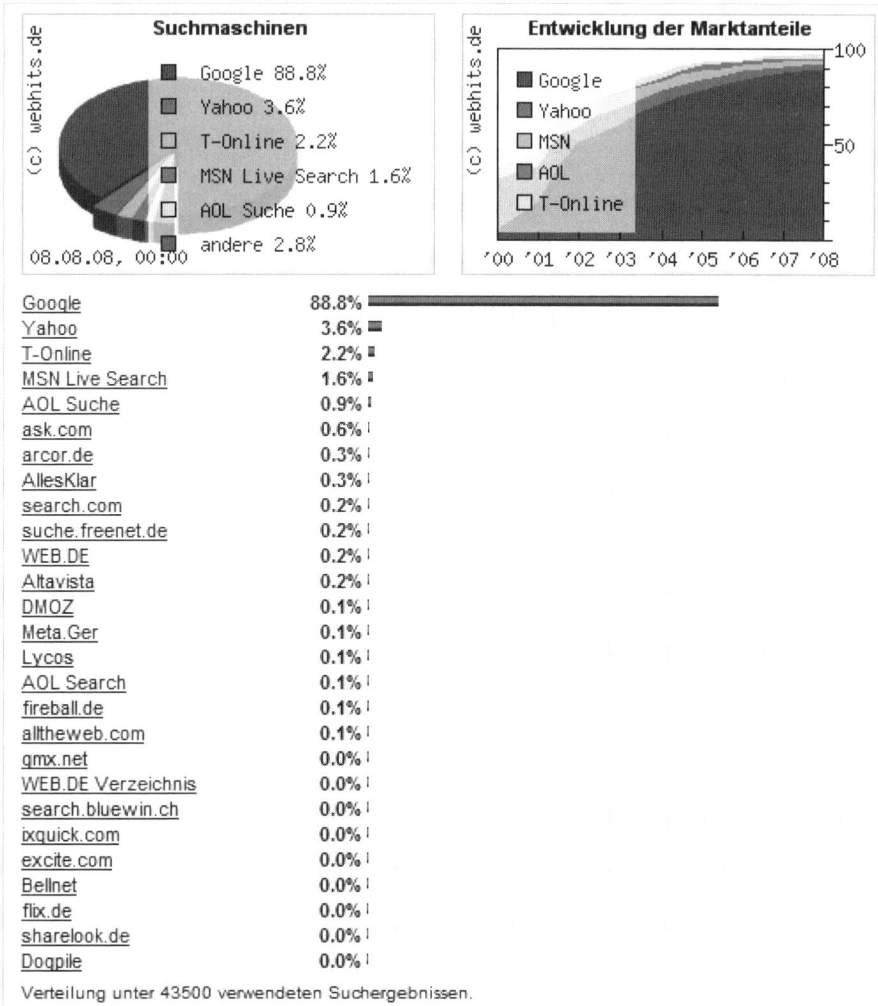

Abb. 8.6: Die Suchmaschinen-Nutzung am 8.8.2008 laut `webhits.de`

Auch `Webmasterpro.de` stellt seit Neuestem Statistiken für das Web zur Verfügung und kam in der Analyse zu ähnlichen Ergebnissen (vgl. `http://www.webmasterpro.de/portal/webanalyse-suchmaschinen-marktanteile.html`).

Suchmaschine	Anteil
Google	94,2 %
Yahoo!	2,7 %
Live (MSN)	1,1 %

Tabelle 8.1: Die Marktanteile von Suchmaschinen im deutschsprachigen Raum

Suchmaschine	Anteil
AOL	0,77 %
Ask	0,2 %
Altavista	0,15 %
Lycos	0,12 %
exalead	0,04 %

Tabelle 8.1: Die Marktanteile von Suchmaschinen im deutschsprachigen Raum (Forts.)

Hinweis

Wenn ich den Traffic über `Google.de`, `Google.com`, die ganzen anderen Länderdomains dieser Suchmaschine und dazu noch die vielen Portale, die in ihren eigenen Suchen die Ergebnisse von Google zeigen (zum Beispiel Web.de, T-Online, AOL und einige andere) zusammenrechne, komme ich nicht selten auf eine Prozentzahl von 94 bis 95 Prozent. Das mag Google selber gar nicht so recht sein, weil die Presse in letzter Zeit wegen einer möglichen Monopolstellung sowieso ständig warnend den Finger hebt. So könnte durchaus plausibel die kuriose Situation entstanden sein, dass andere Anbieter ihre Zahlen – natürlich legal – aufhübschen und Google dagegen sogar runterhässlicht (sagt man das als Gegenteil von »aufhübschen«?).

Damit sei natürlich nicht gesagt, dass man sich ausschließlich auf Google konzentrieren sollte. Das wäre zu billig und zu kurz gegriffen. Schließlich hängt es ja nicht davon ab, wo die meisten hingehen, sondern wo Ihr Zielpublikum hingeht. In USA haben Yahoo! und MSN bekanntlich ja einen sehr viel höheren Marktanteil. Und natürlich können für Sie sehr wohl auch Spezialsuchmaschinen, lokale Suchportale oder auch elektronische Branchen-Webkataloge wichtig sein. Wer sich auf die drei großen, Google, Yahoo! und MSN, konzentriert, kann in den meisten Fällen jedoch trotzdem nicht viel falsch machen.

Google erscheint mir von der Bewertung der Webseiten her doch die bei Weitem anspruchsvollste Suchmaschine zu sein. Daher tauchen Webseiten, die für diese Belange optimiert wurden, meist nach einiger Zeit auch bei den anderen Betreibern auf. In der Regel mit guten Positionen und oft sogar besser gerankt als bei Google selber. Der Traffic hält sich trotz erreichter Platz-1-Positionen bei Yahoo! oder MSN trotzdem zumindest für das deutschsprachige Web in Grenzen.

8.4 Wo Suchende klicken

Erst vor Kurzem habe ich in einer Diskussion auf einer Konferenz von einem Shopbetreiber erfahren, dass er ganz zufrieden mit seinen Platzierungen in

Google wäre. Einen hübschen, für ihn wichtigen Suchbegriff hatte er mir genannt und stolz verkündet, dass er damit weltweit auf Platz 6 stünde. Und es käme da ganz schön Traffic rein. Die Konversionsrate (das Verhältnis von Besuchern zu getätigten Verkäufen) liegt bei diesem Suchbegriff bei etwa 2,3 Prozent. Wunderbar. Denkt er.

Mittlerweile wissen viele Interessierte, dass sich circa 90 Prozent des Suchtraffics auf der ersten Ergebnisseite abspielen. Das bedeutet, nur noch etwa zehn Prozent aller Suchenden klicken überhaupt auf die Seite zwei und alle danach folgenden. Was sich aber genau auf der ersten Seite abspielt, ist den meisten dagegen unklar. AOL hatte vor etwa zwei Jahren einmal einen Dump (eine Kopie eines Datenbankauszuges) der Bewegungsdaten der Webbesucher im Netz veröffentlicht. Anonymisiert, versteht sich. Trotzdem gelang es einigen findigen Bastlern schnell, anhand der eingegebenen Suchbegriffe einige Identitäten amerikanischer Bürger zu ermitteln. Das File wurde sofort wieder vom Netz genommen – aber wie wir alle wissen, geht das ja nicht so richtig. Das File war mittlerweile in großer Zahl kopiert worden und wurde dann weiterverbreitet. So weit, so gut. Noch zum Hintergrund: AOL hat eine Kooperation mit Google und zeigt auf der eigenen Site Google-Suchergebnisse an. Da man nun einen ganzen »Klick-Monat« zur Analyse zur Verfügung hat, kann man allerlei Auswertungen damit machen. Die nach den prozentualen Klickverhältnissen finde ich besonders spannend. Sehen Sie sich diese Zahlen in Abbildung 8.7 einmal in Ruhe an.

		Anteil an...	
Klicks auf...		Seite 1	Gesamt
Position 1	2.075.765	46,9%	42,1%
Position 2	586.100	13,2%	11,9%
Position 3	418.643	9,5%	8,5%
Position 4	298.532	6,7%	6,1%
Position 5	242.169	5,5%	4,9%
Position 6	199.541	4,5%	4,1%
Position 7	168.080	3,8%	3,4%
Position 8	148.489	3,4%	3,0%
Position 9	140.356	3,2%	2,8%
Position 10	147.551	3,3%	3,0%
Summe Klicks auf Seite 1	**4.425.226**		**89,8%**

Abb. 8.7: Wer klickt auf welche Position?

Die Zahlen in Abbildung 8.7 sind wie folgt zu interpretieren. Von allen Besuchern, die nur auf Seite 1 gesucht und geklickt haben, entfielen 199.541 Klicks auf Position 6 (4,5 Prozent). Nimmt man nicht nur die Besucher auf Seite 1, sondern alle Suchen zusammen, beträgt die durchschnittliche Klickrate für Position 6 dann 4,1 Prozent. Fazit: Wer auf Position 6 gelistet ist, bekommt – bezogen auf die gesamten Klicks einer Suche – statistisch etwa 4,1 Prozent des Traffics auf seine Webseiten. Sind Sie jetzt nachdenklich geworden?

Unser Shopbetreiber oben ist also mit 4,1 Prozent, oder bezogen auf die Klicks auf Seite 1 mit 4,6 Prozent Anteil des Besucherstroms schon sehr zufrieden. Und jetzt folgen Sie mir bitte mal zu einem kleinen Gedankenexperiment. Wenn es gelänge, durch Optimierungsmaßnahmen vom 6. auf den 1. Platz aufzusteigen? Das wäre dann ein Anteil von 46,9 Prozent. Wenn ich richtig rechne, bedeutet dies einen Anstieg der Besucherzahlen um 1.000 Prozent. Der zehnfache Traffic also. Würden alle anderen Nebenbedingungen unverändert bleiben, würde dem auch eine Umsatzsteigerung im Shop um den Faktor 10 folgen. Das glauben Sie nicht? Glauben Sie mir – das geht!

Insgesamt wurden in dem analysierten Monat etwas über neun Millionen Suchabfragen gemacht. Dabei wurden von den Suchenden circa 4,93 Millionen Klicks auf Suchergebnisse gemacht. Daraus kann man schon mal erkennen, dass nur etwa jede zweite Suchabfrage zu einem Klick führt. Beim Nachdenken wird das auch klar. Hat man einen zu unscharfen Suchbegriff gewählt, sind die Ergebnisse zu allgemein und man modifiziert die Suchabfrage, ohne vorher zu klicken. Das Verhältnis aller Klicks, die auf der Seite 1 gemacht werden, betrug 89,8 Prozent. Das stimmt in etwa mit den Aussagen anderer Analysen überein.

Selbstverständlich sind die Zahlen hier nur statistische Mittelwerte. Das tatsächliche Klickverhältnis hängt ja von der Güte der Ergebnisse bzw. dem Empfinden des Suchenden darüber ab. Stünde auf Platz 3 ein scheinbar unpassendes Ergebnis, würde sicherlich in diesem Fall hier weniger als beim Durchschnitt geklickt. Aber für eine Sensibilisierung reicht dieser Einblick allemal. Allein ein Sprung von Platz 2 auf Platz 1 verdreifacht die Besucherzahl in etwa.

Denken Sie darüber bitte intensiv nach. Das bedeutet:

- Nur Positionen auf der ersten Seite bringen wirklich etwas.
- Nur Positionen unter den Top 3 bekommen wirklich ordentlich Traffic.
- Mit 200 Suchbegriffen auf Seite 2 oder noch weiter hinten zu stehen bringt weniger als mit einem einzigen guten Suchbegriff auf Position 1.

Wichtig

Bündeln Sie also Ihre Kräfte und konzentrieren Sie sich bei der späteren Optimierung lieber auf wenige, für Sie wichtige Suchbegriffe. Die Kraft möglichst breit zu streuen, halte ich für die meisten Fälle daher für nicht so effektiv. Ein Auto mit 500 PS bringt schließlich auch mehr, als fünf Autos mit je 100 PS. Auf dem Papier ist die gesamte Power in Summe unter dem Strich gleich. Auf der Rennstrecke in der Praxis aber sicher nicht.

Kapitel 9

Das Suchmaschinen-MRT: Wo stehe ich?

Wie Sie bei den gängigen Suchmaschinen eine einfache Abfrage starten können, welche und wie viele Ihrer Webseiten bereits indexiert sind, haben Sie im vorherigen Kapitel ja schon gelesen. Jetzt wollen wir einen Schritt tiefer gehen und uns ansehen, wie wir die neuen Möglichkeiten nutzen können, die uns die Suchmaschinen mittlerweile anbieten. Wir versuchen, ins Herz des Index zu sehen – also praktisch eine Magnetresonanztomographie (MRT) Ihrer Website zu veranlassen. Die folgenden Röntgenbilder werden wir uns dabei genauer ansehen: Die »Webmaster-Tools« von Google, »My Sites« von Yahoo! und das, was Microsoft stolz »Webmaster-Portal« nennt.

9.1 Google-Webmaster-Tools

Gestartet ist dieser Google-Dienst zunächst unter dem Namen »Google Sitemaps«. Man konnte dort im Wesentlichen ein maschinenlesbares Inhaltsverzeichnis der eigenen Website im XML-Format anmelden. Der Dienst bekam mehr und mehr Funktionen und wurde folgerichtig in »Webmaster-Tools« umbenannt. Sie finden hier ein sehr mächtiges Werkzeug und ich kann Ihnen nur dringend empfehlen, die nachfolgenden Ausführungen am besten gleich am Rechner nachzuvollziehen. Sie erhalten eine fast vollständige Transparenz über das, was Google zu Ihren Seiten zu sagen hat. Falls Sie das Tool schon kennen und auch intensiv nutzen, können Sie dieses Kapitel getrost überspringen. Geld gibt's aber keines zurück.

Um diesen Dienst nutzen zu können, benötigen Sie ein so genanntes Google-Konto. Wie ich möglicherweise schon erwähnt habe oder weiter hinten noch erwähnen werde (verdammt schwer, den genauen Überblick zu behalten, sorry), ist der Begriff etwas missverständlich. Das »Konto« hat nichts mit Geld zu tun und ist völlig kostenlos. Aber nicht umsonst.

Rechts oben in der normalen Google-Suchansicht finden Sie einen unscheinbaren Link mit der Bezeichnung ANMELDEN. Sollte dieser Link aus irgendeinem Grund nicht da sein, geben Sie alternativ diese Adresse hier ein: `https://www.google.com/accounts/Login?hl=DE`.

Sie gelangen dann direkt zur Anmeldung. Wie Sie in Abbildung 9.1 ersehen können, ist unten ein Link LEGEN SIE JETZT EIN KONTO AN. Das machen Sie jetzt mal.

Die genaue Beschreibung des Ablaufes schenke ich mir und Ihnen, das ist wirklich denkbar einfach. Sie brauchen dazu nur eine E-Mail-Adresse, mit der das Konto verbunden werden kann. Falls Sie Bedenken haben, Ihre eigene E-Mail-Adresse zu verwenden, holen Sie sich vorher eine von einem Freemailer. Echte Adressdaten oder Ihren echten Namen müssen Sie nicht angeben, keine Sorge.

Abb. 9.1: Die Anmeldemaske zum Google-Konto

Haben Sie das Konto angelegt und einen Benutzernamen (in das Feld E-MAIL kann man auch nur den Benutzernamen eingeben, trotz der Angabe »E-Mail« vor dem Feld – das ist bequemer) sowie das Passwort, melden Sie sich dort an.

Sie sehen nun, wie in Abbildung 9.2 gezeigt, alphabetisch alle Google-Dienste, die Ihnen innerhalb des Kontos zur Verfügung stehen. Unten unter »W« finden Sie dann auch den Link zu den Webmaster-Tools.

Sie gelangen nun in das so genannte Dashboard. Dort sehen Sie später, wie die nächste Abbildung 9.3 zeigt, alle von Ihnen betreuten Domains. Das bedeutet, Sie können in diesem Konto auch durchaus mehrere Domains verwalten.

Risiko

Wenn Sie – sagen wir mal – verschiedenartige Domains betreiben und nicht möchten, dass Google erkennt, dass diese alle zu einer Person gehören, sollten Sie mit unterschiedlichen Google-Konten arbeiten. Achten Sie dabei peinlich genau darauf, vor dem Einloggen alle Cookies von Google zu löschen und arbeiten Sie keinesfalls mit der Google Toolbar. Ansonsten laufen Sie Gefahr, dass Google möglicherweise eine Verbindung zwischen den Domains herstellen kann. Laufen Ihre Domains alle auf Ihren Namen, ist das Kind eh schon in den Brunnen gefallen. Da Google die Domaininhaberdaten zu jeder Domain ausliest, ist dort schon bekannt, was Sie so alles im Netz treiben.

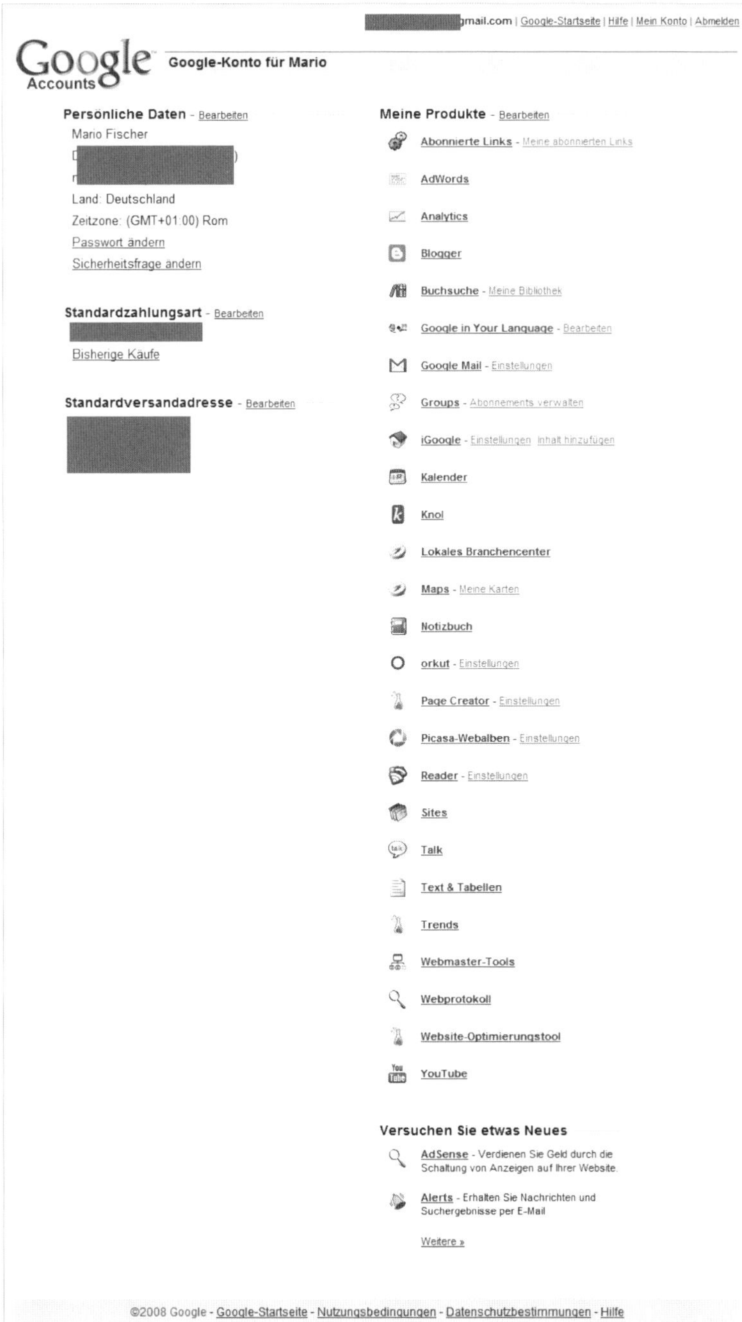

Abb. 9.2: Die Google-Konto-Ansicht

Haben Sie bisher noch keine Domain in den Webmaster-Tools angemeldet, sollten Sie das jetzt machen.

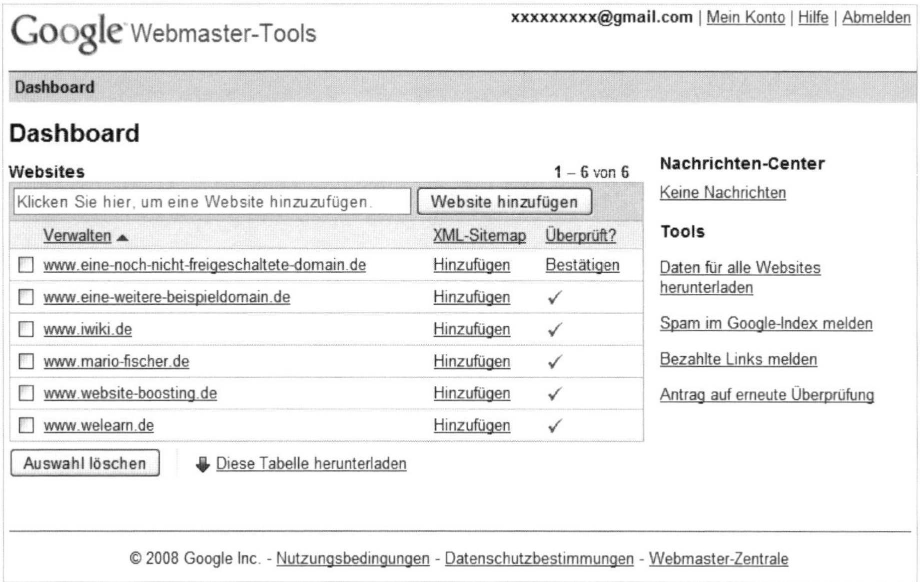

Abb. 9.3: Das Webmaster-Tools-Dashboard

Stellen Sie erst sicher, dass Sie momentan auch technisch gesehen Zugriff auf Ihre Domain(s) haben. Sie benötigen entweder einen ftp-Zugang, mit dem man Daten auf den Webserver hochladen kann. Oder den Zugang zu Ihrem Content-Management-System (CMS). Dort muss das CMS die Möglichkeit geben, auch eigene Meta-Tags einzufügen. Dazu gleich mehr.

Geben Sie jetzt die Adresse Ihrer Domain in das Eingabefeld unter WEBSITES ein, also zum Beispiel `www.meine-domain.de`. Klicken Sie dann auf den Button rechts daneben mit der Aufschrift WEBSITE HINZUFÜGEN. Danach sieht es dummerweise optisch ein wenig so aus, als wäre alle Arbeit schon getan. Aber selbstverständlich gibt Google nicht jedem x-beliebigen User Zugriff auf jede Domain. In dem gelb-orange Kasten (siehe Abbildung 9.4) sehen Sie einen unscheinbaren Link ÜBERPRÜFEN SIE IHRE WEBSITE. Dort müssen Sie klicken, sonst geht hier gar nichts weiter.

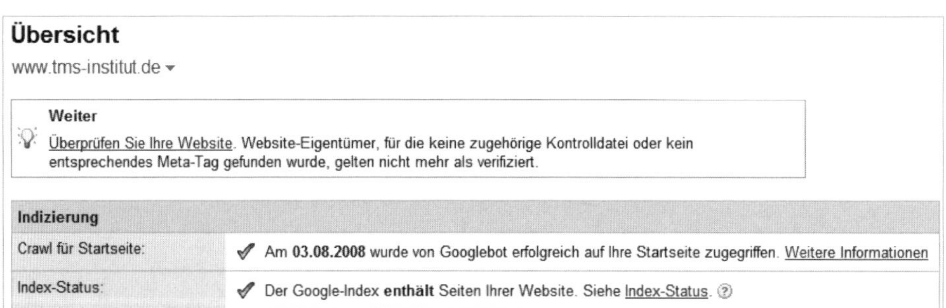

Abb. 9.4: Die Überprüfung der Site muss erst freigeschaltet werden.

Nach dem Klick auf diesen Link erfahren Sie dann (erst) auch, dass der Status auf NICHT ÜBERPRÜFT steht. Weiter unten nach dem erklärenden Text finden Sie ein Pull-down-Menü, mit dem Sie die Überprüfungsmethode festlegen können. Die Profis unter Ihnen mögen mir die nachfolgende detaillierte Schritt-für-Schritt-Anleitung verzeihen, aber aus meiner Erfahrung weiß ich, dass es viele Site-Betreuer gibt, die technisch nicht mit allen Details so vertraut sind. Und diese sollen ja auch nicht grübelnd hier vor lauter Andeutungen sitzen.

Sie haben also drei prinzipielle Möglichkeiten:

1. »Meta-Tag hinzufügen«
2. »HTML-Datei hochladen«
3. Jemand anders damit auf die Nerven gehen

Sieht kompliziert aus, ist aber alles relativ schmerzfrei zu machen. Haben Sie einen ftp-Zugang zu Ihrem Webserver, wählen Sie die Methode unter 2. Steht Ihnen nur ein Zugang zu einem CMS zur Verfügung und Sie haben keinen blassen Schimmer, was ein ftp-Zugang ist, wählen Sie Alternative 1. Kommen Sie mit beiden Versionen unten nicht zurecht, finden Sie am Ende unter 3. einen Hinweis, wie Sie den Zugang doch noch freischalten können.

1. Methode »Meta-Tag hinzufügen«

Wenn Sie diese Methode auswählen, erhalten Sie sofort nach dem Loslassen des Pull-down-Menüs eine Zeile, die in etwa so aussieht:

```
<meta name="verify-v1" content="Ie53f+Hs3ewe+ffe2boSp+oWip4RKOUJ7Op2s=" />
```

Diese Zeile kopieren Sie sich jetzt in die Zwischenablage. Anschließend öffnen Sie Ihr CMS bzw. das Programm, mit dem Sie Ihre Webseiten verwalten. Dort haben Sie in allen gängigen Verwaltungsprogrammen die Möglichkeit, die so genannten »Meta-Tags« zu editieren. Rufen Sie diese Funktion oder Ansicht auf, wählen Sie die Startseite oder die generelle Vorlage für alle Seiten und setzen Sie die vorhin kopierte Zeile irgendwo zwischen die anderen Meta-Tags. Leider sind die Webseitenverwaltungsprogramme alle so unterschiedlich, dass ich Ihnen hier nicht mit einem Screenshot oder Hinweisen dienen kann. Wenn Sie die Codezeile eingefügt haben, müsste das dann in etwa wie nachfolgend gezeigt aussehen:

```
<!DOCTYPE HTML PUBLIC "-//W3C//DTD HTML 4.0 Transitional//EN"><html>
<head>
<meta http-equiv="Content-Type" content="text/html; charset=iso-8859-1">
<meta http-equiv="Content-Language" content="de">
<title>Mario Fischer - Datt is meine Webseite</title>
<meta name="description" content="Dies ist die Beschreibung der Seite">
```

```
<meta name="verify-v1" content="Ie53f+Hs3ewe+ffe2boSp+oWip4RKOUJ7Op2s=" />
<link rel="shortcut icon" href="/favicon.ico" >
<link rel="stylesheet" type="text/css" href="vorlagen/font.css">
<script type="text/javascript" src="vorlagen/basis.js"></script>
...
...
</head>
<body>
```

Wie Sie sehen können, ist hier in Zeile 7 die von Google vorgegebene Codezeile eingefügt worden. Wo Sie diese Zeile genau einfügen, ist egal. Wichtig ist nur, dass sie innerhalb der beiden Tags `<head>` und `</head>` steht. Keinesfalls dürfen Sie die Zeile nach dem `<body>`-Tag einfügen, sonst findet sie das Prüftool von Google später nicht. Nach dem Einfügen speichern Sie die Seite ab und publizieren sie.

Rufen Sie anschließend Ihre Startseite mit einem Browser auf und wählen Sie unter dem Menüpunkt ANSICHT die Funktion QUELLTEXT (im Internet Explorer) oder QUELLTEXT ANZEIGEN (im Firefox-Browser). Jetzt sehen Sie den Programmiercode der Webseite und im oberen Bereich müsste die eingefügte Zeile stehen. Ist sie dort nicht, haben Sie bei der Bedienung Ihres CMS einen Fehler gemacht. Wenn eine Wiederholung nichts hilft, gehen Sie am besten zu 3. weiter und holen sich Hilfe bei der Webagentur, die Ihnen das CMS verkauft/eingerichtet/erstellt hat.

Hat alles geklappt, klicken Sie auf den Button BESTÄTIGEN unten auf der Seite bei Google, aus der Sie den Code vorhin kopiert haben. Nun besucht ein Robot Ihre Seite und schaut nach, ob er genau diese vorgegebene Zeile finden kann. Ist das der Fall, bekommen Sie eine positive Rückmeldung und von jetzt an freien Zugang auf Ihre Daten. Lesen Sie dann einfach nach dem Punkt 3. wieder weiter.

2. Methode »HTML-Datei hochladen«

Haben Sie diese Möglichkeit ausgewählt, erscheint nach dem Loslassen der Pulldown-Box ein Dateiname, der mit »google...« beginnt und die Dateiendung ».html« hat. Dieser Name sieht zum Beispiel so aus:

```
googlew6dw32842d39r4d27.html
```

Markieren Sie sich diese Zeile einfach mit dem Cursor bzw. der Maus und kopieren Sie sie in die Zwischenablage. Nun rufen Sie einen einfachen Texteditor (zum Beispiel den als Symbol blau eingefärbten Notizblock in Windows) auf und speichern eine leere Datei unter genau diesem Namen (`googlew6dw32842-d39r4d27.html`) ab. Diese eben abgespeicherte Datei laden Sie anschließend mit Ihrem ftp-Programm auf das Stammverzeichnis (auch Root genannt), also die oberste Verzeichnisebene, in der auch die Startseite (`index.htm`, `index.php` oder eine ähnliche Bezeichnung) Ihres Webservers liegt, hoch. Überprüfen Sie nun mit Ihrem Browser, ob alles geklappt hat. Dazu tippen Sie einfach Ihren Domainnamen ein und hängen nach einem »/« den wahrscheinlich noch in der Zwischenablage liegenden Dateinamen von eben an. Also zum Beispiel:

```
www.meine-domain.de/googlew6dw32842d39r4d27.html
```

Jetzt sollte ein leeres Browserfenster erscheinen, weil die Datei ja keinen Programmiercode enthält. Erscheint eine Fehlermeldung, dass die Seite nicht gefunden wurde (404-Erorr), dann haben Sie die Datei wahrscheinlich in ein falsches Verzeichnis kopiert. Sehen Sie am besten noch mal mit Ihrem ftp-Programm nach, wo der Fehler liegt.

Hat alles geklappt, klicken Sie auf den Button BESTÄTIGEN unten auf der Seite bei Google, aus der Sie den Dateinamen vorhin kopiert haben. Nun besucht ein Robot Ihre Seite und schaut nach, ob er genau diese Datei im Stammverzeichnis Ihrer Domain findet. Ist das der Fall, bekommen Sie eine positive Rückmeldung und von jetzt an freien Zugang auf Ihre Daten. Lesen Sie dann einfach nach dem Punkt 3. wieder weiter.

3. Methode: Ihrem Provider oder der IT-Abteilung auf die Nerven gehen

Es ist keine Schande, wenn Sie mit den beiden anderen Optionen nicht zurechtgekommen sind! Am besten machen jetzt einfach den- oder diejenige ausfindig, der/die Ihren Webauftritt betreut, und lassen Sie sich helfen. Am einfachsten geht das, wenn Sie Folgendes machen:

Kopieren Sie sich die einzelne Codezeile, wie unter 1. beschrieben. Danach erzeugen Sie die leere Datei mit dem von Google vorgegebenen Dateinamen. Jetzt schreiben Sie einfach eine Mail an Ihren Betreuer oder Ihre Betreuerin und hängen die leere Datei an die Mail an. Die einzelne Codezeile fügen Sie ebenfalls einfach in den Mailtext ein. Bitten Sie nun darum, entweder die angehängte Datei »in die Root des Webservers« zu kopieren oder das Meta-Tag (die einzelne Codezeile) in den »head« Ihrer Webseiten einzufügen. Bitten Sie in jedem Fall um eine Rückbestätigung und die Meldung, welche der beiden Methoden realisiert wurden! Schreiben Sie ruhig auch dazu, dass es gar nichts macht, wenn das diesmal schnell erledigt wird ;-)

Bekommen Sie eine Antwort, die freundlich und mit vielen Worten ein »Hä?« beinhaltet, seien Sie nicht so streng. Rufen Sie an und erklären Sie, worum es geht. Bleibt das Gegenüber bei seinem Unverständnis, dann wird es höchste Zeit, sich jemanden zu suchen, der wenigstens mit Basisthemen im Web umgehen kann. Und dabei dürfen Sie jetzt aber wieder streng sein.

Meldet Ihr Helfer oder Ihre Helferin Vollzug, melden Sie sich wieder bei Ihrem Google-Konto an, gehen in die Webmaster-Tools und klicken wie oben beschrieben wieder auf ÜBERPRÜFEN SIE IHRE WEBSITE. Wie Sie sehen, steht unten nun auf dem Button SPÄTER ÜBERPRÜFEN. Damit will Sie Google nur aus dem Konzept bringen. Wählen Sie nun erneut in dem Pull-down-Menü die Überprüfungsmethode aus, die Sie vorhin selbst ausgewählt haben (oder die, die man Ihnen bei einer technischen Hilfestellung wie unter 3. beschrieben in der Antwort-Mail genannt hat).

JETZT erst erscheint der Button BESTÄTIGEN (grinsend eine Anmerkung an die Jungs bei Google: Wenn Ihr diesen Usability-Fehler jetzt behebt, stimmt meine ganze Beschreibung hier nicht mehr!). Den klicken Sie nun an und Sie erhalten nach einer positiven Prüfung auf das Vorhandensein der Datei oder der Codezeile durch einen Robot Zugang zu Ihren Daten.

Die Überprüfung war positiv

Geschafft. Ich hoffe, das war nicht allzu aufwändig. Meist klappt das bei ein wenig technischem Geschick auf Anhieb.

Übrigens möchte ich Sie noch auf zwei Links aufmerksam machen. Blättern Sie bitte noch mal zurück zur Abbildung 9.3 auf Seite 174. Rechts sehen Sie SPAM IM GOOGLE-INDEX MELDEN und BEZAHLTE LINKS MELDEN. Dort gelangt man zu Formularen, wo man solche Meldungen direkt absetzen kann. Damit können Sie Mitbewerber melden, wenn diese unerlaubte Techniken einsetzen oder sichtbar Links zum Zweck der Überlistung des Bewertungsalgorithmus von Google gekauft haben. Machen Sie das aber nur, wenn Sie sich wirklich sicher sind. Und auch nur dann, wenn Sie es mit Ihrem Gewissen vereinbaren mögen. Meldungen über diese Konsole misst Google wesentlich mehr Bedeutung bei, da Sie dies ja in Verbindung mit Ihrer eigenen Domain tun. Das ist also kein anonymes Petzen mehr. Dessen sollten Sie sich bewusst sein. Und auch noch einer weiteren Tatsache: Ihre Mitbewerber haben die gleiche Möglichkeit, Verstöße von Ihnen zu melden! Nicht nur deshalb lautet mein Rat, immer sauber zu bleiben.

Was jetzt vor Ihnen liegt, ist die (fast) volle Transparenz, wie Google Ihre Website »sieht«. Wie Sie in Abbildung 9.5 sehen können, wurde von Google zuletzt auf die Startseite der Domain am 3.8.2008 zugegriffen. Weiter unten sieht man eine Übersicht mit möglichen Fehlermeldungen, die am 7.8.2008 aktualisiert wurden. Bei den WEB-CRAWL-FEHLERN werden unter NICHT GEFUNDEN fünf Fehler angezeigt. Mit einem Klick auf DETAILS kann man sich diese Fehler ansehen. In der Regel entstehen sie durch falsche Links, die Sie selber intern unsauber programmiert oder die andere Websites von außen fehlerhaft gesetzt haben. In meinem Fall hier stammen vier von meinem CMS und ich bin schon seit Jahren zu faul, die zu beheben. Der fünfte Fehler zeigt an, dass Google vor einigen Tagen nicht auf einen Blogbeitrag von mir zugreifen konnte. Ein Klick auf den angeblich mit der Fehlermeldung 404 ausgezeichneten Link zeigt jedoch, dass alles prima funktioniert (der Beitrag wird aufgerufen). So etwas kann temporär passieren und solche Fehlermeldungen werden leider trotz der vorgegaukelten Aktualität (Datum 7.8.2008) nicht immer gleich wieder aktualisiert. Also keine Panik. Haben Sie jedoch im Verhältnis zu der Anzahl Ihrer Webseiten viele solche Fehlermeldungen, sollten Sie sich auf die Suche nach der Ursache machen.

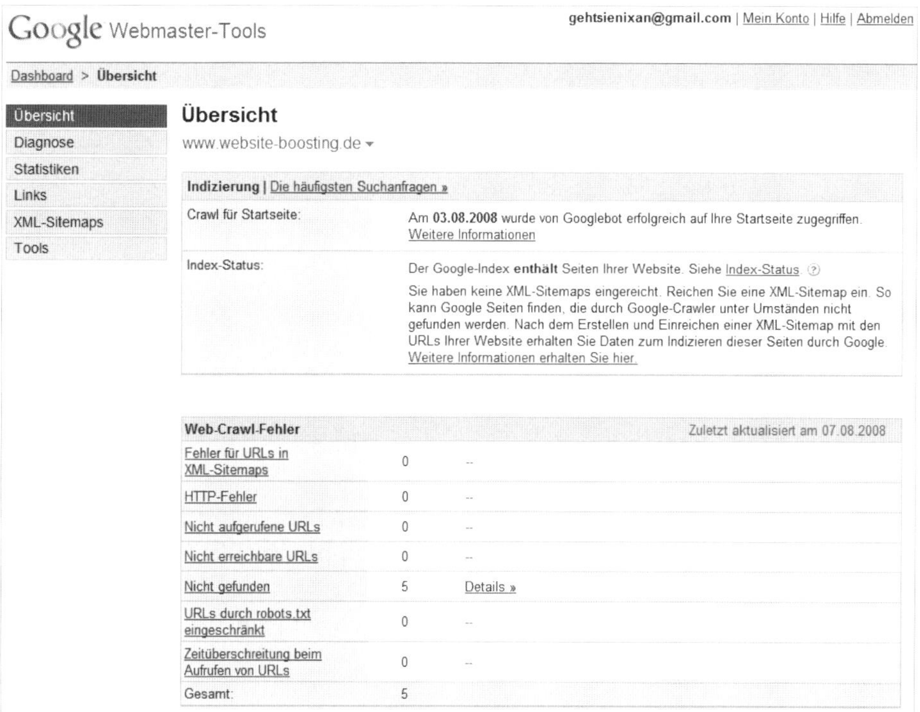

Abb. 9.5: Die Google-Konsole nach der Freischaltung

Ein Anhaltspunkt für die Entstehung der Fehler ist der Link selber (gibt es die Datei nicht mehr?) oder möglicherweise ist Ihr Webserver dauerhaft zu lahm und dem Robot dauert die Rückmeldung zu lange. Warten Sie einfach ein paar Tage ab, dann verschwinden solche temporären Fehler meist schnell. Wenn nicht, sollten Sie sich ernsthaft um Abhilfe bemühen.

Am besten schauen Sie sich alle Möglichkeiten über das Menü in den Webmaster-Tools einmal in Ruhe an. Sie werden eine Menge nützlicher Informationen finden. Zu einigen wenigen zentralen Stellen möchte ich Sie aber noch begleiten. Rufen Sie über den Menüpunkt DIAGNOSE einmal den Unterpunkt CONTENT-ANALYSE auf. Es erscheint eine Übersicht über Problembereiche, die Google anscheinend mit Ihren Webseiten hat – so wie mit meiner, wenn Sie sich Abbildung 9.6 ansehen.

Abb. 9.6: Probleme, die Google mit dem Content hat

Zunächst haben drei Seiten eine doppelte Metabeschreibung. Das ist auch nicht weiter kritisch, sofern die Zahl nicht wesentlich höher ist. Wie Sie weiter hinten im Buch noch sehen werden, ist der Eintrag in das Meta-Tag `Description` sehr wichtig. Und es ist wichtig (für das Ranking), dass möglichst alle Seiten eine unterschiedliche Beschreibung haben. Bei drei Seiten ist das hier nicht der Fall. Vor allem Weblogs machen augenscheinlich mit doppelten Beschreibungen und Seitentiteln Probleme. Dies deshalb, weil ein Artikel oft automatisch unter verschiedenen Adressen (Zeitarchiv, Themenarchiv etc.) abgelegt wird – und dann natürlich auch die gleiche Beschreibung mehrfach aufweist. Dies ist kein gravierender Fehler und in der Regel auch technisch schwer zu beheben.

Bei fünf Seiten ist Google die Beschreibung zu kurz. Auch dazu komme ich später noch ausführlicher. In Foren liest man ab und zu, dass dieses Tag nicht so wichtig wäre und von Suchmaschinen nicht ausgewertet wird. Dass dies Humbug ist, sehen Sie an dieser Stelle. Wäre es unwichtig, würde Google uns keinen Hinweis deswegen geben.

Bei einer Seite fehlt der Seitentitel. Da klicke ich jetzt mal drauf und zeige Ihnen das Ergebnis in Abbildung 9.7.

Abb. 9.7: Eine Fehleranzeige wegen eines fehlenden Seitentitels

Google zeigt mir hier an, dass die folgende Seite in meinem Weblog `www.website-boosting.de/blog/bilder/fifa-deutschlektion.html` keinen Seitentitel hat. Verdammt aber auch. Einmal aus Faulheit (nur) einen Screenshot als Bild in eine HTML-Seite eingebunden ... und schon wird man angemeckert ;-)

Was man noch in Abbildung 9.6 sehen kann, ist, dass vier weitere Seiten einen gleich lautenden Seitentitel haben und dass es ein Problem mit einem Bild gibt.

Ich könnte mich jetzt fein rausreden, dass ich diese Fehler extra eingebaut habe, um Ihnen Beispiele zeigen zu können. Da Sie mir das wahrscheinlich eh nicht abnehmen, versuche ich es erst gar nicht. Und ich möchte gar nicht wissen, was alles auf Ihrer Site schiefgelaufen ist. Fehler beim Seitenerstellen passieren. Ebenso beim Zugriff von Google auf alle Seiten. Gerade habe ich all meine anderen Domains noch durchgesehen, ob irgendwo eine komplett fehlerfreie dabei ist – um Sie zu beeindrucken. Leider hab ich keine gefunden. Das nimmt Ihnen hoffentlich auch ein klein wenig Unbehagen, wenn ab und zu ein paar Fehler auftauchen. Kommen keine massiven Fehler, vor allem in großer Anzahl oder dauerhaft, müssen Sie sich keine grauen Haare wachsen lassen.

Wichtige und für das Ranking zentrale Seiten sollten aber unter den Fehlern nicht dabei sein! Wenn doch, sollten Sie diese schnellstens beheben.

Unter dem Menüpunkt STATISTIKEN können Sie unter anderem die häufigsten Suchanfragen sehen. Dabei werden, wie in Abbildung 9.8 zu sehen ist, zwei Spalten angezeigt. Rechts die häufigsten Suchanfragen und links diejenigen, auf die auch geklickt wurde. Klappen Sie am besten gleich die Filter mit aus, indem Sie auf das Dreieck rechts neben ALLE SUCHVORGÄNGE – ALLE STANDORTE klicken. Jetzt können Sie nämlich filtern nach

- Monaten
- Web- und/oder Bildersuche und
- einzelnen Googledomains verschiedener Länder

So können Sie wunderbar vergleichen, wie sich Suchbegriffe, Treffer und Positionen im Lauf der Zeit verändert haben.

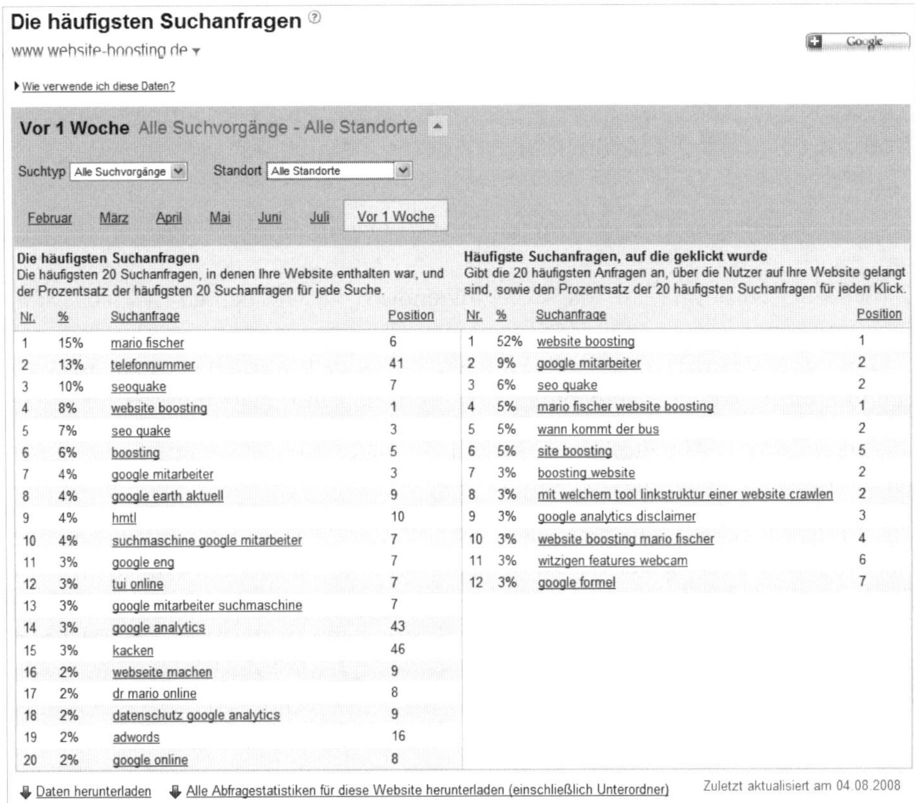

Nr.	%	Suchanfrage	Position
1	15%	mario fischer	6
2	13%	telefonnummer	41
3	10%	seoquake	7
4	8%	website boosting	1
5	7%	seo quake	3
6	6%	boosting	5
7	4%	google mitarbeiter	3
8	4%	google earth aktuell	9
9	4%	hmtl	10
10	4%	suchmaschine google mitarbeiter	7
11	3%	google eng	7
12	3%	tui online	7
13	3%	google mitarbeiter suchmaschine	7
14	3%	google analytics	43
15	3%	kacken	46
16	2%	webseite machen	9
17	2%	dr mario online	8
18	2%	datenschutz google analytics	9
19	2%	adwords	16
20	2%	google online	8

Nr.	%	Suchanfrage	Position
1	52%	website boosting	1
2	9%	google mitarbeiter	2
3	6%	seo quake	2
4	5%	mario fischer website boosting	1
5	5%	wann kommt der bus	2
6	5%	site boosting	5
7	3%	boosting website	2
8	3%	mit welchem tool linkstruktur einer website crawlen	2
9	3%	google analytics disclaimer	3
10	3%	website boosting mario fischer	4
11	3%	witzigen features webcam	6
12	3%	google formel	7

Abb. 9.8: Die häufigsten Suchanfragen für eine Domain

Rechts daneben steht auch die Position, unter der bei diesem Suchwort Ihre Domain als Treffer angezeigt wurde. Ich bin mir sicher, dass sich die meisten von Ihnen die Treffer dieser einen Woche in der Abbildung genau ansehen werden. Daher sag' ich es lieber gleich: Okay, ich hab' mich auf einer Seite, statt »html« zu schreiben, mit einem Buchstabendreher »hmtl« vertippt. Schon werde ich damit gefunden. Und jetzt wollen Sie sicher auch gleich noch wissen, warum ich da auf der 15. Position mit diesem komischen Suchwort gefunden werde? Keine Sorge, das hat einen ganz ernsthaften Hintergrund. Wenn Sie wissen möchten, wie das zu Stande kommt, geben Sie dieses eine Wort einfach rechts oben in den Suchschlitz meines Blogs unter `www.website-boosting.de/blog` ein. Dort finden Sie die beiden Artikel, die daran schuld sind. Angefangen hat die ganze Misere ja `du-darfst.de`. Aber lesen Sie das besser selber.

Ein Punkt ist in dieser Maske in Abbildung 9.8 aber noch ganz nützlich und daher erwähnenswert. Ganz unten links sehen Sie einen Link DATEN HERUNTERLADEN. Damit können Sie die komplette Auswertung im CSV-Tabellenformat für Excel & Co. herunterladen.

Tipp

Rechts oben in Abbildung 9.8 sehen Sie einen Button mit der Aufschrift GOOGLE und einem Pluszeichen davor. Falls Sie mit Ihrem Google-Konto auch eine individuelle Startseite (IGOOGLE, weiter vorne im Buch beschrieben) eingerichtet haben, können Sie sich diese Daten (die Suchabfragen) und auch andere Ansichten in den Webmaster-Tools als RSS-Feeds in die personalisierte Ansicht laden. Sie sehen damit bereits beim Aufrufen der Google-Suchmaske, ob und wo ggf. Probleme auf Ihrer Webseite auftreten. Und natürlich auch neue Suchbegriffe, mit denen Sie möglicherweise gefunden werden. Das Ganze können Sie aber auch bequem und übersichtlich über den Menüpunkt GADGETS unter TOOLS einrichten. Very praktisch!

Sehen Sie sich in jedem Fall auch den Unterpunkt WAS DER GOOGLEBOT SIEHT an. Lassen Sie sich SÄTZE, KEYWORDS und CONTENT anzeigen. Vor allem, welche Keywords Google aus Ihrem Website-Content und aus externen Links zu Ihrer Website zieht, ist oft sehr aufschlussreich!

Tipp

Wenn Sie einen Weblog beitreiben, können Sie unter ABONNENTENSTATISTIKEN sehen, wie viele Menschen Ihren Weblog mit dem Google-Reader abonniert haben. Leser, die über andere, für Weblogs übliche Plattformen kommen, zum Beispiel über Feedburner (`www.feedburner.com`), sind darin jedoch nicht enthalten.

Eine weitere, sehr aufschlussreiche Analyse finden Sie unter dem Menüpunkt LINKS und dort im Unterpunkt SEITEN MIT EXTERNEN LINKS. Google zeigt Ihnen hier zunächst, welche anderen Domains auf jede Ihrer einzelnen Seiten verlinken (siehe Abbildung 9.9). Wenn Sie nun auf eine der rechts stehenden unterstrichenen Zahlen klicken, bekommen Sie eine Ansicht, welche unterschiedlichen externen Adressen alles auf diese Seite (in der Zeile, in der Sie geklickt haben) einen Link gesetzt haben. Leider können Sie nicht sehen, welche Links davon Ihnen keine Linkpower vererben, also mit dem speziellen Tag `rel="nofollow"` versehen wurden.

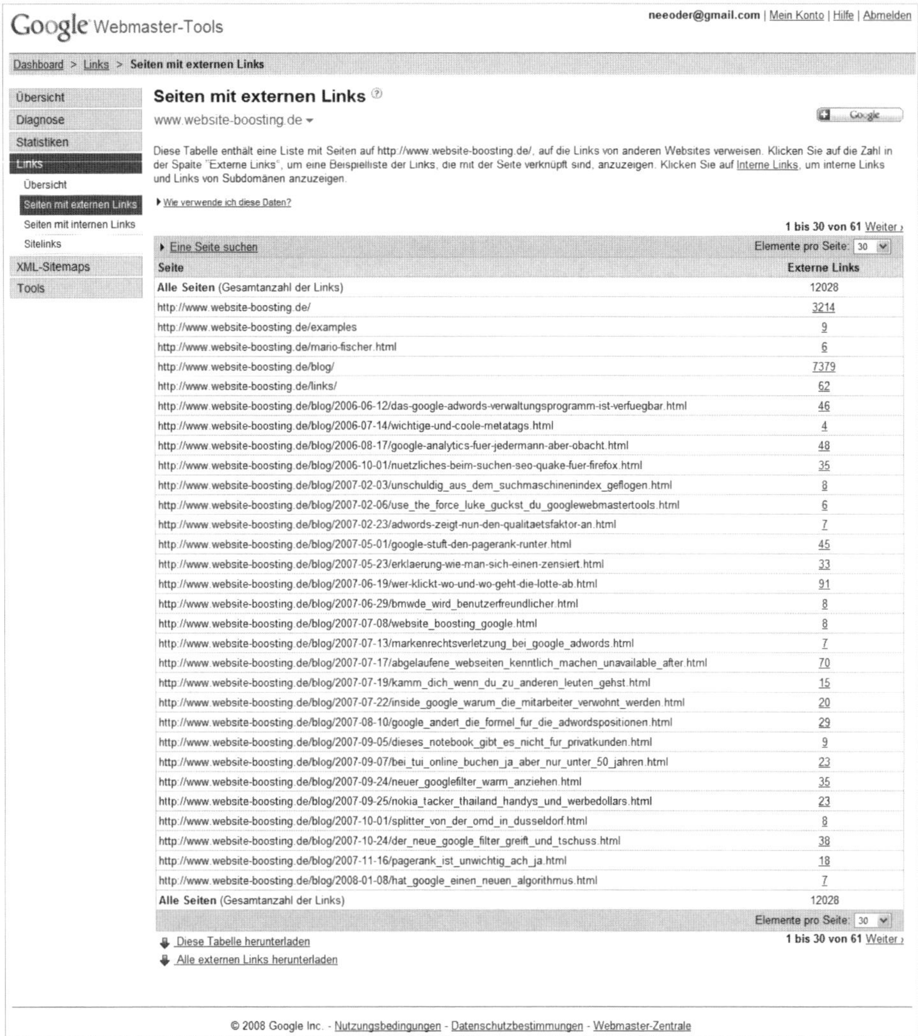

Abb. 9.9: Alle externen Links auf einzelne Seiten der eigenen Domain

Tipp

Na gut, einen Trick gibt es, wie man das doch visualisieren kann. Auf der Website Yoast (`http://yoast.com/seo-tools/link-analysis`) finden Sie ein kleines Tool, das man als Extension in den Firefox-Browser integrieren kann. Und nur dort. Wenn Sie noch den Internet Explorer verwenden sollten, wird es eh langsam Zeit für den Umstieg. Dieses Plug-in bewirkt, dass Sie auf den Seiten der Webmaster-Tools bei Google, im Site Explorer bei Yahoo und im Webmaster-Portal von Microsoft dynamisch einige Informationen mehr eingeblendet bekommen. Nach dem Aufruf der Linkübersicht für einzelne Webseiten rennt das Tool auf die dort angegebenen Seiten und macht »nofollow«-Links (also solche, die für die Suchmaschinenoptimierung nichts bringen) kenntlich, indem sie durchgestrichen werden. Ebenso wird der PageRank jeder linkenden Seite mit angezeigt. Aber eigentlich dürfte ich Ihnen das alles gar nicht sagen. Noch eines: Wenn Sie mit dem Plug-in von Firefox noch nicht vertraut sind, sollten Sie davon jetzt lieber die Finger lassen und sich erst einmal mit dem Browser und seiner Flexibilität durch solche Erweiterungen vertraut machen.

Den Unterpunkt SEITEN MIT INTERNEN LINKS können Sie übrigens wunderbar dafür verwenden, um zu sehen, welche Ihrer eigenen Seiten auf andere Ihrer eigenen Seiten verlinken. Damit sehen Sie sofort, welche internen Seiten viele und welche wenige »interne Backlinks« haben. Das ist wichtig für die Beurteilung der PageRank-Verteilung Ihrer Seiten. Dazu komme ich aber zu einem späteren Zeitpunkt noch einmal.

Einen letzten Blick sollten Sie auf jeden Fall auch noch in den Menüpunkt TOOLS werfen. Dort können Sie unter anderem ein geografisches Ziel (also das Land, für das Ihre Website hauptsächlich interessant ist bzw. für das sie steht), die bevorzugte Domainschreibweise (mit oder ohne »www«), die erweiterte Bildersuche aktivieren oder deaktivieren und schließlich auch Seiten aus dem Index löschen (Punkt URLS ENTFERNEN).

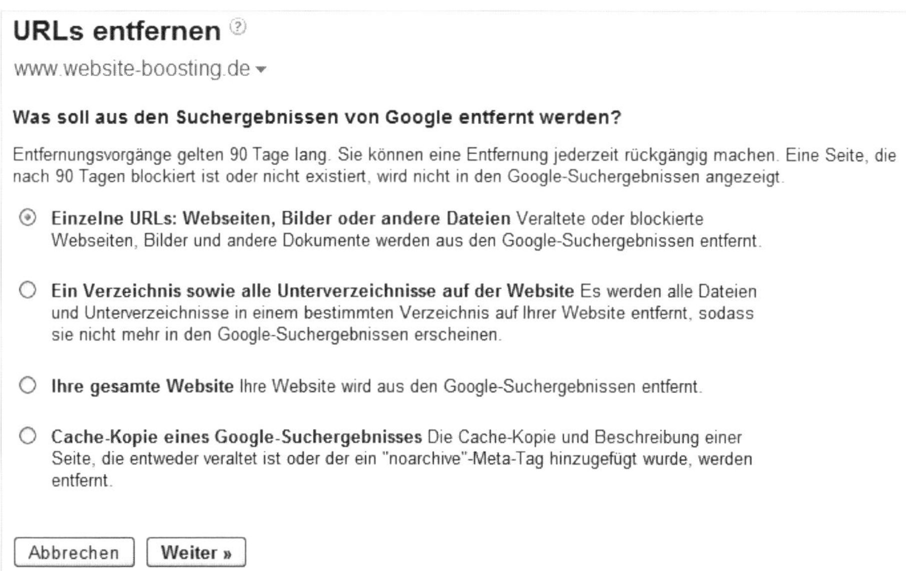

Abb. 9.10: Die unterschiedlichen Möglichkeiten, Content zu entfernen

Wie Sie in Abbildung 9.10 sehen können, bietet Ihnen Google mehrere Möglichkeiten, einmal publizierten Content wieder aus dem Suchindex zu entfernen. Sie können gezielt einzelne Seiten löschen, indem Sie die Adresse dieser Seite eingeben. Es können auch ganze Verzeichnisse gelöscht werden. Dies kann zum Beispiel Sinn machen, wenn Sie entdecken, dass Google sich in ein Systemverzeichnis oder andere unerwünschte Verzeichnisse eingegraben hat. Gibt es mit der ganzen Site ein Problem, zum Beispiel bei markenrechtlichen Streitigkeiten, können Sie an dieser Stelle auch die Löschung aller Inhalte veranlassen. Eine drastische Maßnahme, aber wer durch juristischen Druck in diese Verlegenheit kommt, wird froh über diese Möglichkeit sein. Schließlich ist es auch noch mit dem letzten Punkt möglich, die bei Google gespeicherten Kopien (im so genannten *Cache*, einer Art Zwischenspeicher) Ihrer Webseiten zu löschen.

Diese Kopien kann man sich anzeigen lassen, wenn man in den Suchergebnissen auf den Link CACHE klickt (siehe Abbildung 9.11). Dort legt Google temporäre Kopien einer Webseite ab, damit man sie dann ersatzweise aufrufen kann, wenn die Originalseite gelöscht oder verändert wurde. Oder eben auch gerade wegen eines Serverfehlers nicht aufrufbar ist. Vergessen Sie nicht, diese Option des Speicherlöschens mit zu verwenden, wenn Sie rechtliche Probleme mit Ihrer Site oder einzelnen Seiten haben. Denn auch wenn Sie eine Seite vom Netz nehmen oder löschen – im Cache ist sie noch eine ganze Zeit lang aufrufbar! Generische Anwälte wissen dies in der Regel und machen sich einen Screenshot nach Ablauf der gesetzten Fristen. Damit weisen sie dann vor Gericht nach, dass die Informationen noch immer im Web abrufbar waren. Das kann nach einer Abmahnung und einer unterschriebenen Unterwerfungserklärung Ihrerseits dann *richtig* teuer werden.

Tipp

Wenn Sie Seiten wegen rechtlicher Probleme aus dem Google-Index löschen müssen, möchte ich Ihnen noch einen guten Rat geben: Machen Sie das immer im Beisein von unabhängigen Zeugen. Und fertigen Sie von allen Aktionen und Antwortbildschirmen Screenshots zum Ausdruck mit Datum und Uhrzeit an. Lassen Sie die Zeugen auf der Rückseite unterschreiben. Sollten die Seiten aus welchen Gründen auch immer doch nicht aus dem Speicher bei Google gelöscht worden sein, können Sie nachweisen, dass Sie Ihr Möglichstes getan haben. Ob das vor Gericht reicht, kann ich Ihnen auch nicht versprechen. Aber solche abgesicherten Beweise sind bei Streitigkeiten in der Regel Gold wert!

Wie Sie sehen, ist Webmaster-Tools ein sehr mächtiges Informations- und Steuerwerkzeug. Daher hab ich mich auch dazu entschlossen, in die neue Auflage einen eigenen Abschnitt dafür zu schreiben. Ein eingerichteter Zugang zu den »Augen von Google« gehört definitiv in jeden Werkzeugkasten eines Webverantwortlichen. Und auch wenn Sie vielleicht zum jetzigen Zeitpunkt noch nicht mit allen

Beschreibungen dort zurechtkommen. Keine Sorge, das lichtet sich im Lauf der Zeit und im weiteren Verlauf des Buches. Sie werden sehen, dass Sie während der Optimierungsarbeiten an Ihren Webseiten immer wieder dort reinsehen werden, um die Veränderungen (zum Beispiel wenn Sie sich aktiv um Links bemühen) direkt an der Quelle überwachen zu können. Nicht immer sind alle Angaben dort exakt und tagesaktuell. Also stehen Sie nicht gleich Kopf, wenn mal an einem Tag ein paar Fehlermeldungen mehr als üblich erscheinen. Sagen Sie zu sich selber mehrmals »Ruuuhig, Brauner«, und schauen Sie einfach am nächsten Tag noch mal nach. Meist ist der Spuk schnell wieder verschwunden.

Abb. 9.11: Die Abfrage des Google Cache

9.2 Yahoo! My Sites

So, nachdem Sie jetzt wissen, was Google so über Ihre Seiten denkt, interessiert Sie vielleicht auch die Meinung von Yahoo! Hmmm... Jetzt überlege ich gerade, wie man einen Fragesatz beendet, bei dem Yahoo! am Ende steht. Macht man da dann ein Fragezeichen nach dem Ausrufezeichen? Egal.

Genauso wie bei Google benötigen Sie zuerst einen Account bei Yahoo!, um Ihre Site(s) verwalten zu können. Rufen Sie zunächst am besten den Site Explorer auf, den Sie weiter vorne schon kennen gelernt haben.

```
http://siteexplorer.search.yahoo.com/de/
```

Dort tragen Sie unter MEINE SEITEN Ihren Domainnamen ein (siehe Abbildung 9.12). Anschließend gelangen Sie auf die Anmeldeseite. Dort geben Sie nun entweder oben Ihre Yahoo!-ID (die E-Mail-Adresse bei Yahoo!) und Ihr Passwort ein oder Sie holen sich über den Link rechts unten, REGISTRIEREN, einen neuen Account und gehen danach wieder an diese Stelle zurück.

Abb. 9.12: Die Siteanmeldung bei Yahoo!

Nach der Anmeldung bekommen Sie die Verwaltungsoberfläche für Ihre Domains angezeigt. Wie bei Google können Sie hier auch mehrere Domains in einem Account verwalten.

Sie können nun bereits einige Abfragen für die eingetragene Domain über ERKUNDEN und VERWALTEN machen. Das geht auch ohne Authentifizierung.

Abb. 9.13: Die Verwaltungsansicht für Domains bei Yahoo!

Tipp

Nichts auf der Welt hindert Sie daran, hier auch die Domains Ihrer Mitbewerber einzutragen. Natürlich bekommen Sie keine Kerninformationen, weil Sie sich nicht für die fremden Sites authentifizieren können. Aber eine Index- und Backlinkabfrage funktioniert auch so. Das ist ganz praktisch, weil Sie das dann bei einer »Wettbewerbsbeobachtung« nicht immer manuell machen müssen ;-)

Über den Button AUTHENTIFIZIEREN in der Spalte STATUS können Sie den Authentifizierungsvorgang starten. Das Ganze funktioniert in etwa so wie bei Google, das heißt, Sie haben auch hier die Möglichkeit, eine Datei auf den Webserver zu laden oder eine Zeile in die Meta-Tags im Head der Startseite einzufügen. Der einzige Unterschied ist, dass Sie bei der ersten Möglichkeit keine leere Datei mit einem bestimmten Namen verwenden, sondern die Datei direkt von Yahoo! downloaden. Bitte orientieren Sie sich einfach an dem Vorgehen bei Google, wie es oben beschrieben wurde.

Einen kleinen Unterschied gibt es noch: Yahoo! ist nicht so schnell wie Google und MSN. Während dort die Validierung in der Regel innerhalb von Sekunden geht, bittet Sie Yahoo! um maximal 24 Stunden Geduld. Wahrscheinlich muss sich dort erst jemand ins Auto setzen und eine Diskette irgendwo hinfahren. Nein, das war jetzt ungerecht. Im August sind halt wahrscheinlich die Robots, die Kinder haben, im Urlaub und dann dauert das einfach wegen der Unterbesetzung ein wenig länger. Geduld ist eine Tugend.

Nach ein paar Stunden Bedenkzeit wird Ihr Account dann in der Regel geprüft und freigegeben. Über den Button ERKUNDEN können Sie sich dann eine Aufstellung der von Yahoo! gefundenen Seiten Ihrer Domain ansehen. Etwas, nein arg nervig ist dabei ein Programmierfehler, der den Browser dazu veranlasst, ständig darauf hinzuweisen, dass es auf der Seite sowohl sichere, als auch unsichere Elemente gibt (siehe Abbildung 9.14).

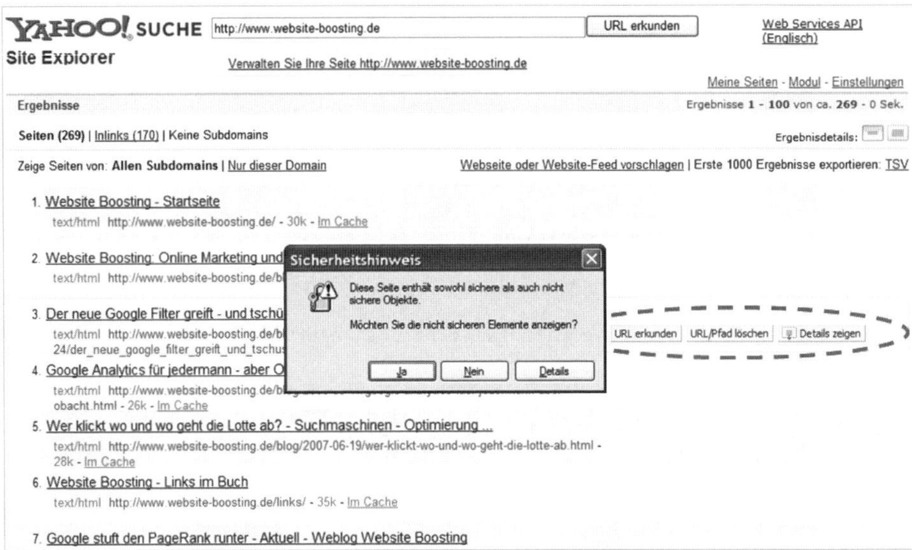

Abb. 9.14: Die Domain erkunden im Yahoo! Site Explorer

In der Kopfzeile finden Sie einen Link Website oder Website-Feed vorschlagen. Dort können Sie neue Domains oder neue Webadressen eingeben, die der Robot von Yahoo! dann besucht. Weitere Möglichkeiten entdecken Sie erst, wenn Sie mit der Maus über die Zeilen streichen. Dann erscheinen jeweils rechts in der Zeile drei vorher prima versteckte (Programmierer sind halt doch recht verspielte Wesen) Buttons. URL erkunden, URL/Pfad löschen und Details zeigen. Sehen wir uns zunächst URL erkunden an. Diese Ansicht wird in Abbildung 9.15 gezeigt.

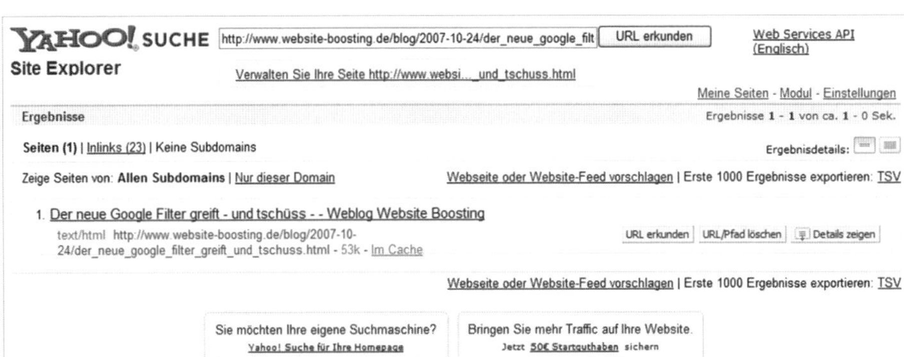

Abb. 9.15: Einen URL »erkunden« im Yahoo! Site Explorer

Wahrscheinlich fällt Ihnen nur auf, dass es jetzt nur noch eine, die ausgewählte Zeile ist, sich aber ansonsten nichts geändert hat. Das ist fast richtig. Links oben hat sich die Zahl der »Inlinks« geändert. Und zwar auf die Anzahl nur für diese einzelne angezeigte Webadresse. Unter *Inlinks* versteht Yahoo! Links, die auf diese Seite zeigen – egal ob von anderen Domains oder Ihrer eigenen. Um zu sehen, welche Seiten auf die angezeigte verlinken, rufen Sie einfach per Mausklick die Hyperlinks bei INLINKS auf. Dort finden Sie links oben auch ein kleines Pull-down-Feld zur Filterung.

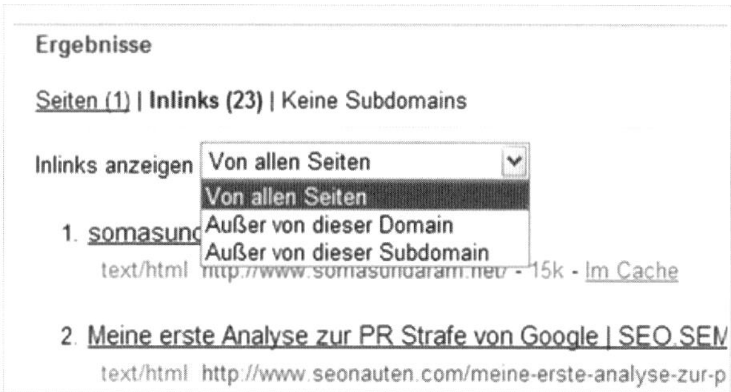

Abb. 9.16: Inlinks filtern im Yahoo! Site Explorer

Wie Sie in Abbildung 9.16 erkennen können, kann man zwar die eigene Domain und Subdomains wegfiltern, leider nicht jedoch die externen Links. So hat man keinerlei Übersicht, wie die Seiten der eigenen Site intern untereinander verlinkt sind.

Wenn Sie einmal viel Zeit haben oder Ihnen langweilig ist, klicken Sie auf den in Abbildung 9.15 gezeigten Button URL ERKUNDEN. Es wird daraufhin immer nur die gleiche Ansicht aufgerufen – unterbrochen von dem bereits erwähnten Pop-up, dass unsichere Elemente auf der Seite wären. Ein Meisterstück an Usability.

Der Button URL/PFAD LÖSCHEN ist wohl selbstsprechend. Mit DETAILS ZEIGEN wird dynamisch dann noch eine kleine Zeile eingeblendet, die die Sprache der Seite enthält (falls Sie nicht mehr wissen, welche Sie auf Ihren eigenen Seiten hinterlegt haben) und Datum und Uhrzeit, wann Yahoo! diese Seite zum letzten Mal besucht hat. Fragen Sie mich bitte nicht, warum man diese Zeile denn nicht gleich eingeblendet hat, sondern sie jedes Mal erst mit dem versteckten Button aktiviert werden muss. Ich weiß es nicht. Aber ich vermute, dann hätte man die Buttons gar nicht gebraucht (der erste macht ja eh nix). Dies hätte bedeutet, dass man keinen Grund gehabt hätte, sie technisch verspielt erst zu verstecken und dann mit einem »Mouseover« und einem »Ahhhh« des Benutzers weich einblenden lassen können. Aber solche Entgleisungen gehören erst in den Usability-Teil viel weiter hinten.

Über den Button VERWALTEN in der Übersichtsseite (siehe Abbildung 9.13 auf Seite 189) gelangen Sie in ein interessantes Untermenü. Dort können Sie augenscheinlich nur Webseiten-Feeds und Feeds für mobile Geräte wie Handys hinzufügen. Aber der zweite Reiter rechts in der Kopfzeile, der mit DYNAMISCHE ULRS beschrieben ist, hat es in sich.

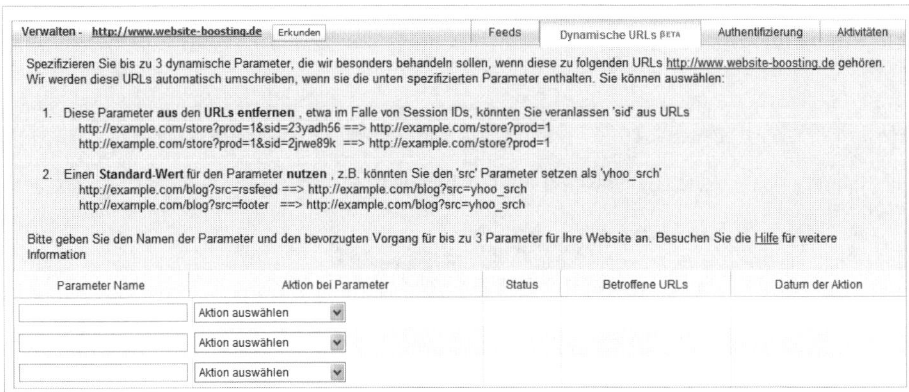

Abb. 9.17: Sonderbehandlung dynamischer Webadressen bei Yahoo!

Shopbetreibern wird wahrscheinlich vor allem Punkt 1 aus Abbildung 9.17 ins Auge springen. Wie einige von Ihnen wahrscheinlich bereits wissen, machen die so genannten *Session-ID*-Parameter bei Suchmaschinen regelmäßig Probleme. Das sind lange Zufallszahlen, die an die eigentliche Webadresse einfach hinten angehängt werden und die für jeden Besucher eines Shops neu vergeben werden. Session-IDs findet man aber auch bei großen Portalen. Der Site Explorer zeigt Ihnen zur Unterstützung die Parameter an, die Yahoo! als mögliche dynamische Parameter identifiziert hat. Dabei werden Inhalte durch die Zeichen »?«, »&« und »;« separiert. Man kann also eine Webadresse durch gezieltes Löschen dieser Parameter modifizieren.

Dazu zwei Beispiele:

Sie verwenden vielleicht den Parameter »src« für das Tracking (zur Verfolgung, wie sich ein Besucher auf Ihren Webseiten bewegt) oder eine Session-ID. Nun können Sie diese Parameter gezielt aus der Webadresse (URL) löschen.

- `www.ihr-shop.de/blog?src=blog` wird dann umgewandelt in `www.ihr-shop.de/blog`
- `www.ihr-shop.de /shop?prod=4711&src=newsletter` wird umgewandelt in `www.ihr-shop.de /shop?prod=4711`
- `www.ihr-shop.de/shop?prod=4711&sid=7458-47784-413` wird umgewandelt in `www.ihr-shop.de/shop?prod=4711&sid=yslurp12`

Beim letzten Beispiel wird die individuelle Session-ID in einen festen Parameter umgewandelt, mit der der Robot von Yahoo! dann problemlos umgehen kann.

Als Folge können Shopsysteme und CMS, die dynamische Parameter verwenden, nun effizienter von der Yahoo!-Robots indexiert werden. Die Zahl der in den Index aufgenommenen Webseiten wird aller Wahrscheinlichkeit nach steigen und mit etwas Glück kann damit auch das Ranking bei Yahoo! positiv beeinflusst werden!

Noch ein Hinweis: Nach der Spezifikation der Behandlung von dynamischen Webadressen kann es einige Tage dauern, bis Sie die Änderungen auch tatsächlich bei Yahoo! sehen können. Sie sollten mit den Möglichkeiten der Maske in Abbildung 9.17 vorsichtig umgehen und nur Änderungen vornehmen, wenn Sie sich wirklich mit so etwas auskennen. Yahoo! kann technisch gesehen nicht prüfen, ob Ihre Einstellungen stimmig sind. Machen Sie hier grobe Fehler, erzeugen Sie genau das Gegenteil – Sie schießen dann einige Ihrer Seiten aus dem Index.

Tipp

Wenn man die Parameterlöschung oder Ersetzung geschickt einsetzt, kann man auch die virtuelle Entstehung von so genanntem *Double Content* vermeiden. Dieses unerwünschte Phänomen taucht häufig dadurch auf, dass gleiche Seiteninhalte durch unterschiedliche Parameter in der Webadresse *aus Sicht der Suchmaschinen* doppelt oder mehrfach auftauchen. Hat »eine« Webseite durch unterschiedliche Parameter nämlich mehrere Adressen, sind das für die Robots immer gleich mehrere Seiten – und bei der Inhaltsanalyse stellen sie dann fest, dass es diesen Content schon exakt an einer anderen Stelle (unter einer anderen Adresse) gibt. Dann entscheidet die Suchmaschine, welche der vermeintlichen Duplikate in den Index gelangt. Nicht immer ist es die Adresse, die man dort haben möchte.

Alles in allem betrachtet ist diese Möglichkeit, dynamische Parameter gezielt verändern zu können, vielleicht die größte Stärke des Site Explorers. Während sich die anderen Funktionen eher bescheiden ausnehmen, ist diese Funktion ein echtes Highlight und es bleibt zu hoffen, dass Yahoo! sie in Zukunft noch weiter ausbaut.

9.3 Das Webmaster-Portal von Microsoft

Das Äquivalent von Microsoft finden Sie unter dieser Webadresse: `http://webmaster.live.com`. Allerdings habe ich keine deutschsprachige Version gefunden. Mag sein, dass Microsoft der deutsche Markt nicht so wichtig ist, noch keine Zeit zum Lokalisieren (Übersetzen) hatte, oder die kennen einfach Ihre Nutzerzahlen für Deutschland und verzichten daher auf die Mühe. Auch der Wissenshunger von

Microsoft beim Anlegen eines Accounts ist beachtlich. Ausführliche Fragen über die berufliche Tätigkeit, die Branche sowie die Postleitzahl sind Pflichtfelder, die Sie angeben müssen.

Nach der Anmeldung gelangen Sie zu ADD A SITE.

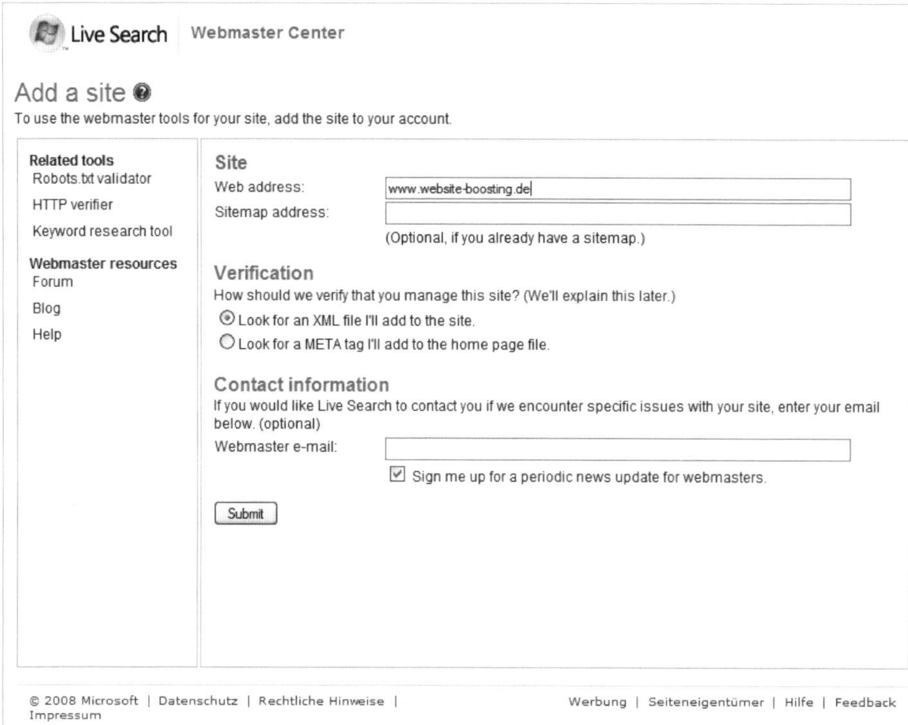

Abb. 9.18: Domain hinzufügen bei MSN »Live Search«

Wie Sie in Abbildung 9.18 sehen können, müssen Sie sich hier bereits vorher für eine Authentifizierungsmethode entscheiden. Entweder Sie laden eine XML-Datei über ein ftp-Programm hoch oder fügen eine Codezeile in den Head Ihrer Startseite.

Der Name der hochzuladenden Datei ist hier immer gleich, nämlich `LiveSearchSiteAuth.xml`. Das erscheint mir etwas hölzern, weil damit jeder Hacker diese Datei unter `www.ihr-domainname.de/LiveSearchSiteAuth.xml` öffnen und Ihr zugeteiltes »Authentication Tag« einsehen kann. Man muss ja immer nur denselben Dateinamen hinten anstellen. Diese ID befindet sich nämlich in der Datei und jeder Browser zeigt sie nach dem Aufruf an. Natürlich habe ich das mit einem breiten Grinsen sofort bei der *zufällig* ausgewählten Webadresse `www.microsoft.com/germany/LiveSearchSiteAuth.xml` ausprobiert. Und siehe da, da stehen zwei IDs drin. Das bedeutet, dass man das von zwei Accounts aus verwaltet ...

Anders als Yahoo! scheint MSN es wie Google auf die Reihe zu bekommen, einen Account sofort zu prüfen. Unmittelbar nach dem Hochladen und dem Betätigen des Prüfbuttons hat man Zugriff auf die Domaindaten und gelangt zunächst zu einer Übersicht (siehe Abbildung 9.19).

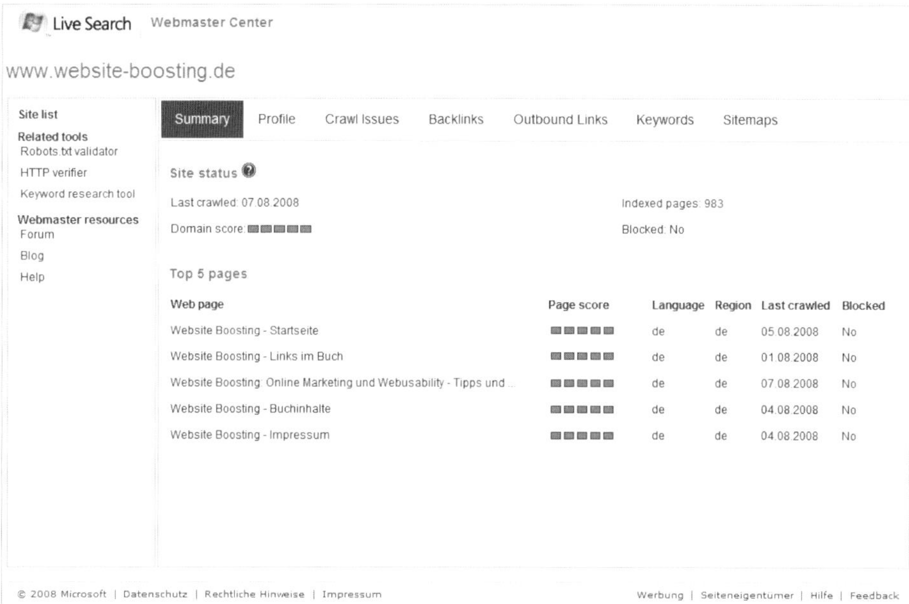

Abb. 9.19: Die Ansicht im Webmaster Center von MSN

Die Funktionen und die damit abrufbaren Informationen sind insgesamt im Vergleich etwas mager ausgefallen. Interessant ist aber der Menüpunkt OUTBOUND LINKS. Dort werden alle Adressen angezeigt, auf die Ihre Seiten nach außen verlinken. Falls Sie einen Blog betreiben, in dem eine Kommentarfunktion erlaubt ist und die Besucher auch eine/ihre Domainadresse hinterlassen können, ist es interessant zu sehen, wie viele Links Ihre Domain wieder verlassen.

Es gibt zwar einen Filter, mit dem man die Anzeige gut verkürzen und eingrenzen kann (siehe Abbildung 9.20). Jedoch wird nur die angelinkte Webadresse angezeigt. Eine Möglichkeit zu sehen, *welche* Ihrer vielleicht vielen Webseiten diesen Link abgibt, ja diese Möglichkeit gibt es leider nicht. Spätestens an dieser Stelle drängt sich der Eindruck auf, bei MSN weiß man noch immer nicht so richtig, welche Informationen Webmaster brauchen, und hat »halt irgendwie auch« so was machen wollen.

Spätestens, wenn Sie neugierig auf das vermeintliche Herzstück KEYWORDS klicken (siehe Abbildung 9.21), werden Sie diese Ansicht wahrscheinlich mit mir teilen.

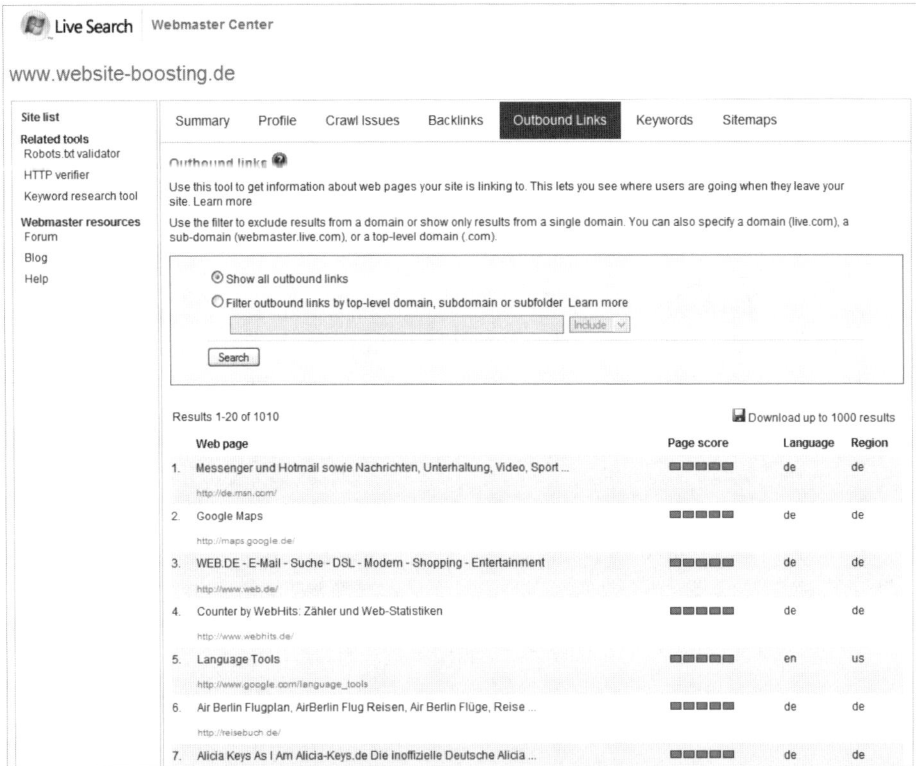

Abb. 9.20: Die Outbound-Links bei MSN

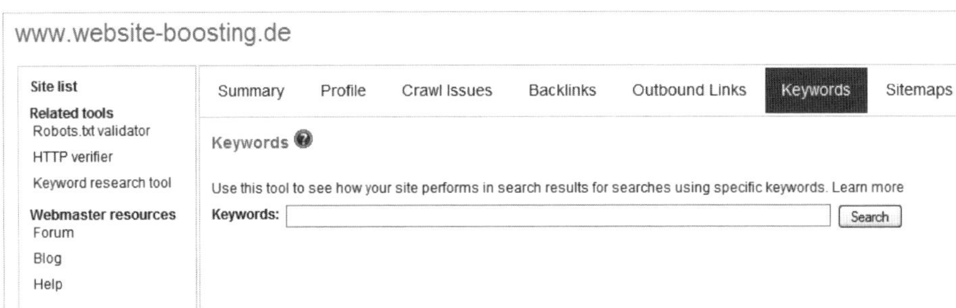

Abb. 9.21: Keine Keywordanzeige bei MSN

Dort müssen Sie tatsächlich erst die Keywords eingeben, mit denen Sie *meinen*, dass Sie gefunden werden könnten. Und wenn ich mir dann das Ergebnis ansehe, was mir zum Beispiel das Keyword »Fischer« nach der Eingabe bringt, dann wachsen mir wirklich zwei kleine Hörnchen vorne aus dem Kopf.

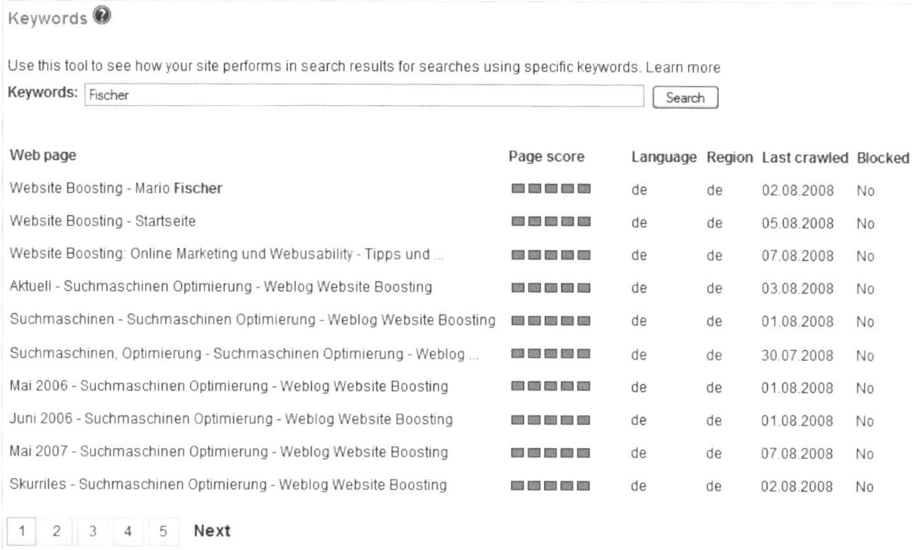

Keywords

Use this tool to see how your site performs in search results for searches using specific keywords. Learn more

Keywords: Fischer Search

Web page	Page score	Language	Region	Last crawled	Blocked
Website Boosting - Mario **Fischer**		de	de	02.08.2008	No
Website Boosting - Startseite		de	de	05.08.2008	No
Website Boosting: Online Marketing und Webusability - Tipps und ...		de	de	07.08.2008	No
Aktuell - Suchmaschinen Optimierung - Weblog Website Boosting		de	de	03.08.2008	No
Suchmaschinen - Suchmaschinen Optimierung - Weblog Website Boosting		de	de	01.08.2008	No
Suchmaschinen, Optimierung - Suchmaschinen Optimierung - Weblog ...		de	de	30.07.2008	No
Mai 2006 - Suchmaschinen Optimierung - Weblog Website Boosting		de	de	01.08.2008	No
Juni 2006 - Suchmaschinen Optimierung - Weblog Website Boosting		de	de	01.08.2008	No
Mai 2007 - Suchmaschinen Optimierung - Weblog Website Boosting		de	de	07.08.2008	No
Skurriles - Suchmaschinen Optimierung - Weblog Website Boosting		de	de	02.08.2008	No

1 2 3 4 5 Next

Abb. 9.22: Wie die eigene Site bei einem Keyword bei MSN »performt«

Vielleicht können Sie ja mit der Ergebnisliste in Abbildung 9.22 etwas anfangen? Ich kann es nicht. Gut, man kann auf die linken Ergebnisse klicken und damit die Originalseite in einem neuen Browserfenster öffnen. Die Aussagekraft und der Grund, warum ich mit diesem Tool jemals wieder meine und Ihre Zeit verschwenden sollte, bleiben mir leider verborgen. Daher höre ich an dieser Stelle mit weiteren Beschreibungen auf.

Bill Gates wird ja für 1995 der mittlerweile fast legendäre Satz zugeschrieben: *»There is no Money for us in Internet«* (Im Internet gibt es für uns nichts zu holen). Was für ein Visionär! Denn ich befürchte, das gilt auch im Jahre 2008 noch immer – und selbst wenn Steve Balmer (sein Nachfolger) tobend noch so viele Bürostühle durch Glasscheiben wirft.

Kapitel 10

Die richtigen Keywords finden

Eine der größten Herausforderungen ist es wohl, die Begriffe vorherzusehen, mit denen andere Menschen unsere Webseiten suchen würden. Eine Studie von iProspect, die in Zusammenarbeit mit JupiterResearch erstellt wurde zeigt, noch immer viele Online-Marketingspezialisten diese spezielle Kundensicht ignorieren. Knapp die Hälfte stimmt noch nicht einmal die Begriffe ihrer Offline-Kampagnen mit dem Online-Marketing ab. Man wirbt z. B. mit neuen Produktnamen, die man aber hinterher Online als interessierter Kunden in den Suchmaschinen nicht finden kann. Die Studie können Sie übrigens kostenlos downloaden unter:
`www.iprospect.com/about/researchstudy_2008_searchmarketingintegration.htm`

10.1 Gar nicht so leicht: Aus Sicht der Besucher denken!

»Mit *Wasser* sollten wir gefunden werden – und auch mit *trinken*!« So oder so ähnlich höre ich immer wieder mal die ersten Wünsche von Kunden. Im vorliegenden, natürlich verfremdeten Beispiel ging es um Filter zur Wasseraufbereitung. Der Anbieter war im ersten Anlauf der Meinung, man suche wohl nach Wasser, wenn man einen seiner Filter kaufen möchte. Ach, jetzt übertreibt er wieder, denken Sie? Seien Sie versichert, lieber Leser, dass ich mich gar nicht traue, die ärgsten Hämmerchen hier aufzuschreiben. Einfach aus Angst, denn Sie meinten dann ganz sicher, dass ich übertreibe. Ofenhersteller, die mit dem Wort *Feuer*, Seifenhersteller, die mit *Sauberkeit*, Kneipen, die mit *trinken*, oder lokale Gebrauchtwagenhändler, die mit *Auto* und *Kfz* gefunden werden möchten – nein, von all denen erzähl' ich hier nichts. Glaubt kein Mensch.

Warum ist es nur so schwer, Suchworte aus Kundenperspektive zu formulieren? Ganz einfach. Die Mitarbeiter in den Unternehmen gehen tagtäglich mit ihren Produkten und Produktbezeichnungen um. Sie wissen ganz genau, welches Produkt für welches Problem taugt – oder wenigstens so tut. Kunden, insbesondere Neukunden, haben da oft eine völlig andere Denkweise. Sie denken vom Problem her, nicht »rückwärts« von der Lösung zum Problem!

Ein Beispiel kann das, glaube ich, gut verdeutlichen: In einem meiner Vorträge saß ein Anbieter eines wiederverwendbaren Zahnstochers. Das Teil sah ganz und gar nicht so aus, wie man sich einen Zahnstocher gemeinhin vorstellt, und war zusätzlich aus Metall. Er meinte nun, dass dieses Produkt sich recht gut direkt über Zahnärzte verkaufen lässt, er aber seit einiger Zeit auch einen eigenen Shop im Web betreibt. Mit dem Suchwort `Zahnstocher` sei er gut platziert in Google, allein das Geschäft bzw. der Umsatz über den Onlinekanal bliebe bisher aus. Dies entgegnete er mir als praktisches Gegenbeispiel auf meine These im Vortrag, dass man bei guter Platzierung in den großen Suchmaschinen auch auf ein gutes Ankurbeln des Geschäfts zählen kann. Hatte er recht?

Wonach wird jemand suchen, dessen Problem mit seinem mehrfach verwendbaren »Zahnstocher« gelöst wird? Aller Wahrscheinlichkeit eben nicht nach Zahnstochern, weil die traditionell aus Holz und hunderterweise in Schachteln abgepackt sind. Das zugehörige Problem wäre aus meiner Sicht eher aus der Richtung der Mundhygiene zu suchen, in Begriffsclustern rund um »Parodontose«, »Zahnhygiene«, »Zähne sauber halten« oder etwas in der Art. Dafür ist dieses ganz besondere Instrument geeignet. Die Bezeichnung »Zahnstocher« halte ich für eine unglückliche Begrifflichkeit, die höchstwahrscheinlich aus Ermangelung eines eigenen Begriffs dafür als weitestgehend passende gewählt wurde.

Versetzen Sie sich immer in Ihren Kunden! Denken Sie über sein Problem nach und wie er es beschreiben würde. Welche Begriffe verwendet er? Fragen Sie Ihre Vertriebsmitarbeiter. Der potenzielle Kunde setzt sich meist mit einem mehr oder weniger dringenden Problem an das Web. Da war vielleicht die Überwachungsbehörde im Unternehmen und hat bei Messungen festgestellt, dass in der Produktionshalle zu viele Schwebeteilchen in der Raumluft sind. Ein Filter muss her. Wer die herstellt? Keine Ahnung, so etwas hat man ja bisher noch nicht gebraucht. Fachbegriffe? Pfff ... woher denn? Wie würde so jemand suchen? Wie würde er seine Suchabfrage formulieren? »Fabrikhalle Luft filtern«? »Staubluft absaugen«? »Filteranlage Luft«? Denken Sie nach.

Ein schönes Beispiel sehen Sie in Abbildung 10.1. Dort hat sich jemand richtig Gedanken über sein Produkt gemacht.

Sedus Place ist ein Büro-Einrichtungskonzept, das das Leben im Büro ein wenig schöner gestalten möchte. Man soll sich wohlfühlen. Wenn man bedenkt, wie viel Zeit wir in Büros verbringen, kein abwegiger Ansatz. Versetzen wir uns in einen Suchenden. Da stellt ein Chef fest, dass er einen im Vergleich zu hohen Krankenstand hat. Er kann nun versuchen, die »Dauerkranken« rauszumobben, was rechtlich schwierig sein dürfte und als strategischer Führungsansatz sicher untauglich ist. Vielleicht denkt er also über die Gründe für die Arbeitsunlust nach (wobei ich nicht gesagt haben möchte, dass sich Arbeitsunwillige dauernd krankschreiben lassen. Obwohl? Egal). Und es ist sicher auch nicht unwahrscheinlich, dass er mit einer Symptombeschreibung googelt. Wie kann man den »Krankenstand reduzieren«? Vielleicht gibt er genau dies in den Suchschlitz ein. Und wie in Abbildung 10.1 zu sehen ist, holt ihn `place2point5.com` auf der rechten Seite mit einer AdWords-Werbung und dem Text »*Sedus Place 2.5 - die neue emotionale Kultur des Büros*« exakt an der richtigen Stelle ab. Bei der Formulierung seines Problems, nicht bei der Suche nach bereits lösungsorientierten Suchworten wie »Bürokonzept«. Spüren Sie den Unterschied? Es geht darum, mit den Augen und den Gedanken des Suchenden zu formulieren. Nicht, möglichst viele Ihrer Produktnamen findbar zu machen.

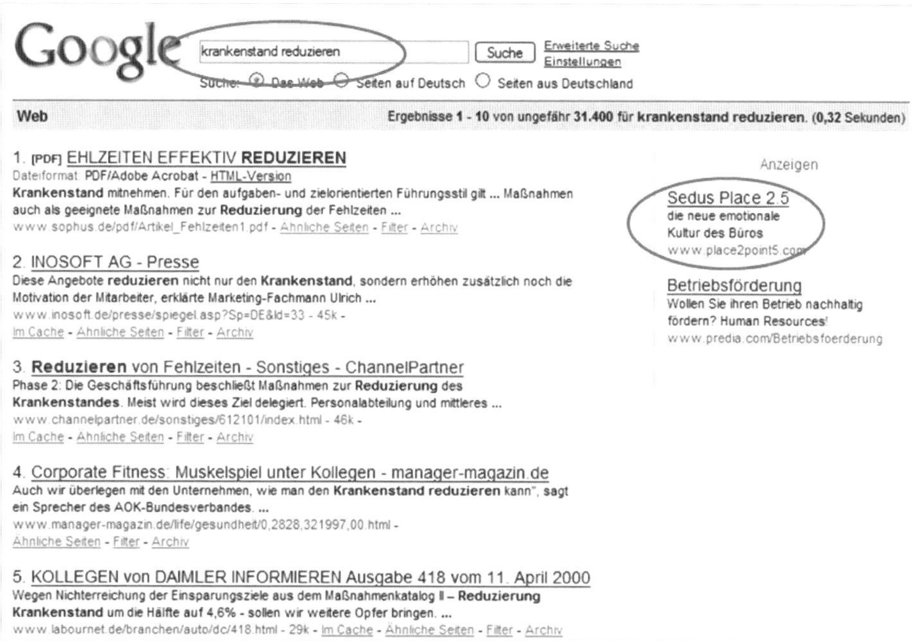

Abb. 10.1: »Krankenstand reduzieren« bringt Büromöbel-Werbung.

Ein paar Denkanstöße möchte ich Ihnen gerne noch mit auf die Reise zu Ihrer Keyword-Sammlung geben:

- **Einzahl oder Mehrzahl?** Sucht Ihr potenzieller Kunde eher nach »Bleistift« oder nach »Bleistifte«? Beides sind für die Suchmaschine in der Regel unterschiedliche Begriffe und daher müssen Sie dafür sorgen, dass diese auch so auf Ihrer Webseite vorkommen. Schreiben Sie beispielsweise gleich auf Ihre Startseite: »Wir sind Hersteller von Bleistiften«, dann wird man Sie – wenn überhaupt – auch nur mit dem Wort »Bleistiften« finden können. Wenn Ihnen dieses Suchwort genauso komisch vorkommt wie mir, müssten Sie einen Begrüßungstext finden, der den einfachen Singular verwendet. Ob mehr nach Einzahl oder häufiger nach Mehrzahl gesucht wird, lässt sich leider nicht pauschal sagen und bedarf im Zweifelsfall einer genaueren Recherche. Hierzu finden Sie aber weiter unten einige Tools, die Sie dabei unterstützen.
- **Zusammengeschrieben oder getrennt?** Auch hier machen die Suchmaschinen Unterschiede. Ein »Eckgrundstück« ist ein anderes Wort als »Eck-Grund-

stück«. Auch »Handyvertrag« und »Handy Vertrag« sind in den Augen der Suchmaschine zwei unterschiedliche Dinge.

- **Regionale Sprachunterschiede?** In den unterschiedlichen Regionen und natürlich erst recht im deutschsprachigen Ausland sind in der Alltagssprache nicht selten andere Begriffe gebräuchlich. Sucht man dort nach Immobilien oder Liegenschaften? Sind es Aprikosen oder Marillen, Blaubeeren oder Heidelbeeren? Bei Schweizer Suchenden werden Sie sicherlich mit »Fahrrad-Urlaub« keinen nennenswerten Stich machen. Dort fährt man »Velo« statt Fahrrad und macht »Ferien« und nicht Urlaub.
  Und von Begriffen wie »Broiler« will ich gar nicht reden.

- **Saisonale Schwankungen?** Eine Menge Begriffe beziehen sich bezüglich ihrer Anschaffung oder der Suche danach auf eine Jahreszeit, auf die Außentemperaturen oder gar auf einen bestimmten Monat. Während »Klimageräte« vor allem im Juni und Juli gesucht werden, geht man für »Winterstiefel« erst im November auf die Suche. Reichlich spät – und schon im Januar sucht man praktisch nur noch genauso wenig danach wie im Hochsommer. Anders als vielleicht gemeinhin vermutet, wird zum Beispiel dagegen der »Minirock« immer ganzjahresfähiger. Während vor einigen Jahren im Sommer noch eine leicht positive Delle bei den Suchabfragen nach oben zeigte, kann man spätestens seit 2007 keinerlei saisonale Unterschiede mehr erkennen. Wenn Sie stark saisonale Begriffe in Ihrem Portfolio haben, sollten Sie am besten einen elektronischen Kalender für die bevorstehenden Spitzen führen. Damit stellen Sie sicher, dass Sie Werbung oder sonstige Optimierungsaktivitäten für Ihre Website rechtzeitig einsteuern!

- **Fachbegriff oder Laienbegriff?** Auch hier gibt es in einigen Fällen interessante Abweichungen zu entdecken. Wird der Amtsdeutsch-korrekte Fischereischein gesucht oder der im Volksmund eher gebräuchliche Angelschein? Ist es der Wertstoffsammelbehälter oder ein Mülleimer? Die »Grippe« oder der »grippale Infekt«? Beachten Sie auch, dass ungebräuchliche oder schwierige Fachbegriffe häufig von Laien auch falsch geschrieben werden: »Parket«, »Rytmusgerät«, »Staniolpapier« oder »Stanjolpapier« findet sicher ebenso wie andere Fehlschreibungen den Weg in den Suchschlitz der Suchmaschinen. Genauso ist sicher beispielsweise vorstellbar, dass bei medizinischen Problemen nach einem »Doktor« statt korrekt nach einem »Arzt« gesucht wird. Der Hersteller ist der festen Überzeugung, einen »Hefter« im Programm zu haben. So steht es auch im Papierkatalog. Nur in vielen Büros heißt diese Klammermaschine nun mal »Tacker«. Und wer meint, die Menschen suchen vielleicht nach seinem »Zoogeschäft«, würde als »Tiergeschäft« vielleicht mehr Besucher über Suchmaschinen generieren können. »Radiallüfter« bringt in Google massig Werbung. So viel, dass die alle gar nicht auf die erste Seite passen. Aber das ist ein typischer Hersteller-Fachbegriff. »Raumlüfter« zeigt zum Beispiel für den unbezahlten Teil der Ergebnisse sogar nur 669 Treffer weltweit! Hier würde es wahrscheinlich genügen, den Begriff zweimal auf die eigene Website zu schreiben. Aber sie tun es einfach nicht bzw. verwenden Fachbegriffe wie »weiße Ware« oder »braune Ware«. Schade. Viele, viele verpasste und verpatzte Chancen. Wonach die Menschen mehr suchen, kann man seit Kurzen übrigens prima über Google Trends abfragen. Eine Beschreibung finden Sie bei den Tools weiter unten.

- **Mit oder ohne Stoppwort?** Suchmaschinen behandeln bestimmte Wörter, die häufig vorkommen und mit den eigentlichen Suchbegriffen nichts zu tun haben, etwas anders. Stoppworte sind meist Adverben, Pronomen, Artikel oder Präpositionen, also Begriffe wie »der«, »die«, »das«, »ein«, »aber«, »hier«, »ich«, »so« und andere mehr. Meist wird mit Formulierungen ohne Stoppwort gesucht. Statt »Klempner in Nürnberg« also eher nach »Klempner Nürnberg«. Beide Varianten bringen in vielen Suchmaschinen unterschiedliche Ergebnisse.
- **Linksrum oder rechtsrum?** In welcher Reihenfolge gesucht wird, kann sicherlich auch nur im Einzelfall entschieden werden. Da zum Beispiel »Klempner Nürnberg« und »Nürnberg Klempner« wahrscheinlich in beiden Varianten gesucht wird, aber beide unterschiedliche Suchergebnisse bringen, empfiehlt sich durchaus, beides aufzunehmen.
- **Alte oder neue Rechtschreibung?** Nicht nur die Kinder im Deutschunterricht leiden unter den ständigen Änderungen der letzten Reform der vorherigen Reform der vorletzten Reform der ersten Rechtschreibreform ... So wird also sicherlich sowohl nach dem »Delphin« als auch nach dem »Delfin« gesucht. Oder nach einem »Mullappen« oder eben nach dem »Mulllappen«. Ebenso korrekt wäre »Mull-Lappen«. Die neuen Schreibweisen nehmen langsam zu, aber es wird sicherlich noch eine ganze Zeit brauchen, bis mehr als die Hälfte der Suchenden nach den Schreibweisen der neuen Rechtschreibung sucht. Hilfe und eine alfabetische (alphabetische) Übersicht finden Sie recht schön geordnet übrigens an kompetenter Stelle im Web direkt unter der Adresse `www.duden.de/index2.html?neue_rechtschreibung/beispiele/beispiele.html`. Also keine Angst vor dem Delfinfilosofieparagrafen.
- **Ratebegriff oder grammatikalisch richtig?** Viele Nutzer neigen auch dazu, einfach verschiedene Begriffe, die ihnen passend erscheinen und ihr Problem umschreiben, zusammen in den Suchschlitz der Suchmaschinen zu werfen: »Steuerung Drehmaschine« oder »Drehmaschinensteuerung«? Nicht selten wird auch mit sprachlicher Unkenntnis gesucht. Zum Beispiel nach »Weste ohne Ärmel« – auch wenn das ureigenste Wesen einer Weste gerade das ausmacht: Sie hat von Geburt an keine Ärmel.

In den meisten Fällen wird Ihnen sicher ein vernünftiger Satz oder eine Formulierung einfallen, diese Begriffe in genau dieser Kombination in Ihren Texten zu platzieren. Ansonsten haben Sie keine Chance auf ein annähernd gutes Listing für dieses Keyword, da es der Robot der Suchmaschine ja gar nicht so oder in dieser Schreibweise finden kann!

Damit Sie einen kleinen Einblick bekommen, wie verdreht manche Menschen bei Suchmaschinen auf die Jagd gehen, habe ich Ihnen einen kleinen, willkürlichen Auszug in Abbildung 10.2 zusammengestellt.

Abb. 10.2: Orignalabfragen bei Google

Vor allem das vorletzte Beispiel »Wann kommt der Bus?« fasziniert mich regelmäßig. Ein Blogbeitrag von mir wird damit schwankend auf Platz 1 oder 2 gelistet, daher bekomme ich den Suchtraffic bzw. die Klicks mit. Ich frage mich allen Ernstes: Welche Antwort erwartet man sich bei dieser Abfrage von Google? 12.53 Uhr?

Zu welchen Suchworten und -kombinationen Sie auch immer bei Ihrer Sammlung gelangen: Denken Sie daran, dass diese später genau so auf Ihre Webseite geschrieben werden müssen. Und achten Sie auf jeden Fall darauf, sich gerade bei wichtigen Begriffen ja nicht zu verschreiben!

Abb. 10.3: Wird bei Messerhäckslern nicht gefunden: Der Messehäcksler

Das hat der Shopbetreiber in Abbildung 10.3 leider übersehen. Es gibt Walzenhäcksler, Wendelhäcksler und die gebräuchlichen Messer*r*häcksler. Da ihm beim Tippen das R in der Mitte abhandengekommen ist, wird er diese Geräteklasse wohl an Suchmaschinen-Suchende nicht so häufig verkaufen. Dafür wird sein Umsatz wohl umso größer sein, wenn jemand mal eine alte Messehalle abreißen und anschließend schreddern will ;-)

Wenn Sie sich ein klein wenig sensibel machen möchten, wie Menschen in den Suchschlitzen von Suchmaschinen tatsächlich suchen, empfehle ich Ihnen Folgendes: Spielen Sie doch ein wenig Voyeur bei Fireball (siehe Abbildung 10.4). Die Adresse ist `www.fireball.de/livesuche`.

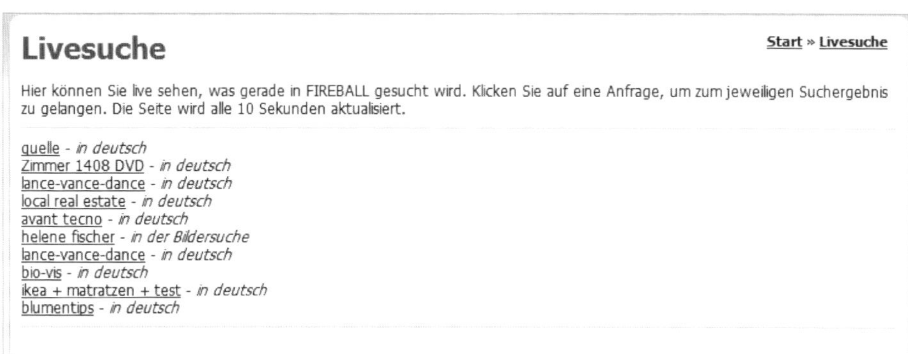

Abb. 10.4: Suchende live beobachten unter `www.fireball.de/livesuche`

Die Ergebnisse werden alle zehn Sekunden automatisch aktualisiert. Man lernt hier eine ganze Menge über die ansonsten gesichtslose Masse da draußen vor den Bildschirmen.

Auch Web.de bietet eine solche Live-Beobachtung unter folgender Adresse an: `http://suche.web.de/LiveSuche`.

10.2 Traditionelle Tools

Mark Twain wird das folgende Zitat zugeschrieben:

»Der Unterschied zwischen dem richtigen Wort und dem beinahe richtigen ist derselbe wie zwischen einem Blitz und einem Glühwürmchen.«

Genau das trifft auch auf die Auswahl der richtigen Suchbegriffe zu, die man mit den Kundenaugen zu sehen versuchen muss.

Während 2001 noch die Ein-Wort-Suchabfrage mit 81 Prozent aller Suchabfragen dominierte und fast niemand mit drei (vier Prozent) oder gar mehr Wörtern suchte, hat sich das Bild mittlerweile vollständig gewandelt:

- Ein-Wort-Suchabfragen: 19 bis 20 Prozent
- Zwei-Wort-Suchabfragen: 23 bis 33 Prozent
- Drei-Wort-Suchabfragen: 24 bis 26 Prozent
- Vier-Wort-Suchabfragen: 15 bis 21 Prozent
- Fünf-Wort-Suchabfragen: 8 bis 19 Prozent

Die unterschiedlichen Angaben resultieren daraus, dass in verschiedensten Studien verschiedene Angaben gemacht wurden. Zudem kommt es ja auch nicht auf den einzelnen Prozentpunkt an, sondern auf die generelle Tendenz. Und die geht recht eindeutig in Richtung Mehr-Wort-Abfrage. Eine neuere Analyse von `Onstat.com` weist die Zwei-Wort-Suche mit knapp 30 Prozent als die häufigste aus, direkt gefolgt von der Drei-Wort-Suche mit knapp 28 Prozent. Die Ein-Wort-Suche erreicht Onstat zufolge nur noch etwas über 13 Prozent. Dies ist auch plausibel, denn je erfahrener ein Suchender ist, desto mehr Wörter gibt er ein. So entspricht in der Regel das Suchresultat am ehesten seinen Erwartungen. Dies spiegelt sich auch in der Beobachtung, dass fast nur auf der ersten Ergebnisseite gesucht wird. Passen die Ergebnisse nicht, wird zumeist mit zusätzlichen oder anderen Begriffen gesucht.

Risiko

Ich habe mir an dieser Stelle erlaubt, das drastische Wort »Risiko« zu missbrauchen, damit Sie das hier in jedem Fall lesen. Keine Sorge, jetzt kommt keine Abo-Werbung für eine Zeitschrift ... Nein, im Ernst: B-i-t-t-e beherzigen Sie meinen gut gemeinten Rat, zuerst Ihr unbewaffnetes Hirn zu malträtieren. Denken Sie ohne die Verwendung der weiter unten folgenden Tools nach. Schreiben Sie alles auf, was Ihnen durch den Kopf geht. Erst wenn dieser leer ist, machen Sie sich daran und benutzen die vielen kleinen Helfer im Web. Der Grund ist einfach. Wenn Sie in eine der Keyword-Datenbanken auch nur eines Ihrer Haupt-Keywords eingeben, werden Sie erschlagen von ähnlichen Begriffen, Synonymen und Kombinationsbegriffen! Mit solchen Listen ausgestattet kann man nicht mehr kreativ sein. Bestehende Lücken werden Ihnen garantiert nicht mehr auffallen. Die Chance ist größer, möglichst viel zu erwischen, wenn Sie erst selber nachdenken und anschließend alles mit den Tools ergänzen und verfeinern. Einverstanden?

Bei Mitbewerbern räubern gehen

Beginnen Sie damit, sich eine Liste mit Suchbegriffen bzw. Begriffskombinationen anzulegen. Ich würde Ihnen dazu die Verwendung eines Tabellenkalkulationsprogrammes wie MS Excel raten. Im ersten Moment kommt Ihnen vielleicht ein Schreibprogramm passender vor. Da wir aber später Begriffe kombinieren wollen, können wir das über Formeln in einer Tabellenkalkulation sehr viel besser und leichter bewerkstelligen.

Schauen Sie sich zunächst doch einfach bei Ihren Mitbewerbern um. Welche Keywords haben diese in ihren Meta-Tags eingetragen? Rufen Sie dazu die Webseite auf und schauen Sie sich unter ANSICHT im Browser den Seitenquelltext an. Im oberen Teil der Programmierung der Webseite finden Sie meist die Bezeichnung:

```
<meta name="keywords" content="und hier stehen die Keywords aufgelistet drin">
```

Wie ich schon erwähnt habe und später noch weiter beschreiben werde, ignorieren Suchmaschinen exakt diese Information, aber für Sie kann sie eine gute Quelle weiterer Inspiration sein! Davon abgesehen ist es ganz interessant, mit welchen Begriffen Ihre Mitbewerber gefunden werden *möchten*. Kopieren Sie sich einfach die für Sie interessanten Begriffe in Ihre Sammlung.

Die Textverarbeitung nutzen

Nützlich ist zum Finden von Synonymen für den Begriff, den Sie jetzt bereits schon haben, der Thesaurus von MS Word. Setzen Sie Ihre bereits gefundenen Keywords in ein Word-Dokument (ja ja, erst sag' ich Excel, jetzt Word. Kopieren Sie das für diesen Zweck in Word und dann wieder zurück, es lohnt sich – Sie werden das am Ende dieses Kapitels sehen) und markieren Sie einzelne Begriffe. Danach lassen Sie sich über den Thesaurus alternative Begriffe anzeigen (siehe Abbildung 10.5).

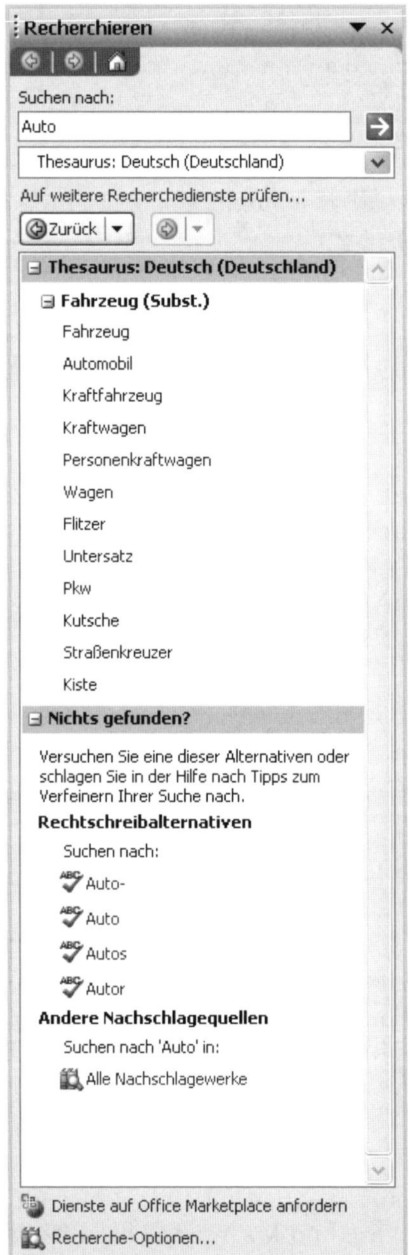

Abb. 10.5: Der MS-Word-Thesaurus für den Begriff »Auto«

10.3 Online-Recherche-Tools

Recht hilfreich ist das mittlerweile oft genutzte Online-Tool der Universität Hannover. Sie finden es unter der Webadresse `www.metager.de/asso.html`.

Abb. 10.6: Der MetaGer-Web-Assoziator

Nach Eingabe Ihres Keywords bekommen Sie eine umfassende Liste an Assoziationen zu diesem Begriff. Nicht alle werden Ihnen immer passend erscheinen. Das hat damit zu tun, dass hier technisch ausgewertet wird, welche Begriffe mit dem eingegebenen Begriff auf möglichst vielen Webseiten gemeinsam vorkommen. Aber in der Regel sind viele nützliche und weiterführende Begriffe enthalten.

In Abbildung 10.7 sehen Sie die ersten 30 Ergebnisse, die MetaGer für den Begriff »Reifen« auswirft.

Klicken Sie auf der linken Seite bei einem Begriff auf DIESEN BEGRIFF ASSOZIIEREN, wird automatisch eine neue Liste rund um diesen Begriff erzeugt. Im Fall unseres Reifenbeispiels würde ein solcher Klick wahrscheinlich bei Begriffen wie Winterreifen, Sommerreifen, Ganzjahresreifen, Kompletträder, Autoreifen, Reifenservice, Reifenhandel, Continental und vielleicht Autoservice landen.

Das Online-Tool von Yahoo! Search Marketing (vormals Overture) ist leider vor einigen Monaten vom Netz gegangen. Das war bisher das einzige Tool, das einigermaßen verlässliche Zahlen direkt aus einer Suchmaschine angegeben hatte. Möglicherweise wollte man einfach nicht mehr anzeigen, wie wenig – im Vergleich zu Google – dort tatsächlich gesucht wurde.

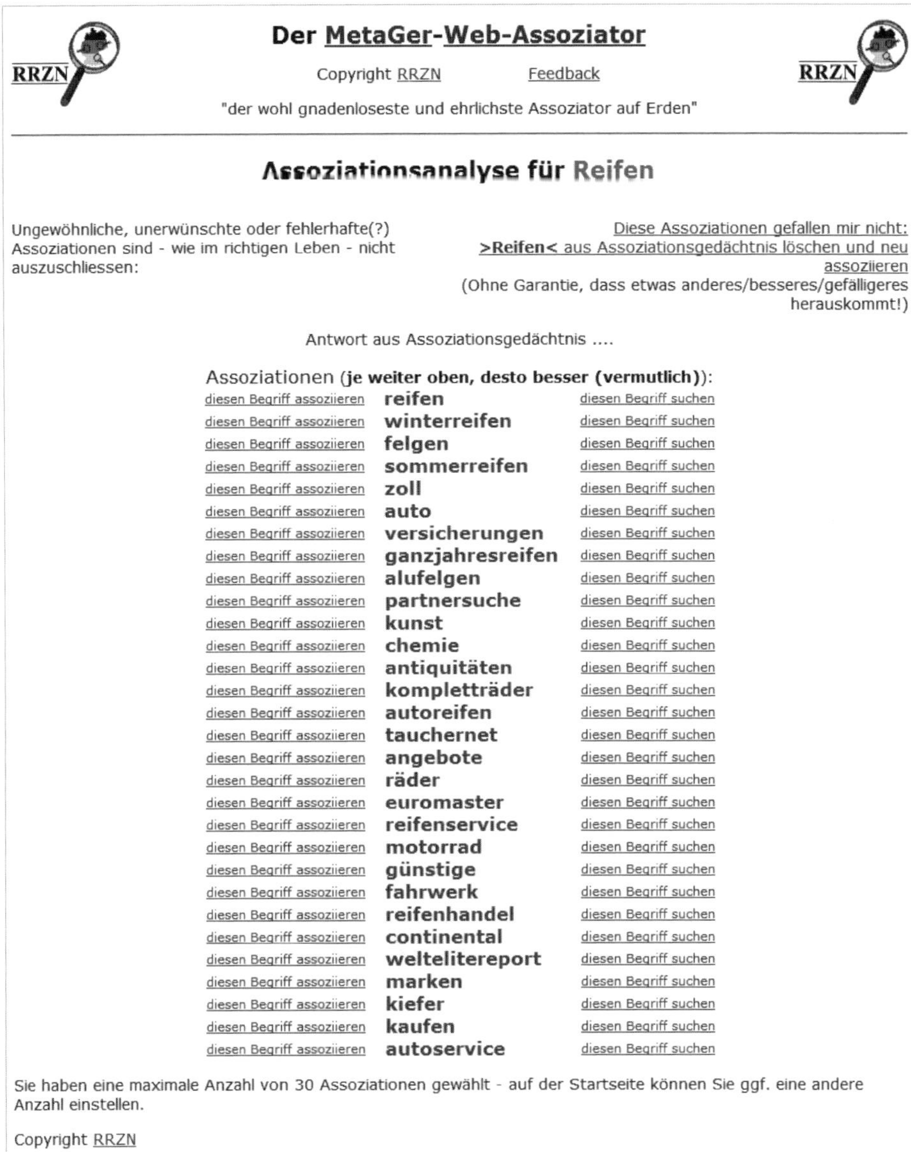

Abb. 10.7: Assoziationen für den Begriff »Reifen«

Google stellt in seinem AdWords-Bereich innerhalb des Keyword-Tools eine grafische Übersicht zur Verfügung. Mittlerweile erhält man dort auch konkrete Zahlen über das Suchvolumen der verschiedenen Begriffe. Dieses Tool können Sie innerhalb von Google AdWords (das kommt später noch) oder auch gänzlich ohne ein Google-Konto nutzen. Sie finden es unter der Webadresse: `https://adwords.google.de/select/KeywordToolExternal`.

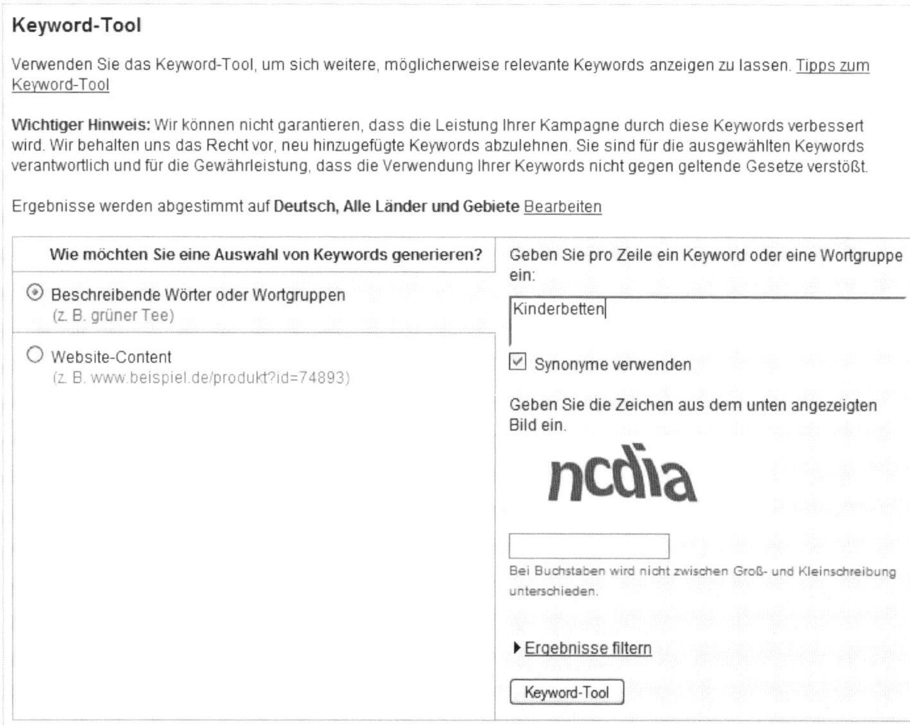

Abb. 10.8: Der Eingangsbildschirm des Google-Keyword-Tools

Bei der ersten Nutzung müssen Sie wie in Abbildung 10.8 dargestellt noch einen Buchstabencode (hier: ncdia) eingeben, um sich als Mensch zu identifizieren. Bei weiteren Suchabfragen innerhalb der Tools ist dies dann nicht mehr notwendig. Sie können sich auf der linken Seite entscheiden, ob Sie selber Keywords zur Recherche eingeben möchten oder ob Google für Sie Vorschläge aus einer beliebigen Webseite zieht. In Abbildung 10.9 habe ich zum Beispiel den Sprach- und Landesfilter aktiviert und die Option WEBSITE-CONTENT ausgewählt, um zu sehen, welche Suchbegriffe ich über einen Mitbewerber angezeigt bekomme.

Da das Stöbern auf anderen Webseiten ja vielleicht als unfein empfunden wird (warum?), habe ich für das nächste Beispiel einmal das Suchwort `Kinderbett` eingegeben, um zu sehen, was Google da alles aus den eigenen Datenbanken ausgräbt. Selbstverständlich kann man auch mehrere Suchbegriffe gleichzeitig bzw. im Eingabefeld untereinander eingeben. Als Antwort bekommen wir nicht nur viele Variationen und Synonyme angezeigt, sondern auch gleich die wichtigsten Kennzahlen für jedes Keyword in tabellarischer Form.

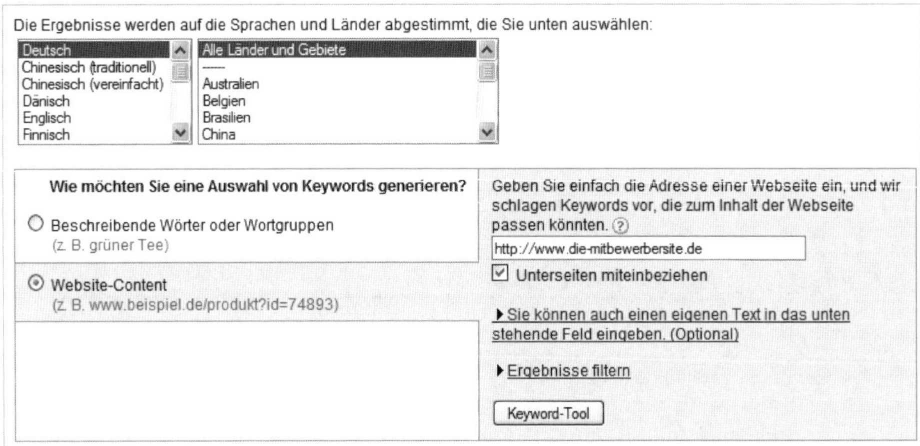

Abb. 10.9: Nach Sprachen, Ländern filtern – und beim Mitbewerber stöbern gehen

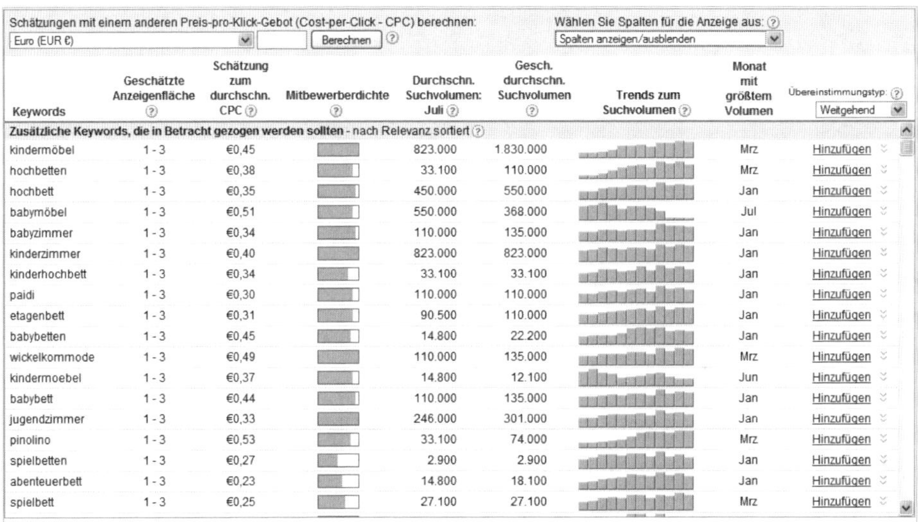

Keywords	Geschätzte Anzeigenfläche	Schätzung zum durchschn. CPC	Mitbewerberdichte	Durchschn. Suchvolumen: Juli	Gesch. durchschn. Suchvolumen	Trends zum Suchvolumen	Monat mit größtem Volumen	
kindermöbel	1 - 3	€0,45		823.000	1.830.000		Mrz	Hinzufügen
hochbetten	1 - 3	€0,38		33.100	110.000		Mrz	Hinzufügen
hochbett	1 - 3	€0,35		450.000	550.000		Jan	Hinzufügen
babymöbel	1 - 3	€0,51		550.000	368.000		Jul	Hinzufügen
babyzimmer	1 - 3	€0,34		110.000	135.000		Jan	Hinzufügen
kinderzimmer	1 - 3	€0,40		823.000	823.000		Jan	Hinzufügen
kinderhochbett	1 - 3	€0,34		33.100	33.100		Jan	Hinzufügen
paidi	1 - 3	€0,30		110.000	110.000		Jan	Hinzufügen
etagenbett	1 - 3	€0,31		90.500	110.000		Jan	Hinzufügen
babybetten	1 - 3	€0,45		14.800	22.200		Jan	Hinzufügen
wickelkommode	1 - 3	€0,49		110.000	135.000		Mrz	Hinzufügen
kindermoebel	1 - 3	€0,37		14.800	12.100		Jun	Hinzufügen
babybett	1 - 3	€0,44		110.000	135.000		Jan	Hinzufügen
jugendzimmer	1 - 3	€0,33		246.000	301.000		Jan	Hinzufügen
pinolino	1 - 3	€0,53		33.100	74.000		Mrz	Hinzufügen
spielbetten	1 - 3	€0,27		2.900	2.900		Jan	Hinzufügen
abenteuerbett	1 - 3	€0,23		14.800	18.100		Jan	Hinzufügen
spielbett	1 - 3	€0,25		27.100	27.100		Mrz	Hinzufügen

Abb. 10.10: Die Kennzahlen beim Google-Keyword-Tool

Um alle Spalten zu sehen, die Sie in Abbildung 10.10 erkennen können, müssen Sie zunächst rechts oben in dem Pull-down-Menü SPALTEN ANZEIGEN/AUSBLENDEN am besten ALLE ANZEIGEN auswählen. Standardmäßig sind nämlich weniger sichtbare Spalten eingestellt. Was Sie hier sehen bzw. ablesen können, ist *der Reihe nach* zum Beispiel für das Keyword `Babymöbel` (Zeile 4) Folgendes:

- Um durchschnittlich auf Position 1 bis 3 im bezahlten Bereich (AdWords) zu stehen, muss man im Mittel 0,51 € pro Klick bezahlen.

- Die Mitbewerberdichte wird durch den im Original grünen Balken (hier grau) visualisiert und ist recht hoch. Das heißt, auf dieses Keyword bieten viele Mitbewerber bereits.
- Das durchschnittliche Suchvolumen **im vergangenen Monat** (hier der Juli) war 550.000 Abfragen.
- Das über die letzten zwölf Monate aufgelaufene Suchvolumen beträgt **pro Monat** im Schnitt 368.000 Abfragen. Das bedeutet, dass die Abfragen im Juli deutlich über dem Jahresschnitt lagen.
- Die nachfolgende Balkengrafik zeigt die Verteilung des Suchvolumens auf die einzelnen Monate im Jahr. Dummerweise wird die Grafik nicht vom Januar bis zum Dezember aufgebaut, sondern beginnt drei Monate zurück. Der erste Balken zeigt also den Mai, der letzte den April. Fährt man mit der Maus über die einzelnen Balken, erscheint der Monat in einem kleinen Fenster. In der Zeit zwischen Februar und April (die letzten drei Säulen) werden anscheinend fast keine Babymöbel gesucht. Solche unverständlichen Muster zeigen sich immer wieder mal und ich habe es aufgegeben, dies logisch verstehen zu wollen. Wahrscheinlich sind das einfach nur geburtenschwächere Monate.
- Die letzte Kennzahl zeigt den Monat an, in dem das meiste Suchvolumen gelaufen ist. In diesem Fall war es tatsächlich der Juli.

Wenn Sie ein Keyword in Ihren Sammelpool aufnehmen möchten, klicken Sie einfach rechts auf HINZUFÜGEN. Diese Begriffe erscheinen dann auf der rechten Seite in dem Kasten AUSGEWÄHLTE KEYWORDS, wie Sie in Abbildung 10.11 sehen können.

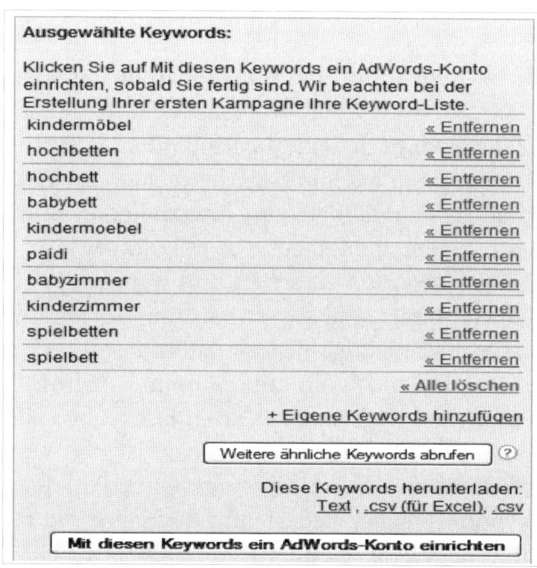

Abb. 10.11: Die Keyword-Sammelliste beim Google-Keyword-Tool

Das Praktische ist hier, dass Sie alle auch über mehrere Rechercherunden aufgesammelten Keywords bequem am Ende als Textdatei, als allgemeine csv-Datei oder als csv-Datei für Excel downloaden können.

Bei Bedarf können Sie sich aber auch alle Begriffe und Kennzahlen aus der Übersicht in Abbildung 10.10 in den gleichen Formaten laden. Dazu scrollen Sie einfach alle angezeigten Keywords nach unten. Ganz am Ende der Tabelle finden Sie recht gut versteckt am unteren, rechten Rand Links zum Download.

Google hat im August 2008 ein weiteres Tool für die Öffentlichkeit freigegeben: »Insights for Search«. Zu dem Zeitpunkt, wo ich die Screenshots gemacht habe, war das Tool erst ein paar Tage alt und nur in Englisch verfügbar. Wahrscheinlich finden Sie jetzt schon eine deutsche Bedienungsoberfläche vor.

Man kann bei Insigths for Search durch wirklich umfangreiche Filter- (rechts unter FILTER) und Kombinationsmöglichkeiten bis zu fünf Suchbegriffe direkt miteinander vergleichen.

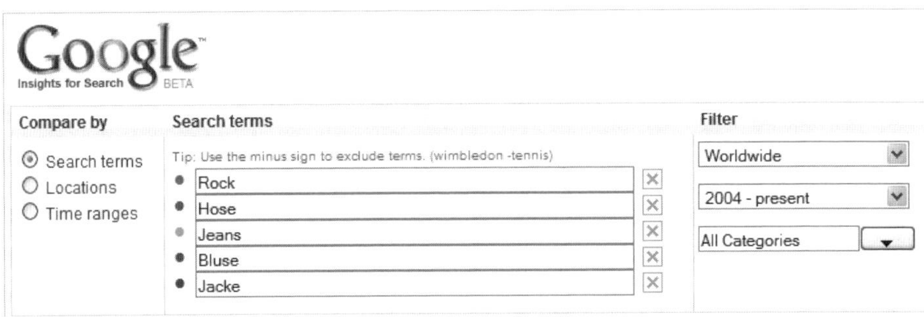

Abb. 10.12: Die Keywordeingabe bei Google Insights for Search

In dem Fall, den Sie in Abbildung 10.12 sehen, würden wir völlig verzerrte Ergebnisse bekommen. Warum? Weil »Rock« hier als Kleidungsstück gedacht war, aber natürlich auch Suchangaben nach dem Musikstil »Rock« mit ausgewertet werden. In solchen Fällen benutzt man die Filter auf der rechten Seite. Unter ALL CATEGORIES wählen Sie einfach genau die Kategorie aus, zu der die Suchbegriffe gehören. In meinem Fall hier habe ich die Kategorie SHOPPING gewählt. Ich vermute auch, dass hier alsbald Unterkategorien zu sehen sein werden. Denn in der Programmierung des Pull-down-Menüs sind sie schon drin. Trotzdem ist unsere Abfrage noch immer nicht stimmig! Richtig. »Jeans« hat in (fast?) allen Sprachen die gleiche Bedeutung, »Jacke« ist jedoch ein rein deutscher Begriff. Damit würden wir wieder Äpfel mit Birnen vergleichen. Um diesen Effekt auch zu eliminieren, setzt man am besten den regionalen Filter von dem vorbelegten WORLDWIDE auf GERMANY. Jetzt taucht dynamisch rechts noch eine weitere Pull-down-Box ALL SUBREGIONS auf. Hier können Sie bei Bedarf nun auch noch auf Bundeslandebene gehen. Für Abbildung 10.13 habe ich die Region BAYERN ausgewählt.

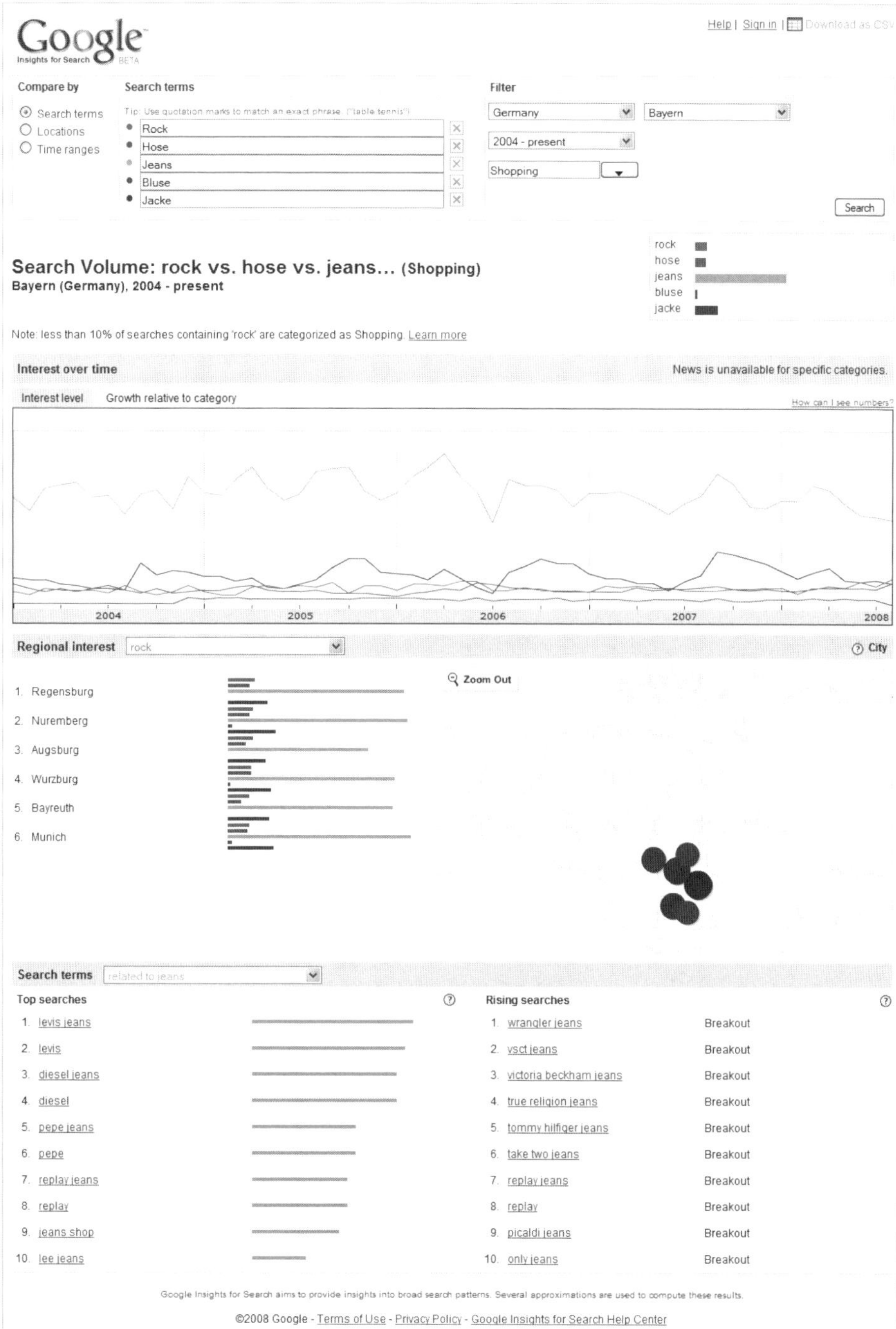

Abb. 10.13: Die Komplettansicht von Insights for Search

Als Ergebnis bekommt man eine zeitliche Übersicht über den Suchverlauf seit etwa 2004 aller Suchbegriffe, eine interaktiv veränderbare regionale Auswertung (mit einer ebenfalls interaktiven Karte, die sich teilweise bis auf Städteebene durchklicken lässt) und am Ende unten die »Top-Suchen«, die mit den oben eingegebenen Begriffen noch bei Google gemacht werden. Per Pull-down-Menü kann man für die letzten beiden Kategorien (Regional Interest und Search terms) eines der Suchworte gezielt auswählen. Im untersten Teil in Abbildung 10.13 sehen Sie unter Search terms ausgewählt für den Suchbegriff `Jeans` die am meisten abgefragten Kombinationsbegriffe mit diesem Suchbegriff. Auf der rechten Seite unter Rising Searches werden Suchkombinationen angezeigt, die im Vergleich zwischen dem eingestellten Zeitrahmen und der vergleichbaren Vorperiode signifikant angestiegen sind. Wählen Sie also zum Beispiel oben das Jahr 2008 als Bezugsrahmen, wird mit den Suchen in 2007 verglichen. Wählen Sie den März 2008 (mit Specific Date Range unten in dem Pull-down-Menü können Sie jeden beliebigen Zeitraum wählen!) aus, dann wird mit dem Februar 2008 verglichen.

Steht bei Rising Searches statt einer Prozentzahl Breakout, bedeutet das einen Anstieg von über 5.000 Prozent. Lassen Sie sich nicht täuschen: In der Grundeinstellung (2004 bis jetzt) gibt es natürlich keine Vorperiode, mit der vernünftig (!) verglichen werden können, weil keine Daten vorliegen. Hier hilft es, vorher eine zeitliche Eingrenzung vorzunehmen. Dann bekommen Sie tatsächlich richtige Prozentzahlen geliefert, wie in Abbildung 10.14 für Jeans, 2008 in Bayern.

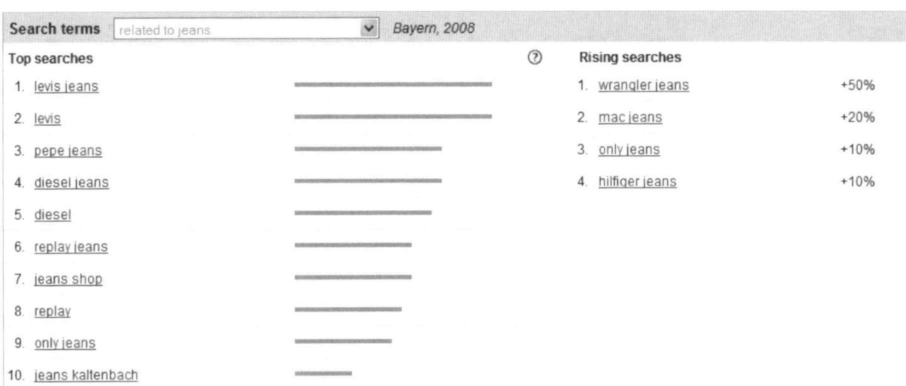

Abb. 10.14: Suchabfragen in Verbindung mit Jeans 2008 in Bayern

Google Insights for Search ist ein wirklich mächtiges Tool und es wird noch weiter ausgebaut werden. Es ist derzeit das Beste, was Sie für die Keyword-Recherche verwenden können und die Transparenz ist großartig. Aber auch hier gilt wie überall im Netz: Die Zahlen sind niemals zu 100 Prozent exakt. Mit einer gewissen Unschärfe müssen Sie im Web leben. Es ist auch unmöglich, Ihnen hier alle Funktionen dieses Tools zu zeigen. Die Oberfläche ist selbsterklärend. Experimentieren

Sie ein wenig herum. Probieren Sie einfach mal alles aus und entscheiden Sie selbst, was für Ihr eigenes Informationsbedürfnis passt.

Tipp

Nutzen Sie die RISING SEARCHES in Abbildung 10.14 auch dazu, sich auf kommende »Hypes« rechtzeitig vorzubereiten! Verkaufen Sie Jeans? Haben Sie Jeans der Marken Mac, Only und Wrangler schon in Ihrem Angebot? Oder sind Sie mit internationalen Angeboten am Start? Dann sollten Sie im August 2008 schon für Tummy Tuck Jeans, Red Monkey Jeans, Paige Jeans, Apple Bottom Jeans oder Victoria Beckham Jeans gerüstet sein. Sind Ihre Webseiten schon auf die stark kommenden Begriffe hin optimiert? Denken Sie immer daran: In der Regel sind Sie mit diesem Wissen (der kleine, unscheinbare Kasten mit den »Rising Searches« rechts unten in Abbildung 10.13) Ihren (Online-)Mitbewerbern eine wichtige Nasenlänge voraus. Die meisten haben von dem, was Sie hier gerade lesen, so was von überhaupt keine Ahnung, dass das Rascheln der Scheine in Ihrer virtuellen Kasse geradezu ein Donnergrollen anstimmen wird – wenn Sie alles *rechtzeitig* und *richtig* machen.

Schön und gut, werden Sie jetzt vielleicht nach einem eigenen, ausführlichen Test dieses Tools sagen. Aber ich kann doch nicht all die Begriffe einzeln abschreiben? Wahrscheinlich haben die Umtriebigen von Ihnen schon nach einer Downloadmöglichkeit gesucht. Die gibt es auch – diesmal rechts oben (man sollte sich bei Google mal auf einen einheitlichen Platz einigen). Aber der Link ist ausgegraut und nicht anklickbar. Um ihn zu aktivieren und die recherchierten Daten als CSV-Datei laden zu können, müssen Sie sich in Ihr Google-Konto einloggen. Der Link dazu ist gleich links daneben. Danach wird DOWNLOAD AS CSV aktiv und anklickbar.

Nun noch ein praktisches Beispiel: In Anknüpfung an Abschnitt 10.1 stellen wir uns also die Frage, ob nun »Kühlschrank« oder »Kühlschränke« das bessere Keyword ist bzw. was von beiden häufiger gesucht wird?

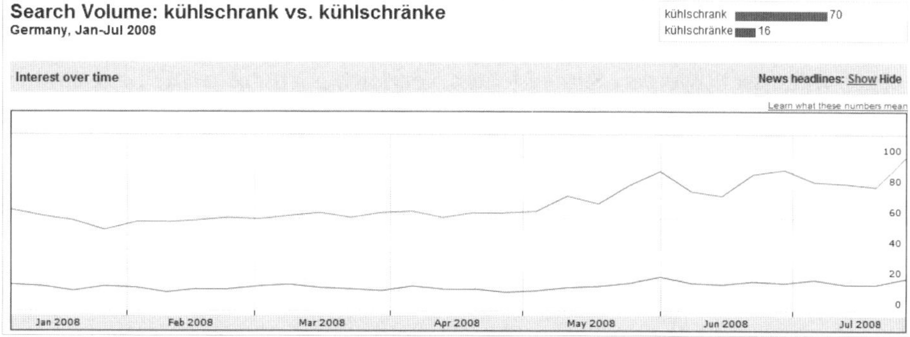

Abb. 10.15: Einzahl oder Mehrzahl? Was wird mehr gesucht?

Wie Sie in Abbildung 10.15 an der oberen Linie, die für »Kühlschrank« steht, sehen können, ist es in diesem Fall die Einzahl.

Tipp

Behalten Sie bitte im Kopf, dass nicht immer der am häufigsten gesuchte Begriff für Sie und Ihre Website der beste sein muss! Er macht mehr Traffic, aber es muss das richtige »Interesse« hinter dem Begriff stehen. Menschen, die mit Mehrzahlbegriffen suchen, möchten häufig erst vergleichen. Hinter Suchen mit Einzahl steckt dagegen oft eine konkrete Kaufabsicht. Hmmm ... Es kann sich aber durchaus auch lohnen, Suchende schon vor der Kaufentscheidung auf die eigene Seite zu holen – so lange sie noch in der Informationsphase sind. Oder?

Unsere Suche nach dem Vergleich Einzahl-Mehrzahl hat auch nebenbei noch ein anderes interessantes Ergebnis ausgeworfen.

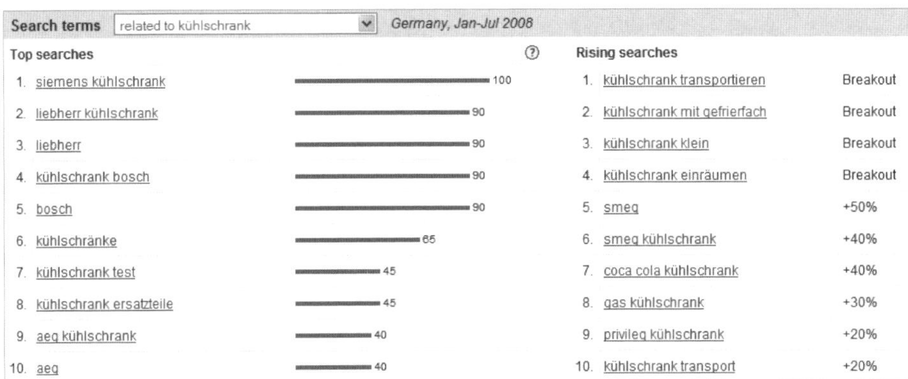

Abb. 10.16: Welcher Kühlschrank wird gesucht?

Was Sie vielleicht in Abbildung 10.16 spannend finden (sofern Sie in Ihrer eigenen Branche suchen!), sind die Marken- bzw. Herstellerbezeichnungen. Man bekommt einen recht wertvollen Überblick, welche Marken besonders oft online (nie vergessen, hier sieht man nur das Online-Interesse!) gesucht werden. Und ebenso interessant werden Sie bei jedem Vergleich auch die rechte Seite finden. »Coca Cola Kühlschränke« und »Privileg« sind in meinem Beispiel stark im Kommen. Dass »Kühlschrank einräumen« als Suchbegriff mit Breakout gekennzeichnet wurde, kann ich gut verstehen. Ich suche auch nach jedem Einkauf jemanden, der mir den Kühlschrank einräumt. Vielleicht sollte ich auch mal googeln ... ;-)

Okay, wieder ernst. Beinahe. Weil ich jetzt schon wieder grinsen muss, wenn ich an mein nächstes Beispiel auch nur denke. Irgendwann muss wohl mal ein zugedröhnter und mit kurzem, aber fest gebundenem Pferdeschwanz geschmückter Head-of-

Salesmanagement-Vice-President-and-Trashholding-Illuminator einer niederbayerischen Werbeagentur unter seinem Glastisch aufgewacht sein und laut gerufen haben: »*Kommunikation! Wir machen keine Werbung, wir machen Kommunikation! Genau ab: Jetzt!*« Folgerichtig hat man noch am gleichen Tag alle verräterischen Schilder mit »Werbeagentur Meier« (der Name ist fiktiv!) abmontiert und eine Neonschrift mit »meier / *kommuni*.kation« angebracht. Ist nicht so schlimm, wie Sie denken, weil man Herrn Meier in seinem Wohnort ja am Outfit und der Frisur als Werbemann eindeutig auf mehrere hundert Meter zielsicher erkennen kann. Aber: Was ist mit dem Web? Herr Meier wird diese Frage sowieso nicht verstehen, weil für seinen eigenen Flash-Webauftritt und die, die er für seine Kunden verfilmt hat, das »Gefundenwerden« im Web über Google & Co. eh nie ein Thema war.

Wahrscheinlich werden Sie den ernsten Kern meiner kleinen Geschichte schon ahnen. Die Werbeagenturen in Deutschland heißen nicht mehr so. Nein, sie haben sich zu Kommunikationsagenturen umdefiniert und folgerichtig auch umbenannt. Jetzt wird Ihnen sicher klar, worauf ich hinauswill. Dann sehen wir doch mal nach, wonach die Menschen suchen.

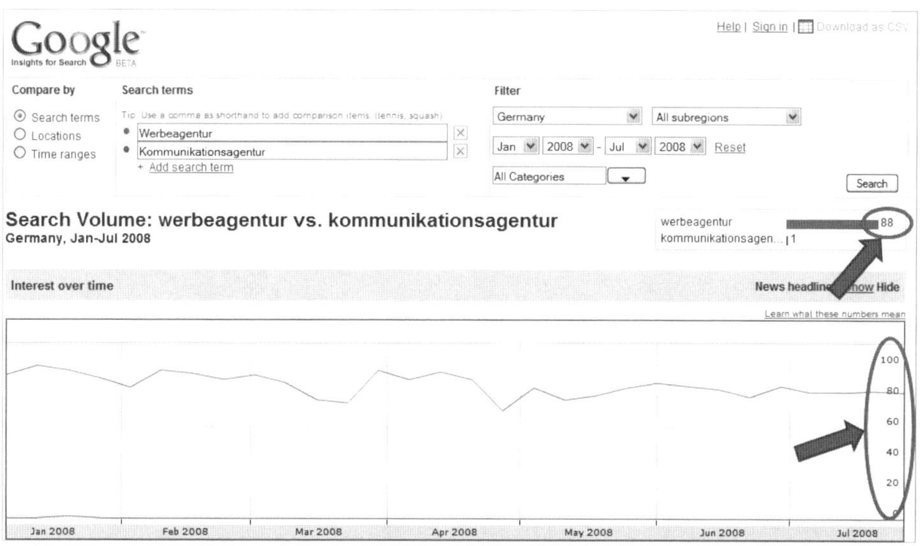

Abb. 10.17: Kein Mensch sucht eine Kommunikationsagentur.

Das Ergebnis fällt wie erwartet und vernichtend für die Branche aus. In Abbildung 10.17 sieht man, dass das Abstimmungsergebnis 88 zu 1 ist. Die Kunden suchen also noch immer ganz massiv nach Werbeagenturen. Werden aber immer seltener fündig, weil die Webseiten der Agenturen das Wort »Werbe« gegen »Kommunikation« getauscht haben. Okay, Webseiten solcher Agenturen hat man eh nie gut in Google gefunden, weil sich die Robots eben nicht Flash-Intros, visualisierte Philosophien, Visionen und Pferdeschwänzchen ansehen mögen. Aber nachdenklich macht das schon. Da rennt eine ganze Branche hinter einem Wort-Hype her und schießt sich damit aus der gelernten Begriffswelt des Kunden. Und exakt diese Branche will diesem Kunden einreden, sie könne »Kommunikation« für ihn machen. Seltsam, dass sich niemand darüber wundert, oder?

Auch der Onlinevermarkter Miva (vormals `FindWhat.com`) stellt ein Online-Tool zur Abfrage der Häufigkeit einzelner Suchabfragen im Zeitraum der letzten 30 Tage unter `https://account.de.miva.com/advertiser/Account/Popups/KeywordGenBox.asp` zur Verfügung. Hier werden ebenfalls recht konkrete Zahlen angegeben. Die Zahlen scheinen auch einigermaßen zu stimmen. Während Google zum Beispiel für das Keyword `Babyzimmer` 110.000 Suchabfragen pro Monat angibt (vgl. Zeile 5 in Abbildung 10.10 auf Seite 212), beziffert Miva diese mit 970. Das dürfte in etwa dem Marktverhältnis zwischen den beiden Suchnetzwerken entsprechen.

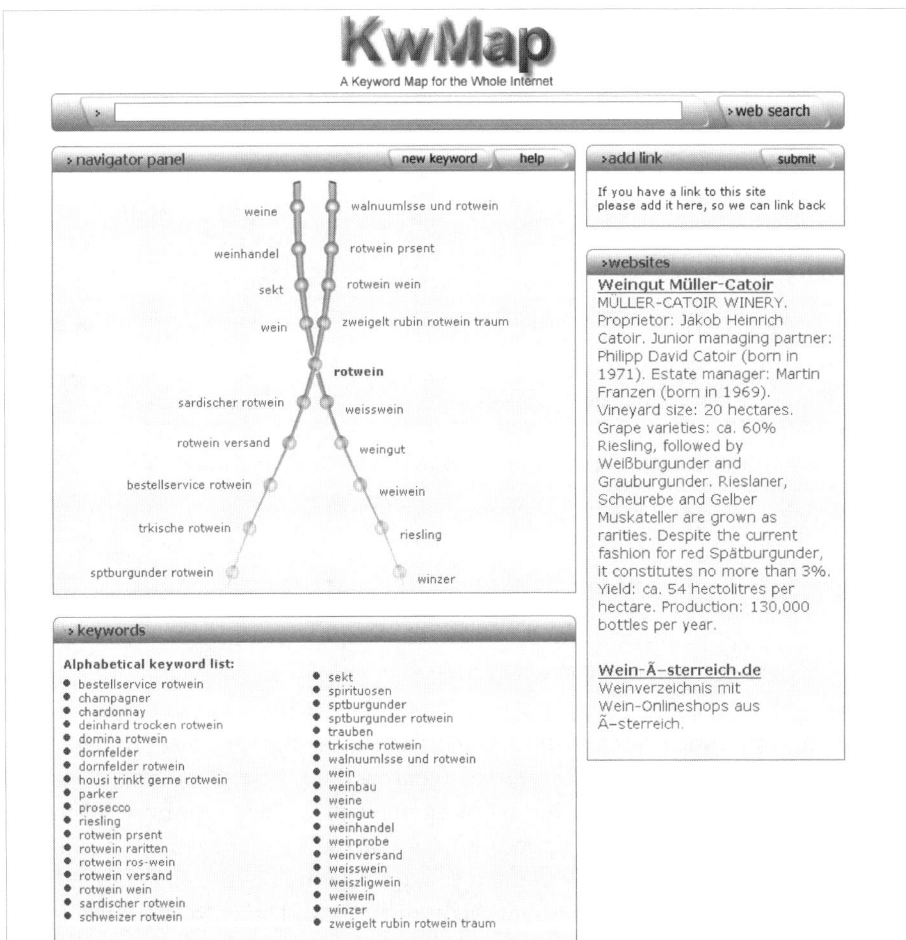

Abb. 10.18: KwMap als Worte-Browser

Zwar englischsprachig, aber eine interessante Alternative oder Ergänzung stellt KwMap (`www.kwmap.com`) zur Verfügung. Es handelt sich dabei um eine Art Begriffe-Browser. Sie geben zunächst ein Keyword ein und erhalten dann auf zwei Perlenschnüren weitere Begriffe rund um Ihren zentralen Begriff, der in der Mitte steht. Je weiter weg der jeweilige Begriff vom Zentrum ist, desto weiter entfernt ist die inhaltliche Verwandtschaft. Die Besonderheit liegt nun darin, dass Sie innerhalb der beiden Ketten auf einzelne Begriffe klicken können und diese dann ins Zentrum rutschen. Danach bauen sich rund um den gewählten Begriff neue Wortketten auf (siehe Abbildung 10.18).

Wie Sie in Abbildung 10.18 erkennen können, hat das Tool noch immer Schwierigkeiten mit deutschen Umlauten. Aber das tut dem kreativen Umgang damit keinen großen Abbruch.

Ein weiteres Tool, das in die Semantik von Begriffen abtaucht, ist NGSearch (Next GernerationSearch). Nach Eingabe eines Begriffes bekommt man semantisch verwandte Wörter in einer Begriffswolke (Tag-Cloud). Dort werden die Wörter umso größer dargestellt, je näher sie thematisch mit dem eingegebenen Suchwort verknüpft sind. Zusätzlich gibt NGSearch noch Wörter aus, die den gleichen Anfang wie der Suchbegriff haben, sowie Wörter, die oft gemeinsam mit ihm verwendet werden. Am Ende versucht NGSearch noch, gängige Tippfehler zu listen. Diese taugen allerdings aus meiner Sicht nicht immer (siehe Abbildung 10.19).

Abb. 10.19: NGSearch zur semantischen Keyword-Suche

> **Tipp**
>
> Achten Sie beim Entwerfen Ihrer Keywords auch auf gängige Schreib- und Tippfehler. Etwa neun Prozent aller Suchabfragen enthalten Rechtschreibfehler. Google zeigt beispielsweise über 14 Millionen Webseiten, auf denen das Wort »Orginal« falsch mit nur einem »i« geschrieben wurde. Auch das »Amaturenbrett«, dem eigentlich ein »r« abgeht, bringt nicht nur über 160.000 Treffer, sondern auch noch jede Menge bezahlter Werbung (vielleicht absichtlich?) zu diesem Suchwort. Und gar volle 15 Prozent der Deutschen schreiben Maschine als »Maschiene«. Falls Sie also auch werbegünstig, weil ohne viele Mitbewerber, »Drehmaschi*e*nen« verkaufen möchten, nur zu!

Google hat einmal zusammengestellt, mit wie vielen verschiedenen Schreibweisen das Popsternchen Britney Spears innerhalb einer Zeitspanne von drei Monaten mehr als einmal gesucht wurde: Laut Jens Redmer von Google waren es insgesamt über 800. In Abbildung 10.20 sehen Sie einige davon. Den Rest finden Sie bei Bedarf unter: `http://www.google.com/jobs/britney.html`.

488941	britney spears
40134	brittany spears
36315	brittney spears
24342	britany spears
7331	britny spears
6633	briteny spears
2696	britteny spears
1807	briney spears
1635	brittny spears
1479	brintey spears
1479	britanny spears
1338	britiny spears
1211	britnet spears
1096	britiney spears
991	britaney spears
991	britnay spears
811	brithney spears
811	brtiney spears
664	birtney spears
664	brintney spears
664	briteney spears
601	bitney spears
601	brinty spears
544	brittaney spears
544	brittnay spears
364	britey spears
364	brittiny spears
329	brtney spears
269	bretney spears
269	britneys spears
244	britne spears
244	brytney spears
220	breatney spears
220	britiany spears
199	britnney spears
163	britnry spears
147	breatny spears
147	brittiney spears
147	britty spears
147	brotney spears
147	brutney spears
133	britteney spears
133	briyney spears
121	bittany spears
121	bridney spears
121	britainy spears
121	britmey spears
109	brietney spears
109	brithny spears
109	britni spears
109	brittant spears
98	bittney spears
98	brithey spears
98	brittiany spears
98	btitney spears
89	brietny spears
89	brinety spears
89	brintny spears
89	britnie spears
89	brittey spears
89	brittnet spears
89	brity spears
89	ritney spears
80	bretny spears
80	britnany spears
73	brinteny spears
73	brittainy spears
73	pritney spears
66	brintany spears
66	britnery spears
59	briitney spears
59	britinay spears
54	britneay spears
54	britner spears
54	britney's spears
54	britnye spears
54	britt spears
54	brttany spears
48	bitany spears
48	briny spears
48	brirney spears
48	britant spears
48	britnety spears
48	brittanny spears
48	brttney spears
44	birttany spears
44	brittani spears
44	brityney spears
44	brtitney spears
39	brienty spears
39	brritney spears
36	bbritney spears
36	briitany spears
36	britanney spears
36	briterny spears
36	britneey spears
36	britnei spears
36	britniy spears
32	britbey spears
32	britneu spears

Abb. 10.20: Britney Spears mal 800

Tipp

Ich werde in meinen Workshops zu Recht immer wieder gefragt, wie man denn als seriöses Unternehmen einen Tippfehler in den Webtext machen könne. Das könne man dem Vorstand oder dem Vorgesetzten niemals und der CI(Corporate Identity)-Abteilung schon gar nicht vermitteln. Das wäre ja geradezu imageschädigend. Richtig. Warum schreiben Sie nicht einfach hinter die korrekte Schreibweise zum Beispiel in Klammern (`oft fälschlich auch »Amaturenbrett« geschrieben`)? Vielleicht fällt Ihnen ja auch noch eine andere Möglichkeit ein, einen Tippfehler seriös unterzubringen. Zur Not können Sie sich auch auf das (zusätzliche) Buchen solcher Tippfehler in bezahlten Kampagnen (zum Beispiel Google AdWords) beschränken. Dann tauchen Sie auch bei gängigen Buchstabendrehern mit Ihrer Website auf – und keiner merkt etwas.

10.4 Keyword-Datenbanken

Neben den Suchmaschinen und den bereits vorgestellten Online-Tools gibt es noch eine ganze Reihe kostenloser, aber auch kostenpflichtiger Keyword-Datenbanken. Zwei möchte ich Ihnen kurz vorstellen.

Die erste finden Sie unter `www.ranking-check.de/keyword-datenbank.php`.

Abb. 10.21: Die Keyword-Datenbank von Ranking-Check

Die Bedienung ist denkbar einfach. Geben Sie Ihren Suchbegriff einfach in den Suchschlitz ein und klicken Sie auf DATENBANK ABFRAGEN (siehe Abbildung 10.21). Es erscheint eine Liste mit verwandten Suchbegriffen, ergänzt um eine geschätzte Abfragezahl pro Monat bei Google. Für `Babyzimmer` wurden hier, wie in Abbildung 10.22 gezeigt, 19.881 Abfragen geschätzt. Die tatsächliche Anzahl liegt bei etwas 110.000 (vgl. auch mit Zeile 5 in Abbildung 10.10 auf Seite 212).

Der wahre Wert liegt hier aber im nächsten Schritt. Auf der rechten Seite sehen Sie eine Spalte mit der Überschrift FÜR WRAPPER AUSWÄHLEN. Das ist kein Tippfehler für amerikanische Sprachsänger, die ständig »HeyYuMan-F*ckYou!« von sich geben, sondern ein äußerst nützliches Tool. Klicken Sie also einfach mal bei allen Begriffen, die Sie mit auf Ihre Keywordlisten nehmen möchten.

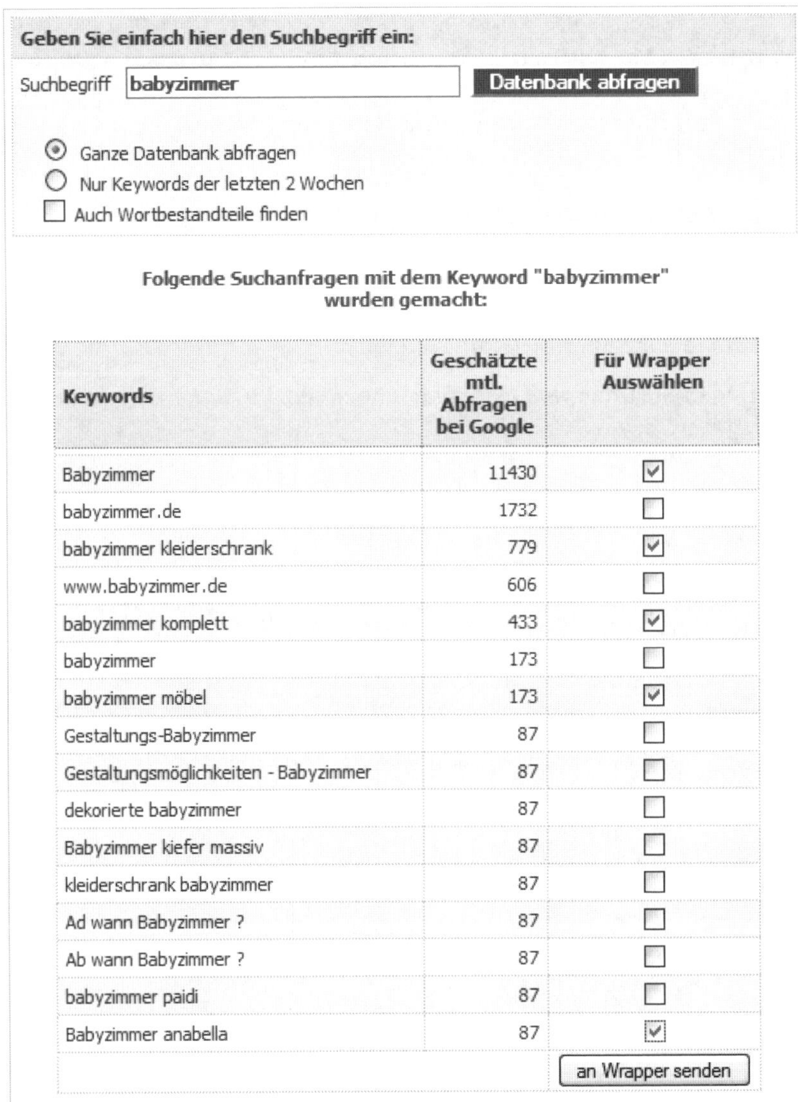

Keywords	Geschätzte mtl. Abfragen bei Google	Für Wrapper Auswählen
Babyzimmer	11430	☑
babyzimmer.de	1732	☐
babyzimmer kleiderschrank	779	☑
www.babyzimmer.de	606	☐
babyzimmer komplett	433	☑
babyzimmer	173	☐
babyzimmer möbel	173	☑
Gestaltungs-Babyzimmer	87	☐
Gestaltungsmöglichkeiten - Babyzimmer	87	☐
dekorierte babyzimmer	87	☐
Babyzimmer kiefer massiv	87	☐
kleiderschrank babyzimmer	87	☐
Ad wann Babyzimmer ?	87	☐
Ab wann Babyzimmer ?	87	☐
babyzimmer paidi	87	☐
Babyzimmer anabella	87	☑

Abb. 10.22: Die Keywordliste bei Ranking-Check

Wenn Sie nun auf AN WRAPPER SENDEN klicken, erkennen Sie sofort, warum ich dieses Tool so nützlich finde. Primär ist dieser »Mischer« für die Zusammenstellung für Google AdWords ausgelegt. Dafür können Sie ihn auch prima nutzen (zu Google AdWords komme ich im nächsten Kapitel). Aber auch zur plattformneutralen Zusammenstellung und Kombination von Suchbegriffen ist er gut geeignet.

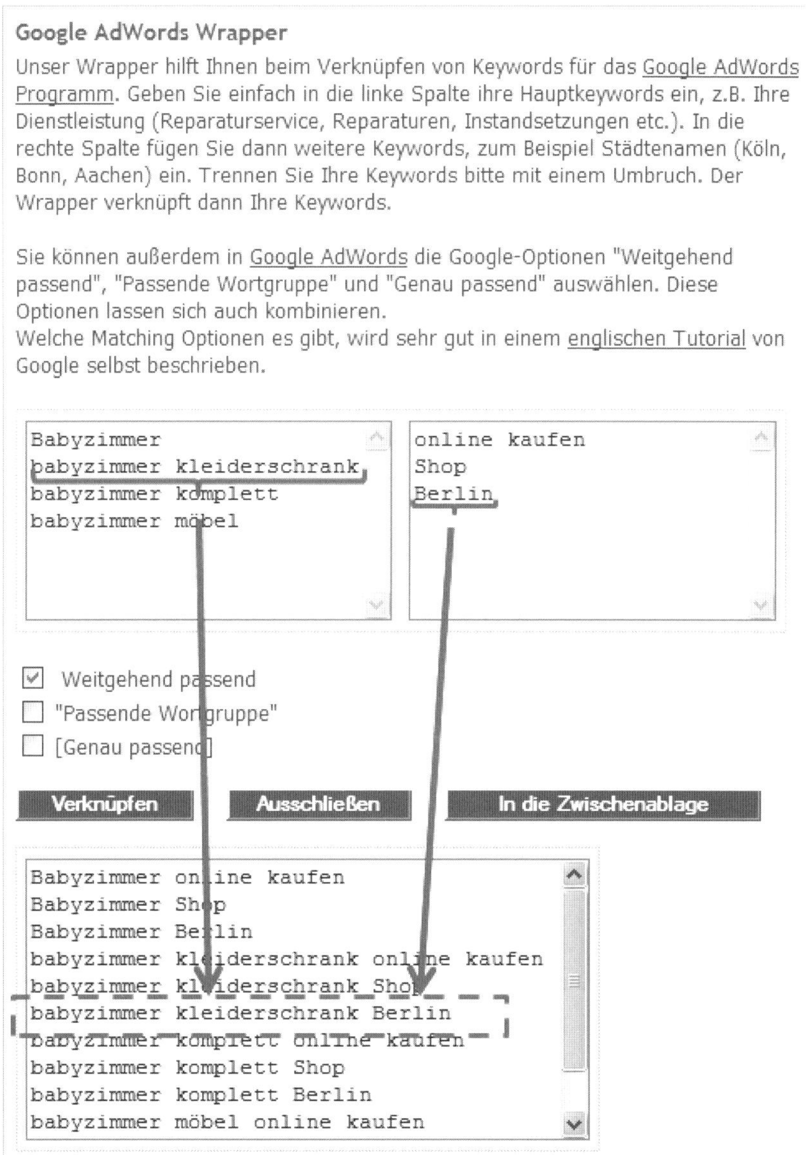

Abb. 10.23: Der Wrapper bei Ranking-Check

Sie finden Ihre vorhin angekreuzten Keywords zunächst im linken oberen Fenster wieder (siehe Abbildung 10.21). Rechts können Sie nun generische, allgemein zum Beispiel verkaufsorientierte Begriffe wie etwa

- »kaufen«
- »Shop«
- »Online-Shop«
- »online kaufen«
- »günstig«
- »Hersteller«
- »Anbieter« oder auch
- Ortsbezeichnungen wie »Berlin« oder »Berlin Mitte« für lokale Angebote

eintragen. Klicken Sie dann das Kästchen WEITGEHEND PASSEND und danach VERKNÜPFEN an. Die beiden anderen Kästchen brauchen Sie nur für Google AdWords, aber dazu kommen wir noch. Jetzt erhalten Sie in dem unteren Feld eine Kombination der beiden Felder oben. Mit einem Klick auf IN DIE ZWISCHENABLAGE LEGEN werden diese Kombinationen kopiert und Sie können jetzt zu Ihrer eigenen Keywordliste wechseln und die eben generierten Begriffe dort hinzufügen.

Eine weitere nützliche Datenbank ist die von Stefan Fischerländer, die Sie unter `www.keyword-datenbank.de` finden. Der Zugang ist kostenpflichtig, lohnt sich aber möglicherweise für Sie, vor allem wenn Sie für Ihr Unternehmen mehrere Projekte oder als Agentur mehrere Kunden betreuen. Man kann den Zugang gestaffelt kaufen, jeweils inklusive Mehrwertsteuer für

- einen Einzelmonat (29 €)
- drei Monate (79 €)
- ein Jahr (179 €)

Sie können also ohne großes Risiko zunächst einen Monat lang testen, wie nützlich die Datenbank für Ihre persönlichen Belange ist. Besonders fair finde ich die einfache Möglichkeit, sofort Zugang zu erhalten und auf Rechnung zu bezahlen. Zusammen mit dem Widerrufsrecht des Fernabsatzgesetzes kauft man also nicht die Katze im Sack.

Die meisten dieser Angebote, so auch `keyword-datenbank.de`, gibt es schon länger im Netz. Bisher waren die Informationen, was wie oft gesucht wurde, nur spärlich oder gar nicht im Web zu finden. Nachdem nun Google mit Insights for Search seine Pforten geöffnet hat, wirken viele dieser Angebote vom einen auf den anderen Tag überflüssig oder funktionell unterbestückt. So steht auch derzeit auf der Startseite von `keyword-datenbank.de`, dass man den Verlauf der Suchhäufigkeit jetzt neu und im Betastadium als Grafik sehen könne. Jetzt, aber wirklich erst jetzt in Anbetracht dessen, was Google nun plötzlich bietet, wirkt das natürlich wenig als Anreiz. Trotzdem hält diese Plattform einige nützliche Features für Sie bereit. Zum einen ist das der so genannte Brainstorming-Modus. Dort kann man während eines Workshops einfach Begriffe so erfassen, wie sie genannt werden – und später dann damit weiterarbeiten. Weiterhin gibt es eine Tippfehler-Suche, die Ihnen bei der Suche nach gängigen Buchstabendrehern helfen kann.

Profis werden aber wahrscheinlich die Möglichkeit zur Verwaltung mehrerer Projekte (siehe Abbildung 10.24, die eine Originalabbildung des Betreibers aus der Website zeigt) zu schätzen wissen.

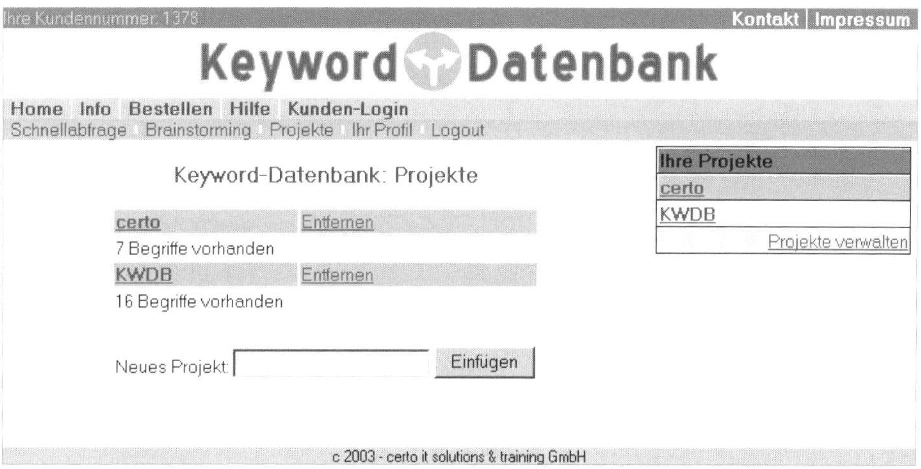

Abb. 10.24: Projektverwaltung unter www.keyword-datenbank.de

Selbstverständlich lassen sich alle dort in Projekten verwalteten und hinterlegten Keywordlisten per Download im CSV-Format auch auf den eigenen Rechner holen.

Tipp

Wenn Sie eher auf der Suche nach englischen oder internationalen Suchbegriffen sind, sollten Sie sich einmal die Seiten www.keyworddiscovery.com und www.keyworddiscovery.com/search.html näher ansehen. Dort finden Sie eine recht große Auswahl.

Fazit: Beim »Keywording« müssen Sie einfach kreativ sein. Denken Sie daran, dass mit den richtigen Worten *und nur mit den richtigen Worten* alles seinen Anfang nimmt. Die beste Optimierung für Suchmaschinen oder die Usability bringt Ihnen wenig, wenn Sie nicht die Begriffe erwischen, mit denen potenzielle

Kunden nach ihnen suchen. Das ist keine leichte Aufgabe. Im Gegenteil. Aber eigentlich ist das ja die gute Nachricht! Sehen Sie es als Grundvoraussetzung für den Erfolg und als eine Investition, die sich jahrelang positiv verzinst. Denken Sie immer an das alte chinesische Sprichwort: Wer überholen möchte, muss die Spur verlassen!

Kapitel 11

Werbung bei Suchmaschinen aufschalten

Sie möchten schon morgen frischen Umsatz in Ihrem Shop haben oder potenzielle Kundenanfrage via Web? Das ist keine Hexerei. Lesen Sie nur einfach dieses Kapitel und machen Sie sich an die Arbeit.

Neben der Optimierung der eigenen Webseiten in technischer und inhaltlicher Hinsicht für die wichtigsten Suchmaschinen gibt es nämlich eine weitere, vielversprechende Möglichkeit, *schnell* und hinsichtlich der Suchbegriffe *gezielt* zu neuen Kunden zu kommen: Die Bezahlprogramme einiger Suchmaschinenbetreiber, auch *Paid inclusion* genannt. Agenturen verwenden hier häufig fälschlicherweise die Abkürzung *SEM* für **S**earch **E**ngine **M**arketing (also Suchmaschinen-Marketing). Strenggenommen fällt auch die Optimierung des organischen Indexbereiches einer Suchmaschine (also die meist zehn Treffer, derern Position errechnet wird und nicht mit Geld beeinflusst werden kann), die man mit SEO (**S**earch **E**ngine **O**ptimization) abkürzt, unter den Begriff des Suchmaschinen-Marketings.

SEM setzt sich also korrekterweise zusammen aus:

- SEA = Search Engine Advertizing (Bezahlprogramme) und
- SEO = Search Engine Optimization (Optimierungen für den gerechneten Indexbereich, in dem bei Klicks keine Kosten in Rechnung gestellt werden)

Selbst auf der Online Marketing Messe in Düsseldorf (OMD) konnten das viele Anbieter nicht auseinander halten. Daher erwähne ich es der Vollständigkeit halber hier gesondert.

Der linke Teil der Ergebnisliste – auch SERP genannt (**S**earch **E**ngine **R**esult **P**age) mit seinen zehn oder mehr Treffern wird als *organischer* Teil bezeichnet. Er enthält die errechneten, gerankten Suchergebnisse. Auf der rechten Seite befinden sich die bezahlten Suchergebnisse. Bei gutem Qualitätsfaktor (später mehr dazu) und abhängig vom maximalen Klickgebot werden auch bis zu drei Anzeigen direkt über den organischen Suchergebnissen platziert. In der Abbildung 11.1 sind es z. B. zwei Anzeigen. Solche bezahlen Einträge werden international meist unter der Bezeichnung *paid inclusion* geführt.

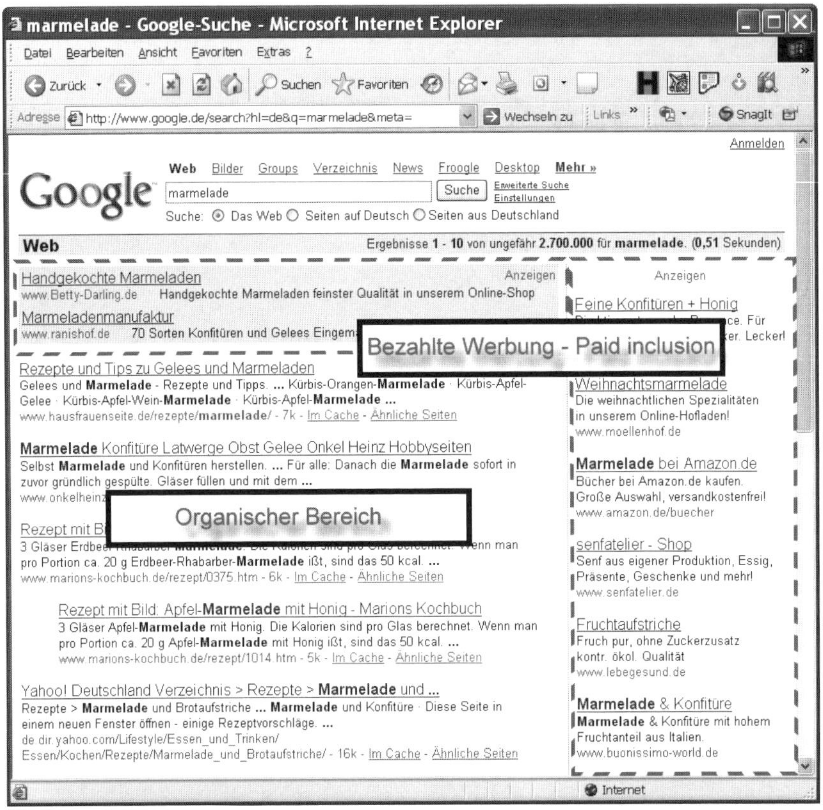

Abb. 11.1: Bezahlter und unbezahlter Bereich bei `Google.de`

Hier muss ich allerdings gleich auf einen Umstand hinweisen, der oft zu Verwechslungen führt. Mit der bezahlten Aufnahme ist nicht gemeint, dass man sich in die von den Suchmaschinen »errechneten« Ergebnisse einkaufen könnte. Zumindest ist das bei den seriösen Betreibern nicht möglich – obwohl immer wieder mal sogar 2008 noch die ein oder andere Verschwörungstheorie durch Foren und E-Mail-Verteiler geistert.

Hinweis

Vor allem Marktführer Google macht nach eigenen Angaben keine »Sweetheart-Deals«. Sprich: Man kann eine Position im organischen Bereich (also den traditionellen zehn Ergebnissen) nicht für Geld und gute Worte kaufen. Wohl aber in der rechten und teilweise oberen, als Werbung gekennzeichneten Spalte bzw. Zeile. Nun gibt es immer wieder Leute, die nicht müde werden zu schwören, dass eine gekaufte Position rechts auch mit dem plötzlichen Auftauchen ihrer Webseiten in dem linken Bereich zu tun hätte. Dieses »plötzliche« Auftauchen kann Zufall sein, hat aber in den meisten Fällen völlig normale Ursachen, deren

Klärung den Rahmen dieses Kapitels bei Weitem sprengen würde. Aber natürlich wäre eine Bevorzugung von gut zahlenden Werbekunden im normalen Ranking auch betriebswirtschaftlich betrachtet völliger Hirndurchfall! Überlegen Sie mal: Wenn Ihnen jemand viel Geld pro Klick geben würde, wenn Sie ihn auf der rechten Seite klein zeigen würden – würden Sie ihn dann zur Belohnung auch noch links prominent auf Platz 1 anzeigen? Wo würde ein Suchender wohl hinklicken? In den Hauptteil der Seite auf Platz 1 oder rechts auf die dreizeilige Textwerbung? Sehen Sie, ein bisschen kritisches Nachdenken erspart manchmal das Lesen von betriebswirtschaftlicher Grundlagenliteratur. Aber nur manchmal ...

Zurück zur bezahlten Werbung: Da Google in diesem Bereich mit dem AdWords-Programm wohl unwidersprochen als Marktführer bezeichnet werden kann und eben auch überproportional der meiste Suchtraffic über Google läuft, konzentriere ich mich hier auch in der zweiten Auflage auf diese Werbeplattform. Ein auch in Deutschland starker Partner ist »Yahoo! Search Marketing« (vormals »Overture«). Auch dorthin lohnt der Blick – je nach Zielpublikum. Weitere Anlaufstellen sind beispielsweise noch »Miva«, die ich in dem Kapitel über das Finden der richtigen Suchbegriffe ja schon erwähnt hatte.

Aber am besten sehen wir uns zunächst das Modell der so genannten AdWords bei Google an. Bei den anderen Suchmaschinen funktioniert die bezahlte Werbung mehr oder weniger ähnlich, wobei in der Regel die funktionalen Möglichkeiten etwas oder ehrlicherweise gesagt auch deutlicher beschränkter sind.

Google maßt sich bei der Bepreisung der Klicks auf Werbetexte nicht an, für jede Branche und jedes Keyword einen vernünftigen oder besser »fairen« Preis nennen zu können. Also hat man genialerweise (aus Googlesicht) für Preis und Vergabe der Positionen der Werbeblöcke ein ähnliches Prinzip wie bei eBay eingeführt: Man versteigert die Plätze quasi. Jeder Werbetreibende nennt für sein oder seine Keywords den maximalen Preis, den er bereit ist, pro Klick zu zahlen. Bezahlt wird also nur bei Erfolg, das heißt, erst wenn jemand auch tatsächlich auf die geschaltete Textwerbung klickt und auch tatsächlich auf meine Webseite kommt. Pay per Click nennt man das. Klingt fair, oder? Die Leute bei Google haben aber gewollt oder ungewollt für kapitalstarke *und* gleichzeitig mental suboptimierte Werbetreibende eine noch genialere Sperre eingebaut! Den so genannten »Quality Score« oder auch einfach *Qualitätsfaktor*. Wird auf eine potenziell hoch bezahlte Anzeige nicht oder nur selten geklickt, wandert sie unnachgiebig im Rang nach unten. Sie wird deswegen aber nicht unbedingt günstiger! Anzeigen auf den unteren Rängen können also durchaus teurer sein als ganz oben positionierte Werbung. Natürlich ist Platz eins in der Bezahlspalte rechts oben oder gar direkt über den normalen Suchergebnissen sehr begehrt. Die restlichen Plätze in Richtung nach unten nehmen daher verständlicherweise an Attraktivität ab. Will man an diesem Sonnenplatz mitspielen, muss man verstehen, wie der Anzeigenrank ermittelt wird. Einfaches Erhöhen des Klickgebotes für ein Keyword scheint mir keine vernünftige Strategie zu sein. Dennoch begegnen mir immer wieder schimpfende Online-Marketing»Experten«, die sich darüber aufregegen, dass man ständig im Rang nach unten rutschen würde und ständig das Budget erhöhen müsste, um gute Plätze zu erreichen.

Wenn nun die Marketingverantwortlichen im Konzern X meinen, sich Platz 1 bei dem Keyword Y mit einem hohen Klickgebot erkaufen zu wollen (Geld spielt oft keine Rolle, solange der Vorstand seinen Unternehmensnamen irgendwo auf der ersten Seite findet und dann kein Valium mehr braucht), klappt das wie erwähnt meist nur kurze Zeit. »Ego-Bidding« nennt man das in Fachkreisen. Danach »merkt« das intelligente Analyseprogramm, dass diese Anzeige nur *potenziell* viele Einnahmen beschert, aber *tatsächlich* fast niemand klickt, weil zum Beispiel der Text aus der Sicht der Suchenden unpassend oder vielleicht einfach auch nur etwas unbeholfen oder zu marktschreiend erscheint. Bei Google weiß man nun aber, dass »Nicht-Klicken« ein untrügliches Zeichen für »passt-nicht« aller Art ist. Anders ausgedrückt: Würde das gekaufte Keyword auch zum Unternehmen bzw. zum Anzeigentext passen, würden die Besucher auch in vernünftigem Verhältnis zum linken unbezahlten, dem organischen Teil klicken. Tun sie es nicht, ist es ein recht untrügliches Zeichen für Irrelevanz und die Anzeige wandert in der Position nach unten. Dazu kommen aber später noch einige für Sie interessante Einblicke in die Berechnung der Positionen, des Qualitätsfaktors und des Anzeigenrangs.

Die gute Nachricht ist damit aber praktisch automatisch eingebaut: Anzeigentexte, die mehr die Publikumsgunst treffen oder intelligenter mit passenden Keywords in Verbindung gebracht werden, werden damit natürlich belohnt und wandern nach oben. Und das – Achtung – bei gleichem Klickpreis. Sie sind gerade ins Grübeln gekommen? Gut so. Deswegen habe ich Ihnen diese Erklärung vorweg gegeben. Ich bin sicher, Sie lesen nun sehr viel aufmerksamer, wie man wirklich gute Kampagnen entwirft, steuert, kontrolliert und das zu den niedrigstmöglichen Kosten. Hier ist mehr Köpfchen, Cleverness und Fleiß gefragt als nur der große Geldbeutel. Genau richtig für Sie? Na also.

Was Sie dazu tun müssen, ist grob Folgendes:

- Einen kostenlosen Google-Kunden-Login eröffnen
- Das Werbefeld geografisch eingrenzen
- Einen oder mehrere Werbetexte entwerfen
- Vernünftige Suchbegriffe finden, gruppieren und andere ausschließen
- Die maximalen Kosten kalkulieren
- Ein paar Zeilen Code für die Konversionsmessung in Ihre Webseiten einsetzen

- Das Ganze scharf machen
- Kontrolle, Analyse, Optimierung und wieder von vorne

11.1 Einen kostenlosen Google-Kunden-Login eröffnen

Unter `https://adwords.google.de` (oder über ÜBER GOOGLE auf der Startseite, dann im Kasten FÜR INHABER VON WEBSITES auf WERBUNG und auf der nachfolgenden Seite links bei FÜR WERBETREIBENDE: GOOGLE ADWORDS klicken) finden Sie derzeit den Eingang zur AdWords-Welt. Klicken Sie dann entweder auf den Button JETZT STARTEN oder melden Sie sich – sofern Sie bereits ein Google-Konto haben – direkt darunter mit Ihrem Benutzernamen und dem Passwort an.

Falls Sie noch kein AdWords haben, führt Sie ein Anmeldeassistent durch die notwendigen Schritte (siehe Abbildung 11.2).

Abb. 11.2: Die verschiedenen Möglichkeiten beim Anlegen eines AdWords-Kontos

Die erste Möglichkeit, die STARTER-EDITION, ist für blutige Anfänger gedacht und solche Unternehmen, die noch nicht einmal über eine eigene Website verfügen.

Google bietet ja mittlerweile auch einen interaktiven Baukasten an, eine eigene Domain und den Content direkt bei Google anzulegen und zu verwalten. Die Möglichkeiten sind jedoch sehr eingeschränkt und für ein wirklich ernsthaftes Web-Engagement in der Regel nicht so wahnsinnig gut geeignet. Da Sie ja hier mit dem vorliegenden Buch einen hoffentlich hilfreichen Ratgeber haben, würde ich Ihnen zur Auswahl der STANDARD-EDITION raten. Dort haben Sie alle Möglichkeiten zur Verfügung, die nachfolgend beschrieben werden. Möchten Sie jedoch jetzt nicht so viel Zeit mit AdWords verbringen und nur mal kurz reinschnuppern, können Sie auch die obere Option wählen und sich erst einmal umsehen bzw. ein paar Eingaben versuchen. Ein Scharfschalten einer Kampagne würde ich Ihnen aber nicht raten. Ich bin mir recht sicher, damit verbrennen Sie ohne das notwendige Hintergrundwissen nur unnötig Geld.

Keine Sorge, Sie können alle inhaltlich in der Starter-Edition vorgenommenen Angaben später wieder ändern und jederzeit in die Standard-Edition wechseln.

Google stellt Ihnen zunächst einige Fragen, mit deren Beantwortung Sie gezielt durch die einzelnen Schritte geführt werden. Sie werden zum Beispiel nach der Währung Ihres Landes gefragt bzw. können diese festlegen. Anschließend können Sie sich bei AdWords einloggen und gleich die erste Kampagne erstellen (siehe Abbildung 11.3).

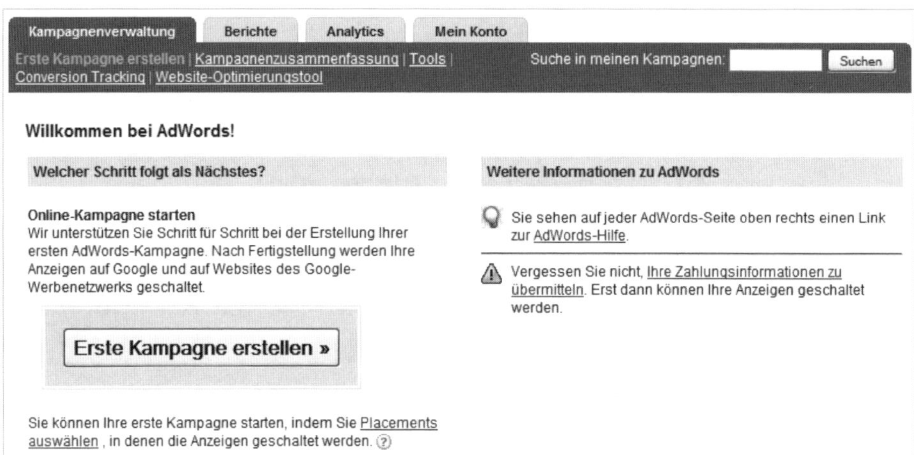

Abb. 11.3: Das AdWords-Konto ist angelegt. Es kann losgehen!

Damit Ihnen das Verständnis für den grundlegenden Aufbau eines solchen AdWords-Kontos etwas leichter fällt, habe ich Ihnen in Abbildung 11.4 einmal die grobe Struktur zusammengestellt.

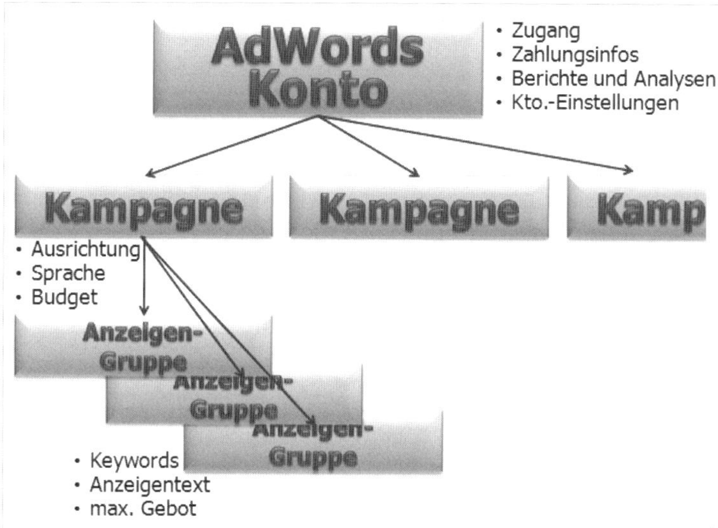

Abb. 11.4: Der Aufbau eines Google-AdWords-Kontos

Auf der obersten Ebene steuern Sie den Zugang, alle Zahlungsmodalitäten, erstellen Ihre Berichte und Analysen und können noch diverse Einstellungen wie Sprache etc. vornehmen.

Auf der Ebene KAMPAGNE legen Sie im Wesentlichen Ihre Tagesbudgets fest, richten eine Kampagne auf Sprachen und Zielregionen aus und bestimmen, auf welchen Plattformen Ihre Werbung erscheint.

Auf der untersten, der ANZEIGENGRUPPEN-Ebene werden Keywords eingegeben, mindestens ein Anzeigentext hinterlegt und die Klickgebote für Keywords definiert.

11.2 Das Werbefeld geografisch eingrenzen

Sie müssen zunächst festlegen, welche Sprache(n) Ihre Zielkunden sprechen und in welchen Ländern Ihre Werbung geschaltet werden soll. Im Beispiel hier wurde Deutsch und Englisch (wenn Sie beim Klicken mit der Maus die Taste `Strg` gedrückt halten, können Sie mehrere Sprachen anklicken) ausgewählt und die für die Werbung vorgeschlagene Zielregion (hier Deutschland) verändern und verfeinern.

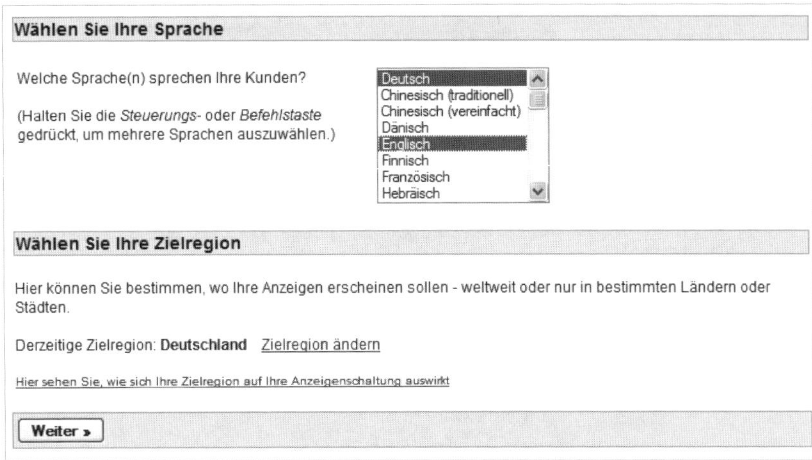

Abb. 11.5: Festlegen von Zielsprache(n) und Zielregion

Wenn Sie die Zielregion ändern, werden Sie aufgefordert, die Regionen genauer zu benennen. Dafür wird Ihnen ein Assistentenbildschirm eingeblendet, mit dem Sie praktisch beliebig einzelne Regionen, Städte und auch individuell festlegbare Flächen über der Landkarte aussuchen und mit in Ihr Ziel-Portfolio aufnehmen können.

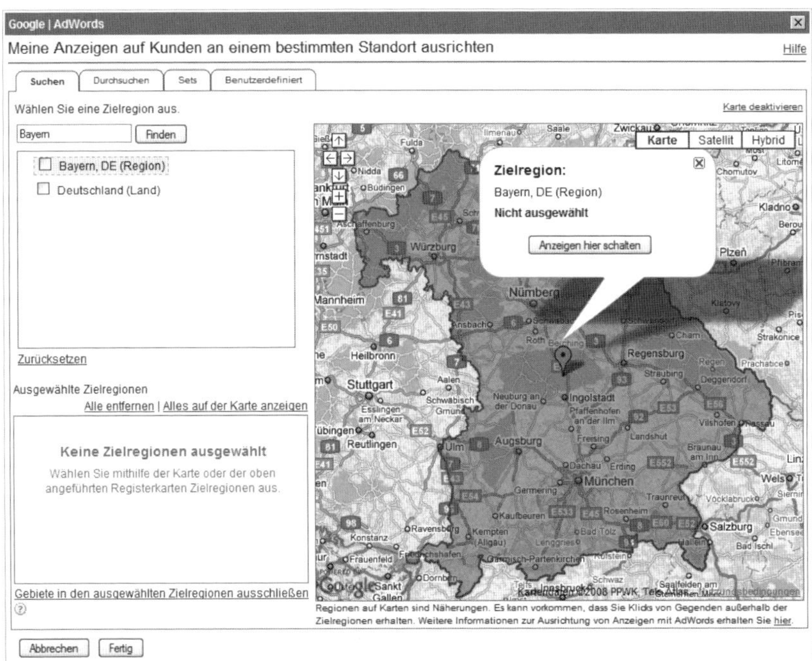

Abb. 11.6: Die Zielregionen bei AdWords auswählen

Möchten Sie auf der Ebene von Städten eine Auswahl treffen, klicken Sie auf den Reiter DURCHSUCHEN rechts oben. Es erscheinen alle Bundesländer, die sich wie im Dateiexplorer von Windows auf- und zuklicken lassen. In meinem Beispiel hier habe ich, wie Abbildung 11.7 zeigt, Bayern und dort den Ort Allershausen gewählt. Solche geografisch tief gehenden Festlegungen machen insbesondere für hauptsächlich lokal werbende Unternehmen wie Handwerker oder Läden Sinn.

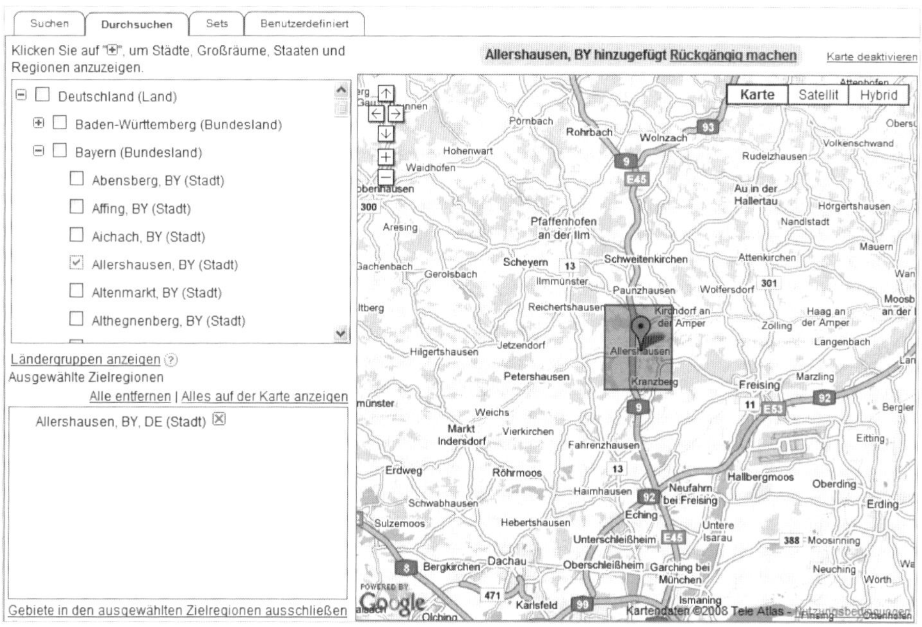

Abb. 11.7: Einzelne Städte in AdWords hinzufügen

Es ist allerdings nicht sicher, ob kleine Ortschaften auch wirklich noch trennscharf ausgeliefert werden können. Bei den größeren Städten gibt es keine nennenswerten Probleme. Ist Ihnen die Auswahl von einzelnen Städten zu mühsam, finden Sie im Reiter BENUTZERDEFINIERT und dort unter BENUTZERDEFINIERTES FORMAT die Möglichkeit, ganz einfach mit der Maus eine Region über ein Vieleck zu definieren.

Nach der Festlegung der Zielregion(en) gelangen Sie zum Menü zum Texten der ersten Anzeige. Warten Sie damit noch ein klein wenig, wir kommen gleich im nächsten Abschnitt 11.3 auf Seite 241 darauf zurück bzw. fahren damit fort. Zum besseren Verständnis über die Ausrichtung Ihrer Kampagne sollten Sie zunächst noch ein paar Dinge über den Ort erfahren, wo diese Texte später einmal erscheinen können.

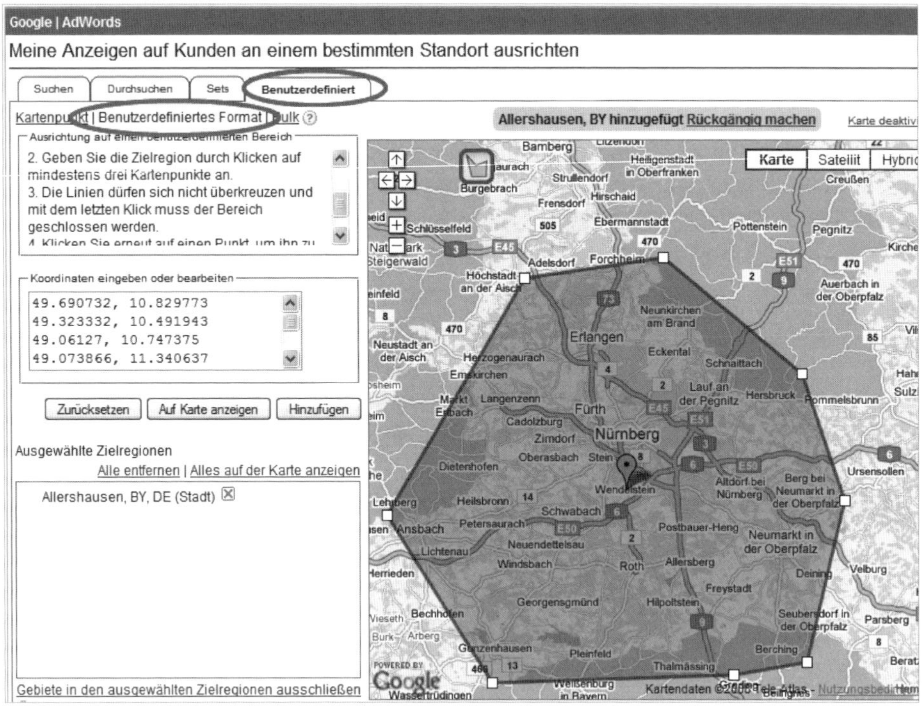

Abb. 11.8: Eine Zielregion mit der Maus festlegen

Das nachfolgend Beschriebene können Sie wie erwähnt nach dem Entwurf eines Anzeigentextes und der Eingabe einiger Keywords in der Kampagnenverwaltung einstellen. Da es aber thematisch hierher besser zum Verständnis passt, füge ich es an dieser Stelle ein. Es stehen Ihnen prinzipiell drei Möglichkeiten zur Auswahl, wo Sie Ihre Anzeigen schalten können:

- Bei **Google** direkt in der Suchergebnisliste
- Bei **Suchpartnern** von Google
- Im **Content-Werbenetzwerk**

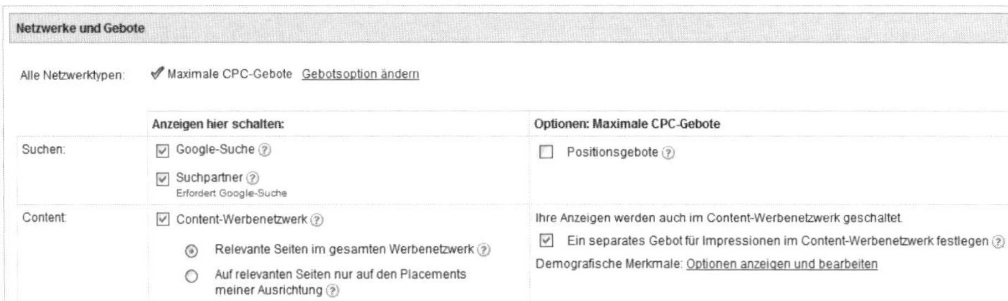

Abb. 11.9: Verschiedene Möglichkeiten, wo Werbung erscheint

Sie fragen sich nun nach Ansicht der Abbildung 11.9 sicher zu Recht, was ein *Such-* oder ein *Content-Werbenetzwerk* ist. Fangen wir mit Letzterem an, weil Sie das mit Sicherheit schon mal gesehen haben. Google bietet Websitebetreibern an, kontextbezogene Werbung auf deren eigenen Webseiten platzieren zu können. Im Gegenzug beteiligt Google die Webmaster zu etwas über zwei Dritteln an den Einnahmen, die über diese Klicks generiert werden. Technisch ist das System genial: Ein Sitebetreiber wird Werbepartner und nachdem Google die Site geprüft hat, bekommt er vereinfacht erklärt ein Stück Code, das er in seine Webseite(n) einbaut. Daraufhin kommt ein spezieller Robot von Google vorbei und analysiert die Webseite nach Themengebieten. Ist die Seite klassifiziert, wird genau zu diesem Thema bzw. den übereinstimmenden Keywords AdWord-Werbung auf der Webseite des Betreibers angezeigt (siehe Abbildung 11.10).

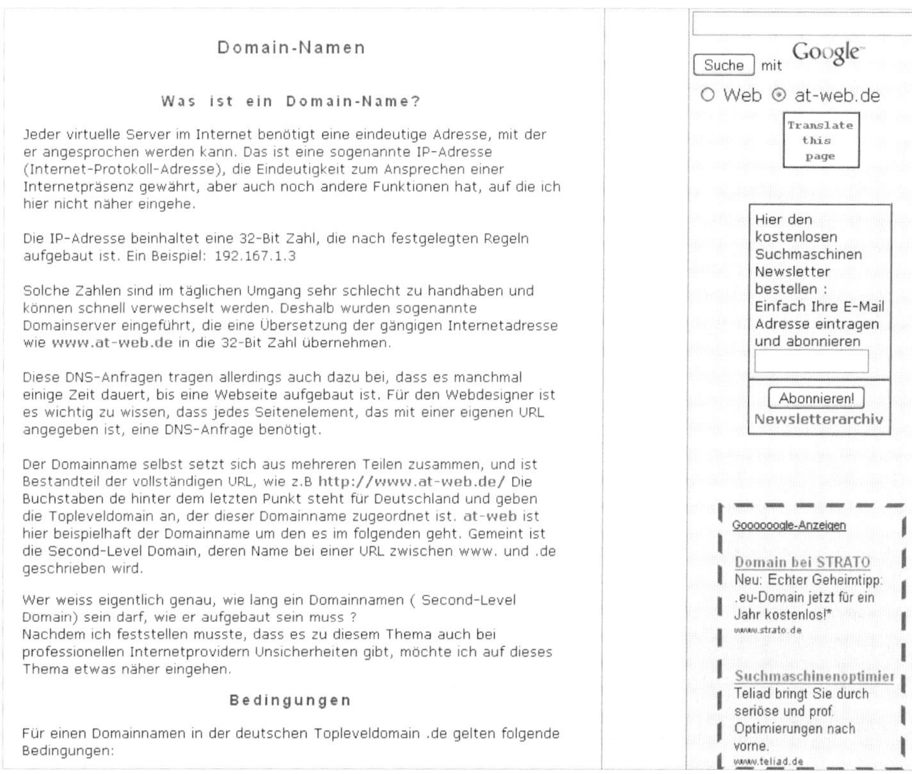

Abb. 11.10: Kontextbezogene Werbung auf `at-web.de`

Die oben gezeigte Seite von `at-web.de` beschäftigt sich ganz generell mit Suchmaschinen und auf dieser gezeigten Seite hier im Speziellen mit Domainnamen. Folgerichtig bindet Google direkt in Echtzeit beim Aufruf der Webseite AdWords-Werbung zu beiden Themen ein. Nur am Rande sei Ihnen ganz generell ein

Besuch dieser Domain empfohlen: Der Newsletter des Betreibers Klaus Patzwaldt ist ohne Übertreibung einer der besten zum Thema Suchmaschinen.

Diese Technik der Zuordnung auf Basis der Relevanz garantiert, dass Ihre Werbung zumeist sehr zielgerichtet auch auf anderen Webseiten angezeigt wird – wenn diese *inhaltlich* zu Ihren definierten Keywords passen. Es ist nicht von der Hand zu weisen, dass ein Surfer, der sich in einem Forum für Digitalfotografie aufhält, auch eine gewisse Empfänglichkeit oder gar ein massives Interesse an Werbung zu Digitalfotos oder Zubehör hat. Sie sollten daher genau überlegen, ob Sie auch im Content-Netzwerk werben möchten. Sollten gar gerade diese Anzeigen erfolgreich werden, können Sie Ihren maximalen Klickpreis dort gezielt verändern. Dies können Sie über das Markieren von EIN SEPARATES GEBOT FÜR IMPRESSIONEN IM CONTENT-WERBENETZWERK FESTLEGEN (siehe Abbildung 11.9) bewerkstelligen.

Tipp

Werbeschaltungen im Content-Werbenetzwerk scheinen einigen Werbetreibenden wohl zu suspekt und wenig kontrollierbar (das Gegenteil ist der Fall, wie Sie weiter unten noch lesen werden). Ich möchte Sie aber auf einen Umstand aufmerksam machen, der bei solchen Überlegungen oft außen vor bleibt: Studien haben gezeigt, dass der durchschnittliche Webnutzer etwa die Hälfte seiner Zeit auf Content-Seiten verbringt – aber nur fünf Prozent auf Ergebnisseiten von Suchmaschinen. Das ist ein zumindest von der Zeit her recht asymmetrisches Verhältnis und Sie sollten dies beim Einsatz Ihres Werbebudgets durchaus mit ins Kalkül ziehen.

Nun bin ich noch die Erklärung von SUCHPARTNER schuldig. Das ist einfacher erklärt. Dahinter verbergen sich die Partner von Google, die unter eigenem Namen Google-Ergebnisse bei Suchen anzeigen, wie dies aktuell zum Beispiel T-Online, web.de oder AOL tun. Möchten Sie dort in den Ergebnislisten erscheinen, aktivieren Sie auch dieses Kästchen. Empfehlenswert sind eigentlich generell alle drei Werbeplatz-Kategorien – allerdings niemals in einer einzigen Kampagne. Warum, dazu komme ich noch.

An dieser Stelle soll nicht verschwiegen werden, dass es unter den Content-Werbepartnern wie überall durchaus auch schwarze Schafe gibt, die sich durch betrügerische Klicks an den Werbeeinnahmen beteiligen wollen. Doch bei Google ist man diesen Gaunern mit recht ausgefeilten Werkzeugen meist schnell auf der Spur bzw. verhindert ein Belasten der Werbeträger bei Klicks mit betrügerischer Absicht (Click-Fraud). Ob das immer gelingt, darüber darf spekuliert werden – laut Google hat man das Problem aber mit den mittlerweile extra hierfür eingestellten etwa 1.000 Mitarbeitern recht gut im Griff. Google nennt Zahlen zwischen ein bis zwei Prozent und bei reaktiver Analyse (zum Beispiel auf Beschwerden oder Hinweise) soll der Anteil im Schnitt bei 0,02 Prozent liegen. Sollte dies zutreffen, ist es zu vernachlässigen. Sicherlich muss man das Phänomen aber gut im Auge behalten. In Ihren Berichten im AdWords-Konto sehen Sie übrigens die individuelle Rate der als ungültig gewerteten Klicks (die Sie auch nicht bezahlen müssen) genau ausgewiesen.

Hinweis

Wenn Sie mehr wissen möchten, wie Google gegen Klickbetrug vorgeht, finden Sie einige Informationen dazu bei Google selber unter der Webadresse `https://adwords.google.com/support/bin/answer.py?answer=6114`. Dort finden Sie auch einen Link zu einem Bericht eines unabhängigen Analytikers, Alexander Tuzhilin, der die Einzelheiten des Überwachungssystems geprüft hat.

Gleichwohl sollte man entsprechende Meldungen, die sich wellenartig immer wieder durch das Web bewegen, durchaus auch mit aufmerksamem Blick betrachten. Nicht selten lassen sich die Urheber dieser Warnungen leicht ausmachen und dabei wird ebenfalls nicht selten transparent, dass selbige Tools oder Hilfe dagegen anbieten. Möglicherweise erhöhen sich die Verkaufszahlen der Anti-Viren-Programme ja auch im Gleichtakt mit Medienmeldungen über neue, gefährliche Viren und Trojaner? Damit will ich das Problem keinesfalls herunterspielen. Im Gegenteil. Aber ich meine, ein kritischer Blick auf Hintergründe kann nie schaden und schärft das eigene Ohr bzw. Auge.

Nachdem nun die regionale Ein- oder Ausgrenzung vorgenommen wurde und das Prinzip der unterschiedlichen Werbeplätze grob erklärt ist, können wir uns der inhaltlichen Gestaltung der Anzeige widmen.

11.3 Gute Werbetexte entwerfen

Es kann durchaus sehr viel Sinn machen, mehrere Texte für ein und dasselbe Werbeanliegen zu definieren. Dazu an entsprechender Stelle weiter unten mehr. Zunächst reicht uns als Beispiel der Entwurf einer einzigen Textanzeige (siehe Abbildung 11.11).

Die in die Textzeilen eingetippten Wörter erscheinen praktischerweise sofort oben links wie in Abbildung 11.11 (dort im Beispiel als Textanzeige für WEBSITE-BOOSTING) sichtbar. Damit kann man die Wirkung unmittelbar abschätzen. Die ersten drei Zeilen sind sicherlich klar beschrieben. Der ANZEIGE-URL ist die in der Anzeige in der letzten Zeile eingeblendete Webadresse, hier im Beispiel `www.website-boosting.de`. Auf dieser (Start-)Seite einer Domain muss der potenzielle Kunde aber praktischerweise nicht nach dem Klick landen. Wo er landet, bestimmen Sie gezielt mit dem Feld ZIEL-URL.

Abb. 11.11: Eine Textanzeige erstellen

Tipp

In den meisten Fällen macht es **keinen** Sinn, einen Suchenden einfach auf die Startseite Ihrer Domain zu werfen. Versetzen Sie sich in seine Lage: Er hat bei Google zum Beispiel den Suchbegriff `Festplattenrecorder` eingetippt und Ihre Anzeige auf der rechten Seite entdeckt. Nun klickt er auf Ihre Werbung und kommt auf die Startseite Ihrer Domain. Dort muss er nun nochmals von vorne anfangen, in den Shop gehen und dort womöglich noch unter MULTIMEDIAGERÄTE versteckt die Festplattenrecorder suchen. Bäh! Noch schlimmer wirkt es auf ihn, wenn er bereits nach einer konkreten Marke und einem Typ gesucht hat und wie beim Monopoly wieder zurück auf Los muss. Wenig motivierend – finden Sie nicht? Daher empfiehlt es sich, wenigstens für die wichtigsten Suchbegriffe eigene »Lande-Seiten« (Landing Pages) zu erstellen und diese bei Google als Ziel-URL zu hinterlegen.

Die als ANZEIGE-URL angegebene Adresse muss nicht real auf Ihrem Webserver existieren! Wie Sie in Abbildung 11.12 sehen können, wurde als Anzeige-URL das fiktive Verzeichnis `/Winterstiefel` angegeben. Welchen Sinn macht das? Schließlich kommt der Klickende ja direkt auf die Seite mit den Winterstiefeln? Das macht eine Menge Sinn! Denn der Suchende kann das in der Anzeige ja nicht sehen. Liest er dort nur `www.mein-shop.de`, ist er mit hoher Wahrscheinlichkeit der Meinung, dass Sie ihn auf der Startseite Ihres Shops abladen (was ja in Wirklichkeit gar nicht der Fall ist). Vielen Suchenden ist es aber zu mühsam, dort dann vermeintlich *wieder* auf die Suche gehen zu müssen. Sie wählen lieber eine Anzeige, die visualisiert: *Hier kommst du direkt auf eine Seite, auf der du genau das sofort findest, was du gesucht hast!* Genau diesen Eindruck erreichen Sie mit sprechenden Verzeichnisnamen, die eben frei erfunden sein können. Für Google ist nur entscheidend, dass die Domain bzw. die echte Zielseite auch wirklich erreichbar ist. Die Klickraten auf solche Anzeigen mit sprechenden Verzeichnissen sind deutlich höher, als wenn Sie nur den blanken Domainnamen angeben.

Abb. 11.12: Unterschiedliche Anzeige- und Ziel-URL

Bedenken Sie beim Texten der Zeilen bitte in jedem Fall auch, dass die einzelnen Wörter sensitiv auf das vom Suchenden eingegebene Suchwort reagieren. Sucht jemand nach `Radiergummi` in Google und in Ihrem Anzeigentext steht das Wort auch *exakt* so drin, wird es fett hervorgehoben. Aber eben nur, wenn es exakt übereinstimmt. Sucht jemand nach `Radiergummis`, also Mehrzahl, fehlt Ihnen dieser fette Aufmerksamkeitsbringer schon. Hier werden leider immer wieder vermeidbare Fehler gemacht. Auf welche Werbung würden Sie wahrscheinlich intuitiv klicken, wenn Sie nach `Rotwein` gesucht haben?

Hinweis

In letzter Zeit werden Begriffe auch dann immer öfter fett hervorgehoben, wenn sie mit dem Keyword nicht nur exakt übereinstimmen, sondern diesem sehr ähnlich sind. Das ist insbesondere bei Pluralformen der Fall. Die grammatikalische Analyse im Hintergrund (oft auch als »Word-Stemming« bezeichnet) schreitet anscheinend auch bei der deutschen Sprache spürbar voran.

Wenn Sie die rechte Seite von Abbildung 11.13 mit den AdWords betrachten, fällt sofort Platz vier ins Auge, weil das Suchwort ROTWEIN fett hervorgehoben wurde (wobei ich nicht sicher bin, ob man das hier beim Druck auch so gut wie am Bildschirm sehen kann). Wie Sie richtig vermuten, zahlt Platz eins bis drei mehr pro Klick als Position vier. Ob nun aus Intelligenz oder durch Zufall, `weingutsonnen-`

`hof.de` kommt im Verhältnis bei einer Suche nach Rotwein sicherlich wirtschaftlicher zu Neukunden, weil seine Konversionsrate höher als die der Mitbewerber sein dürfte.

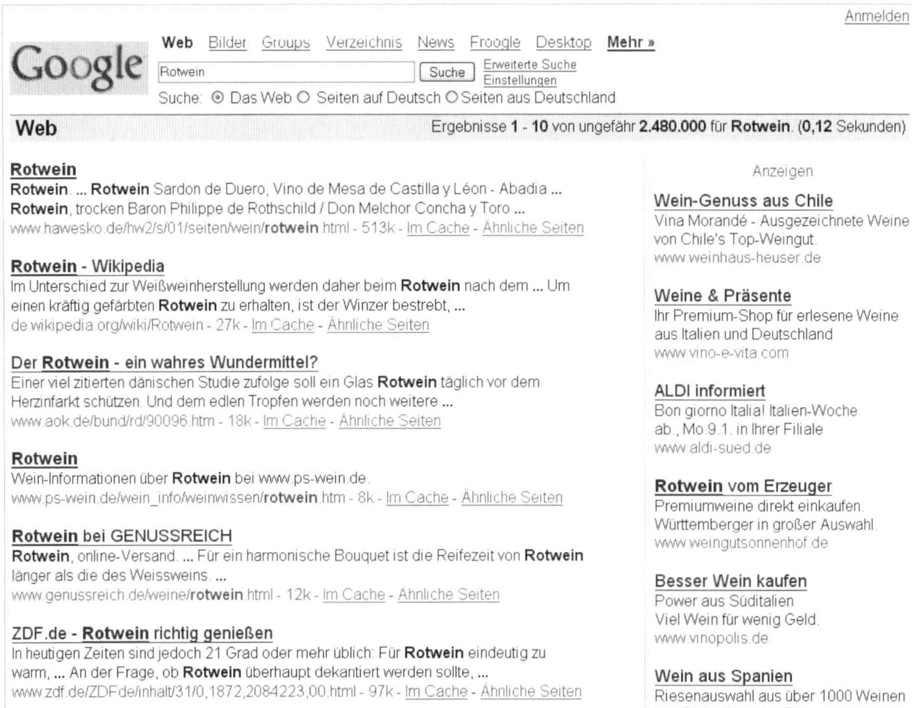

Abb. 11.13: Rotwein vom Erzeuger erzeugt Aufmerksamkeit.

Aha. Ich kann es förmlich hören, wie die Gedanken der Mitdenker unter Ihnen jetzt sprühen: »*Das bedeutet dann wohl, wenn ich Wein verkaufe, dass es eben nicht reicht, als Suchworte Wein, Weißwein, Rotwein und ein paar Rebsorten anzugeben – ich sollte für jedes Suchwort auch noch einen angepassten Text entwerfen, damit das Suchwort dort auch in Fettschrift dargestellt wird ...? Hm ...*« Richtig! Wie solche Kampagnen optimal gesteuert werden, davon erfahren Sie weiter unten mehr.

Vorsicht

Achten Sie bei der Angabe des Ziel-URL in jedem Fall darauf, dass diese Seite keine automatischen Pop-ups öffnet! Google weiß, dass Surfer Pop-ups hassen, und verbietet daher, auf solche Seiten zu verweisen. Das wird tatsächlich auch maschinell geprüft und Ihre Kampagne wird bei Verletzung der Regeln automatisch deaktiviert. Ist das nicht ein schöner Grund, den man vermeintlichen Marketing-Experten um die Ohren hauen kann, die unausrottbar noch immer glauben, des Benutzers Aufmerksamkeit in Pop-ups zwingen zu müssen? Ebenso wichtig ist es, dass der Ziel-URL tatsächlich schon existiert bzw. auch richtig eingetippt wurde! Google prüft nämlich beim nächsten Schritt, ob Domain und Zieladresse erreichbar sind. Ist das nicht der Fall, waren Ihre bisherigen mühevollen Eingaben sprichwörtlich für die Katz, weil Sie das Anmeldeinterface einfach rauswirft, anstatt Ihnen eine Chance zur Änderung zu geben. Seit April 2008 müssen die tatsächliche Webadresse und die in der Werbung anzeigte auch übereinstimmen! Falls Sie also beispielweise die Domainadresse `www.mein-shop.de` in der Anzeige sichtbar ausweisen, als Zieladresse aber `www.mein-shop.mein-shop-provider.de/meinprodukt-1.htm` angeben möchten oder müssen, ist dies nicht mehr möglich. Offenbar wurde mit dieser Möglichkeit, tatsächlich auf eine andere Domain zu leiten, zu viel Schindluder getrieben. Den Surfer hat es ja oft genug in der Vergangenheit sowieso schon verwirrt, einfach auf einer anderen Domain zu landen, als erwartet bzw. angekündigt.

Es gibt auch die Möglichkeit, mit einer Variablen im Anzeigentext zu arbeiten: Fügt man im Text der Anzeige den Ausdruck `{Keyword:der_suchbegriff}` ein und nennt man die Anzeigengruppe genau so (also hier `der_suchbegriff`), wird der vom Suchenden in Google eingetippte Suchbegriff direkt auch in Echtzeit in die eigene AdWords-Anzeige eingesetzt. Das klingt sicher auf Anhieb etwas verwirrend, daher habe ich Ihnen in Abbildung 11.14 ein paar erklärende Screenshots gemacht. Das Verwenden dieses Keyword-Platzhalters erfordert es nicht unbedingt, dass die Anzeigengruppe einen bestimmten Namen hat und funktioniert auch unabhängig davon. Ich habe das Beispiel nur der besseren Übersichtlichkeit verwendet. Man behält so einen etwas besseren Überblick.

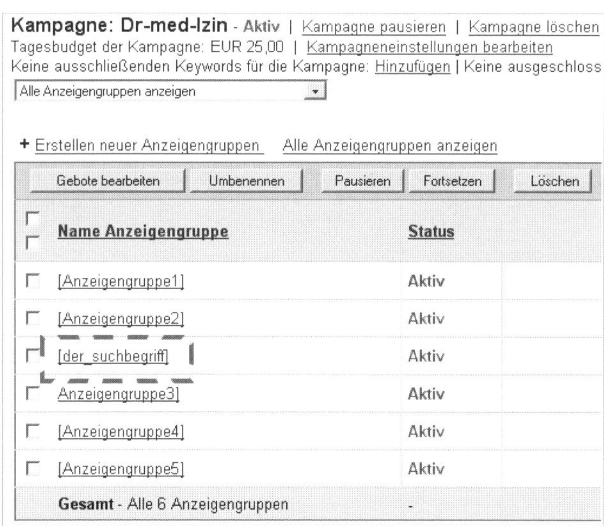

Abb. 11.14: Anzeigengruppen mit variablen Suchbegriffen

In der Anzeigengruppe `[der_suchbegriff]` werden die eigentlichen Suchworte hinterlegt, mit denen man erscheinen möchte. In den Text der Anzeige selber fügt man den Namen der Anzeigengruppe als Variable ein (siehe Abbildung 11.15).

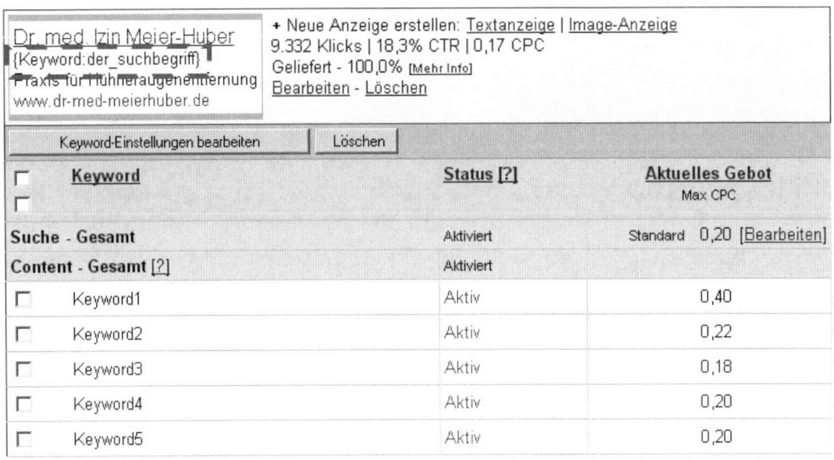

Abb. 11.15: Das Einsetzen variabler Suchbegriffe

Wie Sie sehen, habe ich in der zweiten Textzeile der Anzeige keinen normalen Werbetext eingesetzt, sondern eine Formel: `{Keyword:der_suchbegriff}`. Diese Formel bewirkt nun, dass statt ihrer der vom Suchenden in den Google-Suchschlitz eingegebene Begriff in der zweiten Zeile erscheint (siehe Abbildung 11.16).

Abb. 11.16: Der Suchbegriff und der Anzeigentext stimmen überein.

Sie müssen unterscheiden: Sie wollen hier beispielsweise mit dem Suchwort `Hühneraugen` gefunden werden und dieses Suchwort haben Sie in der Anzeigengruppe `der_suchbegriff` (vgl. Abbildung 11.14) hinterlegt. Nun sucht aber jemand in Google mit `Hühneraugen abmachen`. Ihre Anzeige würde auch erscheinen, wenn Sie mit der Option der »weitgehend passenden« Keywords arbeiten (eine genaue Erklärung kommt gleich weiter unten). Besser ist es natürlich, wenn der Suchende *exakt* seine Suchkombination in Fett in Ihrer Anzeige wiederfindet! Dafür sorgt eben die Variable. Ich habe Ihnen diese Möglichkeit an dieser Stelle beschrieben, weil sie beim Prozess der AdWords-Schaltung auch an dieser Stelle vorkommt. Ich schlage aber vor, Sie kehren vielleicht ganz am Ende dieses Kapitels noch mal an diese Stelle zurück und lesen diesen Abschnitt ein zweites Mal. Trösten Sie sich – ich habe das damals auch nicht gleich auf Anhieb verstanden. Aber es lohnt, denn diese Möglichkeit ist genial.

Bei umsichtigem Einsatz kann Ihnen diese Option viel Arbeit sparen und die Klickraten positiv beeinflussen, weil das Suchwort ja immer fett und genau wie vom Suchenden eingegeben im Anzeigentext vorkommt. Vorweg aber sei darauf hingewiesen, dass der Einsatz dieser Formel genau durchdacht erfolgen sollte. Was ich damit meine, zeige ich am besten mit einer Suchabfrage nach `Diebesgut` (siehe Abbildung 11.17).

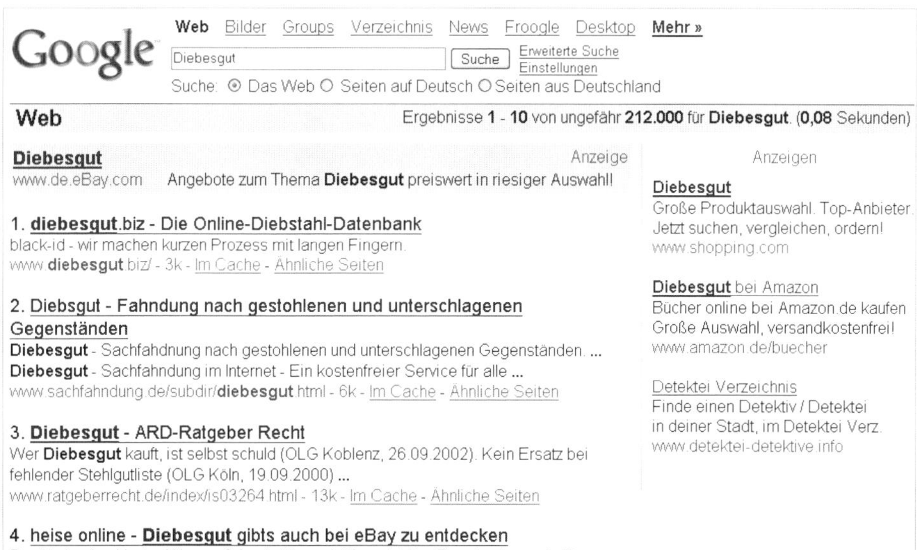

Abb. 11.17: Diebesgut bei eBay

Wem die Angebote für `Diebesgut` bei eBay nicht zusagen, der findet auch bei `Shopping.com` eine große Auswahl. Aber dass nun sogar Amazon Diebesgut verkaufen soll, hat mich schon etwas verwundert ... Mittlerweile gibt es eine Option bei Google AdWords, mit dem man solche unliebsamen Wirkungen aber relativ leicht verhindern kann.

Sie sollten beim Texten auch darauf achten, zwar gut auf den Punkt zu formulieren, sich aber trotzdem von Mitbewerbern abzuheben. Hand aufs Herz – welche Textanzeigen würden Sie bei den folgenden Angeboten eher meiden, wenn Sie auf der Suche nach Radiergummis wären?

Abb. 11.18: Drei Mal Angebote zum Thema mit Riesenauswahl

Den Versuch vom Ersatzteilpartner (die vorletzte Anzeige) über das Suchwort `Radiergummi` Geschäfte zu machen, mag man ja noch belächeln. Gegen die »Mega«, »Riesenauswahl« oder fast identischen Werbetexte sind viele Suchende schon fast immun geworden. Aus immer den gleichen, eintönigen Wortkonserven ragt irgendwie in Abbildung 11.18 nichts so richtig heraus. Das können Sie für Ihr Unternehmen doch sicher besser!

Als recht erfolgreich haben sich Texte mit Appellcharakter und detaillierten Hinweisen erwiesen. Statt also ständig die Riesenauswahl anzupreisen, animiert ein Text viel besser zum Anklicken, der auch wirklich auf das vom Suchenden eingegebene Suchwort passt!

Abb. 11.19: Verschiedene Werbungen bei Google zu `Rotwein kaufen`

Einen eindeutigen Appellcharakter WÄHLEN SIE ... hat nur die erste Anzeige in Abbildung 11.19, die ja vielleicht auch auf Platz 1 stand, weil sie deswegen besonders oft angeklickt wurde. Aber auch die anderen Texte scheinen recht gut gelungen. Lassen Sie sich einfach ein wenig durch Ausprobieren inspirieren und lernen Sie von den Erfolgreichen. Die Formulierungen und die richtige Wortwahl haben, wie bereits erwähnt, einen entscheidenden Einfluss auf die Klickrate Ihrer Anzeigen.

Versuchen Sie, sich beim Texten also immer vom Einheitsbrei Ihrer Mitbewerber abzuheben. Nachfolgend habe ich noch ein schönes Beispiel. Sucht man in Google nach `Strumpfhosen`, kommen mehr oder weniger passende Anzeigen, wie Sie in Abbildung 11.20 erkennen können. Smatch und Sockepara.de haben es sich hier wohl etwas zu einfach gemacht. Aber ich will eigentlich auf den Text der eingerahmten Anzeige hinaus. Hebt der sich nicht wunderbar von all den anderen ab? Er versteht den Suchbegriff nicht als »Alltagsgegenstand«, sondern eher in die Richtung von Dessous. Die Frauen, die mehr in dieser Richtung suchen, sind es durchaus gewohnt, etwas hochwertigere Strumpfhosen zu kaufen – die in der Regel auch etwas teurer sind. Höhere Margen, höhere Kundenbindung. Beides ist gut für Funnylegs.de.

Abb. 11.20: Dieser Shop bringt Ihren Mann durcheinander.

Haben Sie alles zu Ihrer Zufriedenzeit konfiguriert, werden Ihre Eingaben automatisiert geprüft. Es wird ein Erreichbarkeitstest Ihrer Domain und des Ziel-URL vorgenommen. Ebenso werden textliche Prüfungen gemacht. Superlative wie »Bester«, »Billigster« oder ähnliche Formulierungen werden beanstandet und bedürfen eines Beweises durch eine unabhängige Institution. Wenn Sie also irgendwo als Testsieger abgeschnitten haben, können Sie Google eine vertrauenswürdige Quelle nennen, die dies bestätigt. Erst dann darf mit solchen Formulierungen geworben werden. Selbstverständlich bleiben Schimpfworte, unanständige Begriffe und sonstige verbotene Begriffe (zum Beispiel in Richtung Betäubungsmittel) in einem Wortfilter hängen und bedürfen einer Entschärfung. Beachten Sie bitte auch: Wenn Sie auch Preise in Ihrer Anzeige nennen, müssen diese laut den Richtlinien von Google spätestens nach zwei Klicks auf Ihrer Webseite erreichbar sein und stimmen.

Natürlich können Sie in AdWords nicht nur Textanzeigen schalten. Auf Anzeigengruppenebene stehen Ihnen noch die folgenden Werbeformate zur Auswahl zur Verfügung:

- klassische **Image-Anzeigen** (Banner verschiedener Größen)
- **Lokale Anzeigen** (in Google Maps)
- **Google Gadgets** – Diese Werbeform ist relativ neu und verbindet die bekannte Flexibilität mit so genannten »Rich-Media«-Formaten. Es handelt sich dabei im Prinzip um Display-Anzeigen mit Interaktionsmöglichkeit durch den Surfer. Man kann in diese Gadgets in Echtzeit Informationen einspielen, Bestellmasken und interaktive Formulare darstellen, Bilder, Ton, Videos und Animationen

verwenden. Gadgets lassen sich im Content-Werbenetzwerk aufschalten und erscheinen auch, wenn der Nutzer dies möchte bzw. aussucht, in der personalisierbaren Oberfläche »iGoogle«. Damit erscheint das Gadget bereits dann, wenn der Nutzer die Suchmaske von Google aufruft.

- **Handyanzeigen** (optimiert auf die kleinen Displays)
- **Click-to-Play-Video-Anzeigen.** Anders als andere Anbieter laufen diese Werbevideos nicht gleich beim Aufrufen der Seite los, sondern müssen vom Betrachter aktiv gestartet werden.

Hinweis

Die mobilen Suchanfragen bei Google steigen drastisch. Alleine von Juli 2007 bis Dezember 2007 um etwa 250 Prozent. Es kann sich also durchaus lohnen, auch über diese neue Form der Online-Werbung nachzudenken. Insbesondere, wenn man ein stark lokal orientiertes Business betreibt oder mobil Suchenden etwas Nützliches anbieten kann.

Neben dem beschriebenen Preismodell aus Gebot mal Qualitätsfaktor kann man auch per CPM (Cost per 1000 Impressions) abrechnen oder seit Neuestem auch per CPA (hier: Cost per Aquisition). Damit legt man für eine Anzeigengruppe einen maximalen Betrag fest, den man für eine Konversion zu zahlen bereit ist. Das automatische Optimierungstool von AdWords versucht daraufhin, die Klickpreise so auszusteuern, dass dieses Ziel erreicht wird bzw. daraufhin optimiert wird. Eine Garantie, den vorgegebenen Betrag nicht doch zu überschreiten, gibt Google allerdings nicht. Um diese Abrechnungsart nutzen zu können, müssen Sie das Conversion Tracking aktiviert haben und innerhalb von 30 Tagen mindestens 100 Konversionen mit relativ stabilen Durchschnittszahlen (also ohne allzu große Schwankungen über einen längeren Zeitraum) erzielt haben. Ansonsten sind zu wenig Daten für eine automatische Optimierung vorhanden.

Vorsicht

Gerade in der Anfangsphase werden Sie wahrscheinlich für jede Anzeigengruppe mehrere Anzeigentexte einstellen. Damit lässt sich ja wie beschrieben herausfinden, welche Texte bei den Suchenden besser ankommen. Wenn Sie nun einen einzelnen Anzeigentext ändern, werden die Klickzahlen für diese Anzeige dummerweise sofort wieder auf 0 gesetzt. Das mag auf den ersten Blick konsequent erscheinen, ist aber oft ärgerlich – wenn Sie zum Beispiel nur ein Zeichen ändern. Das wirklich Gefährliche daran ist aber, dass die anderen Anzeigen nicht automatisch auch auf 0 gesetzt werden und deren Impressions weiterlaufen. Damit bekommen Sie niemals mehr einen echten statistischen Vergleichswert, denn der eben geänderte Anzeigentext läuft den älteren nun hinterher. Dies sollten Sie in jedem Fall berücksichtigen, sonst treffen Sie möglicherweise aufgrund der (nun falschen) Zahlen Fehlentscheidungen! Die einzige Abhilfe ist, bei einzelnen Änderungen immer auch die anderen Anzeigen mit aufzurufen und (ungeändert) wieder abzuspeichern. Damit gehen dann alle Zähler wieder auf 0 und Sie haben einen Gleichstand erzeugt. Eine Alternative wäre auch, in den Kampagneneinstellungen die Option »Alle Anzeigen gleich häufig schalten« auszuwählen.

Haben Sie alles korrekt eingegeben, so gelangen Sie zum nächsten Schritt.

11.4 Vernünftige Suchbegriffe finden und andere ausschließen

Bei der Definition der Suchbegriffe bei Google und auch hier inkonsequenterweise auch schon dauernd »Keywords« genannt gibt man Ihnen insgesamt eine recht gute Unterstützung und alle dazu notwendigen Kennzahlen. Dieses Tool haben Sie ja im Kapitel über das Finden von Keywords schon gesehen. Falls Sie dieses Kapitel übersprungen haben, holen Sie das Lesen bitte jetzt nach. Ansonsten fehlt Ihnen sicher an einigen Stellen das Verständnis für die richtige Keywordauswahl – die Sie ja nun hier letztlich treffen müssen. Außerdem muss ich dann hier nicht noch mal alles wiederholen. Aber Letzteres ist natürlich nicht der Hauptgrund ;-)

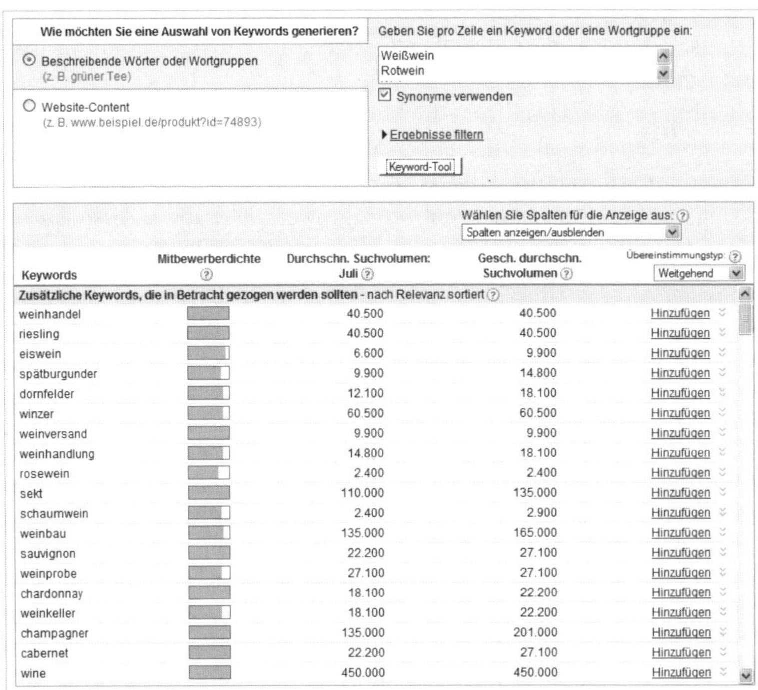

Abb. 11.21: Keywords über das Keyword-Tool von AdWords zusammenstellen

Die Vorschläge, die das Tool (vgl. Abbildung 11.21) macht, sind mittlerweile recht gut geworden. Die Ungenauigkeiten, die ich in der ersten Auflage begrinst habe, sind fast alle verschwunden. Die vorgeschlagene Auswahl bringt zum Teil je nach Suchwort also wirklich sehr passable und brauchbare Alternativen bzw. Ergänzungen und vor allem weitere Anstöße zum Nachdenken. Wer hier ein bisschen rumspielt, bekommt schnell einen im wahrsten Sinne des Wortes erweiternden Eindruck.

Vorsicht

Achten Sie bei der Auswahl der Keywords darauf, keine geschützten Markenbegriffe zu verwenden, deren kommerzielle Nutzung Ihnen nicht erlaubt wurde. Der eine oder andere Konkurrent eines Marktführers wurde schon dabei erwischt, wie er sich mit dem Markennamen eines anderen »findbar« gemacht hat. Zwar taucht der Markenbegriff im Anzeigentext gar nicht auf und bleibt quasi unsichtbar im Hintergrund, aber die Gerichte urteilen je nach Sachkenntnis aktuell unterschiedlich. In Köln, München und Braunschweig ist man sich offenbar einig, dass fremde Marken in der Verwendung als Suchbegriffe nicht zulässig sind. In Dresden oder Leipzig fragt man sich offenbar, wie etwas unzulässig sein kann, wenn man es nicht sieht, und interpretiert daher keine rechtswidrige Handlung hinein. Ja ja, auf hoher See und vor Gericht ist man nur in Gottes Hand. Aber achten Sie falls möglich auf den Gerichtsort, in der diese Hand liegt ... In jedem Fall sollten Sie sich *vorab* bei einem Online-erfahrenen Juristen erkundigen, was eine weltweite Markenrechtsverletzung (das Web ist ja auch hier immer gleich »weltweit«) kosten kann, wenn Sie erwischt, verklagt und – je nach Gerichtsort – verurteilt werden sollten. Die »Online-Erfahrung« empfehle ich Ihnen deshalb eindringlich, weil das ganze Thema Suchmaschinen vor Gericht in der Regel noch immer relativ stark – sagen wir mal – undurchdrungen ist. Ob Sie auch zu Ihrem Recht kommen, hängt in der Regel von der Qualifikation des bestellten Gutachters ab. Manchmal lassen sich Suchbegriffe aber auch nicht aufschalten, weil jemand anderes sie bei Google als eingetragene Marke hat markieren und schützen lassen. Haben Sie Fragen oder Beschwerden, empfiehlt Google immer zuerst, sich mit dem Kontrahenten direkt auseinanderzusetzen. Trotzdem wird Ihnen eine Möglichkeit angeboten, sich direkt bei Google zu informieren und ggf. auch gegen markenrechtliche Verletzungen zu beschweren. Weiterführende Informationen und ein Formular dazu finden Sie unter `www.google.de/tm_complaint.html`. Ob ein Begriff möglicherweise als Marke geschützt ist, können Sie kostenlos und online beim Deutschen Patent- und Markenamt recherchieren: `www.dpma.de`.

Welche Quellen Sie noch anzapfen können, um an Ideen für sinnvolle Keywords zu kommen, habe ich ja bereits im Kapitel vorher ausführlich erörtert. Wenn Sie das *noch immer* nicht gelesen haben: Jetzt aber hurtig!

Für eine effiziente Verwendung Ihres Geldes bei dieser Art Werbung ist es wichtig zu wissen, wann genau Ihr Werbeblock angezeigt wird bzw. wie Google mit den von Ihnen definierten Suchbegriffen arbeitet. Generell gibt es *vier Arten*, wie Sie Begriffe hinterlegen können:

- **Weitgehend passende Worte**

  Diese Option ist vorbelegt, wenn Sie nichts anderes spezifizieren. Diese Art der Begriffsdefinition ist die bequemste, weil automatisch Einzahl-/Mehrzahl- und andere relevante Formen berücksichtigt werden. Geben Sie `Rotwein Spanien` ein, wird Ihre Anzeige zum Beispiel bei Suchbegriffen wie `Rotwein aus Spanien`, `spanischer Rotwein`, `spanischer Wein`, `Wein Spanien` oder auch `Ich suche Rotwein aus dem letzten Spanien-Urlaub` gefunden. Gleichzeitig ist diese Art auch die wirtschaftlich *gefährlichste*, weil Ihre Anzeige bei solchen breit gebuchten Wortkombinationen möglicherweise unkontrolliert auch bei Suchen nach `Spanien` oder gar `Spanien Urlaub` auftauchen könnte. Da Google maschinell nicht erkennen kann, dass Sie beim Urlaubsthema eigentlich gar nicht auftauchen möchten, wird bei der Berechnung des Klickpreises möglicherweise ein viel zu hoher Wert für Sie ermittelt. Je breiter oder unschärfer Sie also mit den Begriffen umgehen, umso höher wird das Risiko, zu viel zahlen zu müssen! Und ein weiterer Umstand kommt noch hinzu. Erscheint Ihre Anzeige häufiger als nötig, weil sie bei eigentlich thematisch nicht passenden Suchen erscheint, wird auch weniger geklickt. Klar, wenn ich `Spanien Urlaub` eingegeben habe und Sie zeigen mir eine Wein-Werbung, werde ich nicht klicken. Egal, sagen Sie – kost ja dann auch nix. Prinzipiell spielt die CTR (Click-Through-Rate, also das Verhältnis zwischen »Angezeigt« und »Angeklickt«) nur bei einer exakten Überseinstimmung für die Berechnung des Qualitätsfaktors eine Rolle. Wenn das System feststellt, dass für eine Anzeige, die auf Grund einer Variation des Keywords geschalten wurde, sehr niedrig ist, wird die Anzeige für diese Variation künftig nicht mehr geschalten. Bis dahin können aber natürlich auch unnötige Klicks ausgelöst werden, die durchaus unnötig teuer sind.

- **Passende Wortgruppen**

  Möchten Sie gegenüber der oben stehenden Alternative einen genauen Text bzw. mehrere Wortkombinationen angeben, verwenden Sie einfach Anführungszeichen. Verwenden Sie das vertraute, über der Taste [2] liegende Zeichen auf Ihrer Tastatur. In unserem Fall würden wir also `Rotwein Spanien` mit den Anführungszeichen als Suchwortgruppe eingeben. Damit würde Ihre Anzeige natürlich auftauchen bei einer Sucheingabe von `"Rotwein Spanien"`, `"günstiger Rotwein Spanien"` oder `"Rotwein Spanien Italien Chile"`. Aber eben nicht bei `"Spanien Urlaub"`, `"Weißwein Spanien"` oder `"Spanien Rotwein"`. Damit können Sie sehr gezielt und besser steuern, wann Ihre Anzeige mit ausgeliefert wird. Wenn Sie nun grübeln, dass Sie bei der Variante ungleich mehr Begriffskombinationen »vordenken« müssen: richtig. Vor das

Kostensparen hat auch Google den Schweiß gesetzt. Diese Zeitinvestition kann sich aber hundertfach bezahlt machen!

- **Exakt passende Wortgruppen**

  Na ja, Sie werden es schon anhand der Überschrift vermuten: Hier geht es um die schärfstmögliche Eingrenzung. Diese signalisieren Sie, indem Sie Ihr(e) Keyword(s) in eckige Klammern setzen. In unserem Beispiel wäre das also `[Rotwein Spanien]`. Jetzt und nur jetzt wird Ihre Anzeige wirklich nur angezeigt, wenn die beiden Wörter exakt in dieser Reihenfolge ohne Wörter davor oder danach in den Suchschlitz von Google eingegeben wurden. Groß- und Kleinschreibung wird aber auch hier vernünftigerweise ignoriert, das heißt, Sie müssen nicht alles mehrmals in allen Schreibkombinationen vorgeben. Nutzen Sie die gewonnene Zeit lieber dazu, ein gutes Glas spanischen Rotwein zu genießen ...

- **Ausschließende Worte**

  Ab und zu kann es durchaus auch Sinn machen, Wörter von der Suche auszuschließen. Sie bewirken das durch ein vorangestelltes Minuszeichnen vor dem Keyword: `-billiger`, `-Chile` oder `-Merlot` stellt sicher, dass bei allen Suchanfragen, in denen diese Ausschlussworte vorkommen, Ihre Anzeige nicht erscheint. Sucht also beispielsweise jemand nach `billiger Rotwein Spanien`, wird Ihre Werbung trotz der Keywords `Rotwein Spanien` nicht ausgeliefert. Das kann sehr viel Sinn machen, wenn Sie eben keinen billigen Wein verkaufen, sondern nur Spitzenrotweine der gehobenen Preisklasse. Alle nach Billigfusel suchenden Käufer würden Sie durch Klicks auf Ihre Werbeanzeige nur Geld kosten, aber nicht bringen, weil sie bei Ihnen mit hoher Wahrscheinlichkeit nicht kaufen würden. Ebenso macht der Ausschluss nach Regionen (zum Beispiel `-Chile`) Sinn, wenn Sie mit dem Suchwort `Rotwein` arbeiten, aber eben keine Weine aus Chile haben. Auch hier würden Sie nur frustrierte Sucher hinterlassen, die Traffic machen, Geld kosten und viel schlimmer noch: Ihre Logfiles (die Aufzeichnung aller Abrufe Ihres Webservers) verwässern und Ihnen die spätere Analyse von Bewegungsmustern erschweren oder gar unmöglich machen!

  In der Regel macht es aber auch Sinn, solche unpassenden Begriffe nicht mit Minus-Zeichen direkt bei der Keyword-Definition auszuschließen, sondern bequemer und übersichtlicher gleich für eine ganze Kampagne. Das können Sie direkt in der Kampagnenübersicht machen (siehe Abbildung 11.22). Die Bezeichnung KEINE AUSSCHLIESSENDEN KEYWORDS FÜR DIE KAMPAGNE: ist missverständlich formuliert und meint, dass Sie bisher noch keine solchen Begriffe definiert haben. Klicken Sie auf HINZUFÜGEN, um Ihre für die gesamte Kampagne geltenden Begriffe hier zentral abzulegen. Daneben sehen Sie auch noch gleich eine Möglichkeit, auch für ganze Websites (im Content-Werbenetzwerk) auszuschließen oder auch einzelne Kategorien.

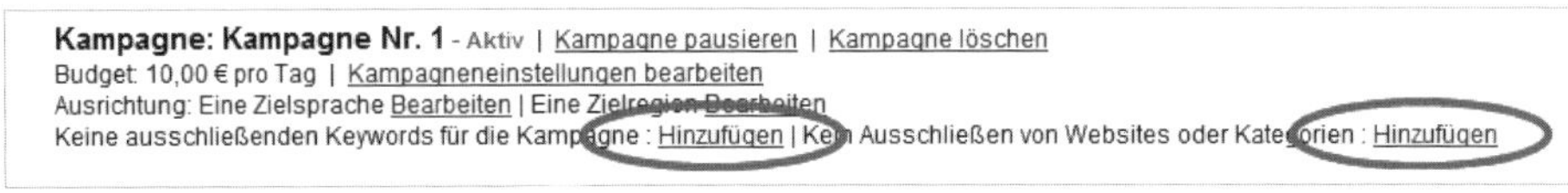

Abb. 11.22: Keywords auf Kampagnen-Ebene ausschließen

Den Ausschluss ganzer Kategorien sollten Sie in jedem Fall in Betracht ziehen. Was Sie im Einzelnen verbannen können, sehen Sie in Abbildung 11.23.

Abb. 11.23: Ausschließen einzelner Kategorien

Auch die Möglichkeiten hinter dem Reiter SEITENTYPEN in Abbildung 11.23 sollten Sie sich näher ansehen. Dort können Sie zusätzlich noch zum Beispiel geparkte Domains (die häufig inhaltsleer sind und nur für Werbung benutzt werden), Fehlerseiten (404-Seitenfehler), ganz generell Foren, Soziale Netzwerke und noch bestimmte Empfehlungsseiten ausschließen.

In Abbildung 11.24 sehen Sie ein schönes Beispiel, warum es ratsam ist, ausschließende Keywords zu hinterlegen. Auf dem Ausschnitt der abgebildeten Webseite ging es um die hochwertigen Jaeger-LeCoultre-Uhren. Der erste Werbeblock (»Jäger aufgepasst«) zielt aber auf »Jäger« ab, die man auf ein passendes Auto mit Allradantrieb aufmerksam machen möchte. Das vom Werbetreibenden hinterlegte Keyword lautet mit hoher Wahrscheinlichkeit »Jäger« und sicher hat er im Traum nicht daran gedacht, dass seine Werbung auch auf Seiten für Uhren auftaucht. Hätte er vorab recherchiert und die Namensgleichheit entdeckt, würde ein Ausschluss der Suchbegriffe »LeCoultre« und »Uhren« ihm sicher eine bessere Klickrate und damit einen höheren Qualitätsfaktor bringen. Schade.

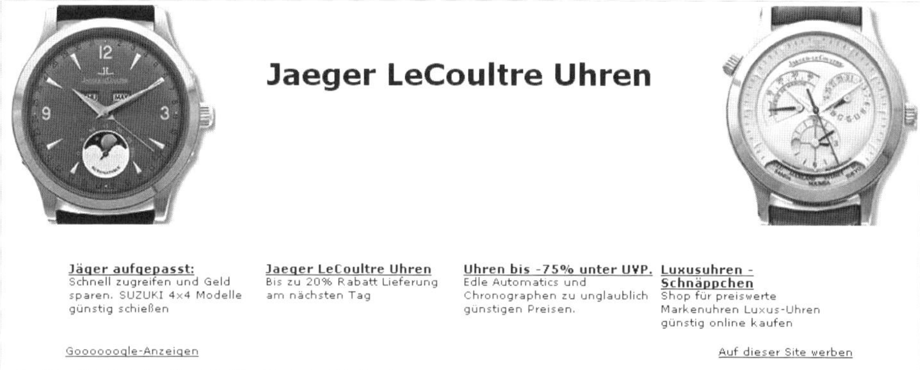

Abb. 11.24: Suzuki-Autos für Jäger und Uhren

Eine Ausnahme möchte ich aber noch erwähnen. Wenn Sie der Meinung sind, dass ein eigentlich nicht passendes Keyword trotzdem treffend oder interessant für Ihre Besucher sein kann, sollten Sie vielleicht einige Wochen damit experimentieren. Haben Sie zum Beispiel keinen spanischen Rotwein, wissen aber, dass Kunden, die diesen Wein gerne kaufen, auch eine hohe Affinität zu argentinischem Rotwein haben (den Sie tatsächlich verkaufen), kann sich das Fremdgehen in spanischen Keywordgefilden unter Umständen auch lohnen. Das hängt natürlich auch immer vom Umfeld und den Texten Ihrer Mitbewerber ab.

Tipp

Zum Kombinieren von passenden, exakten oder ausschließenden Keywords bzw. zum einfachen Hinzufügen der notwendigen Anführungszeichen und eckigen Klammern können Sie hervorragend das bereits im letzten Kapitel unter den Keyworddatenbanken vorgestellte Tool `www.ranking-check.de/keyword-datenbank.php` verwenden. In dem »Wrapper« dort finden Sie genau diese Begriffe zur Auswahl wieder und wissen jetzt auch, was diese bedeuten und wozu sie da sind.

Sie sehen also, dass Google Ihnen bei der Spezifikation der Suchbegriffe eigentlich alle Möglichkeiten bietet, die Sie für eine vernünftige Kampagnensteuerung benötigen. Und Sie sehen auch, dass Sie ein bisschen Mühe und Brainpower (ja, ich weiß, aber Gehirnarbeit klingt nun wirklich altbacken) investieren müssen. Viele Unternehmen tun dies leider eben oft nicht, wie das Beispiel in Abbildung 11.25 für eine gezielte Suche nach Weinbestandteilen zeigt. Aber ich kann es nur immer wieder betonen: Das ist eigentlich eine sehr gute Nachricht. Je tumber sich Ihre Mitbewerber bewegen (weil es doch ein klein wenig komplizierter ist, als es auf den ersten Blick aussieht), desto besser ist das für Sie!

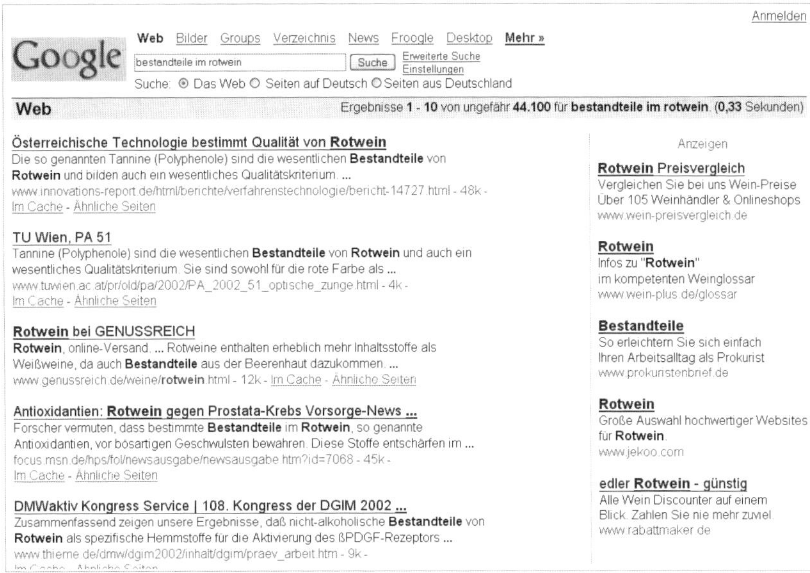

Abb. 11.25: Unscharfe Keywords kosten unnötig viel Geld.

Wenn auch die meiste Werbung anscheinend unscharf nach Rotwein geschaltet wurde, wirkt in diesem Suchzusammenhang die dritte Position auf der rechten Seite zumindest kurios. Wenn schon keiner darauf klickt, für die Erfolgsberechnung und -beurteilung ist ein solches undifferenziertes Vorgehen – wie mehrmals erwähnt – allemal schädlich. Und glauben Sie ja nicht, dass dies nur ein Einzelbeispiel wäre. Ob man mit Powerkapseln wohl einem künstlichen Auge auf die Sprünge helfen kann (siehe Abbildung 11.26)?

Abb. 11.26: Powerkapseln für Kunstaugen

Denken Sie also besser zweimal nach. Sie sparen bares Geld und vor allem vertane Klicks, die Ihnen später die Effektivitätsanalyse extrem erschweren können, weil Sie mit falsch angelockten Besuchern Ihre Klickpfade in den Logfiles verwässern.

Vorhin hatte ich erwähnt, dass man die Keywords und Anzeigentexte für die Google-Suche (und die Suchpartner) und das Content-Netzwerk niemals in eine Kampagne legen sollte. Einen Grund bin ich noch schuldig geblieben. Das hat im Wesentlichen eigentlich zwei Gründe.

1. Aus Kostengründen entscheidet man sich oft, im Suchnetzwerk Kombinationsbegriffe zu schalten. Also zum Beispiel im Modus exakt passend `[Cowboystiefel online kaufen]` statt einfach nur `Cowboystiefel`. Das ist auch gut so. Nun muss man aber wissen, wie Google im Content-Netzwerk technisch gesehen Werbung ausliefert. Viele Werbetreibende bzw. Contentpartner (also diejenigen, die »AdSense« einsetzen) binden in ihre Webseiten Kombinationen von meist vier oder zwei Anzeigen ein. Google muss diese Anzeigenblöcke dann aus Geschwindigkeitsgründen »vormontieren« (siehe zum Beispiel Abbildung 11.20 auf Seite 250), um sie gemeinsam sofort nach dem Aufruf einer AdSense-bestückten Seite einbinden zu können. Schaltet nun niemand anders auch die Kombination `Cowboystiefel online kaufen` oder nur zwei oder drei andere Werbetreibende, findet die eigene Anzeige keine Pendants, mit denen sie zusammengebunden werden könnte. Kombinationsbegriffe werden daher sehr viel seltener ausgeliefert. Für das Content-Werbenetzwerk wäre also `Cowboystiefel` ein viel besseres, weil einfacheres Keyword. Dummerweise legt man bei AdWords die Keywords in Anzeigengruppen fest und die Ausrichtung eine Ebene höher – auf Kampagnenebene. Da man auf Gruppenebene also keine Trennung vornehmen kann, muss man für die Suche und den schärfer definierten Begriffen und den einfacheren, generischen Begriffen für das Content-Werbenetzwerk zwei unterschiedliche Kampagnen anlegen. Dies hört sich umständlicher an, als es ist. Schließlich hat man hier viel weniger und meist Einwort-Begriffe. Letztendlich fällt auch das Erstellen von aussagekräftigem Zahlenwerk etwas leichter. Nur damit an dieser Stelle keine Missverständnisse entstehen: Prinzipiell werden die Keyword**optionen** *im Contentwerbenetzwerk* ignoriert. `Cowboystiefel kaufen` ist also dort das Gleiche wie »`Cowboystiefel kaufen`« oder `[Cowboystiefel kaufen]`. Die Anzahl und Art der Worte lösen aber natürlich auch unterschiedliche Matchings aus. Daher macht die Trennung in unterschiedliche Kampagnen durchaus trotzdem Sinn.

2. Der zweite Grund liegt im Text der Anzeige. Kommt jemand über die Google-Suche oder einen Suchpartner von Google, ist er ja im wahrsten Sinne des Wortes *aktiv* auf der Suche. Er ist daher sensibler für die Suchergebnisse, die er gerade eben selbst mit einem/mehreren Suchwort(en) aufgerufen hat. Wird die Anzeige hingegen im Content-Werbenetzwerk auf AdSense-Seiten angezeigt,

ist keine solche bewusste Hinwendung gegeben! Man liest einen Text in einem Fachartikel, einem Weblog oder einem Forum. Rechts, oben oder am unteren Rand stehen Anzeigen. Da muss schon ein verdammt knackig und interessanter Text draufstehen, dass man in dieser Situation klickt. Hier müssen Sie mit Ihrem Text eher Bedürfnisse wecken, während ein aktiv bei Google Suchender ja meist schon ein Bedürfnis *hat* und eine Lösung sucht! Die Texte für das Content-Netzwerk sollten Sie also durchaus mit mehr Aufforderungscharakter versehen. Oder mit auffälligen Prozent-Nachlässen. Gut gehen auch oft zeitliche Limitierungen wie »nur noch diese Woche!« Man bekommt den Eindruck, etwas zu versäumen, und klickt mit höherer Wahrscheinlichkeit. Keine Sorge übrigens vor niedrigen Klickraten im Content-Werbenetzwerk. Oft liegen sie eine oder gar zwei Stellen hinter der Null und im Vergleich zur Klickrate in der Suche ist es um den Faktor 100 schlechter. Das ist in der Regel völlig normal, weil nicht jeder, der eine AdSense-Seite aufruft, auch ein Problem hat und eine Werbeanzeige zur Lösung sucht. Dieser Faktor ist in der Suche deutlich höher. Die (meist schlechtere) Klickrate hat keinen Einfluss auf den Qualitätsfaktor im Suchnetzwerk, hier können Sie also völlig beruhigt sein.

Im Content-Werbenetzwerk können Sie seit Kurzem auch eine Auslieferung nach demografischen Merkmalen steuern.

Bericht zu Zugriffszahlen nach Geschlecht (für die letzten sieben Tage)

Geschlecht	Impr.	Klicks	CTR	Kosten	Anpassungen vornehmen	
Männlich	0	0	0,00 %	0,00 €	Gebot + 0%	Bearbeiten
Weiblich	0	0	0,00 %	0,00 €	Gebot + 0%	Bearbeiten
Keine Angabe	0	0	0,00 %	0,00 €		
Gesamt	**0**	**0**	**0,00 %**	**0,00 €**		

Bericht zu Zugriffszahlen nach Alter (für die letzten sieben Tage)

Alter	Impr.	Klicks	CTR	Kosten	Anpassungen vornehmen	
0-17	0	0	0,00 %	0,00 €	Gebot + 0%	Bearbeiten
18-24	0	0	0,00 %	0,00 €	Gebot + 0%	Bearbeiten
25-34	0	0	0,00 %	0,00 €	Gebot + 0%	Bearbeiten
35-44	0	0	0,00 %	0,00 €	Gebot + 0%	Bearbeiten
45-54	0	0	0,00 %	0,00 €	Gebot + 0%	Bearbeiten
55-64	0	0	0,00 %	0,00 €	Gebot + 0%	Bearbeiten
65+	0	0	0,00 %	0,00 €	Gebot + 0%	Bearbeiten
Keine Angabe	0	0	0,00 %	0,00 €		
Gesamt	**0**	**0**	**0,00 %**	**0,00 €**		

Abb. 11.27: Demografische Merkmale im Content-Werbenetzwerk nutzen

Wie Sie in Abbildung 11.27 sehen können, haben Sie hier auch die Möglichkeit, gezielt nach männlichen oder weiblichen Surfern kombiniert mit Altersklassen zu filtern. Ein Klick auf BEARBEITEN gibt Ihnen die Auswahl, ob Sie diese Klasse ganz ausschließen möchten oder Ihre Normalgebot prozentual erhöhen oder vermindern möchten.

11.5 Die maximalen Kosten festlegen

Sie haben mehrere Möglichkeiten, damit Ihr Werbebudget nicht aus dem Ruder läuft. Vernünftige Beschränkungen sollten Sie aber in jedem Fall gerade zu Anfang setzen, denn so mancher unbedarfte Anfänger hat sich nach ein paar Tagen einigen Hunderttausend Besuchern gegenüber gesehen. Dummerweise auch um einige Tausend Euro ärmer, denn Sie gehen einen rechtsgültigen Vertrag ein und müssen alle erhaltenen Klicks natürlich auch bezahlen. Waren die Suchbegriffe zu allgemein und damit auch oft zu teuer, haben die vielen Besuche leider nicht den erhofften zusätzlichen Umsatz gebracht, der die hohen Kosten rechtfertigen und auffangen könnte.

Zunächst legen Sie fest, wie viel Sie bereit sind, für einen Klick zu bezahlen (siehe Abbildung 11.28).

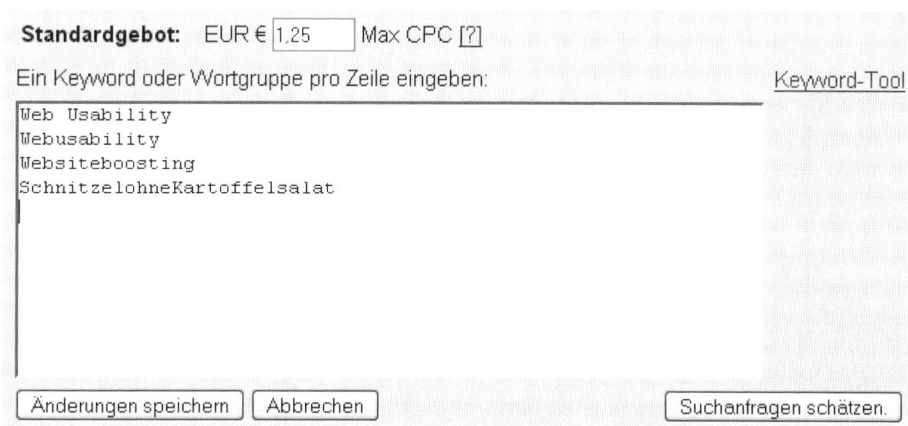

Abb. 11.28: Angabe eines Standardgebotes

Im Beispiel aus Abbildung 11.28 wurde als maximaler Preis pro Klick 1,25 € festgelegt. Dabei ist zu beachten, dass nicht automatisch jeder Klick diesen Betrag kostet. Die Obergrenze ähnelt in etwa dem eBay-Prinzip bei dem eigenen Höchstgebot. Letzteres legt nur fest, wie weit man mitbietet.

Wie wird jetzt aber die Position der Werbung und das tatsächliche Klickgebot ermittelt?

	maximales Klickgebot	Qualitäts-faktor	Rang-wertziffer	tatsächl. Rang	tatsächl. Klickpreis
Sony	0,25 €	1	0,25	5	0,010 €
Philips	0,25 €	2	0,50	4	0,135 €
Panasonic	**0,50 €**	**3**	**1,50**	**1**	**0,343 €**
Aiwa	0,75 €	1	0,75	3	0,510 €
JVC	1,00 €	1	1,00	2	0,760 €

Sortiert also:

Panasonic		1	0,343 €
JVC		2	**0,760 €**
Aiwa		3	**0,510 €**
Philips		4	0,135 €
Sony		5	0,010 €

Abb. 11.29: Die Berechnung von Position und Klickpreis

In Abbildung 11.29 sehen Sie (fiktiv!) fünf Unternehmen, deren Namen ich wahllos und wegen der besseren Merkfähigkeit ausgesucht habe. Sie sehen deren Gebote für das gleiche Keyword (welches, ist hier egal) und den Qualitätsfaktor. Dieser Qualitätsfaktor oder wie schon erwähnt auch »Quality Score« genannt, wird von Google intern ermittelt. Welche Faktoren genau wie stark mit einfließen, ist wie immer geheim. Einige dieser Faktoren sind aber durchaus bekannt. Dazu zählen:

- Die **Klickrate** auf ein Keyword im Vergleich zu den Mitbewerbern. Diese wird natürlich maßgeblich vom Anzeigentext beeinflusst und ob er tatsächlich zum Keyword passend wirkt.
- Die **historische Leistung** eines Keywords. Google lässt die letzten 1.000 Klicks stärker in die Bewertung mit einfließen. Daher »schmieren« falsch konfigurierte Kampagnen auch nicht so schnell ab, wenn sie vorher eine gute Performance hatten.
- Die **Qualität der Landing Page** (der Zielseite). Die Robots von Google gehen auf der angegebenen Zielseite und mit ihr durch Links verbundenen Seiten auf die Suche nach den gebuchten Keywords. Werden sie nicht fündig, kann der Qualitätsfaktor zum Teil negativ beeinflusst werden. Ja ja, Seiten mit Frames haben hier Probleme, ebenso bis zu einem gewissen Grad mit Flash erstellte Zielseiten. Dass die Qualität der Landing Page in die Berechnung des Qualitätsfaktors mit eingeht, hat Google übrigens bestätigt. Gleichwohl gibt es unter Experten eine noch nicht entschiedene Diskussion darüber, ob und in welcher Form bzw. Ähnlichkeit und wie stark ein gebuchtes Keyword tatsächlich auf der Landing Page vorkommen muss.

- Die **Reaktionsgeschwindigkeit** des Webservers. Lahme Webseiten mögen weder Google noch die Besucher. Daher werden allzu langsame Server mit Minuspunkten bei der Qualitätsbeurteilung versehen. Auch den Einfluss der Servergeschwindigkeit auf den Qualitätsfaktor hat Google bestätigt.
- Weitere Faktoren, die mal wieder kein Mensch außerhalb des harten Kerns von Google kennt.

Hinweis

Wie schon gesagt: Die Klickraten im Content-Werbenetzwerk gehen nicht in den Qualitätsfaktor mit ein. In der Regel sind sie ja durch die völlig andere Art der Auslieferung deutlich niedriger. Die Qualität der Landing Page und die Reaktionsgeschwindigkeit werden übrigens für jedes Keyword im Konto auch ausgewiesen.

Das maximale Klickgebot wird nun mit dem Qualitätsfaktor multipliziert. Heraus kommt die so genannte *Rangwertziffer* (RWZ). Die höchste RWZ bekommt Platz 1 zugeteilt und dann folgen die anderen in absteigender Reihenfolge. Der untere Teil in Abbildung 11.29 zeigt die endgültige Positionierung. Wie Sie in dem Beispiel sehen, bekommt nicht automatisch der Höchstbietende Platz 1! Vielmehr befördert der hohe Qualitätsfaktor »Panasonic« trotz des gegenüber »Aiwa« und »JVC« niedrigeren Gebotes nach oben.

Wie kommt nun der tatsächliche Klickpreis zustande? Dabei wird die Rangwertziffer des Nachfolgers durch den eigenen Qualitätsfaktor *geteilt* und zum Ergebnis 0,01 € *addiert*. Liegt allerdings das vorgegebene Mindestgebot darüber, wird selbstverständlich dieser Betrag fällig.

Sehen Sie sich das noch einmal in der erweiterten Abbildung 11.30 an.

Firmen und Zahlen beispielhaft!

	maximales Klickgebot	Qualitäts-faktor	Rang-wertziffer	tatsächl. Rang	tatsächl. Klickpreis
Sony	0,25 €	1	0,25	5	0,010 €
Philips	0,25 €	2	0,50	4	0,135 €
Panasonic	**0,50 €**	**3**	**1,50**	**1**	**0,343 €**
Aiwa	0,75 €	1	0,75	3	0,510 €
JVC	1,00 €	1	1,00	2	0,760 €
	X	* Y	= Z		

$$\frac{1{,}00}{3} = 0{,}33+0{,}01$$

$$\text{CPC} = \max\left[\left(\frac{\text{Rangwertziffer Nachfolger}}{\text{eigener Qualitätsfaktor}} + 0{,}01\,€\right), \text{Mindestgebot}\right]$$

Abb. 11.30: Die Berechnung des tatsächlichen Klickpreises

Hätten Sie gedacht, dass der Qualitätsfaktor einen solchen Einfluss haben kann? Hier wird Ihre Cleverness beim Schalten von AdWords extrem belohnt. Den Qualitätsfaktor Ihrer Keywords können Sie auch sehen. Google zeigt ihn in drei groben Stufen an:

- **Hoch:** Alles erste Sahne
- **OK:** Hier sollten Sie noch optimieren, denn das Mindestgebot liegt hier schon spürbar höher!
- **Niedrig:** Solche Keywords werfen Sie entweder rigoros raus oder optimieren auch hier die Begriffe der Landing Page oder des Anzeigentextes. Mindestgebote von 4 oder gar 8 € sind keine Seltenheit. Das ist Strafe und Hinweis zugleich, dass etwas mit der Relevanz nicht stimmt. Wenn Ihre Keywords also nach ein paar Tagen Schaltung plötzlich extrem teuer werden, ist nicht Google schuld, sondern Sie haben Ihren Job (noch) nicht gut genug erledigt!

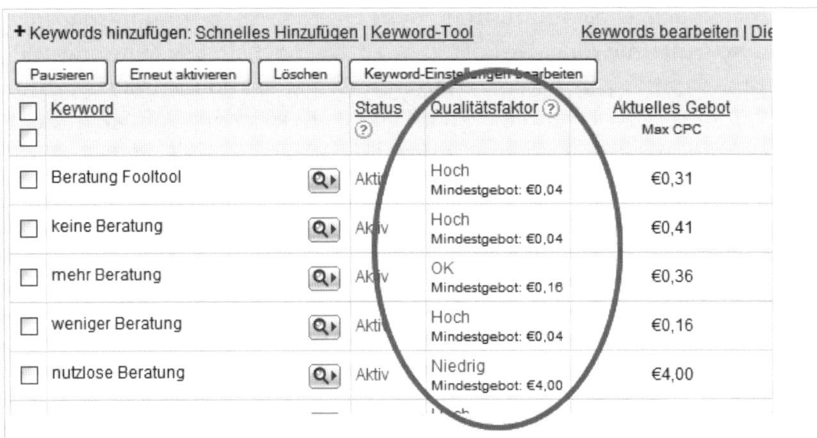

Abb. 11.31: Die Anzeige des Qualitätsfaktors

Es kann sein, dass Sie nach dem Aufruf der Anzeigengruppe, in die Keywords ja letztendlich gelistet werden, die Spalte QUALITÄTSFAKTOR noch nicht sehen. Rechts oben ist eine kleine Auswahlbox mit der Bezeichnung SPALTEN ANPASSEN. Fügen Sie in diesem Fall dann dort der Ansicht die Anzeige des Qualitätsfaktors hinzu.

Hinweis

Eigentlich war das Manuskript schon fertig, als eine Ankündigung von Google über die Änderung des Qualtitätsfaktors in meine Mailbox flatterte. Daher wollte ich Ihnen diese hier noch – buchstäblich einige Tage vor dem Druck – kurz beschreiben, denn wenn Sie das Buch in den Händen halten, werden Sie die Änderungen mit Sicherheit bereits online vorfinden. Für den Qualitätsfaktor werden nun Werte von 1-10 (zehn ist hoch) angezeigt. Damit ist ab sofort eine genauere Analyse für Sie als Werbetreibender möglich. Weiterhin wird der Qualitätsfaktor nun nicht mehr statisch für jedes Keyword berechnet, sondern individuell. Ein Beispiel: Sie schalten für das Suchwort »Minirock« eine Anzeige. In Hamburg regnet es die nächsten 6 Wochen, während in München wie immer die Sonne scheint (hehehe). Daher wird auf Ihre Anzeige im bayerischen Raum sicherlich mehr geklickt, als im hohen Norden Deutschlands. Wenn das Adwords-Rankingsystem also hochrechnet, dass bei einer Suchabfrage in München Ihre Anzeige wohl eine bessere Klickrate hat, wird der Qualitätsfaktor hochgesetzt und die Werbung häufiger angezeigt – während in Hamburg vielleicht genau das Gegenteil der Fall ist. Früher wurde mit einem einzigen Qualitätsfaktor statisch über alle Leistungsdaten gerechnet. Das neue System ist also deutlich leistungsfähiger und erhöht damit wahrscheinlich nochmals spürbar die Relevanz. Leider konnte ich dies alles noch nicht testen, werde aber über meinen Blog sicherlich noch etwas darüber nachreichen.

Wenn Sie sich die Rechnung in Abbildung 11.30 noch einmal genau ansehen, werden Sie feststellen, dass das einfache Erhöhen des Gebotspreises nicht immer die erste Wahl als Strategie ist – falls man nur niedrige Anzeigenplätze und damit wenig Klicks bekommt. Arbeiten Sie immer *zuerst* an der Qualität Ihrer Kampagne und erst wenn die meisten und vor allem die wichtigsten Keywords bezüglich des Qualitätsfaktors auf »hoch« stehen **und** keine Steigerung bei den Positionen erfolgt – erst dann erhöhen Sie Ihr Gebot langsam und sanft. Rechnen Sie doch einmal zum Spaß nach, um wie viel Sony das Klickgebot erhöhen müsste, um auf Platz 1 zu kommen? Hey – erst rechnen, dann hier weiterlesen! Richtig, man müsste 1,51 Euro bieten. Die Rechnung: 1,51 mal 1 (Qualitätsfaktor) = Rangwertziffer 1,51 und damit knapp über Panasonic. Jetzt sind wir aber noch nicht fertig. Was kostet jetzt ein Klick? OK: Rangwertziffer des Nachfolgers (jetzt Panasonic mit 1,50) geteilt durch den eigenen Qualitätsfaktor (Sony: 1) plus Mindestgebot (0,01 €). Das sind 1,51, wenn ich richtig gerechnet habe. Sony müsste also tatsächlich pro Klick 1,51 bezahlen, um ohne Änderung des Qualitätsfaktors auf die Top-Position zu kommen. Bitte beachten Sie, dass Panasonic noch immer nur 0,34 € pro Klick bezahlt – auf Platz 2.

Tipp

Die passionierten Mathematiker unter Ihnen haben vielleicht jetzt noch einen netten Zusammenhang erkannt. Je höher ich mein Klickgebot mache, desto höher steigt auch meine Rangwertziffer. Solange ich meinen Platz nicht verlasse (zum Beispiel Platz 3), bleibt mein tatsächlicher Klickpreis aber gleich! Er berechnet sich ja aus meinem Qualitätsfaktor und der Rangwertziffer des Nachfolgers. Aha. Für wen verändert sich dann etwas in diesem Rechenwerk? Richtig –

für die Anzeige über mir. Da zu deren Preisberechnung meine Rangwertziffer herangezogen wird – und diese jetzt durch meine Gebotserhöhung ansteigt: Dann steigt automatisch der tatsächliche Klickpreis des Werbetreibenden über mir. Fein, nicht wahr? Hmmm ... was passiert da in der Regel noch, außer dass ihn das Ganze jetzt vielleicht deutlich teurer kommt? Wieder richtig: Ihm läuft aller Wahrscheinlichkeit das Tagesbudget schneller aus und seine Anzeige wird nicht mehr ausgeliefert. Aus sein Traum vom schnellen Profit. Diese Technik nennt man übrigens *Keyword-Jamming*.

Sicherlich haben Sie nach einer ausgiebigen Recherche eine Menge Keywords zusammengetragen. Die alle zusammen mit einem Anzeigentext in eine Anzeigengruppe zu schütten, wäre eine wenig intelligente Vorgehensweise. Wir haben ja gelernt, dass der Anzeigentext (Klickanreiz) und die Klickrate (Qualitätsfaktor) extremen Einfluss auf die Performance Ihrer Kampagne haben. Wenn Sie nun aber alles in eine Gruppe kippen und als Text »Büromaddrial and more – Mir ham alles wos du braugst wergli dou. www.allesaffamol.de« drüberschreiben – mal ehrlich: Wenn jemand einen edlen Kolbenfüller sucht, klickt er auf einen Anzeigentext à la »Büromaterial«? Sie ahnen es – es kommt Arbeit auf Sie zu.

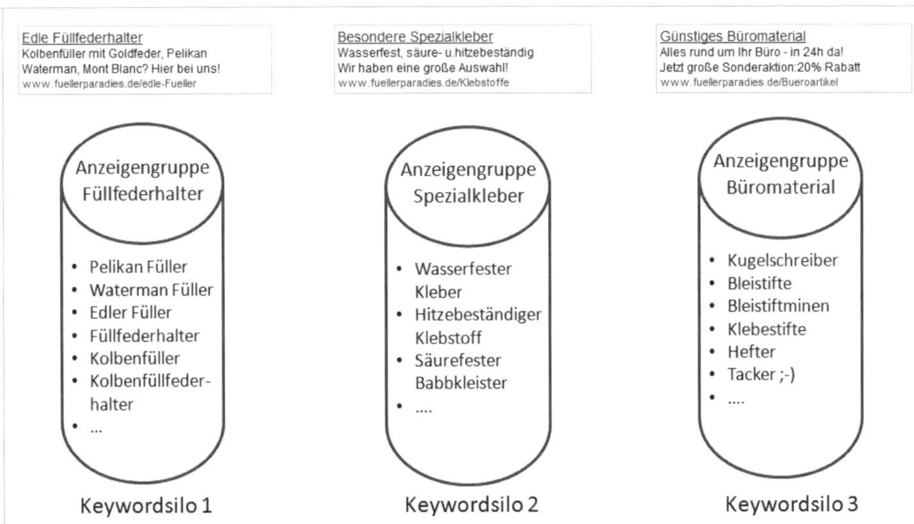

Abb. 11.32: Siloing bei der Anlage von Keywords und Anzeigentexten

Der Ausweg wird als *Siloing* bezeichnet. Erstellen Sie sich einfach für jede Themenwolke eine eigene Anzeigengruppe mit eigenem Anzeigentext. Eben einen Silo für jedes Thema. Abbildung 11.32 verdeutlicht diese Idee. Ein Büroartikelhersteller erstellt einen Silo für edle Schreibgeräte (hier Füller), einen für ganz spezielle Klebstoffe, vielleicht noch jede Menge andere, möglichst exakt abgrenzbare

Themensilos – und am Ende noch einen, in den der ganze Rest geladen wird. Natürlich lohnt nicht für jeden Büroartikel ein solch hoher Aufwand. Daher erscheint es ökonomisch vernünftig, den Rest an niedrigpreisigen Verbrauchsgütern zusammen mit einem allgemeinen Text in eine Anzeigen(-Rest-)gruppe zu stecken.

Viel Arbeit? Bedenken Sie, dass diese Zeit im klassischen Sinn eine Investition darstellt. Alles, was Sie an dieser Stelle sauber separieren, spart Ihnen im Lauf der Kampagnenlaufzeit bares Geld und bringt in der Regel auch mehr Klicks und damit mehr Umsatz.

Ach ja, eines noch. Google gibt Ihnen die Möglichkeit, in jeder Anzeigengruppe (also für jeden Silo) mehrere Anzeigentexte zu hinterlegen. Nutzen Sie diese Möglichkeiten und experimentieren Sie mit den Texten. Nach ein paar Tagen sehen Sie nach, welche Textvariante die meisten Klicks bekommen hat. Falls Sie aber auch die so genannte Konversionsrate (Verhältnis Besucher durch Klicks zu Käufern oder Leads) messen, halten Sie sich besser an diese. Google optimiert nämlich nach der Anzahl Klicks – und das ist nicht immer die Anzeige mit der höchsten Konversionsrate!

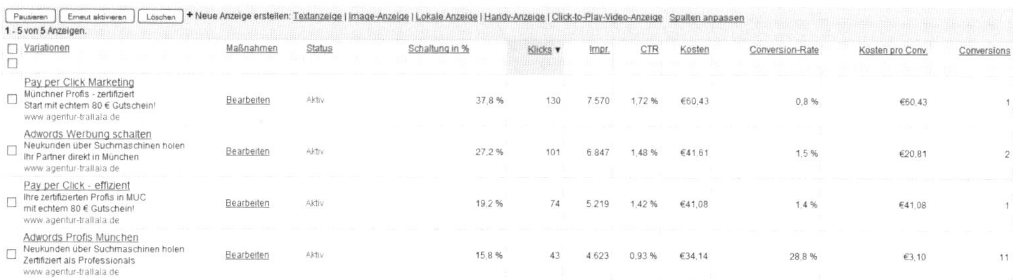
Pausieren | Erneut aktivieren | Löschen | + Neue Anzeige erstellen: Textanzeige | Image-Anzeige | Lokale Anzeige | Handy-Anzeige | Click-to-Play-Video-Anzeige Spalten anpassen

1 - 5 von 5 Anzeigen.

Variationen	Maßnahmen	Status	Schaltung in %	Klicks ▼	Impr.	CTR	Kosten	Conversion-Rate	Kosten pro Conv.	Conversions
Pay per Click Marketing Münchner Profis - zertifiziert Start mit echtem 80 € Gutschein! www.agentur-trallala.de	Bearbeiten	Aktiv	37,8 %	130	7.570	1,72 %	€60,43	0,8 %	€60,43	1
Adwords Werbung schalten Neukunden über Suchmaschinen holen Ihr Partner direkt in München www.agentur-trallala.de	Bearbeiten	Aktiv	27,2 %	101	6.847	1,48 %	€41,61	1,5 %	€20,81	2
Pay per Click - effizient Ihre zertifizierten Profis in MUC mit echtem 80 € Gutschein! www.agentur-trallala.de	Bearbeiten	Aktiv	19,2 %	74	5.219	1,42 %	€41,08	1,4 %	€41,08	1
Adwords Profis München Neukunden über Suchmaschinen holen Zertifiziert als Professionals www.agentur-trallala.de	Bearbeiten	Aktiv	15,8 %	43	4.623	0,93 %	€34,14	28,8 %	€3,10	11

Abb. 11.33: Die Klickraten verschiedener Anzeigentexte

In dem Beispiel in Abbildung 11.33 sehen Sie, dass zwar die erste Textvariante ganz oben »Pay per Click Marketing« die höchste Klickrate erzielt hat (130 Klicks, 37,8 Prozent). Aber nur eine Konversion hat, die über 60 € gekostet hat. Vergleichen wir das mit der untersten Variante (Adwords Profis München), liegt da die Konversionsrate bei satten 28,8 Prozent und hat elf Konversionen gebracht. Damit hat dort ein Lead oder Neukunde gerade mal 3,10 € »gekostet«. Wir lernen: Selber auf die Zahlen sehen, manuell optimieren und immer auch die Konversionsraten messen (wie das geht, dazu gleich weiter unten mehr).

Werfen Sie die anderen Texte einfach weg (wirklich!) und verfeinern Sie den bisher besten Text, indem Sie ihn variieren.

Nach einigen Tagen sehen Sie wieder nach und suchen erneut die Variante, die prozentual mehr Klicks/Konversionen bekommen hat. Die anderen Texte sind

Verlierer und für die kennen wir keine Gnade: Wieder weg damit. Nach zwei bis vier Runden dürften Sie einen optimalen Text mit hoher Erfolgsrate haben. Jetzt ist es Zeit, an den Kühlschrank zu gehen.

Nach einigen Monaten sollten Sie immer wieder mal kontrollieren, ob die Zahlen noch passen. Stellen Sie eine Verminderung fest, optimieren Sie wieder durch Variation oder neue Einfälle, die Sie gerade umtreiben!

Damit alles sauber läuft, müssen Sie noch ein Tagesbudget festlegen. Dies machen Sie auf Kampagnenebene. Dieses Budget gilt dann für alle Anzeigengruppen (Silos) innerhalb dieser Kampagne (siehe Abbildung 11.34).

Abb. 11.34: Tagesbudget festlegen

Der Link EMPFOHLENES BUDGET ANZEIGEN hilft Ihnen bei der Überprüfung der Budgethöhe. Ist der Betrag in Ordnung bzw. nicht zu niedrig, teilt Ihnen das die Auswertung mit. Lassen Sie den niedrigen Wert dann trotzdem stehen, wird Ihre Anzeige zwar angezeigt, aber wahrscheinlich eben nicht immer und nur, solange noch Tagesbudget vorhanden ist.

Gerade wenn Sie mit solchen Kampagnen erst beginnen, fehlt Ihnen wahrscheinlich zu Anfang noch das Gespür für den richtigen Preis. Sie werden auch sehr schnell feststellen, dass verschiedene Begriffe oder Formulierungen um das gleiche Thema oder Produkt zum Teil erhebliche Preisunterschiede haben. Gerade wenn Sie stark auf eine wirtschaftliche Verwendung Ihres Budgets achten (und wer muss das heutzutage nicht?), sollten Sie Keywords auch unter Kostengesichtspunkten auswählen. Statt eines einfachen Suchbegriffs wie `Wein` oder `Rotwein` können Sie mit Kombinationen wie `Wein kaufen`, `Wein Shop`, `Wein aus ...` und weiteren oft viel Geld sparen. Der Traffic-Estimator von Google (eine Art Hochrechnung, was Keywords kosten werden und welchen Traffic sie geschätzt bringen) hilft Ihnen allerdings in der Regel nicht wirklich dabei, mehr Klarheit und

Sicherheit zu bekommen. Die Zahlen, die dort oft angezeigt werden, haben mit den real zu erwartenden Kosten und Klicks keine so hohe Übereinstimmung, wie man das erwarten würde.

Am Ende müssen Sie jetzt nur Ihre Daten und die Zahlungsweise hinterlegen. Halten Sie auch Ihre Umsatzsteuer-Identifikationsnummer bereit, wenn Sie AdWords kommerziell einsetzen. Wenn Sie Letztere nicht wissen, fragen Sie Ihren Steuerberater, Buchhalter, das Finanzamt oder kopieren Sie sie aus dem Impressum Ihrer Website. Da müsste sie nämlich sowieso stehen.

Tipp

Ganz generell sollten Sie in der Regel lieber eher mehrere Anzeigen mit vielen Keywords bzw. Keyword-Kombinationen schalten, als wenige mit teurem Klickpreis. Die erste oder zweite Position lohnt betriebswirtschaftlich gesehen auch nicht immer, weil die Preisabstände zu den Positionen drei, vier oder fünf nicht selten enorm sind. Verteilen Sie das gleiche Budget also besser auf viele Anzeigen mit scharf treffenden Wortkombinationen und experimentieren Sie durch Variation Ihres maximalen Klickpreises mit unterschiedlichen Anzeigepositionen. Erkenntnisse erzielen Sie freilich nur, wenn Sie am Ende über die Konversionsrate erkennen können, was Ihnen tatsächlich mehr gebracht hat. Dazu gleich weiter unten mehr.

11.6 Markenwirkung mit AdWords

Vielen Werbetreibenden ist eines nicht bewusst: Bei AdWords bekommen Sie den so genannten »Branding-Effekt«, also eine positive Wirkung auf die Erinnerung Ihrer Marke(n) relativ günstig – im Idealfall sogar umsonst.

Das wird in der Regel über die vielen Impressions (Sichteinblendungen) im Content-Werbenetzwerk erreicht. Dort ist es nicht selten, dass auf einige Millionen Impressions nur einige wenige Klicks (nur die müssen Sie ja bezahlen) kommen. Und nur Letztere müssen Sie bezahlen? Wo bekommen Sie denn heute für ein paar Euro mehrere Millionen Sichtkontakte?

Eine schlechte Klickrate beeinflusst ja nicht Ihren Qualitätsfaktor! Die Klickrate fließt nur bei *den* Anzeigen in den Qualitätsfaktor mit ein, die bei Google selbst erscheinen. Dies bedeutet, dass eine schlechte Klickrate bei genügend Impressions eigentlich einen positiven Effekt auf Ihren Unternehmensnamen, Ihre Marke(n) und deren Bekanntheit zu konkurrenzlos günstigen Preisen hat bzw. haben kann. Und es kommt ja noch der Umstand hinzu, dass Ihre Werbung auch noch themenorientiert auf den Seiten auftaucht, die Sie spezifiziert haben oder die zu Ihren Keywords passen. Also haben Sie noch nicht einmal die sonst bei Bannerschaltungen übliche Streuung.

Eine erst kürzlich durchgeführte Studie von tns infratest und eye square, die in Zusammenarbeit mit sechs Media-Agenturen und acht Marken durchgeführt wurde, zeigte die positiven Auswirkungen recht deutlich auf.

Man fand heraus, dass der Einsatz von AdWords zu einer um 21 Prozent höheren ungestützten Markenbekanntheit als bei der Kontrollgruppe führte. Interessant war dabei, dass auch bei reinen Sichtkontakten (also ohne Klick und ohne Kosten) die Markenbekanntheit um etwa elf Prozent anstieg.

Weiterhin fand man heraus, dass die Markenbekanntheit signifikant höher steigt, wenn die Anzeigen nicht rechts, sondern über den normalen Suchergebnissen angezeigt werden. Dies erreicht man wie schon erwähnt mit gut optimierten Kampagnen oder auch teilweise mit brachialer Gewalt, indem man das maximale Klickgebot stark erhöht. Per Eye-Tracking konnte man feststellen, dass die ersten Augenbewegungen und Blicke den Top-Positionen im linken Teil gelten. Erst nach circa zehn Sekunden werden vermehrt auch die AdWords auf der rechten Seite angesehen.

Interessanterweise führt eine AdWords-Anzeige, die im oberen Top-Bereich angezeigt wurde, auch zu einer verstärkten Anschaffungsabsicht. Bei der obersten Top-Position lag dieser Wert bei neun Prozent, rechts oben im Anzeigenteil immerhin noch um fünf Prozent über dem Durchschnitt. Ebenso steigt anscheinend die Neigung zur Weiterempfehlung, wenn die Top-Position besetzt wird.

Als Fazit halten die Studienautoren fest, dass der Einsatz von AdWords-Kampagnen sehr wohl markenbildend sein kann und diese Wirkung (natürlich) mit der Kontakthäufigkeit, aber eben auch mit Top-Position verstärkt wird.

Aus anderen Studien weiß man übrigens, dass die Verweildauer eines Besuchers auf Textanzeigen etwa viermal länger ist als auf grafischen Elementen wie Bannern.

Sie sollten im Kopf behalten, dass Sie einen großen Teil der Sichtkontakte im Content-Werbenetzwerk völlig kostenlos erhalten. Wie viele Prozent das dann in Ihrem Fall genau sind – das wäre aus meiner Sicht als zweitrangig anzusehen. Gschenkt is gschenkt ;-)

11.7 Konversionsmessungen einrichten

Gut – Klicks auf die eigene Seite zu bekommen, ist prima. Aber wie erfolgreich ist die Kampagne tatsächlich? Wer von den Shopbesuchern, nein besser: Shopkunden (also tatsächlichen Käufern) kam über Google AdWords und welche über andere Kanäle? Welcher Zusammenhang besteht zwischen dem Suchbegriff und dem »Kunde werden«? Diese und weitere Fragen beantworten zu können, ist essenziell für eine wirtschaftliche Steuerung Ihrer Budgets.

Google stellt Ihnen eine recht einfache Möglichkeit zur Verfügung, diese Fragen schnell und leicht zu beantworten. Dazu müssen Sie ein paar Zeilen Code in bestimmte Webseiten Ihres Webauftritts einsetzen oder von Ihrer Webagentur einsetzen lassen. Wenn jemand über AdWords auf Ihre Webseiten kommt, setzt Google ihm ein spezielles Cookie (das ist eine winzige Textdatei, die beim Suchenden auf der Festplatte abgelegt wird und beim Aufruf Ihrer Webseite wieder ausgelesen werden kann). Surft er anschließend über Ihre Webseiten, geht durch Ihren Shop und kauft innerhalb der nächsten 30 Tage etwas ein und es wird am Ende des Einkaufs automatisch die Seite `Vielen Dank für Ihren Einkauf ...` aufgerufen, wird dies durch das Cookie registriert. Da nicht jeder direkt über das Web verkauft und auch andere Konversionen, sprich ausgelöste Handlungen, interessant für das Controlling sind, haben Sie mehrere Möglichkeiten, die Sie unter »Conversion Tracking« auf Kontoebene (siehe Abbildung 11.4 auf Seite 235) aufrufen können.

Abb. 11.35: Die Möglichkeiten des Konversionstracking

Sie finden dort über den drei Möglichkeiten auch einen Link LEITFADEN FÜR DIE EINRICHTUNG, der alle technischen Details genau erklärt. Im Prinzip legen Sie hier durch einen Fragebogen geführt fest, welche Arten von Konversionen Sie messen möchten.

- Einen echten Verkauf
- Den Aufruf einer Schlüsselseite (zum Beispiel der Kontaktseite oder einer Produktdetailseite)
- Eine Anmeldung (bei einem Dienst oder auch einem Newsletter)
- Eine abgeschickte Anfrage (zum Beispiel über ein Formular)

Sie bekommen dann ein paar Zeilen Programmiercode, den Sie vollständig (!) kopieren und auf den entsprechenden Zielseiten einfügen müssen oder Ihre betreuende Agentur einfügen lassen.

Ein solcher Code-Schnipsel kann zum Beispiel so aussehen:

```
<!-- Google Code for Signup Conversion Page -->
<script language="JavaScript" type="text/javascript">
<!-- var google_conversion_id = 123456789;
var google_conversion_language = "de";
var google_conversion_format = "1";
var google_conversion_color = "FFFFFF";
if (1) { var google_conversion_value = 1;}
var google_conversion_label = "Signup";
//-->
</script>
<script language="JavaScript" src="http://www.googleadservices.com/
pagead/conversion.js">
</script>
<noscript>
<img height=1 width=1 border=0 src="http://www.googleadservices.com/
pagead/conversion/123456789/?value=1&label=Signup&script=0">
</noscript>
```

Listing 11.1: Der Code zur Konversionsmessung einer Newsletter-Anmeldung

Sobald der Code in der Seite ist und sie erstmalig aufgerufen wurde, zählt Google für Sie genau diese Abo-Anmelderate mit und zeigt sie Ihnen in Ihrer Übersicht hinter jedem Suchwort einzeln an. In Abbildung 11.37 auf Seite 275 sehen Sie beispielhaft solche gemessenen Konversionsraten in der Spalte CONV.-RATE in der Kampagnenübersicht.

Sie können die Konversionsmessung also wirklich recht universell einsetzen, auch wenn Sie nicht direkt über das Web verkaufen. Es macht genauso Sinn, den Aufruf der Kontaktseite oder des Impressums zu registrieren, weil es nicht unwahrscheinlich ist, dass man dort gezielt nach Ihrer Telefonnummer oder der E-Mail-Adresse sucht und Sie anschließend kontaktiert. Ebenso ist wie beschrieben die Kontrolle abonnierter Newsletter, das Lesen von Newsmeldungen, Produktbeschreibungen oder -details etc. sinnvoll. Sie lernen dadurch recht schnell Zusammenhänge zwischen den Suchbegriffen als Eingangstrigger und der differenzierten Nutzung Ihres Webangebots kennen.

Noch ein kleiner Hinweis am Schluss: Bei der Erzeugung des Konversionscodes können Sie in der Datenmaske auch einen Wert für eine durchschnittliche Konversion eingeben. Zum Beispiel 155 €. Wenn Sie den Code dann erzeugen lassen, sollten Sie diesen mal genauer und die Lupe nehmen. Sie werden folgenden Eintrag entdecken:

```
if (155.0) {
  var google_conversion_value = 155.0;
}
```

Damit wird zwar nun einerseits jeder Konversion dieser Betrag zugeschlagen und Google rechnet Ihnen den durchschnittlich erzielten Umsatz statistisch bequem hoch - aber Ihre Mitbewerber können ja auch Quelltexte lesen und werden sich über solche Angaben von Ihnen sicher freuen! Daher würde ich Ihnen empfehlen, solche Daten nicht unbedingt öffentlich preiszugeben. Vielleicht täte Google gut daran, diese Information zu verschlüsseln oder sie besser gar nicht direkt in den Code einzubinden, sondern nur intern zu speichern.

Mir ist völlig klar, was Sie jetzt als nächstes machen werden. Sie untersuchen den Quellcode Ihrer Mitbewerber - stimmts? Warum nicht. Wer seinen Warenkorbumfang derartig öffentlich macht, hat sicher nichts dagegen...

11.8 Das Ganze online schalten

Wenn alles zu Ihrer Zufriedenheit konfiguriert ist und Ihre Zahlungsart bestätigt bzw. eine Kreditkarte akzeptiert wurde, können Sie die Kampagne starten. Ab jetzt dauert es nur noch wenige Minuten und Ihre Begriffe sind online. Sie können das kontrollieren, indem Sie über eines Ihrer Keywords in Google suchen. Je nachdem, welchen Preis pro Klick Sie zu zahlen bereit sind bzw. hinterlegt haben, finden Sie Ihre Anzeige nun auf der rechten Seite der Ergebnisliste. Werden Sie nur auf der zweiten Seite gelistet, sollten Sie Ihr maximales Gebot pro Klick etwas erhöhen.

Sollten es irgendwelche Gründe erforderlich machen, können Sie Ihre Kampagne jederzeit problemlos unterbrechen und zu einem späteren Zeitpunkt fortsetzen. Gerade am Anfang, wenn Sie noch unsicher sind und Bedenken haben, mit der ein oder anderen Konfiguration vielleicht gleich Ihren Bankrott auszulösen, können Sie Ihre Kampagne zunächst auf PAUSIEREN stellen. Haben Sie alles zu Ihrer Zufriedenheit (um-)gestaltet bzw. optimiert, setzen Sie sie einfach wieder fort. Aber keine Angst – überall sind Sicherheitsabfragen eingebaut, wodurch eigentlich nichts wirklich Schlimmes passieren kann. Vorausgesetzt, Sie lesen auch wirklich, was da für Sie auf dem Bildschirm steht.

Sie sehen zwar Ihre Anzeigen relativ schnell im Web – die Impressions (Anzahl der Einblendungen) oder Klicks jedoch mit ein paar Stunden Verzögerung. Derzeit läuft die Statistik etwa drei Stunden hinterher.

Tipp

Gelöschte Kampagnen werden nicht tatsächlich gelöscht, sondern nur als solche angezeigt. Wenn Sie recht experimentierfreudig sind oder viele zeitlich begrenzte Kampagnen fahren, kann es schnell unübersichtlich werden. In diesem Fall rate ich Ihnen, über das Pull-down-Menü in der oberen Leiste die Ansicht auf ALLE BIS AUF GELÖSCHTE KAMPAGNEN ANZEIGEN einzustellen (siehe auch Abbildung 11.37 auf Seite 275). So sehen Sie nur die aktiven und pausierenden Kampagnen und der ablenkende Rest wird ausgeblendet.

11.9 Kontrolle, Analyse und Optimierung

Selbstverständlich ist es mit dem einmaligen Erstellen nicht getan. Aber keine Angst, die meiste Arbeit haben Sie bereits hinter sich. Nachdem Google die ersten Daten der Suchenden aufgesammelt hat, sollten Sie beginnen, mehr über Ihre Besucher zu lernen. Der erste Schritt ist, sich die Konversionsraten der einzelnen Suchbegriffe anzusehen. Oft gibt es hier die ein oder andere Überraschung. Begriffe, die eine hohe Anzahl Impressions (wie oft Ihre Werbung Suchenden gezeigt wurde) haben, bringen nicht zwangsläufig auch hohe Klickzahlen. Und Begriffe mit hohen Klickzahlen können im Vergleich zu den anderen Begriffen durchaus eine niedrige Konversionsrate aufweisen.

Mein bester Rat an Sie aus vielen Jahren Erfahrung als geprüfter »Qualified Google Advertising Professional« (klingt super, gell?): **Experimentieren Sie!** Sie glauben nicht, welche Kleinigkeiten in Anzeigentexten oft sofort spürbare Erhöhungen der Klickrate mit sich bringen. An der einen Stelle ein »und« eingefügt, woanders einen Punkt gemacht. Schon sehen Sie eine Veränderung im Klickverhalten der Suchenden. Am Anfang haben Sie beim Texten vielleicht zweizeilig gedacht – so wie Sie den Text in der AdWords-Maske eben eingeben.

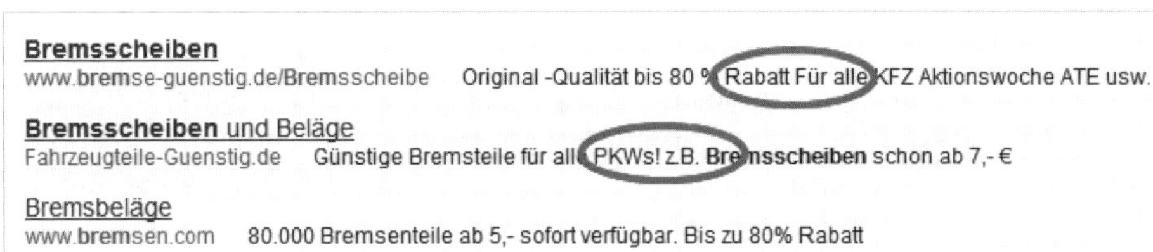

Abb. 11.36: Unschöne Übergänge auf den Top-Positionen 1–3

Jetzt läuft Ihre optimierte Kampagne aber *so* gut, dass Sie Google von der rechten Seite auf einen der Top-Plätze über den normalen (organischen) Suchergebnissen platziert. Wie Sie in Abbildung 11.36 erkennen können, werden an diesen Positionen die beiden Textzeilen direkt hintereinander angezeigt. Dabei ergeben sich manchmal hässliche Übergänge, die nach Schreibfehlern oder falscher Interpunktion aussehen.

Aus dem Zusammenhang der drei Werte »Impression«, »Klickrate« und »Konversionsrate« können Sie für die Optimierung herauslesen, welche Begriffe für Ihre Produkte oder Dienstleistungen »ziehen« und welche eher weniger geeignet sind. Natürlich kann man sich auf den Standpunkt stellen, dass jeder Besucher auf der eigenen Site ein potenzieller Kunde ist. Das ist durchaus legitim und solange die Budgets ausreichen, geht es in diesem Fall eher um Maximierung statt um Optimierung. Gerade bei kleineren und mittleren Unternehmen sind die Werbebudgets aber noch immer für den Onlinebereich arg beschnitten und so empfiehlt sich dann doch, unrentable Begriffe zugunsten derer mit hoher Konversionsrate zu tauschen.

Abbildung 11.37 zeigt Ihnen eine beispielhafte Steuerungsübersicht über mehrere Kampagnen.

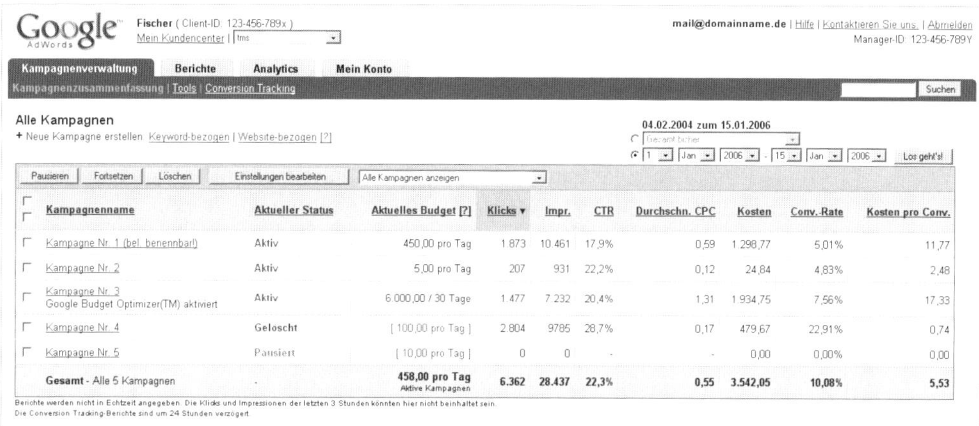

Abb. 11.37: Die Kampagnenübersicht

Wie bereits erwähnt, sind die Möglichkeiten und Tools, die Ihnen Google zur Verfügung stellt, sehr vielfältig. Es würde ein ganzes Buch alleine zu diesem Thema benötigen, wenn ich auf alle Details eingehen würde. Lassen Sie sich aber nicht abschrecken. Sie lernen diese Tools im Lauf der Zeit im Umgang recht schnell und intuitiv. Alles, was Sie für einen erfolgreichen Start wissen müssen, habe ich gerafft für Sie ja hier bereits zusammengetragen.

Kurz zurück zu der oberen Steuerungsübersicht. »Warum mehrere Kampagnen?«, werden Sie sich vielleicht jetzt fragen. Das kann durchaus Sinn machen, wenn Sie zum Beispiel verschiedene Kategorien an Keywords verwalten. Das Aufteilen in einzelne Kampagnen gleich von Anfang an erhöht die Übersicht und erleichtert das Handling. Außerdem kostet es nichts, wie ja ganz generell die Nutzung nichts kostet – nur die Klicks werden bezahlt.

Die Kampagnennamen (bei mir oben im Beispiel einfach durchnummeriert) können Sie natürlich frei festlegen. Im nächsten Feld lesen Sie den aktuellen Status Ihrer Kampagnen ab: AKTIV, PAUSIERT oder GELÖSCHT. In der Spalte AKTUELLES BUDGET wird in der Regel Ihr Tagesbudget angezeigt. Für Kampagne 3 wurde der Google-eigene Budget-Optimizer (TM) aktiviert. Dies bewirkt, dass die Auslieferung nicht über ein Tages-, sondern über ein Monatsbudget von Google automatisiert und optimiert wird. Auch dies ist möglich.

Nun zu den wirklich interessanten Daten der Übersicht:

Spaltenbezeichnung	Erklärung
KLICKS	Die Zahl gibt an, wie oft tatsächlich auf eine Ihrer Werbeanzeigen geklickt wurde und der Surfer dadurch auf Ihre Website kam. Haben Sie eine gesonderte Landing Page entworfen und diese als Zielseite hinterlegt, müsste die Anzahl der Visits dieser Seite auch in Ihren Logfiles mindestens diesen Wert für die gewählte Zeitspanne haben. Der Wert kann allerdings höher sein, wenn Ihre Landing Page auch ohne die Vermittlung eines AdWords-Klicks aufgerufen wurde. Zum Beispiel, weil sie auch in Suchmaschinen im linken, generischen Teil gefunden wird bzw. wurde. Soll vorkommen ;-)
IMPR.	= Impressions = in diesem Fall die Anzahl Seitenaufrufe, bei denen Ihre Werbung mit angezeigt wurde. An dieser Zahl können Sie ablesen, wie viele Menschen potenziell Ihren Werbetext gesehen haben *könnten*. Natürlich blicken nicht alle Surfer auch immer auf die rechte Seite der Suchergebnisseiten oder blenden generell aus Prinzip Werbung geistig aus. Bedenken Sie, dass auch das bloße Lesen Ihres Textes bzw. Ihres Unternehmens- oder Produktnamens einen gewissen Wahrnehmungs- und Werbeeffekt hat – unabhängig davon, ob nun auch geklickt wurde oder nicht.
CTR	= Click-Through-Rate = Verhältnis Impressions zu Klicks, also nichts anderes als das prozentuale Verhältnis, wie häufig im Mittel auf eine angezeigte Textwerbung auch geklickt wurde. Oder anders: So viele Prozent von den potenziellen 100 fanden Ihre Werbung so passend, spannend oder verfolgenswert, dass sie tatsächlich durch Anklicken auf Ihre Webseite gekommen sind. Wie weit und wohin, lesen Sie in der vorletzten Zeile (CONV.-RATE) ab.
DURCHSCHN. CPC	= Durchschnittlicher Cost per Click = So viel haben Sie umgerechnet im Mittel für eine Vermittlung auf Ihre Website durch einen tatsächlichen Klick auf Ihre Werbung durch einen Besucher an Google bezahlt.
KOSTEN	Hier stehen der zu bezahlende oder bezahlte Gesamtbetrag für die oben über der Tabelle ausgewählte Zeitspanne (GESAMT BISHER oder jedes beliebige Intervall)
CONV.-RATE	= Conversion Rate = Konversionsrate. Eigentlich neben den Kosten die wichtigste Kennzahl. Sie gibt an, wie viele der Besucher, die über Ihre Werbung auf Ihre Site gekommen sind, auch auf einer bestimmten Zielseite angekommen sind. Zur Messung müssen Sie auf der oder den Zielseite(n) ein kleines Codeteil (zum Beispiel auf die letzte Seite Ihres Bestellformulars) eingesetzt haben, wie weiter oben schon beschrieben wurde.
KOSTEN PRO CONV.	= Kosten pro Conversion. Diese Zahl gibt an, was es letztendlich gekostet hat, je einen bestellenden Kunden gewonnen zu haben. Haben Sie den Conversion-Code zum Beispiel auf die Bestätigungsseite Ihres Newsletter-Abos eingesetzt, sehen Sie stattdessen, was die Akquisition eines neuen Abonnenten gekostet hat.

Tabelle 11.1: Controllingrelevante Kennzahlen

Mit diesen Kennzahlen sind Sie für den Anfang schon sehr gut in der Lage, den Erfolg Ihrer Kampagne(n) einschätzen und vor allem die Auswirkungen von Änderungen fundiert beurteilen zu können. Fast alles, was Sie an Ihren Suchworten und dem Anzeigentext »tunen«, also optimieren, zeigt hier positive oder negative Bewegungen. Im letzteren Fall haben Sie dann allerdings wahrscheinlich deoptimiert und sollten den vorherigen Zustand schnellstens wieder herstellen.

Unter dem Menüpunkt TOOLS (ein Unterpunkt in der Kampagnenverwaltung) finden Sie noch ein paar weiterführende Werkzeuge, die Ihnen Google zur Verfügung stellt, um die Anzeigenleistung noch weiter zu verbessern. Unter anderem sind dies ein Anzeigen-Diagnose-Tool, der Traffic-Estimator (zur Schätzung, was ein bestimmtes Keyword wahrscheinlich pro Klick kosten wird), das Keyword-Tool, Möglichkeiten zum Ausschluss unliebsamer IP-Adressen, Websites oder Kategorien und einige andere nützliche Dinge.

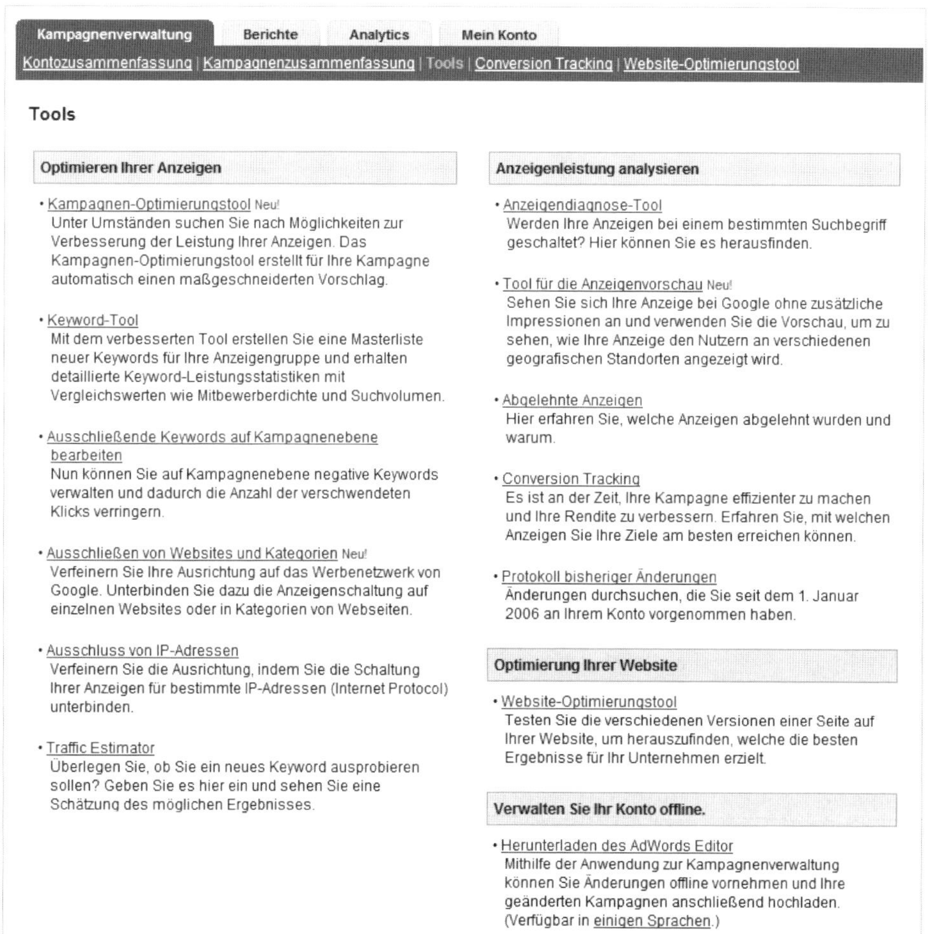

Abb. 11.38: Viele nützliche Tools erleichtern die Optimierung mit AdWords.

Tipp

Was geht es eigentlich Ihre Mitbewerber an, welche Anzeigen Sie in Google schalten? Richtig – nix. Falls Sie technisch in der Lage sind, deren IP-Adresse herauszubekommen (notfalls lassen Sie sich helfen), können Sie diese IP-Adressen in dem Tool AUSSCHLUSS VON IP-ADRESSEN blockieren. Ihr(e) Mitbewerber erfährt/erfahren dann nicht so leicht etwas über Ihre diesbezüglichen Aktivitäten und fühlen sich etwas sicherer. Sie glauben gar nicht, wie viele Unternehmen bei uns anrufen und eine AdWords-Betreuung nachfragen, weil sie gesehen haben, dass Mitbewerber X seit Kurzem dort unter einschlägigen Suchbegriffen plötzlich zu finden ist. Richtig 100 Prozent verheimlichen können Sie das eh nicht (wenn jemand von zu Hause aus surft, greift der Ausschluss der firmenbezogenen IP-Adresse in der Regel nicht). Aber man muss die ja nicht gleich mit der Nase drauf stoßen – oder?

Das kostenlose Trackingprogramm Google Analytics ist rechtlich in Deutschland nicht unumstritten. Das möchte ich an dieser Stelle jedoch nicht vertiefen. Wichtig ist zu sagen, dass es sich für die Steuerung und Kontrolle von AdWords-Kampagnen natürlich hervorragend an die anfallenden Daten anschmiegt. Was natürlich niemanden verwundern wird, da es ja aus dem gleichen Haus kommt.

Um einen ständigen Überblick über Ihre Kampagnen, Anzeigengruppen und Konversionen zu haben, können Sie sehr einfach unter BERICHTE (in der Kampagnenübersicht) individuelle, bei Inhalt und Zeitraum völlig flexible Berichte anlegen, die Sie bei Bedarf automatisch an eine oder mehrere E-Mail-Adressen geschickt bekommen.

Machen Sie von dieser umfassenden Möglichkeit Gebrauch und sehen Sie sich in Ruhe an, welche Berichtsarten Sie wann und in welchen Intervallen benötigen.

Tipp

Wenn Sie wissen möchten, auf welchen Domains Ihre Anzeigen im Content-Werbenetzwerk geschaltet wurden und wie dort die Klickraten und Konversionen waren, wählen Sie den Bericht PLACEMENT-LEISTUNG aus. Dort stehen alle Daten, die Sie für eine weitere Optimierung benötigen. Stellen Sie zum Beispiel fest, dass auf einer Domain die Konversionsrate besonders hoch ist, können Sie Ihr Gebot für diese Domain gezielt erhöhen. Damit werden Sie dort bevorzugt ausgeliefert und erhöhen Ihren Umsatz oder die Zahl der Leads. Fällt Ihnen hingegen auf, dass auf einer Domain nur geklickt wird (was ja Kosten verursacht), aber keine Konversionen folgen, dann schließen Sie diese Domain einfach kurzerhand mit dem Ausschluss-Tool aus. Das spart Ihnen unnötige Klicks und damit Ausgaben.

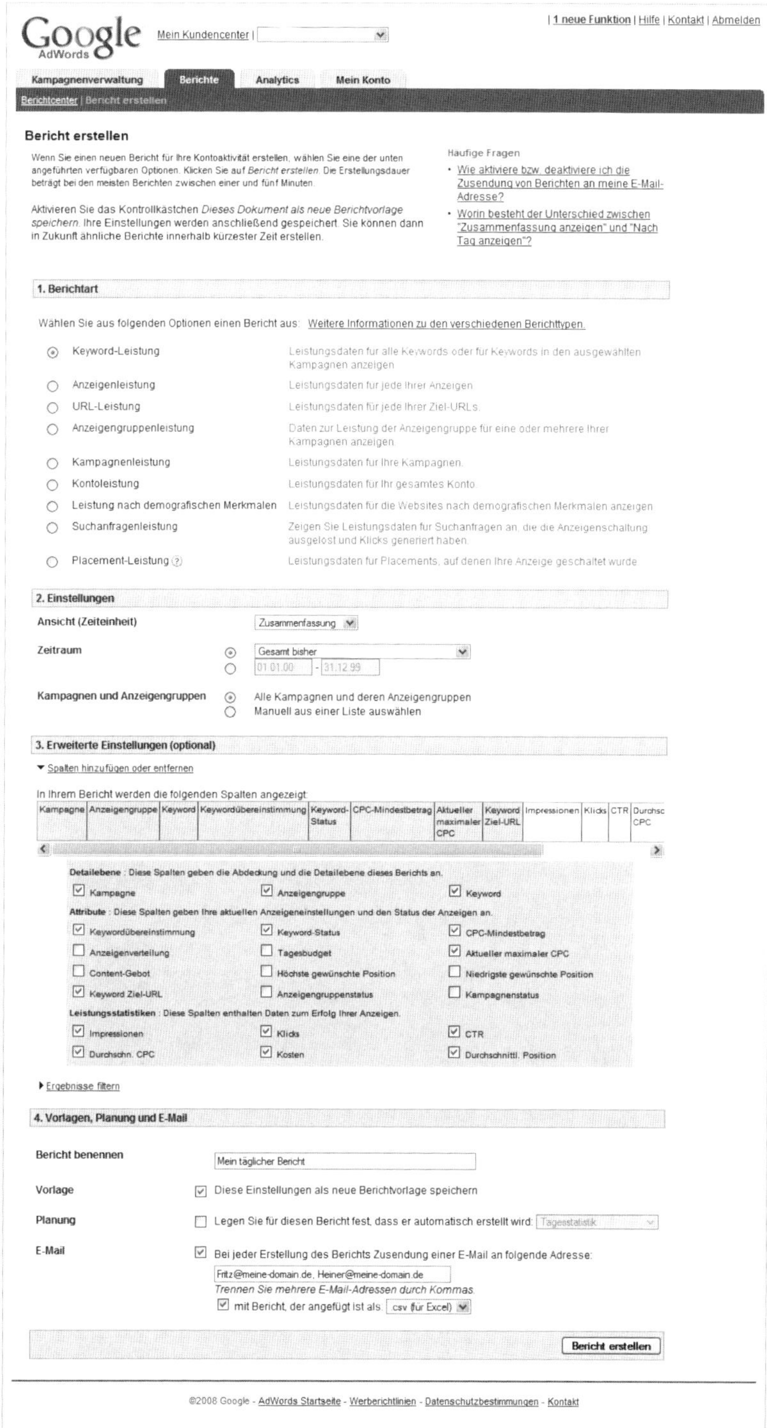

Abb. 11.39: Der Berichtsgenerator bei AdWords

11.10 Der AdWords-Editor: Offline arbeiten

Wenn Sie mit einer großen Menge an Keywords in einer Anzeigengruppe arbeiten, kann es schnell lästig werden, auf die Datenübertragung jeder einzelnen Seite im Browser zu warten. Durch das hohe Datenvolumen und die Berechnungen, die ja in Echtzeit jedes Mal ausgeführt werden müssen, kann es mehrere Sekunden dauern, bis man wieder arbeitsfähig ist.

Auch hier hat Google versucht, Abhilfe zu schaffen und ein Programm zur Verfügung gestellt: den AdWords-Editor. Man kann ihn kostenlos unter der Adresse `www.google.com/intl/de/adwordseditor` sowohl für Windows, als auch für Mac downloaden. Mit ihm kann man sich mit allen seinen AdWords-Konten verbinden und sämtliche Daten in das Programm auf seinem Rechner laden. Im Prinzip lassen sich damit alle Änderungen, Ergänzungen und Löschungen auch offline durchführen. Die oft lästige Wartezeit im Browser entfällt. Der Editor bietet auch noch den Vorteil, dass man damit wesentlich leichter als online Änderungen an mehreren Stellen gleichzeitig durchführen kann (zum Beispiel globale Gebotsänderungen). Weiterhin lassen sich einmal erstellte Kampagnen oder Anzeigengruppen übersichtlicher als Vorlage für weitere kopieren. Am Schluss laden Sie einfach alle Änderungen per Knopfdruck zum AdWords-System hoch und alles ist automatisch online.

Nützlich ist auch die Möglichkeit, bei Änderungen Kommentare hinterlassen zu können. Damit weiß man auch nach Monaten noch, warum eine Änderung vorgenommen wurde oder wer sie veranlasst hat.

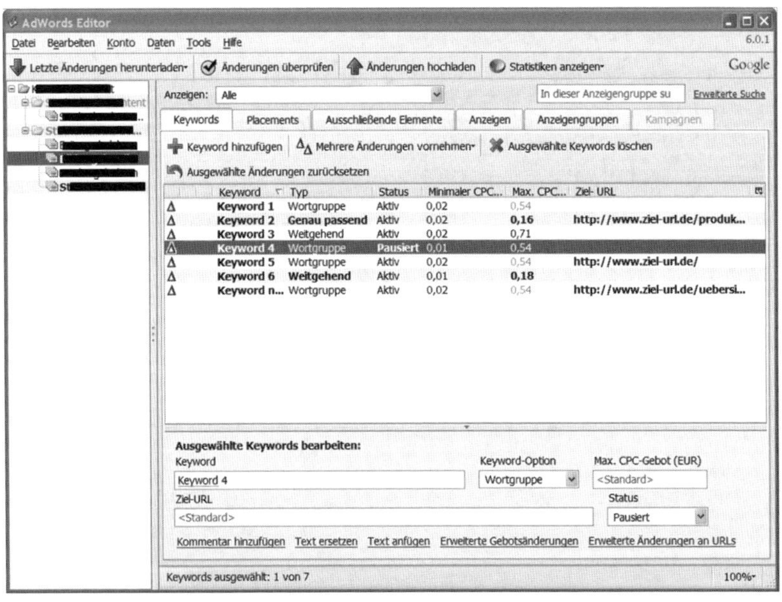

Abb. 11.40: Der AdWords-Editor: Kampagnen offline bearbeiten

Vielleicht der größte Vorteil dieses Editors ist eine unscheinbare Funktion: Sie können von Ihrem Bearbeitungsstand Sicherheitskopien anlegen. Auf den ersten Blick macht das wenig Sinn, denn die Daten sind ja bei Google bestens und crashsicher aufgehoben. Wozu also lokale Kopien anlegen? Ganz einfach: Zur Optimierung! Wenn Sie an einer Kampagne umfangreiche Änderungen zur Steigerung der Anzeigenleistung vorgenommen haben, sind diese sofort online, wenn Sie im Browser direkt in AdWords arbeiten. Stellt sich am nächsten Tag heraus, dass Sie die Situation nicht verbessert, sondern verschlimmert haben (ja, so etwas kommt beim Experimentieren und Testen durchaus vor!) – dann haben Sie jetzt ein Problem. Den Stand von gestern können Sie nämlich nicht wieder herstellen. Welche Änderungen waren das doch gleich noch mal? Unmöglich, das alles im Kopf zu behalten, und unmöglich, das alles gleichzeitig mit zu notieren. Im AdWords-Editor können Sie vor Veränderungen beliebig viele Sicherheitskopien anlegen. Stellen Sie fest, dass der Stand von gestern oder einem anderen Tag bessere Kennzahlen geliefert hat als der kürzlich geänderte – dann rufen Sie im Editor einfach den gewünschten Stand über die Sicherheitskopie auf und laden diese zu AdWords hoch. Damit werden die letzten Änderungen überschrieben und der gewünschte Stand wieder hergestellt.

Vorsicht

In der aktuellen Version werden beim Hochladen die Verhältniszahlen der Klicks für unterschiedliche Textvarianten in Anzeigengruppen auf 0 gesetzt. Damit verlieren Sie die Information, welche Textvarianten in der letzten Zeit besser und welche schlechter gelaufen sind! Das Gleiche passiert dummerweise auch online bei jeder noch so kleinen Änderung an einem Anzeigentext.

11.11 Integration in Ihr ERP-System

Zu erklären, was genau ein ERP-Sytem (**E**nterprise **R**esource **P**lanning) ist oder gar macht, möchte ich Ihnen gerne ersparen. Wenn Sie im Unternehmen eines haben (zum Beispiel SAP), dann wissen Sie es sicherlich. Haben Sie keines, leben Sie und Ihre Kunden vielleicht sogar ein klein wenig glücklicher.

Ein altes Problem: Ihre Anzeige in Google schafft kaufwillige Kunden in Ihren Shop – aber die Ware ist derzeit ausverkauft. Das ist besonders ärgerlich, weil

- Sie für den Besucherklick bezahlen müssen und
- der Kunde sauer ist, weil er in einen Shop gelockt wurde, in dem er genau das nicht kaufen kann, was er gerade gesucht hat.

Natürlich kann man unmöglich jeden Tag mehrmals die Lagerbestände und die Werbung abgleichen. Vielleicht bei höherpreisigen Produkten – aber keinesfalls bei einer größeren Angebotsvielfalt. Abhilfe schafft hier eine API (eine Schnittstelle), die Ihnen Google speziell zur Steuerung Ihrer Kampagnen zur Verfügung stellt. Damit können Sie Ihre Werbung direkt aus Ihrem DV-System heraus steuern – abhängig von definierbaren Zuständen und Datenkonstellationen. Man kann also so genannte Business-Logiken hinterlegen, auf die über die Programmierschnittstelle direkt auf AdWords zugegriffen werden kann. Im Prinzip sind Ihrer Kreativität damit keine Grenzen mehr gesetzt. Sie können über diese API zum Beispiel

- automatisch Keywords generieren, Anzeigentext einstellen und zuordnen, die Ziel- und Anzeige-URLs übergeben und individuelle Reports erzeugen und anstoßen
- alle Daten Ihrer Kampagnen mit den Lagerhaltungssystemen abgleichen, um Anzeigen bei mangelndem Bestand zu vermeiden oder umgekehrt bei niedrigem oder neuem Lagerbestand besondere Texte (»Einzelstück«, »Fast ausverkauft!«, »Wieder neu auf Lager«) einzublenden. Theoretisch können Sie sogar die Anzahl der aktuellen Bestände an Ihren AdWords-Text übergeben.
- individuelle Tools und Programme selber entwickeln, die Ihnen bei Ihrer täglichen Arbeit helfen

Die API zu verwenden, ist allerdings für den Einsatz bei eher kleinen Shops wohl wegen des doch höheren Integrationsaufwands in der Regel wenig sinnvoll.

Abbildung 11.41 zeigt den Zusammenhang noch einmal stark vereinfacht schematisch nach.

Weitere Informationen zur AdWords-API finden Sie unter `www.google.com/apis/adwords`.

Wie Sie sehen, sind bereits die wichtigsten, hier beschriebenen *Grundlagen* insbesondere zu Google AdWords eine Menge Holz. Diese alle komplett beschreiben zu wollen, wäre ein Buch gleicher Dicke wie dieses wert. Aus diesen Gründen habe ich mich auch auf ein Pay-per-Click-Programm beschränkt. Yahoo! bietet ebenfalls ein Bezahlprogramm unter »Yahoo! Search Marketing« an. Die Möglichkeiten dort sind ähnlich, wenn auch nicht ganz so mächtig und umfassend. Wenn Sie sich dort auch einen Überblick verschaffen möchten, ist meines Erachtens der beste Einstieg in das Yahoo!-Programm hier unter dieser Adresse zu finden: `http://help.yahoo.com/l/de/yahoo/ysm/sps/index.html`.

Zum Schluss noch eine Anmerkung: Auch wenn Sie nicht in der Werbebranche tätig sind, haben Sie vielleicht in letzter Zeit öfter mal den Begriff »Performance Marketing« gehört. Was Sie hier in diesem Kapitel gelesen haben, ist nichts anderes. Volle Transparenz über die Verwendung jedes Werbe-Euros und die Möglichkeit, jederzeit – quasi in Echtzeit – Ihre kompletten Online-Werbekampagnen steuern zu können.

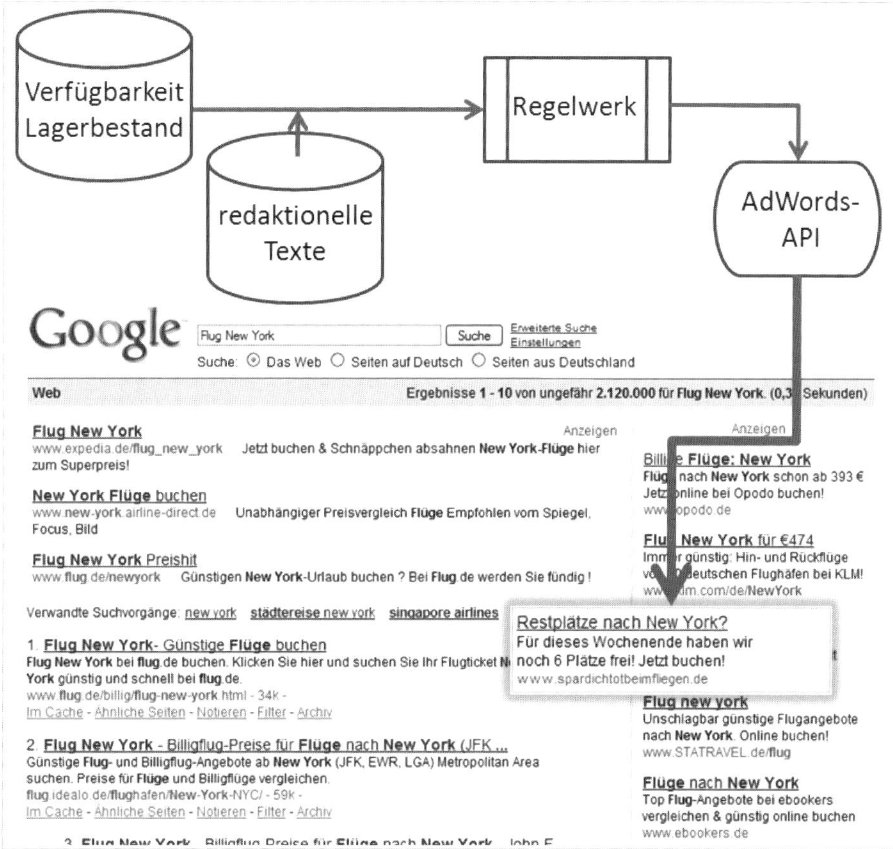

Abb. 11.41: API: Die Integration von AdWords in unternehmensinterne Daten

Kapitel 12

Suchmaschinenoptimierung für einzelne Webseiten

12.1 Grundsätzliches zur Struktur einer HTML-Seite

Experten schätzen, dass Google etwa 150 Kriterien heranzieht, um die Position einer Webseite in den Suchergebnissen bestimmen zu können. Man kennt bei Weitem nicht alle dieser Kriterien – die wichtigsten aber sicherlich schon. Diese will ich Ihnen nachfolgend näherbringen. Wenn Sie die Tipps und Hinweise beherzigen, werden Sie sicherlich bald eine Aufwärtsbewegung Ihrer Seiten in den Suchmaschinentreffern bemerken können. Ich habe sehr viele E-Mails von Lesern der ersten Auflage bekommen, die nach Umbau- und Änderungsmaßnahmen genau diesen Effekt gespürt haben, der natürlich auch mehr frischen Umsatz in die realen oder virtuellen Kassen spült. Das hat mich schon beeindruckt (dass mir so viele geschrieben haben) und es hat mich sehr gefreut. Daher möchte ich in der zweiten Auflage gleich noch eins draufsetzen ;-)

Optimierungen auf einer einzelnen Webseite bezeichnet man als »On-Page«. Natürlich ist es nicht damit getan, nur eine, mehrere oder alle einzelnen Seiten Ihres Webauftritts zu optimieren. Es zählen eine Menge anderer Faktoren dazu, ein gutes Ranking bei Suchmaschinen zu bekommen. Die finden Sie in den nachfolgenden Kapiteln. Wenden wir uns also erst mal einer einzelnen Webseite zu.

Ich gehe notgedrungen davon aus, dass Sie ein klein wenig von HTML verstehen. Nicht viel, aber ein paar grundlegende Dinge sollten Sie wissen. Das bedeutet nicht, dass Sie mit den Ausführungen und Hinweisen in diesem Kapitel überhaupt nichts anfangen können, wenn Sie sich nicht als Web-Crack fühlen. Im Gegenteil, Sie werden sicherlich das eine oder andere Interessante dazulernen. Eigentlich erwähne ich das nur, damit Sie als Leser mir nachsehen, wenn ich aus Platz- und Zeitgründen (Ihre Zeit!) nicht so tief in einzelne Details einsteige. Es wird auch so gehen – Sie werden sehen.

Die Programmierung einer Webseite können Sie sich recht einfach ansehen. Rufen Sie dazu einfach in Ihrem Browser unter ANSICHT die Option SEITENQUELLTEXT ANZEIGEN (Firefox) oder QUELLTEXT (MS Internet Explorer) auf. Bei anderen Browsern ist diese Option ähnlich benannt, so dass Sie sie problemlos finden dürften. Natürlich müssen Sie vorher eine Webseite aufgerufen haben. Am besten eine, die am Ende der Adresszeile ein `.htm` oder `.html` stehen hat. Es gibt noch andere Programmiersprachen, die zum Beispiel auf `.php` oder `.asp` enden. Das wollen wir uns aber nicht antun.

Ein HTML-Dokument besteht grundsätzlich aus zwei Bereichen: einem Kopf, *head* genannt, und einem »body«, der die eigentlichen Seiteninformationen zur Darstellung enthält. Sie sehen nach dem Aufruf des Seitenquelltextes also die Programmierung der Webseite, die in etwa so oder auch anders aussieht:

```
<!DOCTYPE HTML PUBLIC "-//W3C//DTD HTML 4.0 Transitional//EN">
<html>
<head>
<meta http-equiv="content-type" content="text/html;charset=iso-8859-1">
<title>Rotwein im Webshop</title>
<meta name=description content="Rotwein, Webshop">
<meta http-equiv=content-language content=de>
<meta name=keywords content="rotwein">
<link rel="stylesheet" type="text/css" href="system/style.css">
</head>
<body>
<table cellSpacing=0 cellPadding=0 width=775 align=center border=0>
... hier steht dann meist noch viel mehr oder weniger unverständlicher
Code
</body></html>
```

Listing 12.1: Beispielhafter Ausschnitt aus einer HTML-Datei

Die Informationen im Head werden auf der Webseite selber nicht angezeigt. Sie stellen quasi eine Art Zusatzinformation für den Browser dar, so genannte Meta-Informationen. Hier holt sich der Browser zum Beispiel den gewünschten Zeichensatz oder den Text, der beim Bookmarken bzw. Lesezeichen-Erstellen verwendet wird. Die Teile im Body dienen wie erwähnt zur Interpretation, was und wie etwas auf der Webseite dargestellt werden soll.

Die einzelnen Einträge werden durch »Tags« abgegrenzt. Zunächst wird ein bestimmtes Tag »geöffnet«. Das geschieht durch Setzen des Tag-Namens in spitze Klammern. Danach folgt der Inhalt und am Ende wird das Tag wieder »geschlossen«. Der Unterschied zum Öffnen liegt ganz einfach darin, dass direkt vor den Tag-Namen ein Schrägstrich »/« gesetzt wird. Ein Beispiel macht das sicher transparenter:

```
<Beispiel-Tag>Hier steht nun ein Eintrag, z.B. ein Name</Beispiel-Tag>
```

Mehr müssen Sie an dieser Stelle gar nicht wissen. Wenden wir uns zunächst den Tags, also den Einträgen im Headzu.

12.2 Suchmaschinenrelevante Einträge im Head einer Webseite

12.2.1 Der Title der Seite

Mit dem Eintrag in diesem Tag passiert zweierlei. Zum einen wird es als Text für die Kopfzeile Ihres Browserfensters verwendet. Ein Eintrag im Title-Tag wie

```
<title>Weblogs Kitchen</title>
```

bewirkt im Browser oben die Anzeige wie in Abbildung 12.1.

Abb. 12.1: Die Titelzeile im Kopf des Browsers

Wenn Sie nun ein Bookmark bzw. ein Lesezeichen für diese Seite setzen möchten, wird Ihnen ebenfalls genau dieser Text als Name für das Lesezeichen vorgeschlagen.

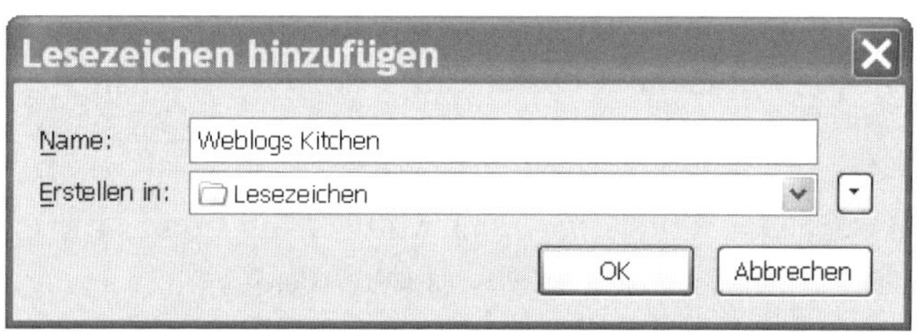

Abb. 12.2: Der Textvorschlag für ein Lesezeichen

Man könnte sagen, im Title-Tag ist der Name einer einzelnen Webseite hinterlegt. Sie werden mit Recht vermuten, dass in aller Regel dieser Name bzw. die Bezeichnung tunlichst einen vernünftigen Bezug zum Inhalt einer Webseite haben sollte. Leider ist das nicht immer so, aber in den meisten Fällen trifft dies doch mittlerweile zu. Wenn also der Name nun eine Ultrakurzüberschrift der Webseite darstellt ... Hm. Würden Sie als Betreiber einer Suchmaschine nicht besonderen Wert auf das legen, was da in diesem Tag steht? Sie grinsen? Eben. Daher ist es auch sehr wichtig, was Sie hier reinschreiben.

Tipp

Natürlich funktioniert und gewichtet jede Suchmaschine ein wenig anders und keiner außerhalb der heiligen Hallen der Kernentwickler weiß genau, welches Quäntchen wie viel wiegt. Aus vielen Test und zusammengetragener Erfahrung geht man aber davon aus, dass **fünf bis sieben Wörter ideal** sind. Sie sollten auch nicht mehr als maximal 65 Zeichen verwenden, da die meisten Suchmaschinen hier dann abschneiden. Ein längerer Titel würde auch wenig Sinn machen, weil er weder für die Browser-Titelzeile noch für einen vernünftigen Lesezeichentext tauglich wäre. Achten Sie aber bitte auch unbedingt darauf, dass sich die im Titel verwendeten Wörter möglichst auch als lesbarer Text auf der Webseite selber finden. Und wenn ich schreibe »lesbar«, meine ich natürlich, dass er vom Robot der Suchmaschinen auch gelesen werden kann. Also kein Flash oder Text mittels Bildern, wie es Designer aus Folgsamkeit gegenüber dem CI-Fetisch gerne machen.

Verwenden Sie die wenigen Wörter mit Bedacht und ordnen Sie sie nach Wichtigkeit. Die wichtigen Keywords sollten weiter vorne stehen. Ein Title-Tag mit »Rotwein online kaufen bei Fischer« könnte das Zünglein an der Waagschale für ein gutes Listing des Suchterms »Rotwein online kaufen« sein. Während »Willkommen im Rotweinshop der Firma X« sicher gut sein mag, wenn man mit »Willkommen« gut gelistet sein möchte. Sorry, dass ich mir das nicht verkneifen konnte, aber Begrüßungsplattitüden und sonstige Floskeln sollten Sie via Löschtaste ins digitale Nirwana schicken. Das hat sich natürlich noch nicht so richtig rumgesprochen, denn die Suche nach »Willkommen auf unseren Webseiten« fördert derzeit bei Google fast drei Millionen Webseiten mit derartigen Inhalten zutage. Suchte man gezielt (mit »intitle:« vor dem Suchbegriff) in den Titeln der Webseiten nach »Seite 1«, kam man vor zwei Jahren noch auf etwas mehr als eine Million Treffer (siehe erste Auflage von *Website Boosting*). Mittlerweile sind es 6,2 Millionen Treffer. Es ist also schlimmer geworden, wie Abbildung 12.3 zeigt.

Eine Menge ungenutztes Potenzial. Ach ja, fast hätte ich das Wichtigste vergessen: Der Eintrag im Titel wird als anklickbare Überschrift in den Suchergebnislisten der meisten Suchmaschinen angezeigt. Also überlegen Sie ruhig dreimal, was Sie da hineinschreiben. Die Zeit lohnt allemal.

Der Titel einer Webseite ist unter den Experten unbestritten eines der **wichtigsten Rankingkriterien**! Also achten Sie unbedingt darauf, dass Sie

- keywordrelevante Einträge
- in der richtigen Länge,
- in der richtigen Reihenfolge machen,
- die sich *in jedem Fall* von Seite zu Seite unterscheiden!

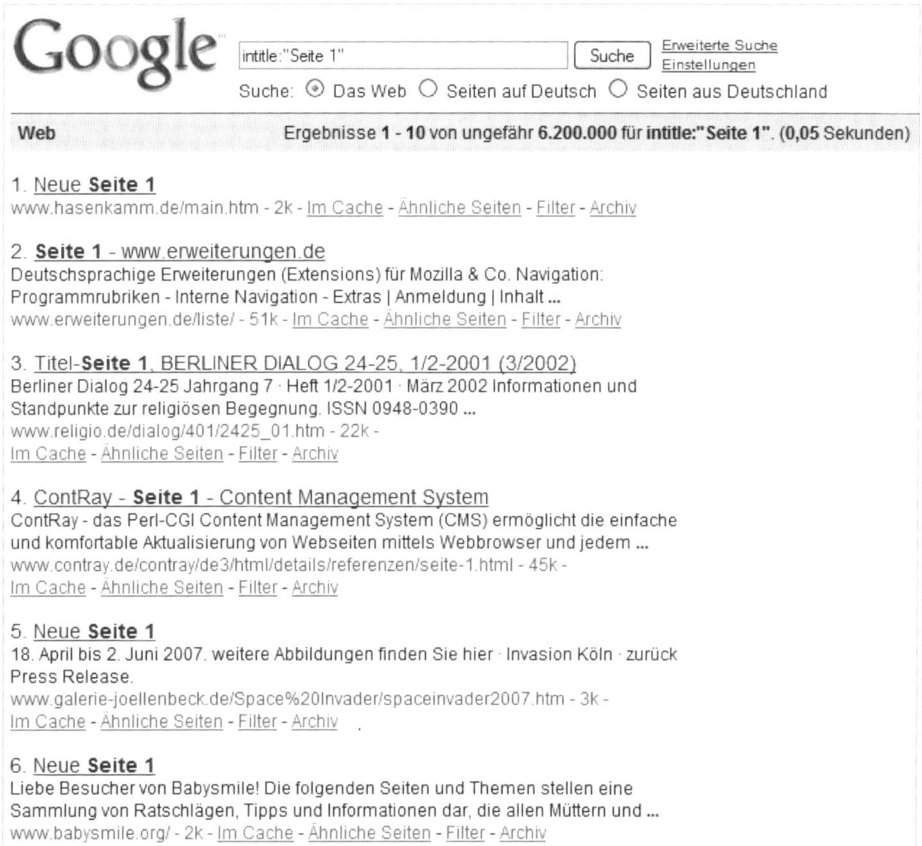

Abb. 12.3: Neue Seite 1: Der Renner auf Webseiten

Weiter vorne, in dem Kapitel, in dem es um Google's Webmaster-Tools ging, konnten Sie ja sehen, dass Google neben technischen Problemen beim Zugriff auf den Inhalt von Webseiten genau zwei Dinge gesondert bezüglich des (hier nicht unmittelbar sichtbaren) Contents auf Ihren Webseiten anmault. Eines dieser beiden Dinge ist die Mehrfachverwendung, das Fehlen oder die falsche Länge einer Titelbeschreibung. In Abbildung 12.4 sehen Sie es noch mal.

Unterschätzen Sie die Wirkung einer sauberen Befüllung dieses Tags nicht. »Wichtig, wichtig, popichtig« würde Helge Schneider sicher sagen – und da kann ich mich nur vollumfänglich anschließen!

Und kontrollieren Sie in jedem Fall, ob nicht Ihre Agentur beim Aufsetzen Ihres Webauftrittes und der Parametrisierung Ihres CMS gepfuscht hat. Den Technikern sind solche Dinge oft völlig egal, weil sie nichts über die Bedeutung wissen. Ja, ich weiß, da *sollte* man sich in diesem Job damit auskennen – *muss* man aber nicht. Hauptsache, die Seiten funktionieren.

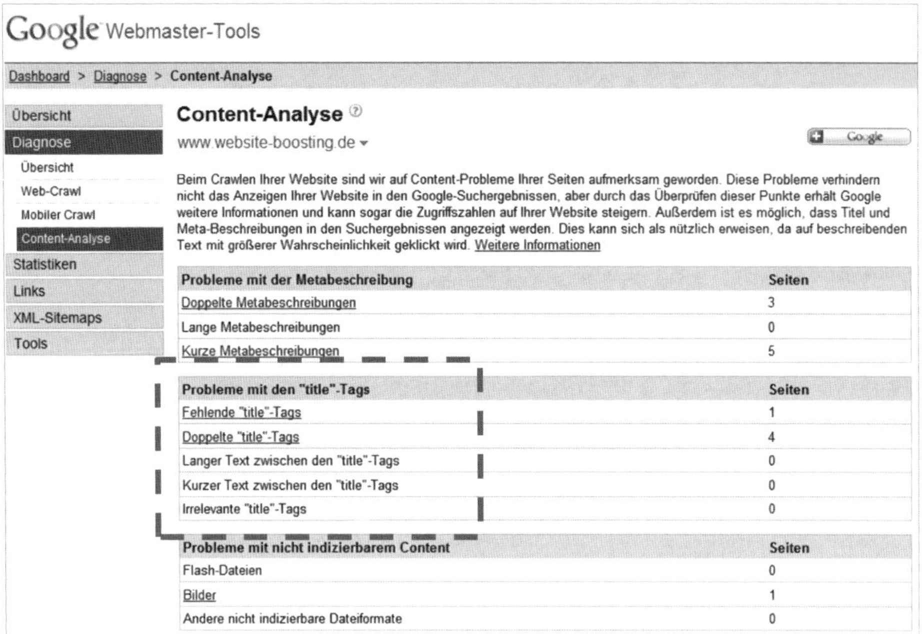

Abb. 12.4: Das Title-Tag sollte immer hervorragend optimiert sein

Ein Beispiel. Sehen Sie sich doch mal gemeinsam mit mir den folgenden Programmiercode in Abbildung 12.5 an, den eine Agentur für einen Kunden mit Dreamweaver verbrochen hat.

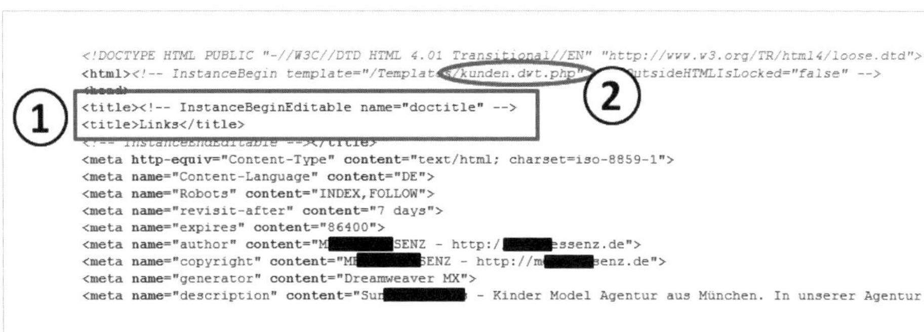

Abb. 12.5: Schlamperei, wohin man schaut

Wenden wir uns zunächst der Markierung 1 zu. Sie sehen dort das öffnende Tag `<title>`, gefolgt von einem Programmierhinweis (`InstanceBeginEditable...`), der hier absolut nichts zu suchen hat. Danach müsste nun eigentlich ein schließendes Tag kommen, also `</title>`. Stattdessen wird das Title-Tag nochmals geöffnet, dann kommt der Inhalt `Links` und dann wird es korrekt geschlossen. Das Ganze sieht also in den Augen des Suchmaschinenrobots so aus:

```
<title> jetzt kommt Unsinn <title> jetzt der Inhalt </title>
```

Der Robot interpretiert nun völlig korrekt alles zwischen dem ersten öffnenden Tag und dem ersten schließenden Tag als Content. Er liest damit inhaltlich Folgendes:

```
jetzt kommt Unsinn <title> jetzt der Inhalt
```

Im Falle des Programmierfehlers oben interpretiert er als Titel der Seite:

```
<!-- InstanceBeginEditable name="doctitle" --><title>Links
```

Damit kann nun weder die Suchmaschine noch der Mensch als Bookmarktext etwas anfangen. Hatten wir nicht gesagt, dass das Title-Tag emiment wichtig für das Ranking ist? Rrrrichtig. Damit verbaut die Agentur ihrem Kunden eigentlich jedes vernünftige Listing in Suchmaschinen. Egal, solange er es nicht weiß ... Aber von den anderen (völlig unnützen) Einträgen wie `"Robots" content="INDEX,FOLLOW"` war er sicherlich beeindruckt. Und Hauptsache, die Agentur hat sich selber gleich zweimal namentlich in den Meta-Tags verewigen können. Stolz sollten sie allerdings nicht unbedingt auf diese Leistung sein und wenn man sich an so prominenter Stelle so werbewirksam darstellen möchte, kann der Schuss auch leicht nach hinten losgehen. Dies als Hinweis an alle Agenturen, die sich selber zum Teil mehr als zehn Mal auf und in den Webseiten ihrer Kunden verewigen. Macht das nur, wenn ihr wirklich sicher seid, dass die Arbeit gut war. Es nur zu *glauben*, reicht sicher nicht ... Aber das ist ein anderes Thema.

Punkt 2 in der Abbildung 12.5 (`...templates/kunden...`) lässt vermuten, dass hier immer die gleiche (fehlerhafte) Vorlage für Kunden verwendet wird. Damit wirkt sich ein so augenscheinlich kleiner Fehler noch fataler aus. Sehen wir uns doch mal in Google um und suchen gezielt nach solchen fehlerhaft programmierten Webseiten.

Die Treffer in Abbildung 12.6 zeigen, dass solche Fehler auf mehreren Webseiten auftauchen. Solche Schlampereien kosten wertvollste Punkte bei der Rankingberechnung, die man damit komplett verschenkt. Richtig übel wird es dann noch, wenn einem die betreuende Agentur wegen des (eigenverschuldeten) mangelnden Rankings in Suchmaschinen und des daraufhin ausbleibenden Traffics bezahlte Kampagnen (zum Beispiel AdWords) aufschwatzen. Schütteln Sie ja nicht den Kopf. Hatten wir alles schon!

Der Title gilt als einer der wichtigsten Einträge für eine gute Platzierung. Sie sollten ihn daher unbedingt sauber verwenden!

4. <!-- **InstanceBeginEditable** name="title" --> Vanda Lehel ...
Vanda Lehel (Dipl.-Ing.) Software Engineering betrieblicher Informationssysteme Ernst Denert-Stiftungslehrstuhl Lehrstuhl für Informatik 19 ...
wwwmatthes.in.tum.de/file/Lehrstuhl/Mitarbeiter/lehel/index.htm - 17k -
Im Cache - Ähnliche Seiten - Filter - Archiv

5. <!-- **InstanceBeginEditable** name="PageHead" -->InFocus Deutschland ...
In dieser Ausgabe... Tipps und Tricks. Avid - Events. Avid Online-Store. DIVA - Das Kundenmagazin. Pressemitteilungen. ...
www.avid.de/de/infocus/InFocusDeutschland_Nov2006.html - 27k -
Im Cache - Ähnliche Seiten - Filter - Archiv

6. <!-- **InstanceBeginEditable** name="doctitle" --> <title>Links
Sunshine Kids - Kinder Model Agentur aus München. In unserer Agentur auf dem Bavariafilm-Gelände bieten wir Fotocasting, Schauspielkurse und ...
www.sunshinekids.de/kunden/impressum.php - 12k - Im Cache - Ähnliche Seiten - Filter - Archiv

7. <!-- **InstanceBeginEditable** name="doctitle" --><title>* Lisanne ...
Emanuele Peters ("Marlon"). Geboren 1980 in Berlin Emanuele Peters absolvierte nach dem Abitur ein Praktikum am Staatstheater Kassel bei dem er die ...
lisanne-derfilm.de/besetzung/emanuele_peters.php - 3k -
Im Cache - Ähnliche Seiten - Filter - Archiv

8. <!-- **InstanceBeginEditable** name="title ...
Angstambulanz. Angst-Information. Was ist Angst? Wie häufig sind Angststörungen? Wie entstehen Angststörungen? Wir behandeln seit mehreren Jahren ...
www.dpap.de/angstambulanz/body_information.htm - 6k -
Im Cache - Ähnliche Seiten - Filter - Archiv

9. <!-- **InstanceBeginEditable** name="EditRegion3" -->Schlaubehunde ...
Der Respekt und die Achtung vor dem Lebewesen Hund ist die wichtigste Voraussetzung dafür, dass der Mensch das Ausdruckverhalten und die Individualität der ...
www.schlaubehunde.de/main.htm - 7k - Im Cache - Ähnliche Seiten - Filter - Archiv

10. <!-- **InstanceBeginEditable** name="title" -->Überblick ...
BLK - Modellversuch SelMa. betreut durch Heiner Stauff · Zur Homepage des Angebots Zur Homepage des Angebots. Navigationspfeil rechts ...
www.learn-line.nrw.de/.../reichweiten/Beispiele_
zum_Zusammenbrechen_algebraisch-symbolischer_Methoden.html - 17k -
Im Cache - Ähnliche Seiten - Filter - Archiv

Abb. 12.6: Title-Fehler – wohin man auch schaut ...

12.2.2 Das Description-Tag

Gerade hatte ich es im vorhergehenden Kapitel ja schon geschrieben. Für Google ist der Title und das Description-Tag sehr wichtig. Dies hat man in Abbildung 12.4 auf Seite 290 ja sehr schön gesehen. Also auch hier: *Wichtisch*!

Wie der Name bereits vermuten lässt, hinterlegt man in diesem Tag sinnigerweise eine kurze Beschreibung der Webseite. Das Description-Tag gehört wie auch die folgenden Tags zu den Meta-Tags:

```
<meta name="description" content="Mario Fischer: Weblogs Kitchen - Ein
Blick auf die Web Usability in den Webküchen ...">
```

Dieser Text wird nirgendwo auf der Webseite oder versteckt im Browser verwendet oder angezeigt. Warum dann was hineinschreiben? Früher und teilweise auch noch heute haben Suchmaschinen genau diesen Text als Beschreibung zu dem angezeigten Link verwendet. Google verwendet ab und zu eigene Textteile (Snipplets genannt), die vor und/oder nach dem gesuchten Keyword auf der Seite stehen, aber auch oft direkt den von Ihnen im Description-Tag vorgeschlagenen Text.

Abb. 12.7: Das Description-Tag als Beschreibung in Google

Es scheint, wie bei den ersten beiden Einträgen meiner eigenen Domain zu sehen ist, so zu sein, dass der eigene Vorschlag immer dann verwendet wird, wenn die Begriffe darin sich auch in gewisser Häufigkeit auf der Webseite selber finden. Die Beschreibung »Mario Fischer: Weblogs Kitchen – Ein Blick ...« im Meta-Tag findet sich exakt als Beschreibungstext bei Google beim zweiten Treffer wieder. Weicht der Text bei Google jedoch ab, werden die eigens ermittelten Snipplets verwendet. Um dies zu demonstrieren, sehen Sie hier zunächst den relevanten Ausschnitt im Head der Datei des dritten Suchtreffers aus Abbildung 12.7 (Zertifizierung, Ausbildung ...):

```
<title>Zertifizierung, Ausbildung, Training, Studium: webmasters akademie</title>
<meta http-equiv="Content-Type" content="text/html; charset=iso-8859-1" />
<meta name="Description" content="webmasters akademie N&uuml;rnberg GmbH
ist Ausbildungszentrum f&uuml;r Internet-Experten und Webmaster mit inter-
nationalem Zertifizierungs- und Ausbildungsprogramm. Die Akademie bildet
zum Webdesigner, Webdeveloper und Webadministrator aus." />
```

Listing 12.2: Ausschnitt aus dem Head einer Webmasters-Akademie-Seite

In Abbildung 12.8 nun die von Google gezeigte Webseite zu dem Treffer.

Abb. 12.8: Description und Inhalt passen nicht »wörtlich« zueinander.

Wie Sie sehen können, haben der für den Robot der Suchmaschine lesbare Seitentext und die Description oben im Listing 12.2 im »wörtlichen« Sinne nichts miteinander zu tun. Sprich, die Begriffe in der Description tauchen in der Webseite selbst nicht prominent genug auf. Das ist offenbar Grund genug für Google, ein gewisses Misstrauen walten zu lassen und sich selber eine Beschreibung zusammenzustellen, eben das in der Abbildung gezeigte Snipplet. Man will damit möglicherweise irreführende Descriptions unterdrücken und dem Suchenden stattdessen lieber einen Teil Originaltext der Webseite zu lesen und damit zur Entscheidung geben. Wahrscheinlich kann damit dem Spamproblem (Webseiten, die andere Themen vorgeben, als sie tatsächlich enthalten – um besser gefunden zu werden) wirksamer begegnet werden.

Oft sehen diese zusammengestöpselten Texte im Suchergebnis nicht so prickelnd aus. Sie sollten daher immer versuchen, die Hauptkeywords einer Seite auch immer in der Description zu verwenden. So steigt die Wahrscheinlichkeit, dass Google diesen, also Ihren Text heranzieht. Und diesen können Sie nach Ihren Zielen beeinflussen.

Google ist es auch besonders wichtig, dass die Descriptions möglichst auf allen Seiten unterschiedlich sind. Absolut tödlich für ein gutes Ranking ist es, überall die gleiche Beschreibung und am Ende auch noch den gleichen Seitentitel zu hinterlegen. Autsch-autsch-autsch. Stellen Sie diesen Fehler bei Ihren Webseiten fest, sollten sie ihn schnellstens beheben! Wenn Sie jetzt denken, das wäre eine Menge Arbeit, die vielen Seiten jetzt von Hand umzuändern – dann haben Sie vermutlich recht. Beginnen Sie mit den für Sie wichtigsten Seiten. Am besten von der Site-Hierarchie von oben nach unten. Bedenken Sie dabei, dass jede geänderte Seite erst jetzt vernünftig ranken kann! Nach einiger Zeit werden Sie merken (wenn Ihre Domain ansonsten einigermaßen vernünftig im Ansehen bei Google dasteht), dass sich die Positionen deutlich verbessern und mehr und mehr Traffic über Suchmaschinen kommen wird.

Bitte beachten Sie auch Folgendes: Die Klickrate auf Suchergebnisse trackt Google bei jeder Abfrage mit. Daraus werden Hinweise generiert, auf welche Ergebnisse die Suchenden vermehrt klicken und auf welche unterproportional. Dieses »Votum« der Nutzer scheint immer mehr Gewicht zu bekommen. Umso wichtiger wird es, dass Ihre Beschreibung »Klick-sexy« aussieht bzw. wirkt. Überlegen Sie beim Texten, welche Worte und Formulierungen einen Suchenden zum Klicken anregen. Bekommen Sie statt Ihrer eigenen Description auch noch ein Snipplet zugewiesen, ist die Klickrate wahrscheinlich nicht unbedingt überproportional hoch. Also noch mal: Aufpassen!

12.2.3 Das Base-Tag

Wahrscheinlich kennen die meisten unter Ihnen das Base-Tag noch gar nicht. Im Prinzip braucht man es für die Optimierung für Suchmaschinen auf den ersten Blick auch nicht. Allerdings komme ich später noch auf einige Probleme des »Entführens« von Webseiten, dem so genannten Hijacking. Ebenso sind viele Kopiermaschinen im Web unterwegs, die terabyteweise Webseiten aufsuchen und die gefundenen Inhalte einfach in die eigene Domain einverleiben. Das soll Suchmaschinen beeindrucken und tut es wohl in Einzelfällen auch. In den letzten Monaten sind auch vermehrt wieder Probleme mit russischen und chinesischen Proxy-Servern (eine Art Zwischenspeicher für Webseiten) aufgetaucht. Dort werden vereinfacht ausgedrückt zum Beispiel alle deutschen Webseiten (ja, wirklich fast alle) kopiert und mit automatischen Skripten mit Werbung, Viren oder Trojanern belegt und Surfern aus diesen Ländern beim Aufruf statt der Originalseiten gezeigt. Diese Server leiten also die Anfragen nicht durch, sondern fangen sie ab und zeigen die modifizierten Kopien. Das ist aber kein Grund, gleich in Panik auszubrechen. Das sind in der Regel nur wenige schwarze Schafe.

Das große Problem bei den intelligenteren Suchmaschinen ist für diesen Fall, dass sie keine Doubletten anzeigen. Webseiten mit identischem (oder fast identischem) Inhalt werden unterdrückt. Nun kann es dabei passieren, dass statt Ihrer Domain die »des Entführers« – wenn diese »stärker« ist – im Suchergebnis angezeigt wird. Dumm gelaufen. Und einen Beschwerdebrief irgendwo auf die Cayman-Inseln oder nach China zu schicken, bringt Ihnen natürlich keine wirkliche Linderung Ihres dann sehr verständlichen Ärgers. Solcher Ärger ist zwar nicht immer mit Sicherheit zu vermeiden, aber wenn Sie den Webseiten Ihren Domainnamen über das Base-Tag mitgeben, hilft dies, wenn sie einfach in eine andere Domain eingebunden werden, weil zumindest Ihre Links nicht mehr funktionieren.

```
<base href="http://www.mario-fischer.de/">
```

Vorsicht

Das Base-Tag legt sozusagen die Startadresse für relative Verzeichnisangaben fest. Wenn Sie es also in einem Unterverzeichnis falsch verwenden, wirkt der Außenschutz plötzlich auch gegen Ihre eigene Website. Einige Links funktionieren nicht mehr! Wenn Sie immer absolute Links (`www.domainname.de/verzeichnis/datei.html` statt nur `datei.html`) verwenden – was Sie sowieso aus Sicht der Suchmaschinen *immer* tun sollten –, haben Sie allerdings hier keine Probleme. Weitere Hinweise zu diesem Tag finden Sie in jedem guten HTML-Buch und natürlich auch im Web. Suchen Sie einfach mit `base href` in einer Suchmaschine.

Das Base-Tag hat nichts mit dem Ranking zu tun, kann aber verhindern, dass Ihre Seiten von anderen Domains dargestellt werden und Ihr Content »dort« positiv in das Ranking eingeht – und nicht bei Ihnen.

12.2.4 Das Keywords-Tag

Dieses Tag kommt noch aus den Ursprüngen des Webs. Gedacht waren Webseiten ja vor allem auch für wissenschaftliche und andere Publikationen. Jeder wissenschaftliche Artikel wurde für Ablagen und vor allem Bibliotheken verschlagwortet. Diese Schlagworte sollten in das Keywords-Tag. Irgendwann hat dann jemand den Schluss gezogen »Keyword?« – »Suchmaschine?« Aha! Und seither sind viele Webmaster, -designer und -agenturen der irrigen Meinung, genau hier müsse man alle Suchbegriffe des Kunden reinschreiben, dann klappt das schon mit Google & Co. Und wenn nicht – na ja, die Suchmaschinen machen doch eh, was sie wollen, und keiner kann *genau* sagen, warum das nicht klappt. Sie lächeln? Haben Sie das wie ich auch so oder in der Art schon mehrmals zu hören bekommen?

Vor über hundert Jahren ist bei der Inhaltsanalyse von Spinat beim Eisengehalt durch Unachtsamkeit ein viel zu hoher Wert bekannt gegeben worden. Seither müssen Kinder regelmäßig Spinat essen. Oder dass Nero Rom angezündet hätte? Klar, da gibt es doch den netten Film mit Peter Ustinov ... und sogar ein ganzes Brennprogramm heißt NERO. Die Historiker schütteln sich dagegen mit einem Lächeln. Ebenso hartnäckig hält sich das Gerücht, dass Zecken beim Waldspaziergang von Bäumen und Sträuchern springen, wenn Mensch und Tier darunter durchkommen. Abgesehen davon, dass in die Socken gesteckte Hosenbeine komischerweise besser gegen Zecken helfen als ein Hut, finde ich das imaginäre Bild einer kleinen Zecke mit Sturzhelm und Fallschirm am Rücken einfach zu possierlich, als dass ich diesen Irrtum aufklären möchte. Aber ich schweife schon wieder ab.

Die korrekte Schreibweise ist übrigens Folgende:

```
<meta name="keywords" content="Mario Fischer tms institut Website
Boosting Websiteboosting Web Usability Webusability Online-Marketing
guckstdu">
```

Als Fazit lässt sich festhalten, dass keine nennenswerte Suchmaschine sich auf die Einträge in diesem Meta-Tag verlässt. Einzig Yahoo! wirft bei der gezielten Suche nach Begriffen in diesem Tag die Webseiten dazu aus, was eigentlich nicht korrekt im Sinne der Suchenden ist. Man bekommt einen Treffer angezeigt, der auf einem Text im unsichtbaren Bereich einer Webseite basiert. Ruft man die Webseite auf, findet man unter Umständen diesen Text gar nicht mehr! Trotz des Findens dieses unsichtbaren Textes bei Yahoo! ist noch lange nicht sicher, dass die Inhalte auch wirklich für das Ranking verwendet werden. Glaubt man Tests, über deren Ergebnisse in einschlägigen Foren berichtet wird, hat das Vorhandensein oder Fehlen des Keywords-Tags keinerlei Einfluss auf das Ranking bei den großen Suchmaschinen. Eigene Tests, die ich an meinem Institut durchgeführt habe, bestätigen diese Vermutung. Wenn Sie dennoch sichergehen wollen, befüllen Sie das Tag mit Ihren Keywords. Aber allzu große Hoffnungen in die Wirkung sollten Sie nicht setzen. Und auch hier gilt: Weniger, gezielt ausgewählte Keywords sind immer besser als möglichst viele!

Tipp

Man liest hier und da, dass es egal wäre, ob man die Einträge mit oder ohne Komma trennt. Wenn Sie das Tag befüllen, würde ich es dennoch ohne Komma tun und Wörter nur durch ein Leerzeichen (das aber ist wichtig!) trennen. Prinzipiell können somit mehr Ihrer Keywords kombiniert werden. Beispiel: Mario Fischer, tms Nürnberg, Web Usability, ... Hier würde durch die Kommasetzung die engere Zugehörigkeit von Begriffen betont. Lässt man die Kommas weg, würde wahrscheinlich auch die Suchkombination `Fischer Nürnberg` besser gefunden werden, weil sie frei kombinierbar erscheint. Sie werden jetzt sicher einwenden, dass ich oben geschrieben habe, dass Suchmaschinen diese Einträge sowieso unbeachtet lassen. Und Sie haben damit auch recht – aber *wenn* Sie das Tag zur Sicherheit trotzdem verwenden, dann wenigstens richtig. Ich bin da halt Perfektionist.

Ach ja: Einen Effekt hat das Befüllen des Keywords-Tags in jedem Fall. Sie machen Ihre Mitbewerber schlau, mit welchen Begriffen Sie gefunden werden möchten. Und Sie sparen ihnen möglicherweise eine Menge Arbeit beim Zusammentragen relevanter Keywords. Man kann die nun einfach bei Ihnen aus dem Quelltext kopieren. Wenn Sie das Kapitel über das Finden von Keywords aufmerksam durchgelesen haben, hatte ich Ihnen unter anderem genau das dort empfohlen:

Sich bei den Mitbewerbern im Keywords-Tag schlaumachen. Natürlich wissen Sie, dass einige Ihrer Mitbewerber solche Tipps vielleicht kennen. Spätestens, wenn die dieses Buch hier gelesen haben. Sorry, das kann ich leider nicht verhindern.

12.2.5 Die Geo-Tags

Auch hier haben wir wie beim Base-Tag keine unmittelbare Auswirkung auf das Ranking einer Webseite. Trotzdem würde ich Ihnen schon heute empfehlen, da Sie Ihre Site ja wahrscheinlich eh gerade »anpacken«, auch gleich Geo-Tags mit in den Head einzusetzen. Wie Sie vermuten, haben diese Tags etwas mit Geografie zu tun. Damit sagen Sie der Welt also quasi, wo Ihre Firma räumlich auf der Weltkugel zu finden ist. Es wird nicht lange dauern, dann werden die ersten Google-Earth-Anwendungen richtig kommerziell genutzt oder gar mit Fahrzeugnavigationssystemen verbunden. Wäre es da nicht gut, wenn man Sie auch geografisch leichter finden würde? Eben.

Nach Angaben von Google sind etwa ein Viertel aller Suchanfragen ortsbezogen, also geografischer Natur. Klingt auch logisch, denn wer hat noch nicht dort (oft verzweifelt) einen Handwerker oder ein Ladengeschäft aus der eigenen Stadt gesucht? Zur Drucklegung dieses Buches ist Google wahrscheinlich in Deutschland bereits mit der lokalen Suche am Netz, die es in den USA ja schon längere Zeit gibt.

Beim Einfügen der nachfolgenden Metadaten müssen Sie natürlich Ihre Daten ergänzen. Achten Sie dabei darauf, Umlaute in korrektem HTML zu definieren. Selbstverständlich müssen Sie die Zahlen unten (49.45000 und 11.08300) mit Ihren eigenen Längen- und Breitengraden tauschen!

```
<meta name="city" content="N&uuml;rnberg">
<meta name="country" content="Germany">
<meta name="state" content="Bayern">
<meta name="zipcode" content="90429">
<meta name="geo.position" content="49.45000;11.08300">
<meta name="geo.placename" content="N&uuml;rnberg, Bayern">
<meta name="geo.region" content="DE-BY">
<meta name="icbm" content="49.45000;11.08300">
```

Listing 12.3: Alle wichtigen Geo-Tags zum Einfügen in Ihren HTML-Head

Die Längen- und Breitenangaben sowie die Landeskürzel (zum Beispiel BY für Bayern) für deutsche Städte finden Sie fein säuberlich und alphabetisch sortiert unter `http://www.themamundi.de/aws/tabel/ortbrda.htm`.

Tacherting	BAY	12E34	48N05
Taching am See	BAY	12E44	47N58
Talheim /Neckar	BW	09E12	49N05
Tambach-Dietharz /Thüringerwald	THÜ	10E37	50N48
Tamm	BW	09E07	48N55
Tangerhütte	SAN	11E48	52N26
Tangermünde	SAN	11E5843	52N3238
Tangstedt /Bezirk Hamburg	SWH	10E05	53N44
Tangstedt /Kreis Pinneberg	SWH	09E51	53N41
Tann /Niederbayern	BAY	12E54	48N19
Tann /Rhön	HES	10E01	50N39
Tanna bei Schleiz	THÜ	11E52	50N30
Tannenberg	SAC	12E57	50N36
Tännesberg	BAY	12E20	49N32
Tannhausen bei Ellwangen /Jagst	BW	10E22	48N59
Tannheim	BW	10E0436	48N00
Tapfheim	BAY	10E41	48N40
Tarmstedt	NDS	09E05	53N14
Tarnow		12E0300	53N4600
Tarp	SWH	09E24	54N40
Taubenheim /Spree	SAC	14E30	51N03

Abb. 12.9: Ausschnitt aus den Geo-Angaben für deutsche Städte mit »T«

Was Sie jetzt noch tun müssen, ist, die Buchstaben »E« (östliche Länge) und »N« (nördliche Breite) durch einen Punkt zu ersetzen und die eventuell fehlenden Ziffern auf fünf Ziffern hinter dem Punkt mit einer Null zu füllen. Für den bayerischen Ort Tacherting also wird aus 12E34 und 48N05 einfach *12.34000* und *48.05000*. Unpraktischerweise sind die Angaben von Länge und Breite in den Geo-Tags genau andersherum anzugeben. Also setzen Sie diese unbedingt in *umgekehrter* (!) Reihenfolge in die beiden entsprechenden Geo-Tags ein. Die kleinere Zahl muss demnach rechts stehen:

```
<meta name="geo.position" content="48.05000;12.34000">
<meta name="icbm" content="48.05000;12.34000">
```

Klingt erst mal relativ kompliziert, ist es aber eigentlich gar nicht. Und Sie müssen es ja auch nur ein einziges Mal machen.

Bei `GeoURL.org` können Sie Ihre Site zum Beispiel anmelden, testen und dann erfahren, welche Sites in Ihrer Umgebung existieren und natürlich bereits Geo-Tags enthalten: `http://geourl.org/ping/`.

Damit sind Ihre Webseiten bereits fit für geografisch orientierte Suchen und es ist sicher nur eine Frage der Zeit, bis auch alle größeren Suchdienste diese Informationen auslesen und Suchenden zur Verfügung stellen.

Abb. 12.10: GeoURL: Welche Webseiten kommen aus Ihrer unmittelbaren Umgebung?

Tipp

Achten Sie unbedingt auch darauf, dass Ihr Impressum eine vernünftig strukturierte Adresse hat. Suchmaschinen versuchen nämlich bereits über eine Mustererkennung den Ort zu identifizieren. Wie das genau gemacht wird, ist natürlich unbekannt. Sinnvollerweise wird aber aber z. B. für deutsche Webseiten nach folgenden Muster suchen (müssen): Das Wort »Impressum«, »Kontakt« oder etwas Ähnliches sollte oben auf der Seite enthalten sein. Weiterhin: Eine Textzeile, die mit einer Ziffer und ggf. einem Buchstaben dahinter abschließt (Strasse und Hausnummer) und direkt darunter eine Zeile, die eine fünfstellige Ziffer und dann ein oder mehrere Wort(e) enthält (für PLZ und Ort). Wird der Begriff nach der PLZ dann in der Ortsdatenbank eindeutig gefunden, kann die Suchmaschine davon ausgehen, dass es sich tatsächlich um eine valide Ortsangabe handelt. Verwenden Sie also besser keine abgedrehten, absonderlichen Formatierungen im Impressum.

12.2.6 Das Robots-Tag

Die Robots seriöser Suchmaschinenbetreiber können Sie zum Teil für alle oder einzelne Webseiten steuern. Hierfür gibt es ein eigenes Meta-Tag mit vier verschiedenen Ausprägungen:

```
<meta name="robots" content="index,follow">
<meta name="robots" content="noindex,follow">
<meta name="robots" content="index,nofollow">
<meta name="robots" content="noindex,nofollow">
```

Listing 12.4: Die vier möglichen Attributangaben für das Robots-Meta-Tag

`index` bewirkt, dass der Robot die vorliegende Seite indexiert und in den Suchbestand aufnehmen soll. Ist danach `Follow` angegeben, folgt er allen Links nach, die er auf dieser Seite finden kann. Die Ausprägungen mit einem vorangestellten `no` verbieten ihm dies. Die Angaben `noindex,follow` würden also bewirken, dass die Seite selber nicht indexiert und in Suchergebnissen ausgegeben wird, dass aber allen Hyperlinks gefolgt wird. Das kann zum Beispiel für eine Sitemap, also einer blanken Übersichtseite ohne sinnvollen Inhalt, sinnvoll erscheinen.

Tipp

In fast allen Webseiten finden Sie dieses Tag mit dem Attribut `index,follow`, was nichts als eine Verschwendung von Speicher- und Zeitressourcen darstellt. Der einzige »Lebenszweck« eines Suchmaschinenrobots ist es ja, Seiten aufzuspüren, deren Inhalt zu lesen, zu indexieren und allen dort gefundenen Links nachzulaufen, um ständig weitere Seiten zu finden. *Das* müssen Sie ihm nun wirklich nicht auch noch extra erlauben ... Wollen Sie also, dass der Robot alle Seiten erfasst und alle Links verfolgt, lassen Sie dieses Meta-Tag getrost und stolz weg. Stolz deshalb, weil Sie sich damit von der Masse der Halbwissen-Optimierer abheben. Dieses Tag macht wirklich nur für Verbote Sinn.

Möchten Sie generell ganze Bereiche vor den Augen der Suchmaschinen sperren, nutzen Sie dazu besser die Datei `robots.txt`, die Sie in das Rootverzeichnis Ihres Webservers stellen (lassen). Damit müssen Sie dieses Meta-Tag nicht in viele einzelne Webseiten einbauen und steuern das zentral. Natürlich ist es nicht sicher, dass sich alle Suchrobots auch wirklich daran halten. Dazu aber später mehr.

12.2.7 Das Sprachen-Tag

Mit diesem Meta-Tag teilen Sie der Suchmaschine mit, in welcher Sprache Ihre Webseite geschrieben wurde. `de` steht sinnigerweise für Deutsch und das entsprechende Tag sieht dann so aus:

```
<meta name="Content-language" content="de" />
```

Für die großen Suchmaschinen ist diese Angabe eher unwichtig, weil sie die verwendete Sprache der Seite sowieso automatisch erkennen können. Vielleicht haben Sie eine Neigung, Schwäbisch oder Bayerisch zu schreiben, wodurch Sie die Leser vielleicht belustigen, den Suchmaschinenrobot aber sicher überfordern würden. In solchen Ausnahmesituationen sollten Sie das Tag in jedem Fall einbauen.

12.2.8 Das Refresh-Tag

Über das Meta-Tag

```
<meta http-equiv="refresh" content="5; URL=http://www.meinedomain.de/
liesmich.html">
```

kann man den Besucher automatisch auf die Zielseite weiterleiten, die nach `URL=` genannt wird. Die Zeitspanne, wann diese Weiterleitung aktiviert wird, gibt man in Sekunden hinter `content=` an. Im obigen Beispiel wird der Besucher also nach fünf Sekunden automatisch und ohne sein Zutun auf die Webadresse `www.meinedomain.de/liesmich.html` geführt. »Hm ...«, höre ich Sie überlegen. »Dann könnte ich doch ... also wenn ich eine für die Suchmaschine optimierte Seite einstelle ... und sie dann mit 0 Sekunden, also sofort, auf meine eigentliche Seite ...?« Nette Idee – funktioniert aber leider nicht. Selbstverständlich werten die meisten Suchmaschinen die Zeit mit aus und indexieren die Seite nicht, wenn die Zeitspanne unter fünf Sekunden liegt! Klar, was man als Mensch gar nicht sehen, geschweige denn lesen kann, wollen die Suchmaschinen auch nicht im Index haben. Stattdessen laufen sie der Zieladresse (also auf die Datei `liesmich.html`) nach und schnappen sich diese.

Eines der größten Ärgernisse für Besucher ist, wenn man ihnen das Gefühl gibt, keine Kontrolle zu haben. Genau das trifft auf automatische Weiterleitungen zu. Es ist einfach ärgerlich, wenn eine Webseite plötzlich – ob nun nach zwei, fünf oder zehn Sekunden – verschwindet und eine andere auftaucht. Ärgert Sie das nicht auch? Eben. Also lassen Sie am besten auch aus Usability-Gründen solche Späßlein sein. Und wenn Sie aus vernünftig klingenden Gründen doch weiterleiten wollen oder müssen, setzen Sie die Zeit mindestens auf fünf Sekunden.

12.2.9 Das rel="nofollow"-Tag

Nachdem der Linkspam in Foren, Blogs und freien Plattformen wie Wikipedia immer mehr zunahm, hat Google sich vor einiger Zeit entschieden, ein neues Tag einzuführen, mit dem man Links kennzeichnen kann, die keine »Linkkraft« (zur Erhöhung der so genannten »Linkpopularität«) vererben sollen. Yahoo! und auch

MSN haben sich dem Vorschlag anschlossen und unterstützen ihn bei der Linkanalyse.

Normalerweise sieht ein Link in HTML so aus:

```
<a href="http://www.website-boosting.de">Website Boosting</a>
```

Links, die so programmiert werden, vererben also praktisch dem angelinkten Dokument etwas von der eigenen Kraft. Ein Link, den die Suchmaschinen bei der Analyse ignorieren sollen, sieht dagegen so aus:

```
<a href="http://www.website-boosting.de" rel="nofollow">Website
Boosting</a>
```

Im Gegensatz zu dem Tag im Head einer Seite, das weiter oben beschrieben wurde (`<meta name="robots" content="index,nofollow">`) wird hier also durch das Attribut `nofollow` direkt beim Link genau dieser einzelne Link ignoriert.

Wer seinen Weblogs zum Beispiel auf Fremdsystemen hosted (also praktisch fertig konfigurierte Weblogs, die man auf Knopfdruck und einigen wenigen Einstellungen online starten kann), muss damit rechnen, dass jeder Link vom Betreiber mit diesem Tag versehen wird. Damit möchte man das Auftreten von Spamlinks vermeiden. Ebenso hat Wikipedia dieses Tag eingeführt und kennzeichnet seitdem jeden nach außen gehenden Link mit `rel=»nofollow«`.

Dieses Tag ist unter Fachleuten nicht ganz unumstritten, da es die Bewertungen von Webseiten durch die subjektive Einschätzung von Seitenbetreibern (den Linkgebern) negativ oder auch positiv manipuliert.

Vorsicht

Dieses Tag eignet nicht unbedingt dazu, einen Link bzw. eine angelinkte Adresse vor den Suchmaschinen zu verbergen. Es teilt dem Robot nur mit, dass dieser Link nicht gewertet werden soll. Es ist also keine wirksame Schutzmaßnahme gegen den Besuch von Suchmaschinenrobots!

12.2.10 Weitere häufig benutzte, aber für Suchmaschinen nutzlose Meta-Tags

Es gibt eine ganze Menge weiterer Meta-Tags, die Sie recht verbreitet in Webseiten finden. Die Gründe, warum Webdesigner sie einbauen, mögen vielfältig sein, oft ist es aber auch nur, um den unwissenden Unternehmenskunden zu beeindrucken. Wichtig und geheimnisvoll sehen sie ja irgendwie für den Laien schon aus, oder?

```
<meta name="Publisher" content="Agentur Designmichtot GmbH" />
<meta name="Copyright" content="Herbert von Agentur Designmichtot "/>
<meta name="author" content="Design by Seppl und Franky" />
<meta name="Page-topic" content="Medien" />
<meta name="Page-type" content="Bericht Reportage" />
<meta name="Revisit-after" content="14 days" />
```

Listing 12.5: Einige beispielhafte Meta-Tags

Werfen Sie doch noch mal kurz einen Blick auf die letzte Zeile in dem Listing. `Revisit after` und `14 days` steht da. Was so viel bedeutet wie: *Lieber Suchmaschinen-Robby, besuch mich doch bitte in zwei Wochen wieder.* Erst vor Kurzem hat mir ein Kunde erzählt, seine Agentur hätte ihn extra gefragt, in welchen Abständen die Suchmaschine die Webseiten denn besuchen sollte. Abgesehen davon, dass er als Innenarchitekt von der fachlichen Bedeutung dieser Frage völlig überfordert war, versicherte er mir glaubhaft, beeindruckt gewesen zu sein. Dass man sogar dies heutzutage schon mit Tricks beeinflussen könne, hätte er nicht gedacht. Erst nachdem er mit rein gar nichts in keiner Suchmaschine gefunden wurde, kam er zu mir und bat um Expertenrat. Einer Suchmaschine vorschreiben oder vorschlagen zu wollen, wann sie wiederkommen soll, erscheint in Kenntnis der Komplexität solcher Vorgänge bestenfalls naiv. Google ermittelt beispielsweise anhand eines so genannten Hash-Wertes, wann bzw. wie oft im Mittel eine einzelne Webseite tatsächlich inhaltlich geändert wurde, und passt die Besuchsfrequenzen eigenständig diesem Rhythmus an. Also Weglassen bewahrt auch bei diesem, wichtig klingenden Meta-Tag vor dem Verdacht des Halbwissens. Ein Bekannter hatte mir sogar mal eine Seite gezeigt, die allen Ernstes `30 minutes` als Attribut eingetragen hatte. Bei solchen Gelegenheiten stelle ich mir wirklich Fragen wie: Ob Suchmaschinenrobots beim Lesen von Webseiten eigentlich auch mal schmunzeln müssen?

Es gibt noch eine Gruppe weiterer Meta-Tags, die von der Dublin-Core-Metadaten-Initiative ins Leben gerufen wurde. Diese Tags erkennen Sie an dem vorangestellten Buchstaben »DC« für Dublin Core. Mittels dieser Tags lassen sich Meta-Informationen sehr viel detaillierter strukturieren und beschreiben. Hier einige Beispiele:

```
<meta name="DC.date" content="2001-07-18" />
<meta name="DCTERMS.audience" content="software developers" />
<meta name="DC.publisher" content="University of Applied Sciences Wuerz-
burg">
<meta name="DC.contributor" content="Mario Fischer" />
```

Listing 12.6: Meta-Tags nach dem Dublin-Core-Modell

Die Verwendung ist aber noch nicht so stark verbreitet und es deutet bisher noch nichts darauf hin, dass Suchmaschinen diese Informationen in die Berechnung des Rankings mit einbeziehen. Umfassende Informationen zu diesen Tags finden Sie unter: `http://dublincore.org` (Achtung, ohne www).

12.2.11 Das PageRank-Tag

Leser meines Blogs wissen, dass es ein ominöses Meta-Tag gibt, mit dem sich der PageRank (die »Einschätzung« von Google hinsichtlich der Bedeutung) einer Seite bequem festlegen lässt. Dieses Tag lautet

```
meta name="pagerank" content="6"
```

Wenn Sie dieses Tag auf Ihrer Webseite einsetzen, weist Ihnen Google hier im Beispiel den Wert »6« zu. Glauben Sie das? Natürlich nicht und völlig zu Recht. Sorry, aber ich konnte diesen Blödsinn nicht für mich behalten. Diesen »Powertipp« habe ich auf einer Webseite eines »Experten für Webstandards« gefunden. Natürlich hat auch dieser kleine Spaß einen ernsten Hintergrund. Das Web hat keinerlei Filter und jeder Turnbeutelvergesser, dem man schon in der Schule jeden Tag das Pausenbrot aus der Hand geschlagen hat, kann hier publizieren. Vergewissern Sie sich also immer, wer da absondert. Nur weil etwas »da steht«, muss es nicht stimmen. Das klingt banal, wenn man es so liest. Sie glauben aber nicht, *wie viele* Anfragen ich trotzdem immer wieder bekomme, ob denn dies oder das auf dieser oder jener Webseite wirklich stimmen würde oder funktioniert. Gerade im Bereich der Suchmaschinenoptimierung ist auf Websites von Anfängern, die sich wichtig und kompetent darstellen wollen, wirklich viel Munddurchfall zu finden.

12.3 Optimierung des sichtbaren Textes

»Sichtbarer Text« bedeutet, dass er auf der Webseite im Browser sichtbar ist. Alles, was sich mit der Maus bei gedrückter Maustaste markieren lässt, wird auch von den Suchmaschinen als sichtbar für den Menschen erkannt und gewertet. Ausnahmen bilden dabei Text in Bildern oder zum Teil in Flash-Animationen – aber die lassen sich eben auch nicht mit der Maus markieren.

12.3.1 Das Keyword in relevantem Textumfeld

Klar, das Keyword muss auch im lesbaren Content vorhanden sein. Viele Experten sind allerdings der Meinung, dass dies alleine keinesfalls reicht. Sie müssen auf der Seite auch relevanten, zum Keyword passenden Text haben. Sie können sich das so vorstellen. Auf vielen Webseiten, auf denen zum Beispiel das Keyword »Einbauküche« vorkommt, findet die Suchmaschine vielleicht auch Worte wie »Schubladen, Herd, Höhe, Küchenblock, Design, Spüle, Verkauf, Armaturen, Tisch, Einrichtung, Schrank, Hängeschrank, Spülmaschine, komfortabel, edel, günstig,

Küchenzeile, Maß, passend, ausmessen« und viele andere mehr. Die Maschine kann damit statistisch bestimmen, ob einige (und wie viele) der anderen Begriffe, die auf Seiten mit dem Topic »Einbauküche« vorkommen, auch bei Ihnen vorhanden sind.

Es nützt also in der Regel nichts, einfach ein Keyword in ein ansonsten nicht besonders relevantes Textumfeld einzustellen.

12.3.2 Die Menge an indexierbarem Text

Sorgen Sie dafür, dass Ihre Seiten genügend Text für die Robots beinhalten. Einige wenige, kurze Sätze taugen nicht für Top-Ergebnisse. In der Regel möchten Suchende ja auch nicht auf eine Webseite kommen, die nur zwei Sätze enthält. Laaaangweilig. Das bedeutet nun nicht, dass Sie auf jeder Seite ein Textmonster erschaffen müssen. Eine halbe bis zwei Seiten Text haben sich aber in der Vergangenheit als gut erwiesen.

Beachten Sie bitte, dass die Maschinen möglicherweise nicht jeden Text auch wirklich erkennen können, den Sie im Browser problemlos sehen. Text in Flash stellt für die meisten Suchmaschinen noch immer eine Hürde dar. Zwar haben Google und Yahoo! vor Kurzem neue Methoden entwickelt, Flash-Inhalte besser lesen zu können – aber ein Garant für eine einwandfreie Erkennung ist das natürlich nicht. Am besten ranked immer noch der gute alte in HTML programmierte Text.

Tipp

Sorgen Sie dafür – wie ist mir egal –, dass nicht ein Großteil Ihrer Seiten eine fast identische Textmenge beinhaltet. Das kann für die Suchmaschine als Anzeichen für eine Spam-Seite missinterpretiert werden. So genannte »Thin-Affiliate«-Sites (Seiten, die nur zum Zweck der Platzierung von Werbung zum Beispiel mit AdSense erstellt wurden) sind in der Regel durch eine Vorlage nämlich genau so aufgebaut und enthalten fast immer einen identischen Umfang an begleitendem, belanglosem Text.

12.3.3 Die Änderungsfrequenz

Auf das Ranking hat es normalerweise keinen Einfluss, wie oft Sie den Content einer Seite ändern. Man findet auf Top-Ergebnisplätzen ja auch häufig Seiten, die seit Jahren inhaltlich nicht verändert wurden. Ändern Sie den Content aber jeden Tag in großem Umfang, lernen die Suchmaschinen dies und kommen auch häufiger vorbei, um den neuen Inhalt zu indexieren. Dadurch kann eine einzelne Seite als »News«-Seite kategorisiert werden. Die Inhalte finden dann relativ schnell den Weg in die Suchergebnisse (ranken aber deswegen nicht unbedingt besser!), verschwinden aber auch schnell wieder automatisch aus den Treffern. Das ist auch nur logisch: Wenn Sie heute den Content ändern, würde ein Suchender aufgrund des Contents von gestern Ihre Seite in der Suchmaschine finden, klicken – und einen völlig anderen Inhalt finden. Einen irrelevanten. Das nützt weder Ihnen noch dem Suchenden noch der Suchmaschine (die vom Suchenden möglicherweise mit den besten Flüchen belegt würde).

Was sehr wohl einen Einfluss auf das generelle Ansehen und damit das Ranking hat, ist, wie häufig Sie generell neue Inhalte auf Ihrer Site einstellen. Liegt alles schon seit Monaten oder gar Jahren brach, ist auch das ein Indikator für die (maschinelle) Einschätzung Ihres Webauftritts. Der beste Tipp, den ich Ihnen hier geben kann, ist, kontinuierlich jeden Tag eine neue Seite mit genügend Content einzustellen. »*Pfuhh, anstrengend*«, denken Sie jetzt vielleicht. Und »*Hätt' ich mir das Buch nur nicht gekauft*«. Der Fischer meint's ja nur gut. Und jetzt wissen Sie vielleicht auch, warum Weblogs in letzter Zeit immer beliebter werden. Einfachste Bedienung, beste interne Verlinkung, Themenrelevanz und vielen macht das Schreiben schon nach kurzer Zeit sogar unheimlich Spaß.

12.3.4 Unsichtbaren Text mögen Suchmaschinen nicht

Ein vermeintlicher Trick zur Optimierung von Webseiten ist: »Du siehst was, was ich nicht sehe.« Mit »Du« ist natürlich die Suchmaschine gemeint und noch immer versuchen Zeitgenossen, unsichtbaren Text auf eine Webseite zu schmuggeln, um bestimmte Begriffe dort unterzubringen, die Menschen eben nicht sehen sollen. Traditionell wurde das einfach so bewerkstelligt, dass man den Text einfach in der Farbe darstellt, in der auch der Hintergrund der Webseite gehalten ist. Weiße Schrift auf weißem Grund zum Beispiel. Oft stehen solche Zusatztexte unten nach dem normalen Content. Man kann das sehr leicht enttarnen, indem man auf die Webseite klickt und die Tastenkombination [Strg]+[A] drückt, um alle Objekte auszuwählen, die dann invers dargestellt werden. Plötzlich wird der vermeintlich unsichtbare Text erkennbar. Suchmaschinen haben zwar keine Tastenkombinationen zur Verfügung, deren Entwickler sind aber natürlich auch alles andere als auf den Kopf gefallen. Daher werden solche plumpen Versuche seit Langem von allen führenden Suchmaschinen erkannt und im besten Fall wird der Text ignoriert. Wird dieses Mittel allerdings zu exzessiv eingesetzt, kann auch schon mal der völlige Ausschluss der kompletten Domain aus dem Index als Strafe verhängt werden. Das Auftauchen solcher Seiten in den Suchergebnissen ist meist nur kurzer Natur. Oft verschwinden sie nach sehr kurzer Zeit auf Nimmerwiedersehen aus dem angezeigten Index. Diese kurze Zeitspanne mag darin begründet sein, dass bei einer neu aufgenommenen Webseite nicht sofort alle (Spamfilter-)Analysen durchgeführt werden (können).

Die Optimierer-Gilde hat natürlich darauf reagiert und einen moderneren Trick entwickelt. Dieser besteht darin, die Schriftfarbe in kompliziert aufgebauten Stylesheets so zu »verstecken«, dass eine maschinelle Erkennung schwieriger bis unmöglich wird. Ein auch immer wieder angewandtes Mittel ist das Verstecken solcher Texte hinter festen Layern. Die kundigen Webspezialisten unter Ihnen wissen sicher auf Anhieb, was ich damit meine. Für alle anderen sei kurz erklärt, dass man mit einem so genannten Layer ein Bild oder auch einfach eine weiße Fläche mittels einer genauen Pixelangabe an einen festen Ort auf der Webseite setzen kann. Und dieser Ort liegt praktischerweise über dem Text, der optisch verschwinden soll. Ebenso geht es natürlich, mit einem Layer ein Textfeld so weit außerhalb des Browserfensters zu positionieren, dass es nicht mehr angezeigt wird.

Von all diesen Versuchen, die Analyseergebnisse der Suchmaschinen zu beeinflussen, rate ich dringend ab. Die Erkennungsmechanismen werden immer feiner und die Suchmaschinenbetreiber reagieren immer härter und mit immer weniger Toleranz. Was heute noch funktioniert, kann schon morgen über einen neuen, intelligenteren Filter zum totalen Ausschluss führen. Ein recht hohes und unnötiges Risiko.

Vorsicht

Sie werden es nicht glauben, aber im Prinzip arbeitet eine recht bekannte Suchmaschinen-Optimierungsagentur in etwa genau so. Man modifiziert beim Kunden die Startseite um einen mit JavaScript für den Browserbesucher versteckten Text am Ende der Webseite. Dafür verlangt man dann eine vierstellige Summe, die dank des bekannten Namens durchaus realisierbar erscheint. Branchenkenner munkeln, dieses Unternehmen beschäftige mittlerweile mehr Rechtsanwälte als Programmierer. Wenn Sie jetzt im Web auf die Suche gehen wollen, wird das wenig bringen. Negative Kommentare auf Webseiten werden regelmäßig per einstweiliger Verfügung entfernt. Man bekommt solche Kommentare (dann aber häufig mit wirklich deftigen Worten) in der Regel nur per E-Mail.

Widerstehen Sie also in jedem Fall der Versuchung, Text irgendwie und irgendwo verstecken zu wollen. Was die Suchmaschine nicht automatisiert mit ihren Robots findet, könnte durchaus den Qualitätstestern (Google hat alleine auf 400-€-Basis etwa 800 davon in Deutschland, meist Studierende). Selbst eBay baut ganz offen Text für die Suchmaschinen unten auf ihren thematischen Übersichtsseiten ein, wie Ihnen Abbildung 12.11 zeigt.

Eigentlich sollte es ja selbstverständlich sein, dass man seine Produkte mit den Originalbezeichnungen auf die eigenen Webseiten setzt. Leider ist auch das nicht immer der Fall, wie der folgende Fall zeigt. Nehmen wir also zum Beispiel das Produktschildchen von einem Rimowa-Koffer ab. Dort steht als Produktbezeichnung »Samba MW Cabintrolley«, und nehmen wir an, ich hätte mir das im Laden abgeschrieben, weil ich sehen möchte, wo ich den Koffer online bekomme und was das dort kostet. Ja, ich grinse – Sie sicher auch. Jetzt setze ich mich zu Hause hin und tippe das Ganze bei Google ein. Als Ergebnis erhalte ich das, was Sie in Abbildung 12.12 sehen.

Mehr Informationen:
Bei eBay, dem weltweiten OnlineMarktplatz, finden Sie in der Kategorie ?Modellbau? alles, was Sie für dieses interessante Hobby benötigen. Qualitativ hochwertige Produkte wie Mercedes Tuning können Sie hier ganz unkompliziert ersteigern. Das ist längst nicht alles, denn in dem umfangreichen Angebot bei eBay können Sie sogar heiß begehrte Einzelstücke und wertvolle Raritäten entdecken. Nehmen Sie sich Zeit, die Auswahl an neuen und gebrauchten Angeboten wie Gro ist riesig! Sollten Sie Ihren Wunschartikel besonders schnell in Händen halten wollen, brauchen Sie nicht erst das Ende einer OnlineAuktion abzuwarten, Sie können viele Produkte wie Mercedes Benz, Renault 19, Albedo, Modellauto 1 18, ERTL, Volvo, BMW 5, Sattelzug, BMW 7, Ford, Schwarz, 5 12, Furious, Mercedes Tuning, LKW, Renault truck, Chevrolet, Mustang, Mercedes Cabrio, F12, Dodge, Milka, ACTROS, ERZUG, Pontiac, Airbrush, Werbemodell, Car, Herpa, Plymouth, Mazda 5, Spedition, SHELBY, Camaro, Chevy, FH16, RED, Rot, Scania, Highway61, GTO, Nissan, Renault 21, MOPAR, Chevelle, Corvette, Renault Tuning, Ferrari, Highway, Charger, Szg, Viper, Buch, air, Knight, Bel, Sondermodelle, Gro, IAA, Modell, Rider, Cola, SILBER, Sammelaufl, Muscle, F90, HEMI, Modelle, Oldtimer, TANK, Traktor, Coca, Mitsubishi, Sondermodell, EVO, FILM, LZG, Toyota, UNIKAT, Jacobs, CONVERTIBLE, SUPERCAR, Custom, Precision, Brauerei, JADA, Limited, Pilsener, F16, Racing, Auto, Uralt, IVECO, Porsche Modellauto, Pickup, STREET, Supra, Sattel, American, RC2, HEN, John, Austin, Maisto, Berlin, Limitiert, Glasvitrine, Deere, Rarit, WHITE, Trans, CUDA, Koffer, Gold, Caf, Scale, Modellauto Mercedes, Modellautos Modellauto, Zugmaschine, HONDA, Carlo, Weihnachten, Police, Miniatures, Orange, Mach, 60ER, 350Z, BOSS, Bus, Yellow, Monte, CADILLAC, Kenworth, international und SAMMLERMODELLE per SofortKaufenOption zum günstigen Festpreis erwerben. eBay wünscht Ihnen viel Vergnügen!

Abb. 12.11: Suchmaschinenoptimierter Text bei eBay

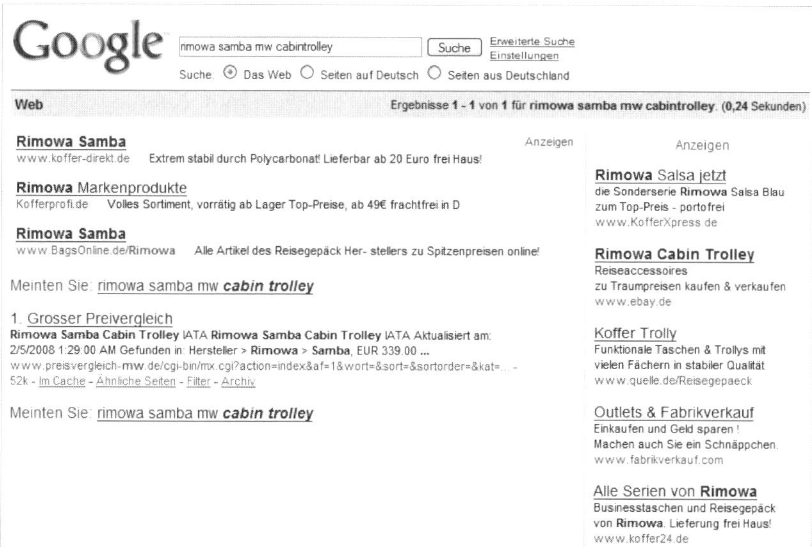

Abb. 12.12: Keine Rimowa-Koffer bei Rimowa

Ich finde weltweit (!) nur einen einzigen Treffer und den bei einer Preisvergleichssuchmaschine. Wenn Sie die Abbildung 12.12 aufmerksam genug betrachten, sehen Sie, wie viele Shops im Bezahlt-Bereich Werbung für diesen Koffer machen. Jeder Klick kostet hier Geld. Man müsste die Originalbezeichnung also nur ein einziges Mal auf eine für Suchmaschinen zugängliche Seite schreiben. Und schon wäre man kostenlos mit im organischen Teil dabei. Die Aufmerksamen unter Ihnen werden jetzt gleich wieder »*Moooment! Da steht: Meinten Sie ... und »cabin« und »trolley« ist da getrennt!*« rufen. Wenn man auf diesen Link klickt, kommen gleich ganze sieben Ergebnisse – alle von Preisvergleichsportalen. Anscheinend haben alle den gleichen, falschen Datensatz. Wenn Sie auf die Webseiten des Herstellers Rimowa sehen, werden Sie sofort erkennen, warum Suchmaschinen dort rein gar nichts finden. Ein Traum in »Ich-bring-dich-in-Stimmung-für-einen-Kofferkauf«-Flash. Mit Ton! Jeder Koffer erzählt dort eine eigene Story. Ich weiß allerdings nicht, ob ich mich wirklich mit einem Koffer unterhalten möchte. Eigentlich will ich ihn lieber kaufen. Ich möchte nicht wissen, was die Herstellung dieser Website gekostet hat. Besonders nützlich, um Informationen über die Produkte zu bekommen, ist sie meiner Meinung nach nicht. Ich korrigiere mich: Sie ist das Gegenteil von nützlich. Dazu aber später im Usability-Teil mehr.

12.3.5 Die optimale Keyworddichte

Wie kann eine Maschine erkennen, um welche Themen sich eine Webseite dreht? Unter anderem ganz einfach daran, wie häufig welche Begriffe auf der Seite vorkommen. Und sie tun zunächst das, was Maschinen besonders gut können: Sie zählen. Es wird für jedes Wort ermittelt, wie häufig es auf der Webseite vorkommt – und das in Relation zur Zahl der anderen Wörter. Dieses Verhältnis bezeichnet man als *Keyworddichte*. Nehmen wir an, eine Webseite besteht aus 100 Wörtern und das Wort »Schnitzel« kommt darin genau vier Mal vor. Eine Analyse der Keyworddichte würde also ein Verhältnis von vier Prozent liefern. Käme das Wort »Kartoffelsalat« nur zwei Mal vor (im vorliegenden Beispiel also mit zwei Prozent Dichte), liegt der Schluss nahe, dass der Text für einen nach Schnitzel suchenden Surfer vielleicht ein wenig einschlägiger ist als für einen, der nach der beliebten Beilage dazu sucht. Gäbe es eine weitere Webseite, deren Keyworddichte für Kartoffelsalat bei vier Prozent und damit höher als auf der ersten Seite läge, würde es sicher mehr Sinn machen, bei einer entsprechenden Suche eher letztere anzuzeigen. Sicher mag es viele Gegenbeispiele geben und nicht immer ist die Anzahl der Nennungen eines Begriffs gleichzeitig auch ein Indiz für die Einschlägigkeit bei einer Suche. In den meisten Fällen scheint dies – in gewissen Grenzen – jedoch ein probates Mittel, um die Hauptthemen eines Textes automatisiert zu bestimmen.

»Na fein«, mögen Sie jetzt vielleicht denken. »Dann pack ich meine Webseite einfach voll mit Schnitzeln und Beilagenbezeichnungen und schon outet mich die Suchmaschine als Imbissbuden-Besitzer.« Und bereits während Sie weiterlesen, dämmert Ihnen sicherlich, dass es so einfach nun auch wieder nicht sein kann. Und damit liegen Sie natürlich völlig richtig. Das Vollpacken eines Textes mit einem oder mehreren Keywords wird im Fachjargon als *Stuffing* bezeichnet und Suchmaschinen mögen es mittlerweile ganz und gar nicht mehr. Während früher Keyworddichten von bis über zehn Prozent zum Teil noch zu ganz guten Platzierungen führen konnten, werden zu häufige Wiederholungen nun eher auf die hinteren Plätze verwiesen. Und das scheint auch richtig so. Denn einen Text zu lesen, bei dem jedes zehnte Wort im Schnitzelfall einem zwar das Wasser im Mund zusammenlaufen lässt, erscheint bei näherem Hinsehen wohl redaktionell eher weniger appetitanregend. Dann schon lieber Currywurst.

Tipp

Man geht heute davon aus, dass eine Keyworddichte von drei bis vier Prozent gut und tolerabel ist. Sie sollten allerdings darauf achten, dass nicht unbedacht andere Begriffe über den Werten der »gewollten« Keywords liegen und so falsche Topics errechnet werden. Um belanglose Wörter wie »der, die, das, und, ein, dies« und dergleichen mehr müssen Sie sich keine Gedanken machen. Suchmaschinen kennen sie und behandeln sie als so genannte *Stoppworte* grundsätzlich anders.

Welche Bürde lege ich Ihnen da im ersten Moment auf! Wortklaubereien und Wortezählen – als wenn Sie nichts anderes, Sinnvolleres zu tun hätten. Und auch hier haben Sie recht. Das Web hält viele kostenlose Tools bereit, um Ihnen diese Arbeit deutlich zu erleichtern. In Abbildung 12.13 sehen Sie beispielhaft Webjectives als einen von vielen Online-Diensten, der Ihnen für jede Webseite nach Eingabe eines Keywords eine Dichteberechnung durchführt. Die gezeigte Webseite finden Sie übrigens unter `www.webjectives.com/keyword.htm`.

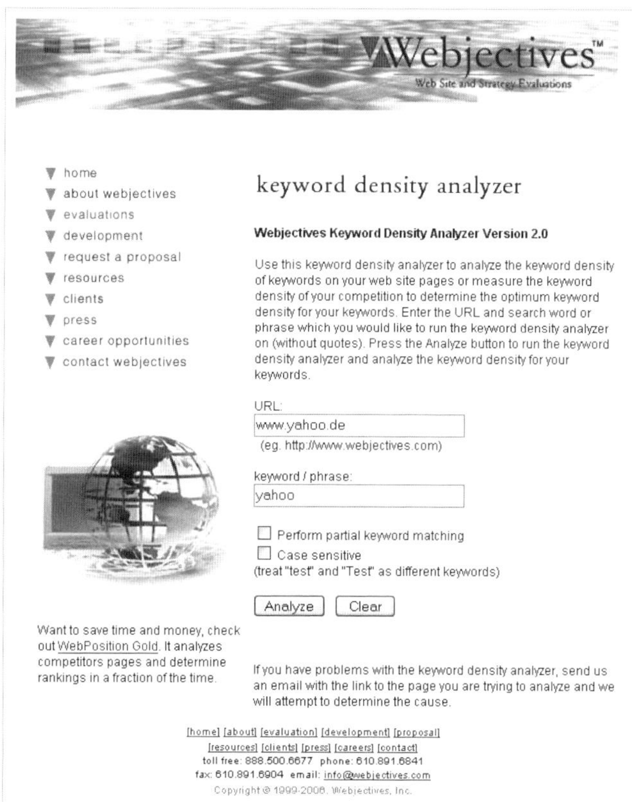

Abb. 12.13: Eine Keyworddichte-Analyse bei Webjectives

Im Beispiel in Abbildung 12.13 wurde zur Messung der Keyworddichte das Wort Yahoo auf der deutschen Yahoo-Startseite eingegeben. Nach kurzer Wartezeit folgt die Ergebnisausgabe, die ich hier der besseren Lesbarkeit nicht als Screenshot, sondern im Klartext wiedergebe.

```
The results of the analysis for "yahoo" at www.yahoo.de are as follows:
Title:
There are 2 words in the title.
Frequency in the title = 1
Weighted Keyword Density in the title= 50%

Description Meta Tag:
There is no description in the document

Keywords Meta Tag:
There is no keyword meta tag in the document
If you want to know the best keywords for your keywords meta tag, click
here.

Body Tag:
There are 635 words in the body.
Frequency in the body = 17
Weighted Keyword Density in the body= 2.68%

Heading (H1) Tags:
There are no heading tags in the document.

Alt Tag:
There are 15 words in the alt tags.
Frequency in the alt tags = 4
Weighted Keyword Density in the alt tag= 26.67%

A HREF Tag Link Text:
There are 273 word(s) in the href tags.
Frequency in the HREF tags = 8
Weighted Keyword Density in the HREF tag= 2.93%

A HREF Tag URL:
Frequency in the href tags URL = 42

HTML Comment Tag:
There are 167 word(s) in the comment tags.
Frequency in the comment tags = 2
Weighted Keyword Density in the comment tag= 1.2%
```

```
Total:
There are 639 word(s) in the entire page
Frequency for the page = 90
Weighted Keyword Density for the page= 14.08%
```

Listing 12.7: Ergebnisse der Dichteanalyse des Keywords Yahoo

Entscheidend sind die Angaben im Body-Tag etwa in der Mitte des Ergebnislistings. Das Tool hat dort also im lesbaren Bereich der Webseite 635 Wörter gefunden und davon das Wort `Yahoo` 17 Mal. Das entspricht einer Keyworddichte von 2,68 Prozent. Sie finden in den Ergebnissen noch sehr viel mehr Angaben bzw. Kennzahlen. So wird zum Beispiel auch die Dichte in den Meta-Tags, in Alt-Tags oder Kommentarfeldern gemessen. Einige dieser Items kennen Sie ja schon und die anderen lernen Sie alsbald im Verlauf kennen.

Hinweis

Fast alle in der letzten Ausgabe genannten Tools sind mittlerweile offline oder die Domains wurden an Spammer verkauft. Ich habe Ihnen daher ein paar neue Quellen ausgegraben, kann aber leider keine Garantie übernehmen, dass diese alle noch online sind, wenn Sie dieses Buch lesen. Das Kernproblem liegt darin, dass gerade Keyword-Tools viel Traffic bei ihren Betreibern erzeugen (das Tool muss ja jede Seite abrufen, die analysiert werden soll!). Die haben zwar meist ordentlich Werbung auf die Seite gepackt und können über mangelnde Besucher nicht klagen – aber die speziellen User, die solche Seiten nutzen, klicken noch nicht mal aus Dummheit auf Werbelinks. Die Folge sind mit der Bekanntheit der Tools steigende Kosten ohne entsprechende Einnahmen. Der Erfolg schließt die Seiten also sozusagen wieder. Über den Verkauf der meist hervorragend verlinkten Domains lässt sich der wirtschaftlich frustrierte Betreiber dann oft seinen Fallschirm doch noch vergolden.

Weitere, kostenlose Online-Tools rund um das Thema Keyworddichte finden Sie zum Beispiel unter:

- `www.webmasterplus.org/meta/form.html`

  Dort können Sie die Keyworddichte mit bis zu drei weiteren Webadressen bzw. Domains vergleichen und sich den Bericht per Mail schicken lassen.

- `www.ranks.nl/cgi-bin/ranksnl/spider/spider.cgi?lang=de`

  Ein recht umfassendes Tool, das eigentlich keine Wünsche offenlässt und auf der linken Seite viele Einstellmöglichkeiten für die Analyse vorhält. Zusätzlich zur Keyworddichte lässt sich auch die Keywordprominenz feststellen. Zusätzlich erstellt das Tool eine so genannte Tag-Cloud. Damit kann man auf einem

Blick sehen, welche Begriffe bei der Analyse der Seite hervorstechen. Leider können Sie dort nur noch Seiten analysieren lassen, deren Quelltext nicht größer als 60 KB ist. Das schränkt die Verwendung allerdings sehr stark ein.

- `http://de.linkvendor.com/seo-tools/keyword-density.html`

  Die Site wurde mittlerweile auch ins Deutsche übersetzt. Wer sich mit der englischen Sprache etwas härter tut, ist hier sicher gut bedient.

- `www.seochat.com/seo-tools/keyword-density`

  Bei diesem Tool müssen Sie vor allem darauf achten, die gewünschte Anzahl an gleichzeitig zu analysierenden Begriffen anzugeben: »3 Words«, »2 Words« oder »1 Word«.

- `http://www.seocompany.ca/tool/keyword-ranking`

  Hat leider bis zur Drucklegung nicht richtig funktioniert. Vielleicht hat der Betreiber das mittlerweile gemerkt und den Fehler behoben.

- `www.abakus-internet-marketing.de/tools/topword.html`

  Mittlerweile ein Klassiker, der auf der Site von Alan Webb betrieben wird. Man findet alle Einstellmöglichkeiten, die man benötigt (siehe Abbildung 12.14). Zudem scheint mir das Tool das schnellste von allen zu sein.

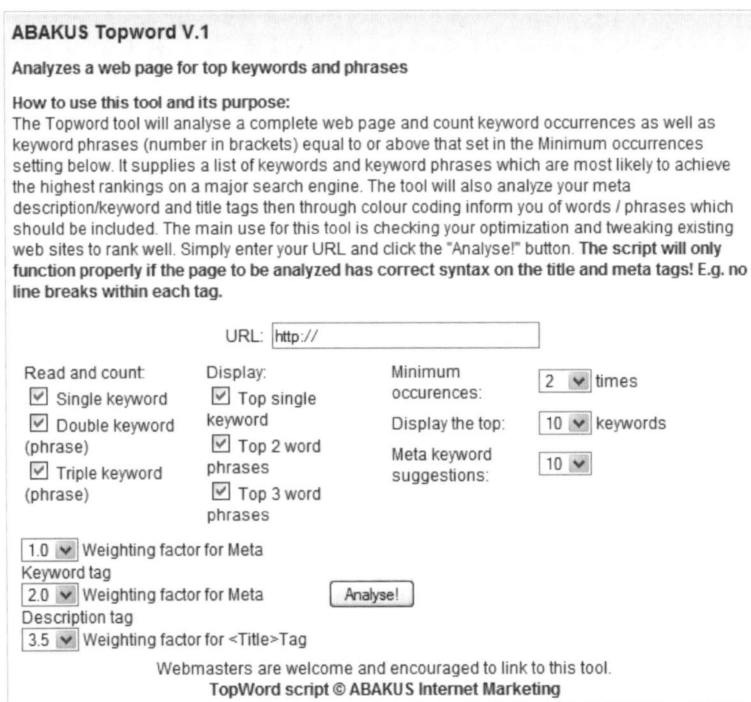

Abb. 12.14: Der Keyword-Dichtemesser von Abakus

Nicht immer hat man jedoch seine Texte schon online stehen. Für den »Vorabtest« von Textinhalten, die eben noch nicht im Web publiziert wurden, sei am Ende noch das folgende Tool empfohlen. Sie können zum Beispiel einen Entwurfstext aus einer Textverarbeitung kopieren und dort einsetzen:

- `http://textalyser.net`

12.3.6 Keywordprominenz

Wer möchte nicht gerne prominent sein? Das würde natürlich auch unsere Keywords freuen. Und wo findet man die Stars? In der Regel ganz vorne auf dem roten Teppich. Nach diesem Prinzip halten auch die Suchmaschinen Ausschau nach wichtigen Begriffen, genauer ausgedrückt: Was weiter vorne steht, muss einfach wichtiger sein als das kleine Wort ganz unten auf der Webseite, das sich verschüchtert in einem Fließtext rumdrückt. Mit anderen Worten sollten Sie beim Text besonders darauf achten, »Ihre« wichtigen Keywords prominent zu machen, indem Sie diese ganz an den Anfang oben auf die Seite stellen. Statt »Willkommen auf unserer Website!« (was nebenbei bemerkt sowieso mit zwei Tagen Haft bestraft werden müsste) sollten Sie Texte verwenden wie »Tagungshotels in Deutschland – Seminare, Tagungen und Übernachten mit Flair«. Machen Sie kurz die Augen zu und denken Sie über beide Alternativen nach. Der erste Begrüßungsspruch war völlig inhaltsleer und gab keinerlei Hinweise, wo Sie waren. Die zweite Alternative sagt Ihnen klar und deutlich, ob Sie richtig sind, wenn Sie ein Hotel für Seminare oder Tagungen suchen. Ähnlich wie Sie reagiert auch die Suchmaschine auf solche Angaben. Im ersten Beispiel geht es also um »Willkommen« und wenn jemand nach diesem Begriff suchen sollte, wäre die Seite vielleicht ein gutes Ergebnis. Sucht jemand jedoch nach `Tagungshotels Deutschland`, erscheint wohl die zweite Alternative einschlägig.

Es ist also durchaus nicht egal, welche Wörter wo in Ihrem Text stehen. Das erste Wort im ersten Satz ist wichtiger als das letzte. Ein Wort am Anfang eines neuen Abschnittes ist wichtiger als eines mitten im Abschnitt. Spätestens jetzt merken Sie sicher, dass suchmaschinengerechtes Texten nichts mit technischen Manipulationen oder gar Tricks zu tun hat. Das ist ein nicht unbedingt einfacher Job, aber nach ein wenig Übung schreiben Sie ganz automatisch »für Suchmaschinen«. Und so ganz nebenbei haben auch Ihre menschlichen Besucher etwas davon, weil Sie schnell, konzentriert und mit den richtigen Begriffen bereits oben auf den Punkt kommen und sie mit dem üblichen Web-Blabla verschonen. Vielleicht wissen Suchmaschinenroboter ja viel besser als Webseiten-Werbetext-Designer, worauf Menschen tatsächlich achten ;-)

Es soll auch nicht unbedingt schlecht für das Ranking sein, wenn Ihr Haupt-Keyword noch einmal im letzten Satz auf der Seite vorkommt. Der Grund ist wahrscheinlich, dass viele Seiten unten eine Navigation mit »weiter« oder Ähnlichem haben und daher eine nennenswerte Zahl an Menschen beim Scrollen intuitiv noch mal den letzten Satz lesen. Scheinbar weiß man dies bei den Suchmaschinen und gibt diesem letzten Satz noch einmal ein paar Pünktchen bei der Topic-Analyse.

Hinweis

»Ganz oben« am Anfang auf der Webseite bedeutet aber auch, innerhalb der Seitenprogrammierung »oben«. Je näher Ihre wichtigen Textfelder am öffnenden Body-Tag `<body>` stehen, umso besser. Lagern Sie notfalls darüber stehenden Skriptcode aus und nutzen Sie Stylesheets.

12.3.7 Überschriften

Wozu ist eine gute Überschrift da? Klar, sie soll kurz und prägnant den folgenden Inhalt zusammenfassen. Die Überschriften einer guten Gliederung erlauben Ihnen die inhaltliche Einschätzung des gesamten Textes einer Publikation. Also sind sie extrem wichtig. Warum gliedern Sie denn dann Ihren Text auf Ihren Webseiten nicht mit Überschriften, statt nur einen Satz fett und ein bis zwei Pixel größer zu machen? Klar haben Sie recht, dass das doch völlig identisch aussieht. Aber eben nicht, wenn man in den Quelltext der Seite sieht. Was die Robots der Suchmaschinen ja ab und an tun sollen. Und das sieht dann so aus:

```
<body>
<p><b><font size="6">Dies ist eine Überschrift, die manuell formatiert
wurde</font></b></p>
<h1>Dies ist eine echte Überschrift</h1>
</body>
```

Listing 12.8: Formatierung einer Überschrift

Die beiden Texte `Dies ist eine Überschrift, die manuell formatiert wurde` und `Dies ist eine echte Überschrift` sehen auf der Webseite völlig identisch aus. Der Unterschied besteht beim zweiten Satz darin, dass das Tag `<h1>` für Headline 1 verwendet wurde. Daran erkennt die Suchmaschine, dass es sich um eine Überschrift der höchsten Gliederungsstufe handelt. `<h2>`, `<h3>` und so fort markieren dann tiefer in der Hierarchie stehende Überschriften. Dieses Tag scheint für das Ranking eine nicht unerhebliche Bedeutung zu spielen. Also rate ich Ihnen dringend, es vernünftig und auch wirklich bedacht einzusetzen.

Vorsicht

Da viele Optimierer den Bogen bei der Nutzung des `<h1>`-Tags scheinbar überspannt haben, ranken nach meiner Beobachtung Seiten nicht mehr so gut, wenn sie nur mit dieser Überschriften-Ebene getagged werden. Meine Empfehlung wäre, das `<h1>`-Tag nur einmal auf der Seite zu verwenden und ansonsten auf `<h2>` auszuweichen. Ich hab da so ein Gefühl, als ob das in letzter Zeit etwas besser zieht ...

12.3.8 Aufzählungen

In einigen einschlägigen Foren mutmaßt man teilweise, dass Begriffe, die in Aufzählungen verwendet werden, einen Bonus bei der Rankingberechnung bekommen. Aus meinen Erfahrungen heraus kann ich das bestätigen. Wenn Sie sich eine Webseite mit Aufzählungen ansehen – was sticht Ihnen meist sofort ins Auge? Die Blickfangpunkte (Bullets) und die dahinter stehenden Worte. Von daher wäre es nur konsequent, aus dem Textbrei hervorgehobene

- Aufzählungen
- etwas besser
- zu gewichten
- als den Rest

In HTML werden solche Aufzählungen mit dem Tag `<li>` ausgezeichnet und daran erkennen sie auch Suchmaschinen. Klingt plausibel und ich denke, es schadet sicher nicht ;-)

12.3.9 Variabler Content vs. Duplicate Content

Suchmaschinen möchten ihren Suchenden keine Seiten im Ergebnis zeigen, die prinzipiell ähnliche Inhalte haben. Wer sucht, möchte meist möglichst viele, inhaltlich verschiedene Quellen. Das ist durchaus verständlich und auch vernünftig. Problematisch wird das für Sie dann, wenn Sie

- wesentliche Texte von extern zugeliefert bekommen (zum Beispiel Produktbeschreibungen), die auch andere in dieser Form bekommen
- Content einstellen und ihn an mehreren Stellen in Ihrem Webauftritt identisch oder fast identisch platzieren
- Text an andere weitergeben oder weiterverkaufen, der so auch auf Ihren Webseiten steht

Warum das problematisch ist, dürfte klar sein. Wenn ein Text 35 Mal auf unterschiedlichen Domains eingestellt wird, sucht sich die Suchmaschinen einen davon aus und unterdrückt die anderen. Aus Sicht der Suchenden reicht ein bestimmter Text ja nur einmal im Suchergebnis.

Sehen wir uns das mal an einem praktischen Beispiel an.

In Abbildung 12.15 sehen Sie links den textlichen Originalauszug einer Produktbeschreibung eines DVD-Recorders. Rechts sehen Sie die mit Anführungszeichen »erzwungene« Suche des ersten Satzes dieser Beschreibung. Als Antwort liefert Google alle Seiten, die exakt diesen Satz so verwenden. `Preisroboter.de` steht dabei auf Platz 1. Wenn Sie nun die Suchergebnisse im Einzelnen durchgehen, stellen Sie fest, dass alle die gleiche Beschreibung haben. Überall wird der identische Text eingesetzt. Suchen wir nun nach diesem DVD-Recorder. Das Ergebnis sehen Sie in Abbildung 12.16.

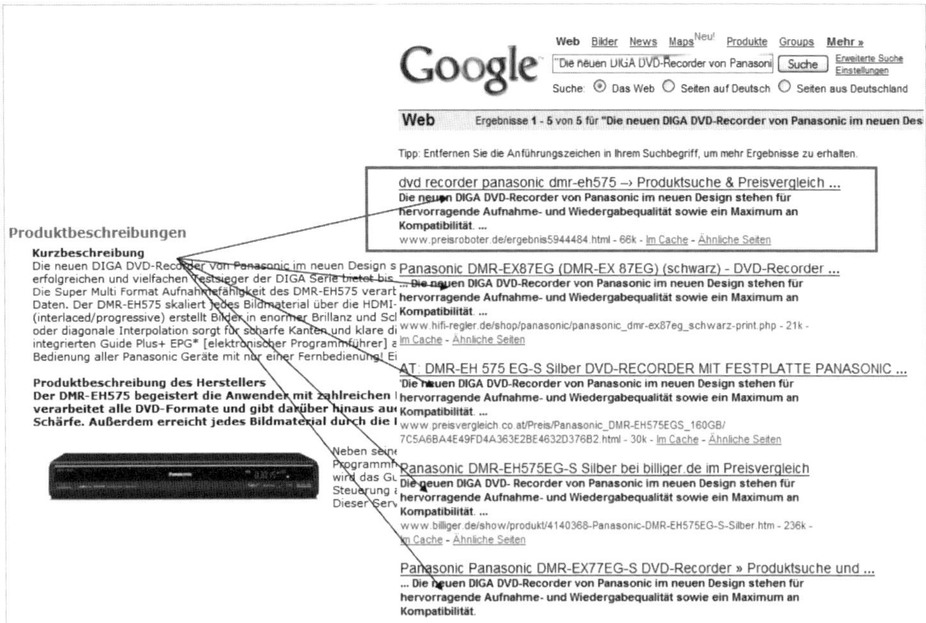

Abb. 12.15: Duplicate Content für eine Produktbeschreibung

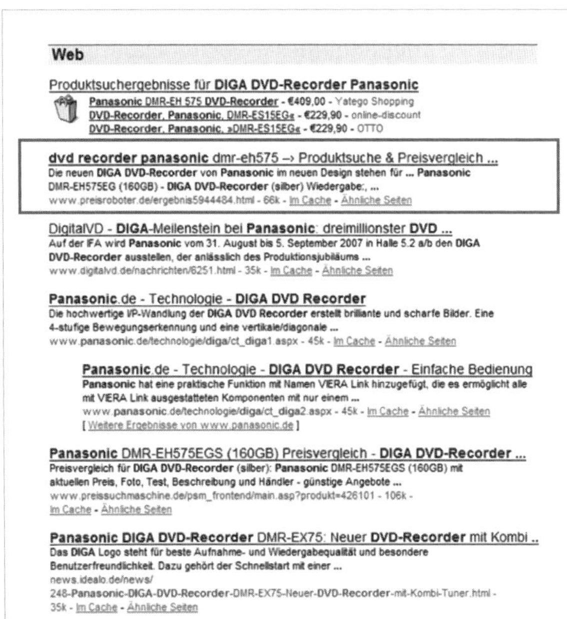

Abb. 12.16: Bei Duplicate Content wird nur eine Webseite angezeigt.

Nur das Ergebnis von `Preisroboter.de` wird bei der normalen Suche ausgegeben. Alle anderen Ergebnisse aus Abbildung 12.15 wurden wegen »Duplicate Content« (auch oft als *Double Content* bezeichnet) unterdrückt.

Wenn Sie dieses Problem haben, dann meist massiv, und sicher werden Sie jetzt nach Luft schnappen. Eine universelle Lösung, die mit ein paar Änderungen umgesetzt werden könnte, kann ich Ihnen an dieser Stelle leider auch nicht bieten. Dieses Problem muss man strategisch angehen und zusammen mit einem Experten am besten prinzipiell lösen. In der Regel muss man sich ein halb- oder vollautomatisches Tool bauen, das all den angelieferten Content so weit individualisiert, dass in den Augen der Suchmaschinen kein identischer oder fast identischer Inhalt mehr vorliegt. Um Ihnen gleich den Wind aus den Segeln zu nehmen: Überall einfach vorne oder am Ende einen Satz anzukleben, wird wenig helfen. Damit lassen sich Google & Co. schon lange nicht mehr übertölpeln. Ihr Content wird in so genannten »Shingles« (zum Beispiel immer gleitend vier Worte) Stück für Stück eingelesen und über jedes wird ein Hashcode gebildet. Diese werden dann zu einer relativ großen Zahl verwurstet (die Mathematiker unter Ihnen mögen mir diesen Ausdruck verzeihen) und mittels dieser Zahlen kann die Suchmaschine dann auch doppelte Inhalte finden, wenn die Sätze unterschiedlich angeordnet werden. Es wird also kein Mustervergleich von oben nach unten gemacht – man vergleicht tatsächlich keine Textpassagen!

Duplicate Content kann aber auch innerhalb Ihrer eigenen Domain entstehen! Haben Sie zum Beispiel zu allen Seiten auch eine Druckversion im Netz (angelinkt in den einzelnen Seiten), entscheiden sich die Suchmaschinen wegen des schlankeren Codes (in den Druckseiten fehlt in der Regel die Navigation, Links und ähnlicher Ballast) auch gerne mal für diese Druckseite – und lässt die Originalseite wegen Duplicate Content außen vor. Dumm nur, wenn jetzt die Druckseite im Index der Suchmaschine als Ergebnis auftaucht! Der Besucher klickt und bekommt eine Seite ohne Navigation angezeigt. Meist wird er sie mittels des »Back«-Buttons schnell wieder verlassen.

Was kann man dagegen tun? Das ist einfach. Legen Sie zum Beispiel alle Seiten mit Duplicate oder near-Duplicate Content in bestimmte Verzeichnisse. Diese sperren Sie mittels der Steuerungsdatei `robots.txt` (die Details zu dieser Datei werden an anderer Stelle in diesem Buch erläutert). Zusätzlich sollten Sie auf diesen unerwünschten Seiten noch das oben unter Abschnitt 12.2.6 auf Seite 301 beschrieben Meta-Tag im Head der Datei(en) einfügen:

```
<meta name="robots" content="noindex,follow">
```

Wenn Sie ganz sicher gehen wollen, können Sie solche Links zu Druckansichten oder ähnlichen Seiten, die als Suchergebnis unerwünscht sind, mit JavaScript programmieren. Dann findet der Robot diese Seiten nicht. Kennt er sie schon, nützt das gegebenenfalls aber auch nichts mehr. Dann sollte aber in jedem Fall der oben erwähnte Ausschluss greifen.

Bleibt noch eine Frage offen: Welche Domain zeigt Google bei Duplicate Content denn an – wie entscheidet sich die Suchmaschine? Keine leichte Frage und es gibt keine hundertprozentige Antwort darauf. Beobachtungen zeigen, dass »starke« und ältere Domains wohl Vorrang genießen. Was aber tatsächlich hilft, ist, wenn mehrere Domains (möglichst viele davon), bei denen Duplicate Content vorliegt, auf die Originalquelle verlinken. Dann »lernt« die Suchmaschine, woher der Inhalt originär stammt. Wenn Sie also Texte frei oder gegen Geld vergeben, sollten Sie immer mit vereinbaren, dass Sie als Quelle verlinkt werden (also genau die Seite, auf der dieser Content bei Ihnen gespeichert ist). Natürlich nur dann, wenn Sie damit auch selbst gefunden werden möchten – was ja nicht immer der Fall ist.

12.3.10 Wichtige Textattribute

Erscheint es nicht völlig selbstverständlich, dass ein fett oder kursiv gedrucktes Wort in einem Textabsatz Ihnen auf Anhieb ins Auge sticht? Oder ein rotes Wort inmitten ansonsten schwarzem Text? Gut.

Warum hebt ein guter Webtexter ein oder mehrere Worte in einem Absatz hervor? Weil – wenn er wirklich gut ist – er weiß, dass Menschen Texte am Bildschirm nicht wirklich lesen, sondern nur überfliegen. Sie scannen. Hervorhebungen unterstützen diesen Prozess und bieten einen schnelleren Überblick über den vermeintlichen Inhalt. In einem Textabschnitt über die richtige Zubereitung von Kartoffelsalat sollten also Wörter wie `Tipps`, `Zubereitung`, `Kartoffelsalat` hervorstechen. Dann erkennt der eilige Leser (und wir sind doch alle immer irgendwie in Eile beim Suchen im Web), dass er hier richtig ist, um die Schwiegermutter heute Abend beim Grillfest mit den Beilagen beeindrucken zu können. Warum sollte ein intelligenter Suchmaschinenrobot das anders sehen? Na bitte schön. Darum vergeben sie für Textattribute, die Wörter hervorheben, zusätzliche Punkte und das wiederum hilft beim Ranking für einen Schritt nach vorne. Und auch hiermit – Wichtiges hervorheben – machen Sie nicht nur die Maschine, sondern auch den Menschen glücklicher.

Eine Hervorhebung einzelner Begriffe mittels »Bold« oder »Strong« hat tatsächlich einen messbaren Einfluss. Unterschätzen Sie diese Möglichkeit der einfachen Optimierung also nicht.

12.3.11 Das Alter der Seite

Was? Wie kann eine Webseite alt sein? Wir schreiben da jeden Tag was Neues drauf! Das meine ich natürlich nicht. Es geht um die Adresse, den URL der Seite. Je länger der bereits unverändert im Web steht, umso besser. Sie können also ruhig den Content einer Seite ändern. Ändern Sie aber, wenn es geht, nie die

Adresse. Falls das einmal nötig werden sollte, richten Sie (oder lassen Sie einrichten) eine serverseitige Weiterleitung mit dem Code 301 ein. Aber nur, wenn es wirklich nötig ist. Google hat mehrere Patente (die kann man zum Glück einsehen) und das Thema »Alter« kommt immer wieder darin als Bonus für den Vertrauensfaktor vor.

12.4 Optimierung weiterer Elemente

Natürlich gibt es sehr viel mehr Kriterien, nach denen Suchmaschinen ihre Positionen berechnen. Alleine Google hat angeblich etwa 150 solcher Indikatoren, nach denen die Einschlägigkeit eines Dokuments bezüglich der Suchbegriffe berechnet wird. Außer den Kernentwicklern selbst kennt diese Kriterien niemand genau. Sie werden wie die berühmte Formel für Coca-Cola zu Recht geheim gehalten. Durch Beobachtung, Zusammentragen von Wissen, Recherchen und durch gesunden Menschenverstand sind allerdings doch einige Elemente bekannt, auf die man besonderes Augenmerk legen sollte.

12.4.1 Die Wahl des URL

Unter Experten gilt es als ausgemacht, dass die Adresse eines Webdokuments ein wichtiger Indikator für Suchmaschinen ist. Der (nicht *die*) URL ist der *Uniform Resource Locator*, also die genaue Speicher-Ortsangabe eines Dokuments oder allgemein gespeicherten Objekts. Meist steht der Domainname seit Längerem fest und sollte auch nicht kurzfristig geändert werden. Was aber sehr wohl beeinflussbar ist, sind Subdomains, Verzeichnisnamen und die tatsächlichen Filenamen der gespeicherten Dokumente. So erscheint nicht nur für Suchmaschinen der folgende, beispielhafte URL selbstsprechend:

```
http://www.meine-domain.de/kochrezepte/kartoffelsalat.htm
```

Und sehr viel besser als:

```
http://www.meine-domain.de/k_rez/artikel_12.htm
```

Machen Sie ruhig mal eine Abfrage bei Google, wie viele Webseiten unter `product.html` gespeichert wurden (setzen Sie bei der Abfrage Anführungszeichen an den Anfang und an das Ende von `product.html`). Zum Zeitpunkt der Drucklegung dieses Buches waren es zusammen mit der Endung `.htm` knapp zehn Millionen weltweit. Dieses breite Unwissen oft vermeintlicher Webexperten mag erschrecken und ist schlecht für die Volkswirtschaft, aber natürlich gut für Sie.

Nennen Sie also Ihre Verzeichnisse selbstsprechend, zum Beispiel `/buecher/`, `/notebookzubehoer/` oder auch `/spielzeug/kleinkinder/greifringe/`. Auch hier gilt: Nicht übertreiben. Je tiefer Sie Ihre Hierarchie schachteln, desto unwichtiger werden die dort abgelegten Seiten. Zwei bis höchstens drei Verzeichnisebenen sind aber noch unproblematisch.

Was für Verzeichnisnamen richtig ist, kann für Dateinamen nicht falsch sein. Also vermeiden Sie `produkt_1223.html` oder gar `k_ref_id3.html` und legen Sie eine Seite für Kartoffelsalatrezepte auch wirklich unter `kartoffelsalat.html` im Verzeichnis `/rezepte/` ab. Das gilt natürlich auch für die Speichernamen von Bildern. Statt `logo.gif` fällt Ihnen doch bestimmt ein besserer Name dafür ein – oder? Schaden kann das nichts.

Vorsicht

Sollte Ihnen aufgrund dieser Ausführungen nun die Veranstaltung einer Umbenennungsorgie für Ihren URL als reizvolle Beschäftigung erscheinen: Denken Sie bitte daran, dass die Suchmaschinen wahrscheinlich schon die meisten Ihrer Seiten kennen! Einfach umbenennen hieße, ein »Ätschi« für den nächsten Robotbesuch zu hinterlassen. Dieser findet Ihre Dateien nicht mehr und darauf reagieren die Suchmaschinen unterschiedlich sauer. Im einfachsten Fall verlieren Sie für ein paar Wochen Ihre bisherigen Positionen und werden nicht mehr gelistet. Lassen Sie also die alten Dateien dort stehen, wo sie sind, und kopieren Sie sie stattdessen mit anderem, sprechendem Namen in sprechende Verzeichnisse. Sind die neuen Seiten dann von den Robots besucht worden, können Sie die alten Dateien löschen. Besser wäre natürlich eine serverseitige Umleitung (mit Code 301: moved permanently), aber so was sollten Sie nur in Angriff nehmen, wenn Sie sich wirklich gut auskennen.

Wenn Ihre Seiten sowieso in Suchmaschinen unter »ferner liefen« zu finden bzw. eben nicht zu finden sind, brauchen Sie sich diese Gedanken nicht zu machen. Dann einfach raus mit dem alten Zeug und das am besten gestern als heute.

Noch ein Wort zu Subdomains. Die erkennen Sie daran, dass zwischen dem Domainnamen und dem www noch etwas steht: `www.subdomain.meine-domain.de`. Auch der Name der Subdomain geht in die Analyse mit ein. Allerdings nicht mehr so stark wie früher, nachdem dieser Umstand von Spammern über Gebühr missbraucht wurde. Google wertet anscheinend sogar mittlerweile alle Subdomains einer Hauptdomain als zur Hauptdomain gehörig und gibt bei Suchanfragen maximal zwei Ergebnisse mit aus. Früher stand hier oft jede Subdomain mit einem oder zwei Ergebnissen, sofern sie einschlägig erschienen. »SERP-Flooting« nannte man dieses Phänomen.

Ab und zu sieht man jedoch trotzdem eine Hauptdomain und mehrere Subdomains in den Suchergebnissen (SERPs). Das hängt anscheinend damit zusammen, dass Google einige Filter erst bei der Zusammenstellung der Ergebnisse anwendet. Eine der obersten Prämissen ist es, alle Ergebnisse spätestens nach 0,5 Sekunden auszuliefern. Das klappt normalerweise auch. Falls aber in Zeiten hoher Überlast dieses Ziel nicht erreicht werden könnte, schaltet ein Automatismus einige der nicht so wichtigen Filter kurzzeitig ab. So kann es passieren, dass solche Ergebnisse doch angezeigt werden. Das ist aber meist nur von kurzer Dauer und diese »Fehlanzeige« verschwindet in der Regel bald wieder.

Generell würde ich Ihnen aber dringend von der Verwendung von Subdomains abraten. Google versteht eine Subdomain als neue, eigenständige Domain. Die steht nach der Erstellung aber, was eingehende Links angeht, völlig nackig da. Das ist nichts anderes, als wenn Sie einen neuen Domainnamen registrieren. Neue Domains sind für das Ranking aber immer schlecht, wie ich weiter hinten noch ausführen werde. Eine Subdomain müsste also auch mit vielen externen Links gestärkt werden – die Hauptdomain hat diese Links (hoffentlich) schon. Daher kommen neue Seiten oder ganz neue Bereiche, die man in Verzeichnisse legt, sehr viel schneller und sehr viel besser in den Genuss eines guten Rankings. Es hält Sie aber überhaupt nichts davon ab, eine Subdomain zu erstellen und dann per Redirect (mit dem Servercode 301) in ein Verzeichnis der Hauptdomain zu verzweigen. Damit schlägt man zwei Fliegen mit einer Klappe, weil man einen besser merkbaren Domainnamen nach außen geben kann – aber eben die Nachteile einer neuen Domain nicht hat. Vergessen Sie aber in diesem Fall nicht, auch einen Link möglichst nah an der Startseite auf die Startseite in dem neuen Unterverzeichnis zu setzen. Nur dann fließt auch genügend Linkpower in das Verzeichnis!

Wichtig

Wenn Sie den letzten Abschnitt aufmerksam gelesen haben, erkennen Sie, dass Sie durch die Teilnahme an bekannten Domains mit einer eigenen Subdomain nach dem Muster `www.meine-firma.bekannte-domain.de` meist nur wenig Vorteile haben. Sie teilen sich dann quasi Suchergebnisse mit allen anderen Untermietern und Google zeigt nur die besten zwei des kompletten Domaingebäudes an. Das ist kein Schaden, wenn sich die Keywords und damit die Branchen stark unterscheiden. Sind jedoch alle Subdomains auf eine Branche ausgerichtet, was gar nicht so selten vorkommt (Apothekenportale, Ärzteportale, Handwerksportale etc.), haben Sie schlechte Karten und sollten überlegen, ob Sie nicht doch lieber Ihr eigenes Pferd satteln!

Sie sollten in jedem Fall beim Trennen von Worten **immer einen Bindestrich** verwenden. Der bei Programmierern sehr beliebte Unterstrich »_« wird von den Suchmaschinen in der Regel nicht als Worttrennzeichen interpretiert. Damit wird `schnelle_festplatte.htm` nicht als zwei Einzelworte »schnelle« und »Festplatte« verstanden. Es kann durchaus sein, dass die Suchmaschinen den Unterstrich in der Zukunft mit einem Bindestrich gleichsetzen. Derzeit ist das aber noch nicht der Fall.

Der Einfluss des Domainnamens ist signifikant und seine positive Wirkung im Falle des Vorkommens eines Keywords ist unter Experten sicher unbestritten. Die Wirkung des Verzeichnisnamens ist bei weitem nicht so stark. Trotzdem sollten Sie nicht darauf verzichten, sofern Sie hier einfache Gestaltungsmöglichkeiten haben.

12.4.2 Das Belegen der Alt-Tags

Ein Bild sagt mehr als tausend Worte. Aber nur, wenn man ein Mensch ist und Augen im Kopf hat. Robots von Suchmaschinen fehlt beides und daher sind sie völlig blind, was Bilder angeht. Auch dafür gibt es Abhilfe. Man kann in HTML-Objekten eine alternative Beschreibung mitgeben, die eben im so genannten Alt-Tag (`alt=...`) hinterlegt wird. Sie erkennen diese Hinterlegung immer dann im Browser, wenn Sie mit der Maus über ein solches Objekt, zum Beispiel ein Bild, fahren. Es erscheint dann kurzzeitig ein kleines gelbes Fenster mit erklärendem Text. Um diesen Text geht es hier.

```
<a href="http://www.meine-domain.de/kartoffelsalat.html"><img src="Kar-
toffelsalat-schuessel.jpg" alt="Schuessel mit Kartoffelsalat"></a>
```

Bei dem Beispiel oben würde das Überstreichen des verlinkten Bildes `Kartoffelsalat-schuessel.jpg` das gelbe Erklärungsfeld `Schuessel mit Kartoffelsalat` anzeigen. Da man in der Regel davon ausgehen kann, dass in solchen Alt-Tags auch sinnvolle, wirklich erklärende Texte hinterlegt werden (etwa eine Bildbeschreibung), werden sie von den meisten Suchmaschinen auch ausgewertet.

Vorsicht

Hüten Sie sich aber auch hier vor Keyword-Stuffing (dem Überfrachten einer Seite mit nur einem Keyword)! Wenn Sie hinter jedem Bild den gleichen Text hinterlegen, signalisieren Sie damit bestenfalls, dass Text und Bild keine große Selektions- bzw. Unterscheidungskraft haben. Für das Promoten eines Begriffes wäre das also eher kontraproduktiv!

Auch hier kann eine positive Wirkung dieses Tags tatsächlich beobachtet und gemessen werden. Vor allem bei Bilder-Tags ist sie relativ starkt. Dazu kommen wir im nächsten Abschnitt.

12.4.3 Optimierung von Bildern für die Bildersuche

Immer mehr Suchmaschinen bieten ja auch explizit eine Bildersuche an. Der Traffic hierüber ist zwar nicht besonders konversionsgeneigt (die wenigsten Bildersucher werden auch etwas kaufen), aber bei einer guten Optimierung können durchaus zusätzlich eine Menge Visitors zu Ihrer Webseite kommen. Und selbst wenn nur ein ganz geringer Prozentsatz bei Ihnen hängen bleibt – Kleinvieh macht auch Mist.

Vergessen Sie zuallererst für Google nicht die erweiterte Bildersuche unter dem Menüpunkt »Tools« in den Webmaster-Tools (hatten wir schon weiter vorne). Danach sollten Sie die folgenden Punkte berücksichtigen:

- Verwenden Sie das Keyword als Dateiname für das Bild.
- Nehmen Sie Bildunterschriften auf (im Quellcode möglichst nah am Bild).
- Belegen Sie in jedem Fall das Alt-Tag, aber nicht nur mit dem Keyword.
- Die Bildgröße ist relativ egal, aber es sollten mindestens 30 x 30 Pixel und mindestens 5 KB sein – als optimal haben sich 250 bis 600 Pixel erwiesen.
- Verwenden Sie keine exotischen Formate (zum Beispiel 600 x 50). Diese werden in der Regel von den Robots als Banner interpretiert.
- Legen Sie die Bilder selbst möglichst als »Vollbild« ohne direkten Vergrößerungslink ab. Einen Link zu einer größeren Ansicht sollten Sie über ein gesondertes Symbol (zum Beispiel eine Lupe) oder einen gesonderten Textlink realisieren. Wenn das Bild selber verlinkt ist (also mit dem Klick auf das Bild ein größeres Bild kommt), interpretiert der Robot den optimierten Content der Webseite nicht als zum größeren Bild gehörig. Die textliche »Drumrum-Information« geht praktisch verloren und das Bild rankt nicht mehr so gut.
- In der Nähe des Bildes (vom Quelltext her gesehen) sollten Sie das Keyword nochmals aufnehmen. Wenn möglich, am besten in H2-Formatierung.

Grundsätzlich wirkt eine Bilderoptimierung aber nicht nur für die gesonderte Bildersuche, sondern bei einer Keywordübereinstimmung mit dem Topic (also dem Thema) einer auch ansonsten optimierten Webseite für deren normales Ranking positiv.

Abb. 12.17: Die Optimierung für die Bildersuche

In letzter Zeit findet man in den Suchergebnisseiten (SERPs) bei Google immer häufiger auch andere Items als nur reine Textergebnisse. Das ist die neue »Universal Search« von Google. Vor allem auch Bilder erscheinen immer häufiger. Eine gute Optimierung für Ihre Bilder kann sich also vor allem auch zukünftig lohnen, um Aufmerksamkeit zu erzeugen. Derzeit werden Bilder vor allem bei personenorientierten Suchen eingeblendet (siehe Abbildung 12.18).

Abb. 12.18: Vermehrte Bilderanzeige in der normalen Suche

Es ist aber sehr wahrscheinlich, dass Google dies zukünftig auch auf andere Suchbegriffe ausweitet.

12.4.4 Die Verwendung von Textankern

Textanker werden häufig auf längeren Seiten verwendet, um etwa von oben direkt gezielt einen Textblock weiter unten auf der Seite ansprechen zu können. So ist, innerhalb einer Webseite gesehen, er nichts anderes als ein interner Link auf einen bestimmten Teil der Webseite. Selbstverständlich kann man einen Textanker auch von einer anderen Webseite aus anlinken, um damit den Benutzer nicht einfach oben auf der Seite abzuliefern, sondern ihn gleich gezielt zu einer Textpassage zu führen.

```
<p>Hier ist ein <a name="Kartoffelsalat">Textanker</a> abgelegt worden.</p>
```

In dem oben stehenden Beispiel wurde für das Wort `Textanker` ein Textanker mit der Bezeichnung `Kartoffelsalat` hinterlegt. Ein Link dorthin würde dann so aussehen:

```
<p>Haben Sie Lust auf einen <a href="http://www.meine-domain.de/
rezept.html#Kartoffelsalat">deftigen Kartoffelsalat</a>?</p>
```

Hier ist `deftigen Kartoffelsalat` mit einem Link zur Seite `rezept.html` hinterlegt und eben speziell auf den Textanker `Kartoffelsalat`. Also haben wir hier nicht nur einen Linkzeiger auf eine Webseite, sondern zeigen sogar noch gezielter mit dem Hinweis auf Kartoffelsalat dorthin. Ob diese Art des expliziten Zeigens Suchmaschinen wohl gesondert berücksichtigen? Wahrscheinlich schon.

12.4.5 Die Textorganisation

Strukturieren Sie längere Texte in jedem Fall durch die Verwendung von Absätzen und (Zwischen-)Überschriften. Nicht nur die menschlichen Besucher danken es Ihnen mit mehr Lust zum Lesen. Auch die Suchmaschinen erkennen und bewerten wohlstrukturierte Texte etwas höher. Bleiwüsten möchte keiner auf dem Bildschirm haben. Daher mögen sie die Analyseprogramme der Suchrobots auch nicht so sehr.

12.4.6 Fehlerfreier HTML-Code

Nö. Die Seite muss entgegen der allgemeinen Auffassung nicht W3C-konform sein (das W3C ist ein Konsortium, das Standards für das Web festlegt). Sie dürfen keine Fehler in der Programmierung haben, mit denen die Robots bei der Interpretation des Aufbaus Probleme bekommen. Oben hatten wir das ja bei einem falsch gesetzten Titel-Tag.

Einzelne Tests haben im Gegenteil sogar gezeigt, dass nicht-konforme Seiten sogar etwas besser ranken als konforme. Das mag vielleicht daran liegen, dass der Code dann nicht so aufgebläht ist. Letztendlich ist es aber auch egal. An dieser Stelle gibt es ausnahmsweise also mal eine Entwarnung. Auch schön, oder?

12.4.7 Der Aufbau von Tabellen

Suchmaschinen lesen Webseiten im Quellcode von oben nach unten. Mittlerweile verwendet man bei neuen Webseiten CSS-Dateien, um den Inhalt vernünftig strukturieren zu können. Es gibt aber immer noch eine Menge älterer Seiten, die dazu Tabellen verwenden. Unter Umständen hat man damit bei der Contentanalyse der Robots einen Nachteil. Dinge, die auf der Webseite im Browser nebeneinander angezeigt werden, stehen im Quellcode nämlich nach- bzw. untereinander. Die Maschine liest also eine Spalte nach der anderen und innerhalb der Spalte ebenfalls von oben nach unten. Abbildung 12.19 verdeutlicht diesen Umstand schematisch.

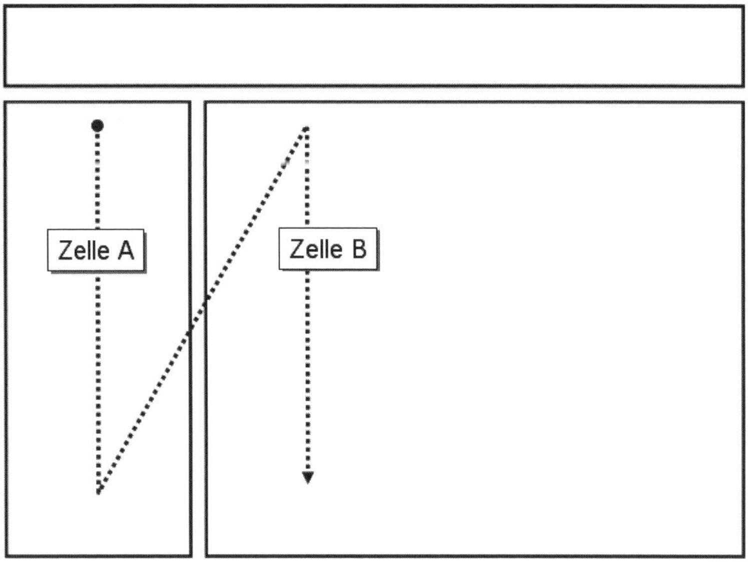

Abb. 12.19: Der Aufbau von Tabellen, Spalten und Zellen in HTML

Zunächst wird also die meist links stehende Navigation gelesen und danach erst der Contentbereich in Zelle B. Wenn es die grafische Gestaltung zulässt, sollte man daher über der Zelle A eine weitere, leere Zelle einfügen.

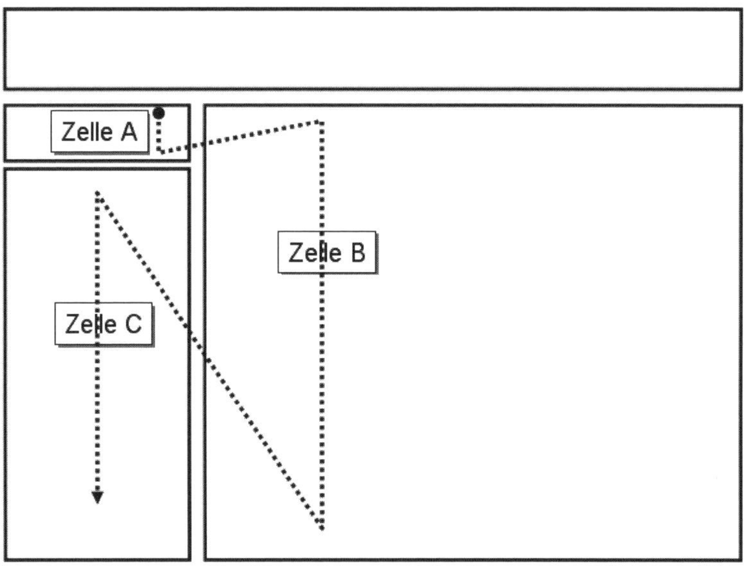

Abb. 12.20: Das Einfügen einer leeren Zelle verändert die Analyserichtung.

Diese wird nun zuerst ausgelesen und da sie leer ist, beansprucht sie nicht viel Aufmerksamkeit des Suchmaschinenrobots. Nun wird Zelle B mit dem eigentlich wichtigen Content analysiert. Anschließend erst Zelle C mit der Navigation. Damit rückt unser wichtiger Textbereich etwas näher in die Aufmerksamkeit. In Abbildung 12.21 noch einmal das Aussehen im Ausgangszustand.

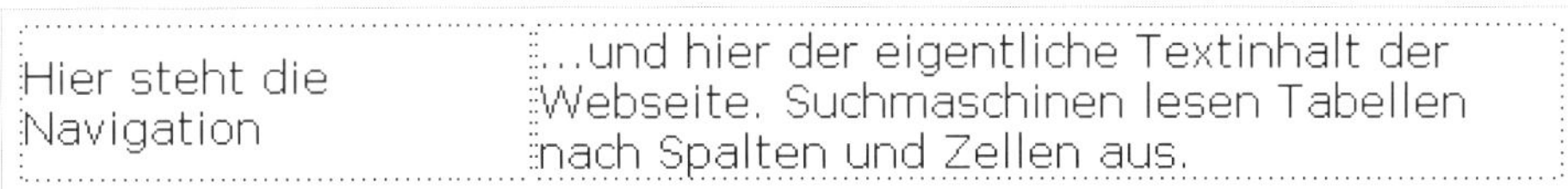

Abb. 12.21: Das Aussehen der Tabelle im Ursprungszustand

Der zugehörige HTML-Code sieht so aus:

```
<table border="0" cellspacing="1" width="50%" id="table1">
    <tr>
        <td width="180">Hier steht die Navigation</td>
        <td>... und hier der eigentliche Textinhalt der Webseite.
        Suchmaschinen lesen Tabellen nach Spalten und Zellen aus.</td>
    </tr>
</table>
```

Listing 12.9: Der HTML-Code der Tabelle im Ursprungszustand

Sie sehen hier ganz deutlich, dass `Hier steht die Navigation` als Platzhalter für die echte Navigation über dem eigentlichen Text steht. Nun fügt man einfach über der linken Spalte eine Zelle ein und lässt diese leer. Der HTML-Code sieht dann in etwa so aus:

```
<table border="0" cellspacing="1" width="50%" id="table1">
    <tr>
        <td> </td>
        <td rowspan="2">... und hier der eigentliche Textinhalt der Webs-
eite. Suchmaschinen lesen Tabellen nach Spalten und Zellen aus.</td>
    </tr>
    <tr>
        <td height="100">Hier steht die Navigation</td>
    </tr>
</table>
```

Listing 12.10: Der HTML-Code der Tabelle nach der Modifikation

Wie Sie sehen können, ist der Textbereich nun über den der Navigation gerutscht. Auf der Webseite sieht diese Modifikation dann ungefähr so aus wie in Abbildung 12.22.

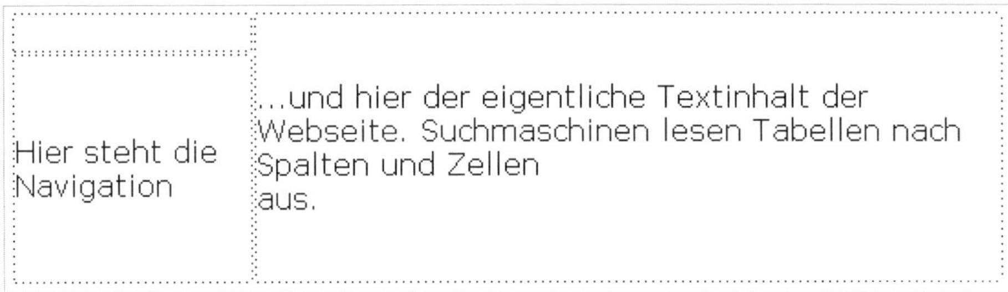

Abb. 12.22: Das Aussehen der Tabelle nach der Modifikation

Bei geschickter grafischer Gestaltung stört dieser kleine Trick Ihre Besucher in keinster Weise. Die gepunkteten Linien würde man im Original auf der Webseite natürlich nicht sehen. Ich habe sie hier nur wegen der besseren Erkennbarkeit der Tabellenstrukturen verwendet. Auf den für Sie wichtigen Seiten ist eine solche leere Zelle mit ein paar Mausklicks eingefügt. Wenn Sie ein CMS verwenden, braucht man in der Regel nur die Vorlagen (Templates) zu ändern und schon wird die Zelle in alle Seiten des Webauftritts eingefügt.

Diese Art des Tabellenaufbaus sollten Sie sich zunutze machen, wenn Sie noch mit Tabellen arbeiten. Selbstverständlich auch und gerade in mehrfach verschachtelten Strukturen.

12.4.8 Art und Größe von Dokumenten

Früher war die Größe eines Files bei Google auf 101 KByte begrenzt. Diese Einschränkung scheint aber aufgehoben worden zu sein. Man findet mittlerweile auch Files, die bis zu einem halben MByte groß sind. Trotzdem ist das Einstellen von solchen Monstern nach wie vor alleine schon aus Performancegründen nicht ratsam. Längere Dokumentationen oder Ähnliches sollten Sie also besser nach wie vor in kleinere Informationshappen portionieren.

Viele Suchmaschinen lesen nicht nur HTML-Dokumente, sondern zum Beispiel auch MS-Word-, MS-PowerPoint-, MS-Excel-, reine TXT-Dateien, PDF- und andere Formate. Sieht man aufmerksam die Suchergebnisse der großen Suchmaschinen durch, erscheinen vor allem immer wieder PDF-Files ganz vorne. Bei näherem Hinsehen erscheint dies auch logisch. Ist es nicht so, dass PDF-Dokumente oft beständigere und/oder »wertvollere« Informationen beinhalten? Das Erstellen und Einbinden von PDF-Files ist in der Regel aufwändiger als das Erzeugen einer HTML-Datei mit einem Webeditor. Und das Ändern macht entschieden mehr Mühe, daher überlegt man sich in der Regel mehrfach, ob das Dokument nun fertig ist und per PDF publiziert werden kann. Anscheinend hat man sich solche Überlegungen auch bei den Betreibern von Suchmaschinen gemacht und vergibt daher ein paar Sonderpunkte auf diese Dokumentart. Denken Sie ruhig noch ein wenig darüber nach ...

Tipp

Natürlich kommen beim Analysieren eines PDF-Dokuments prinzipiell die gleichen oder ähnliche Mechanismen wie bei HTML-Seiten zur Anwendung. Das bedeutet für Sie, dass Sie sehr wohl auch hier auf das oben Erwähnte wie Überschriften, Fettdruck etc. Rückgriff nehmen sollten. Sogar eine Art Meta-Tags finden Sie beim Acrobat Writer und können gezielt wie im Header einer HTML-Datei weitergehende Beschreibungen hinterlegen. Auch dies sollten Sie in Erwägung ziehen, wenn Sie Ihre Listingpositionen verbessern möchten.

12.4.9 Die Einsortierung der Seite in den Webauftritt

Denken Sie bitte auch daran, dass es sehr wohl einen Unterschied macht, von wo aus Ihre einzelne, eben betrachtete Seite intern angelinkt wird. Hängt sie in der Site-Hierarchie unten in Ebene 4 (will heißen: Erreicht man sie von der Startseite auf dem kürzesten Weg erst nach vier Mausklicks), hat sie sicher nicht so viel Power, um bei hart umkämpften Suchbegriffen vorne mitspielen zu dürfen. Möchten Sie auf einen Begriff optimieren, bei dem es viele Treffer und viele starke Seiten als Gegner gibt, sollten Sie daher eine Ihrer Webseiten auswählen, die ziemlich nahe an der Startseite hängt. Je weiter nach unten Sie in der Hierarchie gehen, desto »kraftloser« werden die einzelnen Seiten. Hier kann dann auch eine saubere On-Page-Optimierung wenig helfen.

Man kann mittels des sogenannten »PR-Sculptings« auch Seiten »wichtiger« machen, die aus menschlicher Sicht weiter unten in der Hierarchie aufgehängt sind. Aber dazu kommen wir dann weiter hinten noch etwas ausführlicher.

Kapitel 13

Ohne Links geht nichts

13.1 Das Salz in der Websuppe: Hyperlinks

Kein Zweifel, Hyperlinks halten das Web zusammen. Viele Suchmaschinen werten aus, wie viele Links auf eine Webseite zeigen und welcher Linktext dabei hinterlegt wurde. Man spricht hier von *Linkpopularität* oder international von *Linkpopularity*. Zumeist gehen diese Analyseergebnisse auch in das Ranking mit ein. Insbesondere Google ist geradezu ein Fan von Linkberechnungen. Grund genug, sich dieses Themas etwas intensiver anzunehmen.

13.1.1 Die Bedeutung der Linkstruktur

Link ist nicht gleich Link. Das dürfte sicherlich jedem klar sein. Irgendwie wäre es dumm und ungerecht, wenn ein Link von einer privaten Homepage mit vier Unterseiten, deren Besuchszähler gerade mal bei acht Besuchern steht, genauso viel zählen würde wie einer von der Startseite von `Microsoft.de`. Neben der reinen Anzahl von Links, die auf eine Webseite zeigen, müssten also noch andere Kriterien zur Qualitätsbeurteilung hinzugezogen werden.

Aber eines nach dem anderen. Verschaffen wir uns zunächst einen Überblick darüber, wer bzw. wie viele Links auf unsere eigene Website zeigen. Leider ist das gar nicht so einfach, wie sich das anhört. Die größte Suchmaschine, Google, mag solche Fragen nämlich gar nicht. Dort geht man davon aus, dass diese spezielle Frage in der Regel nur jemanden interessiert, der sich bewusst Verlinkungen zu seinem Vorteil verschaffen möchte. Die Abfrage hierzu lautet:

```
link:www.meine-website.de
```

Sie wird direkt in den Suchschlitz bei Google eingegeben und natürlich wird `meine-website.de` vorher durch den eigenen Domainnamen ersetzt. Google gibt als Ergebnis dann alle Webseiten aus, die auf diese Domain verlinken. Aber leider nicht alle, um eben solche Analysen zu erschweren. Wer das nicht glaubt, den mögen die recht niedrigen Linkangaben bei einer Abfrage nach `Microsoft.de` vielleicht überzeugen.

Abb. 13.1: Nur knapp 9.000 Links zeigen angeblich auf `Microsoft.de`.

Andere Suchmaschinen lassen sich gleich oder mit ähnlicher Syntax abfragen. So funktioniert `link:..` vor dem Domainnamen zum Beispiel bei Altavista, Alltheweb, Fireball, MSN und Lycos. Hotbot hingegen verlangt das Voranstellen von `linkdomain:`.

Tipp

Trotz der unvollständigen Angabe bei der Linkabfrage bei Google lohnt es sich, den folgenden Tipp anzuwenden: Verwenden Sie statt der einfachen Linkabfrage wie oben gezeigt stattdessen im Suchschlitz `"+www.meine-site.de" -site:www.meine-site.de`. Dies zieht Links, die von der eigenen Site kommen, vom Ergebnis ab und zeigt also nur Webseiten an, die den eigenen Domainnamen irgendwo auf den Seiten stehen haben. Das muss zwar nicht zwangsläufig auch immer mit einem Link hinterlegt sein, aber in aller Regel dürfte dies doch der Fall sein. Gerade größere Webseiten bekommen durch diese spezielle Abfrage »ehrlichere« Ergebnisse, in denen die vielen internen, eigenen Links eben nicht enthalten sind.

Wie so vieles lassen sich aber auch diese aufwändigen Recherchen weitgehend automatisieren. Unter `www.checkyourlinkpopularity.com` finden Sie das Tool LPC (Link Popularity Check) zum kostenlosen Download. Tragen Sie nach dem Start des Programms einfach alle für Sie interessanten Webadressen ein, natürlich auch die Ihrer wichtigsten Mitbewerber. Klicken Sie anschließend auf ALLE AKTUALISIEREN und warten Sie ab, bis LPC alle Daten eingesammelt hat. Die einzelnen Zeilen werden dann – je nach Popularität – farblich eingefärbt und von oben nach unten neu sortiert.

Sie überblicken nun die Anzahl der eingehenden Links von verschiedenen Suchmaschinen (siehe Abbildung 13.2). Dass unter MSN Search keine Einträge vorhanden sind, liegt nicht daran, dass dort keine Links findbar wären. Vielmehr wurde dort offenbar die Struktur der Ergebnisseiten verändert und das Tool kann sie aktuell nicht mehr richtig interpretieren. Bei kostenlosen Tools kommen solche Unpässlichkeiten leider immer wieder einmal vor, werden aber auch oft nach Bekanntwerden schnell von den Programmierern behoben.

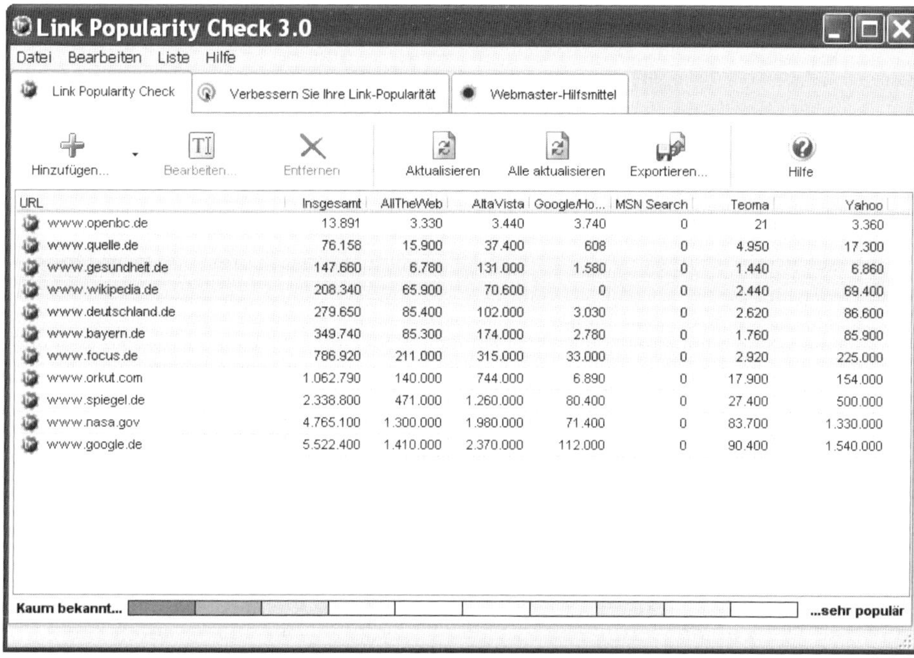

URL	Insgesamt	AllTheWeb	AltaVista	Google/Ho...	MSN Search	Teoma	Yahoo
www.openbc.de	13.891	3.330	3.440	3.740	0	21	3.360
www.quelle.de	76.158	15.900	37.400	608	0	4.950	17.300
www.gesundheit.de	147.660	6.780	131.000	1.580	0	1.440	6.860
www.wikipedia.de	208.340	65.900	70.600	0	0	2.440	69.400
www.deutschland.de	279.650	85.400	102.000	3.030	0	2.620	86.600
www.bayern.de	349.740	85.300	174.000	2.780	0	1.760	85.900
www.focus.de	786.920	211.000	315.000	33.000	0	2.920	225.000
www.orkut.com	1.062.790	140.000	744.000	6.890	0	17.900	154.000
www.spiegel.de	2.338.800	471.000	1.260.000	80.400	0	27.400	500.000
www.nasa.gov	4.765.100	1.300.000	1.980.000	71.400	0	83.700	1.330.000
www.google.de	5.522.400	1.410.000	2.370.000	112.000	0	90.400	1.540.000

Abb. 13.2: Link Popularity Check 3.0

Weiter vorne hatten wir ja schon eine genaue Beschreibung des Webmaster-Tools von Google. Dort finden Sie dann auch unter dem Menüpunkt LINKS den Unterpunkt SEITEN MIT EXTERNEN LINKS. Auf dieser Seite gibt Ihnen Google den Überblick über alle eingehenden Links zu Ihrer Domain *und* auf welche Ihrer Seiten diese Links zeigen. Dort finden Sie aber auch am Ende der Tabelle einen Link, mit dem Sie alle Backlinks bequem über eine CSV-Datei in eine Tabellenkalkulation laden können. Ich beschreibe das Folgende bezüglich der Vorgehensweise in MS Excel. Vom Grundprinzip kann es aber so auch mit allen anderen Programmen gemacht werden.

Die geladene Tabelle sieht zunächst etwas krude aus (siehe Abbildung 13.3).

In Zelle A1 finden Sie den Kopf der Spalte. Er besagt, dass der erste Teil der darunter folgenden Zeilen die Adresse der Webseite ist und die Zahl nach dem Komma die Anzahl der Backlinks. Ach ja – witzig. So können wir wenig mit den Zahlen anfangen, weil man so keine Berechnungen durchführen kann. Hier hilft uns die Tabellenkalkulation aber mit ihren Textfunktionen.

	A
1	Seite,Externe Links
2	http://www.website-boosting.de/,3238
3	http://www.website-boosting.de/examples,9
4	http://www.website-boosting.de/mario-fischer.html,6
5	http://www.website-boosting.de/blog/,7379
6	http://www.website-boosting.de/links/,62
7	http://www.website-boosting.de/blog/2006-06-12/das-google-adwords-verwaltungsprogramm-ist-verfuegbar.html,46
8	http://www.website-boosting.de/blog/2006-07-14/wichtige-und-coole-metatags.html,4
9	http://www.website-boosting.de/blog/2006-08-17/google-analytics-fuer-jedermann-aber-obacht.html,51
10	http://www.website-boosting.de/blog/2006-10-01/nuetzliches-beim-suchen-seo-quake-fuer-firefox.html,42
11	http://www.website-boosting.de/blog/2007-02-03/unschuldig_aus_dem_suchmaschinenindex_geflogen.html,9
12	http://www.website-boosting.de/blog/2007-02-06/use_the_force_luke_guckst_du_googlewebmastertools.html,6
13	http://www.website-boosting.de/blog/2007-02-23/adwords-zeigt-nun-den-qualitaetsfaktor-an.html,7

Abb. 13.3: Backlinks von Google in Excel laden

Geben Sie zunächst in die Zelle B2 (in der Zeile 2 starten ja erst die Daten) die folgende Formel ein:

```
=RECHTS(A2;LÄNGE(A2)-SUCHEN(",";A2))
```

Diese Formel sucht in der Zelle A2 zunächst das teilende Komma und trennt dann den rechten Teil nach dem Komma ab. Alle Excel-Kenner mögen mir die genaue Beschreibung des nächsten Schrittes verzeihen, aber wer sich nicht so gut auskennt, wird das sicher als nützlich empfinden. Wie Sie in Abbildung 13.4 sehen können, ist die Zahl 3.238 (das ist die Zahl der Backlinks auf die Startseite) durch die Formel korrekt als separierte Zahl in die Zelle B2 eingetragen bzw. »errechnet worden«. Die Zahlen darunter in Spalte B in der Abbildung erhalten Sie nun, wenn Sie die Zelle B2 markieren und das etwas vergrößerte Quadrat rechts unten in der Markierung (siehe Pfeil) mit der Maus anklicken, die linke Maustaste gedrückt halten und sie dann nach unten ziehen – so weit, wie Sie Einträge in den Zeilen haben. Voilà – nun haben Sie alle Backlinks als echte Zahlen vorliegen und können damit jedwede Berechnungen in Ihrer Tabellenkalkulation durchführen.

	A	B	C
1	Seite,Externe Links		
2	http://www.website-boosting.de/,3238	3238	
3	http://www.website-boosting.de/examples,9	9	
4	http://www.website-boosting.de/mario-fischer.html,6	6	
5	http://www.website-boosting.de/blog/,7379	7379	
6	http://www.website-boosting.de/links/,62	62	
7	http://www.website-boosting.de/blog/2006-06-12/das-google-adwords-verwaltungsprogramm-ist-verfuegbar.html,46	46	
8	http://www.website-boosting.de/blog/2006-07-14/wichtige-und-coole-metatags.html,4	4	
9	http://www.website-boosting.de/blog/2006-08-17/google-analytics-fuer-jedermann-aber-obacht.html,51	51	
10	http://www.website-boosting.de/blog/2006-10-01/nuetzliches-beim-suchen-seo-quake-fuer-firefox.html,42	42	
11	http://www.website-boosting.de/blog/2007-02-03/unschuldig_aus_dem_suchmaschinenindex_geflogen.html,9	9	
12	http://www.website-boosting.de/blog/2007-02-06/use_the_force_luke_guckst_du_googlewebmastertools.html,6	6	
13	http://www.website-boosting.de/blog/2007-02-23/adwords-zeigt-nun-den-qualitaetsfaktor-an.html,7	7	

Abb. 13.4: Die Formel in Excel nach unten kopieren

Tipp

Wenn Sie sich mit Tabellenkalkulationen ein wenig auskennen, können Sie die Analysen natürlich noch sehr viel tiefer treiben. Es ginge zum Beispiel mit einer etwas modifizierten Formel, zunächst einen bestimmten Verzeichnisnamen (zum Beispiel bei mir das Verzeichnis `/blog/` zu suchen. Dieser steht ja immer an der gleichen Stelle, daher ist die Formel mit einer »`=wenn`«-Bedingung recht einfach zu erstellen. Für alle Zellen, die dann diesen Verzeichnisnamen haben (also der Wenn-Bedingung entsprechen), kann man nun die Backlinks in einer weiteren Spalte anzeigen lassen. Diese braucht man dann nur noch mit der Summenfunktion zu summieren – und schon haben Sie die Summe aller Backlinks auf alle Seiten in diesem Verzeichnis. In meinem Beispiel dann alle Backlinks auf sämtliche einzelnen Seiten in meinem Weblog.

Links von einer Domain mit einem bestimmten Top-Level (das sind die Abkürzungen hinter dem Domainnamen wie `.de` oder `.org`) werden von Google deutlich gewichtet. Die Top-Level `.edu` (Education, für Schulen und Bildungseinrichtungen), `.mil` (Militärische Einrichtungen) und `.gov` (Government, also im weitesten Sinne die öffentliche Verwaltung) bekommt man bei den Registraren nur gegen besonderen Nachweis. Daher ist es sicher begründet, wenn man Google-Links von solchen Institutionen stärkeres Vertrauen schenkt. Spammer kommen an diese Top-Level-Domains gar nicht oder nur sehr schwer und über dunkle Kanäle ran.

Ebenso wirken Links von Domains viel stärker, die ein von Google manuell vergebenes »Trust«-Flag (eine interne Kennzeichnung) haben. Keiner weiß genau, welche Domains das im Einzelnen sind. Aber man kann davon ausgehen, dass die sehr bekannten und seriösen Domains ein solches Kennzeichen besitzen (zum Beispiel Wikipedia, DMOZ, CNN etc.).

Selbstverständlich hat bei Google auch der PageRank der linkabgebenden Seite einen hohen Einfluss auf die Bedeutung des Links. Stellen wir dieses Thema aber noch ein wenig zurück, denn es wird ausführlich in Abschnitt 13.2 beleuchtet.

Natürlich spielt insbesondere bei Google das Alter eines Links ebenfalls eine Rolle. »Alter« meint hier, wie lange ein Link schon stabil steht. Je länger das ist, desto mehr Gewicht bekommt er in der Gesamtbewertung. Ebenso kann die Zuwachsrate bei Links einer Suchmaschine Hinweise über die zu bewertende Webseite geben. Ungewöhnliche Steigerungen oder zu schnelle Abnahmen von Links könnten Google durchaus misstrauisch machen. Vor allem Letzteres: das Wegnehmen vieler Links innerhalb kurzer Zeit bei unverändertem Webseiteninhalt. Irgendein Grund muss ja vorliegen, wenn Ihnen die restliche Webwelt das Vertrauen und die Empfehlung (per Link) entzieht. Ohne den Grund zu kennen, dürfte eine Suchmaschine meist richtig liegen, wenn sie diesem (Negativ-)Votum folgt.

> **Vorsicht**
>
> Es soll ja Unternehmen geben, die sich entgegen der Richtlinien von Google trotzdem ihre Links mit Geld von anderen Webseiten einkaufen. Fallen diese Links dann auf einen Schlag weg (weil das »Abo« zum Beispiel gekündigt oder zu teuer wurde), dann könnte es durchaus zu ernsthaften Rankingproblemen kommen. Und das nicht nur aufgrund der nun fehlenden Links. Generell sind gekaufte Links seit Anfang 2008 ein besonders heißes Eisen geworden. Dazu gleich weiter unten mehr.

Je höher die hierarchische Position eines Links zu Ihnen innerhalb einer (fremden) Webseite, desto besser. Ein Link weiter oben auf einer Seite bringt Ihnen also mehr, als wenn man Sie von unten am Ende der Seite anlinkt. Falls Sie darauf Einfluss haben, machen Sie selbigen ruhig geltend. Auch ein fett markierter und damit optisch hervorgehobener Link bringt ein paar Punkte mehr ein.

Ein wichtiger Tipp noch am Ende: Suchmaschinen lesen auch immer neben dem Domainnamen die IP-Adresse eines Webauftrittes mit. Die IP-Adresse ist vereinfacht gesagt eine numerische, eindeutige Adresse, anhand derer die anfragenden Browser die richtige Festplatte irgendwo auf der Welt finden, auf der die gewünschten Webseiten gespeichert sind. Diese Nummer besteht aus vier Teilen, die jeweils vier Ziffern enthalten und durch Punkte abgetrennt werden (zum Beispiel 45.21.121.76). Die vier bis zu dreistelligen Zahlen werden in vier Blöcke bzw. Klassen eingeteilt, Class A–D.

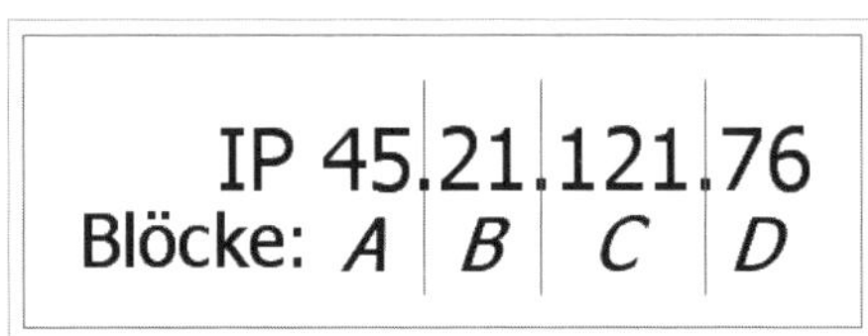

Abb. 13.5: Die Einteilung einer IP-Adresse nach Blöcken bzw. Klassen

Nicht immer, aber immer öfter ist bei einem Webhoster bzw. Provider diese IP-Adresse bis zum C-Block (Class C) identisch. Dies bedeutet, dass für verschiedene Domainadressen nur der letzte Ziffernblock D unterschiedlich ist. Daran versuchen Suchmaschinen zu erkennen, welche Domains möglicherweise alle bei einem einzigen Provider gehostet werden oder wenigstens in derselben Stadt. Das ist zwar keine exakte Methode, weil es da auch Ausreißer gibt, aber in der Regel stimmt dies. Die Gründe liegen im technischen Aufbau des Internets. Diese hier zu erläutern, würde unseren Rahmen und wahrscheinlich auch Ihr Interesse sprengen.

Entscheidend dabei ist nun Folgendes: Sie betreiben möglicherweise mehrere Domains, natürlich aus Effizienz und Kostengründen bei einem Provider. Wenn

Sie nun auf die Idee kommen sollten, sich selber ein paar Links durch Querverlinkungen dieser Domains untereinander zu verschaffen ...? Hm .... klingt gut und kann nicht schaden. Da aber nun die Suchmaschinen erkennen, dass die Links quasi alle aus einem Stall kommen, ist der Vertrauensfaktor für diese Links nicht so hoch. Man kann getrost davon ausgehen, dass Websitebetreiber innerhalb einer Stadt oder beim gleichen Provider sich mit einer gewissen Wahrscheinlichkeit persönlich kennen. Daher wird hier oft nicht verlinkt, weil man auf ein besonders gutes Webangebot aufmerksam machen will, sondern weil man Harry oder Wilma von der Firma X halt kennt. Daher ist es besser, wenn Links von möglichst unterschiedlichen IP-Adressen kommen. In jedem Fall sollte die Zahl im C-Block anders sein als die im C-Block Ihres eigenen Webauftritts.

Ein Beispiel: Ihr Webauftritt wird unter der IP-Adresse 123.123.12.21 gehostet. Zeigt ein Link auf Sie von der IP 123.123.12.88, variiert nur der letzte Ziffernblock. Nicht so gut. Kommt der Link aber zum Beispiel von der IP 123.123.11.33, sieht das aus Sicht einer Suchmaschinen schon sehr viel besser aus.

Tipp

Einen Check, wie viele unterschiedliche IP-Adressen mit unterschiedlicher C-Class auf Ihren Webauftritt verlinken, können Sie unter `http://www.seochat.com/seo-tools/class-c-checker/` kostenlos selber machen. Geben Sie dort Ihren Domainnamen (und bis zu 20 weitere Domainnamen) ein und lassen Sie den Report erstellen. Seien Sie geduldig, das Ganze kann je nach Umfang ein paar Minuten dauern. Hinweis: Zum Zeitpunkt der Manuskripterstellung hat das oben genannte Tool nicht sauber funktioniert. Stattdessen erschien ein Hinweis, dass man wegen Änderungen bei Google etwas umprogrammieren müsste. Ich hoffe, bis Sie das Buch in den Händen halten, läuft das Tool wieder. Ansonsten schauen Sie auf der Website zum Buch vorbei. Wenn es einen gibt, halte ich unter LINKS ZUM BUCH Ersatz für Sie bereit!

Mit den folgenden Online-Tools können Sie Ihre Backlinks ebenfalls checken lassen. Ich prognostiziere Ihnen gleich, dass Sie mit jedem Tool etwas andere Zahlen bekommen werden. Das ist völlig normal. Wichtig ist auch hier: Wenn Sie sich einmal für ein Tool entschieden haben, bleiben Sie möglichst dabei. Dann sehen Sie die Änderungen bei den Backlinks immer relativ gesehen steigen oder fallen. Wechseln Sie das Tool ständig, bekommen Sie überhaupt keine über die Zeit vergleichbaren Zahlen. Bitte zeigen Sie Verständnis für die häufig auf solchen Seiten anzutreffenden Captchas (die Boxen mit den verzerrten Buchstaben, die man abtippen muss). Die Betreiber wollen sich damit gegen maschinelle Abfragen und damit Missbrauch von außen schützen.

- `www.marketleap.com/publinkpop/default.htm`
- `www.webmaster-toolkit.com/link-popularity-checker.shtml`

- www.webmaster-toolkit.com/link-appeal.shtml
- www.linkvendor.com/seo-tools/site-analysis.html
- www.iconinteractivegroup.com/tools/pop
- http://uptimebot.com/sql/one.php
- www.topsemtips.com/tools/linkpopularity.php

  Dieses Tools zeigt Ihnen unter anderem an, ob aus den verschiedenen Directories (Linkverzeichnissen wie das von Yahoo! oder DMOZ) oder von .edu- oder .gov-Domains zu Ihnen gelinkt wird. Auch die Anzahl Deeplinks (also Links, die nicht auf die Startseite, sondern auf Unterseiten zeigen) und das Verhältnis zu Links direkt auf die Startseite werden mit angegeben.

Einen gesonderten Blick ist in jedem Fall auch »linkdiagnosis« wert (www.linkdiagnosis.com) (siehe Abbildung 13.6).

Abb. 13.6: Backlinkdiagnosen können auch schon mal 20 bis 30 Minuten dauern.

Dieses Tool gräbt Ihnen intimere Daten als die Mitbewerber aus. Das gelingt allerdings nur mit dem Firefox-Browser, weil dazu ein Plug-in notwendig ist. Das hat damit zu tun, dass dieses Plug-in für die Backlinks zum Beispiel den PageRank-Wert holt, den Google für die linkenden Seiten vergibt. Würde der Server von linkdiagnosis das selber machen, würde Google aller Wahrscheinlichkeit nach dessen IP-Adresse wegen einer zu hohen Abfragefrequenz bald sperren. Ein Umstand, den viele Anbieter solcher Online-Tools schon schmerzlich bemerken mussten. Dieses Tool hier arbeitet also praktisch mit einem eigenen Plug-in zusammen, das Sie für den Firefox installieren müssen. Damit werden volumenkritische Abfragen nicht vom Server des Anbieters gemacht, sondern direkt automatisch von Ihrem Browser (keine Sorge, wenn Sie das nicht wirklich exzessiv nutzen, ist es vom Volumen her gesehen für Ihr gutes Verhältnis zu den Suchmaschinen völlig unkritisch).

Bei der ersten Analyse gibt Ihnen das Tool einen Hinweis, dass Sie mehr Informationen bekommen können, wenn Sie das Plug-in von linkdiagnosis installieren. Auch einen Link dorthin finden Sie in diesem Hinweis. Nach der Installation muss der Firefox wie üblich neu gestartet werden und Sie lassen die Analyse noch einmal laufen. Nun erhalten Sie deutlich mehr und die eigentlich interessanten Kennzahlen über Ihre Backlinks. Natürlich können Sie auf diesen erweiterten Umfang auch verzichten, wenn Sie in Ihrem Browser lieber nichts installieren möchten oder ein Fan des Internet Explorers sind. Der Vollständigkeit halber sei erwähnt, dass natürlich auch dieses Tool nicht alle Backlinks findet. Dazu braucht man Profisoftware, die selbstverständlich für den normalen Einsatz zu teuer und auch überdimensioniert ist.

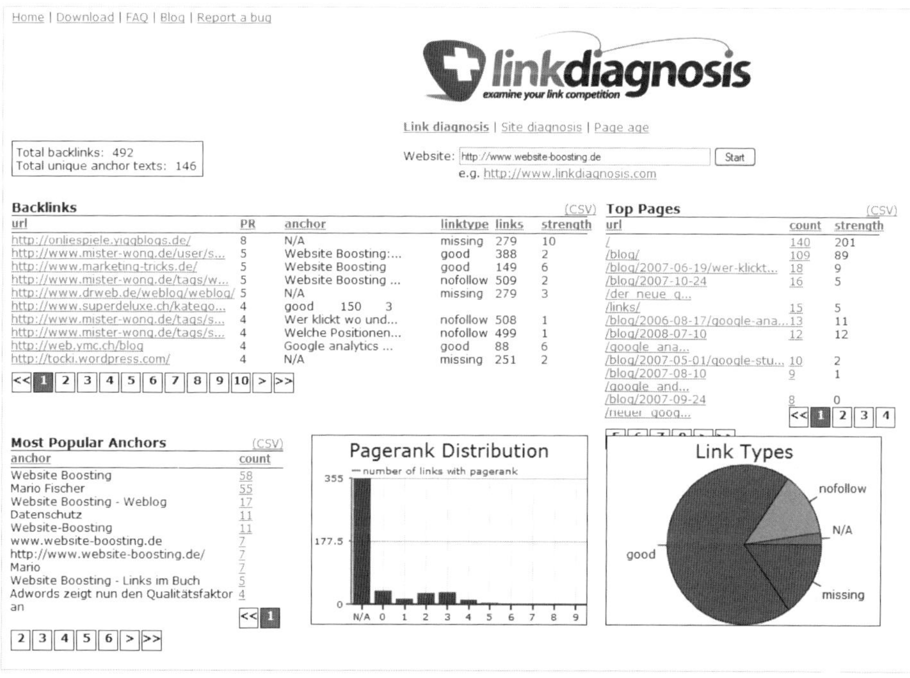

Abb. 13.7: Die Linkauswertungen in `linkdiagnosis.com`

Wie Sie in Abbildung 13.7 erkennen können (jedenfalls hoffe ich, dass man das beim Druck noch einigermaßen sehen kann), bekommen Sie zu jedem Backlink auch den PageRank angezeigt, die Linktexte und wie viele Links von dieser Seite noch weggehen (das hilft, die Stärke abzuschätzen, die ein Link übertragen kann). Sie sehen weiterhin die am meisten verwendeten Texte auf den Links und auch die häufig angelinkten Einzelseiten Ihres Webauftritts. Zwei Grafiken in Flash runden den Überblick ab. Anhand der rechten Kuchengrafik kann ich zum Beispiel erkennen, dass circa 12 bis 15 Prozent meiner Backlinks auf `website-boosting.de` mit dem Nofollow-Tag ausgestattet sind und somit für den Reputationsaufbau durch Links gar nichts bringen. Schade.

13.1.2 Die Bedeutung des Linktextes

Eines der wichtigsten Kriterien für die Bewertung einer Webseite sind die Texte, die auf den Hyperlinks selbst stehen. Wenn jemand einen Link zu Ihnen auf Ihre Webseite setzt, ist das ja doch in der Regel eine kleine Empfehlung. Auf unnütze oder sinnlose Webseiten linkt man eigentlich nicht gerne, weil eine solche schlechte Empfehlung natürlich auch auf einen selber zurückfällt. Ein Link ist also wie das Zeigen mit einem Finger auf jemand anderen. Und der Text auf dem Link selber ist gleichzusetzen mit einem Ausruf, den jemand macht, wenn er auf Sie mit eben diesem Finger zeigt: »Experte für Usability« ruft er beispielsweise oder auch: »Günstige Festplattenrecorder«. Alle, die das Zeigen sehen und den Ausruf hören, wissen nun, was das ist oder was man dort findet, worauf jemand gezeigt hat.

Ebenso analysieren Suchmaschinen den Text auf Hyperlinks, weil sie davon ausgehen, dass das Wort oder die Worte mit Bedacht als Hinweis bzw. Kurzbeschreibung für eine Webseite gewählt wurden. Einer der schlechtesten Linktexte ist also wohl »hier«. Google wirft derzeit etwa 20 Millionen deutsche Webseiten aus, die exakt die Wortkombination »Klicken Sie hier« enthalten.

Viel besser ist es also, einen vernünftigen Suchbegriff oder eine Begriffskombination auf den Hyperlink zu setzen. In Abbildung 13.8 sehen Sie beispielhaft drei Möglichkeiten, einen Link zu setzen. Selbstverständlich kann der Link prinzipiell auf eine der eigenen Webseiten oder eine andere Website gehen:

- Um zu günstigen Festplattenrecordern zu gelangen, klicken Sie hier.
- Um zu günstigen Festplattenrecordern zu gelangen, klicken Sie hier.
- Günstiger Festplattenrecorder gesucht?

Abb. 13.8: Links zu günstigen Festplattenrecordern

Der entsprechende Quellcode in HTML sieht dann in etwas so aus:

```
<li>Um zu günstigen Festplattenrecordern zu gelangen, klicken Sie
<a href="festplattenrecorder.html">hier</a>.</li>
<li>Um zu <a href="festplattenrecorder.html">günstigen Festplattenrecordern</a>
zu gelangen, klicken Sie hier.</li>
<li><a href="festplattenrecorder.html">Günstiger Festplattenrecorder</a>
gesucht?</li>
```

Listing 13.1: Quellcode für Festplattenrecorder

Der erste Link in Abbildung 13.8 hat als Linktext das Wort »hier«. Für ein verbessertes Ranking für den Suchbegriff »günstiger Festplattenrecorder« ist das denkbar ungeeignet. In der zweiten Zeile ist zwar der Link besser gesetzt, aber der Linktext ist noch immer suboptimal. Wahrscheinlich werden die wenigsten Kaufwilligen den Suchbegriff »günstigen Festplattenrecordern« eingeben. Genau diese Suchkombination wird aber durch den Linktext für die Webseite, auf die der Link zeigt, gestärkt. Alternative drei erscheint mir daher als vernünftige und vorzugswürdige Variante. Sie enthält einen auf das Suchwort optimierten Text.

Selbstverständlich weiß man bei den Suchmaschinenbetreibern auch, dass immer wieder wenig aussagekräftige Linktexte gesetzt werden. Daher sucht man gezielt auch im Text davor und danach nach relevanten Begriffen, die mit in die Wertung einbezogen werden. Natürlich ist es immer besser, die treffenden Begriffe direkt auf den Links selbst zu setzen. Dort, wo das nicht möglich ist, weil es sprachlich gekünstelt wirkt oder sonstige Gründe dagegen sprechen, sollten Sie relevante Begriffe also wenigstens in die Nähe des Links schreiben (lassen).

Ein kleines Tools zur Ankertextanalyse finden Sie z. B. unter : `www.webconfs.com/anchor-text-analysis.php` (siehe einen Ausschnitt in Abbildung 13.9).

30. http://www.superdeluxe.ch/kategorie/Buchtipps/
Image ALT Text : website boosing von prof. dr. mario fischer - suchmaschinenoptimierung für jedermann-website-boosting.de

31. http://www.drweb.de/weblog/weblog/?tag=B%C3%BCcher
Image ALT Text : screenshot
website boosting

32. http://www.drweb.de/weblog/weblog/?p=1169
Image ALT Text : screenshot
website boosting

33. http://tmgerlach.wordpress.com/tag/guardian/
website boosting

Abb. 13.9: Einen Überblick über den Text auf Links verschaffen

Die Wucht der Backlinktexte konnte man früher mit dem so genannten »Google Bombing« erkennen. Die Wirkung wurde aber mittlerweile stark abgeschwächt. Mehr dazu später im Kapitel zur strategischen Suchmaschinenoptimierung.

13.2 Der PageRank (PR) von Google

Die Erfolgsgeschichte von Google ist fest verknüpft mit der frühzeitigen Konzentration auf die Analyse von Linkstrukturen innerhalb und außerhalb einer Website. Google hat sich vom Beginn an nicht darauf verlassen, nur die Inhalte einer Website für deren Ranking zu untersuchen. Ein Link, den ein Webmaster auf eine andere Website setzt, stellt letztlich in der Regel ja so etwas wie eine Empfehlung für diese Site dar. Auf unwichtige Inhalte wird man normalerweise nicht linken, weil damit ja auch die eigene Reputation als Empfehlender leiden kann.

Folgerichtig stand die folgende Philosophie hinter dieser besonderen Linkanalyse: »Die Bedeutung eines Dokuments steigt, wenn andere bedeutende Dokumente auf dieses verlinken. Es kommt dabei nicht auf die absolute Anzahl eingehender Links an.« Natürlich stellt sich sofort die Frage, wie ein Dokument im Web denn »Bedeutung« erlangt. Diese Antwort ist noch recht einfach: indem viele andere Dokumente darauf verlinken. Das Ansehen des Dokuments steigt dadurch in den Augen (ein schiefer Vergleich, aber er trifft wohl den Kern) von Google an. Wenn nun dieses bedeutende Dokument auf ein anderes verlinkt, zählt dieser Link nun ungleich mehr und gibt ein kleines Stück seiner Reputation weiter. Mit anderen Worten zählt ein einzelner Link von einer großen, bedeutenden Plattform wie `Spiegel.de` oder `wikipedia.de` viel mehr als Hunderte Links von kleinen, unbedeutenden privaten Homepages.

Der PageRank-Algorithmus wurde von den beiden Google-Gründern Lawrence Page und Sergey Brin entwickelt und auch patentiert. Unter dem Titel *The Anatomy of a Large-Scale Hypertextual Web Search Engine* ist die Originalpublikation auch heute noch auf dem Webserver der Stanford-Universität einzusehen (`http://www-db.stanford.edu/~backrub/google.html`). Es ist wichtig zu unterscheiden, dass der PageRank grundsätzlich nicht die Inhalte in ihrer Gesamtheit der Site bewertet, sondern die Beziehungen zwischen Webseiten.

Damit das Ganze gleich ein wenig plastischer wird, will ich zunächst erläutern, wie man den PageRank-Wert überhaupt sehen kann. Dies kann auf mehreren Wegen bewerkstelligt werden. Der einfachste Weg ist, sich die Toolbar von Google im Browser zu installieren (kostenlos verfügbar unter `http://toolbar.google.com/intl/de`).

Je nach Browser werden Sie dabei praktischerweise auf die entsprechende Webseite umgeleitet, in Abbildung 13.10 auf die für den Firefox. Insgesamt ist diese zusätzliche Leiste im Browser recht nützlich und wird mittlerweile von vielen Nutzern wegen der Vereinfachung täglicher Aufgaben geschätzt. Bei der Installation wird man explizit darauf hingewiesen, dass bei der Verwendung der PageRank-Anzeige Daten an Google übermittelt werden müssen. Das ist auch logisch, denn nur wenn Google den URL kennt, den Sie gerade aufrufen, kann der Wert für die Toolbar zurückgegeben und angezeigt werden. Die Daten werden nach Google-Angaben dabei zwar anonymisiert übertragen, aber es gibt Menschen, denen hierbei unbehaglich ist. Daher erwähne ich das gesondert. Entscheiden Sie sich für die Installation und die PageRank-Anzeige, dann können Sie fortan den PageRank jeder Webseite anhand eines grünen Balkens in der Toolbar erkennen:

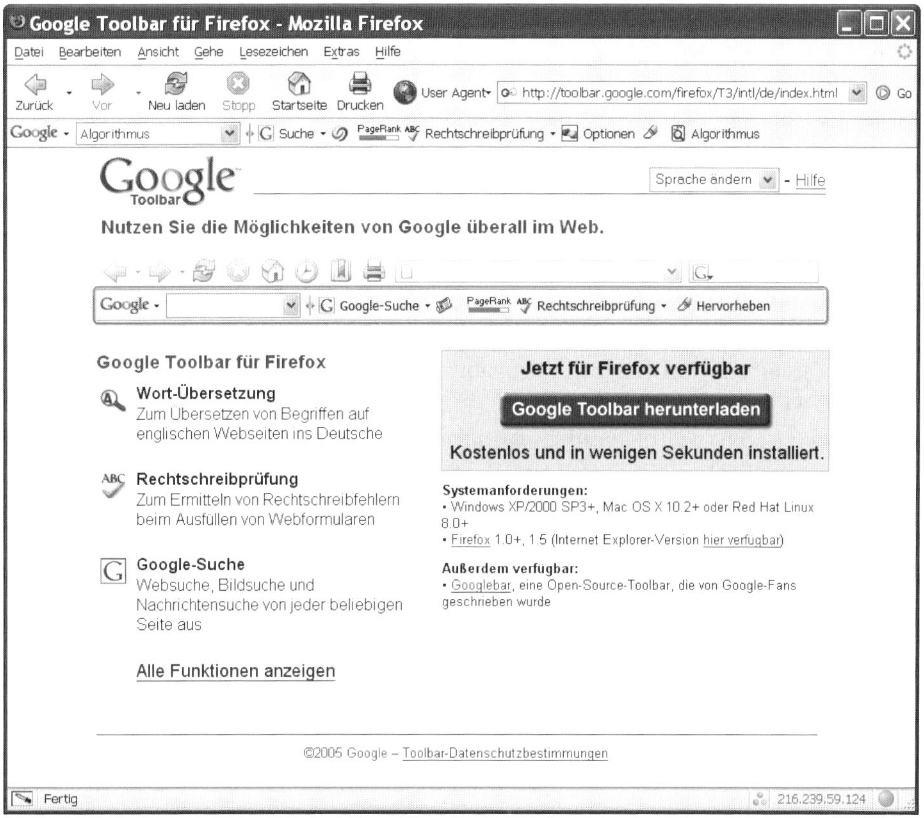

Abb. 13.10: Die Google Toolbar für den Firefox-Browser

Abb. 13.11: Die PageRank-Anzeige

Wenn Sie nun mit der Maus über den grünen Balken fahren, erscheint folgender Text unter dem Mauszeiger: »*PageRank ist Googles Maßstab für die Relevanz dieser Seite (7/10)*«. In Abbildung 13.11 ist der Wert also 7.

Nach außen sichtbar sind übrigens nur ganzzahlige Werte zwischen 0 und 10, während Google intern sehr viel feiner bewertet. Aber dazu später mehr. Bis vor Kurzem gab es auch noch einige Online-Dienste, die den PageRank-Wert auch ohne Toolbar nach Eingabe einer Webadresse angezeigt haben. Leider funktionieren die meisten davon nicht mehr. Google hat es nie geschätzt, wenn automatisierte Dienste diesen Wert extern abgerufen haben, und hat diesen Diensten offenbar die Abfragen unmöglich gemacht.

Sie können also nun die Bedeutung bzw. die Relevanz jeder einzelnen Quelle im Web beim Surfen mitverfolgen, auch die Ihrer eigenen Seiten. Behalten Sie aber im Hinterkopf, dass dies ein mathematisch ermittelter Wert ist, der keinerlei tatsächlichen Bezug auf die *inhaltliche* Relevanz hat.

Das PageRank-Verfahren bildet relativ genau das statistische Verhalten eines Surfers ab, der quasi nicht auf Inhalte achtet, sondern nur zufällig auf einen Link klickt, den er auf einer Seite findet. Je mehr Links auf einer Webseite sind, desto unwahrscheinlicher wird der Klick auf einen dieser Links. Ist umgekehrt nur ein Link vorhanden, ist die Klickwahrscheinlichkeit 100 Prozent. Da nun das ganze Web durch Links miteinander verbunden ist, wird unser zufällig klickender Surfer irgendwann einmal auf Ihre Webseite kommen (sofern sie von anderen Webseiten angelinkt wird). Führen sehr viele Links von anderen Webseiten zu Ihnen, wird er statistisch gesehen wahrscheinlich früher bei Ihnen auftauchen. Je mehr Links zu Ihnen zeigen, desto höher wird die Wahrscheinlichkeit. Das ist auch schon der Kern hinter dieser Messzahl. Nun wird auch klarer, warum Links von bedeutenden Webseiten, also solchen mit hohem PageRank, mehr zählen als Links von unbedeutenden Webseiten. Stellen Sie sich vor, die Startseiten von `Spiegel.de`, `Focus.de`, `Stern.de` und die von `T-Online.de` verlinken auf Ihre Webpräsenz. Tatsächlich würden ab diesem Tag sehr viele Besucher den Weg zu Ihnen finden. Und sicher ungleich mehr, als wenn über tausend Links von kleinen Homepages auf Sie zeigen, weil sich dort eben auch meist sehr viel weniger Besucher aufhalten. Daher zählen eingehende Links von Seiten mit hohem PageRank auch ungleich mehr für die Einschätzung der Bedeutung Ihrer Webseiten.

Der PageRank-Wert einer Link-»abgebenden« Site geht natürlich nicht 1:1 auf die verlinkte Seite über. Zum einen wird der Wert mathematisch »gedämpft«, zum anderen wird umso weniger PageRank »vererbt«, je mehr Links von einer Seite abgehen. Sie teilen sich gewissermaßen den PageRank untereinander auf.

Die Formel für die Berechnung sieht demnach folgendermaßen aus (PR ist hier die Abkürzung für PageRank):

```
PR(A) = (1-d) + d (PR(T1)/C(T1) +... PR(Tn)/C(Tn))
```

Dabei bedeutet PR(A) den PR der Seite A.

PR(Tx) ist der PR der Seiten Tx, von denen ein Link auf die Seite A zeigt.

C(Tx) repräsentiert die Gesamtzahl der Links auf Seite Tx und

d ist ein Dämpfungsfaktor zwischen 0 und 1.

Ideal wäre es also, wenn auf Seite A möglichst viele Links zeigen *und* auf den Linkabgebenden Seiten gleichzeitig möglichst wenige weitere Links sind. Der Dämpfungsfaktor liegt dabei in der Realität in etwa bei 0,85 und sorgt dafür, dass nicht nach mehreren Iterationen alle Webseiten bei PageRank 10 landen.

Machen wir das Ganze noch mal anhand eines kleinen Mini-Webs mit nur drei Webseiten und vier Links plastisch (siehe Abbildung 13.12).

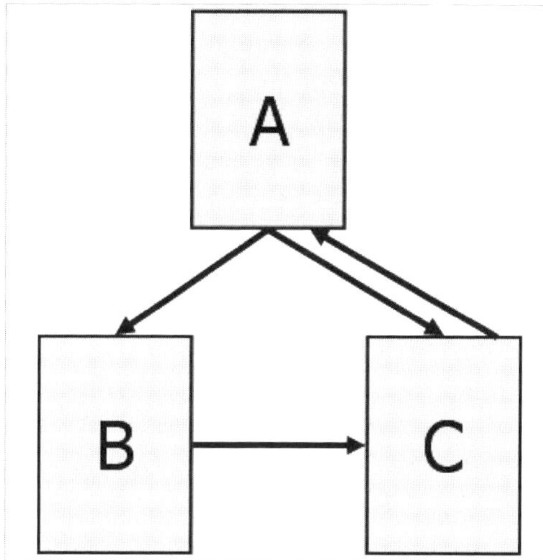

Abb. 13.12: Ein Mini-Web mit drei Webseiten

Seite A verlinkt zu B und C, Seite B verlinkt zu C und C verlinkt auf A. Setzt man das ganze System in die oben genannte Formel ein (was ich Ihnen gerne im Detail ersparen möchte), dann ergibt sich gerundet und mit einem Start-PageRank von 1 für jede Seite bei einem Dämpfungsfaktor von 0,5 für

Seite A ein PageRank von 1,08

Seite B ein PageRank von 0,77

Seite C ein PageRank von 1,14

Seite C hat also den höchsten Wert. Das wird auch unmittelbar einsichtig: Denn wie in Abbildung 13.12 ersichtlich ist, bekommt B einen »halben« PR-Wert von Seite A zugerechnet, die die andere Hälfte ja über den zweiten ausgehenden Link an Seite B weitergibt. Und C bekommt zusätzlich einen »vollen« PR von Seite B vererbt. Vereinfacht also 1,5-fache Linkpower. Seite A bekommt nur einen Link (von C), den aber vollständig zugerechnet. Seite C bekommt dagegen nur einen »halben« Link, nämlich die zweite Hälfte von A gutgeschrieben. Ich hoffe, Sie verzeihen die ungenaue Sprache der geteilten Links, aber ich glaube, so lässt sich die Mathematik dahinter mit einfacheren Worten begreifen. Hier könnte man nun auch das Beispiel des zufälligen Surfers wieder aufnehmen: In dem kleinen Drei-Seiten-Web oben kommt ein klickender Besucher statistisch gesehen durch die Linksetzung eben häufiger auf Seite C und seltener auf A. Probieren Sie es im Kopf einmal in Ruhe aus!

Sie sehen also anhand dieses kleinen Beispiels, wie entscheidend das Setzen von Links für die Bewertung von Webseiten ist. Hm ... nun hatte ich weiter oben bereits erwähnt, dass nur ganzzahlige Werte in der Toolbar angezeigt werden. Beim Surfen werden Sie ebenfalls bemerken, dass Sie sehr selten auf Webseiten mit einem PageRank-Wert über 6 kommen. Das liegt daran, dass die Abstände nicht linear, sprich gleich sind. Der Abstand von PR 6 zu PR 7 ist ungleich höher als beispielsweise der von PR 2 zu PR 3. Eine gute Übersicht hat Bob Wakfer zusammengestellt (siehe Abbildung 13.13), in der man das auch in den beiden Spalten START-RANGE und END-RANGE sehen kann. Für einen angezeigten PR von 3 reicht die interne Spanne zum Beispiel von 166 bis 900. Für einen PR von 7 dagegen reicht sie bereits von 152.244 bis 823.186 (beachten Sie bitte, dass er hier als Amerikaner Kommas statt Punkte als Tausendertrennzeichen verwendet hat und Punkte für Nachkommastellen).

Page Rank Calculation

PR	Start Range	End Range	Median Value	Median PR Passed	Links for PR5	Links for PR6	Links for PR7	Links for PR8
1	6	30	18	0.30	16,803	92,414	508,277	2,795,522
2	30	164	97	1.65	3,055	16,803	92,414	508,277
3	166	900	533	9.06	555	3,055	16,803	92,414
4	915	4,948	2,931	49.83	101	555	3,055	16,803
5	5,033	27,213	16,123	274	18.362	101	555	3,055
6	27,681	149,670	88,675	1,507	3.339	18.362	100.992	555.456
7	152,244	823,186	487,715	8,291	0.607	3.339	18.362	100.992
8	837,339	4,527,522	2,682,431	45,601	0.110	0.607	3.339	18.362
9	4,605,367	24,901,372	14,753,369	250,807	0.0201	0.110	0.607	3.339
10	25,329,516	136,957,543	81,143,530	1,379,440	0.0036	0.020	0.110	0.607

Assumption: 85% of median value passed
Assumption: 50 links per page average

Abb. 13.13: Bob Wakfer's PageRank-Kalkulationstabelle
Quelle: `www.compar.com/infopool/articles/PR-calculation.html`

Bei seiner Berechnung ist er davon ausgegangen, dass jede Seite im Schnitt 50 abgehende Links hat und dass 85 Prozent (der Dämpfungsfaktor) des PageRank-Wertes einer Seite auch tatsächlich an andere, angelinkte Seiten vererbt werden können.

Für einen PageRank von 7 braucht man demnach statistisch 555 Links von Seiten, die selber einen PR von 5 haben. Würde man dagegen 19 Links (genau: 18,362 Links) von Seiten mit PR 7 bekommen, hätte man den eigenen PR 7 schon erreicht. Es würde sogar ein einziger Link (genau 0,607 Links) einer Seite mit PR 9 genügen, um ebenfalls den PR-Wert 7 auf der eigenen Seite zu erzeugen. Sie sehen also, dass es sich beim »Einsammeln« von Links schon lohnen kann, hier entsprechende Unterscheidungen zu machen. Ein PR-starker Link vererbt also ungleich mehr als viele Links von PR-schwachen Seiten. Wenn wir bei unserem Beispiel bleiben, wiegt also mathematisch gesehen ein Link von einer PR-9-Seite genauso viel wie 508.277 Links von Seiten mit PR 1. Hier liegt zugleich eine Quelle für ständige Fehlinterpretationen, was die Bedeutung des PageRanks angeht. Dazu komme ich dann aber noch ausführlich in Abschnitt 13.3.

Selbstverständlich weiß niemand außer ein paar wenigen Mitarbeitern bei Google, wie und mit welchen Parametern der PR tatsächlich berechnet wird. Google hat vor einiger Zeit verlauten lassen, dass man ein paar mathematische »Abkürzungen« bzw. Annäherungen gefunden habe, weil sich die unvorstellbare Zahl von Links im Web (derzeit kennt Google etwa eine Billion unterschiedlicher Links) in den notwendigen Iterationsschritten gar nicht mehr wirtschaftlich und in gebotener Zeit exakt berechnen lässt.

Wenn Sie die Berechnung grob verstanden haben, wissen Sie nun auch, warum Ihnen Webseiten mit wirklich hohem PR relativ selten begegnen. Außer natürlich, Sie halten sich vornehmlich auf den Seiten der großen und bekannten Portale auf.

Nur wenigen Webseiten lässt Google die höchste PR-»Ehre« von 10 zuteilwerden. Eine aktuelle Aufstellung aller PR-10-Seiten finden Sie unter `http://www.suchmaschinen-optimierung-seo.info/pagerank.html`. Wenn Sie sich die Seiten dort ansehen, wird das auch unmittelbar klar. Webseiten von Adobe, der NASA oder `Real.com` (die den bekannten Real-Mediaplayer anbieten) oder dem MIT tauchen dort besonders häufig auf. Warum? Auch das wirkt bei längerem Nachdenken nur logisch: Wie viele Webseiten verlinken wohl zum Beispiel auf den kostenlosen Acrobat Reader von Adobe?

Aber auch die häufiger benutzten und nicht ausrottbaren Webcounter (»Diese Webseite haben schon *302* Besucher aufgerufen«) gelangen immer wieder zu hohen PR-Werten. Denn unzählige kleine Webpages nutzen diese kostenlosen Skriptprogramme, die natürlich immer auch nach Hause linken ... Hier macht es einfach die Masse.

Welche Schlussfolgerungen sind nun aus den vorangestellten Betrachtungen zu ziehen?

1. Jeder maschinell erkennbare und nicht mit »nofollow« markierte Link, ob nach außen oder innerhalb Ihrer Website, stellt eine Art Empfehlung dar, die von Google erkannt wird und in die Relevanzberechnung mit eingeht.
2. Je mehr Links von Seiten einer Website auf eine Seite dieser Website zeigen, umso relevanter erscheint diese.
3. Nach außen gehende Links (sofern sie maschinell erkennbar sind) auf einer einzelnen Webseite schwächen die Kraft der verbleibenden und nach innen zeigenden Links.

4. Innerhalb einer gesamten Website ist der PR gleichmäßiger verteilt, wenn die hierarchisch nachrangigen Seiten untereinander gut verlinkt sind.
5. Kleinere Websites werden durch den Algorithmus bevorzugt. Allerdings ist die Wahrscheinlichkeit, dass auf größere Websites verlinkt wird, meist höher.

Hinweis

Vielleicht denken Sie nun, externe Links schaden nur, und spielen mit dem Gedanken, diese ganz aus Ihrem Webauftritt zu verbannen. Dies wäre allerdings zu kurz gedacht. Zum einen können Sie ausgehende Links auf einzelnen, gesonderten Seiten konzentrieren. Zum anderen lebt ja das Web eigentlich erst durch Verlinkungen. Links stellen gleichsam den Klebstoff dar, der es zusammenhält. Daher wäre es gerade auch Google sicher nicht recht, wenn nun deren Art der PR-Berechnung dazu führen würde, dass keinerlei externe Links mehr gesetzt würden. Man kann daher getrost davon ausgehen, dass einzelne Links nach außen keinen allzu großen Schaden anrichten. Im Gegenteil gibt es ernst zu nehmende Stimmen, die die Meinung vertreten, einzelne, thematisch passende Links auf »gute« externe Websites würden durchaus positiv gewertet, und dies überkompensiert den negativen Effekt bei Weitem. Sie sollten nur eben nicht gerade von der Startseite oder der ersten Ebene nach außen linken, um nicht zu viel Link-»Juice« für Ihre eigenen, nachfolgenden Seiten zu verschenken. Müssen Sie von prominenter Stelle aus nach außen Links setzen (zum Beispiel weil ein Verband dies verlangt), programmieren Sie am besten keinen maschinenlesbaren HTML-Link, sondern linken mit einem JavaScript-Befehl dort hin. Diesen können Suchmaschinen nicht erkennen und werten ihn daher nicht. Ihre Besucher können aber im Browser problemlos darauf klicken.

Jetzt wird Ihnen auch klar, warum die Startseite einer Website zumeist den höchsten PR hat: In der Regel wird von jeder Seite innerhalb eines Webs auf die Startseite verlinkt, egal wie tief die Einzelseite in der Hierarchie steht (»Home«-Link). Es steht Ihnen natürlich nun frei, durch gezielte Verlinkung auch andere Webseiten Ihres Webauftritts »wichtig« zu machen. Wie das genau geht, erfahren Sie in einem der Folgekapitel unter dem Stichwort »PageRank-Sculpting«.

Unter `http://www.markhorrell.com/seo/pagerank.asp` finden Sie einen sehr nützlichen Online-PageRank-Kalkulator, um sich die mathematische Mechanik der PR-Berechnung zu visualisieren. Dort geben Sie zuerst die Anzahl der Webseiten und anschließend die Namen der Seiten ein.

Anschließend bekommen Sie für jede dieser – in Abbildung 13.14 – acht Seiten die Möglichkeit, die Links zu den jeweils anderen Seiten zu setzen. Für die Mehrfachauswahl halten Sie einfach die `Strg`-Taste beim Klicken gedrückt. In Abbildung 13.15 ein beispielhafter Ausschnitt.

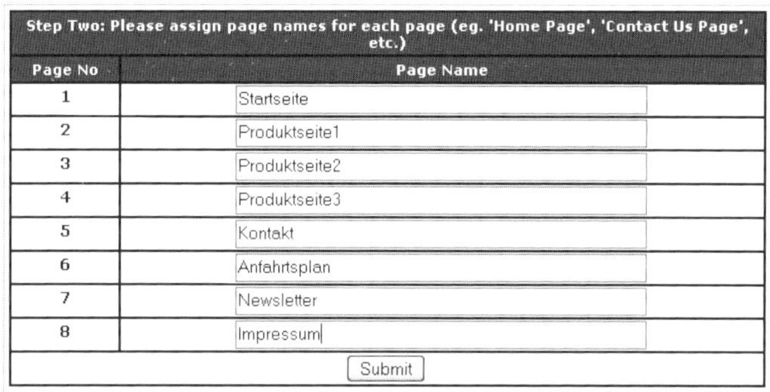

Step Two: Please assign page names for each page (eg. 'Home Page', 'Contact Us Page', etc.)	
Page No	Page Name
1	Startseite
2	Produktseite1
3	Produktseite2
4	Produktseite3
5	Kontakt
6	Anfahrtsplan
7	Newsletter
8	Impressum
Submit	

Abb. 13.14: Der PageRank-Kalkulator: Namenvergabe

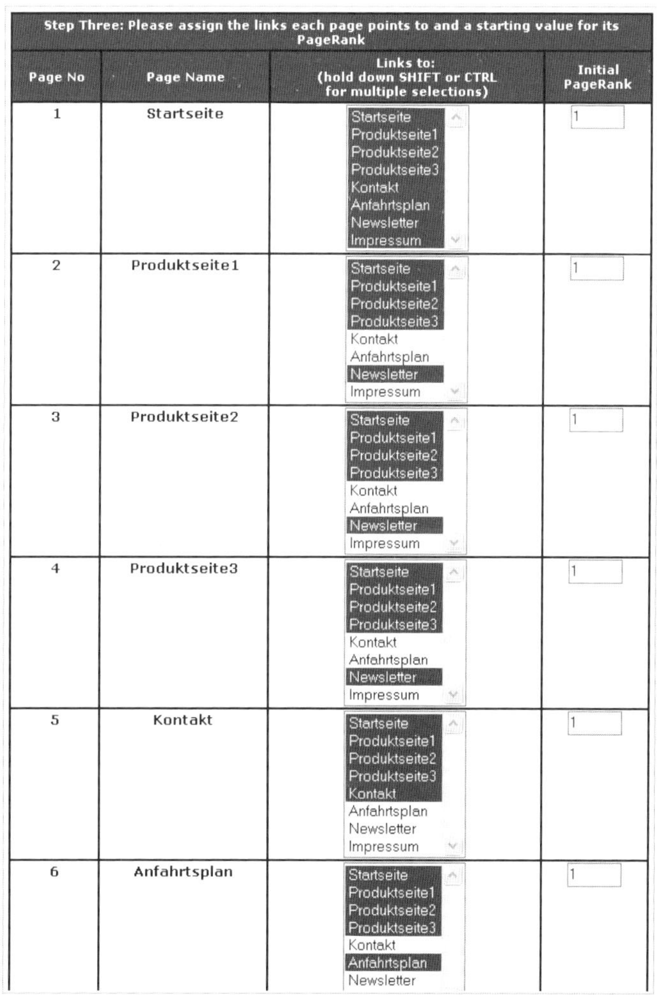

Step Three: Please assign the links each page points to and a starting value for its PageRank			
Page No	Page Name	Links to: (hold down SHIFT or CTRL for multiple selections)	Initial PageRank
1	Startseite	Startseite Produktseite1 Produktseite2 Produktseite3 Kontakt Anfahrtsplan Newsletter Impressum	1
2	Produktseite1	Startseite Produktseite1 Produktseite2 Produktseite3 Kontakt Anfahrtsplan Newsletter Impressum	1
3	Produktseite2	Startseite Produktseite1 Produktseite2 Produktseite3 Kontakt Anfahrtsplan Newsletter Impressum	1
4	Produktseite3	Startseite Produktseite1 Produktseite2 Produktseite3 Kontakt Anfahrtsplan Newsletter Impressum	1
5	Kontakt	Startseite Produktseite1 Produktseite2 Produktseite3 Kontakt Anfahrtsplan Newsletter Impressum	1
6	Anfahrtsplan	Startseite Produktseite1 Produktseite2 Produktseite3 Kontakt Anfahrtsplan Newsletter	1

Abb. 13.15: Der PageRank-Kalkulator: Linkvergabe

Wie Sie ansatzweise erkennen können, bin ich nach folgendem Link-Muster vorgegangen:

1. Die Startseite verlinkt auf alle Seiten.
2. Die drei Produktseiten verlinken zusätzlich noch auf die jeweils beiden anderen Produktseiten und auf die Newsletter-Seite.
3. Alle Nicht-Produktseiten verlinken ebenfalls auf die drei Produktseiten.
4. Das Impressum verlinkt zusätzlich noch auf die Kontaktseite.

Wenn Sie das nun mit mehreren Iterationen (einzugeben unten im Fuß der Maske unter ITERATIONS OF EQUATION) rechnen lassen, bekommen Sie den PageRank jeder einzelnen Seite übersichtlich angezeigt. Meist reichen unter zehn Iterationsschritte, hier habe ich mit acht rechnen lassen. Den DAMPING FAKTOR, also den Wert für die Dämpfung, lassen Sie am besten auf 0,85 stehen. Das Ergebnis sieht in diesem Fall wie in Abbildung 13.16 aus:

Calculating PageRank.....									
Iteration	Startseite	Produktseite1	Produktseite2	Produktseite3	Kontakt	Anfahrtsplan	Newsletter	Impressum	Total
0	1	1	1	1	1	1	1	1	8
1	1.4179166667	1.4179166667	1.4179166667	1.4179166667	0.5679166667	0.42625	0.93625	0.3979166667	8
2	1.4083335069	1.4083335069	1.4083335069	1.4083335069	0.4535710069	0.3731161458	1.1829536458	0.3570251736	8
3	1.4101030257	1.4101030257	1.4101030257	1.4101030257	0.4273210726	0.3630651799	1.2189876434	0.3502140014	8
4	1.4101832021	1.4101832021	1.4101832021	1.4101832021	0.422081679	0.3615445271	1.226203889	0.3494370967	8
5	1.4102001031	1.4102001031	1.4102001031	1.4102001031	0.4210894393	0.3612945348	1.2274800594	0.3493355539	8
6	1.4102019027	1.4102019027	1.4102019027	1.4102019027	0.4209081691	0.3612538319	1.2277074237	0.3493229644	8
7	1.4102021447	1.4102021447	1.4102021447	1.4102021447	0.4208757609	0.3612471036	1.2277471846	0.3493213721	8
8	1.4102021744	1.4102021744	1.4102021744	1.4102021744	0.4208700516	0.3612459855	1.2277540931	0.3493211723	8
Iteration	Startseite	Produktseite1	Produktseite2	Produktseite3	Kontakt	Anfahrtsplan	Newsletter	Impressum	Total

Abb. 13.16: Der PageRank-Kalkulator: der PageRank der Einzelseiten

Konzentrieren Sie sich einfach auf die Zeile 8 (der letzten Iteration). Dort sehen Sie nun die Auswirkungen der oben genannten internen Verlinkung. Die Startseite sowie die Produktseiten haben den höchsten PR (1,41), knapp dahinter folgt die Newsletter-Seite (1,23). Sehr viel »unwichtiger« erscheint dann die Kontaktseite (0,42), gefolgt vom Anfahrtsplan (0,36) und dem Impressum (0,35).

Ich würde Ihnen empfehlen, mit diesem Tool ruhig mal ein wenig herumzuspielen und jeweils nach der Berechnung per »Back«-Button zurückzugehen, um die Links gezielt zu ändern. Wenn Sie anschließend wieder den PR berechnen lassen, bekommen Sie wirklich schnell ein Gefühl dafür, wie wichtig die richtige Linksetzung ist und wie sie auf den PR Einfluss nimmt. Da der PR einer Webseite bei der Beurteilung der Rankingposition bei Google nicht ganz unwichtig ist, lohnt es sich wirklich, diese Mechanik wenigstens in Ansätzen zu verstehen. Versuchen Sie es einfach!

Bitte denken Sie immer daran, dass auch alle Ihre Seiten intern genügend »Linkjuice« (Saft und Kraft durch Links von eigenen Seiten mit hohem PageRank)

Tipp

Leider funktioniert es aktuell mal wieder nicht richtig ... Aber bei dem Tool unter `www.iwebtool.com/visual_pagerank` sollten Sie ab und zu mal vorbeischauen. Es zeigt nach der Eingabe einer Webadresse ein Bild der Webseite und ergänzt alle Links auf dieser Seite um kleine Symbole, die den PR der angelinkten Seite anzeigen. Auch Nofollow-Links und externe Links werden nach Wunsch optisch mit visualisiert. Normalerweise würde ich Ihnen einen Tipp für ein instabiles Tool nicht zumuten. Aber wenn es funktioniert, lohnt sich die Benutzung wirklich.

bekommen. Betreiben Sie z. B. einen Shop oder haben viel Content auf Ihren Seiten? Erreicht man diese über sogenannte Blätternavigationen wie sie Abbildung 13.17 prinzipiell und beispielhaft zeigt?

Abb. 13.17: Eine Blätternavigation ist extrem schädlich für Suchmaschinen

Solche Blätternavigationen starten meist bei 1 und gehen bis zu einer bestimmten Zahl. Links zu weitere Seiten (z. B. Seite 15 in der Abbildung) bekommt man erst, wenn man die nächste Seite aufgerufen hat. Um zu Seite 40 zu gelangen, muss man vielleicht sogar vier Mal oder mehr weiterblättern. Genau da liegt das Problem für die Robots der Suchmaschinen. Die sehen diese Linkstruktur nämlich hierarchisch und damit werden die Seiten weiter hinten in der Regel überhaupt nicht mehr gecrawlt. Gehen Sie ruhig davon aus, dass die Suchmaschine bei normalen Webseiten nicht weiter als drei bis vier Ebenen in der Linkhierarchie geht.

13.3 Die Bedeutung des PageRank

Nachdem sich in der Webgemeinde herumgesprochen hatte, wie wertvoll Links von Seiten mit hohem PR sind, begannen Webmaster, Links von solchen Seiten gegen harte Währung zu verkaufen. Käufer, oder besser »Mieter«, waren zumeist Shopbetreiber oder Portale, die mit ihren Produkten und Dienstleistungen dadurch oft besser in den Suchergebnissen gerankt wurden. Google war dieses Täuschen bzw. Unterwandern ihrer natürlichen PR-Berechnung verständlicherweise gar nicht recht. So hat man einfach zunächst die Intervalle verlängert, in denen nach einer Neuberechnung der neue PR-Wert über die Toolbar angezeigt wird. So wird der Linkkauf zum Vabanque-Spiel, weil die linkgebende Seite möglicherweise schon länger einen viel niedrigeren PR oder gar eine 0 als Wert hat und damit weniger oder gar keine Linkpower mehr hat.

Umgekehrt erfährt ein Linkverkäufer erst später, wenn der PR seiner Seiten über die Zeit stärker gestiegen ist und sich damit der für alle sichtbare Verkaufswert erhöht hat. Nach eigenen Angaben rechnet Google den PR aber ständig nach, teilweise werden Linkbeziehungen sogar mehrmals täglich berechnet. Intern wird natürlich mit aktuellen Werten gearbeitet. Nur sehen kann man ihn nun leider nicht mehr zeitnah.

Sie müssen sich also immer im Klaren darüber sein, dass die PR-Anzeige in Ihrer Toolbar oder einem Abfragetool *immer* ein Blick in die Vergangenheit ist (oft mehrere Monate!) und nie den internen, wahren PR anzeigt, mit dem Google tatsächlich rechnet.

Daraus entsteht oft ein fatales Fehlurteil: Der PageRank wäre unwichtig. Manche Suchmaschinenoptimierer brüsten sich gar öffentlich damit, ihn gänzlich zu ignorieren. Wie eine solche Einschätzung entsteht, ist völlig klar: Man analysiert den PR-Wert der Seiten, die auf der Ergebnisseite von Google nach einer Suchabfrage angezeigt werden. Da sind dann eben auch schon mal Treffer zu finden, die einen PR von 0 haben oder Treffer mit PR 4 liegen weit unterhalb von Ergebnissen mit PR 2. Der allzu schnelle Analytiker kommt dabei zu dem Schluss: »Kann gar nicht wichtig sein.«

Um diese Fehleinschätzung geradezurücken und Sie mit dem nötigen Hintergrundwissen auszustatten, möchte ich nachfolgend daher ein paar Dinge richtigstellen.

- Selbstverständlich ist der PR nicht das alleinige, donnerbringende Rankingkriterium. Eine Seite mit hohem PR, die nicht sauber On-Page optimiert ist, ranked natürlich schlechter als eine Seite mit niedrigerem PR, die gut optimiert wurde – weil sie nach der maschinellen Inhaltsanalyse einfach nicht so relevant erscheint.
- Wie wir vorhin gesehen haben, reicht statistisch bereits ein Link einer Seite mit PR 9, um auf der angelinkten Seite einen PR 7 zu erzeugen. Damit hat diese Seite aber nur einen einzigen eingehenden Link! Es ist völlig klar und einleuchtend, dass man bei Google hier mit Sicherheit eine Bremse eingebaut hat. Und die lautet »Domainpopularität«. Sie hat sogar in letzter Zeit mehr an Gewicht bekommen. Eine Domain, die 1.000 Links von kleinen Seiten bekommen hat, ist sicher inhaltlich besser als eine, die nur einen einzigen, dafür aber PR-starken Link bekommen hat. Dieses Votum der 1.000 wiegt einfach mehr als einige wenige starke Links. Insofern ranken auch nur solche Domains gut, die ihren PR breit gestreut und von möglichst unterschiedlichen Domains erhalten haben. Es wäre dumm von Google, PR-starke Seiten nur schon deshalb zu bevorzugen, weil sie einen hohen Wert haben. Entscheidend ist, wie dieser Wert zustande gekommen ist. Das weiß Google natürlich – aber wir können das am Toolbar-Wert nicht einfach so ablesen. Um hier eine fundierte Aussage

treffen zu können, muss man tiefergehende Analysen über die Linkstrukturen anstellen. Wir machen dies regelmäßig und stellen genau dies immer wieder fest: Ein hoher PR, der nicht auf breit gefächerten Backlinks beruht, sondern auf wenigen, starken Links beruht, verhilft einer Seite nicht zu einem guten Ranking!

- Liegt ein Treffer mit PR 2 über einem mit PR 3, kann das seine Ursache auch darin haben, dass Google intern ja viel genauer und feiner rechnet. In Abbildung 13.13 auf Seite 348 konnte man das ja gut erkennen. So kann eine Seite einen Google-»internen« PR von 164 haben (damit sehen wir eine 2 in der Toolbar) und die andere einen internen Wert von 166 (damit würden wir bereits eine 3 sehen). Ein Extrembeispiel – aber es zeigt, dass die internen Werte oft sehr nahe und nur kaum nennenswert auseinanderliegen können, in der Toolbar aber bereits die nächsthöhere Zahl ausgegeben wird.
- Da die Toolbarwerte in der Regel wie oben angeführt alt sind, wird für eine Trefferseite möglicherweise ein (zu) niedriger Wert ausgegeben, als er bei Google intern tatsächlich ist. Im Extremfall zeigt uns die Toolbar (noch!) einen Wert von 0 an und wir wundern uns, wie eine solche Webseite unter die ersten Treffer kommen kann.
- Von Google bestrafte Webseiten behalten nicht selten ihren PR (das kommt auf die Art der Strafe an) – ranken aber natürlich dann nicht mehr gut. Eine berüchtigte Strafe ist zum Beispiel das »Seite 3 Flag«. Eine mit einer solchen von Google für uns unsichtbaren Markierung versehene Domain kommt beim Ranking nicht über die Trefferseite 3 nach vorne. Eine interne Sperre verhindert ein besseres Ranking. Diese Strafe wird vor allem beim Verdacht auf Verstöße gegen die Richtlinien (in der Regel automatisch) vergeben. Man kann nun machen, was man mag – das Ranking wird einfach nicht besser, unabhängig vom vielleicht hohen PR. Auch solche Beobachtungen verleiten gerade Optimierer (für die diese Strafe ja praktisch eingeführt wurde) zu der Einschätzung, dass der PR nicht mehr so wichtig sein kann.
- Wer die Berechnung des PageRank wirklich verstanden hat, wird auch zu der mathematisch begründeten, auf Statistik beruhenden Einschätzung kommen, dass der PR ja gerade eine Visualisierung der Backlinkstrukturen ist. Wer also nicht bestreitet, dass Backlinks für das Ranking bei Google wichtig sind – der kann auch die Bedeutung des PR nicht bestreiten. Das ist leider nicht immer der Fall. Und aus vielen Diskussionen habe ich gelernt, dass es meist das (noch) mangelnde Verständnis über die Zusammenhänge der Berechnung ist, die solche falschen Glaubensbekenntnisse in der Regel erzeugen.

Selbstverständlich ist das alles kein Garant, dass der PageRank nicht zukünftig immer mehr an Bedeutung verlieren wird. Genauer gesagt: Dass immer mehr neue, rechenintensive Kriterien dazukommen und der PR damit im Verhältnis gesehen an Bedeutung verliert. Und ganz ehrlich gehe ich auf lange Sicht sogar davon aus, dass dies schleichend passieren wird. Unter Experten wird derzeit sogar diskutiert, ob nicht der so genannte »Browser-Rank« ein gleichwertiges Kriterium wäre. Dabei werden vereinfacht ausgedrückt die Besucherzahlen einer Domain sehr viel stärker mit einbezogen. Und schließlich hat Google noch eine weitere wichtige Kennzahl im Hintergrund, die wir von außen nicht sehen können: Den »Trust-Rank«, mit dem einer Domain ein gewisser Vertrauensfaktor zugerechnet wird.

Eines ist jedoch heute immer noch sicher: Hat eine Website keine Strafe, ist sie On-Page sauber optimiert und hat sie eine breite Basis an guten Backlinks – und damit in der Regel auch einen vernünftigen PageRank, dann klappt das auch mit dem Ranking.

Kapitel 14

Suchmaschinenoptimierung für die gesamte Website

14.1 Die Aktualität

Inwieweit eine häufige Aktualisierung der Webseiteninhalte eine Rolle für das Ranking spielt, ist eine in einschlägigen Foren kontrovers diskutierte Frage. So viel vielleicht vorweg: Ich kann mir keinen vernünftigen Grund denken, warum eine häufig geänderte Seite wichtiger wäre als eine, deren Content stabil über einen längeren Zeitraum im Web steht. Bevor Sie nun gleich Ihr E-Mail-Programm öffnen, um mir zu mailen: Das war natürlich eine recht allgemeine Feststellung, aber je länger Sie nachdenken, umso schwieriger wird es, einen Begriff zu finden, dessen Suchergebnisse ausschließlich dann interessant sind, wenn sie tagesaktuell sind. Sieht man von Wechsel- und Aktienkursen ab (aber auch da sind historische Daten oft für Analysten interessanter als der aktuelle Börsenkurs) und lässt »Mess- und Kennzahlen« im weitesten Sinne außen vor, wird klar, dass eine solche Bevorzugung seitens der Suchmaschinen wenig Sinn machen würde. Denken Sie nur an lexikalische Definitionen, mathematische Erklärungen oder Bauanleitungen. Die können sehr, sehr gut gemacht bereits vor vielen Jahren ins Web gestellt worden sein und wären es vielleicht noch heute wert, on-top bei entsprechenden Suchbegriffen angezeigt zu werden.

Der Lösungskern liegt eigentlich in den Wünschen der Besucher. Wenn jemand nach »Stevie Wonder« sucht, kann es sein, dass er generelle Informationen zu dem Sänger haben möchte. Möglicherweise hat er aber auch irgendwo aufgeschnappt, dass Steve gestern einen Award verliehen bekommen hat, und weiß aber nicht genau, welchen. Eine Suchmaschine kann anhand einer einzelnen Webseite nicht entscheiden, ob er aktuell gerade im Moment gut oder gefragt ist oder ob nicht doch ein Link zu Wikipedia und der Vita von Herrn Wonder angebracht wäre. Nur zusammen – mit dem Publikationsdatum und der Uhrzeit einer Information (plus seiner Relevanz für den Suchbegriff) *und* dem Verhalten der Suchenden lassen sich vernüftige Ergebnisse darstellen. Zumindest Google ist schon in der Lage, über die plötzliche Erhöhung der Abfragefrequenz eines Suchwortes diesen Ausnahmezustand zu erkennen und in diesem Fall andere Suchergebnisse zu liefern. Nämlich aktuelle, am besten erst ein paar Stunden oder Minuten alt.

Wenn Sie eine normale Unternehmenspräsenz betreiben, müssen Sie sich mit diesem Phänomen allerdings in der Regel nicht herumschlagen. Sie werden bei einer vernünftig aufgebauten Website fast von selber Informationen publizieren, die längerfristigen Informationscharakter haben. Und solche, die aktueller Natur sind. Liegen diese auch enger thematisch beieinander, profitieren Sie von beiden Fällen.

Ihre internen und externen Links sollten Sie aber schon aktuell bzw. funktionsfähig halten. Haben Sie über einen längeren Zeitraum zu viele Broken Links, kann Ihnen das der Robot übelnehmen bzw. stuft Ihre Site als nicht gut gepflegt ein. Broken Links entstehen schneller als Sie denken. Da reichen ein paar alte vergessene HTML-Seiten auf dem Webserver, deren früher zugehörige Bilder man in ein anderes Verzeichnis geschoben hat. Statistisch können hier schnell fünf bis zehn Prozent Broken Links auflaufen. Prüfen Sie das immer wieder mal – vor allem nach Redesigns. Ein kostenloses Tool dazu, Xenu, hatte ich Ihnen ja schon weiter vorne vorstellt.

Tipp

In der Regel nehmen Suchmaschinen nicht jede Kleinigkeit sofort als echte Content-Änderung auf und aktualisieren deswegen gleich ihren Index. Experten gehen davon aus, dass sich ein bis zwei Sätze ändern müssen, damit die Webseite auch tatsächlich neu indexiert wird. Dies mag auch der Grund sein, warum zum Beispiel das einzelne Ausbessern eines Tippfehlers trotzdem oft über lange Zeit noch nicht in den Suchergebnissen angezeigt wird. Auch bei Suchmaschinen sind Ressourcen knapp und werden effizient eingesetzt. Daher nützt auch das gezielte Verändern des Speicherdatums einer Seite, nur um Aktualität vorzugaukeln, bei den meisten Suchmaschinen rein gar nichts ;-)

14.2 Klickrate in den Suchergebnissen

Hat es einen Einfluss, ob und wie oft auf ein Suchergebnis geklickt wird? Höchstwahrscheinlich schon. Auch hier müssen wir von Experteneinschätzungen, Beobachtungen und dem gesunden Menschenverstand zehren, weil es von den Betreibern der großen Suchmaschinen natürlich keinerlei Auskünfte gibt. Ich kann mir aber lebhaft vorstellen, dass die wenigen intimen Kenner bzw. Macher der Algorithmen und Filter das ein oder andere Mal sich ein Lächeln nicht verkneifen können, wenn sie mitlesen, wie die Welt um sie herum spekuliert.

Insbesondere für Google, aber auch für andere große Suchmaschinen geht man davon aus, dass hier möglicherweise gezielt mit der Bewertung von Klickraten zumindest ernsthaft experimentiert wird. Google hat ja sehr viele Datencenter, die den Index mehrfach für Suchende vorhalten. Immer wieder fällt es auf, dass sich die Suchergebnisse auch außerhalb der größeren Updates teilweise bei Abfragen mit Abständen von wenigen Sekunden um Details unterscheiden. Folgen Sie mir kurz und ich versuche zu erklären, worauf ich hinauswill: Wir können davon ausgehen, dass eine Suchmaschine sehr, sehr gutes statistisches Material hat, wie oft im Schnitt bei einer Suche *als allererster Klick* auf Position eins, zwei, drei oder weiter unten geklickt wird. Eine prozentual durchschnittliche Klickrate hatte ich Ihnen ja schon weiter vorne gezeigt (Sie erinnern sich sicher an das AOL-Beispiel). Legen wir nun einfach einmal diese Zahlen zugrunde, um uns mit einem Rechenbeispiel dem Problem gedanklich zu nähern. Der erste Klick eines Suchenden geht im Schnitt zu 47 Prozent auf Position 1 und 7 Prozent auf Position 4. Nun betrachten wir eine konkrete Abfrage nach dem Wort `Schnitzel`. Für dieses konkrete Suchwort möge der erste Klick einfach mal abweichend mit 38 Prozent auf Position 1 und 28 Prozent auf Position 4 laufen. Hm .... Warum die Abweichung? Eine plausible Erklärung wäre, dass die bewertenden Algorithmen hier möglicherweise nicht so scharf treffen und der Mensch anhand des kurzen Textausschnitts (also des beschreibenden Textes) im Suchergebnis eher Position 4 auswählt, weil ihm das vielversprechender erscheint.

So weit, so gut. Wäre es nicht ideal, wenn man als Suchmaschine hier Tests fahren könnte? Google verfügt wie erwähnt über weit mehr als hundert Datencenter, auf die Suchende aus Lastgründen (man nennt das Load-Balancing), aber auch gezielt aufgeschaltet werden können. Sie können sich das so vorstellen, dass Sie bei der Eingabe von `www.google.de` eben nicht immer auf denselben Server kommen. Das bemerken Sie in der Regel natürlich nicht. Was liegt näher, als mit diesen unterschiedlichen Datencentern auch ein klein wenig Marktforschung zu betreiben? Wir greifen also unser Beispiel von oben wieder auf und vertauschen auf einem Datencenter, nennen wir es einfach »B«, unsere beiden Schnitzel-Ergebnisse von Position 1 und 4. Auf Datencenter A bleiben die Ergebnisse zur Kontrolle so, wie sie sind. Ich könnte nun den Suchenden in vernünftigen Zeittakten entweder Ergebnis A oder Ergebnis B (mit den vertauschten Positionen) anbieten. Nach einiger Zeit – bei hoch frequentierten Suchbegriffen schon nach Sekunden! – würde sich herausstellen, ob und welche Änderungen damit im Klickverhalten ausgelöst wurden. Ein Szenario wäre, dass sich durch das Umstellen in Datencenter B nun die Klickrate auf Position 1 auf 65 Prozent erhöht und eingependelt hat und im ursprünglichen Datencenter A dagegen noch immer unverändert bei 38 Prozent liegt. Dies ließe den Rückschluss zu, dass die Webseite, die vorher nach algorithmischer Bewertung »nur« auf Platz 4 lag, wohl besser auf die Suchabfrage passt und daher nach oben verschoben werden sollte. Das wäre nichts anderes, als das Votum vieler Menschen mit einzubeziehen, um die Ergebnisse noch weiter zu verbessern. Also eigentlich nichts anderes als Marktforschung? Warum sollten sich die Suchmaschinenbetreiber diese wertvolle Kundenmeinung entgehen lassen? Eben.

Tipp

Aha. Wenn Sie nun meine oben stehenden Überlegungen teilen sollten, denken Sie sicherlich gerade intensiv daran, wann Sie das letzte Mal die für Ihre Webseiten angezeigten Ergebnistexte in den Suchmaschinen-Treffern kontrolliert haben. Sie haben völlig recht! Je besser der Text formuliert ist und auf das Suchwort passt, desto höher wird die Klickneigung sein. Und desto besser werden möglicherweise langfristig Ihre Positionen. Tja, gute Pflege, Herr Doktor.

Vieles deutet übrigens darauf hin, dass das Verhalten der Suchenden in Zukunft noch sehr, sehr, sehr viel mehr in die Bewertung mit einfließen wird. Microsoft hat im Juni 2008 eine Berechnungsmethode vorgestellt, die das Nutzerverhalten stärker mit einbezieht: Den *BrowseRank*. Über installierte Toolbars oder auch über eigene Browser, die »nach Hause telefonieren«, kann das Verhalten von Webnutzern analysiert und für das Ranking herangezogen werden. Was häufiger geklickt wird, was häufiger besucht wird und wo man sich länger aufhält – das muss irgendwie gut sein –, solange es die breite Masse macht. Also eine Art Volksabstimmung über Webseiten. Interessierte finden das entsprechende Dokument von Microsoft hier: `http://research.microsoft.com/users/tyliu/files/fp032-Liu.pdf`.

Dazu gleich mehr in Abschnitt 14.3.

Wer nun glaubt, dass dies das Ei des Kolumbus gegen Manipulationsversuche sein müsste, den kann ich gleich hier und jetzt enttäuschen. Wenn dieses Kriterium spürbarer in die Rankings der Suchmaschinen eingehen wird, kann man auf das folgende Szenario warten: Unseriöse Suchmaschinen-Optimierer werden ganze Heerscharen von Trojanern und Viren unter das websurfende Volk bringen, die deren Browserengine so manipulieren, dass entweder offen oder verdeckt bestimmte Seiten zufällig »mitaufgerufen« werden. Auf die Stimme der Surfer zu hören, mag im ersten Moment demokratisch erscheinen. Aber auch das lässt sich mit mehr oder weniger hohem Aufwand aushebeln. Ich weiß, was Sie jetzt denken. Die Welt ist schlecht. Ein paar böse Menschen reichen schon.

14.3 Verweildauer auf Ihrer Website

Weiter vorne haben Sie ja schon etwas über die Google-Toolbar lesen können. Sie zeigt den PageRank der Webseite an, die Sie gerade aufrufen. Dazu muss natürlich die genaue Adresse der Webseite an Google übertragen werden – woher sollten die sonst wissen, welcher PageRank anzuzeigen ist? Dass diese Daten übertragen werden, wird auch ganz offen bei der Installation beschrieben. Dort heißt es sogar, man solle das Folgende aufmerksam lesen, weil es eben nicht das übliche Blablabla ist. Nein, nein, kein Witz, das steht wirklich so da.

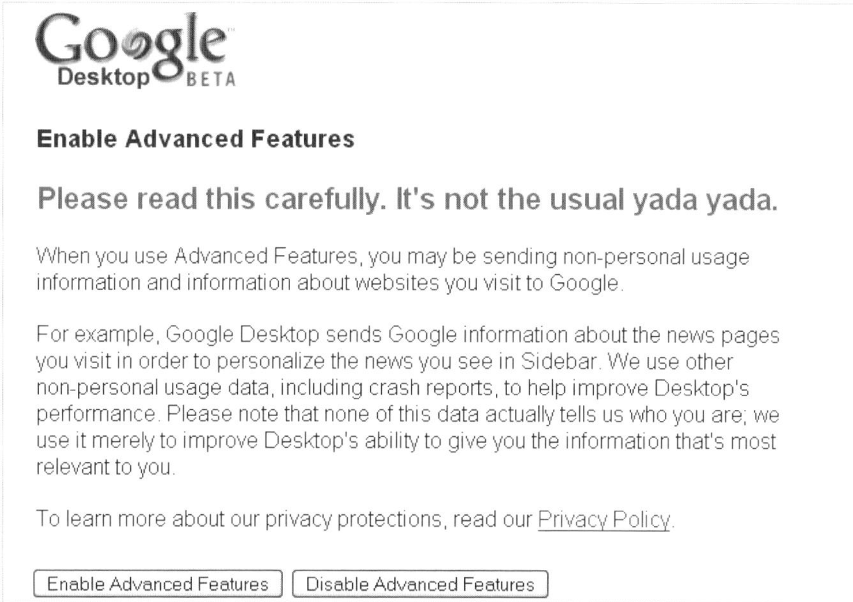

Abb. 14.1: Nicht das übliche Blabla – yada yada

Je mehr Menschen also Toolbars installieren, die solche Zusatzinformationen bereitstellen (es gibt solche nützlichen Teilchen natürlich nicht nur von Google, auch Alexa stellt so etwas zur Verfügung), desto transparenter wird für die Herausgeber wie oben schon beschrieben das Surfverhalten. Datenschützer mögen sich den Kopf blutig kratzen, aber letztlich entscheidet der Benutzer, welche Daten er damit anderen zur Verfügung stellt. Freilich sagen nicht alle Anbieter so offen wie Google, dass ihre Tools nach Hause telefonieren.

Wenn also eine genügend große Zahl von Nutzern vorhanden ist, damit einigermaßen sauber statistisch auf den Rest hochgerechnet werden könnte, dann, ja dann wissen die Suchmaschinen, wo sich Surfer aufhalten und vor allem wie lange. Interessant dürfte es dabei sicherlich nicht mal so sehr sein, wenn sich jemand 25,3 Minuten auf einer Website für gebrauchte Automobile aufhält (oder doch?). Interessant sind vor allen die Schnittstellenbewegungen »Suchmaschine« zu »andere Webseiten«. Ich will das an einem Beispiel plastisch machen: Sie haben eine Toolbar einer Suchmaschine installiert und suchen in dieser Suchmaschine zum Beispiel nach dem Begriff `HiFi Lautsprecher`. In dem Suchergebnis entscheiden Sie sich dann, auf das zweite Ergebnis zu klicken, weil Ihnen der Ergebnistext zusagt. Nach dem Aufruf dieser Seite erkennen Sie, dass sie nicht Ihrem Informationsbedürfnis entspricht. Sei es, weil es sich vielleicht um eine dieser endlosen Vermittlungs- und Vergleichswebseiten ohne echten eigenen Content handelt, Sie eine klassische Spamseite vor sich haben oder einfach ein Missgriff vorliegt, weil eine Firma HiFi (der Inhaber heißt wohl *HI*ndemit *FI*scher) irgendwas über Lautsprecher geschrieben hat. Kurzum, Sie klicken nach etwa zwei Sekunden auf den »Back«-Button und kehren zur Ergebnisliste der Suchmaschine zurück. Nun versuchen Sie Ihr Glück vielleicht mit Suchergebnis Nummer 3. Und siehe da, Sie erwischen einen Shop, sehen sich dort um, kaufen schließlich ein und werden zum glücklichen Kunden. All diese Bewegungen könnten potenziell durch die Suchmaschine aufgezeichnet worden sein. Nicht für immer und auch nicht unter Ihrem Namen und Ihrer Blutgruppe. Wohl aber, um über einen aussagekräftigen Zeitraum zu messen, ob Suchende nach einem Klick auf ein Suchergebnis von dieser Webseite sehr schnell wieder zu der Ergebnisseite zurückkehren und eine Neuauswahl vornehmen. Letzteres machen sie vielleicht sogar mehrmals. Auf welcher Seite sie letztlich bleiben, könnte ein Indiz dafür sein, welche der zehn angezeigten am besten auf den Suchbegriff passt. Vor allem aber zeigt sich deutlich, welche der Seiten offensichtlich nicht passen!

Versetzen wir uns noch einmal kurz in den Betreiber einer Suchmaschine. Wir geben für `HiFi Lautsprecher` ein von einem Algorithmus errechnetes und bewertetes Ergebnis mit zehn Alternativen aus. Heute haben 20 Personen nach genau dieser Kombination gesucht und alle 20 haben zuerst auf Position 1 geklickt. Ebenso sind alle nach einer Zeitspanne von ein bis drei Sekunden zu unserer Ergebnisliste zurückgekehrt und haben andere Ergebnisse ausgewählt. Unabhängig davon, wo unsere 20 Suchenden danach hingeklickt haben – eines wissen wir doch sicher: Die Webseite auf Position 1 interessiert offenbar niemanden, der mit `HiFi Lautsprecher` sucht. Würden Sie als Betreiber, der nichts anderes im Sinn hat, als seine Suchenden glücklich zu machen, auch weiterhin dröge die nicht passende Webseite unter Platz 1 anzeigen? Nee, oder?

Warum ich diese Überlegungen hier anstelle? Um einen ganz zentralen Grundstein für spätere Ausführungen im Usability-Bereich zu legen. Vielleicht ahnen Sie auch schon vage, worauf ich hinauswill. Wenn die »First Impression«, also der erste Eindruck Ihrer Startseite (oder der tiefer liegenden Seiten, die ja über Suchmaschinen auch häufig zufällig ans grelle Licht gezerrt werden) nicht auf Anhieb sitzt, wird recht schnell der »Back«-Button gedrückt. Für Sie bedeutet das möglicherweise jedes Mal einen kleinen Malus im großen Geflecht der Kennzahlen. Sie sehen, es kommt beileibe nicht immer nur darauf an, gefunden zu werden. Wenn das, was da gefunden wird, vom Design und der daraus resultierenden Aussage her schlecht aufbereitet ist, verschenken Sie nicht nur wertvollen Kundentraffic, Sie schaden sich auch noch durch die mittlerweile herrschende Transparenz über die Bewegungen der Surfer im Web. Auf diesem Umweg kann also nun sogar schon eine seelenlose Maschine erkennen, wenn Sie nur suboptimale Webseiten haben. Und dass Sie vielleicht über den Bekannten eines Bekannten, der auch für den Fischereiverein die Website erstellt hat, ein wenig Geld gespart haben ... Dazu aber weiter hinten mehr.

14.4 Ihre Domain: Alt und weise?

Sie sind seit Neuestem stolzer Besitzer einer neuen, wunderbar klingenden Domain? Herzliches Beileid. Es wird wohl noch ein wenig dauern, bis Sie den Erfolg genießen dürfen. Die Anzeichen dafür, dass neue Domains beim großen Suchmich erst mal überhaupt nicht mitspielen dürfen, sind sehr deutlich geworden. War dies anfangs nur Spekulation, gab es anscheinend mittlerweile sogar eine Bestätigung eines Google-Ingenieurs auf einer Suchmaschinen-Konferenz in San Jose in Californien: »... *regardless of their merit, or lack thereof, in a sort of probationary category for six months to a year to allow time to determine how users react to a new site, who links to it, etc* ...«. Neue Domains werden also prinzipiell erst einmal zur Probe aufgenommen und mit besonderen Filtern argwöhnischer beobachtet. Vor allem der Linkzuwachs wird hier wohl besonders aufmerksam unter die Lupe genommen. Alles, was für eine wirklich neue Domain unnatürlich und unwahrscheinlich erscheint, wie zum Beispiel der Zuwachs von mehreren, starken Links (vom PageRank her gesehen) in einem sehr kurzen Zeitraum, erzeugt hochgezogene Augenbrauen bei Google. Dies dürfte wohl zweierlei Gründe haben:

1. Vor allem Spammer melden ständig neue Domainnamen an, sobald sie die Inhalte bisheriger Domains überreizt haben und aus dem Index verschwunden sind. Eine Domain ist heute unter guten Freunden für ein paar Cent zu haben und stellt in diesem Gewerbe keinen wirklichen Kostenfaktor dar.

2. Auch Unternehmen registrieren sich seit Neuestem offenbar trunken an neuen Domainnamen. Irgendwie hat sich wohl herumgesprochen, dass es nicht schaden könnte, einen Suchbegriff im Domainnamen zu haben, und so werden »Produkt-Namens-Ungetueme-mit-Bindestrichen.de« reserviert, was das Zeug hält und der Geldbeutel hergibt. Erst kürzlich hatte mir ein Webmaster eines mittelständischen Unternehmens bei einer Beratung gleich zu Anfang stolz eröffnet, sie hätten bereits über 250 Domain-Kombinationen mit allen relevanten Produkten reserviert und auf ihre Stammdomain umgeleitet. Offenbar sorgt sich niemand ernsthaft um die armen kleinen Robots der Suchmaschinen, die sich hier einen Wolf laufen, um am Ende festzustellen: Kenn ich doch alles schon! Und gleich nebenbei: Die Domain-Melderitis (ich habe dafür extra einen Namen erfunden, der wie eine Krankheit klingt, weil es anscheinend ansteckend ist) nützt Ihnen herzlich wenig.

Wie immer gab es neben der oben zitierten Aussage natürlich keine offizielle Bestätigung von Google für die künstliche Behinderung neuer Domains. Aber spätestens die seit dem Zeitpunkt durchgeführten, aufmerksamen Beobachtungen unterstützen diese Vermutung und lassen die Existenz dieser Sonderbehandlung als relativ gesichert erscheinen. Selbstverständlich bekam die Spielverderberei sogleich einen Namen verpasst: die *Sandbox*.

Die Sandbox dürfte seit etwa Anfang 2005 im Einsatz sein. Ab wann genau der Zeitpunkt der Quarantäne beginnt, ist nicht ganz eindeutig. Theoretisch könnte der Zeitpunkt der Anmeldung verwendet werden, da Google ja bekanntlich Domainregistrar geworden ist. Da man dort aber keine Domains registrieren kann und es nicht wenig Geld kostet, Registrar zu werden, muss man sich die Frage stellen: Warum machen die das? Die etwas intimeren Kenner des technischen Aufbaus des Webs haben vielleicht jetzt die gleiche Vermutung: Ein Registrar hat den (automatisierten) Zugang zu weltweit (!) allen Daten einer Domain und damit unter anderem nicht nur zum Domaineigentümer oder einem Eigentümerwechsel, sondern auch zum Erstanmeldedatum. Gerade Letzteres kann man ja in den offiziell publizierten Daten nicht sehen. Mir erscheint jedoch wahrscheinlicher, dass vor allem der Zeitpunkt, an dem erste Inhalte auf einer Domain erscheinen, die Sanduhr frisch umdreht. Und während der Sand nun ein halbes bis zu einem Jahr lang von oben nach unten rieselt, wundern Sie sich, warum Sie trotz aller Arbeit keine nennenswerten Positionen erreichen.

Jetzt können Sie auch die Überschrift dieses Kapitels richtig deuten. Je älter eine Domain mit Inhalten am Netz ist, desto besser. Das dürfte auch der Grund sein, warum ausgelaufene bzw. zurückgegebene Domains oft innerhalb von Minuten einen neuen Besitzer finden. Ich könnte Ihnen verraten, wie das gemacht wird, aber dann müsste ich Sie anschließend töten. Na ja, wenigstens grob kann ich das schon beschreiben: Professionelle Spammer fragen einfach ständig automatisiert die Verfügbarkeit von wertvoll erscheinenden Domains (zum Beispiel solche mit hohem PageRank und/oder vielen guten Backlinks) ab und registrieren sie automatisch vollelektronisch, sobald eine davon frei werden sollte. Wo und wie man solche Domains findet, kann ich aber nun wirklich nicht offiziell hier ausplaudern, aber ich bin sicher, so detailliert wollen Sie das gar nicht wissen. Leider gehen ja immer wieder auch Unternehmen in Konkurs und da die Insolvenzverwalter meist so gar keine Ahnung haben, welchen Wert ein »eingefahrener« und bereits gut verlinkter Domainname tatsächlich hat, schneiden sie diesen lästigen Kostenfaktor kurzerhand ab. Aber auch hier hat Google schon reagiert und erkennt radikale Topic-Wechsel (zum Beispiel vom Reifenhandel zum Spam-Gemischtwarenladen) einer Webpräsenz. Hierfür hat man eigens ein Patent angemeldet. Und wenn dann wie zufällig beim Registrar auch noch ein Eigentümerwechsel eingetragen wurde, schaut man offenbar noch sehr viel genauer hin. Wie gesagt, Google bedient sich aus vielen Informationsquellen.

Bleibt also festzuhalten, dass eine Domain gar nicht *alt genug* sein kann. Je länger sie schon am Netz ist, desto höheres Vertrauen dürfte sie bei Suchmaschinen genießen. Denken Sie daran, wenn Sie über die Anschaffung einer neuen Domain nachdenken.

Bereits im September 2003 hat Google in einem Patent (US-Patent 60/507,617) beschrieben, wie man »gute« und »böse« Domains maschinell unterscheiden kann. Einer der Indikatoren war, wie lange die Domain beim Registrar bereits im

Tipp

Und wenn eine Neuanschaffung aus wichtigen Gründen wirklich einmal angeraten ist, behandeln Sie diese wie jungen Sekt und lassen sie erst mal eine Zeit lang im Webkeller vergären. Selbstverständlich mit Inhalten und wenigstens ein paar Links von außen versehen. Und drehen Sie die neue Site ab und zu um, wie man das auch beim Sektrütteln macht. Damit meine ich, dass Sie ab und an Content ergänzen und/oder verändern. Und erst wenn sie gut ist, entkorken Sie die Domain vorsichtig.

Ach ja: Und verwenden Sie in der neuen Domain möglichst nur einen Bindestrich. Zu viele von diesen »Worttrennern« mögen Suchmaschinen inzwischen nämlich auch nicht mehr.

Und gleich noch ein Tipp: Denken Sie auch daran, dass viele Auflistungen von Domains auf anderen Seiten (Empfehlungsseiten, Webkataloge etc.) nach Alphabet listen. Falls es irgend möglich ist, sollte der Domainname mit einem der vorderen Buchstaben beginnen. Das bringt unbestritten mehr Traffic durch Link-Klicks. Auf das Listing in Suchmaschinen hat es freilich keinerlei Einfluss. Also statt `Reifen-Arnold.de` sollten Sie gut überlegen, ob Sie nicht lieber `Arnold-Reifen.de` registrieren. Die Schlüssel-Notdienste in den Gelben Seiten machen es vor. Dort finden Sie sogar Firmen, die sich »AAA Schlüsselnotdienst« nennen. Damit stehen sie ohne Mehrkosten gaaaanz vorne und das bringt dort einfach mehr Geschäft als »Zubbel-Schlüsseldienst«.

Voraus bezahlt wurde. Der Hintergrund ist klar: Ein Spammer wird eine Domain in der Regel nicht fünf oder gar zehn Jahre im Voraus bezahlen. Hat er sein Spiel nämlich zu bunt getrieben (und das macht diese Berufsgilde oft), dann fliegt sie aus dem Suchmaschinenindex und wird wertlos. Unternehmen dagegen nutzen oft den Rabatt, den es bei mehrjähriger Vorausbezahlung gibt. Und sie vermeiden damit das Risiko, durch eventuelle Fehler beim jährlichen Zahlungs- und Verlängerungsprozess gar die Domain zu verlieren. Google hat als Domainregistrar offensichtlich Zugang zu diesen Daten und kann sie daher als (einen weiteren) Indikator für »seriöse« Domains verwenden. Als dies bekannt wurde, erkannten einige pfiffige Registrare dies und boten sogleich an, eine `.com`-Domain für 99 Jahre im Voraus zu bezahlen. Die Beschränkung ist wohl auf die (nur) zwei Ziffern zurückzuführen, die für die Laufzeitspeicherung zur Verfügung stehen. Leider lassen sich `.de`-Domains bisher immer nur für ein Jahr bezahlen.

14.5 Ein Domainkauf

Der Kauf einer »gebrauchten« Domain kann sich durchaus lohnen. Das hat mehrere Vor-, aber durchaus auch einige *mögliche* Nachteile:

- Die Domain ist schon älter und daher fällt der Sandbox-Effekt weg, der bei neuen Domains zuschlägt.
- Dazu kommt, dass wie oben schon erläutert eine ältere Domain immer auch einen Bonus vor allem bei Google hat. Aber Vorsicht: Nur wenn die Domain wirklich schon echte Inhalte hatte und bei Google bekannt ist, bringt sie in dieser Hinsicht etwas. Einfach nur geparkte bzw. nur reservierte Domains ohne Content werden wie neue Domains behandelt. Es zählt also nicht das Datum der Anmeldung, sondern wann der Robot das erste Mal Content auf der Domain gefunden hat. Erst ab dann läuft die Uhr. Einen Anhaltspunkt bietet ansatzweise eine Abfrage bei der so genannten *WayBackMachine*, die Sie unter `www.archive.org/web/web.php` finden. Nach Eingabe eines Domainnamens finden Sie dort nach Datum die Historie einer Domain. Einschränkung: Wenn der Betreiber in der `robots.txt`-Datei den Robot der WayBack ausschließt, wird nichts archiviert.

Search Results for Jan 01, 1996 - Mar 13, 2008

1996	1997	1998	1999	2000	2001	2002	2003	2004	2005	2006	2007
2 pages	1 pages	2 pages	8 pages	18 pages	62 pages	13 pages	14 pages	156 pages	286 pages	104 pages	42 pages
Oct 19, 1996 *	Dec 10, 1997 *	Apr 25, 1998 *	Jan 17, 1999 *	Mar 01, 2000 *	Jan 18, 2001 *	Jan 25, 2002 *	Feb 07, 2003 *	Feb 24, 2004 *	Jan 01, 2005 *	Jan 01, 2006 *	Jan 04, 2007
Dec 19, 1996 *		Dec 12, 1998 *	Jan 25, 1999	Mar 03, 2000	Jan 30, 2001	Feb 23, 2002 *	Feb 18, 2003 *	Mar 28, 2004 *	Jan 05, 2005 *	Jan 01, 2006 *	Jan 08, 2007
			Feb 08, 1999 *	Apr 07, 2000 *	Feb 01, 2001 *	Apr 14, 2002	Mar 30, 2003 *	May 21, 2004 *	Jan 05, 2005 *	Jan 01, 2006 *	Jan 13, 2007
			Feb 19, 1999	Apr 08, 2000	Feb 02, 2001 *	May 25, 2002 *	Apr 10, 2003 *	May 22, 2004 *	Jan 06, 2005 *	Jan 01, 2006 *	Jan 18, 2007
			Apr 18, 1999 *	May 10, 2000 *	Feb 24, 2001 *	May 26, 2002	Apr 24, 2003 *	Jun 05, 2004 *	Jan 06, 2005 *	Jan 02, 2006 *	Jan 23, 2007
			Apr 24, 1999 *	May 20, 2000	Feb 26, 2001 *	Jul 22, 2002	May 26, 2003 *	Jun 06, 2004 *	Jan 09, 2005 *	Jan 02, 2006 *	Jan 29, 2007
			Apr 28, 1999	Jun 09, 2000	Mar 01, 2001	Aug 02, 2002	Jun 21, 2003 *	Jun 06, 2004 *	Jan 09, 2005 *	Jan 02, 2006 *	Feb 02, 2007
			Apr 29, 1999	Jun 19, 2000	Mar 01, 2001 *	Sep 26, 2002 *	Jun 22, 2003 *	Jun 09, 2004 *	Jan 10, 2005 *	Jan 03, 2006 *	Feb 03, 2007 *
				Jun 22, 2000	Mar 01, 2001 *	Oct 07, 2002 *	Jul 24, 2003 *	Jun 10, 2004 *	Jan 11, 2005 *	Jan 06, 2006 *	Feb 09, 2007 *
				Jul 07, 2000	Mar 01, 2001 *	Nov 06, 2002 *	Sep 28, 2003 *	Jun 11, 2004 *	Jan 12, 2005 *	Jan 07, 2006 *	Feb 17, 2007
				Aug 15, 2000 *	Mar 02, 2001	Nov 19, 2002 *	Oct 18, 2003 *	Jun 12, 2004 *	Jan 13, 2005 *	Jan 08, 2006 *	Mar 02, 2007
				Aug 23, 2000 *	Mar 02, 2001 *	Nov 25, 2002 *	Nov 18, 2003 *	Jun 14, 2004 *	Jan 14, 2005 *	Jan 11, 2006 *	Apr 04, 2007
				Oct 12, 2000 *	Apr 01, 2001 *	Nov 27, 2002 *	Nov 23, 2003 *	Jun 15, 2004 *	Jan 15, 2005 *	Jan 12, 2006 *	Apr 04, 2007 *
				Oct 17, 2000	Apr 02, 2001 *		Dec 14, 2003 *	Jun 15, 2004 *	Jan 16, 2005 *	Jan 12, 2006 *	Apr 04, 2007 *
				Oct 19, 2000	Apr 10, 2001 *			Jun 16, 2004 *	Jan 17, 2005 *	Jan 13, 2006 *	Apr 05, 2007 *
				Nov 18, 2000	May 03, 2001 *			Jun 18, 2004 *	Jan 18, 2005 *	Jan 13, 2006 *	May 19, 2007 *
				Dec 02, 2000 *	May 04, 2001			Jun 18, 2004 *	Jan 19, 2005 *	Jan 15, 2006 *	Jun 05, 2007 *
				Dec 05, 2000 *	May 05, 2001			Jun 19, 2004 *	Jan 20, 2005 *	Jan 16, 2006 *	Jun 06, 2007 *
					May 06, 2001			Jun 22, 2004 *	Jan 21, 2005 *	Jan 17, 2006 *	Jun 07, 2007 *
					May 07, 2001			Jun 22, 2004 *	Jan 22, 2005 *	Jan 17, 2006 *	Jun 07, 2007 *
					May 08, 2001			Jun 22, 2004 *	Jan 23, 2005 *	Jan 18, 2006 *	Jun 19, 2007 *
					May 09, 2001			Jun 23, 2004 *	Jan 24, 2005 *	Jan 18, 2006 *	Jul 04, 2007 *
					May 10, 2001			Jun 23, 2004 *	Jan 25, 2005 *	Jan 26, 2006 *	Aug 07, 2007 *
					May 11, 2001			Jun 24, 2004 *	Jan 26, 2005 *	Jan 28, 2006 *	Aug 08, 2007
					May 12, 2001			Jun 24, 2004 *	Jan 27, 2005 *	Feb 01, 2006 *	Aug 22, 2007
					May 13, 2001			Jun 26, 2004 *	Jan 29, 2005 *	Feb 02, 2006 *	Sep 22, 2007
					May 16, 2001			Jun 27, 2004 *	Jan 31, 2005 *	Feb 02, 2006 *	Sep 25, 2007
					May 17, 2001			Jun 27, 2004 *	Feb 04, 2005 *	Feb 03, 2006 *	Sep 26, 2007 *
					May 19, 2001			Jun 29, 2004 *	Feb 05, 2005 *	Feb 04, 2006 *	Sep 29, 2007 *
					May 22, 2001			Jun 30, 2004 *	Feb 06, 2005 *	Feb 05, 2006 *	Sep 30, 2007
					May 23, 2001			Jul 01, 2004 *	Feb 08, 2005 *	Feb 06, 2006 *	Oct 02, 2007
					May 26, 2001			Jul 01, 2004 *	Feb 08, 2005 *	Feb 08, 2006 *	Oct 03, 2007
					May 27, 2001			Jul 01, 2004 *	Feb 09, 2005 *	Feb 09, 2006 *	Oct 06, 2007
					May 29, 2001			Jul 03, 2004 *	Feb 10, 2005 *	Feb 16, 2006 *	Oct 08, 2007

Abb. 14.2: Das WayBack-Archiv für `www.bundesregierung.de`

Abbildung 14.2 zeigt beispielhaft für eine Domain, dass diese bereits 1996 mit echtem Content im Web vertreten war. Wurde wie oben beschrieben der Robot ausgesperrt, erhalten Sie eine falsche Fehlermeldung (siehe Abbildung 14.3) bzw. eine, bei der der Hinweistext nicht stimmt. Probieren Sie das ruhig mal mit `www.website-boosting.de` aus. Dort ist der Robot nicht zugelassen, aber die Seite ist weder ungültig noch komprimiert. Dies nur als Hinweis, damit Sie sich nicht über die unsinnige Meldung wundern.

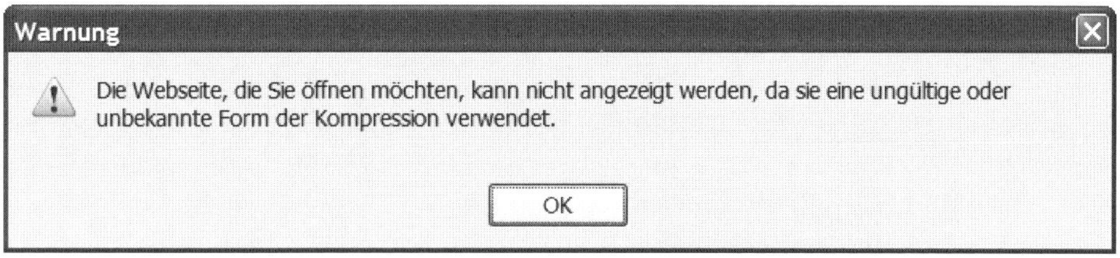

Abb. 14.3: Die falsche Fehlermeldung der WayBackMachine

- In der Regel haben ältere Domains bereits im Lauf der Jahre fast zwangsläufig einige oft auch thematisch passende Backlinks aufgesammelt. Dies hilft beim Ranking, weil man nicht bei null beginnen muss. Wie Sie das Vorhandensein solcher Links prüfen können, hatte ich ja weiter vorne schon vorgestellt.

Natürlich gibt es auch *Nachteile* beim Kauf einer gebrauchten Domain:

- Oft haben die Alteigentümer völlig überdrehte Vorstellungen vom Preis, den sie damit erzielen können. Manche scheinen wirklich zu glauben, dass irgendwann jemand kommt und einen Geldkoffer über ihnen ausschüttet. Achten Sie also auf einen realistischen Preis – nachdem Sie ein wenig recherchiert haben.
- Analysieren Sie auch, ob die Domain mit den wesentlichsten Keywords der bisherigen Inhalte einigermaßen bei Suchmaschinen rankt. Kopieren Sie einen eindeutigen Satz aus einer Seite und geben Sie ihn in Anführungszeichen in den Suchschlitz bei Google ein (Sie erinnern sich? Double-Content-Suche?). Die Seite muss dann gefunden werden. Ansonsten liegt vielleicht eine der gefürchteten Strafen vor, die man nicht auf Anhieb erkennen kann. Hat der Inhaber nämlich in der Vergangenheit Mist gebaut, kann ihm Google durchaus eine unsichtbare Strafe verpasst haben – trotz noch immer angezeigtem PageRank-Wert! Wenn Sie unsicher sind oder ein schlechtes Gefühl haben, konsultieren Sie einen Profi oder lassen Sie die Finger davon. Denken Sie daran, dass Sie auf diesem »Grundstück« Ihr neues (virtuelles) Firmengebäude errichten wollen, und sparen Sie gerade hier nicht am falschen Ende. Das rächt sich später hinsichtlich der verlorenen Zeit – das schmerzt mehr als die bis dahin nun unnötig getätigten Ausgaben. Glauben Sie mir. Vielleicht ist genau das der Grund, warum jemand verkaufen möchte? Seien Sie bei aktiven Angeboten, die man Ihnen ohne Nachfrage Ihrerseits macht, grundsätzlich sehr viel kritischer, als wenn *Sie* aktiv auf jemanden zugehen. Für einen guten Suchmaschinenoptimierer ist es kein Problem, eine Domain über zum Beispiel zwei Jahre langsam nebenbei aufzubauen und ihr einen akzeptablen PageRank zu verpassen. Nach dem Verkauf an jemanden aus dem Tal der Ahnungslosen werden die Links abgezogen und die Domain steht schon nach Wochen naggert (also ohne jeden Backlink) da. Auf einer großen Versteigerungsplattform, Sie wissen, wen ich meine, werden solche Domains jeden Tag verhökert und ich muss immer wieder grinsen, zu welch irrwitzigen Geboten sich die Käufer

für zum Teil wirklich wertlose Domains hinreißen lassen. Oh Herr, schmeiß Hirn vom Himmel!

- Sie sollten darauf achten, dass die zu erwerbende Domain thematisch in jedem Fall zu Ihren geplanten Inhalten passt. Findet nämlich ein zu radikaler Inhaltswechsel statt, wirft Sie Google in die Sandbox und Sie gehen nicht auf Los, sondern ins Gefängnis. Dazu aber später mehr im Kapitel zu den Stolperfallen. Da fällt mir ein, dass vielleicht nicht alle von Ihnen schon mal Monopoly gespielt haben ... Ich meine natürlich nur das Spiel-Gefängnis. Nicht, dass mir hier am Ende noch jemand Angst bekommt, mit dem Gesetz in Konflikt zu geraten. Man weiß ja nie.

Sie sehen also, dass man seriöserweise keine generelle Empfehlung geben kann. Ob sich ein Domainkauf lohnt, muss immer im Einzelfall geprüft werden und das möglichst sorgfältig. Natürlich kann es sich auch lohnen, eine gebrauchte Domain nicht unbedingt für den eigenen, bisherigen Webauftritt zu erwerben. Einige Domaininhaber sind sich des in der Vergangenheit (oft unbewusst) aufgebauten Linkpotenzials und damit des Wertes für eine gute Ausgangsposition für Suchmaschinenoptimierung gar nicht im Klaren. Daher haben gute Optimierer auch immer ein Auge auf diese Möglichkeit: Eine Domain günstig zu kaufen, die gut »im Link-Saft« (auch *Linkjuice* genannt) steht und auf der man den Content zielgerichtet weiter ausbauen und wertvolle – weil thematisch passende – Links auf die eigene Seite setzen kann.

14.6 Schlechte Nachbarschaft

»Bad Neighbourhood«. So nennt man in den USA Wohngebiete, in denen man am Abend und teilweise auch tagsüber nicht vor dem Haus auf der Veranda sitzen sollte. Im Web gibt es solche schlechten Nachbarn natürlich auch. Verbunden zeigt man sich mit Ihnen den Suchmaschinen gegenüber durch Links. Gibt es zu viele Linkbeziehungen zu solchen »Bad Sites«, fangen die Suchmaschinen an, auch Sie in diesem schlechten Licht zu sehen. Sollten Sie also Linktausch betreiben wollen, müssen Sie sich die Tauschpartner sehr genau ansehen. Wenn man Sie aktiv darauf anspricht, würde ich sowieso schon gleich die Finger davon lassen. Sehen Sie sich die Mail genau an und in den allermeisten Fällen werden Sie mit einem wachen Auge erkennen, dass es eine personalisierte Massenmail ist. Da steht dann drin, wie toll man Ihre Seiten findet (aber eben meist ohne konkrete Beispiele oder einen konkreten Themenbezug) und dass man sie zufällig beim Googeln gefunden hätte. Alles Unsinn. Solche Mails lassen sich mit Software automatisch generieren, die sogar aktiv auf Webseiten Ihre Mail-Adresse herausfiltern und zusammen mit allen Domainkennzahlen in einer Datenbank speichern.

Mir geht es aber hier vor allem noch um etwas anderes: Kontrollieren Sie auch die Links, die Sie bewusst zu anderen Sites gesetzt haben, immer wieder mal. Ich hatte ja weiter vorne geschrieben, dass Domains verkauft werden. Oder einfach auch »zurückgegeben«, weil man ein Business nicht mehr betreibt oder das Unternehmen schlicht Konkurs angemeldet hat. Setzt sich dann ein Spammer auf die Domain, bekommen Sie unter Umständen Probleme. Plötzlich linken Sie ungewollt auf eine Sex-Seite oder eine, die den Besuchern Phishing-Software oder Viren unterjubelt. Zum Zeitpunkt Ihrer Linksetzung war die Site vielleicht absolut seriös – jetzt nicht mehr. Vielleicht wissen Sie auch, dass zum Beispiel Google Webadressen mit Schadsoftware abfiltert und Surfende beim Aufruf solcher Seiten völlig zu Recht warnt. Ich kann mir keinen Grund vorstellen, warum Sites, die auch noch zu solchen nachgewiesenermaßen schädlichen Seiten verlinken, nicht auch vom Ranking ausgenommen werden sollten. Schließlich führen sie Menschen auch auf normalem Linkweg dorthin. Und selbstverständlich fällt es einer Maschine schwer, einen »unschuldigen« Link von einem zu unterscheiden, der aus Absicht zur Stärkung der Backlinks gesetzt wurde. Sie erscheinen also praktisch als Steigbügelhalter der bösen Buben (und Mädchen, falls Frauen auch solche fiesen Dinge im Web machen sollten).

Sind Sie nur für eine kleine, relativ überschaubare Domain verantwortlich, haben Sie Ihre Links sicher im Blick und kennen vielleicht die Betreiber der angelinkten externen Seiten persönlich. Dann brauchen Sie sich hier sicher keine Gedanken zu machen. Alle anderen, vor allem die, die viele externe Links haben, sollten hierauf ein Augenmerk legen.

Bei Analysen und Tests, die wir immer wieder fahren, finden sich nicht selten solche »Bad Links«. Meist auf Webseiten, die schon vor Jahren erstellt wurden und deren Content seither nicht mehr gepflegt wurde. Die/der Domaininhaber(in) ist regelmäßig geschockt, wenn wir ihm zeigen, dass er Links zu Seiten mit zum Beispiel pornografischen Inhalten gesetzt hat. Ab und zu also ein Holzauge auf die korrekten Linkziele zu werfen, kann also nie schaden. Nehmen Sie als Werkzeug hierzu am besten das vorher schon beschriebene Werkzeug Xenu und lassen Sie es über Ihren Webauftritt laufen. Die externen Links lassen sich abfiltern und gezielt einfach durchklicken. Dann klappt das auch mit dem Nachbarn. Ganz ohne Kaffeemaschine ...

Kapitel 15

Strategische Suchmaschinenoptimierung

15.1 Warum Unternehmen im Web meist schlecht dastehen

Weiter vorne konnten Sie ja schon lesen, dass Links, die auf Ihre Webseite zeigen, das Salz in der Rankingsuppe der meisten großen Suchmaschinen ist. Auch wie Sie abfragen können, wer denn da alles auf Sie verlinkt, hatte ich schon gezeigt. *Wer hat schon ein Interesse, auf mein Unternehmen einen Link zu setzen?*, werden Sie sich sicher schon mehrmals beim Lesen dieses Buches gefragt haben. Und genau da dürfte auch des Pudels Kern vergraben sein, warum wir in den Ergebnislisten der Suchmaschinen so viele private Foren, städtische Webseiten, Webseiten von Hochschulen, Wikipedia und dergleichen mehr finden. Und natürlich auch immer wieder unvermeidbar Spamseiten, die augenscheinlich rein gar nichts mit dem Suchbegriff zu tun haben. Im Fall von Spamming wird ein solches Linknetzwerk natürlich künstlich meist in Eigenregie hergestellt. Zurück zu den »sauberen« Seiten. Man linkt freiwillig dorthin. Warum? Weil sie in der Regel nützlichen Content enthalten oder seriöse, weiterführende Informationen! Eine private Hobby-Webseite linkt auf die Lieblingsforen des Besitzers, der sich mit Digitalfotografie beschäftigt. In Foren tragen nicht selten Mitglieder nützliche Links zu speziellen Themen zusammen. Und Unternehmen linken auf den Webauftritt der eigenen Stadt wegen eines Stadtplans für Anreisende, auf ihren zugehörigen Kammerverband und letztlich noch zu Adobe, weil dort der PDF-Reader kostenlos verfügbar ist, der die eigenen Prospekte im Web auch wirklich lesbar macht. All das mag Ihren Besuchern nützlich sein.

Warum verlinkt niemand zu Ihnen? Wenn ich diese Frage bei Beratungsgesprächen stelle, überlegen die Anwesenden meist nur kurz – eine Antwort muss niemand von ihnen laut aussprechen. Es fehlt – im Vergleich zu anderen Webseiten – an *tatsächlich* nützlichen Informationen. »Muss das so sein?«, frage ich dann oft provokant. Danach werden meist viele unterschiedliche Argumente genannt, aber meist verbirgt sich direkt oder indirekt immer derselbe Grund: chronische Unterbudgetierung. Ja, es stimmt schon. Die Personen, die man an die Stellhebel des mittlerweile wichtigsten Vertriebskanals gesetzt hat, stattet man noch immer mit viel zu wenig Geld und/oder qualifiziertem Personal (kostet auch Geld!) und zumindest teilweise frei verfügbarem *Zeitbudget* aus. Man muss ausprobieren können. Das kostet Zeit. Man muss Know-how aufbauen, nicht immer nur Inhalte ein- oder umstellen und ganz schnell dies und das umsetzen. Das Tagesgeschäft der meisten Webmaster, mit denen ich in den letzten Jahren zu tun hatte, beschäftigt sich notgedrungen mit allem, aber leider nicht mit den wirklich wichtigen Dingen. Zeit für strategische Überlegungen, Tests oder echte Fortbildung (damit meine ich nicht das Besuchen einer Abendveranstaltung) hat durch den operativen Druck fast niemand. Man stelle sich eine F&E-Abteilung vor, die ständig damit beschäftigt ist, ihr Laborzubehör zu reinigen, zu erneuern und zu sortieren, statt zu forschen. Statt eben (wenigstens »auch«) ausprobieren zu dürfen.

Liebe Vorstände und liebe Geschäftsführer: Lasst eure Webleute von der Leine und drückt ihnen wenigstens einen Bruchteil des Geldes in die Hand, die ihr für bunte Kataloge und Zeitungsanzeigen ausgebt. Ihr werdet sehen – sofern ihr gute Leute dafür eingestellt habt –, dass die folgenden Umsatzsteigerungen in allen (!) Vertriebskanälen diese Investition nicht nur lohnend gemacht haben. Ihr werdet gar nicht mehr aufhören wollen, dort weiter zu investieren. Überall da, wo das in den letzten beiden Jahren gemacht wurde, ist man hoch zufrieden. Ausprobieren lohnt sich!

Mein wirklich ernst gemeinter Vorschlag: Folgen Sie dem Prinzip der amerikanischen Unis, der deutschen Fachhochschulen und auch dem von Google: Geben Sie Ihren Angestellten (also hier den Webverantwortlichen) 20 Prozent ihrer Arbeitszeit – einen Tag die Woche – keine konkreten Aufgaben. Mit anderen Worten: Lassen Sie sie an diesem einen Tag machen, wozu sie sonst eben wegen des Tagesgeschäfts nicht kommen. Oder was sie nie ausprobieren können, weil ihnen ständig Zeitdruck im Nacken sitzt. Wenn Sie die richtigen Mitarbeiter haben (aber nur dann), werden diese eben nicht einen Tag lang in der Nase bohrend vor einer Tasse Kaffee und der Tageszeitung sitzen. Ich meine, dieser Freiraum ist die beste Investition, die Sie in diesem Bereich langfristig tätigen können. Ja, ich weiß wohl, dass das »kostet«. Oder dass Sie bei vier Mitarbeitern in diesem Bereich dann einen fünften einstellen müssten. Daher verwende ich auch bewusst den betriebswirtschaftlichen Begriff der Investition. Die rentiert sich nämlich. Weil das erworbene Know-how auf den zukünftigen Erfolg überproportional einzahlt. Geht das nicht – dann verlangen Sie bitte auch keine Wunderdinge oder wundern sich, dass andere über das Web sehr viel mehr Umsatz oder Leads (Kundenkontakte) gewinnen als Ihr Unternehmen. Niemand hat gesagt, dass das Freeware ist. Und wenn doch, dann muss es ein rechter Depp gewesen sein.

Was das mit fehlenden Eingangslinks zu tun hat? Eine ganze Menge, wie Sie gleich sehen werden.

15.2 Content is King

Das ist ein alter Spruch, ich weiß. Jens Fauldraht, bei der Deutschen Telekom für das Thema Suchmaschinen zuständig, hat es auf der SES in Hamburg (Search

Engines Strategies) ganz wunderbar auf den Punkt gebracht: »*SEO bedeutet, besser Webseiten zu bauen!*«

Während das alte *Content is King* vor allem von den Anbietern von Content-Management-Systemen propagiert wird, stimmt er aber eben auch und vor allem für den Bereich der strategischen Optimierung. Denken Sie nach, was Sie der Webgemeinde geben können. Welches Know-how haben Sie oder hat Ihr Unternehmen, das für andere interessant sein könnte? Natürlich meine ich damit nicht Ihr Kern-Know-how, also das Firmen-Herzblut. Dies im Web zu publizieren wäre ein wirklich dümmlicher Rat. Nein, ich meine die allgemeinen Dinge, die man sich eigentlich auch mit viel Fleiß selber aus dem Web zusammenklauben könnte. Vielleicht haben Sie solche nützlichen Informationen konzentriert irgendwo rumliegen und eine Veröffentlichung wäre aus Ihrer Sicht kein großer Schaden? Fast jedes Unternehmen, das ich bisher beraten habe, ist nach längerer Suche fündig geworden. Sei es eine komplizierte Berechnungsformel, die man besonders gut erklärt, eine nützliche Prinzipzeichnung oder ein kleiner Online-Spezialrechner, der den Wärmebedarf eines Zimmers bei variabler Außentemperatur ausrechnen kann. All diese Informationen nützen bestimmten Nutzergruppen. Gut, Sie werden einwenden, dass Sie Ihre Mitbewerber nicht schlauer machen wollen. Aber seien wir doch mal ehrlich: Mitbewerber, für die solche Infos neu und nützlich wären, sind doch eigentlich gar nicht ernst zu nehmen, oder?

Bereiten Sie diese Informationen oder Tools so auf, dass sie möglichst ohne direkte und »harte« Werbung daherkommen. Eine Prinzipzeichnung, wie ein Stirling-Motor funktioniert, auf der jedes dritte Wort für den Kauf eines solchen Motors bei Ihnen wirbt, verfehlt den hier beabsichtigten Zweck völlig. Klar schreiben Sie Ihren Firmennamen und dezent die Kontaktdaten in solche Dokumente. Aber eben unaufdringlich. Sie wollen hier etwas hergeben, nicht Werbung machen! Das ist ein großer Unterschied bereits in der Schreibhaltung, die Sie dabei einnehmen.

Wenn es Ihnen nun gelungen ist, sagen wir zum Beispiel ein mehrseitiges PDF zum Thema Bruchfestigkeit von Thermoplasten unter der Gefriertemperatur im gravitationsfreien Raum an geraden Tagen, die mit D beginnen, zu erzeugen (natürlich haben Sie dabei auch an das besonnene Füllen der Meta-Informationen des PDF-Dokuments gedacht, oder?), dann stellen Sie es in einem passenden Bereich Ihrer Webseite online und binden es in die Verlinkung Ihrer Website ein. Sie haben dazu noch keinen passenden Bereich? Umso schlimmer!

Machen Sie einfach mit ein paar Kollegen ein Brainstorming. Wovon verstehen Sie etwas? Was kann der Welt da draußen nutzen? Fachbezogene Dinge sind für das Einsammeln von Links natürlich sehr viel besser. Aber das geht nicht immer und zur Not muss es dann halt auch mal etwas nicht unbedingt Fachbezogenes sein: Sie können zum Beispiel gut Englisch? So richtig gut? Also nicht Fußballer-Englisch mit »Good is first when I say«? Suchen Sie sich doch einen wirklich interessanten Newsletter in den USA oder einen fachbezogenen Weblog eines Experten. Dann fragen Sie dort an, ob Sie dessen Inhalte für deutsche Leser unter Nennung seines Namens und der genauen Quelle übersetzen und publizieren dürfen. Ganz transparent. Sie werden schnell einen begeisterten Leserkreis auf Ihrer Webseite haben, die diese Übersetzungsleistung zum Beispiel über die neuesten Forschungsergebnisse in der Stereolithografie oder die Kolumne eines bekannten Football-Kommentators zu schätzen wissen. Oder geben Sie einem ausländischen Studenten Geld dafür, dass der so was für Sie macht. Und plötzlich wird man Sie verlinken, damit andere Interessierte auch davon profitieren. Denken Sie nach, was Sie anbieten können. Klar macht das je nach Umfang Arbeit. Hallo – das ist die wirklich gute Nachricht! Dann ist Ihnen Ihr Mitbewerber nicht so leicht auf den Fersen. Denken Sie in Zeitvorteilen – nicht an ab und zu schmerzende Fingerkuppen vom Tippen ...

So weit, so gut. Nun kommt der nächste, aber entscheidende Schritt. Sie müssen der Welt mitteilen, dass es bei Ihnen kostenlos etwas Nützliches gibt. Dazu bieten sich mehrere Alternativen an:

Suchen und nutzen Sie Foren, überwachen Sie Weblogs, themenzentrierte Newsletter, Schulen und Hochschulen aller Art, forschen Sie nach Verbänden und vor allem werfen Sie einige tiefere Blicke in Wikipedia.

Wie jetzt überwachen? Das ist ganz einfach. Werfen Sie vielleicht noch mal einen kurzen Blick in das Kapitel über Blogs im ersten Teil. Und warten Sie geduldig das unten nachfolgende Unterkapitel über die Überwachung von RSS-Feeds ab. Dort zeige ich Ihnen, wie Sie an Links über diesen Kanal kommen und das eignet sich ganz genauso, der Welt mitzuteilen, wenn Sie etwas Nützliches ins Web gestellt haben. Very nützlich – Sie werden sehen. Aber hüpfen Sie mir jetzt nicht vor lauter Neugierde nach vorne. Die vorangestellten Unterkapitel sind für das Verständnis ebenfalls sehr wichtig.

15.2.1 Zunächst: Lernen Sie Links zu unterscheiden

Nicht jeder Link, den Sie irgendwo setzen können, bringt Ihnen auch den begehrten »Linkjuice«, kann also Kraft übertragen. Der Seitenbetreiber kann den Suchmaschinen verboten haben, die Links zu werten.

- durch Ausschluss der Seite in der Datei `robots.txt` (dann finden Sie diese in der Regel aber auch nicht über Suchmaschinen)
- durch das Setzen des Meta-Tags `<meta name="ROBOTS" content="NOFOLLOW">` im Header der Seite
- durch den Zusatz `rel="nofollow"` direkt beim Link in der Form

```
<a href="http://www.externe-seite.de/beispiel.html"
   rel="nofollow">Dies ist der Linktext</a>
```

> Aber diese Formen der Blockierung der Weitergabe von Linkkraft hatten wir ja schon ausführlich weiter vorne. Nun können Sie ja logischerweise nicht ständig nur noch Quelltext lesen, wenn Sie sich im Web bewegen. Sie nutzen doch mittlerweile den Firefox-Browser? Nein, noch immer nicht? Dann legen Sie endlich dieses Buch zur Seite und lesen Sie meinetwegen irgendwelche Comics im Internet. *Im Ernst*: An diesem flexibel erweiterbaren Browser kommen Sie nicht vorbei, wenn Sie ernsthaft im Web arbeiten.

Rufen Sie also Ihren Firefox auf und gehen Sie auf die Seite `www.quirk.biz/searchstatus`. Von dort installieren Sie sich die Erweiterung (Add-on) »SearchStatus«. Die Seite sieht (hoffentlich noch) in etwa so aus, wie es in der Abbildung 15.1 dargestellt wird.

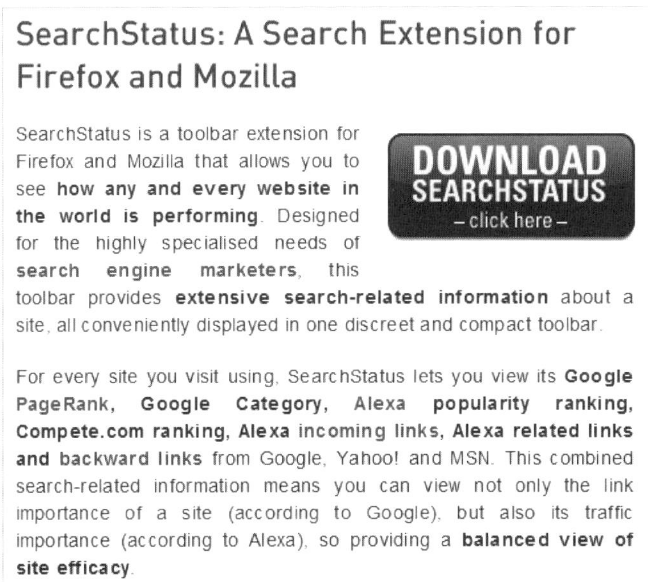

Abb. 15.1: Die Firefox-Erweiterung SearchStatus auf `quirk.biz`

Wenn Sie den Text durchlesen, werden Sie erkennen, dass das Tool eine Menge kann. Sehen Sie sich das einfach ganz in Ruhe an. Wir konzentrieren uns aber hier auf eine ganz bestimmte Funktion. Nach der Installation einer Erweiterung müssen Sie den Firefox wie immer neu starten, dies also bitte nicht vergessen. Danach finden Sie in einer Ecke des Firefox unspektakulär ein stilisiertes @-Zeichen. Ein Klick mit der rechten Maustaste darauf und dann auf das im Kontextmenü erscheinende OPTIONS legt die Einstellmöglichkeiten offen. Suchen Sie sich aus, wo Sie die Anzeige am liebsten haben möchten. Bei mir ist sie zum Beispiel unten links platziert (Abbildung 15.2). Man übersieht das Biest leicht nach der Installation, daher gehe ich hier besonders auf die Auswahl der Lage ein, damit Sie das auch bewusst auswählen.

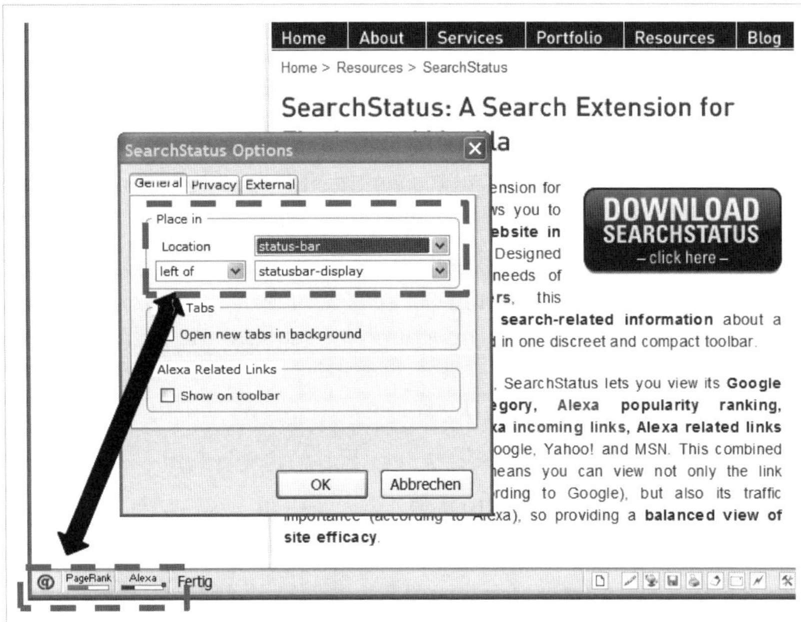

Abb. 15.2: Die Einstellungen bei SearchStatus

Ein weiterer Rechtsklick auf das @-Zeichen. Dann aktivieren Sie bitte den Punkt HIGHLIGHT NOFOLLOW LINKS (siehe Abbildung 15.3). Ab sofort werden Ihnen auf jeder Seite, die Sie ansurfen, Links hervorgehoben, die keine Linkpower spenden, weil sie ein internes (unsichtbares) `rel="nofollow"` verpasst bekommen haben.

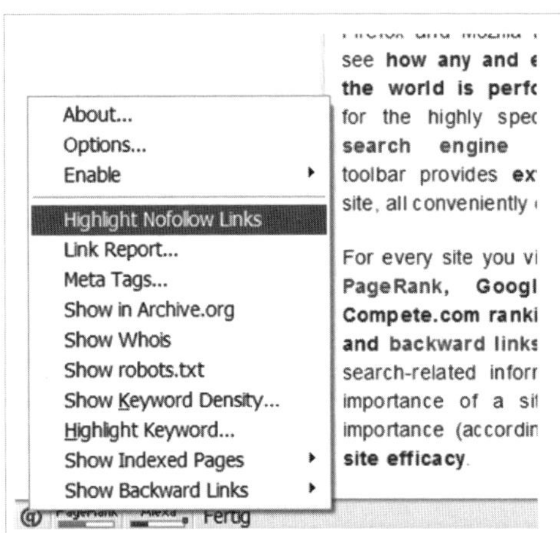

Abb. 15.3: Links hervorheben, die keine Linkpower übertragen

Als Beispiel gehe ich zu Wikipedia und suche nach dem Artikel über Computer. Ganz am Ende findet man bei Wikipedia immer weiterführende Links. Sehen wir uns die zunächst ohne aktivierte (Abbildung 15.4) und dann mit aktivierter Nofollow-Hervorhebung an (Abbildung 15.5). Es kann sein, dass im Schwarz-Weiß-Druck hier im Buch das optisch in der zweiten Abbildung etwas schwer zu erkennen ist, weil sie im Original in Rosa-Rot dargestellt werden und das meist recht dunkel wird. Auf dem Computerbildschirm sehen Sie das aber top.

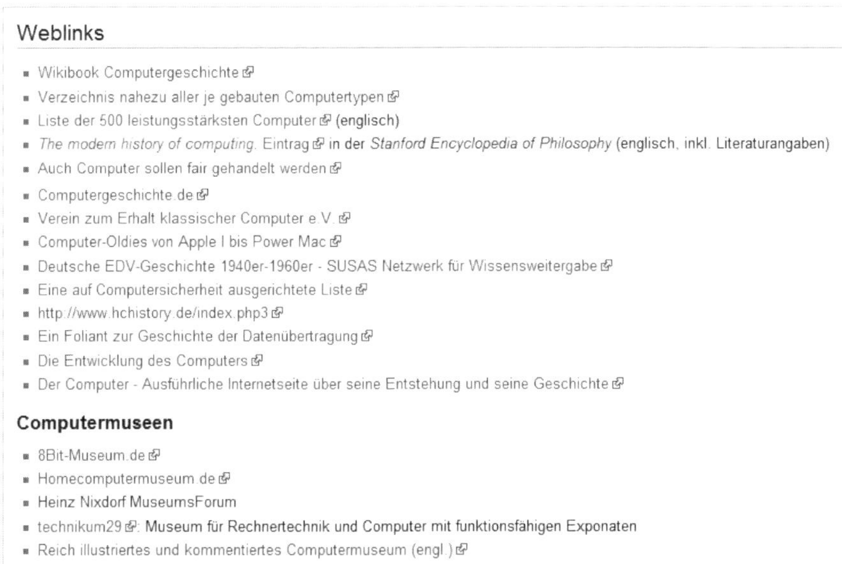

Abb. 15.4: Wikipedia-Links ohne optische Hervorhebung

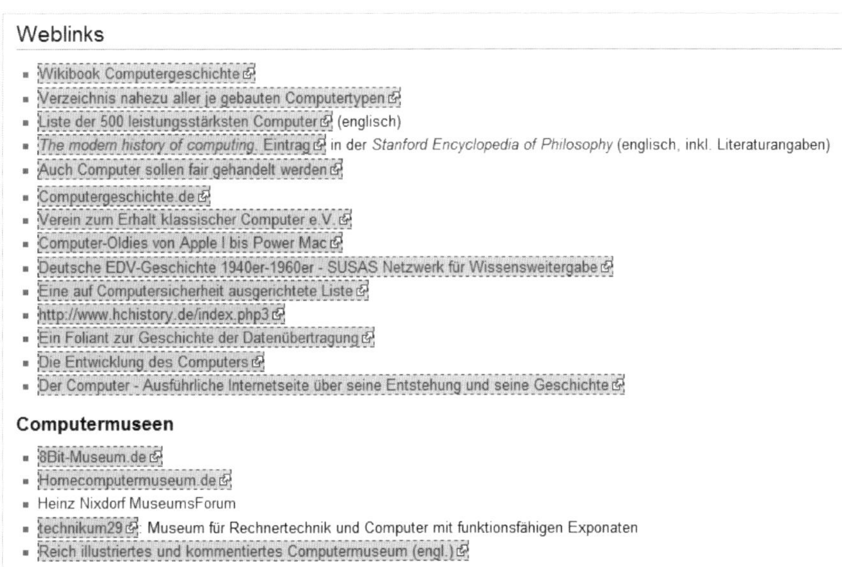

Abb. 15.5: Wikipedia-Links mit optischer Hervorhebung

Sie sehen also, dass mittlerweile alle externen Links in Wikipedia automatisch mit dem Attribut `rel="nofollow"` versehen werden. Die Links sollen von den Suchmaschinen nicht als Empfehlung gewertet werden. Da der Wikipedia-Gründer Jimmy Wales ja nun seit Kurzem eine eigene, durchaus kommerzielle Suchmaschine betreibt, darf über die Gründe neu spekuliert werden, warum man den anderen Suchmaschinen diese durchaus wertvollen Links als Empfehlung »vorenthalten« möchte. Vielleicht ist Ihnen aufgefallen, dass ein Link in Abbildung 15.5 nicht hervorgehoben ist: `Heinz Nixdorf MuseumsForum`. Werfen wir zur Klarheit einen Blick in den Quelltext der Seite:

```
<li><a href="http://www.inetex.de/" class="external text" title="http://www.inetex.de/" rel="nofollow">Der Computer - Ausführliche Internet
über seine Entstehung und seine Geschichte</a></li>
</ul>
<p><a name="Computermuseen" id="Computermuseen"></a></p>
<h3><span class="mw-headline">Computermuseen</span></h3>
<ul>
<li><a href="http://www.8bit-museum.de/" class="external text" title="http://www.8bit-museum.de/" rel="nofollow">8Bit-Museum.de</a></li>
<li><a href="http://www.homecomputermuseum.de" class="external text" title="http://www.homecomputermuseum.de"
rel="nofollow">Homecomputermuseum.de</a></li>
<li><a href="/wiki/Heinz_Nixdorf_MuseumsForum" title="Heinz Nixdorf MuseumsForum">Heinz Nixdorf MuseumsForum</a></li>
<li><a href="http://www.technikum29.de" class="external text" title="http://www.technikum29.de" rel="nofollow">technikum29</a>: Museum für
Rechnertechnik und Computer mit funktionsfähigen Exponaten</li>
<li><a href="http://www.old-computers.com/news/default.asp" class="external text" title="http://www.old-computers.com/news/default.asp"
rel="nofollow">Reich illustriertes und kommentiertes Computermuseum (engl.)</a></li>
</ul>
<p><span id="interwiki-he-fa" class="FA"></span> <span id="interwiki-vi-fa" class="FA"></span></p>
```

Abb. 15.6: Der Quelltext einer Wikipedia-Seite

Sie können sehen, dass alle externen Links tatsächlich das `nofollow` im Link tragen. Einzig der zusätzlich invers markierte Link zum Heinz Nixdorf MuseumsForum hat kein solches Attribut. Es ist ein interner Link zu einem eigenen Wikipedia-Artikel. Unser kleines Tool funktioniert also bestens.

Wozu brauchen Sie es? Ich hoffe, das war keine ernsthafte Frage. Natürlich können Sie jetzt fortan sofort auf Anhieb beim Surfen sehen, welche Seiten bzw. Links auf diesen Seiten Power weitergeben und welche nicht. Das hilft beim aktiven Linkaufbau. Wenn Sie zum Beispiel einen interessanten Blogbeitrag lesen, aber gleich sehen, dass alle Links zu den Kommentatoren mit `nofollow` versehen wurden und so keinerlei Linkkraft übertragen ... Ja, dann müssen Sie tatsächlich überlegen, ob Sie hier oder eben woanders Ihre wertvolle Zeit für das Schreiben eines passenden Kommentars verwenden.

Oft wird argumentiert, dass man mit dieser Maßnahme die sinnlosen Kommentare wie »Doller Artikel, weiter so!« abwehren möchte, die nur zum Linkaufbau von denen gemacht werden, die sich auch sonst mental unter der Grasnarbe voranbewegen. Leider ist das oft genug ein vorgeschobenes Argument. Man möchte den eigenen Links und manchmal eben auch den verkauften Links einfach mehr Kraft geben und nicht mit den Kommentarschreibern »teilen«. Mitarbeiten, einen Blog mit Kommentaren aufzubauen und Content zu liefern: Ja. Einen Teil des Erfolges in Form vom Linkkraft zurückgeben: Nein. Und schließlich sehen gerade die Linkspammer ohne Hilfsmittel wie das oben beschriebene Tool gar nicht, dass der Eintrag nichts bringt! Und so werden auch oft genug in solchen versiegelten

Alle-Links-sind-meine-Blogs eben auch flache Kommentare à la »Superinteressant!« hinterlassen.

Fast hätte ich es vergessen. Vergessen *Sie* nicht, die Hervorhebungen, die die Erweiterung erzeugt, wieder abzuschalten, falls Sie das nicht mehr benötigen. Ab und an sehen Webseiten und insbesondere Formulare damit sonst etwas seltsam aus. Ich möchte nicht schuld sein, wenn Sie sich an diesen Anblick gewöhnen. Wenn Sie sich aber ab jetzt auf die Suche für den Linkaufbau machen, sollten Sie das Tool in jedem Fall immer einschalten. Das spart Ihnen jede Menge unnötiger Arbeit. Damit wir alle uns hier richtig verstehen: Ich rate Ihnen nicht ab, frei nach Gusto überall Links oder Ihre Kommentare zu hinterlassen, wo es Ihnen Spaß macht und wo es möglich ist. Nur wenn Sie sich sagen, dass Sie auch einen kleinen Gegenwert in Form eines wertbaren Links haben möchten, wenn Sie schon Zeit in das Kommentieren/Ergänzen/Diskutieren auf Webseiten anderer investieren, dann fände ich das durchaus legitim. Gehen Sie aber nicht ins Web und sammeln mit tumben, unehrlichen Kurzkommentaren Links ein. Das ärgert alle und im Zweifel wird man das zu Recht auch wieder löschen. Nun haben alle mehr Arbeit und keiner was davon.

15.2.2 Suchen Sie nach Foren

Das Web ist voll von großen und kleinen, von stark frequentierten und verhungert wirkenden Foren zu allen möglichen Themen. Nehmen Sie eine der großen Suchmaschinen zur Hand und machen Sie sich auf die Suche nach Foren, die Ihr besonderes Spezialthema behandeln (siehe zum Beispiel Abbildung 15.7)

Abb. 15.7: Gehen Sie aktiv und kreativ auf die Suche.

Natürlich variieren Sie die Suchabfragen und verwenden gängige Texte, die auf solchen Foren generell verwendet werden. Einige dieser Begriffe sind zum Beispiel

- Forum *Ihr-Keyword* (wie oben in Abbildung 15.7 im Suchschlitz gezeigt)
- Forum *Ihr-Keyword* antworten
- Forum *Ihr-Keyword* Antwort schreiben
- *Ihr-Keyword* Antwort verfassen
- Posting *Ihr-Keyword* schreiben
- Diskussionsforum *Ihr-Keyword*
- Topic *Ihr-Keyword* posten
- Keyword *Ihr-Keyword* verfassen

Dies sollen nur ein paar Anregungen für Sie sein, die Sie direkt und in Kombination ausprobieren sollten. Und selbstverständlich ist Ihnen dabei klar, dass Sie *Ihr-Keyword* durch Ihren eigenen Suchbegriff bzw. Ihre Suchbegriffe ersetzen. Auf diese Weise werden Sie je nach Thema eine Menge Foren finden, die zu Ihrem Themengebiet passen. Schauen Sie sich dort gleich noch nach weiteren Standardformulierungen um und sammeln Sie diese. Sie helfen bei der weiteren Recherche. Und natürlich setzen Sie sich jeweils ein Lesezeichen in Ihrem Browser für jedes passende Forum, oder? Am besten gleich sauber sortiert und kommentiert. Das spart Ihnen für weitere Anwendungen später sehr viel Zeit!

Wie geht es nun weiter? Hüten Sie sich davor, nun einfach unkontrolliert in solche Foren zu schreiben. Forenteilnehmer sind oft sehr sensibel und lesen aus tapsig formulierten Beiträgen recht schnell »*Hallo, schaut mal alle her, ich bin ein Hersteller von Thermoplasten und will versteckt Werbung machen!*« heraus! Sie erinnern sich, worauf ich oben eindringlich hingewiesen habe. Wir machen keine Werbung – wir geben etwas Nützliches und verlangen nichts dafür. Das müssen Sie sich tief verinnerlichen. Jede Art von Werbung ist dort verpönt und Sie erreichen wahrscheinlich genau das Gegenteil von dem, was Sie beabsichtigen.

Schreiben (posten) Sie also in passende Kategorien oder in passende Diskussionsfäden Ihren Hinweis, dass man unter diesem URL (dabei geben Sie den genauen Pfad an und nicht etwa die Startseite und den Hinweis, man solle dort auf ... klicken) eine Prinzipzeichnung findet, ein Onlinetool oder was auch immer Sie dort bereitstellen. Ist Ihr Tipp wirklich brauchbar, bleibt er sicherlich im Forum stehen und wird vielleicht sogar positiv kommentiert.

Ihre Postings haben Sie also gemacht, und weil Sie keine platte Werbung abgeschossen haben, sind Ihre Links auch in den meisten Foren stehen geblieben. Nun passiert zweierlei:

Vorsicht

Sind Sie über das Ziel hinausgeschossen, werden ebenso wie oben bei den Blogs beschrieben viele Forenmaster Ihr Posting kurzerhand löschen. Sie sehen also, die Webgemeinde zu bespammen oder ihr Ihre Produktinfos aufzwingen zu wollen, wird nicht richtig funktionieren. Man weiß sich zu wehren und hat scharfe Waffen dazu. Negative Kommentare und der Ausschluss Ihrer IP-Adresse sind da wohl nur die harmlosesten. Seien Sie versichert: Spammen hat nichts mit Strategie zu tun und wäre in diesem Fall nicht nur dumm, sondern auch kurzsichtig.

1. Am Thema interessierte Menschen werden im Laufe der Zeit Ihren Link finden und benutzen. Dabei wird Ihr Unternehmensname gesehen und man erinnert sich später vielleicht daran. Wer weiß schon, wann jemand vom Fach nicht doch einmal Ihre Dienste in Anspruch nehmen sollte? Wichtiger ist aber, dass Menschen oft in thematisch zentrierten Communities organisiert sind. Dabei sind auch viele Opinionleader, also Meinungsmacher. Gerade Letztere nehmen gerne solche nützlichen Links wie den Ihren auf und setzen ihn in weiteren einschlägigen Plattformen oder auch auf der eigenen Website als Tipp ab. Das verschafft Ihnen im Lauf der Zeit weitere Links auf Ihre Webseite. Ahnen Sie schon, warum dieses Kapitel mit dem Wort »Strategisch« beginnt?
2. Suchmaschinen lieben in aller Regel Foren, weil sie stetig wachsen und weil sie meist auch thematisch sehr eng fokussiert sind. Einige Foren sind so programmiert, dass hinterlassene Links von den Robots gelesen werden können. Ihre hinterlassenen Links werden also registriert und selbstverständlich auch das thematisch passende Umfeld. Jeder Link bringt Sie ein Stückchen weiter. Selbstverständlich werden auch die oben unter 1. genannten, von anderen gesetzten Links irgendwann zu Ihrem Linkpool zählen.

Das alles hier erscheint Ihnen zu mühsam? Die gute Nachricht ist, dass Sie das natürlich nicht alles selber machen müssen. Ihnen fallen sicherlich Möglichkeiten ein, andere für diese Arbeit zu begeistern. Geld ist ja nur eine davon. Aber jetzt wissen Sie auch gleich, warum ich Ihrem Chef weiter oben geraten habe, Ihr Budget deutlich aufzustocken. Zeigen Sie ihm die Stelle im Buch ruhig!

15.2.3 Suchen Sie nach Weblogs

Noch mehr als Foren lieben Suchmaschinen Weblogs. Hier gilt das oben angeschnittene Spamverbot aber noch sehr viel mehr als in Foren. Daher erwähne ich es gleich zu Anfang und in aller Deutlichkeit. Glauben Sie nicht, die oft eingeschworene Gemeinde der Blogger übertölpeln zu können. Deren Rache kann grausam sein. Sicherlich kennen Sie die bekannteste Google-Bombe schon, die nach dem amerikanischen Präsidenten geworfen wurde (siehe Abbildung 15.8).

Abb. 15.8: Auf der Suche nach jämmerlichen Versagern

Es darf wohl bezweifelt werden, dass George W. Bush in seiner Biografie den Begriff »miserable failure« verwendet oder gar für Suchmaschinen optimiert hat. Aber offenbar waren sich vor einigen Jahren einige bedeutende Webmaster und Blogger einig, dass es gut wäre, mit einem Link mit eben diesem Text auf seine Biografie zu verlinken. Machen das genügend viele Personen, nimmt Google dieses externe Votum auf. In diesem Fall wurde seine Biographie auf Platz eins von fast drei Millionen gerankt, auch ohne dass der Begriff auf der Seite selber vorhanden war. Im Web wird diese Art der Beeinflussung »Google-Bombing« genannt.

Jetzt findet man die Biographie von Tschotsch Dabblju nicht mehr unter diesem Suchbegriff. Man hat die Biographie nach einigen Jahren (das dauert halt, bis man so was dort merkt) auf eine andere interne Webadresse verschoben und die externen Links auf die alte Adresse laufen nun ins Leere. Marissa Meyer, Produktchefin bei Google, hat sich für diese Listung übrigens beim Weißen Haus entschuldigt, was man auf dem offiziellen Google-Blog unter der Adresse `http://googleblog.blogspot.com/2005/09/googlebombing-failure.html` nachlesen kann.

Matt Cutts, der oberste Spambekämpfer und genialer Kopf (früher bekannt als der ominöse »Google-Guy«) hat letztes Jahr dazu erklärt, dass man das Problem des Google-Bombings mittlerweile ganz gut im Griff hat, es aber noch immer nicht völlig entschärft ist. Ebenfalls auf einem offiziellen Google-Blog nachzulesen unter: `http://googlewebmastercentral.blogspot.com/2007/01/quick-word-about-googlebombs.html`.

So massiver Zorn, wie ihn damals Mr. Bush auf sich gezogen hat, wird Sie sicherlich nicht sofort treffen. Vor Google-Bomben müssen Sie also wahrscheinlich keine Angst haben. Trotzdem halte ich das Beispiel passend für eine Warnung an Sie und daher erwähnenswert. Selbst wenn Sie es ehrlich meinen und wirklich brauchbare Infos ins Web stellen, werden Ihnen einige Blogger misstrauen und

Sie beißen. Dazu muss man sich vor Augen halten, dass es eine Menge Narzissten unter ihnen gibt, die das aus Prinzip machen. Die meisten jedoch sind recht in Ordnung und durchaus kooperationsbereit.

Ihren Link bekommen Sie bei Bloggern im Prinzip genauso unter wie bei Foren. Sie suchen nach entsprechenden Postings und geben Ihren Kommentar dort ab, wo er passt. Aber nur dort. Weblogs sind oft thematisch über so genannte Track-Backs miteinander verlinkt und ein Betrag bewirkt oft eine ganze Welle an Kommentaren und weiteren Beiträgen.

Wie finden Sie nun passende Weblogs? Nutzen Sie doch einfach darauf spezialisierte Suchmaschinen. Eine davon stellt Google zur Verfügung (siehe Abbildung 15.9).

Abb. 15.9: Blog Search mit Google

Unter der Webadresse `http://blogsearch.google.com` finden Sie die Suchmaske und können damit praktischerweise gezielt in Weblogs suchen. Aber auch `http://www.technorati.com` ist eine lohnende Suchadresse und einen besonderen Tipp wert. Wenn Sie recht allgemeine Themen haben und bei Ihrer Recherche zu viele unscharfe Treffer erhalten, empfehle ich die folgenden Spezialabfragen für die Google Blog Search:

- **inposttitle:***Suchwort*
  sucht nur in Überschriften oder Kommentaren von Weblogs
- **inblogtitle:***Suchwort*
  sucht Weblogs, in denen das Suchwort nur im Titel vorkommt
- **blogurl:***Suchwort*
  sucht nur innerhalb der Internetadresse (URL) in Weblogs

Wie Sie gefundene und für Sie interessante, aber auch noch unbekannte Blogs fast automatisch auf interessante Beiträge überwachen können, erfahren Sie gleich im nächsten Unterkapitel.

15.2.4 Überwachen Sie Weblogs per RSS

Kann ich doch nicht dauern machen. Alle möglichen Blogs ansurfen – da fehlt mir die Zeit und die Ausdauer. Seien Sie ehrlich – haben Sie so was Ähnliches nicht eben gedacht? Ich verzeihe Ihnen. Und ich habe wie weiter oben angekündigt einen nützlichen Powertipp aus dem Nähkästchen, wie Sie diese Arbeit schnell und effizient erledigen.

Damit wir das an einem konkreten Beispiel durchspielen können, nehmen wir einfach an, Sie verkaufen Skischuhe. Aber vorab legen Sie sich noch einen Account zum Verwalten von RSS-Feeds in einem der Online-Portale an. Mein persönlicher Favorit ist Netvibes. Das geht aber prinzipiell auch genauso in anderen Online-Readern. Legen Sie sich also zum Beispiel einen kostenlosen Account bei `www.netvibes.com` an. Dort können Sie sich auch eine kleine Erweiterung laden, die in Firefox (ja ja, schon wieder, ich weiß) integriert werden kann und das Arbeiten mit RSS-Feeds leichter macht.

Abb. 15.10: Eine Suche nach Blogs mit Skifahr-Themen

Suchen Sie nun zum Beispiel über `http://www.technorati.com` oder auch `http://blogsearch.google.de` nach Oberbegriffen wie »Skifahren«, aber natürlich auch exakt nach »Skischuhen« (wahlweise auch Schischuhe, Schi-Schuhe oder Skistiefel etc.). In Abbildung 15.10 sehen Sie, dass Sie hier etwa eine halbe Million Treffer finden.

Nehmen wir an, gleich der zweite Treffer, wo es um Skifahren im Whakapapa National Park geht, gefällt Ihnen. Nach dem Aufrufen des Blogs kopieren Sie sich die Webadresse und gehen zurück in Netvibes oder einem anderen Feedreader, den Sie vielleicht ja schon haben. Fügen Sie nun die kopierte Adresse als Feed hinzu. Bei Netvibes geht das mit dem Button INHALTE HINZUFÜGEN links oben. Die Adressen sehen meist so: `www.website-boosting.de/blog/index.xml` oder so ähnlich aus.

Wenn Sie sich zum Beispiel das Netvibes-Plug-in für den Firefox installiert haben, geht das noch einfacher. Beim Aufrufen eines Weblogs erscheint nämlich in der Adresszeile ganz rechts ein RSS-Feedsymbol und darauf müssen Sie dann nur noch klicken und Sie werden automatisch zu einer Anmeldemaske von Netvibes geleitet und die Adresse des RSS-Feeds wird ebenso automatisch übernommen. Sie müssen das nur noch per Button ÜBERNEHMEN bestätigen.

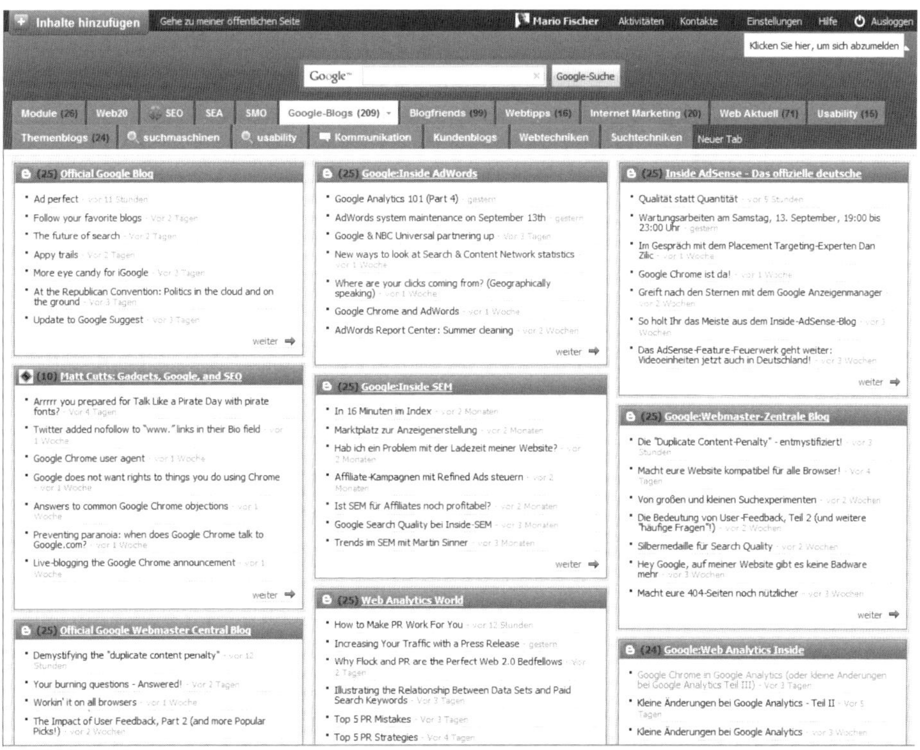

Abb. 15.11: RSS-Feeds in Netvibes organisieren

Bei Netvibes können Sie dann alle Blogs bequem verwalten und innerhalb von Tabs organisieren. Abbildung 15.11 zeigt beispielhaft eine solche organisierte Ansicht.

Viele von Ihnen werden nun vielleicht denken *Laaaangweilig – kenn' ich schon.* Jetzt fügen wir aber eine Art Scanner für Ihre Suchbegriffe hinzu und das ist für einen Teil von Ihnen sicher wieder etwas spannender. Gehen Sie wieder wie vorhin zum Beispiel bei der Google Blog-Suche auf die Suche. Nach Eingabe eines Suchbegriffs und der Ergebnisse erscheint links unten unscheinbar ÜBERMITTELN: ATOM | RSS (siehe Abbildung 15.12)

Abb. 15.12: Eine Suchabfrage per RSS Feed automatisieren

Haben Sie nun die Erweiterung von Netvibes schon in den Firefox integriert, erscheint automatisch die Hinzufügen-Maske, wie Sie in Abbildung 15.13 sehen können.

Klappt dieses automatische Hinzufügen nicht, klicken Sie am besten mit der rechten Maustaste auf das in Abbildung 15.12 gezeigte »RSS« und wählen ADRESSE DES LINKS KOPIEREN aus. Der sieht dann im Fall der Abfrage nach »Skifahren« so aus: `http://blogsearch.google.com/blogsearch_feeds?hl=de&q=skifahren&lr=&ie=utf-8&num=10&output=rss`. Diese Adresse kopieren Sie nun eben manuell mit dem Button HINZUFÜGEN in Netvibes ein. Nun erscheinen die Ergebnisse der Google Blog-Suche genauso wie alle anderen RSS-Feeds in Ihrer Ansicht. Das Ganze kann dann zum Beispiel so aussehen wie in Abbildung 15.14.

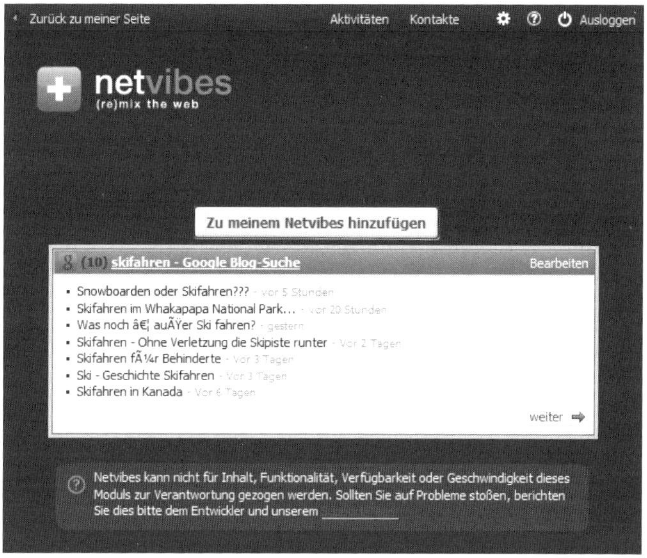

Abb. 15.13: Das Hinzufügen von RSS-Feeds in Netvibes

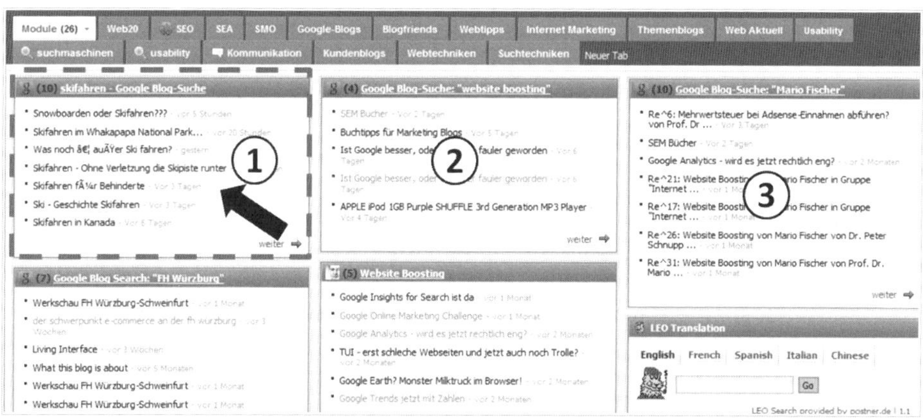

Abb. 15.14: Ab jetzt entgeht Ihnen kein wichtiger Skifahren-Beitrag mehr.

Bei der Markierung 1 in Abbildung 15.14 sehen Sie jetzt die Ergebnisse der vorigen Suchabfrage nach »Skifahren«. Wann immer Sie nun Netvibes aufrufen, wird diese Abfrage praktisch live in der Blog-Suche bei Google gemacht und Sie erhalten immer die neuesten Blogbeiträge zu diesem Thema. Jetzt ahnen Sie was, oder? Klar. Ist etwas Interessantes für Sie dabei, klicken Sie auf den Blogbeitrag und schreiben gegebenenfalls einen Kommentar – und hinterlassen statthaft einen Link zu Ihrer Website. Idealerweise finden Sie sowieso nur die guten, stark verlinkten Blogs in der Suche oben und damit haben Sie schon die richtigen Kandidaten für Ihren Linkaufbau. Für einen thematisch passenden (Ausrufezeichen) Linkaufbau.

Legen Sie sich für alle Hauptsuchbegriffe, die für Sie thematisch passen (oder Sie interessieren), solche kleinen »Scannerfenster« an und fortan finden Sie durch den Aufruf einer einzigen Webadresse – hier eben bei Netvibes – alles, was für Sie neu und vielleicht kommentierungswürdig ist. Sie sehen in Abbildung 15.14 zum Beispiel unter der Markierung 2, dass ich hier eine Abfrage nach dem Titel des Buches mache, das Sie in Händen halten. Wird irgendwo in einem Blog darüber berichtet, kann ich sehen, was und wo. Und in der Regel bedanke ich mich auch in diesen Blogs für die oft lobenden Worte oder weise, wenn es passt, ganz offen auf die Probekapitel hin, die unter der Buchdomain kostenlos downloadbar sind. Unter der Markierung 3 habe ich beispielhaft eine Blogüberwachung nach meinem Namen dargestellt. So sehe ich, wer über meine Person in Blogs schreibt und was. Solche Treffer sind natürlich nicht immer exakt, denn es gibt bekanntlich mehr Menschen mit gleichem Vor- und Nachnamen.

Tipp

Es ist natürlich ebenso denkbar, dass Sie auf diese Art und Weise automatisch Ihre Markenbegriffe oder den Namen Ihres Unternehmens scannen lassen. So haben Sie jederzeit die Übersicht, wer wie und was über Ihr Unternehmen oder Ihre Produkte in Blogs veröffentlicht. Nützlich für Sie?

15.2.5 Suchen Sie nach Newslettern

Newsletter werden oft von Unternehmen herausgegeben. Meist sind sie eher langweilig und versuchen nur, die neuesten Produkte besonders gut aussehen zu lassen. Das mag legitim erscheinen, langweilig ist es trotzdem. Einige wenige Unternehmen haben das bereits verstanden und bieten wertvollere Informationen auf etwas breiterer Basis an. Wenn Letztere nicht gerade offensichtliche Mitbewerber von Ihnen sind, stellen sie eine wertvolle Anlaufstelle dar.

Die zweite, vielversprechende Alternative sind die vielen Online-Redaktionen, die auch Newsletter herausgeben. Verfassen Sie einen kurzen Pressetext und beschreiben Sie, warum Ihre Infos oder Ihr Tool besonders nützlich sind. Je nach angebotener Information kann das sehr schwierig oder gar unmöglich erscheinen. Meist findet man aber doch nach längerem Überlegen eine Seite, von der beleuchtet das Ganze sich vielleicht doch interessant liest. Am besten verfassen Sie eine knackige Überschrift und eine kurze Zusammenfassung, die bis zu 60 Wörter haben sollte. Danach können Sie etwas ausführlicher texten. Diese Strukturierung hilft der Redaktion bzw. den Machern eines Newsletters, bei passender Formulierung Ihren Textvorschlag recht einfach und unkompliziert zu übernehmen. Geben Sie sich also ruhig Mühe und legen Sie da, wo es Sinn macht, gleich ein oder zwei Bilder in passender Auflösung bei (am besten neben einer vernünftigen Webauflösung auch gleich so genannte Thumbnails, also die kleinen Vorschaubilder).

Wenn es Ihnen gelingt, in einen oder mehrere Newsletter zu kommen, wird je nach Thema oft eine ganze Welle an nun auf Sie eingehenden Links losgetreten. Gehen Sie ruhig davon aus, dass interessierte Leser Zugang zu weiteren Publikationsplattformen und Netzwerken haben und Ihren Tipp – sofern er gut ist – dort weiterempfehlen, posten oder mailen. Damit befüllen sich weitere Foren und Blogs. Von dort aus werden die Infos dann wiederum von am Thema Interessierten gelesen und weiterverbreitet. Die Wellen werden immer kleiner, aber am Ende hat sich das Wasser ganz schön gekräuselt und es dürften einige wertvolle Links mehr auf Ihre Webpräsenz zeigen.

Oft reichen schon ein paar wirklich gute Links. Wenn es stimmt, dass auf Unternehmen eher nicht von selbst verlinkt wird, geht es Ihrem Mitbewerber ebenso und mit einigen Links mehr stehen Sie schnell sehr viel besser da als er. Sofern dort niemand dieses Buch liest ;-)

Tipp

Am Ende sei noch erwähnt, dass man sich in Newslettern auch manchmal redaktionellen Platz kaufen kann. Damit meine ich nicht primär die Werbung in Newslettern, sondern dass man durchaus nach den Bedingungen der Werbeschaltung fragen kann. Nicht selten schaltet man also hoffnungslos erfolglose Werbung in eine Ausgabe (machen Sie sich da keine Illusionen) und nicht selten bekommt man dafür in einer der nächsten Ausgaben einen kleinen redaktionellen Beitrag. Solange Sie nicht mit der Tür ins Haus fallen (Hey, wen von euch muss ich denn hier bestechen, damit mein Beitrag publiziert wird?) und anständig nachfragen, kommen Sie mit dieser Strategie durchaus nicht selten zum Ziel. Das glauben Sie mir nicht? Dann probieren Sie es doch einfach mal aus!

15.2.6 Suchen Sie bei ausbildenden Institutionen

Schulen, Berufsschulen, Fachhochschule, Universitäten und andere ausbildende Institutionen sind oft dankbare Abnehmer für Informationen aus der Praxis. Dabei ist selbstverständlich nicht die gesamte Institution gemeint. Natürlich müssen Sie dort recherchieren, wer für Ihren Themenkomplex zuständig ist, und dann per Mail Ihren Infoschnipsel für einen Link anbieten. Angenommen, Sie arbeiten in einem Unternehmen für medizinische Ausrüstungen. Vielleicht haben Sie einige besonders gute Risszeichnungen menschlicher Organe oder gar drehbare Darstellungen, die sich ins Web stellen lassen. Der Gedanke, dass vielleicht ein Biologielehrer oder auch eine Institution, die Krankenpfleger ausbildet, auf ihren Linkseiten auf Sie verweist, ist doch nicht völlig abwegig. Das Ganze wird natürlich nur funktionieren, wenn Sie das gänzlich ohne Werbung gestalten. Solange Sie nur »geben«, werden Sie mit eingehenden Links belohnt. *Das* ist die für Sie hier zählende Währung.

Geben Sie was her. Nützen Sie anderen. Das ist die Zauberformel.

15.2.7 Suchen Sie bei Verbänden und sonstigen Organisationen

Sind Sie Mitglied in einem Verband, Verein, der IHK oder einer Handwerkskammer? Schauen Sie doch mal nach, ob die Mitglieder von dort aus verlinkt werden. Wenn nicht, machen Sie doch mal einen entsprechenden Vorschlag. Oft publizieren diese Institutionen auch News über ihre Mitglieder. Lassen Sie sich etwas einfallen und gehen Sie aktiv auf sie zu. Dort wartet man oft im Gegenteil sogar auf die Anlieferung von Berichtenswertem aus dem eigenen Kreis. Hier gilt im Prinzip das unter dem Thema Newsletter oben schon Erwähnte gleichsam. Am besten formulieren Sie eine Pressemeldung immer gleich so vor, dass sie möglichst leicht übernommen werden kann. Wenn Sie sich dabei unsicher sind, lesen Sie einfach die bisherigen Mitteilungen der jeweiligen Plattformen. Dann bekommen Sie schnell einen Eindruck über Art, Stil und gegebenenfalls über die Eigenheiten des publizierenden Organs.

Tipp

Natürlich können Sie hierfür auch professionelle Hilfe in Anspruch nehmen. Es gibt praktisch in jeder Stadt auf Presseagenturen spezialisierte Agenten, die Ihnen helfen, Ihre Informationen zu platzieren und zu streuen. Achten Sie jedoch immer darauf, dass Ihr Fokus darin liegt, auch einen Link zu Ihrer Website zu bekommen.

15.2.8 Nutzen Sie Wikipedia und andere Wikis

Auch hier gleich zu Anfang nochmals der Hinweis, dass sich Spam-Versuche hier nicht lohnen. Sie haben weiter vorne in einem Beispiel gesehen, dass gerade Wikipedia per Markierung (`rel="nofollow"`) in den Links eine Wertung durch Suchmaschinen unterbinden möchte. Und selbst wenn Ihnen das egal ist und Sie einen werbungsorientierten Link in Wikipedia eintragen, wird er zum Teil schon nach wenigen Minuten wieder gelöscht. Sehen Sie sich unter `www.wikipedia.de` zunächst um und recherchieren Sie ein wenig nach Artikeln zu den von Ihnen präferierten Suchworten. Sind noch keine Artikel vorhanden, steht es Ihnen frei, selbst ein paar vernünftige Worte zu einzelnen Themen zu verfassen. Wikipedia ist für jeden Benutzer frei editierbar und die Benutzerfreundlichkeit ist durchaus in weiten Teilen so, dass Sie sich wahrscheinlich ohne große Hilfe zurechtfinden. Nehmen wir an, Sie wären in der Uhrenbranche zu Hause. Vielleicht haben Sie ja eine besonders gute Animation eines Ihrer mechanischen Uhrenwerke oder eine Explosionszeichnung (also einer genauen Detailzeichnung mit allen Teilen) Ihrer Uhren, die Sie veröffentlichen könnten? Unter dem Stichwort »Uhren« finden Sie einen Artikel mit vielen guten Informationen, die im Laufe der Zeit von der Community zusammengetragen und geprüft wurden. Der Abschnitt am Ende des Artikels besteht aus einer kleinen Linksammlung (siehe Abbildung 15.15).

Abb. 15.15: Weblinks zum Thema Uhren bei Wikipedia

Anhand der Beschreibung in Abbildung 15.15 sehen Sie schon, welche Art von weiterführenden Informationen hier gewünscht und toleriert wird. Ein Link zu einem Hersteller würde sicherlich schnell wieder gelöscht. Aber es ist durchaus vorstellbar, dass Links wie

- Explosionszeichnung einer mechanischen Uhr
- Sammlung europäischer Uhrenhersteller
- Bezugsquellensammlung für Bastler von alten Taschenuhren

von den Lesern geschätzt würden. Vorausgesetzt, hinter den Links befinden sich tatsächlich die angekündigten Informationen und nicht etwa eine billig zusammengeschusterte Webseite mit zwei kleinen Textabschnitten. Wenn Sie solche nützlichen Links selber eintragen möchten, gehen Sie wie folgt vor: Klicken Sie rechts oben über den Links (siehe Abbildung 15.15) auf [BEARBEITEN]. Es erscheint der editierbare Text der oben gezeigten Links (siehe Abbildung 15.16).

Abb. 15.16: Seiten in Wikipedia bearbeiten

Der erste Link auf das Deutsche Uhrenmuseum in Furtwangen wird mit der folgenden Syntax hinterlegt:

```
*[http://www.deutsches-uhrenmuseum.de/ Deutsches Uhrenmuseum Furtwangen]
```

Das Sternchen erzeugt einen viereckigen Blickfangpunkt, der die Linktexte geordnet voneinander absetzt. Danach folgt in eckigen Klammern die Linkadresse und durch ein Leerzeichen getrennt der Text, der in Wikipedia angezeigt und dann tatsächlich verlinkt wird. Würden Sie, wie oben als Beispiel beschrieben, eine Explosionszeichnung für eine Uhr als Link hinzufügen wollen, so müssten Sie einfach den folgenden Text zusätzlich zu dem bereits bestehenden einsetzen:

```
*[http://www.Ihre-Webseite.de/tipps/zeichnung.htm Explosionszeichnung
einer mechanischen Uhr]
```

Danach können Sie sich über den Button am Fuß der Seite eine Vorschau anzeigen lassen und Ihr Werk begutachten. Sieht alles sauber aus, lösen Sie mit SEITE SPEICHERN die Übernahme in Wikipedia aus. Bitte beachten Sie, dass jeder andere Benutzer Ihren Link genauso einfach wieder entfernen kann, wie Sie ihn hinzugefügt haben. Ab und an sollten Sie also kontrollieren, ob er noch an seinem Platz ist. Die Erfahrung zeigt jedoch, dass die meisten wirklich guten Links erhalten bleiben und wenig sinnloser Vandalismus betrieben wird. Allerdings gibt es auch Themen-Fetischisten, die fast alle Änderungen wegbeißen. Da reicht eine kleine Community von wenigen Leuten, die sich »einig« sind, was in einem Artikel ergänzt werden darf und was nicht. Was ihnen nicht passt, löschen sie einfach wieder und diskutieren im Forum zum Artikel mehr oder weniger ausführlich darüber. Verschwenden Sie hier nicht Ihre wertvolle Zeit und lassen Sie solche Editor-Trolle beiseite, die sonst im normalen Leben keiner lieb hat. Weichen Sie wenn möglich auf ein anderes, ähnliches Thema bzw. einen ähnlichen Artikel aus. Falls das nicht geht, weil das einfach *Ihr* Hauptthema ist, denken Sie nach. Ist die Info, die Sie einstellen möchten, **wirklich** für alle interessant – oder vielleicht doch nur für Sie? Dann ändern Sie das am besten und versuchen es noch mal. Wenn Sie aber wirklich, also richtig wirklich überzeugt sind, dass das für andere eine gute Ergänzung zum Thema ist ... Was dann? Dann suchen Sie sich ein paar Mitstreiter, die Ihnen im Diskussionsforum (jede Änderung an einem Artikel kann in einem zugehörigen Forum diskutiert werden) helfen. Wenn das mehrere Menschen gut finden, wird es für die Trolle schwieriger, ihre Meinung vernünftig aufrechtzuerhalten.

Haben Sie mehrere nützliche Dinge, die Sie gerne der Welt zur Kenntnis geben würden, suchen Sie sich am besten die passendsten Stellen aus. Dies können durchaus verschiedene Artikel sein. Und natürlich steht es Ihnen frei, auch neue Themen anzulegen, sofern in Ihrem Themengebiet noch nicht so viele Fachartikel zu finden sind, die auch in die Tiefe gehen. Denken Sie aber bitte auch immer daran, nie als Mitarbeiter eines Unternehmens zu schreiben, sondern mit den

Augen eines Fachexperten (der Sie hoffentlich auf Ihrem Gebiet sind). Haben Sie sauber gearbeitet, wird Ihr Link im Lauf der Zeit wie oben bereits beschrieben von anderen übernommen. Nicht selten werden auch ganze Artikel aus Wikipedia auf andere Websites übernommen – Ihr Link wird in den meisten Fällen dabei sein.

Neben Wikipedia gibt es mittlerweile eine ganze Reihe weiterer Wikis im Web. »Wiki« ist die frei verfügbare Software, mit der auch Wikipedia erstellt wurde. Diese Wikis funktionieren gleich oder ähnlich wie Wikipedia, sind aber meist stark themenzentriert. In der Regel sind sie über Suchmaschinen recht leicht zu finden, indem Sie nach `Wiki` in Kombination mit Begriffen aus Ihrem Themengebiet suchen.

Fazit: Linkpower bekommen Sie in Wikipedia nicht mehr. Aber echte, themeninteressierte Besucher werden auf Sie aufmerksam. Und einige (meist auch die so genannten Meinungsführer) von denen setzen auf ihren eigenen Seiten, in ihren Blogs oder Foren Links zu Ihnen. Ein klein wenig Viral-Marketing steckt also da ansatzweise mit drin.

15.3 Das Open Directory Project – DMOZ

Das DMOZ ist meines Wissens das größte von Menschen gepflegte Webverzeichnis der Welt. Es wird von ehrenamtlichen Editoren betrieben und getragen, die jeden Linkeintrag prüfen und ihn dann entweder aufnehmen oder ablehnen. Eine Garantie oder einen Anspruch auf eine Aufnahme besteht nicht. Sie finden es aufgeteilt nach Ländern unter dem URL `www.dmoz.org` (Abbildung 15.17).

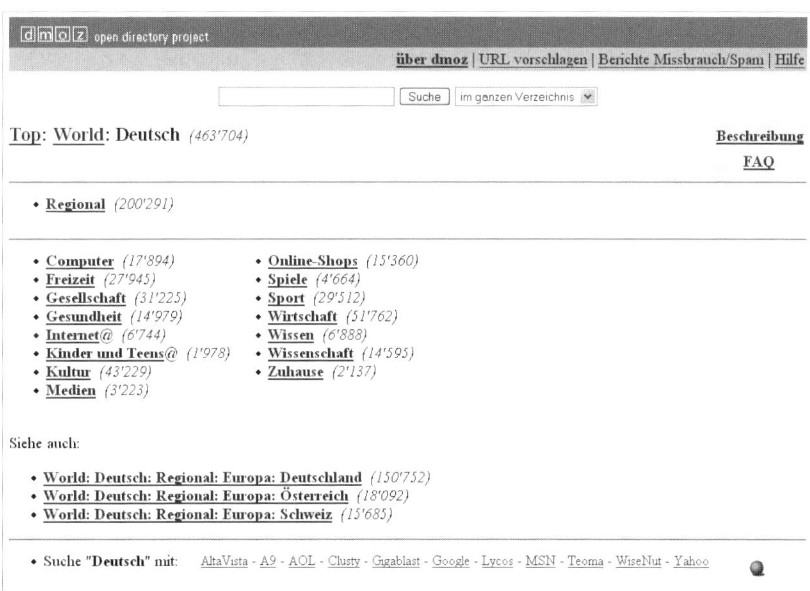

Abb. 15.17: Das DMOZ

Suchen Sie zunächst über die angebotenen Kategorien eine wirklich passende für Sie aus. Dabei sollten Sie wenn möglich eher in die Tiefe gehen, als zu versuchen, schon auf den oberen Ebenen einen Eintrag zu bekommen. Haben Sie eine Kategorie gefunden, klicken Sie rechts oben im Menü auf URL VORSCHLAGEN. Nun wird die eigentliche Eintragsmaske aufgerufen, in der Sie Ihren Domainnamen oder auch eine einzelne Webseite vorschlagen können. Bitte machen Sie nicht den dummen Fehler, alle Ihre Webseiten einzeln anmelden zu wollen. Am anderen Ende dieses Formulars sitzt immer ein Mensch, der freiwillig alle Anmeldungen für eine bestimmte Kategorie sichtet und nach bestimmten Qualitätskriterien prüft. Wenn Sie ihm zu viel zumuten, weil Sie Anmelde-Spamming betreiben, erreichen Sie sicherlich genau das Gegenteil.

Im Anmeldeformular geben Sie also URL, einen aussagekräftigen Titel und einen kurzen Beschreibungstext für Ihre Webseite ein. Anschließend noch Ihre Kontakt-E-Mail-Adresse und das war's schon. Auch wenn das »schnell gemacht« erscheint: Geben Sie sich Mühe beim Titel und der Beschreibung. Und gleich noch mal: Geben Sie sich Mühe beim Titel und der Beschreibung! Unternehmen tendieren dazu, häufig in Hyperlativen (ich bin mir nicht sicher, ob es das Wort tatsächlich schon gibt, aber es beschreibt die Steigerung von Superlativ meiner Meinung nach am besten) von sich und den Produkten zu schwärmen. In erster Linie sollen Sie hier nichts verkaufen, sondern einen Editor aus Fleisch und Blut überzeugen, dass er das macht, was die Sugarbabes uns auf Partys ins Ohr wurmen: Push the button. Nur wenn Ihr Text sein Interesse weckt, wird er sich Ihre Website überhaupt ansehen. Es ist sicher unnötig zu sagen, dass natürlich auch Ihre Website auf einem akzeptablen Stand sein muss. Halbfertiges anzumelden wäre nämlich ein weiterer Fehler, den Sie vermeiden sollten.

Hinweis

Das DMOZ arbeitet mit freiwilligen Helfern (Editoren), die für die unendlich vielen Kategorien Anmeldungen sichten. Sie prüfen die Webseiten der Anmelder kritisch und nehmen eine Bewertung nach gewissen Richtlinien vor. Letztlich kommt aber sicherlich auch ein Schuss Subjektivität dabei zum Tragen. Sicherlich sind die wenigsten der Editoren Manager oder Marketingfachleute, die Verständnis oder gar Bewunderung für Ihren eventuellen Einfallsreichtum hinsichtlich Formulierungen wie »Die beste Website im Netz« oder »IT-Service and more« haben. Im Gegenteil sitzen dort häufig motivierte Studenten oder jüngere Menschen mit hoher IT-Neigung. Sie stellen quasi die Anwälte der im DMOZ Suchenden dar und denen muss Ihre Beschreibung zusagen!

Formulieren Sie also nicht möglichst, sondern 100%ig aussagekräftig. Vermeiden Sie Lobhudeleien und Plattheiten wie »...& more«. Jeder außer Ihnen hasst solche

Dinge. Heißt »& more« bei einem Webdesigner, dass er zur Not auch Windeln verkauft? Was soll sich ein Außenstehender denn darunter vorstellen? Bevor es jetzt mit mir durchgeht – wieder zurück zum DMOZ. Wichtig für Sie zu wissen ist vielleicht, wie das DMOZ intern organisiert ist. Denn da alle Arbeit auf freiwilligen Schultern verteilt ist, gibt es nicht für alle Kategorien genügend Editoren. Einige sind sehr überlaufen, andere haben keine oder zu wenig Helfer. Dazu kommt meines Erachtens ein noch viel größeres Problem: Die Editoren werden nicht aktiv darauf aufmerksam gemacht, dass Eintragswünsche zur Prüfung anstehen. Das bedeutet, sie bekommen keine Mail mit einem entsprechenden Hinweis. Man muss als Editor aktiv selber daran denken, sich immer wieder mal über den Browser einzuwählen und nachzusehen, ob Arbeit wartet. Loggt man sich längere Zeit nicht ein, wird der Account automatisch deaktiviert. Das mag sicherlich alles vernünftige Gründe haben, ist aber auch durch das fehlende »Erinnern« geeignet, immer wieder Editoren zu verlieren.

Warum ich das erzähle? Damit Sie verstehen, warum es so lange dauert, bis Ihr Eintrag tatsächlich einmal dort erscheint. Und damit Sie verstehen, warum Ihr Eintrag mit nicht gerade niedriger Wahrscheinlichkeit überhaupt nicht erscheint. Das hängt einzig und alleine von der Einstellung, der Motivation und der Anzahl der Editoren *der* Kategorie ab, die Sie zur Aufnahme ausgesucht haben. Gott sei Dank hat das DMOZ sicherlich nicht nur eine Kategorie, in die Sie passen. Schauen Sie sich einfach ein wenig um. Da es auch eine regionale Struktur gibt, kommen Sie vielleicht als Unternehmen Ihrer Stadt unter. Lassen Sie sich nicht entmutigen und melden Sie nach circa sechs Wochen Ihre Site erneut an. Erhalten Sie dann noch immer keinen Eintrag, fragen Sie doch einfach mal bei dem zuständigen Editor nach. Sie finden eine Kontaktmöglichkeit unten am Ende der Ergebnisseiten unter KATEGORIE-EDITOR.

Noch mal mein warnender Hinweis: Spammen Sie nicht mit Anmeldungen über möglichst viele Kategorien und alle zwei Tage neu. Die Editoren haben interne Bemerkungsfelder, und wenn Sie da Ihr Fett als unseriöser Eintrager abbekommen haben, können Sie sich zukünftig die Finger blutig tippen.

»Komm, soll ich mir diesen Stress wirklich antun?«, fragen Sie sich jetzt vielleicht nach den ganzen, nicht gerade motivierenden Ausführungen. Noch dazu sind Sie vielleicht zu Recht skeptisch, ob überhaupt eine nennenswerte Anzahl das DMOZ als Einstieg ins Web nutzt. Vielleicht kannten Sie es ja selber vorher noch gar nicht. Meine eindeutige Empfehlung: Yo! Google zieht sich regelmäßig alle Inhalte des DMOZ ab und bietet es unter dem Punkt VERZEICHNIS über dem Suchschlitz an (siehe Abbildung 15.18).

Abb. 15.18: Das DMOZ-Verzeichnis in Google

Da man bei Google weiß, dass alle Einträge im DMOZ kritisch von

- Menschen begutachtet,
- für gut und seriös bewertet und als
- in die jeweilige Kategorie passend eingestuft

wurden, bemisst man den eingetragenen Websites einen etwas höheren Stellenwert zu als all den anderen, die nur von Robots maschinell ausgewertet wurden. Mit anderen Worten, Ihre Website bekommt ein paar Pluspunkte. Aber der eigentliche Vorteil liegt nicht hier, sondern ganz woanders vergraben: Das DMOZ ist Open Source, das bedeutet, jeder kann sich – sofern er die Lizenzbedingungen einhält – kostenlos eine Kopie (Experten sagen dazu »Dump«) ziehen und sie auf den eigenen Webseiten verwenden. Und das wird zum Teil in großem Stil gemacht. Sei es, weil man den besuchenden Kunden zeigen möchte, was man doch nicht alles hier neben fliegenden Briefkästen und Besucherzählern auf der eigenen Website hat. Sei es, weil man glaubt, durch die vielen, vielen Webseiten, die man damit bei sich erzeugt, Suchmaschinen durch schiere Größe überzeugen zu können. Der Grund kann Ihnen eigentlich egal sein. Wichtig ist für Sie Folgendes: Sind Sie einmal drin im DMOZ, wird Ihr Eintrag und ein hoffentlich thematisch passender Linktext immer wieder kopiert und auf immer mehr der kopierenden Domains mit angezeigt. Damit wächst die Zahl an Links, die auf Ihre Webpräsenz zeigen, langsam, aber stetig immer weiter an. Zwar werden doppelte Inhalte von den Suchmaschinen so gut wie möglich weggefiltert, aber das bedeutet nicht, dass die Links automatisch auch nicht mehr gezählt werden. Das kann also ein wirklich netter Hebel sein. Und auch hier wird Ihnen sicherlich sofort wieder deutlich: Content ist King. Haben Sie nichts Spannendes oder Nützliches zu bieten, ist die Wahrscheinlichkeit, im DMOZ aufgenommen zu werden, deutlich geringer.

Tipp

Kommen Sie mit Ihrer »normalen« Webpräsenz, sprich der Startseite, auf längere Zeit nicht unter, versuchen Sie, eine nützliche Unterseite anzumelden. Hier gilt das gleiche Prinzip, das ich weiter oben schon bei Wikipedia erläutert habe. Selbstverständlich muss die Kategorie möglichst treffend zum Thema der besagten Unterseite passen und nicht unbedingt zu Ihrem Unternehmen!

Mir bleibt am Ende dieses Kapitels noch einmal festzuhalten und deutlich darauf hinzuweisen, dass Suchmaschinenoptimierung eben nicht nur aus dem Beherrschen von technischen Details besteht. Ihre Website zu optimieren, das heißt, sie für die Robots überhaupt erst einmal findbar zu machen, und natürlich auch genau die Dinge hervorzuheben, mit denen Sie gefunden werden sollten – das ist eine Sache. Die andere hat je nach Standpunkt *leider* oder *zum Glück* mit Intelligenz zu tun. Wenn Sie die oben beschriebenen Inhalte beherzigen und in Ruhe intensiv darüber nachdenken, fallen Ihnen sicherlich noch einige weitere gute Link-Quellen ein. Und ich spüre jetzt förmlich, wie Ihnen als Erstes durch den Kopf schießt, warum eigentlich Ihre Lieferanten nicht auf Sie verlinken? Sehen Sie – es geht schon los! Damit sorgen Sie dafür, dass das »leider« für Ihre Mitbewerber gilt und für Sie das »zum Glück« ;-)

Linkbait – also einen Köder für das Verlinken bereitstellen, nennen die Suchmaschinenoptimierer es, wenn man Nützliches ins Web stellt. Eine kostenlose Software, eine Browser-Erweiterung, ein Online-Spielchen, etwas Witziges – schlicht: etwas, an dem andere per Linksetzung anbeißen. Matt Cutts, Googles Spam-Bekämpfer, sagt dazu in seinem Blog (`www.mattcutts.com/blog/seo-advice-linkbait-and-linkbaiting/`):

> *»On a meta-level, I think of »linkbait« as something interesting enough to catch people's attention, and that doesn't have to be a bad thing. [...] Linkbaiting sounds like a bad thing, but especially if it's interesting information or fun, it doesn't have to have negative connotations.«*

Sie sehen also, daran ist auch aus Sicht von Google gar nichts Verwerfliches. Sie müssen es nur strategisch, besonnen und nicht mit tumber Werbemasche angehen.

15.4 Auf Einkaufstour für Backlinks

Vielen ist das Einsammeln von Links zu mühsam, es geht ihnen zu langsam oder sie haben einfach zu viel Geld. Daher kauft man Links auf Seiten ein, die gut bei Suchmaschinen dastehen bzw. im Fall von Google einen möglichst hohen PageRank haben. Am 24.9.2007 hatte ich in meinen Blog bei `Website-Boosting.de` über einen neuen Filter bei Google berichtet und warnend prognostiziert, dass es beim Thema Linkkauf demnächst bald krachen wird. Genau einen Monat später, am 24.10. war es dann so weit. Ein Schrei ging durch das Web. Renommierte und bekannte Domains wie Netzzeitung, Golem, Chip, Heise, Telepolis, Die Zeit, Brigitte.de und viele andere hatte es erwischt. Deren PageRank wurde für alle Welt sichtbar teils dramatisch auf das Niveau von mittleren Webpräsenzen heruntergestuft. Sprünge von PR9 auf PR4, wie im Fall von etracker, wurden von Fachleuten tatsächlich als megaextrem bezeichnet. Meine fleißigen Blogleser waren ja vorgewarnt und ich hoffe, dass es keinen von Ihnen allzu arg erwischt hat bzw. verhängte Abstrafungen schnell wieder aufgehoben wurden.

Spätestens seit dieser Aktion ist aber nun dem stärksten Zweifler vor Augen geführt worden, dass man bei Google keine gekauften Links zur Manipulation der Linkberechnung mag. Bleibt die Frage, woran Google erkennt, ob ein Link gekauft ist oder »freiwillig« gesetzt wurde. Das ist im Prinzip gar nicht so schwer.

Meist werden solche verkauften Linkplätze nämlich möglichst oft – im Extremfall sogar auf allen Seiten – auf solchen Domains angezeigt. In der Regel im so genannten Footer, also der Fußzeile, die auf jeder Seite vorhanden ist. Oder auch auf der rechten Seite in einem Kasten abgesetzt. Ein entsprechender Algorithmus muss also nur nach Webpräsenzen suchen, die diese Eigenschaften aufweisen: meist mehrere abgesetzte Links, die nach außen gehen und Texte tragen, die mit den Hauptsuchbegriffen für die verlinkte Domain zu tun haben. Und: Die verlinkten Domains haben erkennbar nichts miteinander zu tun. Das bedeutet, sie haben nicht den gleichen Domaineigentümer und liegen nicht im selben IP-C-Class-Netz (das hatten wir weiter vorne schon). Auch diese Informationen können Suchmaschinen leicht maschinell prüfen und verarbeiten.

Aus Diskretionsgründen möchte ich Ihnen hier keinen erhellenden Screenshot zeigen. Aber Sie alle kennen sicher solche Webseiten. Da stehen dann zum Beispiel rechts Links mit Bezeichnungen wie Partnerbörse, Poker Schulung, günstige Handytarife oder Lebensversicherungsvergleich. Da das Verkaufen solcher Linkplätze für den Betreiber bisher (und teilweise noch) ein durchaus lohnendes Geschäft dargestellt hat, waren sie versucht, immer noch einen Link dazu zu verkaufen. Im Lauf der Zeit wurde dann eben das normale Maß erkennbar überschritten. Kritisch waren und sind natürlich auch Foren, die solche Textlinks in den Fußbereich einstellen. Die Links erscheinen dann oft auf Hunderttausenden von Seiten, die durch die vielen Diskussionen bei gut besuchten Sites automatisch entstehen. Wären Sie eine Suchmaschine: Würden Sie das für normal halten? Dass eine Website auf all ihren Seiten zum Beispiel stabil sieben Links mit einem werthaltigen Textmuster auf andere, externe Webpräsenzen einstellt? Nein, sicher nicht. Ob ein Begriff werthaltig ist bzw. wie werthaltig er ist, können die großen Suchmaschinen sehr leicht feststellen. Sie müssen nur in ihren Datenbanken nachsehen, was im Schnitt im Pay-per-Click-Bereich (also im bezahlten Teil der Ergebnislistung) für einen Begriff von Werbetreibenden bezahlt wird. So kann man »Lebensversicherung« als Text auf einem Link problemlos von »Tipps zur Diplomarbeit« auch im Wert unterscheiden. Justiert, testet und optimiert man so einen Algorithmus, findet er ganz automatisch die meisten Sites, die Links gegen Geld anbieten.

Etwas subtiler gehen einige andere Plattformen vor, die Textlinks im Fließtext verkaufen und diese nur einige wenige Male setzen. Bisher ist mir auch noch kein Fall bekannt, in dem so etwas zu einer Abstrafung geführt hätte. Wie auch? Solche Links sind von freiwillig gesetzten maschinell nicht zu unterscheiden – und sie funktionieren daher nach wie vor. Die Grenzen des »Erlaubten« sind dabei fließend. Solange Sie einen Linkplatz nicht kaufen, um die Suchmaschine zu manipulieren, ist es nicht zu beanstanden. Geht es aber um die gezielte Manipulation, verstößt das zum Beispiel bei Google gegen die Richtlinien. Wie man das genau auseinanderhalten möchte, bleibt mir allerdings schleierhaft. Wahrscheinlich liegt die Wahrheit wie immer in der Mitte. Solange man so etwas nicht in größerem Stil betreibt und es damit *über*treibt, ist man relativ sicher. Eine Garantie gibt es hier natürlich nie. Sicherlich hat es bei dem damaligen neuen Filter auch Seiten erwischt, die unschuldig zurückgestuft wurden. Zwei solcher Seiten hatten sich damals auf Grund meines Blogbeitrages hilfesuchend an mich gewandt. Wir haben die in diesem Fall zufällig »auffälligen« Linkstrukturen geändert und nach dem nächsten PageRank-Update hatten die Sites ihren alten Wert wieder.

Sollten Sie sich also mit dem Gedanken tragen, Links zu kaufen oder auch zu verkaufen, dann machen Sie es nicht deshalb, um Suchmaschinen zu manipulieren. Ja, ich weiß. Sie grinsen jetzt und ich grinse beim Schreiben gerade eben auch. Aber ich denke, Sie wissen schon, wie ich das meine. Lassen Sie eine entsprechende Vorsicht walten und sehen Sie sich die Domains und den Platz, auf denen Sie dann per Link erscheinen, genau an. Kommt Ihnen das nicht so ganz koscher vor, lassen Sie die Finger davon. Behalten Sie im Kopf, dass Sie primär Menschen zum Klicken zu Ihren Seiten ermuntern möchten. Mit diesem Fokus laufen Sie am besten. Suchmaschinen versuchen nämlich, sich immer mehr menschlichen Denk- und Verhaltensmustern anzunähern bzw. diese zu simulieren. Einige wenige, aber gut platzierte Links in einem thematisch passenden Fließtext bringt Ihnen unter dem Strich sehr viel mehr, als Hunderttausende, noch dazu textlich gleiche Links aus einem Forum. Und wenn Sie sich schon nicht vom Kaufen von Links abhalten lassen, variieren Sie auf jeden Fall den Text von Domain zu Domain. Denn auch solche Muster (immer der gleiche Textlink auf vielen externen Domains zu Ihnen) erregt die Aufmerksamkeit der mittlerweile sehr wachsamen Maschinen.

15.5 SMO – Social Media Optimization

Unter der Abkürzung »SMO« wird eine relativ junge Methode verstanden, sich Traffic und letztlich auch Links über das Web zu besorgen. Gemeint ist damit im Kern, dass man versucht, sich bei einem oder mehreren der wie Pilze aus dem Boden schießenden Social-Networking-Plattformen nach vorne zu katapultieren. Das kann bei einem Bookmarkdienst sein, aber auch bei Blog-Aggregatoren wie `yigg.de` oder international bei `digg.com`. Schaffen Sie es, mit einer Ihrer Webseiten oder einem Blogbeitrag auf der ersten, zentralen Übersichtsseite unter AKTUELL oder HOT zu erscheinen, ist Ihnen eine Menge Traffic für diesen Zeitraum sicher. Der ist zwar zum großen Teil für E-Commerce-Belange nicht besonders gut geeignet, aber ein paar Links, die man auf Sie setzt, bleiben in der Regel immer hängen. Dieser Ansatz ist sehr stark verwoben mit dem Kapitel über Virales Marketing aus dem ersten Teil des Buches. Während dort der Fokus auf der Verbreitung einer mehr oder weniger deutlichen Werbebotschaft lag, geht es hier darum, Backlinks aus dem aufschlagenden Traffic zu generieren. Natürlich bringen diese breit gesetzten Backlinks auch menschliche Besucher, aber der Wert für die linktechnische Beurteilung der Suchmaschinen ist ungleich höher.

Eines möchte ich Ihnen gleich vorweg einschärfen: Wenn Sie ein(e) Einzelkämpfer(in) sind, schlagen Sie sich SMO gleich wieder aus dem Kopf. An interessanten Plätzen vorne gelistet zu werden, schaffen Sie nur im Team. Das ist ja das Wesen von »social«, dass mehrere etwas gut finden und ein positives Votum abgeben. Sie brauchen also ein persönliches Netzwerk an Menschen, die Sie unterstützen oder mit denen Sie gemeinsam im Team solche Dinge auf Basis von gegenseitigem Nutzen angehen.

Die Vorgehensweise ist im Prinzip immer gleich. Sie melden eine Webseite oder einen Blogbeitrag von Ihnen bei einer Plattform an und die Besucher dieser Plattform geben eine Meinung dazu ab. Meist in Form eines einfachen Buttons, den man anklickt, wenn man etwas gut findet. Was die meisten gut finden, das schafft es auf die vorderen Seiten oder gar auf die Startseite der Plattform. Dann werden alle Besucher darauf aufmerksam und meist gehen dann auch erst recht zusätzlich viele positive Voten ein (wenn das inhaltlich wirklich etwas taugt). Bei deutschen Plattformen reichten derzeit oftmals zehn bis dreißig externe Stimmen, um prominent gelistet zu werden. Bei internationalen Plattformen müssen es nicht selten auch schon mal über hundert oder noch mehr sein. Der Traffic, der dann von dort kommt, ist natürlich um einen ähnlichen Faktor höher!

Selbstverständlich bringt es rein gar nichts, deutsche Beiträge oder deutschsprachige Webseiten auf internationalen Plattformen einzustellen. Selbst wenn Sie hundert Menschen kennen, die für Sie den »Gut-Knopf« anklicken, und es Ihr Beitrag auf die erste Seite schafft: Die Welt spricht Englisch und man wird den deutschen Abstract-Text daher ignorieren. Die Folge: keinerlei nennenswerter Traffic und keine Backlinks, die ansonsten am Ende immer übrig bleiben. Wenn Sie also hier mitspielen möchten, sollten Sie in lupenreinem Englisch schreiben können und über Themen, die die Welt auch interessiert.

In der Regel lassen sich solche Plattformen natürlich auch manipulieren und – machen wir uns nichts vor – das wird auch gemacht. Die Betreiber versuchen, solchen Tricksereien auf die Spur zu kommen. Manchmal gelingt es, aber meist eben nicht. Aber über solche Dinge zu schreiben, ist hier nicht der richtige Ort. Außerdem müsste ich Sie anschließend wie immer töten. Im Ernst: Es würde Ihnen auch gar nichts nützen, wenn ich hier solche Lücken als Beispiel nennen würde und wie man sie ausnutzen kann. Sie *alle* würden versuchen, das nachzumachen. Und in dem Moment kann es nicht mehr funktionieren. Spätestens dann würden die Betreiber darauf aufmerksam werden und das Loch schließen. Sie hätten eine Menge Arbeit investiert und am Ende hätten Sie rein gar nichts davon. Mit ist klar, dass Sie nun erst recht neugierig sind. Daher will ich die fantasievollen unter Ihnen doch noch ein wenig gedanklich anstupsen. Zum einen gibt es natürlich technische Lücken in solchen Systemen. In diese kommt man nur mit Hacker-Kenntnissen. Da das in den meisten zivilisierten Ländern verboten ist, lassen Sie das lieber außen vor. Außerdem braucht man dazu eine Menge Spezialwissen, das es nicht am Tisch der Currywurstbude um die Ecke gibt.

Aber machen Sie sich doch mal die grundlegende Funktionsweise solcher Dienste klar: viele *unterschiedliche* Nutzer. Viele Bewertungen von *unterschiedlichen* Nutzern. Entweder Sie kennen viele Leute oder Sie tun nur so. Es soll Nutzer geben, die bei solchen Plattformen mehrere Accounts unter verschiedenen Namen eröffnet haben. Wenn diese nur virtuell unterschiedlichen Personen ein und denselben Artikel als gut voten, wird das verdammt schnell transparent. Schließlich kommt alles von einem Rechner, meist von einem oder wenigen Browsern und bei DSL-Zugängen auch immer von gleichen IP-Kreis. Zudem setzen diese Dienste immer auch Cookies, an denen das Wiederkommen erkannt wird. Loggt man sich unter verschiedenem Namen ein, wird das technisch sofort erkannt. Ätsch. *Aha, dann lösch' ich die Cookies halt immer wieder.* Wieder Unsinn. Auch das ist ein eindeutiges Muster: dass verschiedene Nutzer mit ansonsten ähnlichen Merkmalen, (Browser-Fingerprint – Ihr Browser überträgt viele Informationen, die ihn recht eindeutig machen!), Verhalten und aus der gleichen Region immer ohne Cookie vom letzten Besuch daherkommen. Peng: weg der Account. Das geht meist schneller, als Sie neue anmelden können.

Man bräuchte also unterschiedliche Accounts auf unterschiedlichen Rechnern aus unterschiedlichen Regionen? Das ist eine recht aufwändige Sache und hier greifen die meisten Skript-Freaks zu: Sie schreiben kleine Programme, die bestimmte ansonsten zeitaufwändige Aufgaben automatisch erledigen. Mit gutem Programmiergeschick ist heute im Web fast alles machbar. Jetzt wissen Sie auch, warum solche Plattformen bei der Anmeldung oft Captchas (Sie erinnern sich, die zerplatzten Buchstaben, die man abtippen muss) verwenden. Eben genau deswegen, um automatische Skript-Anmeldungen oder maschinelle Aktivitäten draußen zu halten. Solche Barrieren auszuhebeln, ist allerdings mit etwas Einfallsreichtum und Know-how kein Hexenwerk.

Am besten gehen Sie den ehrlichen Weg. Schreiben Sie über Interessantes. Schreiben Sie so, dass es anderen gefällt. Dann funktioniert SMO ganz von selber. Aber den Aufbau einer kleinen Community würde ich Ihnen trotzdem anraten. Wie erwähnt, ganz alleine schaffen Sie das wahrscheinlich nicht. Vergessen Sie nicht, dass das »Social« nicht umsonst ganz vorne in der Abkürzung steht!

15.6 Beeinflussen Sie den PR: PageRank Sculpting

Ja, auch das wird mittlerweile gemacht. Man versucht, die Vererbung des PageRanks aktiv zu beeinflussen, zu »formen«. Daher kommt auch der englische Ausdruck hierfür: *Sculpting*. Die Absicht dahinter ist klar: Warum sollen für das Ranking unwichtige Seiten, wie das Impressum, die Kontaktseite oder die AGB, die in der Regel von jeder einzelnen Seite unseres Webauftrittes verlinkt werden, überhaupt einen PageRank bekommen? Sie haben weiter vorne gesehen, dass jeder Link, den der Robot erkennt, Linkpower (Linkjuice) weitervererbt. Nur auf vielen Seiten einer Website braucht man das gar nicht. Sie sind für suchende Kunden irrelevant. Da die Vererbungskraft pro Link sinkt, je mehr abgehende Links man setzt, wäre es gut, möglichst wenig abgehende Links zu haben. Die aber gezielt. Um das zu bewerkstelligen, kann man verschiedene Arten der Linkprogrammierung verwenden.

- Für Links, die auf Seiten führen, denen PageRank vererbt werden soll, verwendet man einen normalen HTML-Link in der Form `<a href="http://www.ihre-domain.de/produkt-1.html">Produkt-1</a>`
- Für Links, die zu Seiten führen, denen nichts vererbt werden soll und die rechtlich kritisch sind, setzt man das `rel="nofollow"`-Attribut in den HTML-Link. Als Beispiel: `href="http://www.ihre-domain.de/impressum.html" rel="nofollow" >Impressum</a>`
- Für Links, die der Robot keinesfalls erkennen und werten soll, maskiert man den Link mit JavaScript. Den Linkbefehl und auch die Zieladresse kann man dabei zur Sicherheit noch über Variablen »zerschneiden«, damit auch eine eventuelle Mustererkennung seitens des Robots nicht so einfach möglich ist. Der Link sieht nachher im Browser genauso aus wie ein normaler HTML-Link. Auch hier wieder ein einfaches, kleines Beispiel:

```
<script language="JavaScript">
<!--
var url = 'http://www.ihre-domain.de/ wirueberuns.html';
document.write ('<a href = "' + url + '"> Wir über uns</a>');
// -->
</script>
```

Wenn man ganz sicher gehen möchte, dass sich eine Adresse auch nicht parsen lässt (eine Art inhaltliche Codeerkennung), kann man die Adresse auch in mehrere Variablen aufteilen und diese mit dem write-Befehl wieder zusammen setzen.

Warum überhaupt die Unterscheidung zwischen der zweiten und dritten Variante? Bei der dritten Variante setzt man JavaScript ein. Und das läuft möglicherweise nicht auf jedem Browser. Besucht Sie ein Mitbewerber oder Rechtsanwalt mit ausgeschaltetem JavaScript, funktionieren diese Art Links nicht. Böserweise könnte dann behaupten, Sie hätten kein Impressum auf der Seite! Weit über 99 Prozent haben zwar ihr JavaScript aktiviert – aber man weiß ja nie. Bitte beachten Sie ebenfalls, dass Links in JavaScript nicht barrierefrei sind, also von automatisierten Lesegeräten nicht interpretiert werden können. In Abbildung 15.19 sehen Sie das PageRank Sculpting noch mal schematisch dargestellt.

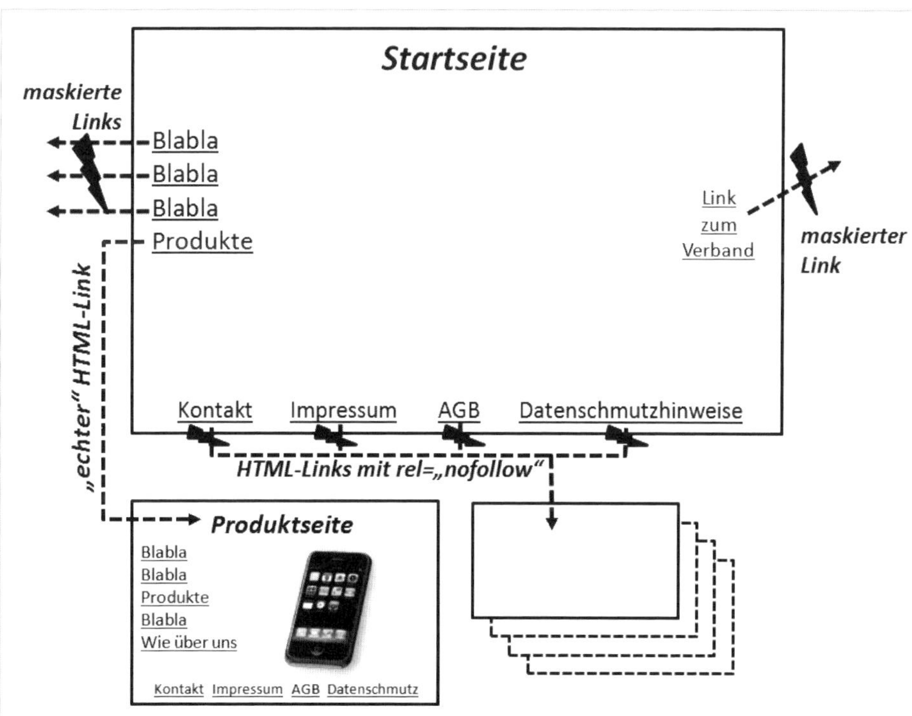

Abb. 15.19: Das PageRank-Scuplting-Prinzip

Hüten Sie sich aber, alle Ihre Seiten so zu präparieren. Auf den unteren Ebenen sollten Sie Ihre Links schon mit normalen HTML-Links transparent halten. Schließlich haben alle Unterseiten einen Link zur Startseite oder den Produktseiten. Wenn Sie *alle* Seiten streng wie in Abbildung 15.19 ja nur schematisch gezeigt von erkennbaren Links abkapseln, können die Unterseiten auch keinerlei PageRank intern nach oben hin vererben. Mit anderen Worten würde Ihr Webauftritt aus Sicht des Suchmaschinenrobots nur noch aus zwei Seiten bestehen: der Startseite und der/den Produktseite(n). Das erscheint mir dann doch etwas wenig.

Die Vorteile des PageRank Sculptings liegen klar auf der Hand: Die Wichtigkeit einzelner Seiten zumindest nach dem PageRank-Wert lässt sich so gezielt steuern und auf Seiten vererben, die für das Ranking wichtig sind. Alles, was man unwichtigen Seiten an eingehender Linkpower wegnimmt, fließt zusätzlich in die wirklich wichtigen Seiten. Sie werden dadurch, salopp formuliert, um genau den Betrag stärker, um den die abgenabelten Seiten schwächer werden.

Ein großer Nachteil ist wohl, dass so etwas individuell bzw. manuell mit viel Know-how gemacht werden muss. Mit einem Content-Management-System oder einem Shop-System von der Stange bekommt man so etwas nur extrem schwer hin. Der Pflegeaufwand für die vielen Ausnahmen darf dabei natürlich auch nicht aus den Augen verloren werden.

PageRank Sculpting ist meiner Ansicht nach nur etwas für die Profis unter Ihnen. Erwähnt habe ich es trotzdem. Denn wenn Sie das Prinzip verstanden haben, können Sie dies natürlich auch im kleinen Maßstab einsetzen. Einige Basislinks wie die zum Impressum oder der Kontaktseite lassen sich oft auch in Content-Management-Systemen in den Vorlagen (Templates) leicht anpassen und standardmäßig mit einem `rel="nofollow"` versehen. Auch solche kleinen Anpassungen können schon durchaus das berühmte Zünglein an der Waage sein, wenn es um den Ausschlag von Seite 2, Platz 11 auf Seite 1, Platz 10 in den Suchmaschinenergebnissen geht. Und sie müssen nur einmal gemacht werden.

15.7 Der TrustRank

Selbstverständlich verlassen sich große Suchmaschinen wie Google nicht alleine auf die Berechnung der einfachen Linkbeziehungen, die zum Beispiel im PageRank-Wert ihren Niederschlag finden. Seit einigen Jahren hört und liest man daher immer wieder vom *TrustRank*.

Zunächst werden dazu einige, im Verhältnis wenige sehr bekannte Domains bestimmt, die hohes Vertrauen genießen. Man geht dabei davon aus, dass einige hundert solcher Domains genügen. Diesen ordnet man nun einen numerischen Wert zu, den man über Links zu anderen Seiten mit einem geringen Verlust weitervererbt. Je näher also eine Domain per Verlinkung an einer der obersten, manuell festgelegten Trusted-Domains hängt, einen desto höheren TrustRank bekommt sie selber. Mit ziemlicher Sicherheit geht dieser Faktor in das Ranking mit ein. Leider gibt es bisher keinerlei Möglichkeit, von außen diesen TrustRank zu sehen oder zu messen. Die Theorie dahinter stammt vermutlich aus den Überlegungen des so genannten »Kleine-Welt-Phänomens«. Man geht dabei davon aus, dass jeder lebende Mensch auf der Erde über persönliche Kontakte (A kennt B, B kennt C, C kennt D – damit stehen zwischen A und D nur drei Personen) nur wenig von jedem anderen Menschen »entfernt« ist. Mit anderen Worten könnte jeder mit jedem über ein paar Ecken in Kontakt treten. *Stanley Milgram*, der die ersten Experimente dazu in Harvard durchgeführt hat, stellte Folgendes fest: Jeder Amerikaner ist direkt mit jedem anderen Amerikaner *durchschnittlich* über 5,5 Personenkontakte verbunden. Unabhängig von diverser Kritik, die daran immer wieder mal aufgetreten ist, zeigt dieses Phänomen prinzipiell recht deutlich, dass mit hoher Wahrscheinlichkeit auch Websites per Links gar nicht sooo weit auseinander liegen. Daher und zum besseren Verständnis des Nachfolgenden habe ich diesen kurzen Ausflug in die Wissenschaft an dieser Stelle mit Ihnen unternommen. Interessierte finden übrigens einen ersten guten Einstieg bei Wikipedia unter `http://de.wikipedia.org/wiki/Kleine_Welt`.

Die Vererbung von Trust, also Vertrauen, funktioniert ähnlich wie bei PageRank. Der PageRank verläuft allerdings von unten nach oben, das heißt, viele kleine Seiten machen mit ihren Links andere Seiten »groß«. Beim TrustRank verläuft das umgekehrt – wenige große Sites verleihen anderen Sites Vertrauen, indem sie einen Link setzen. Diese verleihen wiederum einen Teil dieses geerbten Vertrauens mit ihren Links zu wiederum anderen Domains weiter. In Abbildung 15.20 sehen Sie dieses Prinzip noch einmal visualisiert. Sämtliche dort genannten Domains sind zufällig ausgewählt, ebenso die Linkbeziehungen und Werte. Fiktiv gehen wir also jetzt davon aus, dass `cnn.com` manuell einen TrustRank von 1 zugewiesen bekommen hat – den besten Wert. Alle Sites, die von dort aus verlinkt werden, erhalten einen niedrigeren TrustRank. Also zum Beispiel 2. Der Einfachheit halber habe ich das mit aufsteigenden, ganzen Zahlen dargestellt. Eine Domain mit TrustRank 2 kann dann mit Verlinkungen anderen Sites einen Wert von 3 vererben. Und so weiter. Anders als beim PageRank, der ja auf einzelne Seiten bezogen ist, bezieht sich der TrustRank nur auf die Domain als Ganzes.

Man kann nun davon ausgehen, dass Domains mit sehr hohem PageRank, aber sehr niedrigem TrustRank entweder maschinell oder sogar von Editoren bei Suchmaschinen genauer unter die Lupe genommen und damit neu beurteilt werden. Es ist mittels TrustRank ebenso möglich, recht leicht über Linkfarmen und gekaufte Links künstlich optimierte Spam-Domains zu identifizieren, die gerade die Ranking-Charts stürmen. Diese Spam-Domains haben nämlich in der Regel einen extrem niedrigen TrustRank, weil sie von keiner auch nur annähernd als seriös zu bezeichnenden Domain angelinkt werden.

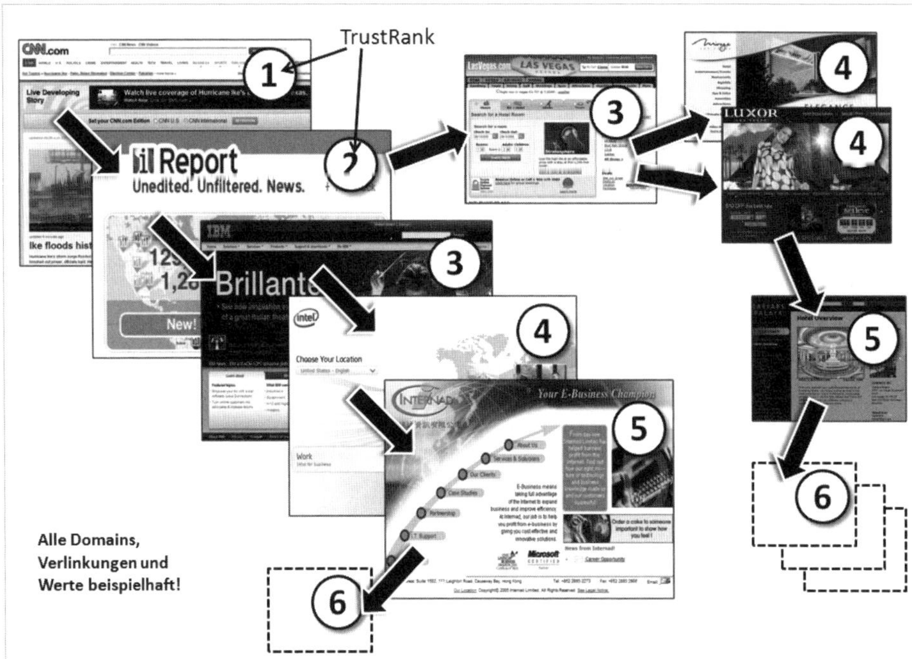

Abb. 15.20: Eine Prinzipdarstellung des TrustRanks

Man darf auch vermuten, dass mittels TrustRank-Berechnungen mittlerweile die überall im Web findbaren Webverzeichnisse sehr unterschiedlich von Suchmaschinen bewertet werden. Zeigt deren Katalog hauptsächlich Links auf Sites mit niedrigem TrustRank, erscheint er nicht besonders nützlich und wertvoll. Die dort verzeichneten Links können daher einer Site möglicherweise sogar schaden – sollte sie dort mit vertreten sein. Niemand wird sich ernsthaft in einen solchen »Low-Quality«-Webkatalog eintragen. Schon gar nicht gegen Geld, wie es von einigen dieser Kataloge immer noch frech (*dafür bekommen Sie einen Schmuckeintrag*) gefordert wird. Trägt man sich dennoch ein, könnte das für die maschinelle Einschätzung der Suchmaschine ein Zeichen sein, dass man aktiv Linkaufbau betreibt – also Links um der Suchmaschine und nicht um der Menschen willen setzen lässt. Webkataloge sollten also auch immer einen nennenswerten Anteil an Links zu Seiten mit höherem TrustRank enthalten, um nicht in den Verdacht einer verdeckten Linkfarm zu kommen.

Dies ist übrigens auch der Grund, warum Ihnen vereinzelte Links von Ihrer Site zu Seiten mit vermutlich (leider weiß ja keiner genau, welche das sind) hohem TrustRank nützen. Das Verweisen auf seriöse Seiten erhöht ebenfalls Ihr Ansehen bei Suchmaschinen.

Kommen wir zum letzten und entscheidenden Punkt: Was sind die Kennzeichen für Sites mit hohem TrustRank? Sie sind ein Mensch. Die Domains mit dem höchsten TrustRank wurden auch von Menschen ausgesucht. Welche würden Sie aussuchen? CNN.com? Die NASA? Wikipedia? Google? Die Vereinten Nationen? Die Stock-Exchange in New York? Auf wen auch immer Ihre Wahl fällt, je näher Ihre Domain per Link damit verbunden ist, desto höher wird auch Ihr TrustRank ausfallen. Umgekehrt steht es Ihnen natürlich frei, per Link möglichst »nah« an solche Domains heranzukommen. Zumindest der Versuch ist es wert. Schauen Sie doch einfach mal nach, auf wen die ganz Großen und Seriösen verlinken (nehmen Sie mal wieder einfach das Tool Xenu, das wir hier im Buch schon mehrmals hatten – es wirft auch alle externen Links sauber aus). Und dann lassen Sie sich was einfallen, wie Sie an einen Backlink von dort rankommen können. Merken Sie was? Die Arbeit eines SEO ist zum Teil echte Detektiv- und Knochenarbeit.

Vorsicht

Am Ende des Kapitels möchte ich es nicht versäumen, zum wiederholten Male darauf hinzuweisen: Egal, was Sie auch immer beim strategischen Linkaufbau tun – achten Sie darauf, dass Ihr Linkwachstum *in jedem Fall* natürlich ist bzw. natürlich aussieht. Entstehen *zu schnell zu viele* Links und am Ende noch mit dem gleichen Linktext, werden die Suchmaschinen in der Regel misstrauisch. Die langfristig tragfähige Lösung ist »Genuine Popularität«. So nennt das jedenfalls Stefanie Dürr, Search Quality Team Lead bei Google, in einem Interview mit Klaus Patzwaldt, dem Betreiber von `at-web.de`.

Kapitel 16

Lösen von technischen Handbremsen

16.1 Webseiten mit Frames

Diese Frage höre ich in Seminaren, Workshops und Beratungsgesprächen zum Glück immer seltener. Aber verschwunden ist sie noch nicht: »*Was lässt sich bei Webseiten mit Frames noch retten?*« Meine Antwort ist immer ernüchternd dieselbe: Ernsthaft gesehen nichts. Ich gebe zu, dass ich für die neue Auflage lange überlegt habe, ob es 2008 noch zeitgemäß ist, Frames überhaupt noch zu erwähnen. Aber erst vor einigen Monaten hatte ich wieder einen Anruf von einem verzweifelten Domainbesitzer, der sich von einer selbsternannten SEO-Agentur seinen Webauftritt hat überarbeiten lassen. Und die ihm eine angeblich suchmaschinenoptimierte Frame-Lösung untergejubelt haben. Man hatte ihm (er war vorher nach eigenen Angaben in diesen Dingen völlig ahnungslos) stolz Treffer bei Google gezeigt, die sich im Nachhinein als Drei-Wort-Suchwortkombinationen herausgestellt haben, die im niedrigen dreistelligen Trefferbereich auf der ersten Seite gerankt hatten. Das Thema ist also noch immer nicht vom Tisch.

Während früher Frames-Seiten der Geheimtipp schlechthin unter Suchmaschinenoptimierern waren, funktioniert der alte Trick schon sein Längerem nicht mehr. Technisch gesehen muss man hier unterscheiden zwischen Browsern, die Frames verarbeiten können, und solchen, die das noch nicht können. Praktisch alle heute verwendeten Browser können Frames anzeigen, und wenn ich mich recht entsinne, dürften abgesehen von den Spezialprogrammen für Sehbehinderte Webbrowser schon seit über zehn Jahren mit Frames bestens zurechtkommen. In den Webseiten selber hat man in der Programmierung des Framesets jeweils unterschieden, ob das Anzeigegerät nun Frames anzeigen kann oder nicht. Die Empfehlung war, den so genannten Noframes-Bereich sauber zu definieren und, ja und eben dort auch gleich hübschen Text für die Robots der Suchmaschinen zu hinterlegen, weil die ja auch keine Frames zusammensetzen können. Das sah dann in etwa so aus:

```
<frameset cols="120,480">
<frame src="datei1.htm" name="eins">
<frame src="datei2.htm" name=zwei">
<noframes>
```

```
<body>
<H1>Überschrift mit suchrelevantem Text</H1>
<p>Text im Noframes-Bereich: Wir sind die Tollsten - kaufen Sie bei uns</
p>
</noframes>
</body>
</frameset>
```

Listing 16.1: Die Definition eines Framesets

Nachdem wie erwähnt schon seit Jahren praktisch alle Browser Frames verarbeiten können, hat man sich bei den Suchmaschinenbetreibern die Frage gestellt, warum man den Noframes-Text überhaupt noch auslesen und indexieren soll – wenn ihn doch sowieso niemand zu Gesicht bekommt? Zudem sah man wohl mit Sorge, dass dieser eigentlich nicht sichtbare Bereich zunehmend mit Spambegriffen zugemüllt wurde und diese Taktik wohl in einigen Fällen sogar zum Erfolg geführt hatte. Aber selbst das haben viele Frames-Fans offenbar noch nicht einmal erkannt. Statt dem Besucher den für ihn unverständlichen und damit wenig nützlichen Hinweis zu geben, dass sein Browser keine Frames unterstütze und er deswegen hier Pech habe, sollte man *wenigstens* sinnvollen Text in diesen Bereich schreiben. Einen kleinen Test, wie viele Webseiten in Deutschland mit dieser suboptimalen Technik und vor allem wenig sagenden Texten arbeiten, hatte ich in der ersten Auflage gemacht. In Abbildung 16.1 von damals waren es noch circa 2,7 Millionen Seiten. Mittlerweile liegt die Trefferanzahl bei etwas über einer Million. Noch immer zu hoch. Man sucht dazu zum Beispiel einfach nach dem Texthinweis »Ihr Browser unterstützt keine Frames«.

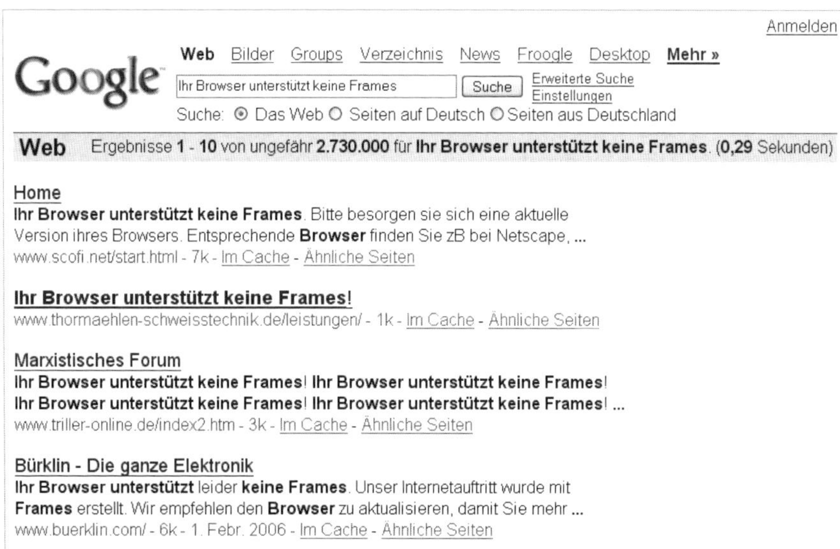

Abb. 16.1: Ihr Browser unterstützt keine Frames.

Die Inhalte im Noframes-Bereich werden aufgrund der hohen Verbreitung von moderneren Browsern von Suchmaschinen kaum noch oder gar nicht mehr berücksichtigt. Aus Sicht der Accessibility (also dem barrierefreien Zugang) für vor allem sehbehinderte Menschen mit besonderen Browsern macht eine saubere Definition natürlich noch immer sehr viel Sinn. Denen hilft allerdings der Hinweis, dass ihr Browser keine Frames könne, herzlich wenig. Das wissen sie meist selber.

Sicherlich sind Sie über Suchmaschinen schon ab und zu auf Webseiten gestoßen, die teilweise sogar mit gutem Content, aber ohne Unternehmensbezeichnung und ohne Navigation oder irgendeinen weiterführenden Link in Ihrem Browser aufgetaucht sind. Das waren Teile eines Webauftrittes mit Frames und wenn die Webseite mit den Steuerungsinformationen, wie die einzelnen Seiten zu einer montiert werden müssen, fehlen, dann wird eben nur eine einzelne Fußzeile oder auch schon mal nur die Seite mit der Navigation angezeigt. Sie als Profi haben damit sicherlich die geringsten Probleme, weil Sie in der Browserzeile oben einfach alles weglöschen und nur den reinen Domainnamen stehen lassen. Schwupps sind Sie auf der Startseite. Dann geht allerdings oftmals die Sucherei erst richtig los und nicht selten findet man die eben für wertvoll erachtete einzelne Seite nicht mehr. Ich vermute aber, etwa 90 Prozent aller Webnutzer ist sowieso hilflos, wenn eine Seite ohne Navigation auftaucht. Auf eine allgemein verbreitete Kenntnis des »Tricks«, alles hinter dem Domainnamen zu löschen, würde ich mich nicht verlassen.

Also auch hier Daumen nach unten für Frames. Das letzte Aufwölben nach diesen Argumenten ist dann oft, dass man doch nur so genannte nachladende Frames (hier wird beim Aufruf einer einzelnen Seite per Skript immer automatisch das ganze Frameset nachgeladen) verwenden müsse, dann wäre dies Problem gelöst! Yo. Das ist korrekt, bringt uns aber, wie Sie gleich sehen werden, auch keine wirkliche Heilung der schlechten Suchpositionen geframeter Seiten. Dann wollen wir den Frames mal – aus Suchmaschinensicht – den Todesstoß versetzen:

Eines noch vorab: Mir ist klar, dass Frames viele Vorteile haben! Ladezeiten und vor allem der vereinfachte Änderungsaufwand werden immer wieder genannt und sind völlig korrekt. Über den vielleicht alles entscheidenden Nachteil werden wir aber jetzt nachdenken müssen.

Suchmaschinen achten zunehmend auf die Verlinkung von Dokumenten. Dies gilt sowohl für Links von außen, aber natürlich auch auf die interne Verlinkung innerhalb einer Domain. Wenn Sie es bisher noch nicht getan haben, empfehle ich Ihnen dringend an dieser Stelle, meine Ausführungen weiter vorne über den PageRank-Mechanismus von Google zu lesen. Dann dämmert Ihnen sicher auch sofort, wo der Flohtransporter begraben liegt: Die interne Linkstruktur bei Frame-Seiten ist völlig anders aufgebaut als bei einem »normalen« Webauftritt. Eine normale Webseite enthält jeweils auf der Seite selber die Navigation zu benachbarten Seiten, zu tiefergehenden Seiten und zurück zur Start-, Kontakt- und Impressumsseite.

Google weist in seinen Grundlagen für Webmaster übrigens selbst darauf hin, dass Frame-Seiten zwar indexiert werden, aber vom Kern her als problematisch anzusehen sind: »... *Google unterstützt Frames so weit wie möglich. Frames können jedoch für Suchmaschinen problematisch sein, da sie dem Grundmodell des Webs – eine Seite entspricht einer URL – widersprechen. Auf Seiten, die Frames verwenden, werden mehrere URLs (eine für jeden Frame) auf einer einzigen Seite angezeigt. Wenn Google feststellt, dass eine Benutzeranfrage eine vollständige Seite als Ergebnis liefert, gibt Google das gesamte Frameset zurück. Wenn die Anfrage als Ergebnis allerdings einem einzelnen Frame innerhalb des Framesets entspricht, gibt Google nur den entsprechenden Frame zurück. In diesem Fall erscheint nicht das gesamte Frameset der Seite ...*« Nachlesen können Sie dies und weitere Informationen dazu bei Bedarf unter `www.google.de/support/bin/answer.py?answer=474&topic=357`.

Wir haben es also genau gesehen hier mit einem richtigen Linknetzwerk innerhalb unserer Site zu tun und alle diese Links werden von Suchmaschinen als Beziehungen untereinander interpretiert. Bei geframeten Seiten fehlen diese Linkbeziehungen zum größten Teil bzw. sie sind völlig anders strukturiert. Wenn Sie ernsthaft durch gute Positionen bei Suchmaschinen im E-Commerce mitspielen möchten, wird Ihnen wahrscheinlich nichts anderes übrig bleiben, als in den sauren Apfel zu beißen und die vielleicht auch gerade eben erst neu erstellte Frame-Version ins digitale Nirwana zu verbannen. Weg damit.

Ebenso verhält es sich mit der Einbindung von so genannten *iFrames* (**i**nline **Frame**). Mittels eines Codes wird damit ein Teil einer anderen Webseite in die eigene Seite eingebaut. Dieser Code sieht dann in etwas so aus:

```
<iframe src="www.die-andere-domain.de/der-andere-inhalt.html" width="90%"
height="400" name="der-name-des-inhalts">
  <p>Ihr Browser kann anscheinend keine eingebetteten Frames anzeigen: Sie
koennen die eingebettete Seite ueber den folgenden Verweis aufrufen:
<a href=" www.die-andere-domain.de/der-andere-inhalt.html ">hier klicken<
/a></p>
</iframe>
```

Wird so eine Seite über den Browser aufgerufen, wird durch die Anweisung »iframe« dann beim Aufruf der Teil der anderen Webseite in den Inline-Frame in den definierten Platz geladen. Der Benutzer sieht sie. Der Robot einer Suchmaschine natürlich nicht, weil er mal wieder nur den programmierten Teil (siehe oben) sehen kann.

Tipp

Immer wieder möchten Websitebetreiber gerade für Suchmaschinen mit möglichst wenig Aufwand ständig aktuelle Inhalte präsentieren. Eine einfache Möglichkeit scheint das Einbinden von zum Beispiel News per iFrame von anderen

Portalen zu sein. Für diesen Zweck bringt das also rein gar nicht. Ihre Besucher werden diese Inhalte möglicherweise ja sehr schätzen – aber wie erwähnt, um einer Suchmaschine Aktualität oder eben ständig wechselnde Inhalte vorzugaukeln, ist diese Methode völlig untauglich. In einschlägigen Foren wundern sich Webmaster immer wieder, warum solche Inhalte nicht indexiert werden. Oben finden Sie den Grund dafür.

16.2 Farbfernsehwerbung im Web: Flash

Hinter Flash steckt eine ganz besondere Technik, Webseiten zu programmieren. Die Designer haben wesentlich mehr Möglichkeiten, interaktive Inhalte zu entwerfen und gezielt auf einer Webseite einzusetzen. Den meisten sind die so genannten Flash-Introseiten bekannt, bei denen erfahrene Besucher sich zumeist einig darüber sind, schnell nach dem »Skip Intro«-Button zu suchen. Die weniger Erfahrenen können mit diesem Begriff oft nicht so viel anfangen und lassen den mehr oder weniger aufwändigen Eingangsfilm über sich ergehen. Schließlich sollen sie ja damit in Stimmung gebracht werden, gleich anschließend ihr gesamtes Taschengeld auf dieser Website auszugeben. Möglicherweise denken Sie jetzt, ich wäre wohl kein Freund von geflashten (Wow, das klingt toll!) Seiten. Das ist ganz und gar nicht der Fall. Diese Technik ist ganz hervorragend geeignet, interaktive Inhalte oder Demos im Web zu integrieren. Leider wird sie aber allzu oft von verspielten Webdesignern zu falschen Zwecken missbraucht. Nämlich dort, wo man dem Besucher die vermeintlich eigene Kreativität und den Einfallsreichtum aufzwingen will, zum Beispiel über eine gesondert vorgelagerte Startseite (Intro-Seite). Und dort, wo man wichtige Inhalte in Suchmaschinen nicht mehr so gut findet, eben weil Flash als HTML-Ersatz verwendet wurde.

Mittlerweile ist es allerdings ein wenig besser geworden. Zumindest Google hat am 30. Juni 2008 offiziell bekannt gegeben, dass man einen neuen Algorithmus entwickelt hat, um Flash-Inhalte nun besser erkennen zu können. Auf dem offiziellen Webmaster Central Blog von Google steht seitdem dazu unter `http://googlewebmastercentral.blogspot.com/2008/06/improved-flash-indexing.html`

> »*We've improved our ability to index textual content in SWF files of all kinds. This includes Flash "gadgets" such as buttons or menus, self-contained Flash websites, and everything in between.*«

Textliche Inhalte, Buttons und Menüs können also nun erkannt werden. Ebenso findet man nun weiterführende Links, die in Flash integriert wurden. Bilder und filmisch dargestellte Inhalte werden allerdings nach wie vor nicht erkannt. Ebenso können Inhalte in FLV-Dateien (mit der Endung `.flv`) nicht erkannt werden.

Weitere Restriktionen sollten in jedem Fall beachtet werden:

- Werden Flash-Files per JavaScript aufgerufen, können sie nach wie vor nicht erkannt werden.
- Sollten Flash-Anwendungen während der Laufzeit externe Informationen nachladen, können diese nachgeladenen (also nicht ursprünglich in der Flash-Datei vorhandenen) Inhalte ebenfalls nicht erkannt werden.
- Sind in Flash mehrere Sprachen eingebunden, kann es zu Problemen kommen. Man kann jedoch davon ausgehen, dass diese zukünftig behoben werden.

Generell haben Webdesigner bisher versucht, die bekannten Probleme zu umgehen, indem sie vernünftigerweise auch HTML-Hyperlinks auf der Seite mit eingesetzt haben. Oder auch, indem man eine zweite, schlichte HTML-Seite »danebengesetzt« hat, von der aus alle notwendigen Links ausgingen. Eine richtige Heilung des Problems war das natürlich nicht, weil Suchmaschinen nun einmal auf möglichst viel Text angewiesen sind und ohne diesen Text meist nicht sonderlich viel von solchen Seiten gehalten haben.

Nur damit keine Missverständnisse entstehen: Das Einbinden von kleinen Flash-Animationen in HTML-Seiten, die Hyperlinks und genügend Text enthalten, ist schon immer problemlos möglich gewesen.

Experten sind sich allerdings nach wie vor einig darüber, dass man *richtig* optimierte Seiten (für Suchmaschinen) noch immer nur in klassischem HTML erstellen kann. Dass zumindest der Googlebot nun mit Flash besser umgehen kann, bedeutet also aus meiner Sicht keine generelle Entwarnung oder einen Freibrief für den unbedachten Einsatz von Flash. Haben Sie Content, der unbedingt möglichst gut in Suchmaschinen auftauchen soll – dann rate ich dazu, an diesen Stellen noch immer möglichst auf Flash zu verzichten. Es ist auch noch unklar, wie weit die anderen Suchmaschinen in Hinblick auf die Erkennung von Flash sind. Und es ist weiterhin unklar, was bei Updates bzw. dem Einsatz von neuen Flash-Versionen passiert und ob diese dann noch kompatibel zu den Erkennungsalgorithmen der Suchmaschinen sind.

16.3 JavaScript, AJAX und andere problematische Programmiersprachen

Gerade erst vor ein paar Sätzen weiter oben habe ich es schon erwähnt: JavaScript. Wie man dem Namen schon entnehmen kann, handelt es sich um eine Skriptsprache, die man ganz einfach und unkompliziert in den HTML-Code mit einsetzen kann. Damit lassen sich einfache, interaktive Befehle hinterlegen oder Berechnungen durchführen. Auch heraus- oder herunterklappende Menüs, die aktiviert werden, wenn sie vom Mauszeiger touchiert werden, sind meist mit diesen Skripten umgesetzt. JavaScript ist wegen seiner Vielseitigkeit recht beliebt und kommt auf vielen Webseiten zum Einsatz. Die Robots der Suchmaschinen stört das nicht weiter, da sie diese Skripte in der Regel ignorieren. Warum ich es dann überhaupt erwähne? Gerade weil sie es *ignorieren*. Unglücklicherweise werden eben auch häufig Links in JavaScript eingebunden. Und genau diese Links werden dann nicht erkannt, die dahinter liegenden Seiten werden nicht besucht und indexiert.

Das gleiche Problem tritt auf, wenn Navigationen in Pull-down-Menüs eingebunden werden. Man findet diese Menüs zumeist in Adressformularen, wo man beim Vogelzüchterverein bei der Kontaktaufnahme aus über 150 Ländern einschließlich Andorra auswählen muss, aus welchem Land man denn nun käme. Dass eine Suchmaschine die vielen Länder in dem Pull-down nicht lesen kann, mag man vielleicht als Glückfall für die Maschine empfinden. Verbergen sich aber Navigationslinks dahinter, sollten Sie in jedem Fall auch immer (am besten in der Fußzeile unten) die guten, alten HTML-Links mit anbinden.

Alle Probleme mit JavaScript lassen sich also meist schmerzfrei durch das zusätzliche Anbieten von normalen Links lösen. Anders als bei Flash haben diese Seiten ja auch trotz aller Programmierung genügend lesbaren Text.

Tipp

Haben Sie sehr viel JavaScript im Inneren Ihrer HTML-Seiten, sollten Sie über ein Auslagern nachdenken. Die Seiten werden dadurch schlanker (die Ladezeit verkürzt sich nicht, weil der Code ja trotzdem noch geholt werden muss) und das Verhältnis verschiebt sich rein rechnerisch aus Sicht der Suchmaschine in Richtung Content. Schaden kann das nicht ... Das Auslagern geht recht einfach: Man kopiert den jeweiligen Codeteil über das Notepad oder einen sonstigen einfachen Texteditor in eine Datei, ändert die Endung von `.txt` auf `.js` und lädt sie in ein entsprechendes Verzeichnis auf dem Webserver. Anstelle des JavaScript-Codes in der HTML-Seite setzt man dann einfach einen Aufruf auf die soeben erzeugte und ausgelagerte Skriptdatei: `<script type="text/javascript" src="ihreausgelagertedatei.js"></script>`.

Programmierungen mit Active-X sind als genauso problematisch einzuschätzen wie mit der relativ neuen Technologie AJAX, die nur einzelne Elemente einer Webseite nachlädt.

Weil wir gerade bei AJAX (**A**synchronous **J**avaScript **a**nd **X**ML) sind. Bei den neueren Applikationen im Web – Stichwort Web 2.0 – wird oft AJAX eingesetzt. Mit dieser Programmiertechnik kann man dynamisch zur Laufzeit einer Webseite in Ihrem Browser Daten von einem Server nachladen. Wenn Sie also irgendwo klicken oder auch nur die Maus über ein entsprechend programmiertes Feld bewegen, holt die Seite neue Informationen und stellt sie dar, *ohne* dass die gesamte Seite neu geladen wird. Wenn Sie in Google Maps die Karte verschieben, passiert genau so etwas. Es wird nur der nun fehlende Teil nachgeladen. Asynchron. Daher auch der Name. Ich denke, ich muss technisch nicht zu tief einsteigen, um zu erklären, dass solche Inhalte keinesfalls von Suchmaschinen indexiert werden. Die Robots finden nur die Programmierung selber – aber die Inhalte werden ja erst auf das Benutzerverhalten hin abgestimmt übertragen. Daher gibt es im Quelltext der Seite keinen verwertbaren Content. Wenn also etwas in die Suchmaschinen soll: Never AJAX. Never.

Bitte verstehen Sie mich hier nicht falsch. Ich bin keinesfalls ein Gegner des Einsatzes neuer, leistungsfähiger Programmiersprachen und -techniken. Im Gegenteil. Allerdings sollte genau bedacht werden, wo man solche aus Suchmaschinensicht hinderlichen Dinge exakt zum Kundennutzen einsetzt. Die Beschränkung auf einzelne und Nutzen stiftende Funktionalitäten für einzelne Webseiten scheint hier durchaus Sinn zu machen. Diese Techniken aus vereinzelt anzutreffenden Freak-Fetischismus auf eine ganze Website und gar deren Navigation auszuweiten, halte ich jedoch für sehr gefährlich – wenn man tatsächlich auf ein Gefundenwerden über die großen Kundenbringer »Suchmaschinen« Wert legt oder legen muss.

Ich halte es für wichtig, dass Sie diesen Zusammenhang bzw. dieses Problem wirklich verstanden haben. Daher noch mal für die Noch-nicht-ganz-Experten unter Ihnen. Sie müssen sich einfach nur Folgendes vor Augen führen. Sieht man als Ergebnis einer visuell dargestellten (nicht gerechneten) Rechnung in einer HTML-Seite zum Beispiel die Zahl 5, dann kann man das im Quellcode lesen. Dort steht die 5 im Klartext drin. Wird jedoch erst beim Seitenaufruf mit einer Programmierung berechnet, sieht man dort eben nur die Anweisung an den Browser *»rechne 2 plus 3 und gebe das Ergebnis im Browserfenster als Zahl aus«*. Der Mensch sieht also das Ergebnis, der Robot der Suchmaschinen sieht nur die Rechnung. Und damit kann er leider nichts anfangen.

Im vorherigen Kapitel hatte ich die Methoden des PageRank Sculpting erläutert. Sie erinnern sich? Dort kann man JavaScript ganz wunderbar und mit positivem Effekt einsetzen. Der Robot sieht den so programmierten Link nicht – und da ist das ja voll beabsichtigt.

16.4 CMS, Shopsysteme und Co.: Dynamische Webadressen

Sicherlich ist Ihnen schon aufgefallen, dass Inhalte von Online-Shopsystemen oder auch von größeren Webauftritten nicht mit der Intensität in Suchmaschinen vertreten sind, wie man eigentlich meinen möchte. Die Gründe dafür sind sicher vielschichtig. Ein ganz gravierender sind sicherlich die »dynamischen« URLs, sprich Webadressen.

Dynamische Webseiten haben ihren Namen zu Recht, weil sie nicht als Datei auf einem Webserver gespeichert wurden, sondern erst beim Aufruf durch einen

Besucher über einen Browser *dynamisch* erzeugt werden. Man kann sie relativ leicht an den sonst unüblichen Sonderzeichen im URL erkennen:

```
http://www.meinshop.de/produktid?=344&23/&BK=?n_CategoryName=50118&Linktype=DM
```

Wie Sie vielleicht wissen, kann man keine Datei unter einem Namen speichern, der bestimmte, nicht zulässige Sonderzeichen enthält, wie das Fragezeichen, das Ist-gleich-Zeichen oder das kaufmännische Und (das ist das &). Bei dynamischen Webseiten kommen die Inhalte daher nicht direkt von der Festplatte des Webservers, sondern aus einer Datenbank. Sie können sich das einfach so vorstellen, dass in der recht komplex aussehenden Webadresse oben die Anweisungen enthalten sind, wie welche Inhalte zusammengesetzt werden müssen. Sie sehen dort einen Teilausschnitt der lautet: `...produktid?=344&23...`. Beim Eintreffen der Webadresse auf dem Webserver holt ein spezielles Programm aus der Datenbank die Beschreibung zum Produkt 344 in der Farbe 23. Das nächste Kürzel `...BK=?n...` könnte beispielsweise dafür sorgen, dass der Nettopreis ohne Mehrwertsteuer angezeigt wird, weil vorher ein gewerblicher Einkäufer identifiziert wurde. Die folgende Variable `...CategoryName=50118...` könnte dazu da sein, eine bestimmte Vorlage zu verwenden, die speziell für die Produktkategorie entworfen wurde und in die Text und Bilder eingesetzt werden. All diese Items holt sich dieses Programm aus der Datenbank, setzt es in Echtzeit (man sagt auch *on-the-fly*) zu einer HTML-Seite zusammen und liefert es dem Browser aus, der die Adresse abgerufen hat. Dort sieht man nun eine ganz normale Webseite. Bis hierhin ist das Leben noch in Ordnung.

Was passiert nun, wenn der Robot einer Suchmaschine auf eine solche dynamische Adresse stößt? Zunächst erkennt er sie unzweifelhaft an den verwendeten Sonderzeichen. Da ja diese als Speichernamen für eine normale Datei nicht zugelassen sind, *kann* diese Adresse nicht zu einer fest gespeicherten Webseite führen und existiert also physisch nicht im Ganzen. Dieses Problem tritt übrigens nicht nur bei Shopsystemen auf, sondern auch bei den meisten Content-Management-Systemen (CMS). Surfen Sie doch einfach durch Ihren eigenen Webauftritt und wenn oben in der Adresszeile des Browsers solche Sonderzeichen auftauchen, haben Sie möglicherweise ein Problem mit Suchmaschinen.

Warum mögen die meisten Suchmaschinen dynamische Webauftritte nicht? Das hat mehrere Gründe, aber die wichtigsten dürften wohl die folgenden sein:

1. Datenbanken verwendet man vor allem in der IT immer dann, wenn Daten strukturiert abgelegt werden sollen. Aber vor allem auch, wenn man leicht auf die Inhalte zugreifen und sie schnell und einfach ändern möchte. Genau das läuft aber Suchmaschinen zuwider. Wenn sie heute bei Ihnen einen Inhalt lesen, indexieren und morgen in ihrem Suchindex findbar machen, haben Sie möglicherweise genau diese Inhalte schon wieder geändert. Der Suchende

klickt auf das gefundene Ergebnis in der Suchmaschine zum Thema »Tipps für Kettenschaltungen« und findet bei Ihnen aber bereits geänderte Inhalte vor, die mit seinem Informationswunsch nichts zu tun haben. Auf wen wird er sauer werden? Auf Sie als Websitebetreiber? Nein, sicher nicht, weil er den ganzen Prozess nicht versteht. Er schimpft auf die Suchmaschine, die ihm offenbar wieder einmal völlig irrelevante Ergebnisse geliefert hat! Klar werden Inhalte in klassischen HMTL-Dateien auch ab und zu geändert. Aber eine deutliche Tendenz in Richtung der Verwendung eines CMS bei häufig zu ändernden Seiten besteht sicher schon. Eben.

2. Suchmaschinenbetreiber wissen es sicherlich sehr viel besser und wir können hier nur vermuten: Das Variabilitätsmaß aller Webseiten eines CMS ist sicherlich in der Regel geringer als bei normalen HTML-Seiten. Mit einfachen Worten bedeutet das nichts anderes, als dass man bei CMS Inhalte doch eher gerne mal öfter verwendet. Ein Textteil taucht unter »news«, unter »newsletteransicht« und vielleicht noch im Produktbereich mehrmals auf. Gerade deswegen verwendet man ja oft auch erst ein CMS, um mühsam erstellten Content eben gleich mehrmals verwenden zu können. Und genau damit haben die Suchmaschinen nun wieder ihre Probleme: Man will möglichst Seiten-Unikate für seine suchenden Benutzer anbieten und nicht einen Informationssalat, der sich zum Teil nur durch Nuancen voneinander unterscheidet. Die Algorithmen bekommen hier oft Probleme bei der Relevanzbestimmung.

3. Man sollte auch nicht verschweigen, dass viele CMS und Shopsysteme auch nicht richtig sauber programmiert sind. Nicht selten werden für exakt dieselben Zielseiten unterschiedliche Adressen über wechselnde Parameter erzeugt. Nehmen wir an, Sie hätten eine bestimmte Seite (zum Beispiel die Newsletterseite) schon besucht und das CMS hängt an den URL nun hinten den Parameter `&NL=j` an. Das CMS erkennt also, wenn Sie dort weitersurfen, dass Sie schon auf einer bestimmten Seite waren, und zeigt Ihnen möglicherweise deswegen keine Pop-ups mehr mit *»Abonnieren Sie doch unseren kostenlosen Newsletter!«* Nur: Jede Seite, die Sie jetzt aufrufen, hat *technisch* gesehen nun eine andere, zweite Adresse bekommen. Nämlich mit einem Anhang hinten dran. Bekommt der Robot einer Suchmaschine beim Spidern ständig solche unterschiedlichen Adressen, verläuft er sich natürlich. Werden mehrere solcher Parameter benutzt, entstehen durch die Kombinatorik aus 500 echten Webseiten plötzlich 50.000 oder noch weit mehr unterschiedliche Linkadressen! Das Problem entsteht also, wenn ein Parameter nicht einen inhaltlichen Contentteil steuert, sondern Träger einer eher navigationsorientierten Information ist und daher dieselbe Seite aufruft. Nur eben wie beschrieben plötzlich mit einem anderen URL. Wir haben bei Tests selbst bei kleineren Mittelständlern mit vielleicht 100 Seiten Content immer wieder festgestellt, dass wir bei der Analyse die Robot-Simulation abbrechen mussten, weil es einfach immer mehr und mehr Linkadressen werden, je weiter sich der Robot voranarbeitet. Dabei können tatsäch-

lich weit über eine halbe Million Adressen entstehen. Man kann sich vorstellen, dass die echten Robots hier an einer bestimmten Stelle einfach abbrechen und nur einen kleinen Teil des echten Contents indexieren. Google hat am 25. Juli 2008 bekannt gegeben, dass sie nun in etwa eine Billion Linkadressen im Index gespeichert haben (`http://googleblog.blogspot.com/2008/07/we-knew-web-was-big.html`). Jedem dürfte klar sein, dass es sicherlich noch keine Billion unterschiedlicher Webseiten gibt. Ein nennenswerter Anteil der vielen Linkadressen dürfte sicherlich auf die oft ungewollte Mehrfach-Adressierung einzelner Webseiten durch Parametervariation zurückzuführen sein.

4. Es wird kolportiert, dass es vor allem wohl auch in der Vergangenheit Probleme mit Shopsystemen gegeben haben soll. Wenn Sie den Warenkorb in einem Shop anklicken, legen Sie damit das betrachtete Produkt in den Warenkorb. Technisch gesehen ist das nichts anderes, als einen bestimmten Link aufzurufen. Links folgen und aufrufen tun natürlich auch die Robots der Suchmaschinen. Und dabei haben sie dann wohl auch den einen oder anderen Warenkorb gut gefüllt vor der virtuellen Kasse stehen lassen. In der Anfangsphase des E-Commerce-Booms sollen dadurch immer wieder bestimmte Shopsysteme eine Magenverstimmung bekommen haben und sich vornehmlich nachts am nächsten Diskettenlaufwerk mit einem Stromkabel aufgehängt haben. Daraufhin soll eine Art Selbstbeschränkung mit den großen Suchmaschinenbetreibern vereinbart worden sein. Ob dies nun stimmt, vermag ich leider nicht abschließend zu sagen und auch entsprechende Recherchen brachten kein Licht hinter dieses Gerücht. Aber lustig ist die Vorstellung des kleinen Robots mit den zuckenden Schultern allemal, wenn ihn die letzte Webseite eindringlich nach seiner Kreditkarte fragt ...

Matt Cutts, ein Mitarbeiter von Google, hat in einem Forum über Suchmaschinen, `Webmasterworld.com`, unter dem Benutzernamen »GoogleGuy« erklärt, dass solche dynamischen Inhalte Probleme machen:

> »... *I'e been aching for a long time to mention somewhere official that sites shouldn't use "&id=" as a parameter if they want maximal Googlebot crawlage, for example. So many sites use "&id=" with session IDs that Googlebot usually avoids urls with that parameter, but we've only mentioned that here and on a few other places ...*«

Dieses Zitat und weiterführende Informationen dazu finden Sie unter `www.webmasterworld.com/forum30/29720.htm`. Mittlerweile kommen die Suchmaschinen zwar deutlich besser mit dynamischen Parametern zurecht, aber auch hier sollte man dies nicht als bequeme Entwarnung interpretieren.

Grundsätzlich können inzwischen alle gängigen Suchmaschinen auch Webseiten mit dynamischen URLs finden und anzeigen. Wenn jedoch die Anzahl der variablen Parameter zu hoch ist, gibt es wie oben erklärt regelmäßig Schwierigkeiten.

Zudem achten zumindest Google, MSN und Yahoo! zusätzlich darauf, dass die Site auch wichtig genug erscheint. Ansonsten finden sich leider regelmäßig nur einige wenige Seiten im Index.

Also, wo es möglich ist, sollte man solche Parameter mit Sonderzeichen wie `&id=` vermeiden und/oder prüfen, ob die Anzahl der verwendeten Einzelparameter nicht doch noch reduziert werden kann. Falls das nicht möglich ist, lesen Sie einfach aufmerksam die nächsten Abschnitte.

Zum Glück gibt es für dieses Problem eine recht einfache und passable Lösung! Wenn Sie einen Apache-Webserver einsetzen, hilft Ihnen hier ein kleines, kostenloses Tool namens »mod_rewrite«. Es macht eigentlich nichts anderes, als sich quasi zwischen Ihren Webserver und die Außenwelt zu setzen. Und bei allen URLs, die hin und her laufen, werden die Sonderzeichen durch suchmaschinenfreundliche Buchstaben nach bestimmten Regeln ersetzt. Im einfachsten Fall machen Sie damit also aus der dynamischen Adresse:

```
http://www.meinshop.de/produktid?=344&23
```

eine vermeintlich statische:

```
http://www.meinshop.de/produktid--344-23.html
```

Die Sonderzeichen wurden hier einfach über das Tool durch einen Bindestrich ersetzt und am Ende wurde noch `.html` angehängt. Damit ist von außen nicht mehr erkennbar, dass es sich um dynamisch generierte Seiten handelt. Weitergehende Informationen und Anwendungsbeispiele zu »mod_rewrite« finden Sie unter: `http://www.modrewrite.de`. Die offizielle Dokumentation des Moduls steht natürlich ebenfalls im Web, allerdings leider nur in der englischen Originalversion: `http://httpd.apache.org/docs/1.3/mod/mod_rewrite.html`.

Falls Sie statt eines Apache-Webservers den Internet Information Server von Microsoft (IIS) einsetzen, finden Sie im ISAPI-Tool dieselbe Hilfe. Diese Skripte sind leider nicht kostenlos, aber mit Preisen unter hundert Dollar sicher noch erschwinglich. Gängige Anbieter sind derzeit

- Helikon Tech: `http://www.isapirewrite.com`
- QwerkSoft: `http://www.qwerksoft.com/products/iisrewrite`

Einige unserer Tests haben gezeigt, dass der Robot von Google bis zu sieben unterschiedliche Parameter verarbeiten kann bzw. annimmt. Die Robots von Yahoo! und MSN schaffen bis zu drei dynamische Parameter und brechen bei mehr regelmäßig das Crawlen ab. Hier geht die Entwicklung in der letzten Zeit aber spürbar voran und ich gehe davon aus, dass wir hier sicherlich recht schnell weitere Fortschritte sehen werden.

Grundsätzlich bleibt zu sagen, dass sich auf den ersten Rankingplätzen in der Regel Webseiten finden, die nur wenige Parameter im URL haben. Je mehr Parameter, desto seltener sieht man solche Ergebnisse.

16.5 Die Verwendung von Session-ID und Cookie-Zwang

Sollten Sie aus irgendeinem Grund darauf angewiesen sein, dass Ihre Besucher unbedingt das Setzen von Cookies erlauben müssen, haben Sie natürlich bei den Robots der Suchmaschinen sicherlich Pech. Dies bedeutet, dass ein eingestellter Cookie-Zwang die damit versehenen Seiten von der Indexierung ausnimmt. Ein Robot akzeptiert nämlich keine Cookies.

Ein anderer problematischer Fall sind die Session-ID. Man erkennt sie an den oft ellenlangen Zahlenkolonnen in der Adresszeile des Browsers. Gehen Sie zum Beispiel auf `www.baur.de`, finden Sie inmitten des URL den ID-Teil:

```
http://www.baur.de/is-bin/.....sid=IV5uiMNcNIAuC443jCnKXmUxZkWcRcNgA....
```

Die Session-ID wird als Zufallszahl beim ersten Besuch der Seite generiert und fortan zur Erkennung zwischen Ihrem Browser und dem Webserver ausgetauscht. So kann sie das Shopsystem von den vielen tausend anderen, gleichzeitigen Nutzern zweifelsfrei unterscheiden, wenn Sie von Seite zu Seite wandern und Dinge in den Warenkorb legen. Ändern Sie zum Beispiel mutwillig manuell durch Verändern der Session-ID etwas in der Adresszeile Ihres Browsers und laden die Seite neu, verliert das System den Kontakt zu Ihnen und Ihren bisherigen Bewegungen. Eventuell in den Warenkorb gelegte Dinge sind nun nicht mehr zugänglich. Natürlich kommt es immer wieder vor, dass ein Einkaufswilliger seinen begonnenen Einkauf aus welchen Gründen auch immer abbricht oder er technische Probleme hat. Nun liegt unter einer Session-ID ein halber Warenkorb auf dem Serversystem. Irgendwann muss dieser wieder freigegeben, genauer ausgedrückt gelöscht werden. Die Spanne, in der das die Betreiber tun, liegt meist zwischen einigen Stunden und wenigen Tagen.

Rufen Sie eine Webadresse auf, die eine bereits gelöschte bzw. abgelaufene Session-ID enthält, erhalten Sie die Ihnen sicherlich bekannte Meldung: »Die Seite ist nicht mehr gültig«. Sie kennen dies sicher auch bereits als Folge von unbedachten Klicks, die Sie in Ihrem jugendlichen Web-Leichtsinn auf den »Back«-Button im Browser gemacht haben und der Programmierer war der festen Ansicht, Sie müssen unbedingt die Site-eigene Navigation benutzen.

Wahrscheinlich hat es bei Ihnen im Kopf nun auch schon Klick gemacht und Sie sind mir bereits auf der Spur, wo in diesem Fall das Problem für Suchmaschinen liegt. Sehen wir uns den Prozess doch einfach einmal an: Der Robot der Suchmaschine besucht eine Webseite, die mit Session-ID arbeitet. Er bekommt wie alle anderen eine eigene ID zugeteilt. Da sich Robots in der Regel nicht von Seite zu Seite hangeln, wie das gelegentlich missverständlich erklärt wird, sondern neu gefundene Links für einen zeitlich späteren Besuch zunächst nur in einen Vormerkspeicher setzen, war es das jetzt schon. Die Seite würde nun nach den Regeln der Mathematik und mit den Analysefiltern der Suchmaschine zerlegt und gegebenenfalls (sofern alles andere passt) unter einem einschlägigen Suchbegriff, sagen wir einfach »Murmeltier«, im Index auf Seite 1, Position 3 abgelegt. Am nächsten Tag ist Murmeltiertag und die ersten Menschen suchen danach. Sie klicken voller Freude auf das angezeigte Ergebnis auf Position 3 und – ja und? Nix und: *»Die Seite ist nicht mehr gültig«*, lesen sie da alle nur. Die Session-ID, die der Robot zugeteilt bekommen hatte, ist mittlerweile verfallen und damit ungültig. Davon möchten uns die Betreiber von Suchmaschinen verschonen und daher verschmähen sie in der Regel Webseiten mit solchen Adressen, die nach kurzer Zeit ungültig werden. Eigentlich doch gar nicht so dumm – aus Sicht der Suchenden.

Wenn Sie mich nun nach einer Therapie für dieses Problem fragen, würden Sie die Schweißperlen auf meiner Stirn schimmern sehen. Nicht, dass ich keine Lösungen für dieses Problem hätte. Prinzipiell gibt es für jedes Suchmaschinenhindernis eine Lösung! Dummerweise haben es die Suchmaschinen gar nicht so gerne, wenn man sie mit Umgehungstricks hinters Licht führt. Dabei muss das ja noch nicht einmal Ihre Absicht sein – es genügt ja schon, wenn die maschinelle Analyse zum (hier dann falschen) Schluss kommt, dass Sie den Robot hinters Licht führen wollen. Google hat sogar explizit auf seinen Webseiten veröffentlicht, was alles nicht erlaubt ist und zum Ausschluss aus dem Index führen kann. All die Techniken, die geeignet wären, das oben beschriebene Problem zumindest abzumildern, verstoßen offiziell gegen diese Regeln bzw. sind Auslegungssache und damit nicht ganz so ungefährlich. Daher kann ich Ihnen guten Gewissens hierfür zunächst nur eine einzige Halblösung empfehlen: Lassen Sie Ihr System so ein- bzw. umstellen, dass es alle Seiten auch als »normale« HTML-Seiten ohne Session-ID produziert und statisch auf den Webserver stellt. Anschließend müssen diese Seiten dann aber noch von der Startseite aus verlinkt werden, damit sie nicht »in der Luft« hängen. Wenn alles klappt, würden dann diese Seiten indexiert und bei etwas Glück und Arbeit mit den entsprechenden Suchbegriffen gefunden. Bedenken Sie aber bitte, dass die Besucher dann auf diesen Seiten landen – ohne Session-ID. Aber im Prinzip wäre selbst diese Lösung streng genommen zum Beispiel gegen die Richtlinien von Google. Dort heißt es, man dürfe keine doppelten Seiten mit gleichem Inhalt produzieren.

Weiterhin würde ich den Shop-*Programmierern* den Rat geben, darüber nachzudenken, ob man eine Session-ID wirklich schon beim Betreten eines Webshops unbedingt benötigt. Streng genommen ist sie erst nötig, wenn man etwas in den Warenkorb gelegt hat. Erst dann darf das Shopsystem die »Verbindung« zu Ihnen nicht wieder verlieren. (Sie erinnern sich? Das Internet funktioniert ja mit einem verbindungslosen Protokoll und die Session-ID hat man erfunden, um dieses Problem zu lösen.) Solange nichts in den Warenkorb gelegt ist, könnte man also normale URLs verwenden. Damit können auch die Robots den gesamten Shop indizieren. Erst beim Klicken auf den Button »in den Warenkorb legen« wird dann eine Session-ID vergeben. Da Robots diesen Button nicht anklicken (am besten wird er daher mit JavaScript programmiert, dann wird er gar nicht erkannt), entstehen auch keine Probleme mit Session-IDs.

Bei Google können ambitionierte Webmaster zu diesem Problem Folgendes unter `www.google.de/intl/de/webmasters/guidelines.html` direkt nachlesen:

> »... *Ermöglichen Sie es Suchrobotern, Ihre Website ohne Sitzungs-IDs oder Argumente, die ihren Weg durch die Website aufzeichnen, zu durchlaufen. Diese Methoden sind hilfreich, um das Verhalten einzelner Benutzer zu analysieren, das Zugriffsmuster von Suchrobotern ist jedoch davon gänzlich verschieden. Das Verwenden solcher Techniken kann zu einer unvollständigen Indizierung Ihrer Site führen, da Suchroboter eventuell nicht in der Lage sind, URLs zu eliminieren, die verschieden aussehen, aber auf dieselbe Seite zeigen* ...«

Andererseits weiter unten »*Erstellen Sie keine doppelten Seiten, Subdomänen oder Domänen, die im Grunde denselben Inhalt haben* ...«. Im Kern produzieren Sie zwar mit der oben beschriebenen Lösung kein Spam, aber rein technisch gesehen verstoßen Sie trotzdem gegen die Regeln. Ob Sie dieses Risiko eingehen möchten, müssen Sie letztendlich selbst entscheiden und verantworten. Daher auch meine oben beschriebenen Schweißperlen.

Hinweis

Auf der SES 2008 (Search Engines Strategies, also eine Konferenz) in Hamburg habe ich Stefanie Dürr vom Google Search Quality Team am Rande der Konferenz genau nach diesem Problem gefragt. Einige Shopbetreiber fangen nämlich den Googlebot ab und geben ihm die gleiche Webadresse ohne Session-ID. Dies wird in der Regel mit der so genannten Cloaking-Technik bewerkstelligt. Meine Frage war nun, ob es hier Probleme geben könnte, da bei einer Cloaking-Detection (hier tarnt sich der Robot als »menschlicher« Browser, der von einer unbekannten IP-Adresse kommt) ja ein anderer URL übermittelt wird, als ihn der normale Robot bekommt. Prinzipiell könnte es ja sein, dass bereits dies als Manipulationsversuch gewertet werden könnte. Und gegen richtiges Cloaking haben Suchmaschinen bekanntlich und zu Recht etwas. Ihre Antwort war, dass es zum einen natürlich optimal wäre, Cookies zur Speicherung von Session-Information zu nutzen. Wenn Cookies vom Client nicht zugelassen sind, dann sollten für den Fall, daß der Client ein menschlicher User ist, der URL Session-IDs hinzugefügt werden. Wenn der User ein Suchrobot ist, dann sollte keine Session-Information getrackt werden und entsprechend keine Session-Parameter verwendet werden. Falls die URL aber Session-Parameter enthält, dann sollte keine Weiterleitung gesetzt, sondern die internen Links ohne Session-IDs belassen werden.

16.6 Die robots.txt

In der einfachen Textdatei `robots.txt` können bestimmte Seiten und Verzeichnisse angegeben werden, die vom Indexieren für alle oder auch einzelne Suchmaschinen ausgenommen werden sollen. Die Datei liegt im Stammverzeichnis (root) des Webservers. Sehen Sie sich einfach einmal im Web danach um. Sie werden erstaunt sein, wo Sie überall fündig werden. Diese Datei ist recht leicht aufrufbar. Sie müssen nur nach dem Domainnamen den Zusatz `robots.txt` setzen, also zum Beispiel:

```
www.amazon.de/robots.txt
```

Bei Amazon wurden bestimmte Verzeichnisse ausgeschlossen, die für Robots keine interessanten oder gar irreführende Informationen enthalten. Selbstverständlich ist nicht sicher, dass sich auch alle Maschinen daran halten. Die seriösen Suchmaschinenbetreiber halten sich meines Wissens bei der Steuerung ihrer Suchrobots natürlich schon an diese Anweisungen.

Wenn seit Beginn an nur Sie mit Ihrem Webauftritt betraut und vertraut sind, brauchen Sie sich um problematische Einträge keine Sorgen zu machen. Hatten Sie jedoch einen oder mehrere Vorgänger, kann der kurze Blick in die eigene `robots.txt` vielleicht lohnen. Gerade in den letzten Jahren ist zum Teil unachtsam und zum Teil mit Halbwissen an Webservern und deren peripherer Konfiguration herumgeschraubt worden. Und ich habe es auch schon erlebt, dass wir bei einem Kunden dort den Grund für das unerklärlich schlechte Ranking gefunden haben. Zunächst stellten wir fest, dass keine der wesentlichen Einzelseiten im Index einer großen Suchmaschine auffindbar war. Und dies, obwohl der Webauftritt selber schon seit Jahren am Netz war. Nachdem wir auf Nachfrage unsaubere Optimierungsmethoden in der Vergangenheit ausschließen konnten, begannen wir, die Aktivitäten der Robots aufzuzeichnen. Dabei stellten wir schließlich fest, dass trotz sauber programmierter Links von der Startseite aus die Robots sich anscheinend weigerten, in die Produktbereiche zu laufen und sich auch einmal dort umzusehen. Als wir konkretisieren konnten, dass nur Dateien aus drei bestimmten Verzeichnissen verschmäht wurden, kamen wir dem Problem schließlich auf den Grund. Ein früherer Webmaster hatte nicht nur zufällig oder nicht nur genau diese Verzeichnisse für den Robot eben dieser Suchmaschine auf »Disallow«, also Verbot gesetzt. Er hatte auch sonst noch allerlei Unsinn in dieser sensiblen Steuerdatei hinterlassen. Nachdem diese Hürde beseitigt wurde, kamen nach einigen Tagen die Robots erstmalig vorbei und nahmen die Inhalte problemlos in den Suchindex auf.

Haben Sie Probleme mit Double bzw. Duplicate Content? Shop- und Content Management System erzeugen ja häufig praktisch berufsmäßig einen eindeutigen Inhalt unter mehreren URL, darüber hatte ich ja schon geschrieben. Als konkretes

Beispiel mag uns hier eine Druckfunktion herhalten, die auf jeder Seite mit einem Klick ausgelöst werden kann. Natürlich findet auch die Robots der Suchmaschinen diese Links und haben dann im schlechtesten Fall zu jeder normalen Webseite noch eine Druckversion mit (fast) identischem Inhalt im Index. Natürlich haben Suchmaschinen kein Interesse, einem Suchenden eine Seite gleich mehrmals anzubieten - nur in unterschiedlicher Formatierung. Also rücken sie dem Problem auf den Leib und filtern Seiten mit doppeltem oder fast doppeltem Inhalt weg. Da Druckseiten in der Regel sehr viel schlanker programmiert sind, weil sie z. B. keine Navigation enthalten, werden sie nun dummerweise im Ranking den echten Seiten gegenüber bevorzugt. Das Ergebnis: Der Suchende findet Sie zwar, aber mit einer Druckseite, die im Browser mehr als dürftig aussieht und meist keinen Button hat, mit dem man auf die »echte« Seite gelangen könnte. Ein Problem also. Abhilfe können Sie mit Einträgen in den Metatags schaffen und eben auch zur Sicherheit mit Einträgen in der robots.txt. Wenn Sie nämlich alle Seiten, die potentiell Double Content erzeugen in einheitliche Verzeichnisse »hineinproduzieren«, können Sie diese wiederum sauber ausschließen. Ein Eintrag für Druckseiten, die nicht in den Index sollen, könnte dann z. B. so aussehen:

```
User-Agent: *
Disallow: /*druck*
```

Die Voraussetzung ist natürlich, dass alle Druckseiten tatsächlich auch »druck« als Wort irgendwo im URL haben. Der Stern vor und nach dem Wort druck bewirkt, dass es überall im URL stehen kann. Verkaufen Sie z. B. Drucker, wird Ihnen diese Flexibilität wenig nützen, weil zu viele echte URL betroffen wären. Peilen Sie in solchen Fällen besser ein genaues Verzeichnis an:

```
Disallow: /druck/
```

Und schon ist das ärgerliche Problem mit Double Content und all seinen Auswirkungen behoben.

Hinweis

Dass sich das Ausschließen von bestimmten Verzeichnissen lohnen kann, zeigte sich Anfang Februar 2006. Google fand laut einem Bericht der Netzzeitung auf den Dell-Webseiten bisher unveröffentlichte Notebooks. Die Webseiten waren nirgends verlinkt und fanden ihren Weg aber trotzdem »... auf bislang ungeklärte Weise zu Googles Suchindex ...«, so die Netzzeitung. Hier besteht die einzige und auch richtige Möglichkeit in einem Ausschluss bestimmter Verzeichnisse über die `robots.txt`. Und auch das Meta-Tag »noindex« sollte zusätzlich bis zur gewollten Veröffentlichung im Head der entsprechenden Seiten eingesetzt werden.

16.7 Ihr Webserver ist zu langsam oder gar zu billig?

Ja, Sie haben richtig gelesen. Ein dauerhaft zu langsamer bzw. überlasteter Webserver kann beim späteren guten Ranking durchaus problematisch sein. Bekommen die Robots der Suchmaschinen erst nach längerer Wartezeit eine Antwort vom Webserver oder gar zu oft einen so genannten Time-out, also eine Fehlermeldung vom Webserver, kann Ihnen das durchaus zum Nachteil gereichen. Das ist auch völlig logisch gedacht, denn die Besucher, die über eine gute Position in einer Suchmaschine noch zusätzlich Ihre Seiten aufrufen, würden das Problem nicht nur verschärfen, sondern wiederum unzufriedene Surfer hinterlassen. Wer verbummelt schon gerne seine Zeit mit lang ladenden Webseiten? Und welches seriöse Unternehmen mutet seinen Kunden so etwas in der heutigen Zeit noch zu? Der letzte Satz könnte durchaus dazu hergenommen werden, ernsthafte Webauftritte von weniger ernsthaften allein durch eine durchschnittliche Ladezeitmessung zu unterscheiden. Dabei ist es unerheblich, ob Ihr Webauftritt nun aus Ihrer eigenen Sicht ernsthaft ist. Entscheidend ist, welches Bild sich Außenstehende machen. Und Robots zählen nun mal wie Kunden auch zu den Außenstehenden. Vielleicht wissen Sie auch gar nicht, wie langsam Ihre Webseiten wirklich sind, weil Sie am gleichen Providernetzwerk hängen, wo auch Ihre Webseiten gehostet werden? Versuchen Sie einfach einmal bei Gelegenheit, Ihre Seiten von anderen Computern aus aufzurufen. Bei Bekannten, Verwandten, von unterwegs oder von befreundeten Unternehmen. Nicht selten wird hier eine Augenbraue hochgezogen. In der heutigen Zeit sollte so etwas nicht mehr vorkommen – da haben Sie völlig recht. Trotzdem sind einige eher kleinere lokale Provider mit aufwändigen Techniken wie *load-balancing* und der verteilten Applikationssteuerung nicht so vertraut, so dass es in Spitzenzeiten immer wieder zu Überlastungen und damit Ausfällen kommt. Fatalerweise setzt genau diese Gruppe eben auch keine professionellen Überwachungstools ein, so dass dieser Missstand häufig lange nicht bemerkt wird.

Und warum kann billig schädlich sein? Im Web sind nicht die Domainnamen teuer, sondern die IP-Adressen. Wie ich ja schon bereits weiter vorne erklärt hatte, wird ein Rechner im Web über eine IP-Adresse eindeutig identifiziert und gefunden. Da die Anzahl aller verfügbaren IP-Adress-Nummern durch den eingeschränkten Aufbau nicht wie bei Domainnamen beliebig erweiterbar ist, sind sie schon lange knapp und damit teuer geworden. Nun werden Sie sich zu Recht fragen, wie dann ein Provider eine Domain für wenige Cent im Monat anbieten kann. Wenn Sie mich doch jetzt grinsen sehen könnten! Das Ganze ist viel einfacher, als Sie denken. Es ist technisch kein Problem, mehrere, ja sogar Tausende von Domainnamen auf nur eine einzige IP-Adresse zu legen. Beim Surfen merkt dies niemand, und wenn die Rechner dahinter schnell genug sind, gibt es auch in dieser Hinsicht keinerlei Beschwerdegründe.

Auch hier liegt das wahre Problem wieder ein wenig versteckt hinter den Kulissen. Natürlich sind Suchmaschinen in der Lage, zu einem Domainnamen die IP zu ermitteln. Sie selber können dies ebenfalls tun. Entsprechend professionelle Tools dazu finden Sie unter `www.dnsstuff.com`. Die Onlinedienste dort sind leider nicht mehr kostenlos nutzbar, wie das noch bei der letzten Ausgabe möglich war. Es gibt aber eine dreiwöchige Testphase, die Sie gegebenenfalls nutzen können. Eine kostenlose Alternative, die allerdings nur die Paare »IP-Adresse« und »Domain« in beide Richtungen auflöst, ist unter `www.dnswatch.info/de` zu finden (siehe Abbildung 16.2).

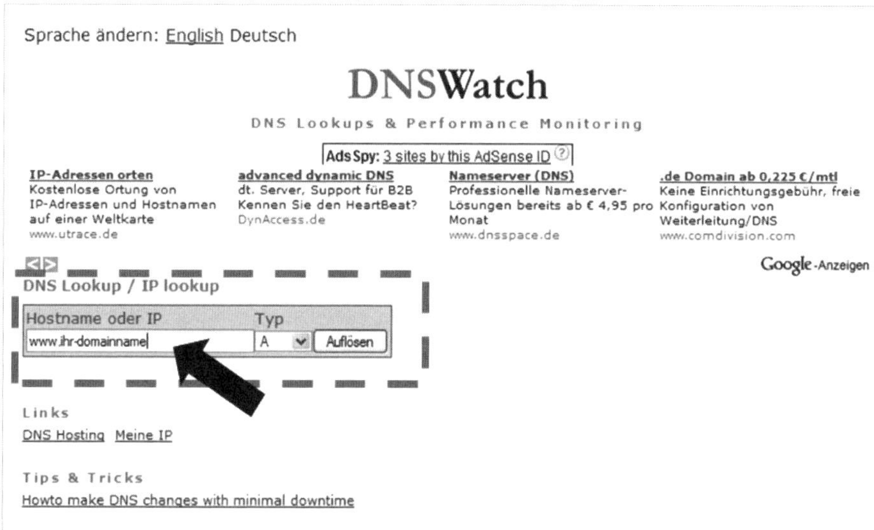

Abb. 16.2: DNSWatch zeigt zu jeder Domain die IP-Adresse.

Da solche Tools erfahrungsgemäß schnell wieder vom Netz genommen werden, wenn sie zu viel Traffic erzeugen, hier noch vorsichtshalber ein paar Alternativen:

- `http://remote.12dt.com`
- `www.lookupserver.com`
- `www.ipchecking.com`
- `http://network-tools.com`

Geben Sie einfach in den Kasten wie in Abbildung 16.2 gezeigt Ihren Domainnamen ein, klicken Sie auf den Button AUFLÖSEN und danach bekommen Sie Ihre IP-Adresse gleich in der ersten Zeile groß angezeigt. Selbstverständlich speichern die Suchmaschinen diese IP-Adresse zum Domainnamen. Es ist nun ein Leichtes, auszuwerten, welche und wie viele Domainadressen auf einer einzelnen IP-Adresse liegen.

Versetzen wir uns doch der Einfachheit halber in die Logik einer Suchmaschine. So viele Webseiten, und so viele sehen ähnlich aus. So viele bekommen bei der On-Page-Analyse Punktwerte, die sich auf der Spitzenseite eins nur noch um Nuancen unterscheiden. An dieser Stelle würden Sie, ich und sicherlich auch andere zur Einschätzung einer Webpräsenz sehr viel mehr Informationen heranziehen. Alle, die wir bekommen könnten. Nun stellen wir fest, dass wir bei einer betrachteten und einzustufenden Domain auf der gleichen IP-Adresse noch etwa 2.500 Domainnamen registriert haben. Eine andere Domain hat eine eigene IP und nutzt nur diese alleine. Die eigene IP kostet den Eigentümer vielleicht zwischen 20 € und 50 €, die beim Massenhoster vielleicht 20 Cent. Und jetzt schließen Sie bitte die Augen und legen beide Hände aufs Herz: Wem würden Sie mehr unternehmerischen Ernst und Vertrauen entgegenbringen? Einem, der seinen kompletten Webauftritt dort hostet, wo er vielleicht sogar das erste Jahr überhaupt nichts und ab dem zweiten Jahr einige wenige Cent bezahlen muss? Oder jemandem, der augenscheinlich einen eigenen Webserver betreibt? Na also!

Seitens Google liest man zwar vereinzelt, dass dies (viele Domains auf einer IP-Adresse) keine direkten Auswirkungen auf das Ranking habe. Trotzdem würde ich mich durch die indirekten Auswirkungen (zum Beispiel Aufnahme einer IP in einen so genannten Spam-Blacklist-Server, der Adressen von Spammern sammelt) nicht unbedingt darauf verlassen, dass dies keinerlei Unterschied macht. Und schließlich gibt es ja auch noch andere Suchmaschinen. Und wie die sich verhalten, ist bei diesem Punkt meines Wissens nach nicht bekannt.

Vorsicht

Sie können bei den doch extrem günstigen Massenhostern auch schnell ungewollt in Sippenhaft geraten. Wenn sich nämlich Spammer, Dialer-Unterschieber oder auch Seiten mit sexuell unsauberen Inhalten unmittelbar in Ihrer Nachbarschaft niederlassen, sprich, sich mit Ihnen dieselbe IP-Adresse teilen, könnten Sie auch schon mal völlig unschuldig aus dem Index einer Suchmaschine fliegen. Treiben es Ihre Nachbarn nämlich zu bunt, schließt man bei den Suchmaschinen eventuell bildlich gesprochen gleich den ganzen Straßenzug. Ist die Straße recht lang und Sie sehen die Sperre nicht mit bloßen Augen, wundern Sie sich vielleicht über die ausbleibenden Kunden und fragen sich, was um alles in der Welt Sie nur falsch gemacht haben. Sie haben möglicherweise an der völlig falschen Stelle gespart. Billig ist eben leider nicht immer preiswert!

Kapitel 17

Stolperfallen bei der Optimierung

Mit attraktiven Suchbegriffen auf der ersten Seite einer Suchmaschine vertreten zu sein, kann je nach Begriff und Branche jeden Tag Zehntausende Euro Zusatzumsatz bringen. In Einzelfällen wird auch schon mal noch mehr verdient. Das bleibt nicht ohne Folgen. Und so hat sich mittlerweile eine ganze Branche darauf spezialisiert, das Ranking zu ihren Gunsten zu beeinflussen. Leider nicht immer mit sauberen Methoden. Da werden nicht selten in großem Stil automatisiert Seiten und Links produziert und den Robots zur Erfassung täglich neu vorgeworfen.

Selbstverständlich arbeiten die besten Ingenieure der großen Suchmaschinenbetreiber fortlaufend und mit Hochdruck an Filtern, mit denen sie Manipulationsversuche aufdecken können. Auch wenn Sie nicht zu den bösen Jungs oder Mädels zählen, zu wissen, worauf man besonders achten muss, kann sich schnell auszahlen. Drehen Sie nämlich in gutem Glauben oder unachtsam an den falschen Schrauben, kommen Sie schneller in Verdacht, als Ihnen lieb sein dürfte.

Und ein weiteres Problem ist in den letzten Jahren dazugekommen: unseriöse SEO-Agenturen. Damit meine ich nicht richtig schlechte Menschen, die Ihnen bewusst und mit betrügerischen Absichten das Geld für nichts aus der Tasche ziehen wollen. Damit meine ich die wie Pilze aus dem Boden schießenden, meist ein bis eineinhalb Personen starken Agenturen, die mit aus Foren angelesenem Know-how einen Teil des Kuchens abhaben möchten. Nicht selten handelt es sich bei diesen Unternehmen um solche, die erst wenige Monate alt sind und bei denen der Gründer im schlimmsten Fall noch nicht einmal mit der Schule fertig ist. Ich liebe unternehmerischen Tatendrang. Und ich habe hohen Respekt, wenn jemand schon in jungen Jahren etwas wirklich Nützliches kann, das er zu Geld machen kann. Es reicht aber meiner Ansicht *nicht* aus, nur ein klein wenig mehr als im Hinblick auf Suchmaschinenoptimierung oft völlig blanke Kunden draufzuhaben. Hier liegt der Hase im Pfeffer. Für Sie kann das deswegen problematisch sein, weil sich Anfänger oft nicht des geschäftlichen Risikos bewusst sind, das sie eingehen. Mit allen Mitteln versuchen sie, die Kundenseiten nach oben zu bringen. Und eben leider nicht immer nur mit sauberen Mitteln. Werfen die Suchmaschinen Ihre Site dann aus dem Index, nützt es wenig, einen 19-Jährigen auf Schadensersatz zu verklagen. Und der gerichtsverwertbare Nachweis, wer an der Misere schuld ist, kostet mehr Geld, als am Ende dort zu holen ist. Wenn man es überhaupt mitbekommt. Denn Strafen von Suchmaschinen werden oft erst nach einiger Zeit verhängt ...

17.1 Mechanische Überoptimierung und Ausprobieren

Strukturen, die von Maschinen erzeugt wurden, können wiederum letztlich von Maschinen erkannt werden. Ich hatte ja schon erwähnt, dass es Unternehmen gibt, die mit Seitengeneratoren arbeiten und pro Stunde automatisiert oft mehrere tausend HTML-Seiten mit gegenseitigen Links erzeugen und online stellen. Und das 24 Stunden am Tag, 7 Tage die Woche und 52 Wochen pro Jahr. Diese Unternehmen kämpfen mit harten Bandagen. Schließlich steht hier viel Geld auf dem Spiel – und das täglich. Diese Seitenautomaten arbeiten in der Regel nach dem gleichen Prinzip: Sie mischen bestimmte Suchbegriffe aus einer Liste oder Datenbank mit ansonsten mehr oder weniger zufällig aus dem Netz gefischten Textteilen. Die einfacher gestrickten Tools machen das recht dröge und immer nach demselben Schema. Die etwas elegantere Art wird oft in Eigenregie programmiert und setzt Seiten diffiziler zusammen. Beide haben jedoch den Nachteil, Spuren ihrer maschinellen Herkunft zu hinterlassen, die potenziell von guten Analyseprogrammen entdeckt bzw. aufgedeckt werden. Wenn nicht heute, dann eben nächsten Monat. Die Suchmaschinen rüsten ebenso wie die Spammer ständig nach.

Was Sie das angeht? Eine ganze Menge, wenn Sie sich entschließen, aber auch alles bis ins letzte Detail richtig zu machen. Sollten Sie also nun auf allen Ihren Seiten immer nach der gleichen Strategie vorgehen, alles mit Keywords vollzustopfen, und dem Linkwahn innerhalb Ihrer Site verfallen, dann könnten Sie sich durchaus in einem der Spamfilter verheddern. Gehen Sie also nicht zu mechanistisch vor. Lassen Sie Ihrer Intelligenz freien Lauf und arbeiten Sie nicht frei von jedem Fehler.

Ebenso gefährlich kann es mittlerweile sein, bei einzelnen Webseiten über einen längeren Zeitraum immer nur mit *dem einen* Keyword zu experimentieren. Ändern und optimieren Sie also nicht ausschließlich an einem Begriff und warten am nächsten Tag auf das Ergebnis der nun erreichten Positionierung. Und dann hier noch ein kleines Tag kommentieren und dort drüben noch einen Link mit dem Suchwort setzen ... Es gibt ernst zu nehmende Beobachtungen, dass Suchmaschinen auch hier mittlerweile zumindest auf grober Basis erkennen können, wenn unnatürliche Änderungen an einer Webseite vorgenommen werden. Sie dürfen nie vergessen, welche Informationen über das durchschnittliche Verhalten von Webmastern und Editoren Google & Co. zur Verfügung haben! Viele Milliarden Dokumente wurden bereits analysiert und man weiß sehr genau, wann welche in welchem Stil geändert wurden – und natürlich auch, ob und welche Auswirkungen dies auf die Rankingpositionen hatte. Alles, was aus einer vordefinierten Range herausfällt (zum Beispiel eben das tage- oder wochenlange Ändern und Verschieben von nur einem Begriff) und gleichzeitig mehrere positive Auswirkungen auf die Rankingposition hat, kann potenziell automatisch erkannt werden.

Was würden Sie – nur so als kleines Gedankenexperiment – von dem Betreiber einer Website halten, der seine Inhalte hauptsächlich in den Abendstunden oder am Wochenende einpflegt? Ob das wohl die Site eines großen, bedeutsamen Unternehmens sein kann? Hm... Vielleicht editieren die Mitarbeiter der meisten seriösen Unternehmen doch wohl eher unter der Woche und tagsüber. Oh ja, Sie haben völlig recht, das ist doch kein hinreichender Beweis und mir selber fallen genügend Ausnahmen ein. Dass es ein erster vorsichtiger Anhaltspunkt für eine Trennung von Hobby, Verein und Business sein könnte, würde ich aber dann doch erst einmal heftig verteidigen. Klar, dass eine Suchmaschine niemanden rauswirft, nur weil er vielleicht öfter mal spät nachts noch an einzelnen Wörtern herummanipuliert. Vielleicht gibt es aber auch irgendwo einen kleinen »Verdachts«zähler, der nun um eins hochgesetzt wird? Keine Sorge, ich denke nur laut nach.

17.2 Links aus der Nachbarschaft oder von guten Kameraden

Die Lage, die Lage und nochmals die Lage. Das sind die drei wichtigsten Parameter bei einem Immobilienkauf. Münzt man das auf Suchmaschinen um, gilt für Webseiten die Empfehlung: Links, Links und nochmals ein Link. Jeder Link von außen hebt die eigene Website ein kleines Stückchen höher. Und während in der Vergangenheit recht simpel einfach nur die Anzahl der Links zusammengezählt wurde, geht man heute in der Regel schon sehr viel diffiziler vor. An die Stelle der Linkpopularität ist die Domainpopularität getreten. Damit wird also unterschieden, wie viele *unterschiedliche Domains* auf eine Webseite linken, unabhängig von vielleicht mehreren Links von einer Domain zur anderen. Wir hatten dieses Thema ja schon weiter vorne in Grundzügen.

Die stärkere Berücksichtigung der Domainpopularität war aber nur der erste Streich der Suchmaschinen gegen Linkfarmen, die ebenso wie Suchmaschinenoptimierer wie Pilze aus dem Boden geschossen sind. Einziger Sinn und Zweck einer Linkfarm ist es, viele Links auf eine oder mehrere Domains zu setzen, um damit deren Linkpopularität künstlich zu erhöhen. Also griff man zum Beispiel bei Google etwas tiefer in die (Gegen-)Trickkiste und analysierte auch gleich noch mehrere andere Parameter. Unter anderem wird die IP-Adresse eines Linkgebers mit der des Linkempfängers verglichen. Fällt dabei auf, dass die Adressen im so genannten C-Block (das ist die dritte und damit vorletzte Zahl in der IP-Nummer) gleich sind, kommen sie mit hoher Wahrscheinlichkeit vom selben Provider und vielleicht sogar vom selben Server. Das hatte ich ja bereits weiter vorne etwas ausführlicher erwähnt. Aufgrund der Struktur des Aufbaus des Internets ist es nun sehr wahrscheinlich, dass diese beiden Websites beim selben Provider und/oder in derselben Stadt auf Webservern liegen.

Vorsicht

Die oben erwähnten Linkfarmen haben alle eines gemeinsam: Sie bestehen neben mehr oder weniger sinnvollem und automatisch generiertem Text vor allem aus Links. Achten Sie daher darauf, nicht mehr als 100 ausgehende Links auf einer Webseite zu haben. Sind es aus vernünftigen Gründen mehr, teilen Sie diese unbedingt auf mehrere Seiten auf. Ansonsten könnten Sie ungewollt in den Verdacht kommen, eine Linkfarm zu betreiben.

Haben Sie also tatsächlich bis hierher daran gedacht, von den anderen Domains, die Sie vielleicht noch registriert haben, einfach ein paar hundert Links auf Ihre eigentliche Unternehmensdomain einzustellen, dann nehmen Sie von dieser Idee am besten wieder Abstand. Ein paar Links können Sie sicher ohne Schaden setzen. Dazu sollten aber auch immer genügend andere Links von IP-Adressen kommen, die sich wirklich auch ab dem C-Block (dem dritten Ziffernteil) unterscheiden. Zu starkes Cross-Linking (also das Hin- und Zurücklinken aus demselben »Stall«) wird von modernen Suchmaschinen mühelos erkannt und je nach Willen des Betreibers im besten Falle einfach ignoriert und im anderen Fall bestraft.

Ihr Domainwald kann aber nicht nur durch die Analyse der IP-Adresse erkannt werden. Vielleicht waren Sie ja auch so vorausschauend und haben Ihre anderen Domainnamen gleich bei unterschiedlichen Providern in der ganzen Republik verteilt registriert? Dann hätte Sie allerdings ein Umstand im letzten Jahr stutzig machen müssen, sofern Sie davon überhaupt Kenntnis bekommen haben. Google ist nämlich unter die Domainregistrare gegangen. Da dies nicht ganz billig ist und Google bis heute keinerlei Anstalten gemacht hat, die Registrierung von Domainnamen der Öffentlichkeit auch wirklich anzubieten, gab es natürlich die ein oder andere Überlegung nach dem »Warum«. Eine nicht ganz von der Hand zu weisende Vermutung wäre, dass man es damit auf den schnellen Zugang auf die Registrierungsdatenbanken abgesehen haben könnte. Durch diesen Zugriff erhält jeder Domainname und die dahinter liegende IP-Adresse einen namentlichen Eigentümer (der »Admin-C«), aber auch eine eindeutige Postleitzahl oder eine Fax-Nummer. Merken Sie was?

17.3 Zu hohe Keyworddichte

In dem Kapitel über On-Page-Optimierung weiter vorne in diesem Buch haben Sie ja schon einiges über die Keyworddichte oder Keyworddensity gelesen. Da es einige Zeitgenossen aber anscheinend wieder einmal maßlos übertrieben haben, gehen die meisten Suchmaschinen mittlerweile gegen das Keywordstuffing (also das Vollstopfen einer Webseite mit Keywords) vor. Selbstverständlich existieren wie bei den meisten Empfehlungen aus Mangel an Informationen von den Suchmaschinen selber keine exakten Werte. Aus dem Gefühl heraus und nach vielen Diskussionen in einschlägigen Foren und unter Experten gehe ich aber davon aus, dass eine Dichte von fünf bis sieben Prozent noch ohne gravierende Folgen bleibt. Damit keine Missverständnisse entstehen: Weniger ist mehr! Das bedeutet, dass Sie mit einer Dichte von drei bis vier Prozent sicherlich im Ranking besser als mit acht Prozent fahren. Hier geht es darum, wann Sie die Analysefilter der Suchmaschinen sauerfahren. Eine erhöhte Keyworddichte gibt sozusagen Punktabzüge, aber eine wesentlich zu hohe bringt Sie im Ansehen in die Reihen der Spammer.

Stellen Sie also bei Analysen fest, dass Ihre Keyworddichte zu hoch ist, sollten Sie Gegenmaßnahmen ergreifen. Dies kann durch Reduzierung und durch Verwendung von Synonymen geschehen, aber natürlich auch durch Hinzufügen von weiterem Text. Bei der letzteren Methode erhöhen Sie damit die Anzahl der Wörter und wenn Sie nicht wieder ständig das problematische Keyword verwenden, sinkt die Dichte ja automatisch entsprechend mit ab.

Hinweis

Nicht immer müssen hohe Keyworddichten gewollt und mit Absicht in eine Webseite eingebracht worden sein. Es gibt sicherlich den einen oder anderen völlig legitimen Text, in dem aus bestimmten Gründen Wörter häufiger als sonst wiederholt werden. Da die Robots der Suchmaschinen nicht poetisch veranlagt sind oder gar Germanistik studiert haben, können sie die Schönheit Ihrer Texte und der darin vielleicht bewusst verwendeten Stilmittel leider (noch) nicht erkennen. Auch hier sollten Sie also streng nachprüfen und gegebenenfalls durch Anhängen von weiterem Text die Situation entschärfen.

17.4 Doorwaypages

Eines vorweg: Doorwaypages oder oft auch Brückenseiten genannt, verstoßen gegen die Richtlinien fast aller Suchmaschinen. Hinter diesem Begriff verbergen sich Webseiten, die der menschliche Besucher in der Regel nicht zu Gesicht bekommt und die nur für Suchmaschinen erstellt wurden.

Hierfür kann es zwei zentrale Gründe geben:

1. Der Webauftritt wurde mit Frames, in Flash oder einer anderen Technologie aufgesetzt, die nicht oder nur rudimentär von den Robots der Suchmaschinen erkannt werden kann. Über Doorwaypages versucht man daher, Webseiten in sauberem HTML zur Verfügung zu stellen, damit die Inhalte trotzdem indexiert werden können. Vielleicht lassen auch die verwendeten Content-Management-Systeme keine vernünftige Editierung der Meta-Tags oder wichtiger Inhalte zu, so dass man sich mit solchen künstlich aufgebauten Seiten hilft.

2. Die eigentlichen Webseiten enthalten andere oder nicht die Informationen, mit denen der Betreiber gerne in Suchmaschinen gefunden werden möchte. Dies ist in den Augen der Suchmaschine der klassische Spam-Fall. Jemand versucht mit anderen Inhalten etwas vorzugaukeln, das er so gar nicht auf seinen Webseiten anbietet. Dies ärgert meist auch die Besucher, die zu Recht über Irrelevanz der Suchergebnisse schimpfen. Bei den Betreibern solcher mit Spam-Ziel ausgerichteten Doorwaypages hat sich noch nicht die Erkenntnis durchgesetzt, dass Traffic alleine noch kein Geschäft begründet, daher offenbar ihre Anstrengungen. Vielleicht lohnt sich das Ganze ja aber doch. Und nicht die Spammer sind begriffsstutzig, sondern die Besucher, die sich, nach Radiergummis oder DVD-Playern suchend, von ihnen ablenken lassen und letztendlich doch etwas anderes kaufen.

Eine sauber optimierte Webseite wird aber erst dann zu einer Doorwaypage, wenn sie dem Besucher eigentlich gar nicht vor die Augen kommt. Man verwendet hierzu unterschiedliche Techniken, die alle eines gemeinsam haben: den Surfer über die Doorwaypage, die in der Ergebnisliste der Suchmaschine angezeigt und angeklickt wird, sofort zu der eigentlichen Zielseite weiterzuleiten. Und zwar, ohne dass er davon etwas bemerkt. Diese Weiterleitung wird häufig mit Skripten bewerkstelligt, die von den Suchmaschinen zwar gelesen, aber nicht »interpretiert«, also verstanden werden können. Zum Teil wird aber auch Cloaking zur Weiterleitung eingesetzt (siehe weiter unten).

Suchmaschinen mögen Doorwaypages verständlicherweise nicht. Der Grund mag wohl daran liegen, dass ihnen mittels dieser Technik der meiste Web-Spam untergeschoben wird. Im Jahr 2006 wurde Anfang Februar eine große deutsche Plattform für Automobile wegen Verstößen gegen die Richtlinien komplett aus dem Google-Index gelöscht. Einige Tage später folgte unter großer Aufmerksamkeit der Medien die Domain eines großen Automobilherstellers und im Zuge dessen wurden bereits weitere Unternehmen genannt, die wegen fortlaufender Verstöße manuell aus Google entfernt werden.

Bei dem Automobilhersteller wurden typische Doorwaypages eingesetzt. Der normale Besucher bekam eine schön gestaltete Webseite im typischen Layout zu Gesicht. Die Robots der Suchmaschinen jedoch eine reine Textseite, genauer gesagt jeweils eine mit hauptsächlich einer Keyword-Kombination vollgestopfte (»Keywordstuffing« nennt man das) Textwüste. Beim Lesen des Textes war jedem Schulkind klar, dass dieser sicherlich nicht für den Menschen geschrieben wurde. Matt Cutts, einer der Google-Ingenieure, hat in seinem Weblog unter `www.mattcutts.com/blog` ausführlich die Gründe dargelegt: »... *I have no patience for keyword-stuffed doorway pages that do JavaScript redirects, no matter what the language* ...« Also keine Gnade mehr für automatisch weiterleitende Webseiten. Lassen Sie also besser die Finger davon. Und dies ist auch der Grund, warum ich Ihnen hier ausnahmsweise einmal etwas *nicht* genauer erkläre, damit Sie gar nicht erst in Versuchung kommen, solche Weiterleitungen zu erstellen.

Sie sollten aber nicht nur wegen der Richtlinien der Suchmaschinen auf solche Techniken verzichten. Natürlich ist es nicht rechtlich bindend, was diese Ihnen vorschreiben, genauer gesagt empfehlen. Aus juristischer Sicht ist zunächst daher ganz allgemein in der Regel noch nichts gegen Doorwaypages zu sagen. Anders sieht es allerdings aus, wenn der Inhaltsbezug zu der Webseite fehlt, auf die eine Weiterleitung gesetzt wurde. Werden also irreführende Begriffe auf einer Doorwaypage verwendet, kann durchaus wettbewerbswidriges Handeln vorliegen. Dafür kann man auch ohne Suchmaschinenstrafe von einem Wettbewerber oder einer Verbraucherorganisation vor den Kadi gezerrt werden. Dass dies noch nicht häufiger vorkommt, liegt meines Erachtens daran, dass einfach noch zu wenig Wissen darüber in Unternehmen und Verbänden vorhanden ist. Mir persönlich ist kein Unternehmen bekannt, das die Praktiken seiner Mitbewerber im Web überwacht oder wenigstens einmal genauer unter die Lupe nimmt oder nehmen lässt. Umgekehrt habe ich immer wieder mal bei einigen Nachfragen von Unternehmen, warum denn ausgerechnet ihr Mitbewerber im Ranking immer weit über ihnen stehe, als Ursache unlautere Methoden entdeckt. Doch selbst dann können sich viele noch immer nicht dazu überwinden, etwas dagegen zu unternehmen.

Wie bekommen nun Suchmaschinen Kenntnis von solchen Doorwaypages? Werden diese zum Beispiel wie oben erwähnt per JavaScript weitergeleitet, bekommt der Robot der Suchmaschine ja davon nichts mit und er indexiert brav den Content der vorliegenden Seite. Klickt dann ein Mensch auf diese Seite, wenn er sie in den Ergebnislisten der Suchmaschine findet, wird er mittels dieses Skripts auf die eigentliche Zielseite weitergeleitet. Nun hat aber doch eine nennenswerte Anzahl von Surfern, die den Firefox benutzen, zum Beispiel die Google-Toolbar installiert. Diese zeigt bekanntlich (wenn man die so genannte erweiterte Funktion nutzen möchte) den PageRank-Wert jeder Seite an, die man besucht. Um diesen Wert anzeigen zu können, muss die Toolbar die aktuelle Adresse an Google übermitteln. Woher soll sonst der Wert kommen? Abbildung 17.1 zeigt das schematisch: Ein Nutzer sucht etwas und klickt auf eine im Ergebnis angezeigte Adresse, in der Abbildung Webadresse A. Die Seite wird in den Browser geladen und die Toolbar fordert für diese Adresse bei Google einen PageRank-Wert für die Anzeige an. Die soeben geladene Seite hat aber als Doorwaypage eine Weiterleitung auf eine andere Seite. Ob dies nun per JavaScript oder eine andere Technik erfolgt, ist hier unerheblich. Jedenfalls wird sofort nach dem Aufruf die neue Seite – in der Abbildung Webadresse B genannt – in den Browser geladen und dauerhaft angezeigt. Das geht so schnell, dass der Benutzer das in der Regel nicht bemerkt. Aber: Innerhalb weniger Millisekunden wird nun über die Toolbar ein neuer PageRank-Wert für diese neue Adresse, nämlich Webadresse B, bei Google angefordert.

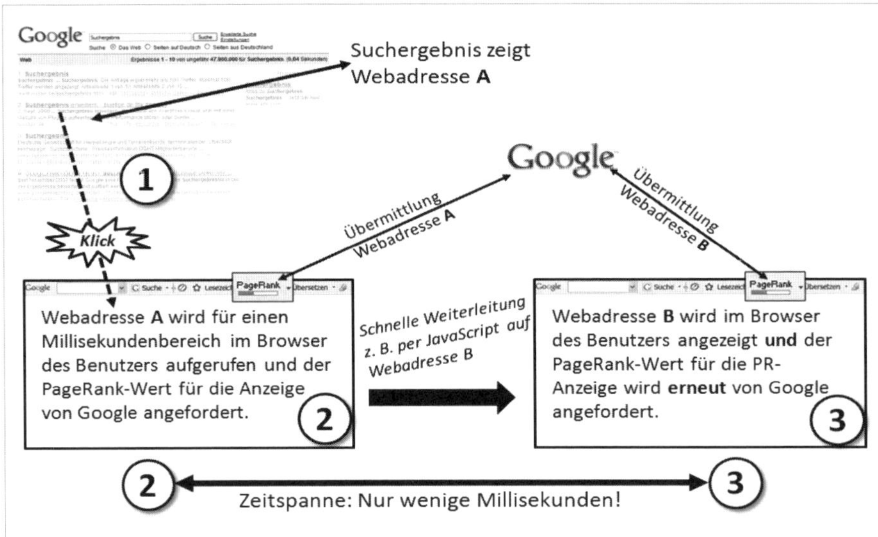

Abb. 17.1: So kann Google eine versteckte Weiterleitung erkennen.

Über diese verdammt kurze Zeitspanne, innerhalb derer die Toolbar nun gleich zwei Adressen hintereinander meldet, kann Google problemlos erkennen, dass zumindest dieser Browserbenutzer die Webadresse A gar nicht zur Kenntnis genommen haben kann. Passiert das (so eine Weiterleitung einer bestimmten Adresse) bei allen Toolbar-Nutzern, ist das ein untrügliches Zeichen, dass mit hoher Wahrscheinlichkeit eine Doorwaypage vorliegt. Natürlich ist nicht klar, ob dies tatsächlich der Weg ist, auf dem diese speziellen Seiten erkannt werden können, da Google hierzu keinerlei Informationen nach außen gibt. Prinzipiell ist es aber auf diesem Weg möglich. Das Verschwinden der meisten Doorwaypages aus dem Index relativ kurz nach der Verbreitung der Toolbar kann natürlich auch ein Zufall sein. Grundsätzlich können, genauer »könnten« aber eben alle Weiterleitungen auf diesem Weg erkannt werden. Und daher würde ich Ihnen auch strikt vom Einsatz solcher Seiten abraten. In der Regel passiert nichts Schlimmes, außer, dass die Doorwaypages nicht mehr gelistet werden. Treibt man es aber zu bunt, kann es jedoch auch die ganze Domain erwischen oder es kann eines der berüchtigten internen Flags (Kennzeichen) für die Domain gesetzt werden.

17.5 Die Spitze des Unfeinen: Cloaking

Weiterleitungen, wie sie normalerweise bei Doorwaypages verwendet werden, werden zumeist mit Skripten auf der betreffenden Seite selber hinterlegt. Aber sie sind unter bestimmten Voraussetzungen wie erläutert gut erkennbar bzw. können leicht entdeckt werden, wenn man weiß, wie und wonach man suchen muss.

Einen ganz anderen Weg geht man mit dem »Cloaking«, was auch zum Teil mit »Agent Delivery« umschrieben wird.

Technisch kann man sich das in etwa so vorstellen: Beim jedem Abruf einer einzelnen Webseite von einem Webserver (Request) wird vom abfragenden System (in der Regel ist das Ihr Browser) eine Kennung übertragen, wer denn da diese Seite haben möchte. Die Variable dazu lautet `HTTP_USER_AGENT` und dort steht dann je nach Browsertyp zum Beispiel:

- Opera/6.05 (Windows XP; U) [de]
- Mozilla/4.0 (compatible; MSIE 6.0; Windows NT 5.1)
- VMS_Mosaic/3.8-1

Jetzt kommt der Trick. Anfragen von Suchmaschinen werden durch ein Filtern des »User-Agent«-Namens abgefangen. Meldet sich das abfragende System also z.B. mit

- Googlebot/1.0 (googlebot@googlebot.com http://googlebot.com/)
- Googlebot/2.1 (+http://www.googlebot.com/bot.html)
- YahooSeeker/1.1
- Scooter/1.0

dann werden nicht die üblichen Webseiten ausgeliefert, sondern solche, die speziell für die eine oder auch alle Suchmaschinen optimiert wurden. Es wird also direkt vor dem Ausliefern von Webinhalten live unterschieden, ob ein Mensch mit einem Browser oder eine Suchmaschine diese Seite haben möchte.

Jetzt werden Sie sich vielleicht wundern, warum sich denn Suchmaschinen mit einem eindeutigen Namen melden und nicht so tun, als wären sie ein Internet Explorer oder ein Firefox-Browser? Gemach. Die Cloaking-Profis gehen nämlich oft einen ganzen Schritt weiter und fragen sicherheitshalber auch noch zusätzlich die IP-Adresse des Requests ab. Von allen großen Suchmaschinen sind diese IP-Adressen bekannt und daher ist das technisch gesehen nicht sonderlich kompliziert. Das Ganze geht sogar so weit, dass es im Web Unternehmen gibt, die den Cloakern quasi als Abonnement jeweils die neuesten, aktuell identifizierten IP-Adressen gegen Geld online zuliefern. Das Ganze scheint also eine relativ sichere Angelegenheit zu sein, die von außen schwer erkenn- und aufdeckbar ist.

Trotzdem fallen mit schöner Regelmäßigkeit immer wieder ganze Batterien von gecloakten Websites aus den Indexen. Warum das so ist bzw. wie Suchmaschinen dies trotz der Verschleierungstechniken erkennen können, liegt eigentlich so klar auf der Hand, dass man sich wundert, warum diese Technik noch immer eingesetzt wird. Den ersten Teil der Lösung haben Sie ja schon vermutet: Der Robot der Suchmaschine kommt in der User-Agent-Kennung unverdächtig als normaler

Browser daher und meldet dem Webserver zum Beispiel einen Internet Explorer. Da die meisten Suchmaschinen expandieren, brauchen sie auch immer wieder neue IP-Adressen für ihre Rechner und Rechenzentren. Bevor diese IP-Nummern nun nach außen bekannt gegeben werden, können sie bestens dazu verwendet werden, Cloaking aufzudecken. Ihre Nummern sind ja noch nicht allgemein bekannt. Nun kommt der Robot also als Browser daher und mit einer unverdächtigen IP-Adresse. Der Webserver liefert daraufhin die normale Webseite aus, die jeder andere menschliche Besucher ebenfalls zu Gesicht bekommt. Kurz darauf macht man eine zweite Abfrage mit der korrekten Robotkennung und mit einer bereits bekannten IP-Adresse. Jetzt muss die Suchmaschine eigentlich nur noch die beiden erhaltenen Webseiten miteinander vergleichen. Weichen sie stark voneinander ab, hat man es mit hoher Wahrscheinlichkeit mit gecloakten Seiten zu tun. Es bleibt der Gnade des Suchmaschinenbetreibers überlassen, ob er hier noch einmal einen Check durchführt, sprich das Ganze nochmals von einem Mitarbeiter manuell prüfen lässt. Es ist aber auch vorstellbar, dass die komplette Site ohne weitere Vorwarnung und vollautomatisch aus dem Index entfernt wird.

Vorsicht

Da frische IP-Adressen nicht jeden Tag zur Verfügung stehen, werden solche speziellen Tests auf Cloaking nicht fortlaufend durchgeführt. Das bedeutet, dass man mit dieser Technik augenscheinlich durchaus einige Zeit guten Erfolg erzielen könnte. Aus diesem Grund findet man auch immer wieder einmal zwischendrin solche gecloakten Seiten in den Suchergebnissen. Früher oder später werden auffällige Sites allerdings mit Sicherheit solchen Tests unterworfen und in der Regel wird die komplette Domain für immer aus dem Index verbannt. Das ist ein sehr hohes Risiko und ich würde Ihnen nicht empfehlen, das auszuprobieren. Und begutachten Sie dubiose Anbieter sehr argwöhnisch, die Ihnen versprechen, mit vermeintlich sicheren Tricks Ihre Domain nach vorne zu bringen. Letztendlich baden Sie den »Verlust« Ihres Domainnamens alleine aus, denn nennenswerte Schadensersatzbeträge werden Sie dort höchstwahrscheinlich nicht einklagen können.

17.6 Copy me: Contentduplikate

Vollständig kopierte Webinhalte weiten sich zum Teil zu einer richtigen Plage aus. Worum geht es? Unseriöse Zeitgenossen lassen zu wertvollen (sprich kommerziell gut nutzbaren) Suchbegriffen bei Suchmaschinen automatisierte Abfragen laufen und kopieren anschließend einfach die Inhalte der gut gerankten Websites. Diese Inhalte stellen sie dann auf ihre eigene Website, die selbstverständlich im entfernten Ausland gehostet werden. Damit hofft man, ebenfalls durch den anscheinend guten Text der kopierten Seiten an gute Positionen in Suchmaschinen zu kommen. Haben Sie bisher nur eine kleine und recht unbedeutende Website, kann Ihnen dieses parasitäre Vorgehen durchaus Probleme machen. Suchmaschinen sind ständig intern auf der Suche nach Duplikaten und Fast-Duplikaten in ihrem eigenen Index und eliminieren diese. Dem Suchenden soll nur ein Ergebnis für einen bestimmten Inhalt angezeigt werden. Existieren noch mehrere Kopien, werden diese im Suchergebnis unterdrückt.

Ob und in welchem Maße Ihre Webseite von Kopierern betroffen ist, können Sie recht schnell und bequem bei Copyscape (`www.copyscape.com`) überprüfen. Geben Sie einfach in den Suchschlitz Ihren Domainnamen oder gezielt eine bestimmte Seite Ihres Webauftritts ein (siehe Abbildung 17.2).

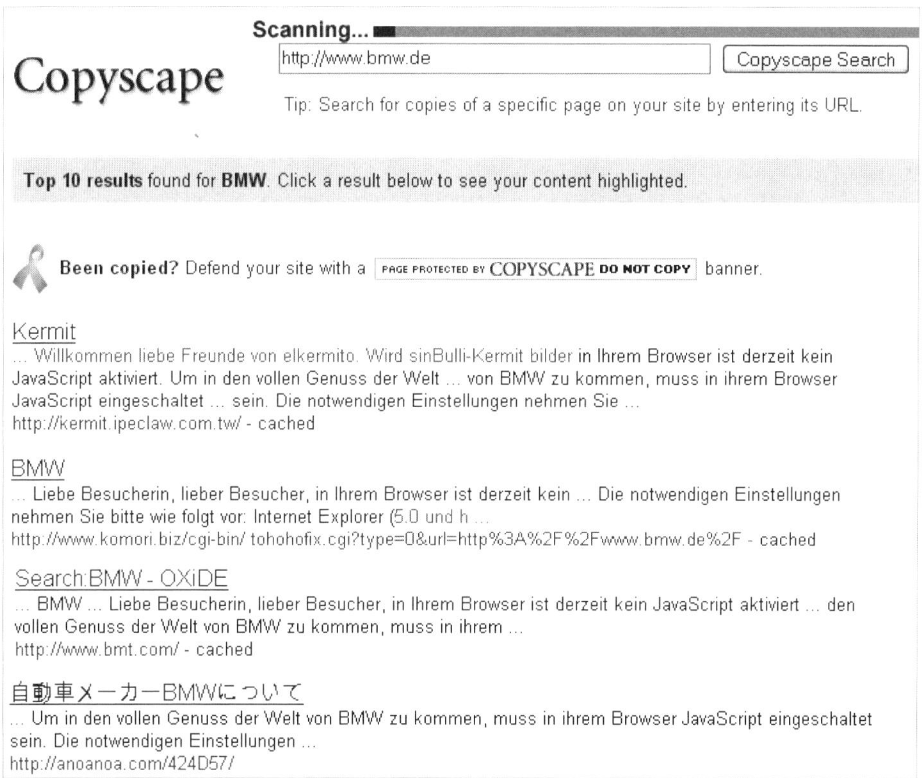

Abb. 17.2: Einige Inhaltskopien von `bmw.de`

Sie sehen nun Webseiten aufgelistet, die mit hoher Wahrscheinlichkeit Inhalte oder Ihre komplette Webseiten abkopiert (hier im Beispiel von `www.bmw.de`) und mehr oder weniger getarnt als eigenen Content präsentieren. Dominiert eine kopierende Webseite Ihre eigene in der Suchmaschine, wird möglicherweise die fremde Site statt der Ihren ausgegeben. Schließlich kann die Suchmaschine nur anhand weniger Kriterien automatisiert feststellen, wem der Content denn nun wahrscheinlich tatsächlich gehört. Die Urheber sitzen eben in der Regel mit hoher Wahrscheinlichkeit im Ausland und sind daher rechtlich schwer oder gar nicht zu greifen. Sollten Sie von diesem Problem (dass eine fremde Seite Ihre dominiert, das »Kopiertwerden« ist an sich alleine noch nicht Besorgnis erregend) betroffen sein, würde ich Ihnen empfehlen, den Content auf Ihren Seiten zu ändern. Damit stellen Sie eine inhaltliche Differenz zu den Kopien her und tauchen sicherlich bald in den Suchergebnissen wieder auf. Eine Lösung auf Dauer ist das aber sicherlich nicht, denn die Kopierer kommen möglicherweise wieder vorbei. In diesem Fall hilft nur, die Logfiles auf ungewöhnlichen Traffic zu überwachen, so die IP-Adressen der Websauger ausfindig zu machen und diese anschließend zu sperren. Sprechen Sie mit Ihrem Provider und wenn Sie dazu nicht gerade in einem großen Callcenter anrufen müssen, wird man Ihnen da sicherlich auch helfen können.

17.7 Linkzuwachs und Linkabnahme

Wahrscheinlich verunsichert Sie die Überschrift zunächst ein wenig, nachdem ich weiter vorne geschrieben hatte, dass man nie genug Links haben kann, die auf die eigene Webseite zeigen. Dass es nie wirklich genug ist, ist denn wahrscheinlich auch der Grund, warum ein zu schneller Linkzuwachs durchaus auch kritisch werden kann. Klingt erst mal recht verworren, ich weiß. Beginnen wir also am besten von vorne: Links sind gut. Je mehr Links eine Webseite hat, desto besser steht sie in der Regel bei großen Suchmaschinen da. Was lag nun näher, als sich mit Geld genügend Links einfach zu kaufen? Also haben sich einige Unternehmen aufgemacht und im Web bei Betreibern von Websites mit hohem PageRank nachgefragt, ob sie nicht Werbung in Form von Textlinks schalten könnten. Die finanziell meist chronisch unterversorgten Webenthusiasten nahmen diese Angebote gerne an. So weit, so gut.

Diese künstlich erzeugte Linkpopularität hat natürlich nichts mehr mit dem ursprünglichen Gedanken gemein. Der war ja eher, dass man auf qualitativ hochwertige und nützliche Seiten mittels eines Links hinweist. Das darf den Suchmaschinen natürlich nicht recht sein und ist es auch nicht. Wie kann man dem nun als Suchmaschine entgegentreten? Auch an dieser Stelle kann wieder einmal nur aufgrund von Beobachtungen und den Diskussionen in fachlich orientierten Foren spekuliert werden. Als Außenstehender vergisst man dabei leider allzu häufig eine wesentliche Tatsache: Eine Suchmaschine hat je nach Größe des Index und gespeicherter Historie über alle bereits einmal erfassten Seiten einen riesigen Datenschatz im Archiv. Im Prinzip lässt sich dort die »Karriere« einer Website über die Jahre gut nachvollziehen. Und das Wichtigste dabei ist sicherlich, dass sich unschätzbare Informationen bereits aus Mittelwertbildung, Standardabweichungen und Korrelationskoeffizienten (keine Angst, ich hör' ja schon auf) gewinnen lassen. An die gezielte Bildung von eigenen, zweckgebundenen Kennzahlen mag ich gar nicht denken. Wenn man sich als Suchmaschinenbetreiber also die Frage stellt, was eine natürliche Verlinkung oder besser ein natürliches Linkwachstum ist, findet man die Antwort durch statistische Berechnungen in den eigenen Datenbanken. Man kann Durchschnittswerte bilden für Fragen wie:

- Wie viele neue Links bekommt eine Website mit einer Größe zwischen 20 und 50 Seiten im Schnitt pro Monat dazu?
- Wie viele Webseiten haben einen Linkzuwachs, der mehr als das Zehnfache des üblichen Wertes beträgt?
- Wie viele Webseiten mit mehr als 500 eingehenden Links haben innerhalb von vier Stunden die absolute Anzahl dieser Links verdoppelt bekommen?
- Wie viele Webseiten mit PageRank kleiner 2 haben innerhalb von einem Tag mehr als vier eingehende Links mit PageRank größer 6 bekommen?

Kommen bei solchen Berechnungen nur kleine Zahlen heraus, steigt die Wahrscheinlichkeit, dass man es mit einer Anomalie zu tun hat. Ich versuche, das mal plastisch zu machen: Nehmen wir einfach die dritte Frage mit der Linkverdoppelung heraus. Eine Berechnung ergäbe nun, dass diese Bedingung pro Tag nur auf 20 Webseiten zutrifft. Da gibt es also genau heute am Analysetag im Vergleich zu den Millionen Webseiten nur 20, die ihre Linkanzahl (vorher mindestens 500) innerhalb kurzer Zeit (vier Stunden) verdoppelt haben. Diese 20 Webseiten schaue ich mir als Mitarbeiter einer Suchmaschine genau an und analysiere, woher der Linkzuwachs kommt. Dabei erkenne ich nun, dass 19 davon die vielen Links anscheinend eingekauft haben, weil die abgebenden Sites in keinster Weise thematisch etwas mit den angelinkten Seiten zu tun haben. Und vielleicht noch daran, dass auch andere, unzusammenhängende Links von dort weggehen. Hier hätten wir also ein neues und effektives Filterkriterium, weil es mit sehr hoher Wahrscheinlichkeit künstlich angelegte Links wegfiltert. Einer einzigen der 20 Websites tue ich damit vielleicht unrecht. Aber vielleicht schärft man aufgrund der Erkenntnisse den Filter etwas nach und trifft tatsächlich nur die restlichen 19 Sites. Diesen Filter kann man nun jeden Tag laufen lassen, immer wieder optimieren und damit alle Sites um genau die Ansehenssteigerung wieder berauben, die sie einkaufen wollten.

Warum ich diese Gedanken so ausführlich laufen lasse, ist, weil Sie möglichst gut verstehen sollen, welche mächtigen Instrumente man bei Suchmaschinen durch die Nutzung des Datenbestandes hat. Dort liegt alles auf einem Silbertablett: Klickverhalten der Nutzer, ob und wann ein Suchender nach einem Klick in das Suchergebnis zur Ergebnisliste zurückkommt und neu auswählt, wie schnell neue Webseiten entstehen und so weiter. Sucht man dort nun nach Anomalien bzw. außergewöhnlichen Werten und Zusammenhängen, ist man schnell in der Lage, »noch normal« von »mit extremer Wahrscheinlichkeit nicht mehr normal« zu unterscheiden.

Wenn Sie nun am strategischen Aufbau Ihres Linkzuwachses arbeiten, achten Sie bitte darauf, nicht zu schnell zu viel des Guten zu tun. Dies gilt insbesondere für Links von großen Portalen mit hohem PageRank. Bekommen Sie auf Ihre bisher relative unwichtige und dümpelnde Site plötzlich innerhalb kurzer Zeit viele bedeutende Links, dann ist das zumindest ungewöhnlich.

Das Gleiche trifft vice versa für die Linkabnahme zu. Verliert eine Website sehr schnell viele Links (oder einen hohen Prozentsatz auf einmal), ohne dass sich die Inhalte der Site geändert haben, dann hat das in jedem Fall einen gravierenden Grund. Entweder ist etwas über den Betreiber oder die Site selber bekannt geworden (via Newsletter, Fernsehen oder Zeitung) und viele Linkgeber distanzieren sich. Oder die letzten Raten für gekaufte Links wurden nicht mehr bezahlt. Beides wären keine guten Signale an die Suchmaschinen.

17.8 Schneller Themenwechsel

Ändert sich der Inhalt einer Domain komplett oder auch die Topics, kann es mittlerweile ebenfalls zu kurzfristigen Problemen kommen. Der Grund dürfte darin zu suchen sein, dass Suchmaschinen erkannt haben, worauf sich einige Spammer spezialisiert haben: Diese suchen gezielt und meist maschinell Domainnamen, die eine gewisse Anzahl an Links und damit einen guten PageRank ab etwa vier bis fünf haben *und* von den bisherigen Inhabern zurückgegeben wurden. Sei es wegen eines Konkurses oder auch, weil man sich des Wertes einer »eingesessenen« Domain nicht bewusst ist. Diese zurückgegebenen Domains werden in der Regel bereits nach wenigen Sekunden wieder belegt und bereits am nächsten Tag sind sie voll mit maschinell erzeugten Textwüsten. So weit, so schlecht. Warum könnte Sie das betreffen? Ganz einfach dann, wenn Sie aus welchen Gründen auch immer massiv Ihre Webseite umstellen möchten. Sie könnten sich nämlich ungewollt in einem dieser Filter ver- und damit Abschläge im Ranking einfangen. Auch hier liegen noch keine gesicherten Kenntnisse vor, wenn man bei dem Thema Suchmaschinen überhaupt je von »gesichert« sprechen kann. Einige Hinweise auf solche Filter gibt es aber schon.

Und natürlich muss man sich auch in der Tat zu Recht fragen, welchen Sinn es machen kann, dass eine Webseite komplett ihre Inhalte ändert. Sicherlich mag es den einen oder anderen nachvollziehbaren Grund geben. Aber in der Regel erscheint mir doch die unfreundliche Übernahme durch einen neuen Mieter die wahrscheinlichere Variante.

Es gibt sogar eine große Plattform im Web (`www.sedo.de`), die sich auf den Handel bzw. die Vermittlung von gebrauchten Domains spezialisiert hat. Ebenso werden sie in großen Mengen bei eBay angeboten. Als ein oft scheinbar gutes Verkaufsargument wird nicht selten der PageRank einer Domain und zum Teil sogar die Anzahl der eingehenden Links angeführt. Wenn Sie mit dem Gedanken spielen, hier auf Einkaufstour zu gehen, sollten Sie die folgenden Hinweise beachten:

- Eine Domain ist nur so lange gut bzw. wertvoll, wie sie Links erhält. Fallen diese weg, sinkt der Wert rapide. Dass Links nach Ihrem Kauf nach und nach wegfallen, dürfte klar sein. Die Linkgeber merken, dass die alten Inhalte nicht mehr da sind, wegen derer sie ihre Linkempfehlungen gegeben hatten. Unfeiner, aber nicht weniger häufig anzutreffen ist auch folgende Methode: Eine Domain wird von Seiten mit hohem PageRank angelinkt und erhält daraufhin selber einen guten Wert. Die Domain wird dann an einen Unwissenden verkauft. Noch bevor dieser sich die Hände über das vermeintliche Schnäppchen reiben kann, werden die Links wieder entfernt und die nächste Domain für den Verkauf hochgepäppelt. Danach ist die frisch erworbene Domain genauso viel wert, als wenn sie tatsächlich frisch erworben wurde (also neu und ungebraucht). Nichts.
- Eine gebrauchte Domain hat wie ein Automobil auch immer ein Vorleben. Prüfen Sie daher, welche Inhalte auf der Domain waren und ob sie nicht vielleicht gar nicht im Index der wichtigsten Suchmaschinen vorhanden ist. Letzteres ist zum Beispiel bei Google, wie bereits ganz zu Anfang dieses Buchteils beschrieben, recht einfach zu bewerkstelligen. Geben Sie direkt vor den kompletten Domainnamen ein `site:` im Suchschlitz ein, dann gibt Ihnen Google alle Seiten, die zu dieser Domain im Index stehen.

Ob bereits und welche Inhalte auf der Domain waren, erfahren Sie in der Regel übersichtlich und gut strukturiert geordnet in der WayBackMachine unter `www.archive.org/index.php` (siehe Abbildung 17.3).

Abb. 17.3: Die WayBackMachine als Webarchiv

Wir hatten die WayBackMachine zwar schon weiter vorne im Buch, aber weil es thematisch hier passt und nicht alle Leser das Buch linear lesen, möchte ich es hier der Vollständigkeit halber noch einmal aufgreifen. Wollen Sie also zum Beispiel die verschiedenen Versionen des Webauftritts von Yahoo! begutachten (Vielleicht interessiert das ja Microsoft?), stoßen Sie nach Eingabe des Domainnamens auf die Übersicht in Abbildung 17.4.

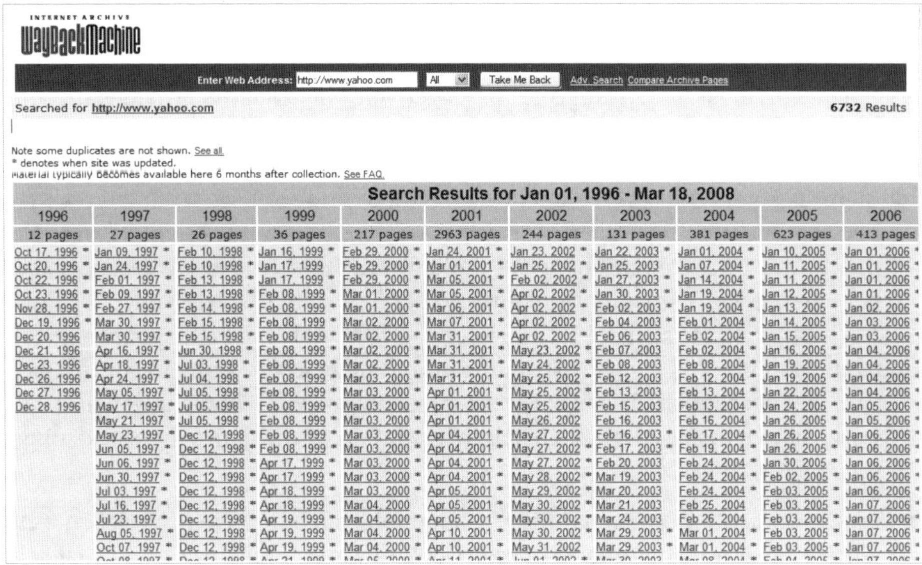

Abb. 17.4: Yahoo.com in der WayBackMachine

Nur als Hinweis sei mir erlaubt, dass ich die komplette Anzeigeliste wegen der Größe hier abgeschnitten habe. Durch einen Klick auf ein Datum gelangen Sie auf die archivierten Webinhalte. Somit können Sie sich bei Domains, deren Kauf Sie vielleicht planen, einen recht umfassenden Überblick verschaffen, was vorher damit gemacht wurde bzw. welche Inhalte sie hatte. Ich finde es aber auch immer wieder faszinierend, uralte Webauftritte großer Unternehmen anzusehen. Probieren Sie es doch mal in einer ruhigen Minute aus.

Tipp

Nicht wenige Unternehmen finden es übrigens auch recht spannend, in der WayBackMachine nach Mitbewerbern oder auch nach alten Versionen des eigenen Webauftritts zu suchen. Da ist aber aus heutiger Sicht oft harter Tobak versteckt. Also – nehmen Sie vorher besser was ein!

17.9 Hijacking

Hijacking ist eine recht unangenehme Erscheinung und es ist genau das, wonach es sich liest. Vielleicht haben Sie ja schon einmal was von Browser-Hijacking, also die Entführung eines Browsers auf unerwünschte Seiten gehört oder gelesen. Dem einen oder der anderen ist es beim unachtsamen Klick auf zunächst seriös wirkende Webseiten passiert. Plötzlich entwickelt der Browser eine Art Eigenleben und öffnet selbstständig neue Fenster und beim Schließen geschieht dies immer wieder erneut.

Aber auch in den Suchmaschinen können Ergebnispositionen »entführt« werden. Dies passiert in den meisten Fällen aus Unwissenheit oder fehlerhafter Serverkonfigurationen der linkgebenden Webseite. Wie funktioniert Hijacking also?

Auf einem Webserver wird eine Webseite mit dem serverseitigen Code 302 auf eine andere, externe Webseite weitergeleitet. Kommt dann eine Anfrage nach dieser Webseite, sagt der Webserver durch diesen Code 302 in etwa: Diese Seite, die du gerade haben willst, liegt derzeit ausgelagert woanders, nämlich unter `www.andere-domain.de/anderewebseite.htm`. Dieselbe Antwort bekommt natürlich auch ein Robot einer Suchmaschine. Nun passieren bei Google fatalerweise unter bestimmten Voraussetzungen folgende unangenehme Fehler:

- Die weiterleitende Seite ersetzt im Index die Seite komplett, auf die per Code 302 weitergeleitet wurde.
- Die Seite, auf die weitergeleitet wurde, wird abgerankt oder fällt ganz aus dem Index, weil scheinbar exakt doppelter Inhalt vorhanden ist und in diesem Fall immer nur eine Seite angezeigt wird.
- Wird auf der Seite, auf die das Hijacking abzielt, nur mit relativen Links (`/verzeichnis/datei.htm`) gearbeitet und nicht mit absoluten (`www.meine-domain.de/verzeichnis/datei.htm`), dann können die Berechnungen vollends durcheinandergeraten. Im schlimmsten Fall werden alle Seiten des unterworfenen Webauftritts dann der Website zugeschlagen, die das Hijacking verursacht hat.

Dieses Phänomen tritt im Übrigen auch häufiger bei Webkatalogen auf, die über eine virtuelle Zwischenseite die Klicks auf die Inhalte mitzählen. In der Regel kann man davon ausgehen, dass die Betreiber hiervon überhaupt keine Kenntnis haben, weil die Technik dieser speziellen Weiterleitung bereits in der Katalogsoftware enthalten ist. Das Ganze kann nur als Berechnungsfehler bezeichnet werden und bisher wurde er auch nur in den Suchergebnissen bei Google beobachtet, wenn auch zum Glück mit stark abnehmender Tendenz in der letzten Zeit.

Sollte Ihre Webseite also aus unerfindlichen Gründen aus dem Index verschwunden sein (aber Vorsicht, das kann viele Gründe haben ...), können Sie mit dem nachfolgenden Tool prüfen, ob Sie vielleicht gewollt oder ungewollt von einer anderen Website »gehijackt« wurden. Dazu geben Sie die Webadresse unter `www.about-hijacking.org/?check=true` ein, die Sie verdächtigen (siehe Abbildung 17.5).

Abb. 17.5: Prüfung von `web.de` auf problematische Weiterleitungen

Wie Sie sehen können, gibt das Tool zum Beispiel für `www.web.de` Entwarnung. Sie selber können sich leider gar nicht präventiv gegen Hijacking schützen. Sollte Sie das Problem treffen, empfehle ich einen Spezialisten hierzu zu konsultieren.

17.10 Broken Links und Links zu Bad Sites

Obwohl ich mich durch die vielen Jahre Erfahrung in großen Teilen für relativ abgebrüht halte, stehe ich immer wieder erstaunt bei entsprechenden Analysen vor der relativ großen Anzahl an Broken Links. Nur zur Sicherheit: Broken Links auf Ihrer Webseite sind solche, die intern oder extern auf Webseiten oder andere Objekte wie Bilder oder PDF-Dokumente linken *und* deren Ziel nicht mehr existiert. Auch oder gerade große Websites scheinen noch immer mit diesem eigentlich einfach zu überwachenden Problem zu kämpfen. Wobei ich mich gleich korrigieren muss: Sie kämpfen eben nicht damit, oft ist das Problem gar nicht bekannt, weil rein gar nichts getan wird, dies zu überwachen. Bei der Siteanalyse eines größeren Unternehmens mit etwa 8.000 einzelnen Webseiten haben wir sage und schreibe annähernd 3.000 solcher Broken Links gefunden!

Für die Besucher ist das recht lästig, beim Klicken immer wieder mal die Meldung »Seite nicht gefunden« zu erhalten. Oder? Wenn Sie der Betreiber einer Suchmaschine wären und feststellen würden, dass eine Seite beispielsweise zu 15 Prozent aus Broken Links besteht – und das über einen längeren Zeitraum ... Hm! Würden Sie Rückschlüsse auf die Sorgfalt des Unternehmens ziehen, das so schlampig mit seinen Webseiten umgeht? Hm! Und würden Sie der Meinung sein, dass man solche Seiten den eigenen Surfern, also den Benutzern Ihrer Suchmaschine, besser nicht an vorderster Stelle empfehlen sollte? Je nach Antwort lehnen Sie sich jetzt einfach zurück und träumen Sie weiter oder machen Sie sich Gedanken über Ihren Webauftritt und nehmen Sie Ihre Links ab und zu unter die Link-Lupe.

Damit Sie sich die Zeit für vernünftige Aktivitäten aufsparen können, sollten Sie diese Analyse mit einem Tool vornehmen. Im Web gibt es einige davon und eines davon habe ich Ihnen hier im Buch ja schon mehrmals genannt: XENU. Hier noch mal die Adresse für den kostenlosen Download: `http://home.snafu.de/tilman/xenulink.html`.

Die Bedienung ist vielleicht etwas gewöhnungsbedürftig. Geben Sie unter FILE|CHECK URL Ihre Domain an und lassen Sie die Analyse mit oder ohne Prüfung auf externe Links laufen. Das kann je nach Sitegröße nun eine Weile dauern. Den Fortschritt sehen Sie unten rechts im Programmfenster. Sind alle Seiten untersucht worden, erhalten Sie am Ende einen Bericht im HMTL-Format. Als Zugabe baut Ihnen das Tool übrigens noch eine komplette und übersichtliche Sitemap (Übersicht) Ihrer Webpräsenz zusammen. Das Tool kann noch sehr viel mehr, aber das bleibt Ihrer Erkundungsfreude überlassen. In Abbildung 17.6 sehen Sie einen kurzen Ausschnitt aus dem Ergebnis eines Tests.

Selbstverständlich werden alle gefundenen Broken Links im Detail aufgelistet. Eine Darstellung hier würde leider den Rahmen sprengen. Sehen Sie sich das Tool einfach mal in Ruhe an.

Vorsicht

Seien Sie vorsichtig, wenn Sie mit solchen Tools Websites scannen. Sowohl bei den eigenen als auch bei fremden Seiten kann das bei häufigem Einsatz zur Serverbelastung führen. Der Webserver wird je nach Umfang aufgefordert, mehrere tausend Webseiten in sehr kurzer Zeit zu liefern. Haben Sie noch dazu eine CMS im Hintergrund installiert, vervielfacht sich die Belastung durch die mehrfachen Datenbankabfragen noch zusätzlich. Und noch ein Hinweis sei mir erlaubt. Wenn Sie nur eine traditionelle Logfile-Analyse machen (dazu an anderer Stelle mehr), dann schlagen alle diese Seitenabrufe natürlich in Ihrer Statistik als Visits auf! Ich will Sie nun nicht auf dumme Gedanken bringen, aber die ein oder andere Agentur soll solche Tools auch schon mal benutzt haben, um verhungerte Zugriffszahlen von Webseiten Ihrer Kunden zu pimpen ...

Broken local links:

128 bad local link(s) reported

Return to Top

Statistics for managers

Correct internal URLs, by MIME type:

text/html	129 URLs	2577916 Bytes (2517 KB)	30.00%
image/jpeg	90 URLs	5344620 Bytes (5219 KB)	20.93%
image/gif	35 URLs	1263466 Bytes (1233 KB)	8.14%
text/plain	173 URLs	2401757 Bytes (2345 KB)	40.23%
audio/basic	1 URLs	291616 Bytes (284 KB)	0.23%
image/tiff	1 URLs	67530 Bytes (65 KB)	0.23%
application/octet-stream	1 URLs	6590 Bytes (6 KB)	0.23%
Total	430 URLs	11953495 Bytes (11673 KB)	100.00%

All pages, by result type:

ok	1828 URLs	39.45%
pending	2691 URLs	58.07%
skip type	9 URLs	0.19%
no connection	56 URLs	1.21%
not found	12 URLs	0.26%
no such host	14 URLs	0.30%
server error	4 URLs	0.09%
invalid response	1 URLs	0.02%
no object data	1 URLs	0.02%
cancelled / timeout	14 URLs	0.30%
forbidden request	1 URLs	0.02%
connection aborted	3 URLs	0.06%
Total	4634 URLs	100.00%

Return to Top

Abb. 17.6: Ein Reportausschnitt aus XENU

Ebenso sorgsam wie mit Broken Links sollten Sie wie schon beschrieben mit Links zu so genannten Bad Sites sein. Linken Sie nämlich auf Websites mit dubiosem Inhalt oder welche, die auf der schwarzen Liste der Suchmaschinen stehen, kommen Sie möglicherweise als Mithelfer selber auf die schwarze Liste.

Auch das Folgende kann man gar nicht oft genug wiederholen: Genauso gefährlich kann es sein, an einem der vielen Link-Tauschringe teilzunehmen. Zum einen werden solche Tauschringe (gibst du mir einen Link, geb' ich dir einen zurück oder wir tauschen über mehrere Ecken miteinander) mittlerweile recht gut von Suchmaschinen erkannt und die Teilnehmer sind damit schnell identifiziert. Zum anderen führen nicht immer alle Teilnehmer etwas Gutes im Schilde und auch Spammer versuchen, sich über solche Kanäle Links zu verschaffen. In der Regel merken Sie selber davon ohne tiefgehende Analyse nichts. Aber Sie laufen dabei ein hohes Risiko, sich mit genau den falschen Leuten ins Link-Bett zu legen.

17.11 Wenn doch mal etwas schiefgegangen ist: Reinclusion?

Trotz aller Vorsicht kann es natürlich trotzdem passieren: Die eigene Website ist aus dem Index geworfen worden, die Abfrage `site:www.meine-domain.de` zeigt keinen einzigen Treffer mehr an, wo gestern noch so viele waren. Wenn Sie Glück haben, bekommen Sie unter Umständen sogar vorher eine automatische Warnung per E-Mail. Diese ist (leider) in Englisch, sagt aber je nach Suchmaschine relativ deutlich, dass und wo Sie ein Problem haben. Google verschickt zum Beispiel Mails mit aktuell folgendem Inhalt (Auszug):

Dear site owner or webmaster of »hier steht dann Ihr Domainname«,

While we were indexing your webpages, we detected that some of your pages were using techniques that were outside our quality guidelines, which can be found here: http://www.google.com/intl/en/webmasters/guidelines.html.

In order to preserve the quality of our search engine, we have temporarily removed some webpages from our search results. Currently pages from »Ihr Domainname« are scheduled to be removed for at least 30 days.

Specifically, we detected the following practices on your webpages:

On »Ihr Domainname«, we noticed that pages such as

»die genau beanstandete Seite« redirect to pages such as

»die Seite, auf sie Sie weitergeleitet haben« using JavaScript redirects.

[...]

Sincerely,

Google Search Quality Team

Es gibt bei vielen Suchmaschinen eine Möglichkeit, die Wiederaufnahme (Reinclusion, bei Google neuerdings »Reconsideration« genannt) zu beantragen. Davor sollten Sie allerdings in Ruhe die Richtlinie für Webmaster der jeweiligen Suchmaschine studieren und kritisch prüfen, ob Sie dagegen verstoßen haben. Diese finden Sie bei Google zum Beispiel hier: `www.google.de/support/webmasters/bin/answer.py?answer=35769`.

Beseitigen Sie die Ihrer Meinung nach anstößigen Dinge und Techniken, die Sie vielleicht eingesetzt haben.

Für einen Antrag bei Google gibt es gegenüber früher nun offensichtlich kein allgemein zugängliches Formular ohne Authentifizierung mehr. Sie müssen Ihre Seite über die Webmaster-Tools von Google angemeldet haben und dort bestätigt bekommen, dass Sie der Webmaster der Site sind. Wie das geht, hatte ich ja schon vorher weiter vorne im Buch ausführlich beschrieben. Melden Sie sich also bei den Webmaster-Tools unter `www.google.com/webmasters/sitemaps` an und klicken Sie auf den Link ANTRAG AUF ERNEUTE ÜBERPRÜFUNG rechts unten (siehe Abbildung 17.7).

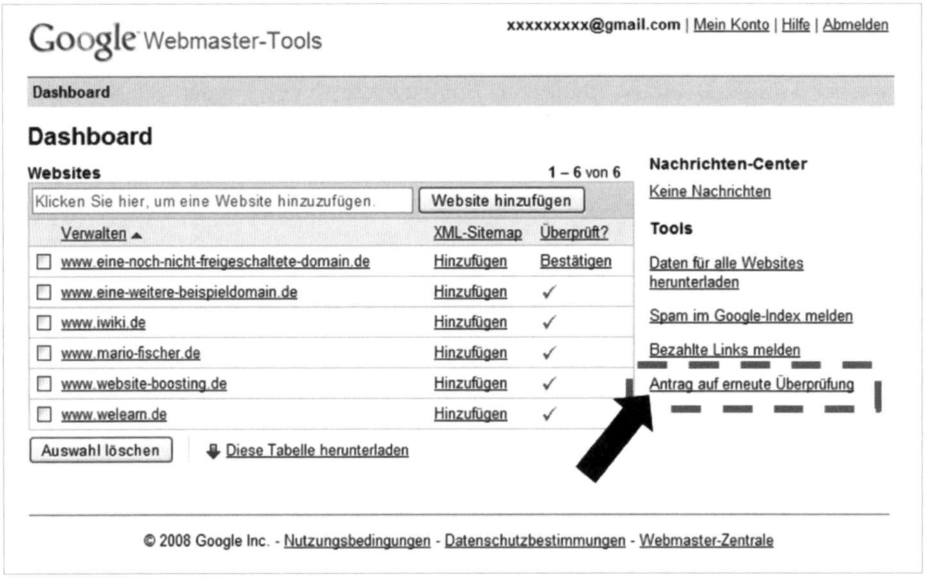

Abb. 17.7: Bei Google einen Antrag auf Wiederaufnahme stellen

Sie gelangen dann zu einem selbstsprechenden Meldeformular, das Sie in Abbildung 17.8 beispielhaft sehen. Haben Sie mehrere Domains als Webmaster angemeldet, wählen Sie die entsprechende Domain in dem Pull-down-Menü aus.

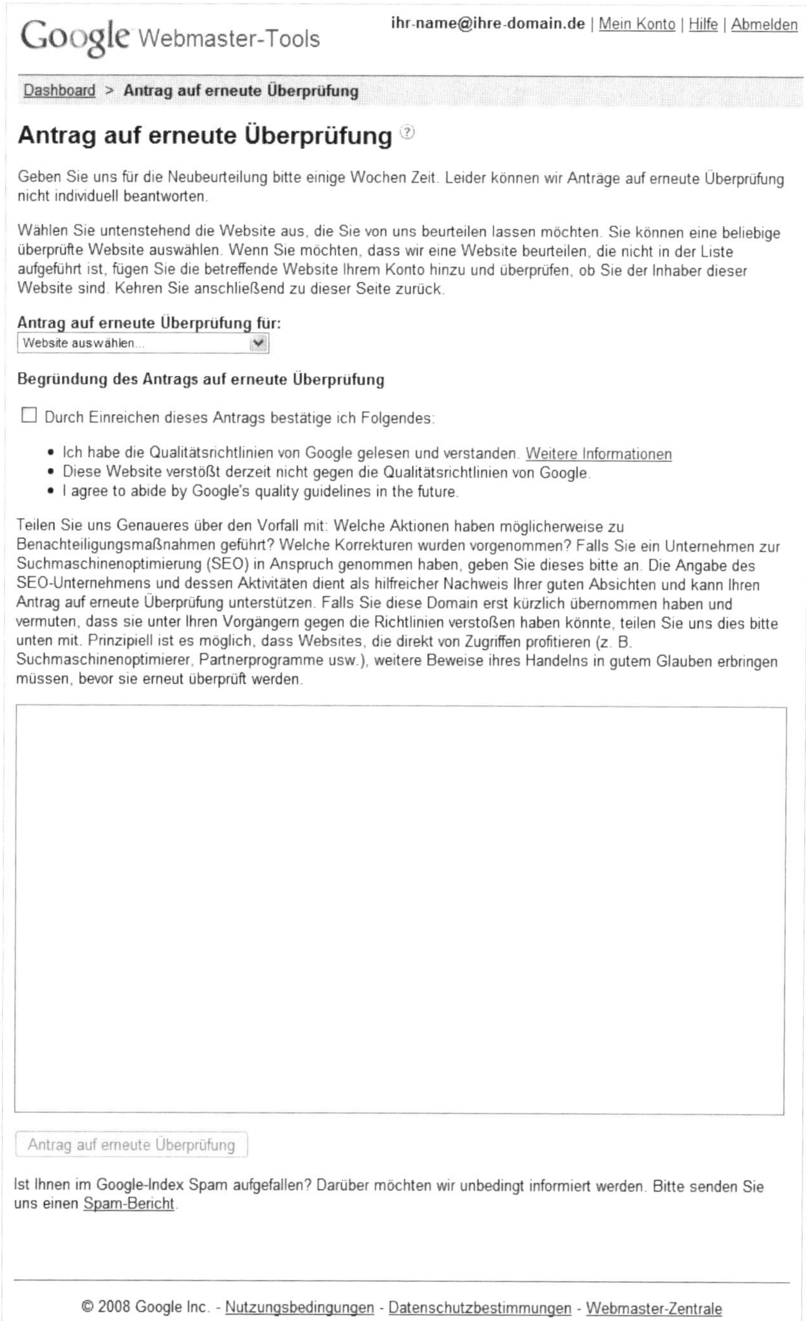

Google Webmaster-Tools

ihr-name@ihre-domain.de | Mein Konto | Hilfe | Abmelden

Dashboard > **Antrag auf erneute Überprüfung**

Antrag auf erneute Überprüfung

Geben Sie uns für die Neubeurteilung bitte einige Wochen Zeit. Leider können wir Anträge auf erneute Überprüfung nicht individuell beantworten.

Wählen Sie untenstehend die Website aus, die Sie von uns beurteilen lassen möchten. Sie können eine beliebige überprüfte Website auswählen. Wenn Sie möchten, dass wir eine Website beurteilen, die nicht in der Liste aufgeführt ist, fügen Sie die betreffende Website Ihrem Konto hinzu und überprüfen, ob Sie der Inhaber dieser Website sind. Kehren Sie anschließend zu dieser Seite zurück.

Antrag auf erneute Überprüfung für:
Website auswählen...

Begründung des Antrags auf erneute Überprüfung

☐ Durch Einreichen dieses Antrags bestätige ich Folgendes:

- Ich habe die Qualitätsrichtlinien von Google gelesen und verstanden. Weitere Informationen
- Diese Website verstößt derzeit nicht gegen die Qualitätsrichtlinien von Google.
- I agree to abide by Google's quality guidelines in the future.

Teilen Sie uns Genaueres über den Vorfall mit: Welche Aktionen haben möglicherweise zu Benachteiligungsmaßnahmen geführt? Welche Korrekturen wurden vorgenommen? Falls Sie ein Unternehmen zur Suchmaschinenoptimierung (SEO) in Anspruch genommen haben, geben Sie dieses bitte an. Die Angabe des SEO-Unternehmens und dessen Aktivitäten dient als hilfreicher Nachweis Ihrer guten Absichten und kann Ihren Antrag auf erneute Überprüfung unterstützen. Falls Sie diese Domain erst kürzlich übernommen haben und vermuten, dass sie unter Ihren Vorgängern gegen die Richtlinien verstoßen haben könnte, teilen Sie uns dies bitte unten mit. Prinzipiell ist es möglich, dass Websites, die direkt von Zugriffen profitieren (z. B. Suchmaschinenoptimierer, Partnerprogramme usw.), weitere Beweise ihres Handelns in gutem Glauben erbringen müssen, bevor sie erneut überprüft werden.

Antrag auf erneute Überprüfung

Ist Ihnen im Google-Index Spam aufgefallen? Darüber möchten wir unbedingt informiert werden. Bitte senden Sie uns einen Spam-Bericht.

© 2008 Google Inc. - Nutzungsbedingungen - Datenschutzbestimmungen - Webmaster-Zentrale

Abb. 17.8: Das Antragsformular für eine erneute Überprüfung zur Wiederaufnahme

Wenn Sie das Textfeld ausfüllen, tun Sie dies am besten wahrheitsgemäß. Weiterhin möchte ich Ihnen wärmstens noch die folgenden Hinweise ans Herz legen:

- Schreiben Sie besser kein Blabla, dass Sie eine Menge Geld für AdWords bezahlen oder sonstige in diesem Zusammenhang irrelevante Dinge. Wenn, dann lesen diese Sätze Entwickler bzw. jemand aus dem Search Quality Team. Deren Zeit ist wie Ihre auch knapp und Sie sollten daher kurz und knapp auf den Punkt kommen.
- Geben Sie eine möglichst genaue Beschreibung, warum Sie der Meinung sind, aus dem Index geworfen worden zu sein. Je genauer, desto besser.
- Versichern Sie, dass Sie all die Dinge entfernt haben, die gegen die Richtlinien verstoßen haben (könnten). Natürlich sollten Sie dies auch wirklich getan haben, denn vor einer Wiederaufnahme schaut man sich das möglicherweise an!
- Versichern Sie weiterhin, dass Sie das nieee, nieee wieder tun werden, und tun Sie es auch nie wieder. Man hat in jedem Fall die Möglichkeiten, sich Ihr Versprechen domainbezogen zu »merken« ...
- Melden Sie immer nur eine Domain über einen Webmaster-Account zur Neuüberprüfung an. Es macht sicher einen gaaaanz schlechten Eindruck, wenn Sie alle Ihre Domains wegen unerlaubter Dinge auf einmal anmelden.

Ob Ihre Site danach wieder aufgenommen wird, ist nicht sicher. In einschlägigen Foren wird aber immer wieder berichtet, dass dies nach vier bis sechs Wochen zum Erfolg geführt hat. Wenn es länger dauert – Geduld.

Wenn Sie das Ganze noch mal im Original in englischer Sprache von Matt Cutts, einem Google-Mitarbeiter, erklärt haben möchten, können Sie sich auch dieses Video zum Reinclusion-Request ansehen: `http://video.google.com/videoplay?docid=-51167291563232332`. Achtung, im Film sagt er, der Link für den Antrag wäre links unten. In Wirklichkeit ist er rechts unten, wie Sie das ja in Abbildung 17.7 sehen konnten.

Vorsicht

Stellen Sie einen solchen Antrag nicht voreilig, sondern erst, wenn Sie sich wirklich sicher sind, dass die Ursachen für den Ausschluss gefunden **und** behoben wurden. Wurde Ihre Site aus dem Index genommen und Sie haben an Ihren Seiten nichts geändert, macht in der Regel auch ein solcher Antrag keinen Sinn. Im Gegenteil. Es kann durchaus sein, dass man Ihnen noch weniger traut, wenn die Gründe für den Ausschluss noch immer vorhanden sind! Also: Erst suchen, dann beseitigen, dann melden. Ich hatte letztes Jahr einen Fall eines Webmasters, der mich verzweifelt kontaktiert hatte. Er sagte, er hätte keine Ahnung, warum er bestraft wurde und er hätte auch schon mehrmals einen Reinclusion-Request gestellt. Aber ohne Erfolg. Als wir dann nach einer ausführlichen Analyse den Grund gefunden und behoben hatten (ein früherer Mitarbeiter hatte ein paar Sneaky Tricks ohne das Wissen seines Chefs eingebaut), stellten wir erneut einen Request – nun mit Angabe der Gründe. Es hat dann etwas über drei Monate gedauert, bis der Antrag durchging bzw. die Site wieder im Index war. Die Neuüberprüfungen finden natürlich sehr viel schneller statt – aber je nach Grund bzw. Historie kann es durchaus passieren, dass man eben eine kleine Strafzeit abwarten muss.

Bei Yahoo! gibt es zwei Möglichkeiten, eine Wiederaufnahme zu beantragen. Die eine ist, an `ystfeedback@yahoo.com` in englischer Sprache eine E-Mail zu schreiben. In den Betreff sollten Sie am besten Reinclusion-Request schreiben und für den Inhalt der Mail gilt sinngemäß das Gleiche wie das bereits bei Google oben Beschriebene.

Die zweite Möglichkeit ist das Ausfüllen eines Formulars unter der Webadresse: `http://add.yahoo.com/fast/help/us/ysearch/cgi_feedback` (siehe auch Abbildung 17.9).

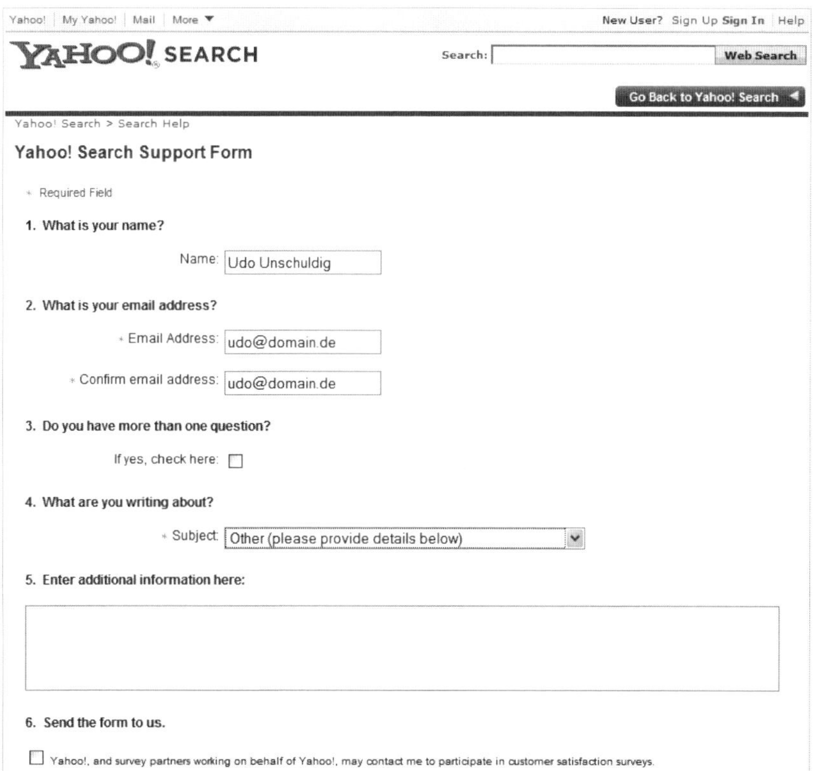

Abb. 17.9: Das Yahoo-Reinclusion-Formular

Wählen Sie in dem Pull-down-Menü am besten OTHER und füllen Sie es sinngemäß genauso aus, wie ich es bereits weiter oben beschrieben habe.

Auch bei Microsoft (Live Search) kann man einen solchen Antrag stellen. Das Formular dazu finden Sie wie folgt (die direkte Adresse ist recht lang und ich möchte Ihnen das Abtippen ersparen). Rufen Sie die Webseite unter `https://support.live.com/default.aspx` auf und klicken Sie dort im Kasten STANDARDDIENSTE auf den ersten Punkt LIVE SEARCH. Dann erscheint ein Formular mit der Überschrift SUPPORT FÜR LIVE SEARCH. Füllen Sie dieses aus und wählen Sie in dem Pull-down-Menü ART DES PROBLEMS die Option MEINE SEITE WURDE NICHT MEHR BEWERTET ODER INDIZIERT aus. Danach müssen Sie noch ein paar unnütze Fragen beantworten, welche Art Internet-Verbindung Sie beispielsweise nutzen oder wie häufig das Problem auftritt. Für die eigentliche Nachricht ist dann zwar nur wenig Platz vorhanden, aber ich würde Ihnen trotzdem empfehlen, hier recht ausführlich zu bleiben. Und noch ein gut gemeinter Hinweis: Gegen die Verwendung des neuen Google-Browsers »Chrome« hat man verständlicherweise bei Microsoft etwas auszusetzen und es erscheint öfter mal die Meldung, dass dieser Browser nicht unterstützt wird. Tun Sie Microsoft also den Gefallen und benutzen Sie hier den Internet Explorer. Damit funktioniert alles problemlos.

17.12 Rechtliche Stolpersteine

Neben den Strafen von Suchmaschinen, die Ihre Site kurzerhand aus dem Index werfen (Insider sagen dazu sportlicher »kicken«), gibt es aber noch eine rechtliche Seite, die Sie nicht außer Acht lassen sollten.

Die Rechtsprechung ist leider nicht immer eindeutig und es gilt hier sinngemäß das Gleiche, das ich weiter vorne schon bei der Bewerbung von AdWords mit fremden Markenbegriffen erwähnt habe: Vor Gericht und auf hoher See sind Sie nur in Gottes Hand. Will heißen, je nach Gerichtsort, je nach Richter und je nach dem tatsächlichen Sachverstand der Sachverständigen kann der Ausgang eines Prozesses schwerlich vorausgesagt werden. Einige Richtlinien haben sich zwar herauskristallisiert, aber das Thema Internet mit all seiner Technik entwickelt sich meiner Meinung nach viel zu schnell, als dass alle Gerichte bei diesem Tempo mithalten können. Fairerweise muss man sagen, dass viele Gutachter vom Know-how her mithalten könnten (den fachlichen Sachverstand bringen ja nicht Anwälte und Richter in den Gerichtssaal, sondern die Gutachter). Anders sind die vielen unterschiedlichen Beurteilungen der Gerichte aus Laiensicht kaum zu interpretieren. Holen Sie also *in jedem Fall* den Rat eines Anwalts mit *nachweislicher Online-Erfahrung* ein. Ich befürchte, die bloße Frage an den Hausanwalt, ob er so etwas auch mache, führt Sie hier nicht immer auf die richtige Schiene. Anwälte sagen da meiner Erfahrung nach immer ja.

Da ich kein Rechtsanwalt bin, gebe ich Ihnen die folgenden, kurzen Hinweise als Laie. Bitte nehmen Sie diese auch so.

- Bis auf Ausnahmen gehen die meisten Gerichte mittlerweile davon aus, dass die Benutzung markenfremder Bezeichnungen in (unsichtbaren) Meta-Tags rechtswidrig ist.
- Auch beim Schalten von geschützten (fremden) Markenbezeichnungen in den Pay-per-Click-Programmen der Suchmaschinen können Sie davon ausgehen, dass es Probleme geben wird. Einige Gerichte haben das verneint, weil ja der Suchende aktiv den Begriff eingibt und man das Hinterlegen des bzw. welchen Begriffes durch den Werbetreibenden ja nicht sehen kann und somit keine Markenverletzung vorläge. Solche Urteile werden aber in der Regel von höheren Instanzen wieder einkassiert.
- Das Gleiche kann passieren, wenn man einen allgemeinen Suchbegriff (etwa Kredit) mit der Option »weitgehend passend« bucht und die Suchmaschine Ihre Werbung ausgerechnet anzeigt, wenn jemand »Kredit« und als weiteres Wort den Namen Ihres Wettbewerbers eingibt. Sie haben diesen Wettbewerbernamen zwar nicht aktiv gebucht, aber er erscheint trotzdem. Haben Sie hier nicht wenigstens die Ihnen bekannten Wettbewerbernamen als »ausschließende« Keywords definiert, bekommen Sie in der Regel bei einem echten Sachverständigen auf der Gegenseite auch hier Probleme. Auch ein Unterlassen (hier eben, die Mitbewerbernamen oder fremde Markenbezeichnungen nicht ausgeschlossen zu haben) kann bestraft werden.
- Das erwähnte Keywordstuffing (also das Spicken einer Webseite mit Suchbegriffen, um sich bessere Suchmaschinenpositionen zu verschaffen) ist weiterhin umstritten und wird je nach Gerichtsort entweder als rechtswidrig oder aber nicht als rechtswidrig eingestuft. Sagen Sie jetzt nichts – ich weiß ...
- Verwenden Sie Text, den Sie mittels verschiedener Techniken für den Besucher unsichtbar machen, wird dies in der Regel als rechtswidrig eingestuft.
- Doorwaypages sind im Grundsatz zulässig, aber bei fehlendem Inhaltsbezug dennoch rechtswidrig nach §5 UWG (Gesetz gegen den unlauteren Wettbewerb).
- Ebenso wird Cloaking zumeist als unzulässig eingestuft, da es ebenfalls wettbewerbswidrig ist.

Wenn Sie also nicht von einer der großen Suchmaschinen erwischt werden, dann vielleicht von einem neidischen Wettbewerber, der jemanden kennt, der jemanden kennt, der sich auskennt. Und wiegen Sie sich nicht zu lange in Sicherheit, denn das Wissen um die Zusammenhänge nimmt zwar langsam, aber stetig zu. Sie sind schließlich nicht der Einzige, der dieses Buch liest. Hoffe ich zumindest.

17.13 Was Google von Menschen testen lässt

Ich hatte ja schon erwähnt, dass Google sich schon seit Längerem nicht mehr nur auf Algorithmen für die Spamerkennung verlässt. Man hat in den wichtigen Industrieländern so genannte Quality Rater eingestellt bzw. beschäftigt diese auf nebenberuflicher Basis. Diese Prüfer/innen erhalten einen Leitfaden, nach dem sie bei ihren Einschätzungen, wie eine Seite zu bewerten ist, vorgehen sollen. Nachfolgend möchte ich Ihnen ein paar der wichtigsten Topics daraus nennen, damit Sie besser abschätzen können, worauf ganz besonders geachtet wird.

- Redirects. Also Weiterleitungen aller Art.
- Seiten, die als 100%ige Frames erstellt wurden
- Versteckter Text
- Versteckte Links
- Pornografische Inhalte auf abgelaufenen (verfallenen) Domains
- Sites, die eigene Suchergebnisse oder Listings vorgaukeln, jedoch nur versteckte Werbelinks für Pay-per-Click-Programme enthalten. Darunter fällt insbesondere auch der Einsatz von AdSense auf diesen Seiten.
- So genannte »Thin-Affiliate«-Sites. Das sind Seiten, die ihren Content im Wesentlichen von anderen Websites (nicht selten werden Textkopien von Wikipedia gemacht) zusammenkopieren und mit Pay-per-Click-Werbeprogrammen wie AdSense kombinieren. Es wird darauf geachtet, ob der Affiliate mit seinem Content einen echten Mehrwert bietet oder ob der Content nur deswegen (oft auch mit wenig Text) eingestellt wird, um in den Rankings gefunden zu werden und damit die Werbelinks recht häufig angeklickt werden, weil es eigentlich auf der Seite nichts anderes Vernünftiges gibt.

Es ist wichtig, sich bewusst zu machen, dass auch Menschen Webseiten bewerten. Nicht alles kann maschinell erkannt werden und wer sich als Spammer bisher vor der Erkennung durch Algorithmen sicher wähnte, der wird wohl nach dem Besuch eines Quality Raters eines Besseren belehrt werden.

Kapitel 18

Ein strategischer Blick auf Google

> *»Das Ziel von Google besteht darin, die Informationen der Welt zu organisieren und allgemein nutzbar und zugänglich zu machen.«*

Dies ist die *Vision* und gleichzeitig die *Mission* von Google. Jeder, der Informationen braucht, soll sie mit Google finden können, egal wo er sich befindet, egal was er gerade sucht und egal über welches Medium er das tun möchte.

Da wir es zumindest sicherlich noch die nächsten Jahre mit der Marktdominanz von Google zu tun haben werden, lohnt meiner Meinung nach ein kleiner Blick auf dieses Unternehmen. Es fällt dann leichter, deren Strategien und Produkte besser einzuordnen. Und es kann sicher auch nicht schaden, sich damit zu beschäftigen, wie Google »tickt«.

Die wertvollste Marke der Welt, zwei Jahre hintereinander vom *Forbes Magazin* zum Arbeitgeber Nummer 1 gewählt, jede Woche 140 neue Mitarbeiter, traumhafte Umsatz-Gewinn-Relationen und als Mission, jedem Menschen überall zu jeder Zeit genau die Information über den gewünschten Kanal zur Verfügung zu stellen, die er haben möchte. Das ist Google. Die größte und erfolgreichste Suchmaschine der Welt. Dabei findet man in Googles Vision das Wort »Suchmaschine« noch nicht einmal. »Das Wissen der Welt verfügbar machen«, steht da lapidar.

Sieht man sich all die Superlative an, wird auch klar, warum das so genannte Google »Bashing« (salopp gesagt das verbale Einschlagen) derzeit so in Mode gekommen ist. Einigen ist dieser Erfolg unheimlich. Einige Branchen haben regelrecht Angst vor dem, was noch kommt oder kommen könnte. Das kann nicht mit rechten Dingen zugehen. Ein Redakteur einer österreichischen Zeitung verstieg sich sogar dazu, Google als »IT-Sekte« zu bezeichnen. In seinem Buch findet man noch mehr Andeutungen und auf wenig IT-Wissen gestützte Schlussfolgerungen, die alle belegen sollen, dass Google zutiefst böse ist. Was natürlich schon per se unsinnig ist, denn Unternehmen können nicht gut oder böse sein – nur die Menschen dahinter.

Während es gerade bei der Presse fast schon chic geworden ist, Google als Datenkrake oder übermächtige Organisation darzustellen, vor der man Angst haben müsste, findet man umgekehrt wenig valide Informationen über die Suchmaschine. Das liegt vor allem auch daran, dass man dort eine andere Informationspolitik betreibt und Dinge nur sehr zögerlich oder gar nicht bestätigt oder dementiert. Aus Sicht der Basher also ein geradezu ideales Opfer, das sich in den seltensten Fällen aktiv wehrt.

Für den normal interessierten Webnutzer ist es daher schwierig, sich ein eigenes Bild zu machen. Da schreibt die Zeitschrift *E-Commerce Magazin* in der Ausgabe 5 (Juli/August) 2008 auf Seite 11, Google hätte drei Milliarden Webseiten im Speicher und dort wären 3.000 Mitarbeiter beschäftigt. Man glaubt solchen Unsinn, weil man davon ausgeht, dass die Redakteure vorher recherchieren. Tatsächlich hatte Google zum Zeitpunkt des Erscheinens dieser Zeitschrift 19.604 Mitarbeiter (was leicht für jedermann zum Beispiel unter `http://finance.google.com/finance?q=NASDAQ:GOOG` in der Zeile EMPLOYEES nachzulesen ist) und weit über 60 Milliarden Dokumente und etwa eine Billion Links im Index. Zum gleichen Zeitpunkt schreibt die renommierte Fachzeitschrift *Chip* (Augustausgabe 08), man hätte den geheimen Google-Algorithmus entschlüsselt. Abgedruckt wird dann das Modell der PageRank-Berechnung, die schon 1997 patentiert wurde und damit für jeden einsehbar ist. Das Originaldokument befindet sich hier: `www-db.stanford.edu/~backrub/google.html`. Dies nur als zwei Beispiele aus dem Monat, an dem ich dieses Kapitel hier schreibe. Was ich Ihnen damit verdeutlichen möchte: Glauben Sie nicht alles sofort, was Sie über den Branchenprimus hören oder lesen. Viel davon ist fehlinterpretiert, aufgebaut auf solidem Halbwissen, einer Portion Verfolgungswahn, mangelndem Verständnis über die mittlerweile komplexen Zusammenhänge im Web und oft genug getrieben von der alten Zeitungsweisheit: Bad News are Good News.

Und bei allem schuldigen Respekt mag ein Corporate-Identity-Fetischist denken: Was soll man von einem Unternehmen halten, das regelmäßig sein Firmenlogo »verunstaltet«? Hat Einstein oder Dalí einen runden Geburtstag oder landet eine Sonde auf dem Mars – und schon schmücken integrierte Verzierungen das gewohnte Logo.

Diese besonderen Logos werden *Doodle* genannt (siehe Abbildung 18.1). Von außen lässt sich schwer sagen, ob das ein Ausdruck der Unbekümmertheit ist oder ob man sich einfach auch das »Turnschuh-Image« eines Startups bewahren möchte. Wenn Sie in einer größeren Firma arbeiten, gehen Sie doch mal in sich. Was würde wohl passieren, wenn Sie dem Vorstand vorschlagen würden, zur WM oder während Olympia das Firmenlogo entsprechend zu ändern? Richtig. Sie würden den Vorstandtower wohl nicht mehr lebend verlassen und kein Mensch würde je erfahren, was tatsächlich mit Ihnen passiert ist. Übrigens variiert mittlerweile auch Yahoo! sein Logo. Zumindest bei der Olympiade 2008 liefen kleine Sportler über das Logo.

Tipp

Wenn Sie einmal in einer Zeitrafferaufnahme sehen möchten, wie eigentlich so ein Doodle entsteht, dann sehen Sie sich das doch einfach an unter: `www.youtube.com/watch?v=TOOYOxuQ3TU` – alternativ können Sie bei YouTube auch den Suchbegriff »Doodle 4 Google« eingeben. Der zugehörige Clip heißt »Doodle 4 Google: Time lapse video of Google Doodle creation«.

Abb. 18.1: Einige Google Doodles

Selbstverständlich kann niemand vorhersagen, was in der Zukunft geschehen wird. Für mich sind der beste Garant für einen sehr sensiblen Umgang mit Daten die Menschen, die dort arbeiten. Wer einige Googlianer persönlich kennt, weiß, wie intelligent und smart sie sind. Durch einen mehrstufigen Auswahlprozess (zum Teil muss man über zehn Bewerbungsgespräche über sich ergehen lassen!) versucht man sicherzustellen, dass nicht nur die absolute Spitze durchkommt. Man achtet auch sehr stark auf die Persönlichkeit der Bewerber. »Alphatiere« bzw. Menschen mit mangelnder Teamfähigkeit oder Eigenbrötler überstehen diesen Prozess in der Regel nicht. Und die eingestellten Mitarbeiter stehen voll hinter Google. Sollte sich die Unternehmensleitung irgendwann mal dazu entscheiden, »böse« zu werden, würden sicherlich mehr als die Hälfte der Mitarbeiter das Unternehmen schneller verlassen, als man ihnen Zeugnisse ausstellen könnte. Man könnte den Laden dann genauso gut gleich zusperren. Außerdem darf man auch nicht vergessen, dass man bei Google Folgendes ganz genau weiß: Das einzige echte Kapital, das Google hat, ist das Vertrauen der Nutzer. Würde man dieses enttäuschen, würden sich die meisten recht schnell abwenden. Eine andere Suchmaschine nutzen? Der Aufwand dazu ist, einfach nur einen anderen Domainnamen in die Browserzeile einzutippen. *Davor* muss Google Angst haben. Zu viel Angst, als dem kurzfristigen Maximieren des Profits nachzugeben, zum Beispiel durch den Verkauf von Nutzerdaten.

18.1 Googleware: Die Technik

Warum tun sich andere Suchmaschinen so schwer, mit Google gleichzuziehen? Kann das so schwer sein, ein paar Webseiten zu indexieren, die zu organisieren und den Suchenden vernünftige Ergebnisse zurückzuspielen? Offensichtlich. In Europa hat man letztes Jahr mit viel Pressetamtam eine neue Suchmaschine angekündigt. In der EU wollte man Google Paroli bieten und zeigen, wo der Barthel den Most holt. Wenn ich mich richtig erinnere, wollte man 250 Millionen Euro dafür bereitstellen. Mittlerweile ist es still geworden um das Projekt »Quaero«. Anscheinend wurde es leise und von der Presse weitgehend unbemerkt beerdigt. Experten hatten ja von Anfang an darüber gelächelt, wie man mit diesem Budget (Google investiert pro Jahr etwa eine Milliarde Dollar *nur* für Forschung und Entwicklung!) etwas auf die Beine stellen will. Einige hatten es hinter vorgehaltener Hand auch als gigantische Verschwendung von öffentlichen Geldern bezeichnet.

Vielleicht hat man sich irgendwann die Kennzahlen von Google vorgenommen und war dann doch einigermaßen beeindruckt.

1. Pro Sekunde bedient Google im Schnitt etwa 14.000 Suchabfragen.
2. Jeder Klick auf ein Suchergebnis wird mitgezählt und gespeichert. Kommt ein Suchender nicht sofort wieder zurück und klickt dann auf ein anderes Ergebnis, wird der Klick als zielführend betrachtet und damit der angezeigten Seite als positiv zugeschlagen.
3. Die Antwort zu jeder Suchabfrage darf maximal 0,5 Sekunden dauern. Im Mittel liegt man derzeit bei circa 0,2 Sekunden. Mit der Antwort auf eine Suchabfrage sind zwischen 300 bis 700 Server praktisch gleichzeitig beschäftigt.
4. Dabei wird bei der Eingabe eines eindeutigen Satzes eine einzige Webseite aus dem Index von 60 Milliarden Dokumenten genauso innerhalb dieser Zeitspanne ermittelt wie eine 1-Wort-Suchabfrage mit vielen Millionen Treffern.
5. Zur Bewertung jedes einzelnen der 60 Milliarden Dokumente werden nach Expertenschätzungen etwa 150 Kriterien für das Ranking herangezogen. Pro Seite wohlgemerkt und teilweise auch pro Wort (mit Ausnahme so genannter Stopp-Worte. Das sind häufig vorkommende Worte wie »und«, »der«, »in« etc.).
6. Derzeit kennt Google etwa eine Billion Links. Zur Berechnung von Relevanz und dem PageRank werden – vereinfacht ausgedrückt – alle Linkbeziehungen untereinander analysiert und berechnet, wie viele und welche Links auf welche Seiten zeigen. Und dies in Teilen durchaus auch mehrmals pro Tag.

7. Angeblich speichert Google auch seit Jahren jede gefundene Webseite, die ab- und ankommenden Links, alle Veränderungen bei den Inhalten und Links. Dies dient in erster Linie der Kennzahlenberechnung für Vertrauensfaktoren.
8. Jedes bei Google gespeicherte Byte wird automatisch und sicherheitshalber in mindestens drei Kontinenten gespeichert. Ein Datenverlust ist damit so gut wie ausgeschlossen. Ebenso werden temporäre Einschränkungen aufgrund mangelnder Erreichbarkeit umgangen.
9. Schätzungen gehen davon aus, dass Google weit über 500.000 (handelsübliche) Standardserver in über 200 Datencentern betreibt, die rund um den Erdball verteilt sind. Das ist die größte Rechenkapazität eines privaten Unternehmens weltweit. Die Standorte der meisten Datencenter sind geheim. Kürzlich ist ein Patent aufgetaucht, in dem es um schwimmende Rechenzentren auf dem Meer geht. Nicht dumm, wenn man die ansonsten notwendige aufwendige Kühlung denkt, die dort praktisch umsonst machbar ist. Man munkelt auch, dass der Suchgigant mittlerweile der größte private Glasfasernetzbetreiber der Welt wäre.
10. Google ist mittlerweile in über 112 Sprachen verfügbar – auf 158 internationalen Domains.
11. Allein in Deutschland erreicht Google 28 Millionen Webnutzer.

Und man sollte nicht vergessen, dass bei Google ja nicht nur die Suchmaschine läuft. Man denke nur an Google-Maps, -Mail, -Earth, -AdWords, -AdSense und viele der anderen Anwendungen mehr, die ebenfalls zeitkritisch und ressourcenfressend dort laufen. Wenn Sie einen Hang zur Mathematik haben, nehmen Sie doch mal einen Taschenrechner zur Hand und rechnen Sie durch, zu welchem Speichervolumen man nur innerhalb eines Monats kommt ...

Dies sind nur ein paar der technischen Highlights. Aber sie machen doch deutlich, dass es mit dem Aufstellen von ein paar Servern schon lange nicht mehr getan ist. Ein solch gigantisches System muss wachsen. Google hatte dazu zehn Jahre Zeit. Und sie haben die Zeit verdammt gut genutzt. Dies jetzt – auch mit viel Geld – nachholen zu wollen, ist weit mehr als ein sportliches Ziel.

Entgegen der landläufigen Vorstellung betreibt Google in der Zentrale in Mountain View keine Großrechner, die alles steuern. Die 800 für die Hardware zuständigen, meist studierten Techniker (etwa 200 davon übrigens mit einschlägigem Doktortitel) haben ein geniales System zur Datenhaltung und -verarbeitung entwickelt. Die legendäre »Googleware«. Darunter versteht man die Quasi-Verschmelzung von Hardware und Betriebssystem. Braucht man mehr Rechenkapazität, schiebt man einfach zusätzliche, handelsübliche Server in die Racks. Diese ziehen sich automatisch das Google-eigene Betriebssystem und rechnen und speichern von nun an in dem gigantischen Clustersystem mit. Fällt ein Server aus, kann er ganz einfach vom Netz getrennt werden – ohne Sorge um Datenverlust. Da alle Daten mehrfach vorhanden sind, bleibt ein Crash eines Servers oder einer Festplatte ohne Folgen. Man geht übrigens davon aus, dass das System mittlerweile so perfektioniert worden ist, dass man ein neues Datencenter bei Bedarf in wenigen Tagen in Betrieb nehmen kann.

Diese verteilte Datenhaltung ist übrigens auch der Grund, warum man manchmal unterschiedliche Suchergebnisse innerhalb weniger Sekunden bei gleichen Abfragen bekommen kann. Je nachdem, welches Datencenter der Suchabfrage gerade zugeteilt wird (zur Verteilung der Serverlast), kann dort noch ein etwas anderer Index gespeichert sein. Die Rollouts nach Neuberechnungen finden zwar regelmäßig statt. Aber trotzdem kann es bei der Datenmenge natürlich zu solchen temporären Unterschieden kommen.

18.2 Wie Google Innovationen organisiert

Wie viele Produkte hat Google mittlerweile am Netz? Was schätzen Sie? Es sind mittlerweile weit über 100. Hätten Sie das gedacht? Woher kommt die Kreativität? Die Software-Ingenieure bei Google haben die 4/1-Regel. Vier Tage die Woche arbeiten sie zielführend an vorgegebenen Projekten und Produkten. Einen Tag der Woche können sie eigenen Ideen nachgehen. Eine Philosophie, die die beiden Gründer damals von ihrer Hochschule mitgebracht haben. Freiraum erzeugt Ideen.

Um zu schildern, wie Innovationen eben nicht gezielt gesteuert werden, ist die Entstehung von Google News ein gutes Beispiel. Während der Anschläge um den 11. September in den USA waren die großen Nachrichtenportale zeitweise so überlastet, dass man nur sporadisch und mal da und mal hier eine aufgebaute Webseite angezeigt bekam. Ein Mitarbeiter hatte sich daraufhin ein kleines Skript geschrieben, das die News einiger Portale im Hintergrund abholt und sie auf einer Seite aggregiert anzeigt. Ein anderer Mitarbeiter sah dies und fand es eine gute Idee und vor allem eines: nützlich. An einem der TGIFs wurde es den anderen Mitarbeitern vorgestellt, und nachdem die es auch sehr nützlich fanden, wurde die Idee forciert, weiterentwickelt, mit Manpower versehen und zum fertigen Produkt entwickelt. Jeden Freitagnachmittag treffen sich die Googler zum »**T**hank **G**od **i**t´s **F**riday«, dem TGIF, und besprechen Projekte, bewerten Neues und begrüßen die so genannten »Noogler«. Das sind die neuen Mitarbeiter, die sich dann allen anderen vorstellen.

Im Gegensatz zu vielen anderen Unternehmen verfolgt Google nicht die Strategie, Produkte komplett fertig zu entwickeln und dann den Kunden vorzustellen. Dort zählt High-Speed. Sobald ein Produkt einigermaßen stabil ist (im Beta-Stadium), wird es der Öffentlichkeit vorgestellt. Man kann es kostenlos nutzen und Google sammelt eifrig Feedback, um das Produkt weiter zu verbessern. Aber eben so, wie es die Anwender wünschen, und nicht, wie es sich irgendein Planungsstab im zwölften Stock einer Firmenzentrale ausgedacht hat. Viele Produkte finden die Anwender aber auch gar nicht so spannend. Die werden einfach wieder eingestampft. Auch hier wird Google oft falsch verstanden. Man liest häufig, dass sie so viele Produkte entwickeln, unfertig auf den Markt werfen und danach einfach wieder einstellen. Das ist volle Absicht! Man bezieht die Nutzer in die letzte Phase mit ein. Bei Google wird kein Produkt fertig entwickelt, dass keine Akzeptanz bei den Nutzern findet.

Die schlanke Weboberfläche von Google – da ist im Wesentlichen ja nur der Suchschlitz – ist gleichzeitig das Problem für das Bekanntwerden neuer Produkte. Die Menschen müssen selber zum Beispiel unter Googlelabs auf die Suche gehen, was es Neues gibt. Oder sie lesen in Fachzeitschriften darüber. Aber auch dort ist man nicht immer auf dem neuesten Stand. Wussten Sie zum Beispiel, dass Sie bei Google Books mittlerweile eine eigene Bibliothek anlegen können? Sie suchen sich einfach alle Fachbücher zusammen, die bei Ihnen im Schrank stehen, und melden diese unter Ihrer eigenen Bibliothek an. Danach können Sie nach Schlagworten genau in Ihrem eigenen Buchbestand suchen. Geben Sie zum Beispiel »Guerilla-Marketing« ein, zeigt Ihnen Google Books alle Ihre Bücher mit Seitenzahl, auf denen dieser Begriff zu finden ist. Einfach ins Regal hinter einem langen, das Buch rausnehmen, die Seite aufschlagen und lesen. Das alte Problem. Wir wissen je eben meist selber nicht, welche Informationen wir in unserer unmittelbaren Umgebung zur Verfügung haben. Woher auch. Auch das (die eigene virtuelle Bibliothek) war eine konsequente Weiterentwicklung von Google Books, die durch die Kreativität der Mitarbeiter und durch die Nutzer angetrieben wurde. Sicher gibt es Menschen, denen das wiederum nicht ganz geheuer ist. Sie haben Bedenken, Google gegenüber »offen«zulegen, welche Bücher sie im Regal haben. Wer dies nicht tun möchte, braucht einen solchen Dienst nicht zu nutzen. Abgesehen davon, dass Büchershops im Web wie Amazon und der Buchladen um die Ecke sowieso genau »wissen«, was wir lesen, kann ich dieses Unbehagen aber gut verstehen. Umgekehrt scheinen mir persönlich meine Daten bei Vollprofis unter Myriaden von Datensätzen genauso sicher oder unsicher wie im Karteikasten der Videothek, aus dem am Abend jede Putzfrau (oder -mann) meine Interessen problemlos einsehen könnte. Es ist ja nicht so, dass sich jeder einigermaßen gute Hacker mal eben bei Google einklicken kann und nach meinen Daten suchen könnte. Selbst wenn er da reinkäme – wo sollte er wohl suchen ...?

Mir wird immer wieder in Workshops oder Seminaren die Frage gestellt, womit Google eigentlich sein Geld verdient. Eigentlich nur mit einem einzigen Produkt: AdWords. Google lizenziert auch Suchtechnologie in verschiedenen Skalierungen, aber die Haupteinnahmen kommen noch immer nur aus AdWords. Diese können sich aber sehen lassen. Für das Jahr 2008 werden mindestens 22,5 Milliarden Dollar prognostiziert. Wenn man bedenkt, dass es 2003 noch 1,5 Milliarden oder 2005 noch 6,1 Milliarden waren, beeindrucken diese Steigerungsraten schon. Beim längeren Nachdenken fällt auf, dass das eigentlich ein geniales System ist: Die Werbetreibenden loggen sich selbst ein, buchen ihre Keywords ein, entwerfen Texte und geben ihre Zahlungsdaten an. Das komplette System läuft eigentlich vollautomatisch. Die Keywords werden aufgeschaltet, die Klicks abgerechnet und das Geld am Ende automatisch abgebucht. Stark übertrieben könnte man sagen, dass dort bei Google eigentlich gar keiner mehr Hand anlegen müsste. Es läuft von selber. Wenn man alle Türen zusperren würde, würde AdWords wahrscheinlich noch nach einem Jahr Geld abwerfen ... Das ist natürlich wirklich übertrieben. In Wirklichkeit arbeiten dort viele Menschen in der Kundenbetreuung, klären Probleme, entwickeln das System ständig weiter. Und etwa 1.000 Mitarbeiter sind alleine mit der Verhinderung, der präventiven Erkennung und der investigativen Nachbehandlung von Klickbetrug beschäftigt.

Um innovativ sein zu können, braucht man in der Regel einen freien Kopf und ein begünstigendes Umfeld. Daher sehen wir uns im nächsten Abschnitt mal die Menschen bei Google näher an.

18.3 Die Menschen bei Google

Weil die Mitarbeiter bei Google immer so ein komisch glückliches Grinsen auf dem Gesicht hätten, meinte ein Buchautor kürzlich, dass er es hier folgerichtig mit einer Sekte zu tun hätte. Vielleicht hat er zum ersten Mal Menschen gesehen, die Spaß an ihrer Arbeit haben. Keine Ahnung. Ich halte solche Entgleisungen für schlichten Unfug. Google holt sich den Nachwuchs in der Regel direkt von den Hochschulen. Nur von den besten Hochschulen und auch nur die besten Absolventen oder Doktoranden. Wie ich weiter oben schon erwähnt habe, genügt das aber alles noch nicht. Vor dem begehrten Arbeitsvertrag vom derzeit beliebtesten Arbeitgeber der Welt steht noch die Drei-Bier-Regel. Ich bin nicht sicher, ob das bei Google offiziell ist. Aber als Leitlinie gilt wohl, dass man zu keinem Bewerber »ja« sagen sollte, wenn man mit ihm nicht auch mal nach der Arbeit drei Bier trinken gehen würde. Dabei geht es selbstverständlich nicht um die Betonung des Alkohols, sondern um den Umstand, ob man das Gegenüber interessant und sympathisch genug findet, vielleicht auch außerhalb der Arbeit Zeit zu verbringen.

Dieser Auswahlprozess führt dazu, dass man bei Google in der Regel fast ausnahmslos smarte Menschen findet. Niemand, der die Nase hoch trägt. Niemand, der unkommunikativ in der Ecke hängt, und keinen Vorgesetzten, dem es auch nur im Traum einfallen würde, sich an einen gesonderten Tisch zu setzen. Selbst Brin und Page, die beiden Gründer und mehrfachen Milliardäre, kennen bei Veranstaltungen und in der Kantine keinerlei Statusdünkel. Jeder sitzt bei jedem und alle sprechen mit allen. Die Freundlichkeit ist echt und wirkt im Gegensatz zu vielen anderen, hierarchisch orientierten Großkonzernen nicht aufgesetzt. Ich glaube, man könnte mit den meisten Mitarbeitern von Google, ohne sie jemals vorher gesehen zu haben, blind zum Beispiel in den Skiurlaub fahren. Eine Riesengaudi wäre hier vorprogrammiert.

Umgekehrt kümmert sich Google intensiv um seine Mitarbeiter. Überall gibt es in Glaskühlschränken kostenfrei Getränke aller Art und die berüchtigten »Google-Steine« (Süßigkeiten) liegen ebenfalls an allen Ecken und Enden herum. *Steine* heißen sie intern deshalb, weil sie sich natürlich schon nach wenigen Monaten ungezügelten Konsums auf der Waage bemerkbar machen. Die Kantinen lassen Fünf-Sterne-Hotels erblassen, Essen gibt es kostenlos über den ganzen Tag verteilt. In den größeren Standorten gibt es Fitness-Center, die 7/24 geöffnet haben. Auf allen Etagen liegen Handyladegeräte mit Universaladaptern herum. Und in den so genannten Tech-Centern kann man Notebook und Handy bei jedwedem Problem einfach abgeben, bekommt ein Ersatzgerät und das vorliegende Problem von den Spezialisten gelöst. Das hat nichts mit Dekadenz zu tun. Es ist nur folgerichtig. Bevor sich ein Mitarbeiter selber stundenlang mit einem Soft- oder Hardwareproblem herumschlägt, erledigen Experten das oft in Minuten. Das Herumschlagen mit nicht funktionierendem Equipment ist nervtötend und bringt keinerlei Wertschöpfung. Und selbst wenn sich der Mitarbeiter in der Zwischenzeit in eine der mit Schaumstoff gefüllten Badewannen in einem Entspannungszimmer mit Aquarium, gedämpftem Licht und Vogelgezwitscher legt – hinterher wird er sehr viel entspannter und kreativer sein, als wenn er versucht hat, Windows-Treibern hinterherzuinstallieren.

Die Philosophie bei Google lautet: »Gib dich nie mit dem Besten zufrieden.« Aus dieser Philosophie hat man zehn gundsätzliche Aussagen abgeleitet:

- Der Nutzer steht an erster Stelle und alles Weitere ergibt sich von selbst.
- Es ist das Beste, eine Sache wirklich, wirklich gut zu machen.
- Schnell ist besser als langsam.
- Die Demokratie im Internet funktioniert.
- Nicht immer, wenn Sie eine Antwort brauchen, befinden Sie sich unbedingt gerade an Ihrem Schreibtisch.
- Sie können Umsätze erzielen, ohne jemandem damit zu schaden.
- Es gibt immer noch mehr Informationen.
- Das Bedürfnis nach Informationen überschreitet alle Grenzen.
- Sie können seriös sein, ohne einen Anzug zu tragen.
- Toll ist einfach nicht gut genug.

Als man sich bei Google in Kalifornien die Frage gestellt hat, wo man in Europa das neue Entwicklungszentrum bauen soll, hatte auch die Mitarbeiterzufriedenheit oberste Priorität. Laut den verschiedensten Umfragen und Statistiken hat

Zürich wohl mindestens in Europa, manche sagen weltweit, die höchste Lebensqualität. Folgerichtig hat man das zweitgrößte F&E-Zentrum in Zürich errichtet. Das Gebäude dort hat man komplett nach den Wünschen der Mitarbeiter ausgerichtet. Eine Rutsche aus dem ersten Stock in die Kantine, Feuerwehr-Stangen in tiefer gelegene Etagen, alte Ski-Gondeln und Nordpol-Iglus als Besprechungszimmer – das sind nur ein paar der wirklich abgefahrenen Besonderheiten dort. Umgekehrt gibt es dort auch eine große Maschine, die aus Hunderten von Orangen frischen Saft on demand per Knopfdruck presst. Nicht, weil er so gut schmeckt – weil er gesund ist. Kurzum, es macht einfach Spaß, bei Google zu arbeiten. Sicher, man hat dort ebenso wie bei anderen Unternehmen harte Termine und Ziele. Und wie auch bei anderen Unternehmen muss man vor Projektabschlussterminen oder Kundenprojekten auch schon mal länger oder auch zu Hause weiterarbeiten. Es ist also nicht so, dass man dort nur mit Lollys im Mund rumlaufen kann. Aber nirgends steht, dass Arbeit nicht auch Freude machen darf und man sich auch im Büro wohlfühlen kann. Und dieses Prinzip setzt man dort meiner Ansicht nach perfekt um.

Dies macht Google relativ einzigartig und zieht so viele gute Mitarbeiter magnetisch an. Pro Jahr kommen proaktiv weit über 100.000 Bewerbungen. Und derzeit (Stand Juli 2008) hat Google etwas über knapp 20.000 Mitarbeiter weltweit. Wie man mit dem enormen Personalbedarf und -wachstum fertig wird, wird die Zeit zeigen. Einfach ist das sicherlich nicht.

Ich bin mir sicher, dass sich die derzeit traumhaften Arbeitsbedingungen wahrscheinlich irgendwann ändern werden (müssen). Das Wachstum ist schon enorm und das wird natürlich auch mal ein wirklich nenneswerter Kostenfaktor. Trotzdem: Bisher war ich nun schon im Googleplex, der Zentrale in Mountain View, bei Google in Zürich, London, Hamburg und München. Mein ganz persönliches Fazit daraus war, dass man den Menschen bei Google durchaus trauen darf. Kennt man Google aber nur vom anderen Ende des Suchschlitzes, kann ich mir gut vorstellen, dass dies einige besonders vorsichtige Menschen vielleicht anders sehen.

18.4 Ein Ausblicksversuch

In die Zukunft sehen zu wollen, kann nur scheitern. Trotzdem möchte ich an dieser Stelle versuchen, einen kleinen Ausblick zu wagen. Dass wir in den nächsten Jahren Maschinen bekommen werden, die tatsächlich verstehen (!), was wir Menschen meinen, können wir uns wohl abschminken. Die Google-Ingenieure haben sich ausführlich mit dieser Frage beschäftigt und meinen, dass dies wohl noch deutlich mehr als hundert Jahre dauern wird. Der Teufel steckt wohl auch hier im Detail und wer sich schon einmal intensiver mit den semantischen Problemen der Sprache beschäftigt hat, kann das vielleicht nachvollziehen. Aber selbst wenn das schneller gehen sollte – schon in einigen Jahren, wie das immer wieder vermutet wird, werden wir solche Unterstützungen wohl noch nicht genießen können.

Man muss kein Prophet sein, um das extrem starke Wachstum für den Bereich »Mobile« vorherzusehen. Seit dem verhungerten WAP wird uns aber erzählt, dass mobiles Internet jetzt boomen wird. Nun scheint es aber tatsächlich in greifbarer Nähe zu sein. Meiner Ansicht nach sind es im Wesentlichen zwei Trigger, die diese Entwicklung nun endgültig vorantreiben:

- Das iPhone von Apple und
- Android, das freie Betriebssystem für Handys

Die meisten von Ihnen werden die Faszination des Bedienkonzepts des iPhones schon gesehen oder erlebt haben. So und nicht anders sollte ein mobiles Gerät bedient werden können. Man kann intuitiv damit umgehen und gerade die Darstellung von Landkarten in Verbindung mit Positionsbestimmung bringt erst Power in mobile Anwendungen. Man kann rund um die Besitzer von iPhones beobachten, dass deren Umfeld nach den ersten neidischen Blicken offener wird für mobile Computer. Die Geräte werden zwar noch immer Handy genannt, aber eine nüchterne Funktionsanalyse zeigt, dass das Telefonieren eigentlich oftmals nur noch Beiwerk und selbstverständlich ist. Das iPhone öffnet sozusagen gerade den Markt für »mobile computing«.

Mit »Android« hat Google einen sehr klugen Schachzug gemacht. Ein völlig offenes und freies Betriebssystem für Handys stachelt derzeit den Ideenreichtum von vielen tausend Entwicklern an. Wir werden hier innerhalb kürzester Zeit Programme und Plug-ins zur Verfügung bekommen, von denen wir heute noch nicht einmal träumen. Ich nehme an, viele von Ihnen nutzen bereits den Firefox-Browser. Letztendlich ist es den meisten Menschen egal, wer da Webseiten anzeigt. Wer aber mal gesehen hat, welche Vielfalt es an Plug-ins für *jeden* Anwendungszweck gibt, der nutzt den Internet Explorer wahrscheinlich nur noch zum Testen von Webseiten. Da gibt es kleine Helfer, die bei einem unbedachten Klick das automatische Laden von Mega-PDF-Dateien abfangen. Andere helfen bei der Entwicklung von Webseiten. Und ständig kommen neue, nützliche Helferlein dazu.

Ähnliches werden wir wohl auch mit Android erleben. Das Funktionsprinzip dahinter ist ja durchaus identisch. In San Francisco hat ein Hobby-Programmierer ein kleines Programm geschrieben, dass sein (Android-Test-)Handy piepen lässt, wenn der Bus vorne an der Ecke an der Ampel losfährt. Er wohnt direkt an der Bushaltestelle und in San Francisco sind die Busse mit GPS ausgestattet. Ein solches Programm würde kein kommerzielles Unternehmen erstellen lassen. Dazu gibt es viel zu wenig Nutzer. Aber alleine in San Francisco wird es eine Menge User geben, die diese Funktion einfach super finden werden. Und so werden Heerscharen von freien Entwicklern Stück für Stück kleinere und größere Nützlichkeiten erstellen und sie zum freien Download für die Android-Plattform zur

Verfügung stellen. Wir werden also mit unseren Handys zukünftig die abgefahrensten Sachen machen können. Diese intensivere Nutzung wird günstigere Flatrates nach sich ziehen und die mobile Nutzung noch weiter pushen.

Für alle, die lokal agieren und Geld verdienen, dürfte dies eine der besten Nachrichten der letzten Jahrzehnte sein. Denken Sie daran: Schon heute ist jede vierte Suchabfrage lokaler Natur! Dieser Anteil wird sich durch echtes »always on« mit vernünftigen Geräten sicherlich noch steigern!

Sollte das neue Bezahlsystem von Google, Google Checkout, wie geplant einschlagen, wird sich möglicherweise auch das Web verändern. Es ist denkbar, dass Werbung über AdWords dann nicht mehr per Klick bezahlt wird, sondern stattdessen vom Shopbetreiber eine Provision auf wirklich getätigte Umsätze fällig wird. Wenn er mit seinem Shop an Checkout angeschlossen ist, wäre eine Verrechnung relativ problemlos machbar. Schon heute ziert AdWords-Werbungen solcher Shopbetreiber ein kleiner Einkaufswagen rechts oben. Den Suchenden soll damit visualisiert werden, dass man hier mit Checkout bezahlen kann. Wenn dem aber so ist, dass für echte Konversionen bezahlt wird, kommt dem Thema Usability eine ganz andere Bedeutung bei. Langfristig werden wir dann möglicherweise bei kauforientierten Suchanfragen eher Shopwerbung von »guten« Shops angezeigt bekommen. Die wertvollen Werbeplätze mit Shops zu belegen, die viele Barrieren für die Kaufwilligen bereithalten (derzeit sind das wohl die meisten), würde bei diesem Abrechnungsmodell keinen Sinn machen. Google wird also vielleicht die Sites bevorzugen, die auch von den Besuchern als gut empfunden werden – und wo sie gerne einkaufen, weil es einfach geht. Auch hier dürften wieder alle zufrieden sein – bis auf die Shopbetreiber, die noch immer nicht begriffen haben, wie man einen Shop kundenfreundlich gestaltet. Denn die dürften die Verlierer in diesem möglichen Spiel werden.

Dass Google unsere Welt, unsere Art, mit dem Web und seinen Technologien zu arbeiten, auch noch eine ganze Weile beeinflussen wird, ist sicherlich vielen klar. Eine reine Suchmaschine ist Google schon lange nicht mehr. Der Wandel zu einem »Medienkonzern«, der uns Mega-Inhalte, aber auch Mega-Chancen zur Verfügung stellt, ist in vollem Gange. Google trägt wesentlich dazu bei, dass die Transparenz und die Geschwindigkeit im Business erhöht werden. Für die einen mag das bedrohlich klingen, für viele andere ist es eine enorme Chance. In vielen Branchen ist Google daher schon der Treiber einer Veränderung oder Erneuerung.

Ob man das Firmenmotto »Don't be evil«, also »Tu nichts Böses«, auf alle Ewigkeit bewahren kann, steht natürlich in den Sternen. Wie Google aber derzeit aufgestellt ist, wäre ich guter Hoffnung, dass die das noch eine ganze Weile durchhalten können. Für sein Engagement in China und die Unterstützung der Zensur dort hat Google viel Kritik einstecken müssen. Und wie ich weiß, war es das intern am kontroversesten diskutierte Thema überhaupt. Umgekehrt hält sich Google in jedem Land an geltendes Recht. Die wenigsten Menschen wissen, dass auch in Deutschland zensiert wird. Seiten, die zum Beispiel rechtsradikale Inhalte enthalten, tauchen hier nicht auf. Sucht man dagegen in den USA, wo dies erlaubt ist, werden diese Seiten angezeigt. Man sollte auch nicht aus den Augen verlieren, dass das Internet nicht völlig kontrolliert werden kann. Wer sich mit chinesischen Studenten unterhält, lernt schnell, dass die in der Regel Mittel und Wege kennen, die große chinesische »Firewall« (Mauer) zu umgehen und an die Informationen zu gelangen, die sie haben möchten. Die Zukunft wird zeigen, ob alle die Informationen im Internet die Diktatur dort langsam schwächen können. Wir in Deutschland hatten auch lange Zeit eine Mauer und durch das Durchsickern westlicher Informationen (Fernsehen, Radio) wurde mehr und mehr bekannt, dass im Westen nicht nur böse Menschen leben – was die Diktaturen ihren Bürgern im damaligen Ostblock versucht haben einzureden. Die Mauer wurde schließlich von innen heraus gesprengt. Inwieweit der dauerhafte und eben nicht zu 100 Prozent kontrollierbare Informationsfluss dazu beigetragen hat, mögen die Historiker beantworten. Ich möchte auch keinesfalls hier eine politische Diskussion beginnen. Darum geht es mir gar nicht. Ich war nur auch zuerst versucht zu glauben, dass mit China nun Google wohl dem Motto »Tu nichts Böses« untreu wird. Wenn ich sehe, wie freimütig Yahoo! oder MSN auf staatliche Nachfrage Nutzerdaten herausgeben und sich Google erfolgreich vor Gericht dagegen wehrt – dann wundere ich mich allerdings schon über die oft – in der Masse gesehen – einseitige Berichterstattung in den deutschen Medien. *Reporter ohne Grenzen* hatten Yahoo! bereits 2005 vorgeworfen, durch eine Kooperation mit den chinesischen Behörden zur Verhaftung eines Journalisten beigetragen zu haben, der über die Zensur berichtet hat. Und auch 2008 wurde erneut ein Fall bekannt, in dem Yahoo! anscheinend den chinesischen Behörden private E-Mails und weitere gespeicherte Infos von Dissidenten übergeben hatte. Yahoo! wurde in Oakland verklagt, weil sie durch Datenweitergabe direkt für die Verhaftung von 60 Chinesen verantwortlich sein sollen. Vorsichtshalber und weil das ein heikles Thema ist, gebe ich mal lieber nachfolgend einige Quellen dazu an:

- `http://www.golem.de/0802/58033.html`
- `http://www.spiegel.de/netzwelt/web/0,1518,373492,00.html`
- `http://menschenrechte.blogg.de/eintrag.php?id=1043`
- `http://www.reporter-ohne-grenzen.de/index.php?id=65&tx_ttnews[tt_news]=428&tx_ttnews[backPid]=59&#428`

Die Hintergründe, die Yahoo dazu bewogen haben, kenne ich nicht. Und ich würde mir aufgrund der Berichterstattung auch kein Urteil darüber erlauben wollen, dazu sollte man immer die Fakten kennen. Mir geht es darum, die Sinne gegenüber der Berichterstattung zu schärfen. Man stelle sich nur vor, Google hätte Daten herausgegeben und jemand wäre daraufhin in China verhaftet worden. Die

Medien hätten Google regelrecht geschlachtet. Von den Google-Bashern (also denen, die teilweise Geld damit verdienen, Google möglichst böse darzustellen) hört und liest man solche Dinge wie oben niemals. Im Gegenteil: Einer der größten Google-Gegner, der nach ein paar wenigen Monaten Recherche ein ganzes Buch gegen den Suchgiganten zusammengebastelt hat, hat als Journalist anscheinend keinen Zugang zu solchen öffentlichen Daten. Bei ihm lesen wir ausschließlich, wie böse allein Google ist, weil sie nach China gegangen sind ... Also: Glauben Sie nicht alles, was Sie lesen. Auch das hier nicht. Aber informieren Sie sich breit, statt nur staunend einer einzigen Quelle zu vertrauen ;-)

Man muss sich ja noch mal vergegenwärtigen: Es sind die Menschen, die ein Unternehmen ausmachen und steuern. Eine Organisation selbst kann weder gut noch böse sein.

Warum ich das alles in einem Buch wie diesem erwähnt? Ganz einfach. Google ist beim Thema Online-Marketing Ihr größter Freund oder Ihr Gegner (z. B. wenn sie uneraubte Techniken einsetzen). Unterschätzen Sie die finanzielle und geistige Power daher niemals. Ich wollte Ihnen zeigen, dass Ihre Investitionen für ein Gefunden-werden bei so extrem innovativen Unternehmen sicherlich gut aufgehoben sind und das aller Wahrscheinlichkeit nach auch noch die nächsten Jahre. In Seminaren fragen in letzter Zeit tatsächlich immer wieder Teilnehmer, wie lange das mit Google meiner Einschätzung nach wohl noch gut geht. Da häufig unkritisch berichtende Medien genau diese Einschätzung erzeugen, habe ich versucht, den Nebel ein klein wenig mit Fakten zu lüften, damit man etwas klarer sehen kann. Das ist zwar nur ein kleiner Baustein, aber für eine strategische Einschätzung der Entwicklung des Onlinemarktes halte ich ihn dennoch für wichtig und daher habe ich es auch gesondert erwähnt. Dass Sie Ihr Umfeld mit der Kenntnis solcher Details in der Regel gut beeindrucken können, war natürlich nie Sinn dieses Kapitels ;-)

Teil III

Usability: Besucherströme steuern

In diesem Teil:

Kapitel 19

Welche Erwartungen Besucher und Kunden haben

Eines vorweg: An den Erwartungen Ihrer Besucher hat sich seit der letzten Auflage nur marginal etwas geändert. Menschen sind Gewohnheitstiere und haben die Dinge immer gerne so, wie sie immer sind. Was sich allerdings schon geändert hat, sind die Ansprüche. Wer heute noch mit einem an Homepagebaukästen erinnernden Webauftritt daherkommt, hat in der Regel schon verloren. Mehr denn je müssen Ihre Webseiten »sticky« sein, also klebrig. Ein schöneres Bild wäre aus meiner Sicht »magnetische« Webseiten, weil sie Besucher schon vor dem Anfassen anziehen, und beim Anfassen ist die Anziehung dann am größten: Klick!

19.1 Im Web gibt es nur gesetzestreue Besucher – aber anders, als Sie denken

Kleiner Spaß. Natürlich gibt es auch Gauner im Web, die es auf unser aller sauer verdientes Geld abgesehen haben. Mit dem Wortspiel in der Überschrift möchte ich vielmehr auf die allgemeine Gültigkeit der Gesetze der Wahrnehmung anspielen. Wie Sie im Verlauf dieses Kapitels sehen werden, »folgen« Ihre Besucher diesen Gesetzen. Daher sollten Sie keinesfalls dagegen verstoßen. Desorientierung und Irritationen wären die Folgen.

Die Psychologie hat von wissenschaftlicher Seite in eben diesen Gestaltungsgesetzen auf die menschlichen Wahrnehmungsprinzipien abgestellt. Diese im Vergleich zur Existenz des Webs schon sehr viel älteren Gesetze lassen sich aber ganz genauso auf die Gestaltung von Webseiten und Webapplikationen anwenden. Die eigentlichen Begründer (v. Ehrenfels bereits 1890, danach Lewin, Köhler, Koffka, Stumpf und Wertheimer) dieser allgemeinen Prinzipien waren der Meinung, dass diese bei allen Menschen gleich wirken und überall anwendbar sind.

Unser Gehirn braucht für seine eigene Vorstellung viel zu viel Energie. Etwas über 20 Prozent der gesamten Energie unseres Körpers zieht es ab. Denken wir, ist es mehr. Ganz früher in der Zeit, als wir noch in Höhlen gelebt haben, gab es ja nicht jeden Tag Schweinebraten und Klöße und die Nahrungsbeschaffung war etwas komplizierter, als nur zum Supermarkt um die Ecke zu gehen. Daher war es ein Vorteil, mit der Energie möglichst sparsam zu haushalten. Wo es geht, spart unser

Körper daher noch immer. Hand aufs Herz: Wer liegt gerade nach einem anstrengenden Tag nicht lieber am Abend vor dem Fernseher, statt Differenzialgleichungen zu lösen? Oder eine Fremdsprache zu lernen? Unser Gehirn sagt uns tief oben drin, dass wir uns die Mühe (Denken macht Mühe) zumindest heute doch lieber sparen sollten. Berieseln lassen spart die vermeintlich kostbare Energie. Eine meiner besten Ausreden für das Faulsein! Mein Tipp: Nutzen Sie diese Erklärung, wann immer es geht! Im Ernst. Komplizierte Dinge mögen wir in der Regel nicht so gerne – wenn wir nicht unbedingt müssen. Wenn etwas einfacher aussieht, wenden wir uns intuitiv lieber in diese Richtung. Natürlich ist klar, dass wir uns auch für Dinge motivieren können, weil wir es aus einem inneren Antrieb heraus wollen. Ein paar Kilo abnehmen (und deswegen durch den Wald rennen) oder Schwedisch lernen (weil die neue blondierte Nachbarin ...) oder eben auch ein paar Bildungslücken schließen, um das andere Geschlecht beeindrucken zu können. Mir ist nur wichtig, dass Sie den Unterschied spüren. Haben wir einen triftigen Grund, etwas zu tun, machen wir es auch, wenn es uns anstrengt. Müssen wir nicht unbedingt – lassen wir es lieber (vor allem, wenn gerade niemand zuschaut).

Und denken Sie bitte immer daran: Auch unser Kurzzeitgedächtnis geht mit der Informationsaufnahme recht effizient um. Dinge, die zu komplex sind, werden der Einfachheit halber zunächst schlicht ausgeblendet. Fehlen Dinge, die wir aufgrund von Erfahrung aber als vorhanden vermuten würden, dichtet unser Wahrnehmungsapparat sie einfach bei Bedarf dazu. Vielleicht sollte ich Sie noch vorwarnen: Auf den ersten Blick lesen sich die folgenden Gestaltungsgesetze vielleicht trivial oder gar banal. Gegen sie wird aber immer wieder und vor allem im Web an vielen Stellen verstoßen. Daher habe ich mich entschieden, Ihr sicher diesbezüglich schon vorhandenes Wissen etwas aufzuhübschen ;-)

19.1.1 Das Gesetz der Nähe

Menschen empfinden Dinge, die nahe beieinanderstehen, zunächst als auch inhaltlich zusammengehörend. Daher ist die Überschrift zu diesem Abschnitt auch optisch näher an diesem Text, den Sie gerade lesen, als an dem Textblock des vorhergehenden Abschnitts. Daher arbeitet auch eine gute Darstellung einer Gliederungsübersicht ganz bewusst mit solchen variablen Abständen. Im Web ist scheinbar manchmal kein Platz vorhanden (siehe Abbildung 19.1).

Auf der linken Seite der Abbildung 19.1 sehen Sie den optisch originalgetreuen Nachbau einer Nachrichtenrubrik von Spiegel Online. Rechts eine modifizierte Darstellung, die dem Gesetz der Nähe eher gerecht werden würde. Noch sehr viel eklatanter ist das folgende Beispiel von Dell, das Ihnen weiter hinten im Buch noch einmal unter einer anderen Perspektive begegnen wird (siehe Abbildung 19.2).

Abb. 19.1: Was gehört auf den ersten Blick zusammen?

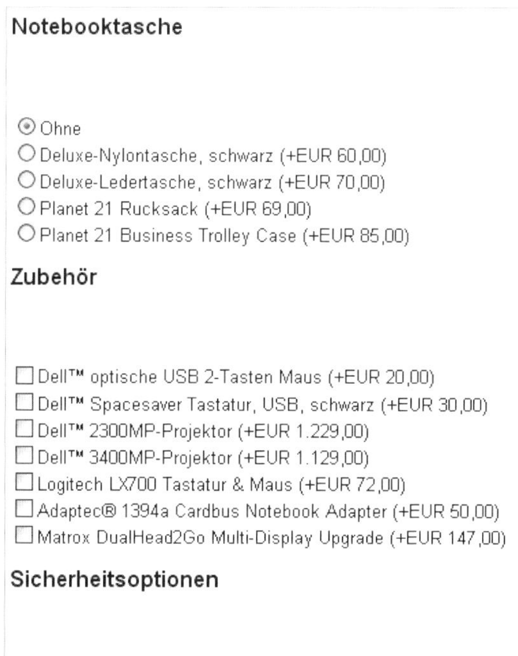

Abb. 19.2: Dell verletzt das Gesetz der Nähe auf das Extremste.

Dell zelebriert diese Formatierungsfehler übrigens seit vielen Jahren. Ein eingehenderes Beispiel dafür, dass solche vielleicht trivial klingenden Empfehlungen wie das Gesetz der Nähe ignoriert werden, lässt sich wahrscheinlich schwer finden. Bei Dell ist allerdings mehr als nur grobe Verletzungen von Wahrnehmungsgesetzen im Argen. Die Bedienerfreundlichkeit des Webshops steht meiner Ansicht nach diametral zur Qualität der Geräte. Die Geräte sind sehr gut ... Mich persönlich wundert es übrigens nicht, dass Dells Zahlen rückläufig sind. Wenn man bedenkt, dass die nur online und am Telefon verkaufen und daher davon abhängig sind – *und* gleichzeitig einen der benutzerunfreundlichsten Shops betreiben ... Mir ist noch kein Unternehmen dieser Größenordnung vorgekommen, das die Online-Kunden so beim Einkaufen quält wie Dell. Zurück zur Abbildung: Man verschaut sich wirklich auf den ersten Blick (Abbildung 19.2): Sehen Sie noch mal genau hin! Die ersten fünf Optionen gehören nicht zu ZUBEHÖR, sondern zu NOTEBOOKTASCHE. Das Zubehör wie Maus und »Spacesaver«-Tastaturen (witzig!) können Sie dort auswählen, wo Sie auf den ersten Blick die SICHERHEITSOPTIONEN wähnen.

Stellen Sie also alles, was zusammengehört, auch optisch nahe zusammen. Und umgekehrt. Klingt wirklich unspannend, ich weiß. Trotzdem hilft es, die eigenen Seiten mit offenen Augen immer wieder mal danach zu durchstöbern.

19.1.2 Das Ähnlichkeitsgesetz

Menschen empfingen Dinge, die ähnlich aussehen, als zusammengehörig. Der Ähnlichkeitsgrad schwankt dabei natürlich und hängt insbesondere von der wahrgenommenen optischen Differenz der weiteren, dargestellten Objekte ab. Am besten können Sie sich das vielleicht über Abbildung 19.3 verdeutlichen.

X X X X X X X X X X
X X X X X X X X X X
X X X X X X X X X X
X X X A X X A X X X
X X X X X X X X X X
X X X X X X X X X X
X X X A X X A X X X
X X X X X X X X X X
X X X X X X X X X X
X X X X X X X X X X

Abb. 19.3: Sehen Sie eine geometrische Form?

Wenn Sie sich die Abbildung intensiver ansehen, werden Sie schnell feststellen, dass es nahezu unmöglich ist, kein angedeutetes Quadrat in der Mitte zu sehen. Natürlich ist keines da. Aber die Position der »anderen« Buchstaben A deutet dies an. Unser Wahrnehmungsapparat lässt sie uns unter dem anders aussehenden X als zusammengehörig sehen und stellt sogleich eine nicht vorhandene Linienverbindung dar. Das Gehirn interpretiert dann eine Form, weil es ständig nach Mustern und Erklärungen sucht, die auf unserer Erfahrung beruhen.

Für Webseiten können wir daraus lernen, dass wir unterschiedliche Dinge und Funktionen möglichst unterschiedlich darstellen sollten. Dies gilt sowohl für die

Form als auch für die Farbe. Und Zusammengehöriges sollte nicht nur dem Gesetz der Nähe folgend zusammenrücken, sondern auch ähnlich dargestellt werden.

19.1.3 Das Gesetz der Geschlossenheit

Geschlossene Objekte sind Menschen offenbar intuitiv lieber als offene. Daher versucht der Geist zunächst, in Unbekanntes eher so genannte geschlossene Objekte hineinzuinterpretieren bzw. ganze Formen zu sehen (siehe Abbildung 19.4).

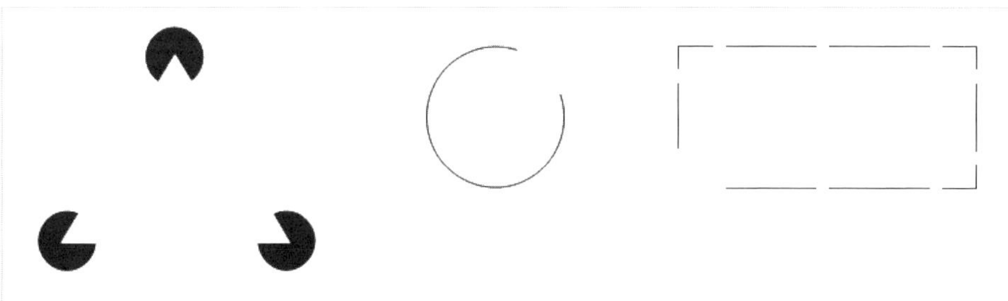

Abb. 19.4: Menschen mögen geschlossene Formen lieber.

Eines der bekanntesten Beispiele, das man so oder abgewandelt immer wieder in der Literatur findet, ist das des »versteckten« Dreiecks. Sicherlich werden auch Sie sich nicht dem Eindruck entziehen können, im linken Teil der Abbildung 19.4 ein Dreieck zu sehen – obwohl natürlich keines da ist. Hier zeigt sich der Einfluss dieses Wahrnehmungsgesetzes ganz besonders deutlich: Obwohl die schwarzen, aber nicht ganz vollständigen Kreise deutlich schwarz auf weißem Hintergrund zu erkennen sind, zieht unser Gehirn ein unsichtbares Dreieck vor, weil es eine geschlossene Form darstellt. Wir »behelfen« uns damit, dass wir dieses Dreieck als weiß ohne Rand sehen. Damit ist es auf weißem Grund schließlich nicht klar erkennbar – oder? Ebenso werden wir unschwer neben dem imaginären Dreieck in der Mitte der Abbildung einen Kreis sehen und ihn Dritten gegenüber im ersten Eindruck auch so beschreiben. Natürlich ist auch die rechte Form streng genommen genauso wenig ein Rechteck, wie das in der Mitte einen Kreis darstellt. Ein Kreis ist rund und hat keinen Anfang und kein Ende. Ein Rechteck besteht aus jeweils zwei gleich langen, parallelen Linien. Also auch hier Fehlanzeige.

Für die Gestaltung von Webseiten bedeutet dies, dass Sie sich bei der Anordnung und Gestaltung von Bildern, Grafiken, Symbolen, Trennlinien, aber auch bei Textblöcken und Formularfeldern immer im Klaren sein müssen, dass ihre Zusammenstellung auch immer noch einen übergeordneten Wahrnehmungsaspekt hat: Sie erzeugen gezielt oder zufällig damit geschlossene Formen, nach denen jeder Besucher unwillkürlich und unterbewusst sucht. Eine »geschlossen« wirkende

Anordnung zum Beispiel von Eingabefeldern oder Buttons wirkt. Nutzen Sie diesen Aspekt. Und hüten Sie sich vor ungewollt erzeugten Formen, die den Besucher verwirren könnten.

Abb. 19.5: Links Yahoo, rechts das Gesetz der Geschlossenheit

Die linke Darstellung in Abbildung 19.5 ist eine Originaldarstellung von Yahoo!, rechts eine Modifikation. Welche Darstellung ist für Ihr Auge leichter und intuitiv zu erfassen, welche wirkt gefälliger? Rechts – oder?

19.1.4 Das Prägnanzgesetz

Dieses Gesetz (auch »Gesetz der guten Gestalt« oder »Gesetz der Einfachheit« genannt) besagt, dass Menschen bevorzugt Objekte wahrnehmen, die sich durch ein bestimmtes Merkmal von anderen dargestellten Objekten abheben. Daraus folgt, dass einfache und geschlossene Formen gegenüber komplexen, die sich eben nicht so gut und klar vom Hintergrund abheben, von der Wahrnehmung leichter erkannt *und* bevorzugt werden.

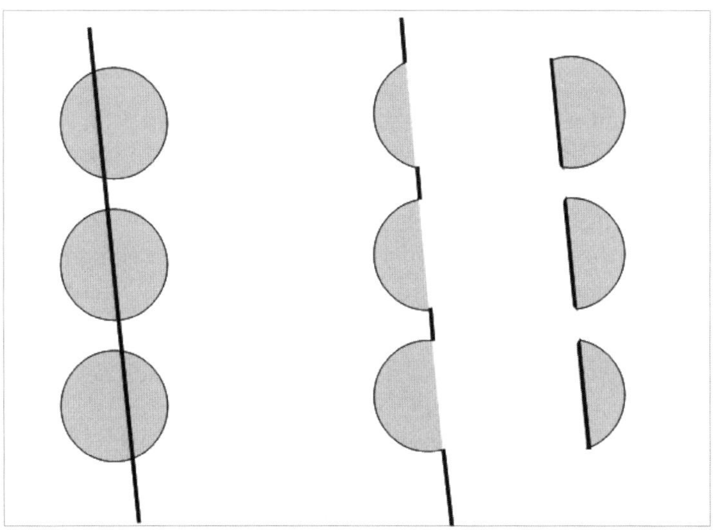

Abb. 19.6: Drei Kreise und eine Linie?

In Abbildung 19.6 sehen Sie auf der linken Seite drei Kreise und eine diagonal verlaufende Linie. Klar, das ist die einfachste Interpretation und damit die wahrscheinlichste. Die Figur könnte allerdings auch unterschiedliche Formen haben und eben nicht aus vier einfachen Formen bestehen. Die beiden Formen rechts daneben sind nur ein Beispiel, das zusammengefügt die linke Darstellung ergibt. Krude? Eben! Zwei solche komischen Formen sind eher unwahrscheinlich und ergeben für sich genommen keinen Sinn. Halt, wir können nur momentan keinen Sinn darin erkennen. Ebenso erkennen wir in der optischen Gestaltung einiger Webseiten keinen rechten Sinn. Beim Ersteller ist das sicherlich anders, denn er weiß ja, warum er genau so »gestaltet« hat.

Also besser einfacher? Dies mag dem Gestaltungsdrang noch unerfahrener Webdesigner widersprechen. Ich hielte es aber trotzdem nicht für vorteilhaft, gerade dieses Gesetz zu ignorieren. Einfachheit ist Trumpf. Besucher mögen einfache Benutzeroberflächen auf Webseiten. Je einfacher, desto lieber. Sie sollten daher, wo immer es möglich ist, Ihre Formen und Darstellungen auf das Wesentliche reduzieren.

19.1.5 Das Fortsetzungsgesetz

Dem Gesetz der guten Fortsetzung lässt sich eine gewisse Überschneidung mit dem bereits erwähnten Gesetz der Geschlossenheit nicht absprechen. Kurz gesagt beinhaltet es, dass unsere Wahrnehmung zu einer gewissen Konstanz tendiert, wenn eine Reihe von Objekten so angeordnet ist, dass eine Fortsetzung für unser Auge wahrscheinlich ist.

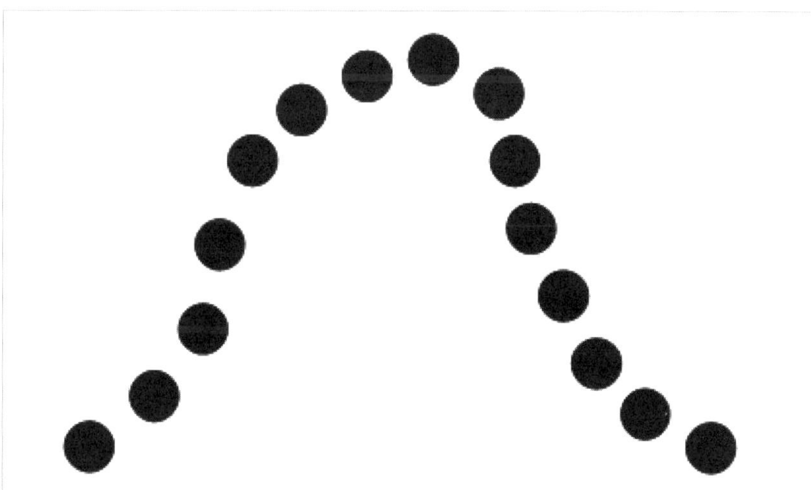

Abb. 19.7: Das Auge setzt vermeintliche Reihen einfach fort.

Eigentlich sehen Sie in Abbildung 19.7 nur einige schwarze Punkte. Trotzdem würden Sie diese Figur sicherlich in der Regel nicht so analytisch scharf beschreiben, sondern sofort intuitiv zu einer Interpretation greifen: Eine Kurve oder eine einzelne Welle – was auch immer man auf Anhieb darin erkennen mag –, es hat mit der automatischen Verbindung der einzelnen Objekte zu tun. Das Auge macht aus den diskreten Punkten eine Linie – die Punkte müssen wohl irgendwie zusammengehören.

Da sich dieser »Fortsetzungsdrang« unserer Wahrnehmung nicht nur auf Punkte und ähnlich einfach aussehende Objekte beschränkt, suchen wir auch in Webseiten unbewusst immer wieder nach imaginären Linien, die uns helfen, den Inhalt besser voneinander zu trennen und damit einfacher zu erfassen.

Abb. 19.8: Gedachte Linien sollten möglichst keine Unterbrechungen aufweisen.

Abbildung 19.8 zeigt deutlich, wie gedachte Linien, die das Auge weiterführen kann, sich harmonisch auf die Darstellung auswirken. Was hier so klar wirkt, dass Sie sich vielleicht fragen, warum ich das überhaupt gesondert erwähne, wird im Web leider oft nicht berücksichtigt. Das Auge findet oft eben nicht den gesuchten Halt. Gehen Sie doch einfach mal auf einige der großen Portale und Webseiten und sehen Sie gezielt nach. Sehen Sie, was ich meine?

19.1.6 Das Symmetriegesetz

Objekte, die auf das Auge des Betrachters symmetrisch angeordnet wirken, wirken automatisch auf den ersten Blick als zusammengehörig. Umgekehrt werden Dinge, die keinem symmetrischen Muster entsprechen, als nicht so wichtig eingestuft und sie treten eher in den Hintergrund. Symmetrisches dominiert unsere Wahrnehmung.

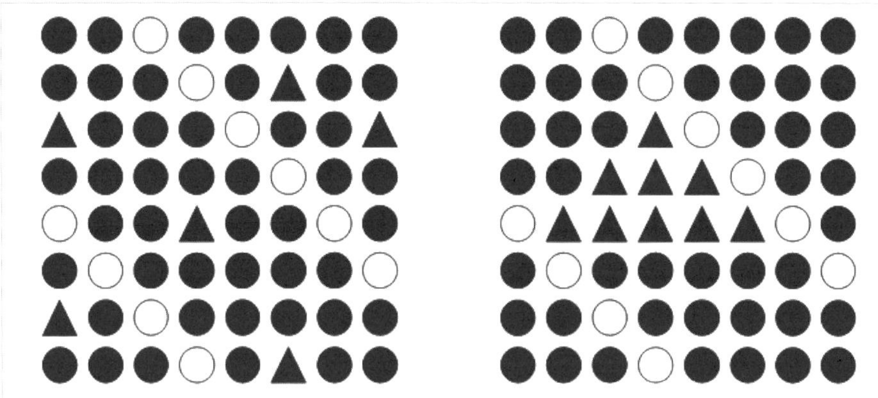

Abb. 19.9: Symmetrische Formen dominieren gegenüber asymmetrischen.

Wie Sie in Abbildung 19.9 sehen können, dominieren links die beiden Linien, die durch symmetrische Anordnung der weißen Kreise in den Vordergrund treten. Die Dreiecke folgen scheinbar keiner Anordnung, daher blendet sie das Gehirn zunächst aus und sie treten in den Hintergrund. Ganz anders sieht es dagegen aus, wenn die Dreiecke eine symmetrische Form bilden, wie im rechten Teil der Abbildung gezeigt wird. Nun werden sie deutlich wahrgenommen.

Besonders gut wahrgenommen werden achsensymmetrische Darstellungen. Ein wunderbares Beispiel hierzu hat E. Bruce Goldstein 2002 in seinem als Lehrbuchklassiker zu bezeichnenden Buch *Wahrnehmungspsychologie* aufgezeigt.

Abb. 19.10: Symmetrische Konturen dominieren.
Quelle: Leicht verändert nach Goldstein, Wahrnehmungspsychologie, 2002, S. 198

Man sieht hier sehr deutlich, wie im linken Teil der Abbildung 19.10 die schwarzen Flächen dominieren und in den Vordergrund treten, während rechts durch die Asymmetrie eher weiße Flächen wahrgenommen werden. Schwarz wird rechts zum Hintergrund. Das Auge sucht sich jeweils ganz automatisch eine symmetrische Form. Auch dies sollten Sie bei der Gestaltung Ihrer Webseitenstruktur berücksichtigen. Insbesondere die Anordnung von Textblöcken bei einem mehrspaltigen Layout hat hier einen gestalterisch nutzbaren Einfluss.

Das Gesetz der Symmetrie schlägt übrigens auch beim Anblick neuer Gesichter zu. Sie wissen ja sicher, dass sich Menschen schon in Bruchteilen von Sekunden eine Einschätzung über ein (neues) Gegenüber machen. Sympathie oder Antipathie wird in den ersten Sekunden ohne unser bewusstes Zutun von unserem Hirn entschieden. Dieser Eindruck kann sich im Laufe der Zeit natürlich ändern, wenn wir die Person dann länger kennen. Trotzdem – das wissen wir alle – tun sich bestimme Menschen im Leben privat und beruflich sehr viel leichter. Andere Menschen mögen sie meist sofort. Frage: Woher weiß unser Gehirn, ob uns jemand sympathisch sein wird oder nicht? Antwort: Weiß es gar nicht. Es reagiert nach einem festen Schema. Folgt ein Gesicht bestimmten Symmetriemerkmalen, zum Beispiel den Abstandsverhältnissen

- vom Haaransatz zum Augenlid und weiter zum unteren Nasenende und wieder weiter zum Ende des Kinns mit jeweils einem Drittel
- der Entfernung zwischen beiden Augen, die einem gedachten dritten Auge in der Mitte zwischen beiden Platz bietet
- dem passenden Lot von der jeweils innenliegenden Iris beider Augen auf die beiden darunter liegenden Enden des Mundes
- oder dem jeweils innenliegenden Abschluss der Augenhöhlen auf die beiden darunter liegenden Nasenflügel

dann empfinden wir es als sympathisch. Symmetrie sagt nichts anderes als: Hey – schau mal – gutes Genmaterial! Aus Sicht der Evolution war das gut, sich am besten nur mit den Spitzenprodukten (Entschuldigung für diesen Ausdruck, aber evolutionstechnisch gesehen ist es genau das) zu vermehren, weil der eigene Nachwuchs dann eine sehr viel bessere Überlebenschance hatte. Heute ist das zum Glück anders. Aber da unser Gehirn im Wesentlichen noch funktioniert wie in der Höhlenzeit, müssen wir mit diesen Vorurteilen leben, die es uns täglich versucht vorzusetzen. Meist sind wir uns dessen ja noch nicht einmal bewusst ...

19.1.7 Das Erfahrungsgesetz

Menschen sind nicht frei von Erfahrung. Bei gestalterischen Prozessen kommt das immer dann zum Tragen, wenn nicht alles vollständig gezeigt wird. Fehlendes wird vom Gehirn des Betrachters automatisch ergänzt. Man versucht, sich diese

Erfahrung beim Einsatz von Icons zunutze zu machen. Trifft man mit wenigen Grundelementen genau den Kern eines Gegenstandes, reicht eine stark schematische Darstellung aus. Sie werden weiter hinten noch sehen, dass die Erklärungskraft von Icons allerdings sehr beschränkt ist und in der Regel deutlich überschätzt wird.

Abb. 19.11: Erfahrung ergänzt fehlende grafische Informationen.

Während die links in Abbildung 19.11 gezeigten, einfachen Symbole sicherlich interpretationsfähig sind, wird durch das Hinzufügen zweier Linien relativ deutlich ein Frauenkörper daraus. Dieses »Dazu-Raten« funktioniert übrigens auch bei Text problemlos (siehe Abbildung 19.12).

Abb. 19.12: Fehlende Elemente ergänzt unsere Wahrnehmung aus Erfahrung.

Sicherlich können Sie die drei Textzeilen in der Abbildung gut lesen, obwohl die Hälfte der Information fehlt. Oftmals bezieht unsere Wahrnehmung zur Interpretation aber auch Informationen aus dem umliegenden Kontext. Dabei kann es allerdings auch zu Fehlern kommen, wie Abbildung 19.13 zeigt.

Abb. 19.13: Auch der Kontext beeinflusst Wahrnehmung.

Während die meisten Betrachter in der Mitte der ersten Zeile in dieser Abbildung deutlich den Großbuchstaben »B« erkennen, fällt ihr Votum ganz anders aus, wenn sie dagegen die zweite Zeile vorgelegt bekommen. Die exakt gleiche Abbildung wird dann als die Zahl »13« interpretiert.

Versuchen Sie also immer, die Erfahrungen Ihrer Besucher zu antizipieren. Und vergessen Sie nie, dass diese ihre Erfahrungen, vor allem die Erfahrungen mit Webseiten in der Regel nicht bei Ihnen, sondern woanders machen! Doch davon mehr im nächsten Abschnitt.

19.2 Besucher sind viel öfter woanders

Ich glaube, es war Jacob Nielsen, der auf folgenden Sachverhalt aufmerksam gemacht hat: *Bitte bedenken Sie, dass Ihre Besucher mehr als 99,9 Prozent ihrer Zeit auf anderen Webseiten verbringen.* Hm. Halten Sie doch bitte einen Moment mit dem Lesen inne und denken Sie wirklich mal darüber nach. Die meiste Zeit sind sie also woanders. Was machen sie dort? Sie surfen, suchen bzw. googeln, informieren sich, kaufen ein, planen Urlaube oder auch größere Anschaffungen wie Maschinenkäufe. Zwischendrin schauen sie mal bei uns auf den Webseiten vorbei. Danach geht es oft weiter direkt zu anderen Webseiten. Hm. Das bedeutet also, unsere Webseiten sind nicht der Nabel des Webs. Wir sind vielmehr (meist nur) eine kleine Durchgangsstation auf einem mehr oder weniger komplexen Informationsprozess eines Surfers. (»Surfer« meint dabei nicht den privaten, ungerichteten Nutzer zu Hause, sondern vielmehr beschreibt der Begriff wirklich treffend jemanden, der zielgerichtet sucht und dabei tatsächlich von guten zu noch besseren Wellen springt.)

Haben Sie darüber nachgedacht? Ich meine, haben Sie sich zurückgelehnt und sich das ein paar Sekunden durch den Kopf gehen lassen? Spüren Sie das? Wenn man das verinnerlicht und begriffen hat, dann denkt man auf einmal ein klein wenig, aber entscheidend anders. Plötzlich wirken Sonderwege deplatziert, ablenkend und sogar lästig. Plötzlich stört das Flash-Intro (das sind die wie Farbfernsehwerbung wirkenden Filmchen und Animationen, die man oft vermeintlich wichtigen Webseiten wie Eingangswächter vorschaltet: Guck ma!). Plötzlich verbietet sich das Nachdenken, irgendwie ein klein wenig irgendwas anders machen zu wollen als die anderen. Sich irgendwie abheben zu wollen. Oder?

Nutzen Sie denn schon die neue Office-Version von Microsoft? Dann wissen Sie sicher, was ich damit meine, wenn sich Gewohntes verändert.

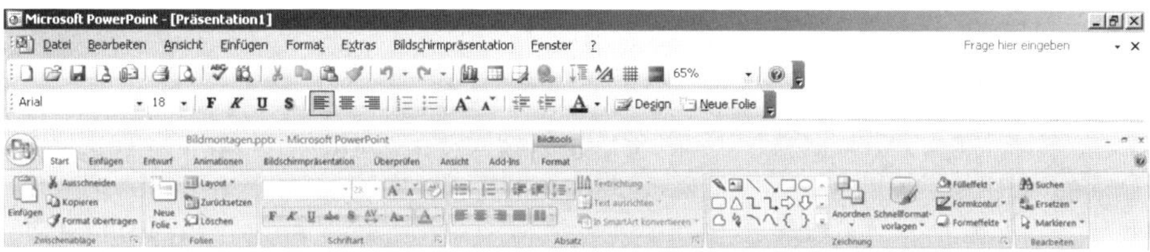

Abb. 19.14: MS Office alt und neu

Ich darf mich sicherlich als so genannter Poweruser bezeichnen, was die drei Hauptprogramme Word, Excel und vor allem auch PowerPoint angeht. Microsoft hat die Bedienungsoberfläche in der neuen Office-Version 2007 radikal geändert. Nichts ist mehr an dem Platz, wo es einmal war, und das Bedienkonzept wurde auf dem Kopf gestellt (siehe im Vergleich die beiden Menüleisten von PowerPoint alt und neu: Abbildung 19.14). Die neue Office-Version nutze ich nun seit über einem drei viertel Jahr. Noch immer suche ich Funktionen, noch immer kann ich mir den Platz jetzt gut versteckter Funktionen nicht merken, wenn ich sie nach längerer Suche dann doch endlich entdecke. Noch immer fluche ich leise, weil *NICHTS* mehr an dem Platz zu finden ist, wo ich es seit einem Jahrzehnt gewohnt war. Noch immer schmunzle ich, wenn ein Umsteiger erzählt, dass er erst nach vielen verzweifelten Stunden herausgefunden hat, wo man einfachste Dinge findet, zum Beispiel Dateien öffnen oder speichern. Und ich sehe förmlich, wie Sie – sollten Sie ebenfalls schon umgestiegen sein – jetzt heftig mitnicken und laut das Schimpfen anfangen. Schrecklich, nicht? Wenn einem jemand die gewohnte Bedienung nimmt und man kann nicht mehr machen, was man dringend erledigen muss? Mit Webseiten ist das nicht anders! Seien Sie daher nicht anders – machen Sie alles so, wie die anderen es auch machen, und dann ist es gut. Weil es gleich zu bedienen ist, weil es gewohnt ist, weil die Besucher nicht nachdenken müssen. Extrawürste mag eigentlich keiner. Na ja, ehrlich gesagt, viele Webdesigner mögen sie schon. Ein wenig anders soll die Wurst doch schon irgendwie sein

... Unsinn. Stoppen Sie das unbedingt. Denken Sie an Ihren Groll auf Office. Machen Sie mit Ihren Besuchern nicht den gleichen Fehler.

Hinweis

Ehrlicherweise muss man erwähnen, dass man sich bei Microsoft schon Gedanken über das neue Bedienkonzept gemacht hat. Angeblich soll es auf lange Sicht besser sein als das alte. Sicherlich werden wir alle dem in einiger Zeit auch zustimmen und vielleicht empfinden Sie es als gar nicht mehr so schlimm, wenn Sie dieses Buch in einigen Jahren lesen. Der Grund ist einfach: Die Gewohnheiten ändern sich und man passt sich an. Vergessen Sie aber nicht, dass wir das bei Office müssen, weil uns echte Alternativen fehlen. Bei Webseiten ist das nicht so – da sind in der Regel viele, einfach zu wechselnde (!) Alternativen da. Und zur Sicherheit sei noch erwähnt: Natürlich ist mir bekannt, dass es Alternativen zu MS-Office gibt. Aber hinsichtlich der Kompatibilität (damit meine ich nicht, dass ein einfacher Trallala-Brief auch in anderen Büroprogrammen geöffnet werden kann, sondern *vollständige* Kompatibilität aller Funktionen in beide Richtungen vor allem zum Austausch mit anderen Unternehmen) gibt es eben leider keine echten Alternativen. Es bleibt also dabei: Professionelle Anwender *müssen* umlernen. Irgendwann. Kostspielige Experimente mit kostenloser Büro-Software können sich in der Regel nur Kommunen leisten, weil sie anders, nämlich betriebswirtschaftlich falsch rechnen (müssen) und oft politisch getrieben werden. Jetzt muss ich lächeln, weil ich genau weiß, dass einige von Ihnen mir erst recht deswegen eine Mail schreiben möchten – was ich mit der letzten Bemerkung eigentlich verhindern wollte. Tun Sie es nicht. Verwenden Sie Ihre kostbare Zeit lieber auf die Optimierung Ihrer Webseiten. Das bringt Ihnen mehr, als mich von der Kompatibilität der Free-Office-Programme überzeugen zu wollen. Das geht nicht, weil es sie nicht wirklich gibt.

In meinen Seminaren vergleiche ich die Benutzeranforderungen an eine Website häufig mit denen von Autos: Man hat ein großes Rad vor sich, und wenn man es nach links dreht, fährt das Auto auch in diese Richtung. Je schneller man dreht, umso stärker ist die Richtungsänderung. Der Hebel links hinter dem Lenkrad zeigt den Außenstehenden an, dass man die Richtung ändern möchte. Drückt man diesen Hebel nach unten, zeigt das Auto außen an: Achtung, wir fahren gleich nach links. Drückt man mit dem rechten Fuß auch das rechte Pedal, bewegt sich das Auto – je nach Motorisierung langsam oder es herrscht nun Krieg im Motorraum. Tritt man auf das mittlere Pedal, verzögert das Auto oder bleibt ganz stehen. Ich weiß, dass Sie das alles wissen. Aber haben Sie schon mal einen Mercedes gefahren? Oder einen Opel? Ersteren können Sie gar nicht fahren, wenn man Ihnen die spezielle Usability nicht vorab erklärt! Er fährt nämlich sprichwörtlich gar nicht erst los. Auch wenn Sie alles, was Sie in der Fahrschule gelernt haben, anwenden. Die Handbremse ist hier nämlich eine Fußbremse (exakter gesagt eine *Feststellbremse*) und die müssen Sie erst mit dem linken Fuß ganz links treten (!) oder kleinen Handhebel ziehen, um sie zu lösen. Tricky, wenn man es nicht weiß. Und schon so mancher Mietwagenkunde ist zurück zum Schalter gelaufen, weil das Auto irgendwie nicht vernünftig zieht ... Opel hat diese Anfahrhürde vermieden. Hier bekommen Sie Probleme, wenn Sie in die Verlegenheit kommen, rückwärtsfahren zu müssen. Wenn Sie nämlich den kleinen Zierring am Schaltknüppel nicht beim Einlegen des Rückwärtsganges gleichzeitig ziehen, brechen Sie den Knüppel eher ab, als dass das »R« sich einlegen lassen würde. Eingefleischte Mercedes- oder Opelfahrer mögen nun lächeln, aber wenn Sie ein solches Fahrzeug zum ersten Mal benutzen, kann das schon unangenehme Probleme machen. Ach ja, der Warnblinker ... Hand aufs Herz! Bei 180 km/h plötzlich ein Stauende in Sicht – jetzt muss alles schnell gehen. Auch, die Hintermänner zu warnen. Verflixt, wo ist hier der Warnblinker? Stimmt – keine Ahnung. Bei jedem Auto ist er woanders. Design geht vor Standardisierung und anscheinend hier auch vor Sicherheit. Merken Sie, worauf ich mit dem Auto-Vergleich hinaus will? Natürlich hat ein eingefleischter Mercedesfahrer keine Probleme, die »Handbremse« im Fußraum zu finden. Nur im Web haben Sie es im übertragenen Sinne mit Fahrern aller Marken zu tun. Daher sollte alles da sein, wo es der Standard-Fahrer auch vermutet und sucht.

Wenn ich mir jetzt noch ausmale, dass es irgendwann mal in der Internetbranche bergab gehen sollte und einige Webdesigner zu Autoherstellern wechseln sollten ... Oh, oh. Vielleicht hat dann mein nächstes Auto die Kupplung hinter dem Fahrersitz? Solange man nicht wirklich fährt, ist das sicher gemütlich, wenn die lästigen Pedale im Fußraum verschwunden sind. Der echte Benutzer aber (also einer, der auch damit fahren muss und es nicht nur zum Anschauen gekauft hat), wird spätestens beim ersten Schaltvorgang auf gravierende Probleme stoßen.

Unsere Webseiten sollten also funktionieren wie durchschnittliche Autos. Alles sollte da sein, wo es der Besucher vermutet und wo er (Achtung:) *gewohnt* ist, es zu finden. Einheitsbrei? Keineswegs. Schauen Sie sich die Cockpits der Autos an. Keines gleicht dem anderen, jedes hat seine individuelle Note. Trotzdem lassen sich alle grundlegenden Schalter immer an derselben Stelle und mit denselben Funktionen belegt finden. Ich schränke ein: die wirklich wichtigen. Natürlich weiß ich auch, dass es manche Ingenieure schaffen, die Hälfte der Fahrzeugfunktionen in einen einzigen Hebel am Lenkrad zu verbauen. Wenn man dann den kleinen Schalter nach oben drückt, während man den Hebel mindestens für zwei Sekunden nach unten hält und gleichzeitig mit einem Schneidezahn in die Vertiefung B drückt ... schon hat man den Intervallscheibenwischer neu programmiert. Aber DAS führt uns nun wirklich zu weit weg. Na ja, obwohl? Ich kenne Webseiten, die diese Prinzipien ebenfalls in abgewandelter Form ihren Besuchern zumuten. Sehen Sie sich nur mal in Abbildung 19.15 an, was ein Hersteller von Navigationssystemen sich leistet.

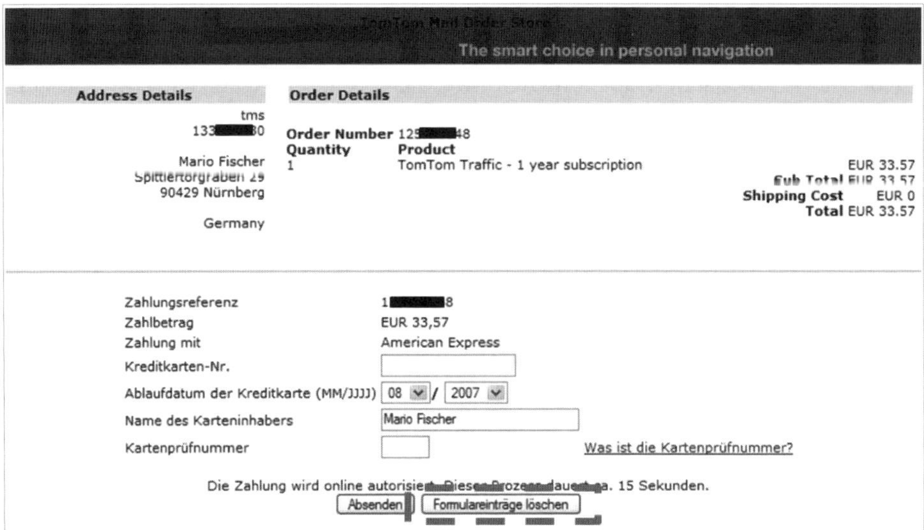

Abb. 19.15: Formular zum Senden gelöscht

Der gewohnte Button zum Senden (oder für »OK« in Windows-Anwendungen, »Abbrechen« ist links), der sich in der Regel bei allen Online-Fomularen rechts befindet, wurde hier zum Löschen verwendet. Klar, da steht »Formulareinträge löschen« drauf. Was glauben Sie wohl, wie viele Nutzer trotzdem aus reiner Gewohnheit ohne richtig zu lesen nach dem Ausfüllen vermeintlich mit dem rechten Button senden möchten? Und sich wie ein Schnitzel ärgern, dass Sie jetzt alles noch mal eingeben müssen. Oder halt auch nicht, weil es einem *stinkt* und man den Kauf abbricht? Und mal ganz generell: Welchen Nutzen soll überhaupt ein Button haben, der vorher mühsam gemachte Formulareinträge *komplett* alle auf einmal löscht? Ich kann mir schlicht keine Situation denken, in der man dies benötigt. *Och und Huch! – Jetzt hab' ich meinen Namen und die Adresse ja aber völlig falsch geschrieben – ich wohne ja ganz woanders. Am besten lösche ich alles und fange noch mal von vorne an.* Was für eine dumme Funktion, die nichts anderes macht, als Kunden zu ärgern und Umsatz durch Kauf-Abbrüche zu verringern. Dazu später noch ein paar zum Teil haarsträubende Beispiele aus dem Weballtag.

Anders als bei dem Miet-Mercedes, mit dem Sie ja nun fahren müssen (Sie fragen also, wie das mit der Bremse funktioniert), muss unsere Webseiten ja meist keiner zwanghaft benutzen. Je komplizierter also die Bedienung erscheint, je unverständlicher die verwendeten Begriffe sind und je intransparenter die Navigation wirkt, desto höher ist die Wahrscheinlichkeit, dass ein flüchtiger Besucher seiner Bezeichnung alle Ehre macht und genau das tut: Er flüchtet wieder. Warum sollte er seine kostbare Zeit hier mit dem Erkunden und Ausprobieren verschwenden? Denken Sie an das, was ich weiter oben in Bezug auf das Faulsein beschrieben hatte. Was scheinbar Mühe macht, vermeiden wir allzu gerne – wenn es geht. So, und hier auf Webseiten ist eben noch kein bindender Mietautovertrag unterschrieben worden und die Nutzung schon bezahlt. Also wurde noch nichts investiert – eben auch keine Zeit. Und weg sind die zarten Wurzeln des Pflänzchens »Erstkontakt« wieder. Besonders kurz ist die Zeitspanne des Entscheidens »Bin ich hier richtig?« übrigens, wenn Besucher über Suchmaschinen kommen. Und das ist beim Nachdenken über dieses Phänomen auch schlüssig: Man kommt über eine Alternativenliste der Suchmaschine von meist mindestens neun weiteren Möglichkeiten. Weiterhin haben die Surfer gelernt, dass die Treffer der Suchmaschinen eben nicht immer Treffer sind – bezogen auf ihr Suchproblem. Die Zeitspanne, die uns zum Überzeugen, hier richtig zu sein, bleibt, liegt erfahrungsgemäß mittlerweile unter einer Sekunde! Es ist wie in der Schuppen-Shampoo-Werbung: *»You never get a second chance to make a first impression!«*

Apropos Autos und Erwartungen. Würden Sie erwarten, auf den Webseiten eines Autoherstellers wenigstens die Angaben über die einfachsten technischen Daten wie PS (ja ja, eigentlich Kilowatt, ich weiß), Verbrauch oder die Höchstgeschwindigkeit schnell und übersichtlich zu finden? Schau mer mal. Bei BMW (siehe Abbildung 19.16) bekommt man diese Angaben nur umständlich über den Prospekt, den man 1:1 mit allen Leerseiten der Originalversion und in Vollfarbe (schönen Gruß an Ihre Farbtintenpatrone) zum Download anbietet. Die Größe der Datei hat man mit *xxxk* angegeben, was wohl die Besucher mit einer langsameren Internetverbindung zu mehr Downloads animieren dürfte.

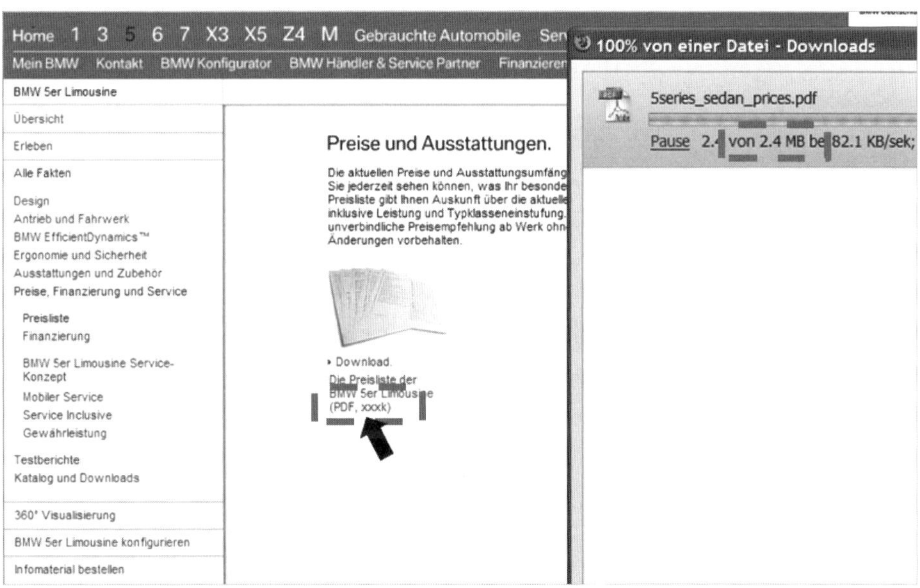

Abb. 19.16: Ob BMW zu Recht die Größe der PDF-Datei verschweigt?

Wehe dem, der verschiedene Modelle vergleichen möchte. Ihm steht eine wahre Download- und Druckorgie bevor. Dann schon lieber zum Händler. Vielleicht ist das auch der Grund des Verstoßes gegen so einfachste Benutzererwartungen.

Andere Automobilhersteller bieten dem Besucher noch weniger Komfort. So muss man zum Beispiel auf `volvo.de` erfahren, dass die Personenwagen wohl eher ein Beiwerk sind. Hätten Sie den Link zu den PKWs auf Anhieb gefunden (siehe Abbildung 19.17)?

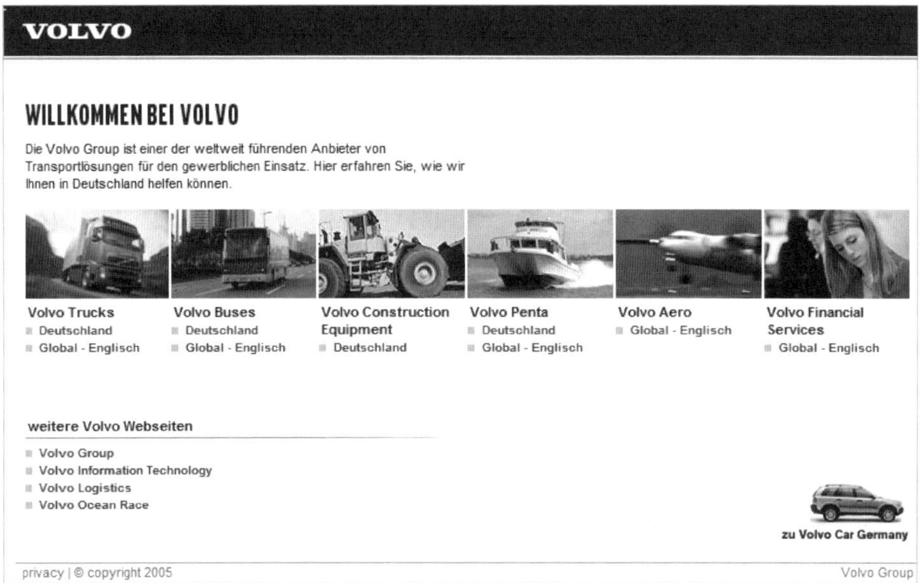

Abb. 19.17: `volvo.de`: Wo sind die Autos?

Der Standard-Besucher ...

■ ... kann kein Englisch

Das ist wirklich so. Etwa ein Drittel der Deutschen kann überhaupt kein Englisch, ein weiteres Drittel beherrscht es mehr schlecht als recht. Schulenglisch: Hello a boy – he is Bob Miller ... Nur das letzte Drittel eignet sich für Begriffe wie »invoice«, »delivery« oder »Tracking«. Und noch nicht mal da wäre ich mir sicher, ob das alles immer so verstanden wird, wie die Webdesigner das hingehippt (ich kann hier natürlich solche ausgefallenen Wörter oder Anglizismen verwenden, weil Sie das Buch ja schon gekauft haben ... ;-) haben möchten. Klar klingt »Sitemap« irgendwie eleganter als »Übersicht«. Wirklich? Leider klingt das für über die Hälfte der Deutschen genauso wie »Kalump« oder »Elokat«. (Bevor Sie nachschlagen, das sind Fantasieworte ...) Und da Webmaster oder -designer in aller Regel mit solchen Begriffen wie *home*, *faq* oder *sitemap* aufgewachsen sind, kommt ihnen leider nur selten in den Sinn, dass diese Begriffe für die meisten anderen völlig unverständlich sein könnten. Wenn Sie auf gutes Verständnis angewiesen sind, bleiben Sie also besser bei Deutsch. Bleiben Sie bei klaren und trennscharfen Begriffen. Und schlampern Sie weder mit Ihren Content-Management-Systemen (vgl. Abbildung 19.18) bei den Neuheiten ...

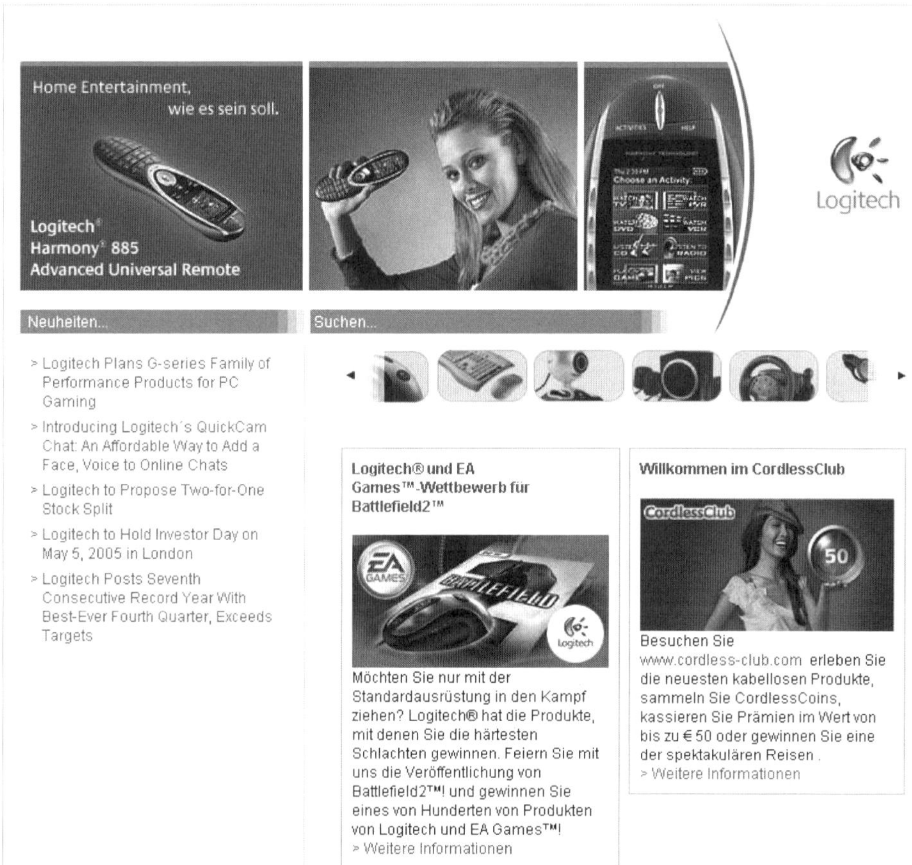

Abb. 19.18: Interessante Neuheiten bei `Logitech.de`

... noch mit zu vielen englischen Bezeichnungen.

Dell spendiert »Kleinen Unternehmen« scheinbar gleich eine ganze Website in Englisch. Allerdings glaube ich vielmehr, dass dies einer die vielen Fehler in den deutschen Webseiten von Dell ist (siehe Abbildung 19.19).

Und auch wenn die Marketingabteilung der Ansicht ist, dass sich Koffer ohne Begriffe wie »Backpack-Straps« oder »Quick-hook« vielleicht schlechter verkaufen (Abbildung 19.20).

Abb. 19.19: Die »deutsche« Website von Dell für kleine Unternehmen

Abb. 19.20: Upright im Jet-Age mit Quick-hook Luggage

Nett finde ich im Übrigen auf der linken Seite unten den letzten Navigationsoberpunkt. Hier passen die englisch angehauchten Produktbegriffe plötzlich so gar nicht zu dem mehr nach Volkszählung klingenden »Grund der Erwerbung«. Aber ob »Verwendungszweck« wohl mehr zu dem darüber stehenden »Price Category« passen würde?

■ **... hat nicht Informatik studiert**

Schreiben Sie Ihre Texte für Otto Normalbürger. Setzen Sie keinerlei Vorkenntnisse bezüglich der Bedienung komplexerer Funktionen auf Webseiten voraus. Einige Computernutzer haben schon Probleme damit, ihren Drucker wieder in den Ursprungszustand zu versetzen, wenn »automatische« Webseiten ohne weiteres Nachfragen einfach Seiten ausdrucken. Natürlich meist so, dass der rechte Rand fehlt – wir kennen das ja alle. Viele Nutzer überfordert die Funktionsfülle einer Website schlichtweg. Was um alles in der Welt ist »personalisieren«? Das Pendant dazu fehlt in der realen Welt. Daher würden viele fachfremde Nutzer nicht im Traum damit rechnen, sich hier die Benutzeroberfläche (schon wieder so ein Informatik-Wort!) selbst und nach eigenen Wünschen gestalten zu können. Die Designer von Yahoo! können hiervon ein Lied singen. Obwohl die Personalisierungsfunktion dort wirklich noch einigermaßen einfach und gut verständlich auch für Laien machbar ist, wird sie keineswegs so genutzt, wie man sich das dort wünschen würde. Die Schaltfläche PERSONALISIEREN wird schlicht und einfach nicht angeklickt, weil viele keine Lust oder Zeit haben, etwas auszuprobieren, unter dem sie sich nichts vorstellen können. »Diese Seite ist für eine Bildschirmauflösung von soundsovielen Pixeln optimiert.« Was um alles in der Welt ist ein Pixel? Was ist Bildschirmauflösung und vor allem: Wie kann ich selber sie beeinflussen? Für den Nicht-PC-Freak ist so etwas oft undurchschaubar und trägt mehr zur Verwirrung als zur Klärung bei.

Statt ihn mit Ihrem eigenen Fachwissen beeindrucken zu wollen, helfen Sie Ihren Besuchern lieber überall, wo es geht: Was halten Sie zum Beispiel von einem kleinen Hinweis bei einem direkten Link zu einer downloadbaren Datei: *»Zum Speichern rechte Maustaste drücken«*. Stattdessen geht beim unbedachten Klick auf eine hinterlegte PDF-Datei ein wahres Feuerwerk los: Der Adobe Reader wird im Hintergrund in den Arbeitsspeicher geladen. Das dauert. Und wer auch den Adobe Writer (mit dem man PDF-Dateien erzeugen und bearbeiten kann) installiert hat, der kann je nach Computerausstattung getrost zum Kaffeetrinken gehen. Aus vielen Usability-Tests wissen wir, dass oft der Wunsch besteht, eine PDF-, Word- oder PowerPoint-Datei auf der eigenen Platte zu speichern. Man weiß nur schlicht nicht, wie das geht. Nicht selten wird die lange Zeit bis zum Erscheinen des PDF-Dokuments und der Anblick der Sanduhr mit einem Computerabsturz verwechselt. Testpersonen schalteten den Computer sehr zu unserem Erstaunen schon mal einfach aus und starten ihn danach wieder. So sieht der »Laien«-Alltag aus! Das ist keine Abwertung, im Gegenteil. Die meisten der besten Kunden sind Computerlaien, die in ihrem eigenen Arbeitsfeld hervorragende Arbeit leisten. Zugegeben, manche sind zusätzlich auch noch mental suboptimiert. Aber das gehört jetzt nicht hierher.

Unsere Arbeit ist erst dann hervorragend, wenn auch technisch weniger versierte Menschen auf unseren Seiten problemfrei zurechtkommen. Haben Sie schon mal einen Laden gesehen, bei dem man eine Kletterwand zur Kasse hochkraxeln musste? Beschreiben Sie Ihren Besuchern doch einfach knapp und an den richtigen Stellen, was sie wissen müssen. Am besten ist natürlich, wenn man alles ganz intuitiv ohne Text versteht. Versetzen Sie sich in einen solchen Internetlaien und seien Sie kritisch. Nein, ich meine wirklich KRITISCH. Mit etwas Übung geht das so hervorragend, dass Sie Ihren Programmierern so richtig auf die Nerven gehen. Genau dann ist das richtige Maß erreicht ;-)

- **... kann mit Internet- und Computerjargon nicht immer etwas anfangen**

Login, Registrieren, Anmelden, Check in, ID, PIN, Kennwort, Passwort, Plug-in, Flash, Browsen, Scrollen, Double-opt-in, Sonderzeichen, alphanumerische Zeichen, Tilde ... Schrecklich. Nicht selten wird sogar auf ein und derselben Webseite oben von der Benutzer-ID gesprochen und unten beim Eingabefeld steht dann Login. In der vorher zugeschickten E-Mail stand allerdings User-ID.

- **... hat wenig Lust, alles ausprobieren zu müssen**

Überschätzen Sie ja nicht den inneren Antrieb Ihrer Besucher, jeden Menüpunkt ausprobieren zu wollen. *»Man muss doch nur unter News nachsehen, um zur Firmenhistorie zu kommen.«* So oder so ähnlich habe ich das immer wieder mal bei kurzen Website-Tests erlebt, bei denen die Sitebetreiber unbedingt dabei sein wollten. Irgendwie schwingt da ein klein wenig durch, dass sich die Besucher doch nur ein bisschen mehr Mühe geben müssten ... Und schon zweimal – Sie werden es nicht glauben – habe ich sinngemäß von echten Web-Programmierfreaks gehört: »Wer das nicht findet, hat es auch nicht verdient, die Site nutzen zu können.« Was will man dazu noch sagen?

Vor Kurzem war ich bei einem mittelständischen Unternehmen, das Ingenieursleitungen anbietet. Die hatten (aus meiner Sicht) eine recht komplizierte Website und wir sprachen über Usability und einfache Navigationen. Der Geschäftsführer rief dann via Beamerbild die Startseite von Google auf. »Das ist eine schlanke Webseite«, meinte er und dass ihn das beeindrucke. Ich erzählte ihm von den Problemen, die Google damit hat. Die Menschen donnern nämlich alles einfach in diesen Suchschlitz und die Links darüber mit »Bilder«, »Froogle« oder »Nachrichten« werden von den meisten Besuchern ignoriert. Ein Grund übrigens, warum man die so genannte Universal Search entwickelt hat, bei der nun News, Stadtpläne, Bilder, Videos, Produktinfos und andere Dinge zwischen den normalen Textergebnissen angezeigt werden. Egal. Jedenfalls fragte der Geschäftsführer beim Betrachten der Suchmaske plötzlich, wozu der Button AUF GUT GLÜCK da wäre, was er bewirkt und vor allem: seit wann denn der da wäre?

Abb. 19.21: Auf gut Glück! bei Google

»Seit es Google gibt«, antwortete ich. Das wollte er mir gar nicht glauben und erst als ich ihm eine der ersten Suchmasken von Google (siehe Abbildung 19.21) auf meinem Notebook gezeigt habe, die sogar noch den Zusatz »Beta« hatte, war er überzeugt. Und verwundert zugleich. Nach eigenen Angaben benutzt er Google jetzt seit acht Jahren – aber den Button AUF GUT GLÜCK (in der englischen Version I'M FEELING LUCKY) hatte er bisher nicht bemerkt. Sie? In Workshops erzähle ich diese Geschichte immer wieder gerne und etwa einem Drittel bis der Hälfte ist dieser Button auch noch nie aufgefallen. Noch weniger wissen, was er überhaupt bedeutet bzw. welche Funktion er auslöst! Wissen Sie es? Ein sehr lehrreiches Beispiel, wie ich meine. Eine der meistbesuchten Webseiten der Welt und gleichzeitig eine der schlanksten Webseiten der Welt. Und sie hat nur zwei Buttons – direkt nebeneinander. SUCHEN und diesen anderen. Und über die Hälfte (nach meinem persönlichen Gefühl) der Menschen, die Google seit Jahren teilweise jeden Tag viele Male nutzen, hat noch nicht mal den Hauch einer Ahnung, dass da überhaupt ein Button ist! Und selbst die, die ihn wahrgenommen haben, wissen nicht, was er auslöst!

Glauben Sie jetzt immer noch, dass Besucher auf Ihren Seiten fleißig alles ausprobieren, was sie in der Navigation vielleicht nicht auf Anhieb verstehen? Aus dieser Perspektive kommt einem das plötzlich doch recht unglaubwürdig vor, oder?

- **... mag keine Bevormundung**

»Ihr Passwort muss mindestens 6 Zeichen lang sein und mindestens eine Zahl enthalten.« Es sollen sogar schon Webseiten gesichtet worden sein, die »Sonderzeichen« verlangen. Was tun uns die Informatiker noch an? Logisch: Ein Passwort »Fg%2*pÜ« ist weniger leicht zu knacken als »Tulpen«. Aber um zum Beispiel ein Meinungsforum vor Hackerangriffen zu schützen – ob dafür wirklich pentagontaugliche Passwörter notwendig sind? Im Einzelfall mag das berechtigt sein. Umgekehrt muss man sich fragen, ob der motivierte Erstbesucher sich jemals wieder an das gewählte Passwort erinnert (oder daran, wo er es hingeschrieben hat?). »Mail«, sagen Sie? Also per Mail das Passwort zuschicken lassen, meinen Sie? Wenn man nur eine Mail-Adresse hat und die auch überall eingibt, geht das sicher. Immer mehr Benutzer besorgen sich aber Freemail-Accounts, um der Werbemailflut auf dem eigenen »echten« Mail-Konto Herr zu werden. Den Zugriff auf den Mailaccount von letztem Jahr? Verflixt, wie war denn dort meine E-Mail-Adresse (`ma-fischer2005@yahoo.de`?) und das Passwort? Schade, wieder ein inaktiver Benutzer mehr im Forum. Aber die Passwörter, die sind sicher! Gut, man hätte den Benutzer auch bei der Wahl des eigenen Passworts darauf hinweisen können, dass lange Wörter sicherer sind als kurze und ungewöhnliche besser als Zigarettenmarken oder der Lieblingsfußballverein. Aber ihn zu zwingen, eine Mindestanzahl zu wählen? Und dann auch noch mit Sonderzeichen und Ziffern? Auch hier wissen wir, dass dies ein 1a-Ärgernis für viele Erstbesucher darstellt.

Als Bevormundung wird häufig auch empfunden, dass Webseiten plötzlich irgendwohin weiterleiten. Auch wenn hübsche Sekundenzähler mitlaufen oder auf der Seite steht: »Sie werden in 5 Sekunden weitergeleitet.« Nicht jeder liest aufmerksam Text, nicht jeder sitzt konzentriert am Bildschirm und nicht jeder ist so schnell, alles auf einen Blick zu erfassen.

Vielleicht das schlimmste Ärgernis ist das »Verstellen« des Browsers des Besuchers. Peng – weg ist die gewohnte Menüleiste und die gewohnten Icons. Brauchst du nicht mehr, lieber Besucher. Damit machst du auf unseren Webseiten eh nur Unsinn ... Falls Sie solche Browser-Zwangskastrationen tatsächlich selber anwenden sollten: Seien Sie mal ganz, ganz ehrlich. Auf anderen Webseiten mögen Sie das auch nicht. Warum sollte es jemand bei Ihnen gut finden?

■ ... will wirklich keinen Sound mehr

Oh Mann. Ich dachte, die Gründerzeiten des selbst gebastelten Webs sind vorbei und es hat sich mittlerweile herumgesprochen, dass Heimorgel-Sound auf Webseiten eigentlich nichts zu suchen hat. Nachdem aber sogar die Metro, Volkswagen, Falke oder auch Quelle ihre Besucher akustisch mit Bontempi-Orgelsound verwöhnen möchten, sei hier einmal ganz deutlich gesagt: Wir potenziellen Käufer sitzen tagsüber in unseren Büros und vielen von uns ist langweilig. Schnell mal bei `Volkswagen.de` nach Angeboten für den neuen Passat geschaut? Vergessen, dass die Brüllwürfel (PC-Lautsprecher) noch an waren? Oder ein Notebook, bei dem meist ab Werk schon Lautsprecher eingebaut sind? Dicker Sound aus den Boxen gequollen! Chef zufällig draußen vorbeigegangen? Oh, oh, wenn Blicke töten könnten ... Auf diese Website geh' ich wohl nicht mehr so schnell.

Wieder so ein Unsinn, den bezopfte Webdesigner aus dem realen Leben unkritisch ins Web übertragen wollen. Natürlich geben wir in einem Kaufhaus im Schnitt mehr Geld aus, wenn wir leise mit Musik berieselt werden und Zitronenduft knapp unter der Wahrnehmungsschwelle eingeblasen wird. Leute – aber man kann uns doch nicht vor dem PC-Bildschirm in »Stimmung bringen«. Ganz abgesehen davon, dass es beim mobilen Zugriff mit niedrigerer Geschwindigkeit nervt, wegen der Tingeltangelmusik noch länger als sowieso schon warten zu müssen. Wir gehen auf Webseiten, weil wir Informationen haben oder auch vielleicht etwas kaufen wollen. Aber doch nicht, um Musik zu hören.

Also: »Surfen« muss man wirklich nicht unbedingt hören müssen. Dieses akustische Brandzeichen, das uns der Seitenbetreiber da aufdrücken möchte, passt den meisten Menschen so ganz und gar nicht. Wir kaufen im Internet kein Gramm mehr wegen dieses lästigen Trallalas – eher lieber gar nicht. Capiche?

- **... ist ungeduldig**

Die weltweite Gemeinde der Websurfer wird leider immer ungeduldiger. Während wir früher wegen der geringen Übertragungsgeschwindigkeit schon mal ein paar Sekunden oder länger auf eine fertig zusammengesetzte Webseite warten mussten, geht es dank fortschreitender Technik immer schneller. Dementsprechend ungeduldiger werden die Informationssuchenden. Webseiten mit langen Intros oder lahmen Webservern im Hintergrund werden also immer mehr zum Ärgernis und damit zum Problem für den Betreiber. Hinzu kommt die enorme Geschwindigkeit, mit der uns Suchmaschinen unterhalb einer Sekunde augenscheinlich zehn ausgesuchte Webseiten aus einem Bestand von mehreren Milliarden Webseiten heraussuchen. Wer von solchen Blitzergebnissen auf eins der Suchergebnisse klickt und eben nicht auch sofort eine Webseite präsentiert bekommt, klickt mittlerweile oft schon nach wenigen Sekunden auf den »Back«-Button und wendet sich einem neuen Aufrufversuch zu – natürlich auf einer anderen Webseite. Noch ärgerlicher ist es aber anscheinend, wenn man auf eine Seite gewartet hat und diese dann unübersichtlich und unverständlich aufgebaut ist. Auch hier sehen wir bei genauerem Hinsehen ein eindeutiges Plädoyer für klare, einfach verständliche Begriffe.

Sehen Sie sich doch einfach Ihre Website mal auf einem der heute schon ganz vernünftigen Handys mit großem Bildschirm an. Surfen Sie. Dann bekommen Sie einen Eindruck, was jedes KByte weniger an Ballast für den Besucher an Zeitersparnis bedeutet.

- **... erwartet eindeutiges Feedback**

Führen Computersysteme (dazu gehören selbstverständlich auch Webserver) komplexe Berechnungen durch und machen sie das durch einen unvorhergesehenen Besucheransturm mehrmals parallel, kann es zeitlich auch schon mal eng werden. Sorgen Sie also in jedem Fall dafür, dass dem Besucher eine entsprechende Meldung wie »Ihre Anfrage/Berechnung wird ausgeführt/berechnet – Bitte haben Sie einen Moment Geduld« angezeigt wird. Bei einem Test haben wir einmal unvermittelt nebenbei erlebt, dass bei einer komplexeren Berechnung über die Hälfte der Benutzer zu früh und noch vor der Ergebnisanzeige auf den »Back«-Button geklickt hat. Auf Nachfrage erklärten die meisten, sie waren der Meinung, dass etwas nicht richtig funktioniert hat oder sie selbst etwas falsch gemacht hätten.

Aber natürlich ist es erste Pflicht, auch bei allen anderen Interaktionen ein klares Feedback zu geben. Rückmeldungen wie »Artikel in den Warenkorb gelegt«, »Wir haben Ihre Anfrage erhalten« oder »Ihre Adresse wurde ordnungsgemäß eingetragen« sollten eigentlich selbstverständlich sein, werden aber noch immer nicht überall eingesetzt. Dies ist im Übrigen einer der Gründe, warum Besucher in der Regel Kontaktformulare nicht so gerne mögen. Anders als bei einer verschickten E-Mail weiß man meist nicht, ob auch alles korrekt funktioniert hat.

Ein Ausweg kann das Angebot sein, sich selber die Daten aus dem Formular als Kopie zu schicken. Hier erfolgt dann ein fast sofortiges Feedback in Form einer (automatischen) E-Mail. Schon fühlt sich der Anfragende ein wenig sicherer. Nun müssen Sie die Anfrage nur noch beantworten.

Tipp

Noch immer haben über die Hälfte der Online-Käufer arge Bedenken, dass ihre persönlichen Daten an Dritte weitergegeben werden. In den regelmäßig durchgeführten Befragungen (W3B-Umfragen), in der umfassende Erhebungen über die Nutzergewohnheiten gemacht werden, bleibt dies noch immer ein großes Problem. Der durchschnittliche Surfer ist argwöhnisch und sehr vorsichtig – und das hat sich tatsächlich in den letzten acht bis zehn Jahren nicht wesentlich geändert. Für Sie bedeutet dies, dass Sie bei Ihren Besuchern hohes Vertrauen und Ansehen genießen müssen, wenn Sie persönliche Daten per Formular abfragen möchten. Ansonsten sollten Sie sich wirklich auf das Nötigste beschränken.

■ ... ist faul und lässt sich leiten

Jacob Nielsen nennt es »the Power of Defaults« und ich bin nicht sicher, ob man das tatsächlich dem Sinn gemäß vernünftig übersetzen kann. Voreinstellungen oder allgemein gesprochen »Vorgaben« haben also einen großen Einfluss auf den Besucher und sein Verhalten. Nielsen weist darauf hin, dass man dieses Verhalten gerade in den Trefferlisten von Suchmaschinen oder Suchergebnissen auf Unternehmenswebsites beobachten kann. Wie mechanisch klicken die meisten der Suchenden auf das erste Ergebnis, im Schnitt fünfmal so häufig wie auf den zweiten Treffer. Sie vertrauen dem Suchmechanismus also anscheinend mehr als ihrem eigenen Blick auf die Texte, die bei den Suchergebnissen stehen. Bei Versuchen, in denen man die einzelnen Trefferanzeigen gezielt und kontrolliert getauscht hat, haben sich zwar leichte Verschiebungen ergeben. Aber der vorher auf Platz zwei stehende Treffer hat plötzlich nach dem Verschieben auf eins eine ähnliche hohe Aufmerksamkeit bekommen. Da die Texte nicht verändert wurden, kann man hieraus tatsächlich einen massiven Einfluss der Position ableiten und erst in zweiter Linie die des begleitenden Textes.

Diesen Einfluss von Vorgegebenem kann man auch bei den meisten anderen Webapplikationen beobachten. Voreinstellungen werden sehr häufig (auch unkritisch) übernommen. Seien Sie sich also dieses Einflusses bewusst und setzen Sie Ihre »Default-Werte« mit Bedacht. Entsprechen sie nämlich nicht dem ursprünglichen Hauptinteresse Ihrer Besucher, werden diese frustriert Ihre Site verlassen, weil sie augenscheinlich nicht so richtig funktioniert. In Wirklichkeit hat man oft an entscheidenden Stellen übersehen, einen Default-Wert (zum Beispiel bei der Anrede »Frau« als Vorauswahl) zu ändern und ärgert sich hinterher über die dümmlich wirkende Reaktion einer Website. Sei es in Form eines falschen Berechnungswertes, einer scheinbar nicht funktionierenden Eingabe der Kreditkartendaten, eines falsch gefilterten Suchergebnisses oder einfach nur, weil mich als Mann die Mail mit »Sehr geehrte Frau Fischer« begrüßt ...

19.3 Welche Erwartungen haben Kunden?

Werden Besucher zu Kunden, empfiehlt es sich, das Standardrepertoire für Onlinegeschäfte vorrätig zu halten. Dazu gehört in jedem Fall eine sofortige (automatisierte) Bestätigung per Mail nach einer Bestellung. Achten Sie bei der Formulierung der Inhalte in jedem Fall auf eine persönliche Ansprache und vermeiden Sie anonyme Floskeln wie »Geehrter Kunde/Kundin«. Listen Sie alle bestellten Dinge, die Preise, alle Nebenbedingungen und vor allem ein Lieferdatum auf. Kann Letzteres nicht genannt werden, weisen Sie auch hierauf und auf die Gründe hin. Kunden verzeihen viel, wenn sie sich rechtzeitig und umfassend informiert fühlen. Eine Nebenwirkung ist vor allem den Juristen wichtig: nämlich dass erst mit dieser Bestellbestätigung auch tatsächlich ein Kaufvertrag zustande gekommen ist. Die Bestellung des Kunden stellt erst den so genannten Kaufantrag dar. Erst mit Ihrer Bestätigung entsteht eine vertragliche Bindung.

Tipp

Sagen Sie Ihren Kunden, was nun als Nächstes passiert. Kommt die Ware mit der Post oder dem Paketdienst? Kommt sie komplett? Am besten hinterlassen Sie in jeder Mail immer deutlich sichtbar auch eine Telefonnummer. Bei Fragen, Unsicherheiten oder natürlich auch, wenn mal was nicht gleich klappt (soll vorkommen), kann der Kunde schnell und einfach Kontakt aufnehmen. Das erzeugt beim Empfänger Vertrauen, auch wenn er nicht anruft! Aber dass er *könnte*, wenn was wäre – das beruhigt viele und sie schätzen es. Und wenn Sie Glück haben, wird er sich vor dem nächsten Einkauf möglicherweise daran erinnern und Ihre Webseiten oder Ihren Shop gezielt aufrufen.

An dieser Stelle machen viele Unternehmen einen aus meiner Sicht großen Fehler und verstecken sich aus den verschiedensten Gründen unverständlicherweise vor ihrem Kunden. Nun wollen wir hier nicht zu weit in das Thema Beschwerdemanagement abgleiten. Aber es ist mittlerweile eine mehrfach nachgewiesene Tatsache, dass es sich lohnt, auf unzufriedene Kunden aktiv zuzugehen. Behandelt man einen sich beschwerenden Kunden zuvorkommend und hilft ihm, gewinnt man nicht selten einen Kunden fürs Leben. Es wurde nachgewiesen, dass die Kundenbindung bei positiv abgewickelten Beschwerden deutlich höher ist als bei normalen Kunden. Und noch was: Auf jeden Kunden, der sich negativ äußert, kommt eine Vielzahl (bis zu hundert sind keine Seltenheit) weiterer unzufriedener Kunden, die sich eben nicht Gehör verschaffen, sondern einfach wortlos zum Mitbewerber abwandern. Alle Experten zum Beschwerdemanagement sagen daher einhellig, dass man seine Kunden aktiv auffordern sollte, sich Luft zu verschaffen. Wenn dann die Beschwerden reintröpfeln, wird eventuell vorhandene Unzufriedenheit sichtbar – da war sie schon vorher. Nur hat man jetzt die Chance, etwas dagegen zu tun. Natürlich lassen sich damit auch Probleme und latente Lücken im eigenen Bestellprozess erkennen und abstellen. Ein hervorragendes Werkzeug zur ständigen Verbesserung. Aber eben nur, wenn man die Beschwerdehürden möglichst niedrig hält. Das Verstecken der Telefonnummer im Impressum, wo es wirklich nur die Webprofis finden, gehört sicher nicht dazu.

Kunden, die Sie über das Web gewinnen, erwarten vor allem auch eines: Geschwindigkeit. Eine Mail-Anfrage sollte innerhalb weniger Stunden beantwortet werden. Den oftmals zu lesende »1 Tag« halte ich persönlich in den meisten Fällen für zu lang. Warum? Glauben Sie, eine Anfrage geht nur an Sie? Im Zeitalter des Copy&Paste (also des Kopieren und Einfügens) werden scheinbar persönliche Mails problemlos an mehrere Empfänger geschickt. Das alte Sprichwort, dass wer zuerst mahlt, zuerst kommt, kann hier wunderbar abgewandelt werden: »Wer zuerst mailt, ...«. eBay-Powerseller können ein Lied davon singen. Hinter vorgehaltener Hand erfährt man, dass sie oft beobachten, dass nach einer schnellen Auskunft über ein Produkt schon Minuten danach der SOFORT KAUFEN-Button ausgelöst wird. Wie im realen Laden ja meist auch. War der Verkäufer da (in den großen Konsumtempeln leider nicht immer so zu beobachten, weil da einige mit einer Tarnkappe arbeiten) und konnte die Fragen schnell und kompetent beantworten (auch das vermisst man manchmal), dann fällt vielen der schnelle Weg zur Kasse leichter.

Selbstverständlich sollte es sein, Kunden bei Lieferproblemen rechtzeitig per Mail zu informieren, bevor sie selber nachfragen (müssen). Erstaunlicherweise haben viele Kunden großes Verständnis auch für größere Probleme. Dass Fehlermachen menschlich ist, wissen wir alle. Und solange es nicht zu dick und zu oft kommt, wird unverhofft viel toleriert. Aber eben nur, wenn Sie offensiv und vielleicht auch ein wenig menschlich formuliert informieren:

»Wir setzen Sie hiermit davon in Kenntnis, dass Ihre Bestellung leider noch nicht vollständig ist. Sobald wir alle Positionen auf Lager haben, bekommen Sie die Sendung zugesandt.«

oder

»Leider warten wir noch immer auf ein Teil Ihrer Bestellung, nämlich auf den/die XY. Wir haben deswegen schon beim Lieferanten nachgefragt, aber der konnte uns noch keinen verbindlichen Liefertermin nennen. Wir bleiben aber weiter am Ball und versuchen, XY so schnell wie möglich für Sie zu bekommen. Der Rest Ihrer Bestellung steht schon hier bei uns und wartet. Wenn Sie ihn vorab und ohne XY haben möchten, setzen Sie sich bitte mit uns per E-Mail oder unter 0123 - 456 789 in Verbindung. Ihre Bestellnr. lautet 987-123. Wir liefern XY dann ohne weitere Kosten für Sie nach. Die Versandgebühren gehen selbstverständlich auf uns. Einverstanden?«

Was meinen Sie? Welche E-Mail sorgt potenziell für Ärger beim Empfänger und welche stimmt ihn vielleicht (natürlich nicht immer) etwas milder? Welche liest sich nach einer Mail vom Großrechner und welche klingt persönlich geschrieben – obwohl sie natürlich genauso wie die erste von einer Maschine kommt? Ob der Empfänger wohl eine Formulierung wie im zweiten Beispiel erwartet? Hm. Wenn ja, ist er zufrieden, wenn nein, übertreffen Sie seine Erwartungen. Das wäre dann die Königsklasse im Umgang mit Kunden.

Wenn Sie einen Shop betreiben, erwarten Kunden oft auch je nach spezifischem Angebot eine Möglichkeit, sich erkennen zu geben bzw. dem Shop gegenüber als Kunde auftreten zu können. Im Allgemeinen wird dies durch die Möglichkeit realisiert, sich anzumelden (auch *Login* oder *Registrierung* genannt). Der Kunde hat nun den Vorteil, nicht immer wieder alle Daten neu eingeben zu müssen, und Sie können wertvolle Informationen über sein Verhalten in Ihrem Shop gewinnen. Das hat nichts mit Ausspionieren zu tun, sondern dient im seriösen Fall der Verbesserung der Gebrauchstauglichkeit und der Anpassung des Waren- und Dienstleistungsangebots. Wie Sie später noch sehen werden, haben Sie es dabei aber mit einem erstaunlichen Phänomen zu tun: Beim Ersteinkauf »nervt« es viele Besucher, ein solches Kundenkonto anlegen zu müssen – dessen Komfort er beim nächsten Einkauf erst schätzen würde. Das ist vielen nicht so bewusst. Man kann ihn aber auch ein solches Konto anlegen lassen, ohne dass er es merkt und es ihm daher lästig ist. Nein, nicht heimlich. Völlig in Ordnung – es liegt nur an der Platzierung der Eingaben und den Begrifflichkeiten. Aber dazu eben später mehr.

Stellen Sie in jedem Fall sicher, dass man unter der Eingabe Ihrer Artikelnummern im Suchfeld sofort den Artikel angezeigt bekommt. Bei vielen Shops funktioniert dies leider gerade nicht. Gut, bei einigen Webauftritten dient die Suche offenbar nur als Alibi-Funktion. Oder können Sie sich vorstellen, dass es von Bosch keine Standheizungen gibt (siehe Abbildung 19.22)?

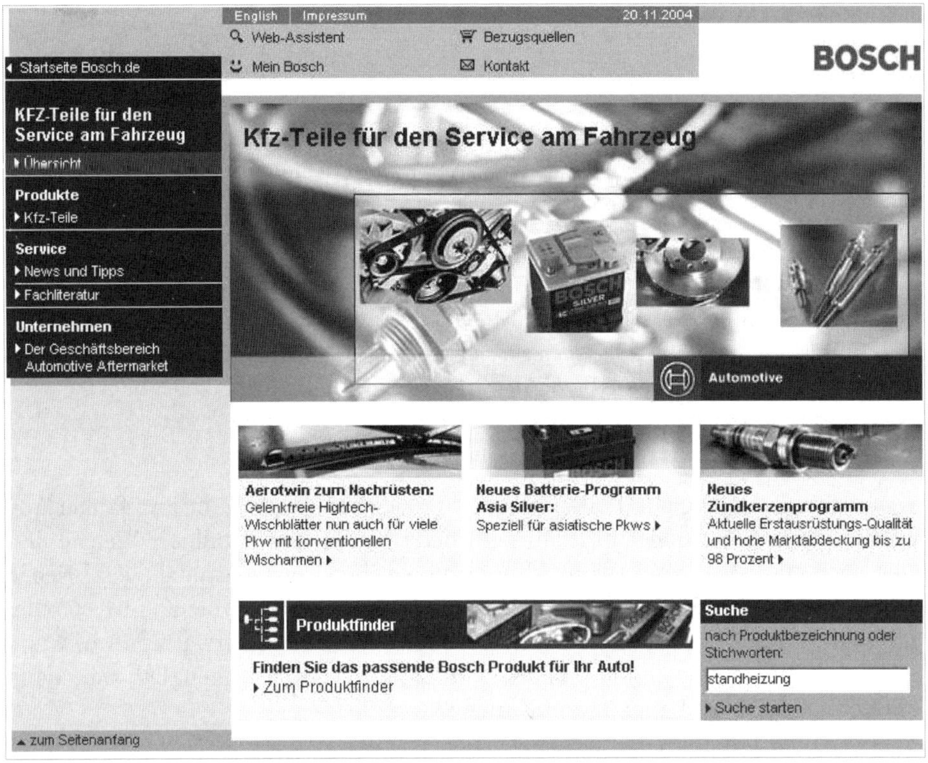

Abb. 19.22: Die Suche nach einer Standheizung bei Bosch

Das Suchfeld ist zwar entgegen den Benutzererwartungen unten rechts (die Erwartung ist rechts oben oder links über der Hauptnavigation) etwas versteckt, aber bei hartnäckiger Suche danach findet man sie dann doch. Dies hilft freilich wenig, wie die Ergebnisseite der Suche nach der Standheizung zeigt (siehe Abbildung 19.23).

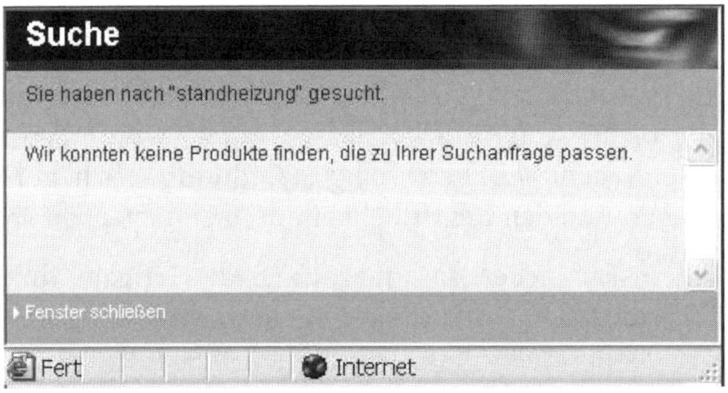

Abb. 19.23: Keine Standheizungen bei Bosch

Wenn ich mir nicht selber eine Heizung vom Bosch-Dienst in mein Fahrzeug hätte einbauen lassen, wäre meine Verwunderung sicher mit einem Achselzucken beendet gewesen. Aber so reißt es mir mein betriebswirtschaftlich ausgebildetes Herz raus, wenn ich immer wieder mit ansehen muss, wie Unternehmen suchende und kaufwillige Kunden vor den Kopf stoßen und zu ihren Mitbewerbern hintreiben. Auch wenn Bosch selber keine Standheizungen herstellt, sondern nur vertreibt und verbaut, sollte doch Verständnis für Suchende herrschen, die die Feinheiten des Konzernaufbaus, dessen Make-or-Buy-Philosophie oder der Zuständigkeiten nicht auf Anhieb überblicken.

Warum Artikel nicht nur mit allgemeinen Suchworten und der genauen Produktbezeichnung, sondern auch über die Artikelnummer zu finden sein sollten, ist schnell erklärt: Kunden haben zum Teil die Rechnung der letzten Bestellung vorliegen und wollen den einen oder anderen Artikel noch mal bestellen. Da erscheint es nicht abwegig, direkt die Artikelnummer einzugeben. Ärgerlich und sicher auch ein bisschen unprofessionell wirkt es dann, wenn der Shop auswirft: *»Leider können wir mit Ihrer Eingabe nichts anfangen. Bitte ändern Sie Ihren Suchbegriff und versuchen Sie es erneut.«*

Die Quelle AG war meines Wissens hier eine der Vorreiterinnen. Dort konnte man von Anfang an die Bestellnummer direkt aus dem Katalog in das Suchfeld eingeben und fand sofort den gewünschten Artikel. Gerade die Sammelbesteller (gegen einen kleinen Bonus kann man Bestellungen von Nachbarn poolen und als Sammelbesteller an eine Adresse geliefert bekommen) wussten dies zu schätzen. Es soll aber nicht verschwiegen werden, dass man an der freien Suche dort und auch bei anderen Online-Kaufhäusern schon noch ein wenig Arbeit vor sich hat. Wenn Karstadt bei der Suche nach »Rotwein« ein Buch über Rottweiler (dazu weiter unten mehr) oder bei Quelle die Suche nach einer »Puppe« auch lebensgroße, aufblasbare auswirft, hat man möglicherweise etwas zu viel des Guten getan.

Dass Besucher wie Kunden einen schnellen Seitenaufbau erwarten, muss sicherlich nicht gesondert ausgeführt werden. Vergessen Sie beim Testen nie, dass noch immer ein nicht unerheblicher Teil der Surfer mit Modems unterwegs ist. Die tolerable Untergrenze sind drei bis vier Sekunden bei langsamen Verbindungen. Wie schnell sich Ihre Startseite also aufbaut, liegt zum einen an Ihrem Hoster, das heißt Ihrem Provider, der die Seiten für Sie auf einem Webserver bereithält, und der Dateigröße der Startseite plus alle zugehörigen Dateien (Formatvorlagen, Bilder oder andere eingebundene Dateien). Alte und langsame Webserver gehören zumeist der Vergangenheit an. Wenn Sie aber immer wieder von Kunden darauf angesprochen werden sollten, dass Ihre Seiten langsam wären, sollten Sie allerdings hier mal einen scharfen Blick hinwerfen. Vor allem große Grafikdateien machen den Aufbau langsam. Zwar ist es keine besondere Kunst mehr, mit professionellen Werkzeugen Bilder und Grafiken so »einzudampfen«, dass sie ohne sichtbaren Qualitätsverlust oft nur noch zehn Prozent der Originalgröße haben. Aber das hat sich noch immer nicht bei allen Agenturen herumgesprochen. Oft ist diesen oder auch Ihnen als Kunden der Aufwand für diese manuelle Optimierung zu hoch. Dies ist eine optimierungsfähige Einstellung, denn Sie zahlen ja für jedes übertragene KB. Selbst bei Pauschalen kann man oft leicht in billigere Volumentarife rutschen. Der Hauptgrund ist aber, dass Webseiten nicht schnell genug sein können – Ihren Kunden soll das Suchen, Stöbern, Lesen und Bestellen ja auch leicht von der Hand gehen. Langsamer Seitenaufbau, auch wenn die Seiten dann besonders schön sind, hemmt sicherlich dabei. Menschen empfinden eine Verzögerung beim Umgang mit Computern ab etwa einer Zehntelsekunde als spürbare Verzögerung. Solche Antwortzeiten werden sich im Web wohl in absehbarer Zeit allerdings nicht erreichen lassen. Erst dann wird sich ein Gefühl einstellen, dass der Aufruf von externen Informationen mit dem eigenen Computer verschmilzt.

19.4 Es werden noch immer die gleichen Fehler gemacht

Erstaunlicherweise ändert sich seit Jahren wenig an den groben Schnitzern, die laut Jacob Nielsen vor allem auch große Unternehmen mit erkenntnisresistenter Beharrlichkeit immer wieder machen. Grund genug, die zehn ärgerlichsten Fehler noch mal aufzuführen und zu erklären:

Schlechte Lesbarkeit

Ärgernis Nummer eins scheint noch immer die schlechte Lesbarkeit von Text auf Webseiten zu sein. Bemängelt wird

- zu kleine Schrift
- schlechter Kontrast von Schrift zum Hintergrund

Hier setzen sich anscheinend häufig die Agenturen durch, denen ein harmonisches Aussehen der Webseiten und das Wechselspiel zwischen Schrift und Bildern ein wichtiges Anliegen ist. Das ist so weit durchaus auch verständlich. Kleine Schrift braucht wenig Platz und lässt mehr Raum für Bilder. Andererseits gehört nicht viel Erfahrung und Vorstellungskraft dazu, dass die meisten Besucher doch wohl eher Informationen suchen und die Webseite nicht heiraten wollen. Es spricht also wenig Sinnhaftes dagegen, eine größere Schrift zu verwenden. Dies hat den angenehmen Nebeneffekt, dass man sich wegen des nun geringeren Platzangebotes beim Texten kürzer fassen muss. Der Leser will nicht lange suchen, er möchte einfach nur schnell finden. Kurze Texte machen es ihm leichter, sein Ziel zu erreichen. Und damit steigt die Wahrscheinlichkeit, dass er den Text überhaupt zu Ende liest.

Dass Text oft generell schlecht für Webseiten aufbereitet wurde, ist eine traurige, aber allgegenwärtige Tatsache. Selbst auf dem Einwickelpapier im Fischladen steht schon unter »10 ultimative Tipps fürs Web«, dass man keinen Prospekttext auf Webseiten stellen soll. Entweder essen die Webtexter zu wenig Fisch oder es gibt sie in den Unternehmen schlicht (noch) nicht. Der Text kommt von der Marketingabteilung und der Webmaster stellt sie genau so ins Web. Mahlzeit.

Ostereierlinks

Was wäre das Web ohne Links? Sie sind der Kitt zwischen unterschiedlichen Websites und einzelnen Webseiten innerhalb einer Website. Natürlich muss ein Link nicht immer und unter allen Umständen blau und unterstrichen sein. Jacob Nielsen weist zu Recht darauf hin, dass es genügt, wenn ein Link als solcher optisch eindeutig erkennbar ist. Und zwar *ohne* dass der Besucher mit dem Mauszeiger darüber fahren muss, um an der Veränderung des Zeigers zu einem Finger zu erkennen, dass er hier klicken kann.

Wenn Sie nun glauben, dass auch dies doch mittlerweile klar sein müsste, blicken wir doch einfach mal in Abbildung 19.24 auf eine typische Website, die nach allen Regeln der Kunst auf CI (Corporate Identity = Von der Serviette über die Visitenkarte bis zum Kittel der Reinemachkräfte muss alles in Unternehmensfarben identisch sein) getrimmt wurde.

Abb. 19.24: Such den Link

Sie sehen ein sich meiner Meinung nach besonders krass auswirkendes Beispiel, wie man CI zum berechtigten Ärger des Kunden im Web zu weit treiben kann. In der Sektion JAHRESWAGEN suchen Sie relativ lange nach den Fahrzeugangeboten. Ich habe Ihnen diesmal bewusst keinen grafischen Hinweis innerhalb der Abbildung gegeben. Suchen Sie ruhig mal nach dem Osterei. Ob Sie es überhaupt finden können, kann ich zum Zeitpunkt, wo ich hier diesen Text schreibe, leider nicht abschätzen. Der farbliche Unterschied ist schon auf der Webseite selber nur so marginal, dass ich befürchte, im gedruckten Buch ist er gar nicht mehr zu erkennen. Schauen Sie mal genau auf den ersten Textabsatz »Die neue BMW 3er ...«. Der zweite Satz: »... finden Sie hier«. Das Wort *hier* ist etwas heller als die restliche Schrift und anklickbar. An dieser unscheinbaren Stelle öffnet sich dann das große Angebot an Autos. Je nach dem verwendeten Bildschirm ist der »Link« mal besser oder auch mal schlechter zu erkennen.

Ein Link ist blau und unterstrichen. Ein bereits angeklickter Link ist nicht mehr blau, sondern lila. Jeder Webnutzer weiß das und jeder will das wieder haben. Früher hatten wir das mal – als das Webdesign noch einfacher war. Erinnern Sie sich? War das nicht herrlich? Man wusste immer eindeutig, wo man klicken konnte, und vor allem sah man auf neuen Seiten durch lila markierte Links, dass man dort schon war – also ein erneutes Draufklicken keine weiteren Erkenntnisse hinsichtlich der eigenen Recherche bringt. In meinen Workshops ernte ich für diese Forderung immer wieder heftig nickende Köpfe. Viele sind sich einig, dass das recht praktisch war und uns das eigentlich relativ egal ist, wie das optisch wirkt. Hauptsache praktisch.

Natürlich habe ich viel Verständnis dafür, wenn die Farbe Blau nicht zu den Unternehmensfarben passt. Oder gar Lila. *Wie sieht denn das aus?*, werden manche Ästheten zu Recht proklamieren. Trotzdem spricht nichts dagegen, einen Link auf Text wenigstens in gewohnter Weise zu unterstreichen. Sehen Sie sich mal in Ruhe die Produktinformationen einer Videokamera von Sanyo in Abbildung 19.25 an.

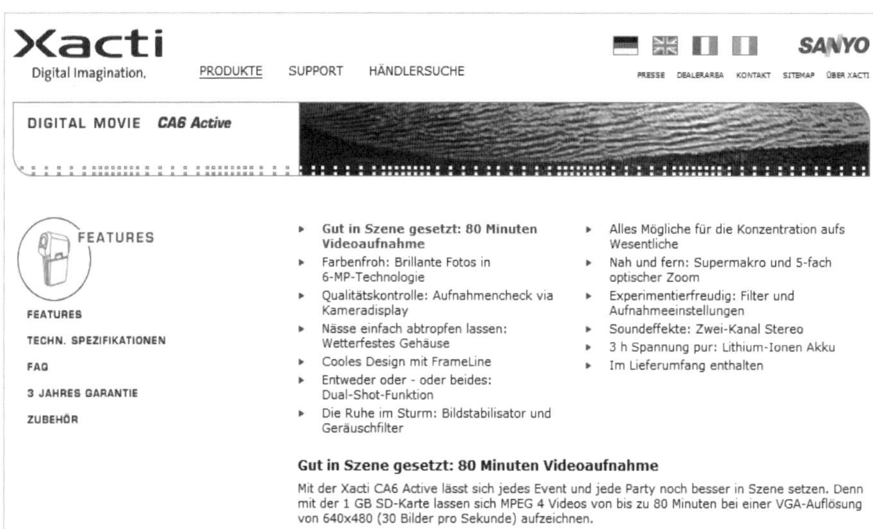

Abb. 19.25: Sanyo.de: Was kann man anklicken?

Was Sie hier beim Schwarz-Weiß-Druck schlecht erkennen können, ist, dass der erste Aufzählungspunkt (GUT IN SZENE GESETZT ...) im Original blau dargestellt ist. Vielleicht sieht man einen kleinen Unterschied in den Graustufen. Sie werden sagen: *Klar, da kann man anklicken*. Reingeplumpst. Man kann unerwarteterweise alle Aufzählungspunkte anklicken (siehe Abbildung 19.26, visualisiert am sechsten Aufzählungspunkt). Sie müssen die Seiten nur mit der Maus absuchen und beim so genannten Mouseover, also dem Überfahren mit dem Mauszeiger, wird die Aufzählung auf wundersame Weise unterstrichen und zeigt jetzt an, dass sie klickbar ist. Seit es diese Programmierfunktion gibt, finden Webdesigner es offenbar besonders schick, sie auch möglichst häufig einzusetzen. Dabei entstehen dann eben Ostereierlinks.

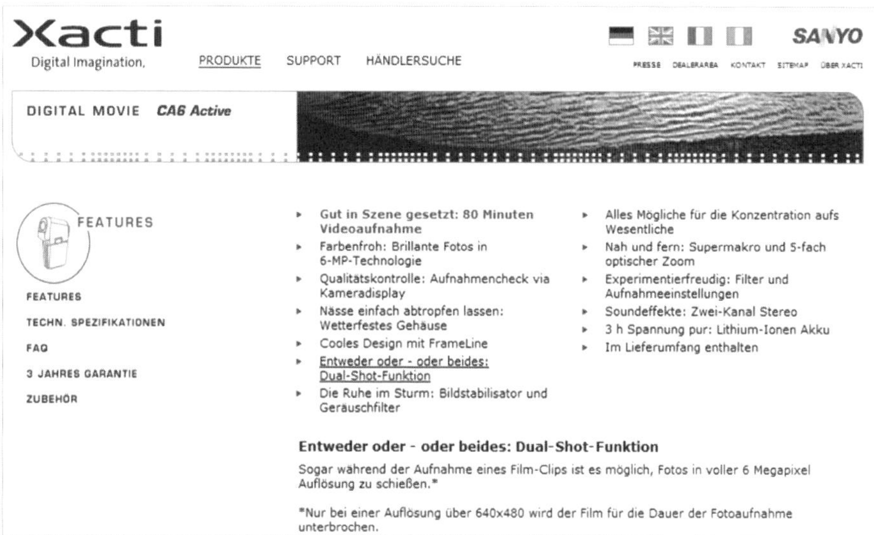

Abb. 19.26: Für den Maus-Kolumbus: Links per Erkundung entdecken

Was um alles in der Welt lässt die CI-Abteilung eines Unternehmens glauben, dem Web und seinen Nutzern beibringen zu können, wie ein Link auszusehen hat?

Flash

Im Kapitel über Suchmaschinen haben Sie ja schon lesen können, dass Flash-Seiten trotz der mittlerweile verbesserten Möglichkeiten der Inhaltserkennung problematisch sind, wenn es um die Auffindbarkeit im Web geht. Einige große Markenhersteller sind sicher manchmal auch zu Recht der Meinung, ihre Webseite werde hauptsächlich durch Eintippen des Domainnamens gefunden bzw. aufgerufen. Den Besucher erwartet dann nicht selten ein wahres Feuerwerk an multimedialen Inhalten. Webseiten als Farbfernseh-Werbungsersatz. Die meisten moderneren Browser haben bereits in der Grundausstattung den Flash-Player als Plug-in geladen. Wenn nicht, wird sein Besitzer dies irgendwann nach der zwanzigsten Aufforderung einer Webseite kampflos nachholen, wie man auch eine Schluckimpfung über sich ergehen lässt. Eine mangelnde Verbreitung kann also nicht als Hindernis gesehen werden.

Laut Nielsen liegt der wahre Problemkern bei Flash tiefer. Es gibt hier einfach *zu viele Freiheiten* und zu wenig vorgefertigte Hilfen. Nur die wenigsten Flash-Designer haben eine wirklich fundierte Ausbildung im User-Interface-Design und Nielsen meint diplomatisch, dass sie einfach von der Fülle der Gestaltungsmöglichkeiten überfordert sind. Erinnern Sie sich noch an die ersten Desktop-Publishing-Programme? Das »Bedienen-Können« eines Werkzeuges bedeutet noch nicht, damit auch einen Output zu produzieren, der auch zum Nutzen des Anwenders ist. Wenn sich das nur endlich mal rumsprechen würde ...

Nur um es noch mal deutlich auf den Punkt zu bringen: Flash ist an sich »nur« eine moderne und zunächst neutral zu sehende Technologie, Webinhalte frei erstellen zu können. Viele ungeschickte oder technikverliebte Programmierer waren es, die diese Technik in Verruf gebracht haben: Skip Intro!

Text, der nicht an die Besonderheiten im Web angepasst wurde

Oben habe ich es ja schon angedeutet: Text im Web soll möglichst kurz und prägnant sein. Natürlich darf die Sprache *gerade* im Web durchaus etwas lockerer formuliert sein. Knochentrockene Beschreibungen und Werbesprüche gehören eher auf Verpackungen und Prospekte. Ein Text darf ruhig auch emotional wirken, was sicher die Marketingstrategen unter Ihnen etwas beruhigen wird.

Denken Sie aber bitte unbedingt immer daran, dass viele Besucher gerade deswegen ins Web gehen, weil sie Informationen suchen. Man kann es nicht oft genug wiederholen. Neben aller Berücksichtigung von marketingorientierten Texten und Formulierungen sollten auch immer Kerninformationen zu Produkten vorhanden sein.

Untaugliche Suchfunktionen

Wer benutzt eigentlich noch Website-interne Suchmaschinen? Laut Jacob Nielsen anscheinend noch immer eine ganze Menge Besucher und für die ist es noch immer ein großes Ärgernis. Entweder findet die interne Suche gar nichts, obwohl man exakt die richtige Produktbeschreibung eingegeben hat, oder sie findet durch eine »weiche« Suche mit ähnlichen Begriffen Irrelevantes. Besonders hübsch finde ich es persönlich, wenn auf den Webseiten der großen Konzerne die Suche nach einem ihrer Produkte seitenweise Presseerklärungen als PDF-Dateien liefert, statt auch nur den geringsten Hinweis über das Produkt und wo man es kaufen kann. Erstaunlich, dass dies einfach *niemand* zu merken scheint ...

In Abbildung 19.22 weiter oben haben Sie ja schon gesehen, was die Suche nach einer Standheizung bei `Bosch.de` hervorbringt. Das Web ist aber voll von nicht funktionierenden, internen Suchmaschinen. Als Beispiel sei stellvertretend `Karstadt.de` genannt, wo es anscheinend über drei Generationen nicht gelungen ist, eine vernünftige Suchfunktion zu implementieren. `Myworld.de` als erster gescheiterter Versuch von Karstadt warf damals noch auf der Suche nach »Reis« unzählige CDs mit Reiseempfehlungen aus oder Jeans, weil diese einen Reißverschluss hatten. Der Nachfolger, `Karstadt.de`, brachte bei der Suche nach »Rotwein« Bücher über Rottweiler und die Entfernung von Rotwein-Flecken. Oft genug log die interne Suchmaschine aber auch (siehe Abbildung 19.27).

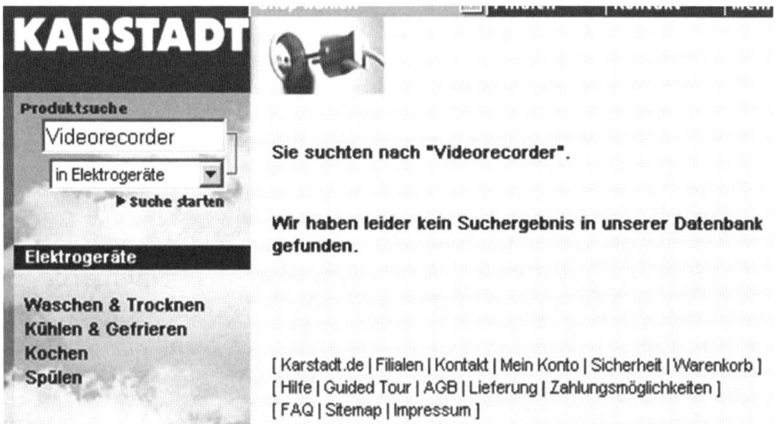

Abb. 19.27: Keine Videorecorder bei Karstadt?

In der letzten Version brachten ähnliche Suchabfragen ähnlich niederschmetternde Ergebnisse (siehe Abbildung 19.28).

Abb. 19.28: Auch DVD-Player hat `Karstadt.de` anscheinend nicht.

Je länger und je mehr man suchte, desto weniger wird man fündig (siehe Abbildung 19.29).

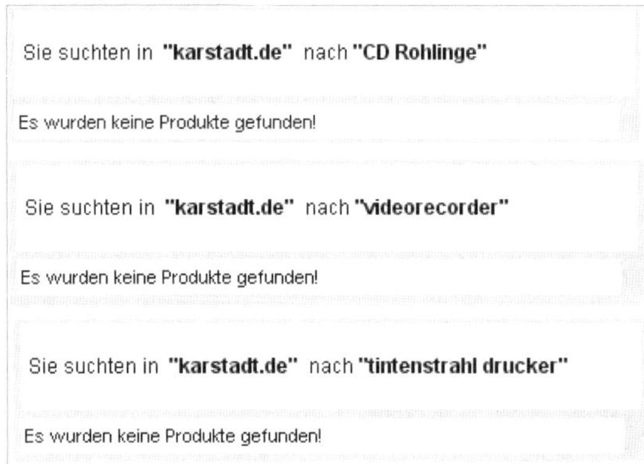

Abb. 19.29: Es wurden keine Produkte gefunden!

Erst in der aktuellen Version des Webauftritts von `Karstadt.de` hat man der Suchfunktion nun offensichtlich mehr Aufmerksamkeit gewidmet. Sie ist mittlerweile deutlich besser geworden und hat sogar eine Vorschaufunktion erhalten. Beim Eintippen erscheinen jetzt bereits Vorschläge. Na ja, liebe Karstadt-Webverantwortlichen. Ein Grund zur Freude ist das aber noch nicht. So richtig *sauber* ist die Suchfunktion nämlich noch immer nicht. Wer zum Beispiel nach einem der neuen Blue-Ray-DVD-Brenner für Computer sucht, wird auch jetzt noch enttäuscht. Gefunden werden hier drei Produkte (siehe in der Abbildung 19.30 den Text über den Ergebnissen IHRE SUCHE NACH »BLUE RAY« HAT 3 PRODUKTE GEFUNDEN), eines davon ist eine Grafik-Software.

Stattdessen (drei Ergebnisse) werden aber nur zwei Bilder ausgegeben. Die Lösung liegt darin, dass der »Fujitsu Siemens Computers« offenbar zwei Treffer bringt, was die Zahl 2 in den eckigen Klammern andeutet. Klickt man nun auf dieses Ergebnis wie über dem Suchergebnis gefordert (BITTE VERFEINERN SIE IHR SUCHERGEBNIS NACH MARKE), erhält man folgendes Suchergebnis (siehe Abbildung 19.31).

Sie sehen nichts? Ich auch nicht. Diese letzten Screenshots sind vom September 2008 und auch wenn die Suche bei Karstadt nun mehr Ergebnisse als früher bringt, würde ich die Gesamtleistung noch immer mit ungenügend bezeichnen. Um möglichen Einwänden zu begegnen, sehen Sie in der Abbildung 19.32 im vorletzten Treffer, dass es sehr wohl Blue-Ray-Brenner bei Karstadt online zu kaufen gibt. Genau genommen gibt es sogar mehrere. Diese sieht man allerdings erst nach dem Weiterblättern, was sich hier in der statischen Abbildung nicht zeigen lässt.

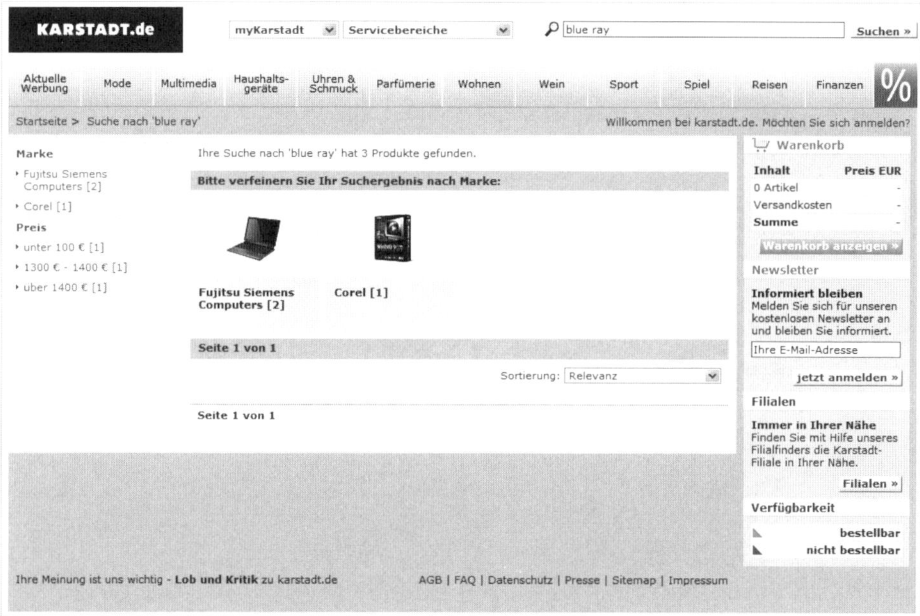

Abb. 19.30: Kein Blue Ray bei `Karstadt.de`?

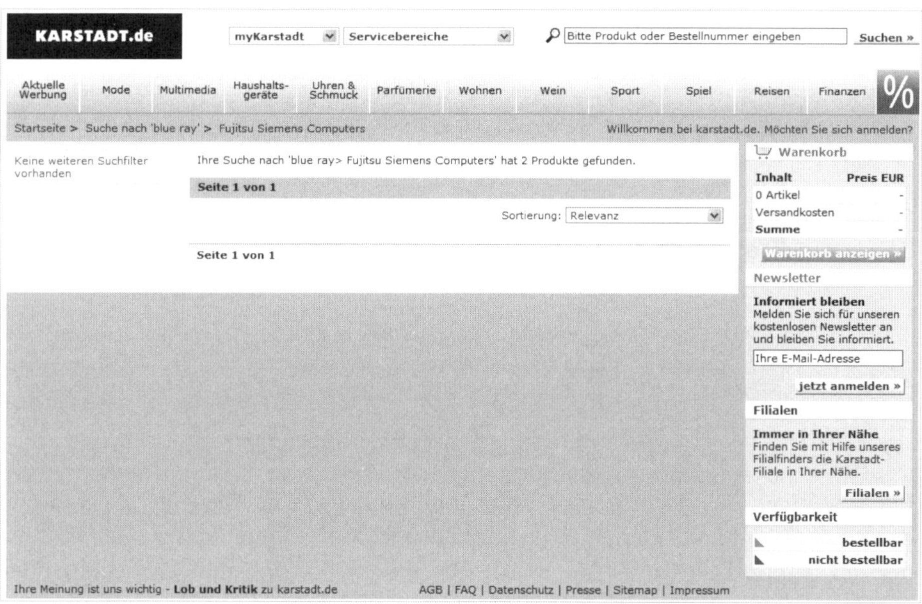

Abb. 19.31: Die Verfeinerung der Suche funktioniert leider nicht.

Abb. 19.32: Klar gibt es Blue-Ray-Brenner bei Karstadt!

Etwas anderes lässt sich aber noch in Abbildung 19.32 ersehen. Vergleichen Sie doch mal die ersten beiden Anzeigen und die beiden weiteren in der zweiten Zeile der Auflistung. Fällt Ihnen etwas auf? Die jeweils beiden Geräte nebeneinander scheinen identisch zu sein. Jedenfalls legen der Preis und die Beschreibung das nahe. Wenn Sie die Beschreibungen vergleichen, werden Sie weiterhin feststellen, dass sich die ersten sieben Brenner nur im Preis unterscheiden, aber eine identische Beschreibung haben. So macht das Aussuchen richtig Spaß und die Texterfasser(innen) bei Karstadt sparen sich jede Menge mühsamer Schreibarbeit.

Blättert man weiter runter, wird das noch witziger, wie Abbildung 19.33 zeigt. Ich konnte mir das Hinzunehmen dieser Abbildung einfach nicht verkneifen. Sie zeigt meiner Meinung nach ein solch abschreckendes Musterbeispiel dafür, wie man es im E-Commerce eben *genau nicht* machen sollte, dass man verwundert nur davon lernen kann. Dafür gibt es im Jahr 2008 keine Entschuldigungen mehr und offensichtlich ist der Konzern so mit Umstrukturierungen und Namensgebungen beschäftigt, dass man den Kunden am anderen Ende des Bildschirms völlig aus den Augen verloren hat. Anders kann ich mir solche Fehlleistungen nicht erklären. Im Übrigen habe ich beim Rumklicken dort noch viel autschigere Usability-Hämmer gefunden. Aber weil das thematisch nicht an diese Stelle gehört, verschone ich Sie damit.

Abb. 19.33: Ein Sony-Brenner von Karstadt gefällig? Nur welcher ...

Das war vielleicht mal wieder etwas zu sarkastisch – sorry. Aber wer seinen Kunden solche Listungen zumutet, kann es (noch) immer nicht besonders ernst mit dem Online-Geschäft meinen. Da nützt es auch nichts, im Seitentitel (sieht man oben in Browserrahmen) KARSTADT – SCHÖNER SHOPPEN zu schreiben. So viel (Namens-)Potenzial so ungenutzt zu sehen – das tut schon weh.

Wer jetzt nun schmunzeln musste, aber selber eine Suche anbietet, sollte an dieser Stelle besser das Buch für einen kurzen Moment beiseitelegen und die eigene Suche richtig ehrlich testen. Oops. Na? Sehen Sie, was ich meine?

Tipp

Wenn Sie eine interne Suche anbieten und die Möglichkeit haben, Suchanfragen der Besucher über einen längeren Zeitraum zu speichern, tun Sie dies in jedem Fall. Ab und an sollten Sie sich dann die Zeit nehmen und diese gespeicherten Suchbegriffe selber in die eigene Suche eingeben. Sie sehen dann exakt, was Ihre Kunden bei der Suche als Ergebnis präsentiert bekommen haben. Eine kleine Warnung erscheint mir hier angebracht: Oft erschüttert einen dieser Selbstversuch so, dass die präventive Einnahme einer Kopfschmerztablette vielleicht kein ganz abwegiger Rat sein dürfte ;-)

In der Regel taugt eine Volltextsuche auf Webseiten überhaupt nichts. Es löst einfach keine Probleme, wenn man nach der Eingabe von `Bohrfutter Ersatzteil` entweder gar kein Ergebnis oder aber 320 Ergebnisse inklusive aller Pressemeldungen bekommt, die das Wort »Bohrfutter« und/oder »Ersatzteil« enthalten.

Zum Abschluss des Themas interne Suchfunktion scheint es mir noch wichtig, Sie auf die beiden gängigen Darstellungsarten der Suchergebnisse hinzuweisen:

- **Die Listendarstellung:** Dabei werden alle Suchergebnisse untereinander gestellt, so wie das alle namhaften Suchmaschinen machen. Idealerweise stehen die besseren Treffer dabei weiter oben. Durch das gelernte Verhalten bei Suchmaschinen-Ergebnissen klicken Ihre Besucher nämlich wirklich hauptsächlich nur weiter oben in den Ergebnissen. Dessen sollten Sie sich bewusst sein. Die höchste Aufmerksamkeit erzielen also die ersten Treffer.
- **Die so genannte Galerie-Darstellung:** Hier werden wie bei Karstadt (siehe Abbildung 19.32) die Suchergebnisse mit Bildern nebeneinander gestellt. Tests haben gezeigt, dass sich die Aufmerksamkeit der Suchenden gleichmäßiger auf die Ergebnisse verteilt. Für Shops scheint diese Darstellungsart daher in der Regel die bessere zu sein.

Einen Umschalter (»Listendarstellung/Galeriedarstellung«) für den Besucher anzubieten, bringt laut einer Usability-Studie von Omikron nicht so viel. Es hat sich gezeigt, dass die meisten Besucher diese Funktion nicht verstehen bzw. nicht ausprobieren, weil sie diese eben nicht verstehen. Also müssen Sie die Entscheidung, in welcher Darstellung Sie Ihre Suchergebnisse anzeigen lassen möchten, wohl oder übel selber treffen.

Eine nahezu vorbildliche Suchfunktion finden Sie übrigens bei `Buch24.de` oder zum Beispiel bei `heine.de`, wo ebenfalls beim Eintippen schon die ersten Suchergebnisse angezeigt werden, wie man in Abbildung 19.34 sehen kann.

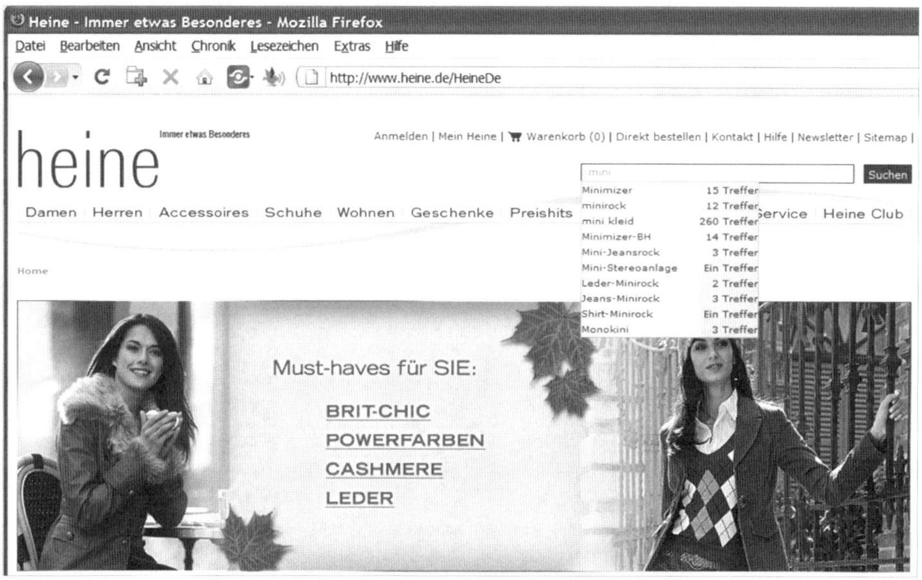

Abb. 19.34: `Heine.de`: Die Eingabe von `Mini` reicht bereits aus.

Die Eingabe der vier Buchstaben `Mini` reicht aus, um die angebotenen Rubriken anzuzeigen. Neben den vielen Schreibformen für Minirock (Mini Kleid, Mini Jeansrock, Leder-Minirock) die beim direkten Klick darauf eine Menge späterer ungewünschter Treffer bereits wegfiltert, findet man so aber auch schnell die Mini-Stereoanlage. Aber auch Tippfehler werden gut abgefedert. Der Vertipper `Mimirok` bringt tadellos die richtigen Ergebnisse (siehe Abbildung 19.35).

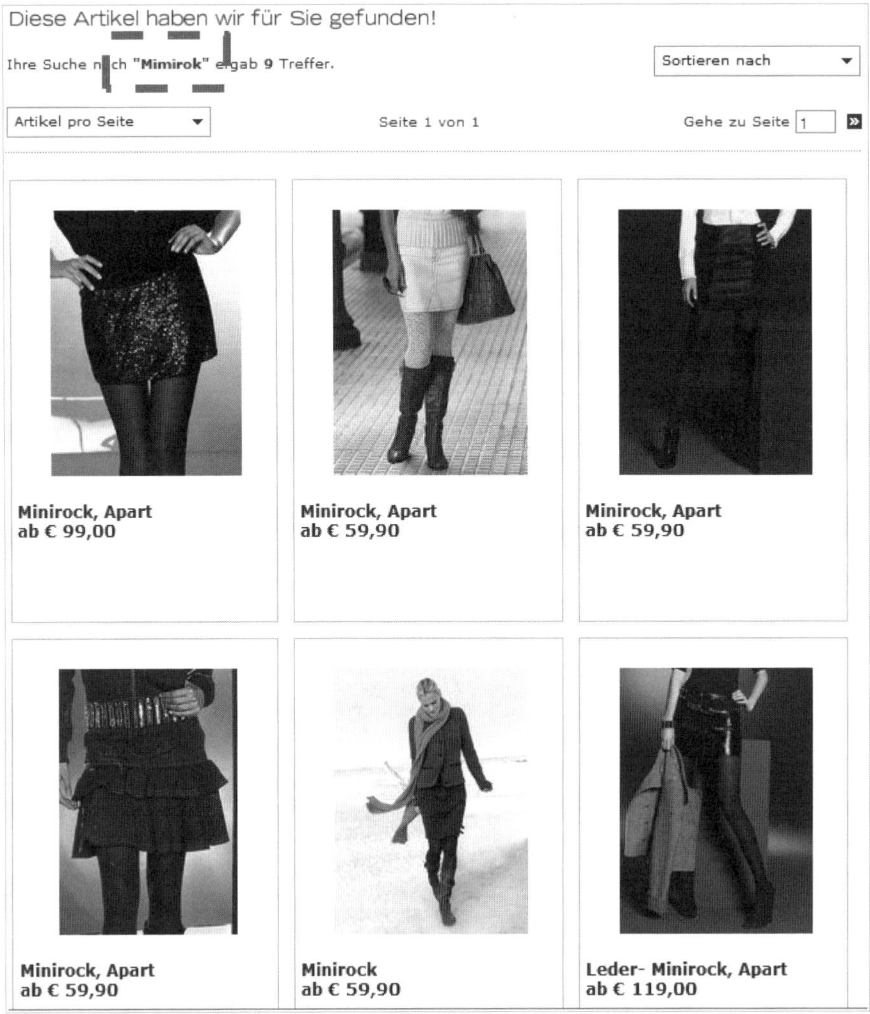

Abb. 19.35: Die Mimirok-Suchergebnisse bei `heine.de`

Ermöglicht wird so etwas duch den Einsatz von spezieller Software für die interne Suche. Mit solchen Systemen kann man problemlos z. B. Mehrfachzuordnungen von Begriffen zu Produkten vornehmen, aber eben auch die Fehlertoleranz einer phonetischen Suche einstellen. Phonetisch bedeutet hier, dass man tatsächlich in allen Schreibweisen zum Ziel kommt, die so *klingen*, wie der echte Produktname. Wäbsaid Busding. Warum das für den Umsatz förderlich ist, dürfte auf der Hand liegen. Bekommt man eine Bezeichnung nur genannt und hat deren Schreibweise nicht gesehen, muss man beim Suchen raten. Findet man dann nichts, kann der Shop auch nichts verkaufen. Besonders gute Systeme lassen zusätzlich auch noch Tippfehler bzw. Buchstabendreher zu. Die Suche nach »soni palystaton« würde wohl in den meisten Shops zu einer Fehlermeldung der Suche führen. Das Suchtool Fact-Finder von Omikron sucht klaglos passendes zusammen und und macht sogar noch sinnvolle Vorschläge, was der Suchende genau gemeint haben könnte (siehe Abbildung 19.36)

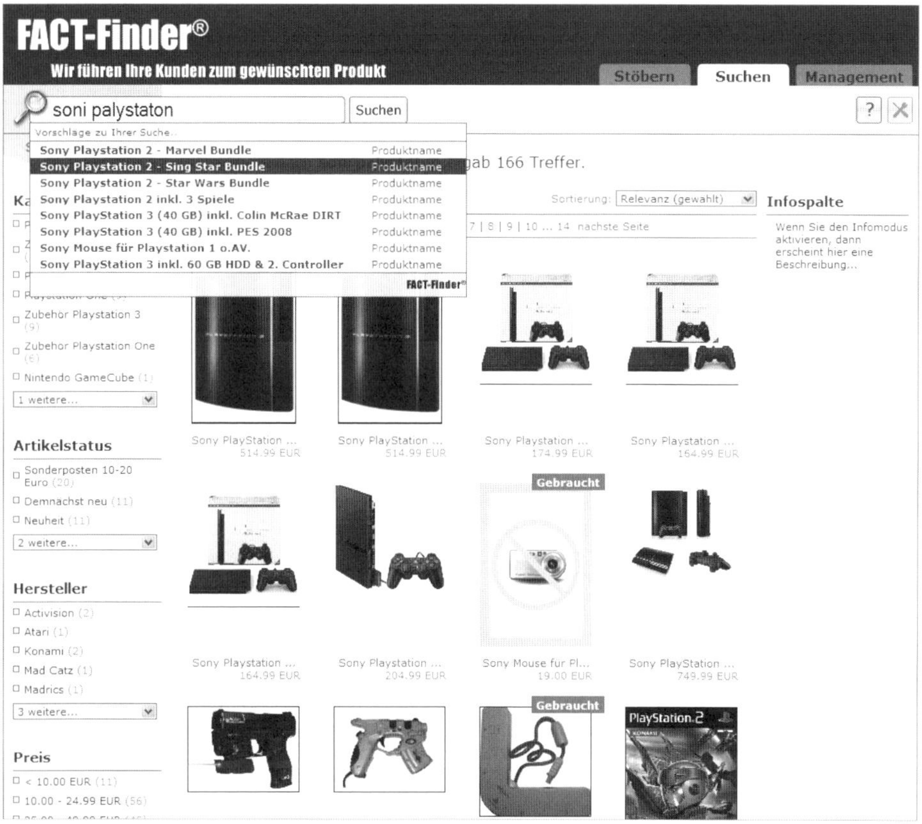

Abb. 19.36: Wo ist die soni palystaton?

Im Backend eines solchen Tools hat man dann umfassende Einstellmöglichkeiten wie die z. B. die Suchbandbreite oder die Mindestähnlichkeit. In der Abbildung 19.37 sehen Sie ein solches Backend, das Sie hoffentlich wegen der Größe noch einigermaßen erkennen können. Was man aber in jedem Fall erkennt, sind die vielfältigen Einstellmöglichkeiten, um dem Kunden bei seiner Suche zu unterstützen und ihm bessere Treffer liefern zu können. Jeder gute Treffer ist ein potentiell verkaufbares Produkt. Der Satz »Die Suche führte zu keinem Ergebnis« ist dagegen ein echter Umsatzkiller.

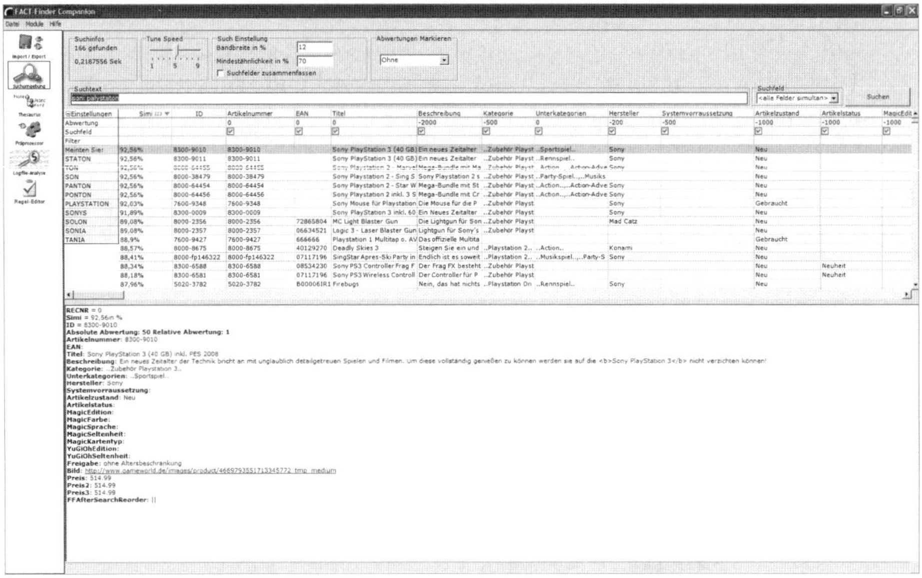

Abb. 19.37: Eine Konsole zur Parametrisierung der internen Suche

Formularterrorismus

Jacob Nielsens Regeln für Formulare sprechen mir und sicher auch den meisten Ihrer Besucher aus der Seele:

- Formulare sollten so schlank wie möglich sein. Was nicht unbedingt aus ablauftechnischen Gründen rein muss, bleibt draußen. Was ich einfach nicht verstehe, ist, warum noch immer in so vielen Formularen nach dem Bundesland gefragt wird. Reicht die Postleitzahl denn nicht zur Zuordnung aus? Oder bin ich hier einfach nur der für das Unternehmen kostenlos arbeitende, billige Eingabe-Jakob?
- Pflichtfelder sollten nicht dadurch zur Pflicht werden, weil Ihre Marketingabteilung großen Wissensdurst hat. Denken Sie immer daran, dass zu viele Pflichtfelder lästig sind und abschrecken. Wollen Sie Daten oder Kunden? Und weil wir gerade bei »*Pflicht*feldern« sind: Ist das nicht irgendwie ein hässliches und unfreundliches Wort?
- Wo es Sinn macht, sollten Sie in Formularen dynamisch arbeiten. Wer sich als Privatperson klassifiziert, sollte keine Felder angezeigt bekommen, die nach Unternehmensdaten fragen. Das verwirrt. Achten Sie bitte insbesondere bei Kreditkarten darauf, dass die einzelnen Karten unterschiedlich aufgebaut sind, und geben Sie dem potenziellen Käufer auch die richtigen Informationen – je nachdem, welche Karte er ausgewählt hat. Bei Schlecker wundert man sich wahrscheinlich schon seit Jahren, warum eigentlich niemand mit American-Express-Kreditkarten zahlt (siehe Abbildung 19.38).

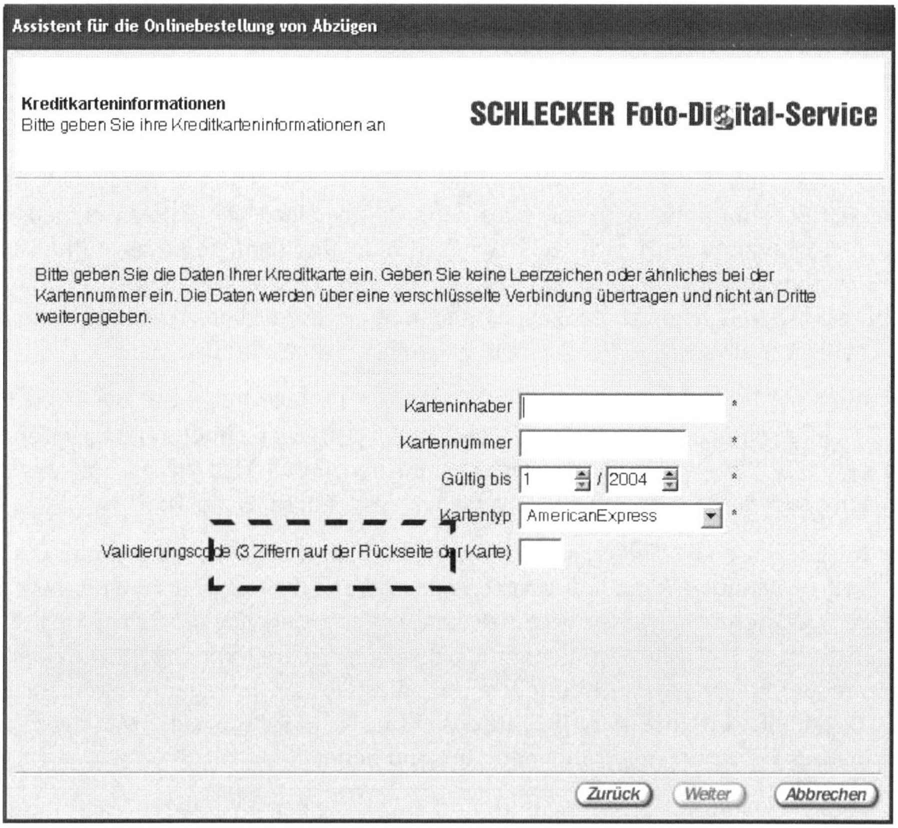

Abb. 19.38: `Schlecker.com` mit falschen Kreditkartenangaben

Man muss also auf der Rückseite der Kreditkarte einen dreistelligen Validierungscode suchen und in das Formular eingeben. Eine American-Express-Karte sieht allerdings so aus wie in Abbildung 19.39 gezeigt.

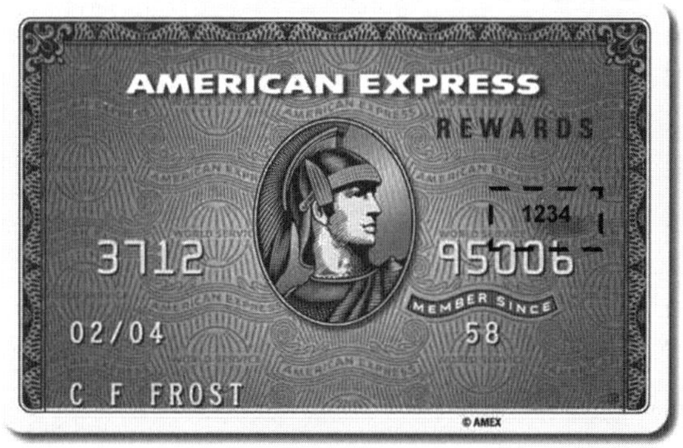

Abb. 19.39: Der AMEX-Validierungscode ist vorne und vierstellig.

Wie Sie sehen können, ist der Validierungscode vorne und nicht hinten (wie bei der Master-/Eurocard). Falls Sie als Kunde diese nicht allzu hohe Hürde meistern, hat man gleich die nächste Hürde gesetzt: Der Code ist nämlich nicht drei-, sondern vierstellig. Und wenn Sie über mich denken, ich wäre ein Prinzipienreiter, sehen Sie sich den Platz für den Validierungscode in Abbildung 19.38 noch mal genauer an. Jetzt sind Sie auf der richtigen Spur! Da lassen sich tatsächlich nur drei Ziffern eintippen. Wie soll man denn da aber jetzt vier Ziffern eingeben? Eben. Gar nicht, weil es nicht geht! Wie soll man aber denn da etwas online kaufen, wenn man eine American Express hat? Eben. Gar nicht, weil es nicht geht. Ich will nicht so weit gehen zu denken, dass man mit einer solchen Karte ja auch nicht bei Schlecker einkauft. Aber anscheinend wollen die das wirklich nicht ...

- Auch bei Formularen gilt natürlich im Übrigen: Bezeichnen Sie alle Eingabefelder so eindeutig wie möglich! Versteht der Kunde alle internen Bezeichnungen? Zur Not helfen kleine Fragezeichen neben den Feldern, die mit einem Link zu einem erklärenden Text versehen sind. Aber nur zur Not!
- Kennzeichnen Sie Felder, in die zwingend etwas eingegeben werden muss, wie üblich mit einem kleinen Sternchen *und* erklären Sie trotzdem in einer Legende, was dieses Sternchen bedeutet. Und in diese Legende schreiben Sie eben nicht einfach wie ein Heimleiter für schwer erziehbare Kunden »Pflichtfelder«, sondern beispielsweise freundlicher »... diese Felder brauchen wir von Ihnen ausgefüllt, um Ihre Anliegen/Ihre Anfrage schnellstmöglich bearbeiten zu können«. Das ist länger, aber entscheidend netter.
- Setzen Sie Formulare wirklich nur dort ein, wo es keinen anderen Weg zur Datenaufnahme gibt. Formulare wirken in der Regel unpersönlich. Denken Sie daran.

Wenn Sie in Formularen Pull-down-Boxen einbauen, achten auch bei diesen unbedingt auf eine saubere Sortierung der auswählbaren Inhalte. Die meisten Besucher gehen bei Zahlen von einer ab- oder aufsteigenden Sortierung aus. Bei Texten wird in der Regel eine alphabetische Sortierung erwartet. Oftmals werden die deutschen Umlaute ä, ö und ü fälschlicherweise automatisch nach dem Buchstaben z einsortiert. Prüfen Sie dies unbedingt, wenn Sie Einträge haben, die mit Umlauten beginnen.

In Abbildung 19.40 sieht man die Folgen einer Fehlsortierung ganz deutlich. Bei den drei ersten Wahlmöglichkeiten werden die »normalen« iPods zur Auswahl für die Geräteliste gestellt. Hat man einen iPod zum Beispiel mit 30 GB, scheint es hier kein auswählbares Gerät zu geben. Hier kann man zum Kauf von Hörbüchern offenbar kein Kunde werden. Schade. Nur die hartnäckigen Analysten werden die Lösung ganz am Ende der Liste doch noch finden. Nach welchem Prinzip man bei `Audible.de` solche Listen sortiert, blieb mir tatsächlich ein Rätsel.

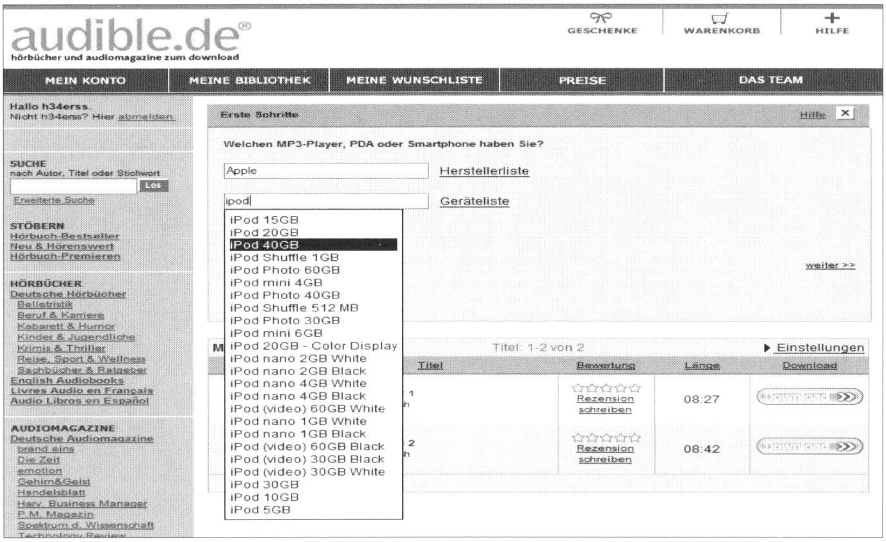

Abb. 19.40: Wo ist der iPod mit 30 GB bei `Audible.de`?

Fehlende Kontaktdaten

In den USA ist dieses Problem natürlich virulenter als bei uns in Deutschland, weil wir hier eine Impressumspflicht haben. Die Impressumsseite ist allerdings wirklich oft der letzte Rettungsanker, um eine Telefonnummer oder eine Firmenadresse zu finden. Wird Ihre Impressumsseite laut Ihren Logfiles (die Webstatistik Ihres Webservers) relativ häufig aufgerufen, ist das meist ein deutlicher Hinweis, dass man Ihre Kontaktdaten nicht auf anderem Wege findet. Nielsen weist darauf hin, dass das prominente Angeben der Kontaktdaten insbesondere auch Vertrauen zum Anbieter schafft.

Warum eigentlich nicht die Telefonnummer oben in den Kopf der Webseiten schreiben? Ach, war nur mal so eine Idee ...

Aber verwunderlich ist es schon, oder? Da betreiben einerseits die Unternehmen Webseiten und geben nicht wenig Geld dafür aus, um gefunden zu werden und Neukundenkontakte zu generieren. Und auf der anderen Seite sagen die Benutzer, dass es noch immer zu ihren ärgerlichsten Problemen gehört, dass sie die Kontaktdaten nicht finden ... Seltsam, oder? Zum Glück ist dieses Ärgernis verdammt schnell zu beheben. Wenn man will.

Starre Layouts

Layouts, die mit einer festen Auflösung von 800 Pixeln Breite erstellt wurden, sehen auf Monitoren mit höherer Auflösung oft durch die breiten weißen Ränder unschön aus. Eines der lästigsten Probleme sind ausgedruckte Webseiten, bei denen aufgrund der fixiert programmierten Seitenbreite der rechte Rand fehlt.

Häufig müssen Besucher dann viele Seiten direkt in den Papiermüll werfen. Sind sie keine Internet-Profis, sind sie gar nicht in der Lage, diese Seiten überhaupt vernünftig zu drucken. Unterstellt, sie wollen das nach der ersten Verschwendungsorgie überhaupt noch. Man stelle sich vor: Da druckt einer sogar die Inhalte der Webseite aus, weil er sie als Unterlagen zum Beispiel für die nächste Einkaufsbesprechung braucht. Na gut, dann halt nicht. Wieder ein Nicht-Umsatz, von dem Sie wahrscheinlich niemals in Ihrem Leben etwas erfahren werden! Ich weiß, was jetzt noch einigen von Ihnen auf der Zunge juckt: Frames! Das Ausdrucken von Frame-Webseiten – man bekommt in der Regel nur die Navigation ausgedruckt. Und wieder wissen die Nicht-Profis nicht, was sie nun wieder falsch gemacht haben. Verwendet eine Webseite allerdings in der heutigen Zeit noch Frames, sitzen offenbar auch im Unternehmen an den verantwortlichen Stellen Nicht-Profis. Kleiner Scherz, ich will niemandem zu nahe treten.

Bilder, die sich nicht vergrößern lassen

Bilder stellen für einen Besucher im Web eine Art Haptik-Ersatz dar, weil er die Produkte ja nicht wie im realen Laden anfassen kann. Daher ist neben einer guten Qualität der Abbildungen darauf zu achten, dass man sie bei Bedarf durch Anklicken vergrößern kann. Ärgerlich ist es, wenn das Bild danach in der gleichen Größe erscheint. Wer ein Bild anklickt, erwartet bis auf wenige Ausnahmen (zum Beispiel beim Klick auf das Unternehmenslogo wird ein Sprung zur Startseite erwartet), dass es deutlich vergrößert angezeigt wird. Dafür nehmen die Besucher in der Regel auch eine längere Ladezeit in Kauf. Man will Details. Bei einigen Produktgruppen macht es sicher auch Sinn, Bilder von mehreren Seiten anzubieten. Gerade bei technischen Produkten ist eine vergrößerte Ansicht der Rückseite mit den oft vielfältigen Anschlussmöglichkeiten sicherlich nützlich. Einige Unternehmen haben auch schon positive Erfahrungen mit drehbaren Abbildungen gemacht. Denken Sie daran: Bilder ersetzen im Web das »Anfassen-Wollen«.

Auch hier kann der Heine-Shop als gutes Beispiel gezeigt werden. Die Produktabbildungen dort lassen sich zum Teil bis zu über 800 Prozent vergrößern. Und das in extrem hoher Detailschärfe, wie Abbildung 19.41 zeigt.

Fast alle Webshopper haben schon einen Bestellprozess abgebrochen. Sie sicher auch schon, oder? Viele finden die Bestellfunktionen noch immer zu kompliziert, zu langwierig oder sie funktioniert augenscheinlich einfach nicht. Noch häufiger sind technische Probleme der Grund für einen Abbruch. Ist das nicht schrecklich für die Online-Kunden? Und noch viel schrecklicher für die Unternehmen?

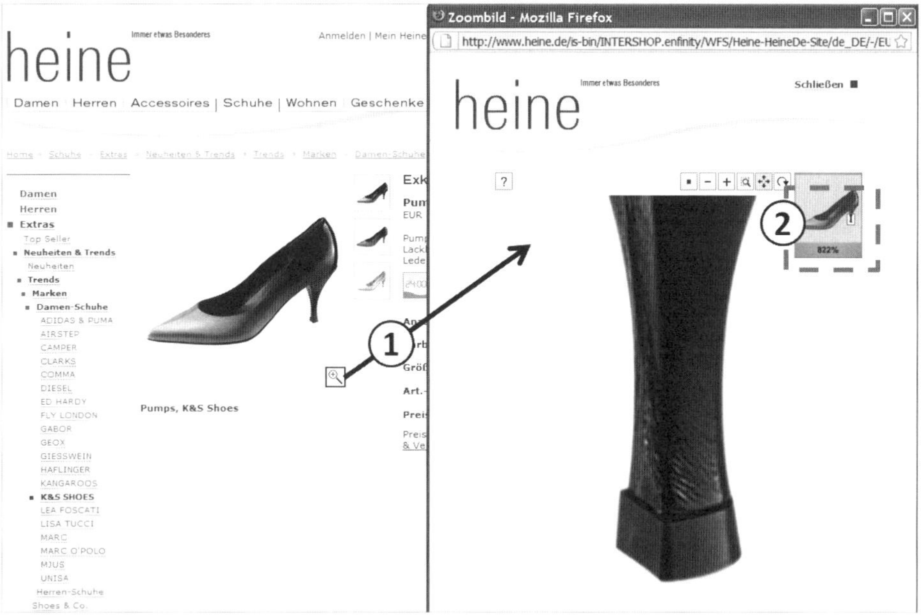

Abb. 19.41: Vergrößerbare Produktabbildungen bei `heine.de`

Kapitel 20

Die Wahl der richtigen Worte

»Die Grenzen meiner Sprache sind die Grenzen meiner Welt«, so fasste es Ludwig Wittgenstein passend in einem Satz zusammen.

Während ein einfaches und eindeutiges Bild meist unmittelbar auf einen Blick verstanden wird, können Worte oft zwei- oder mehrdeutig sein. Text wird Wort für Wort gelesen und formt sich erst im Kopf des Lesenden zu einem »Bild« bzw. einer Bedeutung. Hier haben wir es also mit einem kleinen, aber bedeutenden Zwischenschritt zu tun, den das Gehirn leisten muss. Kommt das Gehirn dabei aufgrund bestimmter Erfahrungen zu einer anderen Bedeutung, als der Schreibende sie bei der Wortwahl im Kopf hatte, liegt ein semantisch kognitives Problem vor. Dazu etwas weiter unten mehr. Natürlich kann auch fehlende Erfahrung das richtige Zuordnen erschweren. Dann nämlich, wenn Fremd- oder Fachwörter in einem ansonsten muttersprachlichen Text verwendet werden und der Leser diese noch nie gehört oder gelesen hat.

Um die Gestaltung von Bildern und Symbolen schart sich eine ganze Branche von Designern. Einzelnen Begriffen wird oft weniger Bedeutung und Sorgfalt beigemessen. Und das völlig zu Unrecht, wie sich noch zeigen wird.

20.1 Semiotik für Anfänger

Einen (wirklich) kleinen Ausflug in die Theorie von Zeichen (der Semiotik) möchte ich Ihnen und mir nicht ersparen. Beißen Sie sich durch, für das Verstehen über die Bedeutung der »richtigen« Wortwahl ist es durchaus hilfreich:

Die Syntaktik beschreibt die Beziehung zwischen Zeichen untereinander, während die Semantik auf die Bedeutung abzielt. Letzteres macht unseren Webseiten-Besuchern nicht selten Probleme. Ein augenfälliges Beispiel ist die unterschiedliche Bedeutung des Wortes »Bank«. Man kann sich nach einem Spaziergang darauf setzen. Finanzorientierte Menschen würden aber sicher auf Anhieb lieber ihr Geld dorthin tragen und anlegen. Während Computerfreaks vielleicht zuerst an eine Reihe Steckplätze auf ihrer Rechnerplatine, der Speicherbank, denken. Der Jaguar kann ein elegantes Fahrzeug sein oder aber in einem Zoo unruhig durch seinen Käfig streifen. Was gemeint ist, wird im normalen Leben in der Regel zweifelsfrei durch den Kontext, also das Drumherum klar. Setzt sich in einem erzählenden Satz ein Spaziergänger auf eine Bank, hat sicher auch ein Bankangestellter keine Assoziation, dass ihm da jemand auf das Dach des eigenen Arbeitsplatzes gestiegen ist. Umgekehrt veranlasst die Bemerkung, man hätte sein Geld auf der Bank liegen, niemanden, den Stadtpark im Ort nach Geld auf Sitzgelegenheiten abzusuchen. Kurz: Viele semantische Zwei- oder Mehrdeutigkeiten klären sich problemlos durch den Kontext. So weit, so gut.

Wenn wir allerdings einzelne Begriffe – eben ohne diesen Kontext – auf Webseiten für die Navigation verwenden, müssen wir uns diesem semantischen Problem schon stellen. Oft ist dieser Kontext scheinbar doch klar erkennbar da. Aber eben leider meist nur in den Köpfen der Webdesigner und Webmaster, also den »Insidern«. Und fatalerweise ist den Insidern meist gar nicht bewusst, dass sie Insiderwissen und damit andere semantische Vorstellungen von Begriffen haben. Ein mir bekanntes Reisebüro hatte neben dem Namen des Unternehmens noch ein -`nue.de` für die Stadt Nürnberg im Domainnamen. Als Autokennzeichen wird bekanntlich »N« verwendet und die Nürnberger kürzen ihre Stadt bei Bedarf gebräuchlicherweise mit »Nbg« ab. Hm .... Wieso dann das `nue` als Abkürzung? »Na, das ist doch klar!«, entgegnete man mir in eben jenem Reisebüro ein wenig kopfschüttelnd und verständnislos über meine offenbar nutzlose Frage. »Der internationale Drei-Buchstaben-Flughafencode für Nürnberg ist NUE!« Ach ja. Reisebürokaufmann müsste man sein. Dann könnte man sich auch an Domainnamen leichter erinnern oder sie erraten. Sie ahnen sicher, wie ich überhaupt auf dieses Beispiel gekommen bin? Richtig, ich habe bei Flugbuchungen von zu Hause aus immer wieder mal verzweifelt nach dem Reisebüro im Web gesucht. Gefunden hatte ich es aber nie, weil ich immer unter der Endung `-nbg.de` gesucht hatte. Mittlerweile buche ich meine Flüge direkt bei den Airlines (auch wenn die Sites dort nach dem Schreiben der zweiten Auflage noch immer recht benutzerunfreundlich sind, aber das ist ein anderes Thema. Obwohl? ;-)

Das war nur eines von unzähligen Beispielen, die mir im Laufe meiner Beratungsprojekte untergekommen sind. Mediziner können sich nicht vorstellen, dass jemand mit »toxisch« oder »letal« nichts anfangen kann, Ingenieure verwenden »Drehteile«, die sich gar nicht mehr drehen, und Kaufleuten ist völlig zweifelhaft, dass jemand der Unterschied zwischen Kosten und Aufwand nicht geläufig sein könnte. So finden wir »Gewerke«, »Anwartschaften«, »CMD Z5«, »4D«, »Ziele-Vierklang« oder noch unverständlichere Wortschöpfungen in Webnavigationen. Mein absoluter Favorit ist aber die Navigationsbezeichnung »KYC/AML/PATRIOT Act« bei der Deutschen Bank. Wenn ich dort dann noch weitere Navigationsmöglichkeiten finde mit »Code of Conduct«, »Our HR-Vision« oder »Compensation&Benefits«, frage ich schon allen Ernstes: Welches Wort in »Deutsche Bank« haben die wohl nicht verstanden? Frankfurt, New York, Sidney und Tokio eben. Aber Frankfurt wohl nur widerwillig, zumindest was die Sprache angeht.

Je nach Zeit (also eher selten) und Problemdruck (dann trotz Zeitdruck) erkunden wir Nutzer und potenzielle Kunden durch einen mutigen Klick, was sich hinter solchen Wortungetümen wohl verbergen könnte. Und sicher haben Sie die gleiche

Erfahrung gemacht wie ich, dass das oftmals auch nach dem Anklicken noch im Dunkeln bleibt.

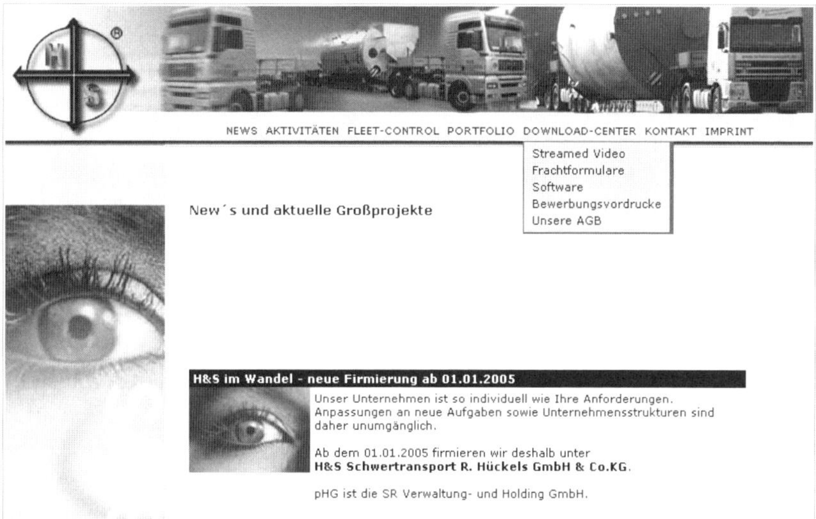

Abb. 20.1: Problematische Navigationsbezeichnungen

Abbildung 20.1 zeigt das beschriebe Problem beispielhaft. Welche Aktivitäten sich hinter AKTIVITÄTEN verbergen, was FLEET-CONTROL, PORTFOLIO oder IMPRINT ist, wird mal wohl nur beim fleißigen Erkunden erfahren. Hinter PORTFOLIO verbirgt sich im Übrigen klassisch bieder »Das Unternehmen« mit einem Bild des Geschäftsführers. Hätten Sie's vermutet?

Selbst Begriffe, die uns selber mittlerweile in Fleisch und Blut übergegangen sind, machen dem normalen Webbesucher mitunter noch Probleme. Und nicht nur das, es können sogar schädigende Missverständnisse entstehen, wie in Abbildung 20.2 das Beispiel aus einem Shop zeigt.

Abb. 20.2: »End«kunden zahlen mehr?

Unabhängig von der völlig unnötigen Detailbeschreibung, die einfach nur den Produktnamen wiederholt: Versetzen Sie sich mal in das sprichwörtliche Lieschen Müller (ich hoffe an dieser Stelle inständig, dass Sie nicht zufällig Lisa Müller heißen). Da gibt es für den Schnellhefter zwei Preise. Was Sie hier im Buch nicht sehen können, ist, dass der linke Preis knallig rot dargestellt ist. Daher zieht das linke Etikett die erste Aufmerksamkeit auf sich und suggeriert zudem – weil aus dem echten Leben gelernt – einen Sparpreis. *Rotstift* fällt mir sofort dazu ein. Was ein Netto- oder Bruttopreis ist, weiß Lisa leider nicht. Brauchte sie bisher auch im Leben nicht, denn an den Regalen in den Läden, in denen sie sonst einkauft, ist nur ein Preis angegeben. Sicherlich ist es unnötig, hier auch noch zu erwähnen, dass es gar nicht erlaubt ist, gegenüber dem »End«kunden (ein schreckliches Wort, oder?) Nettopreise überhaupt explizit anzugeben. Unabhängig von dieser Rechtsverletzung möchte ich auf einen viel gravierenderen Aspekt hinaus: Rechts oben findet Lieschen »Nettopreis für Firmenkunden« und »Bruttopreis für Endkunden«. Aha. Die Firmen zahlen also für die Mappe weniger als ich? Natürlich ist den meisten Kunden klar, dass Tante Emma an der Ecke die Ware billiger einkauft, als sie uns diese wieder verkauft. Trotzdem stimmt es mich nachdenklich, dass viele Leute sich immer wieder von einem Kauf abhalten lassen, wenn sie das konkrete Gefühl haben, ein anderer bekäme das Gleiche billiger. Geht es Ihnen nicht auch oft so?

Tipp

Was also tun, wenn Sie einen Shop betreiben, der sich an gewerbliche Kunden und den Endverbraucher zugleich wendet? Gewerbliche Kunden sind an eine Angabe des Nettopreises gewohnt. Sie tragen ja letztlich nur diesen Betrag als Kosten (die Mehrwertsteuer bekommen sie vom Finanzamt zurückerstattet oder verrechnet). Die Endverbraucher dürfen diese aber nicht sehen. Also hilft ihnen nur ein gesonderter Eingang für gewerbliche Kunden, in den man sich am besten mit einem Kennwort einbuchen kann. Wie Sie diese Anmeldung gestalten (also zum Beispiel durch eine einfache Abfrage nach dem Unternehmensnamen ohne weitere Prüfung), sollten Sie mit einem versierten Online-Juristen abklären. Denken Sie aber daran, die Eintrittshürden in diesen geschlossenen Bereich so niedrig wie möglich zu halten!

Vorsicht

Findige Abmahnvereine und gelangweilte Rechtsanwälte, mit denen sonst niemand etwas zu tun haben möchte, haben solche Verstöße schon lange als lukrative Einnahmequelle entdeckt. Eine einfache Abfrage in einer Suchmaschine nach der gleichzeitigen Verwendung zum Beispiel der Worte »netto«, »brutto« »Preis(e)«, »€« oder dem ausgeschriebenen Wort »Euro« findet solche sündigen Shopanbieter in der Regel schnell. Nur die suchmaschinenfeindlich programmierten Shops sind hier etwas geschützter vor der Entdeckung. Da hat dann ein pfuschender Entwickler an dieser Stelle zumindest mal eine positive Wirkung erzeugt.

So vielfältig und umfangreich unsere Sprache ist, in der Navigation kann sie allerdings nicht einfach und eindeutig genug sein:

- **Kontakt:** Verbirgt sich darunter nun ein Formular, die E-Mail-Adressen verschiedener Ansprechpartner oder eine Telefonnummer?
- **Wir über uns:** Historisches, die Unternehmensphilosophie, Unternehmensgrundsätze, aktuelle News, Informationen über die Mitarbeiter? Oder gar hübsch versteckt und rechtlich ganz und gar nicht sauber ein Impressum?

Allein die beiden letzten Beispiele zeigen deutlich, dass die immer wieder auf Webseiten anzutreffenden Begriffe keinesfalls zum Abkupfern taugen. Sie bieten Besuchern eher ein Rate-mal-Klick-Spiel an, als sie bei ihrer selbst gesteuerten Suche nach Informationen wirkungsvoll zu unterstützen. Glücklich ist nur, wer genügend Zeit dazu hat. Klicken Sie auf jeden Navigationsbegriff einer fremden Webseite, den Sie nicht verstehen? Eben. Auf Ihrer eigenen Website machen die anderen das allerdings auch nicht ...

Stellen Sie sich also immer wieder sehr kritisch Fragen wie die folgenden:

- Was kann man noch unter dem Begriff X verstehen?
- Kann man den Begriff *überhaupt* als Nicht-Fachmann verstehen – ganz ehrlich?
- Welche Missverständnisse könnten auftreten?
- Ist X als Begriff für jeden Besucher zweifelsfrei verständlich?

Erst wenn Sie selbst zufrieden sind, gehen Sie in einen Test mit Externen. Sie werden erstaunt sein, was dann noch immer an zweifelhaften Begriffen übrig geblieben ist. An dieser Stelle kann ich Ihnen aber Mut machen. Je öfter und in der Selbsteinstellung kritischer Sie solche auch kleinen Zwischentests machen, desto geschulter wird Ihr Auge. Mit der Zeit lernen Sie dann schnell, wo wirklich problematische, semantische Fallen für Ihre Besucher versteckt sein könnten, und spüren sie zielsicher auf.

20.2 Semantik für Fortgeschrittene

In der Praxis hat sich gezeigt, dass Begriffe wie Home, Homepage, FAQ, guided tour, Skip intro, Sitemap oder auch Personalisieren für eine nennenswerte Gruppe an Besuchern doch schwierig zu verstehen ist. Mit zunehmender Erfahrung steigt freilich die Kenntnis über die anfängliche Geheimsprache der Webdesigner. Aber da das Web jeden Tag Zulauf von neuen Nutzern hat, insbesondere auch vielen älteren Nutzern, lohnt es sich meiner Meinung nach trotzdem, auf verständliche Begriffe zu setzen.

Häufig haben wir sogar noch mit einem zusätzlichen Enttäuschungseffekt zu rechnen. So weisen nach meiner Erfahrung viele Unternehmen *eben nicht* unter »FAQ«, also »frequently asked questions«, häufig gestellte Fragen und deren Antworten aus. Dort findet man meist irgendwelche völlig aus der Marketingluft gegriffene Fragen, deren einziger Zweck zu sein scheint, schnell noch ein paar Verkaufsargumente in die gegebene Antwort zu packen. Neben »Ist diese Uhr wirklich so wertbeständig, wie im Prospekt steht?« über »Was sind die Hauptvorteile von XY?« bis hin zu »Ist bei diesem Preis wirklich auch noch ein Kopfhörer enthalten?« findet man leider oft eben nicht die Fragen, die uns im Gegensatz dazu wirklich bewegen: »Was kostet die Uhr?«, »Wie stelle ich das Datum ein?«, »Welche Bezeichnung müssen Ersatzbatterien haben?« oder einfach nur profan: »Okay, aber wo kann ich die Uhr denn jetzt kaufen?« Wir haben es also hier häufig mit einem bewussten oder unbewussten Missbrauch von Begriffen zu tun und die Besucher beginnen, dagegen abzustumpfen. Auch hierüber müssen Sie sich Gedanken machen, wenn Sie wirklich nützliche FAQ einstellen und möchten, dass hier auch später jemand reinschaut.

Auf der anderen Seite finden wir aber auch einige so (fast) alles umfassende Begriffe wie »Informationen« oder »Service« immer wieder in Navigationen. Was sich wohl hinter »Informationen« verbergen mag? Sie haben recht: Alles. Sicher nicht das, was Sie suchen, aber allerlei Informationen. Der Begriff »Service« ist dehnbar wie ein Regierungsversprechen und damit eigentlich auch ungeeignet, einem zunächst fremden Besucher klar zu vermitteln, was sich dahinter verbirgt.

Nach meiner Erfahrung sind Begriffe wie »Startseite«, »Übersicht« oder »häufig gestellte Fragen« für alle Besucher unmissverständlich. Nicht hype, aber unmissverständlich. Gut verstanden wird als englische Ausnahme hingegen »download«, weil es offenbar eines der ersten Dinge ist, die Internet-Newcomer hören und von ihren Begleitpersonen lernen. Bei den Abkürzungen ist »AGB« gebräuchlich und kann auch hier in der Regel ohne Bedenken so verwendet werden. Selbstverständlich hängt das auch in hohem Maße von Ihrer Zielgruppe ab. Sind es vornehmlich Jugendliche, wirken allgemeinverständliche Begriffe vielleicht altbacken und man fragt sich, was Sie vielleicht geraucht haben, als die Seite entworfen wurde. Ebenso unangebracht erscheint es auch, einem gesetzteren Zielpublikum statt Feuerzeuge nur Taschendrachen oder statt Hund eine Fußhupe oder gar einen Flohtransporter anbieten zu wollen. Wie immer habe ich mir erlaubt, ein klein wenig zu übertreiben, um diese zielgruppenbezogenen, sprachlichen Ausnahmen auch wirklich deutlich zu machen.

Die gute Nachricht ist wohl, dass die Besucher immer und immer mehr auch technische (Web-)Begriffe lernen. Dies vor allem, weil es einfach zu viele Webseiten gibt, die sie damit beballern und ihnen diese Anpassungs-Lernleistung abverlangen. Sie lernen also schon dazu, unsere potenziellen Kunden. Trotzdem gibt es natürlich jeden Tag Anfänger im Web und Anfänger in allen Berufsbranchen. Die werden auch zukünftig Probleme haben, mit Begriffen und Navigationen zurechtzukommen, die eigentlich oft unbedacht für Profis entwickelt wurden. Schön, wenn man es sich wirtschaftlich leisten kann, auf einen Teil seiner Besucher zu verzichten. Trotzdem würde ich dazu raten, Begriffe zu vereinfachen, wo immer dies einfach machbar ist. Fischerisieren Sie Ihre Navigation ;-)

20.3 Standardbegriffe für Standardelemente

Gut. Also am besten alles einfach beschrieben da hin, wo der Besucher es erwartet. Aber wo erwartet er was? Hier helfen uns zum Glück die vielen Studien, die bereits durchgeführt wurden und in denen die Besucher immer wieder gefragt wurden, wo sie Standardelemente einer Website vermuten oder gerne haben würden. Daher weiß man mittlerweile relativ sicher, dass die meisten Besucher die Hauptnavigation links vermuten. Man weiß, dass sie das Firmenlogo links oben vermuten (oder das, was links oben ist, oft für das Firmenlogo halten!) und dass man es anklicken kann, um zur Startseite zurückzugelangen. Wenn ich alleine für jeden Klickversuch auf ein deutsches Firmenlogo ohne diese Wirkung einen halben Cent bekommen würde ... Ich könnte Sie, liebe Leser, sicherlich alle für einige Wochen auf einer davon gekauften Riesen-Finca in Mallorca freihalten. Und das jeden Monat in einer neuen Finca.

Jacob Nielsen weist jedes Jahr darauf hin, dass rund 90 Prozent der Usability-Richtlinien seit 1986 (Sie haben schon richtig gelesen: 1986!) noch immer gültig sind. Das ist trotz der enormen Geschwindigkeit im Computerbereich so, weil die Menschen ihr Verhalten eben tatsächlich nur sehr langsam ändern. Eine gewisse Stabilität nach einer Investition in die Wahl der richtigen Begriffe oder dem Aufstellen einer vernünftigen Navigation können Sie also schon erwarten. Wie lange gibt es in Deutschland nun schon den grünen Pfeil, der ein Abbiegen bei einer roten Ampel erlaubt? Über zehn Jahre? Richtig. Trotzdem kennen ihn viele Autofahrer noch immer nicht. Und die Hälfte von denen, die ihn kennen, biegt einfach rechts ab, ohne vorschriftsmäßig vorher zu stoppen. (Ohne Stopp ist im Übrigen der Führerschein für einen Monat weg!) Mit diesem kleinen Beispiel möchte ich nur zeigen, wie träge die breite Masse Veränderungen überhaupt wahrnimmt. Wir Menschen haben es halt gern einfach und möglichst immer gleich. Immer die gleiche Routine bedeutet für unser Gehirn, wenig nachdenken zu müssen. Und wenig nachdenken bedeutet, wenig Energie zu verbrauchen. Unser Gehirn meint, dass das gut wäre.

Damit wir den Hirnen unserer Besucher beim Energiesparen helfen, sollten wir bestimmte Dinge so positionieren, wie man sie erwartet. Nehmen wir uns also der Reihe nach die Standardelemente einer professionellen Webseite (in Abgrenzung zu privat betriebenen Webseiten) vor:

Impressum

Das Impressum ist bei Websites mit geschäftlichem Hintergrund obligatorisch, also rechtlich zwingend vorgeschrieben. Achtung, auch private Websites sind nicht mehr privat, sobald irgendeine Art von Gewinnerzielung damit verbunden ist – und sei es nur durch kleine Werbebanner oder Google-AdSense-Anzeigen. Die notwendigen Inhalte eines Impressums sind im Teledienstegesetz (TDG) in § 6 gesetzlich geregelt. Einen guten Einstieg bietet `Wikipedia.de` unter dem Suchwort »Impressum«. Ein Blick lohnt sich meistens. Nur am Rande sei erwähnt, dass für Ordnungswidrigkeiten bei Verstößen gegen die Impressumspflicht bis zu 50.000 € Strafe vorgesehen sind.

Im Sinne der Usability sollte auch darauf hingewiesen werden, dass immer mehr Besucher gezielt das Impressum aufrufen, wenn sie schnellen Kontakt zum Unternehmen suchen. Wir haben uns ja mittlerweile alle leider daran gewöhnen müssen, dass sich viele Unternehmen unter KONTAKT hinter einem Webformular verschanzen, das mehr oder weniger kompliziert und umfassend auszufüllen ist. Das wollen wir aber eigentlich gar nicht. Wir wollen mailen oder besser anrufen! Interessanterweise sagen mir das auch immer wieder die Programmierer dieser Formulare. Sie selber möchten lieber für eine schnelle Auskunft anrufen. Warum das Formular auf der eigenen Website? Die Antworten, die ich dann oft bekomme, kann man gar nicht so richtig abdrucken. Oder würden Sie glauben, dass man die Besucher dazu erziehen möchte, sich über Pull-down-Boxen Ansprechpartner auszusuchen oder das Problem sauber vorzustrukturieren? Oder dass schlicht der Grund ist, dass ein Formular aufwändiger zu programmieren ist – sprich mehr Umsatz für die Agentur bringt? Nein. Das würden Sie mir sicher nicht glauben. Also sag ich lieber nichts ;-)

Es steht nirgends, dass Sie in ein Impressum nicht mehr reinschreiben dürfen, als Sie sowieso schon müssen. Also warum denn nicht gleich zu Anfang und etwas größer formatiert eine zentrale Telefonnummer? Oder die des Vertriebsteams? Selbstverständlich muss auch die Durchwahl des Webverantwortlichen dabei sein, aber ein paar zusätzliche Kontakthilfen für Kontaktsucher können nie schaden. Machen Sie sich doch mal die Mühe und schauen Sie in Ihren Logfiles nach, wie oft Ihr Impressum aufgerufen wurde! Die Zahl ist oft größer, als man vermutet, und das sind sicher nicht nur halbseidene Juristen auf der Suche nach abmahnfähigen Impressen!

Fast jeder, der ein Impressum aufruft, hat stärkeres Interesse an einem Unternehmen. Geben Sie ihm doch einfach mehr, als er dort zu finden hofft.

Als Position für das Impressum hat sich auf den meisten Websites ein Link rechts oben oder unten im Fuß der Site eingebürgert. In die normale Hauptnavigation würde ich das Impressum nicht stellen – dort gehört es auch thematisch überhaupt nicht hin.

Datenschutzhinweise

Nicht bei allen Webseiten sind Datenschutzhinweise rechtlich notwendig. Ich würde Ihnen dennoch empfehlen, welche anzugeben. Diese Webseite ist meist die am seltensten angeklickte. Warum soll ich sie dann anlegen, werden Sie sich zu Recht fragen. Ganz einfach: weil das Vorhandensein eines Links mit DATENSCHUTZHINWEISE eindeutig kommuniziert: Wir machen uns darüber Gedanken! Auch ohne dass man das meist langweilige juristische Kauderwelsch (Rechtsanwälte mögen mir verzeihen, das geht nicht gegen euch!) tatsächlich durchliest. Es ist da und damit ist es gut. Vertrauen spielt eine große Rolle im Web, weil wir oft keinen direkten Kontakt oder realen Bezug wie bei einem Einkaufszentrum oder der Eingangshalle aus Marmor einer Bank haben. Das Vorhandensein eines solchen Links stärkt das Vertrauen.

Je nach Zweck Ihrer Website können die Datenschutzhinweise direkt beim Impressum stehen. Da das Vorhandensein dieses Punktes beim Besucher Vertrauen erzeugt, sollten Sie den Link auch gut sichtbar platzieren – sofern Vertrauen bei Ihnen eine besondere Rolle spielt.

Kontakt

Unter KONTAKT sucht man logischerweise den Kontakt zu einem Webseitenbetreiber, in aller Regel einem Unternehmen. Unverständlich bleibt allerdings, warum sich hier so viele Unternehmen hinter den berüchtigten Kontaktformularen verschanzen! Man stelle sich vor: Ein potenzieller Kunde möchte einen Laden betreten und einen Verkäufer sprechen. Am Eingang steht aber ein Türsteher, der ihm einen Fragebogen in die Hand drückt: Ausfüllen! Und weil er einen Verkäufer *unbedingt* etwas fragen will, füllt er den Bogen mit seiner Biografie und allen gewünschten Daten aus. Nun gibt er ihn wieder ab, der Türsteher sagt: »Danke, wir haben Ihre Daten erhalten und setzen uns baldmöglichst mit Ihnen in Verbindung.« Uff! Da steht nun unser potenzieller Kunde und wartet und wartet. Am nächsten Tag gegen Nachmittag wäre dann tatsächlich ein Verkäufer rausgekommen. Nur für ihn. Aber natürlich ist der Kunde nicht mehr da. Das freche Ding hat einfach gegenüber eingekauft – dort gab es keinen Türsteher. Man konnte direkt in den Laden reinspazieren und fragen, wen man wollte. Was will man mehr?

Warum ich so weit aushole? Weil mir bei all diesen Formularen beim Betrachten das (betriebswirtschaftliche) Herz blutet. Es tut mir richtig weh, wie man mit Interessenten umgeht! Wenn Sie meinen, das obige Szenario wäre in der realen Welt undenkbar, dann liegen Sie vermutlich völlig richtig. Warum man es im Web allerdings so realisiert hat, darüber lässt sich nur spekulieren. Auch hier habe ich so einige Vermutungen, die ich aber lieber für mich behalte.

Ein wahllos aus dem Netz gegriffenes Beispiel, das in Abbildung 20.3 gezeigt wird, mag dies verdeutlichen. Lesen Sie doch einfach mal den Test unter der Registerlasche REGISTRIEREN. Um nützliche und kostenlose Vorlagen laden zu können, muss man sich also registrieren. Über die dahinter liegenden Absichten kann man sicher geteilter Meinung sein. Was aber doch irgendwie hilflos klingt, ist die Begründung, warum man die Adressdaten gerne haben möchte. Weil man dann den Service noch besser auf unsere Bedürfnisse abstimmen könne. Aha. Wenn sie meine Adresse haben, werden also die Inhalte besser auf mich abgestimmt? Wie man aus Namen und Postleitzahlen Strategien für die Produktentwicklung gewinnen kann, wird mir wahrscheinlich ein Rätsel bleiben. Ebenso, was der Unterschied zwischen einem E-Mail-Abo und einer HTML-Mail ist. Als normaler Webnutzer würde ich sogar naiv fragen wollen, was »HTML« überhaupt ist. Oder was »Keine Sonderzeichen« wohl bedeutet. Nur wen?

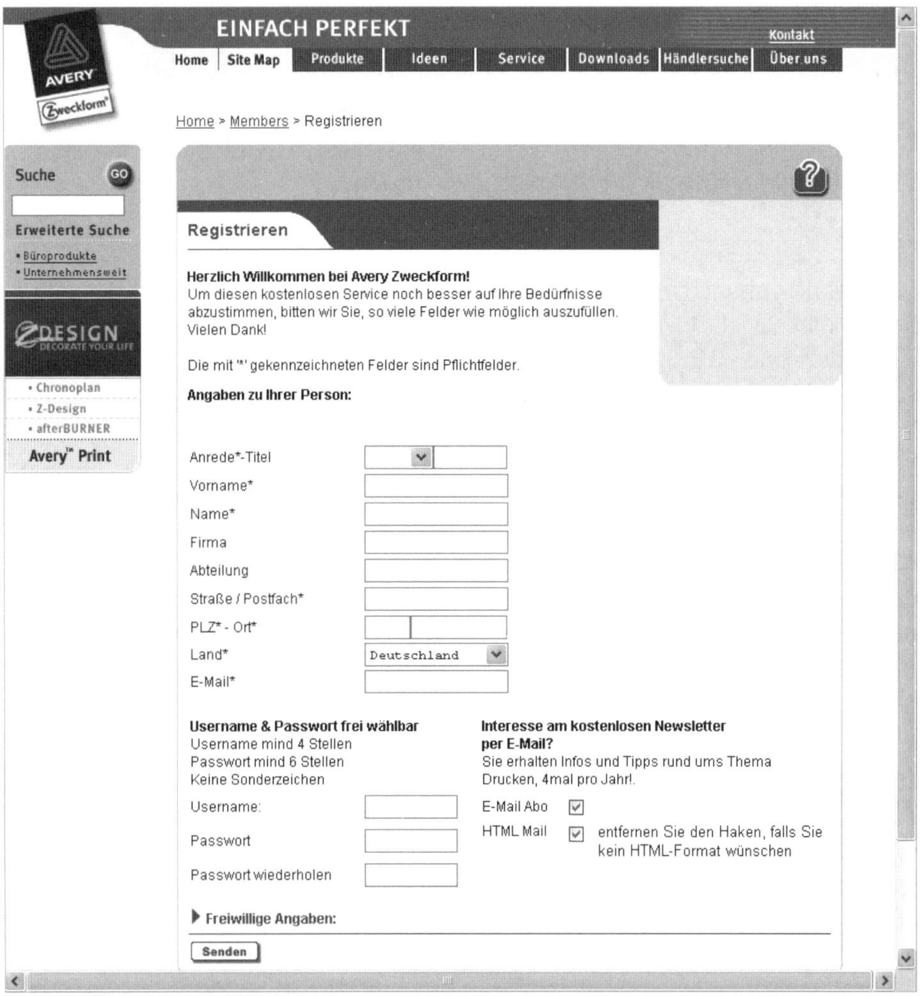

Abb. 20.3: Geben Sie uns Ihre Adresse, damit wir besser werden.

Tun Sie es nicht. Verärgern Sie Ihre potenziellen Neukunden (sprechen Sie mir nach: *Neu-kun-den!*) nicht dadurch, dass Sie sie zwingen, Formulare auszufüllen. Sie wollen das auch nicht, wenn Sie auf anderen Webseiten sind, oder? Warum es also selber verlangen? Okay, das Telefonaufkommen wird sich mehr oder weniger steigern, vielleicht brauchen Sie sogar eine zweite Arbeitskraft in der Telefonzentrale? Aber hey! – wer hat gesagt, dass es einfach wird, im Web erfolgreich sein zu wollen? Nur am Rande erkennt man in Abbildung 20.3 übrigens ein weiteres Problem, das ich »Rapa-nui« nenne. Rapa-nui bedeutet »Nabel der Welt«, so nannten die Ureinwohner der Osterinsel ihre eigene Insel. Sie kannten nichts anderes und wähnten sich als Mittelpunkt der Welt. Dieses Phänomen ist anscheinend vereinzelt noch aktiv und es ist im Web gar nicht mal so selten zu beobachten: Man hält das eigene Webangebot für so essenziell, dass man sogar für den Download einer einfachen Vorlage einen Benutzeraccount mit Namen und Passwort anlegen lässt. Wer um alles in der Welt soll sich diese ganzen Zugangsdaten merken? Schon nächste Woche kann ich mich daran nicht mehr erinnern und lege wohl entweder einen neuen Account mit Fantasieadresse an oder lasse es halt dann bleiben. Beide Alternativen sind für den Betreiber schlecht. Was er wohl mit den Adressdaten macht? Nichts, wenn er die deutschen Gesetze beachtet. Genau genommen darf er sie nicht einmal speichern. Wenn sich das mal endlich rumsprechen würde ...

Gehen Sie im Web mit Ihren Kunden genauso um wie im realen Leben. Besser noch: Halten Sie die Webkunden für reale Kunden und nehmen Sie ihre Fragen und Probleme genauso ernst. Dann werden die virtuellen Umsätze mit Sicherheit schnell zu realen Gewinnen.

Es gibt auch heute noch Shops, die Sie nicht mal im Warenangebot stöbern lassen, bevor Sie sich nicht mit voller Adresse registriert haben.

Abb. 20.4: Erst registrieren, dann shoppen

Startseite (Home)

Der Rettungsanker für alle, die sich auf der Webseite verlaufen haben oder bei ihrer Suche noch mal über Los gehen möchten. Er – der Link zur Startseite – sollte, nein, er darf auf keiner einzigen Ihrer Webseiten fehlen! Selbst die berüchtigte Fehlerseite »Seite nicht gefunden, Fehler 404« sollte einen Link zur Startseite haben. (Doch, ja, man kann eine individuelle Fehlerseite 404 selbst entwerfen!) Und denken Sie nur daran, dass über Suchmaschinen oft Besucher mitten in Ihre Seiten geworfen werden. Oft ist es sogar so, dass die wenigsten Besucher über das ihnen zugedachte Eingangsportal kommen. Je schneller man dann diesen Startpunkt findet, desto besser. Dass Webbesucher alle so schlau und kenntnisreich sind, dass sie doch nur in der Adresszeile des Browsers alles hinten Anstehende löschen müssen bis zu `.de` oder `.com` – das sollten Sie ganz schnell wieder vergessen. Sie brauchen einen lesbaren und gut sichtbaren »Startseite«-Button und Sie sollten das Logo links oben anklickbar machen und mit der Startseite verlinken. Das erwarten und das möchten die Besucher bei Ihnen vorfinden.

Was sie nicht haben möchten, ist »home« als Bezeichnung. Hier gibt es gerade bei Webanfängern immer wieder Verständnisprobleme. Einige vermuten zum Beispiel hinter »home« die Adresse des Firmensitzes, was ich für einen unbedarften Anfänger eigentlich gar nicht so abwegig finde. Viele Deutsche können aber einfach auch mit der englischen Bezeichnung nichts anfangen. Überschätzen Sie Ihre Besucher nicht. Das ist ein häufiger Fehler, der auf Webseiten gemacht wird.

AGB

Eine der wenigen Abkürzungen, die von den meisten Besuchern problemlos verstanden werden. Ich würde sogar so weit gehen zu behaupten, dass die wenigsten davon die ausgeschriebene Bedeutung dieser Abkürzung kennen. AGBs ins Web zu stellen, geht schnell. Scheinbar. Die meisten Unternehmen haben bereits formulierte Geschäftsbedingungen und man müsste sie doch einfach nur abgetippt ins Netz stellen? Davon kann ich nur dringend abraten. Lassen Sie einen onlineversierten Anwalt darübersehen und sie auf die speziellen Besonderheiten des Webs anpassen. Und noch dringender empfehle ich, einen Rechtsberater zu wählen, dessen Tätigkeitsschwerpunkt auch wirklich im Onlinebereich liegt. Sie dürfen nie vergessen, dass Ihre AGBs nun für jeden einfach per Mausklick einsehbar sind. Das ist schon was anderes, als wenn sie nur gerahmt bei Ihnen im Ladengeschäft an einer Säule hinter dem Eingang hängen. Mal ehrlich, wer liest schon AGBs? Ist ein Kunde unzufrieden und hat ein hohes Bedürfnis nach Sicherheit und Vertrauen zum Händler, kann es schon passieren, dass diese spezielle Webseite ab und zu aufgerufen wird. Da selbst im Jahr 2008 noch immer nicht alle via Web verkaufenden Unternehmen ernsthafte Kenntnis vom Fernabsatzgesetz und den dort verbrieften Kundenrechten haben, offenbaren sich Online-»Amateure« trotz Gewerbeschein recht schnell den mittlerweile gut informierten Kunden. Von den rechtlichen (und wirtschaftlichen!) Folgen dieser Versäumnisse berichtet Ihnen dann doch besser ein versierter Anwalt.

Hilfe

Nein, eine Hilfe möchte eigentlich niemand haben. Sie? Webseiten sollten so gut bedienbar sein, dass man keine Hilfefunktion braucht. Es ist lästig, noch mal in einem gesonderten (Hilfe-)Verzeichnis zu suchen, was man falsch gemacht hat, oder lernen zu müssen, wie etwas funktioniert. Jede Information sollte direkt dort stehen, wo man sie benötigt: auf der Webseite und direkt neben dem Objekt, das Fragen verursachen könnte. Und einen weiteren positiven Effekt hat das Weglassen einer gesonderten Hilfe noch: Es fehlt der Ausweg, sich die Aufgabe der Gestaltung an den entscheidenden Stellen unbewusst zu einfach zu machen. Mit anderen Worten, wenn die Ausrede »*... man kann doch zur Not in die Hilfe sehen*« fehlt, muss man sich halt doch mehr Mühe geben bzw. so lange überlegen, bis das Ergebnis wirklich zufrieden stellend ist. Ein echter Anreiz also. Bei einigen Webprojekten haben wir die vorher bestehende Hilfesektion gekillt und die Hilfetexte zum Teil stark verkürzt zum Beispiel direkt in die Formulare gegeben. Einige dieser Texte waren bei genauem Hinsehen schon fast eine Anleitung, die zugehörige Webseite selber besser zu machen. In allen Fällen wurden höhere Benutzerakzeptanz und höhere Konversionsraten erzeugt. Beschwert hat sich meines Wissens niemand, dass kein Hilfebutton mehr da wäre.

Anfahrt

Vernünftige Anfahrtspläne helfen Kunden, die Sie persönlich besuchen möchten oder müssen. Hilfreich sind detaillierte Beschreibungen und Skizzen aus den gängigen Anfahrtsrichtungen und Autobahnen. Selbstverständlich gehört auch Ihre Telefonnummer mit auf die Seite, weil man sie bei Problemen direkt vom Ausdruck ablesen und anrufen kann. Und sie sagt: Wir kümmern uns!

Dass Sie nicht einfach von einem der Karten- und Stadtplananbieter Pläne kopieren und ohne Lizenzzahlungen in die eigene Website einbauen dürfen, versteht sich von selbst. Ich erwähne es aber trotzdem, weil erst vor Kurzen ein Unternehmer bei einem Gespräch erstaunt geäußert hatte, dass doch jeder diese Karten problem- und kostenlos im Web ansehen könnte und er sie deshalb ebenfalls kostenlos nutzen könne. Eine unnötige und teure Abmahnung kommt bestimmt, das ist nur eine Frage der Zeit.

Nutzen Sie am besten gleich einen der frei verfügbaren Kartendienste und lassen Sie Ihren Kunden damit interaktiv seinen eigenen Anfahrtsplan aufstellen. Mittlerweile gibt es eine Menge Anbieter hierfür und in der Regel können Sie die Inhalte auch gewerblich frei nutzen – solange Sie die Nutzungsbedingungen des Anbieters einhalten. Was Sie bei den meisten Diensten nicht dürfen, ist, eventuell eingeblendete Logos oder Hinweise auf den Anbieter entfernen. Viele Anbieter liefern auch gleich einen fertigen Codeteil an Sie aus, den Sie nur in Ihre Seite einbinden müssen. Dazu müssen Sie nur Ihren genauen Standort definieren und weitere Angaben machen, wie etwa die Standardauflösung dargestellt werden soll. Viele von Ihnen werden Google Maps kennen, daher zeige ich Ihnen beispielhaft einen solchen individuellen Anfahrtsplan in Abbildung 20.5.

Abb. 20.5: Ein interaktiver Lageplan mit Google Maps

Links oben in diesem Plan sehen Sie Navigationselemente, mit denen man den Kartenausschnitt verschieben oder in der Größe verändern kann. Der Standort wird mit einem kleinen (roten) Marker gekennzeichnet und die Sprechblase dazu ermöglicht dem Besucher über die Links HIERHER und VON HIER einen Routenplaner in Google Maps aufzurufen und nach der Eingabe seines Standortes einen Routenplan zu erzeugen. Anbieter solcher interaktiv einbindbaren Karten sind zum Beispiel `Map24.de` oder auch `Web.de`. Aus dem Bauch heraus würde ich zur Verwendung von Google Maps raten. Nicht, weil dort die Karten oder die Bedienbarkeit besser wäre, sondern weil dieser Dienst wohl die meisten Nutzer haben dürfte und der Umgang mit den Karten dort den meisten Besuchern geläufig sein dürfte. Sie möchten ja nicht, dass die Bedienung eines von Ihnen eingebundenen Routenplaners dem Besucher mehr Arbeit macht (weil er ihn noch nicht kennt und er dessen Bedienung erst lernen muss), als wenn Sie einfach nur ein Bild anzeigen würden.

In Abbildung 20.5 sehen Sie unter dem Plan auch noch einen klickbaren Link ZUM PDF-ANFAHRTSPLAN (INKL. BESCHREIBUNG). Eine druckbare Beschreibung und Ihre Telefonnummer für Probleme bei der Anfahrt gehören – wie oben schon erwähnt – natürlich auch bei einem interaktiven Anfahrtsplan zum guten Ton. Nur am Rande: Was ist schlecht an dem Link oben? Klar, die Größe des PDFs wurde nicht mit angegeben.

Den Link zur Anfahrt sollten Sie in der Nähe von »Kontakt« oder dem »Impressum« setzen. Bei Platzproblemen können Sie ihn auch prominent auf der Kontaktseite selber platzieren.

»Wir über uns«

Irgendwie unvermeidlich und irgendwie auch nicht ausrottbar. Gerade kleine und mittlere Unternehmen möchten selten darauf verzichten, ihre Unternehmensphilosophie auf der Website zu publizieren. Verirrt man sich tatsächlich mal dorthin, liest man in der Regel dieselben Dinge: *»Wir sind anders als die anderen, der Kunde ist bei uns König«*, und zuletzt die Aufforderung: *»Fordern Sie uns!«* Viele Besucher haben mittlerweile gelernt, dass sich dort immer wieder dieselben Banalitäten finden, und sehen daher nur noch selten dort rein. Die Verantwortlichen in den Unternehmen, die auf diesem Seitenteil bestanden haben, übrigens auch nicht. Jedenfalls wissen die wenigsten genau, was dort auf den eigenen Seiten steht, wenn ich sie unvermittelt in einem ersten Gespräch gefragt habe. Das ist sicher nicht repräsentativ, aber mir hilft es bei dem Vorschlag: Weg damit.

Damit habe ich aber nicht gesagt, dass die Unternehmenshistorie oder Referenzen nicht wichtig sind! Im Gegenteil – viele Besucher informieren sich gerne über den Anbieter. Auch potenzielle Bewerber lernen gerne vorab etwas über ein Unternehmen. Objektive Fakten werden gerne angenommen und auch erwartet.

Aber seien wir doch ehrlich – was *wir* selber über uns meinen sagen zu müssen ... wie toll, zuverlässig und anders wir doch sind ... Es gibt sicher Spannenderes im Web. Meist sogar auf unseren eigenen Webseiten. Hoffentlich.

20.4 Wie sucht man nach der Suche?

Bei vielen Websites sorgt die Suche regelmäßig für Verwirrung. Ihre Besucher haben eine recht genaue Vorstellung davon, wie sie funktionieren sollte.

Abb. 20.6: Die Suchfunktion

So wie in Abbildung 20.6 sollte aus Benutzersicht eine Suchfunktion aussehen. Ein Eingabefeld und ein Button mit SUCHE. Besser noch »Suche starten«, aber nicht »los« und auch nicht »go« oder »finden«. Sie sollten auch vermeiden, das Wort »Suche« in der normalen Navigation zu verwenden und dann von dort zu einer umfangreichen Suchoptionsseite zu leiten. Meiner Erfahrung nach suchen viele Besucher beim Anblick einer Funktion, die mit »Suche« beschrieben ist, immer gleich nach einem Eingabefeld in der Nähe, wo sie ihren Suchtext eingeben können. Ist keiner da, kommen regelmäßig frustrierte Äußerungen bis hin zu vereinzelten Flüchen. Doch, doch.

Als Suchergebnisse sollten Sie eine einfache Listung von oben nach unten vornehmen, wie *auch Sie* diese von den großen Suchmaschinen gewohnt sind. Verzichten Sie auf besonderen Ausgabe-Schnickschnack wie redaktionell empfohlene Treffer oder Ähnliches, die gesondert am Rand oder oben ausgegeben werden. Solche von den Erwartungen abweichende Elemente werden oft als Werbung abgetan, geistig ausgeblendet und damit übersehen. Warum sortieren wohl die großen Suchmaschinen einfach nur nach Relevanz von oben nach unten und verwenden nicht verschiedene Kategorien oder vom Mainstream abweichende Darstellungen? Eben. Statt sich den Kopf darüber zu zerbrechen, wie man den Suchenden durch Klickkästchen oder umfangreiche Filter bei seiner Suche unterstützen kann, stecken Sie Zeit und Geld lieber in eine vernünftige Aufbereitung der Suchergebnisse. Damit meine ich, dass Ihre Datenbank dazu in der Lage sein sollte, wenigstens rudimentär nach Relevanz zu sortieren und nicht bei einem Suchwort als erste 20 Treffer lieblos PDF-Pressemitteilungen auszuwerfen, in denen das Suchwort (zum Beispiel als Produktname) zwar vorkommt, aber sicher einem nach dem Produkt Suchenden keinerlei Hilfe darstellt. Und jetzt jammern Sie bitte nicht mir die Ohren voll, dass das ja gar nicht so einfach zu realisieren ist, weil Ihr Shopsystem- oder CMS-Programmierer so was nicht vorgesehen hat. Das weiß ich alles und ich habe ja auch nie behauptet, dass es einfach ist. Ich kann immer nur konstatieren, dass viele dieser Softwarehersteller noch immer nicht verstanden haben, wie ihre Kunden diese Software tatsächlich einsetzen und welche Bedürfnisse sie haben. Oft liegt es aber auch daran, dass diese Kunden häufig noch gar nicht verstanden haben, wie wiederum ihre eigenen Kunden auf der anderen Seite des Webs vor dem Bildschirm sitzend die generierten Webseiten (besser »Funktionalitäten«) einsetzen möchten. Nicht anders ist es zu erklären, dass aus Benutzersicht elementare Funktionen noch immer fehlen oder schlecht funktionieren, während immer mehr Funktionen eingebaut werden, die niemand zu brauchen scheint.

Auf den meisten Webseiten wird die Suche fast immer rechts oben angeboten. Aber auch oben im Mittelfeld oder links über der Navigation wird das Suchfeld problemlos gefunden. Alle anderen Plätze sind meiner Ansicht und Erfahrung nach nicht erwartungskonform und damit zu vermeiden. Der dümmste Platz für ein Suchfeld ist wohl rechts unten. Aber auch das habe ich bei großen Anbietern schon gesehen.

Am besten lassen Sie das Suchfeld leer. Bei Usability-Tests haben wir immer wieder festgestellt, dass voreingetragene Texte wie »Geben Sie hier Ihren Suchbegriff ein« eher kontraproduktiv sind. Wenn man dann mit dem Cursor in das Suchfeld klickt, verschwindet der Text und man kann einen eigenen Suchbegriff eingeben. Cooles Fietscher (Feature). Aber wenn das Feld nicht leer und am besten weiß ist, fällt es dem schnell suchenden Auge Ihres Besuchers oft eben nicht als Suchfeld auf, weil es den Erwartungen zuwiderläuft. Ein weißes Feld rechts oben auf der Webseite mit einem Button »Suche« oder besser – wenn Platz ist – »Suche starten« visualisiert auf den ersten Blick, was man hier machen kann. Diese eindeutige Optik durch Einträge in das Suchfeld zu verwässern halte ich nicht für optimal. Aber ich weiß wohl, dass solche Gimmicks Programmierern Spaß machen.

Damit ich jetzt die Kurve zum Begriff »Suche« noch bekomme: Behalten Sie also bitte im Kopf, dass von dieser Funktion Besucher eine feste Vorstellung haben und in der Regel irritiert sind, wenn etwas eben nicht nach dieser Vorstellung funktioniert. Also verwenden Sie ihn am besten so, dass er erwartungskonform ist.

20.5 Wie findet man nun die richtigen Begriffe?

Gute Frage. Neben dem oben Erwähnten hilft Ihnen eigentlich nur eines wirklich: intensives und vor allem kritisches Nachdenken und Hinterfragen. Die meisten Missverständnisse begrifflicher Natur sind meiner Erfahrung nach aus einer gewissen Hektik bei Neuerstellungen oder Relaunches, also neuen Versionen, entstanden. Starker Zeitdruck lässt häufig ein »Des-passt-jetzt-scho« als immer attraktiveren Entscheidungsparameter erscheinen. Daneben gibt es aber eben auch Entwickler, die einfach keine Vorstellung davon haben, wie unwissend der normale Besucher ihnen gegenüber ist. Ein Übriges tun traditionelle Marketingspezialisten, die sich zwar in ihrem angestammten Gebiet gut auskennen mögen, sich aber irgendwann selbst ohne erkennbaren Grund als Web-Spezialisten sehen. Wenn in einem Prospekt oder auf der Messe über einem Handy CMD-Z5 steht, gibt es sicher keine Probleme. Als Navigationsbegriff ist das natürlich eine andere Sache.

Oft hätte man durch kritisches Hinterfragen durchaus erkennen können, dass man mit einem Begriff danebenschießt. Wenn Sie Variationen eines Begriffs suchen und sich einen Überblick verschaffen wollen, welche ähnlichen Begriffe oder Synonyme im Web verwendet werden, können Sie prinzipiell natürlich auch die Tools verwenden, die ich in Teil B für die Keyword-Suche beschrieben habe. An dieser Stelle sei daher nur noch einmal der MetaGer-Web-Assoziator erwähnt, den Sie unter `www.metager.de/asso.hmtl` finden. Nach Eingabe eines Begriffes zeigt Ihnen der Assoziator weitere Begriffe an, die durchaus inspirierend für die Wortwahl sein können.

Vorsicht

Bei Beratungsprojekten höre ich immer wieder mal, dass man die Auswahl der Begriffe über Suchabfragen in Suchmaschinen vorgenommen hat. Welcher Begriff mehr Treffer erhält, ist dann der populärere. Das ist eine gefährliche Halbwahrheit. Solche Trendaussagen zeigen ja nur, welche(r) Begriff(e) häufiger auf Webseiten stehen bzw. welche die Publizierenden im Web nutzen. Dies bedeutet noch lange nicht, dass dies auch die Begriffe sind, die dem normalen *Besucher* im Kopf rumspuken! Besser erscheint es mir daher, die neu angebotenen (Such-)Trendfunktionen von Suchmaschinen zu nutzen (zum Beispiel `www.google.de/trends` – das ja mit anderen zusammen schon weiter vorne beschrieben wurde). Lassen Sie dabei aber nie Ihren gesunden Menschenverstand außer Acht!

Apropos gesunder Menschenverstand. Würden Sie eine Kreditkartennummer »Ausweisnummer« nennen? Die Deutsche Bahn macht das, wie man im angeklickten Feld KREDITKARTE in Abbildung 20.7 sehen kann. Und darunter will man noch den Gültigkeitszeitraum. Hmmm... Im unteren Teil dieser Abbildung sieht man die normalen Eingaben bei Zahlung mit Kreditkarte: Kartentyp, die Nummer, gültig bis und die Prüfziffer. Also muss es sich im oberen Teil tatsächlich um die Ausweisnummer handeln. Oder?

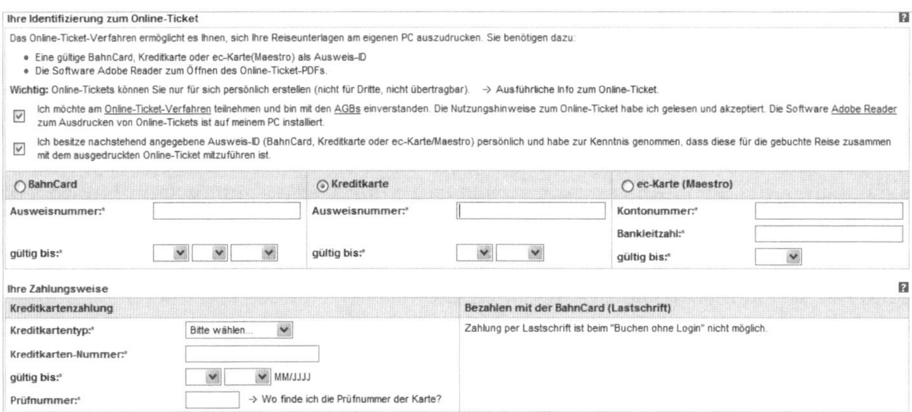

Abb. 20.7: Die Ausweisnummer bei bahn.de eingeben

Also geben Sie in Ihrer jugendlichen Naivität vielleicht wirklich Ihre Ausweisnummer ein und wundern sich gleichzeitig, was das mit einem Fahrkartenkauf zu tun haben soll. Nach dem Absenden des Formulars haben Sie dann auch die Bescherung.

Abb. 20.8: Ihre Ausweisnummer ist keine gültige Kartennummer.

In Abbildung 20.8 lesen Sie nun die Fehlermeldung (im Original in Rot) unter dem Feld AUSWEISNUMMER: Dies ist eine ungültige Kartennummer! Klar stimmt Ihre Ausweisnummer nicht mit Ihrer Kreditkartennummer überein. Grübel. Für die Mutigen unter Ihnen liegt die Lösung auf der Hand. Statt Ausweisnummer geben Sie einfach Ihre Kreditkartennummer (also doppelt, oben und unten noch mal) und den Gültigkeitszeitraum ein – und schon funktioniert das Ganze. Ob solche wortwörtlichen Begriffsschnitzer auf dem Weg zum Bezahlen von allen Besuchern verstanden und umschifft werden können, bleibt das Geheimnis der Bahn.

Oder: Wissen Sie, was ein Beistrich ist? Nein, das hat nichts mit einem Standort nahe dem Rotlicht-Milieu zu tun. Wenn Sie im Panoramahof eine Reservierung online vornehmen möchten, müssen Sie neben dem Anreise- und dem Abreisetag auch noch die Anzahl der »Nächtigungen« angeben (siehe Abbildung 20.9). Neben der völligen Unnötigkeit dieser letzten Angabe fragt man sich, was wohl passiert, wenn man zum Beispiel vom 1. September bis 12. September nur vier Nächtigungen bucht? Und ist das dann rechtsverbindlich? Wer diese Klippe umschifft und Kinder dabeihat, wird mit dem Beistrich konfrontiert. Was sich der Programmierer wohl dabei gedacht hat? Des Rätsels Lösung ist wahrscheinlich, dass viele ältere Menschen aus Gewohnheit das Komma korrekt als Beistrich bezeichnen. Vielleicht ist diese Bezeichnung in der Region des Hotels auch noch gängiger. Aber gerade hier nützt es nichts, weil die Übernachtungsgäste ja eben meist *nicht* aus der Region kommen...

Abb. 20.9: Wie viele Nächtigungen möchten Sie im Panoramahof machen?

In jedem Fall erhalten Sie relativ schnell mehr Klarheit, wenn Sie Ihre Begriffe von unbeteiligten Dritten testen lassen. Es ist sicher unnötig zu erwähnen, dass sich die Kollegen vom anderen Schreibtisch drüben hierfür in der Regel nicht eignen, weil sie dieselbe Betriebsbrille aufhaben wie Sie selber. Zeigen Sie also einfach mal jemandem außerhalb Ihres normalen Arbeitskreises Screenshots oder Ausdrucke Ihrer Webseiten und fragen Sie nach, was man sich unter den einzelnen Begriffen vorstellen würde. *»Was würden Sie inhaltlich erwarten, wenn Sie auf X klicken?«* Das klappt natürlich nicht immer. Vor allem wenn Sie ein sehr spezieller Nischenanbieter sind, wird möglicherweise nicht jedermann auf Anhieb etwas mit Ihren Angeboten anfangen können. In diesem Fall können Sie sich nur damit behelfen, ein paar Kunden zu befragen. Das erhellt nicht nur Ihr Wissen, ob begrifflich einiges im Argen oder gar alles im Kasten ist. Es hat auch den angenehmen Nebeneffekt, dass sich die meisten Kunden das sogar gerne ansehen und sich zumeist sogar geschmeichelt fühlen, weil sie explizit um ihre Meinung gefragt werden. Könnte man damit nicht sogar auf dumme Gedanken kommen?

Kapitel 21

Verständliche Navigationen entwerfen

Die Navigation ermöglicht Ihren Besuchern, sich gezielt von Seite zu Seite bewegen zu können. Wenn wir das Wort »gezielt« ernst nehmen, deutet das ganz unmissverständlich an, dass der Besucher wohl ein oder mehrere Ziele hat, haben muss. Die aufmerksamen Leser unter Ihnen sehen es jetzt sicherlich schon wieder hinter den Buchstaben des vorherigen Satzes herausglimmen. Und da liegen sie völlig richtig. Die Navigation hilft nur, wenn sie auch *dem Besucher* hilft, zu finden, was *er* gerade sucht. Klänge banal, wenn man da nicht wieder mit den Augen des Besuchers hinsehen können müsste.

Mit anderen Worten müssen wir uns beim Entwurf einer guten Navigation an jeder Stelle die Frage nach dem »Besuchernutzen« stellen. Versteht er unser mit dem Firmennamen verbundenes Kunstwort, für das wir schließlich schon seit vier Jahren einen Markenschutz haben und worauf wir so sehr stolz sind? Interessiert ihn als Erstes Name und Bild des Unternehmensgründers? Hilft ihm eine bestimmte Auswahlmöglichkeit an genau dieser einen Stelle? Ach, Sie dachten, Navigation ist nur der Balken links mit den Buttons WIR ÜBER UNS, PRODUKTE UND MEHR, SERVICE UND MEHR, REFERENZEN UND MEHR ...?

Dann wird es Zeit, dieses Kapitel aufmerksam zu lesen.

Und denken Sie daran: Die meisten Experten sind der Meinung, dass die Navigation zu **gut drei Viertel** für die Usability einer Website verantwortlich ist! Sie sollten sie als *Herzstück* Ihrer Website betrachten, so behandeln und vor allem: ihr der Bedeutung entsprechend die notwendige Aufmerksamkeit und Planungszeit schenken. Hudeln Sie lieber an anderen Stellen.

21.1 Eiserne Prinzipien für eine gute Navigation

Wenden wir uns zunächst dem zu, was auf den ersten Blick gemeinhin als Navigation bezeichnet und auch erkannt wird. Selbstverständlich zählen auch Links innerhalb eines Textblockes oder ein verlinktes Bild zur Navigation. Dazu komme ich aber noch.

Gut navigierbar wird eine Website dann, wenn ihre Informationsarchitektur, sprich ihr Aufbau, dem mentalen Modell des Besuchers entspricht. Navigation sollte daher nicht erklärt werden müssen, sie sollte intuitiv verstanden werden. Bei der LBB Invest meint man sogar, dem Besucher noch erklären zu müssen, wo die Navigation zu finden ist. Am linken Bildschirmrand! (Siehe Abbildung 21.1.)

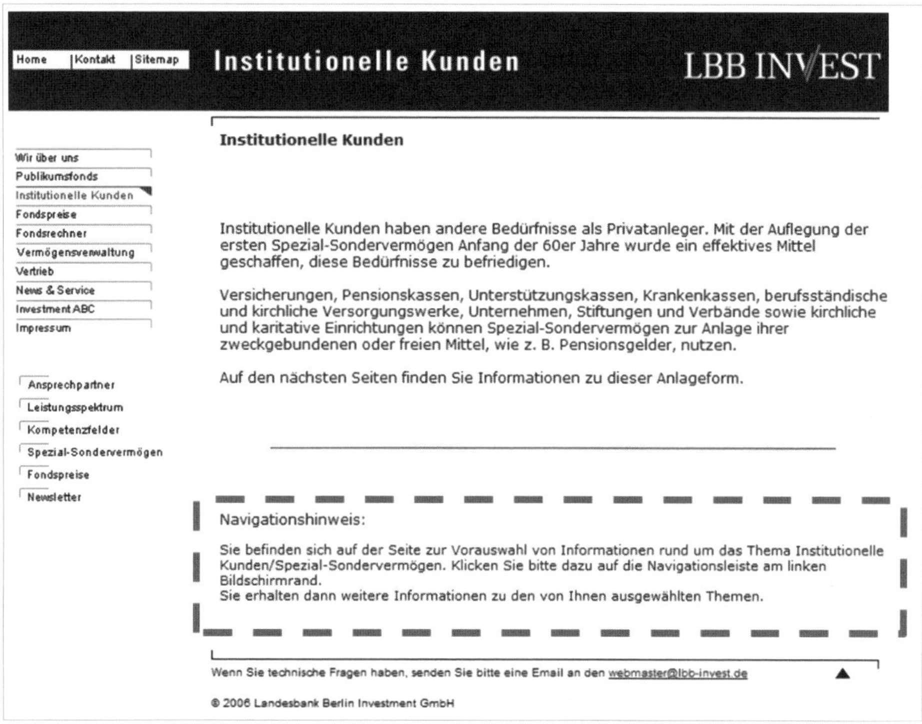

Abb. 21.1: Klicken Sie bitte auf die Navigationsleiste links.

Natürlich weiß ich wohl, dass es sich leichter hinschreiben lässt, dass eine Navigation intuitiv verständlich sein muss, als es sich auch umsetzen lässt. Ich möchte Ihnen aber gleich zu Anfang den Schneid abkaufen, wenn Sie der Meinung sein sollten, Sie könnten dies alleine im stillen Planungskämmerlein stemmen. Ohne dass Sie vorher wenigstens kurz einmal mit Besuchern gesprochen haben, geht das meistens schief. Wenn das nicht geht, weil Sie Ihre Besucher oder Kunden nicht direkt kennen, *versuchen* Sie wenigstens, sich in einen Besucher zu versetzen. Was weiß er wirklich schon vorher? Welche Begriffswelt benutzt er (wahrscheinlich)? Was ist sein Antrieb, etwas auf Ihrer Website anzuklicken oder sie zu besurfen? Wenn Sie natürlich schon weitergehende Erfahrung haben, besitzen Sie vielleicht auch schon die erlernbare Fähigkeit, intuitiv gute Navigationen zu entwickeln.

Ganz grob kann ich mich noch erinnern, dass mir damals in der Schule in Biologie die Zahl sieben schon irgendwie im Zusammenhang mit der Informationsaufnahme und den Vorgängen des Lernens untergekommen ist. Es war bei den anscheinend besonders gelehrigen Kolkraben, einer Rabenart. Man hatte ihnen eine jeweils variierende Anzahl von Symbolen gezeigt, also zum Beispiel fünf einfarbige Kugeln. Nun sollten sie an einer Versuchsmaschine mit mehreren Knöpfen denjenigen drücken, der auch fünf gleiche Symbole aufgedruckt hatte. Lagen sie richtig, kam – Sie ahnen es – Futter aus einer Klappe. Nach einiger Zeit des Trainings hatten die Jungs das prima drauf und konnten fortan zielgerichtet auf Anhieb den richtigen Knopf ausfindig machen. Nur der Vollständigkeit halber sei erwähnt, dass natürlich Farben, Symbole und auch die Anzahl der Symbole laufend geändert wurden. Wenn Sie sich nun fragen, ob ich die Absicht habe, aus Ihnen kleine Konrad Lorenze zu machen, warten Sie die Pointe ab: Die Raben konnten bestens mit den sich ändernden Zahlen umgehen – bis zu sieben. Danach war Schluss. Kein Geld, kein Lob und nicht das leckerste Futter konnte sie dazu bewegen, sich Zahlenwerte über sieben einzuprägen. Und um dem ganzen Ausflug in die Ethologie einen für Sie praktischen Sinn zu geben: Beim Menschen ist es anscheinend nicht anders! Damit will ich nicht behaupten, dass niemand weiter als bis sieben zählen kann. Aber unser Kurzzeitgedächtnis ist hier wohl ähnlich ausgelegt wie bei anderen höheren Lebewesen auch. Bei sieben sind wir an der Kapazitätsgrenze. Das hat mit der Art zu tun, wie unser Gehirn Informationen aufnimmt und speichert. Man unterscheidet das so genannte

- Sensorische Gedächtnis: Es speichert alle Informationen der unterschiedlichen Sinnesorgane, also zum Beispiel auch die des Tastsinns zur Kurzverarbeitung. Die Speicherkapazität liegt dabei unter einer Sekunde. Dann gibt es das
- Kurzzeitgedächtnis: Hier haben wir es mit wenigen Sekunden Merkfähigkeit zu tun und eben jener Objektkapazität von nur sieben Items. Alles, was uns merkensfähig erscheint und was sich irgendwie an schon Gelerntes anknüpfen lässt, gelangt dann in das
- Langzeitgedächtnis: Alles, was hier bewusst oder unbewusst abgelegt wird, kann zu einem späteren Zeitpunkt wieder abgerufen werden. Ob und wie schnell das funktioniert, hängt natürlich von vielen Faktoren ab, die hier zu erörtern nicht nur das Buch, sondern auch mein eigenes Gedächtnis sprengen würden.

Erinnern Sie sich noch an die Fernsehshow *Am laufenden Band* mit Rudi Carrell? Dort lagen am Ende 40 Gegenstände auf einem Band und der Sieger durfte anschließend alles mit nach Hause nehmen, was er sich gemerkt hatte. Was haben wir alle mitgefiebert – aber keiner lag mit seiner (Kurzzeit-)Gedächtnisleistung wesentlich über dieser magischen Grenze von sieben. Daran konnte auch das übliche Lob von Rudi Carrell *»Sie waren doll«* nichts ändern.

Tipp

Sie und Ihre Webseiten sind ja hier quasi beim Doktor und ich verordne Ihnen nun einen Selbstversuch! Lassen Sie sich von einem Bekannten zwischen 10 und 25 Begriffe aufschreiben. Lesen Sie diese kurz und aufmerksam, aber nur einmal durch. Zettel weg, Augen zu – bis drei zählen und nun alles aufsagen, was Sie sich merken konnten. Natürlich geht es hier nicht um die Anwendung von Methoden des Superlearnings mit neuronaler Bilderverknüpfung etc. Es geht nur um einen Kapazitätstest Ihres Kurzzeitgedächtnisses. Wenn Sie diesen Test tatsächlich einmal durchgeführt haben, entrümpeln Sie umfangreiche Navigationen und überfüllte Webseiten sicherlich mit hohem Eigenantrieb. Warum sollten Ihre Besucher ein besseres Gedächtnis haben als Sie? Warum sollen sie *noch* motivierter sein als Sie bei einem solchen Test?

Hat Sie der Eigentest enttäuscht? Wenn Sie tatsächlich bei acht oder neun Erinnerungen liegen, dann herzlichen Glückwunsch. Damit gehören Sie zu den Top-Gedächtniskünstlern. Oder Sie haben ein klein wenig geschummelt? Die Begriffe waren recht einfach? Vielleicht lagen Sie aber auch unter sieben? Einfach länger schlafen und weniger rauchen, dann wird es sicher wieder besser ;-)

Wenn Sie meinem verordneten Selbstversuch oben gefolgt sind, haben Sie eine ganz wesentliche Problematik mit Navigationen soeben mit eigenen Augen erkannt: Menschen können nur eine recht geringe Anzahl Optionen kurzfristig im Kopf behalten, bevor sie eine Entscheidung treffen. Je größer die Anzahl Ihrer Navigationspunkte und damit des Angebots an »Türen« ist, desto schwerer fällt es dem Besucher, die für ihn richtige Auswahl zu treffen. Je mehr Möglichkeiten sich ihm bieten, desto verunsicherter werden die meisten. Man kann einfach nicht so viele Möglichkeiten kurzfristig im Kopf behalten, um sich ein umfassendes Bild aller Möglichkeiten zu machen.

Mit drei Klicks zum Produkt?

Menschen können intuitiv also nicht mehr als sieben *Chunks* (Einheiten) gleichzeitig nebeneinander im Kopf zur Entscheidungsauswahl behalten – die Natur bzw. die Evolution hat uns einfach darauf beschränkt. Wenn Besucher also bei Punkt 12 in Ihrer Navigationsleiste sind, haben sie einen Teil der ersten Punkte schon wieder aus dem Kopf verloren. Je mehr Möglichkeiten man auf einmal im Auge behalten muss, desto mühsamer wird und wirkt dies. Bereits Kundige unter Ihnen werden nun laut rufen, dass doch eine wichtige Regel wäre, mit nur drei Klicks zum Produkt oder zum Ziel zu kommen. Diese Aussage wurde wohl unkritisch aus einer der vielen seriösen oder auch hastigen Studien herausgezogen und ebenso unkritisch weiterverbreitet. Bei näherem Hinsehen entpuppt sie sich auch als schwierig umzusetzen: Man darf getrost davon ausgehen, dass der erste Klick schon deshalb rechnerisch wegfällt, weil man von der Startseite mindestens auf

PRODUKTE oder SHOP klicken muss. Bleiben noch zwei Klicks. Wir haben also nach dem ersten Klick sieben Optionen oder Warengruppen (siehe oben) vor uns. Klick Nummer zwei wählt eine der Warengruppen aus. Nun müssten wir bereits in der Produktübersicht sein – weitere Unterteilungen dürfte es ja nun nicht mehr geben. Wenn ich richtig rechne, haben wir damit 7 x 7 = 49 Endpunkte für Produkte zur Verfügung. Selbst wenn man noch einen weiteren Schritt dazu rechnet, 49 x 7 = 343 sind auch nicht besonders viel.

Was häufig übersehen wird, ist, dass Suchende selbstverständlich mehr als drei Klicks zum Ziel in Kauf nehmen. Aber nur, wenn sie erkennen können, dass sie sich ihrem Ziel auch nähern. Dazu ist notwendig, dass Unternavigationspunkte klar und eindeutig benannt sind und möglichst keine Missverständnisse über den weiteren, zu erwartenden Inhalt erzeugen können.

Ein schönes Beispiel ist wohl eine geographische Suche: Europa (klick), Deutschland (klick), Bayern (klick), Franken (klick), Mittelfranken (klick), Nürnberg (klick), Ortsteil Erlenstegen (klick). Sieben Klicks, die wohl niemand als zu viel (bei einer Navigation) empfinden würde, eben weil er bei jedem Klick eindeutig sicher ist, seinem Ziel näher zu kommen.

Tipp

Wir merken uns also: Möglichst nicht mehr als sieben Navigationspunkte im Menü und, wo es immer geht, nur trennscharfe Begriffe.

Schwierig wird es fast immer dann, wenn alles auf die Startseite soll. Da gibt es eine neue Produktreihe, der Shop hat ein neues Feature (besser: eine neue Funktion) bekommen, der Umsatz einer bestimmten Marke steigert sich, der Chef hat ein neues Passbild für die Webseite machen lassen und und und. Alles soll dann irgendwo sofort auf der Startseite für alle Besucher sichtbar sein und drängt in Besprechungen und Konferenzen über den armen Webmaster in den sowieso spärlichen Platz. Bedenken Sie, dass Sie mit jedem wahrnehmbaren Link auf jeder Seite die Anzahl der Navigationspunkte und damit der -möglichkeiten erhöhen. Bis zu einem gewissen Grad macht das sicher nichts aus. Überschreiten Sie ihn, stürzen Sie Ihren Besucher in einen Konflikt. Soll er die vorgesehenen Türen der normalen Hauptnavigation benutzen oder sich über alle möglichen aktuell zusätzlich angebotenen Sonderwege irgendwo mitten in das Angebot beamen? Gibt es ein blinkendes und funkelndes (ja, ich weiß ...) Banner mit der Aufschrift NEU: PEARS-EGGPOD und die Mehrzahl der Besucher kommen just wegen dieses neuen MP3-Players, dann sind viele zufrieden. Ist es jedoch eher eine Minderheit, kann durchaus störende Ablenkung entstehen. Als Entscheidungskriterium mögen auch hier die Augen des Besuchers zählen: Ist diese neue, zusätzliche Option aus Kundensicht nützlich und wird wahrscheinlich gut nachgefragt oder versuchen wir nur als Unternehmen selbst, etwas (mit Gewalt?) in das Bewusstsein der Besucher zu drücken? Haben Sie den Eindruck, Letzteres könnte eine nennenswerte Rolle gespielt haben, denken Sie noch mal über die Entscheidung nach. Weniger ist meist mehr.

Aus vielen eigenen Usability-Tests wissen wir, dass viele Navigationsmöglichkeiten auf einer Seite in den meisten Fällen eher verwirrend auf die Besucher wirken und eine gewisse Desorientierung erzeugen. Je mehr »Türen« da sind, desto größer wird das Gefühl, raten zu müssen oder mit hoher Wahrscheinlichkeit eine der falschen Türen zu wählen. Man bekommt als Beobachter den Eindruck, dass es ein bisschen so wie bei einer großen Speisekarte im Restaurant ist. Sechs oder sieben Seiten mit Essen ... Die Auswahl dauert immer länger und fällt einem immer schwerer. Tante Traudel kommt dann am Ende zu gar keiner Entscheidung mehr und fragt: »*Was nehmt ihr?*« Dummerweise ist es bei den Webseiten so, dass die zusätzlichen Navigationsmöglichkeiten im Contentbereich (also außerhalb der Haupt- und Nebennavigation) eben nicht zu zusätzlichen Seiten führen, sondern meist nur Abkürzungen für die normale Navigation darstellen. Hier ist des Pudels Kern und damit das Problem begraben. Diese ganzen Abkürzungen und Direktsprünge erschweren dem Besucher, den Aufbau der Webseite zu erkunden und zu verstehen. Die meisten Surfer versuchen, sich ein inneres Bild von der Architektur der Site zu machen. Wenigstens grob. Man stellt quasi einen Schrank auf, schaut sich die Schubladen an und nach dem Studium der Schubladenaufschriften öffnet man einige und sieht hinein. Damit baut sich dieser Schrank mehr oder weniger schnell vor dem inneren Auge auf und man ist in der Lage, immer zielgerichteter mit der Website umzugehen. Jeder »Direktsprung« mitten in eine Schublade hinein bedeutet, dass man sich nun erst mal umsehen muss, wo man hier genau ist, wie man auf normalem Weg hierher kommt und wie man zurück oder in die Nachbarschublade kommt. Ich erinnere mich an ein kleines, aber pfiffiges Computerspiel aus der ersten Generation. Man musste ein kleines Stichmännlein mit großem Pixelkopf durch ein großes Haus mit mehreren Stockwerken und Türen steuern. Der Witz bei dem Spiel war, dass es einige »Zaubertüren« gab. Ging man unbedacht durch diese, fand man sich unversehens an einer anderen Stelle im Haus wieder. Da man gegen die Zeit kämpfen musste, galt es, nun schnell wieder die Orientierung zu gewinnen. Hätte es diese fiesen Türen nicht gegeben, hätte man den Weg sehr schnell gefunden. Aber natürlich hätte das Spiel seinen Reiz völlig verloren.

Machen Sie nicht aus Ihren Seiten und vor allem nicht aus der Startseite ein solches Spiel, in dem Sie mehr und mehr Zaubertüren einbauen. Geben Sie Ihren Besuchern klare und gut bezeichnete Ausgangstüren zu allen anderen Bereichen. Und wenn Ihre Informationstiefe sehr hoch ist, ziehen Sie lieber an geeigneter Stelle noch eine Unternavigation ein und lassen den Spruch »Drei Klicks bis zum Produkt« einfach einen Spruch sein.

Und weil ich am Anfang dieses Kapitels versprochen habe, noch darauf zurückzukommen, dass alle Links innerhalb einer Seite zur Navigation zählen, will ich das hier noch einlösen. Bei maschinellen Analysen von Webseiten bin ich immer wieder erstaunt, wie viele Links doch tatsächlich oft von einer einzelnen Webseite weggehen. Wenn das ein Robot nüchtern analysiert und das Ergebnis in Zahlen auswirft, kommt jedes Mal eine deutlich höhere Zahl an klickbaren Möglichkeiten heraus, als man mit dem bloßen Auge beim Betrachten vermutet. Meist kommt es daher, weil man im Laufe der Zeit immer mehr vermeintliche Abkürzungen für den Besucher eingebaut hat. Leider aber nicht immer zu seinem Wohle, weil er am Ende nicht mehr weiß, wohin genau er denn nun klicken muss, um zielgerichtet voranzukommen.

Abb. 21.2: Amazon gibt personalisierte Empfehlungen.

Die Empfehlungen bei Amazon sind es vielleicht, die für viele den Zauber dieses elektronischen Shops ausmachen. Wenn Sie sich aber die (vorbildlich gut erkennbaren) Links in Abbildung 21.2 ansehen, werden Sie schnell erkennen, was ich mit dem Hinweis gemeint habe, im Zweifel lieber einen Link weniger zu nehmen. Wenn Sie sich in Ihrem persönlichen Shop oben Ihre Empfehlungen ansehen möchten: Klicken Sie auf HIER, die relativ eindeutige Aufforderung, dass es hier die Empfehlungen gibt. Oder auf die nachfolgenden Kategorien? Und wenn die nachfolgenden Kategorien richtig wären, wo sind dann meine Empfehlungen für elektronische Geräte, Fotos, Spielwaren, Küchengeräte etc.? Das alles gäbe es nämlich auch dort zu kaufen.

21.1.1 Ein Link sollte sich immer gleich verhalten

Na ja, ein Link »verhält« sich natürlich exakt betrachtet nicht. Er sollte aber immer die gleiche Funktion auslösen. Passiert beim Klick auf einen Link nicht das, was der Besucher standardmäßig erwartet, kann ihn das schnell irritieren und im schlimmsten Fall auch verärgern. Denken Sie nur mal an die oft ohne Vorwarnung sogar manchmal direkt in der Navigation verlinkten PDF-Files.

Abbildung 21.3 zeigt ein solches Beispiel. Die umrahmten vier Navigationspunkte rufen ohne Nachfrage PDF-Dokumente in neuen Browserfenstern auf. Trotz schnellem Rechner kann man da in der Regel durchaus mal wegen der vom Webdesigner ungewollt verordneten Zwangspause in Ruhe einen Kaffee holen gehen. Der unbedachte Klick auf GERÄTEVERGLEICH hat auf einem durchschnittlichen Notebook selbiges ganze 42 Sekunden lahmgelegt. Solchen Navigationen misstraut man dann meist fortan, weil sie keine Rücksicht auf die allgemein anerkannten Gepflogenheiten des Linkens nehmen. Lieber einmal weniger klicken als einmal zu viel. Die Experimentier- und Entdeckungsfreude leidet extrem. Außerdem vertrage ich persönlich nicht so viel Kaffee, als dass ich jede Wartezeit sinnvoll mit dem Holen einer neuen Tasse verbringen könnte.

Abb. 21.3: Vier unvermittelte PDF-Dokumente bei `best-in-jura.de`

Jacob Nielsen spricht davon, dass Besucher mittlerweile durch Erfahrung beim Surfen ein mentales Modell und damit strenge Erwartungen entwickelt haben, was passiert bzw. passieren soll, wenn sie auf einen Link klicken:

- Das Anklicken eines Links bringt den Besucher an eine andere Stelle im Web.
- Der Besucher wird nach dem Klick auf eine neue Seite innerhalb des bisherigen Browserfensters geführt.
- Die alte Seite verschwindet.
- Durch den »Back«-Button links oben im Browser gelangt der Besucher bei Bedarf zur vorherigen Seite zurück.

Weiterhin führt er aus, dass Besucher die Erwartung haben, immer zuerst den oberen Teil einer neuen Webseite zu sehen. Daraus folgt, dass man das gezielte Anspringen bestimmter Textanker weiter unten auf der Seite in der Regel unterlassen sollte. Das gilt ebenso für gut gemeinte »Mini«-Gliederungen am Anfang einer längeren Webseite. Durch Anklicken einer dieser Gliederungspunkte springt man dann direkt nach unten zu einem definierten Textteil. Meist ist dies eine Unterkapitel-Überschrift. Ich selber habe bei Tests schon des Öfteren beobachtet, dass Testpersonen hier irritiert wurden. Sie wussten häufig nicht, dass sie mit ihrem Klick eigentlich »nur« nach weiter unten (oder oben) gesprungen waren, und wähnten sich auf einer neuen Webseite. Es gehört keine besondere Fantasie dazu, sich vorzustellen, dass ein Erstbesucher bei mehrmaliger Nutzung solcher Abkürzungen und des »Back«-Buttons im Browser hier recht schnell die Orientierung verlieren kann.

Besonders lästig ist es, wenn man bei bestimmten Webseiten den »Back«-Button nicht sinnvoll benutzen kann, weil dann eine Fehlermeldung erscheint. »Diese Seite ist nicht mehr gültig ...«, blökt uns der Webserver an. Tschuldigung, wir sind es halt gewohnt ... Denken Sie immer daran: Der »Back«-Button ist für viele so etwas wie eine »Undo«-Funktion. Nehmen Sie diese Ihren Besuchern nicht.

Natürlich gibt es auch sinnvolle Ausnahmen, bei denen Sie von diesen Regeln abweichen können. Für jedermann erkennbare Sortierungslinks, zum Beispiel eine nach dem Alphabet, erzeugen keine derartigen Verwirrungen. Eine Listung wie die folgende in Abbildung 21.4 ist daher statthaft und erleichtert dem Besucher ausnahmsweise die Bedienung.

Abb. 21.4: Einfach erkennbare Sprünge innerhalb einer Webseite

Die meisten Besucher haben genug Erfahrung, um die erwartete Funktion bei einem Klick auf einen der Buchstaben richtig einzuschätzen: Man springt in diesem Fall zum Anfang dieses Buchstabens nach unten und spart sich eine Menge Scrollen mit der Maus.

Vorsicht

Apropos »Scrollen«: Verwenden Sie dieses Wort nicht zur Erklärung auf Ihren Webseiten. Wir sind ja hier unter uns ;-), aber es gibt eben einen nennenswerten Anteil an Surfern da draußen, die nicht wissen, was Scrollen ist. Und da hilft ein Hinweis wie »Scrollen Sie ...« dann recht wenig.

Findet man einen Link bzw. eine Funktion nicht dort, wo man es gewohnt ist, wird er häufig und gerne schon mal übersehen. Mittlerweile hat es sich bei den meisten Shops eingebürgert, den Warenkorb generell auf der rechten Seite und oftmals rechts oben darzustellen. Dort sucht und findet man ihn in der Regel in gewohnter Weise. Weichen Sie von diesem Prinzip ab, bekommen die Nutzer Probleme und ein gewisser Prozentsatz bricht den Kaufvorgang ab, weil er nicht weiterkommt. Überschätzen Sie Ihre Besucher nicht! Es sind nicht alle bis in die Haarspitzen motiviert, alles zu suchen und ausprobieren zu wollen. Wenn Sie nun feststellen, dass Sie Ihrer Meinung nach zu viele Kaufabbrüche haben, weil Sie Gewohntes an ungewohnten Stellen darstellen, sollten Sie reagieren. Schaffen Sie am besten gleich die Ursache für die Misere ab und versuchen Sie nicht, einfach nur ein Pflaster draufzukleben, wie man das beim Chip-Shop gemacht hat (siehe Abbildung 21.5).

Abb. 21.5: Finden Sie den Warenkorb nicht? Er ist links oben.

Es sei mir noch der Hinweis erlaubt, dass meiner Erfahrung nach ein nicht unerheblicher Teil der Computernutzer Meldungen wie in Abbildung 21.5 einfach mit OK bestätigt, ohne sie wirklich zu lesen. Ich möchte auch nicht wissen, wie viele Nutzer eine Meldung mit »*Diese Anwendung installiert einen Virus und dieser zerstört anschließend gründlich alle Ihre Daten – sind Sie wirklich sicher?*« einfach in ihrem Tran mit »OK« quittieren. Insofern erscheint mir das Pflaster, das dem Chip-Shop da aufgeklebt wurde, als ein recht kleines.

21.1.2 Schnell und einfach: Card-Sorting

Wie kommt man nun zu einer guten Navigation? Einer der häufigsten Fehler, die beim Entwurf der Informationsarchitektur von Websites gemacht werden, ist, die falsche Richtung zu wählen. Intuitiv geht man top-down vor. Das bedeutet, man setzt sich bildlich gesprochen vor ein Blatt Papier, auf dem man die Startseite zumindest grob entwirft. Dabei fallen einem dann schon oft die ersten Navigationsbegriffe ein, die auf dem Blatt notiert werden. Man überlegt und plant und designt und schon liegt die fast fertige Seite vor einem. Danach fängt man an, die ganzen Informationsschnipsel, die auf den tieferen Seiten liegen sollen, dieser Navigation unterzuordnen. Anfangs geht das meist recht gut von der Hand. Oft bleiben dann aber doch ein paar mehr oder weniger störrische Items übrig. Die armen Dinger werden dann entweder irgendwo irgendwie (»*das passt schon …*«) mit reingequetscht oder es wird ein Verlegenheitsmenüpunkt à la SONSTIGES, INFORMATIONEN oder SERVICE kreiert. Das ist unschön und visualisiert genau das, was es ist: Verlegenheit. Vor allem ist es eines ganz bestimmt: keine Hilfe für die Besucher.

In der Arbeitspraxis hat es sich als praktikabler erwiesen, die Informationsarchitektur genau umgekehrt, also von unten nach oben aufzubauen. Trotz aller Computerunterstützung, die ich an vielen Stellen sehr schätze, habe ich hierfür noch kein besseres Arbeitsmittel gefunden als die gute, alte Karteikarte.

Nehmen Sie sich einfach einen Stapel Karteikarten und schreiben Sie auf jede Karte eine der vielen Informationseinheiten, die Sie nachher in Ihrer Website eingliedern möchten. Da wird es dann eine Karte geben mit der Aufschrift »Impressum«, »Kontakt«, aber auch solche mit »Produktkonfigurator«, »Aufmaßberechnungshinweise« oder »Niederlassungsübersicht«. Jede Seite mit prinzipiell unterschiedlichem Inhalt erhält eine eigene Karte. Mischen Sie nun alles kräftig durch und fangen Sie an, Ihre Navigations-Patience zu legen. Karten mit ähnlichen Inhalten legen Sie zusammen. Karten, die eine Hierarchie nach Ober- und Unterpunkten haben, legen Sie untereinander bzw. eingerückt. Im Lauf der Zeit erkennen Sie wie von selbst eine logische Struktur dahinter. Liegen mehrere Karten untereinander, denken Sie sich in aller Ruhe eine passende Überschrift dafür aus. Diese schreiben Sie dann auf eine weitere Karte und legen Sie als Topic über die Unterpunkte. Oft erhält man auf diese Art schon beim ersten Wurf ganz passable Navigationen und ganz nebenbei wirklich auch passende Navigationsbezeichnungen. Der wesentliche und entscheidende Unterschied zur Top-down-Methode liegt darin, dass nun eine generische und oft einigermaßen symmetrische Struktur entsteht, die auf Ihren tatsächlichen oder im Detail geplanten Informationsangeboten aufbaut. Bei der anderen Vorgehensweise entstehen nicht selten eigentlich ungewollte Zusatzangebote, die nur irgendwie der Vollständigkeit halber nachträglich eingeflochten werden. Das sieht man den Navigationsentwürfen dann leider meist an.

Wenn ich mit Kunden diese Methode anwende und nach dem Sortieren zunächst alle zufrieden mit der Lage der Karteikarten sind, mache ich immer etwas sehr grausam Wirkendes. Ich schiebe alle Karten in der Mitte des Tisches zusammen, mische sie und sage lapidar: *»So, jetzt das Ganze noch mal!«* Das hat mir schon den einen oder anderen bösen Blick verschafft. Wenn dann allerdings beim zweiten Mal die gleiche Struktur entsteht, sind alle sehr viel sicherer, dass man nicht nur eine richtige, sondern auch die optimale Lösung gefunden hat. Lassen Sie mich an dieser Stelle auch noch kurz erwähnen, dass es immer wieder diametrale Vorstellungen gibt, wie lange ein solcher Prozess dauern dürfe bzw. dauert. Bei komplexen Websites kann das durchaus schon mal ein paar Tage in Anspruch nehmen. Bevor nicht jeder im Team zufrieden ist, sollten auch Sie nicht zufrieden sein. Sie sitzen hier am Herzen Ihres Webprojektes und das verträgt weder Eile noch Nachlässigkeit! Für jeden noch so kleinen Fehler, den Sie hier machen, müssen Sie später mehrfach bezahlen. Build the House before you paint it!

Tipp

Zur Protokollierung empfehle ich, einfach eine gute Digitalkamera zur Hand zu nehmen und alles zu fotografieren. Am besten übertragen Sie die so festgehaltene Navigation auch gleich selbst in ein Ziel-PC-Programm, mit dem Sie später arbeiten möchten. Sollten tatsächlich noch Ungereimtheiten enthalten sein, fallen sie spätestens hier auf und können noch einmal besprochen werden. Nochmals? Hallo – wir haben doch schon festgehalten: Überall können Sie hetzen, wenn Zeitnot dies gebietet. Nur an dieser Stelle würde ich tunlichst davon abraten.

»Warum nehmen wir denn nicht den PC und ein Zeichen- oder Kreativitätsprogramm?«, werde ich immer wieder mal gefragt. Sicher könnte man das tun und durch die quasi automatische Protokollierung könnte das Ergebnis sofort an alle elektronisch verteilt werden. Trotzdem finde ich, dass *gemeinsames* Kartenauslegen auf einem Tisch ein psychologisch anderer Vorgang ist, als wenn *einer* an einem PC sitzt und per Beamer mit der Maus Äste und Kästchen beschriftet und verschiebt. Karten lassen sich von allen verschieben, man kann sie anfassen und mit der Lage spielen. Alle können auf diese Art in beliebigen Geschwindigkeiten und gleichzeitig kreativ sein.

Diese motivierende und nützliche Wirkung verpufft, wenn man wie gebannt auf das Beamerbild achtend darauf warten muss, bis der Kästchenschieber hinter dem PC allen Wünschen nachgekommen ist. Haben Sie einen Garten? Hatten Sie beim Pflanzen schon mal Lust, mit beiden Händen tief in lockere Erde zu greifen? Die Verwendung traditioneller Karteikarten in wirklich wichtigen Abschnitten von IT-Projekten ist meine Erde. Versuchen Sie es, greifen Sie hinein. Sie werden feststellen, dass es sich nicht nur lohnt, es macht auch Spaß.

21.1.3 Testen Sie Ihren Navigationsentwurf!

So. Sie sind zufrieden mit Ihrem Navigationsentwurf und brennen darauf, diesen nun endlich umzusetzen. Leider muss ich Sie schon wieder enttäuschen und eine bittere Pille verschreiben. Denn einen wichtigen Punkt muss ich an dieser Stelle deutlich erwähnen: Damit haben Sie zunächst eine Informationsarchitektur erschaffen, die *Ihren* Vorstellungen entspricht. Sie erinnern sich daran, dass der Wurm ja dem Fisch schmecken muss und nicht dem Angler. Am besten gewöhnen Sie sich spätestens an dieser Stelle daran, alles Wichtige grundsätzlich und immer zu testen.

Jeder Entwurf sollte selbstverständlich vor der Umsetzung noch auf Verständlichkeit und logischen Aufbau geprüft werden. Bei komplexeren Webseiten oder Portalen bedeutet dies, dass Sie den zukünftigen Anwendern Ihren beschrifteten Kartenstapel in die Hand drücken und sie auflegen lassen, was ihrer Meinung nach irgendwie zusammengehört. Dabei muss keine perfekte Navigation herauskommen, aber Sie sollten Ihr eigenes Muster wenigstens in Grundzügen wiedererkennen können. Unnötig ist sicher zu erwähnen, dass Sie selbstverständlich nicht helfend in diesen Prozess eingreifen. Warum ich es aufgrund meiner Erfahrungen trotzdem mit einem leichten Grinsen tue, können Sie sicher erahnen. In der Regel reichen 10 bis 15 Tester beim Kartenlegen völlig aus. Das Verbesserungspotenzial und der Erkenntnisgewinn steigen darüber hinaus nur noch marginal an. In der Literatur werden meistens sogar 20 und mehr Testpersonen empfohlen. Aus der Praxis heraus spürt man jedoch oft, dass bereits bei deutlich weniger Testern die Luft für Neues raus ist. Wenn Sie allerdings tatsächlich am Aufbau eines großen Portals mit viel Besuchertraffic arbeiten, ist sicherlich auch genug Budget da, um mit etwas mehr Testpersonen so richtig sicherzugehen.

Der weniger aufwändige und schnellere Weg ist, einigen künftigen Anwendern eine gefakte Startseite zu zeigen. »Gefakt« bedeutet, dass Sie dazu keine echte Webseite bauen müssen, sondern das rein optische Zusammenstellen in einem einfachen Grafikprogramm Ihrer Wahl reicht aus. Zeigen Sie diese Seite und fragen Sie, welche Inhalte man hinter den Navigationsmöglichkeiten vermuten würde. Wenn Sie sehr tief gehende Unterpunkte haben, sollten Sie für diese ebenfalls solche »Als-ob«-Seiten erzeugen und nach dem gleichen Schema testen. Stimmen die Vermutungen im Wesentlichen mit dem überein, was Sie entworfen haben, können Sie den Rest hier überspringen.

Bekommen Sie sehr unterschiedliche Antworten und stimmen diese nicht mit Ihrer Feinarchitektur überein, müssen Sie noch mal ran. Prüfen Sie in diesem Fall zuerst, ob die Bezeichnungen der Hauptnavigation tatsächlich mit den darunter liegenden Inhalten übereinstimmen. Vielleicht haben Sie nur falsche oder nicht sauber treffende Oberbegriffe verwendet? Wenn Sie sicher sind, dass Ihre Begriffe aber stimmig sind, stimmt die Zusammenstellung der tieferen Informationsstruktur, also der Unterebenen noch nicht. In diesem Fall müssen Sie noch mal eine Runde Kartenlegen starten. Keine Sorge. Bei Babys kommen die Zähne auch zu sehr unterschiedlichen Zeiten. Aber irgendwann sind sie dann – oft mit großem Geschrei – plötzlich über Nacht da. So wird das auch bei Ihrer Navigation sein. Gut, vielleicht nicht nachts.

Merken Sie sich in jedem Fall: Navigation darf nicht beeindrucken, weder durch Technik noch durch die Begriffswahl. Sie muss unbemerkt einfach nur da sein und dem Besucher einfach zur Hand gehen. Das ist häufig ein schwieriges psychologisches Problem gerade für besonders kreative Webdesigner! Sie sollen etwas entwerfen, dass hinterher keiner bemerkt, für das sich niemand interessiert und für das ihnen auch keiner der Kollegen anerkennend auf die Schulter klopft. Lob für gute Arbeit zu bekommen, ist ein völlig legitimes menschliches Bedürfnis. Leider loben sich Designkünstler eben gegenseitig nur bei Beeindruckendem und Außergewöhnlichem. Verstehen Sie nun, warum aus Ihrer Sicht, mit den Augen des Besuchers, so viele Navigationen scheußlich anders zu bedienen sind als andere?

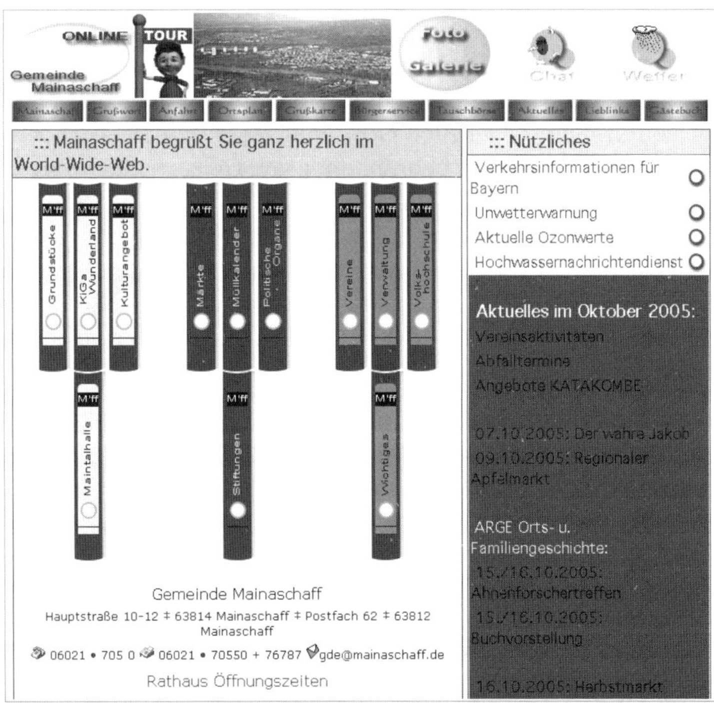

Abb. 21.6: `Mainaschaff.de`: Ob das eine gewohnte, verständliche Navigation ist?

Vielleicht hat man beim Betreiber der Website, die in Abbildung 21.6 dargestellt ist, zu viele Aktenordner bei der Siteplanung gewälzt? Oder glaubt man, dass die Bürger den Kopf von Natur aus linksschief zum besseren Lesen halten?

Werden alle in der Navigation verwendeten Begriffe auch wirklich von allen Besuchern verstanden?

Abb. 21.7: Die Hauptnavigation von `sony.de`

Wo würden Sie denn in der Hauptnavigation von `sony.de` ein Sony-Notebook suchen? Oder einen Computer? Und wer ist CONSUMER? Und wo sind die BUSINESS-LÖSUNGEN? Was sich wohl hinter SONY PICTURES, PRINT SERVICE und AXN verbirgt? Ob BEZUGSQUELLEN Händler sind, wo man die Produkte kaufen kann? Die Leute von Sony werden es sicher wissen.

Künstler neigen dazu, sich gerne von der breiten Masse abzuheben. Da es zum Regisseur eines guten Zeichentrickfilms meist noch ein Stück hin ist, versuchen sich manche ersatzhalber am Webseitendesign. Leider können Sie hier im Buch die Navigation des Beispiels in Abbildung 21.8 von `ferrero.de` nicht so richtig nachvollziehen. Die fünf in der Mitte abgebildeten Fenster rotieren nämlich »dreidimensional« mit variabler Geschwindigkeit im Uhrzeigersinn. Fährt man mit der Maus auf eines der Bilder, laufen sie unvermittelt in die andere Richtung davon. Mit ein wenig Geschick drehen sie sich richtig schnell. Kühle Luft fächeln sie einem trotzdem nicht zu. Schade.

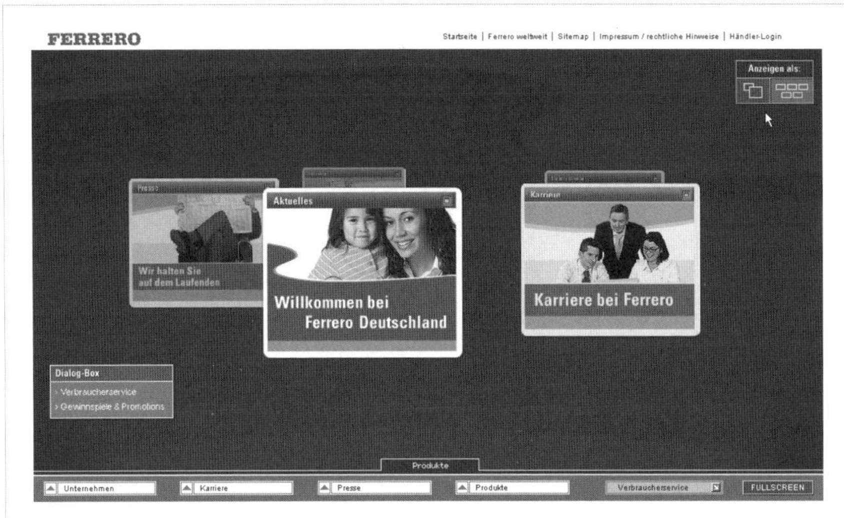

Abb. 21.8: Bei `ferrero`.de kommt nicht nur der Besucher ins Rotieren.

Man hält die Website offenbar für so gelungen, dass man sogar eine Option FULLSCREEN anbietet. Gott sei Dank rechts unten, wo es keiner sieht – und in Englisch, damit es die wenigsten verstehen.

Versuchen Sie sich immer wieder in Ihren Besucher zu versetzen. Was möchte er auf Ihren Webseiten tun, was sucht er wahrscheinlich, warum kommt er zu Ihnen? Kreditkartenunternehmen bieten zum Beispiel für getätigte Umsätze über Punktesysteme oft Prämien an. Diese Prämien irgendwann einmal einlösen zu wollen, erscheint mir ein legitimes Interesse von Kunden zu sein. American Express (kurz Amex) bietet ein Prämienprogramm an. Für jeden mit der Karte umgesetzten Euro erhält man einen Punkt. Aber wo kann man die Prämien sehen oder auswählen? Suchen Sie doch mal auf der Startseite, die in Abbildung 21.9 gezeigt wird!

Nichts gefunden? Selbst wenn ich Ihnen verraten würde, dass das Prämienprogramm auf der deutschen Website »Membership Rewards« heißt? Aber irgendwie muss es doch gehen, denn Abbildung 21.10 zeigt ja deutlich, dass man Prämien auch einlösen kann. Die Darstellung der Prämie hier, einer Minox-Digitalkamera, erscheint mir allerdings noch stark verbesserungswürdig ;-)

Abb. 21.9: Wo findet man die Prämien bei American Express?

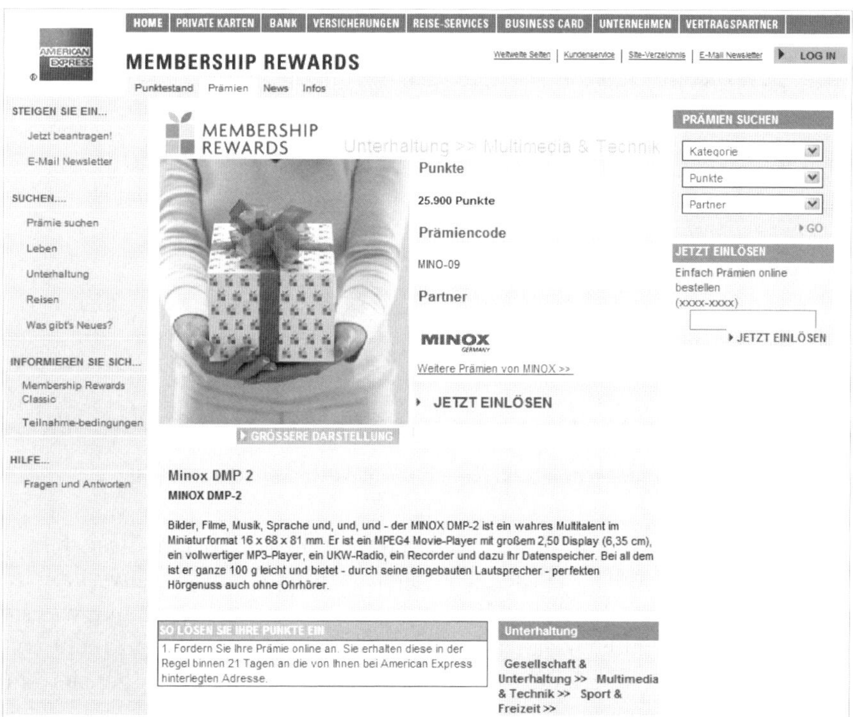

Abb. 21.10: So sieht eine Minox DMP 2 bei Amex aus.

Immer wieder lassen sich die Kunden von Webdesignern von dem Satz »Wir haben für Ihre Site etwas sehr Außergewöhnliches und Besonderes für die Navigation entwickelt. Ihre Besucher werden staunen« beeindrucken, statt sie freundlich hinauszukomplimentieren. Wer für normale Webseiten mal etwas völlig anderes machen möchte, hat nicht verstanden, wie das »Massen-Web« funktioniert. Selbst Websites, auf denen täglich sehr viele Kaufabschlüsse gemacht werden, verstoßen gegen fundamentale Prinzipien und damit gegen die Erwartungen ihrer Kunden. In Abbildung 21.11 sehen Sie einen Ausschnitt aus dem Bestellprozess von Fahrkarten für die Bahn. Zunächst sieht es so aus, als ob es nicht weitergeht. Der Button WEITER gehört eigentlich auf die rechte Seite. Hier hat man die Navigation nach links versetzt. Dummerweise ist der Button ZURÜCK (also intuitiv eher eine virtuelle Bewegung nach links) der rechte der beiden Buttons. Der linke trägt die Aufschrift WEITER OHNE BAHNCARD. Wenn ich also bereits eine BahnCard habe und sie in dieser Maske nicht noch mal kaufen möchte, geht es hier in diesem sechsstufigen (!) Bestellprozess ganz streng genommen nicht weiter – irgendwie.

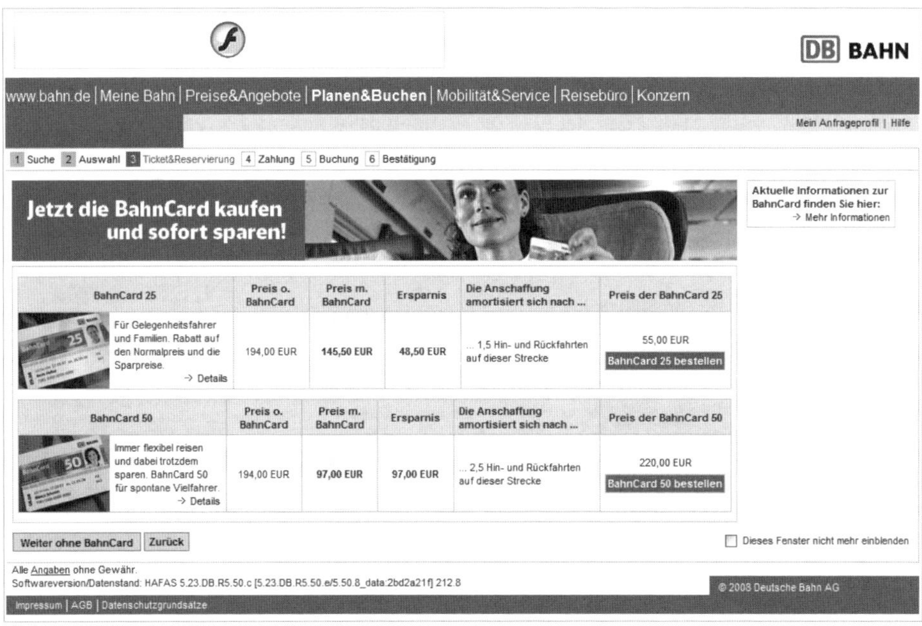

Abb. 21.11: Unbedacht angebrachte Buttons kosten Kunden viele Nerven.

Leider kann man in diesem Moment ja auch nicht hören, was die Besucher beim »Staunen« wahrscheinlich tatsächlich sagen würden. Durch Anwesenheit bei Tests und durch das Studieren von Videoprotokollen weiß ich recht gut, was sie an solchen Stellen oft und leider allzu laut sagen. Hier brauche ich gar nicht erst zu versuchen, das hinzuschreiben. Die Lektorin würde es gnadenlos zensieren und herausstreichen. Und völlig mit Recht.

21.2 Die verschiedenen Navigationskonzepte

Wenn Sie nun also Ihre Informationsarchitektur entworfen haben, geht es daran, sich über ein Konzept Gedanken zu machen, wie man sie umsetzt. Die Meinungen dazu sind durchaus geteilt.

21.2.1 Einfache Navigationsdarstellungen

Glücklich ist, wer nur eine oder zwei Navigationsebenen zu bedienen hat. Die traditionelle Hauptnavigation befindet sich dann meist links, wo sie mittlerweile von über 50 Prozent der Besucher erwartet wird, und die Unternavigation (auch lokale Navigation genannt) kann direkt über dem Content stehen.

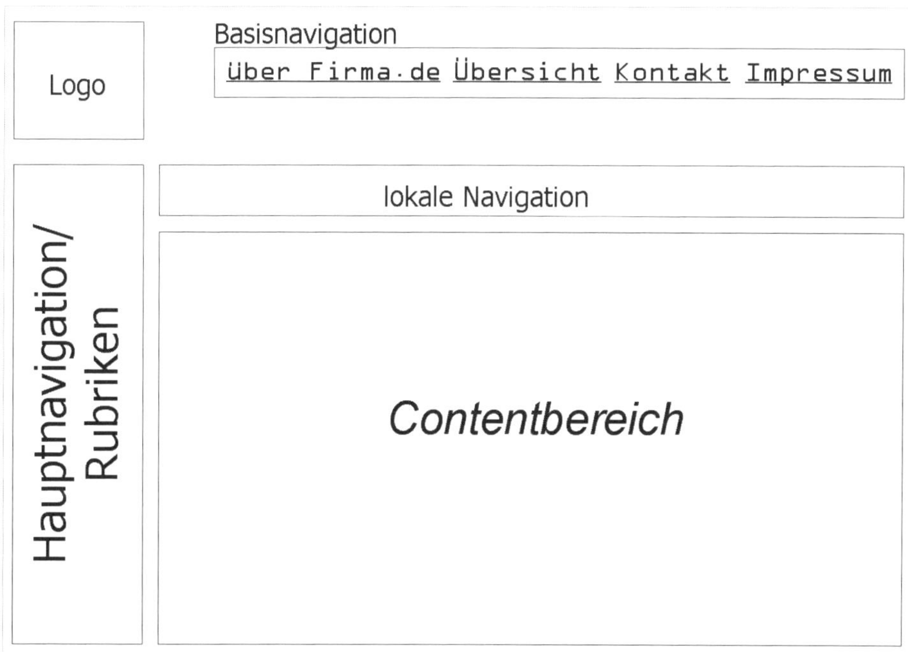

Abb. 21.12: Ein zweistufiges Standardlayout

Klickt man in der linken Navigation einen der Hauptpunkte an, ändert sich jeweils die lokale Unternavigation über dem Contentbereich. Das ist übersichtlich und so lange sich die lokale Navigation optisch deutlich gegenüber der Hauptnavigation differenziert (zum Beispiel kleiner ist), haben Besucher damit in den meisten Fällen kein Problem.

Ab und zu wird bei Navigationen auch mit unterschiedlichen Farben in den Unterbereichen gearbeitet. Ich persönlich bin der Meinung, dass die bewusste Erkennung der Bedeutung der unterschiedlichen Farben beim Besucher zwar generell überschätzt wird. Aber der Farbwechsel wird sicherlich eindeutig bemerkt und damit Änderung und Zugehörigkeit der lokalen Navigation je nach angeklicktem Oberpunkt.

Mittlerweile ist es gerade bei den größeren Websites deutlich besser geworden, was die Verständlichkeit der Navigationen angeht. Man spürt beim Analysieren, dass man sich dort nun der Bedeutung bewusster geworden ist. Trotzdem findet man auch heute noch viele Absonderlichkeiten. Was würden Sie zum Beispiel beim Anblick der Navigation der Startseite der Firma Kunert machen (siehe Abbildung 21.13) – nachdem der unvermeidliche und inhaltsleere Flash-Film mit Musik abgelaufen ist?

Abb. 21.13: Ausschnitt der Startseite von `kunert.de`

Falls Sie es beim Scrollen (je nach Bildschirmauflösung) durch Zufall entdecken, finden Sie die Navigation ganz unten links. Da dies die deutsche Website ist, würden Sie mit IMPRINT vielleicht nicht viel anfangen können. Obwohl *print* vielleicht impliziert, dass man das hübsche Bildchen damit ausdrucken kann (in Wirklichkeit ist es das englische Wort für Impressum). Und wahrscheinlich meinen Sie jetzt, der Fischer übertreibt mal wieder schamlos. Da ist doch ein Link zu KUNERT GROUP. Ein Klick führt dann auch zu dem, was man in Abbildung 21.14 findet.

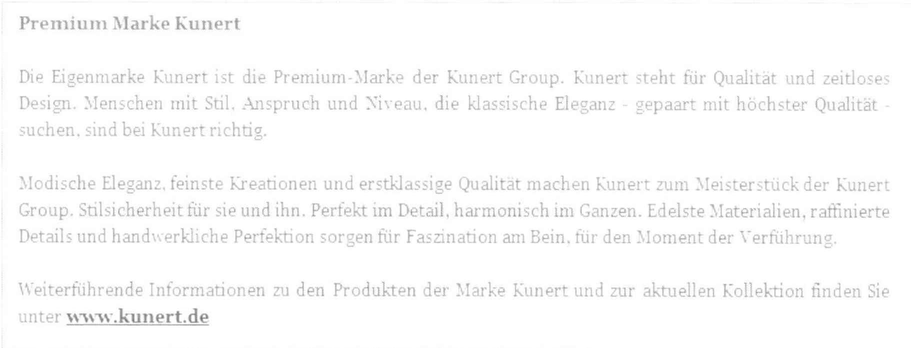

Premium Marke Kunert

Die Eigenmarke Kunert ist die Premium-Marke der Kunert Group. Kunert steht für Qualität und zeitloses Design. Menschen mit Stil, Anspruch und Niveau, die klassische Eleganz - gepaart mit höchster Qualität - suchen, sind bei Kunert richtig.

Modische Eleganz, feinste Kreationen und erstklassige Qualität machen Kunert zum Meisterstück der Kunert Group. Stilsicherheit für sie und ihn. Perfekt im Detail, harmonisch im Ganzen. Edelste Materialien, raffinierte Details und handwerkliche Perfektion sorgen für Faszination am Bein, für den Moment der Verführung.

Weiterführende Informationen zu den Produkten der Marke Kunert und zur aktuellen Kollektion finden Sie unter **www.kunert.de**

Abb. 21.14: Der Text zu Kunert bei der Kunert-Group

Ich hoffe, dass man den Screenshot, der einen Ausschnitt zur Marke Kunert bei der Kunert-Group zeigt, noch einigermaßen lesen kann. Die Originalschrift auf der Website ist leider hellgrau. Unten am Ende des Textes findet man dann auch wieder einen Link zu `Kunert.de`. Dort gelangt man wieder zur Ausgangsseite, die in Abbildung 21.13 dargestellt ist. Der Flash-Film lädt erneut, der »Back«-Button funktioniert wegen einer Weiterleitung nicht und alles läuft von vorne ab. Auch eine Möglichkeit, sich Kunden vom Hals zu halten. Die meisten Besucher werden auf einer Marken-Website wohl Produktinformationen suchen. Der Hersteller hier ist allerdings offensichtlich der Meinung, man möchte sich mit einer recht aufwändigen und fast kinoreifen Filmdemo in Stimmung bringen lassen. In Stimmung dafür, dann letztlich nichts Essenzielles über die Produkte zu finden. Das erscheint mir wenig zielführend und ich kann mir kein vernünftiges Argument vorstellen, warum man die Besucher derart enttäuschen möchte.

Es mag verwunderlich erscheinen, aber einige Unternehmen sind sich anscheinend tatsächlich nicht bewusst, dass Besucher oft schon mit einfachen und trivialen Problemchen an Navigationen scheitern, die eher Abteilungen und interne Zuständigkeiten widerspiegeln, als sich am Kunden zu orientieren.

In der letzten Ausgabe hatte ich die Navigation einer großen deutschen Bank kritisiert. Man hat die Website dort mittlerweile mehrmals umgestellt. Leider ist die Nutzerführung noch immer so krude, dass man sich eher die Haare ausreißt, als etwas zu finden. In Abbildung 21.15 sieht man zunächst im oberen Teil einen Ausschnitt der Startseite. Dort kann man zwischen vier Bereichen auswählen. Klickt man dann zum Beispiel auf den Bereich PRIVATKUNDEN & PRIVATE BANKING (Pfeil 1), erscheint die links unten in der Abbildung gezeigte Navigation. Dort sind wieder alle vier Hauptpunkte enthalten, was die Startseite eigentlich überflüssig machen würde. Egal. Was PRIVATE BANKING und FC BAYERN BANKING (die beiden letzten Unterpunkte) ist? Keine Ahnung. Klickt man nun auf den Hauptpunkt GESCHÄFTSKUNDEN - FREIE BERUFE (Pfeil 2), erscheint die Unternavigation zu diesem Punkt. Klickt man nun auf den dritten Hauptnavigationspunkt FIRMENKUN-

DEN, so wird dieser in der Hauptnavigation zu Punkt 1, die anderen werden nach unten gedrängt. Oops. Das meine ich mit »Konsistenz«. Wenn sich die Reihenfolge der Navigationspunkte (egal auf welcher Ebene) ändert, ist Konfusion beim Besucher vorprogrammiert. Ebenso entsteht bei den meisten Besuchern sicher Unverständnis, was wohl der Unterschied zwischen »Geschäftskunden« und »Firmenkunden« ist. Viele Geschäftsinhaber haben ihr Privatkonto bei derselben Bank und nutzen die Navigation sicherlich nicht so klar getrennt, wie man sich das bei der Bank wohl vorstellt. Besucher/Benutzer haben oft mehrere »Rollen«. Unnötig zu erwähnen, dass man eine der wohl am häufigsten genutzten Funktionen auf Bankseiten, die des Online-Bankings, nur sehr schwer findet, weil er unverständlicherweise komplett außerhalb der Navigation an einem optisch gut versteckten Ort unter einer eigens selber ausgedachten Bezeichnung angebracht wurde.

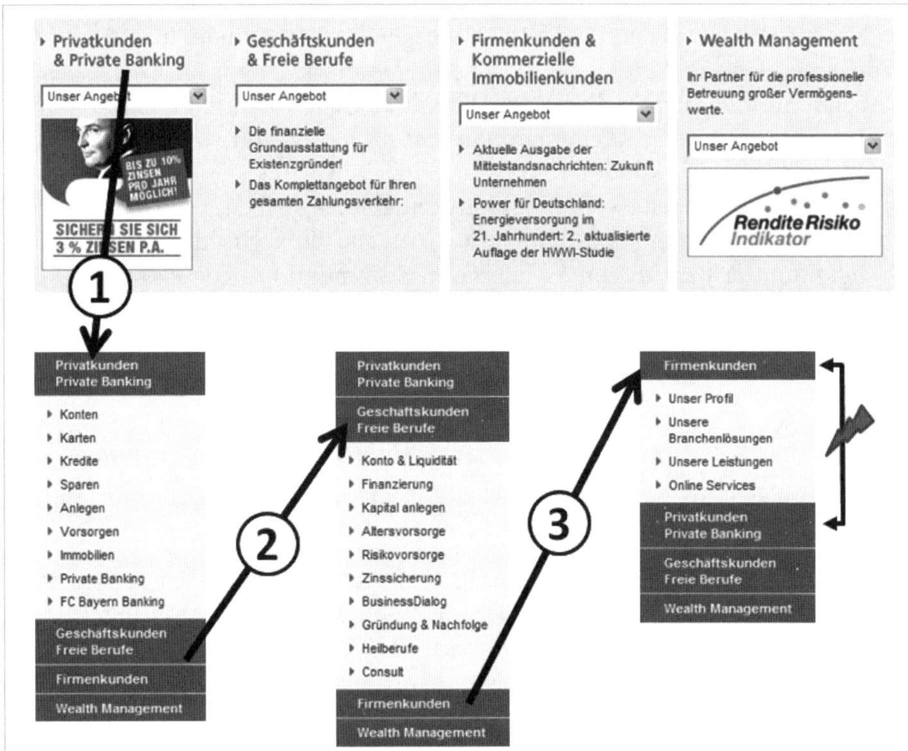

Abb. 21.15: Die Navigationslogik einer deutschen Bank

Aber warum, so scheint es legitim zu fragen, nennt man um Himmels willen den für jedermann verständlichen und mittlerweile gelernten Begriff des Online-Banking nicht einfach auch im Web »Online-Banking«? Nein, es muss eine eigene Wortkreation wie Direct B@nking sein.

Wir haben im Jahr 2008 eine große Usability-Studie über die Websites deutscher Banken durchgeführt. Viele der Testpersonen hatten enorme Probleme, die einfachsten Dinge, wie eben den Link zum Online-Banking, zu finden oder auch nur die Bankleitzahl der Bank. Die Deutsche Bank schmückt ihre deutsche Website mit so vielen englischen Begriffen, dass zwei Tester den versehentlichen Wechsel in den internationalen (englischen) Webauftritt noch nicht einmal auf Anhieb bemerkt hatten. Unsere Videosoftware hat viele Flüche aufzeichnen müssen, die zum Teil nicht stubenrein waren. Etwas finden zu müssen, was Webdesigner unbewusst verstecken, kann einen schon ganz schön nerven ... (Die Studie wird gegen Ende 2008 publiziert – achten Sie einfach auf mein Weblog unter `www.website-boosting.de`. Dort werde ich nach dem Erscheinen einen kurzen Beitrag und einen Link zum Download einstellen.)

21.2.2 Navigationen im Katalogstil

Diese Art der Darstellung fand sich früher bei Yahoo oder bei Web.de. Beim DMOZ, dem Open Directory Project, findet man sie noch heute auf der Startseite (siehe Abbildung 21.16).

Abb. 21.16: `Dmoz.org` mit Katalogdarstellung

Nutzer finden sie sehr angenehm, weil sie einerseits übersichtlich ist und andererseits durch die kleinen Unterschriften eine Menge mehr vorauszeigen, als dies die anderen Navigationskonzepte zu leisten in der Lage sind. Zudem macht die beispielhafte Darstellung einiger Unterpunkte die genaue Bedeutung des Oberpunktes meist ein ganzes Stück deutlicher. Dies ist wohl auch der Grund, warum sich gerade bei Webauftritten mit hoher Sortierleistung, also gerade in Katalogen, diese Darstellung immer wieder findet.

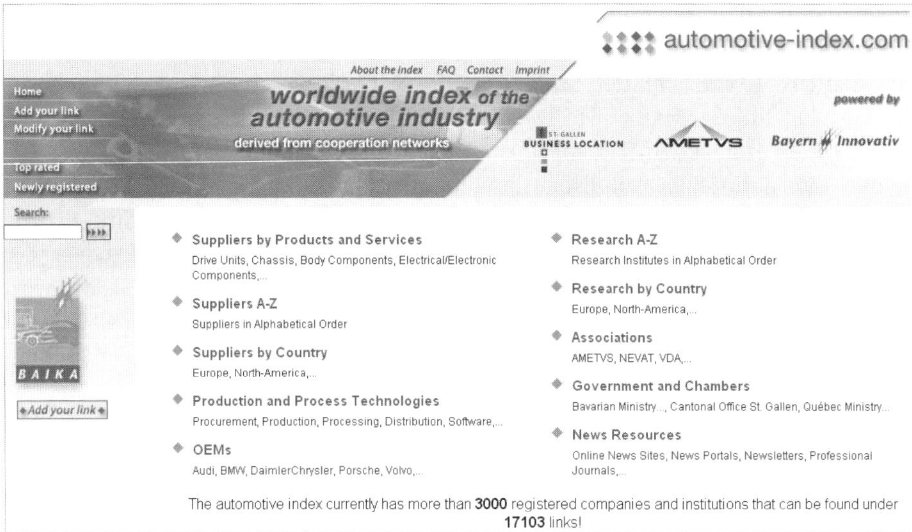

Abb. 21.17: `Automotive-Index.com` als weltweiter Special-Interest-Katalog

Als Nachteil dieser Navigationsart darf wohl zweifelsohne der hohe Platzaufwand gesehen werden. Dieser Nachteil lässt sich zum Teil allerdings etwas kompensieren, wenn man einem normalen Webauftritt mit hoher Komplexität einen solchen Navigationskatalog an die Seite stellt. Die Stadt Nürnberg hatte dies getan und damit ihren Bürgern eine »**H**öchst **U**nkomplizierte **G**overnment **O**berfläche«, kurz »HUGO«, zusätzlich zur normalen Seitennavigation unter der Adresse `http://hugo.nuernberg.de` (Achtung, ohne www) zur Verfügung gestellt. Der Suchende kann sich auf dem Weg zu seiner Problemlösung über mehrere Hauptäste in tiefere Ebenen klicken. Es gibt keinen eindeutigen, »richtigen« Weg – hier führen viele Wege zum Ziel. Da Menschen mit unterschiedlichen Denkrichtungen und Problemsichten auf Webseiten kommen, haben sie meist ein Problem damit, ihre eigene Problemsprache in die »Denke« des Navigationsdesigners zu zwingen. HUGO ging hier konsequent einen anderen Weg, indem man eben auf vielen Wegen zum sprichwörtlichen Rom gehen kann. Ein bestimmtes Formular erreicht man über das Lebenslagenprinzip, Elektronische Dienste, themenorientiert, über das zuständige Amt oder einfach in der Kategorie der Formularsammlungen (siehe Abbildung 21.18).

Der Knackpunkt dabei ist, dass HUGO selber gar keine eigenen Inhalte vorhält, sondern am Ende eines Suchastes immer direkt auf die eigentliche Webseite selber zeigt. Statt einer hierarchischen, eindeutigen Navigationsstruktur kann man hier Informationselemente auf vielen verschiedenen Wegen erreichen. Und das eben auf viele verschiedene Sortierungsarten, um möglichst vielen Besuchern gerecht zu werden. Leider wird dieser Dienst mittlerweile nicht mehr aktiv gepflegt, war aber noch bis zur Drucklegung im Web zu erreichen. Zur didaktischen Visualisierung dieses Navigationsprinzips kann man ihn sich daher noch ansehen.

Abb. 21.18: HUGO als Navigationshilfe der Stadt Nürnberg

21.2.3 Navigationen mit Rollover-Menü

Rollover-Menüs lassen sich statisch hier in einem Buch nur sehr schwierig darstellen. Sie besitzen einen so genannten Mouseover-Effekt. Dies bedeutet, dass sich bei einem Hauptpunkt beim Überstreifen mit dem Mauszeiger automatisch ein Untermenü öffnet, wie in Abbildung 21.19.

Abb. 21.19: Darstellung eines Rollover-Menüs

Stellen Sie sich einfach vor, durch das Berühren mit dem Mauszeiger des Navigationsbegriffs COMPUTER erscheinen einige Unterkategorien wie Spiele, Hardware etc. Nachteilig ist hier sicherlich, dass man für die komplette Unternavigation weitere Seiten benötigt. Aus Usability-Gesichtspunkten ist sicher auch der inkorporierte Automatismus kritisch zu betrachten. Wann immer Webseiten ohne eindeutigen Auslöseimpuls des Benutzers »aktiv« werden, kann man oft eine gewisse Unsicherheit bis hin zum Ärgernis diagnostizieren. Nutzer haben gerne selber die Kontrolle. Wenn sich eine Textfarbe beim Überstreichen mit dem Mauszeiger ändert, ist das in Ordnung und in den meisten Fällen sogar förderlich. Werden allerdings Bewegungen und Veränderungen ohne eigenen und bewussten Klick ausgelöst, verunsichert das gerade den noch unerfahrenen Webnutzer schnell. Rollover-Menüs erscheinen daher nicht als eine optimale Form der Navigationsdarstellung.

21.2.4 Navigationen mit expandierbaren Menüs

Menüstrukturen mit auf- und zuklickbaren Items, im Fachjargon »Expand/Collapse-Menü« genannt, kennen sicherlich die meisten Computernutzer von einem ganz prominenten Vertreter, dem Dateiexplorer von MS Windows. Im Web hat sich daher schnell eine Fangemeinde gebildet, die solche expandierbaren Menüs einsetzt. Funktion und Möglichkeiten sind durch den Dateiexplorer bereits gelernt und daher können solche Menüs intuitiv bedient werden.

Abb. 21.20: Navigation mit expandierbarem Menü

Hier hat der Benutzer im Gegensatz zum Rollover-Menü auch definitiv die Kontrolle über das Geschehen und daher keine verunsichernden Eigenbewegungen. Der Einsatz sollte trotzdem wohl überlegt werden und eignet sich meiner Meinung nach nur bei wenigen Webapplikationen. Bei eingehender Betrachtung erkennt man, dass diese Art der Bedienung doch eher einer Aufgabenorientierung entspricht als dem mehr prozessorientierten Wesen des Erkundens und Suchens auf einer Website.

21.2.5 Navigationen mit Flash

Auf den ersten Blick unterscheidet sich das mit Flash-Technik programmierte Menü nicht von dem expandierenden.

Abb. 21.21: Ein mit Flash erstelltes Menü

Der wesentliche Unterschied liegt in dem dort verwendeten so genannten »Auto-Close«. Diese Funktion bewirkt ein automatisches Schließen eines Navigationsastes, wenn man einen neuen Navigationspunkt anklickt. Diese augenscheinlich Platz sparende und nützliche Funktion ist es auch, die die Ablehnung der meisten Benutzer für diese Navigationssteuerung hervorruft. Ein Benutzer klickt unten auf einen Navigationspunkt und auf einen Schlag ändert sich alles, was er gerade vor Augen hatte. Ein kompletter Ast weiter oben verschwindet und unten taucht ein neuer auf. Leider geht das meist so schnell, dass man die Bewegungen gar nicht richtig nachvollziehen kann und sich nun auf den ersten Blick einem völlig anderen Menü gegenübersieht. Das Wort, auf das man soeben geklickt hat und das sich unter dem Mauszeiger befunden hat, ist irgendwo hin (nach oben oder unten) verschwunden. Solche sich hoch dynamisch bewegenden Menüs verwirren die Benutzer zum Teil ganz extrem. Nicht wenige werden aber auch richtig ärgerlich und verlassen die Site daraufhin wieder. Es gibt genügend Alternativen im Web, die einem das Leben leichter machen.

Damit Sie mich nicht falsch verstehen. Mit Flash lassen sich hervorragende Dinge auf Webseiten zaubern. Ich bin mir auch sicher, dass man bei eingehender Beschäftigung damit sicherlich auch benutzerfreundliche Navigationskonzepte bauen kann. Der Beweis steht allerdings meines Wissens nach noch aus. In der ersten Auflage habe ich meine Leser gefragt, ob jemand ein ansprechendes Beispiel kennt. Ehrlich gesagt habe ich etwas den Überblick über die Zahl von Lesermails verloren, aber etwas um die eintausend dürften es wohl sein. In keiner war jedoch ein positives Beispiel enthalten. Daher mache ich hier nochmals den Aufruf, mir solche Beispiele zu schicken. Ich zeige sie gerne – allein schon, weil ich immer wieder gefragt werde, ob ich kein solches positives Beispiel für eine Flash-Navigation kenne. Bisher nicht. Obwohl ich berufsmäßig viel, ja sehr viel im Web unterwegs bin.

Ganz am Rande sei darauf hingewiesen, dass laut `webhits.de` derzeit hochgerechnet nur 53 Prozent aller Surfer mit einem Flash-Plug-in unterwegs sind. Das ist denkbar ungeeignet niedrig für das Erreichen einer möglichst breiten Nutzergemeinde.

Hinweis

Aus einem ganz anderen Grund muss ich aber leider hier noch einmal warnend den Finger heben. Bitte denken Sie daran, was ich bereits in Teil B über Suchmaschinen geschrieben hatte: Suchmaschinen haben Probleme, Flash richtig zu lesen, und auch wenn es besser wird, können noch immer nicht alle auch die eingebetteten Links erkennen. Navigationen in Flash zu programmieren, bedeutet also, die Robots der Suchmaschinen zumindest in Teilen auszugrenzen. Wenn Sie keine Besucher über diese Kanäle brauchen, müssen Sie sich keine Gedanken darüber machen. Alle anderen sollten nachdenken, ob sie ihre Seiten wirklich derart benachteiligen wollen. Natürlich kann man unten im Fußbereich jeder Webseite auch einen HTML-Link hinterlegen, den der Robot lesen und dem er folgen kann. Aber schick ist das sicher nicht. Natürlich kann man auch eine automatisch einspringende HTML-Navigationslösung hinterlegen. Aber unter wirtschaftlichen Gesichtspunkten (deutlich höhere Kosten) erscheint auch das nicht ideal.

21.2.6 Flyout-Navigationen

Diese Art der Menüsteuerung kennen sicherlich die meisten von Ihnen von MS Windows her. Wenn Sie in den neueren Windows-Versionen auf START|ALLE PROGRAMME klicken, fliegen (flyout) je nach Anzahl installierter Programme und vorgenommenen Sortierungen alle Ordner und Einzelprogramme auf den Bildschirm. Nun beginnt je nach Füllgrad ein Maus-Spießruten-Laufen. Man muss genau zu einem Ordner fahren, der sich dann öffnet und eventuell weitere Ordner freigibt. Leider passiert es auch versierten PC-Nutzern immer wieder, dass sie nicht exakt auf dem Pfad bleiben, und es öffnen sich ungewollt die völlig falschen Ordner. Die Zahl der Bedienungsfehler ist daher recht hoch. Diagonale Abkürzungen werden dann meist mit der notwendigen Rückkehr auf START bestraft.

Abb. 21.22: Flyout-Menüs zur Navigation

Dieser oft als negativ und störend empfundene Effekt ist auch gleichzeitig das wesentlichste Argument gegen diese Art der Navigation auf Webseiten. Während Sie Ihrem PC und der oft nervigen Programmauswahl zumeist nicht entfliehen können, tun das die Besucher von Webseiten vielleicht schon und dann recht schnell. Wer unbedingt will, was Sie auf Ihren Webseiten anbieten, wird sich durch einen hohen inneren Antrieb motiviert natürlich trotzdem durchpflügen. Ob potenzielle Neukunden Ihre Webseite erkunden, wenn es keinen Spaß macht oder sie gar anstrengend zu navigieren ist?

Tipp

Ich komme zwar erst noch zum Testen von Webseiten, aber weil es gerade hier so schön passt, sollten Sie schon jetzt Ihre Handschuhe rausholen. Der kostengünstigste Test, ob ältere Menschen mit Ihrer Webseite einigermaßen gut zurechtkommen, geht ganz einfach: Ziehen Sie sich ein paar Skihandschuhe an, nehmen Sie die Maus in die Hand und versuchen Sie, auf Ihrer Website zu navigieren. Bei älteren Menschen klappt oft die Feinmotorik nicht mehr so ideal und sie tun sich gerade mit der genauen Positionierung des Mauszeigers nicht so leicht. Kommt dann noch ein anspruchsvolles Flyout-Menü zum Einsatz, können sich schnell richtige Bedienungsgräben auftun. Und noch ein Tipp: Setzen Sie bei diesem Test mal Opas Brille auf. Handschuhe an und auch noch unscharf sehen! Ab jetzt ist Ihnen etwa die Hälfte aller Webseiten verschlossen ... Versuchen Sie es.

21.2.7 Drop-down-Navigationen

Eine der durchaus mittlerweile als klassisch zu bezeichnenden Navigationsarten sind die Drop-down-Menüs. Dabei ist die Menüleiste meist oben in der Horizontalen angebracht. Klickt oder fährt man mit der Maus auf einen Navigationspunkt, klappt ein Untermenü herunter.

Abb. 21.23: Navigationen mit Drop-down

Manche Navigationen klappen beim Überstreichen automatisch herunter. Ich sehe das ein wenig skeptisch, weil hier wieder gegen das Prinzip der Eigensteuerung verstoßen wird. Besucher haben gerne die Kontrolle über das, was sie auf einer Webseite tun. Jegliche Automatismen werden daher zumeist eher skeptisch betrachtet und als negativ empfunden. Zudem sind wir diese Art der Menüsteuerung von gängigen Windows-Programmen gewohnt. Das Menü sitzt immer oben in der Leiste und das Setzen des Mauszeigers auf DATEI, BEARBEITEN oder EXTRAS löst noch keine Aktion aus, wenn man vom farblichen Hervorheben bei neueren Programmversionen absieht. Erst der Mausklick befördert das Untermenü ans Licht. So sollte es daher meiner Meinung nach auch auf Webseiten sein. Wenn Sie auf Gewohntes und bereits Gelerntes setzen, können Sie wenig falsch machen.

Die weiteren Vorteile sind schnell identifiziert: Diese Navigationsart braucht wenig Platz und verursacht keine oder nur wenige Bedienfehler. Als Nachteil höre ich bei Usability-Tests immer wieder mal, dass es als störend empfunden wird, wenn durch das Herunterklappen wichtige Informationen auf der Webseite selber verdeckt werden. Dies ist aber sicher mehr eine Frage der Gesamtgestaltung. Dennoch wollte ich es an dieser Stelle nicht verschweigen.

Welche Navigationsart nun für Sie der Königsweg ist, lässt sich natürlich nicht pauschal und nach Kochrezept beantworten. Sonst wäre es ja tatsächlich so, dass es nur die eine, »wahre« Navigation gäbe. Machen Sie sich einfach Vor- und Nachteile klar und berücksichtigen Sie Ihre Kernzielgruppe, Branche und vor allem Ihren Content. Erst in der Gesamtkomposition macht das Treffen einer Entscheidung Sinn.

21.3 Auch die Maus legt viele hundert Kilometer zurück

Früher gab es als Gimmick bei einigen Maustreibern unter EINSTELLUNGEN die Möglichkeit, die mit der Maus zurückgelegte Strecke nach Länge aufzeichnen zu lassen. Was da oft zusammenkam, war ganz erstaunlich. Leider gibt es dieses Aufzeichnungsfeature nun nicht mehr, zumindest bei den Mäusen, die ich aktuell verwende. Ich bedauere das sehr, weil es für Usability-Tests doch wertvolle Hilfe leisten konnte.

Wie immer gibt es im Web aber Abhilfe durch die vielen kleinen Tools, die man an allen Ecken für kleines Geld oder sogar kostenlos bekommt. Das in der letzten Auflage beschriebene Tool »ToggleMOUSE« unter `www.toggle.com` gibt es leider nicht mehr – die Domain wurde offensichtlich verkauft. Ein guter Ersatz ist das Freeware-Prgramm »Mouse Off-road«, das nachfolgend in der Version 2.17 beschrieben wird. Sie finden es beim Hersteller unter `www.sixfiles.com/dbase/mof`. Falls es dort nicht mehr erreichbar sein sollte, suchen Sie einfach in einer Suchmaschine nach dem Programmnamen. Sie finden solche Freeware-Programme oft noch auf vielen anderen Download-Portalen. Ansonsten suchen Sie einfach mit »Mouse Odometer« und dann finden Sie weitere (oft kostenlose) Programme, die Mausbewegungen aufzeichnen.

Nach der Installation von Mouse Off-road werden Sie aufgefordert, die Maus zu kalibrieren. Das ist wegen der unterschiedlichen Bildschirmauflösungen notwendig. Das Programm bittet Sie, die Maus 5 *Inches* zu bewegen. Machen Sie einfach ein paar Bewegungen und ignorieren Sie zunächst, dass die Maus damit noch nicht sauber eingestellt ist. Danach klicken Sie das vorbelegte Kreuz bei USE MILES INSTEAD OF METERS weg (siehe die Markierung in Abbildung 21.24) und Sie werden erneut aufgefordert, Ihre Maus (nun) über *10 cm* hinweg zu bewegen. Nehmen Sie dazu einfach ein Lineal, an dem Sie die Strecke mit der Maus abfahren. Danach beenden Sie die Eingabe mit [Enter].

In dem Einstellungsmenü können Sie auch auswählen, ob das Odometer ständig beim Start von Windows mitgeladen werden soll. Für die tägliche Arbeit werden Sie es nicht benötigen, daher empfehle ich, es nur gezielt für Messungen zu aktivieren. Wie Sie in Abbildung 21.24 sehen können, lassen sich die Werte auch in ein TXT-File exportieren. Dies ist für spätere Auswertungen bei umfangreicheren Tests recht nützlich. Denken Sie daran, vor jeder Messung den Zähler mit RESET (im Auswahlmenü) auf null zu stellen. Übrigens: Wenn Sie nun nicht gaaaanz genau zehn Zentimeter abgemessen haben, ist das auch kein Beinbruch. Solange Sie am selben Rechner testen, sind Unschärfen vertretbar. Schließlich ist ja nicht die absolute Strecke interessant, sondern die Strecken verschiedener Alternativen *im Vergleich*. Und ein Messfehler in der Länge wirkt sich ja bei allen Tests identisch aus. Dazu gleich mehr.

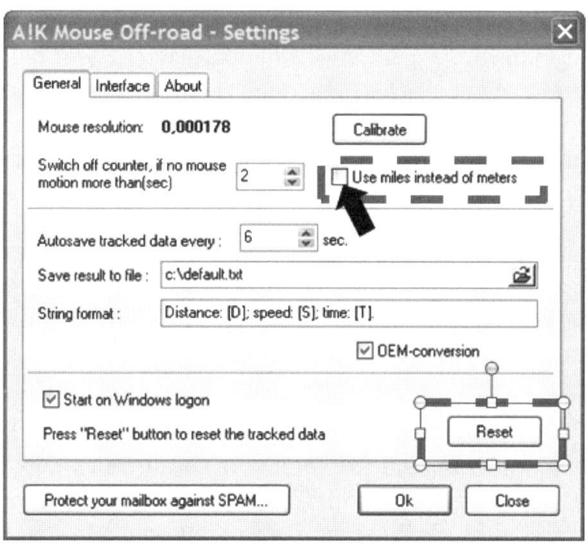

Abb. 21.24: Die Einstellungen bei Mouse Off-road

Nach dem Starten erscheint ein frei verschiebbares, transparentes kleines Feld, in dem die Zeit und der zurückgelegte Weg angegeben werden.

Abb. 21.25: Die Ergebnisausgabe von Mouse Off-Road

Was Ihnen im ersten Moment vielleicht wie eine Spielerei vorkommt, ist zum Vergleich beim gezielten Einsatz auf mehreren Webseiten wirklich nützlich. Für das Bildschirmfoto habe ich den Zähler auf null gesetzt und zum Zeitpunkt des Screenshots selber stand er wie oben in Abbildung 21.25 ersichtlich auf 535 cm und 7 Min und 19 Sek. *Was nützt mir das nun?*, werden Sie vielleicht grübeln.

Nun, vielleicht wissen Sie, was die REFA macht, die hauptsächlich im produzierenden Gewerbe eingesetzt wird? Der Name steht für *Reichsausschuss für Arbeitsstudien*. REFA kümmert sich unter anderem um Arbeitszeitstudien und zerlegt menschliche Arbeit in der Produktion in Mikroabläufe. Diese werden anschließend optimiert und nach den Kriterien einer gesunden und effizienten Arbeitsumgebung neu organisiert. Dabei werden vor allem in der Montage zum Beispiel Greifvorgänge am Montagearbeitsplatz so gestaltet, dass sich minimale Wege ergeben. Hmm... »Minimale Wege«, »Aufzeichnen von Entfernungen mit der Maus« ... Ich denke, es dämmert Ihnen schon, worauf ich hinauswill ...

Einer der Puzzlesteine für angenehm bedienbare Webseiten, insbesondere von Shopsystemen, ist, dass die Auslöser für Funktionen (in der Regel sind das Buttons oder Hyperlinks) nahe beieinanderliegen. Was funktionell zu einem harmonischen Bedienprozess zusammengehört, gehört auch optisch zusammen. Nutzer mögen es gar nicht, ständig mit der Maus von links oben nach rechts unten zu fahren, zum Beispiel auf WEITER zu klicken, und auf der nächsten Seite wieder nach rechts oben, um ein Formularfeld auszufüllen. Selbst MS Windows macht uns hier die tägliche Arbeit bisher unbemerkt schwer. Das Kontextmenü, das man mit der rechten Maustaste aktivieren kann, ist an und für sich eine nützliche Sache. Ich frage mich allerdings, warum ich zum Beispiel den Menüpunkt NEU angezeigt bekomme, wenn ich im Dateiexplorer auf eine bestehende Datei zeige. Aber darauf will ich eigentlich gar nicht hinaus. Der weitaus häufigste Fall beim Aufruf des Kontextmenüs im Dateiexplorer ist sicherlich das Kopieren oder auch das Umbenennen. Im Laufe der Zeit drängen sich ungefragt (!) immer mehr Programme da hinein, so dass die Wege zu diesen Funktionen immer länger werden. Ärgerlich.

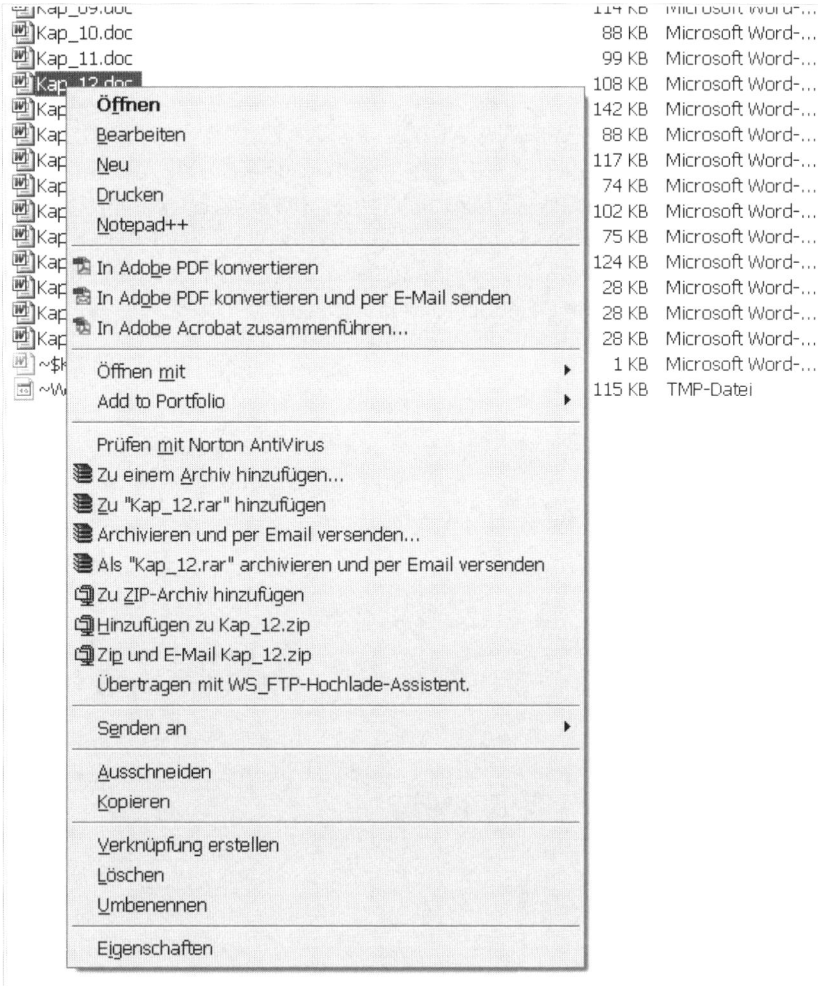

Abb. 21.26: Ein langer Weg bis zum Kopieren

Und natürlich entspricht diese Empfehlung, häufige und/oder zusammengehörige Funktionen auch nahe zueinander zu legen, voll und ganz dem Gesetz der Nähe, das Sie ja weiter vorne schon ausführlicher kennen gelernt haben.

Mit kleinen Tools wie dem oben beschriebenen Odometer kann man eben genau diese »Fahrstrecke« der Maus und damit den direkten Aufwand eines Benutzers messen. Stellen Sie ihn auf null und laufen Sie damit durch Ihre Webseite, die Ihrer Mitbewerber oder auch durch beliebige Shopsysteme. Sie werden schnell feststellen, dass hier zum Teil enorme Unterschiede bestehen, wie lange man braucht, um einen Bestellvorgang durch die oft vielen Formulare zum Abschluss zu bringen – und wie unterschiedlich die Zahl der Klicks ist. Messen Sie sich mit den Besten Ihrer Branche und machen Sie es Ihren aktuellen und vor allem zukünftigen Kunden möglichst einfach!

Tipp

Benchmarken Sie sich mit Ihren direkten Mitbewerbern oder Websites, die Sie persönlich für gut halten. Wenn man bei anderen Websites weniger »Mausstrecke« benötigt, ist das meist ein untrügliches Indiz, dass man dort bestimmte Aufgaben schneller bzw. einfacher erledigen kann. Suchen Sie nach den Gründen und optimieren Sie Ihre eigenen Seiten danach.

Kapitel 22

Text im Web: Kraftvoll und gut lesbar

Wie lesen Webnutzer Texte? Jacob Nielsens Antwort ist kurz und knapp: *gar nicht*. Das mag zunächst übertrieben klingen, aber prinzipiell kann ich ihm durch meine Beobachtungen im Usabilitylab recht geben. Es wird so gut wie nichts gelesen! Das gilt natürlich nicht für alle Texte. Wer zum Beispiel in Wikipedia sucht, welche Funktion ein Quarterback beim American Football hat, der liest den erklärenden Text selbstverständlich. Die Texte, die Nielsen und auch ich meinen, sind die vielen zum Teil erklärenden Textschnipsel auf normalen Webseiten. »Klicken Sie unten auf X, um Y zu tun« oder »Ihr Passwort muss mindestens 6 Zeichen lang sein und mindestens ein Sonderzeichen und eine Zahl enthalten.« Das ist es, was niemand liest. Wenn wir nicht lesen, wie kommen wir dann überhaupt auf Webseiten zurecht? *»Kommen wir das denn?«*, frage ich Sie lächelnd zurück. Nein, ernsthaft. Wir lesen nicht, wir scannen und wir raten. Um das zu verdeutlichen, machen wir einen kleinen Ausflug in die Rezeptionsforschung.

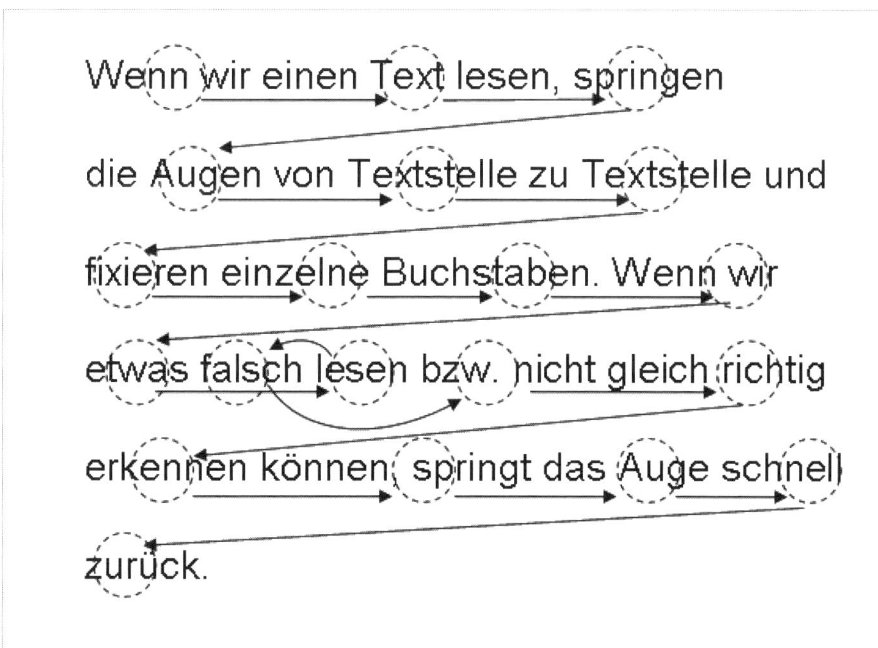

Abb. 22.1: Fixationen und Saccaden beim Lesen

Wie Abbildung 22.1 zeigt, arbeiten unsere Augen beim Lesen mit so genannten Fixationen, von denen jede etwa 250 Millisekunden dauert. Bei diesen Fixationen halten die Augen auf circa drei Buchstaben an und nehmen diese auf. Der schnelle Sprung zur nächsten Fixation heißt Saccade, dauert circa 15 Millisekunden und überspringt sieben bis neun Buchstaben. In der Regel werden Wörter nicht Buchstabe für Buchstabe zusammengefügt und dann *verstanden*, sondern als gespeicherte Bilder abgerufen. Damit wird auch unmittelbar einsichtig, warum kurze Zeilenlängen optimal zum Lesen sind: Der Sprung vom Ende der Zeile zum Anfang der *richtigen* nachfolgenden Zeile ist leichter. Je länger die Zeilen sind, desto schwerer und ermüdender ist Lesen. Aus diesem Grund wurde in Zeitungen auch schon seit Langem auf Spaltensatz umgestellt. Das gibt dem Auge eine klare Führung und die Lesegeschwindigkeit steigt messbar an. Maximal 35 bis 40 Anschläge pro Zeile sollten Sie für Ihre Webtexte verwenden. Zählen Sie ruhig mal nach.

Wir erkennen uns bekannte Wörter also nicht durch Aufdröseln der Buchstaben, sondern durch das Wiedererkennen des Wortbildes. Wenn Sie das nicht glauben, lesen Sie doch mal den folgenden Text:

Wie leesn Behecsur enlnizee Sätze auf Webietsen? Enie nuee Stidue der Cmabridge Uinervtistät ziegt, dsas die Riehenfloge der Bcuhstbaen raitlev eagl ist. Hahpstcaue der etsre und der ltzete Btchuasbe setehn an der reciigthn Sltele – dwizhacsen knan bleieibg gatcesuht wedren! Geaulbn Sie das?

Sehen Sie, was ich meine? Ihr Auge liest nicht linear und so, wie Sie das vielleicht angenommen haben. Es, nein besser natürlich das Gehirn, rät vielmehr frech in der Gegend 'rum. Der Text oben wurde mit einem speziellen Scrambler erzeugt. Nur jeweils der erste und letzte Buchstabe ist beim Vertauschen gleich geblieben, alle anderen dazwischen wurden zufällig ausgetauscht. Das reicht bereits aus, damit unser Gehirn richtig raten kann. Erstaunlich, finden Sie nicht? Daher finden wir übrigens auch Tippfehler in längeren Wörtern nur schwer. Das funktioniert natürlich nur, wenn es eine gewohnte Sprache ist und es keine Fachtexte mit häufig unbekannten Begriffen sind. Einen so verwürfelten medizinischen Text kann man in der Regel nicht einfach so überfliegend erraten. Mediziner können das natürlich schon. Vielleicht schreiben sie deshalb so unleserlich? Nur der guten Ordnung halber möchte ich zu meiner Entlastung noch erwähnen, dass sich im Web unterschiedliche Meinungen etabliert haben, woher die Idee zu dem obigen Text zuerst kam. Verschiedene Quellen schreiben sie verschiedenen Institutionen zu. Da das Beispiel aber gute Erklärungskraft hat, soll es uns für unsere Zwecke egal sein. Auch gibt es einige Gegenbeispiele, bei der die Buchstaben scheinbar nicht zufällig, sondern gezielt angeordnet wurden. Machen Sie sich am besten selber ein Bild, indem Sie zum Beispiel unter `www.lerfjhax.com/scrambler` einen Text einstellen und ihn zerwürfeln lassen.

Wo die Mustererkennung zum Beispiel nicht richtig funktioniert, ist, WENN SIE GROSSBUCHSTABEN FÜR EINEN TEXT VERWENDEN. MERKEN SIE, WIE VIEL SCHWERER ES IHNEN FÄLLT, DIESEN TEXTABSCHNITT ZU LESEN UND ZU VERSTEHEN? WENN SIE ALSO AUF WEBSEITEN AUF ETWAS GANZ BESONDERES HINWEISEN MÖCHTEN, SOLLTEN SIE DAHER SÄTZE IN GROSSBUCHSTABEN VERMEIDEN. NEHMEN SIE STATTDESSEN LIEBER EINE SIGNALFARBE, DAS WIRKT SEHR VIEL BESSER. ABER JETZT ERLÖSE ICH SIE WIEDER UND SCHREIBE NORMAL WEITER.

Wenn Vorwissen zu einem Text besteht, können die Fixationen schneller durchgeführt werden. Ist der Text fehlerhaft oder die Buchstaben schwerer erkennbar (weil zum Beispiel falsche Buchstabentypen gewählt wurden), wird die Leseleistung extrem verlangsamt.

schauen sie doch mal die nächste mail Ihres webdesigners an. die tendenieren in letzter zeit immer mehr dazu, nur kleinbuchstaben zu verwenden. das scheint besonders cool wirken zu sollen. es ist zwar leichter zu lesen als der großbuchstabensalat, aber von der abwesenheit von basiskenntnissen über unsere informationsaufnahme zeugt es meiner einschätzung nach trotzdem ein wenig.

Warum lesen wir nicht gerne Texte, noch dazu ausführlich?

1. Prinzipiell ist jeder meist in Eile.
2. Jeder weiß, dass man eigentlich nicht alles lesen muss – »muddling through«, also das *Durchwursteln* reicht meist.
3. Viele Webtexte sind einfach auch nicht besonders lesenswert.
4. Fälschliches Übersehen wird recht selten bestraft – wir haben also alle gelernt, dass es nicht immer das Optimum sein muss.
5. Das »Scan«-Prinzip hat sich bisher bestens bewährt – und wir sind mittlerweile richtig gut darin geworden.

Im Web bzw. am Bildschirm lesen Menschen anders, das ist ja hinlänglich bekannt. Das Medium ist ein anderes und das Auge hat physiognomische Probleme. Anders als auf Papier haben wir eben nicht einen guten Kontrast zwischen dem hellen Papier und den schwarzen Buchstaben. Der Bildschirm leuchtet. Zwischen den Buchstaben ist also helles Licht. Kein Wunder also, dass

- unsere Augen dabei sehr viel schneller ermüden
- nur mit etwa einem Viertel der normalen Geschwindigkeit gelesen werden kann
- man sich das Gelesene schlechter merken kann
- es weniger interessant wirkt
- es fatalerweise auch als weniger glaubwürdig empfunden wird und
- weniger Meinungseinfluss hat

Dies sagen uns viele internationale Studien, die zu diesem Themenkomplex gemacht wurden. Die Ergebnisse mögen Sie zunächst erschrecken, wenn Sie »weniger glaubwürdig« oder »weniger Meinungseinfluss« lesen. Letztendlich ist das aber bei allen Bildschirmtexten so, also auch bei den Webseiten Ihrer Mitbewerber. Was Sie vielleicht ein klein wenig beruhigen mag. Eines kann man aber ganz deutlich daraus erkennen: Einfach Papiertext ins Web stellen verbietet sich in jedem Fall!

Unsere Schlussfolgerungen für Webtexte werden damit deutlich:

Texte müssen inhaltlich für das Web umgestaltet werden

Die Zeiten, in denen man Prospekttext in Webseiten kopiert hat, sollten eigentlich der Vergangenheit angehören. Leider muss ich aus laufenden Praxisbeobachtungen heraus sagen, dass sich das bei Weitem noch immer nicht so rumgesprochen hat. Das mag daran liegen, dass die Umgestaltung Aufwand und damit Kosten verursacht. Es liegt aber meiner Einschätzung nach zu einem großen Teil daran, dass Webdesigner ohne eine entsprechende zusätzliche, textorientierte Ausbildung häufig das Texten so nebenbei mit übernehmen. Wenn man bedenkt, wie lange ein Volontär bei einer Zeitung warten und üben muss, bis er seine ersten kleinen Artikel schreiben darf, erscheint erstaunlich, dass diese Vorsicht im Web nicht zu gelten scheint. Eine Trennung von Webdesigner und professionellem Texter ist mir hingegen bisher nur sehr selten begegnet. Wer das Interface des Content-Management-Systems (CMS) bedienen kann, darf meist auch schreiben. Unter den Folgen leiden wir wohl alle im Web. Studien zeigen recht deutlich, dass das Texten gegenüber Bildern und Illustrationen im Web die Königsdisziplin wäre. Schade eigentlich, dass man es so sträflich vernachlässigt.

Formulieren Sie den oft künstlich verdrehten Prospekttext einfach um. Damit meine ich nicht, dass Sie ihn in Ihrem Textverarbeitungsprogramm bearbeiten. Das klappt nie. Legen Sie einen Ausdruck neben die Tastatur und schreiben Sie den Text besser neu. Autsch? Stimmt. Wenn Sie es aber einfach mal versuchen, werden Sie erkennen, dass es sehr viel schneller geht als das Umbauen mit dem Cursor. Kommen Sie beim Formulieren schneller zum Punkt. Ein etwas lockerer und nüchterner Stil kommt im Web sehr viel besser an.

Kurze Sätze, klare Aussagen

Kurze Sätze erleichtern das Verständnis eines Webtextes ungemein. Das müsste klar sein, denkt man. Bei Tests auf Kundenseiten ziehe ich aber immer wieder Satzmonster aus dem Verkehr, die sich nicht selten über einen ganzen Absatz schlängeln. Versuchen Sie einfach, nicht mehr als ein Komma pro Satz zu verwenden. Mit etwas Übung geht das ganz prima. Finden Sie in Ihren bestehenden Texten solche Schlangensätze, suchen Sie einfach die Stelle, wo sie ihn mit einem Punkt in zwei Teile sezieren können. Die nun fehlenden Verben wachsen wie bei einem Regenwurm schnell nach. Je kürzer Sie Ihre Sätze gestalten, desto kraftvoller kommen Sie beim Leser an.

Lineares Lesen unterstützen

Hyperlinks sind der Bindekitt zwischen Webseiten. Und sie waren das eigentlich Besondere, als das Web bekannt und groß wurde. Man kann damit nahezu von jedem beliebigen Punkt einer Webseite zu einer anderen springen. Eine praktische Sache. Andererseits muss man mit dem Setzen solcher Hyperlinks in Texten, man spricht hier von *Inline-Links*, sehr vorsichtig sein. Der Verfasser meint es selbstverständlich gut, wenn er an allen möglichen Textstellen per Link weiterführende Seiten mit Hintergrundinformationen verlinkt. Aus vielen Tests wissen wir aber, dass oft eine gegenteilige Wirkung beim Leser eintritt. Oft ist er sogar verärgert darüber. Das hat den einfachen und durchaus plausiblen Grund, dass er sich damit überfordert fühlt. Er kann nicht sicher entscheiden, ob er nun lieber den Text in einem Stück lesen und verstehen soll oder ob er all den Links nach draußen folgt.

Verbirgt sich hinter dem auf einen Link gesetzten Wort »unsere Preise« nun eine Preisliste oder eine Beschreibung der Konditionen oder gar der unvermeidliche fast philosophische Text, wie ehrlich und gut man wäre und dasss man faire Preise machen würde? Manche Webtexte enthalten fast in jedem Satz einen wegführenden Link. Ein solches Spinnennetz an Seitenverbindungen zu knüpfen, erscheint also eher kontraproduktiv. Stürzen Sie Ihren Besucher nicht ständig in einen Entscheidungsnotstand. Soll er mitten im Satz klicken und irgendeine Erklärung oder Ergänzung lesen – oder soll er versuchen, den Satz als Ganzes zu verstehen? Setzen Sie weiterführende Links am besten an das Ende des Textes und kommentieren Sie diese Links vernünftig. Vorher überlegen Sie aber noch einmal, welche von ihnen tatsächlich an dieser Stelle notwendig sind.

Textstrukturen erzeugen

Der oben ja schon als vorteilhaft erwähnte Spaltensatz erzeugt bereits eine gefällige Optik und lädt zum Lesen ein. Nichts wirkt abschreckender, als breit über den Schirm verteilter Text, der noch dazu Absatz auf Absatz folgen lässt. Bei Romanbüchern ist das in Ordnung, weil wir wegen der Spannung aus Eigenantrieb Seite um Seite verschlingen. Selten erzeugen Webseiten aber wirklich eine solche Spannung, dass wir sie nicht durch ein wenig Auflockerung attraktiver machen könnten. Arbeiten Sie mit kürzeren Absätzen und fügen Sie, wo immer möglich, Aufzählungen mit ein. Das Auge freut sich über solche Abwechslungen. Ihr Text wirkt interessanter, lesenswerter und komischerweise auch kürzer. Und das, obwohl er tatsächlich durch die Verwendung dieser Stilmittel mehr Platz als vorher braucht.

Besonderheiten des Bildschirms beachten

Gegenüber Papier ist ein Bildschirm mit seinen 72 dpi Auflösung ein denkbar schlechtes Medium, um Texte über das Auge aufzunehmen. Verwenden Sie im Web Schriftgrößen erst ab zwölf Punkt. Serifenschrift (das sind die mit den Schnörkeln) erst ab 16 Punkt, da es am Bildschirm sonst zu unschönen Treppeneffekten kommt. Für Webseiten wird immer wieder die Schriftart »Verdana« empfohlen, die Sie als kostenlose TrueType-Version bei Microsoft von den Webseiten laden können, sofern sie nicht sowieso schon auf Ihrem System installiert ist.

Bei Fremdsprachen immer professionell sein

Wurstel con Krauti – das lese ich immer wieder gerne in Italien. Sind *Sie* in den USA oder England aufgewachsen? Wenn nicht, rate ich Ihnen dringend davon ab, Ihre Webtexte selber ins Englische zu übersetzen. Da können Sie noch so viele Urlaube über dem Teich verbracht und noch so viele Sprachkurse belegt haben. Einen für einen Muttersprachler sauber und flüssig lesbaren Text zu schreiben, werden Sie wahrscheinlich nicht hinbekommen. »Jagutähh«, würde Kaiser Franz vielleicht einwenden, »jagutähh, es muss ja nicht immer perfekt sein.« Schon richtig. Aber da kommt ein wichtiger psychologischer Effekt dazu, den Sie nicht ignorieren sollten: Auf manchen Leser wirkt grammatikalisch Falsches zuweilen ein wenig dümmlich. Nicht jedem ist bewusst, dass Sie als Betreiber einer englischsprachigen Site, noch dazu vielleicht mit einer ».com«-Domain, gar kein Amerikaner sind! Man sieht Sie vielleicht auch als einen Emporkömmling an, bei dem es zu Highschool und College nicht gereicht hat.

Abb. 22.2: Danke für Ihren Spinnwebe-Besuch

Nun gut, bei der Übersetzung ins Deutsche hat dem Tourismus-Minister der Dominikanischen Republik sicher eine Maschine geholfen (siehe Abbildung 22.2). Die Übersetzung ist so skurril, dass man sie fast als geniale Werbung mit viralen Zügen bezeichnen könnte. Wobei ich sicher bin, dass Herr Jiménez das wahrscheinlich nicht beabsichtigt hat.

Selbst die nicht gerade arme Fifa hatte sich zur Fußballweltmeisterschaft den Fauxpas geleistet, englische Texte scheinbar von einer Maschine oder einem nicht unbedingt herausragenden Übersetzer eindeutschen zu lassen.

Abb. 22.3: Ein deutscher Text auf `Fifa.com`

Wie in Abbildung 22.3 zu lesen ist, ist

> *»Fussballs, der überhaupt Popularität, seinen enormen Anklang besonders bei jungen Leuten, seine Erweiterung ökonomisch, sozial und sogar politische Bedeutung und, nicht wenige, sein Wert f?r die Mittel, alle Haltung eine konstante Herausforderung zu FIFA wächst, um die footballing Welt mit aktuellen Informationen zu versehen.«*

Respekt.

In Norditalien können sehr viele Italiener recht gut Deutsch. Trotzdem hätte man vielleicht vor dem Herstellen der Schilder in Abbildung 22.4 nicht nur ein Lexikon zu Rate ziehen sollen.

Abb. 22.4: Die ökologische Ausweichstelle

Was sich wohl dahinter verbirgt? Ganz einfach – die Müllcontainer, Verzeihung – die Wertstoffsammelbehälter. Offenbar hat man bei der Übersetzung ein Wörterbuch verwendet und dort hat das italienische Wort für *trennen* (Mülltrennung) eben offenbar neben *trennen* das Wort *ausweichen* in der Wortbedeutung. So war die »ökologische Ausweichstelle« geboren. Glauben Sie mir, kein Deutscher versteht die Bedeutung dieses Schildes, wenn er nicht die dazugehörigen Sammelbehälter sieht. Und wenn Sie meinen, das wäre in Italien ein Einzelbeispiel, schauen Sie doch einfach mal auf die englische Übersetzung eines Hinweisschildes, das im Hafen von Genua steht (siehe Abbildung 22.5).

Weder Maschinen noch Sprachkenner, die »in Wort und Schrift« in einer Fremdsprache sehr gut sind, können Webseiten so perfekt übersetzen, wie es nötig wäre. Das letzte Wort sollte immer ein »native Speaker« haben, also jemand, der die Sprache als Muttersprache spricht. Das muss nicht immer ein teurer Dolmetscher sein – ein englischer Student kann das ebenso. Sind Ihnen die kleinen, aber feinen sprachlichen Unterschiede zwischen Englisch und dem amerikanischen Englisch wichtig, sollten Sie dies natürlich ebenfalls berücksichtigen. Ansonsten bedanken Sie sich vielleicht ungewollt, wie in Abbildung 22.2 unten gezeigt, in einer anderen Sprache bei Ihrem Besucher für seinen Spinnwebe-Besuch ...

Abb. 22.5: Für Truks ist das Bringen von Sosta massima Consenstita verboten!

Erst zum Punkt kommen, dann zu den Details

Der Überblick kommt im Web am besten immer zuerst. Setzen Sie also die Kernaussage, mögliche Ergebnisse und Schlussfolgerungen direkt an den Anfang. Details, Erklärungen und Hintergründe wandern nach hinten. Journalisten sprechen hier vom *Pyramidenstil* (siehe Abbildung 22.6).

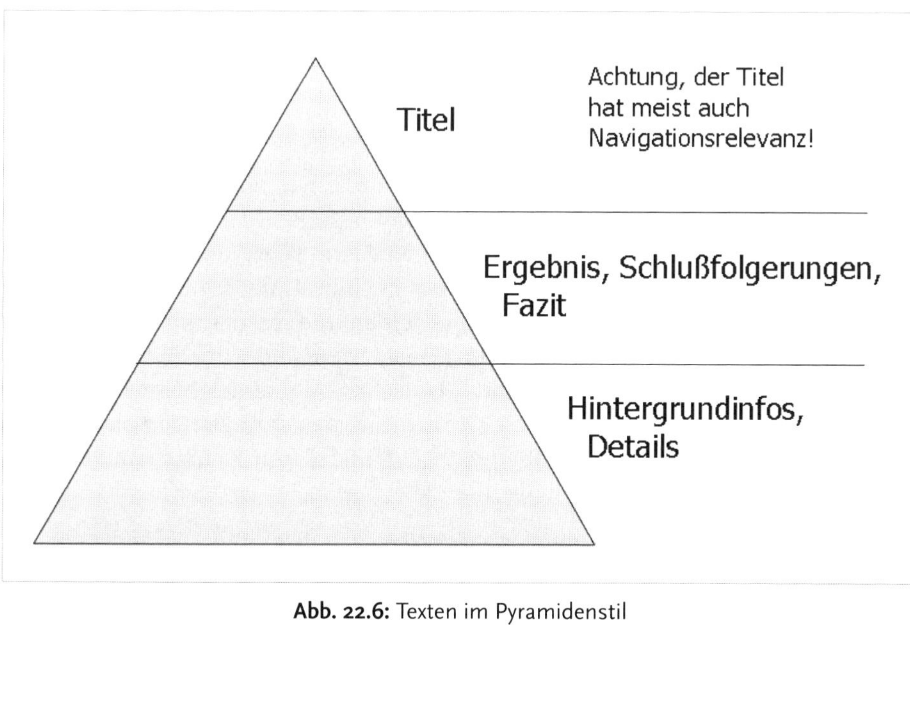

Abb. 22.6: Texten im Pyramidenstil

Nehmen wir zur Verdeutlichung einen Vergleich mit einem Kriminalroman, dann würden wir dem Pyramidenstil folgend zuerst schreiben, dass der Mörder der Gärtner war, dass man ihn letzte Woche überführt hat und er erwartungsgemäß drei Jahre auf Bewährung bekommen hat (es war wohl ein Mord aus Liebe und ein milder Richter). Erst danach würden wir beginnen, in die Details zu gehen und den ganzen Fall chronologisch zu schildern. Denken Sie daran: Der Besucher sucht sich aus, was er lesen will, und für diese Entscheidung nimmt er sich nur wenig Zeit. Sagen Sie daher vorher, was Sache ist. Wir haben hier eine völlig andere Situation, als wenn jemand nach einer Messe einen Prospekt liest, in einem Buch oder einer Zeitschrift. In diesem Fall hat er den Beschaffungsaufwand schon hinter sich, er hat bereits »investiert«. Und er kann seine vorliegenden Texte nicht einfach, schnell und bequem wieder austauschen. Im Web kann er das ganz einfach mit einem einzigen Mausklick. Daran müssen Sie unbedingt denken, wenn Sie texten: Er muss nur ein einziges Mal »klick« machen und schon ist er weg!

Und einen weiteren Aspekt sollten Sie respektieren. Viele Menschen schätzen es, in bestimmten Gebieten einfach nur über Schlagwortwissen zu verfügen. Man muss nicht alles im Detail wissen. Wenn Sie einen Text verfassen, sind Sie selbst meist Experte auf dem Gebiet und kennen Hintergründe und Zusammenhänge. Akzeptieren Sie, dass Ihnen nicht jeder hinab in die Schlucht der Erkenntnis folgen möchte. Dann und nur dann binden Sie auch die oberflächlichen Leser an Ihre Texte.

Kernbegriffe herausheben

Wenn es stimmt, dass wir Texte nur überfliegen, also scannen, dann sollten wir dem flüchtigen Auge doch gezielt einen Halt, besser Haltesignale geben. Gestalten Sie daher in einzelnen Textabschnitten wichtige Worte im Fettdruck, die den Inhalt des Blocks gut charakterisieren. Damit erhöhen Sie die Lese- und damit Erkennleistung enorm. Halt – rufen Sie vielleicht jetzt innerlich. Aber ich will doch, dass mein potenzieller Kunde meine Texte liest. Schließlich habe ich viel Mühe und Geld darauf verwendet, sie da überhaupt hineinzuschreiben. Gehen Sie schnell ins Archiv in den Keller und legen Sie diese Bedenken ohne Ablagevermerk ganz hinten mitten in einen alten Ordner. Dann sperren Sie am besten den ganzen Schrank zu und werfen den Schlüssel in einen Gully. Im Ernst: Ihre Besucher entscheiden selbst, was sie interessant finden und lesen – und was sie überfliegen auf ihrer selbst gesteuerten Suche nach dem individuell Interessanten. Helfen Sie ihnen dabei, indem Sie durch Fettschrift Markantes herausheben. Wo es für den Besucher wirklich nützlich wird, dort wird er dann hängen bleiben und lesen. Diesen Punkt erreicht er aber schneller und damit wahrscheinlich überhaupt erst noch mit Laune, wenn Sie ihm dabei helfen.

Abbildung 22.7 mag verdeutlichen, wie Fettschrift als Lesehilfe verwendet werden kann. Sie zeigt links einen Ausschnitt eines Artikels von Spiegel Online und rechts die modifizierte Version.

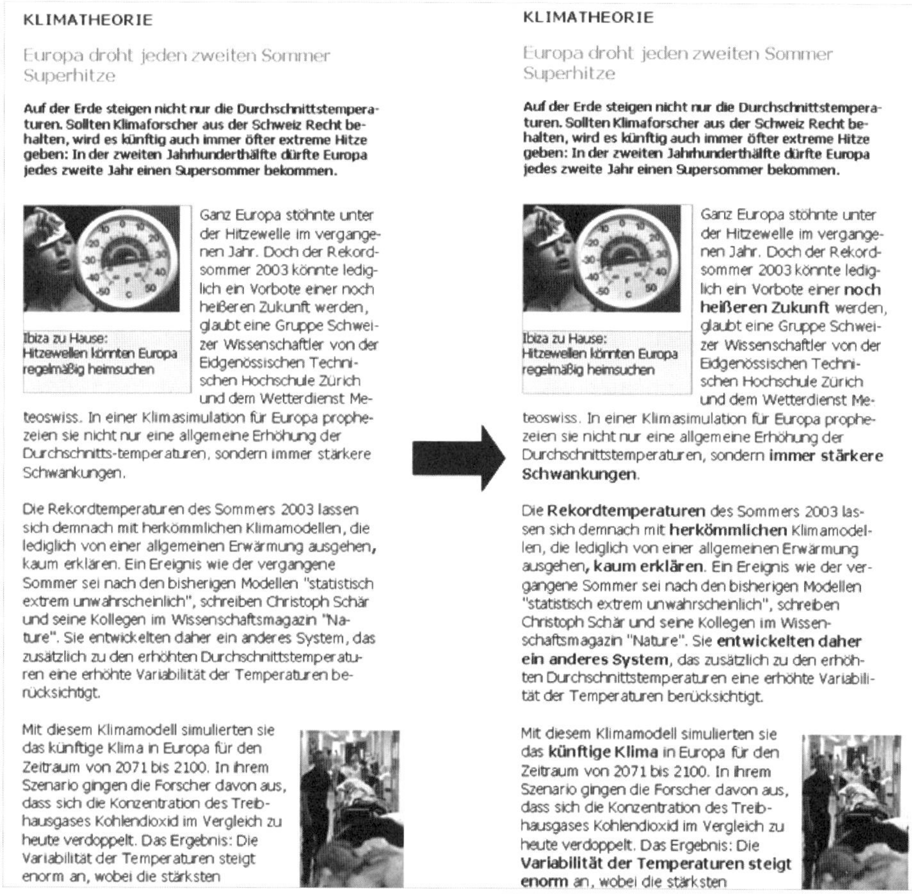

KLIMATHEORIE

Europa droht jeden zweiten Sommer Superhitze

Auf der Erde steigen nicht nur die Durchschnittstemperaturen. Sollten Klimaforscher aus der Schweiz Recht behalten, wird es künftig auch immer öfter extreme Hitze geben: In der zweiten Jahrhunderthälfte dürfte Europa jedes zweite Jahr einen Supersommer bekommen.

Ibiza zu Hause: Hitzewellen könnten Europa regelmäßig heimsuchen

Ganz Europa stöhnte unter der Hitzewelle im vergangenen Jahr. Doch der Rekordsommer 2003 könnte lediglich ein Vorbote einer noch heißeren Zukunft werden, glaubt eine Gruppe Schweizer Wissenschaftler von der Eidgenössischen Technischen Hochschule Zürich und dem Wetterdienst Meteoswiss. In einer Klimasimulation für Europa prophezeien sie nicht nur eine allgemeine Erhöhung der Durchschnitts-temperaturen, sondern immer stärkere Schwankungen.

Die Rekordtemperaturen des Sommers 2003 lassen sich demnach mit herkömmlichen Klimamodellen, die lediglich von einer allgemeinen Erwärmung ausgehen, kaum erklären. Ein Ereignis wie der vergangene Sommer sei nach den bisherigen Modellen "statistisch extrem unwahrscheinlich", schreiben Christoph Schär und seine Kollegen im Wissenschaftsmagazin "Nature". Sie entwickelten daher ein anderes System, das zusätzlich zu den erhöhten Durchschnittstemperaturen eine erhöhte Variabilität der Temperaturen berücksichtigt.

Mit diesem Klimamodell simulierten sie das künftige Klima in Europa für den Zeitraum von 2071 bis 2100. In ihrem Szenario gingen die Forscher davon aus, dass sich die Konzentration des Treibhausgases Kohlendioxid im Vergleich zu heute verdoppelt. Das Ergebnis: Die Variabilität der Temperaturen steigt enorm an, wobei die stärksten

KLIMATHEORIE

Europa droht jeden zweiten Sommer Superhitze

Auf der Erde steigen nicht nur die Durchschnittstemperaturen. Sollten Klimaforscher aus der Schweiz Recht behalten, wird es künftig auch immer öfter extreme Hitze geben: In der zweiten Jahrhunderthälfte dürfte Europa jedes zweite Jahr einen Supersommer bekommen.

Ibiza zu Hause: Hitzewellen könnten Europa regelmäßig heimsuchen

Ganz Europa stöhnte unter der Hitzewelle im vergangenen Jahr. Doch der Rekordsommer 2003 könnte lediglich ein Vorbote einer **noch heißeren Zukunft** werden, glaubt eine Gruppe Schweizer Wissenschaftler von der Eidgenössischen Technischen Hochschule Zürich und dem Wetterdienst Meteoswiss. In einer Klimasimulation für Europa prophezeien sie nicht nur eine allgemeine Erhöhung der Durchschnittstemperaturen, sondern **immer stärkere Schwankungen**.

Die **Rekordtemperaturen** des Sommers 2003 lassen sich demnach mit **herkömmlichen** Klimamodellen, die lediglich von einer allgemeinen Erwärmung ausgehen, **kaum erklären**. Ein Ereignis wie der vergangene Sommer sei nach den bisherigen Modellen "statistisch extrem unwahrscheinlich", schreiben Christoph Schär und seine Kollegen im Wissenschaftsmagazin "Nature". Sie **entwickelten daher ein anderes System**, das zusätzlich zu den erhöhten Durchschnittstemperaturen eine erhöhte Variabilität der Temperaturen berücksichtigt.

Mit diesem Klimamodell simulierten sie das **künftige Klima** in Europa für den Zeitraum von 2071 bis 2100. In ihrem Szenario gingen die Forscher davon aus, dass sich die Konzentration des Treibhausgases Kohlendioxid im Vergleich zu heute verdoppelt. Das Ergebnis: Die **Variabilität der Temperaturen steigt enorm** an, wobei die stärksten

Abb. 22.7: Fettschrift verbessert die schnelle Inhaltserkennung enorm.

Lesen Sie rechts nur einfach mal die Überschrift und dann die fett markierten Worte: *Klimatheorie, noch heißere Zukunft, immer stärkere Schwankungen, Rekordtemperaturen, herkömmliche, kaum erklären, entwickelten daher ein anderes System, künftige Klima, Variabilität der Temperaturen steigt enorm.* In wenigen Sekunden haben Sie den Inhalt grob erfasst und können nun entscheiden, ob er Sie interessiert. Wenn ja, lesen Sie den Text wahrscheinlich nun ausführlich. Wenn nein, wären Sie über meine Lesehilfe unbewusst dankbar, weil Sie Ihnen wertvolle Zeit gespart hat. Zeit für einen der anderen Artikel, von denen einige Sie sicher interessieren. Warum denn dann der Spiegel nicht mit Fettschrift arbeitet, fragen Sie? Gute Frage!

Möglichst keine blinkenden, bewegten Objekte verwenden

Wahrscheinlich hassen die meisten Webnutzer Bannerwerbung. So brachte bereits 1999 eine Nutzungsstudie von Spool unter anderem die Erkenntnis:

»... Sämtliche Benutzer finden Animationen irritierend. Tatsächlich werden manche Benutzer so sehr davon abgelenkt, dass sie nicht mehr den übrigen Text auf der Seite lesen konnten ...«

Bannerwerbung ist aufdringlich, blinkt und verhält sich in letzter Zeit immer lästiger, indem sie sich frech über den eigentlichen Textbereich legt. Die großen Werbetreibenden lieben diese Art der Werbung, weil sie damit die Aufmerksamkeit der Besucher ablenken und auf sich ziehen können. Das erhöht die Visits auf den eigenen Webseiten. Über die Kontaktqualität dieser Aufmerksamkeit mag man geteilter Meinung sein, aber schließlich brauchen die meisten Portale diese Art der Refinanzierung. Jemand muss schließlich den Content bezahlen.

Wenn *Sie* allerdings möchten, dass Text auf Ihren Webseiten gelesen und auch verstanden wird, sollten Sie auf jede Art Animation verzichten. Egal, ob eigene oder fremde Banner, und egal, was sich da auch immer bewegt. Weg damit. Diese rigorose Forderung hat einen durchaus wissenschaftlichen Hintergrund und hat mit dem Aufbau unseres Auges zu tun: Wir sehen nämlich nur mit einem sehr kleinen Teil unseres Sehfeldes (foveal) so richtig scharf. Überall dort, wo Sie hinblicken, hat Ihr Auge eine sehr hohe Auflösung. Um diesen Fixationspunkt herum sehen wir im peripheren System nur sehr unscharf – was uns natürlich nicht bewusst ist (siehe Abbildung 22.8).

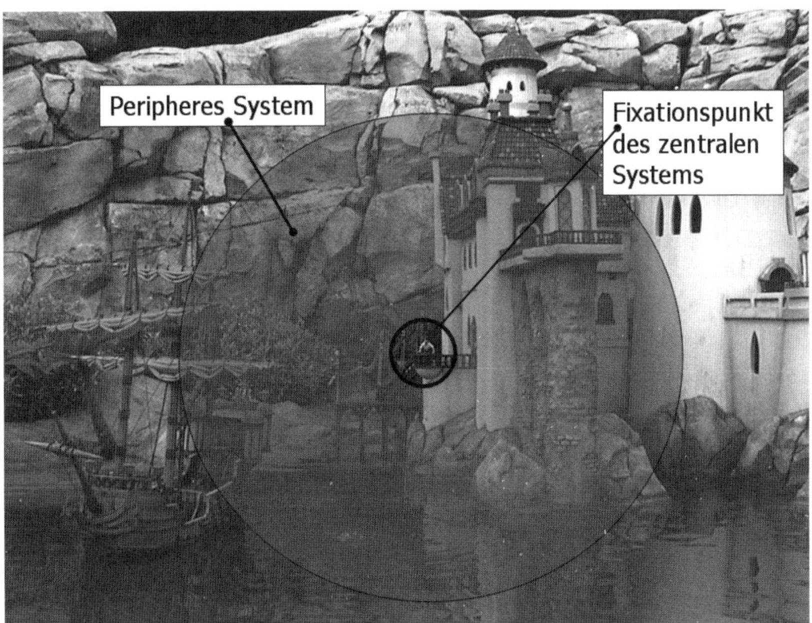

Abb. 22.8: Der zentrale und der periphere Sehbereich des Auges

Im peripheren Bereich nehmen wir allerdings extrem gut Bewegungen wahr. Diese Möglichkeit zur schnellen und reflexartigen Erkennung potenzieller Gefahren hat sich anscheinend in Kombination mit dem etwa nur zwei Grad breiten, scharfen Sehbereich in der Evolution beim Menschen als ideal erwiesen. Dadurch wird die begrenzte Leitungskapazität des Sehnervs optimal ausgenutzt. Es ist also zu befürchten, dass bewegte Objekte außerhalb des zentralen Systems tief im Unterbewusstsein der Menschen eine Gefahrensituation signalisieren. In unserer zivilisierten Gesellschaft sind solche unmittelbaren Gefahren zwar seltener geworden, aber unser Gehirn funktioniert im Wesentlichen noch genauso wie vor Tausenden von Jahren. Und so ist es kein Wunder, dass Personen irritiert sind und sich unwohl fühlen, wenn sie einen Text lesen sollen und an den Seiten wilde Banner-Blink-Orgien ablaufen. Die Folge ist, dass der Text nicht richtig verstanden wird.

Sie müssen sich also leider entscheiden: mit einem bewegten Objekt die Aufmerksamkeit wegziehen oder in Ruhe lesen lassen. Beides gemeinsam scheint gegen menschliche Physiognomie zu sprechen und funktioniert daher nicht. Vielleicht spricht sich das eines Tages sogar mal im Web herum?

22.0.1 Am Anfang war das Wort: Formulierungsprinzipien

Wer schon mal richtig getextet hat, weiß wie schwer das ist. Damit meine nicht das Schreiben einer Mail oder eines Briefes. Wenn man bedenkt, dass der größte Teil unserer Kommunikation aus non-verbalen Elementen wie Gestik, Mimik, Stimmlage, Körperhaltung etc besteht, fragt man sich, wie man ohne all die Hilfsmittel überhaupt missverständnisfrei mit reiner Schrift etwas rüber bringen kann. Und wer hatte nicht schon mal eine beleidigte Leberwurst am anderen Ende einer geschickten E-Mail sitzen, weil die (die Leberwurst) die Ironie nicht herausgelesen hat, die wir aus unserer Sicht doch sooo überdeutlich hineingeschrieben haben? Eben. Es ist verdammt schwer, *richtig* zu kommunizieren, wenn man nur Text zur Verfügung hat.

22.0.2 Vorsicht vor verborgenen Botschaften

Einige von Ihnen kennen sicher den berühmten Hinweis von Paul Watzlawik: »*Man kann nicht nicht kommunizieren.*« Was zunächst wie ein aus Versehen doppelt geschriebenes Wort daherkommt, ist in Wahrheit der Kern der Botschaft. Watzlawik meint damit jenen einfachen Sachverhalt, dass man immer kommuniziert – auch wenn man nur still in einer Ecke sitzt und den Mund hält. Auch dieses Bild (das stille Dasitzen) übermittelt dem Betrachter eine Botschaft: »*Da hinten tut sich nichts. Entweder langweilt er sich, denkt nach oder ist eingeschlafen.*« Egal, was Sie also auch immer machen, Sie teilen Ihrer Umwelt ständig Signale mit, die von dieser interpretiert werden. Dazu müssen Sie noch nicht einmal etwas sagen. Ein Gähnen genügt schon, um die bleierne Schwere Ihrer Augenlider bei einem Vortrag in ein überall wahrnehmbares *Wie lange noch?* zu kommunizieren. Vielleicht wollen Sie das aber gar nicht? Vielleicht fehlt Ihnen als passioniertem Raucher einfach ein wenig Sauerstoff und Sie sind in Wirklichkeit gar nicht müde? Tja, Pech. Ihr Gegenüber, der Redner ist bereits schockiert, beleidigt und ignoriert Sie nun im besten Fall. Haben Sie mal in einer Besprechung auf die Uhr gesehen? Auch das wird Ihnen in aller Regel sofort als Ungeduld oder als ein *Ich muss weg*-Fluchtversuch ausgelegt.

Wir kommunizieren also irgendwie immer. Und nicht immer kommen unsere Absichten und Gedanken beim Gegenüber richtig an bzw. werden richtig verstanden. Ob das mit Webseiten auch so ist? Eine interessante Frage. Schauen wir uns doch einmal beispielhaft eine beliebige Webseite an (Abbildung 22.9) und analysieren, was sie kommunizieren könnte.

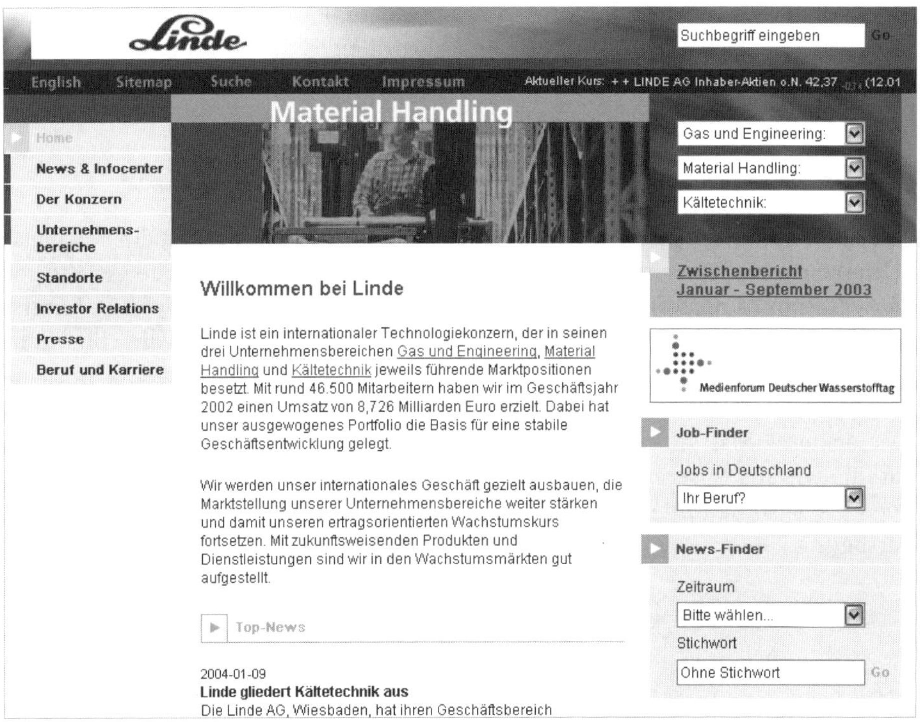

Abb. 22.9: Willkommen bei Linde – sind Sie beeindruckt?

Wenn Sie sich die Startseite von Linde einmal genauer ansehen und vor allem den Text in der Mitte aufmerksam lesen, verstehen Sie vielleicht, was ich meine. Von Milliardenumsätzen, International, führenden Positionen und 46.500 Mitarbeitern ist da die Rede. Das klingt gut. Andererseits kann es kleineren Kunden ja schon fast ein wenig Angst machen. Natürlich darf und soll man auf Größe stolz sein. Man muss nur höllisch darauf achten, nicht über das Ziel hinauszuschießen und beim Kunden als übermächtig oder vielleicht sogar als arrogant zu wirken. Bei Usability-Tests kommt es immer wieder mal vor, dass unsere Tester solche Bemerkungen fallen lassen. Es kommt halt bei ihnen »so rüber«. Natürlich ist uns allen klar, dass man bei Linde keinesfalls eine solche negativ wirkende Botschaft aussenden will. Nur richtig vermieden hat man das nicht. Die Aufteilung der Navigation trägt nun ebenfalls nicht gerade dazu bei, dem Besucher entgegenzurufen: Willkommen, was können wir für Sie tun? Nach dem NEWS UND INFOCENTER kommt oft unvermeidlich bei Konzernen eben DER KONZERN. Es darf geraten werden, ob dies eher dem Sendungsbewusstsein oder dem Kundennutzen dient. Ob jeder Besucher als Erstes umfassende Informationen über den sowieso vom Namen her bekannten Konzern haben möchte? Oder ob er primär nach einer Lösung für seine Fertigungs- oder Dienstleistungsprobleme sucht und prüfen möchte, ob und wie Linde ihm hier mit seinen Produkten helfen kann? Dann helfen ihm Navigationspunkte wie STANDORTE, INVESTOR RELATIONS, PRESSE oder BERUF UND KARRIERE sicher zunächst wenig. In seiner Verzweiflung wird er sich wahrscheinlich in UNTERNEHMENSBEREICHE begeben und versuchen, sein Problem auf die Konzernstruktur von Linde runterzubrechen und anzupassen. Keine eigenen Navigationspunkte für Kunden wie etwa PRODUKTE oder LEISTUNGEN zu haben – das kommuniziert. Das *Nicht-Da-Sein* kann fatalerweise eine bestimmte Haltung kommunizieren. Sicher auch im vorliegenden Fall völlig zu Unrecht, da es sich kein Unternehmen leisten kann, Kunden im großen Stil abzuwehren. Aber ein negativer Beigeschmack ist sicher nicht von der Hand zu weisen.

Schauen Sie sich nun in Abbildung 22.10 die neuere, aktuelle Version der Website von Linde an.

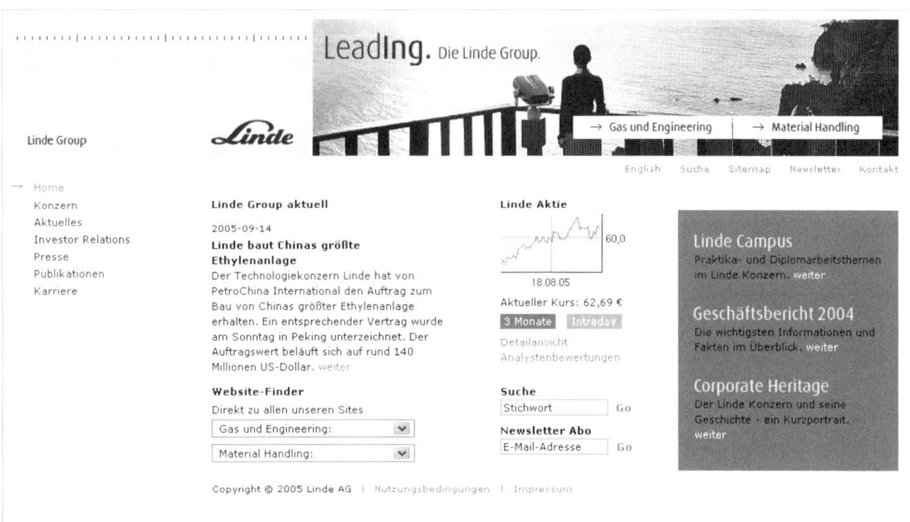

Abb. 22.10: Die neue Startseite von `Linde.de`

Wie Sie sehen können, hat sich nur wenig getan. Gut, die Dame dreht dem Besucher nun den Rücken zu und schaut sehnsüchtig aufs Meer. Die Frage, ob das vielleicht schon wieder falsch kommunizieren könnte, verkneife ich mir hier. Wir sehen, dass der Platzbedarf für den Aktienkurs, Analystenbewertungen und alles, was sagt: »*Wir sind groß*«, deutlich erweitert wurde. Um das auf die Spitze zu treiben, hat man unter INVESTOR RELATIONS sogar ein Börsenlexikon hinterlegt, das selbst Direktanlagebanken vor Neid erblassen lassen könnte.

Etwa auf der 7-Uhr-Position unten hat man nun zwei Website-Finder eingesetzt, die *»direkt zu allen unseren Sites«* führen. Es ist fast unnötig zu sagen, dass das Anklicken dieser beiden Pull-down-Boxen für Kundenprobleme völlig unnötig ist, denn auch hier wurden wieder nur Unternehmensstrukturen oder Kryptisches hinterlegt. Man hat unter anderem die Auswahl zwischen OM PIMESPO, LINDE XIAMEN (CN) oder auch LOTEPRO OKLAHOMA. Da mag es als Glückfall erscheinen, wenn man selbst bei Linde arbeitet und all diese Begriffe zu deuten mag oder wenigstens seit Jahren bereits eingefleischter Kunde ist. Allen anderen könnte vielleicht durchaus ungewollt die Botschaft »bleib weg« vermittelt werden.

Sie werden es vielleicht nicht glauben, aber selbst die Größe eines Eingabefeldes kommuniziert bereits eine Einstellung zum Kunden. Schauen wir uns doch einmal in Abbildung 22.11 an, wie ein großes deutsches Kaufhaus mit dem Mitteilungsbedürfnis des Kunden umging.

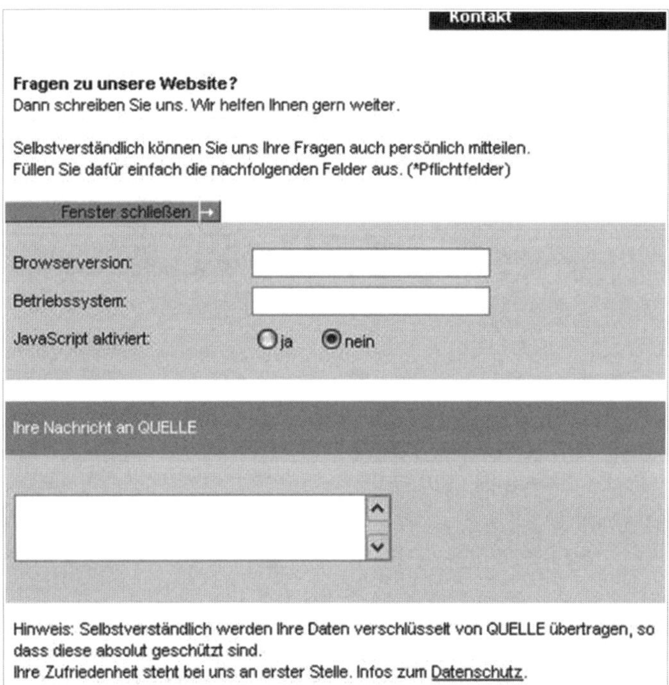

Abb. 22.11: Ihre Nachricht an uns – aber nicht soooo viel, okay?

Lassen wir einfach mal außer Acht, dass Frau Einfach oder Herr Gelegentlich sicher nicht so genau weiß, welche Browserversion sie oder er besitzt oder wie man mit JavaScript schreiben kann. Aber die Größe des Eingabefeldes, in das gerade mal zwei Zeilen passen, kommuniziert ungewollt, aber relativ eindeutig: *»Schreib bloß nicht zu viel!«* Nun, das war eine ältere Version des Kontaktformulars. Abbildung 22.10 zeigt den Nachfolger des Formulars.

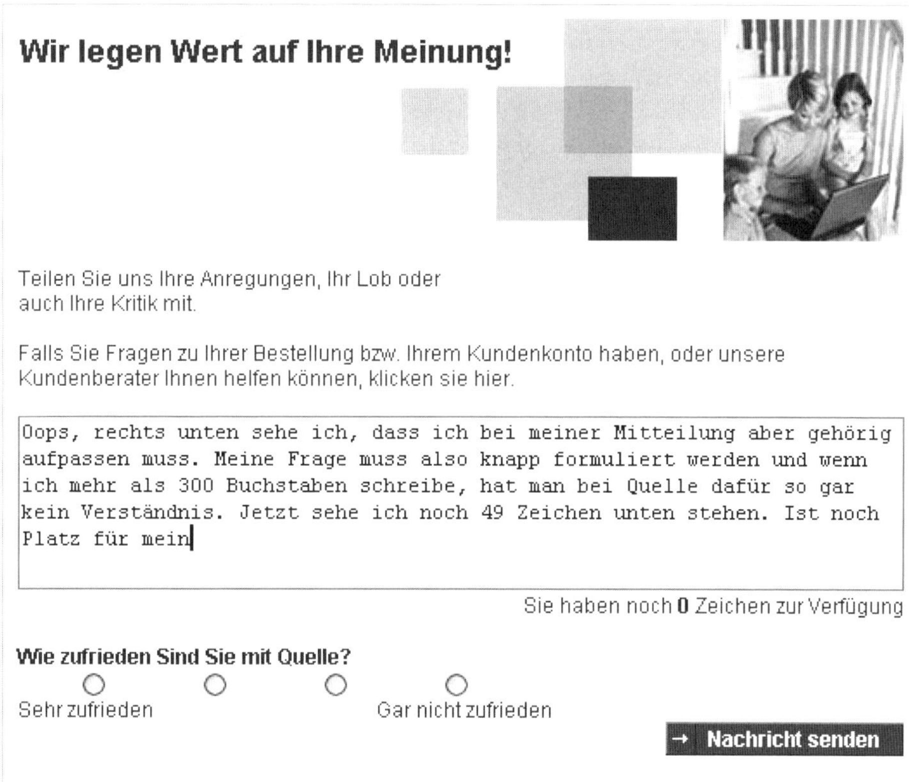

Abb. 22.12: Sagen Sie uns Ihre Meinung, aber bitte mit weniger als 300 Zeichen!

Man sah nun ein wesentlich größeres Eingabefeld. Tatsächlich war es nun von der optischen Wirkung her wesentlich einladender als die vorherige Version. Wahrscheinlich war es als Gimmick gedacht oder es dient einem internen betrieblichen Zwang: Rechts unter dem Eingabefeld läuft ein Count-down-Zähler von 300 bis auf 0 mit. Mehr als 300 Buchstaben gesteht man den auf der Seite geforderten Anregungen, Lob oder Kritik nicht zu. Ob man im Callcenter auch nach 20 Sekunden einfach auflegt? So lange dauert es etwa, den Text zu sprechen. Dieser Absatz hat übrigens 599 Zeichen. Zu viel, um es an Quelle zu senden.

Die neueste Version sehen Sie in Abbildung 22.13. Die Sperre der 300 Zeichen hat man nun aufgehoben, was sicher notwendig war. Unverständlich bleibt aber noch immer, warum man das Eingabefeld noch immer so klein hält, obwohl rechts daneben noch eine Menge Platz wäre. Und noch immer fragt man ab, ob der Benutzer JavaScript aktiviert hat. Hübsch finde ich aber, dass man nach fünf Jahren noch immer nicht gemerkt hat, dass man mit der Angabe »Browserversion« eigentlich nicht so viel anfangen kann. Wäre es nicht sinnvoller, den Browser selbst abzufragen? Ob man den Internet Explorer, den Firefox oder den neuen Chrome-Browser verwendet, werden die meisten Besucher wohl wissen. Und ein kleiner Hinweis, wo man die Browserversion finden kann, könnte sicher auch nicht schaden. Sicher wäre auch die Betriebssystemversion (also Windows 2000, XP oder Vista) nützlicher, als nur das Betriebssystem selbst abzufragen. Ich vermute, dass diese Felder in der Regel leer bleiben.

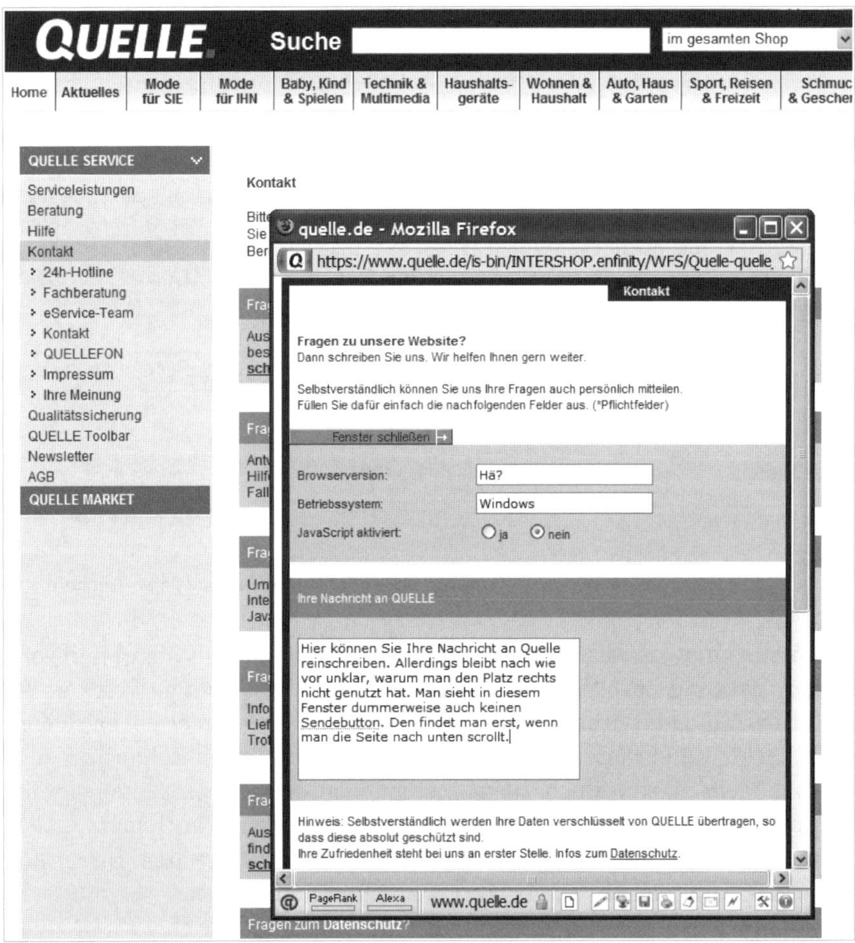

Abb. 22.13: Haben Sie JavaScript aktiviert?

22.0.3 Eine Textredaktion ist immer notwendig

Vier Augen sehen mehr als zwei. Banal? Kann sein, dann verstehe ich aber nicht, warum gerade Webtexte anscheinend häufig nicht Korrektur gelesen werden. Aus der Abbildung 22.1 haben Sie ja erfahren, dass unser Auge beim Lesen springt und nur einen groben Mustervergleich mit den gesehenen Wörtern vornimmt. Macht man sich jetzt auch noch bewusst, dass man am Bildschirm wie schon erwähnt zusätzlich auch noch schlechter lesen kann, wird die explizite Forderung nach einer Textredaktion klarer: Wir übersehen einfach fast automatisch zu viele Tipp- und Rechtschreibfehler (siehe Abbildung 22.14).

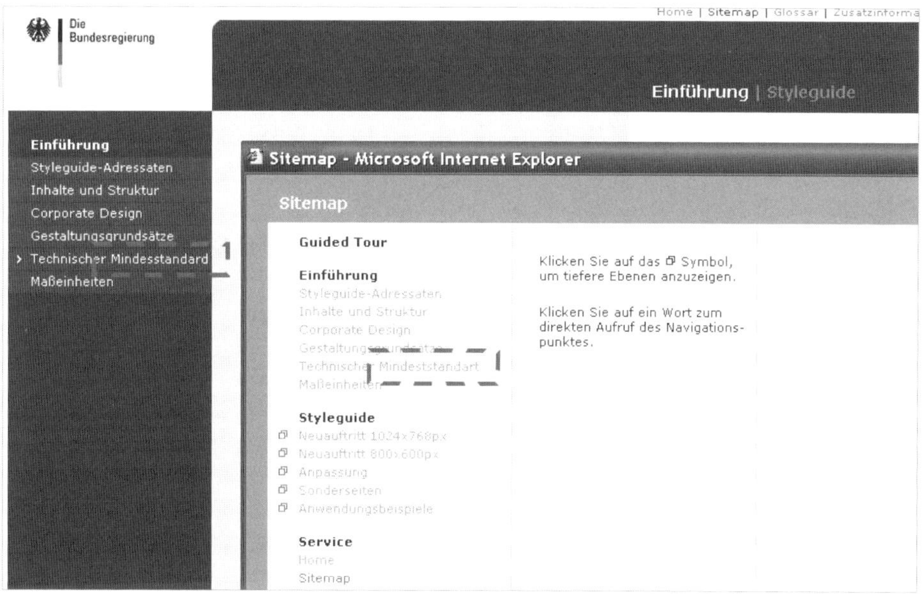

Abb. 22.14: »Mindetents« einmal richtig schreiben

Dass Tipp- und Rechtschreibfehler immer wieder vorkommen, ist normal und menschlich. In der Navigation sollten solche Fehler aber beim kritischen Selbstansehen schon nach einiger Zeit auffallen und verbessert werden. Spaßig fand ich allerdings den Internet-Styleguide der Bundesregierung (vgl. Abbildung 22.14), bei dem man sich über den Navigationsbegriff »Mindeststandard« wohl nicht einigen konnte und daher gleich zwei falsche Varianten publiziert hat.

Dazu kommt noch eine weitere Besonderheit, die ich bereits angeführt habe. Im Web sollte man sich tunlichst kurzfassen und ganz besonders auf Verständlichkeit achten. Beim Schreiben gelingt das nicht immer auf Anhieb. Einer zweiten Person fällt das Zusammenstreichen erfahrungsgemäß leichter als dem Schreiber selber. Ebenso fallen hier ausufernde Satzkonstruktionen sofort ins Auge, weil der Zweite sich beim Verstehen oft schwertut.

Tipp

Der besseren Lesbarkeit wegen empfehle ich, trotz aller papierlosen Bürobemühungen alle Korrekturtexte auszudrucken und auf Papier zu verbessern. Danach erst sollten die geänderten Texte wieder erfasst und nochmals am Bildschirm beurteilt werden. Dies hat den Vorteil, dass man Tippfehler leichter erkennt, aber auch die Wirkung des Textes vom Bildschirm aus am Ende nochmals kritisch betrachten kann.

Ebenso wie Sie besser auf Papier größere Mengen Text lesen können, sollten Sie dies auch Ihren Besuchern zugestehen. Daher sei am Rande noch erwähnt, dass eine Druckoption auf jeder Ihrer Webseiten durchaus viele positive Aspekte hat. Zum einen kann Ihr Besucher Gedrucktes schwarz auf weiß nach Hause – sprich auf seinen Schreibtisch – tragen und hat damit eine dauerhafte Gedächtnisstütze an Sie. Zum anderen wissen Sie – etwas technische Raffinesse vorausgesetzt –, welche Seiten besonders oft gedruckt und damit offensichtlich nachgefragt werden.

Denken Sie immer daran: Viele Besucher schließen von der Qualität der Webseiten mittlerweile auf das Unternehmen selbst. Haben Sie zu viele Tipp- oder gar Rechtschreibfehler auf den Seiten, könnte der eine oder die andere vielleicht auf die Idee kommen, Ihre Produkte oder Dienstleistungen sind mit ähnlich mangelnder Sorgfalt erstellt.

Kapitel 23

Der Einfluss der optischen Gestaltung

Ein einfaches und schlichtes Design zu entwerfen, das die Besucher zu den Inhalten hinführt und sie nicht ablenkt, ist gar nicht so einfach. Bedenken Sie, dass die Webdesigner tage-, wochen- und monatelang das gleiche Design sehen und daran arbeiten. Da ist es nur natürlich, Dinge anders machen zu wollen, mit Design Aufmerksamkeit erregen zu wollen, vielleicht auch die anderen Designer zu beeindrucken und ihnen ein »Wow« zu entlocken. Die Besucher bekommen die Seiten aber oft nur wenige Minuten als Zwischenstation zu Gesicht und suchen in der Regel Informationen und keine interaktive Farbfernsehwerbung.

Natürlich wird es niemanden wirklich verwundern, dass Design eine emotionale Wirkung auf den Besucher hat. Die Wirkung alleine von Farben ist hinlänglich bekannt und nicht umsonst rät eine rote Ampel bereits unserem Unterbewusstsein, den Fuß auf die Bremse zu setzen. Welche Farben welche Assoziationen hervorrufen, kann man in jedem besseren Buch zur Grafikgestaltung oder zum Webdesign nachlesen. Daher will ich das an dieser Stelle nicht noch einmal thematisieren.

23.1 Die Erklärungskraft von Bildern und Icons

Klar, ein Bild sagt mehr als 1.000 Worte. So meint der Volkmund. Als sich das Sprichwort eingebürgert hat, gab es aber noch keine Webseiten. Und es gab keine verzweifelten Versuche, mit Bildern, Grafiken und Icons auch wenigstens nur ein einziges Wort zu ersetzen.

Damit soll nichts Negatives über den Einsatz von Bildern gesagt werden, sondern nur, diese mit Bedacht und zielgerichtet einzusetzen. Und eben nicht, weil da noch freier Platz ist oder einem persönlich gerade das eine oder andere Bild recht gut gefällt. An Bilder erinnert man sich sehr viel besser als an Text. Das klingt auch plausibel, denn Orte, an denen man schon einmal war, erkennt man noch nach Jahrzehnten wieder. Oft selbst dann noch, wenn fleißige Bauträger und Abrissbirnen am Werk waren. Einen guten Roman kann man dagegen mit genügend Zeit dazwischen auch mehrmals lesen, ohne sich vorher an den genauen Wortlaut erinnern zu können. Richtig eingesetzt, können Bilder auch sehr gut Emotionen transportieren, was mit selbst geschickter Textgestaltung sehr viel schwieriger ist.

Natürlich sollten Sie auch bei Bildern und Grafiken besonders auf den Einsatz bzw. die Verwendung von Farben achten. Rot bringt Aufmerksamkeit und Blau wirkt seriös und beruhigend, so steht es wie erwähnt in jedem guten Fachbuch. Aber bitte berücksichtigen Sie, dass bei textorientierten Seiten bzw. wenn Sie Content vermitteln möchten, solche Eyecatcher auch ablenken können. Es gilt also, den Grat zwischen »Hallo, schau mal her und lies mich« und genügend Rücksichtnahme auf das geplagte Auge des Lesers einzuhalten. Letzteres lässt sich wirklich allzu leicht ablenken und das ist eben nicht immer im primären Interesse des Sitebetreibers. Stören bestimmte Farben in einem ansonsten passenden Bild, kann ein Experte mit Photoshop oder einem anderen Bildbearbeitungsprogramm relativ einfach Abhilfe schaffen, indem einzelne Farbtöne gezielt abgeschwächt (»absoften« sagen die Grafiker dazu) oder verändert werden.

Wenn Sie eigene Illustrationen oder eigene Icons verwenden, müssen Sie unbedingt auf eine stimmige Bildsprache und ein einheitliches Aussehen achten. Nichts sieht mehr nach Dilettantismus aus als im Web zusammengeklaubte und nachbearbeitete Icons. Und bedenken Sie bitte auch, dass nicht alle Icons selbstsprechend sind! Es gibt nur wenige Symbole, die von einer nennenswerten Zahl von Besuchern zweifelsfrei verstanden werden. Dazu gehören wohl die Schere, ein Druckersymbol, eine aufklappende Aktenmappe und das Diskettensymbol. Ich würde dennoch von einer Verwendung von Icons abraten. Die Zeiten und damit auch die Erfahrung im Internet ändern sich schnell, und wenn wir hier alle gelernt haben, dass das Bild einer Diskette »Speichern« bedeutet, schauen uns in wenigen Jahren junge Nutzer fragend an. Die Gebildeten unter denen werden dann Disketten sicher schon im Museum gesehen haben, aber zum Alltagswissen gehören sie vielleicht doch nicht mehr. Drücken Sie mal einem heute Zwölfjährigen eine 3,5-Zoll-Diskette in die Hand. Er wird sich je nach Erziehung artig bedanken und sie anschließend an die Eltern als vermeintlichen Eiskratzer weiterverschenken.

Ganz generell liegt das Problem von Icons darin, dass sie ein Objekt zeigen. In der Regel wird aber ein Prozess damit ausgelöst. Es gibt eben wie ausgeführt wenige Prozesse, die sich mit einem statischen Bild ausdrücken lassen. Genau genommen steht für uns das Druckersymbol nur deswegen zweifelsfrei für Drucken, weil wir es bereits gelernt haben. Zeigt man einem völligen Computerneuling diesen Button, wird er vielleicht zunächst vermuten, damit käme man zu den Drucker-Einstellungen. Was ihm nicht zu verdenken wäre und ehrlicherweise auch Sinn machen würde. Schließlich ist der Drucker abgebildet und nicht der Prozess »Drucken«.

Ein weiteres Beispiel mag die oft verwendete Lupe sein. Mit einer Lupe untersucht man im realen Leben Details durch Vergrößerung des Objekts. In der Computerwelt hat man irgendwann unkritisch das Bild der Lupe für »Suchen« verwendet, obwohl kein Mensch auf die Idee käme, damit wirklich etwas zu suchen. Sie dient dem Erkennen und Erkunden von Details. Die Lupe wurde uns aber schon so oft semantisch falsch am PC vorgesetzt, dass wir uns daran gewöhnt haben und tatsächlich »Suchen« damit verknüpfen. Unmissverständlicher und damit besser ist trotzdem das Wort »suchen«, wobei eine kleine Lupe zusätzlich wie oben erläutert sicher nicht schadet.

Für Aktionen wie »ändern«, »bearbeiten« oder Seitenbezeichnungen wie »Kontakt« oder »Impressum« gibt es allerdings noch keine allgemein verständlichen Icons. Trotzdem wird immer wieder versucht, damit Platz zu sparen oder bei internationalen Websites den Lokalisierungsaufwand zu minimieren. (Lokalisierung meint vornehmlich, textuelle Änderungen für die jeweilige Landessprache vorzunehmen. Wer sich allerdings mehr mit anderen Kulturen beschäftigt, stellt schnell fest, dass dies der geringste Teil der Änderungsnotwendigkeiten ist!)

Tipp

Wann ist ein Bild »gut«? Ganz einfach: wenn es nicht erklärt werden muss und zweifelsfrei verstanden wird bzw. wenn seine beabsichtigte Wirkung eben auch ohne Worte eintritt. Je künstlerischer Bilder gestaltet werden, umso schwerer werden sie in aller Regel vom Besucher intuitiv verstanden. Zeigen Sie jemandem nur das Bild bzw. Ihr Icon und fragen Sie, was es wohl bedeutet. Die meisten Bilder überstehen diesen Test leider nicht. Und wenn Sie ihn ehrlich sich selbst gegenüber durchführen, wird sehr viel davon höchstwahrscheinlich dem virtuellen Wertstoffsammelbehälter (früher: Mülleimer) überantwortet werden.

Wenn es heißt, ein Bild sagt mehr als 1.000 Worte, darf man das also im Web und vor allem bei Icons durchaus kritisch sehen. Ich argumentiere oft bei Beratungen genau andersherum: Ein Wort sagt mehr als 1.000 Bilder. Und ich mache das an Worten wie »Impressum«, »Datenschutzhinweise« oder auch »zur Suche« fest und bitte darum, mir unverwechselbare Icons dazu vorzulegen, die den 75er-Usertest bestehen. (Damit ist gemeint, dass mindestens drei Viertel, also 75 Prozent der Besucher, die Bedeutung vorab richtig erraten, ohne auf das Icon zu klicken.) Diese mag es vielleicht geben und ich hatte in der letzten Auflage geschrieben, dass ich diese Passage in der Zukunft möglicherweise streichen muss. Bisher gibt es dazu aber noch keinen Anlass und ich vertage das hiermit auf die nächste Auflage. Denn bisher blieb mein umgedrehtes Sprichwort unwiderlegt. Und daher gilt mein gut gemeinter Rat noch immer: Finger weg von Icons. Es gibt Ausnahmen, aber generell dürfen wir das, glaube ich, schon gelten lassen.

Ihre Bilder und Grafiken können Sie relativ einfach auf Tauglichkeit testen: Entfernen Sie den Text aus Ihren Webseiten und ersetzen Sie ihn durch sinnleere Fülltexte wie »lore ipsum ...«. Letztes ist wichtig, weil natürlich sonst zu viel freie Fläche entstehen würde, die wiederum eine andere (falsche) Wirkung bei den Testpersonen hinterlässt. Diese so präparierten Seiten zeigen Sie also ausgewählten Testern und stellen diesen ohne Zusatzinformationen zum Beispiel folgende Fragen:

- Welche Stimmung rufen die Bilder bei Ihnen hervor?
- Welches Bild erregt besonders Ihre Aufmerksamkeit und warum?
- Zu welchen Produkten/Dienstleistungen/Informationen passen die Bilder?
- Welchen Content würden Sie auf dieser/diesen Seite(n) vermuten?
- Welcher/welchen Branche(n) würden Sie die Bilder zuordnen?

Aus den Antworten werden Sie eine Menge lernen, wie unterschiedlich doch Besucher denken und empfinden. Und Sie werden wahrscheinlich lernen, dass sich auch kleine Tests wie dieser zwischendrin immer rentieren, weil oft erstaunliche (im Sinne von unerwartet) Ergebnisse herauskommen.

23.2 Testen Sie die Erklärungskraft Ihrer Bilder und Icons

Wenn Sie Zeit, Budget und noch Motivation haben, testen Sie das Ganze doch anschließend auch noch umgekehrt: Stellen Sie den Text ohne Bilder bzw. nur mit Platzhaltern dar. Dazu gibt es einige Tools, die Ihnen diese Arbeit abnehmen. Das einfachste und nebenbei bemerkt sehr mächtige Tool »Web Developer Extention« gibt es kostenlos als Erweiterung für den Firefox-Browser. Diesen haben Sie sicherlich bereits installiert, um Ihre Webseiten damit neben dem Internet Explorer ausgiebig zu testen. Jedenfalls hoffe ich das. Falls nicht, sollten Sie es natürlich schnellstens nachholen. Die Erweiterung (Extention) bekommen Sie wie erwähnt kostenlos unter `http://chrispederick.com/work/webdeveloper/` (Achtung, ohne www). Beachten Sie nach der Installation der Erweiterung, dass Sie Firefox erst wieder starten müssen, damit sie verfügbar ist. Alle Erweiterungen sehen Sie dann unter EXTRAS|ERWEITERUNGEN. Sie können die geladene Erweiterung unter ANSICHT als eigene Menüleiste anzeigen oder die Funktionen unter EXTRAS|WEBDEVELOPER benutzen. Wenn Sie Ihre oder irgendeine Webseite aufgerufen haben, können Sie unter dem Unterpunkt IMAGES mit der Funktion MAKE IMAGES INVISIBLE quasi per Klick die Anzeige von Grafiken ein- und ausschalten.

Zeigen Sie Ihren Testpersonen die nackte Textvariante und fragen Sie danach, welche Bilder aus der Sicht der Leser passend wären. Hierbei ist der Erkenntnisgewinn allerdings meiner Erfahrung nach schon deutlich geringer, weil viele Tester nicht so kreativ sind oder meinen, sich zwanghaft etwas einfallen lassen zu müssen. Natürlich verbietet es sich von selbst, hier dieselben Testpersonen einzusetzen, die vorher die Seiten ohne Text bewertet haben. Die sind in jedem Fall »verbrannt« und mit ihrer Einschätzung nun vorbelegt.

Es ist schwer und erfordert sehr viel Erfahrung, vorab Gesehenes oder Gelerntes einfach abzustreifen und so zu tun, als wäre man noch völlig unbelastet. Mein Lieblingsbeispiel, um dies zu verdeutlichen, ist eine Abbildung aus dem übrigens sehr lesenswerten Buch »Klugheit« von Hassenstein, einem Biologen.

Abb. 23.1: Bayern.de links mit und rechts ohne Grafiken

Schauen Sie sich Abbildung 23.2 in Ruhe an und schreiben Sie auf, was Sie darin erkennen bzw. hineininterpretieren.

Abb. 23.2: Alles Lilien oder was?
Leicht verändert nach Hassenstein, B.: Klugheit, DVA 1988, S. 23

Im Laufe der Zeit habe ich eine Menge guter Interpretationen gehört, Lilien oder Windräder sind nur einige wenige. Es hat allerdings noch niemand auf Anhieb eine 5 darin gesehen. Wenn Sie die Blätter einiger »Lilien« nicht zu diesen gehörig sehen, können Sie nach einiger Zeit die 5 recht gut erkennen. Sehen Sie die 5? Okay, lesson learned. Nun schließen Sie für einen Moment die Augen. Sehen Sie danach wieder auf die Abbildung und versuchen Sie, nun nicht mehr die 5, sondern irgendetwas anderes in der Abbildung zu sehen. Und? Das geht nun nicht mehr, oder? Ich habe Sie eben »programmiert«. Ich garantiere Ihnen, dass Sie von nun an bis ans Ende Ihres Lebens hier immer sofort wieder eine 5 erkennen, sobald Sie dieses Bild irgendwo sehen sollten. Das ist es, was man als Betriebsblindheit bezeichnen kann, was nicht negativ gemeint ist. Sachverhalte, die Sie einmal gelernt haben, Begriffe, deren Inhalt Sie verstanden haben, Prozesse, deren Ablauf bei Ihnen in Fleisch und Blut übergegangen sind: All dies konnen Sie nicht mehr ignorieren und sagen, Sie sähen sich ein Bild oder einen Begriff unvoreingenommen an. Das funktioniert nicht. Daher können Sie selber auch in aller Regel nicht beurteilen, ob Bilder, Grafiken oder Icons für andere, Außenstehende auch wirklich verständlich sind. Glauben Sie mir. Vielleicht kann sich ein MS-Excel-Experte ebenso wenig vorstellen, dass Sie mit seiner täglichen Arbeitsleiste in Excel (Abbildung 23.3) so gar nichts anfangen können.

Abb. 23.3: Eine eigene Symbolleiste in MS Excel

Können Sie auch nur eine einzige Funktion erraten, die Sie mit einem der Icons auslösen würden? Für einen Spezialisten, der tagtäglich mit einer Software umgeht, sind solche (flexibel zusammenstellbaren) Icons eine echte Wohltat und bedeuten viel Zeitersparnis. Aber für einen Erstbenutzer sind sie in der Regel völlig untauglich. Denken Sie daran: Ihre Website ist meist nur von Ihrem Unternehmen aus gesehen der Nabel der Welt ...

Ein weiterer wichtiger Aspekt, der das Verständnis von Icons für den gelegentlichen Benutzer so schwer macht, ist, dass Icons oft Gegenstände zeigen. Der Benutzer will aber etwas tun. Seine Sicht ist also eher prozessorientiert, er denkt eher in Verben. Icons weisen Objekte aus, sind also eher objektorientiert und visualisieren Substantive. Irgendwie passt das nicht so richtig zusammen, oder?

23.3 Strukturieren Sie Ihre Informationseinheiten

Dass man gerade auf Webseiten keine Textwüsten hinterlassen sollte, dürfte den meisten Designern klar sein. Natürlich hab ich bewusst »den meisten« geschrieben, weil man im Web leider trotzdem immer wieder mal solchen Seitenungetümen begegnet. Ich greife hier insbesondere die schon vorher beschriebenen Gesetze der Nähe und der Geschlossenheit nochmals inhaltlich auf.

Die optische Gestaltung eines Textes hat weniger mit dem Texten als tatsächlich mit Design zu tun. Wohlgeformte und gut strukturierte Absätze fallen angenehm ins Auge und regen eher zum Lesen oder Ausdrucken an. Selbstverständlich gehören kurze Absatzüberschriften zu einem guten Schriftbild dazu. Achten Sie auch darauf, einen gewissen Gestaltungsstil möglichst über alle Ihre Webseiten aufrechtzuerhalten. Der Nutzer springt auf seiner Suche oft quer über verschiedene Seiten und plötzlich wirken unterschiedlich lange Absätze oder mal fehlende Überschriften unruhig und befremdlich.

In der Regel lassen sich Informationen inhaltlich zu passenden Einheiten strukturieren. Betrachten Sie doch mal Original und Fälschung in Abbildung 23.4 und in Abbildung 23.5 und raten Sie, welches von beiden das Original ist.

Abb. 23.4: Amazon I

Abb. 23.5: Amazon II

Unstrukturierte Linkwüsten, wie in Abbildung 23.4 als Amazon-Fake gezeigt, findet man im Web leider immer wieder. Auch hier kann man von Amazon einiges lernen. Wenn Sie also innerhalb einer Webseite neben der Navigation mehrere Informationen oder Links darstellen müssen, erzeugen Sie eine optische Ordnung und damit eine Orientierungshilfe für Ihre Besucher.

Das logische Zusammenfassen von Möglichkeiten zeigen die meisten Windows-Programme (meist) vorbildlich, wie ich Ihnen in Abbildung 23.6 am Beispiel der Optionsmenüs von MS Outlook und Word zeigen möchte.

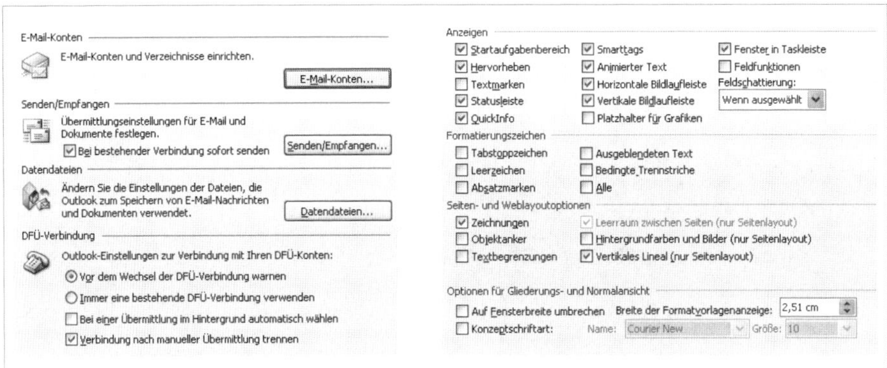

Abb. 23.6: Die Optionsmenüs von MS Outlook und MS Word

Die Fülle der Auswahlmöglichkeiten wurde hier durch eine saubere Strukturierung rein optisch reduziert und übersichtlicher gemacht. Dies hilft dem Benutzer, statt ihn zu erschlagen.

Einfach nur zu strukturieren, hilft aber auch nicht immer, wie das folgende Beispiel von Dell zeigt, das Sie in leicht geänderter Form schon weiter vorne kennen gelernt haben. Bei Dell kann man sich Computer nach Wunsch zusammenstellen. Eigentlich eine gute Sache. In Abbildung 23.7 sehen Sie einen Ausschnitt einer Konfigurationsliste.

Was ich nicht verstehe, ist, dass man bei Dell seit Jahren diese Optionslisten so lieblos formatiert vor des (potenziellen) Kunden Füße wirft. Warum wohl die Überschrift eines Auswahlblocks näher unter dem vorausgehenden Block steht und damit optisch zwangsweise für den ersten Blick zuerst diesem zugeordnet wird? Dafür dürfte eine einzige falsche Absatzformatierung im Shopsystem verantwortlich sein. Da es sicher keine Mühe macht, solche irritierenden Formatvorlagen zu ändern, wird es wohl in der mangelnden Wahrnehmung der Mitarbeiter liegen, dass dies noch niemandem dort selber aufgefallen ist. Nur am Rande will ich Ihren Blick auf die Inhalte der wählbaren Optionen legen: Was wohl ein Noble Twin Head Schloss ist? Oder ein Matrox DualHead2Go Multi-Display Upgrade? Und ob es seine 147 € Aufpreis wert ist? Ehrlich gesagt, ich habe keine Ahnung. Und ich bin froh zu sehen, dass es bei Dell ebenso ist (siehe Abbildung 23.8).

Abb. 23.7: Einige Auswahloptionen bei der Dell-Notebook-Konfiguration

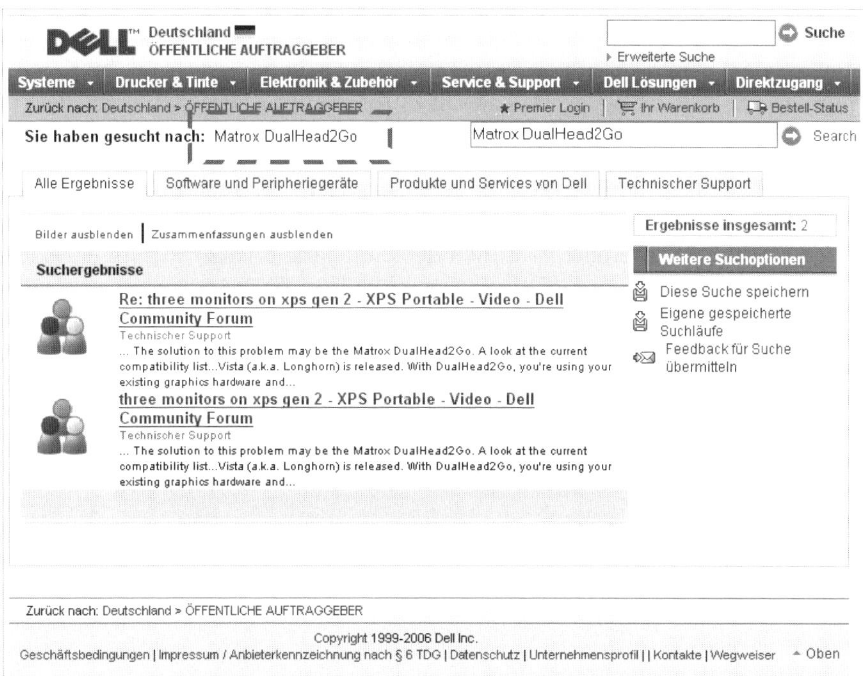

Abb. 23.8: Dell kennt offenbar die eigenen Angebote nicht.

Die Suche nach `Matrox DualHead2Go` liefert nur zwei englische Problemlösungsbeschreibungen. Was ich da als Zubehör dazukaufen kann, bleibt also Dells Geheimnis. Eine Erfahrung, die man in vielen Shops macht. Einfach einstellen und bepreisen reicht halt doch nicht aus. Einige der Käufer möchten vielleicht wissen, was sie da kaufen (sollen oder können). Wenn Sie jetzt einwenden mögen, dass Dell einer der größten Computerhersteller und doch recht erfolgreich ist, haben Sie nur zum Teil recht. Das mag sicher an den guten Systemen liegen, die dort gebaut werden. Aber wie ich eingangs in diesem Buch geschrieben habe: Umsatz und Erfolg im Web sollte noch nicht beeindrucken. Erst wenn man weiß, dass es nicht noch mehr sein kann – dann, und erst dann, wäre ich persönlich wirklich beeindruckt. Und hier kann man sicher mit Zubehör noch sehr viel mehr Umsatz machen. Wenn man nur wollte ... Aber anscheinend will man nicht, denn über Umwege hatte ich indirekt bereits Kontakt mit Dell Deutschland. Dort meinte man, dass die Webseiten ausschließlich in den USA erstellt und gewartet werden und man hier überhaupt nichts damit zu tun hätte. Auch eine Möglichkeit.

23.4 Die Gestaltung von Formularen und Eingabefeldern

23.4.1 Arbeiten Sie vor: Ein gutes Formular entsteht am Reißbrett

Wenn Sie Ihre Besucher fragen würden, würden Sie sicher in den meisten Fällen die Antwort bekommen, dass diese am liebsten gar keine Formulare ausfüllen mögen. Sicher lässt sich das nicht immer vermeiden. Und schön gestaltete Formulare können unter Umständen sogar einen gewissen Anreiz zum Ausfüllen darstellen.

Sollten Sie mehr als ein Formular benötigen bzw. Benutzereingaben aufgrund der Menge auf mehrere Seiten verteilen müssen, hilft ein kleines Konzept (Style-Guide). Wenn Sie nicht selber programmieren, aber das Design möglichst genau vorgeben möchten, empfehle ich Ihnen der Einfachheit halber, sich in einem Grafik- oder Präsentationsprogramm ein paar nützliche Vorlagen anzulegen. Hierzu eignet sich beispielsweise MS PowerPoint nach meiner Erfahrung bestens.

Definieren Sie einen Satz verschieden großer

- Eingabefelder
- Kombinationsfelder (Pull-down-Felder)
- Listenfelder
- Gruppenfelder
- Optionsfelder
- Kontrollkästchen
- Schaltflächen
- Beschriftungsfelder und
- Abstandshalter

Als Merkhilfe aller hier aufgeführten Elemente finden Sie in Abbildung 23.9 für jedes ein Beispiel.

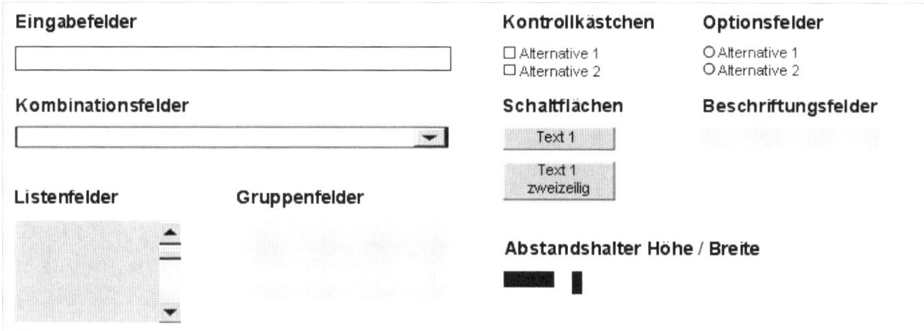

Abb. 23.9: Mögliche Formular- und Hilfselemente

Ich gehe gleich weiter unten noch kurz auf die einzelnen Elemente ein. Es kann durchaus Sinn machen, sich für jedes der Elemente ein paar unterschiedliche Größen als Muster zum Einkopieren zu erstellen. Gehen Sie zunächst vom gesamten verfügbaren Platz auf Ihrer Webseite aus. Dieser wird natürlich von Ihrer angepeilten Bildschirmauflösung bestimmt. In Abbildung 23.10 sehen Sie eine mögliche Planung für eine Auflösung von 800 x 600 Pixel. Die Zahlenangaben stehen für die jeweilige Anzahl an Pixeln.

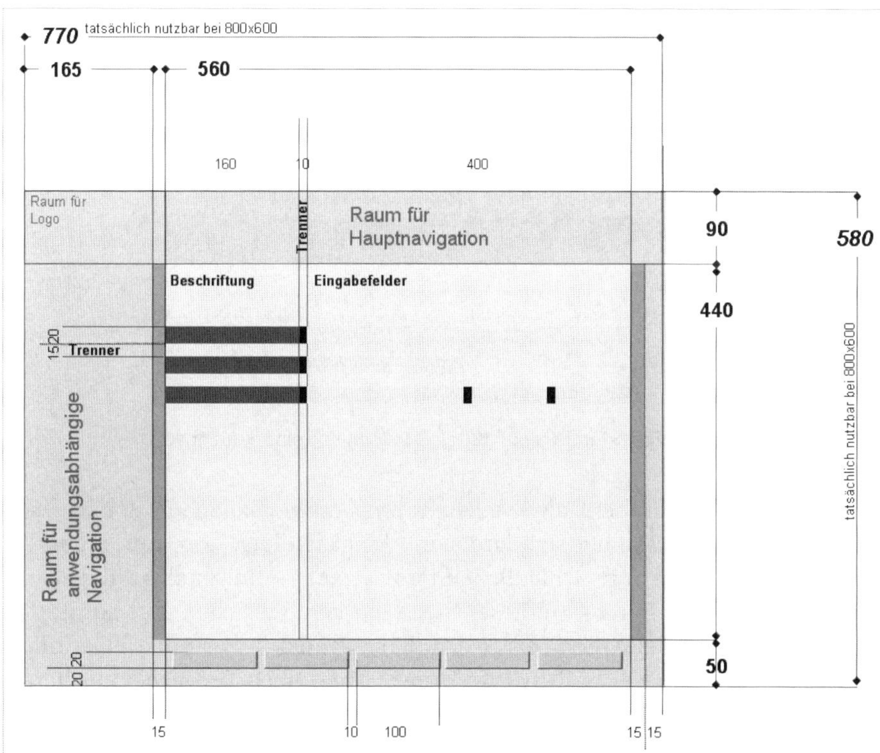

Abb. 23.10: Beispielhafte Aufteilung für eine Formularseite (Zahlen in Pixel)

Um sich solche Layout-Vorgaben einfach bauen zu können, hilft wie oben beschrieben das Anlegen eines Elemente-Baukastens zum Beispiel in PowerPoint. Wer im Umgang mit Webeditoren fit ist, wird natürlich gleich das Arbeiten am richtigen Objekt, der Webseite, vorziehen wollen. Ich empfehle Ihnen dennoch, zuerst die konzeptionellen Arbeiten zu erledigen, weil das später meist sehr viel (Änderungs-)Arbeit spart. Legen Sie einheitliche Höhen und verschiedene Breiten nach Pixeln für jedes Objekt an. Achten Sie aber bei der Festlegung darauf, dass die Geometrie in sich passend ist! Sie sollten in jedem Fall ein einheitliches und appetitliches Erscheinungsbild erzeugen und daher müssen alle Felder und Beschriftungen »fluchtig« abschließen.

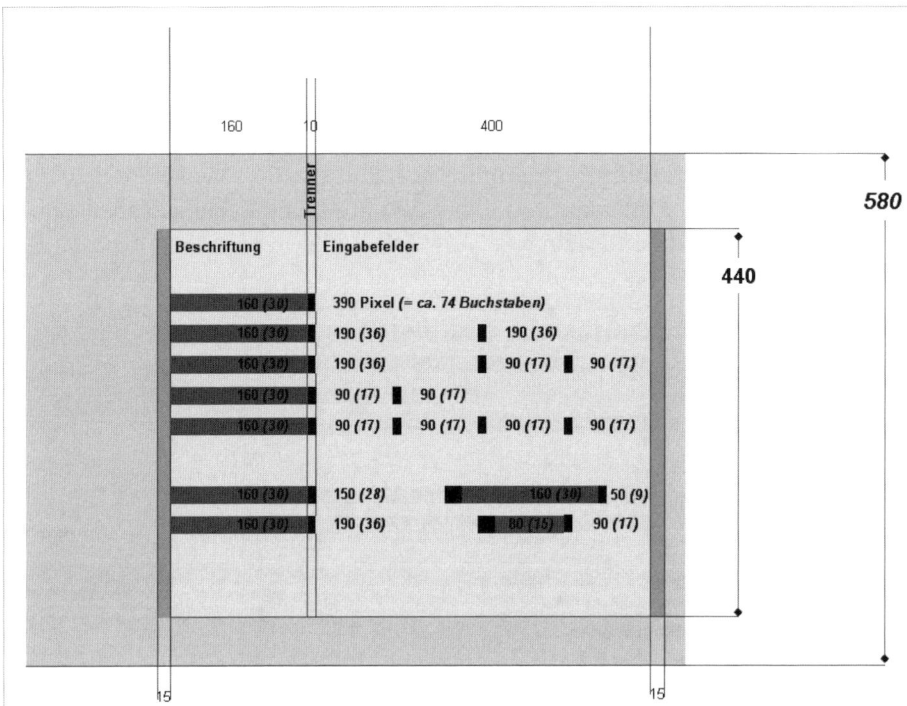

Abb. 23.11: Ein Beispiel für ein stimmiges Felderkonzept

Abbildung 23.11 verdeutlicht dies vielleicht am besten. Sie sehen dort verschiedene, aber von der Länge her standardisierte Eingabefelder (390, 190, 150 und 50 Pixel), die jeweils eine unterschiedliche Maximalzahl an Buchstaben (der Wert in Klammern) zulassen. Bereits an dieser Stelle merken Sie sicher, dass vernünftige Vorausplanung hier viel Arbeit spart. Allzu häufig müssen Formularfelder hinterher geändert werden, weil sich bei der Anwendung nach Fertigstellung herausstellt, dass zu wenig Buchstaben hineinpassen. Und selbstverständlich müssen die Abstände zwischen den Elementen ebenfalls bereits vorab berücksichtigt werden. Dazu dienen einheitliche Abstandshalter für Höhe und Breite, die Sie in Abbildung 23.9 schon rechts unten gesehen haben. Bauen Sie Ihr Formular also mit den vorab optimierten Elementen zusammen und entfernen Sie am Ende einfach alle Abstandshalter.

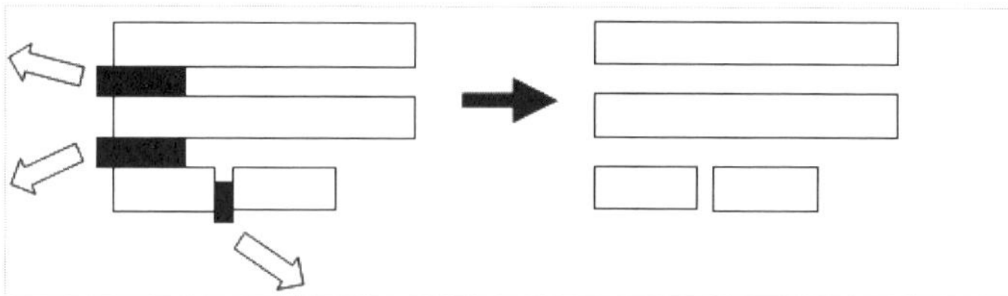

Abb. 23.12: Entfernung der Abstandshalter

Einfache Formulare, die mit nur einem Eingabefeld pro Zeile auskommen, sind natürlich sehr viel leichter zu erstellen. Um ein harmonisches Bild zu erhalten, sollten Sie dabei die Eingabefelder selbst linksbündig aufbauen und den erklärenden Text links daneben. Dieser sollte allerdings rechtsbündig formatiert werden, damit eine schnelle und intuitive Zugehörigkeit zu einem Eingabefeld durch den Besucher gewährleistet ist.

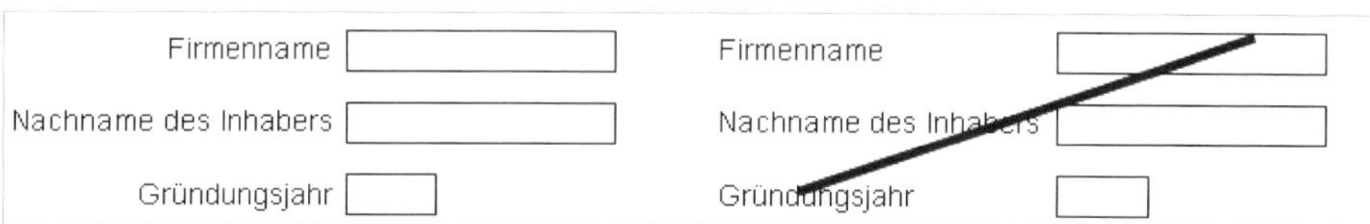

Abb. 23.13: Eingabefelder linksbündig und Beschreibungen rechtsbündig

Aus meiner Sicht wäre es auch ohne Weiteres statthaft, die Erklärung zu einem Feld über oder unter das Eingabefeld zu schreiben. Es sollte dann nur dem Gesetz der Nähe folgen, damit dann auch deutlich näher an dem zugehörigen Feld stehen und optisch genügend Abstand zu anderen Feldern haben, damit keine Fehlinterpretationen entstehen.

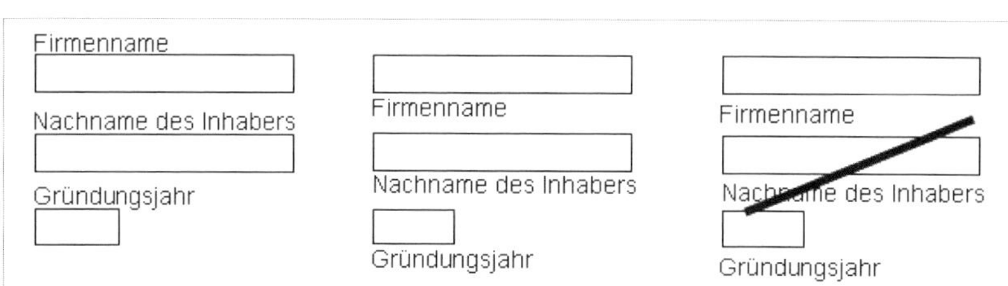

Abb. 23.14: Eine eindeutige Zuordnung von Feld und Beschreibung muss immer gegeben sein.

Geben Sie Ihren Besuchern immer alle notwendigen Hinweise, die sie zum Ausfüllen eines Formulars benötigen. Das ist oftmals von Erstellungsaufwand her gesehen etwas mehr Arbeit, lohnt sich aber durch den höheren Grad an Verständlichkeit, den Sie damit erzeugen, mit Sicherheit. Bedenken Sie immer, dass Missverständnisse und die daraufhin resultierenden Fehleingaben beim Nutzer immer Frust erzeugen. Wenn es ihm zu viel wird, geht er wieder weg. Warum bleiben wohl so viele volle Warenkörbe am Ende einfach stehen, wenn es an das Ausfüllen von Formularen geht?

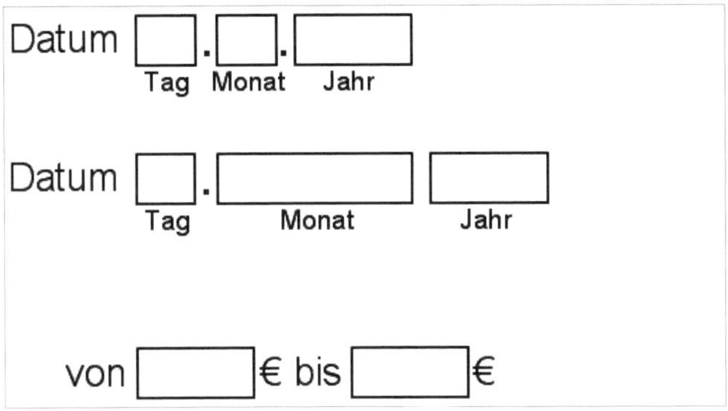

Abb. 23.15: Lieber mehr als zu wenig Information in Formularen

Die beiden ersten Beispiele in Abbildung 23.15 zeigen, dass man alleine durch die optische Gestaltung erkennbar machen kann, ob zum Beispiel der Monat in Ziffern oder ausgeschrieben eingegeben werden soll. Ob Variante zwei durch die möglichen Tippfehler für eine anschließende maschinelle Verarbeitung tauglich ist, mag dahingestellt sein. Didaktisch kann man aber, denke ich, recht gut sehen, dass oft viel Spielraum für »optische« Erklärungen ist. Das dritte Beispiel zeigt, wie man verdeutlichen kann, dass das eigene Eintippen der Währung hier nicht erwünscht oder erlaubt ist.

Achten Sie immer darauf, dass Ihren Besuchern (nicht Ihnen!) der Aufbau und Ablauf der Eingabefelder logisch erscheinen. Das Lizenzierungsformular von Adobe zeigt (Abbildung 23.16) deutlich, welche Probleme bei der Trennung logischer Einheiten auftreten können. Das links unten etwas wie Falschgeld hinplatzierte »No, I will create one«, um ein noch nicht vorhandenes Passwort einzugeben, kann verdammt leicht übersehen werden. Sicher nicht von jedem – aber jeder verlorene Besucher, der sich nicht in einen Kunden oder zumindest einen registrierten Besucher verwandelt (dann kann man per Mail mit ihm in Kontakt treten und sich selber ab und zu in Erinnerung rufen), müsste eigentlich wehtun. Außer vielleicht, wenn einem das Geld bereits zu den Ohren rauswächst.

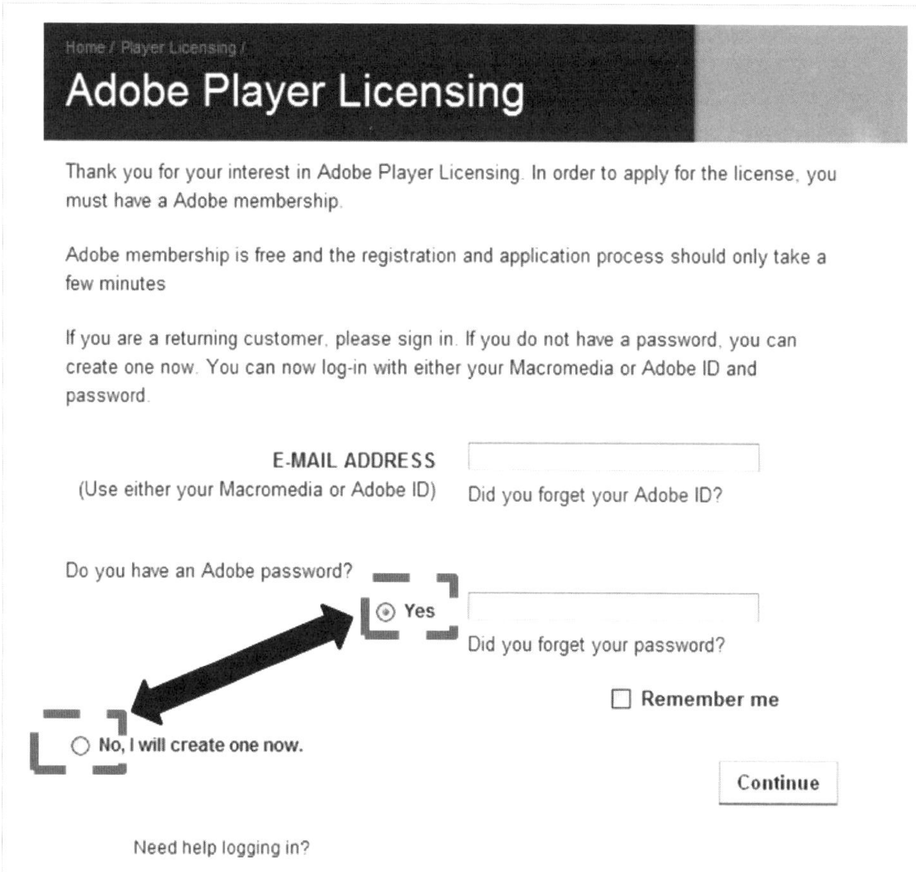

Abb. 23.16: Wie man einen neuen Account anlegt, kann bei Adobe leicht übersehen werden.

Ein wirklich schönes Anmeldeformular hat übrigens `Pearl.de`. Sie sehen einen Screenshot davon in Abbildung 23.17. Recht übersichtlich werden alle vier Möglichkeiten für einen Besucher dargestellt:

- Er ist bereits Kunde und kennt seine Daten.
- Die Anmeldung funktioniert nicht oder das Passwort wurde vergessen.
- Er ist bereits Kunde, kennt aber seine Daten nicht (diese Option vermindert das Risiko, dass bestehende Kunden weitere Accounts anlegen, deren Abwicklung intern eigentlich nur Kosten und falsche Zahlen verursacht).
- Er war bisher noch nicht Kunde.

Je nach Auswahl wird man dann über einen für diesen Fall optimierten Eingabeprozess weitergeleitet.

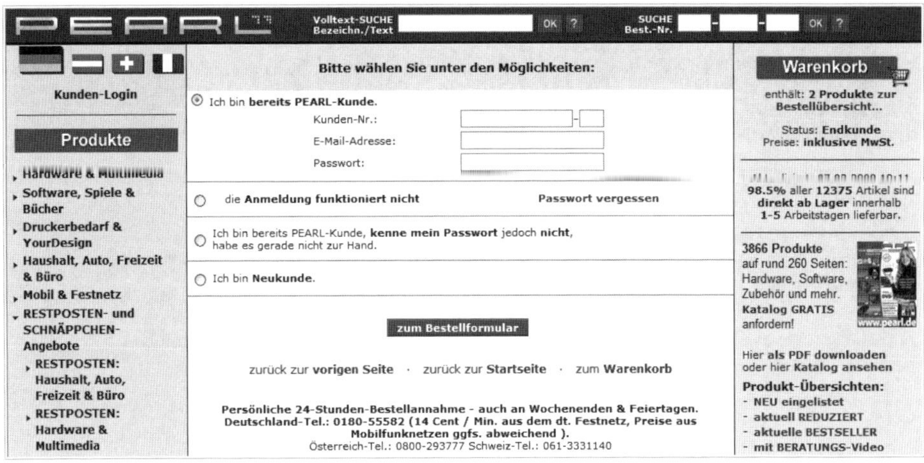

Abb. 23.17: Das Anmeldeformular von `pearl.de`

Einige Programmierer setzen gerne und häufig Pull-down-Menüs ein, um Eingabefehler zu verhindern bzw. sich das oft aufwändig zu programmierende Fehlerhandling zu ersparen. Man muss dann in einem Shop für Ersatznadeln für alte Grammophone beim Bezahlen das eigene Land aus über 150 Ländern aussuchen. Spannend ist dann auch immer wieder die Frage, ob Deutschland unter »D« oder »G« für Germany zu finden ist. Aber falls doch mal ein Äthiopier einkaufen sollte, fühlt man sich wohl mit dieser Megaauswahl gerüstet. Ich persönlich halte solche Pull-down-Menüs für suboptimal. Man sieht ohne Reinklicken nicht, welche Möglichkeiten man hat, man verdeckt durch die runterklappende Lade oft wichtige Zusatzangaben auf der Seite und schließlich verändert man häufig ungewollt und leider auch unbemerkt durch das Mausrad den vorher ausgewählten Inhalt. Klar könnte man auch ein intelligentes Fehlermanagement einsetzen. Warum also nicht beides erlauben? Zum Beispiel DEUTSCHLAND und GERMANY in der Länderauswahl? Passen Sie sich an den Benutzer an – nicht umgekehrt. Oder noch besser – Sie sortieren nicht weltmännisch alle Länder dieser Erde alphabetisch, sondern nehmen die Länder ganz oben rein, aus denen die meisten Ihrer Kunden kommen. Also zum Beispiel Deutschland, Österreich und Schweiz. Danach kommt ein Strich und es folgen alle anderen Länder von A bis Z.

Viele Benutzer sind es gewohnt, sich durch mehrere Eingabefelder in einer vernünftig logischen Reihenfolge mit Tabulatortaste [Tab] vorwärtszubewegen. Dies sollten Sie unbedingt unterstützen. Nichts erscheint lästiger, als wenn man nach jeder Tastatureingabe wieder zur Maus greifen muss, den Zeiger genau über dem nächsten Feld platzieren und per Klick einen neuen, blinkenden Eingabecursor erzeugen muss. Solche kundenabwehrenden Formulare findet man leider immer wieder im Web. Haben die ihre eigenen Formulare noch nie selber ausgefüllt oder wird man als Programmierer nach einiger Zeit wirklich so schmerzfrei?

Ein weiterer Hinweis sei mir hier noch erlaubt: Passen Sie die Länge eines Eingabefeldes in etwa den erwarteten Einträgen an. Der Benutzer sollte immer alle seine Eingaben zur nochmaligen Kontrolle sehen können. Ist das Feld zu klein, muss er darin hin- und herscrollen und sieht immer nur einen Teilausschnitt. Sicherlich wird das nicht zu 100 Prozent in allen Fällen gelingen. Alleine schon, weil es eine Zeit gab, wo auch schon mal drei Nachnamen angenommen wurden – und wenn diese dann noch mit einem Adelstitel versehen sind, reicht auch die gesamte Bildschirmbreite nicht aus, dies alles sichtbar in ein Feld schreiben zu können. Optimieren Sie auch hier mit vernünftigem Gefühl und Augenmaß.

Am Ende einer Formularorgie sollten Sie dem Besucher immer auch die Möglichkeit geben, seine Daten nochmals zu prüfen und gegebenenfalls zu verändern. Und machen Sie bitteschön wenigstens das aus Eigennutz. Nicht veränderbare und falsch eingegebene Daten verursachen in der Regel bei Ihnen im Unternehmen Kosten, die Sie sicherlich zu einem großen Teil an diesen Stellen vermeiden können.

Planen Sie also Formulare, Eingabefelder und deren gesamten Platzbedarf besser im Voraus. Damit sind Sie dann auch in der Lage, die benötigte Seitenzahl für alle notwendigen Benutzereingaben zu optimieren und dem Webdesigner ein grafisch unmissverständliches Pflichtenheft vorzulegen. Je feiner Sie das vordenken und niederlegen, umso einfacher, schneller und günstiger ist die spätere Umsetzung. Ein weiterer Nebeneffekt ist, dass Ihre Formulare alle wie aus einem Guss wirken, beim Ausfüllen leicht von der Hand gehen und einen einladenden Eindruck machen.

Was kosten eigentlich falsch gestaltete Formulare?

Mehr als Sie wahrscheinlich glauben. John Miller hat die Auswirkungen von Formularen auf die Konversionsrate (also das Verhältnis zwischen Besuchern zu Käufern) untersucht und dabei mehr oder weniger durch Zufall festgestellt, was ein zu langes Formular »kostet«.

Um das plastisch zu machen, rechnen wir am besten ein einfaches Beispiel durch:

Ein bestimmtes Keyword in einer Suchmaschine zu buchen, koste der Einfachheit halber pro Klick 1 €. Die Konversionsrate des Shops (wie ausgeführt, also das Verhältnis »eingekaufte« Besucher und tatsächliche Verkäufe, die diese dann am Ende auch getätigt haben) betrage zwei Prozent. Die Kosten für das Online-Marketing betragen also in diesem Beispiel für 100 Besucher genau 100 €. Zwei Kunden von hundert haben im Schnitt etwas gekauft, damit hat also die Akquisition eines Kunden 50 € gekostet. So weit, so gut.

Nun hat John Miller das Formular zur Registrierung von Kundendaten verändert. Mal länger mit mehr abgefragten Feldern, mal weniger. Danach konnte er jeweils die genauen Auswirkungen auf die Konversionsrate sehen. Völlig nachvollziehbar erscheint: Ein längeres Formular – mehr Leute werfen das Handtuch – weniger Verkäufe. Die Konversionsrate sinkt. Zum Beispiel auf ein Prozent. Nun haben wir nur noch einen zahlenden Kunden und damit kostet in dieser Konstellation ein Neukunde nicht mehr nur 50 €, sondern ganze 100 €! Die Zahlen hab ich nur der besseren Verständlichkeit gewählt, im Originaltest (den Sie unter `http://searchengineland.com/080206-073946.php` nachlesen können) waren sie natürlich krumm und weniger heftig als hier.

Seine Ergebnisse stellten sich wie folgt dar:

- Das kurze Formular hatte 13,4 Prozent Konversion, ein Neukunde kostete 21,50 €.
- Das mittellange Formular hatte noch 12,0 Prozent Konversion, ein Neukunde kostete 24,00 €.
- Das lange Formular hatte gar nur noch 10,0 Prozent Konversion, ein Neukunde kostete schmerzliche 28,80 €.

Die Akquisitionskosten sind also im letzten Fall gegenüber der kurzen Variante um ein Drittel gestiegen! Betrachtet man die Formularumfänge bzw. die Unterschiede der Länge, kostet also *rein rechnerisch* jedes zusätzliche Eingabefeld in einem Formular 1,30 € pro Neukunde! Das mag auf den ersten Blick nicht viel erscheinen, aufsummiert auf viele Zeilen und viele Kunden kommt da ein hübscher Sportwagen zusammen.

Ein interessantes Highlight fand ich seine Erkenntnis, dass die Abfrage einer Telefonnummer deutlich teurer zu Buche schlug: 3,50 €. Haben Sie also theoretisch 10.000 Kunden im Jahr generiert, hat die Telefonnummer dazu 35.000 € Umsatz »gekostet«. Diese 35.000 € Umsatz sind Ihnen nämlich entgangen, weil sich ein Teil der Besucher deswegen vom Einkauf hat abschrecken lassen. Wie viele Shops wollen eine Telefonnummer? Fast alle! Was machen die damit? Nix. Mich hat noch keiner angerufen. Sie?

Denken Sie also genau darüber nach, welche Informationen Sie mit einem Formular abfragen und ob sie diese wirklich benötigen. Jedes Feld, das der Besucher erkennbar unnötig ausfüllen muss, nervt ihn und stiehlt ihm Zeit. Einige quittieren das mit einem *Ach nö ne?* und verschwinden einfach wieder.

Wie viel Seiten sind für einen Bestellvorgang optimal?

Beim Onlineshoppen muss am Ende vom Warenkorb aus irgendwann mal verbindlich bestellt werden. Dieser Prozess wird Bestellstrecke oder oft auch Cartstrecke genannt (für den englischen »Shopping Cart«, den Einkaufswagen also). Diese Strecke ist besonders kritisch, weil man hier in der Regel eine Menge Besucher verliert, die sich zwar Dinge in den Einkaufswagen gelegt haben, aber die Bestellung nicht abschließen, sondern auf dem Weg zur endgültigen Bezahlung abbrechen. Bei der Deutschen Bahn besteht die Bestellstrecke aus sechs Schritten, die sauber (im Original in Rot) am oberen Rand visualisiert werden.

Abb. 23.18: Teilabschnitt 3 in der Bestellstrecke der Deutschen Bahn

An mich wird immer wieder die Frage herangetragen, wie viele Seiten denn nun optimal wären. Aus meiner Erfahrung heraus kann ich Ihnen hierzu eine recht eindeutige Antwort geben: möglichst wenige. Bei jedem aktiven Klick auf einen WEITER-Button überlegen viele Noch-Nicht-Kunden. Brauche ich die automatische Klammermaschine, die mich vorhin im Warenangebot so verführerisch angelacht hat, wirklich? Und den teuren Kolbenfüller? Und in der Regel haben Sie auch Zeit zum Überlegen, denn viele Shopsysteme reagieren noch immer viel zu langsam und benötigen oft mehrere Sekunden, bis die Folgeseite geladen wird. Mir selbst ist auch schon passiert, dass dazwischen das Telefon geläutet hatte und ich einen wichtigen Anruf entgegennehmen musste. Nach circa 20 Min. wollte ich meine Bestellung fortsetzen. Aber nach dem Absenden von Seite drei oder vier war die so genannte Sessiontime wohl schon abgelaufen und ich bekam ein dickes Sorry vom Shopsystem – ich hätte zu lange gebraucht. Noch mal alles von vorne? Pustekuchen.

Je weniger Seiten man abzuschicken hat, umso besser. Das Aufteilen der Informationen in kleine, logische Teilformulare erscheint also durch den notwendigen aktiven Sendeprozess als eher suboptimal. Versuchen Sie daher, möglichst viele Daten auf einer Seite abzufragen. Jede eingesparte Seite im Bestellprozess vermindert die Anzahl der Kaufabbrüche.

23.4.2 Fehleingaben machen Ärger, den Sie vermeiden können

Passwort: ___________ Legen Sie ein Passwort fest! Es gibt wenige unvernünftigere Zeitverschwendungen, als sich beim Anlegen eines Benutzerkontos auf einer Website ein Passwort zu überlegen, dieses einzugeben und sich dann durchlesen zu müssen, dass das Passwort mindestens aus sechs Zeichen bestehen muss. Mir entlockt das immer noch und immer wieder einen kleinen Fluch. »Warum«, so ärgere ich mich, »können die Webdesigner das denn nicht gleich auf das Anmeldeformular schreiben?« Sehen die denn in ihren Logfiles nicht, wie viele Neuanmelder eben nicht hellsehen können, um die richtige Anzahl an Buchstaben zu erraten? Oder soll das eine Art Strafe sein, die sich ein Sicherheitsfetischist ausgedacht hat? »Hehehe ... zu einfaches Kennwort eingegeben ... Fizzzz – zurück und noch mal!«

In Abbildung 23.19 sehen Sie ein Beispiel für eine zwar deutlich hervorgehobene Fehlermeldung beim Login-Passwort. Aber eine Fehlerbehebung lässt sich nur durch Ausprobieren durchführen. Da sechs Zeichen wohl noch immer nicht genügen (»Das Login-Passwort ist zu kurz«), muss man wohl einen Teil von Schillers Glocke eingeben, um wirklich auf Nummer sicher zu gehen.

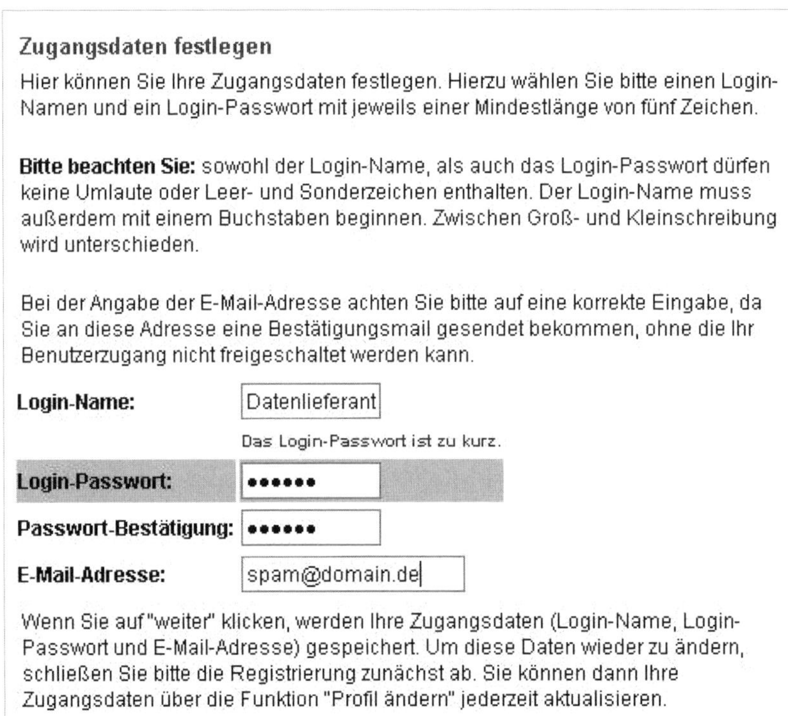

Abb. 23.19: Sechs Stellen reichen noch immer nicht. Meine Nerven!

Gerade im sensiblen Bereich der Passworteingabe werden noch immer viel zu viele Fehler gemacht. Fatal ist dies deshalb, weil es ein sehr sensibler Prozesspunkt ist. Denn man vergibt ja meist genau dann ein Passwort, wenn man sich ein Kunden- bzw. Zugangskonto anlegen möchte. Funktioniert das nicht einwandfrei oder wirft Fragen auf, ist der weniger nachdrückliche Kunde vielleicht bereits wieder weg. Abbildung 23.20 zeigt so eine Fehlermeldung. Mein Kennwort kann nicht geändert werden. Aha. Während mich oben in dickem Rot die Meldung anschreit, dass eben nichts geändert werden konnte, fällt die eigentliche Fehlermeldung gar nicht mehr so auf. Sie steht rechts am Rand in Hellgrau und besagt, dass (mal wieder) sechs Zeichen notwendig sind.

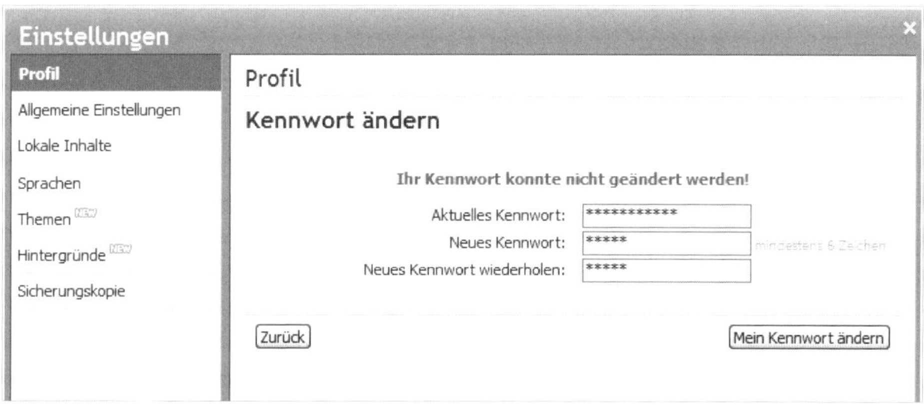

Abb. 23.20: Warum kann mein Kennwort nicht geändert werden?

Was auch immer der Grund sein mag: Wenn Sie Beschränkungen in Eingabefeldern haben, schreiben Sie das zu dem jeweiligen Feld grundsätzlich direkt *und deutlich* dazu. Ihre Besucher können nicht erraten, wenn Sie bestimmte Werte aus welchen Gründen auch immer nicht als gültigen Eingabewert akzeptieren. Das gilt nicht nur bei der Längenangabe für Passworte, auch bei Intervallangaben oder Zahlen, die zu Berechnungen verwendet werden müssen und daher vielleicht bestimmte Inputwerte nicht über- oder unterschreiten dürfen. Hinschreiben, hinschreiben, hinschreiben.

Sicher wird es trotzdem ab und zu Fehleingaben geben. Sorgen Sie in diesem Fall dafür,

- dass die Fehlermeldungen eindeutig sofort zu sehen und als Fehlermeldung zu erkennen sind
- dass eine vernünftige Hilfestellung gegeben wird, was falsch war
- dass nach Möglichkeit der blinkende Cursor gleich in dem Eingabefeld steht, das korrigiert werden muss

Ich bin mir sehr sicher, dass Sie sich keine Vorstellung machen, wie sorglos mit Formulardaten bei Unternehmen im Web umgegangen wird. Vernünftige Fehlerprüfungen sind eher die Ausnahme statt die Regel. Bei meinen Usability-Tests sehe ich mich meist auch immer wieder mal gezielt bei anderen, einschlägigen Websites um, die der Site funktionell ähneln, die ich gerade analysiere. Was mir dabei unter die Maus kommt, füllt, als Beispiel dokumentiert, zu Tausenden einen großen Teil meines Webarchivs. Damit ließe sich ein Schwarzbuch des deutschen Webs erstellen, das selbst dem gestandensten Manager das Wasser in die Augen treiben würde.

Abb. 23.21: Such den Fehler!

Den Fehler in der Antragsmaske bei American Express zu finden (siehe Abbildung 23.21), war gar nicht so einfach. Man findet, was man hier falsch gemacht hat, in dem im Original goldenen Rahmen oben: BITTE FÜLLEN SIE ALLE FELDER IN GROSSBUCHSTABEN AUS. Aha. Der Großrechner will es anscheinend so.

Besonders schlau wähnt sich wohl das halb-intelligente Formular, das in Abbildung 23.22 gezeigt wird. Wenn Sie auch hier investigativ vorgehen, werden Sie im oberen Bereich eine gut getarnte Fehlermeldung finden. »Wir haben eine maschinelle Korrektur Ihrer Adresse vorgenommen.« Aus »Arielstr.«, die es freilich in Nürnberg nicht gibt, hat das System einfach »Riegelsberger Str.« gemacht. Dass ein scheinbares Pflichtfeld FIRMA nicht ausgefüllt wurde, wird wahrscheinlich erst nach Beheben des ersten Fehlers angemahnt. Leider kann ich Ihnen den Ausgang nicht berichten, will Ihnen aber die Reaktion des Systems auf meine Eingaben trotzdem nicht vorenthalten (siehe Abbildung 23.23).

Abb. 23.22: Wir haben Ihre Adresse geändert.

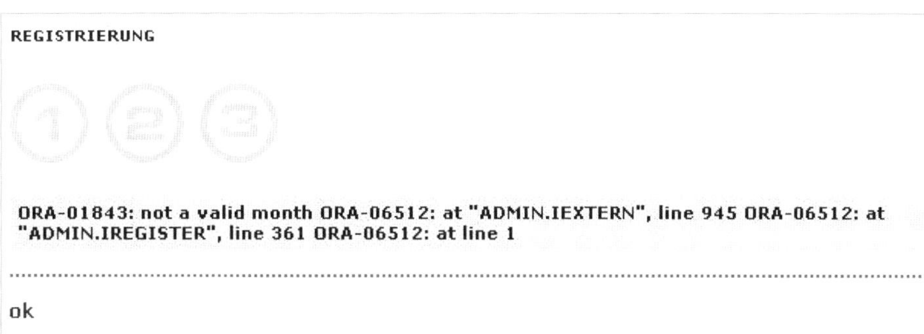

Abb. 23.23: ORA-01843: not a valid month, aber am Ende unten schon ok

Gleich doppelt problematisch zeigte sich eine Fehlermeldung eines bundesweit vertretenen Elektronikmarktes. Da der Webauftritt bundesweit einheitlich ist, hat man folgerichtig auch an die Auffindbarkeit der dezentralen, realen Märkte gedacht, die der Nutzer dort unter DER NÄCHSTE MARKT nach Postleitzahl oder Ortsnamen suchen kann. Ich gab dort also zum Beispiel `Nürnberg` ein und klickte auf den Pfeil mit der Aufschrift LOS. Da sich augenscheinlich nichts tut, klicke ich immer wieder. Nichts.

Abb. 23.24: Hoppla. Such' den Markt – aber mit genaueren Angaben.

Irgendwann fiel mir dann doch die Fehlermeldung »Hoppla« auf. Dort steht, dass mein Standort (hä?) nicht ausgewertet werden konnte (vgl. Abbildung 23.24). Ich soll genauere Angaben machen. Genauer als »Nürnberg«? Bitte fragen Sie mich nicht, wie das gehen soll – ich vermute aber, das Problem liegt darin, dass in Nürnberg gleich drei dieser Märkte vertreten sind. Daher bekam die sichtlich zu einfach gestrickte Datenbankabfrage ein Problem.

Mittlerweile wurde diese Funktion überarbeitet und nun kann bzw. muss man die Orte aus einem Pull-Down-Menü auswählen. Das schränkt die Möglichkeiten von depperten Besuchereingaben natürlich deutlich ein. Falls man aber eine ungültige Postleitzahl eingibt, straft einen das System noch immer mit Verachtung. Die Seite lädt erneut und sieht immer wieder aus wie in Abbildung 23.25 dargestellt. Auf eine erläuternde Fehlermeldung wartet man vergeblich.

Abb. 23.25: Eine falsche Postleitzahl? Ich bin doch nicht blöd!

Damit keine falsche Schadenfreude aufkommt: Es geht hier nicht darum, zu zeigen, was alles im Web nicht funktioniert. So viele Seiten hätte ich im Manuskript gar nicht unterbringen können ... Nein, im Ernst: Aus den weniger optimalen Beispielen kann man meiner Ansicht nach viel lernen. Und dass solche Fehler in den besten und budgetstärksten Unternehmen vorkommen, mag ein wenig erschrecken, zeigt aber eines deutlich: Man sollte einfach mit etwas mehr Sorgfalt und Ernsthaftigkeit an abschließende Tests gehen. Wenn denn überhaupt solche Tests gemacht werden.

Damit wir aber nicht beim Rummäkeln stehen bleiben, sehen Sie sich beispielhaft eine gut aufgebaute Fehlermeldung in Abbildung 23.26 an. Hier wurde in einer Anwendung zur Anzeige von Stadtplanausschnitten zur internen Bearbeitung im ersten Hausnummernfeld kein Wert eingegeben. Und der zweite Wert war ungültig, weil die eingegebene Nummer nicht existiert.

Die Fehlermeldungen im Kasten ACHTUNG, EINGABEFEHLER! sollten idealerweise in roter Schrift dargestellt werden, ebenso die bemängelten Zeilenbeschriftungen im Formular selber (im Beispiel der Hausnummern-Bereich). Jeder der beiden Fehler wird in der Liste einzeln aufgeführt. Genauer ausgedrückt werden gleich Hinweise gegeben, wie man den Fehler beheben kann. Werden Fehler einzeln und nacheinander behandelt, quält sich der Benutzer oft mehrmals durch das gleiche Formular und bekommt immer mehr das Gefühl, für diese Anwendung wohl zu dumm zu sein. Wenn Sie in Abbildung 23.26 genau hinsehen, erkennen Sie auch, dass in das zuerst leer gebliebene erste Hausnummernfeld nun vom System ein Fragezeichen gesetzt wurde. Die eingegebene, aber falsche Zahl »3005« wurde ebenso wie das Fragezeichen in roter Fettschrift formatiert, was hier beim Buchdruck natürlich nicht mehr so auffällig wie auf dem Bildschirm zu erkennen ist.

Mit noch deutlicheren Hinweisen können Sie Ihren Besuchern wahrscheinlich kaum helfen.

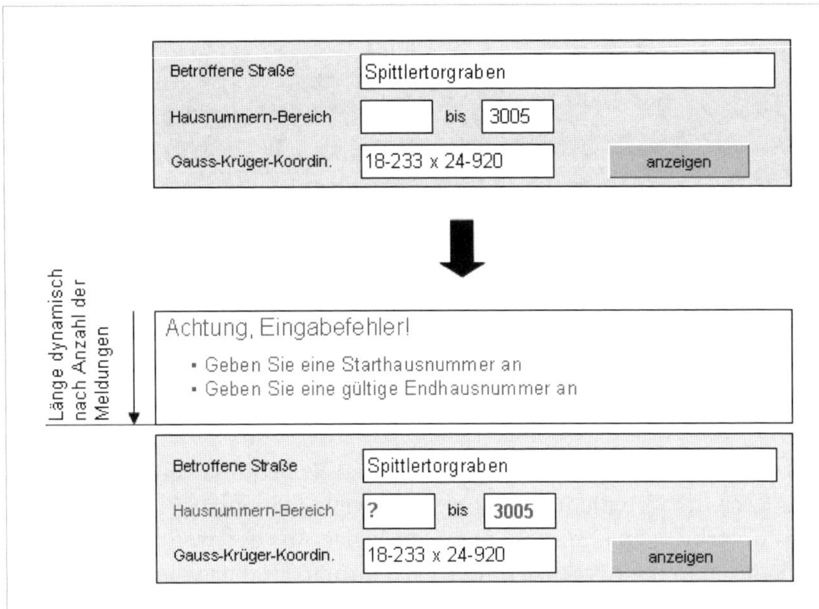

Abb. 23.26: Eindeutige Fehlermeldungen helfen, weitere Fehler zu vermeiden.

Die ärgerlichsten Highlights sind allerdings Fehlermeldungen, die durch keine erkennbaren Eingabefehler zustande kommen. So habe ich selbst nach längerem Nachdenken und eingehender Analyse nicht verstanden, was ich bei der Webseite in Abbildung 23.27 wohl falsch ausgefüllt habe.

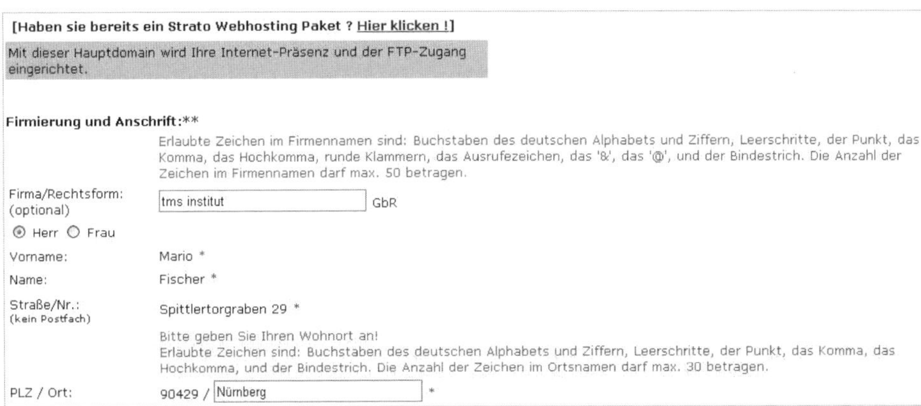

Abb. 23.27: Falsche Fehlermeldungen oder falsche Fehler?

Natürlich vermuten einige unter Ihnen richtig. Mit einem Umlaut im Ortsnamen hatte der Formularprogrammierer wohl nicht gerechnet. Nach der Eingabe von `Nuernberg` verschwand auch die angebliche Fehlermeldung beim Firmennamen. Aber was hätte ich wohl gemacht, wenn der Wohnort mehr als 30 Buchstaben gehabt hätte? Klar, eben einfach kein Kunde werden.

Abb. 23.28: Captchas: Was um alles in der Welt sollen diese zerplatzten Maikäfer bedeuten?

Die neue Pest in Onlineformularen sind wohl die so genannten Captchas, die ich im ersten Teil des Buches ja schon mal erwähnt hatte. Man verwendet sie, um Maschinen von Menschen unterscheiden zu können. Viele Onlinedienste kämpfen damit, dass Roboter ihre Formulare ausfüllen und dann zum Beispiel Freemail-Konten anlegen oder an Gewinnspielen teilnehmen. Man zeigt den Menschen zerplatzte Buchstaben und Ziffern und macht diese möglichst unkenntlich, damit sie die Maschinen ja nicht erkennen können. Meist können es die Menschen dann aber auch nicht mehr, wie Abbildung 23.28 überdeutlich zeigt.

Einige von Ihnen werden nun sicherlich in sich hineinmurmeln, dass sie jeweils ausflippen könnten, wenn sie nach dem Erscheinen einer Fehlermeldung nach einer Formulareingabe auf den »Back«-Button klicken und alle, aber auch alle Eingaben verschwunden sind. Noch bunter treibt es ein Forum über Blumen, auf das mich ein Leser aufmerksam gemacht hat. Dort muss man sogar beim Suchen jedesmal ein neues Captcha eingeben! Wie Sie in der Abbildung 23.29 sehen können, sind die eingesetzten Stauch-Zerr-Platz-Durchstreich-Buchstaben wirklich nicht ganz einfach zu erkennen. Und mein Leser berichtete mir, dass er es meist mehrmals hintereinander erfolglos versuchen muss. Ein massives Ärgernis.

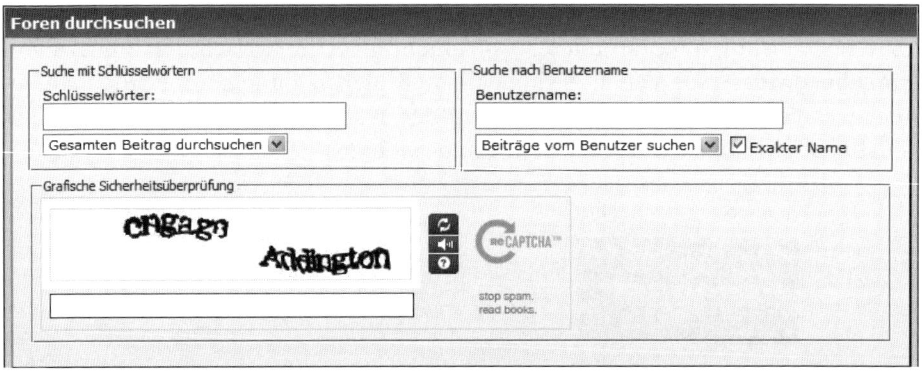

Abb. 23.29: Willst Du suchen? Dann löse erst dieses Rätsel!

Ein Captcha falsch gedeutet und die Strafe des Programmierers schlägt gnadenlos zu: Jedes Mal alles neu eingeben. Suchbegriffe, Kennwörter, Benutzernamen... Immer und immer wieder. Ich weiß nicht, ob ich über dieses Stadium schon hinweg bin. Meistens verlasse ich solche Seiten dann einfach wieder und kaufe woanders ein. Durchaus auch mal wieder offline im Laden um die Ecke. Und ich freue mich diebisch, wenn man versucht, mich mit Mails, Newslettern, Gutscheinen oder sonstigen Überredungskünsten dazu zu bewegen, wieder in dem besagten Online-Shop einzukaufen. Dabei hätte man es mir doch einfach nur nicht so schwer machen müssen.

Und ich kann es mir nicht verkneifen. Können Sie in der Abbildung 23.29 rechts unten im Kasten *Grafische Sicherheitüberprüfung* »stop spam – read books« lesen? Vielleicht sollte man das dem Designer mal empfehlen – statt seine Besucher zu verärgern, lieber mal ein Buch zu lesen. Irgendeines. Hauptsache er programmiert in der Zeit nicht...

23.5 Der Goldene Schnitt

Den von Euklid geprägten Begriff des Goldenen Schnitts kennen Sie sicherlich, da er zum Standardrepertoire der Schulmathematik gehört. Euklid fand heraus, dass eine Trennung von Flächen und Geraden offenbar immer dann vom Menschen als besonders harmonisch empfunden werde, wenn das Verhältnis in etwa 3:5 beträgt. Exakt formuliert wird genau so geteilt, dass die Gesamtstrecke sich zu dem größeren Teil so verhält wie das größere zum kleinen. Als Formel lässt sich das mit

$x : 1 = 1 : (x - 1)$ oder auch $x^2 - x - 1 = 0$

ausdrücken (siehe Abbildung 23.30).

Dieses Verhältnis 3:5 wird auch gerne von Fotografen bei der Bildkomposition berücksichtigt. Gerade Landschaftsaufnahmen wirken besonders gut, wenn zum

Beispiel fünf Teile Himmel und drei Teile der Erde zu sehen sind. Idealerweise findet man dann auch noch einen dominierenden Gegenstand wie etwa einen Kirchturm, der senkrecht das Bild ebenfalls 5:3 optisch teilt.

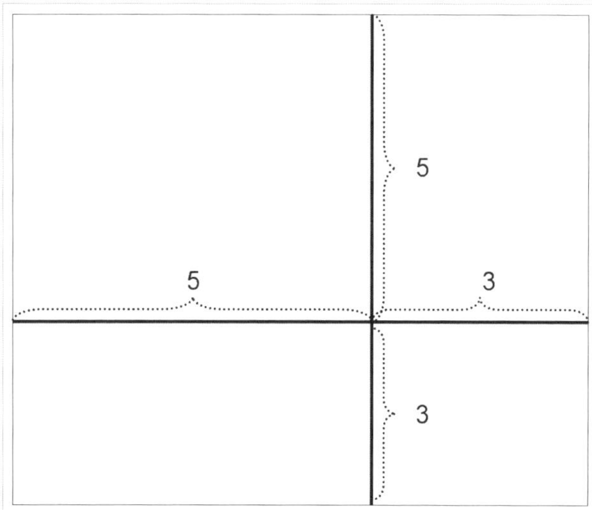

Abb. 23.30: Der Goldene Schnitt

In diesem Zusammenhang sollte auch Leonardo Fibonacci nicht unerwähnt bleiben. Er entwickelte die *Fibonacci*-Zahlen, um das Wachstum von Kaninchenpopulationen zu beschreiben. Keine Sorge, wir wollen keinen Exkurs in die Tiefen der Mathematik machen. Daher erspare ich Ihnen und vor allem auch mir eine weitere Erläuterung mittels Formeln. Ebenso den Umstand, dass sich der Quotient zweier aufeinanderfolgender Fibonacci-Zahlen dem Goldenen Schnitt annähert. Das würde sicherlich Ihre Geduld, den Rahmen des Buches und mein Wissen bei Weitem sprengen. Praktisch gesehen ist entscheidend, dass die Zahlen einer Fibonacci-Reihe, besser die Abstände zwischen den einzelnen Zahlen, in der geometrischen Darstellung ebenfalls optisch für den menschlichen Betrachter ein besonders harmonisches Schnittbild erzeugen.

Eine solche Zahlenreihe ist zum Beispiel

```
1, 2, 3, 5, 8, 13, 21, 34, 55, 89, 144, 233, 377, 610, 987, 1597, 2584, 4181 ...
```

wobei ich den Start mit 0 und zweimal 1 hier pragmatisch weggelassen habe. Dieser Hinweis nur, um mich vor Mails von Mathematikern zu bewahren, denen ich in diesem Metier sicher nicht das Wasser reichen kann. Man kann die Zahlen nun als Millimeter- oder Zentimeterschritte, aber auch als Pixelabstand verwenden. Folgen solche Abstände bei der Informationsstrukturierung einer Webseite solchen Fibonacci-Reihen, wirken sie einfach etwas schöner und gefälliger als zufällig oder aus der Not gewählte Unterteilungen.

Bei Siemens hat man sich beispielsweise solche mathematischen Besonderheiten zu eigen gemacht und die optische Struktur konsequent daran ausgerichtet. Daher wirkt die gesamte optische Struktur der Site »irgendwie« harmonisch auf den Betrachter (siehe Abbildung 23.31).

Abb. 23.31: Die Startseite von `Siemens.de`

Wenn ich in der Schule geahnt hätte, dass man einige dieser damals noch sehr abstrakt wirkenden Rechnungen später tatsächlich noch einmal brauchen kann, hätte ich sicherlich besser aufgepasst. Sie nicht auch?

Aber auch wenn Sie nicht mit dem Rechenschieber und dem Lineal an der Optik Ihrer Webseiten rumbasteln mögen: Beherzigen Sie wenigstens meinen Rat, die Seiten nicht zu voll zu packen und der Optik ein klein wenig Luft und Raum zu gönnen. Einer meiner Leser der letzten Auflage hatte diesen Rat umgesetzt und sein Design umgestellt. Nur das Design. Voller Freude hat er mir berichtet, dass sich die Zahl der nach dem Redesign durchschnittlich aufgerufenen Seiten signifikant erhöht hat. Für ein Stadtmagazin, wie er es betreibt, ist die Anzahl der Seitenimpressions oft bares Geld wert, da viele Banner ja nach Sichtkontakten, also Einblendungen abgerechnet werden. Die beiden Versionen sehen Sie in Abbildung 23.32 (die alte Version) und in Abbildung 23.33 (die überarbeitete Version).

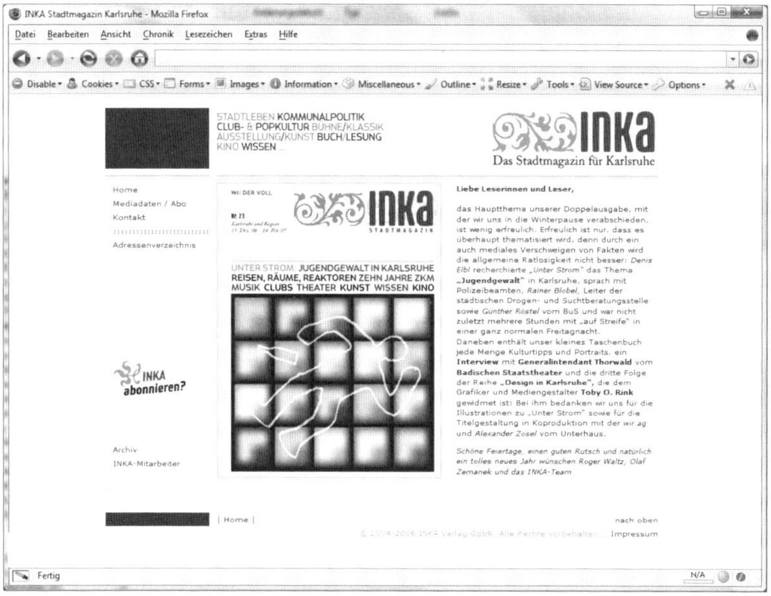

Abb. 23.32: INKA vor dem Redesign ...

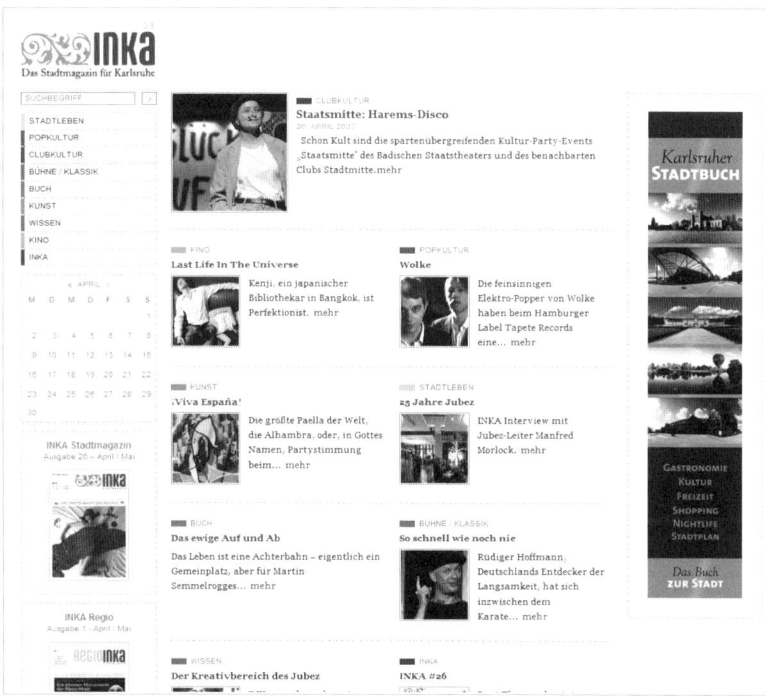

Abb. 23.33: ... und nach dem Redesign

Man sieht an diesen beiden Beispielen meiner Meinung nach recht deutlich, was das Auflockern der Seiten ausmacht. Die neue Version wirkt viel frischer und einladender.

Kapitel 24

Der Erfolgsmotor: Die Konversionsrate

24.1 Welche Konversionsraten es gibt und warum sie wichtig sind

Eigentlich muss man genau genommen zwischen zwei Arten von Konversionsraten unterscheiden.

- Die Konversionsrate im engeren Sinne (i. e. S.)

  Hier ist das klassische Verhältnis von Besuchern zu Käufern gemeint. Die Frage lautet also, wie viele Besucher habe ich in meinem Shop und wie viel Prozent davon kaufen am Ende tatsächlich etwas. Die Konversionsraten schwanken natürlich von Branche zu Branche und selbstverständlich sind sie auch extrem von der Usability – aha – abhängig. Ein guter Durchschnitt liegt wohl so um die drei bis fünf Prozent, also werden nur drei bis fünf Besucher am Ende ihres Shopausfluges zu echten, zahlenden Kunden.

  Wichtig ist diese Konversionsrate i. e. S. zur Berechnung, was ein Kunde »kostet«. Gebe ich zum Beispiel 1.000 € für eine Werbemaßnahme aus und daraufhin kommen 5.000 Besucher in meinen Shop, dann lässt sich bei einer Konversionsrate von zwei Prozent errechnen, dass ein Verkauf 10 € Werbebudget gekostet hat (zwei Prozent von 5.000 bedeutet 100 Verkäufe. 1.000 € / 100 Verkäufe sind 10 € pro Verkauf).

  Lässt sich die Konversionsrate nun durch Verbesserung der Usability zum Beispiel auf vier Prozent steigern, dann freut man sich nicht nur über mehr Umsatz. Nein, auch die Kosten pro Verkauf haben sich dadurch auf 5 € halbiert (5.000 Besucher, davon vier Prozent Verkäufe, das sind 200 Verkäufe für 1.000 € Werbebudget, also 5 € pro Verkauf). Sie sehen, welcher Hebel in der Steigerung dieser Kennzahl liegt. Und wer würde ernsthaft bezweifeln wollen, dass bei besserer Benutzerführung durch einen Einkaufs- und Bestellprozess die Abbruchquote sinkt bzw. die Konversionsrate steigt? Vorausgesetzt natürlich, Produkte und Preise stimmen.

  Besonders gute Shops kommen sogar auf zweistellige Konversionsraten. So konnte Volvo Construction Equipment durch Usability-Tests die größten Kundenprobleme auf der Website ermitteln, beheben und die Neukundengewinnung um 700 Prozent erhöhen. Dirt Devil konnte seine sowieso bereits recht gute Konversionsrate (12 bis 15 Prozent) auf 20 bis 25 Prozent erhöhen. Auch dort erkannte man schnell, dass kleine Änderungen, wie etwa deutlichere Preisschilder, oft große Wirkungen haben können.

- Die Konversionsrate im weiteren Sinne (i. w. S.)

  Selbstverständlich muss man nicht zwangsweise einen Shop für zahlende Kunden betreiben, um diese Kennzahl zu nutzen. Prinzipiell lässt sich jedes gewünschte Besucherverhalten prozentual über eine Konversionsrate – dann eben im weiteren Sinne – messen. Habe ich zum Beispiel eine NEU!-Meldung auf der Startseite, dass es jetzt bei mir einen eigenen Newsletter gibt, kann man die Quote der Klickenden zwischen eben dieser Startseite und der Anmeldeseite des Newsletters als Konversionsrate messen. Klicken von 100 Besuchern 25 auf die Anmeldeseite, beträgt die Konversionsrate also 25 Prozent.

  Es lohnt sich, für alle wichtigen Besucheraktionen die Konversionsraten aufzuzeichnen. Bei Veränderungen am Design, den Navigationsbegriffen oder dem Text ganz allgemein kann man dann meist ebenfalls Veränderungen der Konversionsraten messen. Gehen diese in die positive Richtung, dürfen Sie sich vordergründig freuen – hintergründig und meist unbemerkt passiert etwas ganz Wichtiges: Sie fangen dann nämlich an, zu lernen. Sie lernen, wie Ihre Besucher denken, was sie zum Klicken reizt und wie Sie das für Ihre Ziele nutzbar machen können.

Tipp

Natürlich müssen Sie bei Ihren Beobachtungen und Messungen auch auf die Tageszeit achten. Das Marktforschungsunternehmen Atlas Solution hat in einer umfassenden Studie festgestellt, dass vor allem während der Mittagszeit, nach dem Abendessen oder kurz vor dem Schlafengehen online geshoppt wird. In der Mittagszeit liegt die Konversionsrate teilweise über 35 Prozent über dem restlichen Tag. Frühmorgens kommt zwar vergleichsweise viel Traffic. Dieser ist aber in aller Regel mit wenig Kauflust belegt. Achten Sie also auch auf solche Schwankungen auf Ihren Seiten, um aus Ihren Optimierungen auch wirklich die richtigen Schlüsse ziehen zu können!

24.2 Suchmaschinenmarketing kann die Konversionsraten verschlechtern

Nein, keine Sorge, beim Texten dieser Überschrift habe ich nicht zu viel Kaffee erwischt. Aber ich kann nachvollziehen, dass Sie sich wahrscheinlich wundern. Erst zeigt er, wie man in Suchmaschinen besser gefunden wird, dann, wie man die Usability verbessert – und nun wird alles wieder schlechter?

Solange Ihr Shop oder Ihre Webseiten zum überwiegenden Teil nur gezielt von Interessenten aufgerufen wurden, die Ihren Unternehmensnamen oder Markennamen kannten, hatten Sie wahrscheinlich eine vielleicht recht zufrieden stellende Konversionsrate. Jetzt haben Sie aber angefangen, über Suchmaschinenmarketing zu zündeln. Und wenn Sie das meiste richtig gemacht haben, wird nun Ihr Traffic ansteigen. Je zielgerichteter Sie Ihre Keywords ausgesucht und optimiert haben, desto zielgerichteter ist dieser Suchtraffic natürlich. Dabei spielt es nur eine untergeordnete Rolle, ob Sie Besucher über bezahlte Kampagnen abholen oder im organischen Bereich einer Suchmaschine erscheinen. Kampagnen können zwar deutlich zielgerichteter gesteuert werden, aber Kollateralschäden durch falsche Besucher werden Sie trotzdem zu verzeichnen haben. Steigt nun damit Ihre Besucherzahl, erhöht sich in aller Regel auch der Anteil an Besuchern, die

- eigentlich gar nicht dorthin wollten
- sich einfach nur mal so umsehen möchten
- die nach Preisen für Vergleiche suchen und
- die nach genauen Produktbeschreibungen suchen

Dies wird Ihre Konversionsrate wahrscheinlich verschlechtern, da es sich ja nur um eine Durchschnittsbetrachtung handelt. Selbstverständlich sollten Ihre absoluten Verkaufszahlen oder allgemein »Konvertierungsereignisse« in jedem Fall steigen. So kann eine Newsletter-Abonnementrate (als Konversionsrate im Verhältnis Besucher zu Abonnierer) von vormals fünf Prozent bei 200 Konversionen (in diesem Fall also Neu-Abos) pro Monat gerne auf zwei Prozent abrutschen, wenn dafür durch erheblich mehr Traffic 600 neue Abonnenten generiert wurden:

Besucher/Monat	Konversionen	Konversionsrate	Abonnentenzugewinn
4.000	200	5 Prozent	200
30.000	600	2 Prozent	600

Tabelle 24.1: Die Konversionsrate bei schwankenden Besucherzahlen

Diese Effekte müssen Sie natürlich von solchen trennen, die möglicherweise durch Usability-Verbesserungen entstanden sind. Machen Sie beides gleichzeitig, also aktiv Online-Marketing betreiben und gleichzeitig an den Schrauben der Nutzerfreundlichkeit drehen, sollten Sie auf diesen feinen Zusammenhang besonders achten. Immer wieder kommt es vor, dass ich bei betreuten Projekten nach einigen Meetings und Workshops mit einem leicht säuerlich wirkenden Gesichtsausdruck empfangen werde. »Die Konversionsraten sind trotz aller Anstrengungen gesunken«, höre ich dann so oder so ähnlich gleich nach der Begrüßung. Wenn wir dann alle Zahlen vorliegen haben, stellt sich das in der Regel als Fehlalarm heraus. Das einseitige Schielen auf einzelne Kennzahlen kommt halt immer wieder mal vor und daher erwähne ich es hier lieber sicherheitshalber nochmals gesondert.

24.3 Sie werden nie ganz genau wissen, warum sie kommen

Oben haben Sie also gesehen, dass der Traffic zu unseren und durch unsere Webseiten ein dynamisches Gebilde ist, das sich je nach den Umständen in positiver oder negativer Laune oft drastisch verändern kann. Verfallen Sie daher ja nicht dem Irrglauben, jede Änderung der Besucherzahlen jeweils im Detail ergründen zu können. Da reicht eine großformatige Anzeige eines Mitbewerbers oder eines völlig Branchenfremden mit einer bestimmten Werbung in den großen Publikumszeitschriften schon mal aus, um Ihnen zufällig ein paar hundert oder tausend Besucher auf die Seiten zu pusten. Ein einziges semantisch unterschiedlich deutbares Suchwort kann schon zu solchen Fehleffekten führen: der weiter vorne schon erwähnte Jaguar, in den man sich gemütlich zum sportlichen Fahren setzen kann, der aber im Zoo beißt, wenn man die Hand in den Käfig steckt. Die Bank, auf die man sich im Park setzen kann, die aber auch gerne das Ersparte entgegennimmt. Reifen, was als Prozess zum Beispiel beim Obst wichtig ist, aber auch schon mal für den Winter in einer M+S-Variante auf Stahlfelgen gezogen wird. So lassen sich viele Beispiele finden, die Ihre Seiten plötzlich in den Suchergebnissen durch (unbeabsichtigte) Begriffskombinationen weiter vorne anzeigen, als Ihnen ausgerechnet hier lieb wäre. Die Folge sind Fehlbesuche, die Ihnen zwar Traffic bringen, aber die Konversionsbilanz und auch die Anzahl der absoluten Konversionen verhageln. Und das, ohne dass Sie irgendetwas an Ihrem Webauftritt angefasst hätten ...

Man kann also eigentlich nie so richtig sicher sein, »welcher« Besucherstrom momentan über den eigenen Webauftritt wandert. Genauer gesagt: mit welcher Absicht die Besucher kommen. Dadurch, dass Sie hoffentlich eine gute Auffindbarkeit in Suchmaschinen haben, können eben auch Nebeneffekte auftreten, die mit äußeren Umständen zu tun haben. Das reale Leben und insbesondere natürlich die Themen auf der Agenda der Massenmedien wirken mittlerweile sehr stark ins Web hinein.

Ein gutes Beispiel für die Einwirkung von äußeren Ereignissen auf die Suchabfragen findet man bei `google.com` unter ZEITGEIST. Auf einer der Unterseiten wird der Einfluss großer Ereignisse wie Wirbelstürme oder die letzte Papstwahl auf das Suchverhalten in Google dargestellt. Interessant ist beispielsweise der Einfluss der US-Präsidentenkampagnen 2004 vor der Wahl auf Suchabfragen wie `WMD`, also die englische Abkürzung für Massenvernichtungswaffen (siehe Abbildung 24.1).

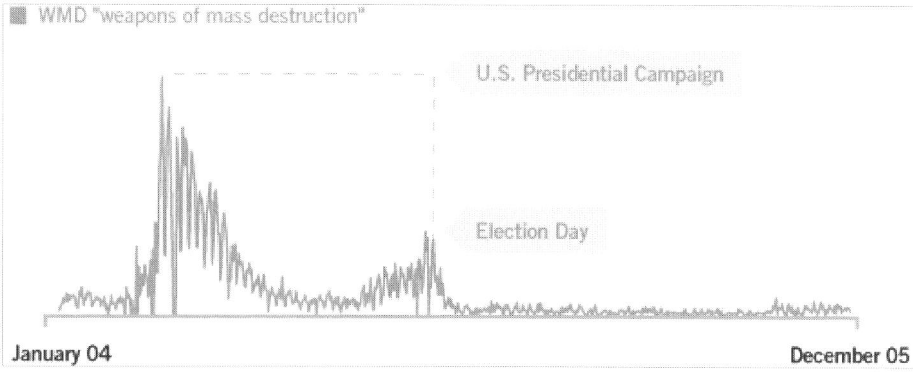

Abb. 24.1: Der Einfluss der Präsidentenkampagne auf das Suchwort `WMD`
Quelle: `http://www.google.com/intl/en/press/zeitgeist2005/worldaffairs.html`

Google registrierte beim Start der Präsidentenkampagnen einen gravierenden Anstieg der Suchanfragen nach diesem Wort. Dann zur Wahl nochmals einen kleineren Anstieg und danach ein schnelles Abebben auf den normalen, vorherigen Wert. Unter der Webadresse `http://www.google.com/intl/en/press/zeitgeist2005/worldaffairs.html` finden Sie übrigens noch einige andere Beispiele dieser Art.

Ich will Ihnen aber noch ein weiteres persönliches Beispiel für die Wirkung externer Ereignisse aufzeigen. Daran lässt sich nämlich sehr schön visualisieren, dass es nicht immer Ereignisse von weltweiter Bedeutung sein müssen, die Ihre Trafficdaten verwässern können: An einem schönen Montagmorgen sehe ich wie immer live in meine Besucherdaten und erschrecke fast zu Tode. »Sex Puppe Konfigurator« steht da mitten in der Suchmaschinenanalyse und gerade eben ist jemand durch diese Suchkombination auf meine Seiten gekommen. Oops. Ein weiterer Blick und zwei Klicks und ich erkenne, dass seit dem Abend zuvor schon über 600 diesbezügliche Suchanfragen auf meine Website kamen. In Abbildung 24.2 beispielhaft eine davon.

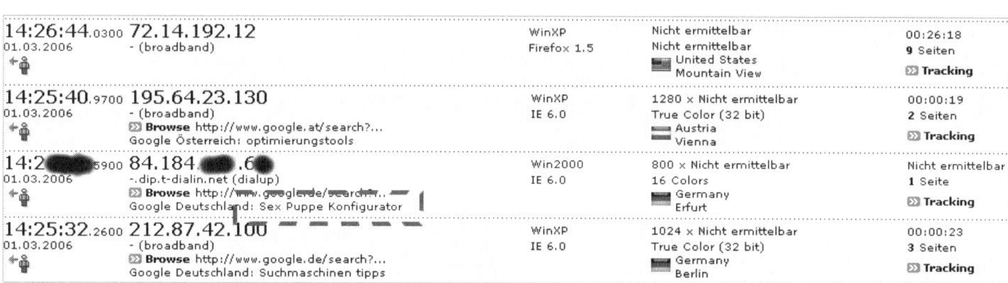

Abb. 24.2: Ein Ausschnitt aus der Live-Besucher-Beobachtung

Tatsächlich brachte eine Suchabfrage bei Google das Ergebnis, das Sie in Abbildung 24.3 sehen können, aus dem Weblog meiner Website zum Vorschein.

Abb. 24.3: Auf der Suche nach Sex-Puppen

Wie Sie schon am Textausschnitt entlastend für mich sehen können, hat es mich hier ungerechtfertigt getroffen. Eine Analyse der angezeigten Webseite offenbarte auch schnell, wie dieses Suchergebnis zustande kam. Auf der Archivseite meines Weblogs werden immer mehrere meiner Beiträge gesammelt – also recht viel Text. In verschiedenen Beiträgen standen folgende Textpassagen:

- »... Warum müssen Webseiten auch tönen? ... und warum gibt es noch keinen Ton mit ›Welcome to the first **Sex**-Site with sound ...‹? Wäre doch für Großraumbüros ein guter Sport (wie schnell bekomme ich den Mantel über die Lautsprecher ...)«
- »... Kein Problem: `www.metro.de` und schnell die Öffnungszeiten gecheckt. Denkste **Puppe** ...«
- »... Man erfährt also, dass Audi auch nicht besser wäre. Der neue A6 als Diesel mit Standard-Innenpolster im **Konfigurator** gewählt ...«

Aha. Was aber noch nicht erklärt, warum plötzlich so viel Suchtraffic nach dieser speziellen Wortkombination kam und warum ich es hier überhaupt als Beispiel verwende. Die Lösung habe ich auch erst einige Tage später durch Zufall erfahren. In einer Reportage im Privatfernsehen wurde über ein Unternehmen berichtet, das lebensgroße Puppen komplett aus Latex auf Kundenwunsch herstellt und man sich eben die optische Erscheinung in großem Umfang selbst flexibel konfigurieren kann. Wohl auch nicht ganz billig. Nachdem diese Sendung ausgestrahlt worden war, sind wohl einige Interessierte sofort ans Netz gegangen und haben gegoogelt. Nun wissen Sie auch, warum ich einige Daten des Suchenden in Abbildung 24.2 unkenntlich gemacht habe. Muss ja nicht jeder wissen.

Die Lektion aus den beiden unterschiedlichen Beispielen ist sicher, dass es immer wieder ungeplant vorkommen kann, dass Sie Besucher auf die Webseite bekommen, die eigentlich falsch bei Ihnen sind. Durch Medienberichte aller Art angestoßen kommt das ohne Vorankündigung und ist leider häufig auch nicht so einfach zu erkennen. Sie müssen daher immer Vorsicht walten lassen, wenn Sie Änderungen an Ihren Konversionsraten interpretieren.

Falls Sie vielleicht bisher einen suchmaschinenunfreundlichen oder gar suchmaschinenfeindlichen Auftritt hatten (zum Beispiel durch Frames), war das sicherlich nie ein Thema für Sie. Jetzt müssen Sie mit diesem Phänomen eines leicht auffindbaren Ladens in attraktiver Lage mitten in der virtuellen Fußgängerzone leben. Aber glauben Sie mir: Damit lebt es sich prima! Auch wenn man keine Puppen verkauft.

24.4 a/b-Tests helfen für die Feinjustierung der Konversionsraten

Gerade haben Sie oben gelesen, dass es gar nicht so einfach ist, schwankende Konversionsraten richtig zu interpretieren. Stellen Sie sich vor, Sie ändern gezielt einige Dinge an Ihren Webseiten und anschließend sinken die beobachteten Konversionen. Dies könnte aber durchaus auch auf anderen Effekten beruhen. Denken Sie nur an den Puppen-Konfigurator von eben. Möglicherweise haben Sie also Ihren tatsächlichen Kunden durch Usability-Verbesserungen etwas Gutes getan, sehen aber in der vermeintlichen Zuordnung von Ursache und Wirkung durch Querschläger ein negatives Ergebnis. Hmmm.

Um nun genauere Aussagen treffen zu können, welche Änderungen an Ihren Webseiten tatsächlich Auswirklungen auf die Konversionsrate haben, müssen Sie etwas tiefer in die Trickkiste greifen. Was in der herkömmlichen Werbung fast schon von Beginn an üblich ist, setzt sich auch immer mehr für das Web durch: so genannte a/b-Tests. Dabei werden einfach zwei Varianten gleichzeitig einem unterschiedlichen Zielpublikum gezeigt. Die besser abschneidende der beiden Varianten wird zukünftig verwendet und eventuell noch weiter verfeinert. Bei Webseiten gehen Sie prinzipiell genauso vor, als wenn man im Direktmarketing zwei Briefversionen an je die Hälfte der potenziellen Kunden verschickt: So weit es Ihnen technisch möglich ist, laden Sie die neue, verbesserte Version Ihrer Website oder Ihres Shops parallel auf Ihren Webserver und ersetzen eben nicht die vorherige damit. Über eine entsprechende Serverkonfiguration kann man den Besuchern dann entweder die eine (neue) oder die andere (bisherige) Version anzeigen. Dabei gibt es die Möglichkeit, bei jedem zweiten Besucher zu wechseln oder auch mit längeren Zeitintervallen hin und her zu schalten. Ein solcher Aufwand wird sich sicherlich nicht bei allen Websites lohnen. Weiterhin hängt es auch davon ab, wie gut Sie oder Ihr Webmaster sich in der Konfiguration Ihres Webservers auskennen. Hüten Sie sich aber bitte davor, ohne tiefer gehendes Wissen selbst herumzuexperimentieren! Zu beachten ist dabei in jedem Fall, dass ...

- ... die Webadressen (URL) durch echtes Switching immer gleich bleiben. Ein einfacher Verzeichniswechsel hätte die unangenehme Folge, dass auch die Robots der Suchmaschinen plötzlich »neue« Webseiten finden, die alten scheinbar gelöscht wurden und Ihr Ranking durcheinanderkommen könnte.

- ... Sie nicht zu viel auf einmal verändern. Wiederkehrende Besucher könnten verwirrt werden, wenn sie sich plötzlich mit unterschiedlichen Webseiten konfrontiert sehen. Sie sollten auf diese Art also nur Feinjustierungen vornehmen, keine komplett neuen Seitendesigns.
- ... dic unterschiedlichen Varianten nachher auch sauber einzeln in der Konversion gemessen werden können. Dies kann man über entsprechende Codezeilen in den Seiten oder auch Cookies realisieren. Beides erfordert allerdings tieferes Know-how. Besprechen Sie dies am besten mit Ihrem Webmaster, Ihrem Provider oder Ihrer Agentur.

Damit das etwas anschaulicher wird, sehen Sie sich zunächst in Abbildung 24.4 eine Liste aus dem Gebrauchtwagenbestand eines großen deutschen Automobilherstellers an.

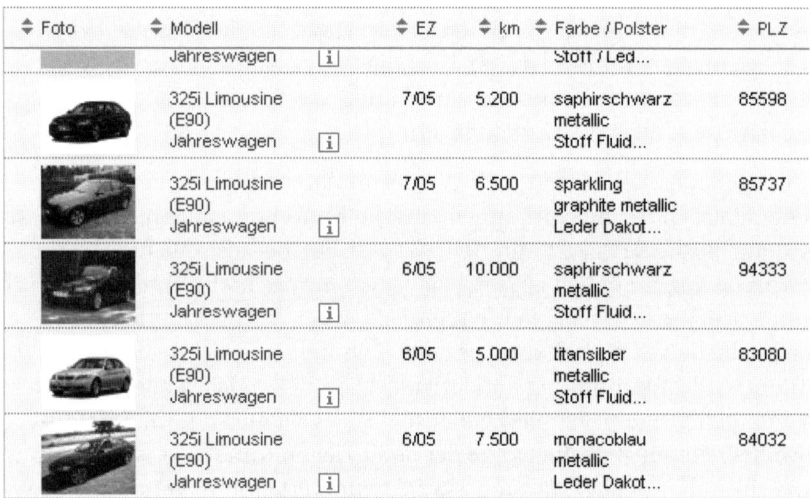

Foto	Modell	EZ	km	Farbe / Polster	PLZ
	Jahreswagen [i]			Stoff / Led...	
	325i Limousine (E90) Jahreswagen [i]	7/05	5.200	saphirschwarz metallic Stoff Fluid...	85598
	325i Limousine (E90) Jahreswagen [i]	7/05	6.500	sparkling graphite metallic Leder Dakot...	85737
	325i Limousine (E90) Jahreswagen [i]	6/05	10.000	saphirschwarz metallic Stoff Fluid...	94333
	325i Limousine (E90) Jahreswagen [i]	6/05	5.000	titansilber metallic Stoff Fluid...	83080
	325i Limousine (E90) Jahreswagen [i]	6/05	7.500	monacoblau metallic Leder Dakot...	84032

Abb. 24.4: Die Originaldarstellung einer Ergebnisliste

Wenn man sich diese Auflistung so ansieht, wird man sich fragen, wo man die Details zu den Fahrzeugen aufrufen kann. Sicher würden die meisten von Ihnen wie ich auch darauf hereinfallen, auf das Icon mit dem »i« zu klicken, das augenscheinlich für Information steht. Reingefallen. Hier geht ein neues Browserfenster auf und es erscheint der JAWA ANGEBOTSSERVICE des Herstellers. Eine Information zu dem gelisteten Fahrzeug erhalten Sie hier also nicht. Wenn Sie ein wenig mit der Maus rumprobieren, entdecken Sie, dass man auf die kleinen Bilder und den (im Original grauen) Text 325I LIMOUSINE klicken kann. Dann öffnet sich tatsächlich eine Detailseite. So weit, so gut.

Nun möge vielleicht jemand auf die Idee kommen, dass diese versteckten und nicht ausgewiesenen Links möglicherweise nicht von jedermann entdeckt werden und diese Liste als wirklich *bloße* Auflistung verstanden wird. Um Klarheit zu bekommen, könnte man also eine zweite Version erstellen (siehe Abbildung 24.5), die mit eindeutigeren Links versehen wird.

Abb. 24.5: Die geänderte Darstellung der Ergebnisliste

Sie verzeihen mir hoffentlich, dass in diesem Fake-Beispiel optisch nicht alles so sauber aussieht, wie man das für den Live-Betrieb im Web natürlich machen würde. Die Bilder wurden hier also mit einem blauen Rand versehen und die Wagenbezeichnung blau unterstrichen. Damit sehen Sie sogar hier in der Papierversion recht eindeutig: Hier kann ich klicken. Und Sie vermuten aller Voraussicht nach auch hinter dem Link eine Detailinformation für das Fahrzeug. In diesen Details findet man dann auch das entsprechende Autohaus und eine Kontaktmöglichkeit. Dieses »Durchklicken« auf den Kontakt kann man dann zum Beispiel als Konversion festlegen. Damit ließe sich für beide Versionen die Konversionsrate durch a/b-Testing messen. Würde man feststellen, dass die zweite Variante um das Doppelte besser konvertiert als Variante eins, wären nur noch die Hüter des CI, der Corporate Identity, zu überzeugen. Optisch schöner und CI-konformer ist sicherlich Variante eins. Bringt die neue Variante tatsächlich mehr Umsatz und man verzichtet trotzdem, weiß man wenigstens, was das »Verstecken« der Links tatsächlich kostet. Die Betriebswirte sprechen hier von Opportunitätskosten und ich befürchte, dass sie gerade bei durchgängig grauer Linkdarstellung doch in einem nennenswerten Bereich liegen können. Sie erinnern sich sicher noch an das Kapitel mit den Ostereierlinks. Aber das gehört hier nun wirklich nicht mehr her. Obwohl, ein Beispiel (Abbildung 24.6) geht immer.

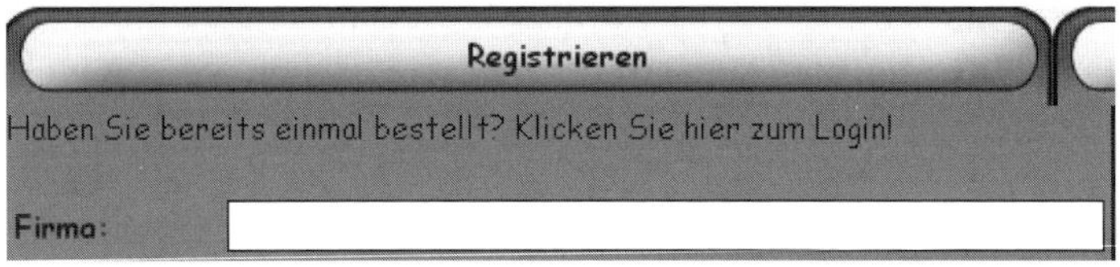

Abb. 24.6: Klicken Sie ... wo?

Wieder ein recht sensibler und ausstiegsträchtiger Bereich: die Registrierung, wenn man etwas in einem Shop kaufen möchte, wie in Abbildung 24.6 gezeigt. Raten Sie mal, wie oft ein potenzieller Kunde auf das als Schaltfläche dargestellte REGISTRIEREN klickt, bis er herausfindet, dass er auf das völlig gleich wie der Rest formatierte Wort HIER klicken muss?

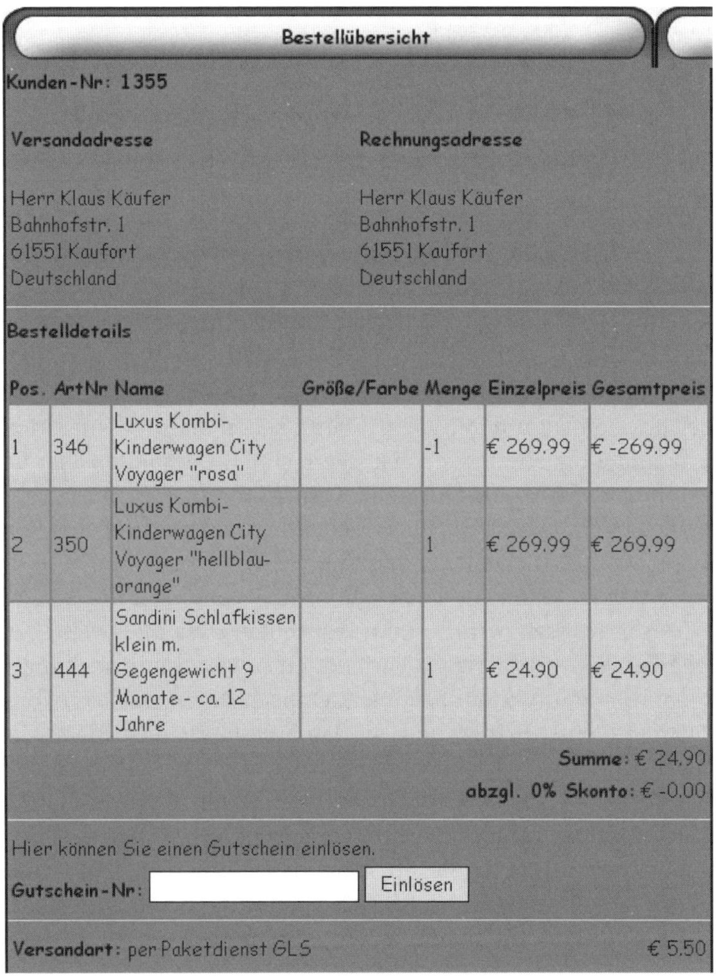

Abb. 24.7: Wo bekomme ich nur einen Gutschein und Skonto?

Einen a/b-Test wäre es auch wert, das Feld SKONTO einfach einmal wegzulassen. Nach meiner Erfahrung ärgern sich Kunden, wenn sie sehen, dass man das Produkt auf irgendeinem Weg billiger haben kann. Ohne GUTSCHEINNUMMER, PROMOTIONCODE oder SKONTOABZUG kommt man sich oft wie ein Depp vor, der nur nicht clever genug ist, wie andere offenbar hier (Abbildung 24.7) weniger zu bezahlen.

Wenn ich als normaler Kunde auch nicht verstehe, was SKONTO überhaupt ist. Ich sehe wohl, dass es mit einem Minuszeichen den zu zahlenden Betrag vermindern kann. Wie komme ich in diesen Genuss? Aber wenn Sie sich die Zahlen in Abbildung 24.7 genauer ansehen, werden Sie feststellen, dass ich auch ohne Skonto hier offenbar ein Schnäppchen machen kann. Einen der Kinderwagen habe ich mit der Menge -1 eingegeben und daraufhin eine kleine Gutschrift bekommen. Solange der Rechnungsbetrag aber null war, konnte man den Einkauf nicht abschließen. Da hat der Programmierer mal ordentlich mitgedacht. Also hab ich noch eine Kleinigkeit für 24,90 bestellt. Spaß beiseite. Das geht zwar in vielen schlampig programmierten Webshops, aber nach meinem Wissen ist es illegal. Daher habe ich dann am Ende doch nichts dort bestellt und daher nenne ich Ihnen auch keine Webadresse. Nicht, dass Sie mir noch auf dumme Gedanken kommen.

Vielleicht könnte man auch mal die Auswirkungen auf die Konversionsrate mit den folgenden zwei Varianten testen: einmal die Versandkosten von Anfang an benennen und in der anderen Alternative wie hier bis zum Schluss geheim halten (siehe Abbildung 24.8).

Abb. 24.8: Wie hoch sind die Liefer- und Versandkosten?

Damit wir uns richtig verstehen: Ob die Nennung dieser zusätzlichen Kosten die Konversionsrate erhöht oder vermindert, vermag ich an dieser Stelle wirklich nicht zu prognostizieren. Das hängt von den Besuchern ab und deren Präferenzen. Zu hohe Versandkosten könnten potenzielle Käufer von Beginn an abschrecken. Je länger sie sich im Shop aufhalten und sich schließlich am Ende für einen oder mehrere Artikel entscheiden – desto unsensibler werden sie womöglich gegenüber den Versandkosten? Denkbar wäre das und ich würde dazu raten, das auszutesten. Im vorliegenden Fall lagen die Versandkosten allerdings bei nur 5,50 € für einen kompletten Kinderwagen. Kommt mir nicht allzu teuer vor und ich würde das vielleicht sogar vorweg als positives Verkaufsargument verwenden.

Selbstverständlich müssen Sie beim a/b-Testing nicht gleich Ihre komplette Website optimieren und in zwei Versionen unter den Besuchern aufteilen. Man kann zum Beispiel auch nur das Bild des Warenkorbs oder den Button IN DEN WARENKORB LEGEN vergrößern. Oder seine Lage ändern. Oder seine Farbe etwas kräftiger machen. Sehen Sie sich Ihre Webseiten mal unter diesem Blickwinkel an und Sie werden feststellen, dass Ihnen plötzlich viele Ideen kommen und vielleicht Ihr Wissens- und Optimierungsdrang geweckt wurde.

Wie Sie solche a/b-Tests einfach mit technischer Unterstützung selber durchführen können, erfahren Sie dann übrigens gleich im vierten Teil.

Das zeitnahe oder gar synchrone Testen verschiedener Versionen einer Webseite eliminiert weitgehend externe und damit schwankende Einflüsse durch aktuelle Stimmungen und unterschiedliche Absichten Ihrer Besucher. Es ist natürlich aufwändiger und verlangt sehr viel Know-how über die Steuerung eines Webservers. Bei stark frequentierten Webseiten, wo es durch kleine Änderungen schon zu beachtlichen Umsatzänderungen kommen kann, sollten Sie meiner Ansicht nach zumindest ernsthaft über den Einsatz dieser Methode nachdenken.

Ich bin sicher, Prozentrechnen können Sie selber. Aber lassen Sie mich am Ende einfach doch noch mal vorrechnen, weil es meiner Erfahrung nach immer wieder beeindruckt:

50.000 Besucher im Monat bedeuten bei einer durchschnittlichen Konversionsrate von 2,5 Prozent etwa 15.000 Kunden, genauer Verkäufe pro Jahr. Bei einem angenommenen durchschnittlichen Gewinn von 22 € pro Verkauf bleiben also am Ende 330.000 € Gewinn. Schaffen Sie es nun, Ihre Konversionsrate durch verbesserte Usability um einen Prozentpunkt auf 3,5 Prozent zu steigern, steigt Ihr Gewinn um satte 132.000 €. Das ist eine Gewinnsteigerung um 40 Prozent! Hand aufs Herz – hätten Sie eine solche Dramatik in einem einzigen Prozentpunkt vermutet? Und bevor Sie jetzt den Taschenrechner zur Hand nehmen und weiter vorausrechnen: Sie haben recht, wenn Sie 2,5 Prozentpunkte mehr schaffen, würden Sie tatsächlich Ihren Gewinn verdoppeln.

Denken Sie daran. Jeder Fehler, den Sie von Ihren Webseiten und aus den Abläufen entfernen können, steigert Ihre Konversionsrate. In der Regel dauerhaft. Fehler finden Sie nur mit einem extrem aufmerksamen Blick den eigenen Seiten gegenüber. Oder eben durch ehrliche Tests, wie sie im nächsten Kapitel gezeigt werden. Ein einziger Test eines einzigen Shops, der an Saferpay angeschlossen ist, hätte viel Geld gespart. Wie Sie in Abbildung 24.9 erkennen können, fehlt der Absendebutton nach der Eingabe der Kreditkartendaten. Ein alter, längst bekannter und lästiger Fehler, der immer wieder im Firefox durch schlampige Programmierung auftaucht. In der Größe fest fixierte Pop-up-Fenster (warum macht man sie eigentlich fest?) werden bei verschiedenen Browsereinstellungen und Bildschirmauflösungen unterschiedlich dargestellt. Hier im Beispiel hat es den Senden-Button erwischt – daher kann hier bei Firefox-Benutzern kein Geld fließen. Sie schütteln den Kopf, weil das noch keiner bemerkt hat? Wenn Sie wüssten, wie viele solche oft gravierenden und direkt monetär spürbaren Fehler wir fast jeden Tag noch immer auf großen und kleinen Websites finden ... Würde ich jedes Mal den Kopf schütteln, wäre ich längst Großabnehmer für Kopfschmerztabletten. Aber Sie haben schon recht. Verstehen, dass sich kein Mensch um solche Geldlöcher kümmert, kann ich auch nicht so richtig ...

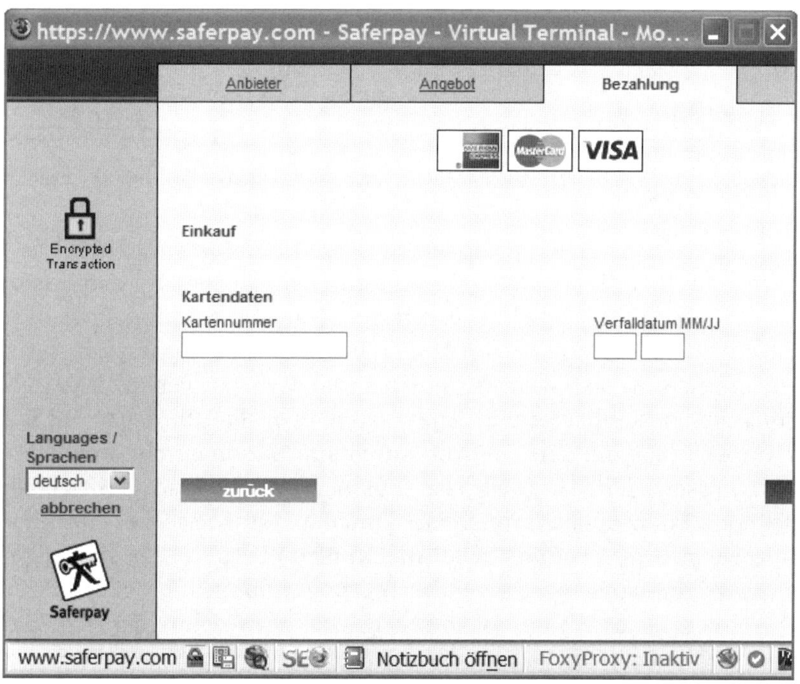

Abb. 24.9: Im Firefox nicht absendbar – Hier fließt kein Geld.

Am Ende dieses Kapitels möchte ich Ihnen noch ein kleines, echtes Beispiel geben, wie man mit kleinen Variationen große Wirkung erzeugen kann. Die amerikanische Werbeagentur Marketing Experiments ist der Frage nachgegangen, ob sich die Abo-Raten durch Änderungen am so genannten Call-to-Action (einem Button mit Aufforderungscharakter, etwas zu tun) verändern. Man verschickt dort einen Newsletter und hatte am Ende einen Button mit der Aufschrift CONTINUE HERE, also übersetzt in etwa: Machen Sie hier weiter. Man gelangte dort zu einem Fachartikel und es ging darum, dass die Leser am Ende ein kostenpflichtiges Premium-Abo abschließen. Man hat nun im Test einfach nur die Beschriftung mit zwei leicht veränderten Varianten ausprobiert. CLICK TO CONTINUE und CONTINUE TO ARTICLE waren diese beiden neuen Möglichkeiten, wie Sie in Abbildung 24.10 sehen können. Was glauben Sie – welche Variante, 1 oder 2, hatte die höhere Veränderung zur Folge?

Abb. 24.10: Welche Variante hat wohl mehr Einfluss auf die Konversionsrate?

Ich weiß schon, Sie tippen sicher nur deswegen auf *Nummer 2*, weil es Ihnen irgendwie logisch erscheint, dass ich von 1 zu 2 eine Steigerung dargestellt habe. Dann liegen Sie diesmal falsch: Die Version 2 hatte eine um 3,3 Prozent höhere Abo-Rate und die Version 1 eine um satte 10 Prozent. Die genauen Zahlen sind mir leider nicht bekannt. Aber wenn Sie einfach mal davon ausgehen, dass Sie vorher pro Monat 50.000 € abgerechnet haben, verdienen Sie nun 5.000 € im Monat mehr. Nur weil man ein einziges Wort auf einem Button durch zwei neue Worte CLICK TO... ersetzt hat. Und bei jeder Aussendung der Mail greift ab nun die erhöhte Konversionsrate! Faszinierend? Durchaus. Auch ich bin immer wieder erstaunt, wie sich selbst minimalste Änderungen oft spürbar positiv auswirken. Durch vorherige Analyse wird man diesen Erfolg wohl nicht prognostizieren können. Die Unterschiede sind meist so gering, dass man sich selber sagt: *Das kann doch keine nennenswerten Auswirkungen haben! Ob da jetzt* CONTINUE HERE *oder* CLICK TO CONTINUE *steht. Die Nutzer können doch nicht so sensibel reagieren!* Anscheinend tun sie es aber doch. Probieren Sie es aus. Sie werden erstaunt sein.

Kapitel 25

Die Usability mit eigenen Bordmitteln testen

25.1 Schärfen Sie zuerst Ihren kritischen Blick

Warum, so könnte man sich tatsächlich fragen, ist die Usability der meisten Webseiten so schlecht? Warum gerade bei Webseiten? Wo es da doch extrem kritisch ist, wenn etwas nicht funktioniert oder der Besucher etwas nicht versteht oder etwas ihn verärgert? Meine persönliche Antwort:

Nicht nur Webseiten sind von der Gebrauchstauglichkeit her schrecklich. Die meisten technischen Produkte sind es! Wir haben uns nur angewöhnt, uns selbst die Schuld zu geben, wenn wir etwas nicht verstehen. *»Ich bin zu dumm«, »das ist mir zu hoch«, »damit komm ich überhaupt nicht zurecht«* – so oder so ähnlich hören wir andere und hören wir uns selber sagen. Man kauft einen Festplattenrecorder und stellt fest, dass man das falsche Studium hatte, um zu verstehen, wie das Teil programmiert wird. Aber selbst wenn man sich intensiv damit beschäftigt, stellt man fest, dass das Gerät seinen eigentlichen Job nur suboptimal ausführt, weil die Programmierer offenbar nicht ausreichend getestet haben, was sie da auf den Kunden loslassen. Mein Festplattenrecorder zum Beispiel hat eine feine elektronische Zeitschrift integriert. Man muss nur mit dem Cursor auf eine Sendung fahren und auf OK klicken. Schon ist sie programmiert. Toll! Nur dumm, dass nicht alle Sendungen zu dem Zeitpunkt beendet sind, der in der elektronischen Programmzeitschrift stand. »Wetten dass ...« ist praktisch so nie aufnehmbar. Na ja, der Anfang ist drauf, aber nie das Ende, weil ja meist überzogen wird. Startet ein Krimi mal eine Minute später, fehlt genau diese Minute an Ende und ich liege nächtelang wach, wer wohl der Mörder war ... Man kann die Aufnahmezeiten natürlich in einem der zahlreichen Menüs von Hand abändern. Das ist lästig und ärgerlich zugleich – aber nicht zu ändern. Mittlerweile gibt es wohl Geräte, die das mittels VPS (bei normalen Videorecordern seit Jahren Standard) nun auch bei Festplattenrecordern besser machen, aber eben auch nicht bei allen Sendern. Dem Hersteller kann das alles egal sein, denn ich habe ja schon gekauft und bezahlt ...

Das scheint auch der Grund zu sein für unzumutbare Handymenüs, komplizierte Navigationssysteme oder einfache Quarzwecker mit nur zwei mehrfach belegten Tasten, deren Alarm sich ohne Bedienungsanleitung nicht mehr abstellen lässt – und jeden Tag quäkt, bis ihn der Hammer trifft: Wir haben dem Hersteller schon sein Geld gegeben. Und nun erst stellen wir fest, dass wir ihm sein Produkt am liebsten und mit Inbrunst zurück an den Kopf werfen würden. Klar, man hat ein Rückgaberecht. Falsch, man sollte ein Recht auf Schadensersatz für die verbummelte Zeit zugesprochen bekommen. Die Kosten (zum Beispiel Kundendienst, Hotline im Callcenter) für halb fertige und unausgereifte Produkte trägt in der Regel nicht die Entwicklung, sondern der Vertrieb. Rückkoppelungen finden viel zu selten statt. Vielleicht liegt auch darin neben zu hohem Zeitdruck ein gewichtiger Grund, dass das »Ausrichten am Kunden« bei vielen Unternehmen noch immer eine leere Marketing-Worthülse ist. Schlechte Usability wird bei Konsumentenprodukten nicht wirklich immer von Kunden bestraft. Anders kann ich mir zum Beispiel nicht erklären, dass eine bekannte Handymarke, die überall wegen ihrer guten Bedienbarkeit gelobt wird, nennenswert Marktanteile an eine andere Marke verloren hat, die wirklich nur im Design besser ist. Ein Handy, das aussieht, als könne es Geschwindigkeiten von über 200 km/h wegstecken, verkauft sich einfach besser ...

Das neue iPhone von Apple ist ja ein Ausbund an Benutzerfreundlichkeit. Meint man. Eine Redakteurin des Radiosenders Antenne Bayern sah das zumindest teilweise etwas anders. Sie meinte, dass Schminkpuder auf dem Gehäuse ganz hässliche Flecken hinterlassen würde. Ein Alltagstest einer Frau – an den wohl die meist männlichen Produktentwickler nicht unbedingt primär gedacht haben. Und ein weiteres Ärgernis hatte die Testerin gefunden: Einzelne SMS lassen sich wohl nicht löschen. Jedenfalls hatte sie dazu keine Möglichkeit gefunden. Oh-oh. Entweder fällt dem Ehepartner eines iPhone-Besitzers wohl zukünftig auf, dass immer alle SMS ratzeputz auf einmal gelöscht wurden – oder er/sie findet verräterische Nachrichten, die er/sie vielleicht lieber nicht sehen sollte? Produktentwickler sind scheinbar alle sehr treu, so dass ihnen eine solche Wirkung völlig abwegig erscheint. Löblich, aber sicher auf die Masse der Nutzer bezogen etwas praxisfremd. Eine einzelne SMS löschen zu können... Ob das Anforderungen sind, an die kein Mensch bei Apple hätte denken können? Zumindest *echte* Benutzertests in der Entwicklungsphase mit *echten* Anwendern beiderlei Geschlechts über einen ausreichenden Zeitraum decken solche Mängel in der Regel recht schnell auf. Scheinbar unterbleiben die wohl immer und immer wieder.

Ein weiteres Beispiel soll Ihnen noch zeigen, dass man sich beim Entwickeln von Funktionen offenbar immer noch schwertut, den späteren Anwender und seine Verhaltensweisen und Nutzungsgewohnheiten zu simulieren. Wir versetzen uns (tja, wir können das umgekehrt ...) spaßeshalber in einen Entwickler eines Automobilherstellers. Er soll einen Schaltmechanismus für eine Sitzheizung entwerfen. Man entscheidet sich aus Kostengründen für einen Tastschalter mit zwei Heizstufen, was prinzipiell ja in Ordnung ist. Unser Entwicklungsingenieur setzt sich also hin und entwirft die verschiedenen Schaltermodi:

- Ausgangszustand: Ausgeschaltet. Lichter aus.
- 1 x drücken: Heizstufe eins, ein Licht (nur linkes Licht) an.

- 2 x drücken: Heizstufe zwei, beide Lichter an.
- 3 x drücken: Sitzheizung wieder aus, beide Lichter aus.

Klingt auf dem Papier plausibel, oder? Ein Druck, Stufe eins, noch einmal: Stufe zwei, noch einmal: wieder aus. Dann bauen wir das Auto jetzt und wechseln virtuell die Fronten zum Käufer. Es ist Mitte Januar und das Thermometer zeigt zwölf Grad minus. Doch, das gibt's. Wir setzen uns in unser Fahrzeug und frieren natürlich erbärmlich. Wohin wandert unser Finger als Erstes? Richtig: zur Sitzheizung. Welche Stufe werden wir einstellen? Richtig: Volle Kanne, der Ingenieur würde sagen »Heizstufe zwei«. Wir drücken also zweimal auf den Knopf. Nach einigen Minuten wird es wohlig warm – schnell *zu* warm. Also zurück auf weniger, halbe Kanne (Stufe eins). Aha – jetzt merken Sie, worauf ich hinauswill. Um von Stufe zwei zurück auf eins zu kommen, muss ich erst ausschalten (quasi über Los gehen) und dann wieder einschalten. Also wieder zweimal drücken. Nach weiteren fünf Minuten möchten wir die Sitzheizung ausschalten. Von Stufe eins auf Aus geht natürlich wieder nur über Stufe zwei. Also wieder zweimal drücken.

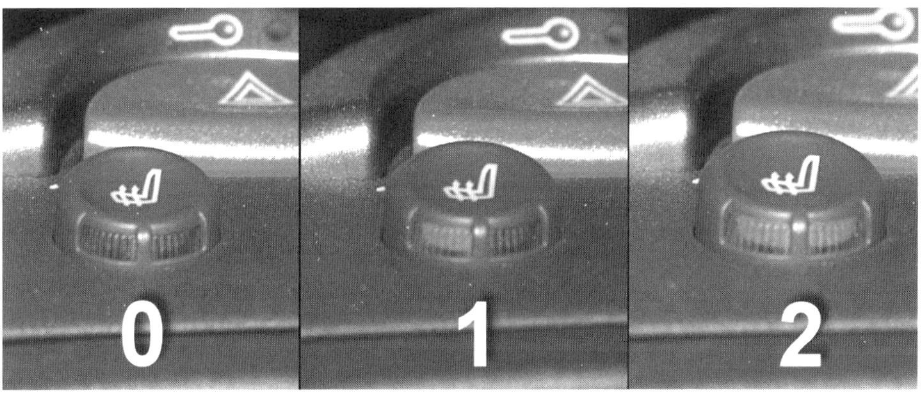

Abb. 25.1: Die Bedienungs(un)logik einer Fahrzeug-Sitzheizung

Worauf ich hinauswill: Wenn man sich bereits bei der Entwicklung über die spätere Anwendung Gedanken macht, ist folgende Überlegung sicher nicht von der Hand zu weisen: Normalerweise wird eine Sitzheizung zunächst voll aufgedreht, dann abgeschwächt und dann ausgeschaltet. Also wäre die optimale, nutzerorientierte Schaltweise aus Abbildung 25.1 erst die 0, dann die Stufe 2 und danach erst Stufe 1. Voll einschalten, runterregeln, dann aus. So weit die Benutzersicht. Die Ingenieurssicht ist verständlicherweise zunächst linear: Aus (0), halbe Kraft (1), volle Kraft (2). Keiner kann verlangen, dass Entwickler sich immer und jederzeit vorab in den Benutzer hineinversetzen können. Als Ausweg könnten sicher echte, ehrliche Benutzertests mit aufmerksamen und kritischen Benutzern gelten. Ich stelle mir das gerade bei Autos schwierig vor, denn Tester haben ja immer ein wenig den Nimbus, etwas ganz Besonderes zu sein. Vielleicht schwächt dies den

Willen, sich in einen normalen Alltagsfahrer hineinzuversetzen und solche Konzeptschwächen vor dem Serienstart erkennen zu können? Von der intuitiven Verständlichkeit wäre wahrscheinlich sowieso ein Drehschalter besser gewesen. Aber lassen wir das.

Mit diesem kleinen Ausflug in die Usability der »normalen« Produktwelt möchte ich den ersten Teil Ihres Blickes schärfen. Schlechte Bedienbarkeit, wenig Einbezug der tatsächlichen Verwendung durch den Käufer und zum Teil wohl auch eine gewisse Erkenntnisresistenz scheinen gar nicht so selten vorzukommen – wenn man genau hinsieht! Betrachten Sie doch mal einige Ihrer Alltagsgegenstände aus einem kritischen Blickwinkel. Stellen Sie dabei nicht auch ab und zu fest, dass selbst die fünfte Produktgeneration oder Version sieben noch immer nicht alle wesentlichen Bedürfnisse abdeckt – demgegenüber aber 38 neue Funktionen bekommen hat, die Sie weder verstehen noch sinnvoll nutzen können? Ihr neues Handy hat nun nicht nur ein Telefonbuch, sondern auch noch ein »Adressbuch«, piept aber nachts um zwei Uhr laut, wenn der Akku zu Ende geht (obwohl das Handy die Uhrzeit »kennt«!)? Ihre Textverarbeitung formatiert ständig während des Schreibens selbstständig Dinge, die Sie nie und nimmer haben wollten? Sie können Computermäuse in sechs Farben, mit drei bis neun Tasten, mit und ohne Kabel, mit und ohne Kugel kaufen – aber nicht in verschiedenen Größen? Als ob es eine ISO-Norm für Handgrößen geben würde, damit wir unsere Hände an die Maus anpassen können. Hallo Hersteller – schon mal eine Männerhand mit einer Frauenhand verglichen? Ach ja, stimmt, für Frauen hat man ja schon reagiert und bietet nun Mäuse in roter Farbe an ... Aber Computermäuse in den Größen S, L, XL und vielleicht sogar XXL erschienen mir weit plausibler, als der platte Marketingaufdruck »Ergonomisch geformt«.

Hätte man das neue Design einer bekannten Zahnpasta vorab in Badezimmern getestet, wäre sicher schnell aufgefallen, dass der hübsche Silber-Spiegel-Aufdruck der ungeduldigen Hand nicht lange standhält. Nach echter Benutzung sieht das Ergebnis durch die schnell abgeriebene Schrift leicht erbärmlich aus. Sogar ein wenig unhygienisch. Und das im Badezimmer!

Abb. 25.2: Die Beschriftung hätte einen Benutzertest wohl nicht überstanden.

Aber ich kann mir durchaus gut vorstellen, dass die Verpackung mit so wunderbar spiegelnder Beschriftung auf den sterilen Besprechungstischen der Marketingstrategen gut ausgesehen hat. Wie sicher auch die vielen Plakatentwürfe, über deren Auswahl man in Meetingräumen an Flip-Charts entscheidet – anstatt sie probehalber dort aufzuhängen, wo sie später hinsollen. Mitten zwischen Umkleidekabinen oder in Schaufenster, immer zusammen mit anderen Dingen, die natürlich ablenken. Dort könnte man ehrlicherweise erst sinnvoll entscheiden, welches die beste Alternative ist. Es gäbe noch so viele Beispiele. Und ich bin sicher, so angestachelt fallen Ihnen selber auch spontan einige Beispiele ein, bei denen Sie den Kopf schütteln, oder?

Kurzum, so richtig versetzt man sich in der Regel noch nicht in uns Bediener oder Betrachter hinein. Es gibt rühmliche Ausnahmen und man kann verfolgen, dass bei diesen »Ausnahmen« Umsatz und Gewinn stimmen. Aha.

Jetzt behalten Sie bitte diese leicht verärgerte Konsumentenhaltung bei. Schimpfen Sie über Hersteller, von denen anscheinend noch keiner die eigene Verpackung geöffnet hat, bei der jedes Mal ein Teil des Inhalts rausspritzt. Meckern Sie über alles, was Sie als Käufer und Nutzer massiv stört. Und *jetzt* gehen Sie zum nächsten Abschnitt und testen Sie Ihre eigenen Webseiten mit dieser Konsumentenhaltung. Lassen Sie sich von der eigenen Website nichts gefallen. Zero-Toleranz. Und los.

25.2 Was Sie selber vorab testen können

Auch wenn Sie es vielleicht nicht glauben, aber eine ganze Menge können Sie selber testen. Natürlich müssen Sie dazu ehrlich zu sich selber sein. Beschönigen und »das ist schon nicht so schlimm« hilft Ihnen wirklich wenig weiter. Wo meiner Erfahrung nach das harte Selbsttesten besonders schwerfällt, ist, wenn Sie selber die Änderungen am Ende ausbügeln müssen. Jeder Fehler, jede Ungereimtheit, die man findet, bedeutet Arbeit für einen selber. Da muss man schon hartgesotten sein, um sich selber so viel aufzuhalsen. Oder man hat es wirklich begriffen. Man tut es für den Besucher, damit er zum Kunden wird. Das bedeutet letztendlich Gewinn und Sicherung des Unternehmens und der Arbeitsplätze. Das muss man aber, wie beschrieben, wirklich erst mal begreifen.

Hier ist also Ihre Checkliste, an der Sie sich entlanghangeln können.

25.2.1 Klappt das Fehlermanagement?

Wie gut geht eigentlich Ihr Webserver mit Fehlern um? Bringt er eine Fehlermeldung, wenn man eine falsche Adresse in die Browserzeile eingegeben hat oder wenn eine Seite über eine Suchmaschine angeklickt wurde, die bei Ihnen nicht mehr existiert (was sowieso nie passieren dürfte, weil man Seiten nicht einfach löscht oder verschiebt!)? Rufen Sie also Ihre eigene Website auf und tippen Sie ein paar Buchstaben zusätzlich in den Dateinamen ein, damit es garantiert keine Seite gibt, die so heißt. Natürlich dürfen Sie Ihren Domainnamen selber nicht verändern, sondern nur Dinge hinter dem `.de`, `.com` oder jeder anderen Domain-Endung. Aber das wissen Sie sicher. Trotzdem noch mal ein Beispiel:

Statt `www.meine-domain.de/produkt.html` ändern Sie den Pfad in der Browserzeile nach dem Aufruf der Seite zum Beispiel um in `www.meine-domain.de/lalalala.html`. Erscheint nun eine Fehlermeldung, die so oder so ähnlich wie in Abbildung 25.3 aussieht, ist das für den Besucher hässlich, weil es ihm an dieser Stelle nicht weiterhilft.

Abb. 25.3: Der Serverfehler 404: Pech gehabt!

Sie sollten in diesem Fall eine spezielle Seite mit einer Fehlermeldung erstellen und diese statt der unpersönlichen Meldung Error 404 anzeigen. Diese Fehlerseite wird dann in der Konfiguration Ihres Webservers angegeben und fortan statt der Standardmeldung angezeigt. Im einfachsten Fall können Sie jeden dieser Fehler einfach auch auf Ihre Startseite umleiten. Besser als nichts, aber das ist sicher nur die zweitbeste Lösung, weil der Besucher möglicherweise dadurch irritiert wird. Besser, Sie lassen sich einen etwas originellen und vor allem sympathischen Text einfallen, der Ihren Fehler wieder ausbügelt. Ja, Sie haben richtig gelesen. Ein »Nicht-finden-Fehler« wird vom Besucher dem Betreiber der Website zugeschrieben! Also entschuldigen Sie sich wenigstens ein bisschen. Zwei schöne Beispiele sehen Sie in Abbildung 25.4.

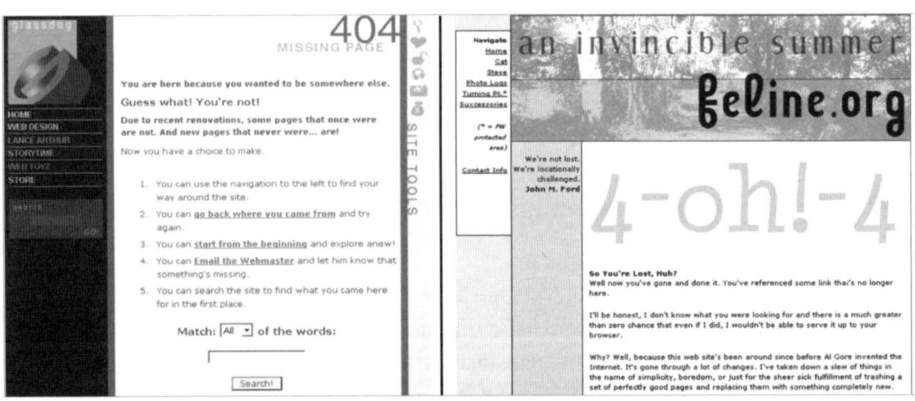

Abb. 25.4: Versöhnliche Fehlermeldungen: So You're Lost, huh?

Beachten Sie, dass jede der Fehlerseiten neben humorvollem Text eine komplette Navigation anbietet. In der Version links kann man sogar noch per Suchfeld direkt weitersuchen.

Hinweis

Nur eine präventive Warnung: Anscheinend waren die Fehlermeldungen in den Beispielen so hübsch, dass zu viel Traffic auf die Fehlerseite statt auf die richtigen Seiten kam. Zumindest die Seite im rechten Beispiel leitet mittlerweile statt auf die hier abgebildete Fehlermeldung auf eine andere Blinki-blinki-Bannerseite weiter. Ja ja, auch mit so was kann man Geld im Web verdienen. Sie erinnern sich doch noch an das Kapitel über virales Marketing? Man muss nur die richtigen Ideen haben.

Prüfen Sie aber in jedem Fall auch, ob Ihre Webseite Fehlbedienungen »auffängt«. Komplexe Shopsysteme und Webapplikationen entwickeln oft in der Kombination mit gut gemeinter Hilfe eine hässliche Neigung: Sie killen die investierte Arbeit des Besuchers. Wem ist es nicht schon passiert, während eines Kaufprozesses auf einen Hilfe- oder Erklärungslink geklickt zu haben und er ist nie mehr dahin zurückgekommen, wo er vorher war? »Seite nicht mehr gültig« hätte das Zeug, der Un-Satz des Jahres zu werden. Gehen Sie einfach mal in eine der Fahrzeug-Konfiguratoren der Automobilhersteller und machen Sie einen unbedachten Klick. Das ist nicht bei allen Herstellern so, aber ein Problem stellt es anscheinend noch immer dar. Vielleicht ist es aber auch nur eine absolut geniale Methode, den Kunden zurück in die Arme des stationären Handels zu treiben, ohne sich Untätigkeit im Web vorwerfen lassen zu müssen? Ein bisschen schmunzeln muss ich an dieser Stelle, ehrlich gesagt, schon.

25.2.2 Sind Basislinks auf jeder Seite vorhanden?

Auf jeder – ich wiederhole: auf jeder – Seite Ihres Webauftritts sollte ausnahmslos direkt ein Link führen zu

- Startseite (Home)
- Übersicht (Sitemap)
- Kontakt
- Impressum
- eventuell Datenschutzhinweise und AGB

Ein Impressumslink von jeder Seite empfiehlt sich schon aus rechtlicher Perspektive. Ein sichtbarer Link zu Datenschutzhinweisen und AGB schafft Vertrauen bei Ihrem Besucher. Die wenigsten werden diese Seiten tatsächlich anklicken und sie lesen. Aber gut zu wissen, dass sie da sind ...

Weiterhin sollte auf jeder Seite direkt (am besten rechts oben) eine Suchfunktion angeboten werden, sofern Sie eine solche haben und sie überhaupt Sinn macht. Webauftritte mit gerade mal zehn oder zwanzig Unterseiten brauchen in der Regel natürlich keine Suche. Das wirkt hier vielleicht leicht deplatziert und auch ein wenig verspielt.

Denken Sie daran: Nicht jeder Besucher kommt durch den Haupteingang, also Ihre Startseite zu Ihnen. Über Suchmaschinen gelangen die Besucher oft mitten in die Website und möchten sich schnell einen Überblick verschaffen.

25.2.3 Sind alle Links auf Anhieb sichtbar?

Das habe ich weiter vorne ja schon ausführlich beschrieben. Ein Link, der vom Besucher als solcher nicht erkannt wird, existiert für ihn nicht. Legen Sie also die Maus beiseite und schauen Sie sich Ihre Webseiten einfach nur mit den Augen an. Ist wirklich jeder Link erkennbar? Meine Aufforderung, die Maus aus der Hand zu legen, war übrigens keine Floskel, um den Text zu strecken. Das hat durchaus einen psychologischen Effekt. Eine Webseite eine Zeit lang nur »hilflos« mit den Augen zu betrachten, ist etwas völlig anderes, als ständig mit dem Mauszeiger Gewehr bei Fuß zum Link zu stehen. Ich empfehle Ihnen, das wirklich einmal auszuprobieren. Zusätzlich bringt es ein wenig mehr Gelassenheit in das kritische Prüfen. Suchen Sie also in Ruhe nach den Ostereierlinks auf Ihrer Website.

25.2.4 Orientierungshilfen: Wo ich bin?

Sagen Sie Ihrem Besucher doch einfach, wo er ist. Mir ist klar, dass man aus optischen Gründen vielleicht nicht über jede Seite eine aussagekräftige Überschrift setzen kann. Obwohl es nützlich wäre.

Behelfen kann man sich mit einer so genannten Breadcumb-Leiste, also den bildhaften Brotkrumen, die Hänsel und Gretel auf dem Weg ausgestreut hatten, um wieder nach Hause zu finden. Wobei es bei den beiden ja damals ausgerechnet nicht geklappt hat ...

In Abbildung 25.5 sieht der Besucher, dass er sich gerade in der Kategorie CVD COATING befindet, die eine Unterkategorie von COATING ist. Letzte ist wieder unter PRODUCTION AND PROCESS TECHNOLOGIES einsortiert. Durch einen Klick auf einen der Begriffe gelangt man direkt in die entsprechend gewünschte Ebene.

Neben dieser Art der Visualisierung kann man natürlich auch über eine ausgefeilte Optik in der Navigation selbst durch Einrücken und/oder farblich markiert anzeigen, wo innerhalb der Website sich ein Besucher gerade befindet. Ein solches Beispiel findet man unter anderem bei `Skatesandhockey.de` (Abbildung 25.6).

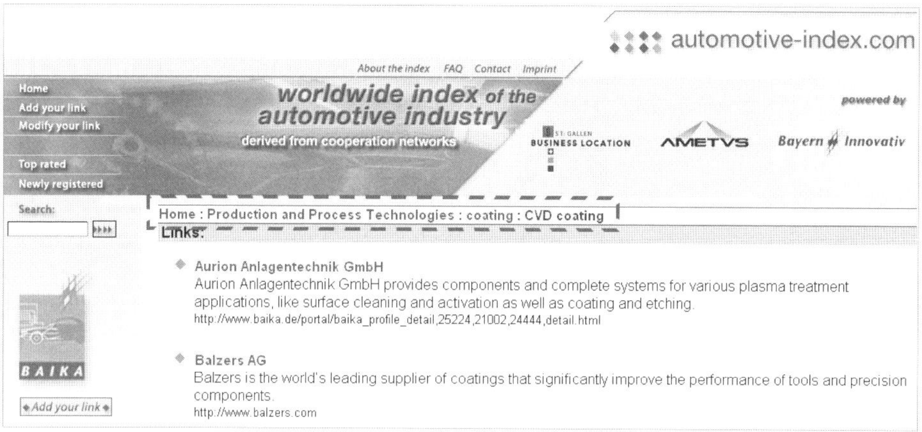

Abb. 25.5: Die Breadcrumb-Leiste bei `automotive-index.com`

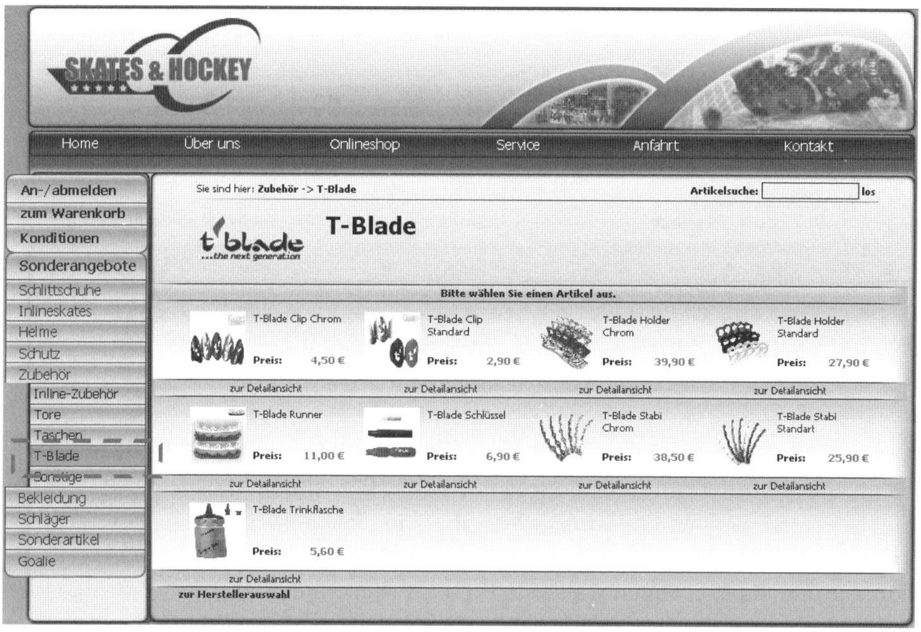

Abb. 25.6: `Skatesandhockey.de`

Bei dieser Art der Navigationsdarstellung sieht man relativ gut, wo man sich gerade befindet. Lediglich der Menüpunkt SONDERANGEBOTE wirkt vielleicht durch das gemeinsame Einfassen mit den anderen Punkten und der Fettschrift als Überpunkt – was er aber nicht ist.

25.2.5 Ist funktionell Gemeinsames beieinander?

Gerade hatte ich es ja im vorherigen Abschnitt in Bezug auf Abbildung 25.6 erwähnt: Das gemeinsame Darstellen von Funktionen löst beim Betrachter die Erwartung aus, dass es sich tatsächlich um zusammengehörige Dinge handelt. Der Punkt SONDERANGEBOTE wird als Überschrift wahrgenommen und suggeriert, dass alles darunter eine Untergliederung von SONDERANGEBOTE wäre. Prüfen Sie also beim Betrachten Ihrer Webseiten, ob alles zusammensteht, was zusammengehört. Achten Sie dabei besonders auf Buttons bzw. Links, die Funktionelles (Versenden, Speichern etc.) auslösen. Sind sie überall da angeordnet, wo gerade das Auge des Betrachters verweilt? Oder wie so oft unten rechts? Erinnern Sie sich an meine Erwähnung des Mouse-Odometers weiter oben, mit dem man solche überflüssigen Strecken gut aufdecken kann?

Sehen Sie sich das Beispiel in Abbildung 25.7 an, das ich bei einer interaktiven Website gefunden und inhaltlich abgewandelt für Sie dargestellt habe.

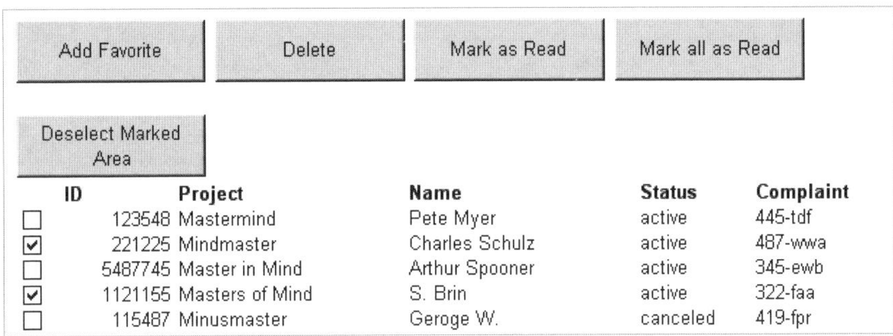

Abb. 25.7: Das Bearbeiten von Listenoptionen

Mit ADD FAVORITE konnte man die ganze Liste als bevorzugte Liste abspeichern. Wenn Sie sich die Funktionsbuttons ansehen, fällt Ihnen vielleicht auf, dass es hier drei verschiedene Funktionsarten gibt. Die Liste als Ganzes speichern, Funktionen, die sich nur auf angeklickte, markierte Zeilen beziehen, und eine Funktion, die alle Markierungen wieder aufhebt. Weiterhin fällt auf, dass die einzelnen Positionen in den Spalten relativ weit auseinander stehen und damit für das Auge schwer zu verfolgen sind. Würden wir hier die weiter vorne behandelten Wahrnehmungsgesetze anwenden, sähe ein verbesserter Entwurf vielleicht so aus wie Abbildung 25.8.

Das Umsortieren der Buttons entspricht den unterschiedlichen Funktionstypen. Der DELETE-Button wurde etwas abgesetzt, weil man zwischen Markieren und Löschen selbstverständlich auch noch einen Unterschied machen sollte. Und das eben auch optisch verdeutlicht. Dies ist nur ein didaktisches Beispiel und in der Realität käme es beim endgültigen Design natürlich wesentlich darauf an, welche

Funktionen die Nutzer am häufigsten benötigen. Erst nach Kenntnis dieser Anforderungen ließe sich die Lage der Buttons tatsächlich optimal gestalten.

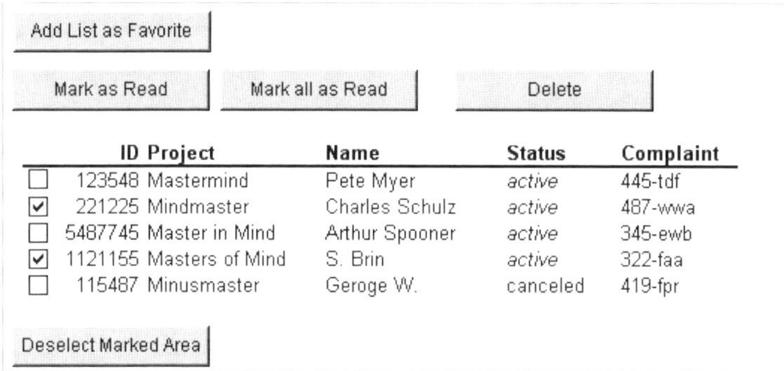

Abb. 25.8: Das Bearbeiten von Listenoptionen II

25.2.6 Werden Bezeichnungen konsistent verwendet?

WEITER, OK, SPEICHERN, FERTIG, ABSENDEN und dergleichen mehr. Und alle Buttons oder Links machen das Gleiche: auf die nächste Seite weiterblättern. In der Mail bekommen Sie eine Auftragsnummer, auf den Webseiten wird die Bestellnummer verlangt. Beim Anmeldevorgang dürfen Sie sich einen USERNAME aussuchen, per Mail erhalten Sie Ihren BENUTZERNAMEN (vgl. Abbildung 25.9) ...

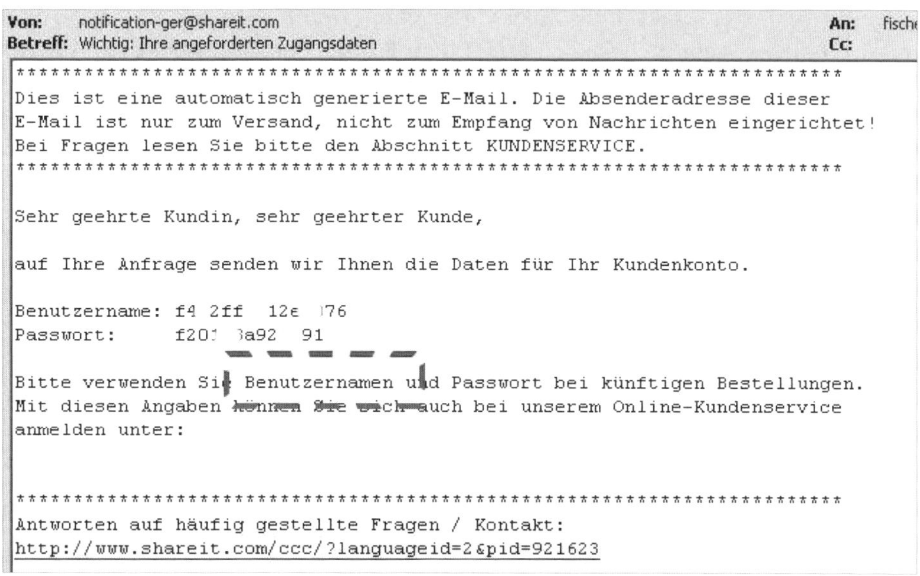

Von: notification-ger@shareit.com
An: fisch
Betreff: Wichtig: Ihre angeforderten Zugangsdaten
Cc:

```
************************************************************************
Dies ist eine automatisch generierte E-Mail. Die Absenderadresse dieser
E-Mail ist nur zum Versand, nicht zum Empfang von Nachrichten eingerichtet!
Bei Fragen lesen Sie bitte den Abschnitt KUNDENSERVICE.
************************************************************************

Sehr geehrte Kundin, sehr geehrter Kunde,

auf Ihre Anfrage senden wir Ihnen die Daten für Ihr Kundenkonto.

Benutzername: f4 2ff  12e  76
Passwort:     f20  a92  91

Bitte verwenden Sie Benutzernamen und Passwort bei künftigen Bestellungen.
Mit diesen Angaben können Sie sich auch bei unserem Online-Kundenservice
anmelden unter:


************************************************************************
Antworten auf häufig gestellte Fragen / Kontakt:
http://www.shareit.com/ccc/?languageid=2&pid=921623
```

Abb. 25.9: Hier ist Ihr Benutzername.

... und beim späteren Anmeldevorgang auf der Webseite (Abbildung 25.10) brauchen Sie dann plötzlich eine BENUTZERKENNUNG.

Abb. 25.10: Geben Sie jetzt bitte Ihre Benutzerkennung ein.

Solche kleinen oder größeren Barrieren kennen Sie sicherlich. Und ich bin mir auch klar darüber, dass Sie diese wahrscheinlich in der Regel umschiffen, ohne sie vielleicht sogar überhaupt zu bemerken. Sie sind ein Power-User. Jemand, der im Web zu Hause ist und die meisten Fein- und Besonderheiten gut kennt. Viele Besucher haben aber dieses Wissen nicht und suchen irritiert bei unterschiedlichen Bezeichnungen einen gemeinsamen Nenner. Es gibt auch Menschen, die gewohnt sind, sehr exakt und sauber vorzugehen. Deren Neigung, unklare Dinge auszuprobieren, geht meist gegen null. Einen Button, der statt WEITER den Begriff SENDEN enthält, würde solch ein Mensch vielleicht aus uns völlig unbegreiflichen Bedenken gar nicht anklicken.

Und nur am Rande, um Ihren kritischen Blick noch weiter zu schärfen: die Anordnung in dem Anmeldeformular in Abbildung 25.10? Benutzerfreundlich? Die Gesetze der Wahrnehmung? Habe ich Sie schon so weit, dass Sie nichts mehr übersehen?

Abb. 25.11: Optimierte Version des Anmeldeformulars

Warum ich das Beispiel in Abbildung 25.11 mit den unterschiedlichen Bezeichnungen für gleiche Funktionen erwähne, ist, weil ich erst vor Kurzem in einem Usability-Projekt genau deswegen eine längere Diskussion mit einem wirklich eingefleischten Entwickler hatte. Er versuchte mir verzweifelt zu erklären, dass doch auch der WEITER-Button an den Webserver »sendet«. Da könne doch dann auch SENDEN stehen, das wäre viel exakter und ehrlicher. Mein letzter Rettungsanker war die darauf folgende Webseite, auf der wieder WEITER stand. Ich befürchte, das hat ihn mehr bewogen nachzugeben, als die Tatsache, dass ein normaler Besucher keine Ahnung hat, was wann wo an einen Webserver gesendet wird. Er weiß nicht mal, wo die Webseiten eigentlich herkommen. Und das kann ihm tatsächlich auch völlig egal sein.

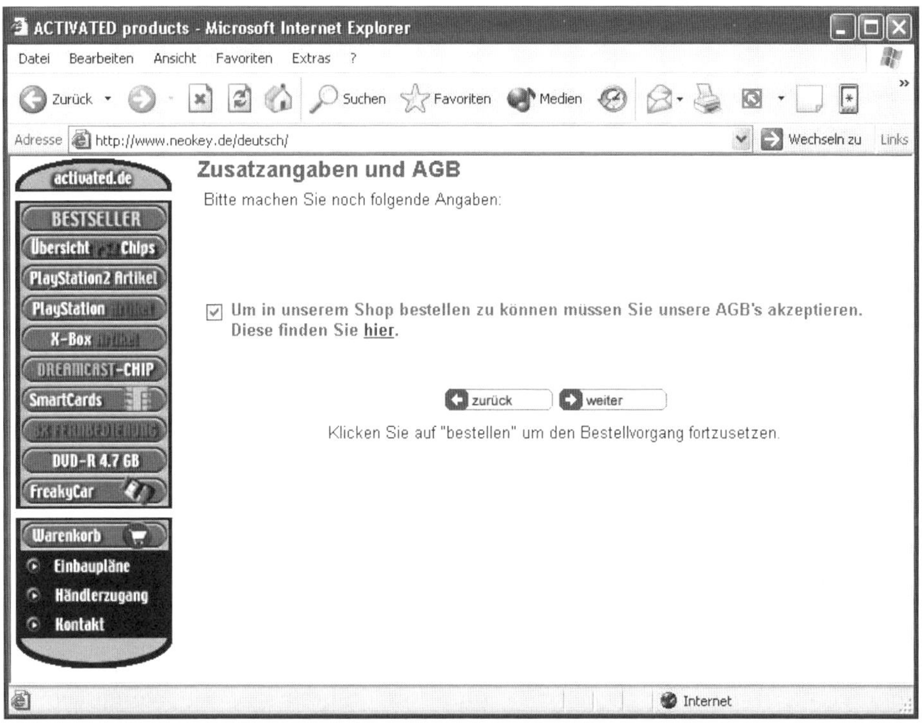

Abb. 25.12: Klicken Sie auf BESTELLEN – nur wo?

Ein kleines Extrembeispiel sehen Sie in Abbildung 25.12. Da hat es die Konsistenz zwischen BESTELLEN und WEITER noch nicht einmal drei Zentimeter weit geschafft.

Stellen Sie also beim Surfen durch Ihre eigenen Webseiten einfach eine Liste aller Funktionen und deren Bezeichnungen auf. Schreiben Sie kurz daneben, was die Funktion genau macht. Mit einer solchen eigenen Checkliste haben Sie nicht nur ein gutes Instrument, unterschiedliche Bezeichnungen aufzuspüren. Sie haben gleichzeitig auch bei der nächsten Änderung oder Erweiterung einen Leitfaden für Bezeichnungen zur Hand. Also gut aufheben.

Bezeichung	Funktion	Darstellung	Fundort
weiter	zur nächsten Seite	Button	/anmelden-3.html
abschließen	Kaufvorgang beenden	Button	/shop/danke.html
zurück	zur vorh. Seite	Button	alle Webseiten
Benutzername	= e-Mail-Adresse zur Identifizierung	rechteck. GIF	/Login.html
Passwort	selbstgewählt > 5 Zeichen	rechteck. GIF	/Login.html
anmelden	ermöglicht Zugang für Mitglieder	Textlink	/index.html
registrieren	zur Meldeseite für neue Mitglieder	Textlink	/index.html

Abb. 25.13: Liste zum Abgleich konsistenter Bezeichnungen

25.2.7 Sind wichtige Seiten druckbar?

Das ist einfach. Rufen Sie Ihre wichtigsten Seiten auf, insbesondere natürlich die Seiten, auf denen Sie Ihre Dienstleistungen und/oder Produkte darstellen. Dann drucken Sie die Seiten direkt über den Browser aus. Die einzig akzeptable Möglichkeit ist, dass alles auf dem Ausdruck enthalten ist. Achten Sie dabei besonders auf den rechten Rand. Häufig wird übersehen, dass der einfach abgeschnitten wurde.

Stellen Sie sich einen interessierten Kunden vor. Der druckt einige Ihrer Webseiten aus und legt sie zu den Bestellakten, aus denen später Anbieter ausgewählt werden, mit denen er wegen eines Angebotes in Kontakt treten möchte. In der Mappe liegen Seiten von fünf potenziellen Lieferanten. Bei dem Ausdruck Ihrer Webseiten fehlen jeweils zwei Wörter rechts. Was glauben Sie denn, was höchstwahrscheinlich passiert? Wenn Ihre Produkte nicht gerade Stroh zu Gold spinnen können, bleiben Sie möglicherweise nun doch unberücksichtigt. Vergessen Sie nie: Im Web gibt es so viele Alternativen und keiner hat Lust, sich mit Unzulänglichkeiten herumzuschlagen oder Barrieren wie diese zu erklimmen. Außer er muss. Und das ist meist selten.

Noch schlimmer wird es natürlich, wenn Sie Webseiten in Frametechnik haben. Da kommt auf dem Ausdruck meist nur die Navigation und sonst nichts. Ein ansonsten leeres Blatt und deswegen bin ich gerade nach vorne zum Drucker gelaufen! Ich hatte Interesse an Ihrem Unternehmen – nun haben Sie mir Altpapier produziert. Und ich kann die Seite noch nicht einmal mehr aufrufen, weil auf dem Ausdruck nur die Basis-Webadresse steht. Und ich hatte so lange auf Ihren Webseiten rumgesucht! Ich hasse Sie!

Ich bin mir nicht sicher, ob das gerade beschriebene Szenario *so* selten vorkommt. Einige Wutausbrüche habe ich bei Usertests tatsächlich deswegen schon erlebt. Also versuchen Sie es wenigstens einmal mit dem Selber-Drucken.

Ach ja: Drucken Sie ruhig auch mal mit anderen Browsern, zum Beispiel dem Firefox. Einige von Ihnen werden sehr überrascht sein, was oft zu Papier kommt – oder besser eben nicht zu Papier kommt. Mit dem »Problem Firefox« befasse ich mich aber gleich im nächsten Abschnitt etwas ausführlicher.

Tipp

Gerade wenn Sie im so genannten B-to-B-Geschäft tätig sind, also vornehmlich nicht an Verbraucher, sondern an andere Unternehmen verkaufen, sollten Sie eine verlässliche Druckfunktion mit Ihren Kontaktdaten am Ende jedes Ausdruckes haben. In diesem Business gibt es nämlich in der Regel keine Impulskäufe. Die Zeitspannen zwischen Informationseinholung (da ist der Ausdruck Ihrer Produktseite mit dabei) und Kontaktaufnahme oder Bestellung liegen hier wegen der internen Entscheidungswege oft Monate auseinander. Nimmt man den Ausdruck Ihrer Seite(n) aus einer Sammelmappe, sollte eindeutig aus dem Inhalt hervorgehen, wo bzw. bei welcher Firma er gemacht wurde! So ersparen Sie Ihren potenziellen Kunden wertvolle (Nach-)Recherchearbeit. Und Sie vermeiden das Risiko, dass man die gedruckten Seiten womöglich gar nicht mehr im Web findet!

25.2.8 Browsertest: Läuft der Firefox?

Je nach Statistik hat der Firefox-Browser eine wachsende Anhängerschar gewonnen. Laut Webhits liegt der Anteil in Deutschland bei etwas über 27 Prozent. Das bedeutet salopp, dass etwa jeder dritte Besucher mit diesem Browser auf Ihren Seiten unterwegs ist. Je nach anvisierter Zielgruppe kann der Anteil natürlich wesentlich höher, aber auch niedriger sein. Entwarnung wäre das Letztere natürlich nicht. Jeder potenzielle Kunde, bei dem Ihr Webangebot mit diesem Browser nicht richtig funktioniert, ist ein potenziell verlorener Kunde. Jeder Dritte?

Glauben Sie bitte nicht, dieses Phänomen einer älteren Webversion von Quelle (siehe Abbildung 25.14) wäre ein Einzelfall. Die Liste ist lang und auch 2008 haben wir bei Tests immer noch auf vielen Seiten zum Teil essenzielle Fehler gefunden. So zum Beispiel die anscheinend kleinste Website der Welt – die allerdings nur im Firefox so winzig angezeigt wird (Abbildung 25.15).

Abb. 25.14: Produktansichten bei `Quelle.de` mit Firefox

Abb. 25.15: Würden Sie in dieser Streichholzschachtel übernachten wollen?

Vielleicht finden hier auch nur Tagungen für Augenärzte und Optiker statt?

Warum sollte man nicht auch bei einem Fernsehsender einkaufen oder Produktbewertungen abgeben können? Weil auch die keine Tests mit dem Firefox machen. Oder wie würden Sie das Formular in Abbildung 25.16 vollständig ausfüllen und absenden?

Abb. 25.16: Die Eher-nicht-Bewertungsfunktion bei `Kabeleins.de`

25.2.9 Der Härtetest: Was vertragen Ihre Eingabefelder?

»Minus 5.« Das ist mittlerweile bei mir ein geflügeltes Wort dafür geworden, wie man viele Shops und Applikationen (Anwendungen) recht schnell ins Wanken bringen kann. Der erste Stabilitätstest geht also recht pragmatisch: Ich gebe in alle Felder einfach -5 ein. Irgendwann schmiert die Applikation dann mit einer Fehlermeldung ab. Nicht immer, aber doch so oft, dass es noch Spaß macht.

Natürlich wäre das ein recht dürftiger Rat, einfach nur eine Minuszahl einzugeben. Gehen Sie beim Test Ihrer Eingabefelder (aller Eingabefelder!) ruhig subtiler vor. Geben Sie ruhig Extremwerte ein: Große Zahlen, Minuszahlen, Sonderzeichen wie $% oder #, geben Sie nichts ein, wo etwas hineingehört, oder testen Sie die Länge Ihres Postleitzahlenfeldes. Auch Buchstaben- und Zahlenkombinationen eignen sich. Mit -a haben wir ebenfalls schon so manches System in Stottern gebracht.

Gut, vielleicht werden Sie einwenden, wer gibt denn schon Sonderzeichen ein, wenn er seinen Namen eintippen soll. Richtig. Allerdings kommen immer wieder mal Tippfehler bzw. Fehleingaben aus Versehen vor. Nicht jeder schreibt perfekt im Zehn-Finger-System. Daher ist es wichtig, möglichst viele dieser möglichen Fehler vorab und mit vernünftigen Fehlermeldungen abzufangen.

Machen Sie doch einfach mal den DAU-Test. Damit simulieren Sie den **d**ümmsten **a**nzunehmenden **U**ser. Auch diesen Besuch sollte Ihre Website überstehen. Ein kleines Beispiel in Abbildung 25.17, das ich ähnlich schon im vorherigen Kapitel verwendet habe, zeigt anschaulich, was DAU-Tests anrichten.

Abb. 25.17: Minus 4 – sind Sie bereit für eine Gutschrift?

Aufmerksame Betrachter werden einwenden, dass der Button ZUR KASSE GEHEN derzeit nicht anklickbar ist. Das ist richtig. Umgehen könnte man das, indem man so lange dazu bestellt, bis die Summe knapp über null beträgt (Abbildung 25.18).

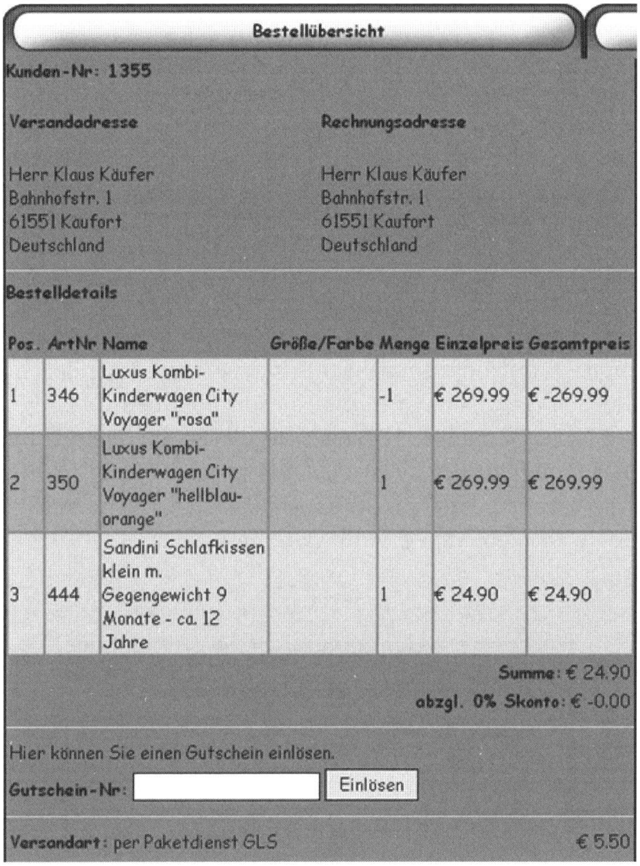

Abb. 25.18: Ein Kinderwagen und ein Kissen für 24,90 €?

Ob die Waren freilich zu diesem Preis ausgeliefert würden, ist nicht sicher und hängt von der internen Versandorganisation ab. Illegal ist es wahrscheinlich auch noch – also lassen Sie lieber die Finger von fremden Shops und testen Sie nur Ihren eigenen.

Wichtig

Setzen Sie eine Shopsoftware ein, die per Skript innerhalb der Webseite rechnet und nicht auf dem Webserver? Dann sollten Sie in jedem Fall testen, ob sich die Berechnungsformeln im Seitenquelltext ändern lassen. Man muss kein begnadeter Hacker sein, um auf die Idee zu kommen, die Webseite zunächst lokal abzuspeichern. Danach kann man den Quelltext beliebig mit einem Editor ändern – auch die Formeln zur Berechnung von Mengen oder der Mehrwertsteuer. Wird die Webseite anschließend wieder über den Browser aufgerufen, lassen sich bei einigen Shopsystemen modifizierte Bestellungen durchführen. Antwortet Ihr Shopsystem sofort mit einer Quittungsmail, könnte je nach Auffassung des Gerichts sogar ein gültiger Kaufvertrag zustande gekommen sein. Dass ein solches Vorgehen eines Käufers rechtlich klar unter Betrug einzuordnen ist, dürfte wohl jedem klar sein. Geht der Betrüger dabei aber bei der Betragsmodifikation nicht allzu übertrieben vor, merken Sie es vielleicht nicht einmal. Also auch hier: Testen Sie!

Insbesondere interaktive Webapplikationen sollten intensiv auf das Antwortverhalten getestet werden. Overture, jetzt Yahoo! Search Marketing stellte online ein Tool zur Verfügung, mit dem man nach Eingabe eines Suchbegriffs abschätzen kann, wie viele Suchende im Vormonat diesen Suchbegriff eingegeben haben. Dies sollte zur Abschätzung des Potenzials für diesen Suchbegriff für Werbeschaltungen dienen. Hätte man beispielsweise mal versucht, Begriffe einzugeben, die nicht in der Datenbank enthalten sind (in Abbildung 25.19 hatte ich als Suchkombination `Werbung im Web` eingegeben), wäre hier sicher eine Antwortbremse eingebaut worden.

Abb. 25.19: Wenn Sie 0 Kunden erreichen wollen, rufen Sie Overture an.

Und ich persönlich wäre sogar einen Schritt weitergegangen und hätte generell bei niedrigen Ergebniszahlen lieber eine Art »Sorry, hierfür können wir keine Ergebnisse ermitteln« ausgegeben, als zum Beispiel automatisch generieren zu lassen: »Wie Sie diese 12 Kunden erreichen können ...«. Es wirkt irgendwie deplatziert und schmälert die professionelle Wirkung des ansonsten wirklich nützlichen Tools. Man hat es mittlerweile auch konsequenterweise abgeschaltet.

25.2.10 Haben Sie schon mal mit unterschiedlicher Hard- und Software getestet?

Wenn Sie Ihre Webseiten immer vom selben Rechner aus aufrufen, entgehen Ihnen sicherlich einige Fehler. Alleine die unterschiedliche Darstellung von Farben und Farbkontrasten auf Röhrenmonitoren und TFT-Flachdisplays ist einen ernsthaften Blick wert. Was auf dem Notebook-Bildschirm schön dezent aussieht, brüllt einen auf dem Röhrenmonitor manchmal geradezu an. Alleine die neuere Generation der Flachbildschirme holt so viel aus dem Bild heraus, dass Sie plötzlich unschöne und unsauber programmierte Farbübergänge sehen, die Sie vorher nicht bemerkt haben.

Was bei einem Browserwechsel alles anders sein kann, habe ich oben ja schon ausführlich erläutert. Aber auch das erste Aufrufen einer Website auf einem neu installierten Browser kann Absonderliches zutage bringen, wenn das eine oder andere benötigte Plug-in noch nicht installiert ist.

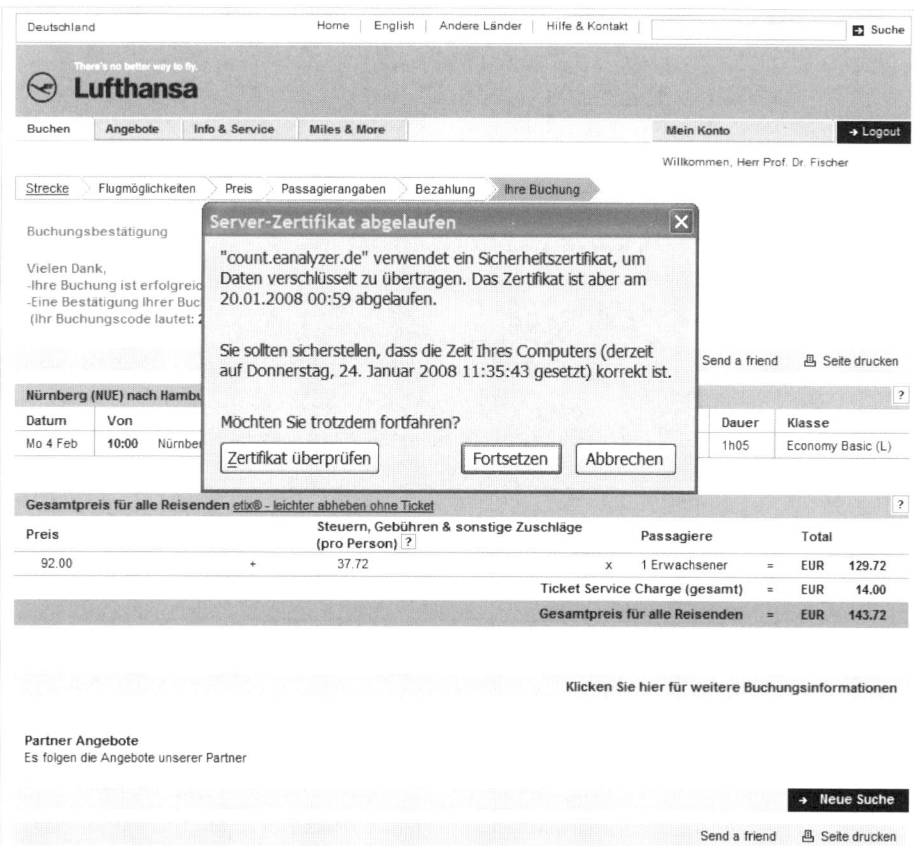

Abb. 25.20: Bei der Lufthansa buchen – bei abgelaufenem Sicherheitszertifikat?

Ich bin nicht sicher, ob die Mitarbeiter der Lufthansa solche Fehlermeldungen wie in Abbildung 25.20 auch angezeigt bekommen. Mich würde es ehrlich gesagt etwas verunsichern, wenn ich einen Flug in Zeiten von Phishing und sonstigen Sauereien auf einer Seite buchen sollte, auf der ausgerechnet das Sicherheitszertifikat abgelaufen ist.

Aber auch installierte Sicherheitsmechanismen können ungewollt kritische Wirkungen auslösen. Hat der Besucher beispielsweise eine Software zur Abwehr von Spyware installiert (Spyware sind ganz allgemein Programme oder Vorrichtungen, die das Benutzerverhalten ausspionieren sollen), kann der Aufruf einer Webseite schon mal eine Meldung wie in Abbildung 25.21 bewirken.

Abb. 25.21: Warnung vor als zweifelhaft eingestuften Inhalten

Diese Meldung auf `Amica.msn.de`, der Website einer großen Frauenzeitschrift, bedeutet nun nicht unbedingt, dass man dort zweifelhafte Programme auf Ihren Rechner einschleusen will. Solche Warn- und Überwachungstools laufen leider nicht immer fehlerfrei und oft kann der Betreiber der Seite gar nichts für solche Auslöser. Als fatal würde ich jedoch die Wirkung und den Schreck einstufen, den eine unbedarfte Besucherin hier bekommt. Durch Testen der eigenen Seiten auf anderen Rechnern und Plattformen kommt man solchen Fehlern mit höherer Wahrscheinlichkeit auf die Spur.

Mein guter Rat lautet: Testen Sie also Ihre Webseiten prinzipiell wirklich auch auf (möglichst vielen) anderen Rechnern. Prinzipiell können Sie niemals alle Konfigurationen nachstellen und prüfen. Ein paar wenige Tests zeigen aber schnell die häufigsten Probleme.

Wichtig

Nehmen Sie alle Mails ernst, die man Ihnen mit dem Hinweis schickt, bei Ihnen funktioniere etwas nicht sauber auf den Webseiten. Ich kenne einige Webmaster, die sich bei mir in Seminaren oftmals beschweren, dass immer wieder mal »Besserwisser« solche Mails schreiben und man die beschriebenen Fehler aber meist nicht nachvollziehen könne. Das ist grundfalsch. Immer nachfragen, was unter welcher Konfiguration nicht funktioniert hat! Gehen Sie davon aus, dass kein Besucher so viel Zeit zu verplempern hat, Ihnen Fehler zu melden, die er erfunden hat! Sehen Sie es so: Hier haben Sie einen Tester, für den Sie keinen Cent bezahlen müssen. Bedanken Sie sich besser bei ihm, als sich zu ärgern.

25.2.11 Haben Sie sich selber schon mal durchgelesen?

Manchmal glaube ich, Unternehmen lesen weder ihre Webseiten Korrektur noch die E-Mail-Texte, die sie oft zu Tausenden pro Tag verschicken (siehe Abbildung 25.22).

Hätte Dell nicht so hervorragende Rechner – mit den Webseiten oder den schon fast wieder lustigen Mails würden sie sicher den einen oder anderen Kunden vertreiben. Auch eine Art Online-»Vertrieb«.

Gerade Unternehmenswebseiten sind wie schon erwähnt redaktionell oft schlecht getextet und werden offenbar noch weniger Korrektur gelesen. Wenigstens die heftigsten Tippfehler sollten trotz Zeitdruck und -knappheit gesucht und ausgebessert werden. Auf den Leser macht das immer einen schlampigen, wenig einladenden Eindruck. Sie schreiben Text ja eigentlich nur für Ihre Besucher. Mangelnde Sorgfalt – egal aus welchem Grund – spüren sie sofort.

Ob Tchibo wohl nach der Entwicklung ihres so genannten Google-Gadgets (das sind kleine, oft nützliche Programme, die man sich in die persönliche Startseite bei Google einsetzen kann) einmal selber darauf gesehen haben? Ich vermute mal, dass die Wasser-Spielstraße Abbildung 25.23 schnell ausverkauft war. Auch der Jeansrock in Form eines BHs wird für diesen Preis wohl schnell weg gewesen sein.

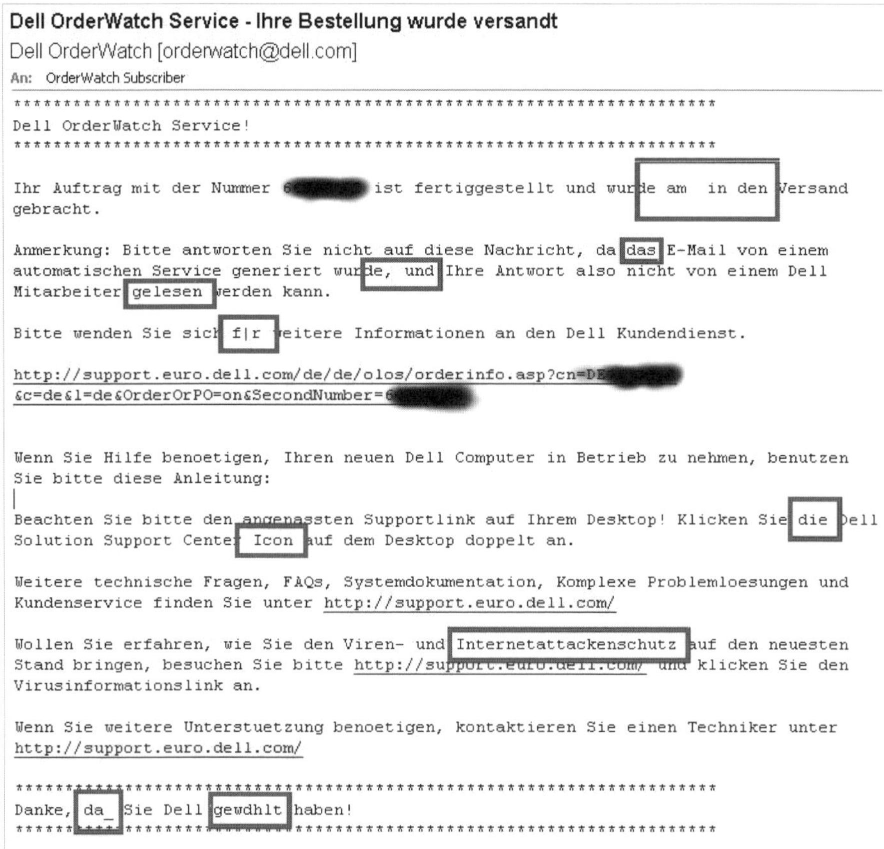

Dell OrderWatch Service - Ihre Bestellung wurde versandt

Dell OrderWatch [orderwatch@dell.com]

An: OrderWatch Subscriber

```
*************************************************************************
Dell OrderWatch Service!
*************************************************************************

Ihr Auftrag mit der Nummer [redacted] ist fertiggestellt und wurde am  in den Versand
gebracht.

Anmerkung: Bitte antworten Sie nicht auf diese Nachricht, da das E-Mail von einem
automatischen Service generiert wurde, und Ihre Antwort also nicht von einem Dell
Mitarbeiter gelesen werden kann.

Bitte wenden Sie sich f|r weitere Informationen an den Dell Kundendienst.

http://support.euro.dell.com/de/de/olos/orderinfo.asp?cn=[redacted]
&c=de&l=de&OrderOrPO=on&SecondNumber=[redacted]


Wenn Sie Hilfe benoetigen, Ihren neuen Dell Computer in Betrieb zu nehmen, benutzen
Sie bitte diese Anleitung:

Beachten Sie bitte den angepassten Supportlink auf Ihrem Desktop! Klicken Sie die Dell
Solution Support Center Icon auf dem Desktop doppelt an.

Weitere technische Fragen, FAQs, Systemdokumentation, Komplexe Problemloesungen und
Kundenservice finden Sie unter http://support.euro.dell.com/

Wollen Sie erfahren, wie Sie den Viren- und Internetattackenschutz auf den neuesten
Stand bringen, besuchen Sie bitte http://support.euro.dell.com/ und klicken Sie den
Virusinformationslink an.

Wenn Sie weitere Unterstuetzung benoetigen, kontaktieren Sie einen Techniker unter
http://support.euro.dell.com/

*************************************************************************
Danke, da_ Sie Dell gewdhlt haben!
*************************************************************************
```

Abb. 25.22: Danke, da_ Sie Dell gewdhlt haben!

Abb. 25.23: Bei Tchibo gibt es heute interessante Wasser-Spielstraßen.

Lesen und prüfen Sie Ihre Artikelbezeichnungen und die Preise. Denken Sie daran, dass Besucher neben einem oder mehreren Bildern nur diese Hinweise von Ihnen haben, um sich für das richtige Produkt ihrer Wahl entscheiden zu können. Was darf wohl ein durchschnittliches Notebook in etwa kosten?

Abb. 25.24: Etwas über 120.000 € für ein Dell-Notebook

Unter Freunden, bei Dell schon mal etwas über 120.000 €, wie man in Abbildung 25.24 sehen kann. Das lag in diesem Fall daran, dass ein Bluetooth-Modul etwas über 118.000 € gekostet hat. Kann passieren. Auch, dass so etwas tagelang unbemerkt bei Dell im Shop steht. Was wohl passiert, wenn man nun BESTELLEN anklickt? Solange Ihre Kreditkarte genügend Deckung aufweist, müssen Sie sich wohl keine Sorgen machen.

Ein etwas älteres, aber immer noch witziges Beispiel ist die Anmerkung des Übersetzers unten am Ende in den Geschäftsbedingungen eines großen Marktplatzes (Abbildung 25.25).

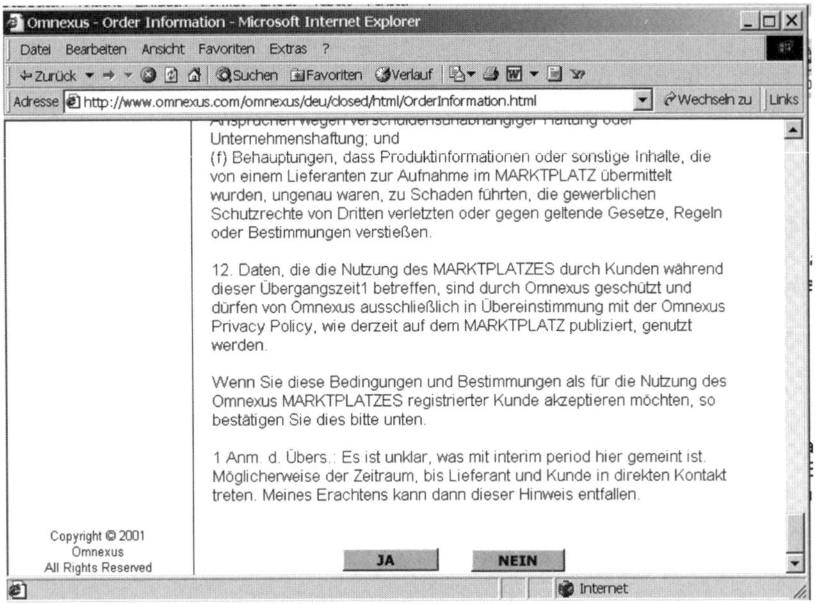

Abb. 25.25: Meines Erachtens kann dieser Hinweis entfallen – Yo!

25.2.12 Sind Ihre Seiten barrierefrei?

Die meisten Webseiten sind wohl nicht barrierefrei und erfüllen die Anforderungen der Accessibility nicht. Barrierefrei bedeutet, dass Menschen mit körperlichen Behinderungen Ihre Seiten mit Hilfseinrichtungen benutzen können. Es gibt zum Beispiel Software, die Webseiten vorliest, oder Geräte, die Braillezeilen (Blindenschrift) mit kleinen Aktoren simulieren. IBM bietet mit »aDesigner« zum Beispiel ein hervorragendes Tool an, mit dem man Webseiten hinsichtlich ihrer Accessibility recht einfach testen kann (siehe Abbildung 25.26).

Das Tool können Sie unter `www.alphaworks.ibm.com/tech/adesigner` downloaden und es ist nach derzeitigem Stand 90 Tage zur Evaluierung mit voller Funktionalität testbar. In der Summary-Report-Ansicht erkennen Sie im rechten unteren Fenster auf einen Blick Ihren Status hinsichtlich der Listenability (Tauglichkeit für automatisierte Webseiten-Vorleseprogramme), Navigability (Erkennungsrate Ihrer Links für behindertengerechte Zugriffsprogramme und deren Zubehör) und der Compliance (Übereinstimmung mit den Regelvorgaben).

Wie schon erwähnt, die meisten Seiten schneiden hier recht schlecht ab. So auch die der Bundesregierung, die sich ja sehr um dieses Thema bemüht und sogar Gesetze auf das Web bringt, damit Webseiten behindertengerecht erstellt werden. In der letzten Auflage waren die Ergebnisse schon recht schlecht. Als Update lässt sich vermelden, dass sich bisher nur die Navigierbarkeit für Sehbehinderte verbessert hat. Wie man in Abbildung 25.27 in dem eingeblendeten Kasten sehen kann, ist die Barrierefreiheit offensichtlich auch im September 2008 noch immer nicht optimal umgesetzt.

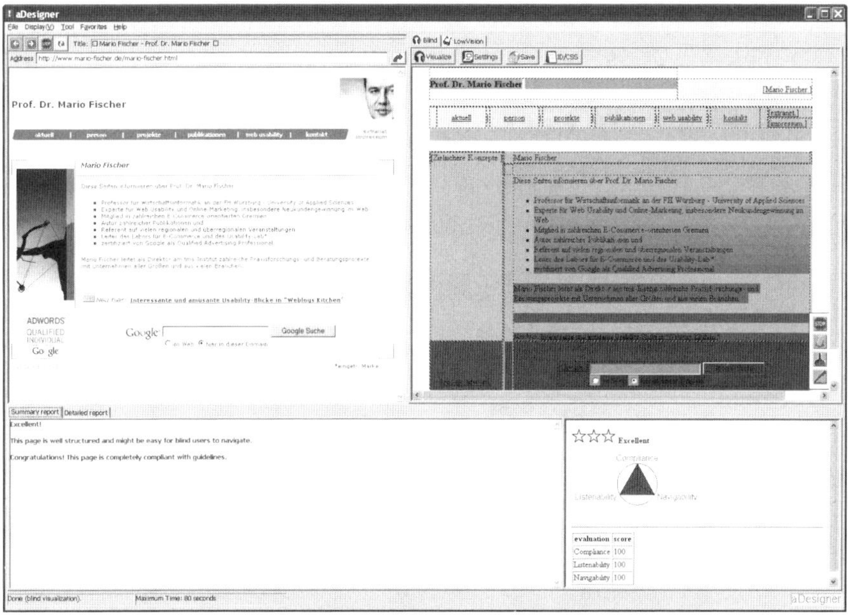

Abb. 25.26: aDesigner prüft die Tauglichkeit für blinde Besucher.

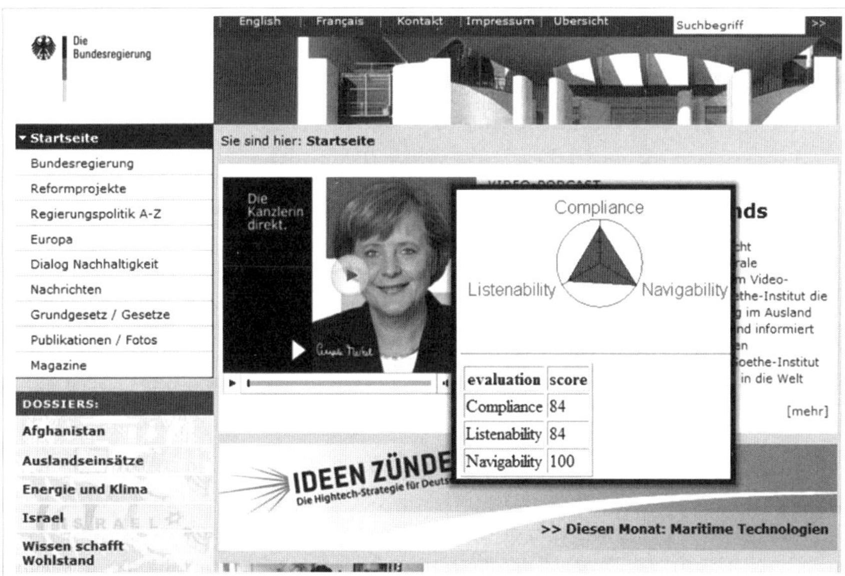

Abb. 25.27: `bundesregierung.de` unter dem Accessibility-Messer

Sie sehen also, wenn Ihre Seiten noch nicht behindertentauglich sind, befinden Sie sich noch in bester Gesellschaft. Was natürlich keine Entschuldigung sein darf.

Ein gutes Online-Testtool finden Sie übrigens im Web unter der Adresse `http://webxact.watchfire.com` (Achtung, ohne www).

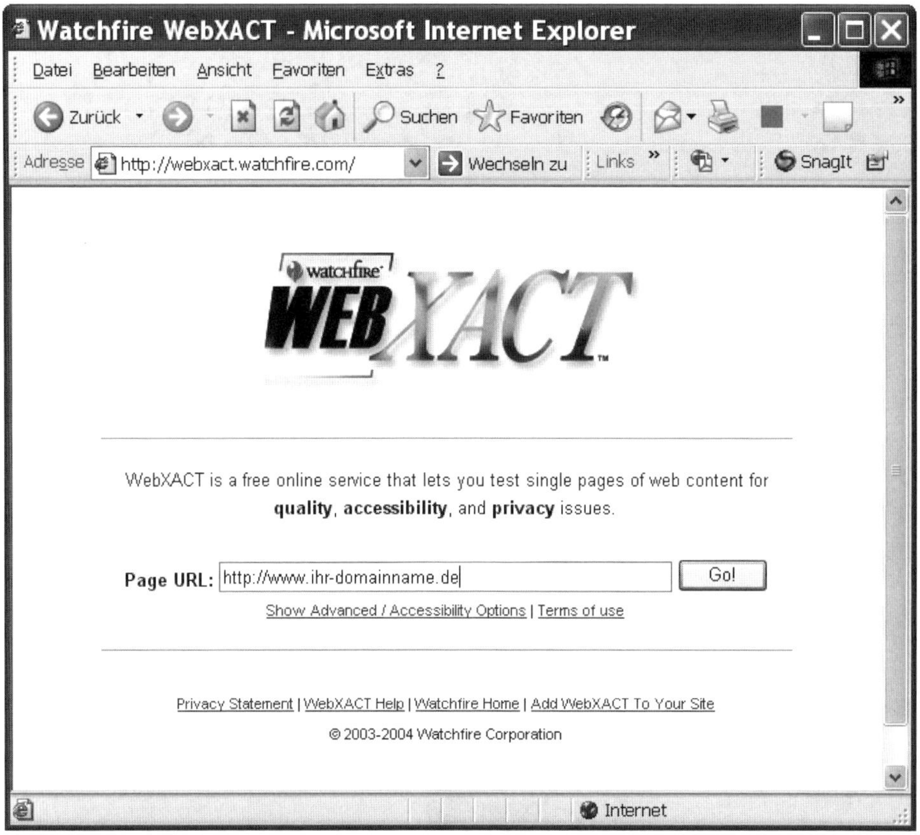

Abb. 25.28: WebXACT von `watchfire.com`

Dieses Analysetool geht noch einen Schritt weiter und gibt Ihnen neben dem Bereich der Barrierefreiheit auch wichtige Hinweise für die Qualitätsbeurteilung und des Datenschutzes (Cookie-Test, Besuchertracking etc.).

Selbstverständlich sollten Sie auch einen kleinen Test machen, ob vor allem auch ältere Menschen mit Ihren Webseiten zurechtkommen. Das geht ganz einfach: Ziehen Sie sich einen etwas dickeren Handschuh über die rechte Hand und versuchen Sie, damit mit der Maus Ihre Seiten zu bedienen. Treffen Sie alle Eingabefelder, Links und Buttons ohne Probleme, dann haben auch Menschen mit etwas eingeschränkter Motorik wahrscheinlich keine. Falls Sie Brillenträger sind, nehmen Sie zu diesem Test Ihre Brille ab. Tragen Sie bisher keine Brille, leihen Sie sich eine von einem Bekannten und setzen Sie sie (nach Rücksprache mit Ihrem Augenarzt) kurz zu diesem Test auf. Haben Sie Probleme, kleine Fuddeltexte auf Ihren Seiten zu lesen, denken Sie darüber nach und ändern Sie sie.

Auf alle Probleme und deren Behebungsmöglichkeiten einzugehen, würde alleine vom Umfang ein eigenes Buch erfordern. Die gröbsten Probleme lassen sich aber mit den Hinweisen relativ leicht beheben, die Ihnen beide Tools geben.

Wenn Sie Ihre Seiten fit machen für die Barrierefreiheit, optimieren Sie damit übrigens aus technischer Hinsicht auch gleichzeitig wesentliche Teile für Suchmaschinen.

Tipp

Möchten Sie in diese Thematik tiefer eindringen, ist zum Beispiel Wikipedia ein guter Einstiegspunkt: `http://de.wikipedia.org/wiki/Barrierefreies_Internet` (Achtung, ohne www). Dort finden Sie neben einem guten Überblick auch ausgesuchte, weiterführende Links.

25.2.13 Sind Ihre Seiten tauglich für Rot-Grün-Blindheit?

Wenn Sie die Farben Rot und Grün auf Ihren Webseiten verwenden, sollten Sie einen Test machen, wie sie auf Menschen mit Rot-Grün-Blindheit wirken. Oft können sie diese Farbunterschiede nicht richtig erkennen und übersehen wichtige Informationen oder Hervorgehobenes. Wahrscheinlich wissen Sie, dass diese spezielle Sehschwäche hauptsächlich bei Männern zu etwa acht bis neun Prozent und zu etwa einem Prozent bei Frauen vorkommt. Das sind eigentlich zu viele, als dieses Problem einfach zu ignorieren. Auch für diesen Test können Sie auf kostenlose Tools im Web zurückgreifen. Unter `www.vischeck.com/index.php` können Sie mehrere Tests auf verschiedene Arten der Rot-Grün-Blindheit vornehmen. Am einfachsten gehen Sie auf den Menüpunkt VISCHECK und RUN WEBPAGES.

Wegen der schlechten Usability der Ergebnisausgabe habe ich Ihnen den etwas versteckten Link in Abbildung 25.29 gestrichelt eingerahmt. Nachdem Sie unten die Webadresse eingegeben haben, erscheint oben ein Link mit DEUTERANOPE SIMULATION. Dort finden Sie dann eine optische Simulation, wie ein rot-grün-blinder Mensch Ihre Seite in etwa wahrnimmt. Nun können Sie recht gut beurteilen, ob farbliche Abstufungen und Kennzeichnungen noch als solche erkennbar sind.

Häufig kommt es aber auch zu weiteren Überraschungen. Da das Tool die Seite weniger fehlertolerant als ein moderner Browser interpretiert, kommen Programmierschwächen oder -fehler ebenfalls schnell an die Oberfläche, wie Abbildung 25.30 beweist.

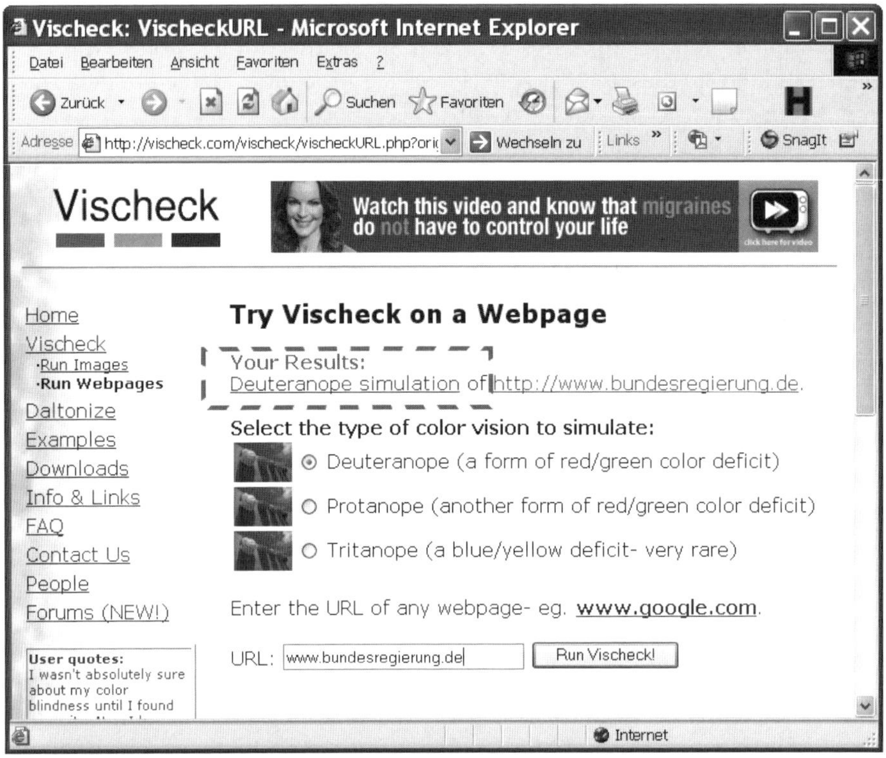

Abb. 25.29: Rot-Grün-Test bei `Vischeck.com`

Abb. 25.30: Kleinere Umlaut-Probleme bei `Bundesregierung.de`

Ein kurzer Test lohnt also nach meiner Einschätzung in jedem Fall. Es ist immer vorteilhaft zu wissen, wo die Schwächen der eigenen Webseiten, aber auch die der wichtigsten Mitbewerber liegen.

Tipp

Unter DOWNLOADS können Sie bei Vischeck auch ein Plug-in für Photoshop laden und dort direkt auf Ihre Bilder und Grafiken anwenden. Das spart eine Menge Zeit, weil man nicht erst am Ende mittels eines Online-Tests feststellt, dass es farbliche Probleme gibt.

25.3 Was Sie andere für Sie testen lassen sollten

Nicht alles können Sie selber testen. Gerade bei komplexeren Prozessen, die ein Besucher durchlaufen muss (zum Beispiel ein Bestellprozess), kann es sich lohnen, ein paar andere Personen auf die Webseiten oder die -applikation loszulassen. Keine Sorge, so aufwändig, wie das klingt, ist es gar nicht. In jedem Fall ist es sicherlich auf Dauer durch den entgangenen Gewinn sehr viel teurer, solche Tests nicht zu machen und auf das Erkennen von Optimierungspotenzial zu verzichten.

Natürlich wird aus Ihnen auf Anhieb kein Laborleiter oder ein Testprofi. Ebenso wenig können Sie Websites, die sehr viel Umsatz machen (sollen), mit einem wie dem nachfolgend beschriebenen Amateur-Labor gründlich genug testen. Aber ich gehe davon aus, dass die meisten von Ihnen keine fünfstelligen Summen für Tests im Budget haben. Und daher möchte ich Ihnen eine kleine Hilfestellung geben, wie Sie auch mit wenig (Eigen-)Mitteln zu guten Erkenntnissen für die Verbesserung der Usability kommen können.

25.3.1 Notwendige Ausstattung und Vorbereitung

Die Meinungen, wie viele Testpersonen man bräuchte, um zu vernünftigen Erkenntnissen zu kommen, gehen verständlicherweise etwas auseinander. Fragen Sie jemanden, der ein solches Testlabor betreibt, wird er wahrscheinlich und verständlicherweise viele gute Gründe nennen können, warum ein solcher Test immer aufwändig ist und man viele Tester braucht. Nach meiner Erfahrung reichen aber in der Regel wenige Personen, um die gröbsten Schnitzer einer Website aufzudecken. Die erste Testperson wird Ihnen die meisten Erkenntnisse bringen, die zweite eine ganze Menge an Dingen finden, die Person eins übersehen hat. Bei Nummer drei, vier und fünf nimmt die Zusatzerkenntnis meist schon deutlich ab. Nach dem achten oder zehnten Test wird nur noch wenig Neues ans Licht kommen. Es ist also einfach eine Frage von Zeit und Budget, ob Ihnen 80 bis 85 Prozent und in jedem Fall die Erkenntnis über die gröbsten Probleme ausreichen. Oder ob Sie näher an die 100 Prozent heranmöchten oder müssen. Aus meiner

Sicht ist das alleine eine Frage der Wirtschaftlichkeit, die nur Sie selber individuell für sich bzw. Ihr Unternehmen aufgrund der aktuell herrschenden Umstände entscheiden können.

Ein keines, temporäres Usability-Labor ist recht schnell und in der Regel mit vorhandenen Bordmitteln aufgebaut. Sie brauchen einen Raum für ungestörtes Arbeiten, einen Schreibtisch, ein Notebook mit externer Tastatur und Maus, einen TFT-Flachbildschirm und eine normale Videokamera mit Stativ, wie sie heute fast in jedem Haushalt bereits vorhanden ist.

Stellen Sie das Notebook so auf, dass die Testperson mit dem Rücken zur Wand sitzt. An das Notebook schließen Sie den TFT-Monitor an und stellen ihn so auf, dass er mit der Rückwand zum Tester und mit dem sichtbaren Bildschirm zu Ihnen zeigt. Also spiegelverkehrt zum Monitor des Notebooks. Danach »klonen« Sie über die Einstellungen der Grafikkarte das Bild des Notebooks so, dass es in Kopie auf dem externen Flachbildschirm sichtbar ist. Im Prinzip ist das der gleiche Vorgang, als wenn Sie einen Beamer für das Notebook anschließen. Die meisten Notebooks haben dazu eine spezielle Tastenbelegung und -symbole in einer gesonderten Farbe (meist blau) auf den Funktionstasten. Falls Sie damit nicht zurechtkommen, schlagen Sie im Handbuch Ihres Notebooks nach. Haben Sie kein Notebook zur Verfügung, können Sie natürlich auch auf einen PC mit zwei Ausgängen für zwei Monitore zurückgreifen.

Abb. 25.31: Aufbau eines wirklich einfachen Usability-Tests

Stellen Sie die Videokamera nun so auf, dass Sie die Testperson *und* den Flachbildschirm gut im Aufnahmefeld haben. Jetzt können Sie sowohl die Mimik der Testperson sehen und aufzeichnen, als auch durch den zweiten zu Ihnen gerichteten Monitor, was sie gerade sieht und wo sich ihre Maus hinbewegt und klickt.

Über den Rücken der Person auf den Bildschirm zu filmen, halte ich für suboptimal. Dabei geht das Allerwichtigste verloren: die spontanen und oft emotionalen Reaktionen. Testpersonen verziehen nach einer kurzen Eingewöhnungsphase häufig das Gesicht, wenn sie auf unverständliche Funktionen oder Begriffe stoßen. Auch wenn jemand danach vielleicht sagt: »Ging eigentlich ganz gut«, die Bandaufzeichnung zeigt hinterher deutlich, an welchen Stellen es Probleme gab.

Einen TFT-Monitor sollten Sie übrigens deswegen verwenden, weil er im Gegensatz zu einem Röhrenmonitor auf dem Videoband keine störenden Streifen verursacht. Sicher ist es unnötig zu erwähnen, dass Sie natürlich niemals die an der Entwicklung einer Website beteiligten Personen testen lassen sollten. Ich erwähne es lieber trotzdem ...

25.3.2 Testablauf

Eines vorweg: Unternehmen Sie keine Steuerungsversuche, um den Testprozess bei katastrophalen ersten Ergebnissen zu retten. Kommen Ihre Testpersonen überhaupt nicht zurecht, brechen Sie ab, anstatt zu helfen (klicken Sie doch da unten!) und vielleicht somit doch noch etwas aus dem Test zu ziehen. Das vermindert nur vermeintlich Ihren Problemdruck. Tests laufen *IMMER* ohne Ihre Hilfe ab. Wenn jemand etwas nicht findet, ist es eben so. Sie stehen ja auch nicht neben den echten Besuchern in deren Wohnzimmern und sagen, dass man doch nur da rechts unten auf den (etwas versteckten) Link klicken müsse. Wenn die Tester nicht weiterkommen, haben Sie ein echtes Problem und das sollten Sie erst lösen. Und zwar schnell, falls die Seiten schon online sind.

Freuen Sie sich, wenn die Webseiten Ihrer Mitbewerber »Awards«, also Preise bekommen. Das ist in der Regel ein sicheres Indiz, dass das Design die Funktionalität dominiert. Solche Preise kommen meist dadurch zustande, dass die Preisrichter sich durch die Seiten klicken und sie einfach schön finden. Sie müssen – anders als die echten Besucher und Kunden – keine Aufgaben erledigen. Ein Besucher kommt immer mit einem konkreten Ziel. Er möchte eine Information, er sucht ein Produkt, eine Produktinformation oder einen Download, Ihre Telefonnummer, weil er sie anrufen möchte, und und und.

Beim Testen ist es nun Ihre Aufgabe und eine kleine Kunst, den Testpersonen vernünftige Alltagsaufgaben zu stellen, die sie auf Ihrer Website erledigen müssen. Welche Aufgaben man auf Ihrer Website erledigen kann, kann ich natürlich unmöglich wissen. Daher gebe ich Ihnen nachfolgend ein paar Beispiele und typische Fragen, die Sie den Testpersonen stellen können:

1. First-Impression-Test: Zeigen Sie zunächst nur die Startseite. Worum geht es auf dieser Site? Was bietet der Sitebetreiber an?
2. Finden Sie die Telefonnummer von einem Ansprechpartner für den Vertrieb der Sparte A.
3. Kaufen Sie eine Levis-Jeans 505, stonewashed in Größe 32/26.
4. Suchen und legen Sie Produkt B und C in den Warenkorb. Entfernen Sie danach Produkt B wieder aus dem Warenkorb.
5. Suchen und abonnieren Sie den Newsletter.
6. Wo und wie kann der Newsletter wieder abgemeldet werden?
7. Unter welchem Navigationspunkt würden Sie das Produkt D vermuten?
8. In welchem Zeitraum und unter welchen Umständen kann gekaufte Ware wieder zurückgeschickt werden?
9. Macht es Spaß, die Website zu benutzen, oder ist es mühsam?
10. Mit welchen Zahlungsmitteln kann man hier einkaufen?
11. Wie lange ist die Lieferzeit?
12. Woran erkennt man, ob Produkt E aktuell auf Lager verfügbar ist?
13. Wo findet man die Höhe der Versandkosten?
14. Wie seriös und vertrauenswürdig wirkt die Website?
15. Suchmaschinen-Simulation: Lassen Sie den Tester irgendwo zufällig auf eine Unterseite kommen, auf die er möglicherweise durch einen direkten Link über eine Suchmaschine gelangt. Stellen Sie ihm die Frage, wo er genau meint, zu sein. Von dort aus sollte er dann eine weitere Aufgabe lösen. Oder: Wie würden Sie von hier aus Produkt F suchen?

Sicher fallen Ihnen beim Nachdenken weitere, speziell auf Ihre Webseiten passende Testfälle und -fragen ein. Wichtig ist dabei nur, dass die Tester immer etwas Konkretes erledigen müssen – nur mit einem Ziel kann man erkennen, ob, wie und wie schnell sie es erreichen. Nur rumklicken und schön oder nicht schön finden lassen, bringt Ihnen wenig verwertbare Erkenntnisse.

Ideal ist es, wenn Ihre Testpersonen laut mitsprechen, was sie gerade denken. Das ist in den ersten Minuten etwas ungewöhnlich, aber die meisten gewöhnen sich recht schnell daran. Allerdings muss man sie zwischendrin manchmal daran erinnern, doch bitte laut mitzusprechen. Nach einiger Zeit klappt das aber recht zuverlässig. Sie können durchaus auch fragen, was der- oder diejenige gerade macht und warum. Solange Sie nicht helfen, Tipps geben oder ständig ablenken, ist das unproblematisch. Halten Sie auftretende Schwierigkeiten am besten in einem gesonderten Zeitprotokoll fest. Die meisten Videokameras zeichnen einen Timecode mit auf und Sie können zur Auswertung dann die kritischen Passagen direkt anspringen. Daher ist es vorteilhaft, wenn Sie bei Tests zu zweit sind. Einer kann sich auf die Testperson konzentrieren und diese beobachten. Der andere führt das Protokoll und kümmert sich falls notwendig um die Videotechnik.

Ein wichtiger Punkt ist nach meiner Erfahrung auch, dass Sie den Testern eine kleine Eingewöhnungsphase gönnen. Es ist nicht jedermanns Sache, sich vor einer laufenden Videokamera unbekümmert zu verhalten. Wenn Sie sauber protokollieren lassen, könnten Sie die Kamera vielleicht auch ganz weglassen. Oft hilft es aber wirklich, hinterher nochmals einen Blick auf den Test werfen zu können. Eingewöhnen können Sie zum Beispiel dadurch, dass Sie sich von den Testern deren Lieblingsseiten im Web zeigen lassen. Das bringt Ihnen vielleicht sogar noch ein paar wichtige zusätzliche Erkenntnisse und Ihre Testpersonen laufen sich warm. Dabei vergessen sie in der Regel dann auch schnell die laufende Kamera. Letztere lassen Sie am besten von Anfang an laufen und noch bevor der Tester sich hinsetzt. Wenn Sie im Test selber daran rumnesteln, lenken Sie nur ab und erinnern immer wieder an das »Aufgenommen-Werden«, das ja gerade vergessen werden soll. Formal muss jede Testperson einwilligen, dass eine Videoaufzeichnung läuft. Auch dies sollten Sie vorab erledigen, um nicht unmittelbar vor dem Test noch mal daran erinnern zu müssen.

Natürlich ist eine Website nie fertig. Immer wieder werden Dinge ergänzt, andere fallen weg oder werden zusammengelegt. Sie sollten Usability-Tests also regelmäßig und bei Bedarf wiederholen. Im Laufe der Zeit werden Sie merken, dass Sie immer weniger Fehler und Unverständlichkeiten in Ihren Webseiten haben. Das wird daher kommen, dass Sie immer besser werden und immer sensibler. Sie werden Dinge wie selbstverständlich schon beim Entwurf vermeiden, über die Sie vorher sicher noch gar nicht allzu kritisch nachgedacht hatten. Die Rückkoppelung der Besuchersicht durch Tests ist einer der wertvollsten Erfahrungen, die Sie hinsichtlich guter Usability machen können. Steigende Konversionsraten und damit einhergehend eine spürbare Gewinnsteigerung werden Ihre ernsthaften Bemühungen ohnehin recht schnell belohnen.

Bleibt vielleicht am Ende dieses Teils noch eine für viele essenzielle Frage übrig: Lohnt sich der Aufwand für Usabilityverbesserungen überhaupt? Diese Frage treibt wohl viele Unternehmen bei einem geplanten Redesign um. Oft fungiert diese Frage auch als Kerntreiber, ob man an der Website vielleicht doch etwas rumschrauben sollte. Jacob Nielsen untersuchte bereits vor sechs Jahren den Usability-ROI (Return on Investment, also salopp gesagt, wann übersteigt der erzielte Mehrertrag den Aufwand für Usability) von Webseiten. Jetzt hat er mit einer Untersuchung von neuen Fallstudien ein Update gemacht.

Dabei hat er festgestellt, dass die Schlüssel-Indikatoren (KPI – Key Performance Indicators) im Durchschnitt um 83 Prozent steigen – wenn man gezielt die Usability verbessert. Vor sechs Jahren lag diese Erhöhung noch im Schnitt bei 135 Prozent.

Sein erstes Fazit: Eine Erhöhung der Usability bringt noch immer ein enormes Wachstumspotenzial!

In Abbildung 25.32 sehen Sie seine Ergebnisse der beiden Analysen auf einer – Achtung – logarithmischen Skala.

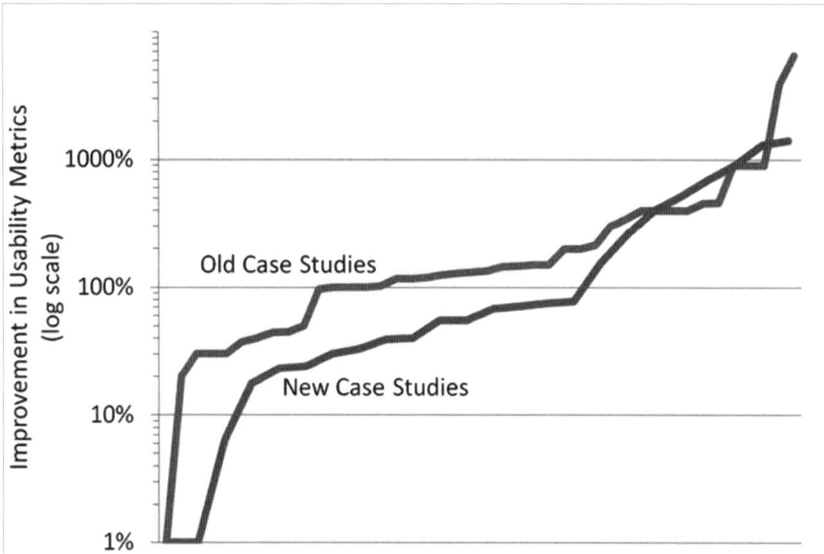

Abb. 25.32: Die Verbesserung durch Usabilitymaßnahmen
(Quelle: Nielsen, www.useit.com/alertbox/roi.html)

Wie man erkennen kann, ist das durch Usability erreichbare Potenzial in den letzten Jahren gesunken. Nielsen führt auch die Gründe auf, warum sich das Wachstumspotenzial insgesamt vermindert hat.

- Die leichten, grundlegenden Dinge werden zunehmend bereits berücksichtigt. Die »niedrig hängenden Früchte« sind zum Teil also bereits gepflückt, wie er sich bildhaft ausdrückt.
- Die Budgets für Usability sind seither nicht merklich gestiegen! Trotz des rasanten Anstiegs des Webs und des Ansturms der Besucher. Mit gleichem Geld müssen also anspruchsvollere Aufgaben bewältigt werden, was natürlich in der Regel nicht gelingen kann.

Die damalig durchschnittliche Konversionsrate von ein Prozent ist mittlerweile auf zwei Prozent gestiegen. Nielsen hält einen weiteren Anstieg nicht nur für möglich, sondern für wahrscheinlich. Er kann nicht einsehen, warum prinzipiell nur 2 von 100 Besuchern zum Beispiel in einem Online-Shop etwas kaufen oder einen Newsletter abonnieren. Und ehrlich gesagt, muss ich ihm zustimmen. Es ist wirklich nicht einzusehen und wenn Sie die ganzen Beispiele dieses Buchteils noch mal kurz durch Ihren Kopf fliegen lassen, werden Sie mir sicher zustimmen: Es ist einfach noch zu viel in Unordnung im Web. Zu viele Steine, Mauern und hohe Zäune werden uns in den Weg gelegt, wenn wir etwas tun oder gar kaufen möchten. Aus falsch verstandenem Spieltrieb von Entwicklern, von mit heißen Nadeln gestrickten Anwendungen oder schlicht aus Unwissenheit, wie Besucher ticken und was sie wirklich haben möchten. Beseitigt man diese Barrieren, wird und muss die Konversionsrate steigen. Davon bin auch ich überzeugt.

Im nächsten Teil stelle ich noch einige nützliche Werkzeuge zur Optimierung von Websites vor. Dort finden Sie auch weitere praktische Hinweise zu Testtools.

25.4 Tests mit echten Besuchern selber durchführen

Viele professionelle Trackingtools, von denen ich Ihnen im nächsten Kapitel einige vorstelle, unterstützen Sie beim Erstellen verschiedener Varianten Ihrer Webseiten. Danach können Sie auswerten, welche Varianten besser von Ihren Besuchern angenommen werden und welche weniger.

Grundsätzlich kann man wie vorher schon erwähnt zwischen zwei Testarten unterscheiden:

- a/b-Tests
- Multivariate Tests (Achtung, es heißt nicht multivaria»*n*«t)

Während a/b-Tests einfach nur zwei oder mehr Seitenvarianten gegeneinander testen, können bei multivariaten Tests mehr Elemente einer Seite an unterschiedlichen Stellen gleichzeitig gegeneinander ausgetauscht werden. Abbildung 25.33 zeigt ein (absolut fiktives!) Beispiel, wie ein einfacher a/b-Test aussehen könnte. Man tauscht auf der Startseite eine Grafik (Variante A) mit einer anderen Grafik (Variante B) aus um zu sehen, welche mehr Klicks bzw. am Ende höhere Konversionsraten bewirkt.

Natürlich kann man statt nur einer Alternative auch mehrere hinterlegen. Der Name a/b mit den beiden Buchstaben ist also nicht so streng mit nur zwei Varianten zu sehen.

Wenn man so etwas einmal durchgeführt hat, ist man schnell verwundert und gleichzeitig begeistert, welche Auswirkungen man mit teilweise einfachen Änderungen man herbeiführen kann. Positiv wie negativ. Dann kommt meist der Wunsch auf, intensivere Tests zu machen. Man kann nun unendliche viele a/b-Tests anlegen -was schnell unübersichtlich wird-, oder zur nächsten Testmethode greifen, dem multivariaten Testen. Das wiederum fiktive Beispiel in Abbildung 25.34 zeigt dieses Prinzip.

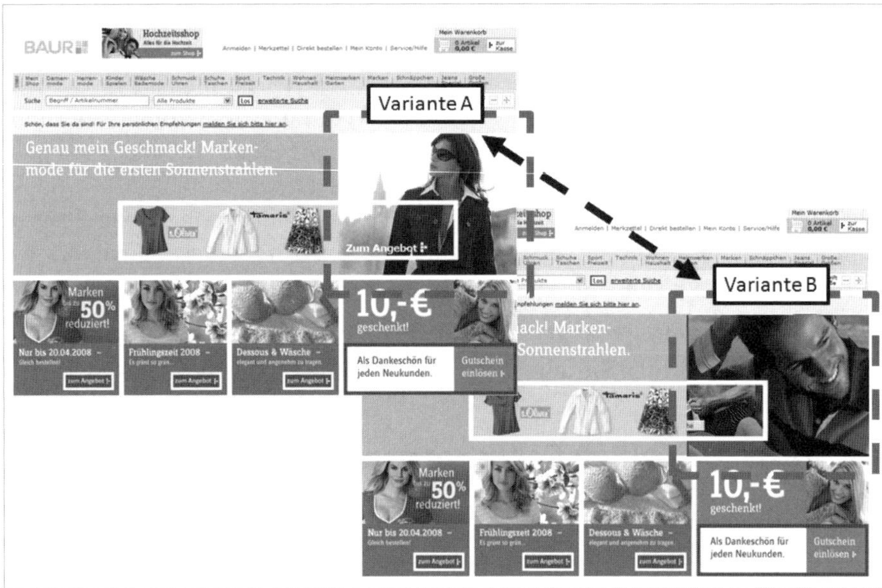

Abb. 25.33: Ein einfacher a/b-Test

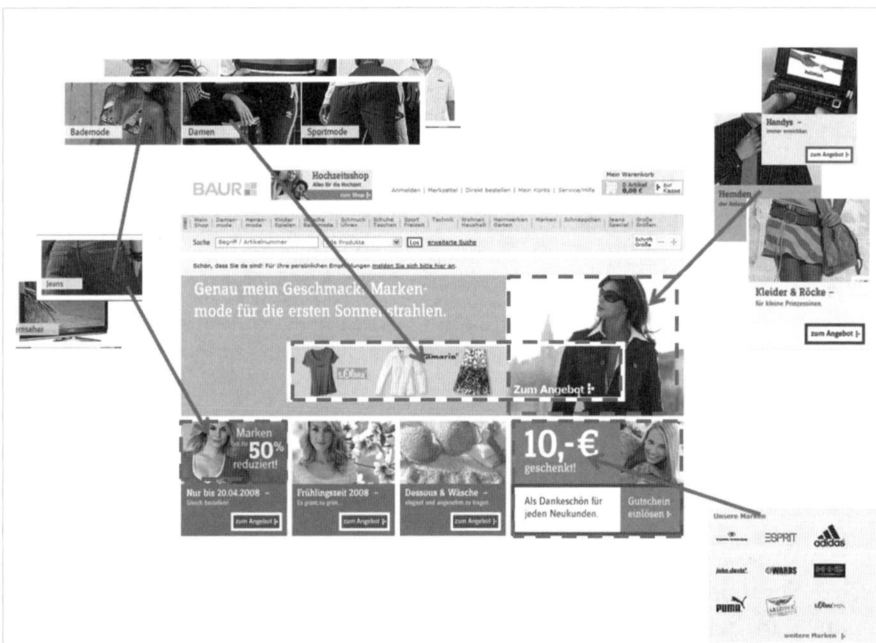

Abb. 25.34: Mehrere Elemente auf einer Seite gleichzeitig tauschen

Wie erwähnt, stellen viele professionelle Trackingtools hier für die Messung Unterstützung zur Verfügung. Das Konzept ist in der Regel immer gleich. Google stellt hier ein kostenloses Tool zur Verfügung, das man sofort einsetzen kann und daher zeige ich Ihnen die prinzipiellen Schritte anhand dieses Tools. Sie finden es unter `www.google.com/websiteoptimizer`. Dort können Sie die Sprache rechts oben bei Bedarf auf Deutsch umstellen. Wenn Sie so etwas also zunächst budgetschonend ausprobieren möchten, finden Sie hier einen guten Einstieg. Haben Sie bereits ein Trackingtool, sehen Sie dort nach, ob solche Tests unterstützt werden oder fragen Sie bei Ihrem Anbieter nach. Die Vorgehensweise ist wie gesagt in der Regel sehr ähnlich, so dass Ihnen der Transfer in Ihr aktuelles Tools sicher leicht gelingt.

Entscheiden Sie sich zunächst, welche Art Test Sie durchführen möchten (siehe Abbildung 25.35) und bereiten Sie diesen vor. Natürlich brauchen Sie erst Varianten von Webseiten, bevor Sie den Test anlegen bzw. starten können.

Einen a/b-Test durchführen

Das Anlegen eines a/b-Testes geht recht einfach und menügeführt, wie Sie in Abbildung 25.36 erkennen können. Sie müssen Ihren Test einen Namen geben, damit Sie ihn beim Anlegen mehrerer a/b-Tests gut unterscheiden können. Danach geben Sie den URL der Seite an, die Sie variieren möchten und natürlich alle URL der Testseiten, mit denen Sie die Originalseite vergleichen möchten. Anschließend müssen Sie noch eine Ziel-URL einer Seite angeben, mir der Sie die Konversion messen möchten. Das kann z. B. die Bestätigungsseite eines Newsletter-Abos sein, die letzte Seite bei einem Bestellprozess oder auch einfach die Kontaktseite.

Abb. 25.35: Die Einstiegsmaske des Website-Optimierungstools von Google

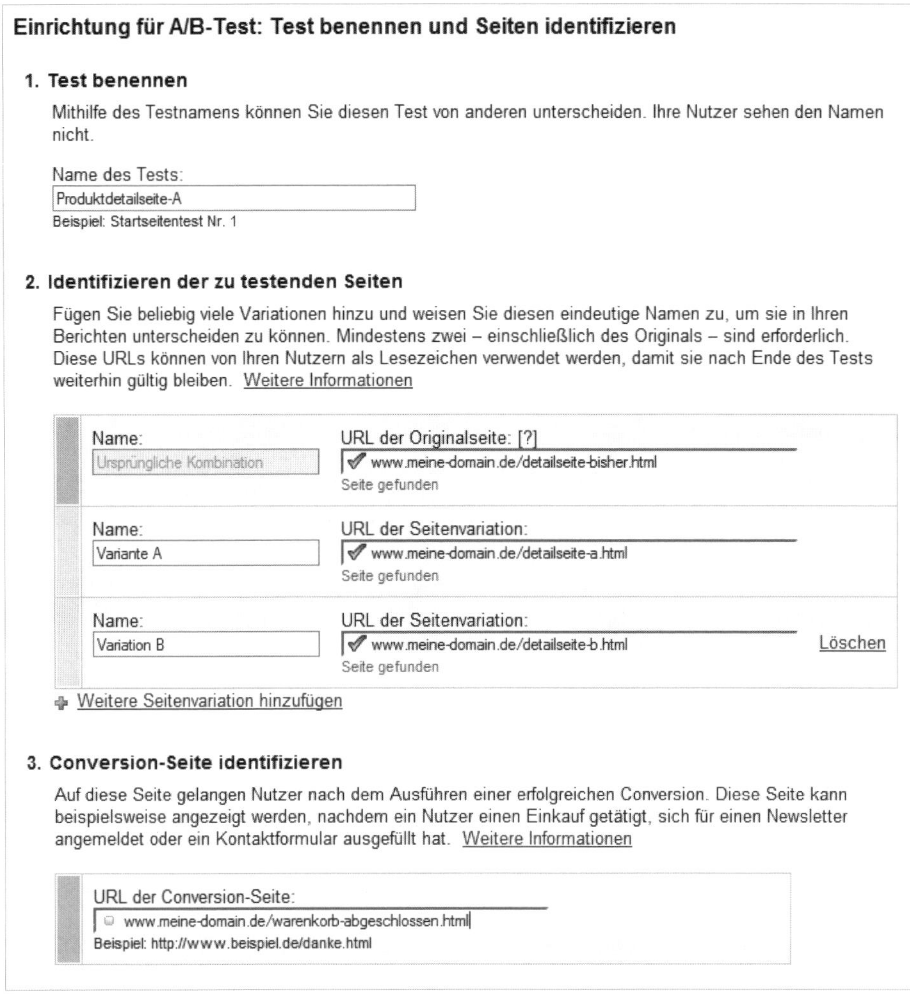

Abb. 25.36: Das Anlegen eines a/b-Tests

Das System tauscht nun die einzelnen Alternativen automatisch durch und prüft, bei welcher Alternative zu wieviel Prozent die von Ihnen angegebene Zielseite aufgerufen wurde. Der Test läuft so lange, bis statistisch genügend Daten gesammelt wurden und wird dann abgeschlossen. Am Ende können Sie in einem Bericht sehen, welche Alternative am besten konvertiert hat und diese dann fest in Ihren Webauftritt integrieren. Die Folge: Ihre Konversonsraten sind ab diesem Zeitpunkt an gestiegen.

Einen multivariaten Test durchführen

Das Anlegen eines multivariaten Tests ist ein klein wenig aufwendiger, weil man hier nicht einfach einzelne Webseiten mit ihren URL tauscht, sondern einzelne

Elemente auf einer Seite. Sie müssen sich also hier schon ein wenig mit HTML auskennen oder einfach Ihrem Programmierer oder Webdesigner auf die Nerven gehen. Wichtig ist auch hier, dass Sie vorab vernünftig planen und die einzelnen Alternativen, seien es Bilder oder auch Textvarianten, schon vorbereitet haben.

Abb. 25.37: Legen Sie Ihre Alternativen menügestützt an

Grundsätzlich müssen *vier* Schritte durchlaufen werden, in denen Sie menügeführt alle Alternativen frei anlegen können und die jeweiligen Codeteile für Ihre Webseite automatisch generiert bekommen (siehe Abbildung 25.37):

- In den Kopfbereich der Seite muss ein kleiner Scriptcode eingesetzt werden, der den Tausch automatisch steuert und die verschiedenen Varianten beim Aufruf der Seite erzeugt. Diesen Code bekommen Sie natürlich vorgefertigt angezeigt und müssen ihn nur noch in den Seitenquelltext einsetzen.
- Als nächstes müssen Sie vor und nach die zu tauschenden Elemente ein Scriptteilchen setzen. Das bedeutet, Sie fügen vor dem Element eine Codezeile ein und direkt danach noch eine. Diese Codeteile werden Ihnen ebenfalls vom System zur Verfügung gestellt. Sie müssen sie nur an den richtigen Stellen einkopieren. Wenn Sie z. B. ein Bild tauschen möchten, dann sieht das wie folgt aus:

  Vorher: <img src="/images/bild.jpg">

Nachher: <script>utmx_section("Ihr-Bildname")</script>
<img src="/images/ bild.jpg"> </noscript>

- Danach müssen Sie an das Ende des Seitenquelltextes noch einen Trackingcode einsetzen. Auch dieser wird Ihnen vorgegeben und Sie müssen ihn nur am Ende der Seite vor das schließende Body-Tag einkopieren.
- Als letzten Schritt kopieren Sie den angegebenen Konversionscode noch ans Ende des Quelltextes Ihrer Konversionsseite (mit der Sie den Erfolg der einzelnen Varianten messen wollen). Nun können Sie den Website-Optimizer prüfen lassen, ob alles korrekt eingetragen wurde (siehe Abbildung 25.38).

Bitte beachten Sie, dass laufende Tests nicht mehr inhaltlich geändert werden können, weil sonst das Ergebnis verfälscht würde. Schauen Sie also lieber mehrmals hin, ob alles so richtig und mit den richtigen Varianten versehen ist. Schnellschüsse kosten Sie nur unnötig Zeit!

Abb. 25.38: Eine Prüfroutine testet, ob alles geklappt hat

Nun gelangen Sie zum letzten Menü und können Ihren Test starten. Vorab sollten Sie noch auswählen, wie viel Prozent Ihrer Besucher statistisch einbezogen werden sollen. Vorbelegt ist 100%, was wohl in den meisten Fällen auch Sinn macht, weil die Ergebnisse so schneller vorliegen. Verdienen Sie mit Ihrer Webseite richtig Geld und wollen das Risiko eines spürbaren Umsatzeinbruchs (wenn Sie z. B. schlechte Alternativen ausgewählt haben, was sich dann erst im Nachhinein herausstellt) nicht eingehen, setzen Sie diese Zahl einfach nach unten. Damit läuft Ihr Test länger, aber Sie missbrauchen nicht alle Besucher gleichzeitig als Versuchskaninchen.

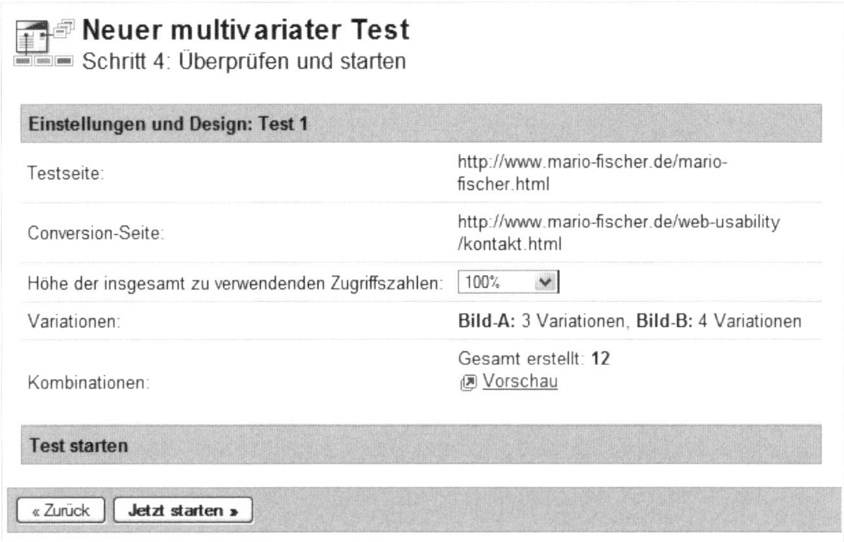

Abb. 25.39: Ein multivariater Test: Luft holen und Starten

In der Abbildung 25.39 sehen Sie in der Zeile »Variationen«, dass ich für mein Beispiel für Bild-A drei Variationen und für Bild-B vier Variationen vorgegeben habe. Unter »Kombinationen« kann man dann sehen, dass damit zwölf unterschiedliche Varianten möglich sind. Jedes A-Element wird also mit jedem B-Element kombiniert. Somit stellt man sicher, dass wirklich jede denkbare Variante auch tatsächlich ausgespielt und getestet wird. Über den Link »Vorschau« können Sie sich alle Varianten noch einmal vorab ansehen. Ist alles zu Ihrer Zufriedenheit, starten Sie den Test.

Danach bekommen Sie eine Übersicht, wie weit er jeweils schon fortgeschritten ist. Wurde eine statistisch genügende Anzahl an Besuchern gemessen, endet der Test automatisch und Sie können sich ansehen, welche der Varianten die Optimale ist. Ich bin überzeugt davon, dass Sie mit solchen Tests eine Menge über Ihre Website und das Verhalten Ihrer Besucher lernen können. Und ich bin weiterhin überzeugt, dass Sie bei vernünftig gestalteten Tests Umsatz-Blut lecken werden. Wenn Sie erst einmal verinnerlicht und erlebt haben, wie sensibel Besucher teilweise auf scheinbar kleinste Veränderungen reagieren - dann werden Sie Ihr Budget nicht mehr mit animierten Flash-Intros oder sonstigen Spielereien verschwenden. Sie werden testen, testen und nochmals testen. Und jedesmal Ihre Konversionsrate erhöhen. Am Anfang wegen des meit noch hohen Potentials stärker, gegen Ende weniger stark. Und das ist es, was Spaß macht: Aus bereits Vorhandenem mit geringsten Mitteln einfach deutlich mehr rausholen. Worauf warten Sie noch?

Teil IV

Optimierung: Werkzeuge zur Kontrolle und Empfehlungen

In diesem Teil:

Kapitel 26

Werkzeuge zur Auswertung des Besucherverhaltens

Vernünftige Werkzeuge zur Unterstützung der Optimierung der Usability sind wichtig. Manchmal auf den ersten Blick vielleicht auch nicht ganz billig. Trotzdem lohnt der Einsatz in aller Regel, weil man eigentlich nur so Inkonsistenzen und Fehler leicht aufspüren und damit aus den sowieso schon vorhandenen Besuchern durch eine Erhöhung der Konversionsrate einfach mehr Umsatz generieren kann. Sie brauchen daher transparente und einfach zu bedienende Softwaretools zur Analyse Ihrer Besucherbewegungen.

Vielleicht haben Sie für diesen Zweck ja schon eine leistungsfähige Software zur Verfügung. Oftmals bekommen Unternehmen von ihrem Provider oder der eigenen DV-Abteilung eine (nicht selten kostenlose) Statistiksoftware zur Verfügung gestellt, die ihnen Visits (Besuche), Visitors (einzelne Besucher) und Page Impressions (Seitenaufrufe) aufgrund der Logfiles des Webservers auswertet und in umfangreichen Zahlenfriedhöfen darstellt. Wie Sie nachfolgend sehen können, helfen Ihnen Zahlen, die auf diese einfache und billige Art gesammelt werden, in der Regel recht wenig.

Auch wenn Sie eine kleinere Webpräsenz betreiben, würde ich Ihnen daher empfehlen, sich solche leistungsfähigen Tools näher anzusehen, um die Effektivität und Effizienz Ihrer Maßnahmen kontrollieren und steuern zu können.

26.1 etracker: Was treiben Ihre Besucher eigentlich?

Ich bin bei Workshops oder Beratungen immer wieder erstaunt, wie wenig Unternehmen über ihre Besucher im Web wissen. Nicht selten bekomme ich einen Ausdruck über den Tisch geschoben, in dem mehr oder weniger übersichtlich aufbereitete Logfile-Analysen dargestellt sind. Ich hatte es ja schon mal erwähnt: Die meisten der Analysen sind

- viel zu unübersichtlich
- lassen keine vernünftigen Bewegungsmuster der Besucher erkennen
- machen keine Unterscheidung zwischen abfragenden Maschinen (zum Beispiel Suchmaschinen-Robots) und Menschen

- und laufen einen Tag hinterher, sind also nicht aktuell genug

Die meiste Begeisterung in meinen Workshops und Beratungen bekommt die Analysesoftware des Hamburger Spezialisten etracker (`www.etracker.de`).

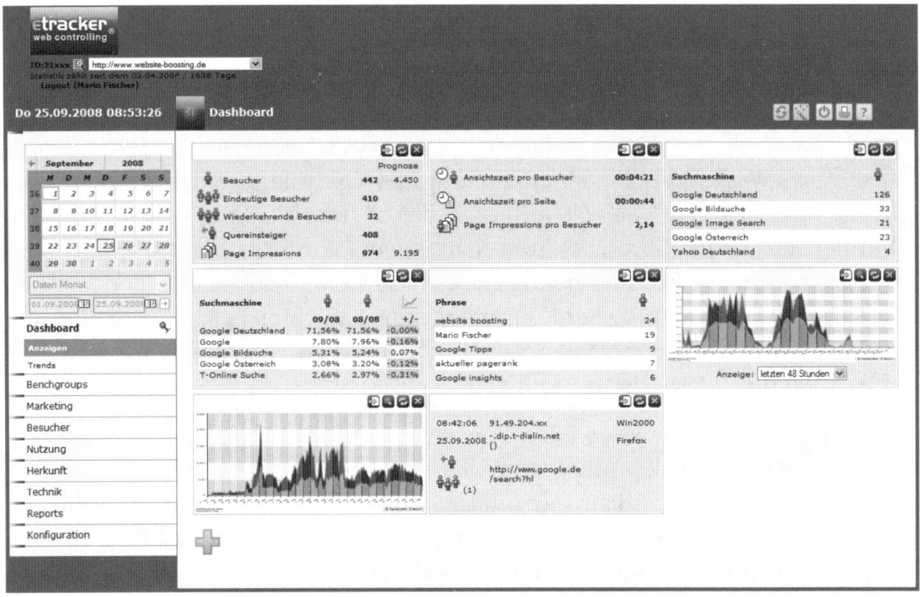

Abb. 26.1: Das Hauptmenü von etracker

In Abbildung 26.1 sehen Sie das Hauptmenü von etracker. Die Software läuft komplett auf den Servern des Anbieters und wird einfach nur über den Browser gesteuert. Eine Installation, das Einrichten von eigenen Datenbanken oder sonstige technische Kenntnisse sind also nicht erforderlich. Selbstverständlich kann und möchte ich hier nicht auf alle Einzelheiten dieses Tools eingehen und Ihnen nur einige ausgewählte Dinge zeigen. Sie können etracker drei Wochen kostenlos testen und sich dann entscheiden, ob und welchen Nutzen Sie davon haben. Die Preise sind recht variabel gestaltet und beginnen – je nach Umfang und benötigter Funktionalität – derzeit bei 1,11 € pro Monat und gehen bis etwa 500 € für das leistungsfähigste Paket. Vorsicht, wenn Sie die Website aufrufen: Auch hier konnte man sich nicht davon abhalten lassen, den Besuchern gleich beim Betreten der Site ungefragt Ton um die Ohren zu schmettern. Stellen Sie also Ihre Lautsprecher besser leise ...

Technisch gesehen bekommen Sie als Kunde einen kleinen Code-Schnipsel zur Verfügung gestellt, den Sie in Ihre Webseiten einfügen. Jedes Mal, wenn nun jemand Ihre Webseiten aufruft, wird durch den Code ein Zähl- und Erfassungsmechanismus bei etracker ausgelöst. Das bedeutet, die Auswertungen, die Sie von dort online erhalten, haben mit den Logfiles Ihres Webservers überhaupt nichts zu tun. Einer der größten Vorteile aus meiner Sicht ist, dass Anbieter wie etracker nur echte menschliche Besucher zählen und alle maschinellen Zugriffe auf Ihre Webseiten (wie erwähnt zum Beispiel die Robots, die E-Mail-Suchprogramme, die nur E-Mail-Adressen zum Spammen suchen, Überwachungsprogramme von Mitbewerbern [ja, so etwas gibt's!] oder die gehassten Seitenkopierer, die tonnenweise einfach nur Webseiten kopieren, um in Suchmaschinen besser dazustehen) außen vor lässt. Damit Sie sich vorstellen können, welche Dimensionen die maschinellen Zugriffe bereits bei einigen Websites erreicht haben, stelle ich Ihnen nachfolgend einmal eine klassische Logfile-Analyse und für den gleichen Zeitraum eine etracker-Analyse gegenüber.

Sie sehen in Abbildung 26.2 die Zugriffsauswertung eines Webservers, die mit dem kostenlosen Programm *Webalizer* gemacht wurde. Dieses Programm habe ich ausgewählt, weil es von vielen Providern eingesetzt wird, um ihren Kunden einen Überblick über die Zugriffe auf deren Website zu ermöglichen. Das Beispiel ist aus dem Jahr 2006, die Verhältnisse stimmen aber auch heute noch in etwa. Der maschinelle Traffic ist im Verhältnis sogar noch etwas gestiegen.

Summary by Month

Month	Daily Avg				Monthly Totals					
	Hits	Files	Pages	Visits	Sites	KBytes	Visits	Pages	Files	Hits
Apr 2006	47921	36203	13300	2215	3852	2439619	11076	66503	181016	239607
Mar 2006	51303	39839	13263	2634	15086	16610730	81654	411169	1235016	1590397
Feb 2006	43704	34505	8073	1768	13950	10948222	49515	226068	966159	1223717
Jan 2006	51311	41295	10731	1579	13587	17111814	48967	332668	1280150	1590648
Dec 2005	52033	43123	15397	1257	11132	28946898	38971	477307	1336840	1613030
Nov 2005	137879	128642	66810	3423	13109	86315433	102710	2004322	3859261	4136372
Oct 2005	46987	38117	13306	1600	12206	14959899	49617	412506	1181642	1456614
Sep 2005	49293	36756	9320	1778	13164	12450657	53369	279613	1102692	1478794
Aug 2005	79950	70834	32546	2686	13811	36255458	83292	1008945	2195880	2478478
Jul 2005	84074	71059	30096	5548	15379	24799055	172005	932983	2202843	2606315
Jun 2005	70073	59147	22269	149	9	12996492	4478	668082	1774436	2102201
May 2005	64627	56489	24164	139	10	12438733	3893	676603	1581702	1809574
Totals						**276273010**	**699547**	**7496769**	**18897637**	**22325747**

Abb. 26.2: Eine Logfile-Analyse mittels Webalizer

Sie sehen in Abbildung 26.2 beispielsweise, dass im März 2006 exakt 81.654 Visits (also Besuche) und 441.169 Pages (also Seitenaufrufe) registriert wurden. Nur zur weiteren Erklärung: Unter den linken vier Spalten unter DAILY AVG sind jeweils die Tagesdurchschnitte gezeigt, rechts davon unter MONTHLY TOTALS die absoluten, aufsummierten Werte. Über 80.000 Besuche auf der Website – das klingt doch richtig nett.

Werfen wir nun in Abbildung 26.3 einen Blick auf die Auswertung von etracker für den gleichen Zeitraum.

Monat			
04 - 2006	2.053	2.042 99%	8.508
03 - 2006	13.744	13.607 99%	65.598
02 - 2006	12.635	12.518 99%	66.492
01 - 2006	13.430	13.318 99%	69.694
12 - 2005	10.258	10.171 99%	48.124
11 - 2005	12.677	12.549 99%	61.314
10 - 2005	11.839	11.706 99%	59.157
09 - 2005	13.910	13.389 96%	70.594
08 - 2005	14.384	14.185 99%	71.177
07 - 2005	15.270	15.104 99%	81.059
06 - 2005	16.163	15.842 98%	73.876
05 - 2005	14.159	13.908 98%	68.656

Abb. 26.3: Besucher und Seitenaufrufe in etracker

Leider haben wir bei den Visits (Besuchen) und Visitors (Besuchern) eine kleine Unschärfe, weil Webalizer nur Visits ausgibt und etracker dagegen die Visitors darstellt. Im März 2006 waren es also in der etracker-Auswertung 13.744 Besucher. Davon kamen (die nächste Spalte) tatsächlich 99 Prozent nicht direkt über die Startseite in den Webauftritt, sondern waren so genannte Quereinsteiger. Kommen viele Besucher über Suchmaschinen zu Ihnen, werden Sie diesen Effekt auch bald kennen lernen. Über eine Suchmaschine kommt man eben in den seltensten Fällen direkt über den Haupteingang, sondern in der Regel direkt auf die Seite, die für den Suchbegriff angezeigt wurde. Für den Suchenden ist das auch gut so, denn er möchte sich normalerweise nicht durch den gesamten Auftritt klicken, sondern gleich auf der Seite landen, die die Information enthält, nach der er gesucht hat. Vergleichbar in beiden Analysen und interessant für unsere Erkenntniszwecke sind aber die Seitenaufrufe (Page Impressions). *65.598* Seitenaufrufe zeigt etracker in Abbildung 26.3 an. *441.169* waren es für den gleichen Zeitraum beim Webalizer! etracker zeigt also nur knapp 15 Prozent der Seitenaufrufe gegenüber der Logfile-Analyse mittels Webalizer an. Das kommt aber nicht daher, weil das Tool falsch zählt, sondern weil die »fehlenden« 375.571 Seiten von den oben erwähnten Maschinen aufgerufen wurden. Wenn Sie maschineller Traffic auf Ihren Seiten besonders interessiert, mag Sie das glücklich machen. Ehrlicher und für die Optimierung Ihrer Seiten besser ist der Wert von den etwas über 65.000 Seitenaufrufen.

Ich höre Sie förmlich »Autsch« rufen. Genau diesen Ausruf machen viele Webmaster, wenn sie zum ersten Mal einen Zählmechanismus wie diesen einbauen, der nur die Menschen auf der Website zählt. Die vorher ganz proper wirkenden Zugriffszahlen schmelzen nämlich nun dramatisch ab. Das kann anfangs schon kleine Wasserränder in den Augen geben – glauben Sie mir. Nur noch mal, damit jede Unklarheit ausgeräumt wird: Die hübschen Zugriffe auf Ihre Website in Programmen wie Webalizer und ähnlich arbeitenden Tools waren nie richtig. Sie haben sich damit schon immer unwissentlich in die Tasche gelogen. Noch dramatischer wird es, wenn Sie in etracker Ihre eigene IP-Adresse (bzw. die Ihres Unternehmens) und gegebenenfalls die Ihres Webdesigners von der Zählung ausschließen. Häufig rufen auch die eigenen Mitarbeiter die eigene Website auf. All das macht »Schein«-Traffic, den Sie natürlich ebenfalls ausklammern sollten.

Erst jetzt können Sie vernünftige Bewegungsanalysen vornehmen. Wie viele Besucher gehen von A nach B auf Ihren Seiten? Wo sind die Einstiegsseiten, wo steigen die meisten Besucher aus? Solange Sie auf Basis von unbereinigten Logfiles solche Analysen machen, analysieren Sie eigentlich nur die zufälligen Bewegungen von Maschinen, da diese statistisch in der Regel in der Überzahl sind und die »echten« Bewegungen der Menschen dominieren. Also am besten ab in die Tonne damit.

Eine faszinierende Sache ist es, einzelne Besucher live und in Echtzeit bei ihren Wanderungen durch die eigene Website zu »beobachten«. Mit etracker haben Sie dazu tatsächlich die Möglichkeit. Sie können auf der Ebene von Einzelbesuchern sehen, woher ein Besucher kommt (die Stadt), zum Teil von welchem Unternehmen und natürlich welche Webseiten er sich angesehen hat. Entsprechende Screenshots haben Sie ja schon weiter vorne im Buch sehen können. In Abbildung 26.4 sehen Sie noch mal beispielhaft einen Ausschnitt aus einem solchen Besucherprotokoll. Der Besucher aus Bonn, der über Google mit der Suche `Partikelrussfilter` auf die Site kam, war zum Zeitpunkt des Screenshots noch online, was man an dem Symbol neben dem Wort TRACKING erkennen kann.

Sie erhalten aber ebenso einen guten Überblick, woher Ihre Besucher tatsächlich kommen. Dazu gibt es zunächst eine Übersicht, die zeigt, wie sich die Eingangsströme verteilen. In Abbildung 26.5 können Sie beispielsweise sehen, dass etwas über 70 Prozent der Besucher tatsächlich über Suchmaschinen zu dieser Site gelangen. Das ist ein guter Wert für suchmaschinentauglich programmierte Webseiten. Liegen Ihre Werte deutlich unter 50 Prozent, sollten Sie etwas unternehmen. Je niedriger dieser Wert ist, desto schlechter steht Ihre Website in der Regel da. Das ist aber nur ein genereller Erfahrungswert und hängt von mehreren Faktoren ab. Sicherlich haben sehr bekannte Sites wie `bmw.de` oder `gesund-`

`heit.de` einen sehr viel höheren Anteil an Besuchern, die den Domainnamen direkt eintippen. In einer anderen Webpräsenz, deren Auswertung Sie in Abbildung 26.5 sehen, liegt dieser Anteil bei 31,73 Prozent. Dies ersehen Sie in der Zeile NICHT ERMITTELBAR /DIREKTEINGABE. Nicht ermittelbar heißt in diesem Fall, dass es keine Vorgängerseite gab, von der der Besucher auf die Site kam. Und dies ist der Fall, wenn er den Domainnamen direkt nach dem Öffnen des Browsers selber eintippt. Über Links von anderen Sites kamen 7,91 Prozent.

Abb. 26.4: Transparenz über die Besucher der Website

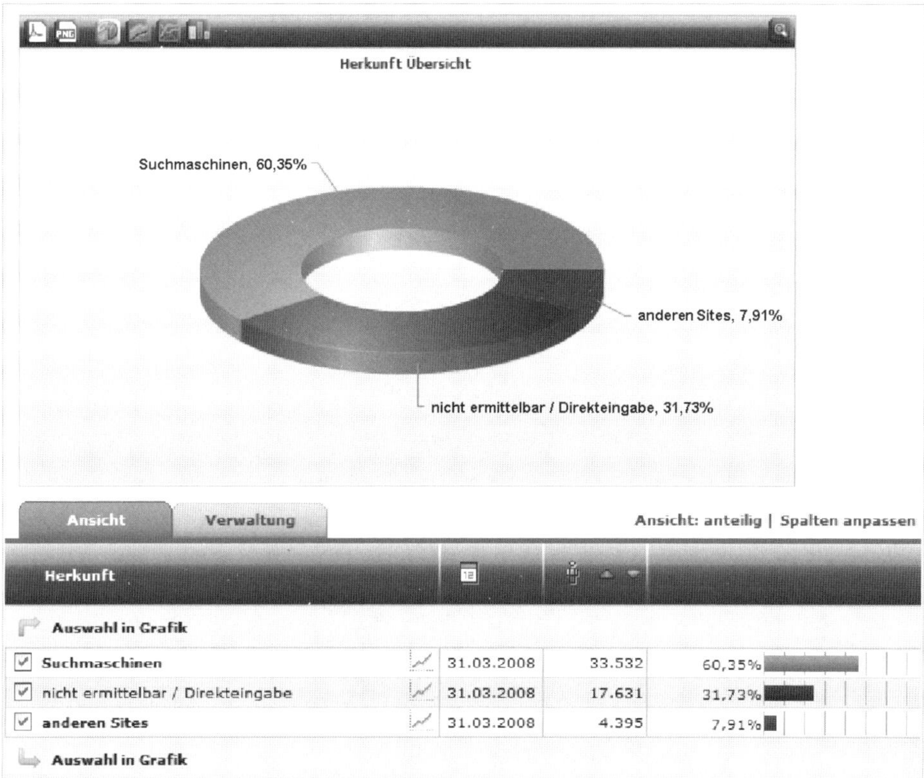

Abb. 26.5: Woher kommen die Besucher der Website?

Interessant wird es nun, wenn wir die erste Zeile SUCHMASCHINEN weiter aufschlüsseln und nachsehen, wie sich die 33.532 Besucher über die unterschiedlichen Suchmaschinen verteilen. Mit anderen Worten gehen wir nun der spannenden Frage nach, wie der tatsächliche, echte Marktanteil der Suchmaschinen bezogen auf diese eine betrachtete Webpräsenz sich zusammensetzt (vgl. Abbildung 26.6).

Nützlich ist vielleicht noch zu wissen, dass Sie zum Beispiel auch bei T-Online oder AOL die Suchergebnisse von Google angezeigt bekommen. Rechnet man alle Sites zusammen, die sich aus dem Google-Index speisen, kommt man hier auf über 95 Prozent Traffic, der direkt oder indirekt über Google kommt. Der »zweitgrößte« Trafficbringer über Suchmaschinen ist hier Yahoo! mit 2,35 Prozent Anteil. Diese Auswertung gilt natürlich streng genommen nur für die betrachtete Site. Wenn ich nicht wüsste, dass einige mit Steinen nach mir werfen würden, käme ich glatt in Versuchung zu behaupten, eine ähnliche Aufteilung kann man auf vielen Websites beobachten, zu deren Auswertungen ich Zugang habe. Aber diesen Gedankenfaden spinne ich hier lieber nicht weiter. Der in vielen Studien angegebene Marktanteil für andere Suchmaschinen liegt in der Tat (vor allem in anderen Ländern) viel höher und damit wollen wir es offiziell auch bewenden lassen. International betrachtet sieht eine solche Aufteilung natürlich anders aus. Vor allem in den USA liegen die Marktanteile von Yahoo! und MSN signifikant höher.

Auswahl in Grafik			
☑ Google Deutschland	31.03.2008	22.947	68,43%
☑ Google	31.03.2008	2.409	7,18%
☑ Google Bildsuche	31.03.2008	2.334	6,96%
☑ Google Österreich	31.03.2008	1.041	3,10%
☐ Google Image Search	31.03.2008	939	2,80%
☐ T-Online Suche	31.03.2008	880	2,62%
☐ Yahoo Deutschland	31.03.2008	789	2,35%
☐ Google Schweiz	31.03.2008	657	1,96%
☐ Windows Live Search	31.03.2008	479	1,43%
☐ MSN.de	31.03.2008	307	0,92%
☐ AOL Deutschland	31.03.2008	144	0,43%
☐ Altavista	30.03.2008	97	0,29%
☐ Freenet	31.03.2008	83	0,25%
☐ Lycos.de	31.03.2008	50	0,15%
☐ icq Search	31.03.2008	49	0,15%
☐ Yahoo	30.03.2008	42	0,13%
☐ Ask Jeeves	26.03.2008	39	0,12%
☐ Web.DE	31.03.2008	33	0,10%
☐ Google Niederlande	27.03.2008	26	0,08%
☐ Fireball	26.03.2008	25	0,07%
☐ Google Belgien	31.03.2008	22	0,07%
☐ MSN	25.03.2008	22	0,07%
☐ Google Italien	31.03.2008	17	0,05%
☐ ABACHO.com	25.03.2008	17	0,05%
☐ Google Frankreich	31.03.2008	15	0,04%
☐ MetaGer	29.03.2008	14	0,04%
☐ Google England	22.03.2008	13	0,04%
☐ all the web	27.03.2008	10	0,03%
☐ Bluewin.ch	29.03.2008	5	0,01%
☐ SweetIM	11.03.2008	4	0,01%
☐ Netscape Suche	21.03.2008	4	0,01%
☐ GMX	16.03.2008	3	0,01%
☐ AOL Search	22.02.2008	2	0,01%
☐ AllesKlar	27.02.2008	2	0,01%
☐ babylon Deutsch	27.03.2008	2	0,01%
☐ Exalead Deutschland	29.01.2008	2	0,01%

Abb. 26.6: Welche Suchmaschine bringt hier wie viele Besucher?

Sehen wir uns noch eine weitere Auswertungsmöglichkeit an, die Ihnen bei der Verbesserung der Usability wertvolle Dienste leisten kann: Die Anzeige der Klickpfade (vgl. Abbildung 26.7).

In Abbildung 26.7 sehen Sie die Bewegungen von Besuchern einer Site rund um die Startseite. Man kann erkennen, dass 73,96 Prozent der Startseitenaufrufe von »außen« kommen, der Rest verteilt sich über interne Rückkehrer zur Startseite. Die Seite »Bundles« hat mit 4,57 Prozent den höchsten Anteil der internen Seiten. Man sieht weiterhin, dass die Startseite mit 67,81 Prozent einen relativ hohen Anteil am Ausstieg (also dem Verlassen der Site) hat. Das könnte ein Hinweis dafür sein, dass die First-Impression, also der erste Eindruck vielleicht nicht richtig vermittelt wurde. Idealerweise ist der Kaufabschluss, das Newsletter-Abo oder auch die Kontaktseite (man suchte die Adresse oder Telefonnummer) der Ausstieg aus einer Website. Geht man von der Startseite in den rechten Teil der Abbildung, erkennt man, welche Seiten von der Startseite aus angeklickt wurden. In dem Beispiel ist die häufigste Seite »Bundles« (4,28 Prozent). In der Säule ganz rechts werden dann nochmal die nachfolgend angeklickten Seiten von »Bundles« gezeigt. 21,32 Prozent gehen wieder zurück zur Startseite, aber 5,95 Prozent klicken weiter zu »Bundles Big Deal«.

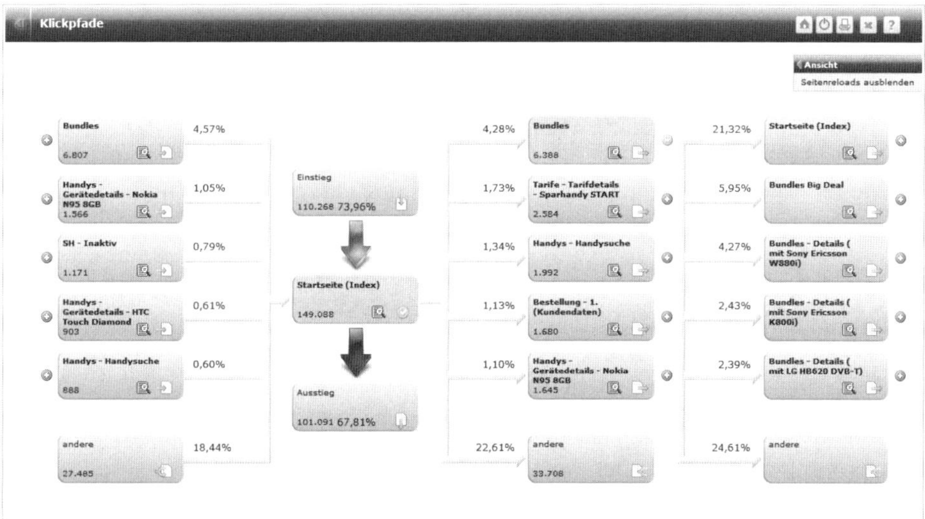

Abb. 26.7: Die Klickpfade innerhalb der eigenen Website

Jeder der in Abbildung 26.7 dargestellten Kästen mit den Seitennamen kann angeklickt werden und rutscht dann automatisch ins Zentrum der Betrachtung. Die anderen Seiten mit den entsprechend neu gerechneten Verhältniszahlen bauen sich dann darüber, darunter, links und rechts neu auf. So können Sie durch die Bewegungszahlen Ihres Webauftritts »surfen«. Wenn Sie nun (ernsthafte) Werbeaktionen machen oder auch gezielt die Usability einer Seite optimieren, können Sie mit dieser Analyse verfolgen, wie sich die Bewegungen der Besucher verändert haben. Sie sehen nun, ob diese zum Beispiel einen besser hervorgehobenen Link auf einer Seite tatsächlich besser wahrnehmen und häufiger benutzen.

Stellen Sie als Beispiel fest, dass von Ihrer Startseite nur vier Prozent Ihrer Besucher den Weg zu Ihrer Newsletter-Abo-Seite finden, und das erscheint Ihnen zu wenig, betrachten Sie Ihre Startseite kritisch unter diesem Blickwinkel. Vielleicht ist der Link links unten in der Navigation zu wenig prominent oder rechts oben einfach noch zu klein. Heben Sie den Hinweis auf den Newsletter optisch ein wenig hervor oder schreiben Sie einen kurzen Satz mit einem Link an eine gut sichtbare Stelle. Haben Sie viel Traffic auf Ihrer Site, können Sie vielleicht schon nach Stunden oder gar Minuten sehen, dass sich das Klickverhalten der Besucher ändert und der prozentuale Anteil des Aufrufs Ihrer Newsletter-Seite sich erhöht. Ob deswegen mehr Leute Ihren Newsletter abonnieren, hängt freilich auch davon ab, was sie sich davon inhaltlich versprechen und ob Sie die Hinweise im Kapitel über Newsletter nützlich fanden und einige davon umgesetzt haben. In jedem Fall erkennen Sie aber, ob Ihnen die gezielte Steuerung der Besucherströme auf Ihrer Site gelungen ist. In dieser Kombination lernen Sie am besten, wie Ihre Besucher »ticken«. Sie optimieren und sehen online in Echtzeit nach, ob und wie die Besucher darauf reagieren.

Treiben Sie fleißig Online-Werbung und lassen Sie sich alle relevanten Zahlen in flexiblen Übersichten über alle Kanäle (zum Beispiel E-Mail-Marketing, Pay per Click oder Bannerkampagnen) zusammenführen (Abbildung 26.8). So können Sie erkennen, welche Marketingkanäle und gegebenenfalls welche Partner Ihnen den meisten und vor allem den werthaltigsten Traffic bringen. Professionelle Online-Versender wissen solche übersichtlichen KUR-Ansichten (Kosten/Umsatz-Relation) ganz besonders zu schätzen.

Kampagne	Klicks Mehrfachklicks	Klickbetrug	Leads Conversion	Umsatz Post	Sales Conversion	Umsatz Post	Kosten KUR
Affiliate Marketing (2)	73.763 22.831	4%	10 0,01	955,76 271,54	755 1,02	95.819,26 54.586,34	37.191,09 2,58
E-Mail Marketing (2)	44.631 12.740	-	6 0,01	697,16 81,48	524 1,17	71.751,92 40.959,44	25.782,20 2,78
Newsletter Sommer Special Kanäle: 3	41.571 11.918	-	6 0,01	697,16 81,48	461 1,11	63.388,59 37.186,75	22.476,84 2,82
Newsletter Winter Special Kanäle: 2	3.060 822	-	0 0,00	0,00 0,00	63 2,06	8.363,33 3.772,69	3.305,36 2,53
Offline-Kampagnen (2)	9.145 3.074	-	4 0,04	485,32 385,09	160 1,75	27.868,26 12.266,71	10.132,57 2,75
Suchmaschinen (3)	149.103 40.407	-	192 0,13	44.837,07 18.544,22	976 0,65	321.448,97 235.544,22	53.414,26 6,02
Preissuchmaschinen (2)	64.283 18.749	-	14 0,02	1.593,08 792,52	780 1,21	89.250,85 40.651,06	53.414,26 1,67
Kelkoo 19.01.2004 - 31.12.2010, Kanäle: 3	54.911 15.646	-	13 0,02	1.493,88 693,32	694 1,26	78.402,19 35.330,53	49.121,48 1,60
Pangora Kanäle: 3	9.372 3.103	-	1 0,01	99,20 99,20	86 0,92	10.848,66 5.320,53	4.292,78 2,53

Abb. 26.8: Eine beispielhafte Kampagnenübersicht bei etracker

Auf zwei Neuerungen möchte ich Sie noch aufmerksam machen. Die meisten Sitebetreiber hängen relativ stark in der Luft, was die wettbewerbliche Interpretation ihrer Zahlen angeht. Sind 400 Besucher am Tag viel, wenn man einen Online-Shop für Schuhe betreibt? Sind es zu wenig, wenn man einen Modellbau-Shop hat? Ist ein durchschnittlicher Warenkorb mit 80 € ein guter Wert, wenn es um den Verkauf von Ersatzakkus geht? Hmmm ... Keine Ahnung, oder? Hier bietet etracker seit einiger Zeit so genannte Benchgroups an. Man kann sich für eine Branche anmelden und danach Vergleichszahlen sehen. Dazu werden die Daten aller Teilnehmer einer Branchen-Gruppe anonym in einen großen Topf geworfen und ein Durchschnitt gebildet. Diesen sieht man dann in seinen Auswertungen – aber eben gleichzeitig auch im Vergleich dazu die eigenen Zahlen. Keine Sorge, jeder sieht nur seine eigenen Zahlen und den Vergleich mit allen anderen. Es ist einem Mitbewerber nicht möglich, sich direkt mit Ihnen zu vergleichen.

Abbildung 26.9 zeigt beispielhaft den zeitlichen Verlauf der Höhe (also für wie viel die Kunden durchschnittlich einkaufen) des eigenen Warenkorbes im Vergleich mit den anderen angemeldeten Teilnehmern der Branche. Ein Shopbetreiber könnte hier ganz deutlich erkennen, dass die Warenkörbe der anderen im Schnitt etwa doppelt so hoch sind. Hier ist aus meiner Sicht deutlicher Analyse- und nachfolgend Handlungsbedarf angeraten. Denn auf Dauer wird man als solcher »Under-Performer« wohl finanziell nicht überleben können.

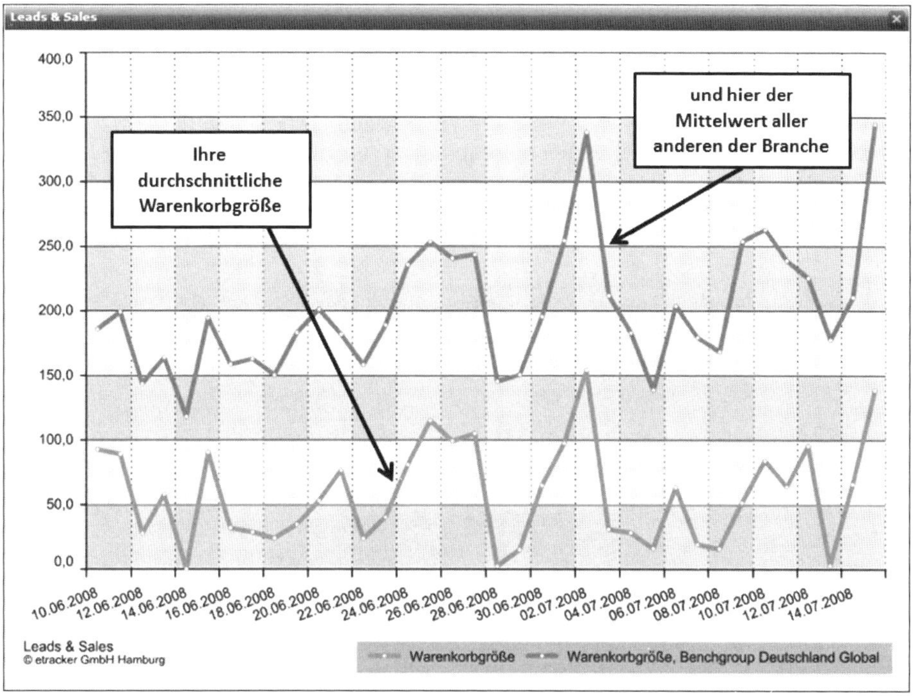

Abb. 26.9: Der eigene Warenkorb im Vergleich zur Branche

Einige der Benchgroups haben aktuell bisher nur wenig Teilnehmer, was mich extrem verwundert. Jeder jammert, keine vernünftigen Vergleichszahlen zu haben, um sich gegenüber den Wettbewerbern einsortieren zu können. Trotzdem werden solche extrem nützlichen Angebote noch viel zu oft übersehen. Der Ausprobier-Drang hält sich wohl bei vielen Shopbetreibern in Grenzen. Hallo Leute – einen Online-Shop erfolgreich zu betreiben ist noch immer Pionierarbeit! Damit meine ich nicht den Softwarekram, sondern wirklich das »Betreiben«. Etwas mehr Experimentierfreude! Nur darauf zu warten, dass einer läutet, der einem Empfehlungen auf einem Silbertablett bringt ... Ob das echter Unternehmergeist ist?

Eine weitere Neuerung ist »Visitor Voice«. Hierbei können die quantitativen Daten einer Website mit qualitativen Daten angereichert werden. Das funktioniert so, dass Ihren Besuchern beim Betreten der Website eine Dialogbox gezeigt wird. In dieser kann dann die Bereitschaft für eine kleine Umfrage bejaht oder verneint werden. Das Besondere dabei ist, dass bei positiver Bestätigung *erst beim Verlassen* der Website vier kurze Fragen gestellt werden:

- Wie ist der Gesamteindruck der Website?
- Was war das primäre Ziel des Besuchs?
- Wurde das Ziel erreicht? Und abhängig von dieser Antwort dann:
- Warum konnte das Ziel nicht erreicht werden *oder* was gefiel am meisten?

Die Ergebnisse dieser Umfrage kann man sich dann als Text oder als Grafik anzeigen lassen. Abbildung 26.10 zeigt eine Auswertung der zweiten Frage nach den primären Zielen. Man sieht hier beispielhaft, dass die meisten Besucher gekommen sind, um Preise zu vergleichen (42,75 Prozent) oder um Produktinformationen zu bekommen (28,99 Prozent).

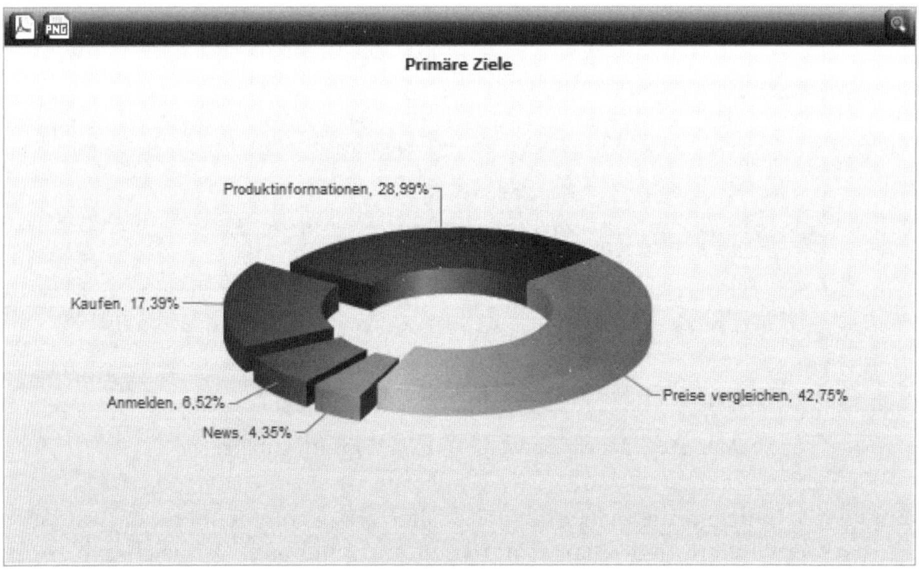

Abb. 26.10: Warum waren Sie auf dieser Website?

Prinzipiell scheint es mir eine gute Lösung zu sein, Menschen *nach* dem Besuch einer Website zu befragen. In der Regel poppen Aufforderungen für Umfragen beim Betreten der Website auf – und an dieser Stelle kann man beim besten Willen ja noch nicht wirklich etwas Substanzielles zur Site sagen (außer man ist ein Dauerbesucher). Der Grund, warum viele vielleicht trotzdem teilnehmen, sind die vielen Taschenmesser, iPods oder sonstigen Verlosungsversprechen. Wenn Sie eine solche Online-Umfrage starten, beobachten Sie Ihre Zugriffszahlen recht genau. Sollten diese unter Ihrem Wissensdurst leiden, wissen Sie wenigstens, was die Datenerhebung *wirklich* kostet. Und ob es gut ist, die Besucher gleich zusätzlich auch noch mit Werbe-Pop-ups zu belästigen, wie man in Abbildung 26.11 sehen kann – da bin ich wirklich unsicher ... Das ist dann vielleicht doch ein klein wenig zu viel des Guten. Solange man die zornigen Gesichter der Besucher nicht sieht, freut man sich aber bestimmt über eingenommene Werbegelder und gewonnene Daten. Vielleicht sollte man die Kunden mal fragen, ob sie vielleicht nicht doch nur schnell einen Zug buchen – und ansonsten ihre Ruhe haben wollen?

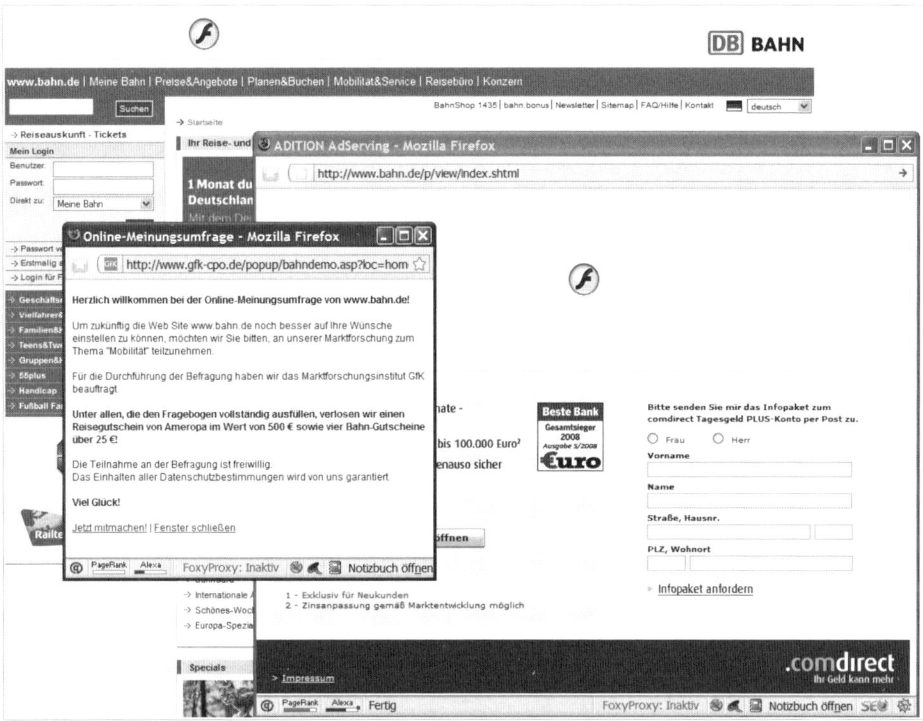

Abb. 26.11: Statt einen Zug zu buchen, füllt man lieber Umfragen und Tagesgeld-Plus-Formulare aus.

Im Laufe der Zeit werden Sie ein recht gutes und zuverlässiges Gefühl dafür bekommen, was funktioniert und was nicht. Diese Erfahrung können nur Sie selber machen, weil jede Website anders ist und auch der Ausschnitt der Besucher im Web bei Ihnen sehr individuell ist. Dieses Wissen ist sehr spezifisch und zugleich erfolgskritisch. Während andere (allgemeinen) Studienergebnissen hinterherlaufen, wissen Sie sehr viel besser, was Sie im Detail tun müssen, um die eine oder andere Besucherreaktion auszulösen. Dies ist der Jedi-Rat: Nutzen Sie die Macht!

26.2 Als anspruchsvolle Alternative: Nedstat

Um es gleich vorwegzunehmen: Dort, wo das normale Preismodell von etracker endet, beginnt in etwa das von Nedstat. Für Betreiber kleinerer Präsenzen ist es daher wohl weniger geeignet – außer, man ist bereit, für ein professionelles Tracking auch entsprechend zu investieren. Das Angebot »Nedstat Academy«, bei dem man unterschiedliche Kurse rund um das Thema Analytics buchen kann, zeigt auch recht deutlich die Zielrichtung. Hier geht es vor allem auch um eine inhaltliche Unterstützung des Sitebetreibers – das Thema Beratung wird sehr groß geschrieben. Das Dashboard (in Dashboards kann man sich eine individuelle Ansicht über die wichtigsten Zahlen zusammenbauen) zeigt, dass sich Zahlen recht gut visualisieren lassen (siehe Abbildung 26.12). Somit kann man sich schnell einen optisch orientierten Überblick verschaffen, wie die eigenen Webseiten gerade laufen.

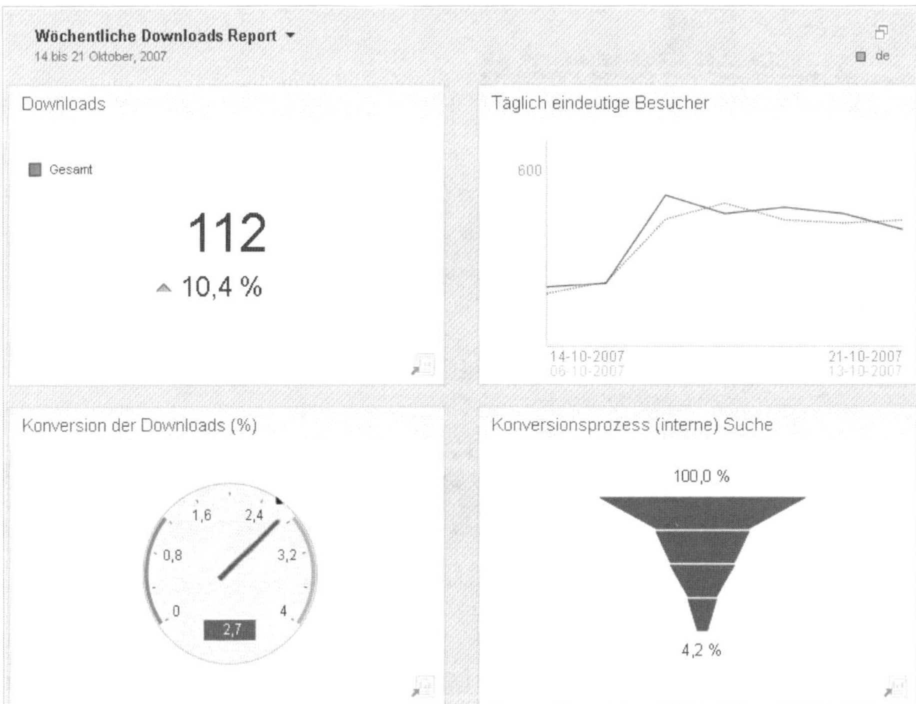

Abb. 26.12: Ein mögliches Dashboard bei Nedstat

Besonders spannend bei Nedstat finde ich persönlich den so genannten Funnel Recorder. Damit lassen sich besonders wichtige Prozesse, zum Beispiel der virtuelle Gang vom Warenkorb zur endgültigen Bezahlung, gesondert aufzeichnen und damit wertvolle Daten recht einfach gewinnen. Wie auch etracker stellt Nedstat ein

Website-Overlay zur Verfügung. Das ist vereinfacht ausgedrückt eine transparente elektronische Folie, die man über die eigene Webseitenansicht gelegt bekommt. Auf dieser zweiten Schicht werden dann Klickaktivitäten der Besucher in verschiedener Art und Weise visualisiert. Eine solche Ansicht finden Sie beispielhaft in Abbildung 26.13, wo Sie rechts oben auch den Funnel Recorder sehen können. Die großen, über die Webseite gelegten Kreise (im Original farbig) zeigen an, wo und wie intensiv die Besucher auf einer Webseite klicken.

Abb. 26.13: »Direct View« bei Nedstat

Die meisten Anbieter von Tracking-Tools geben Ihnen die Möglichkeit, Ihre eigene Benutzeroberfläche mehr oder weniger stark Ihren Informationsbedürfnissen anzupassen. Für wichtig halte ich die Möglichkeit, dass man selber recht einfach Trichteranalysen (Funnel) einrichten kann. Jeder Sitebetreiber hat ja in der Regel eine Vorstellung, wie sich die Masse der Besucher durch die eigenen Webseiten bewegen *sollte*. Mit dem Anlegen von solchen Idealpfaden kann man diese Wege gesondert überwachen und beobachten, ob und zu welchem Prozentsatz die Besucher sich tatsächlich so verhalten. Da die Visualisierung der Prozentwerte, die sich bis zum Ende des Pfades bewegen, in der Regel wie ein Trichter aussieht, spricht man hier auch von Trichteranalysen.

In Abbildung 26.14 sieht man das Anlegen eines solchen Trichters beispielhaft. Das Zusammenstellen der einzelnen Filter erfolgt dabei ähnlich zum Beispiel dem Einrichten von Regeln in MS Outlook. Eine solche Regel beziehungsweise ein Trichterpfad könnte lauten: *»Zeige mir alle Besucher, die über einen organischen (unbezahlten) Suchtreffer bei Google oder Yahoo! gekommen sind, die sich danach die Seite A angesehen haben, anschließend ein Produkt in den Warenkorb gelegt, ihre Adressdaten eingegeben, die Bezahldaten hinterlegt, die Seite mit der Zusammenfassung aufgerufen und die Bestellung anschließend abgeschickt haben«.*

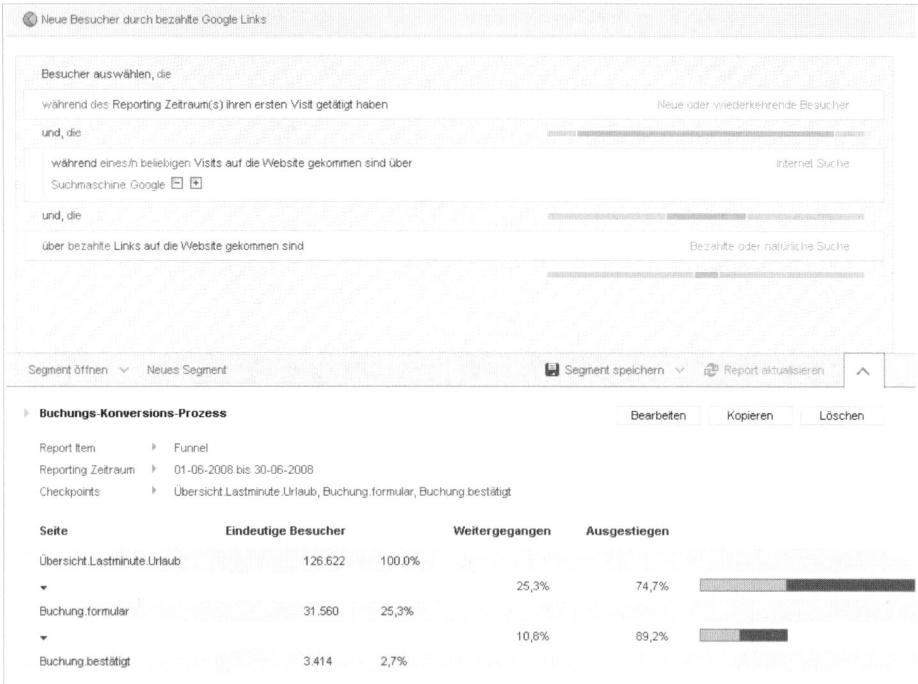

Abb. 26.14: Das Einrichten eines Trichters bei Nedstat

Selbstverständlich werden nicht alle Besucher, die über den definierten Weg gekommen sind, auch eine Bestellung abschließen. Wie viele Besucher auf jedem Schritt bis zum Ende an jedem Einzelschritt den Pfad verlassen, kann man sich dann über einen solchen Trichter visualisieren lassen. Ein einfaches Bild sehen Sie rechts unten in Abbildung 26.12 auf Seite 704.

Eine große Stärke bei Nedstat liegt wohl auch darin, die Nutzung von Bewegtbildern (vulgo: Videos) recht genau zu tracken. Während jeder Klick oder das Anzeigen eines Bildes ja recht einfach zu messen ist, stellen Videos höhere Anforderungen an die Datenerhebung. Hier interessiert den Seitenbetreiber oder auch den Werbetreibenden, der den Film zur Verfügung stellt, wie viele Besucher den Film überhaupt bis zum Ende gesehen haben beziehungsweise wie lange der

Film im Durchschnitt betrachtet wurde. Abbildung 26.15 zeigt einen Teil einer solchen Auswertung beispielhaft.

Abb. 26.15: Wie lange wurde ein Video angesehen?

Natürlich sind etracker und Nedstat bei Weitem nicht die einzigen Anbieter für Tracking-Lösungen. Im übernächsten Abschnitt finden Sie noch einige andere Alternativen. Ich empfehle Ihnen in jedem Fall, sich die Leistungen genau anzusehen und sich zunächst die Anbieter herauszufiltern, die Ihnen passend erscheinen. Die meisten bieten einen kostenlosen Testzeitraum an, den Sie vielleicht auch wirklich nutzen sollten. Erst danach würde ich auf den Preis schauen, denn erst hinterher können Sie wirklich beurteilen, ob das Angebot Ihren Preis-Leistungs-Vorstellungen genügt. Na ja, einen kurzen Blick sollten Sie vorab vielleicht schon auf die Kosten werfen. Wenn Sie eine kleine Hobby-Seite betreiben, kommen fünfstellige Beträge pro Jahr sicherlich für Sie nicht unbedingt in Frage. Das ist auch richtig so.

26.3 Die kostenlose Alternative: Google Analytics

Sicher haben Sie schon von Google Analytics gehört. Vielleicht setzen einige von Ihnen diese Tracking-Alternative ja auch schon ein. Google stellt seit dem Jahr 2006 eine Website-Analysesoftware durch die Übernahme des Unternehmens Urchin allen Benutzern mit einem Google-Account kostenlos zur Verfügung. Man schätzt, dass mittlerweile mindestens 2/3 der gut laufenden Webangebote in Deutschland Google Analytics einsetzen. Die Nutzung der Software kostete vorher etwa 500 Dollar – nun kostet sie nichts mehr. Entsprechend dem vorherigen Preis war diese Software bereits zum Start sehr mächtig und wurde seither kontinuierlich ausgebaut.

Einen Zugang finden Sie unter `http://www.google.com/analytics/de-DE`. Sie finden dort auch unten links einen »Produktrundgang«, der Ihnen in kurzen

Videosequenzen zeigt, was Sie mit Google Analytics alles machen können. Leider ist der Sprecherton in englischer Sprache.

Abb. 26.16: Google Analytics

Sie sehen in Abbildung 26.16 das Dashboard von Google Analytics. Ich muss zugeben, dass ich wegen der in Deutschland noch immer recht unsicheren Rechtslage dieses Tool nur selten einsetze. Während Unternehmen wie etracker damit werben, dass ihre Tracking-Software vom zuständigen Landesdatenschutz-Beauftragten geprüft und hinsichtlich des Datenschutzes für sicher befunden wurde, erhält man zu Google Analytics in dieser Hinsicht – was deutsches Recht angeht – bisher keine eindeutig verlässlichen Aussagen. Und da die Daten in den USA gespeichert werden, begibt sich ein Webmaster möglicherweise auf datenschutzrechtlich unsicheres Terrain. Daher kann ich Ihnen hier nur die Auswertung eines Testaccounts zeigen, den ich für diesen Zweck angelegt habe.

Trotzdem muss man konstatieren, dass Google Analytics einen wirklich umfassenden Überblick über die Bewegungen auf Webseiten zur Verfügung stellt. Abbildung 26.17 zeigt einen kleinen Ausschnitt. Selbst zunächst exotisch klingende Berichte wie Besuchstiefe, Besuchertreue oder absolut eindeutige Besucher machen bei näherer Betrachtung durchaus Sinn. Vor allem kann man an solchen Stellen die Auswirkungen von Änderungen an den Webseiten sehr detailliert verfolgen und analysieren.

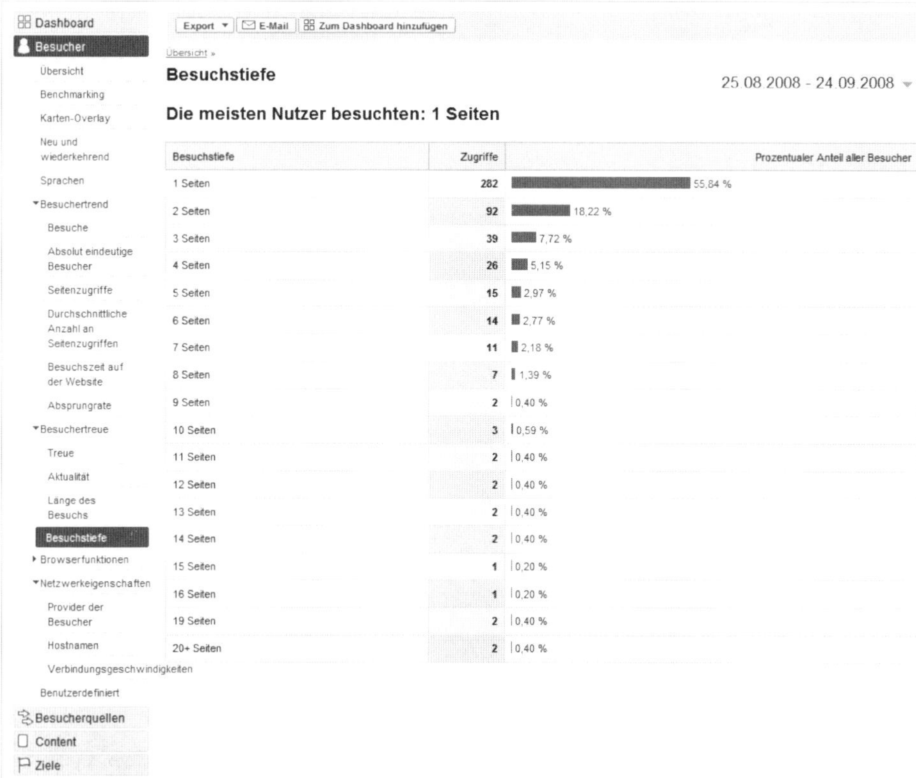

Abb. 26.17: Google Analytics hält umfassende Auswertungen bereit.

Auch Google stellt Benchmarks zur Verfügung. Man sucht sich dafür aus einer interaktiv klickbaren Liste die Unterkategorie aus, zu der die eigene Website thematisch am besten passt. Anschließend bekommt man mit zwei grafischen Linien die eigene Site im Vergleich zum Branchenschnitt angezeigt. Interessant ist dabei, dass Google Analytics automatisch darauf achtet, dass nur Sites mit ähnlichen Besucherzahlen verglichen werden. Dabei werden die Sites nach der Anzahl der Zugriffe in drei Kategorien (klein, mittel und groß) eingeteilt. Das macht durchaus Sinn. Wenn Sie einen kleinen Shop betreiben und mit den großen Versendern verglichen werden, würde Ihnen das Betrachten von Benchmark-Grafiken wohl den Spaß verderben – und Ihnen ein völlig falsches Bild vermitteln. Spannend ist es sicher, wenn Sie durch steigenden Traffic in die nächste, höhere Kategorie »aufsteigen«. Während Ihre Vergleichszahlen noch gestern hervorragend waren, sehen sie dann am nächsten Tag möglicherweise ganz furchtbar unterdurchschnittlich aus. Falls also nicht auch gleichzeitig Ihre Besucherzahlen eingebrochen sind (was man ja unschwer sehen kann) und sich Ihre Benchmarks plötzlich dramatisch verschlechtert haben, dann freuen Sie sich. Man hat Sie in die nächste Klasse befördert und nun haben Sie wieder eine Menge Arbeit und ein neues, großes Ziel vor sich. Dumm nur, wenn Sie Benchmark-Übersichten in Ihre Management-Reports eingebunden haben und nun dem Vorstand erklären müssen, warum sich die Vergleichszahlen so drastisch verschlechtert haben.

Abb. 26.18: Benchmark-Kategorien bei Google Analytics auswählen

Hinweis

Hmmm ... Man muss sich bei Google Analytics ja nicht wie zum Beispiel bei etracker selber aktiv einer Gruppe zuordnen. Trotzdem kann man sich mit allen anderen Websites gruppenweise vergleichen. Wenn wir mal davon absehen, dass viele Menschen all diese Webseiten angesehen und eine Kategorisierung vorgenommen haben – dann müssen es Algorithmen sein. Noch mal: Hmmm ... Google ist anscheinend mittlerweile in der Lage, eine Branchenzuordnung einer Website maschinell vorzunehmen? Sehen Sie sich mal die vielen unterschiedlichen Kategorien an. Und wundern Sie sich genauso wie ich. Trotzdem kann ich mir nicht vorstellen, dass man derzeit schon eine wirklich saubere maschinelle Trennung hinbekommt. Die angezeigten Vergleiche sollte man meiner Ansicht nach also immer mit einem wachen Auge betrachten. Reine Zahlengläubigkeit ist wie immer bei der Analyse keine gute Strategie.

Wie bei den meisten anderen kostenpflichtigen Anbietern können Sie selbstverständlich auch bei Google Analytics individuelle Ziele für Trichteranalysen erstellen (siehe Abbildung 26.19). Das geht recht einfach und auch Anfänger dürften damit keinerlei nennenswerte Probleme haben. Haben Sie Ihre Ziele beziehungsweise die Wege dorthin festgelegt, bekommen Sie zusätzliche, grafisch aufbereitete Auswertungen über den Zielerreichungsgrad und die Absprungraten für jeden einzelnen von Ihnen hinterlegten Schritt. Diese werden, wie in Abbildung 26.19 ersichtlich ist, einfach in Form von einzelnen Webadressen hinterlegt. Jeden dieser Schritte können Sie mit einem kurzen Namen versehen, der Ihnen dann in der späteren Trichterdarstellung angezeigt wird.

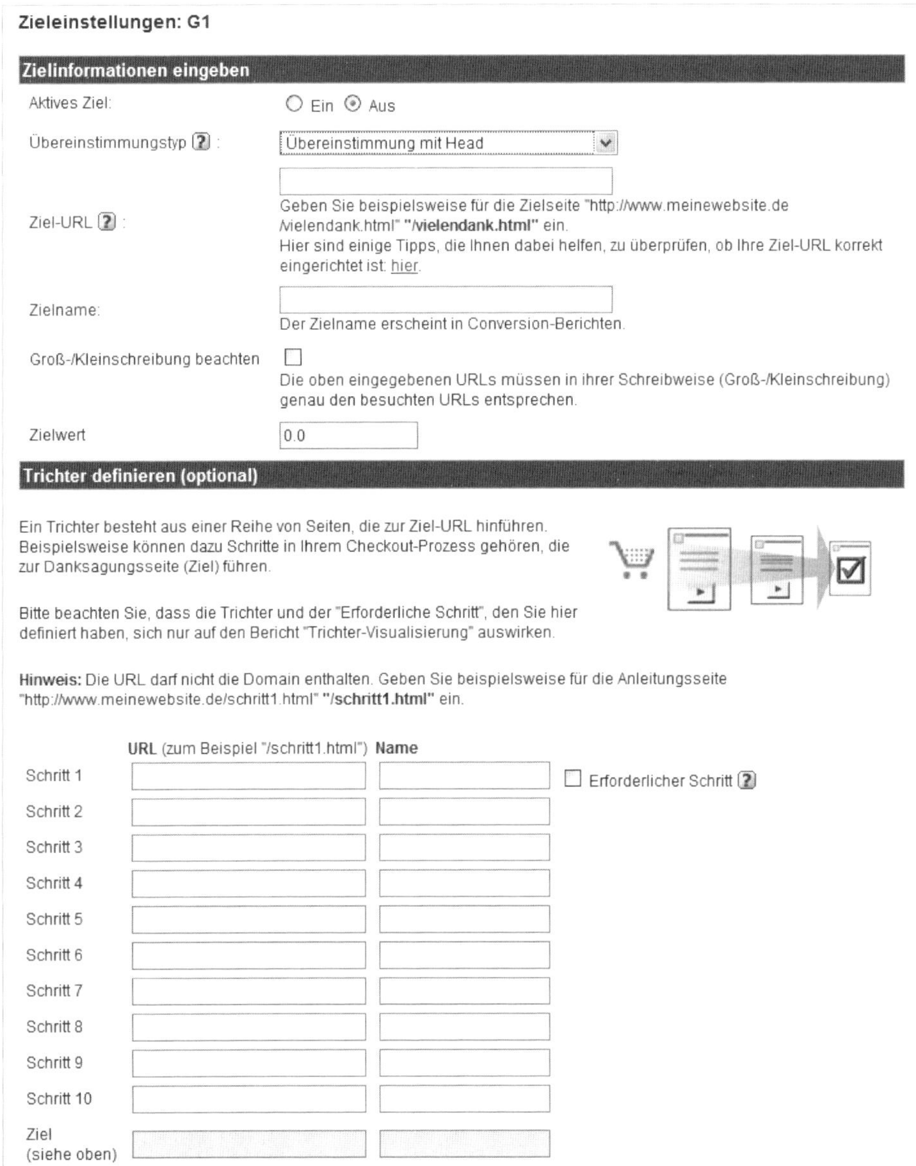

Abb. 26.19: Zielpfade für Trichteranalysen bei Google Analytics definieren

Der vielleicht größte Vorteil von Google Analytics ist natürlich die nahtlose und extrem einfache Integration, wenn Sie auch Google-AdWords-Kampagnen einsetzen. Wenn Sie für AdWords und Google Analytics den gleichen Google-Account verwenden, werden alle Verbindungen praktisch automatisch hergestellt. Am besten kann man dies über das AdWords-Konto bewerkstelligen. Von dort aus lässt sich ein AdWords-Account mit einem Analytics-Account verbinden. Alle wichtigen Daten, die dort anfallen, zum Beispiel die Konversionsraten Ihrer Keywords, finden Sie hier zusammen mit anderen notwendigen Analysedaten auf einen Blick. Dieses perfekte Zusammenspiel finden Sie meines Wissens nach nur hier. Aber das verwundert natürlich auch nicht, da beide Produkte bekanntlich aus einem Haus stammen.

Hinweis

Wenn Sie den Tracking-Code von Google Analytics in Ihre Webseiten einbauen, müssen Sie sich bewusst machen, dass ab diesem Moment Google den vollständigen Überblick über alle Bewegungen auf Ihrer Webpräsenz hat. Alle Informationen, die Sie über Ihre Webseiten bekommen, liegen damit auch bei Google vor. Die Zeitschrift *Internet World Business* hat in ihrer Ausgabe 18/08, Seite 1 den Google-Sprecher Kay Overbeck mit den Worten zitiert: »*Es gibt keine individuellen Auswertungen auf Rechnern und es erfolgt keine Verknüpfung von Daten.*« Trotzdem ist es natürlich verständlich, wenn es Experten nicht für völlig abwegig halten, dass diese Zusatzinformationen irgendwann möglicherweise auch einmal in die Berechnung des Rankings einfließen *könnten*. Wenn Sie Google also nicht die volle Transparenz über alle Bewegungen auf Ihrem Webauftritt geben möchten, würde ich Ihnen raten, eher auf einen anderen Anbieter auszuweichen. Generell muss natürlich darauf hingewiesen werden, dass auch bei anderen Anbietern Daten über Ihre Webseiten anfallen und gespeichert werden (müssen). Behalten Sie im Kopf, dass Google Analytics aktuell keine Echtzeit-Daten liefert. Sollten Sie für echtes Performance-Marketing hierauf angewiesen sein, scheidet der Einsatz aus diesem Grund derzeit sowieso aus.

Nach den mir vorliegenden inoffiziellen und unbestätigten Informationen besteht der Hauptzweck von Google Analytics zum einen darin, vor allem den AdWords-Werbekunden eine umfassende Hilfe zur Transparenz und für die Optimierung an die Hand zu geben. Der andere Zweck dient wohl dazu, mehr über die Bewegungen von Menschen über Websites zu lernen. Google hat ja bekanntermaßen einen unbändigen Antrieb, immer besser zu werden und sich niemals auf Erfolgen auszuruhen. Um noch bessere Suchergebnisse zeigen zu können, ist es durchaus nützlich, mehr über das Verhalten von Besuchern auf Websites zu erfahren. Das mag vielen Menschen vor allem in Deutschland unbehaglich erscheinen. Das Ziel ist es aber hier wohl eher, statistisch auswertbare Massendaten zu gewinnen und nicht einzelnen Menschen hinterherzuschnüffeln.

Solche Daten interessieren wahrscheinlich eher den Nachbarn, den Lebenspartner oder den Chef. Und aus diesen gedanklichen Umfeldern entsteht wohl auch das im Ausland unter dem Begriff »German Angst« geführte Phänomen.

Damit darf man den hiesigen Datenschutz keinesfalls abwerten. Im Gegenteil. Im Gegensatz zu den USA, wo Kundendaten zum Teil frei verkäuflich an jeder Wursttheke erworben werden können, versuchen uns hier entsprechend scharfe Gesetze vor solchen Auswüchsen zu schützen. Ob dies immer gelingt, ist eine andere Frage. Wer jedenfalls in puncto Datenschutz völlig auf Nummer sicher gehen möchte, sollte sich vielleicht mit dem Gedanken tragen, die Bewegungsdaten seiner Website besser einem deutschen, zertifizierten Unternehmen anzuvertrauen.

Die einzige Alternative ist tatsächlich nur die (interne) Analyse der auf dem eigenen Webserver anfallenden Logfiles. Dabei muss man aber leider in der Regel auf wertvolle Zusatzinformationen (zum Beispiel geografische Auswertungen auf Städteebene) verzichten, um die die professionellen Anbieter die Daten anreichern. Und natürlich ist längst nicht sicher, dass Ihr Webserver nicht doch von bösen Buben gehackt werden kann und die Daten ihren Weg nach draußen finden.

26.4 Weitere Programme für die Analyse des Besucherverhaltens

Natürlich gibt es nicht nur die drei oben kurz und *exemplarisch* vorgestellten Anbieter. Der Markt hält ein breites Angebot an Programmen vor, die sowohl online also auch offline eine Analyse der Bewegungen Ihrer Besucher auf Ihren Webseiten erfassen, analysieren und in komprimierter Form darstellen.

Leider kann ich Ihnen nicht alle Anbieter vorstellen. Nachfolgend gebe ich Ihnen daher einen kleinen und mit Sicherheit unvollständigen Überblick. Fast alle Hersteller haben aber Demos oder einen kostenlosen Testzeitraum im Angebot, so dass Sie sich bei Interesse einen eigenen Eindruck von der Leistungsfähigkeit des jeweiligen Produktes machen können:

- Webedition mit dem Programm pagelogger, zu finden unter: `www.webedition.de/de/products/pageLogger/index.php`
- Der Schweizer Anbieter partekk mit WebTrends, zu finden unter: `www.partekk.ch/produkte.asp?id=62`
- Econda mit Econda Monitor: `www.econda.de`
- Moniforce mit webSensor Enterprise: `www.moniforce.de/l_sungen/web_analytics_2/websensor_enterprise_2` (Noch ein Hinweis: Das feh-

lende »ö« bei *l_sungen* in der Webadresse, das durch einen Unterstrich ersetzt wurde, ist kein Druckfehler. Sie müssen es wirklich so eingeben.)

- Der niederländische Anbieter Opentracker.net mit Opentracker: `www.opentracker.de/de`
- Und last but not least die Firma Omniture, die sich mit ihrem SiteCatalyst vor allem vom umfassenden Angebot her und auch preislich gesehen für die intensive Messung von großvolumigen Websites eignen dürfte. Einen Überblick können Sie sich unter `www.omniture.com/de` verschaffen.

Ich kann es mir nicht verkneifen, zusammen virtuell mit Ihnen zu schmunzeln, wenn Sie einige dieser Webseiten besuchen. Nach dem Wissen, das Sie nun nach der Lektüre dieses Buches haben, werden Sie unschwer erkennen, dass einige Anbieter offenbar die eigene Analysesoftware noch nicht zielgerichtet genug einsetzen. Sonst würden sie das Verbesserungspotenzial erkennen, dass ihre Webseiten hinsichtlich der Usability für potenzielle Käufer noch bieten. Aber da sich der Spruch mit dem Schuster und den schlechten Schuhen anscheinend immer wieder wiederholt und auch ich mich von diesem Phänomen nicht ausnehmen möchte, bin ich an dieser Stelle lieber jetzt selber still ;-)

Noch ein wichtiges Wort zum Schluss: Machen Sie nicht den Fehler, eine beobachtete Konversion immer nur dem letzten Werbemittel (also zum Beispiel einem Bannerklick oder einem AdWord) zuzuordnen. Der »Last-Ad-Klick« ist nicht immer für den Erfolg einer Werbemaßnahme ursächlich. Bedenken Sie, dass Ihre Besucher möglicherweise vorher schon durch andere Aktionen auf Sie und Ihre Produkte aufmerksam geworden sind. Als eingängiges Beispiel mag man sich denken, dass eine Print-Werbung neugierig gemacht hat und man nun über eine Suchmaschine Ihre Webseite oder das in der Werbung angepriesene Produkt sucht. Klickt der Besucher dann auf eine Pay-per-Click-Werbung, könnte man beim starren Blick auf die Auswertungen der Analyseprogramme auf den Gedanken kommen, Printwerbung wäre unnötig und Online-Werbung wäre zu intensivieren. Lassen Sie andere Werbeformen weg oder fahren deren Budget stark zurück, könnten auch die Klicks auf die Online-Werbung zurückgehen. Eine der (wirklich) größten Herausforderungen besteht daher darin, den richtigen Mix und, wenn möglich, auch eine eher dynamische Budgetverteilung vorzunehmen. Versuchen Sie daher, wenn möglich, die vollständige Werbe-Historie zu betrachten. Analysieren Sie nicht nur den Weg vom letzten Werbeklick zum Kauf, sondern verfolgen Sie auch, wo dieser »unique Visitor« (also ein eindeutig identifizierbarer Browser, denn echte Menschen lassen sich ja nicht feststellen) vorher schon mit Ihren Werbemaßnahmen in Kontakt gekommen ist. Die meisten Tracking-Tools lassen solche Analysen zu.

Die Verbindung mit der »Offline-Welt« dann auch noch herzustellen, ist allerdings wirklich schwer und kompliziert. Wie man dies bewerkstelligt, dazu wäre wohl ein eigenes Buch mit ähnlichem Umfang notwendig. Aber auch hier hilft ersatzweise zumindest der gesunde Menschenverstand weiter – wenn man die Zusammenhänge aktiv im Kopf behält. Daher habe ich es hier am Ende auch noch einmal gesondert erwähnt. Überhaupt sollte immer auch der Einsatz von menschlichem Verstand bei der Interpretation aller Trackingdaten zum Tragen kommen. Verlassen Sie sich nie nur auf die dargestellten nackten Zahlen. Dieser Umstand wird leider viel zu oft übersehen: Man setzt Webanalytics-Tools ein und macht schlicht schnödes Reporting. Damit unterfordern Sie die Tools und auch Ihren Verstand bei Weitem.

Wichtig

Wenn Sie zum Testen verschiedene Tools nach- oder nebeneinander einsetzen, wundern Sie sich bitte nicht über die unterschiedlichen Ergebnisse. Jedes Tool arbeitet anders. Eine absolut exakte Messung ist im Web aus den verschiedensten technischen Gründen nicht möglich. Wichtig bei allen Analysen sind die Veränderungen im Zeitablauf, nicht die absoluten Zahlen! Gehen Sie bei der Analyse nicht den augenfälligen Fragen nach, wie viele Besucher Sie im Monat haben. Untersuchen Sie stattdessen lieber Fragestellungen wie »*Wo kommt der Traffic her, der am besten konvertiert?*« oder »*Hat Version A oder B einer Warenkorbdarstellung die meisten Bestellungen initiiert?*« Stellen Sie sich die für Ihr Unternehmen oder den Betriebszweck der Site betriebswirtschaftlich sinnvollen Fragen und gehen Sie denen mit Hilfe der Analytic-Software nach. Die Standardansichten der meisten Tools beantworten auch mit noch so umfangreicher Zahlendarstellung zunächst keine dieser sinnvollen Fragen ...

Kapitel 27

Nützliche Werkzeuge für die Optimierungsarbeit

Um den Erfolg Ihres Webauftritts so zu optimieren, dass der gewünschte Verstärker-Effekt, also der »Booster« eintritt, gibt es allerlei nützliche Werkzeuge. Damit meine ich Werkzeuge, die Sie sich auf Ihren PC laden, aber auch solche, die online über den Browser genutzt werden können. Einige sind kostenlos, andere kosten Lizenzgebühren. Aber die gute Nachricht ist, dass auch die kostenpflichtigen sicherlich ihr Geld wert sind und Ihnen entweder sehr viel manuelle Arbeit ersparen oder Ihnen wertvolle und entscheidungsrelevante Informationen liefern, die Sie so sonst nicht auf dem Tisch hätten. Ich betone vorsichtshalber gleich mal, dass ich mit keinem Unternehmen verwandt oder verschwägert bin, dessen Tool ich Ihnen nachfolgend vorstelle. Jedes zeige ich Ihnen ausschließlich aus Überzeugung und weil ich in der Regel bei Bedarf selbst damit bestens arbeite. Nicht immer funktionieren diese Spezialwerkzeuge ganz ohne Fehler und nicht immer lassen sie sich so komfortabel bedienen, wie Sie das vielleicht von Ihren Office-Programmen gewohnt sind. Daher gebe ich an einigen Stellen, wo es mir nötig erscheint, ein paar zusätzliche Bedienungstipps, damit Ihnen der Start mit dem einen oder anderen Programm etwas leichter fällt.

Einige Werkzeuge habe ich Ihnen ja schon in den Buchteilen weiter vorne vorgestellt. Daher wiederhole ich sie an dieser Stelle nicht mehr.

Und natürlich entschuldige ich mich ebenfalls vorab bei allen Unternehmen, die gleiche oder ähnliche Tools anbieten, dass sie hier nicht genannt wurden. Man kann nicht alle Tools kennen. Am besten sorgen Sie per Website Boosting dafür, dass sie im Web bekannter werden ;-) oder nehmen gerne mit mir Kontakt auf.

Sie werden auch unschwer erkennen, dass sich einige Tools in ihren Funktionalitäten überdecken. Leider gibt es noch kein Tool, das alle benötigten Funktionen der SEO- oder SEA-Arbeit abdeckt. Ich weiß, dass dies einige Hersteller von ihren Tools wirklich glauben oder es zumindest werblich herausheben. Nach meiner Erfahrung ist das allerdings nicht so. Daher muss man sich noch immer die besten Funktionen mit den verlässlichsten Daten aus verschiedenen Tools herauspicken.

Hinweis

Ich gehe bei der Beschreibung davon aus, dass Sie vor allem den Buchteil über Suchmaschinenoptimierung bereits gelesen haben. Da man zum Teil ein wenig Hintergrundverständnis für die vorgestellten Tools benötigt, wäre dies für Sie recht hilfreich, da es hier einfach den Umfang sprengen würde, nochmals auf alle Details eingehen zu müssen. Falls Sie also mit diesem Kapitel beginnen möchten und an einigen Stellen Verständnisprobleme mit Funktionsweisen oder Begriffen haben, empfehle ich Ihnen, kurz die entsprechenden Abschnitte weiter vorne querzulesen.

27.1 Erweiterungen für den Firefox-Browser

Der Firefox-Browser erfreut sich bekanntermaßen einer immer größer werdenden Beliebtheit. Insbesondere bei den Nutzern, die eine hohe Internetaffinität haben und in der Lage sind (beziehungsweise die Rechte für den Computer besitzen), sich selbst einen neuen Browser zu installieren. Gerade bei Firmen-PCs ist das nicht immer selbstverständlich. Diese Beliebtheit hat sicher zu einem großen Teil mit der extremen Erweiterbarkeit dieses Browsers zu tun. Einige Erweiterungen (Add-ons), die für Ihre Arbeit für ein Boosting Ihrer Webseiten nützlich sind, stelle ich Ihnen nachfolgend vor.

Vorab noch ein Hinweis: Welche Erweiterungen bereits installiert sind, sehen Sie im Firefox unter EXTRAS|ADD-ONS. Von dort aus können Sie auch in dem erscheinenden Übersichtsfenster rechts oben über die Schaltfläche weitere ADD-ONS HERUNTERLADEN. Alle vorgestellten Add-ons sind übrigens kostenlos.

Die meisten Add-ons lassen sich nach der Installation über die Menüleiste unter EXTRAS aufrufen und steuern. Einige verstecken sich auch im Kontextmenü, wenn Sie mit der rechten Maustaste auf einen Webseiteninhalt klicken. Andere erscheinen einfach nur unscheinbar als Button, wie gleich das erste nachfolgende Tool:

SearchStatus

Diese kleine und äußerst nützliche Erweiterung habe ich Ihnen ja schon weiter vorne im Buch im Kapitel für die strategische Suchmaschinenoptimierung vorgestellt, als es um das Erkennen von – aus Suchmaschinensicht – wertvollen und wertlosen Links ging. Abbildung 27.1 frischt Ihr Gedächtnis sicherlich wieder auf.

Das Tool aktivieren Sie, wenn Sie mit der rechten Maustaste auf das stilisierte @-Zeichen klicken. Wie Sie in Abbildung 27.2 sehen können, bietet das Add-on noch sehr viel mehr Funktionen, als nur die Nofollow-Links optisch hervorzuheben. Rufen Sie doch einfach mal Ihre eigene Website auf und probieren Sie dann alles einmal aus.

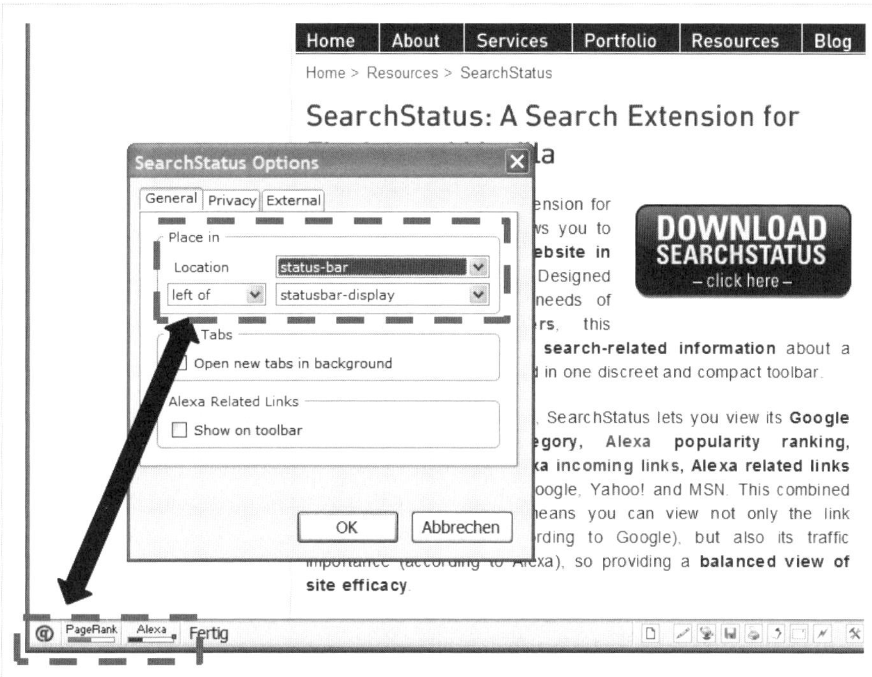

Abb. 27.1: SearchStatus einrichten

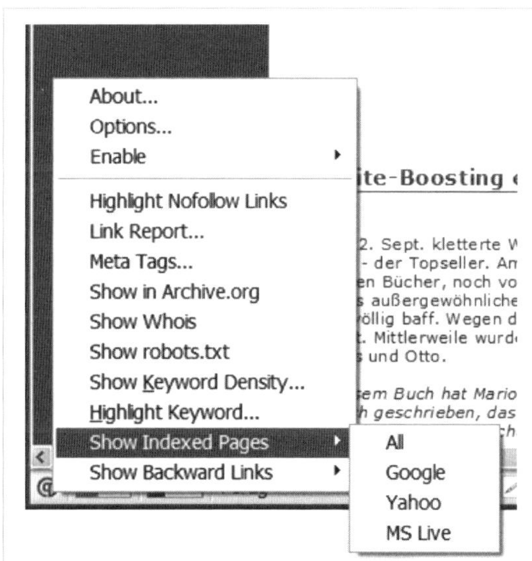

Abb. 27.2: Die einzelnen Funktionen von SearchStatus

Wenn man zu einer einzelnen Webseite – ob es die eigene oder die eines Wettbewerbers ist – mal ein paar Daten braucht, kann man sie hier recht schnell in Erfahrung bringen. Auf einen Klick kann die Keyworddichte (Density) ermittelt, die Meta-Tags angezeigt oder ein bestimmtes Keyword auf der aktuellen Webseite je nach Vorkommen hervorgehoben werden. Von dem Link-Report sollten Sie sich aber nicht zu viel erhoffen. Die dort angezeigten Werte taugen in der Regel leider nichts. In der Abbildung leider von dem Pull-down-Menü verdeckt, aber vielleicht noch ein klein wenig sichtbar, sind die PageRank- und die Alexa-Anzeige gleich neben dem stilisierten @ links unten. Diese beiden Anzeigen lassen sich mit der Funktion ENABLE im oberen Bereich ein- und ausschalten.

SEO-Quake

Unter der Adresse `www.seoquake.com` bekommen Sie ein wahres Wunderwerk an Optimierungstools, alle in der Erweiterung SEO-Quake vereint. Hier alle Funktionen aufzuzeigen, würde sicherlich alleine bereits das ganze Kapitel füllen. Daher beschränke ich mich auch hier wieder auf die besten Dinge. Ich rate Ihnen aber dringend, auch die anderen Funktionen mal auszuprobieren und zu sehen, was Sie sonst noch für Ihre Arbeit brauchen können. Das Tool kann extrem viel Zeit sparen, wenn man es zu nutzen weiß.

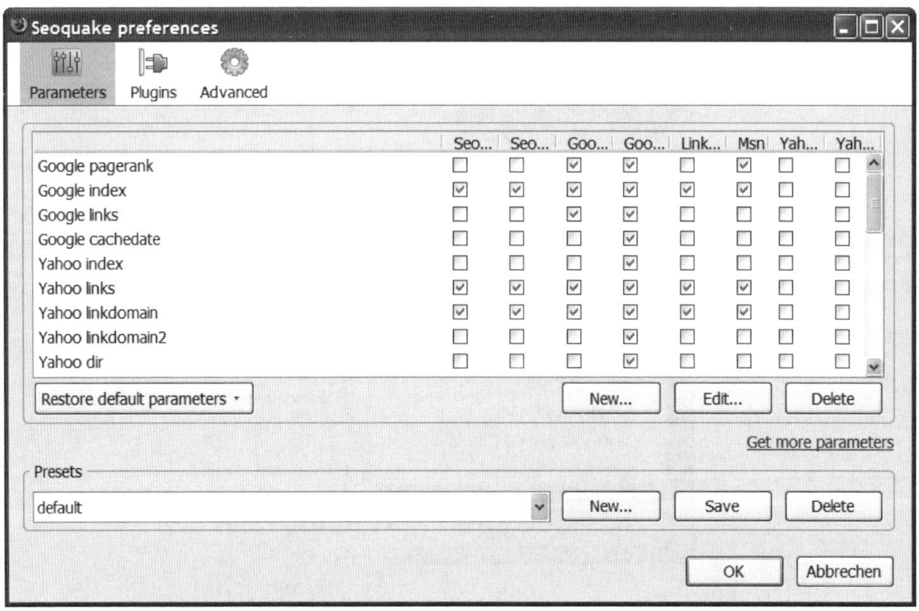

Abb. 27.3: SEO-Quake: Alle Detailanzeigen lassen sich individuell einstellen.

SEO-Quake ermöglicht es Ihnen zum Beispiel, die Suchergebnisseiten der gängigen Suchmaschinen um interessante Informationen zu erweitern. So können Sie sich zum Beispiel für Ihre Suchergebnisse bei Google für jedes einzelne Ergebnis flexibel Daten wie PageRank, die Anzahl Backlinks aus verschiedenen Suchmaschinen, das Alter der Seite oder das Vorhandensein einer Sitemap anzeigen lassen (siehe Abbildung 27.3). Das mag auf den ersten Blick ein wenig verwirrend erscheinen, aber bleiben Sie am Ball – es lohnt sich.

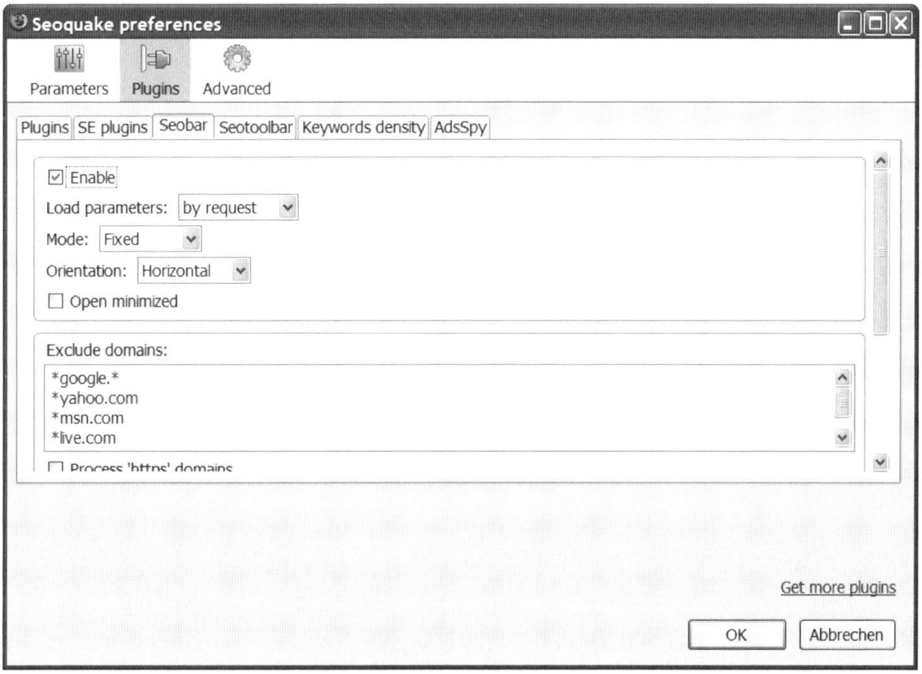

Abb. 27.4: SEO-Quake: die Suchergebnisseiten um diverse Anzeigen erweitern

Ich empfehle Ihnen, jeweils die Einstellung LOAD PARAMETERS: BY REQUEST wie in Abbildung 27.4 gezeigt zu verwenden. Ansonsten holt Ihnen das Tool jedes Mal, wenn Sie in einer Suchmaschine suchen, gleich alle Parameter. Das dauert dann jeweils eine kleine Weile und es macht auch unnötig Traffic, wenn man die Zahlen gerade nicht braucht. Diese Einstellung bewirkt, dass Sie im Suchergebnis nur eine zusätzliche Kopfzeile angezeigt bekommen und die zusätzlichen Zeilen hinter den einzelnen Suchergebnissen zunächst leer bleiben.

Abbildung 27.5 zeigt Ihnen, wie die modifizierte Ergebnisseite zum Beispiel bei Google aussieht. Wie Sie erkennen können, wird jedes Suchergebnis um eine zusätzliche Zeile ergänzt.

Abb. 27.5: SEO-Quake: Die Datenfelder bleiben bis auf Anforderung leer.

Klicken Sie dann auf den Button REQUEST PARAMETERS, werden zu jedem der zehn Treffer die von Ihnen individuell eingestellten Daten (siehe Abbildung 27.3) geholt und danach angezeigt. Das Ganze kann durchaus ein klein wenig dauern. Die Abfragen laufen alle im Hintergrund und die Werte werden dynamisch nacheinander eingetragen. Die Seite sieht danach in etwa wie in Abbildung 27.6 gezeigt aus.

Sie sehen hinter jedem Suchergebnis nun eine Datenzeile von SEO-Quake und dort alle die Zahlen, die Sie für sich als nützlich erachten und in den Einstellungen definiert haben. Es ist sogar möglich, für die unterschiedlichen Suchmaschinen jeweils unterschiedliche Datenfelder anzeigen beziehungsweise holen zu lassen. Ganz nach Ihren persönlichen Informationsbedürfnissen.

Auch SEO-Quake bietet eine schnelle Keyword-Density-Analyse der gerade aktuell angezeigten Seite an. Sie können sie unter EXTRAS|SEOQUAKE|KEYWORDS DENSITY auslösen.

Sie erhalten die in Abbildung 27.6 zu jedem Suchergebnis angezeigten Werte aber auch, ohne über eine Suchmaschinenmaske gehen zu müssen. Das Tool bietet dafür eine Toolbar an, die entweder automatisch immer oder wieder nur per Aufforderung alle für Sie interessanten Daten holt. Und zwar für jede Webseite, die Sie gerade im Firefox betrachten.

Abb. 27.6: SEO-Quake: Nach dem aktiven Auslösen werden alle Parameter ergänzt.

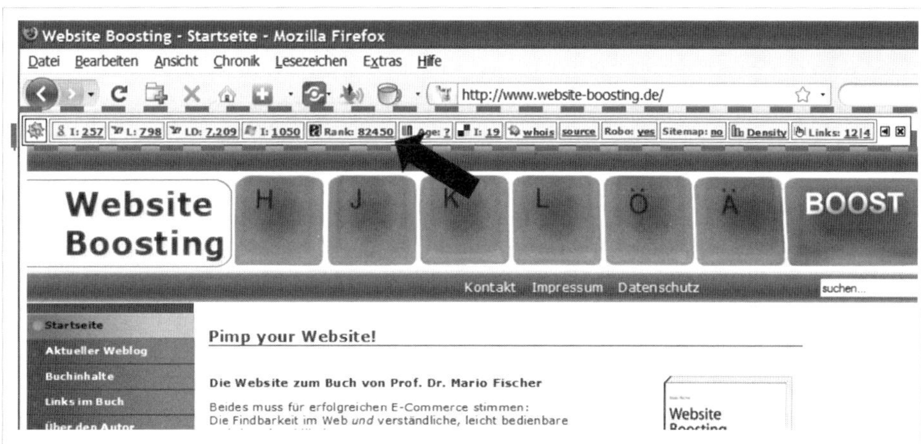

Abb. 27.7: SEO-Quake: Eine Toolbar zeigt die Werte für individuelle Webseiten an.

Experimentieren Sie einfach ein wenig damit herum. Sie werden dann schnell die innere Struktur des Tools erkennen und es zu nutzen wissen.

Web Developer

Dieses Add-on hat nicht direkt etwas mit Suchmaschinenoptimierung zu tun. Es hilft aber allen Analysten und Entwicklern, fremde und auch die eigenen Seiten besser und schneller zu untersuchen. Sie finden es unter `http://chrispederick.com/work/web-developer`. Nach der Installation können Sie sich alle Funktionen entweder als Toolbar einblenden lassen oder, wenn der Platz langsam eng wird, (vor lauter Toolbars bleibt am Ende gar kein Platz mehr für Webseiten ...) auch über das EXTRAS-Menü steuern (siehe Abbildung 27.8).

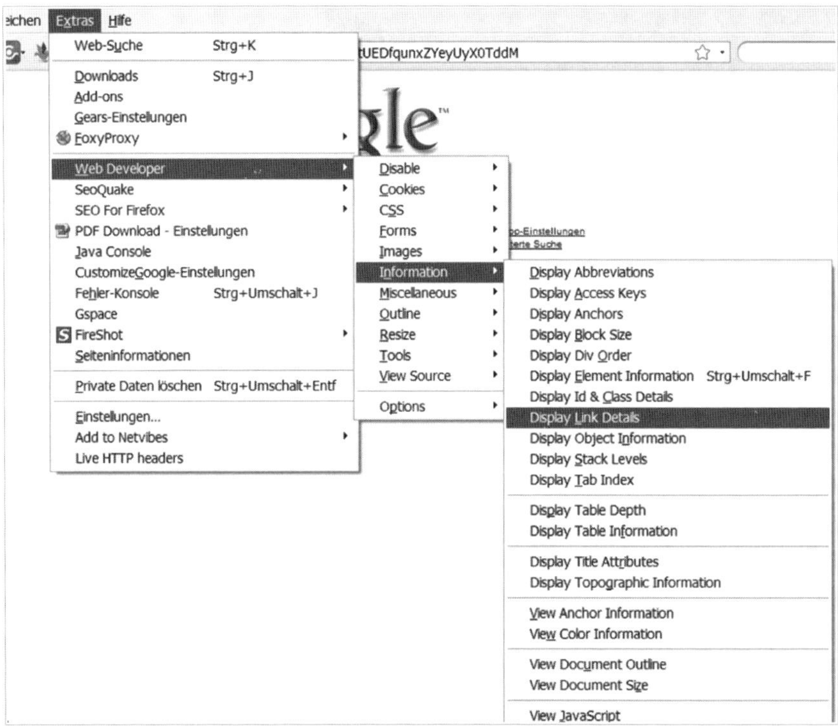

Abb. 27.8: Das Add-on »Web Developer« hält mächtige Funktionen bereit.

Sie können damit eigentlich gezielt alle Darstellungen und Elemente einer Website ein- und ausblenden, sich jedwede Informationen über Skripte, Bilder, Frames oder Quelltexte anzeigen lassen und damit praktisch alles in der aktuellen Ansicht ändern. Aktivieren Sie zum Beispiel DISPLAY LINK DETAILS, wie es in Abbildung 27.8 dargestellt ist, wird eine Webseite um eben diese Informationen ergänzt. Das Ganze sieht dann natürlich nicht mehr schön aus, aber das ist in diesem Fall nebensächlich. Wie Sie in Abbildung 27.9 sehen können, steht nun hinter jedem Element, das eine eigene Linkadresse hat, die entsprechende Information mit dabei.

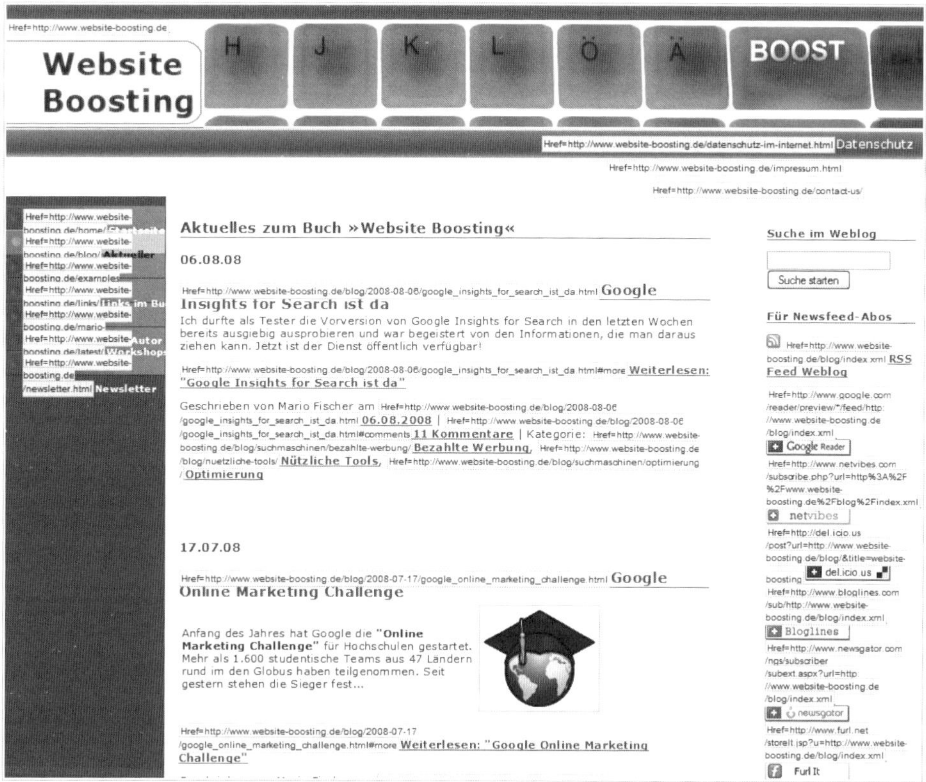

Abb. 27.9: Developer-Add-on: alle Linkadressen mit einblenden

Im Prinzip funktioniert dieses Add-on auf immer die gleiche Weise. Sie wählen aus, was Sie angezeigt oder ausgeblendet haben möchten, und es wird sofort auf der aktuellen Webseite mit hinterlegt. Auch hier gilt: Spielen Sie ruhig ein wenig mit dem Add-on und lernen Sie die für Sie nützlichen Funktionen schätzen. Ein Tipp noch am Rande: Vergessen Sie nicht, am Ende alle Anzeigen wieder zu deaktivieren. Einige Webseiten können sonst in Zukunft leicht verändert wirken. Man vergisst schnell, dass man gewisse Sonderfunktionen aktiviert hat, die eben nicht bei jeder Seite sichtbar sind. Nach ein paar Tagen wundert man sich dann ...

FireShot

Einige Leser haben mich gefragt, wie man denn Screenshots von Webseiten anfertigen kann, die nicht komplett in das Browserfenster passen. Für Präsentationen, aber auch für Dokumentationen im Bereich der Usability benötigt man so etwas ab und zu. Auch hier möchte ich die Antwort nicht schuldig bleiben. Am einfachsten erledigen Sie solche Aufgaben mit dem Add-on FireShot, das Sie unter der Adresse `http://screenshot-program.com/fireshot` finden.

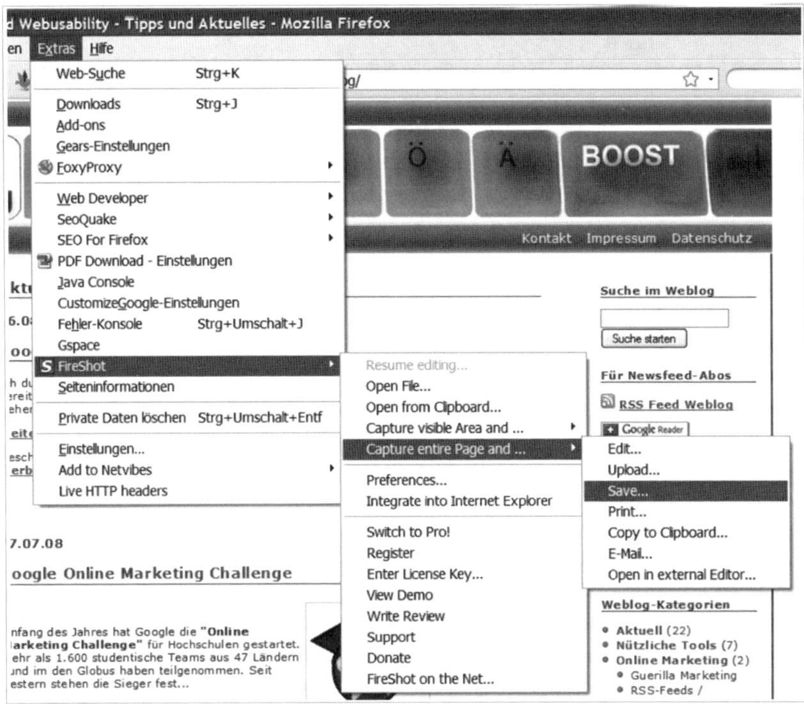

Abb. 27.10: Das Add-on »FireShot« bietet umfangreiche Funktionen rund um Browser-Screenshots an.

Ein Bild einer kompletten Webseite machen Sie ganz einfach mit CAPTURE ENTIRE PAGE AND...|SAVE, wenn Sie eine Bilddatei speichern möchten oder auch mit COPY TO CLIPBOARD, wenn es nur in die Zwischenablage und danach gleich in Ihr Präsentations- oder Schreibprogramm soll. In Abbildung 27.10 sehen Sie noch einige weitere Funktionen des Tools. Es gibt auch eine »Pro«-Version für knapp 20 Dollar, die eine Reihe weiterer Funktionen enthält und die Sie 30 Tage unverbindlich testen können. Genaueres erfahren Sie auf der oben genannten Website.

27.2 IBP Professional

Der »Internet Business Promotor« IBP ist von dem Unternehmen Axandra und liegt mittlerweile in der Version 10.3 vor. Axandra hat sich mit ihren Tools auf die Unterstützung des Online-Marketings spezialisiert und das früher separat erhältliche Linktool »Arelis« mittlerweile in IBP integriert.

IBP kostet in der Standardversion, dies vielleicht als Wermutstropfen, derzeit fast 300 €. Es gibt auch eine Profiversion für etwas über 500 €, mit der sich beliebig viele Projekte, Domains und Kunden verwalten lassen. Dies empfiehlt sich in der Regel aber nur für größere Unternehmen oder Agenturen. Dennoch kann sich der Einsatz von IBP lohnen, weil darin einige wirklich nützliche und in der Version 10 auch viele neue Werkzeuge zur Optimierung enthalten sind. Sie können eine eingeschränkte Demoversion laden und ausführlich testen. Axandra verspricht aber auch, innerhalb von 30 Tagen nach dem Kauf bei Unzufriedenzeit den Kaufpreis zu erstatten. Die Möglichkeit, risikolos auch die Vollversion zu testen, haben Sie also in jedem Fall.

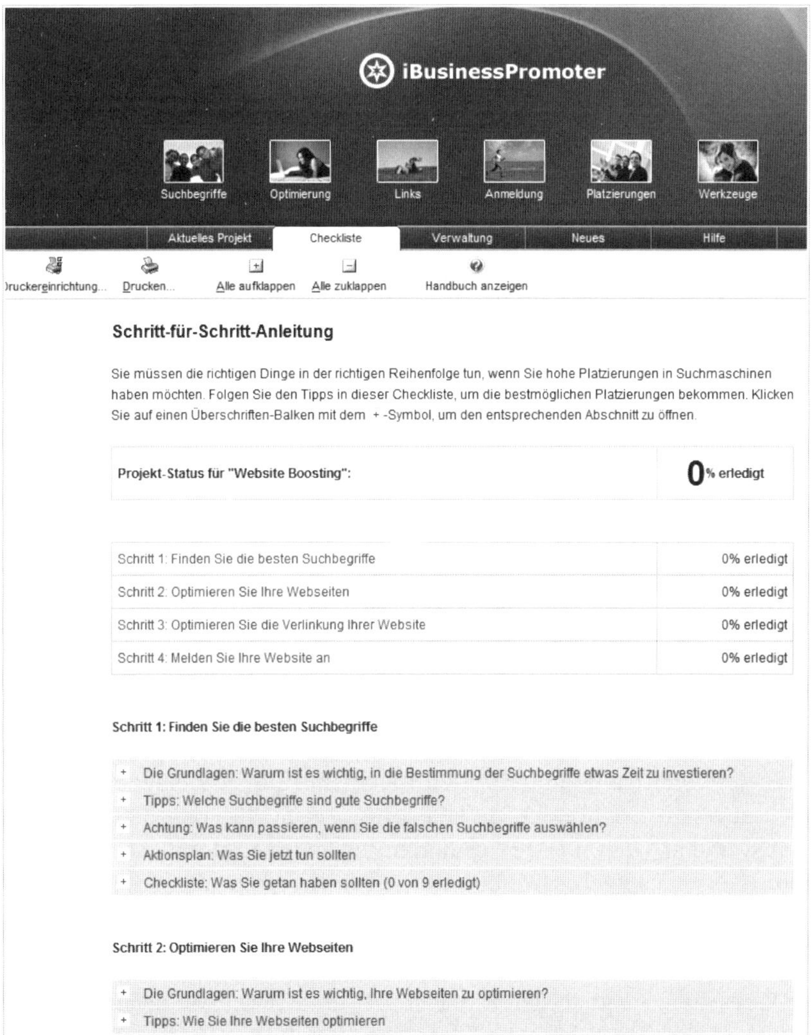

Abb. 27.11: Ein Ausschnitt aus der Checkliste von IBP

Die neue Version wurde optisch komplett neu überarbeitet. Die Bedienung ist sicher Geschmacksache und benötigt etwas Einarbeitungszeit, weil man von zumindest unter Windows Gewohntem abweicht. Alle notwendigen Schritte lassen sich über eine Checkliste abarbeiten (siehe Abbildung 27.11), was für Anfänger eine gewisse Erleichterung darstellen dürfte.

Die volle Funktionalität des Tools können Sie bei Interesse direkt auf der Website von Axandra (`www.ibusinesspromoter.de`) ausprobieren, denn hier ist leider nur Platz für die Highlights. Die aus meiner persönlichen Sicht nützlichsten Dinge sind

- ein Keyword-Generator, der ein Vorschlagswerkzeug enthält und auch Wettbewerber-Begriffe ermitteln kann. Zudem lassen sich nun leicht auch Keyword-Kombinationen erzeugen.
- ein Analyseprogramm für die ersten zehn Treffer einer Suchmaschinen-Ergebnisliste (Top 10 Optimierer), das alle Trefferseiten lädt und neben verschiedenen Kennzahlen, zum Beispiel die Keyworddichte oder die Verwendung von Hx-Tags (Überschriften), auch das Alter der Seiten, ihre Linkpopularität, eingehende Linktexte oder die Popularität in sozialen Netzwerken ermittelt
- eine gezielte Editiermöglichkeit der suchmaschinenrelevanten Elemente einer Webseite (im Offline-Modus) bei automatischer Berechnung der Keyworddichte
- ein HTML-Prüfprogramm, das automatisch Fehler auf einzelnen Websites findet
- ein Simulator, wie ein Suchmaschinenrobot eine Webseite »sieht«
- ein Anmeldeprogramm für Ihre Webseiten bei diversen Suchmaschinen (hierfür verlangen einige Agenturen übrigens unnötigerweise zum Teil schon dreistellige Beträge)
- ein Prüfprogramm, wo Ihre Webseiten bei welchen Keywords in den Suchmaschinen aktuell platziert sind
- und einige weitere Funktionen mehr

Recht gut geeignet für eine Vorab-Analyse für ein Keyword ist aus meiner Sicht der »Top 10 Optimierer«. Sie geben dazu einige Parameter ein. Das ist zum Beispiel das Keyword, das Sie überprüfen möchten, und Ihre eigene Domain. Und natürlich auch die Suchmaschine (alle gängigen Suchmaschinen sind über ein Menü auswählbar), deren erste Positionen Sie analysieren möchten. Danach ruft IBP eben diese ersten zehn Treffer zu Ihrem Keyword aus der gewählten Suchmaschine ab (vgl. Abbildung 27.12).

Anschließend haben Sie die Möglichkeit zu definieren, welche Elemente der einzelnen Webseiten Sie analysieren und mit Ihrer eigenen vergleichen wollen, die die betrachtete Suchmaschine von Platz eins bis zehn als Treffer gelistet hat.

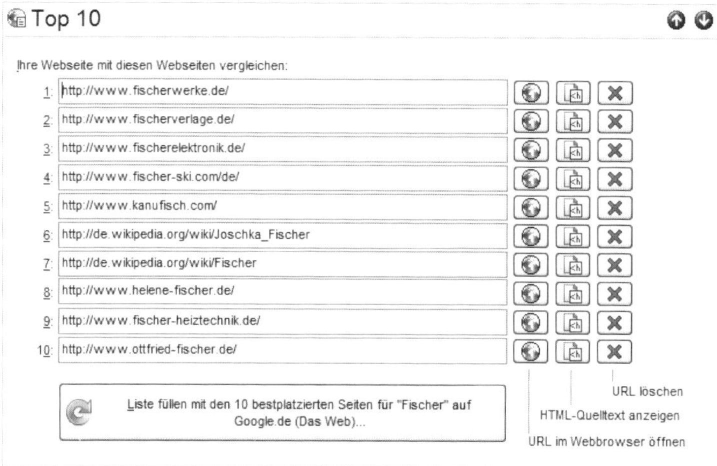

Abb. 27.12: Die ersten zehn Treffer einer ausgewählten Suchmaschine zum Begriff »Fischer«

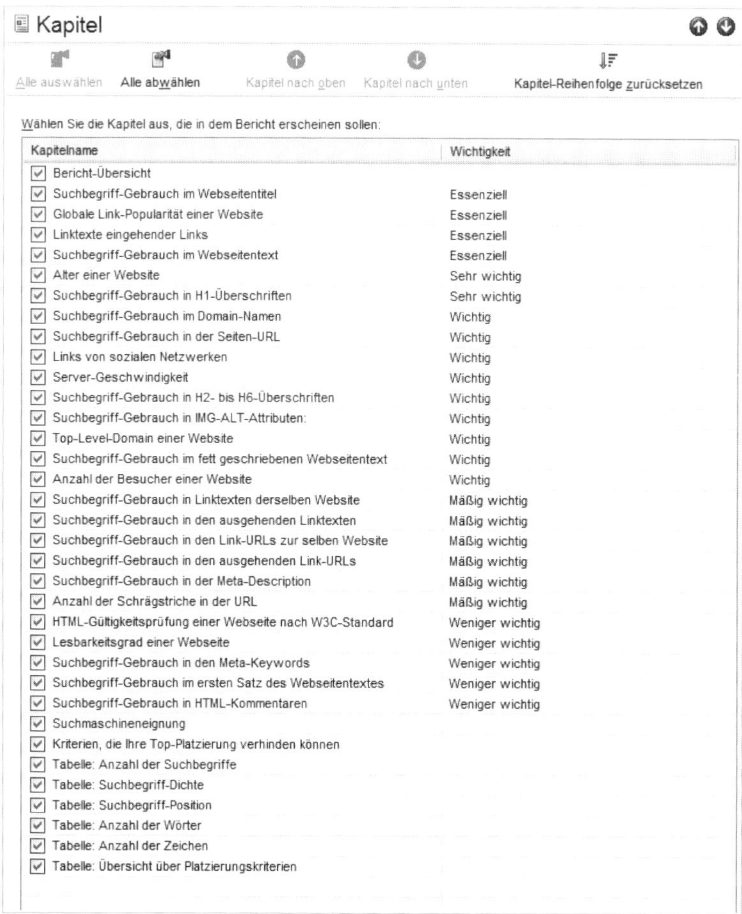

Abb. 27.13: Die Analyse- und Berichtsoptionen des Top 10 Optimierers

Wie Sie in Abbildung 27.13 sehen, hält IBP eine ganze Menge an Elementen für Sie zur Auswahl bereit. Kreuzen Sie zum Beispiel die Zeile LINKTEXTE EINGEHENDER LINKS an, wird ein Vergleich aller zehn Webseiten durchgeführt, die auf der ersten Ergebnisseite zu dem Keyword gefunden wurden. Und diese Analyse wird jeweils zu Ihrer eigenen Webseite vergleichend dargestellt. Dies bedeutet also, dass für jedes der in Abbildung 27.13 dargestellten Webseitenelemente eine vergleichende Analyse der zehn bestplatzierten Webseiten mit Ihrer eigenen durchgeführt wird. Der erzeugte Bericht kann daher also durchaus schon einmal 30 bis 60 Seiten enthalten, weil er sehr viel erläuternden und teilweise unnötigen Text enthält. In Abbildung 27.14 und Abbildung 27.15 habe ich Ihnen zwei kleine Ausschnitte aus einem solchen Bericht dargestellt. Dabei wurden für das Suchwort `Fischer` die zehn besten Platzierungen mit der Startseite von *Website-Boosting* verglichen. An der Stelle möchte ich noch für alle Analyse-Fans von Ihnen anmerken, dass die hier untersuchte Domain zu diesem Buch aus gutem Grund in keinster Weise suchmaschinenoptimiert ist.

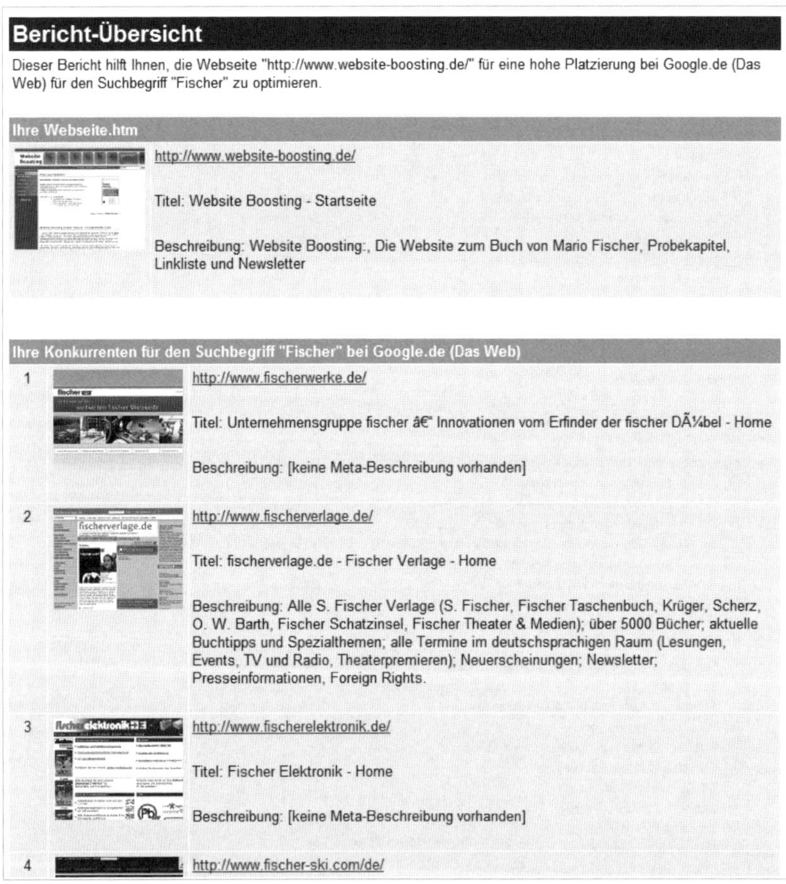
Bericht-Übersicht

Dieser Bericht hilft Ihnen, die Webseite "http://www.website-boosting.de/" für eine hohe Platzierung bei Google.de (Das Web) für den Suchbegriff "Fischer" zu optimieren.

Ihre Webseite.htm

http://www.website-boosting.de/

Titel: Website Boosting - Startseite

Beschreibung: Website Boosting:, Die Website zum Buch von Mario Fischer, Probekapitel, Linkliste und Newsletter

Ihre Konkurrenten für den Suchbegriff "Fischer" bei Google.de (Das Web)

1 http://www.fischerwerke.de/

Titel: Unternehmensgruppe fischer â€" Innovationen vom Erfinder der fischer DÃ¼bel - Home

Beschreibung: [keine Meta-Beschreibung vorhanden]

2 http://www.fischerverlage.de/

Titel: fischerverlage.de - Fischer Verlage - Home

Beschreibung: Alle S. Fischer Verlage (S. Fischer, Fischer Taschenbuch, Krüger, Scherz, O. W. Barth, Fischer Schatzinsel, Fischer Theater & Medien); über 5000 Bücher; aktuelle Buchtipps und Spezialthemen; alle Termine im deutschsprachigen Raum (Lesungen, Events, TV und Radio, Theaterpremieren); Neuerscheinungen; Newsletter; Presseinformationen, Foreign Rights.

3 http://www.fischerelektronik.de/

Titel: Fischer Elektronik - Home

Beschreibung: [keine Meta-Beschreibung vorhanden]

4 http://www.fischer-ski.com/de/

Abb. 27.14: Ein Ausschnitt aus einem Analysebericht von IBP

Die automatisch erstellten Thumbnails (kleine Bilder) der analysierten Webseiten helfen etwas, die Domains besser auseinanderhalten zu können. Und sie zeigen den Professionalitätsgrad, den IBP in der neuen Version mittlerweile erreicht hat.

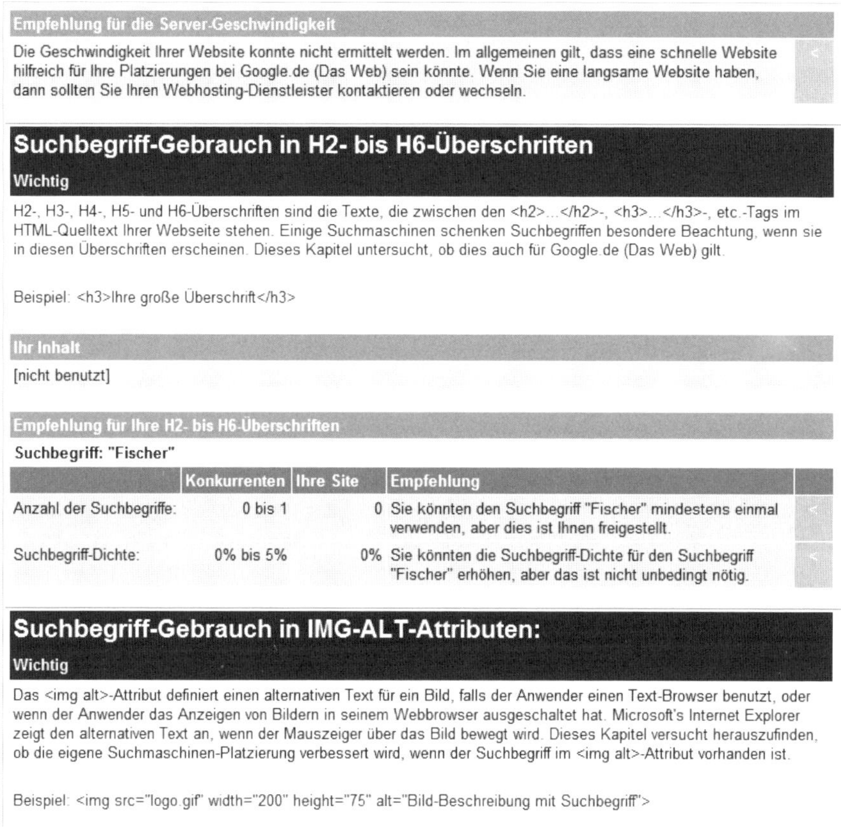

Empfehlung für die Server-Geschwindigkeit

Die Geschwindigkeit Ihrer Website konnte nicht ermittelt werden. Im allgemeinen gilt, dass eine schnelle Website hilfreich für Ihre Platzierungen bei Google.de (Das Web) sein könnte. Wenn Sie eine langsame Website haben, dann sollten Sie Ihren Webhosting-Dienstleister kontaktieren oder wechseln.

Suchbegriff-Gebrauch in H2- bis H6-Überschriften

Wichtig

H2-, H3-, H4-, H5- und H6-Überschriften sind die Texte, die zwischen den <h2>...</h2>-, <h3>...</h3>-, etc.-Tags im HTML-Quelltext Ihrer Webseite stehen. Einige Suchmaschinen schenken Suchbegriffen besondere Beachtung, wenn sie in diesen Überschriften erscheinen. Dieses Kapitel untersucht, ob dies auch für Google.de (Das Web) gilt.

Beispiel: <h3>Ihre große Überschrift</h3>

Ihr Inhalt

[nicht benutzt]

Empfehlung für Ihre H2- bis H6-Überschriften

Suchbegriff: "Fischer"

	Konkurrenten	Ihre Site	Empfehlung
Anzahl der Suchbegriffe:	0 bis 1	0	Sie könnten den Suchbegriff "Fischer" mindestens einmal verwenden, aber dies ist Ihnen freigestellt.
Suchbegriff-Dichte:	0% bis 5%	0%	Sie könnten die Suchbegriff-Dichte für den Suchbegriff "Fischer" erhöhen, aber das ist nicht unbedingt nötig.

Suchbegriff-Gebrauch in IMG-ALT-Attributen:

Wichtig

Das <img alt>-Attribut definiert einen alternativen Text für ein Bild, falls der Anwender einen Text-Browser benutzt, oder wenn der Anwender das Anzeigen von Bildern in seinem Webbrowser ausgeschaltet hat. Microsoft's Internet Explorer zeigt den alternativen Text an, wenn der Mauszeiger über das Bild bewegt wird. Dieses Kapitel versucht herauszufinden, ob die eigene Suchmaschinen-Platzierung verbessert wird, wenn der Suchbegriff im <img alt>-Attribut vorhanden ist.

Beispiel: <img src="logo.gif" width="200" height="75" alt="Bild-Beschreibung mit Suchbegriff">

Abb. 27.15: Ein weiterer Ausschnitt aus einem IBP-Bericht

Der Ausschnitt in Abbildung 27.15 zeigt an, dass ich auf `website-boosting.de` keinerlei H2-Überschriften verwende. Auf den anderen Sites wird dieses Attribut aber sehr wohl verwendet und zwar bis zu einer Keyworddichte von fünf Prozent. Sie sehen bei einer solchen Analyse unter anderem sehr schnell, wer auf den ersten zehn Plätzen welches Keyword an welcher Stelle wie häufig und in welchen Formatierungen verwendet. Da ein Teil der Analyse sich auch auf die wichtigen Verlinkungsstrukturen bezieht, können Sie in dem Bericht auch ersehen, wie viele Links auf die betrachteten Webseiten zeigen und wie viele von dort mit welchem Linktext wegführen. Rundum also ein schnell erstellter Überblick, der insbesondere bei den beiden Fragen hilfreich ist:

- Welches Potenzial haben die eigenen im Vergleich zu den anderen Webseiten, die bereits auf einem der vorderen Plätze einer Suchmaschine stehen?
- Welche Optimierungsmöglichkeiten nutzen andere Webseiten und was kann man selber noch an den eigenen Seiten verbessern?

Der Bericht enthält auch allerlei Hinweise und Tipps, was Sie an Ihren Webseiten verändern sollten. Ich persönlich stimme nicht immer mit allem überein, was da maschinell stereotyp geraten wird. Aber nach der Lektüre dieses Buches sind Sie sicherlich in der Lage, selber kritisch die Optimierungsmöglichkeiten einzuschätzen. Und das sollten Sie auch wirklich beherzigen, denn mit dem Zusammenstellen von Textkonserven aufgrund einzelner Kennzahlen kann man natürlich nicht der Weisheit letzten Schluss erwarten.

IBP erlaubt es übrigens auch, für die eigene und Mitbewerber-Domains in unterschiedlichen Suchmaschinen die Platzierungen zu analysieren und übersichtlich in einem Bericht zusammenzufassen.

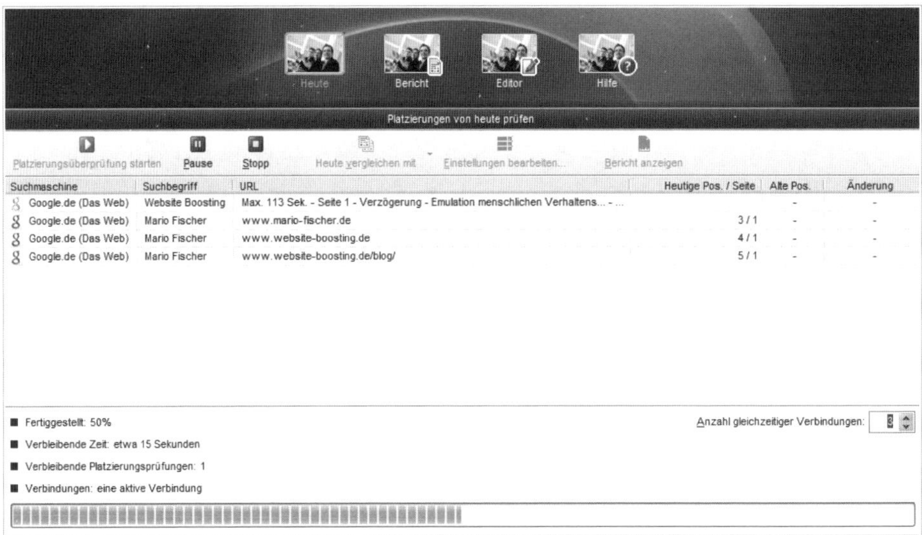

Abb. 27.16: Der Platzierungseditor von IBP

Wie Sie in Abbildung 27.16 in der ersten Zeile sehen können, steht dort unter anderem VERZÖGERUNG - EMULATION MENSCHLICHEN VERHALTENS. Das hat durchaus seine Berechtigung. Fragen Sie mit solchen Tools nämlich Suchmaschinen zu intensiv und häufig ab, bekommen Sie beziehungsweise Ihre IP-Adresse möglicherweise eine Sperre. Suchmaschinen mögen wegen der entstehenden Spitzenbelastungen solche automatisierten Abfragen gar nicht. Übertreiben Sie es an dieser Stelle, bekommen Sie vielleicht beim nächsten Surfen eine Fehlermeldung (Abbildung 27.17). Im Falle von Google erhalten Sie aber zunächst die Chance, sich über ein Captcha als Mensch zu identifizieren und der Spuk ist wieder vorbei. Die »Warnung« sollten Sie aber tunlichst nicht ignorieren und Ihre Tools langsamer laufen lassen, als es technisch möglich wäre.

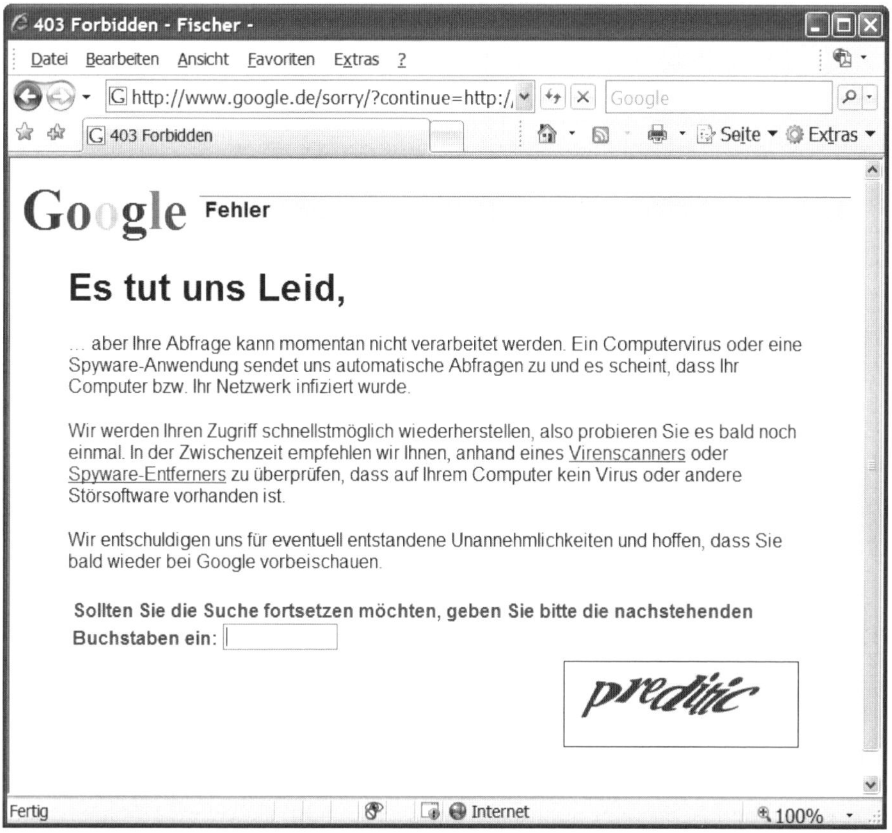

Abb. 27.17: Wer es mit automatisierten Abfragen übertreibt, wird von Suchmaschinen gesperrt.

Als letztes Highlight möchte ich Ihnen noch kurz den schon erwähnten Editor zeigen. Man ruft damit eine einzelne HTML-Datei auf der eigenen Festplatte auf und gibt links unten wie in Abbildung 27.18 gezeigt die zu analysierenden Keywords ein. Danach kann man über die Karteireiter in den einzelnen Abschnitten der Webseite nach dem Auftauchen dieser Begriffe suchen.

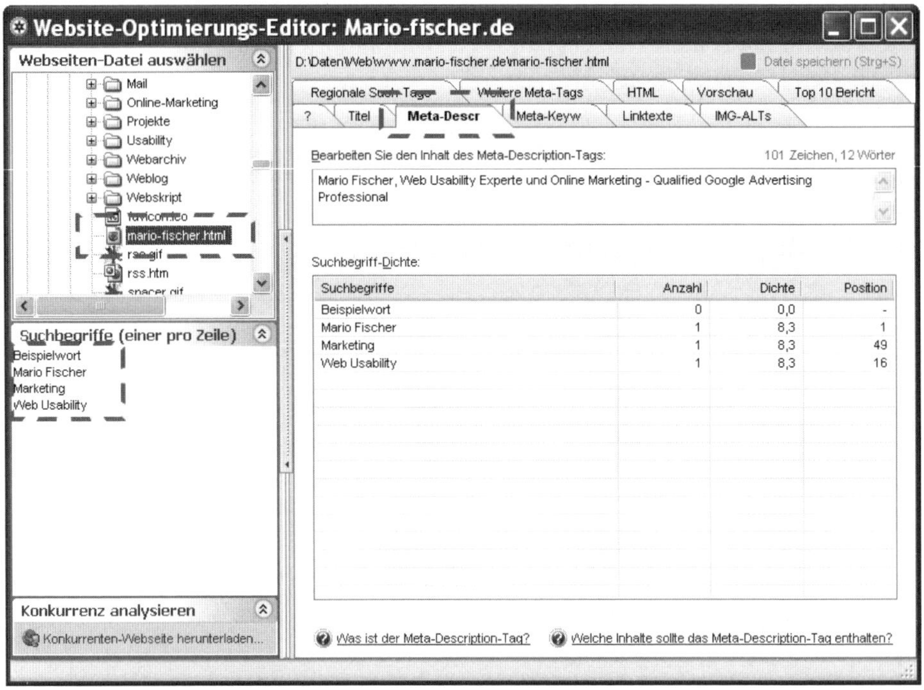

Abb. 27.18: Der Optimierungseditor von IBP

Man kann in diesem Editor auch gleich gezielt die Inhalte der Webseite ändern – ohne Programmierkenntnisse. In Abbildung 27.18 sehen Sie, dass ich hier das Meta-Tag »Description« über den Karteireiter ausgewählt habe. Ich bekomme nun den Inhalt dieses Tags im Feld darunter angezeigt und kann diesen gezielt verändern. Nützlich ist dabei, dass in der Liste darunter gleich automatisch in Echtzeit die wesentlichen Parameter analysiert werden: Anzahl, (Keyword-)Dichte und die Position des Wortes innerhalb des gesamten Textes dieses Tags. Damit können Sie Ihre Webseiten optimieren, ohne tiefgehende Programmierkenntnisse zu besitzen. Und Sie haben wichtige Kennzahlen wie die Keyworddichte schon beim Schreiben unter Kontrolle.

Eine Reihe weiterer Optimierungswerkzeuge, die Sie in Abbildung 27.19 sehen können, runden IBP ab. Verfallen Sie mir aber bitte nicht aufgrund der Funktionsvielfalt in den Rauschzustand, Sie könnten Ihre Website praktisch auf Knopfdruck optimieren und im Schlaf Top-10-Positionen erreichen – so wie es die Website von IBP andeutet. Ich muss da immer an einen Spruch eines Kollegen denken: »*A fool with a tool is still a fool.*« Frei und stubenrein würde ich das mit »Ein Werkzeug zu gebrauchen, macht jemanden deswegen nicht unbedingt besser« übersetzen. Die Englischkundigen unter Ihnen mögen jetzt sicher schmunzeln. Aber wenn man ganz ehrlich ist – es ist schon tatsächlich so: Mit solchen Tools kann man maximal die Analysearbeit erleichtern und beschleunigen. Nicht mehr und nicht weniger.

Automatisch generierte, verbale Tipps lesen sich zwar nach »Na, das ist ja einfach«, aber wenn ein kritisches Auge die Zahlen dahinter nicht richtig interpretieren kann, hilft das unter dem Strich wenig.

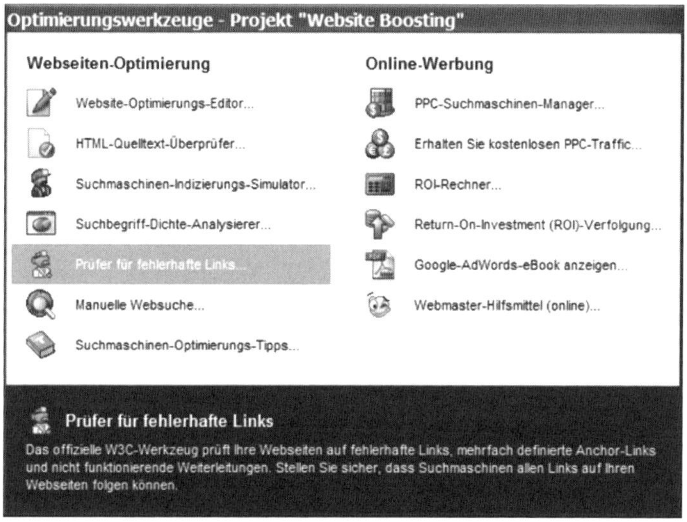

Abb. 27.19: Weitere Optimierungswerkzeuge in IBP

27.3 Free Monitor for Google

Unter der Webadresse `www.cleverstat.com/?from=googlemon` bekommen Sie ein kleines Tool, das Ihnen die Suchpositionen verschiedener, frei editierbarer Suchworte für eine beliebige Domain anzeigt. Wie der Name schon sagt, ist das Tool kostenlos.

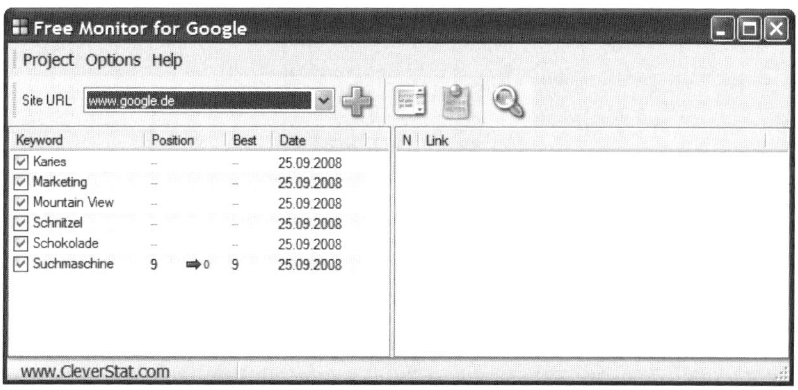

Abb. 27.20: Free Monitor for Google

Die Keywords werden dabei pro Domain gespeichert. In Abbildung 27.20 habe ich zum Beispiel mit den sechs dargestellten Suchbegriffen in Google für `Google.de` gesucht. Mit anderen Worten wurde analysiert, bei welchem Keyword »Google« als Ergebnistreffer in Google selber vorkommt. Mit Schnitzel und Schokolade wird Google natürlich nicht gefunden – klar. Aber dass die größte Suchmaschine sich selber bei dem Suchwort `Suchmaschine` nur auf Platz 9 listet, zeigt, dass hier wirklich fleißig gerechnet und nicht manuell nachgeholfen wird. Testen Sie das ruhig einmal aus: Viele andere Suchmaschinen listen sich bei diesem speziellen Suchwort jeweils gerne selber auf Platz 1. Ob das immer mit rechten Dingen zugeht ... ;-)

27.4 BrowserSizer

Ein ebenfalls recht nützliches kleines und vor allem kostenloses Tool ist BrowserSizer, das Sie im Web in Suchmaschinen unter dem Programmnamen »BrowserSizer« suchen und dort auch finden sollten. Der Hersteller pflegt das Tool wohl nicht mehr und die ursprünglich in der ersten Auflage genannte Adresse ist etwas spammy und voll mit Kredit-Angeboten.

Das kleine Tool ist vor allem beim Entwickeln und Testen von Webseiten hilfreich, wenn man auf Knopfdruck verschiedene Bildschirmauflösungen simulieren kann.

Abb. 27.21: Der BrowserSizer von `Applythis.com`

Ein Klick auf einen der vier Buttons mit der darauf beschriebenen Auflösung ändert den aktuell geöffneten Browser auf eben diese Auflösung. So lässt sich schnell und einfach feststellen, ob alle beziehungsweise welche Elemente einer Website in welcher Auflösung noch sichtbar sind. Oder einfach, wie das Design in verschiedenen Fenstergrößen wirkt.

Tipp

Das Tool funktioniert nur mit dem Internet Explorer und einigen älteren Browsern. Ein Update wird es wohl nicht mehr geben. Ersatzweise können Sie die gewünschte Auflösung im Firefox auch mit dem oben bereits vorgestellten Add-on »Web Developer« unter RESIZE vornehmen.

27.5 Keywordkombinationen erzeugen und mischen

Softnik stellt auf der Website `www.goodkeywords.com` zwei kostenlose Tools für den Umgang mit Keywordlisten zum Download zur Verfügung. Das eine Tool heißt »Good Keywords« und soll helfen, Keywords von Webseiten zu extrahieren und einige Kennzahlen dazu aufzulisten. Das können Sie allerdings mit den vorgestellten Tools im Kapitel, in dem es um das Finden von Keywords geht, viel besser machen.

Abb. 27.22: Das Menü von Good Keywords

Die Funktion KEYWORD PHRASE BUILDER (siehe Abbildung 27.22) ist allerdings recht nützlich. Dort können Sie bis zu drei so genannte »Word Sets« in die drei linken Kästen eingeben und mit GENERATE diese zu Mehrwort-Phrasen zusammenmischen lassen. Das gleiche Prinzip hatte ich zwar schon mal mit einer MS-Excel-Formel erläutert, aber Tabellenkalkulationen sind zum einen nicht jedermanns Sache und zum anderen will man auch nicht für jede kleinere Kombination gleich eine Tabelle anlegen und verknüpfen. Für schnelle Kombinationen einiger Begriffe hat das Tool also durchaus seinen Nutzen.

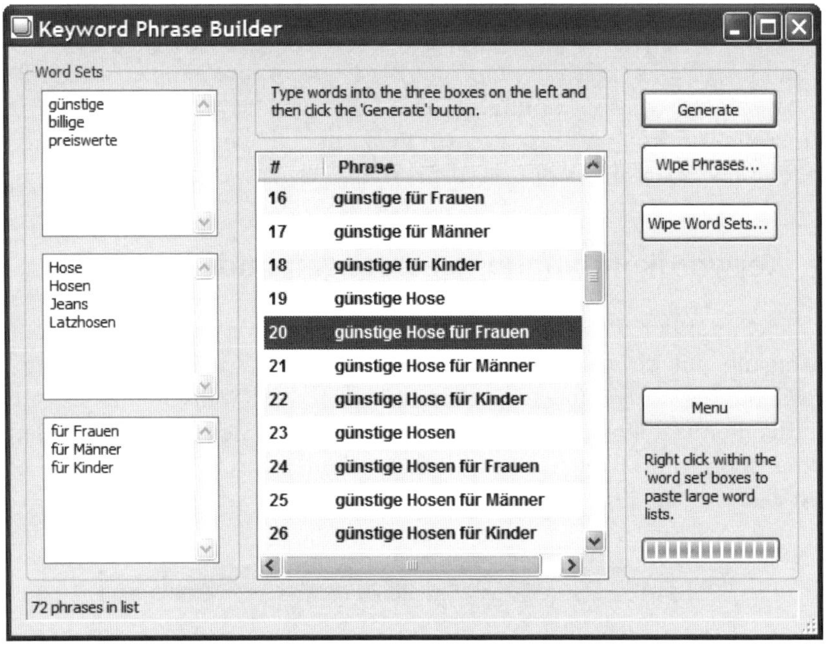

Abb. 27.23: Keyword-Phrasen aus einzelnen Begriffen mischen

Nach dem Generieren der Wort-Kombinationen (siehe Abbildung 27.23) lassen sich diese mit einem Klick auf MENU umfassend mit Filtern selektieren oder einfach alle in die Zwischenablage kopieren. Von dort können sie dann direkt als Keywords zum Beispiel in die AdWords-Onlinemaske eingefügt werden. Über den Button KEYWORD ORGANIZER (siehe Abbildung 27.22) im Hauptmenü kann man verschiedene Keywordsets unter unterschiedlichen Namen für eine spätere Weiterbearbeitung ablegen. Die restlichen Funktionen können Sie aus meiner Einschätzung ruhig vergessen, da sie nur unwesentliche oder keine wirklich validen Daten liefern (zum Beispiel SITE & LINK POPULARITY). Dafür hatte ich Ihnen schon an anderer Stelle bessere Tools gezeigt.

Auf der Website von Softnik finden Sie ein weiteres nützliches Programm, das ebenfalls kostenlos ist: »Keyword Pad«. Sie können sich damit bis zu sechs verschiedene Keywordlisten (List-A bis F) anlegen oder aus einem Textfile importieren und diese dann mit MODIFY (siehe Abbildung 27.24) oder dem in der Abbildung leider versteckten Button MULTIPLY mit vielen Freiheitsgraden gezielt zum Beispiel am Anfang oder am Ende mit zusätzlichen Begriffen mischen. Am nützlichsten ist aber sicherlich die Möglichkeit, eine Liste von zusammengesetzten Keywords für Googles drei verschiedene Arten von Matching auf Knopfdruck zu erzeugen.

Sie erinnern sich sicher, dass man dort Keywords mit den Optionen

- weitgehend passend (hier: Broad Match)
- passend, also in Anführungszeichen (hier: Phrase Match) und
- genau passend, also in eckigen Klammern (hier: Exact Match)

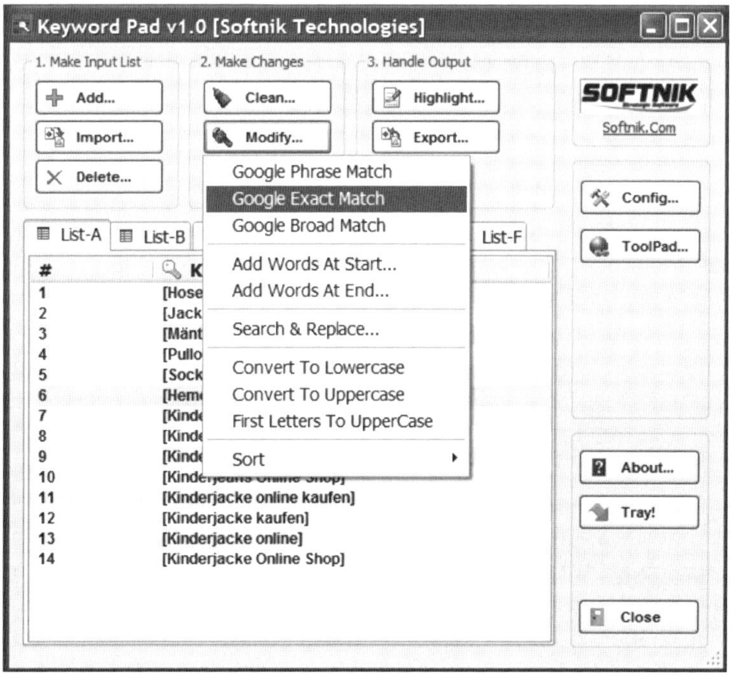

Abb. 27.24: Keyword Pad zum Erstellen verschiedener Keyword-Matchings

einstellen kann, die alle ein unterschiedliches Auslösen Ihrer Pay-per-click-Werbung bewirken. Damit Sie beim Eingeben von Begriffskombinationen nicht immer die Anführungszeichen oder die eckigen Klammern eingeben müssen, können Sie sich diese Attribute mit diesem Tool recht einfach und schnell hinzufügen lassen. Gerade die eckigen Klammern bekommt man ja auf der PC-Tastatur nur über das Drücken der rechten [Alt-Gr]-Taste, was ein flüssiges Eingeben eigentlich fast unmöglich macht. Nutzt man die Keyword-Option »passend« oder »genau passend« häufiger, leistet das Keyword Pad hier gute Hilfe.

27.6 Ranking Hits zur Analyse technischer Daten

Ranking Hits stellt online in einer multifunktionalen Maske unter anderem einige interessante Möglichkeiten zur Analyse technischer Daten von Webservern oder

Providern zur Verfügung. Sie finden diese Maske unter `www.ranking-hits.de/tools.php`. Auf zwei Möglichkeiten möchte ich Sie besonders aufmerksam machen. Weiter unten in der Maske finden Sie einen »Nslookup« (vgl. Abbildung 27.25).

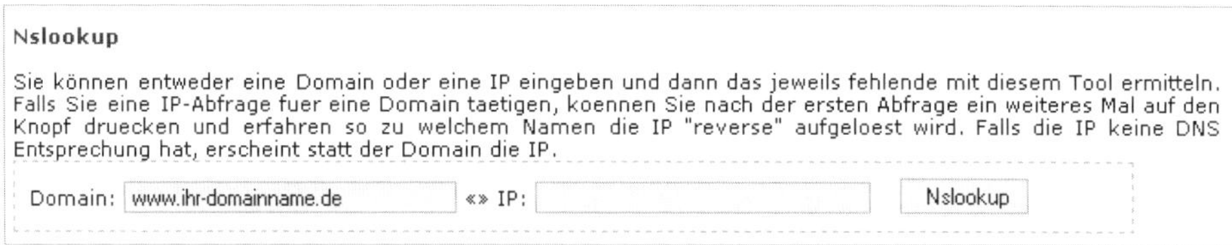

Abb. 27.25: Der Nslookup von `ranking-hits.de`

Dort können Sie entweder einen Domainnamen eingeben, zu dem Sie dann die zugehörige IP-Adresse der Domain bekommen. Oder Sie geben eine IP-Adresse ein und sehen, zu welchem Domainnamen diese IP gehört. Interessant ist diese Abfrage einer IP-Adresse dann, wenn ein Provider mehrere Domainnamen auf nur eine IP-Adresse gelegt hat. Bekommen Sie also unter Eingabe Ihrer IP nicht Ihren Domainnamen zurückgeliefert, kann dies ein Indiz sein, dass unter dieser IP-Adresse nicht nur Ihre Domain gehostet wird. Treibt einer Ihrer Mitbewohner es unter der gleichen Adresse im Web zu bunt (zum Beispiel Suchmaschinen-Spam, unseriöse Webangebote etc.), kann es durchaus in Suchmaschinen Probleme geben, weil Sie unter eine Art Sippenhaft fallen können. Suchmaschinen können einzelne IP-Adressen durchaus auf eine schwarze Liste setzen und damit können Sie unter Umständen völlig unschuldig Nachteile im Ranking haben. Nur präventiv weise ich darauf hin, dass die meisten recht preiswerten Web-Hosting-Angebote genau so funktionieren. Es werden oft Hunderte Domainadressen auf eine IP-Adresse gelegt. Zahlen Sie für Ihren Webauftritt also nur ein paar Cent im Monat, brauchen Sie diese Abfrage gar nicht zu machen, weil Sie mit an Sicherheit grenzender Wahrscheinlichkeit »Mitbewohner« unter derselben IP-Adresse haben. Billig ist unter diesem Blickwinkel halt nicht immer auch preiswert.

Was Cloaking ist, hatte ich ja in dem Teil über Suchmaschinenoptimierung schon beschrieben. Kurz gesagt, wird dabei den Suchmaschinen eine andere Seite gezeigt als den menschlichen Besuchern. Da ich sicher bin, dass Sie so etwas nicht machen, ist diese Prüfoption aber vielleicht hilfreich, falls einer Ihrer Mitbewerber solche unerlaubten Techniken einsetzt. Wenn Sie in der Zeile CHECK URL eine Webadresse eingeben (vgl. Abbildung 27.26), öffnet sich ein neues Browserfenster und Sie sehen die Seite so, wie sie eine Suchmaschine sieht. Bekommen Sie hier eine andere Ansicht, als wenn Sie die Adresse selber in Ihren Browser eintippen, liegt hier möglicherweise ein Manipulationsversuch vor. Als Hinweis sei noch erwähnt, dass der Cloaking Detector derzeit nicht mit dem Firefox-Browser funktioniert.

Abb. 27.26: Der Cloaking Detector von `Ranking-Hits.de`

Profi-Cloaker prüfen zur Sicherheit noch die bekannten IP-Adressen der Suchmaschinen ab. Dies können Sie leider nicht mit so einfachen Mitteln prüfen. Aber für einen Test reicht es aus. Cloaking ist nicht nur bei Suchmaschinen verpönt und bewirkt nach Entdeckung einen Rauswurf aus dem Index. Es wird nach gängiger Rechtsprechung derzeit auch als wettbewerbswidrig eingestuft und ist damit eventuell auch eine Sache, der ein versierter Online-Anwalt nachgehen sollte.

Tipp

Wenn Sie beim Thema Cloaking ganz sichergehen wollen, lassen Sie einfach die zu analysierende Webseite von Google vom Deutschen zum Beispiel ins Englische übersetzen (`www.google.de/language_tools`). Was zunächst etwas dümmlich klingt, macht durchaus Sinn. Eine gecloakte Seite wird dem Googlebot, der die Seite sofort zum Übersetzen holt, eine andere Version unterschieben, als Sie in Ihrem Browser sehen. Was Ihnen da Google übersetzt, ist also dann auch tatsächlich das, was Google von dem entsprechenden Webserver ausgeliefert bekommt! Weicht diese Darstellung textlich von der eigenen im Browser ab – dann haben Sie es mit Sicherheit mit einer zwielichtigen Programmierung zu tun ... Ich gebe aber zu, dass dies bei den derzeit nur suboptimalen Übersetzungen möglicherweise gar nicht so leicht zu erkennen ist. Einen komplett anderen Textinhalt erkennen Sie aber sofort und problemlos.

27.7 AWR: Advanced Web Ranking

Dieses von Caphyon entwickelte Programm gibt Ihnen einen vollständigen Überblick über die erreichten Rankingpositionen aller Ihrer Keywords. Es kann als Testversion von der Website `www.advancedwebranking.com/download.html` geladen werden. Trotz der englischen Website gibt es eine komplett deutsche Version und auch eine deutschsprachige Anleitung (Tutorial).

Die Standardversion von AWR kostet inklusive einem Jahr freie Updates aktuell 99 Dollar. Mit der Professional-Version kann man zwar beliebig viele Projekte anlegen, sie ist aber mit 199 Dollar auch deutlich teurer.

Nach dem Start führt ein Assistent durch die Anlage eines Projektes. Zunächst wählt man aus einer automatisch per Update ständig aktualisierten Liste mit über 700 Suchmaschinen diejenigen aus, bei denen man seine Position prüfen möchte. Die meisten Suchmaschinen sind noch einmal nach Ländern unterteilt (vgl. Abbildung 27.27).

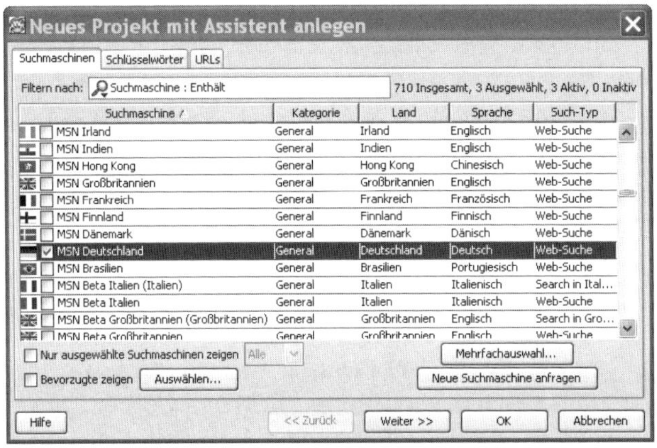

Abb. 27.27: Die Auswahl verschiedener Suchmaschinen bei AWR

Anschließend können Sie beliebig viele Keywords eingeben oder von einer bereits vorhandenen Datei importieren. Gerade bei umfangreicheren Listen ist die Importmöglichkeit von großem Nutzen (vgl. Abbildung 27.28).

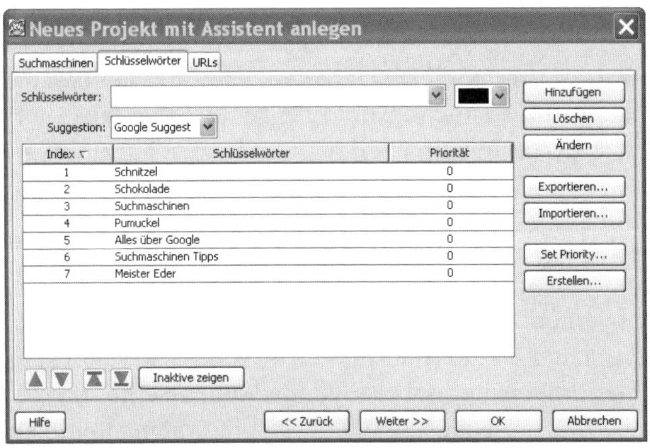

Abb. 27.28: Die Eingabe von Keywords in AWR

Danach müssen Sie nur noch Ihren eigenen Domainnamen eingeben und gegebenenfalls noch einige andere, deren Ranking Sie interessiert.

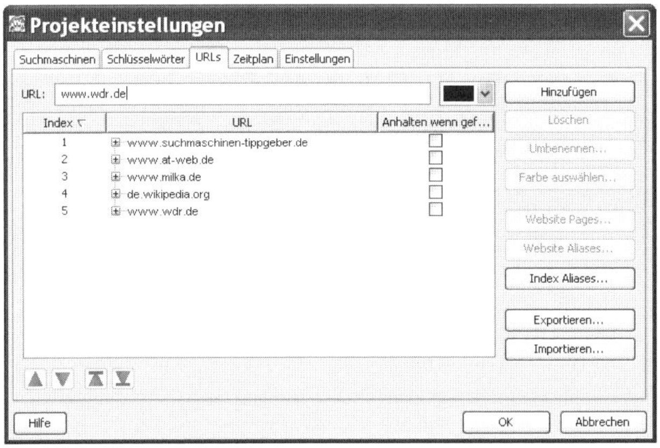

Abb. 27.29: Die Eingabe von Webadressen in AWR

Nun können Sie die Ranking-Analyse starten und AWR holt von jeder der angegebenen Suchmaschinen die Rankingpositionen für jedes einzelne Keyword. Wie tief das Tool dabei suchen soll (das heißt, wie viele Ergebnisseiten durchsucht werden sollen), ist ebenfalls frei definierbar. Bedenken Sie aber, dass die Analyse umso länger dauert, je mehr Keywords Sie in umso mehr Ergebnisseiten suchen.

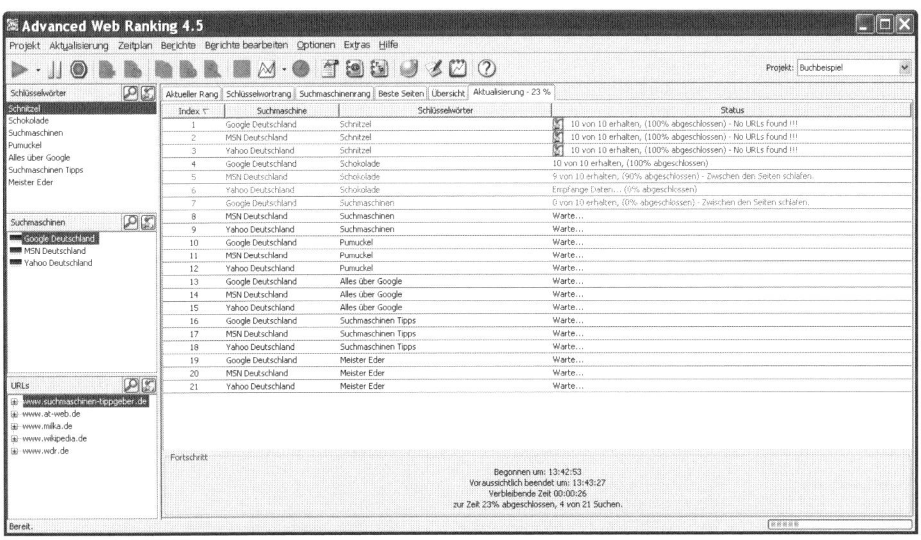

Abb. 27.30: Auf der Suche nach Schnitzel und Schokolade

Wenn die Analyse fertig ist, können Sie die Ergebnisse direkt in dem Tool mit verschiedenen Filtermöglichkeiten und Ansichten begutachten. Neben einer Übersicht erfasst und speichert AWR jede Webadresse, die unter der angegebenen Suchtiefe gefunden wurde. Die Ergebnisse lassen sich auch nach Keywords oder Suchmaschinen sortiert anzeigen. Besonders interessant sind natürlich die Veränderungen der Rankingpositionen über die Zeit. Diese zeigt Ihnen AWR als Liniendiagramm, so dass Sie auf einen Blick sehen können, wie und ob sich Ihre Bemühungen um ein besseres Ranking gelohnt haben.

Neben der direkten Ansicht im Programm selber können Sie sehr flexibel eigene Berichte zusammenstellen und in verschiedenen Formaten (derzeit PDF, XLS, CSV, HTML, XML und TXT) ausgeben.

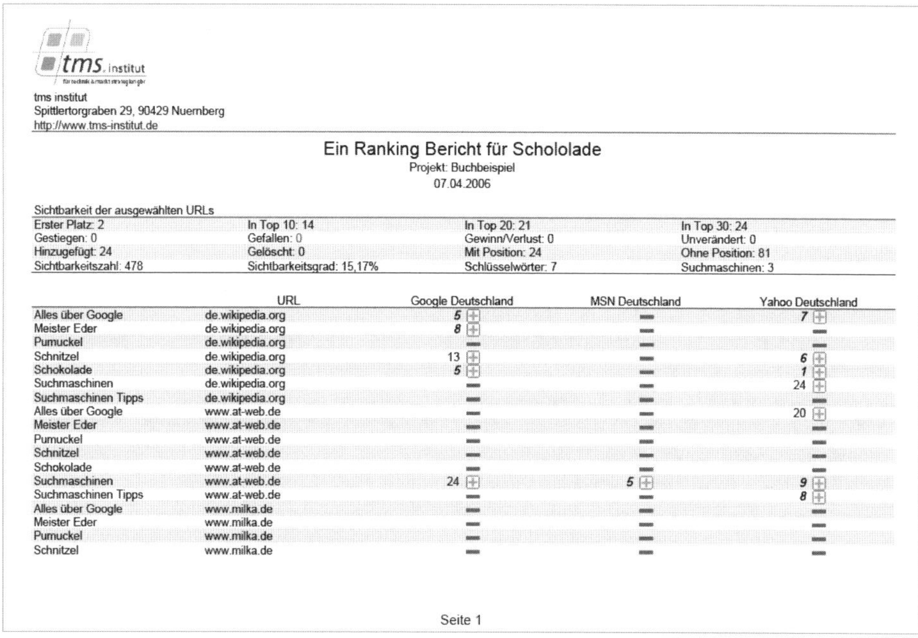
tms institut
Spittlertorgraben 29, 90429 Nuernberg
http://www.tms-institut.de

Ein Ranking Bericht für Schololade
Projekt: Buchbeispiel
07.04.2006

Sichtbarkeit der ausgewählten URLs

Erster Platz: 2	In Top 10: 14	In Top 20: 21	In Top 30: 24
Gestiegen: 0	Gefallen: 0	Gewinn/Verlust: 0	Unverändert: 0
Hinzugefügt: 24	Gelöscht: 0	Mit Position: 24	Ohne Position: 81
Sichtbarkeitszahl: 478	Sichtbarkeitsgrad: 15,17%	Schlüsselwörter: 7	Suchmaschinen: 3

	URL	Google Deutschland	MSN Deutschland	Yahoo Deutschland
Alles über Google	de.wikipedia.org	5	–	7
Meister Eder	de.wikipedia.org	8	–	–
Pumuckel	de.wikipedia.org	–	–	–
Schnitzel	de.wikipedia.org	13	–	6
Schokolade	de.wikipedia.org	5	–	1
Suchmaschinen	de.wikipedia.org	–	–	24
Suchmaschinen Tipps	de.wikipedia.org	–	–	–
Alles über Google	www.at-web.de	–	–	20
Meister Eder	www.at-web.de	–	–	–
Pumuckel	www.at-web.de	–	–	–
Schnitzel	www.at-web.de	–	–	–
Schokolade	www.at-web.de	–	–	–
Suchmaschinen	www.at-web.de	24	5	9
Suchmaschinen Tipps	www.at-web.de	–	–	8
Alles über Google	www.milka.de	–	–	–
Meister Eder	www.milka.de	–	–	–
Pumuckel	www.milka.de	–	–	–
Schnitzel	www.milka.de	–	–	–

Seite 1

Abb. 27.31: Ein beispielhafter Rankingbericht mit AWR

Diese Berichte können natürlich gedruckt, aber auch voll automatisiert per E-Mail verschickt werden. Dazu gibt es eine recht ausführliche Zeitsteuerung, wann welche Analyse selbstständig durchgeführt werden soll. Danach werden die hinterlegten Berichte vom Programm an die angegebenen E-Mail-Adressen per Anhang verschickt.

Wie schon erwähnt, mögen Suchmaschinen solche maschinellen Abfragen ihres Indexes überhaupt nicht. AWR kann daher ebenfalls einen menschlichen Besucher simulieren, indem zwischen den Abfragen entsprechend zufällige Pausen eingelegt werden. Das dauert zwar länger, geht aber freundlicher mit den Ressourcen der

Suchmaschinen um. Das Tool hat natürlich noch sehr viel mehr Möglichkeiten, Rankingpositionen abzufragen und aufzubereiten. Viel zu viele, um sie alle hier zu beschreiben. Am besten machen Sie sich mit der Testversion Ihr eigenes Bild.

27.8 LinkVendor: Eine Sammlung nützlicher Tools

LinkVendor bietet eine recht umfangreiche Sammlung von Tools zur Suchmaschinenanalyse auch in deutscher Sprache unter `http://de.linkvendor.com`.

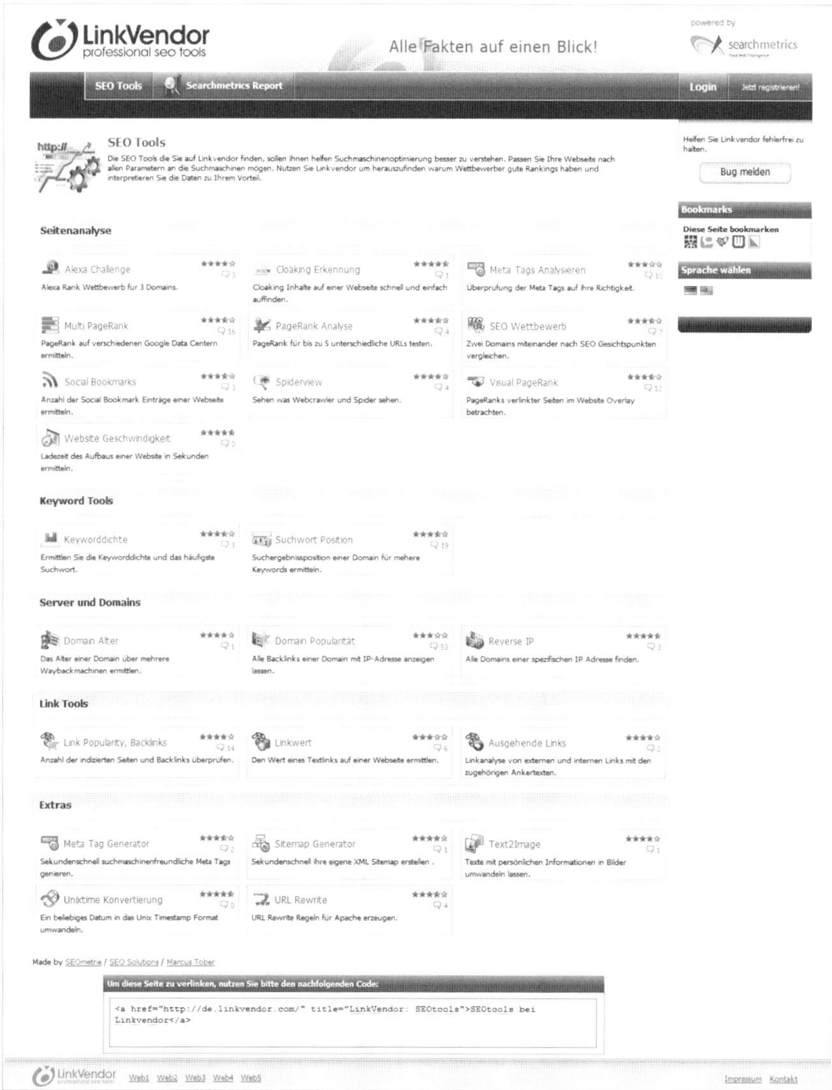

Abb. 27.32: Die Online-Tools von Linkvendor

Hinter Linkvendor (Abbildung 27.32) steht searchmetrics, die mittlerweile auch ein professionelles (kostenpflichtiges) Tool zur Analyse aller Kennzahlen rund um die Suchmaschinenpositionierung anbieten. Das Tool ist nicht ganz billig und liegt nach Aussage von searchmetrics im niedrigen, vierstelligen Bereich pro Monat. Die genauen Kosten hängen im Wesentlichen von der Anzahl zu überwachender Keywords und Domains ab und verlangen daher eine individuelle Kalkulation. Wer eine umsatzstarke Website betreibt oder betreiben möchte, sollte sich dieses professionelle Tool allerdings unbedingt einmal ansehen! Zurück zur kostenlosen Toolsammlung bei Linkvendor.

Wie Sie in Abbildung 27.32 sehen können, gibt es allerlei Vielversprechendes zu entdecken. Zunächst empfehle ich Ihnen, Ihre eigene Webadresse einmal hinsichtlich der eingehenden Links zu prüfen. Dazu geben Sie nach einem Klick auf LINK POPULARITY, BACKLINKS in der Sektion LINKTOOLS Ihren Domainnamen ein (im Beispiel hier habe ich `bmw.de` analysiert). Wenn Sie sich auf der Site einloggen, entfallen übrigens die lästigen Captcha-Eingaben.

Abbildung 27.33 zeigt beispielhaft die Abfrage der Linkpopularität sowie einiger weiterer Kennzahlen für die Analyse.

Abb. 27.33: Die Abfrage der Linkpopularität bei Linkvendor

Sie erhalten auf einen Blick

- die Anzahl der Links und Seiten, die Google, MSN, Yahoo! Ask, Yahoo!Directory und das DMOZ für diese Domain angeben
- den so genannten Traffic Rank von Alexa
- den PageRank der Webseite
- das Alter
- die IP-Adresse der Domain
- und ob für die Domain eventuell geblockte Seiten registriert sind

Die einzelnen Tools sind bei Linkvendor recht gut erklärt. Probieren Sie sie einfach einmal in Ruhe aus.

Zum Schluss möchte ich Sie noch auf eine relativ neue Funktion auf dieser Website aufmerksam machen. In Abbildung 27.32 auf Seite 745 sehen Sie im Kopf der Site neben SEO-TOOLS einen Menüpunkt SEARCHMETRICS-REPORT. Hier können Sie kostenlos eine sehr umfassende Analyse Ihrer Domain machen lassen. Untersucht werden Kriterien aus den Bereichen

- Technische Daten
- Allgemeine Optimierungskriterien für Suchmaschinen
- Auffindbarkeit in Suchmaschinen
- Social-Media-Einträgen und
- statistischer Daten wie unter anderem der PageRank oder das Alter der Domain

Searchmetrics bepunktet die einzelnen Kriterien hinsichtlich eines eigenen Algorithmus. Leider habe ich keinen Hinweis darauf gefunden, wie die Punktwerte ermittelt werden, daher kann ich Ihnen an dieser Stelle auch keinen vernünftigen Rat zur Interpretation dieser Zahlen geben. Sehen Sie sich aber nicht nur stur die Zahlenwerte, sondern vor allem die Beschreibungen mit einem wachen Auge an. Warum zum Beispiel 0 Punkte vergeben werden, wenn in den Meta-Tags keine Anweisungen für Suchmaschinen-Robots angegeben sind, bleibt mir ein Rätsel. Will man den Robots nichts verbieten, kann man diese Anweisungen getrost weglassen.

Da eine ganze Menge Hintergrundabfragen gemacht werden, dauert der Report eine ganze Weile. Sie müssen daher etwas Geduld mitbringen. Um alle Bewertungstexte zu erhalten, müssen Sie sich übrigens einloggen.

27.9 Hello Engines Professional

»Die SEO-Software für erfolgreiche Website-Optimierung« titelt der Hersteller AceBIT auf `www.hello-engines.de`, wo Sie auch eine Testsoftware herunterladen können. Hello Engines (im Folgenden der Einfachheit halber »HE« genannt) gibt es in einer Standard- und einer Professional-Version. Ich würde Ihnen raten, besser gleich das Professional-Paket zu testen, wenn Sie es wirklich ernst mit der Optimierung Ihrer Website meinen. Um es gleich vorwegzunehmen: Auch AceBIT versucht den Eindruck zu vermitteln, mit dieser Software ohne große Ahnung Platz 1 erklimmen zu können. Ob das wirklich gelingt, kann ich nicht beurteilen. Mit dem nötigen Wissen aus diesem Buch wird es Ihnen aber deutlich leichter fallen, das Tool effizient einzusetzen. Die Vielfalt an nützlichen Funktionen ist bei HE jedenfalls meiner Meinung nach am größten. Wenn Sie sich bisher keines der hier vorgestellten Tools angesehen haben – hier sollten Sie wirklich eine Ausnahme machen. Man merkt HE die lange Erfahrung im Bereich der SEO-Software an. Auch hier gilt wie bei vielen dieser Tools, dass die Bedienung nicht unbedingt intuitiv von der Hand geht. Das mag man den Entwicklern aber sicher verzeihen, weil sie die Zeit dafür offensichtlich stärker in die Funktionen gesteckt haben.

SEO-Checkliste

Aufgabe	Task-Status	Hello Engines! Funktionen
⊞ **Schritt 1: Inhalt**	**0,00 % Fertig**	
⊞ **Schritt 2: Domainname**	**0,00 % Fertig**	
⊞ **Schritt 3: Design Ihrer Website**	**0,00 % Fertig**	
⊟ **Schritt 4: Relevante Suchbegriffe finden**	**0,00 % Fertig**	
☐ Achten Sie auf Relevanz, der Suchbegriff muss mit dem Inhalt Ihrer Website zu tun hab...	Ausstehend	
☐ Ignorieren Sie Groß-/Kleinschreibung - sie spielt keine Rolle.	Ausstehend	
☐ Verwenden Sie verschiedene Schreibweisen, wie z.B. "Umfrage-Software", "Umfragesoftware" und "Umfrage Software".	Ausstehend	
☐ Analysieren Sie Ihre Website-Logs, um zu ermitteln, welche Suchbegriffe evtl. bereits Besucher über Suchmaschinen bringen.	Ausstehend	
☐ Ermitteln Sie mit Hilfe von Schlüsselwort-Tools wie hoch die Mitbewerberdichte ist. Es ist einfacher mit nicht so stark umkämpften Suchbegriffen erfolgreich zu sein.	Ausstehend	Tools zur Schlüsselwortgewinnung
☐ Ermitteln Sie mit Hilfe von Schlüsselwort-Tools wie hoch die zu erwartenden Besucherzahlen sind. Je öfter nach einen Begriff gesucht wird, desto interessanter ist er.	Ausstehend	Tools zur Schlüsselwortgewinnung
☐ Bevorzugen Sie Kombinationen aus zwei bis vier Wörtern, wenn die Mitbewerberdichte für einen einzelnen Suchbegriff zu hoch ist.	Ausstehend	
⊞ **Schritt 5: Suchbegriffe in Website einbauen**	**0,00 % Fertig**	
⊟ **Schritt 6: Interne Verlinkung optimieren**	**0,00 % Fertig**	
☐ Sind alle wichtigen Dokumente untereinander verlinkt?	Ausstehend	
☐ Legen Sie fest, welche Seiten die wichtigsten sind.	Ausstehend	
☐ Verlinken so viele Seiten wie möglich auf die wichtigen Seiten?	Ausstehend	
☐ Schließen Sie unwichtige Dokumente aus, in dem Sie das Meta-Tag <meta name="robots" content="NOINDEX,NOFOLLOW" /> einfügen.	Ausstehend	
☐ Prüfen Sie, wie sich die interne Verlinkung auf das PageRank auswirkt.	Ausstehend	PageRank-Berechnung
⊞ **Schritt 7: Externe Verlinkung aufbauen**	**0,00 % Fertig**	
⊞ **Schritt 8: Grundlegende Optimierung und Fehlerbeseitigung**	**0,00 % Fertig**	
⊞ **Schritt 9: Spam-Methoden beseitigen**	**0,00 % Fertig**	
⊞ **Schritt 10: Halbautomatische Anmeldung**	**0,00 % Fertig**	
⊞ **Schritt 11: Vollautomatische Anmeldung**	**0,00 % Fertig**	
⊞ **Schritt 12: Regelmäßige Pflege und Erfolgskontrolle**	**0,00 % Fertig**	

Abb. 27.34: Die SEO-Checkliste von Hello Engines Professional

Warum ich das gesondert erwähne: Geben Sie nicht gleich auf, wenn HE nicht sofort alles macht, was Sie wollen. Werfen Sie einen kleinen Blick auf den Hilfetext, der jeweils unten in der Box erscheint. Das hilft, die Anfangshürden zu überspringen.

Beim Start hält HE eine SEO-Checkliste für den Benutzer bereit, die in zwölf Schritten mit entsprechenden Unterpunkten über die notwendigen Tätigkeiten hilft, den Überblick zu behalten. Für Abbildung 27.34 habe ich Ihnen zur Verdeutlichung Schritt 4 und 6 aufgeklappt.

Die wesentlichsten Funktionen von HE sind:

- Ein »Assistent«
- Eine Projektverwaltung
- Eine Schnellbewertung von Websites
- Eine umfangreiche und ausgefeilte Anmeldehilfe für Suchmaschinen und Kataloge mit einer Erfolgsrückmeldung
- Ein Site-Checker, der Links, den HTML-Code und die Ladezeiten überprüft und Vorschläge zur Komprimierung des Codes macht (um die Ladezeiten weiter vermindern zu können)
- Ein Keyword-Generator zum Finden und Mixen von Suchbegriffen
- Ein Abfragetool für erzielte eigene Rankings in verschiedenen Suchmaschinen und für die Rankings der Mitbewerbersites
- Ein Verwaltungszugang zu einem kostenpflichtigen Linkpartner-Depot für Linkpartnerschaften (wozu ich hier ausdrücklich keinen Kommentar abgebe, was ich sicher auch nicht muss, wenn Sie das Kapitel über die externe Verlinkung und Linknetzwerke gelesen haben)
- Ein Meta-Tag-, Sitemap- und Robots-Generator
- Ein Tool zur Messung der Linkpopularität sowie einen Backlink-Checker
- Ein HTML-Editor zum Editieren der Meta-Tags und zur Analyse der Keyworddichte
- Ein Simulator für einen Suchmaschinen-Robot, der zeigt, wie eine Maschine eine Webseite »sieht« beziehungsweise was davon
- Ein Tool zu Berechnung der internen PageRank-Vererbung

Anhand der langen Liste sehen Sie schon, dass ich mich auf eine kurze Beschreibung einiger Tools aus HE beschränken muss.

Beim Start wird wohl wahrscheinlich die meisten Tester eine schnelle Bewertung der eigenen und einiger Mitbewerbersites reizen. Unter dem Menüpunkt BEWER-

TUNG muss man dazu nur eine Webadresse eingeben und die Analyse starten. Nach kurzer Zeit präsentiert sich eine recht gute Übersicht (siehe Abbildung 27.35).

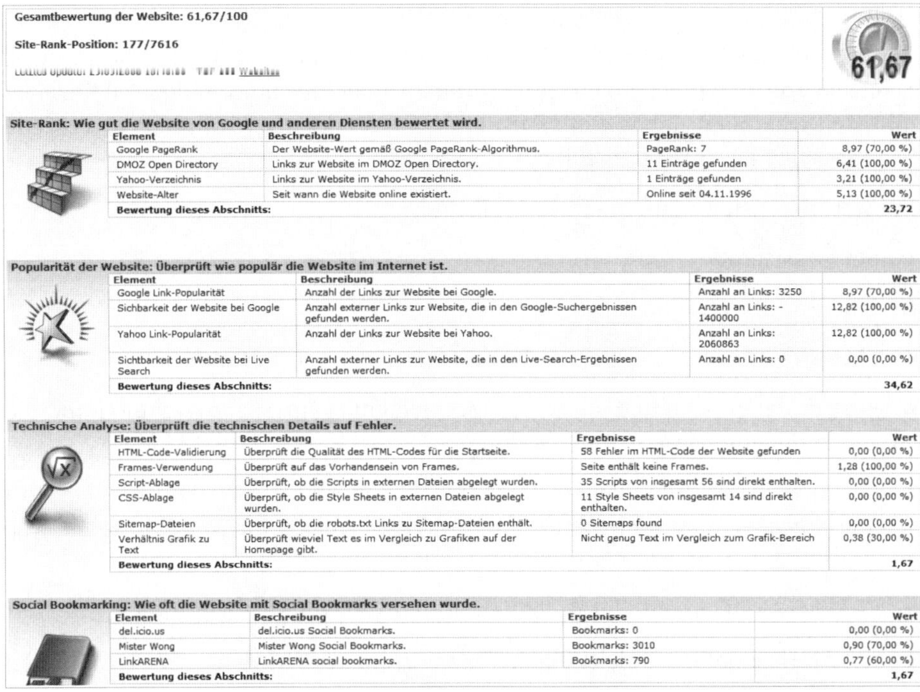

Gesamtbewertung der Website: 61,67/100

Site-Rank-Position: 177/7616

61,67

Site-Rank: Wie gut die Website von Google und anderen Diensten bewertet wird.

Element	Beschreibung	Ergebnisse	Wert
Google PageRank	Der Website-Wert gemäß Google PageRank-Algorithmus.	PageRank: 7	8,97 (70,00 %)
DMOZ Open Directory	Links zur Website im DMOZ Open Directory.	11 Einträge gefunden	6,41 (100,00 %)
Yahoo-Verzeichnis	Links zur Website im Yahoo-Verzeichnis.	1 Einträge gefunden	3,21 (100,00 %)
Website-Alter	Seit wann die Website online existiert.	Online seit 04.11.1996	5,13 (100,00 %)
Bewertung dieses Abschnitts:			**23,72**

Popularität der Website: Überprüft wie populär die Website im Internet ist.

Element	Beschreibung	Ergebnisse	Wert
Google Link-Popularität	Anzahl der Links zur Website bei Google.	Anzahl an Links: 3250	8,97 (70,00 %)
Sichbarkeit der Website bei Google	Anzahl externer Links zur Website, die in den Google-Suchergebnissen gefunden werden.	Anzahl an Links: -1400000	12,82 (100,00 %)
Yahoo Link-Popularität	Anzahl der Links zur Website bei Yahoo.	Anzahl an Links: 2060863	12,82 (100,00 %)
Sichtbarkeit der Website bei Live Search	Anzahl externer Links zur Website, die in den Live-Search-Ergebnissen gefunden werden.	Anzahl an Links: 0	0,00 (0,00 %)
Bewertung dieses Abschnitts:			**34,62**

Technische Analyse: Überprüft die technischen Details auf Fehler.

Element	Beschreibung	Ergebnisse	Wert
HTML-Code-Validierung	Überprüft die Qualität des HTML-Codes für die Startseite.	58 Fehler im HTML-Code der Website gefunden	0,00 (0,00 %)
Frames-Verwendung	Überprüft auf das Vorhandensein von Frames.	Seite enthält keine Frames.	1,28 (100,00 %)
Script-Ablage	Überprüft, ob die Scripts in externen Dateien abgelegt wurden.	35 Scripts von insgesamt 56 sind direkt enthalten.	0,00 (0,00 %)
CSS-Ablage	Überprüft, ob die Style Sheets in externen Dateien abgelegt wurden.	11 Style Sheets von insgesamt 14 sind direkt enthalten.	0,00 (0,00 %)
Sitemap-Dateien	Überprüft, ob die robots.txt Links zu Sitemap-Dateien enthält.	0 Sitemaps found	0,00 (0,00 %)
Verhältnis Grafik zu Text	Überprüft wieviel Text es im Vergleich zu Grafiken auf der Homepage gibt.	Nicht genug Text im Vergleich zum Grafik-Bereich	0,38 (30,00 %)
Bewertung dieses Abschnitts:			**1,67**

Social Bookmarking: Wie oft die Website mit Social Bookmarks versehen wurde.

Element	Beschreibung	Ergebnisse	Wert
del.icio.us	del.icio.us Social Bookmarks.	Bookmarks: 0	0,00 (0,00 %)
Mister Wong	Mister Wong Social Bookmarks.	Bookmarks: 3010	0,90 (70,00 %)
LinkARENA	LinkARENA social bookmarks.	Bookmarks: 790	0,77 (60,00 %)
Bewertung dieses Abschnitts:			**1,67**

Abb. 27.35: Die Schnellbewertung einer Website hat viele nützliche Kennzahlen parat.

Nützlich ist sicher weniger der kumulierte Wert rechts oben (im Beispiel 61,67), sondern die Listung der einzelnen Ergebnisse (Spalte ERGEBNISSE), die auch eine eigene Interpretation zulassen. Denn nicht immer – wie auch bei anderen Tools – macht es Sinn, Kriterien einfach nach Erfüllungsgrad zu bepunkten und auf einen Prozentwert hochzurechnen. Im vorliegenden Beispiel werden der Webseite zum Beispiel keine Punkte bei HTML-Code-Validierung gegeben, weil 58 Fehler im Code gefunden wurden. Experten wissen, dass völlig valide (konforme und damit fehlerfreie) Webseiten in der Regel bei Google sogar schlechter ranken. Auch eine Sitemap ist für ein gutes Ranking nicht unbedingt notwendig – wenn gewisse Voraussetzungen gegeben sind. Hüten Sie sich also auch hier, einfach nur auf verdichtete Kennzahlen zu sehen und sich selber oder Ihre Mitbewerber damit in sicherem oder unsicherem Fahrwasser zu wägen. Aber da HE die Grunddaten nicht unterdrückt, sondern offen ausweist, kann man sich hier eben auch selbst nach eigenem Geschmack ganz gut ein Bild machen.

Wenn die gröbsten Fehler einer Webseite behoben sind (und erst dann), sollte man sie der Welt bekannt machen. HE bietet die Möglichkeit, eine Website automatisch oder manuell bei diversen Suchmaschinen und – wesentlich wichtiger – Suchkatalogen anzumelden. In Abbildung 27.36 sehen Sie dies im Überblick.

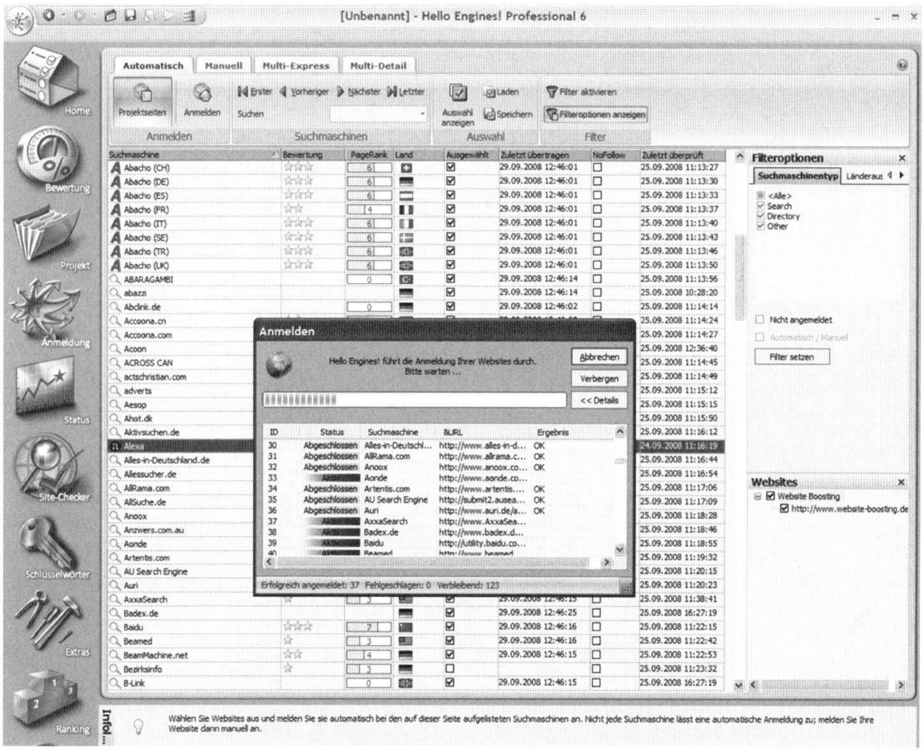

Abb. 27.36: Eine Website bei Suchdiensten anmelden

Nach der Anmeldung wird ein übersichtlicher Erfolgsbericht erzeugt, der sich auch in HTML, RTF, XML oder als PDF ausgeben lässt. Während eine automatische Anmeldung insbesondere bei Google von Experten nicht empfohlen wird, sind die Einträge in Webkataloge (die erzeugen meist gute, weil themenrelevante Links zu Ihrer Website) durchaus nützlich und ansonsten zeitraubend. In einer gesonderten Maske trägt man alle notwendigen Klassifizierungsdaten ein und HE überträgt diese je nach den unterschiedlichen Anforderungen der Webkataloge für Sie in die jeweiligen Formularfelder. Der Hinweis bei dem Feld für Ihre E-Mail-Adresse gefiel mit besonders gut. Dort werden Sie gewarnt, ja nicht Ihre echte, normale E-Mail-Adresse einzutragen, weil Sie ansonsten zukünftig mehr Spam bekommen könnten. Das ist völlig korrekt.

Der Link-Checker holt sich je nach Vorgabe einen Teil oder eine komplette Website und prüft interne und externe Links (siehe Abbildung 27.37).

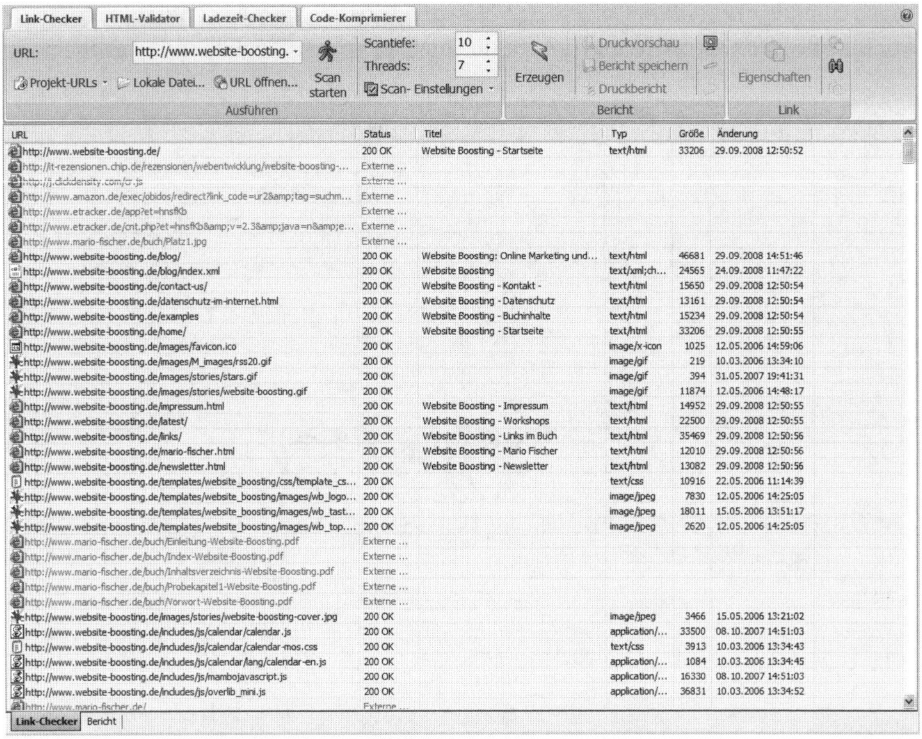

Abb. 27.37: HE: Welche Links sind noch okay?

Prüft man umgekehrt die eingehenden Links, ist es immer nützlich zu wissen, welche davon »Linkjuice« spenden, also für den Aufbau des eigenen PageRanks hilfreich sind. In Abbildung 27.38 sehen Sie einige Weblogs, die externe Links von Kommentarschreibern von der Linkvererbung mittels des nofollow-Attributs ausnehmen.

Wenn Sie einen (hoffentlich sinnvollen!) Kommentar in einem Weblog hinterlassen haben und sehen, dass der Link zu Ihrer Website suchmaschinentechnisch nichts bringt, dämpft das vielleicht Ihre Freude, dort nochmals Zeit mit einem Dialog des Blogschreibers zu verbringen.

Das sicherlich ungewöhnlichste und vielleicht bemerkenswerteste Tool ist unter EXTRAS und der Karteilasche PAGERANK BERECHNUNG zu finden.

Wie Sie in Abbildung 27.39 sehen können, holt dieser Simulator zunächst die einzelnen Seiten einer Webpräsenz und wertet die eingehenden und ausgehenden Links nach dem PageRank-Prinzip. Was PageRank Scuplting ist, wissen Sie ja nun und hier können Sie die Auswirkungen schließlich für Ihre (je nach Größe) gesamte Website studieren. Genau an dieser Stelle wird transparent, wo Sie Linkjuice nach außen geben oder intern – wie in dem Beispiel markiert gezeigt –

zum Beispiel an das Impressum verschwenden. Alles in alles ist dies eine hübsche Spielwiese und ein durchaus nützliches Tool, um den Kraftfluss durch Links zu visualisieren, die durch Ihre Website strömen. Wenn ich ein Sanitärfachmann wäre, würde ich es mit der Suche nach undichten Leitungen vergleichen. Aus suchmaschinenorientierter Sicht ist es nämlich genau das.

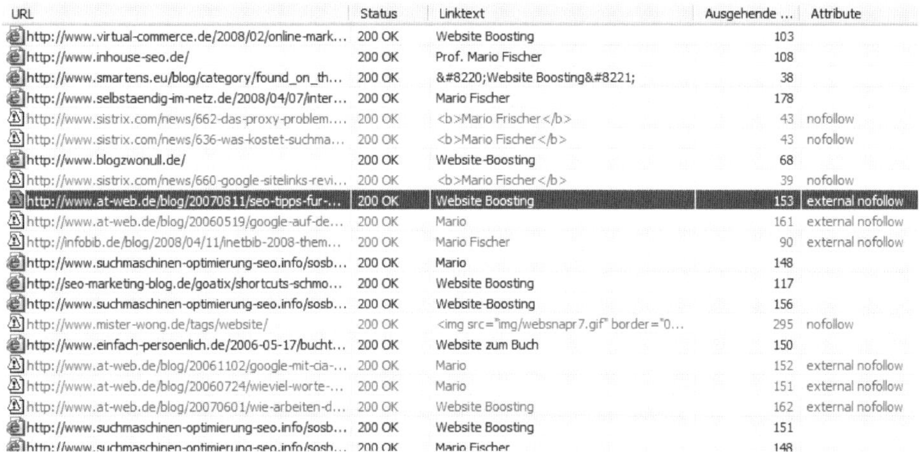

Abb. 27.38: Die nofollow-Links kennzeichnet HE besonders.

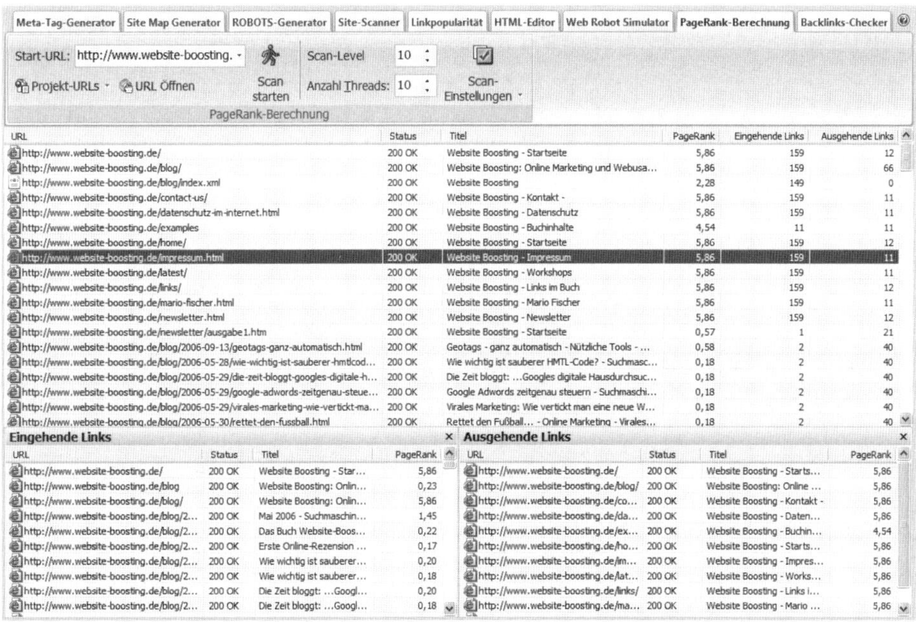

Abb. 27.39: HE: Die PageRank-Berechnung für interne Links

HE kostet in der Professional-Version zur Drucklegung des Buches satte 348 Euro. Auf den ersten Blick ein stolzer Preis, den man aber durch die (wirklich!) eingesparte Zeit je nach dem eigenen, persönlichen Stundensatz schon nach wenigen Stunden oder Tagen wieder hereingeholt haben dürfte. Also nochmal: Ansehen und Ausprobieren.

Kapitel 28

Ihre persönlichen Checklisten

Nachfolgend habe ich Ihnen nochmals in der Zusammenfassung der beiden Teile über Suchmaschinenoptimierung und Usability Checklisten zusammengestellt. Damit können Sie im Überblick prüfen, ob Sie auch wirklich an alles gedacht haben, oder Sie können sie einfach nur als Gedankenstütze verwenden.

Wie auch im vorherigen Kapitel gehe ich davon aus, dass Sie die entsprechenden Buchabschnitte zu den Checklistenfragen bereits gelesen haben, und halte die Erklärungen, wie es sich für richtige Checklisten gehört, bewusst knapp.

28.1 Checkliste zur Suchmaschinenoptimierung

Zu prüfen	Check
Ist die Domain bereits im Index der Suchmaschine (zum Beispiel bei Google: `site:www.meine-domain.de`)?	
Sind alle Seiten im Index (zum Beispiel bei Google: `site:www.meine-domain.de`, dort die Anzahl der Fundstellen vergleichen)?	
Sind alle Links für Suchmaschinen erkennbar? Wie »sieht« der Robot der Suchmaschine die Webseite? (Spidersimulation)	
Sind die Keywords aus der Perspektive der Suchenden formuliert?	
Steht das/die Keyword(s) im Titel-Tag?	
Steht das/die Keyword(s) im Meta-Tag `Description`?	
Ist das Base-Tag gesetzt?	
Benötigen Sie Geo-Tags und wenn ja, wurden sie gesetzt?	
Steht Ihre Keyworddichte optimal bei drei bis vier Prozent?	
Steht das/die Keyword(s) möglichst am Anfang der Webseite?	
Steht das/die Keyword(s) in einer Überschrift (`H2-5`)?	
Konnten Sie das/die Keyword(s) fett und/oder kursiv hervorheben?	
Enthält Ihre Adresszeile (URL) das/die Keyword(s)?	
Haben Sie Ihre Alt-Tags keywordrelevant belegt?	
Verwenden Sie Keywords in Dateinamen?	
Haben Sie entsprechend formulierte Textanker verwendet?	
Stehen Keywords in Aufzählungen?	

Zu prüfen	Check
Wenn Sie Tabellen für das Design verwenden: Haben Sie die Tabellen-Zusammensetzung suchmaschinenorientiert gestaltet?	
Haben Sie Ihre PDF-Dokumente entsprechend optimiert?	
Haben Sie schon genügend Backlinks?	
Ist der Text auf den Backlinks für Ihre Keywords relevant?	
Variiert der Text auf Ihren Backlinks auf natürliche Weise, so dass nicht der Hauptteil der Links exakt den gleichen Text enthält?	
Haben Sie eine »gesunde« Linkstruktur und genügend Links aus unterschiedlichen IP-Class-C-Blöcken?	
Liegt Ihr PageRank bei Google auf Dauer mindestens über dem Wert 3?	
Ist Ihre interne Linkstruktur so ausgerichtet, dass die meisten Links auf die wichtigsten Seiten gesetzt sind?	
Haben Sie unwichtige Links ggf. mit `rel="nofollow"` gekennzeichnet oder per JavaScript maskiert?	
Stimmt Ihr beschreibender Text in der Ergebnisanzeige der Suchmaschinen, so dass auch häufig genug darauf geklickt wird?	
Ist Ihre Domain mindestens ein halbes Jahr am Netz, besser noch ein Jahr?	
Haben Sie aktiv nach Möglichkeiten gesucht, Ihre Domain im Web zu hinterlassen, um Links einzusammeln?	
Haben Sie sich Blogabfragen mit Ihren Hauptkeywords über bequeme RSS-Feeds in einem Feedreader (zum Beispiel Netvibes) abonniert, um täglich mindestens einen thematisch passenden Kommentar für einen Backlink zu machen?	
Haben Sie sich das Tool SearchStatus installiert, um wertvolle Links von (suchmaschinentechnisch gesehen) wertlosen Links unterscheiden zu können?	
Haben Sie einen Eintrag im Open Directory Project (DMOZ) in einer passenden Kategorie beantragt?	
Haben Sie nach vier Wochen kontrolliert, ob der DMOZ-Eintrag schon freigeschaltet wurde und den Antrag ggf. in einer anderen Kategorie wiederholt?	
Haben Sie Webseiten mit Frames? (Weg damit)	
Haben Sie Webseiten, die suchmaschinenrelevanten Content in Flash enthalten? (Nicht mehr so problematisch, aber keineswegs optimal)	
Sind eventuelle Links in JavaScript, die von den Robots erkannt werden *sollen*, zusätzlich auch in HTML hinterlegt?	
Haben Sie dynamische Adresszeilen (URL) mit vielen Sonderzeichen und Parametern? (`mod_rewrite` verwenden)	
Verwenden Sie Session-IDs? (Extrem problematisch)	
Verwenden Sie Cookie-Zwang? (Extrem problematisch)	
Antwortet Ihr Webserver auch bei Spitzenlast schnell genug?	

Zu prüfen	Check
Gibt es Content-Duplikate Ihrer Webseiten, die von Sites gemacht wurden, die in Suchmaschinen stärker dastehen als Ihre eigenen?	
Sind alle internen und externen Links intakt (keine Broken Links)?	
Haben Sie keine markenrechtlich geschützten Keywords oder fremde Unternehmensbezeichnungen in den Meta-Tags verwendet?	

28.2 Checkliste für bezahlte Suchmaschinenwerbung

Zu prüfen	Check
Haben Sie wirklich die richtigen Keywords aus Kundensicht gefunden und haben Sie ggf. auch an Problemumschreibungen gedacht?	
Haben Sie auch die Mitbewerber-Sites nach sinnvollen Keywords durchstöbert?	
Haben Sie eine für Ihr Unternehmen sinnvolle (geografische) Reichweite für die Werbung definiert?	
Haben Sie für jedes vernünftig trennbare Thema einen eigenen Silo definiert?	
Haben Sie für jede Keywordgruppe einen passenden Anzeigentext entworfen?	
Haben Sie mehrere unterschiedliche Anzeigentexte eingestellt und geprüft, welche mehr angeklickt werden?	
Enthalten Ihre Anzeigentexte einen Anreiz zum Anklicken (Appellcharakter)?	
Sind Ihre Keywords scharf definiert (passende Wortgruppen, exakt passende Wortgruppen)?	
Haben Sie – wo sinnvoll – ausschließende Keywords definiert?	
Haben Sie Ihr Tagesbudget automatisch prüfen lassen, ob es ausreichend ist (bei Google zum Beispiel mit dem Traffic-Estimator)?	
Haben Sie eine ROI-Berechnung gemacht, um die Hebelwirkung der Online-Werbung optimal ausnutzen zu können?	
Können Sie auf wichtigen Webseiten einen Conversion-Code einsetzen, um die Konversionsrate der einzelnen Keywords messen und optimieren zu können?	
Passt der Qualitätsfaktor für jedes einzelne Keyword?	
Haben Sie die Keywords für die Suche und die für das Contentnetzwerk ggf. in unterschiedliche Kampagnen separiert?	
Haben Sie versucht, die Keyword-Gebote nach einiger Zeit langsam so weit zu senken, dass die Positionen trotzdem noch gehalten werden konnten?	
Haben Sie bei der Nutzung des Content-Werbenetzwerkes schon kontrolliert, welche Webseiten Ihnen den gut konvertierenden Traffic bringen (über das Berichtstool/Placements)?	

Zu prüfen	Check
Kontrollieren Sie regelmäßig, wie weit Ihr Tages-/Monatsbudget ausreicht bzw. kurz vor dem Ende steht? Denken Sie daran, dass zum Beispiel bei einschlägigen Berichten über Ihr Thema in den Medien innerhalb von ein bis zwei Tagen ein extremer, einmaliger Besucherschub kommen kann. Das sind in der Regel sehr gute Visitors und wenn Ihr Budget diesmal ausnahmsweise schon vormittags ausgelaufen ist ... machen die anderen das Geschäft.	
Haben Sie Ihre Kampagne(n) anfangs mindestens dreimal in der Woche kontrolliert und wenn nötig optimiert?	
Haben Sie es schon übers Herz gebracht, sich von klickstarken und damit Traffic bringenden Keywords zu trennen, die aber nicht vernünftig konvertieren?	
Werfen Sie regelmäßig auch einen Blick in für Sie einschlägige Fachzeitschriften und stellen dort gefundene (neue) Keywords zum Testen mit ein?	

28.3 Checkliste zur Usability

Zu prüfen	Check
Haben Sie das Wahrnehmungsgesetz der Nähe beachtet?	
Haben Sie das Ähnlichkeitsgesetz beachtet?	
Haben Sie das Gesetz der Geschlossenheit beachtet?	
Haben Sie das Prägnanzgesetz beachtet?	
Haben Sie das Gesetz der guten Fortsetzung beachtet?	
Haben Sie das Symmetriegesetz beachtet?	
Haben Sie das Gesetz der Erfahrung beachtet?	
Verwenden Sie möglichst keine fremdsprachigen (Englisch) und Hype-Begriffe auf Ihren Webseiten?	
Verwenden Sie möglichst keinen Internet-Jargon?	
Leiten Ihre Webseiten die Besucher ohne deren Zutun weiter auf andere Seiten?	
Verwenden Sie Sound auf Ihren Webseiten? (Runter damit!)	
Geben Applikationen auf Ihren Webseiten ein eindeutiges Feedback an den Besucher (zum Beispiel »Warten Sie bitte, die Berechnung läuft«)?	
Ist Ihre Schrift auf den Webseiten groß genug?	
Ist der Kontrast zwischen Hintergrund und Schrift bei beiden Monitortypen (TFT- und Röhrenbildschirm) ausreichend?	
Sind alle Links zweifelsfrei als anklickbar erkennbar, auch ohne dass der Besucher mit der Maus den Bildschirm nach Links absuchen muss?	
Haben Sie Ihren Text an die besonderen Bedürfnisse des Webs angepasst?	
Bringt Ihre Suchfunktion (sofern Sie eine verwenden) vernünftige Ergebnisse bei Suchbegriffen, die Besucher wahrscheinlich eingeben könnten?	

Zu prüfen	Check
Haben Sie sich bei Formularen auf das unbedingt Wesentliche beschränkt?	
Sind Formularfelder, die unbedingt ausgefüllt werden müssen, gesondert gekennzeichnet (mit einem Sternchen)?	
Kann der Benutzer mit der Tabulatortaste in der richtigen Reihenfolge von Eingabefeld zu Eingabefeld springen?	
Werden *alle* Fehleingaben in Formularen mit sinnvollen Fehlermeldungen abgefangen?	
Senden Sie Ihre Formularinhalte als Bestätigung automatisch den Ausfüllern per E-Mail zu?	
Sind Ihre Kontaktdaten von jeder Webseite aus ersichtlich bzw. erreichbar?	
Passt sich Ihr Seiten-Layout in gewissen Grenzen flexibel an die Größe des Browserfensters des Besuchers an?	
Lassen sich Ihre Produktbilder durch Anklicken vergrößern?	
Sind Ihre Navigationsbegriffe wirklich für jeden Besucher intuitiv verständlich, der weder Ihr Unternehmen noch Ihre Produkte kennt?	
Ist Ihr Impressum von jeder Seite aus erreichbar und enthält es die gesetzlich vorgeschriebenen Inhalte?	
Enthält Ihre Website Datenschutzhinweise?	
Haben Sie auf allen Seiten einen deutlich sichtbaren Link zur Startseite?	
Ist Ihr Logo mit einem Link zur Startseite versehen?	
Haben Sie Standardbegriffe für Standardfunktionen verwendet (zum Beispiel SUCHE für die Suche)?	
Haben Sie in Ihren Navigationen nicht mehr als sieben, aber höchstens neun Möglichkeiten?	
Lösen alle Links beim Anklicken die gleichen Funktionen nach der gängigen Erwartung der Besucher aus?	
Lösen alle gleichen Symbole und Linkdarstellungen immer und überall auf Ihren Webseiten die gleichen Funktionen aus? Wirklich?	
Sind alle Links zu PDF-Dokumenten als solche gekennzeichnet und enthalten eine Größenangabe?	
Haben Sie alles versucht, die wesentlichen Inhalte von PDF-Dokumenten nicht doch noch kundenfreundlich auf Ihre Webseiten zum einfachen Lesen zu stellen? Oder war es einfach nur Bequemlichkeit, ein PDF einzustellen (des taugt scho so ...)?	
Haben Sie Ihren Navigationsentwurf anderen Personen zur unbedarften Beurteilung und Verständnisprüfung vorgelegt?	
Sind alle Buttons und Links unmittelbar nahe an den Stellen, wo sich der Mauszeiger sowieso mit hoher Wahrscheinlichkeit befindet (Einsparung von weiten Wegen mit der Maus)?	
Beträgt Ihre Textbreite nicht mehr als 35 bis 40 Anschläge?	

Zu prüfen	Check
Verwenden Sie kurze, knappe Sätze, die schnell auf den Punkt kommen?	
Haben Ihre Sätze in Webtexten möglichst nur ein Komma?	
Haben Sie Inline-Links möglichst vermieden (Links mitten in Textblöcken)?	
Haben Sie fremdsprachliche Übersetzungen nochmals von einem muttersprachlichen (native Speaker) Tester prüfen lassen?	
Haben Sie Kernbegriffe im Fließtext fett hervorgehoben?	
Haben Sie Animationen jeglicher Art so weit wie möglich vermieden?	
Kommunizieren Ihre Webseiten möglicherweise ungewollt versteckte Botschaften oder wirken stolze Formulierungen vielleicht auf Außenstehende einschüchternd? Eventuell sogar ungewollt arrogant? Ist »Wir über uns« auf der Site dominant?	
Haben Sie für alle Texte nochmals eine Schlussredaktion gemacht und mit dem Vier-Augen-Prinzip Korrektur gelesen?	
Falls Sie Icons verwenden: Sind diese *wirklich* für alle Besucher zweifelsfrei aussagekräftig? Ich glaube es trotzdem nicht ;-)	
Sind Ihre Informationseinheiten (Abschnitte, Tabellen, Text-Bilder-Mischungen) optisch gut und für das Auge wohlgefällig strukturiert?	
Werden falsch eingetippte Adresszeilen innerhalb Ihrer Domain mit einer vernünftigen Fehlerseite abgefangen (statt der 404-Fehlermeldung)?	
Sind alle Basislinks (STARTSEITE, ÜBERSICHT, KONTAKT, IMPRESSUM) auf allen Seiten gut sichtbar?	
Falls Sie eine komplexere Webseite haben: Kann der Besucher jederzeit erkennen, wo innerhalb Ihrer Site er sich befindet (zum Beispiel anhand einer so genannten Bread-Crumb-Leiste)?	
Haben Sie alle Bezeichnungen innerhalb Ihres gesamten Webauftritts einheitlich verwendet (zum Beispiel immer BENUTZERNAME)?	
Sind Ihre Seiten gut ausdruckbar?	
Enthalten alle Ausdrucke am Ende Ihre Adress- und Telefondaten, damit man Sie später problemlos kontaktieren kann? Das ist gerade für den Business-to-Business-Bereich extrem wichtig.	
Laufen alle Funktionen auch mit dem Firefox-Browser, dem neuen Chrome-Browser oder gegebenenfalls auch auf einem Browser eines Mac-Computers?	
Falls Sie als Farben Rot und Grün verwenden: Haben Sie einen Test auf Tauglichkeit für Rot-Grün-Blinde vorgenommen?	
Sind Ihre Webseiten möglichst barrierefrei? Denken Sie daran, auch Suchmaschinen greifen ausschließlich maschinell auf Ihre Seiten zu.	

Kapitel 29

Nützliche Quellen im Web: Ihr Radar

Nachfolgend habe ich Ihnen einige Links zusammengestellt, die Sie je nach Ihrer Interessenlage einmal ansehen sollten, um zu entscheiden, was Ihnen persönlich nützlich erscheint. Einige der Quellen habe ich weiter vorne im Buch an den thematisch passenden Stellen schon erwähnt. Ich hoffe, Sie verzeihen mir solche Doppelnennungen. Aber ich weiß, dass nicht jeder alles durchliest oder durchlesen kann.

Selbstverständlich gibt es noch vieeeel mehr gute Quellen im Web. Ich kann nicht alle aufführen und natürlich kenne ich sie auch nicht alle. Wenn Sie eine gute Adresse haben, mailen Sie mir die doch einfach. Dinge, die mich begeistern, nehme ich gerne für die nächste Auflage mit auf.

- **`www.at-web.de`**: Dieses Suchmaschinen-Magazin wird von *Klaus Patzwaldt* betrieben. Sie finden dort alles rund um dieses Thema. Mein Tipp: Abonnieren Sie sich den Newsletter. Klaus Patzwaldt gräbt immer wieder echte Highlights aus und berichtet quer über den Suchmaschinenmarkt. Wegen seiner guten Tipps steht er ganz oben bei mir auf meiner eigenen Liste.
- **`www.internet-world.de`**: Ich hoffe, Sie kennen die Papierversion dieser Fachzeitung bereits. Wenn nicht, sollten Sie mal einen Blick reinwerfen. Man findet in keiner deutschen Zeitschrift mehr über Online-Marketing als hier. Auch hier kann man den Newsletter nur wärmstens empfehlen. Sie finden auf der Startseite aktuell leider keinen direkten Hinweis dafür. Gehen Sie zu ABOS und dort in das leider etwas unscheinbare Untermenü NEWSLETTER-ABOS.
- **`www.timoaden.de`**: Hier finden Sie alles rund um das Thema Web Analytics. Der Autor, *Timo Aden* war vormals bei Google und für Google Analytics in Deutschland zuständig.
- **`www.einfach-persoenlich.de`**: Wenn Sie häufiger mit dem Thema Blog und CSS-Webdesign zu tun haben, empfehle ich Ihnen einen regelmäßigen Blick zu *Jörg Petermann*. Und was sein Slogan *Der Mensch macht's* verspricht, hält er selbst auch wunderbar ein.
- **`http://google-produkt-kompass.blogspot.com`**: Hier erklärt Google selbst einiges zu neuen Produkten oder gibt Hinweise für interessante Updates.

- **www.blogzwonull.de**: Hier schreibt *Moritz Habermann*, einer meiner ehemaligen Studenten über Themen rund um den E-Commerce. Aufgrund seines Arbeitgebers kann man davon ausgehen, dass seine Beiträge gerade im Bereich Usability tatsächlich aus der praktischen Anwendung kommen.
- **www.drweb.de**: Mittlerweile eine feste Institution und fast so alt wie das Web an sich (aber nicht die Inhalte!). Wer selbst eine Webseite betreibt, kommt an diesem Online-Magazin nicht vorbei. Es hält eine Fülle nützlicher Tipps und Hinweise bereit und den Newsletter sollten Sie sich auf jeden Fall abonnieren.
- **www.jimboykin.com/index.php**: *Jim Boykin* sagt von sich selbst »I'm feeling Lucky today«. In seinem englischsprachigen Blog finden Sie immer wieder wertvolle Tipps über Onlinemarketing, vor allem mit Google. Zwischendrin macht er immer wieder mal unverhohlen Werbung für seine zu bezahlenden Online-Tools. Wer aber die Art des amerikanischen Online-Marketings kennt, weiß, dass das, was bei uns aufdringlich wirkt, dort drüben völlig normal ist. Also verzeihen Sie ihm das einfach.
- **http://adwords-de.blogspot.com**: Der offizielle Blog von Google mit News und Tipps rund um AdWords.
- **http://googlewebmastercentral-de.blogspot.com**: Auch dieser deutschsprachige Blog kommt direkt von Google selber. Hier finden Sie alles zur Webmaster-Zentrale, mit der Sie Einblicke bekommen, was Google zu Ihrer Website meint.
- **http://blog.datenschmutz.net**: Im Weblog von *Ritchie Pettauer* finden Sie alle möglichen Neuheiten rund um das Web. Zwischendrin nimmt er sich aber auch immer wieder mal einschlägige Themen aus der Bloggerszene oder dem Suchmaschinenmarketing vor. Ein Newsfeed-Abo kann also nicht schaden.
- **www.web2null.de**: Der Blogname ist Programm. Wer das Thema Social Web spannend findet, sollte sich dieses Sammelalbum über Web-2.0-Anwendungen von *Alexander Pisculla* näher ansehen.
- **http://www.mattcutts.com/blog**: Wer sich mit dem Thema Suchmaschinenoptimierung für Google beschäftigt, für den ist dieser Blog von *Matt Cutts*, dem obersten Spambekämpfer bei Google natürlich Pflicht. Matt plaudert hier oft aus dem Nähkästchen und gibt meist wertvolle Hinweise, wie man es besser nicht machen sollte.
- **www.inside-sem.com**: Trotz der internationalen Domainendung schreibt *Lennard Paulsen* in Deutsch. Als ehemaliger Google-Mitarbeiter kennt er sich bestens mit Pay-per-click-Werbung aus und verwendet sehr eingängige Beispiele, um seinen Lesern Tipps und Tricks mit auf den Weg für die tägliche Optimierung zu geben.

- **http://de.groups.yahoo.com/group/uxHH**: Hier finden Sie die Groupsite der uxHH aus Hamburg. Thema ist alleine, aber intensiv die Usability. Auch hier können Sie sich einen Newsfeed abonnieren oder der Gruppe nach Genehmigung beitreten.
- **www.nutzerfreundlichkeit.de**: In diesem Blog von *Britta Litzenberg* finden Sie nützliche Tipps hauptsächlich zur Usability, aber die Autorin bloggt auch immer wieder mal etwas zum Thema SEO.
- **www.useit.com/alertbox**: Die Artikelsammlung von *Jacob Nielsen*, einem der Usability-Gurus in den USA. Leider hält Nielsen anscheinend noch nichts von modernen Formaten wie RSS-Feeds. Aber die Qualität seiner Beiträge macht dies mehr als wett. Mein Tipp: Immer wieder mal reinsehen oder besser gleich den Newsletter abonnieren.
- **www.usableweb.com**: Ein Webkatalog, der ausschließlich Links zu Webseiten zum Thema Usability sammelt und strukturiert darstellt
- **www.benutzerfreun.de/newsletter**: Der Usability-Newsletter von *Jens Jacobsen* erscheint etwa einmal im Monat.
- **http://www.surl.org**: Die Website des *Software Usability Research Laboratory* der Wichita State University. Eine gute Adresse für echte News.
- **www.googlewatchblog.de**: *Jens Minor* aus Wien sammelt hier wirklich alles, was es zum Thema Google zu sagen gibt. Besonders interessant: Sie können auch Vorschläge für Artikel machen oder dort einreichen. Der Vollständigkeit halber sei gesagt, dass der Blog in keinerlei Verbindung zu Google steht. Sie finden dort also auch ab und zu durchaus kritische Gedanken zur größten Suchmaschine der Welt.
- **http://blogoscoped.com**: Das internationale Pendant zum Googlewatchblog. Selbstverständlich finden Sie hier andere, englischsprachige News rund um Google. Ich erwähne dies nur gesondert, damit Sie den Googlewatchblog nicht für eine reine Übersetzungsplattform halten.
- **www.bluehatseo.com**: Blau liegt wohl irgendwo in der Mitte zwischen Schwarz und Weiß. Den Namen hat der Betreiber in Anlehnung an die Unterscheidung von »Blackhat«- und »Whitehat«-Suchmaschinenoptimierung gewählt. Erstere verwenden Methoden, die von den Suchmaschinen nicht erlaubt sind, während sich die »Weißen Hüte« an die Regeln halten. Blau liegt wie erwähnt irgendwo dazwischen. Dieser Blog ist wohl nur etwas für echte SEO-Tekkies, da es wirklich nur um Optimierungsmaßnahmen für Fortgeschrittene geht. Wer in diesem Bereich Anfänger ist, wird sicher mit den vielen technischen Beschreibungen eher schlechter zurechtkommen. Und es sei auch ausdrücklich davor gewarnt, den einen oder anderen Tipp einfach so zu übernehmen. Denken Sie daran: Wenn Sie erwischt werden, fliegen Sie ...

- **http://searchengineland.com**: Dieser Blog aus den USA hat einen ungewöhnlichen Zusatznutzen: Er ist in der Menüzeile übersichtlich in verschiedene Bereiche (»Lands« genannt) unterteilt. Vor allem teilt er Beiträge unter anderem auch zu den drei bedeutendsten Suchmaschinen, Google, Yahoo! und MSN, auf. Wer also gezielt Informationen zu Yahoo! oder MSN sucht, wird hier in den umfassenden Linksammlungen schnell fündig. Über diese beiden Suchmaschinen wird ja gerade in Blogs im Verhältnis eher weniger berichtet, was durchaus schade ist. Blogbeiträge für Optimierungsmaßnahmen, die sich mit Yahoo! beschäftigen, finden Sie zum Beispiel unter http://searchengineland.com/lands/yahoo-seo.php.
- **www.website-boosting.de/blog**: Zum Schluss möchte ich nicht vergessen, Sie auch auf meinen eigenen Weblog aufmerksam gemacht zu machen. Hier geht es um all die Themen aus dem Buch und was sich nach der Drucklegung aktuell an Neuem getan hat.

Kapitel 30

Handfeste Literatur

Im Web ist vieles flüchtig und das Lesen am Bildschirm macht, wie wir gesehen haben, unseren Augen doch mehr Mühe als das Lesen auf dem Papier. Viele Menschen schätzen daher nach wie vor ein gutes Fachbuch. Dass Sie zu dieser Gattung gehören, kann ich mit Sicherheit sagen. Schauen Sie doch einfach mal, was Sie gerade in der Hand halten. Aha, ein Buch ... Da ich immer wieder in Mails nach guten Büchern rund um das Web gefragt wurde, habe ich mich entschlossen, Ihnen hier ein paar persönliche Empfehlungen zu nennen.

Der Vollständigkeit halber finden Sie auf `www.website-boosting.de` unter LINKS ZUM BUCH diese und gegebenenfalls neu erschienene, empfehlenswerte Bücher auch als einfachen Link, der direkt zu Amazon führt.

Bei allen Büchern, die ich Ihnen nachfolgend aufführe, sollten Sie selber am besten mal einen Blick ins Innere werfen und sich einen eigenen Eindruck verschaffen. Vertrauen Sie nicht blind meinen Empfehlungen, die ich nur sehr subjektiv und aus meiner persönlichen Einschätzung heraus geben kann. Jedenfalls möchte ich hinterher kein Gemecker hören, wenn Ihnen eines der Werke dann am Ende nicht zusagt.

Und noch ein gut gemeinter Tipp: Schauen Sie sich die vielen Publikationen zum Thema Suchmaschinenoptimierung vor dem Kauf besonders genau an. Da gibt es wirklich eine Reihe recht unausgegorener Werke, die von noch halben Kindern auf die Schnelle und ohne große Substanz zusammengekritzelt wurden. Da ich berufsbedingt fast alle diese Bücher zumindest anlese, erlebe ich da immer wieder große Enttäuschungen. Einige Verlage sind sich auch nicht zu schade, sogar Diplomarbeiten von Studenten als Buch herauszugeben, nur weil das Thema gerade besonders hypt. Also: Guckst du vorher oder was?

- **Designing Web Usability:** The Practice of Simplicity; von Jakob Nielsen – ISBN 978-1562058104. Das Werk gibt es auch in deutscher Übersetzung, die ich Ihnen aber nicht empfehlen kann. Auf dem Weg ins Deutsche ist leider aus meiner Sicht zu viel verloren gegangen. Das Werk ist schon älter, aber die Inhalte sind prinzipieller Art und noch immer lesenswert. Einige Experten werfen ihm vor, nicht mehr auf der Höhe der Zeit zu sein. So drastisch sehe ich das nicht. Man kann noch immer viel von ihm lernen, es öffnet einem den Geist für eine bestimmte Sichtweise: Es predigt ja immer und immer wieder das Prinzip

»Einfachheit«, eines der Grundprinzipien der Usability – und das ist es offensichtlich auch, was vielen Designern verständlicherweise so gar nicht passt.

- **Web Usability:** ebenfalls von Jakob Nielsen und seiner Mitarbeiterin Hoa Loranger (ISBN 978-3827327635). Es ist das aktuelle Werk und wenn Sie sich für eines der beiden Nielsen-Werke entscheiden müssen, würde ich Ihnen zu diesem hier raten.
- **Don't make me think!** Web Usability: Das intuitive Web; von Steve Krug – ISBN 978-3826615955. Passen Sie auf, dass Sie die zweite Auflage von 2006 erwischen. In einigen Shops steht nämlich noch die erste, etwas ältere Auflage herum. Steve Krug macht vor allem den Unterschied zwischen Design und Usability deutlich, daher ist es meine Empfehlung für alle Webdesigner, die über den Tellerrand blicken möchten.
- **Usability praktisch umsetzen:** Sven Heinsen und Petra Vogt haben in diesem Werk (ISBN 978-3446222724) als Herausgeber viele Beiträge von Autoren gesammelt, die sich recht breit um das Thema Usability drehen. Das Buch ist leider momentan vergriffen. Sehen Sie sich am besten vorab das Inhaltsverzeichnis an, ob genügend Einzelbeiträge für Sie dabei sind. Viele Beiträge sind spürbar eher wissenschaftlich ausgerichtet und daher für den pragmatisch vorgehenden Praktiker vielleicht nicht immer die erste Wahl. Einfach vorher reinsehen.
- **Missing Links:** Über gutes Webdesign; von Thomas Wirth – ISBN 978-3446225541. Hier wird ein stark von der Wahrnehmungspsychologie geprägter Blick auf Webdesign geworden. Das ist kein Schaden – im Gegenteil. Die vielen Beispiele zeigen die hohe Praxisrelevanz.
- **Das intelligente Interface** – Neue Ansätze für die Entwicklung interaktiver Benutzerschnittstellen: Das Buch von Jef Raskin (ISBN 978-3827317964) ist zwar bereits 2001 erschienen, hat aber noch nichts an seiner prinzipiellen Aktualität eingebüßt. Raskin hat den Apple Macintosh maßgeblich mitentwickelt und weiß eine Menge über die Entwicklung von Benutzerschnittstellen zu erzählen. Sein Werk ist nicht primär auf das Web ausgerichtet – und trotzdem gehört es meiner Ansicht nach in das Regal eines jeden Webdesigners. Eine Weboberfläche ist ja nichts anderes als ein Benutzerinterface und der Transfer seiner Methoden und Beispiele auf das Web gelingt recht leicht.
- **Methoden der Usability Evaluation:** Wissenschaftliche Grundlagen und praktische Anwendung: Von Florian Sarodnick und Henning Brau (ISBN 978-3456842004). Der Titel ist Programm und zeigt auch schon die Kernzielgruppe. Das Werk hat einen sehr starken wissenschaftlichen Bezug.
- **Web Analytics** – Damit aus Traffic Umsatz wird: Frank Reese (ISBN 978-3938358719). Aus seiner umfangreichen Praxiserfahrung heraus bringt Frank

Reese viele Beispiele, stellt vor allem auch Kennzahlen vor und wie man damit umgeht. Wer tiefer in den Bereich der Web Analytics einsteigen möchte, sollte sich dieses Werk in jedem Fall einmal näher ansehen.

- **Web Analytics – Metriken auswerten, Besucherverhalten verstehen, Website optimieren:** Marco Hassler (ISBN 978-3826659317) geht in seinem Werk sehr umfassend auf über 400 Seiten auf das Thema Web Analytics ein. Dabei bleibt er nicht bei den technischen Hintergründen, der Interpretation der üblichen Messwerte und einer anschaulichen Beschreibung des technisch Machbaren stehen. Über Zieldefinitionen und Konversionsbetrachtungen kommt er zur Erstellung der wichtigen KPIs (Key Performance Indicators), mit der sich Webseiten erfolgreicher steuern lassen. Tipps zur Einrichtung des kostenlosen Google Analytics runden das Buch ab.
- **Weblogs, Podcasting und Online-Journalismus:** Moritz Sauer (ISBN 978-3897214583) beschreibt auf knapp 300 Seiten alle aktuellen Trends rund um das Thema Blogs und Podcasting. Er gibt viele Tipps und nützliche Hinweise für all diejenigen, die mit der konkreten Umsetzung solcher Projekte beschäftigt sind.
- **Suchmaschinen-Optimierung:** Von Sebastian Erlhofer (ISBN 978-3836212335). Das Buch ist noch im Erscheinen und lag zur Drucklegung noch nicht vor. Daher kann ich Ihnen auch nichts Konkretes über den Inhalt sagen. Da die erste Auflage aber recht vielversprechend war, lohnt der Blick darauf nach dem Erscheinen sicherlich für alle, denen das Thema SEO am Herzen liegt und die davon gar nicht genug bekommen können.
- **Google Hacking 2:** Grundtechniken, erweiterte Operatoren. Underground Googling. Wie man sich vor Google-Hackern schützt: Jonny Long (ISBN 978-3826659423) gibt hier die richtigen Hinweise, wie sich Seiten- und vor allem Portalbetreiber gegen Hackerangriffe schützen können. Dabei geht es vor allem um Lücken oder verräterische Spuren und Signaturen, die solche Systeme im Netz hinterlassen und über die potenzielle Angreifer sie ganz einfach über die Google-Suche finden können.
- **Google AdWords:** Alexander Beck (ISBN 978-3826659058) hat ein eigenes Werk vorgelegt, in dem es nur um Google AdWords geht. Hier findet sowohl der Anfänger als auch der Marketing-Profi wertvolle Tipps und Hintergrundinformationen. Aus meiner Sicht ein Muss für jeden, der sich ernsthaft mit AdWords beschäftigt oder beschäftigen will.
- **Leitfaden eMail-Marketing und Newsletter-Gestaltung:** Erfolg im Online-Marketing. Neue Kunden gewinnen und binden. Mailingkosten sparen; Torsten Schwarz (ISBN 978-3000146398), der Betreiber von `marketing-boerse.de`, gibt in seinem Buch sein gesammeltes Wissen über E-Mail-Marketing weiter. Die vielen Tipps helfen, bessere Newsletter zu gestalten, mehr bis zum Emp-

fänger durchzubringen und am Ende noch vernünftig zu messen, welchen Erfolg man damit denn überhaupt hatte.

- **Die heimlichen Internet-Gewinner:** Interviews mit erfolgreichen Affiliates; von Stefan Rüttinger und Stefan Zwanzger (ISBN 978-3833435997). Wer beruflich mit dem Thema Affiliate-Marketing zu tun hat oder in Berührung kommt, dem sei dieses Buch empfohlen. Wenn Sie schon immer einmal wissen wollen, wie und womit Affiliates eigentlich Geld verdienen: Hier erfahren Sie es.

So, nun habe ich noch ein paar Bücher für Sie, die sich nicht mit Optimierungsmaßnahmen, Usability oder anderen operativen Fragestellungen beschäftigen. Es sind aus meiner Sicht die Top-Werke, die sich mit Strategien im Web beschäftigen. Wirklich verstanden zu haben, was auf uns zukommen wird, beeinflusst schon heute unsere Entscheidungen positiv. Die Bücher sind daher nichts für das Büroregal, sondern etwas für den Abend, den Urlaub oder die Weihnachtsferien. Vielleicht ist das Lesen dieser Werke sogar wichtiger als alle fachbezogenen Bücher von oben. Auch hier gilt aber wieder: Machen Sie sich selbst ein Bild.

- **The Long Tail** – Der lange Schwanz: Nischenprodukte statt Massenmarkt – Das Geschäft der Zukunft: Von Chris Anderson (ISBN 978-3446409903). Jaja, mir ist klar, dass jetzt wieder mal einige Leser grinsen müssen. Deswegen habe ich das Buch aber nicht auf meine Liste gesetzt. Anderson öffnet die Augen für ein Phänomen, das erst das Web mit sich gebracht hat: Nischen weltweit profitabel betreiben zu können. Eric Schmidt, der CEO von Google, sagt zu diesem Buch: *»Andersons Einsichten haben großen Einfluss auf Googles strategisches Denken.«* Sie sollten es sich vielleicht daher auch nicht entgehen lassen.
- **Die Suche** – Geschäftsleben und Kultur im Banne von Google & Co.: Von John Battelle (ISBN 978-3938350119). Wer wirklich verstanden hat, was das Wort *Strategie* inhaltlich *wirklich* bedeutet, dem sei dieses Buch wärmstens empfohlen. Man erfährt, was Google eigentlich so erfolgreich macht, aber eben auch, wohin sich unser Geschäftsleben wohl entwickeln wird und welchen Einfluss moderne Suchmaschinen darauf haben. Das Buch ist international ein Bestseller und liegt seit Kurzem auch in einer deutschen Übersetzung vor.
- **Brain View.** Warum Kunden kaufen; von Hans Georg Häusel (ISBN 978-3448087468). Häusel räumt radikal mit der romantischen Vorstellung auf, wir Menschen hätten einen eigenen Willen. Er zeigt eingängig, dass wir derart von unserem so genannten limbischen System im Gehirn beherrscht werden, dass richtig freie Entscheidungen kaum möglich und eine Illusion sind, mit der uns unser Gehirn besänftigen will. Dabei geht es nicht um irgendeinen geistigen Hokuspokus. Die Ergebnisse kommen direkt aus der modernen Hirnforschung und werden bei großen Unternehmen bereits in der Werbung und Produktgestaltung berücksichtigt. Auch hier fällt dem interessierten Leser die Parallele zum Web fast auf jeder Seite auf – auch wenn dieses im Buch so gut wie

gar nicht erwähnt wird. Man kann hier sehr viel über menschliche Entscheidungsprozesse lernen und das für ein besseres Design von Weboberflächen nutzen.

- **Warum kaufen wir** – Die Psychologie des Konsums: Von Paco Underhill (ISBN 978-3430192507). Klingt vom Titel her ähnlich wie das Buch von Häusel (*Brain View*), ist aber inhaltlich völlig anders aufgebaut. Mein absoluter Favorit, aber leider vergriffen und zum Teil nur gebraucht für viel zu viel Geld (derzeit das 3-Fache des früheren Ladenpreises) zu bekommen. Danach zu stöbern lohnt sich aber trotzdem. Hier geht es in keinster Weise um das Web. Es geht darum, warum Menschen etwas kaufen und wie sie dabei »ticken«. Paco Underhill ist in den USA ein sehr bekannter und gefragter Konsumforscher. Anders als seine Kollegen hat er sich nicht auf das Entwerfen von Fragebögen verlegt, sondern Menschen in Geschäften und Supermärkten jahrzehntelang beobachtet. Seine Beobachtungen sind faszinierend und lehrreich für *jeden*, der etwas *verkaufen* möchte. Nach der Lektüre des Buches sieht man die Menschen in Läden und natürlich auch sich selber in einem etwas anderen Licht. Ein wirklich bleibender Eindruck.

Kapitel 31

Was am Ende des Tages übrig blieb

Der dicke Marketingleiter, der nur noch wenige Tage hohe Umsätze machen durfte, lachte. Er sah auf den Ausdruck mit seinen gestiegenen Umsatzzahlen und hielt einen dicken Scheck von seinem Boss in der schwitzigen Hand. Er hatte keine Ahnung, woher der plötzliche Nachfrageschub von Kunden aus aller Welt kam – aber das war ihm letztendlich auch egal. Hauptsache, der Laden lief. Was er nicht wusste, war, dass die Webseiten seines Unternehmens mehr oder weniger zufällig mit einem attraktiven und passenden Suchwort in einer großen Suchmaschine gefunden wurden. Dies wiederum war darauf zurückzuführen, dass sein Unternehmen zwei Aufträge der Regierung erhalten hatte und seither von deren Webseiten verlinkt wurde. Aufgrund dieser besonderen Verlinkung erhielten die Webseiten seines Unternehmens einen kleinen, aber wichtigen Schub von der zweiten auf die erste Ergebnisseite.

Was er auch nicht wusste, war, dass er in einigen Tagen von der Top-Position der Suchmaschine wieder verschwinden würde, weil Sie zum Sprung in diese Umsatzcharts ansetzen. Ob er seinen Bonusscheck zurückgeben muss, werden wir nie erfahren. Aber Sie wissen, dass er ab jetzt nie wieder einen bekommen wird ...

Ich hoffe, Sie verzeihen mir diesen kleinen, pathetischen Abschluss, den ich auch in der zweiten Auflage wieder verwendet habe. Erstens stimmt er im Kern noch immer und zweitens gefällt er mir einfach zu gut. Warum ich so optimistisch für Ihre zukünftigen Geschäfte bin, liegt daran, dass ich weiß, was die ersten Positionen bei Google & Co. aus wirtschaftlicher Sicht bedeuten. Sie bringen Ihnen viele neue Besucher. Damit Sie aus diesen Besuchen auch frischen Umsatz und letztendlich Gewinn generieren können, müssen Ihre Webseiten auf die Erwartungen und Gewohnheiten dieser Besucher ausgerichtet sein. Nicht auf die des Chefs und nicht auf die des Webdesigners. Auf die der Besucher.

Es funktioniert tatsächlich. Ich habe schon vielen Unternehmen geholfen, die Barrieren ihres Webauftrittes einzureißen – ob technisch oder menschlich, es gibt gegen jedes Problem ein Kraut. Man muss es nur kennen oder herausfinden. Und diese Hilfestellungen zu geben, ist sehr befriedigend, weil man es nur mit zufrieden lächelnden Kunden zu tun hat. Plötzlich kommen mehr Anfragen, plötzlich kommen mehr Aufträge, plötzlich wächst das Unternehmen, stellt neue Mitarbeiter ein und plötzlich hat der Chef jeden Tag gute Laune. Und plötzlich werden die Mitarbeiter, die für »Online« verantwortlich sind, auf den Fluren und in der Kantine freundlichst gegrüßt, umschwärmt und als die Personen bewundert, die das Kaninchen aus dem Hut gezaubert haben. Und das zu einer Zeit, wo die Mitarbeiter des traditionellen Vertriebs zum Fenster laufen und frustriert »*Superman – where are you now?*« in den Himmel rufen. Einige rufen mich an und einige mailen mir und berichten. Und genau das ist auch für mich ein schönes Gefühl. Man hat nicht irgendeine Software eingeführt, mit der nun fünf statt nur drei eigentlich manueller Arbeitsgänge erledigt werden können – oder eine Maschine justiert, die nun ein wenig runder und zuverlässiger arbeitet. Man durfte helfen, hartes Geld aus umkämpften Märkten in ein Unternehmen zu leiten. Das macht schon Spaß.

Sicherlich werden Sie nicht alle Empfehlungen aus diesem Buch umsetzen können. Den meisten von Ihnen wird die Verwendung Ihrer Zeit zum Teil von außen bestimmt, ab und zu fehlen auch die finanziellen Mittel zum Start in ein vernünftiges Online-Marketing. Es rechnet sich zwar allemal, aber vor dem Geld(rück)fluss müssen nun mal einige zeitliche und/oder finanzielle Vorleistungen erbracht werden. Und gerade bei kleineren und mittleren Unternehmen haben die Eigentümer hier oft Stacheldraht in den Hosentaschen. Ein Teufelskreis, den es zu durchbrechen gilt.

Ich bin mir aber sicher, dass Sie die für Sie wichtigen Empfehlungen für Ihr Unternehmen und Ihren Webauftritt abgefischt haben und mit einem Teil davon möglichst schnell an die Umsetzung gehen. Optimieren Sie wenigstens einige wenige Webseiten für wichtige Begriffe, achten Sie auf transparente Verlinkung innerhalb Ihrer Site – und natürlich auch das Sammeln vieler »bedeutender« und thematisch passender Links von außen. Da die meisten Ihrer Mitbewerber wahrscheinlich noch immer recht betäubt durch das Web taumeln, dürften Sie in der Regel leichtes Spiel haben. Fast keine Webseite eines Herstellers oder größeren Unternehmens ist in dieser Hinsicht optimiert. Dafür sorgen alleine schon die Content-Management-System(CMS)-Hersteller, die mit ihren Systemen die Webseiten ungewollt manchmal regelrecht vor den Robots der Suchmaschinen verstecken. Und vor den kleineren Unternehmen müssen Sie im Web erst recht keine Angst haben, weil auf deren Webseiten entweder nur der Kegelverein aus Niederwunsen linkt oder ein technikverliebter Webdesigner leise seine Verbrechen an der Benutzerfreundlichkeit begeht. Alles im allem ist Ihre Ausgangslage hervorragend. Aber wie lange das noch geht, kann ich Ihnen nicht versprechen. In den letzten beiden Jahren verspürt man schon eine merkliche Aufbruchstimmung im Online-Marketing und ganz zart blüht auch das Verständnis, dass es ohne Usability-Verbesserungen weniger als die Hälfte effizient ist. Dass man im Web hervorragend Geld verdienen kann, wenn man es nur *richtig* anpackt, fängt wirklich langsam an, sich rumzusprechen. Die steigenden Besucherzahlen auf einschlägigen Messen, Tagungen und Workshops deuten dies an.

Sie sehen also, die Ampeln stehen noch auf Grün und bis Ihre Mitbewerber das auch bemerkt haben, können Sie sich bereits eine eigene Ampel nebst Kreuzung kaufen. Nur einfach mal anfangen müssen Sie jetzt noch – diesen letzten Schubs müssen Sie sich nun schon selber geben.

Ganz am Ende bleibt noch, mich schon einmal präventiv zu entschuldigen für alle Links, die ich Ihnen hier gezeigt habe und die vielleicht temporär oder dauerhaft nicht mehr funktionieren, wenn Sie dieses Buch hier lesen. Das Web bewegt sich eben ständig. Damit Sie aber nicht gänzlich in der Luft hängen, wenn Ihnen das eine oder andere Werkzeug fehlt, dessen Anwendung ich hier beschrieben habe, habe ich ein Hilfsangebot für Sie. Die Webseite zum Buch: `www.website-boosting.de`. Dort finden Sie unter anderem nach Kapiteln sortiert wieder alle Links aus dieser zweiten Auflage zum bequemen Anklicken, einen kostenlosen Newsletter (den ich – Schande über mich – wegen meines extremen Zeitmangels leider viel seltener versende, als ich es sollte) sowie einen aktuellen Weblog mit RSS-Feed. Dort finden Sie hoffentlich immer wieder mal etwas Neues, das Ihre Optimierungsarbeit antreibt. So können Sie sich auch weiterhin mit frischem, ergänzendem und weiterführendem Know-how versorgen. Selbstverständlich freue ich mich auch über Ihre Erfahrungen und Ihr Feedback zu diesem Buch. Ich habe seit der letzten Ausgabe viele, viele Mails bekommen. Ich freue mich über jede einzelne. Zu erreichen bin ich für Sie unter `fischer@website-boosting.de`.

Viel Erfolg beim Website Boosting!

Ihr

Mario Fischer

Stichwortverzeichnis

C

D

E

F

L

O

P

T

U

V

Martin Schirmbacher

Online-Marketing und Recht

- **Zahlreiche Beispiele und konkrete Fälle aus der Praxis**
- **Wann verletzen Sie Rechte anderer**
- **Wie setzen Sie Ihre Rechte durch**
- **Die häufigsten Fehler im Online-Marketing**
- **Checklisten, Tipps, Hinweise und Übersichten**

Online-Marketing bietet nicht nur viele Chancen im Web, sondern beinhaltet auch rechtliche Tücken, die häufig von Nicht-Juristen kaum voraussehbar sind.

In diesem umfassenden und praktischen Handbuch werden alle Themen behandelt, die im Web zu rechtlichen Schwierigkeiten führen können, sei es, weil Sie unbewusst Rechte Dritter verletzen oder jemand anderes Ihre Rechte nicht beachtet.

Schirmbacher behandelt detailliert die für Deutschland relevanten rechtlichen Aspekte der einzelnen Formen des Online-Marketings. Dabei werden immer wieder vorhandene Fälle herangezogen, um die einzelnen Sachverhalte und Fragestellungen zu verdeutlichen und aus der praktischen Rechtsprechung zu beleuchten. So erhält der Leser eine konkrete und realitätsnahe Vorstellung, welche Probleme auftreten können und wie diese von Richtern bewertet werden.

Ein Kapitel zu Verträgen im Online-Marketing gibt Hinweise, wie Sie spätere Diskussionen mit Ihrer Agentur oder Ihren Kunden durch eine kluge Vertragsgestaltung vermeiden können.

Zahlreiche Checklisten, Beispiele und Tipps helfen Ihnen, juristisch „sauber" zu bleiben und Fallstricke zu vermeiden, bevor es zu spät ist.

Die Webseite zum Buch finden Sie unter www.online-marketing-recht.de

Über den Autor:
Dr. Martin Schirmbacher ist Fachanwalt für IT-Recht in der Berliner Kanzlei HÄRTING Rechtsanwälte mit den Schwerpunkten Medien und Technologie. Er berät Mandanten im E-Commerce- und IT-Recht und hält darüber hinaus zahlreiche Vorträge auf verschiedenen Kongressen.

Probekapitel und Infos erhalten Sie unter:
www.mitp.de/5895

ISBN 978-3-8266-5895-2